AF665801

VDI-Buch

Mehr Informationen zu dieser Reihe auf http://www.springer.com/series/3482

Fritz Klocke

Fertigungsverfahren 1

Zerspanung mit geometrisch bestimmter Schneide

9. Auflage

Fritz Klocke
Lehrstuhl für Technologie der Fertigungsverfahren
RWTH Aachen University
Aachen
Deutschland

Die Darstellung von manchen Formeln und Strukturelementen war in einigen elektronischen Ausgaben nicht korrekt, dies ist nun korrigiert. Wir bitten damit verbundene Unannehmlichkeiten zu entschuldigen und danken den Lesern für Hinweise.

ISBN 978-3-662-54206-4 ISBN 978-3-662-54207-1 (eBook)
https://doi.org/10.1007/978-3-662-54207-1

Die Deutsche Nationalbibliothek verzeichnet diese Publikation in der Deutschen Nationalbibliografie; detaillierte bibliografische Daten sind im Internet über http://dnb.d-nb.de abrufbar.

Springer Vieweg

Gedruckt auf säurefreiem und chlorfrei gebleichtem Papier

Springer Vieweg ist ein Imprint der eingetragenen Gesellschaft Springer-Verlag GmbH, DE und ist ein Teil von Springer Nature.
Die Anschrift der Gesellschaft ist: Heidelberger Platz 3, 14197 Berlin, Germany

Vorwort zum Kompendium „Fertigungsverfahren“

Verfahrensauswahl und Verfahrensgestaltung sind Schlüsselfunktionen für die wirtschaftliche Herstellung hochqualitativer Produkte, sowohl in der Industrie als auch im Handwerk. Kenntnisse über die Technologie der Fertigungsverfahren gehören zum elementaren Rüstzeug eines jeden Betriebsingenieurs, aber auch Konstrukteure müssen sich in diesem Bereich orientieren, da auch bei ihnen eine hohe Verantwortung für die Herstellkosten liegt.

Studierende und der um seine Fortbildung bemühte Praktiker stehen gleichermaßen vor einer Fülle von Literatur, die nur schwer zu überschauen ist. Das vorliegende Kompendium hat die Intention, dem interessierten Leser einen guten Überblick über das Gebiet zu geben und den noch unentschlossenen Studierenden zu begeistern, physikalische Wirkzusammenhänge zu erkennen und diese durch den geschickten fertigungstechnischen Einsatz erfolgreich für die Industrie nutzbar zu machen. In diesem Sinne ist es mein Anliegen, über die Beschreibung der einzelnen Verfahrensprinzipien hinaus, vor allem grundsätzliche Einblicke in die den Technologien zu Grunde liegenden Wirkmechanismen zu vermitteln.

In jedem Band werden Verfahrensgruppen mit ähnlichem Wirkprinzip zusammengefasst. Die Aufteilung des umfangreichen Stoffs der spanabhebenden Fertigungsverfahren erfolgt getrennt auf zwei Bände: Zerspanung mit geometrisch bestimmter Schneide und Zerspanung mit geometrisch unbestimmter Schneide. Ultraschallunterstützte Zerspanprozesse werden ebenfalls behandelt. Ein weiterer Band behandelt das Abtragen und die Lasermaterialbearbeitung. Hier sind auch die laserunterstützten Prozesse integriert. Die umformenden Fertigungsverfahren Massivumformung, Blechumformung und Blechtrennung wurden in einem weiteren Band zusammengeführt. Den Fertigungsverfahren des Urformens wurde in einem eigenständigen Band ein angemessener Umfang eingeräumt, da die Herstellung der Halbzeuge für alle Fertigungsprozesse eine wichtige Rolle spielt. Die Aufteilung der Reihe „Fertigungsverfahren“ liegt damit wie folgt vor:

- Band 1: Zerspanung mit geometrisch bestimmter Schneide
- Band 2: Zerspanung mit geometrisch unbestimmter Schneide
- Band 3: Abtragen und Lasermaterialbearbeitung
- Band 4: Umformen
- Band 5: Urformen

Im ersten Band ist ein verfahrensübergreifender Abschnitt zur Fertigungsmesstechnik und Werkstückqualität dem weiteren Inhalt vorangestellt. Innerhalb der einzelnen Bände wurde Wert darauf gelegt, eine enzyklopädische Verfahrensaufzählung zu vermeiden. Dies gelang durch eine logische Struktur, die sich am Wirkprinzip der Technologien orientiert. Diese Vorgehensweise hat sich aus didaktischen Gründen in der Hochschulpraxis bestens bewährt. Daran schließt sich die Ableitung der Werkzeugbeanspruchungen und die einsatzgerechte Werkzeuggestaltung an. Abschließend werden die einzelnen Verfahrensvarianten im Detail erklärt.

Das Kompendium richtet sich an Ingenieure und Studenten der Ingenieurwissenschaften der Bereiche Produktionstechnik, Fertigungstechnik sowie Konstruktion und Produktentwicklung. Dem Betriebsingenieur soll das Kompendium zur Auffrischung und Erweiterung seiner Kenntnisse unterstützend und hilfreich zur Seite stehen. Ich wünsche den Lesern, dass dieses Buch ihnen Wege bietet, auf denen sie durch ingenieurmäßiges Denken zu erfolgreichem Handeln geführt werden.

Aachen, Oktober 2017 FRITZ KLOCKE

Vorwort zu Band 1 „Zerspanung mit geometrisch bestimmter Schneide“

Der vorliegende Band behandelt das Spanen mit geometrisch bestimmten Schneiden. Er wendet sich sowohl an den in der Praxis tätigen Ingenieur als auch an den Studenten der Ingenieurswissenschaften.

Dieses Buch basiert auf den Vorlesungen Fertigungstechnik I und II sowie den dazugehörigen Übungen, die an der RWTH Aachen gehalten werden. Zur weiteren Verbesserung des Verständnisses werden viele aktuelle Anwendungsbeispiele aus der Praxis herangezogen.

Die vorliegende 9. Auflage wurde vollständig überarbeitet und neu strukturiert. Ziel der grundlegenden Überarbeitung war die Aktualisierung und Erweiterung der Buchreihe anhand von Neuentwicklungen und Forschungsergebnissen. Zu den Themen Schneidkantenpräparation, Hartzerspanung, Werkzeugdynamik und Spannsysteme sind völlig neue Kapitel entstanden. Die Kapitel Grundlagen der Zerspanung, Kühlschmierstoffe, Standvermögen und Simulation wurden anhand aktueller Dissertationsergebnisse mit engem Praxisbezug ergänzt. Das Kapitel Prozessauslegung und Prozessüberwachung ist um grundlegende Ansätze der Prozessmodellierung und der statistischen Versuchsmethodik erweitert worden.

Für die vollständige Überarbeitung und Neustrukturierung dieser 9. Auflage möchte ich mich bei Dr.-Ing. M. Abouridouane, Dr.-Ing. O. Adams, Dr.-Ing. M. Arft, Dr.-Ing. T. Auerbach, Dr.-Ing. M. Binder, Dr.-Ing. M. Brockmann, Dr.-Ing. Dr. rer. nat. S. Buchkremer, Dipl.- Wirt.-Ing. T. Cayli, Dr.-Ing. F. Degen, Dipl.-Ing. M. Doetz, M.Sc. P. Ganser, Dr.-Ing. K. Gerschwiler, M.Sc. S. Goetz, Dr.-Ing. S. Gierlings, Dr.-Ing. R. Kalocsay, Dr.-Ing. G. Keitzel, Dipl.-Ing. D. Lung, Dipl.-Ing. S. Lung, M.Sc. J. Müller, Dr.-Ing. C. Nobel, M.Sc. T. Pullen, Dr.-Ing. H. Puls, Dipl.-Ing. S. Rekers, Dr.-Ing. D. Sari, Dipl.-Ing. D. Schraknepper, M.Sc. M. Seimann, M.Sc. A. Shirobokov, Dipl.-Ing. Dipl.-Wirt.-Ing. G. Smyczek, M.Sc. A. Teixeira, Dr.-Ing. M. Witty sowie Dr.-Ing. G. Wirtz, der auch für die Koordination der Arbeiten an diesem Buch verantwortlich war, bedanken. Ferner gilt mein Dank auch den ehemaligen Mitarbeitern, die bei der Erstellung der vorhergehenden Auflagen mitgewirkt haben.

Aachen, Oktober 2017 FRITZ KLOCKE

Inhaltsverzeichnis

1 Einleitung 1

2 Fertigungsmesstechnik und Werkstückqualität 5
- 2.1 Fertigungsstörungen und Fertigungshistorie 6
- 2.2 Messen und Prüfen 12
  - 2.2.1 Messfehler 12
  - 2.2.2 Makro- und Mikrogeometrie von Bauteilen 14
- 2.3 Längenprüfmittel 16
  - 2.3.1 Maßverkörperungen 16
  - 2.3.2 Lehren 17
  - 2.3.3 Anzeigende Messgeräte 19
- 2.4 Oberflächenprüfung 27
  - 2.4.1 Oberflächenkenngrößen 27
  - 2.4.2 Subjektive Oberflächenprüfung 31
  - 2.4.3 Oberflächenmessung 33
- 2.5 Prüfung der Werkstückrandzone 36
  - 2.5.1 Oberflächenschichten 37
  - 2.5.2 Prüfung der oberflächennahen Randschicht 41

3 Grundlagen der Zerspanung 47
- 3.1 Der Schneidteil – Begriffe und Bezeichnungen 48
- 3.2 Bezugssysteme 50
- 3.3 Grundlegende Verfahrensvarianten 55
- 3.4 Spanbildung 56
  - 3.4.1 Der Schnittvorgang 57
  - 3.4.2 Verschiedene Arten der Spanbildung 60
- 3.5 Kinematische Oberflächenrautiefe 65
- 3.6 Mechanische und thermische Beanspruchung des Schneidteils 65
  - 3.6.1 Einfluss der Geometrie des Schneidteils 81
- 3.7 Verschleiß 84
  - 3.7.1 Verschleißmechanismen 84

3.7.2 Verschleißursachen ... 87
3.7.3 Verschleißformen und -messgrößen ... 99
3.8 Zerspanungstherorie ... 100
3.8.1 Die Theorie der Scherebene ... 100
3.8.2 Anwendung der Plastizitätslehre bei der Zerspanung ... 109

4 Schneidstoffe und Werkzeuge ... 113
4.1 Schneidstoffübersicht ... 115
4.1.1 Klassifizierung der harten Schneidstoffe ... 116
4.2 Werkzeugstähle ... 119
4.2.1 Kaltarbeitsstähle ... 119
4.2.2 Schnellarbeitsstähle ... 120
4.3 Hartmetalle ... 129
4.3.1 Geschichtliche Entwicklung ... 130
4.3.2 Herstellung der Hartmetalle ... 132
4.3.3 Komponenten der Hartmetalle und ihre Eigenschaften ... 134
4.3.4 Gefügeausbildung ... 136
4.3.5 Einteilung der Hartmetalle ... 137
4.3.6 Unbeschichtete Hartmetalle und Cermets ... 142
4.3.7 Funktionsgradienten-Hartmetalle (FGHM) ... 143
4.3.8 Beschichtete Hartmetalle und Cermets ... 147
4.4 Beschichtungen ... 147
4.4.1 Beschichtungsverfahren ... 149
4.4.2 Spezifische Eigenschaften von Hartstoffschichten ... 174
4.4.3 Substratvorbehandlung ... 188
4.5 Keramische Schneidstoffe ... 188
4.5.1 Schneidkeramiken ... 189
4.5.2 Hochharte nichtmetallische Schneidstoffe ... 201
4.6 Werkzeugausführungen ... 215
4.6.1 Massiv-Werkzeuge ... 216
4.6.2 Werkzeuge mit Schneidplatte ... 217
4.7 Aufbereitung von Werkzeugen ... 226

5 Schneidkantenpräparation ... 229
5.1 Ziele ... 230
5.2 Charakterisierung von Schneidkanten ... 231
5.2.1 Kenngrößen ... 231
5.2.2 Messtechnik ... 232
5.3 Präparationsverfahren ... 235
5.3.1 Schleppschleifen ... 236
5.3.2 Bürsten ... 237
5.3.3 Flakkotieren ... 239
5.3.4 Strahlen ... 240

5.3.5 Magnetfinishing . . . 242
5.3.6 Alternative Verfahren . . . 243
5.4 Einfluss der Schneidkantenpräparation auf den Zerspanprozess . . . 244
5.4.1 Grundlegende Einflüsse . . . 244
5.4.2 Werkzeugverschleiß und -standzeit . . . 246

6 Kühlschmierstoffe (KSS) . . . 251
6.1 Aufgaben der Kühlschmierstoffe . . . 252
6.2 Arten von Kühlschmierstoffen . . . 252
6.2.1 Nichtwassermischbare Kühlschmierstoffe . . . 253
6.2.2 Wassergemischte Kühlschmierstoffe . . . 254
6.3 Gebrauchshinweise für Kühlschmieremulsionen . . . 255
6.4 Auswirkungen des KSS auf den Zerspanprozess . . . 257
6.5 Auswahl von Kühlschmierstoffen . . . 260
6.6 Kühlschmierstrategien . . . 262
6.6.1 Trockenbearbeitung . . . 262
6.6.2 Minimalmengenkühlschmierung (MMKS) . . . 265
6.6.3 Konventionelle Überflutungskühlung . . . 269
6.6.4 Hochdruck-KSS-Zufuhr . . . 272
6.6.5 Kryogene Prozesskühlung . . . 277

7 Standvermögen . . . 281
7.1 Ermittlung der Standgrößen . . . 284
7.2 Zerspanbarkeit . . . 284
7.2.1 Standzeit . . . 285
7.2.2 Zerspankraft . . . 288
7.2.3 Oberflächengüte . . . 290
7.2.4 Spanform . . . 293
7.2.5 Schnittgeschwindigkeit . . . 294
7.3 Zerspanbarkeit von Stahlwerkstoffen . . . 295
7.3.1 Gefügebestandteile . . . 295
7.3.2 Kohlenstoffgehalt . . . 298
7.3.3 Legierungselemente . . . 300
7.3.4 Wärmebehandlungsarten . . . 303
7.4 Zerspanbarkeit unterschiedlicher Stahlwerkstoffe . . . 310
7.4.1 Automatenstähle . . . 310
7.4.2 Einsatzstähle . . . 313
7.4.3 Vergütungsstähle . . . 315
7.4.4 Nitrierstähle . . . 316
7.4.5 Werkzeugstähle . . . 317
7.4.6 Gehärtete Stähle . . . 319
7.4.7 Nichtrostende Stähle . . . 323

7.5 Zerspanbarkeit von Gusseisen 328
7.5.1 Weißes Gusseisen 329
7.5.2 Graues Gusseisen 332
7.6 Zerspanbarkeit von Nichteisenmetallen 342
7.6.1 Aluminiumlegierungen 342
7.6.2 Magnesiumlegierungen 345
7.6.3 Titanlegierungen 349
7.6.4 Kupferlegierungen 366
7.6.5 Nickellegierungen 373
7.7 Zerspanbarkeit von Nichtmetallen 389
7.7.1 Graphit 389
7.7.2 Faserverbundwerkstoffe 394

8 Finite Elemente Methode (FEM) 407
8.1 Grundlegende Konzepte der FEM 408
8.2 LAGRANGEsche und EULERsche Betrachtung des Kontinuums 410
8.3 Explizite und implizite Lösungsverfahren 410
8.4 Thermo-mechanisch gekoppelte FEA 411
8.5 Nichtlinearitäten 411
8.6 Werkstoffmodelle 412
8.6.1 Stoffgesetze für homogene Werkstoffmikrostruktur 412
8.6.2 Stoffgesetze für inhomogene Werkstoffmikrostruktur 417
8.7 Schädigungsmodelle 421
8.7.1 Makromechanische, zeitunabhängige Schadenskriterien 421
8.7.2 Makromechanische, zeitabhängige Schadenskriterien 422
8.7.3 Mikromechanische Schadenskriterien 423
8.8 Software 425
8.9 Hardware 427
8.10 Phasen einer Finite-Elemente-Analyse (FEA) 427
8.11 Einsatz der FEM in der Zerspantechnik 429
8.11.1 Simulation des Fließspans 429
8.11.2 Simulation eines Scherspans 432
8.11.3 Simulation der Zerspanprozesse 434

9 Prozessauslegung und Prozessüberwachung 441
9.1 Bestimmung wirtschaftlicher Schnittbedingungen 442
9.1.1 Schnittwertgrenzen 442
9.1.2 Optimierung der Schnittwerte 444
9.1.3 Berechnung des Maschinenstundensatzes 453
9.1.4 Planungsmethoden und Hilfsmittel 454
9.2 Prozessüberwachung 456

9.2.1 Sensoren für die Prozessüberwachung . . . 457
9.2.2 Signalverarbeitung und Überwachungsstrategien . . . 475
9.3 Entwicklung von Prozessmodellen für die Anwendung in der Prozessüberwachung . . . 486
9.3.1 Anforderungen und Randbedingungen für die Modellierung . . . 489
9.3.2 Generierung einer Datenbasis für die Modellbildung . . . 492
9.3.3 Modellerzeugung und Bewertung der Modellgüte . . . 495

10 Werkstückdynamik und Spannsysteme . . . 501
10.1 Werkstückeigendynamik . . . 502
10.2 Prozessanregung der Werkstückschwingungen . . . 505
10.3 Werkstückdynamik im Spannsystem . . . 507
10.4 Dämpfungswirkung von Spannmitteln . . . 509

11 Hartzerspanung mit geometrisch bestimmter Schneide . . . 511
11.1 Einordnung und Einsatzgebiete . . . 512
11.2 Werkzeuge und Werkzeugmaschinen . . . 514
11.2.1 Werkzeuge . . . 514
11.2.2 Werkzeugmaschinen . . . 514
11.3 Technologische Verfahrensgrundlagen . . . 515
11.3.1 Spanbildung . . . 515
11.3.2 Oberflächenausbildung . . . 518
11.3.3 Randzonenbeeinflussung . . . 519

12 Verfahren mit rotatorischer Hauptbewegung . . . 525
12.1 Drehen . . . 526
12.1.1 Plandrehen . . . 528
12.1.2 Runddrehen . . . 529
12.1.3 Schraubdrehen . . . 530
12.1.4 Profildrehen . . . 531
12.1.5 Formdrehen . . . 532
12.1.6 Weitere Verfahrensvarianten . . . 533
12.1.7 Rotationsdrehen . . . 534
12.2 Fräsen . . . 536
12.2.1 Verfahrensvarianten, spezifische Merkmale und Werkzeuge . . . 540
12.3 Bohren . . . 566
12.3.1 Profilsenken . . . 567
12.3.2 Rundbohren . . . 568
12.4 Sägen . . . 596
12.4.1 Bandsägen . . . 596
12.4.2 Hubsägen (Bügelsägen) . . . 599
12.4.3 Kreissägen . . . 600

13 Verfahren mit translatorischer Hauptbewegung . . . 603
13.1 Räumen . . . 604
13.1.1 Plan- und Rundräumen . . . 605
13.1.2 Profilräumen . . . 608
13.1.3 Formräumen . . . 611
13.2 Wälzschaben . . . 615
13.3 Hobeln und Stoßen . . . 619
13.3.1 Planstoßen und Planhobeln . . . 619
13.3.2 Wälzstoßen . . . 621
13.3.3 Wälzhobeln . . . 629

Literatur . . . 631

Patente . . . 665

Normen . . . 667

Richtlinien . . . 671

Internet . . . 673

Stichwortverzeichnis . . . 675

1 Einleitung

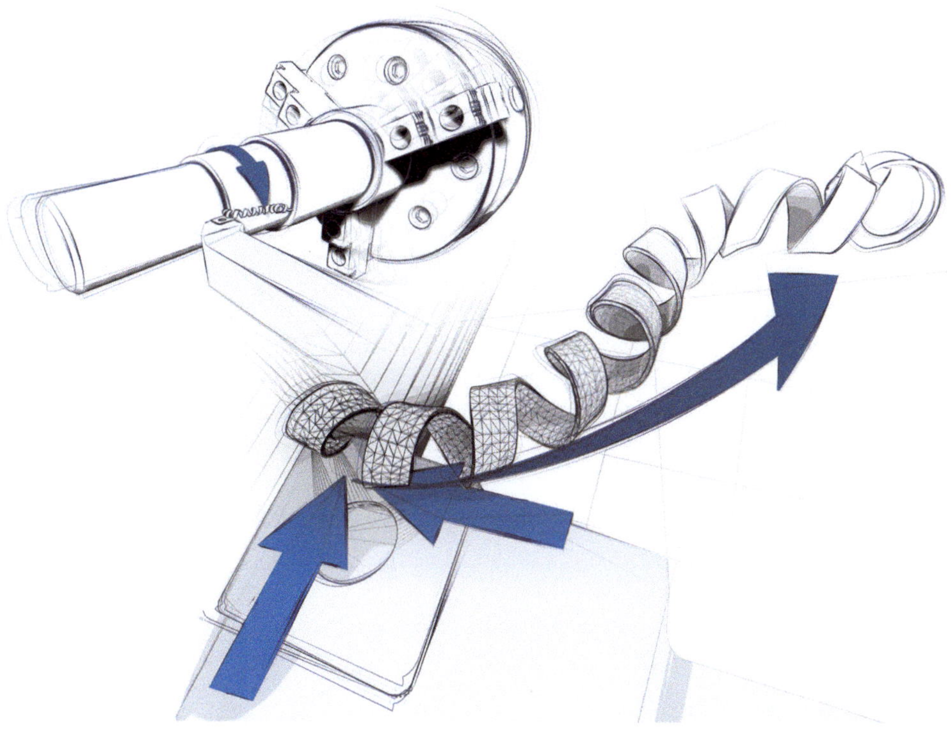

F. Klocke, *Fertigungsverfahren 1*, VDI-Buch,
https://doi.org/10.1007/978-3-662-54207-1_1

Schon vor rund 12.000 bis 50.000 Jahren konnten Menschen Steinwerkzeuge mit bewusst hergestellter Arbeitskante durch Variation der Schneidengeometrie an die jeweilige Bearbeitungsaufgabe anpassen, wie die dargestellten Werkzeugfunde aus der Altsteinzeit zeigen, vgl. Abb. 1.1.

Einen Einschnitt in der Entwicklungsgeschichte der Werkstoff- und Fertigungstechnik stellt die Erfindung der Gewinnung von Metallen wie Kupfer, Zinn und Eisen dar. Seit etwa 700 v. Chr. wurden Werkzeuge fast ausschließlich aus Eisen hergestellt. Zu Beginn des 17. Jh. führten ständige Verbesserungen der Eisenverhüttung zur bevorzugten Verwendung von Eisen und Stahl als Konstruktionswerkstoff vor den anderen damals bekannten Metallen und vor dem bislang dominierenden Werkstoff Holz.

Von dem starken Wachstum der Textilindustrie und der Erfindung der Dampfmaschine inspiriert, setzten zu Beginn des 19. Jh. verstärkt fertigungstechnische Untersuchungen ein, die in der zweiten Hälfte des 19. Jh. zu ersten systematischen Untersuchungen der spanenden Fertigungsverfahren führten und dadurch ein neues Forschungsgebiet initiierten, die Zerspanungslehre. Die weiteren, daraufhin folgenden Untersuchungen führten am Ende des 19 Jh. zur Entdeckung neuer Schneidstoffe und um die Jahrhundertwende zur Entwicklung des Schnellarbeitsstahls durch den Amerikaner F.W. Taylor, dem damit ein bedeutender Beitrag zur fertigungstechnischen Entwicklung gelang [Tayl07]. Im Zusammenhang mit diesen Entwicklungen formulierte Schlesinger den Ausspruch: „Auf der Schneide des Stahles sitzen die Dividenden, die Schnelligkeit dieser Schneiden ist aber eine Funktion der sie bewegenden Maschine, und bei den steigenden Arbeitslöhnen ist daher die Bearbeitungsmaschine Trumpf“ [Schl11].

In diesem Sinne standen die anschließenden Forschungen, die zur Entwicklung des Hartmetalls im Jahre 1923 durch Schröter [Schr23, DRP25] bei der Osram Studiengesellschaft für elektrische Beleuchtung und dessen Einsatz in der Zerspanung durch die Friedr. Krupp AG als sog. WIDIA Hartmetall führten. Es folgte die Erfindung der Schneidstoffe

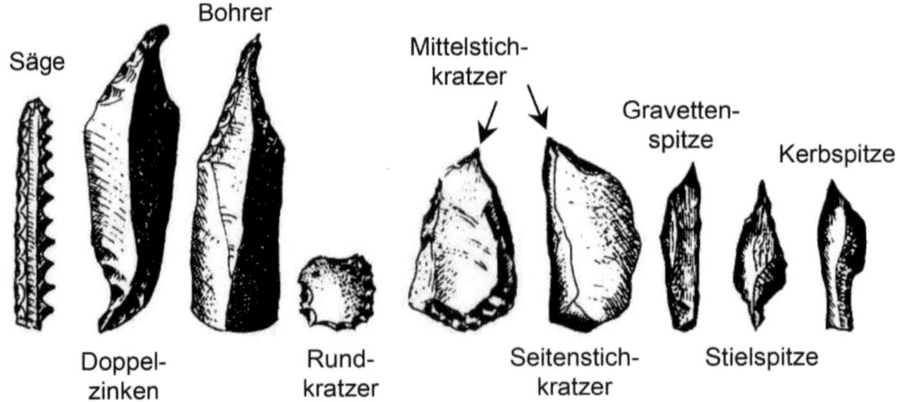

Abb. 1.1 Feuersteinwerkzeuge, nach Kernd'l [Kern72]

auf oxidkeramischer Basis und deren Einsatz in der Zerspanung ab 1938 durch Osenberg sowie die Entwicklung und Synthetisierung des superharten Schneidstoffs cBN (kubisch-kristallines Bornitrid) 1956 durch WENTORF [Went57]. Die Veredelung von Zerspanungswerkzeugen mit verschleißresistenten Hartstoffbeschichtungen ab 1968 durch die Firmen Sandvik Coromant und Friedr. Krupp AG hat wesentlich zur Verbesserung der Produktivität und Wirtschaftlichkeit beigetragen [Sche88].

Um die ständig steigenden Anforderungen an die Werkstückqualität und die Wirtschaftlichkeit der Bearbeitungsprozesse erfüllen zu können, müssen alle für die Produktivität und Werkstückqualität relevanten Einflussgrößen berücksichtigt werden: Schneidkeilgeometrie, Verfahrenskinematik, Schnittparameter, Werkstoffe, Schneidstoffe und ihre Beschichtungen, Verschleißverhalten sowie die eingesetzten Hilfsstoffe. Zur Unterstützung der geforderten Kenntnisse kann der Ausspruch SCHLESINGERS gelten: „Die Werkzeugmaschine muss von der Wirkstelle aus konstruiert werden."

Als Einstieg in die Thematik wird dem gesamten Kompendium ein verfahrensübergreifendes Kapitel zur überblicksartigen Darstellung der wichtigsten Qualitätsmerkmale von Werkstücken und deren Prüfmethoden vorangestellt.

2 Fertigungsmesstechnik und Werkstückqualität

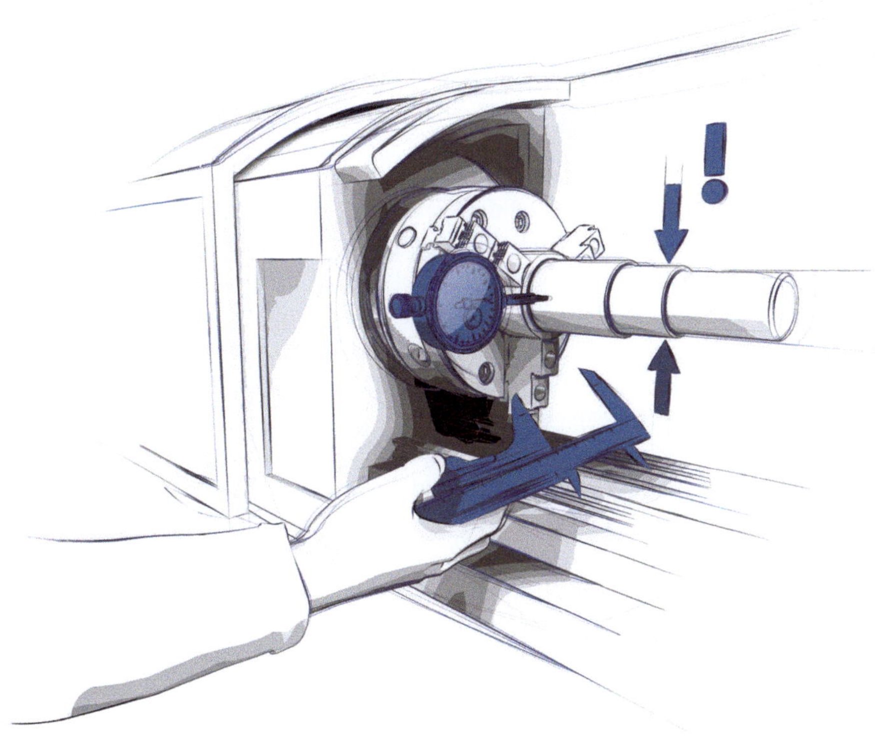

F. Klocke, *Fertigungsverfahren 1*, VDI-Buch,
https://doi.org/10.1007/978-3-662-54207-1_2

2.1 Fertigungsstörungen und Fertigungshistorie

Die grundsätzliche Aufgabe der Fertigung besteht darin, Werkstücke mit vorgegebenen Qualitätsmerkmalen in der geforderten Menge sowie zeit- und kostenoptimal zur Verfügung zu stellen. Auf jeden Fertigungsprozess wirken von außen und auch von innen (aus dem Prozess heraus) Störgrößen. Aus diesem Grund werden die funktionsbestimmenden Eigenschaftsmerkmale der Bauteile mit Toleranzen versehen. Liegt ein Kennwert außerhalb der zulässigen Toleranz, ist er fehlerhaft. Deshalb müssen wichtige Funktionsmerkmale bereits während der Fertigung oder auch am Ende der Fertigung geprüft werden. Wichtige Störgrößen, die als Fehlerursachen in der Fertigung berücksichtigt werden müssen, sind: Störungen aufgrund statisch wirkender Kräfte, wie Durchbiegungen durch das Eigengewicht der Werkstücke oder Spannfehler; Störungen infolge dynamischer Kräfte, die zu selbsterregten oder fremderregten Schwingungen führen; Störungen aufgrund thermischer Einflüsse, wie Verlagerungen zwischen Werkzeug und Werkstück durch Prozesswärme oder durch interne Wärmequellen der Fertigungsmaschine sowie Störungen infolge von Werkzeugverschleiß, Abb. 2.1. In diese Gruppe gehören auch Störungen, die aus der Eingriffskinematik zwischen Werkzeug und Werkstück resultieren, wie Hüllschnittabweichungen beim Wälzfräsen oder Beugungseffekte an optischen Flächen durch systematisch aufgebrachte Drehriefen.

Funktionsbestimmende Qualitätsmerkmale können durch makrogeometrische oder mikrogeometrische Eigenschaften definiert sein. Zu den makrogeometrischen Eigenschaften gehören z. B. die Maß-, Form- und Lagegenauigkeit von Geometrieelementen. Als mikrogeometrische Kenngrößen sind beispielsweise Oberflächenkennwerte, wie die Rautiefe, der Mittenrauwert oder die Glättungstiefe, eingeführt. Häufig ist es aber auch notwendig, zur Funktionserfüllung bestimmte Eigenschaften zu tolerieren, die unterhalb der Oberfläche in der Oberflächenrandzone liegen. Diese können Härtewerte, Eigenspannungen oder bestimmte Gefügeeigenschaften sein.

Die in jedem Fertigungsprozess auftretenden Schwankungen der Merkmale lassen sich grundsätzlich auf den Einfluss systematisch und zufällig auftretender Störungen zurückführen. Systematische Fehler sind systembedingt. Sie sind unter gleichen Randbedingungen reproduzierbar und verändern das Merkmal in eine Richtung, es entsteht ein Fertigungstrend. Systematisch wirkende Störungen bewirken Merkmalsabweichungen. Wenn die Ursachen systematischer Fehler bekannt sind, können sie korrigiert und kompensiert werden. Beispiele für systematische Abweichungen sind geometrische Fehler der Maschinenführungen und die Ausbildung von Schneidkantenversatz durch kontinuierlichen Verschleiß des Drehwerkzeuges in Drehprozessen. Auch Veränderungen der Schnittkraft durch plötzliche Schnitttiefenschwankungen und damit verbundene Werkstückdurchbiegungen können systematischer Natur sein, Abb. 2.2.

Zufällig auftretende Störungen führen zur Veränderung von Merkmalen, deren Auswirkungen nicht streng deterministisch vorhersagbar sind. Sie beeinflussen das Ergebnis sowohl in positiver wie in negativer Richtung. Das Arbeitsergebnis wird unsicher. Der Einfluss zufälliger Störungen auf das Arbeitsergebnis kann jedoch statistisch erfasst werden.

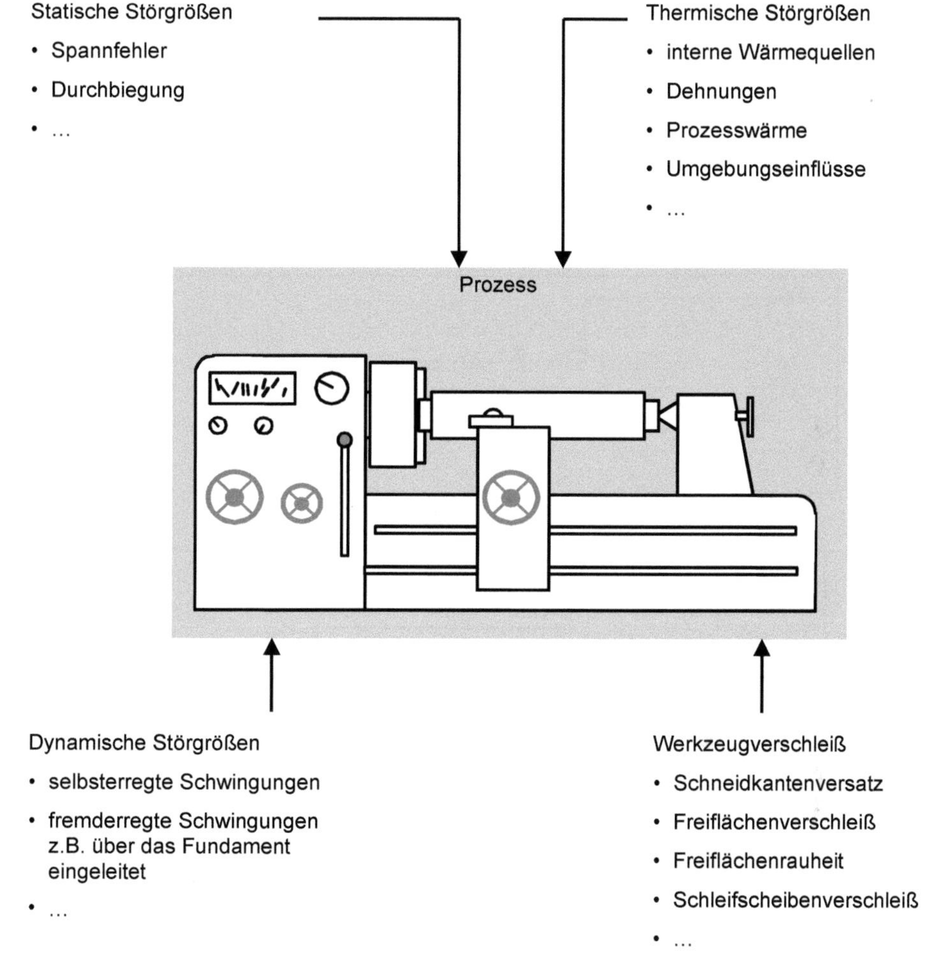

Abb. 2.1 Störgrößen in der Fertigung

Beispiele hierfür sind Schwankungen im Gefüge des Werkstoffs, zufällige Temperaturschwankungen oder plötzlich auftretende selbsterregte Schwingungen (Ratterschwingungen). Es ist nicht immer leicht möglich, im realen Prozess eindeutig auf systematische oder zufällige Einflüsse zurückzuschließen.

Eine wichtige Kenngröße, mit der die Wirkung zufälliger Störungen auf ein Qualitätsmerkmal (auf die Streuung eines Qualitätsmerkmals) beschrieben wird, ist die Prozessfähigkeit, bzw. der Prozessfähigkeitsindex, c_p, Abb. 2.3.

Die Anwendung der genannten Prozessfähigkeitsindizes setzt voraus, dass die Merkmale normal verteilt streuen. In der Praxis wird häufig gefordert, dass $c_p \geq 1{,}33$ ist. Der Prozessfähigkeitsindex wird immer dann zum dominierenden Prozessauslegungskriterium, wenn große Stückzahlen mit höchstmöglicher Produktivität hergestellt werden müssen. Wenn beim Betreiben von Prozessen an Leistungsgrenzen nicht sichergestellt

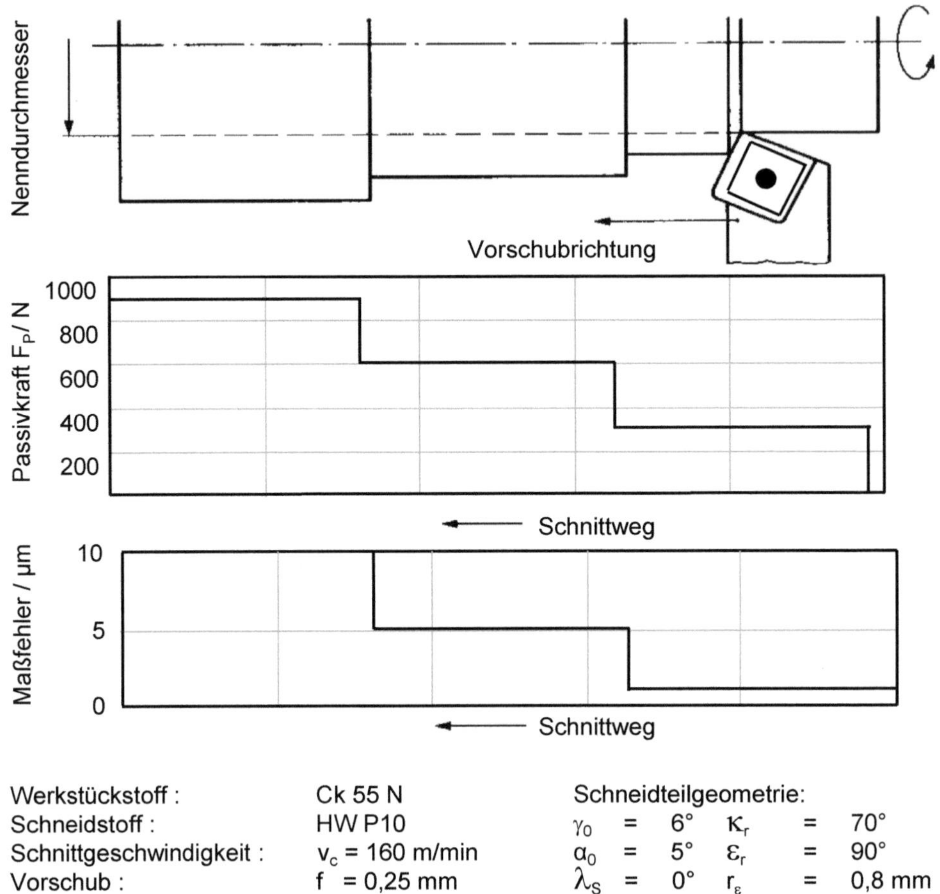

Abb. 2.2 Einfluss der Passivkraft auf die Maßgenauigkeit

ist, dass alle am Prozess beteiligten Wirkelemente sicher arbeiten, kommt es zu Fertigungsstreuungen. Wenn beispielsweise in einem Zerspanprozess Schneidkanten zufällig durch Schneidkantenbrüche oder Schichtversagen ausfallen, kann dies sofort zu einer signifikanten Beeinflussung der Prozessfähigkeit führen. Ein anderes Beispiel für kritische Prozessbedingungen ist, wenn bei hohen Prozessleistungen in das Werkstück eingetragene Wärmemengen dazu führen, dass thermische Dehnungen zu einer erhöhten Streuung von Geometriemerkmalen führen. Mit diesen Beispielen wird deutlich, dass Mess- und Prüfverfahren in der Fertigung sowohl zur Sicherstellung der Qualität am gefertigten Bauteil als auch zum Einfahren von Prozessen und zur Prozessentwicklung notwendig sind.

Im Allgemeinen sind zur Fertigung eines Bauteils mehrere Fertigungsschritte notwendig. Der Fertigungsfortschritt erfolgt in einer Fertigungskette oder Fertigungsfolge. Jeder Fertigungsschritt hinterlässt am Bauteil (Geometrie, Oberfläche, Oberflächenrandzone)

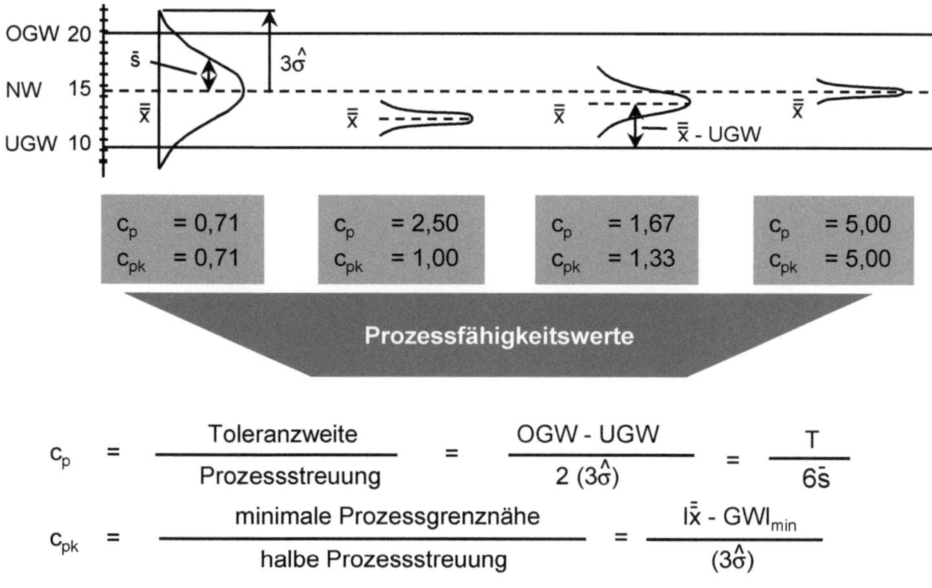

$\bar{s}$: mittlere Standardabweichung der Stichproben — OGW: Oberer Grenzwert
$\hat{\sigma}$: Abschätzung der Streuung der Grundgesamtheit — UGW: Unterer Grenzwert
$\bar{\bar{x}}$: Mittelwert der Mittelwerte der Stichproben — NW: Nennwert

Abb. 2.3 Prozessfähigkeitswerte

charakteristische Veränderungen. Es entsteht eine Fertigungshistorie, Abb. 2.4. Die Ausgangsbeschaffenheiten des Bauteils nach einem bestimmten Fertigungsschritt sind wiederum Eingangsgrößen für die folgenden Bearbeitungsschritte. Dabei kann es zu signifikanten Wechselwirkungen zwischen dem aktuellen Prozessschritt und den vorangegangenen Veränderungen kommen.

Die in Abb. 2.5 gezeigte Bohrung in einem Getriebebauteil konnte mit dem geforderten Prozessfähigkeitsindex und vorgegebener Produktivität nicht prozesssicher gefertigt werden, weil Eigenspannungen frei wurden, die im vorausgegangenen Druckgießprozess entstanden waren.

In Abb. 2.6 ist ein Bauteil gezeigt, dass durch Fräsen mit langen, schlanken Schaftwerkzeugen hergestellt wird.

Der Fräsprozess ist nur bei bestimmten Kombinationen für Schnittgeschwindigkeit und Zustellung stabil durchführbar, außerhalb dieser Bereiche treten Ratterschwingungen auf. Diese charakteristischen Stabilitätsbereiche müssen bekannt sein, sonst kann der Prozess nicht an der Leistungsgrenze geführt werden.

Aber nicht nur die makrogeometrisch oder mikrogeometrisch an der Oberfläche erkennbaren unzulässigen Veränderungen können den Prozess begrenzen, sondern auch unzulässige Veränderungen in der Oberflächenrandzone. Abb. 2.7 zeigt eine Turbinenscheibe, bei

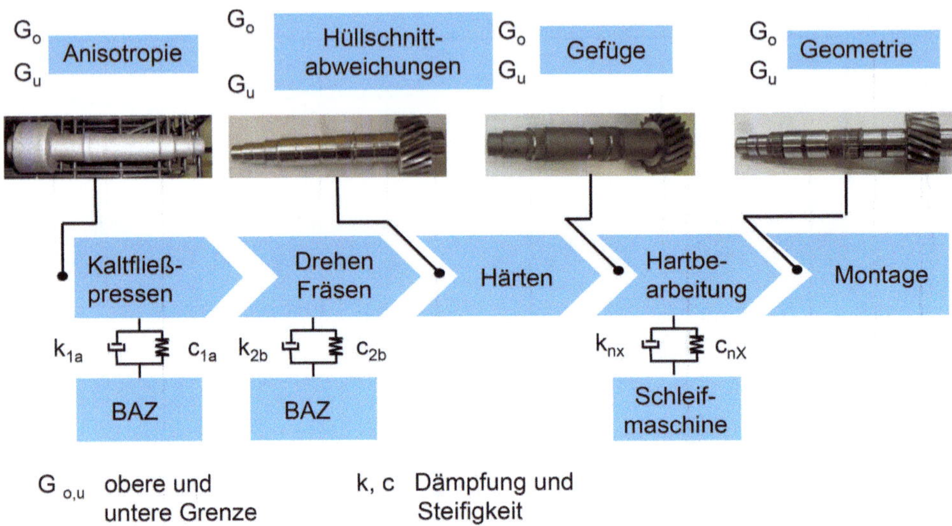

Abb. 2.4 Fertigungshistorie (Quelle: Getrag Ford)

Herstellverfahren: Urformen, spanende Bearbeitung

Fertigungsstreuungen: Beeinflusst durch Eigenspannungen, Aufspannung

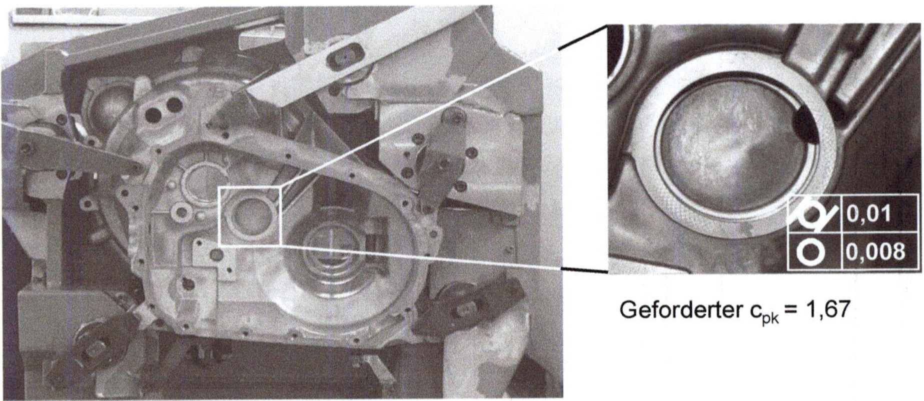

Beispielwerkstück: PKW-Getriebegehäuse aus Mg-Legierung AZ 91hp Grundtoleranz IT 4

Abb. 2.5 Gehäusebauteil

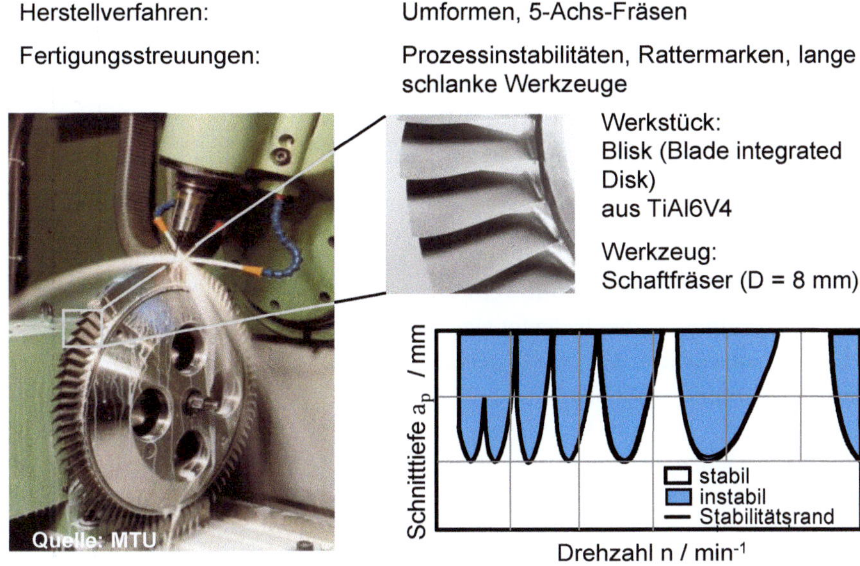

Abb. 2.6 Stabilitätsgrenzen beim Fräsen eines BLISK

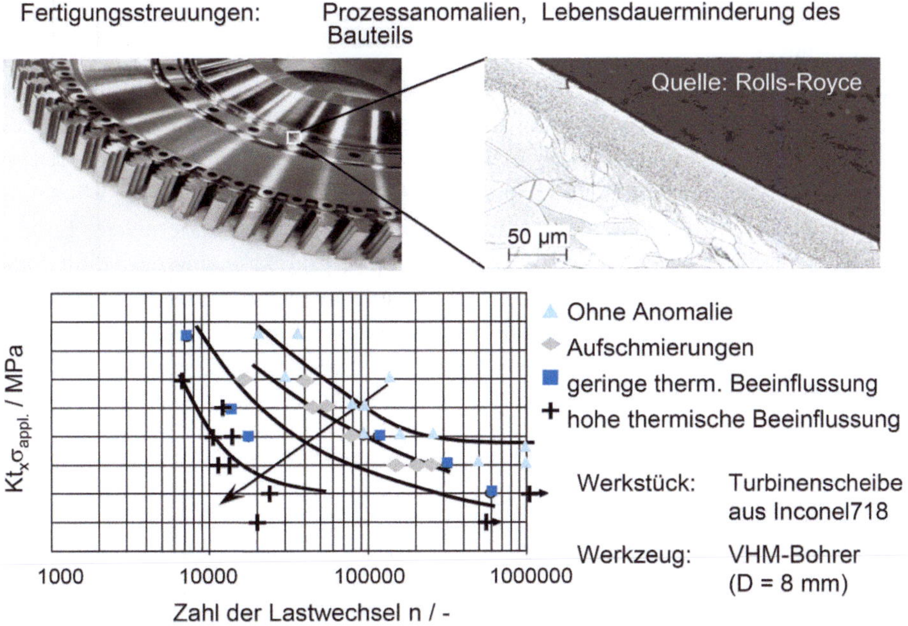

Abb. 2.7 Oberflächenschäden durch das Bohren mit verschlissenem Bohrer

der während der Bearbeitung der Bohrungen hohe mechanische und thermische Belastungen aufgetreten sind, die die Oberflächenrandzone so geschädigt haben, dass die Dauerfestigkeit des Bauteils deutlich herabgesetzt wurde.

2.2 Messen und Prüfen

Aus den zuvor genannten Randbedingungen der Fertigung wird deutlich, weshalb Qualitätsmerkmale in der Fertigung geprüft werden müssen. Dies kann in Stichproben erfolgen oder als 100 %-Prüfung. Dabei bedeutet eine 100 %-ige Kontrolle eines Merkmals nicht, dass Fehlerfreiheit vorliegt. Für viele sicherheitsrelevante Bauteile ist eine 100 %-ige Merkmalkontrolle vorgeschrieben.

Prüfen heißt feststellen, ob der Prüfling den geforderten Merkmalen, wie z. B. Maß, Form oder Oberflächengüte, entspricht. Die Feststellung kann auf verschiedene Arten erfolgen, sodass nach *subjektivem Prüfen* und *objektivem Prüfen* unterschieden wird.

Subjektives Prüfen wird über die Sinneswahrnehmungen des Prüfers z. B. durch Sicht- und Tastprüfungen durchgeführt. Beispiele hierfür sind die Beurteilung von Gratbildungen an Bauteilkanten oder auch das Auftreten von Schattierungen auf polierten Flächen.

Beim objektiven Prüfen wird der Prüfer durch Prüfmittel unterstützt. Es wird dabei zwischen zwei weiteren Methoden unterschieden, dem Messen und dem Lehren.

Messen ist Vergleichen eines Merkmals mit einem Normal. Das Ergebnis ist ein Messwert. Lehren ist Vergleichen des Prüfgegenstandes mit einem Maß oder einer Form. Als Ergebnis steht die Information, ob die Forderungen eingehalten wurden oder nicht (Gut oder Ausschuss).

Prüfmittel werden in Messgeräte, Lehren und Hilfsmittel eingeteilt. Messgeräte und Lehren zeichnen sich durch Maßverkörperungen aus, die die Messgröße verkörpern. Maßverkörperungen können mechanisch, elektrisch, optisch und elektronisch realisiert sein. Mechanische Maßverkörperungen können z. B. Abstände von Flächen oder Winkellagen von Flächen sein. Anzeigende Messgeräte besitzen bewegliche Markierungen, Teilungen oder Zählwerke. Bei diesen Geräten kann der Messwert direkt analog oder digital abgelesen werden. Im Gegensatz dazu verkörpern Lehren entweder nur das Maß oder aber das Maß und die Form des geforderten Merkmals. Zwischenwerte sind nicht bestimmbar.

Tabelle 2.1 gibt einen Überblick über die erreichbaren Genauigkeiten bei Anwendung unterschiedlicher Fertigungsverfahren.

2.2.1 Messfehler

Jedes Messergebnis ist grundsätzlich mit Fehlern behaftet. Mögliche Einflüsse, die zu Messfehlern führen, sind in Abb. 2.8 in einem ISHIKAWA-Diagramm dargestellt. Die

Tab. 2.1 Überblick über Fertigungsqualitäten

	Grundtoleranzgrade IT															
	1	2	3	4	5	6	7	8	9	10	11	12	13	14	15	16
Urformen											X	X	X	X	X	X
Gesenkformen (warm)									X	X	X	X	X	X	X	X
Durchdrücken (kalt)							X	X	X	X	X					
Tiefziehen					X	X	X	X	X							
Drehen					X	X	X	X	X	X						
Bohren								X	X	X	X	X	X			
Reiben					X	X	X	X								
Fräsen						X	X	X	X	X	X	X				
Schleifen	X	X	X	X	X	X	X	X								
Erodieren		X	X	X	X	X										

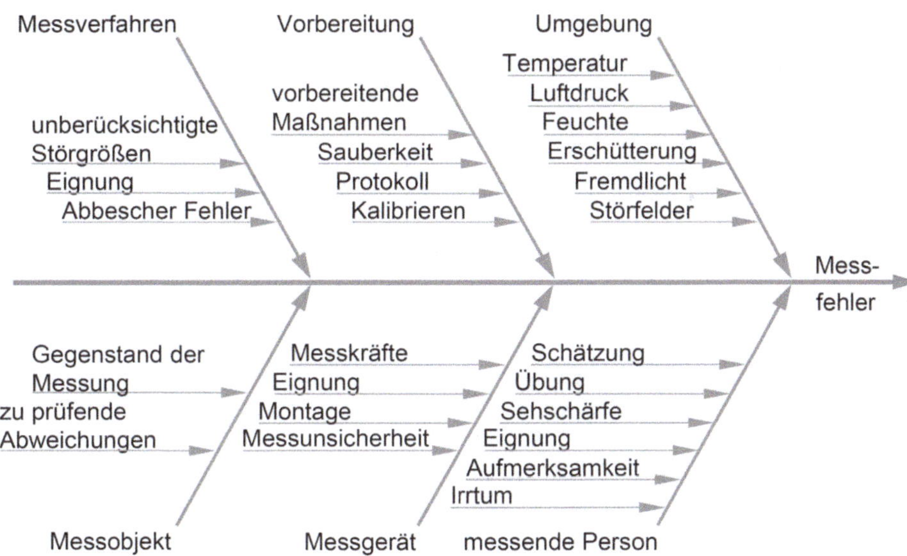

Abb. 2.8 Ursachen für Messabweichungen durch den Messvorgang

Ursachen für Messfehler können im Messverfahren, Messgerät, Messobjekt, in der Messperson, Vorbereitung und Umgebung liegen.

Um eine hohe Messgenauigkeit zu erreichen, ist es notwendig, die genannten Einflüsse zu berücksichtigen und sie ggf. zu minimieren, zu kompensieren oder zumindest hinsichtlich ihrer Größe abzuschätzen. Auch beim Messen können grundsätzlich systematische und zufällige Störungen unterschieden werden [DIN1319a].

2.2.2 Makro- und Mikrogeometrie von Bauteilen

Gestaltabweichungen Im Sprachgebrauch wird häufig zwischen makrogeometrischen Kenngrößen und der Oberflächengüte an Bauteilen unterschieden. Unter makrogeometrischen Kenngrößen versteht man die Maß-, Form- und Lageabweichungen. Die Oberflächengüte wird durch Rauheitskenngrößen beschrieben. Die Übergänge sind nicht immer eindeutig zu definieren. In DIN 4760 wird ein allgemeines Ordnungssystem für die Gestaltabweichungen vorgeschlagen, Abb. 2.9. Dazu ist es zunächst notwendig, die Oberflächen eindeutig zu definieren. Die wirkliche Oberfläche (Primäroberfläche, s. DIN EN ISO 4287) ist die wirklich am Bauteil vorhandene Oberfläche. Die Istoberfläche ist die messtechnisch erfasste Oberfläche. Sie kann sich von der wirklichen Oberfläche unterscheiden, weil jedes Messverfahren nur angenähert die wirkliche Oberfläche erfassen kann. Eine geometrisch ideale Oberfläche wird bei der konstruktiven Gestaltung angenommen und ist Basis der Tolerierungen. Mit diesen Festlegungen werden in Abb. 2.9 sechs Gruppen von Gestaltabweichungen definiert.

Die Gestaltabweichungen 1. Ordnung (siehe auch die folgenden Abschnitte) sind häufig Folge systematischer Fehler. Bei den Welligkeiten, den Gestaltabweichungen 2. Ordnung, ist nicht eindeutig zu sagen, ob sie durch systematische oder zufällige

Gestaltabweichungen (in überhöhter Darstellung)	
	1. Ordnung: Unebenheiten
	2. Ordnung: Welligkeiten
	3. Ordnung: Rillen (Rauheit)
	4. Ordnung: Riefen, Schuppen (Rauheit)
nicht in einfacher Weise bildlich darstellbar	5. Ordnung: Gefügestrukturen 6. Ordnung: Gitterstrukturen
	Überlagerung der Gestaltabweichungen 1. bis 4. Ordnung

Abb. 2.9 Gestaltabweichungen, nach DIN 4760

Einflüsse ausgelöst wurden. So ist eine Unwucht eines umlaufenden Werkzeuges und eine daraus folgende periodische Schwingung fremderregt. Plötzlich auftretende Ratterschwingungen sind selbsterregt. Um systematische oder zufällige Fehlerursachen auszuschalten, sind i.Allg. grundsätzlich unterschiedliche Maßnahmen notwendig. Die Gestaltabweichungen 3. Ordnung treten ebenfalls regelmäßig auf, sie sind auf die Durchdringung zwischen Werkzeug und Werkstück zurückzuführen, und sie werden häufig durch Durchdringungsrechnungen bestimmt. Beispiele hierfür sind die kinematische Rauheit beim Drehen, Oberflächenmarkierungen beim Umfangsfräsen und Hüllschnittabweichungen beim Wälzfräsen. In diesen Fällen kann über die Erzeugungskinematik und die Werkzeugauslegung gezielt Einfluss auf die Gestaltabweichungen genommen werden. Die höheren Ordnungen der Gestaltabweichungen treten vorwiegend zufällig auf. Als Beispiele für Gestaltabweichungen 4. Ordnung können Spanbildungsvorgänge und Abtragvorgänge genannt werden. Die Rauheiten 5. Ordnung machen Gefügeeigenschaften an der Oberfläche sichtbar. Dies kann bei der Hochpräzisionsbearbeitung optischer Metallspiegel eine wichtige Rolle spielen. So können beim Hochpräzisionsdrehen multikristalliner Metalle Korngrenzen auf der Oberfläche sichtbar werden, weil die einzelnen Kristalle unterschiedliche Orientierungen und damit unterschiedliche Steifigkeiten aufweisen. Hier werden Anisotropien der Körner nach Bearbeitung an der Oberfläche sichtbar.

Auf einer wirklichen Oberfläche sind i.Allg. alle Gestaltabweichungen überlagert. Um Rauigkeiten und Welligkeiten in einem Messvorgang voneinander trennen zu können, werden Filtertechniken angewandt [DIN EN ISO 4287]. In den folgenden Abschnitten wird auf die makrogeometrischen Gestaltabweichungen, Formabweichungen und Lageabweichungen, sowie die zugehörige Messtechnik eingegangen. Abschnitt 2.4 und die Folgenden beschreiben die messtechnische Erfassung von Gestaltabweichungen höherer Ordnung.

Formabweichungen Als Formabweichungen werden Abweichungen von einer vorgeschriebenen, idealen geometrischen Eigenschaft wie Geradheit, Ebenheit, Rundheit oder Zylinderform bezeichnet [DIN EN ISO1101, VDI2601].

Im Folgenden werden einige Beispiele für Formfehler und ihre Ursachen genannt, Abb. 2.10.

- Ursache für Abweichungen von der Zylinderform eines Werkstückes kann das unsachgemäße Ausrichten des Werkstückes auf der Werkzeugmaschine gegenüber dem Werkzeug sein.
- Eine weitere Ursache für Formabweichungen ist die kontinuierliche zeitliche Veränderung der Werkzeuggeometrie durch Verschleiß.
- Thermische Verlagerungen der Werkstücke, der Werkzeuge und der Werkzeugmaschine können ebenfalls zu Formabweichungen führen.

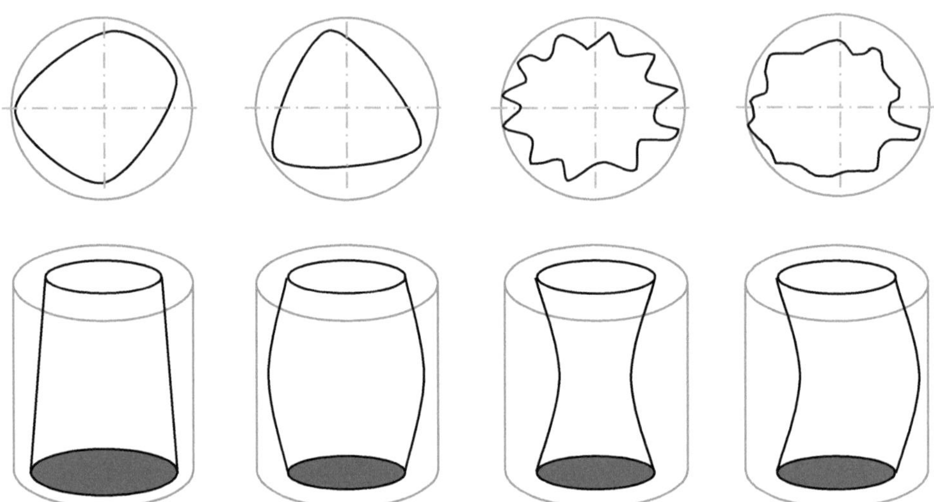

Abb. 2.10 Abweichungen von der Kreis- und von der Zylinderform

- Abweichungen von der Zylinderform können auch auftreten, wenn sich das Werkstück aufgrund einer radialen Belastung durchbiegt. Dies kann z. B. bei der Drehbearbeitung langer, dünner Bauteile auftreten, wenn das Werkstück nicht abgestützt wird, Abb. 2.2.
- Rundheitsfehler können durch unsachgemäßes Spannen der Werkstücke auf der Werkzeugmaschine entstehen.

Lageabweichungen Lageabweichungen sind Positionsabweichungen eines geometrischen Elementes gegenüber einer Referenz, wie z. B. einer Kante, Umlauflinie oder Achse von der Solllage. Im Allgemeinen wird die Lage zweier Flächen oder Achsen zueinander durch einfache Längen- oder Winkelangaben angegeben.

Lageabweichungen, wie sie in Abb. 2.11 dargestellt sind, können z. B. durch unsachgemäßes Spannen oder durch fehlerhafte Spannmittel entstehen.

2.3 Längenprüfmittel

2.3.1 Maßverkörperungen

Eine *Maßverkörperung* in der Längenprüftechnik stellt Längen bzw. Winkel durch feste Abstände bzw. Winkel zwischen Flächen oder Strichen dar. Einstellnormale sind Maßverkörperungen [DIN2257]. Die am Häufigsten verwendeten Maßverkörperungen sind die Maßstäbe.

Die wichtigsten und genauesten Maßverkörperungen der Längenprüftechnik sind Parallelendmaße. Sie bestehen aus zwei planparallelen Messflächen aus gehärtetem Stahl oder aus Hartmetall. Parallelendmaße werden in prismatischer und in zylindrischer Form

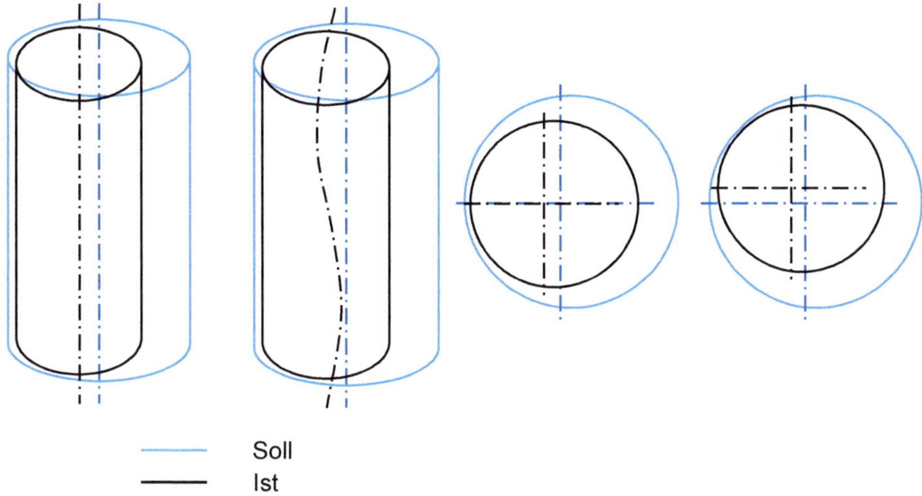

Abb. 2.11 Abweichung von Konzentrizität, Rundlauf und Parallelität

verwendet. Endmaßsätze werden aus Maßbildungsreihen gebildet. Ein Normalsatz enthält 5 Maßbildungsreihen und 45 Blöcke, aus denen nahezu beliebige Maße zusammengestellt werden können, s. Abb. 2.12. Die Messflächen sind feinstbearbeitet und so eben, dass sich einzelne Endmaße nach sorgfältiger Reinigung der Messflächen aufgrund von Adhäsion aneinanderfügen lassen und aneinander haften.

2.3.2 Lehren

Eine *Lehre* verkörpert Maße oder Formen, die in der Regel auf Grenzmaße bezogen sind [DIN2257]. Es wird zwischen Maßlehren, Grenzlehren und Formlehren unterschieden, Abb. 2.13.

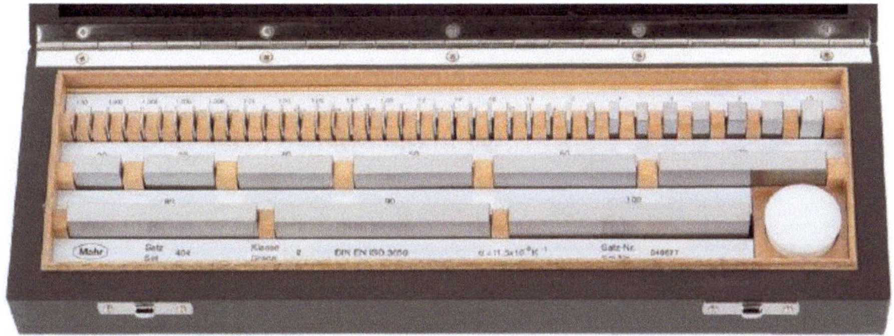

Abb. 2.12 Parallelendmaße (Quelle: Mahr)

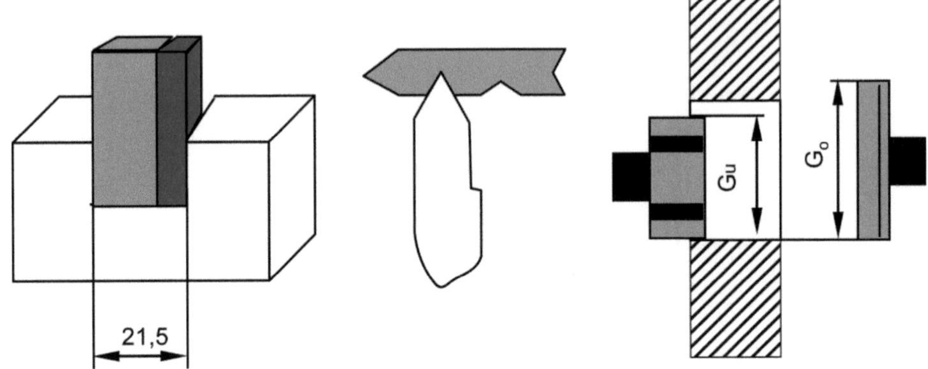

Abb. 2.13 Lehrenarten: Maßlehren, Formlehren, Grenzlehren

Maßlehren sind Teile eines Lehrensatzes, bei dem das Maß aus der Kombination von Lehren gebildet wird. Hierzu gehören z. B. die Kombination von Parallelendmaßen und die Einstellung von Fühlerlehren.

Formlehren ermöglichen die Prüfung von Profilen nach dem Lichtspaltverfahren. Hierzu gehören z. B. Winkel, Radienlehren und Gewindelehren.

Grenzlehren arbeiten nach dem Taylorschen Grundsatz: Die Gutlehre muss so ausgebildet sein, dass Maß und Form eines Werkstückes bei der Paarung mit der Lehre geprüft werden können. Mit der *Ausschusslehre* sollen nur einzelne Maße geprüft werden.

Die am häufigsten verwendeten Grenzlehren sind Grenzrachenlehren, Grenzlehrdorne, Lehrringe und Gewindelehren, Abb. 2.14. Die Ausschussseite dieser Lehren ist durch eine

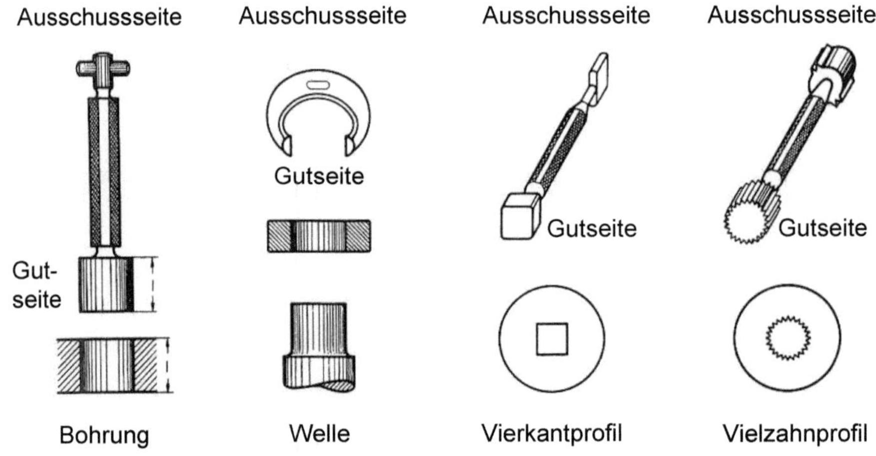

Abb. 2.14 Verschiedene Grenzlehren

spezielle Form (z. B. kurzer Prüfzylinder und angefaste Prüfbacken) und eine rote Markierung gekennzeichnet. Lehren sind die einfachsten Prüfmittel für die industrielle Fertigung.

2.3.3 Anzeigende Messgeräte

Anzeigende Messgeräte bestehen aus einer Maßverkörperung und einem Anzeigemechanismus. Der *Anzeigebereich* ist der Bereich von Messwerten, die an einem Messgerät angezeigt werden können. Der *Messbereich* ist der Teil des Anzeigebereichs, für den die Anzeigeabweichungen innerhalb der angegebenen oder vereinbarten Grenzen liegen. Der *Unterdrückungsbereich* eines Messgerätes ist derjenige Bereich, der überschritten werden muss, damit das Messgerät überhaupt anzuzeigen beginnt. Die *Messwertumkehrspanne* eines Messgerätes ist gleich dem Unterschied der Anzeigewerte, die von verschiedenen Richtungen aus ermittelt wurden (Übertragungsspiel). Die Messwertumkehrspanne eines Messgerätes ist häufig nicht konstant, sodass nur eine bestimmte untere Grenze angegeben wird. Vom Grundsatz ist die Umkehrspanne ein systematischer Fehler. Er kann kompensiert werden. Die *Empfindlichkeit* eines Messgeräts ist das Verhältnis aus einer an dem Messgerät zu beobachtenden Anzeigenänderung und der verursachenden Messgröße. Bei Längenmessgeräten ist die Empfindlichkeit das Verhältnis aus dem Weg des anzeigenden Elements (z. B. des Zeigers) und dem Weg des messenden Elements (z. B. des Messbolzen oder Messschenkel). Die Wandlung zwischen Messweg und Anzeige kann auf verschiedenen physikalischen Prinzipien beruhen. Am häufigsten werden mechanische, elektrische, pneumatische, optische und elektronische Wandlungselemente eingesetzt.

2.3.3.1 Geräte mit mechanischen Wandlern

Geräte mit mechanischen Wandlern verwenden mechanische oder optische Zeigerelemente. Die gebräuchlichsten Messgeräte der Längenprüftechnik arbeiten mit mechanischen Wandlern, wie Gewinden, Zahnstangen, Zahnrädern oder Zahnsegmenten, Abb. 2.15.

Bei mechanischen *Messschiebern* mit Gleitführungen als Übertragungselement ist die Maßverkörperung auf der Schiene aufgebracht, auf der die Anzeige, der Schieber, bewegt wird. Mechanische Messschieber verfügen über zwei verschiedene Skalierungen, die vom Betrachter gegeneinander abgelesen werden können. Die Skalierung auf dem Schieber wird zu Ehren des Mathematikers und Geographen Nonius als Nonius bezeichnet, Abb. 2.15.

Bei *Messschrauben* werden hochgenaue Gewinde als Wandler und als Maßverkörperung verwendet. Das System besteht aus einer in einer Hülse geführten Messspindel, deren vordere Stirnfläche als Messfläche ausgebildet ist und deren hinteres Ende als Maßverkörperung ein geschliffenes Gewinde trägt. Übliche Gewindesteigungen sind 0,5 mm und 1 mm. Genauso wie bei den Messschiebern werden auch hier zwei unterschiedliche Skalierungen gegeneinander abgelesen. Eine Skala ist auf die Hülse aufgebracht, die andere auf die Skalentrommel. Um die Messwerte nicht durch große Messkraftschwankungen zu

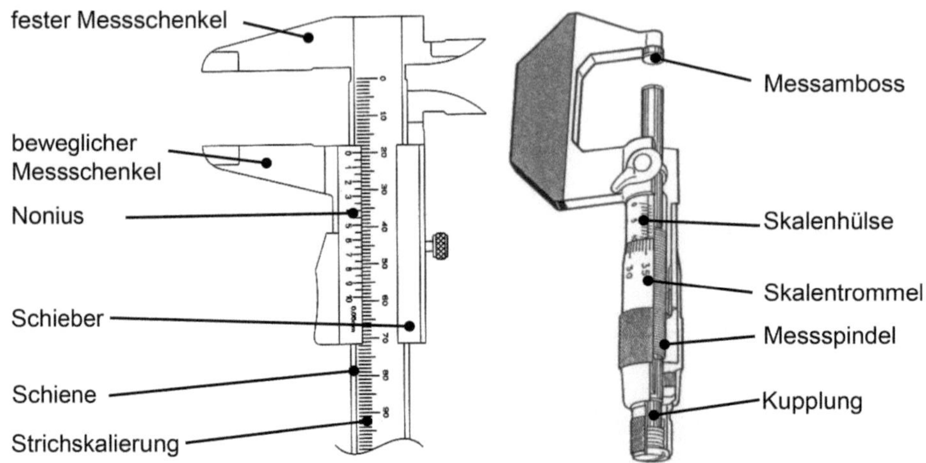

Abb. 2.15 Aufbau von Messschiebern und Bügelmessschrauben

beeinflussen, wird die Messkraft durch eine Kupplung (Ratschenkupplung) auf 5–10 N begrenzt. Messschrauben werden sowohl als Bügelmessschrauben für Außenmaße als auch als Innenmessschrauben für Innenmaße ausgeführt, Abb. 2.15.

Messuhren sind Längenmessgeräte, die mit Zahnstange und Zahnrädern als Übertragungselemente ausgestattet sind und durch die der Messbolzenweg vergrößert darstellbar ist. Die Maßverkörperung liegt im Getriebe, dem Übertragungselement, das durch richtungsabhängige Reibung und mögliches Spiel zur Messwertumkehrspanne führt. Es können Zeigerstellungen größer als 360° verwirklicht werden, Abb. 2.16.

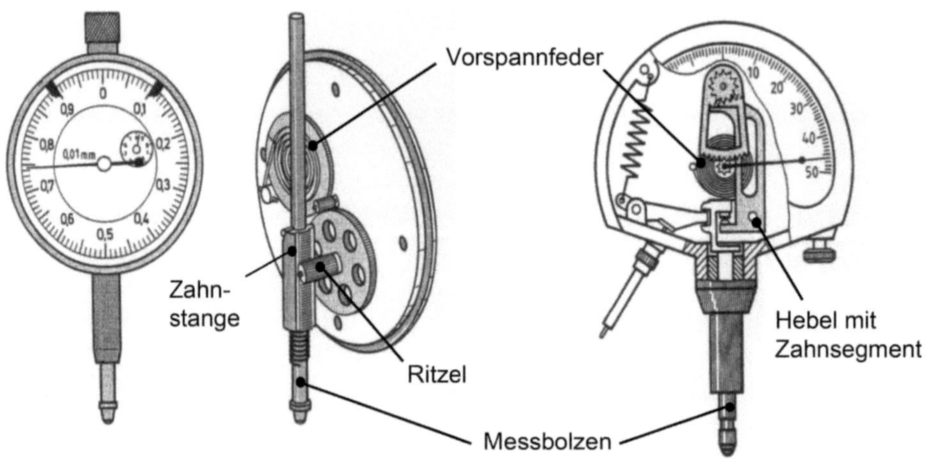

Abb. 2.16 Aufbau von Messuhren und Feinzeigern

Feinzeiger sind die genauesten mechanischen Längenmessgeräte, die im Gegensatz zu Messuhren mit einem Getriebe als Hebelsystem, Zahnsegment und Ritzel als Übertragungselemente ausgestattet sind und durch die die Bewegung des Messbolzens auf den Zeiger übertragen wird. Die Konstruktion lässt nur Zeigerstellungen kleiner als 360° zu, Abb. 2.16.

Grundsätzlich können alle beschriebenen Geräte mit mechanischen Übertragungselementen zur Verbesserung der Genauigkeit mit trägheitslosen, optischen Zeigerelementen ausgestattet werden. Je genauer das Messgerät bei gleichem Übertragungsverhalten anzeigen soll, desto länger muss der Zeiger sein. Da in den Messgeräten jedoch nur begrenzter Bauraum zur Verfügung steht und vor allem die Massenträgheit des Zeigers bei geringen Messwegen zu verfälschten Messergebnissen führen kann, werden optische Zeigerelemente eingesetzt. Das Prinzip beruht darauf, dass direkt auf die Maßverkörperung ein Lichtstrahl gerichtet wird, der je nach Stellung der Maßverkörperung in eine andere Richtung reflektiert wird, wobei der optische Zeiger reibungsfrei und trägheitslos den Messweg der Maßverkörperung anzeigt.

Eine weitere Möglichkeit zur Genauigkeitssteigerung lässt sich durch eine extrem feine Skalenteilung erreichen, die jedoch mit bloßem Auge nicht mehr betrachtet werden kann, sodass optische Vergrößerungshilfen in Form von Mikroskopen eingesetzt werden müssen. Durch das Mikroskop, ein System aus Objektiv und Okular, kann eine durch das Objektiv erzeugte Vergrößerung eines realen Bildes mittels Okular betrachtet werden. Es entsteht dadurch ein nochmals vergrößertes virtuelles Bild des Objekts. Die Gesamtvergrößerung eines Mikroskops ergibt sich als Produkt aus Objektiv- und Okularvergrößerung. Die Skalenteilung kann direkt im Okular oder durch eine Okularplatte angebracht werden. Mikroskope mit Messokularen werden als *Messmikroskope* bezeichnet.

2.3.3.2 Geräte mit elektrischen Wandlern

Bei diesen Geräten werden Änderungen der Messgröße durch Veränderung der elektrischen Eigenschaften, wie Widerstand, Induktivität und Kapazität, bestimmt. Als Maßverkörperung können die Windungen einer Spule, der Plattenabstand eines Kondensators und der Widerstand eines elektrischen Leiters dienen. Die Induktivität wird zum Beispiel durch die Eintauchtiefe eines Eisenkerns verändert, die Kapazität eines Plattenkondensators ist vom Plattenabstand abhängig, Abb. 2.17.

Die Änderung des OHMschen Widerstands kann durch Veränderung der Leiterlänge und/oder durch eine Querschnittsänderung hervorgerufen werden [Hoff04, Grot05]. Abb. 2.18 zeigt eine reale Ausführung einer Mehrstellenmessung mit induktiven Tastern.

2.3.3.3 Geräte mit optischen Wandlern

Bei diesen Längenmessgeräten wird die Welleneigenschaft des Lichtes genutzt. Als Maßverkörperung wird die Wellenlänge des Lichtes verwendet. Das Funktionsprinzip eines Laserinterferometers ist in Abb. 2.19 dargestellt.

Eine Lichtquelle sendet monochromatisches kohärentes Licht aus, dessen Strahl an einem polarisierenden Strahlteiler in einen Referenzstrahl und einen Messstrahl aufgeteilt

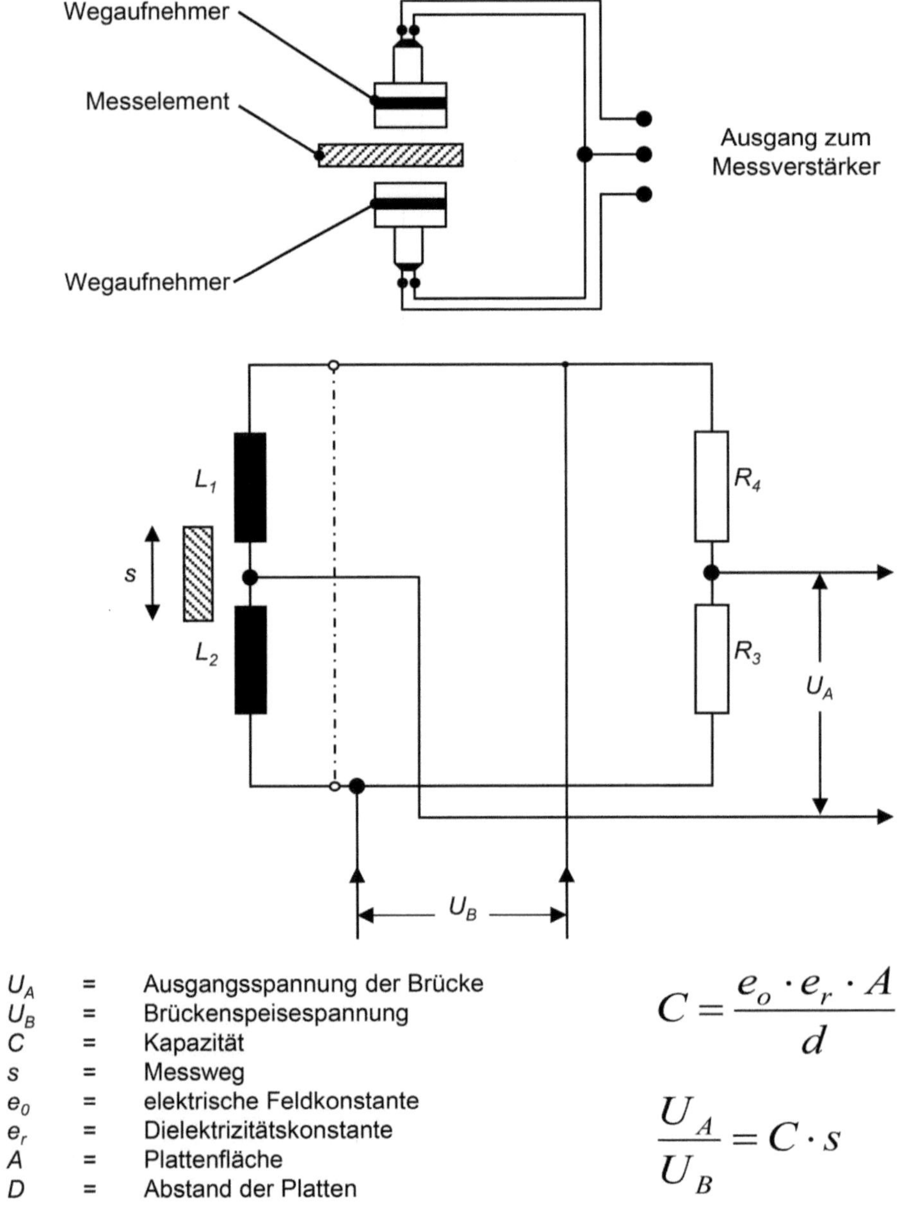

U_A = Ausgangsspannung der Brücke
U_B = Brückenspeisespannung
C = Kapazität
s = Messweg
e_0 = elektrische Feldkonstante
e_r = Dielektrizitätskonstante
A = Plattenfläche
D = Abstand der Platten

$$C = \frac{e_o \cdot e_r \cdot A}{d}$$

$$\frac{U_A}{U_B} = C \cdot s$$

Abb. 2.17 Kapazitive und induktive Messprinzipien

wird. Die Strahlen werden jeweils an einem Keilprisma reflektiert und durch Überlagern wieder vereinigt. Abschließend wird der vereinigte Strahl detektiert und ausgewertet. Wird das Keilprisma des Messstrahles verschoben, so treten aufgrund der optischen Wegunterschiede zwischen den beiden Strahlteilen nach der Vereinigung Interferenzen auf. Dies sind Lichtintensitätsschwankungen durch Lichtauslöschung und Lichtverstärkung.

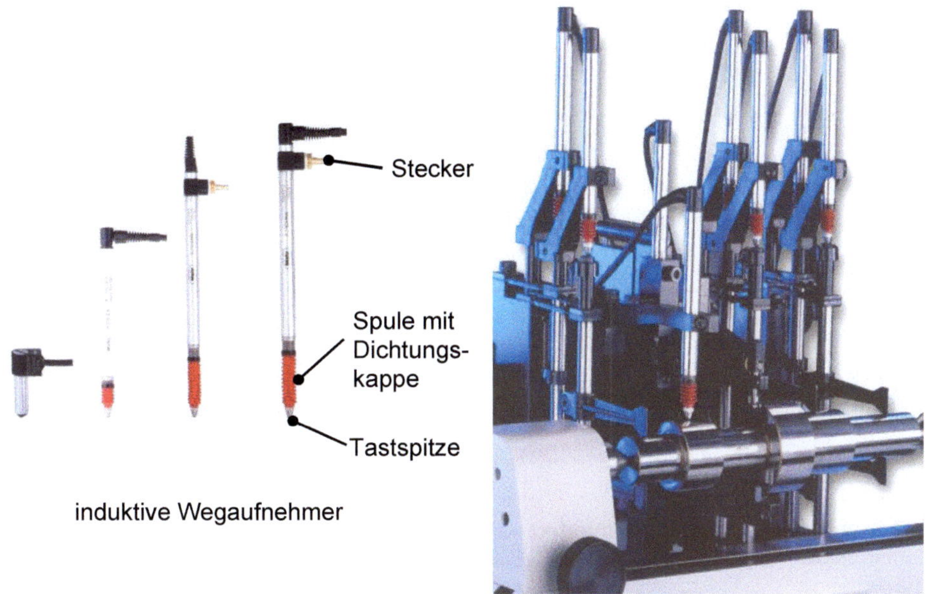

Abb. 2.18 Mehrstellenmessung mit induktiv arbeitenden Tastern

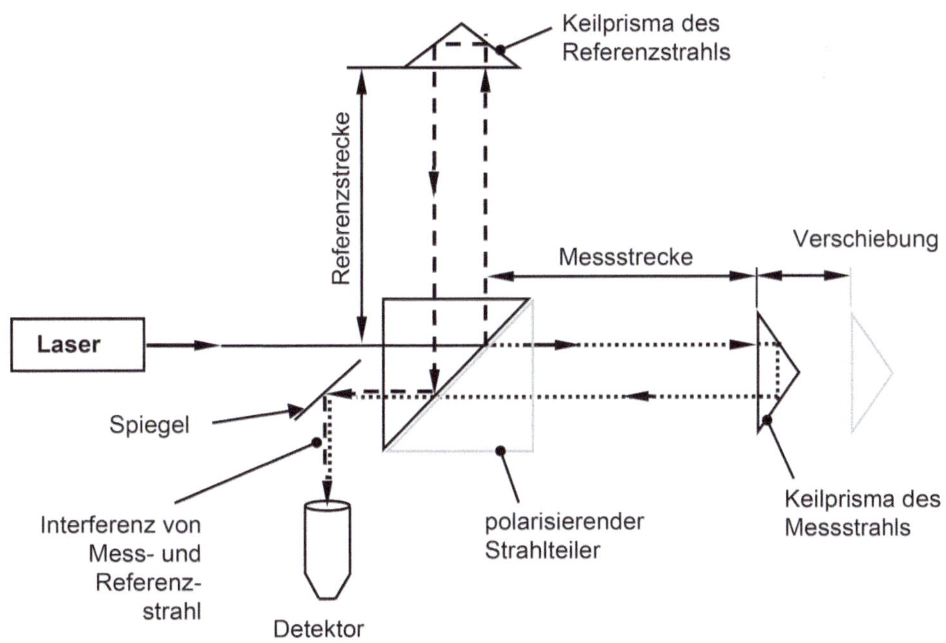

Abb. 2.19 Längenmessung mit Laserinterferometer

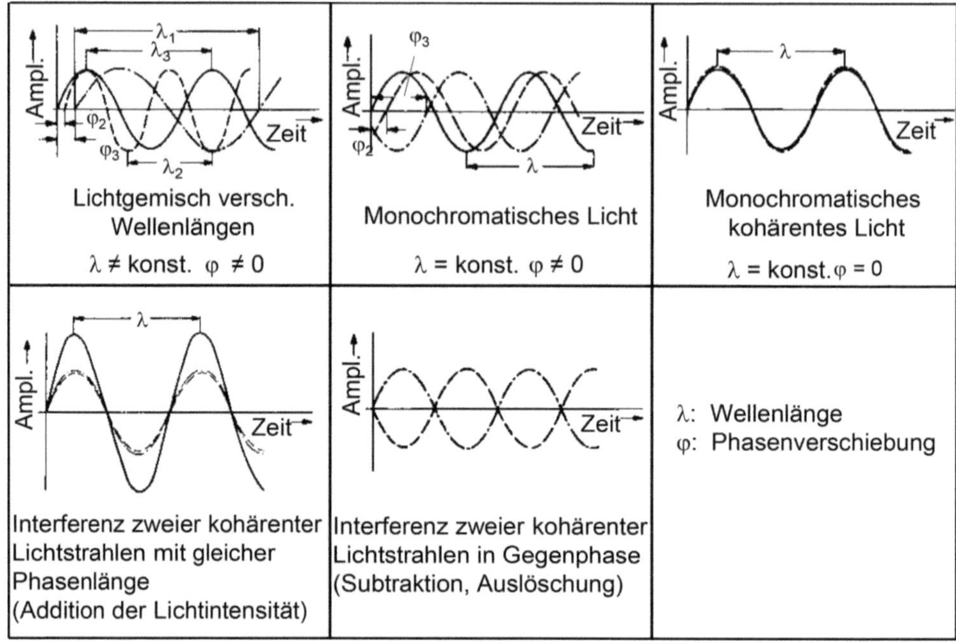

Abb. 2.20 Interferenzen

Ganzzahlige Vielfache der Wellenlängen führen zu einer Verstärkung. Phasenverschiebungen von 180 Grad bewirken eine Auslöschung des Lichtes, Abb. 2.20.

Die Zahl der Interferenzlinien steht in direktem Zusammenhang mit dem zu messenden Weg. Da die Wellenlänge des Lichtes von der Temperatur und auch vom Luftdruck und der Luftfeuchtigkeit abhängig ist, werden diese Einflüsse geräteintern kompensiert. Die Vorteile solcher Systeme liegen im großen Messbereich und insbesondere in der berührungslosen Messung.

2.3.3.4 Geräte mit pneumatischen Wandlern

Bei diesen Geräten werden Druck und Durchflussmengen als Messgrößen verwendet, Abb. 2.21 und 2.22.

Es werden Hochdruck- und Niederdruckgeräte unterschieden. Hochdruckgeräte arbeiten mit einem Betriebsdruck von größer als 0,5 bar, Niederdruckgeräte arbeiten mit einem Betriebsdruck von kleiner als 0,1 bar. Der Druckbereich zwischen 0,1 und 0,5 bar ist gerätetechnisch nicht realisiert [DIN2271a].

Abb. 2.23 zeigt das Funktionsprinzip des berührungslosen pneumatischen Messverfahrens, links wird eine Außenmessung gezeigt, rechts die Innenmessung. Wird der Messdorn so ausgelegt, dass beide Messdüsen jeweils im linearen Bereich der Kennlinie arbeiten, so kann auf eine genaue Zentrierung in der Bohrung verzichtet werden, da die Luftströme beider Düsen addiert werden und die Summe als Maß für die Gesamtspaltweite gilt. Da

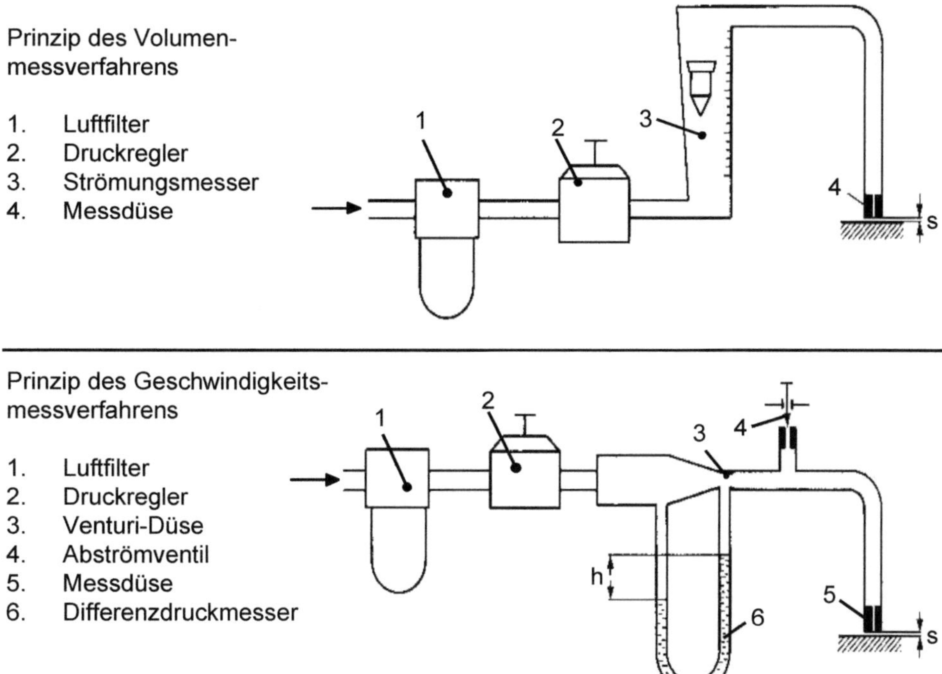

Abb. 2.21 Messprinzipien bei pneumatischer Abstandsmessung

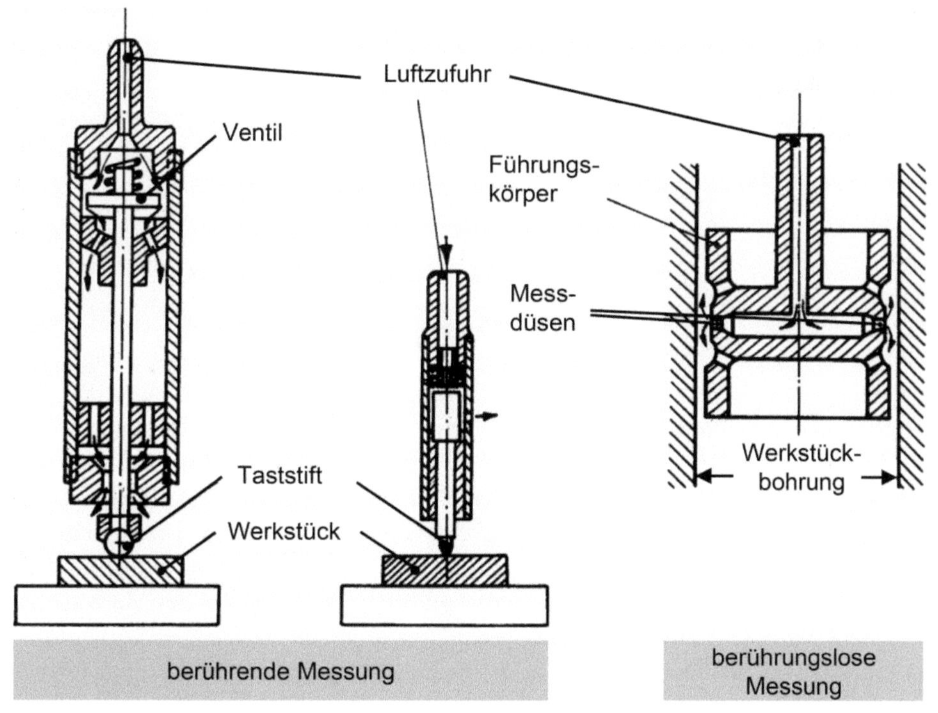

Abb. 2.22 Pneumatische Messaufnehmer

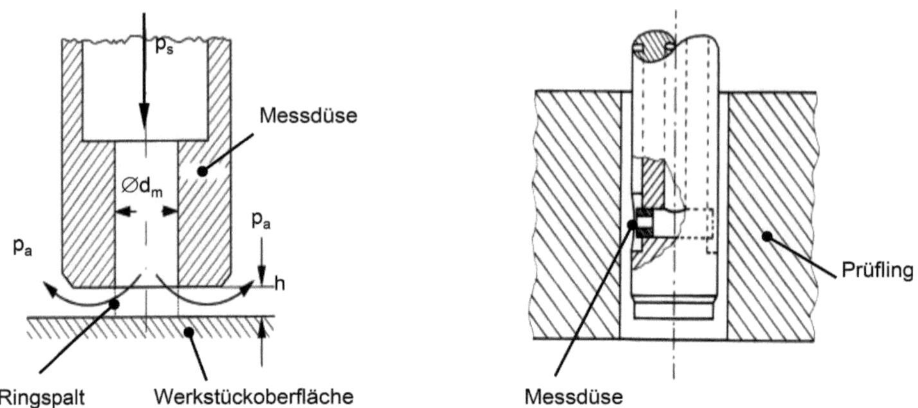

Abb. 2.23 Funktionsprinzip und Beispiel für pneumatisches Messen

es sich bei der beschriebenen Art der Bohrungsmessung um eine Zweipunktmessung handelt, kann durch Drehen des Dorns oder des Werkstücks der Durchmesserverlauf über dem Drehwinkel und somit auch die Abweichung von der Rundheit der Bohrung festgestellt werden.

Häufig sind die Messdorne speziell auf das Messen eines bestimmten Werkstückes angepasst, sodass die pneumatische Messung aus wirtschaftlichen Gründen vorwiegend in der Serienproduktion angewendet wird, insbesondere wenn eine 100 %-Prüfung gefordert wird.

Die Vorteile der berührungslosen pneumatischen Messung liegen im Selbstreinigungseffekt der Messeinrichtung (d. h. die Werkstücke müssen in der Regel nicht von Öl, Schmutz oder Mikrospänen gereinigt werden) und in der schnellen Durchführbarkeit der Messung.

2.3.3.5 Elektronische Messgeräte

Diese Geräte arbeiten mit fotoelektrischen Sensoren, durch die Hell-Dunkel-Felder eines Maßstabes in elektrische Signale umgewandelt werden. Die Maßverkörperung ist hier durch die Hell-Dunkel-Felder verwirklicht. Bevorzugt werden Impulsmaßstäbe und Codemaßstäbe als optoelektronische Wegmesssysteme eingesetzt. Genau genommen liegt ein mechanisches Führungssystem vor, dessen Positionen optoelektronisch erfasst und angezeigt werden. Dieses Wegmesssystem wird auch an Messschiebern, Messuhren und Feinzeigern verwirklicht. Es ist auch in Koordinatenmessgeräten und Werkzeugmaschinen realisiert. Zur Steuerung der Messachsen sowie zur Auswertung der Daten ist eine exakte Steuerung und eine leistungsfähige Software erforderlich, die die Güte des Messergebnisses sowie die Verwertbarkeit der Daten beeinflusst [Pfei01]. Das Messen von Freiformflächen und Zahnflankentopographien an Stirn- und an Kegelrädern mit Koordinatenmessgeräten ist Stand der Technik, Abb. 2.24.

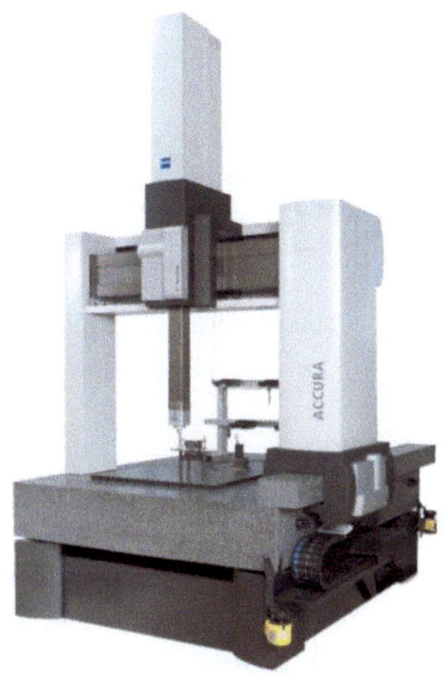

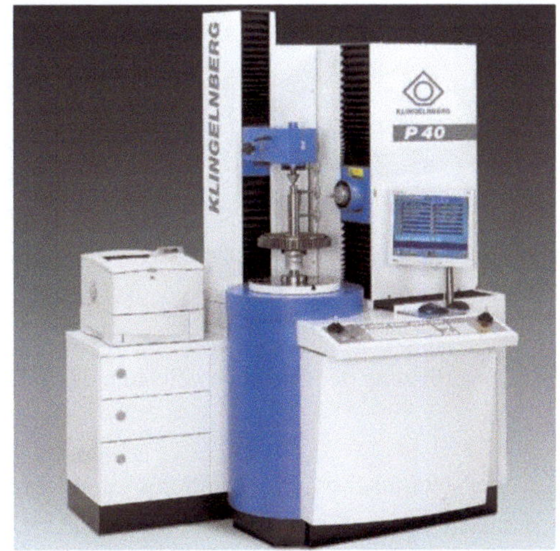

Abb. 2.24 Koordinatenmessmaschinen

2.4 Oberflächenprüfung

Die Aufgabe, technische Oberflächen zu charakterisieren, besteht darin, die dreidimensionale Geometrie vollständig topographisch zu erfassen und zu beschreiben. Um den Messaufwand zu begrenzen, werden häufig nur Kennwerte für die Oberflächenrauheit entlang einer Messstrecke erfasst (eindimensionale Kennwerte). Dieses Vorgehen wird in der Praxis häufig angewandt, es ist in vielen Fällen auch ausreichend. Für bestimmte Anwendungen, zum Beispiel in der Optik oder auch zur Beschreibung von Schleifscheibenoberflächen, müssen aber weitergehende, mehrdimensionale Oberflächenbeschreibungen angewendet werden. Im Folgenden wird nur auf die eindimensionalen Kennwerte eingegangen.

2.4.1 Oberflächenkenngrößen

Bei den meisten in der industriellen Oberflächenmesstechnik angewendeten Verfahren werden nur die Gestaltabweichungen zweiter und höherer Ordnung an Oberflächenausschnitten analysiert und gemessen. Diese Ausschnitte müssen für die gesamte Oberfläche statistisch repräsentativ sein [DIN2257]. Die Oberfläche kann anhand von Schnitten durch Oberflächen oder anhand der tragenden Fläche erfasst werden, Abb. 2.25 [DIN4760]. Profilschnitte sind Schnitte, die sowohl normal als auch tangential oder in anderen Winkeln zur Oberfläche ausgerichtet sind.

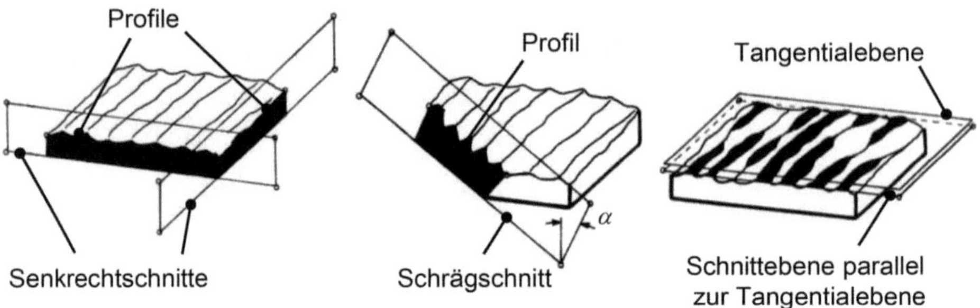

Abb. 2.25 Erfassung der Gestaltabweichung durch Oberflächenschnitte

Zur messtechnischen Beschreibung einer Oberfläche werden anhand eines Rauheitsprofils zunächst einige Grundbegriffe erklärt, Abb. 2.26. An einem Profil wird zwischen der Prüflänge L_t des Oberflächenausschnitts, die messtechnisch erfasst wird, und der Messstrecke L, die zur Auswertung herangezogen wird, unterschieden ($L < L_t$) [Grot05]. Die Messstrecke L lässt sich wiederum in aneinander gereihte Einzelmessstrecken L_i unterteilen. Das ermittelte Profil (Istprofil) einer Oberfläche hängt vom Messverfahren und dem eingesetzten Filter ab, sodass es nur das angenäherte Abbild der tatsächlichen Oberfläche repräsentiert. Als Mittellinie des Profils wird das innerhalb der Messstrecke senkrecht zum geometrisch idealen Profil versetzte Bezugsprofil definiert, das so orientiert ist, dass die Flächenanteile der werkstofferfüllten Profilerhebungen und werkstofffreien Profiltäler gleich groß sind, Abb. 2.26.

Mit verschiedenen Messverfahren und in Abhängigkeit vom eingesetzten Filter können unterschiedliche Profile ermittelt werden [DIN EN ISO 4287]. Dies sind das P-Profil (Primärprofil), R-Profil (Rauheitsprofil) und das W-Profil (Welligkeitsprofil), Abb. 2.27.

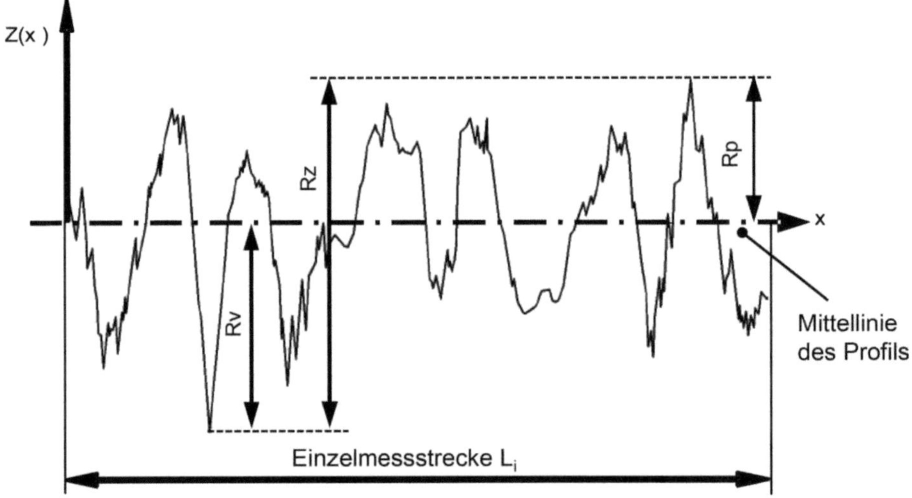

Abb. 2.26 Grundbegriffe der Oberflächenmesstechnik

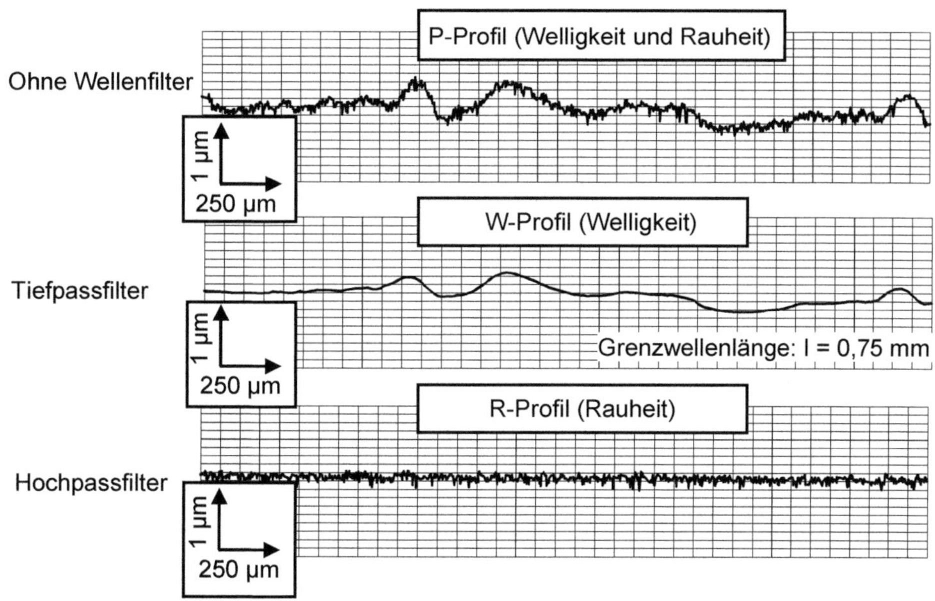

Abb. 2.27 Trennung von Welligkeiten und Rauheiten durch Verwendung von Filtern

Die im Folgenden angegebenen Beispiele beziehen sich auf das R-Profil (Rauheit), Abb. 2.26. Es wird nach DIN EN ISO 4287 zwischen folgenden Rauheitskennwerten unterschieden:

- Höhe der größten Profilspitze *Rp*: Betrag des Ordinatenwertes *Z(x)* der größten Profilspitze von der mittleren Profillinie innerhalb der Einzelmessstrecke L_i.
- Tiefe des größten Profiltales *Rv*: Betrag des Ordinatenwertes *Z(x)* des tiefsten Punktes des Profils von der mittleren Profillinie innerhalb der Einzelmessstrecke L_i.
- Gesamthöhe des Profils *Rt*: Summe aus der größten Profilspitze und der Tiefe des größten Profiltales innerhalb der Messstrecke *L*.
- Größte Höhe des Profils *Rz*: Summe aus Höhe der größten Profilspitze *Rp* und Tiefe des größten Profiltales *Rv* innerhalb einer Einzelmessstrecke L_i.
- Mittenrauwert *Ra*: Arithmetischer Mittelwert der Beträge der Ordinatenwerte *Z(x)* innerhalb einer Einzelmessstrecke L_i.

$$Ra = \frac{1}{L} \cdot \int_0^L |Z(x)| \; dx \qquad \text{Gl. 2.1}$$

Neben Senkrechtkenngrößen, zu denen die erläuterten Kennwerte zählen, können Oberflächen auch durch Waagerechtkenngrößen oder abgeleitete Kennwerte, wie den

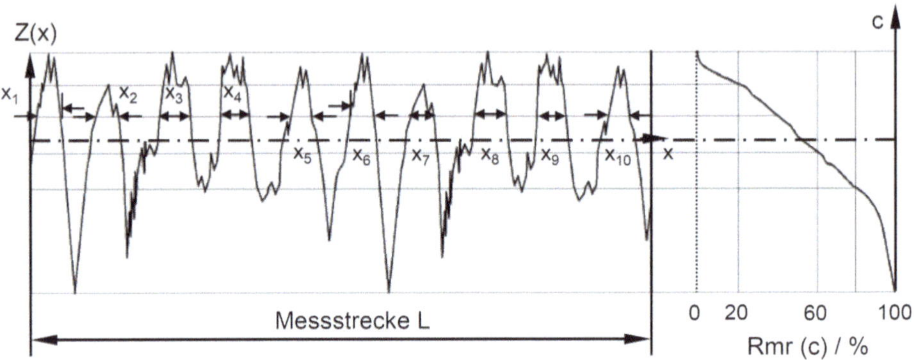

Abb. 2.28 Materialanteilkurve des Profils, nach DIN EN ISO 4287

Materialanteil, beschrieben werden. Durch Verhältnisbildung zwischen den aufsummierten Einzeltraglängen und der Messstrecke L entsteht der relative Traganteil (Materialanteil) in einer vorgegebenen Schnitttiefe c. Durch das Anlegen von Schnitten in verschiedenen Tiefen c kann die Materialanteilkurve oder die sog. Abbott- Firestone-Kurve ermittelt werden, Abb. 2.28.

Der Materialanteil des Rauheitsprofils $Rmr(c)$ wird folgendermaßen berechnet:

$$Rmr(c) = \frac{\sum X_i}{L} \qquad \text{Gl. 2.2}$$

Der Materialanteil lässt sich am Primärprofil (Pm), am Rauheitsprofil (Rm) und am Welligkeitsprofil (Wm) berechnen.

Zur Übersicht wird in Tab. 2.2 anhand der gemittelten Rautiefe gezeigt, welche Oberflächenrauigkeiten mit verschiedenen Fertigungsverfahren erzielt werden können.

Tab. 2.2 Erreichbare gemittelte Rautiefe

Erreichbare gemittelte Rautiefe Rz / µm

	0,04	0,1	0,25	0,4	1	2,5	4	10	16	25	160	250	300	400	630	1000
Urformen							■	■	■	■	■	■	■	■	■	■
Gesenkformen										■	■	■	■	■	■	■
Durchdrücken							■	■	■	■	■	■	■	■	■	■
Drehen					■	■	■	■	■	■	■	■				
Bohren								■	■	■	■	■				
Reiben				■	■	■	■	■	■	■						
Fräsen						■	■	■	■	■	■					
Schleifen			■	■	■	■	■	■								
Erodieren				■	■	■	■									

Bei allgemeinen Angaben zu erreichbaren Oberflächengüten muss berücksichtigt werden, dass bei Verwendung eindimensionaler Kennwerte zur Beschreibung der Oberfläche nicht unbedingt auf das Fertigungsverfahren zurückgeschlossen werden kann [Abou76]. Aufgrund charakteristischer Eingriffsbedingungen zwischen Werkstück und Werkzeug müsste zu jedem Oberflächenkennwert auch angegeben werden, mit welchem Fertigungsverfahren dieser hergestellt werden soll. Diese Problematik wird dann entschärft, wenn nicht nur ein, sondern mehrere eindimensionale Oberflächenkennwerte zur Beschreibung der hergestellten Fläche verwendet werden oder wenn Oberflächenvergleichsnormale zur Verfügung stehen, Abb. 2.29 und 2.30.

2.4.2 Subjektive Oberflächenprüfung

In einigen Fällen kann durch Sichtprüfung festgestellt werden, ob die bearbeitete Oberfläche den Anforderungen genügt. Ein häufig in der Werkstatt eingesetztes Prüfgerät ist das Haarlineal, mit dem die Ebenheit einer Oberfläche nach dem Lichtspaltverfahren geprüft wird. Zur Feststellung von Unebenheiten oder Tragbildern der Werkstückoberfläche werden im Werkstattbetrieb das Tuschierlineal oder die Tuschierplatte eingesetzt, Abb. 2.31.

Für schwer zugängliche Oberflächen (z. B. Bohrungen, Innenflächen) wurden Abdruckverfahren entwickelt, die mit Lacken arbeiten. Der Lack wird auf die zu prüfende Oberfläche aufgetragen und nach dem Trocknen abgezogen. Auf der erhaltenen Lackfolie können dann die Tragbilder ausgewertet werden.

Eine häufige Anwendung für das Tuschieren ist die Tragbildermittlung bei der Qualitätsprüfung und Montage von Verzahnungen (insbesondere Kegelradverzahnungen). Durch

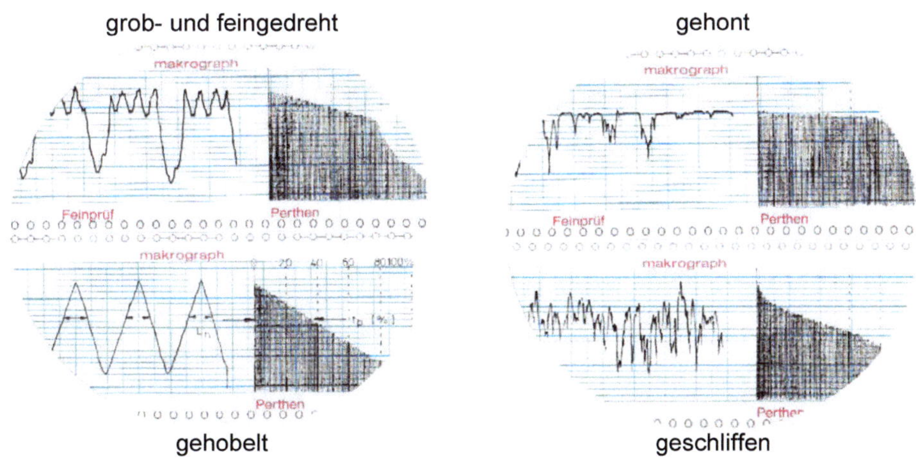

Abb. 2.29 Oberflächengüten für verschiedene Fertigungsverfahren

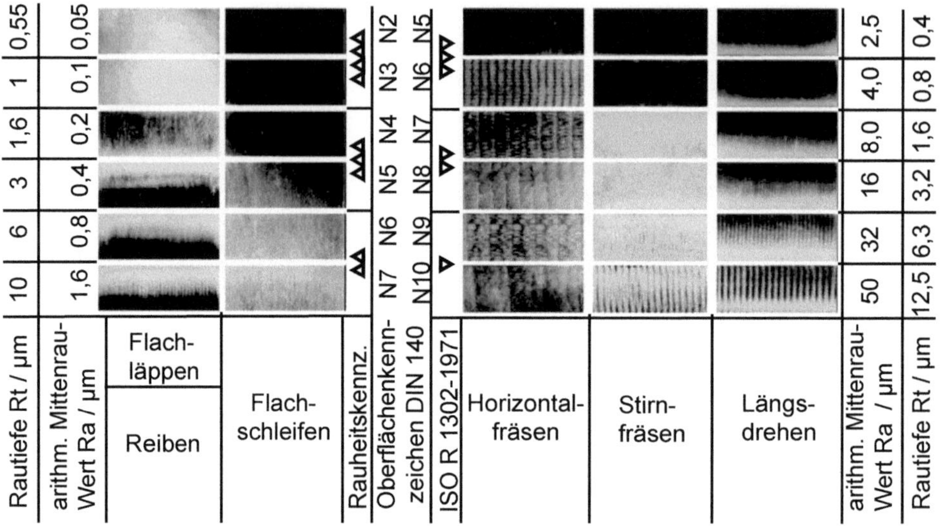

Abb. 2.30 Oberflächenvergleichsmuster (Quelle: Rupert)

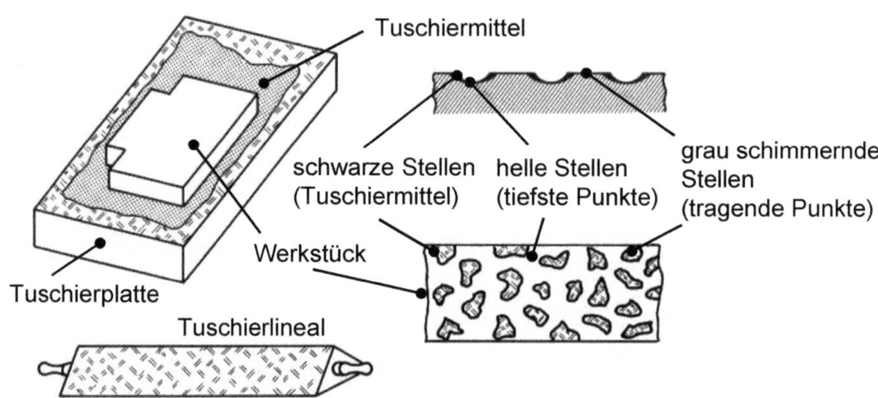

Abb. 2.31 Oberflächenprüfung durch Tuschieren

das Auftragen von Tuschierpaste und anschließendes Abwälzen der Verzahnung unter leichter Belastung werden die tragenden Stellen an den Zahnflanken sichtbar gemacht und können dann mit dem Soll-Tragbild verglichen werden. In Einzelfällen werden heute auch noch Werkzeugmaschinenführungen geschabt, auch hier wird das Tuschieren zur Beurteilung der Oberfläche eingesetzt.

2.4.3 Oberflächenmessung

Grundsätzlich können bei Oberflächenmessungen alle physikalischen Prinzipien, die bereits bei der Längenprüftechnik genannt wurden, genutzt werden. Da sich vor allem mechanische und optische Messmethoden durchgesetzt und als praktikabel erwiesen haben, wird auch nur auf diese hier näher eingegangen.

2.4.3.1 Mechanische Messmethoden

Die mit mechanischem Wirkprinzip arbeitenden Geräte zur Oberflächenmessung werden allgemein als Tastschnittgeräte bezeichnet. Es wird zwischen Abtast- und Abfühlverfahren unterschieden. Beim *Abtastverfahren* fällt eine Tastnadel in einer vorgegebenen Frequenz auf die zu prüfende Oberfläche, die unter ihr mit einem konstanten Vorschub durchgeführt wird. Der Weg der Tastnadel kann mechanisch, optisch, elektrisch oder elektronisch sichtbar gemacht werden. Die Tastnadel kann entweder auf ein festes Niveau angehoben werden (Prinzip Woxen) oder vom jeweiligen Auftreffpunkt auf die Oberfläche um einen festen Betrag angehoben werden (Differential-Tastverfahren), Abb. 2.32.

Die Aufprallenergie der Tastnadel ist beim Differential-Tastverfahren gegenüber dem Prinzip Woxen geringer und streut nur unwesentlich. Dadurch ist die Eindringtiefe der Nadel konstant und die Messgenauigkeit höher als beim Prinzip Woxen. Bei Geräten, die nach dem *Abfühlverfahren* arbeiten, wird die Tastnadel stetig über die Oberfläche geführt. Die Nadel hebt und senkt sich in Abhängigkeit vom Profilverlauf, Abb. 2.32. Die Hubbewegung wird relativ zu einem im Gerät definierten Bezugspunkt oder zu einer Bezugsebene angezeigt. Auch hier werden mechanische, elektrische, optische und elektronische Wandler eingesetzt.

Die abfühlenden Tastschnittverfahren sind in der Praxis am weitesten verbreitet. Unabhängig von der Ausführungsart der Tastschnittgeräte wird zwischen drei Bauarten der Systeme unterschieden, Abb. 2.33.

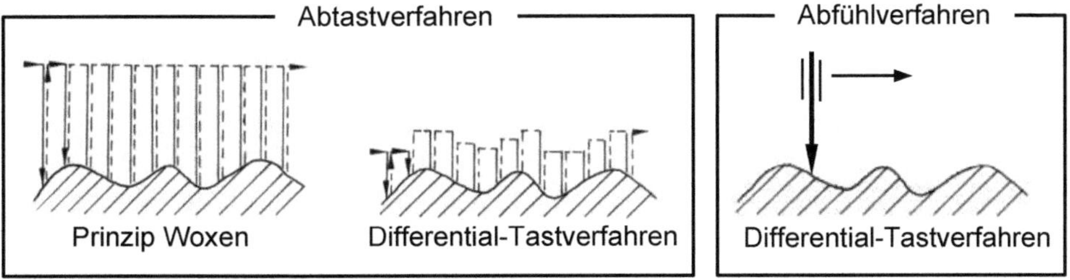

Abb. 2.32 Mechanische Messmethoden

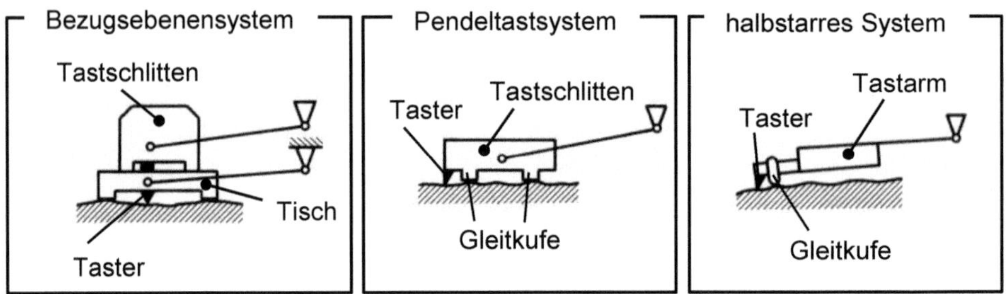

Abb. 2.33 Verschiedene Oberflächentastsysteme

2.4.3.2 Bezugsebenensystem

Bei diesem System wird der Tastkopf auf einer Bezugsfläche (Ebene, Zylinder) geführt, die der idealgeometrischen Fläche des Prüflings entspricht und die entlang der zu messenden Oberfläche ausgerichtet ist, Abb. 2.33. Abgesehen von den durch die Tastergeometrie bedingten Fehlern werden mit diesem Tastsystem Rauheit und Welligkeit naturgetreu übertragen. Bei der Messung kleiner oder sehr großer Flächen ist die Handhabung dieses Tastsystems allerdings häufig unkomfortabel. Eine Alternative dazu ist das Freitastsystem. Dabei wird das Werkstück auf einem sehr genau geführten Schlitten in horizontaler Richtung unter dem fest verankerten Tastsystem durchgeführt. Außer der Rauheit kann hiermit in bestimmten Bereichen auch die Makrostruktur einer Oberfläche erfasst werden.

2.4.3.3 Halbstarres System

Bei halbstarren Systemen wird der Tastkopf, der die Tastnadel enthält, durch eine auf der zu messenden Oberfläche gleitenden Kufe geführt, Abb. 2.33. Dieses System hat den Vorteil, dass es nur wenig Raum beansprucht und somit auch zur Messung kleiner oder schlecht zugänglicher Flächen geeignet ist. Nachteilig wirkt sich aus, dass eine Ausrichtung auf der zu messenden Fläche erfolgen muss, durch die Profilanteile verfälscht übertragen werden können.

2.4.3.4 Pendeltastsystem

Die beiden Gleitkufen führen den Tastkopf des Pendeltastsystems, Abb. 2.33. Dieses richtet sich nach der zu messenden Oberfläche aus und ist dadurch bequem zu handhaben. Es benötigt jedoch mehr Raum als das Einkufentastsystem und kann deswegen für kleine oder schlecht zugängliche Oberflächen nicht benutzt werden. Die Verfälschungen durch langwellige Profilanteile sind wegen der flachen und weiter voneinander entfernt liegenden Kufen zwar geringer als beim halbstarren System, eine Ausfilterung der Welligkeit ist trotzdem in vielen Fällen erforderlich [Henz68].

Üblicherweise werden in Profilschrieben die Vergrößerungsmaßstäbe für Abszisse und Ordinate sehr unterschiedlich gewählt. Dies ist notwendig, weil die Messlängen

(Abzisse) im Millimeterbereich liegen und auf der Ordinate Rauheitskenngrößen dargestellt werden, die im µm-Bereich liegen. Der optische Eindruck der Profilschriebe ist deshalb in Bezug auf die Realität stark verzerrt. Die in Tastschnittgeräten eingesetzten Tastnadeln haben häufig einen Spitzenradius von 2 µm. Sie arbeiten mit einer Auflagekraft von 0,5 N, wodurch beträchtliche Flächenpressungen (bis zu 6000 N/mm^2) auftreten können, die möglicherweise zur Veränderung der zu prüfenden Oberfläche führen. Andererseits verfälschen zu große Tastnadelradien das Ergebnis, sie wirken wie mechanische Filter. In Abhängigkeit vom Werkstoff des Prüflings sind deshalb die optimalen Bedingungen festzulegen und im Messprotokoll vollständig zu dokumentieren.

2.4.3.5 Optische Messmethoden

Weißlichtinterferometer

Im Gegensatz zur Längenprüftechnik wird hier einerseits weißes Licht, also Licht mit dem gesamten Wellenlängenspektrum, verwendet und andererseits wird nicht wie beim Laserinterferometer nur ein Strahl benutzt, sondern ein ganzes Bündel. Mit einem Auflichtmikroskop wird ein Ausschnitt des Messobjekts auf einem Detektor (z. B. CCD-Kamera) abgebildet. Durch den Einsatz von verschiedenen Interferenzobjektiven wird mit Hilfe eines Strahlteilers eine hochgenaue Referenzfläche im gleichen Maßstab mit dem Bild des Messobjekts überlagert. Die entstehenden Interferenzen können dann detektiert und ausgewertet werden, Abb. 2.34.

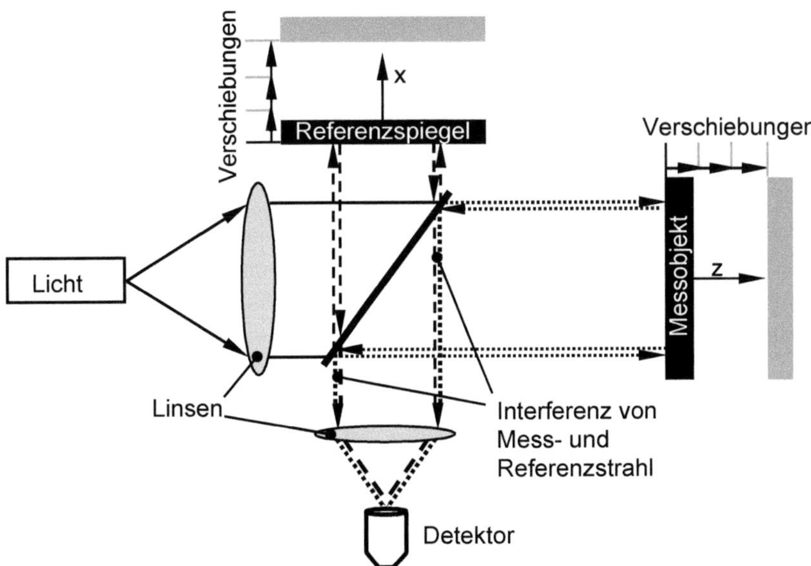

Abb. 2.34 Prinzip eines Weißlichtinterferometers (Zweistrahlinterferometer)

Die Topografie des Messobjekts bewirkt eine räumliche Modulation der Lichtintensität im Interferenzbild. Abhängig von der zu vermessenden Oberfläche werden zwei unterschiedliche Messmodi eingesetzt, einer zur Charakterisierung sehr glatter Oberflächen mit einem Mittenrauwert $Ra < 1$ nm und einer für alle anderen Oberflächen. Dabei können Stufen und Rauigkeiten bis zu einigen Millimetern Höhe abgebildet werden.

Streifenprojektion
Die Methode der Streifenprojektion arbeitet nach dem Verfahren der Triangulation, bei der äquidistante Streifenmuster unter einem bestimmten Winkel, dem Triangulationswinkel, beobachtet und ausgewertet werden. Die Streifenmuster auf dem Messobjekt werden von einer bestimmten Position aus erfasst und bewertet, wobei die projizierten Streifen der beliebigen Form der Messfläche folgen und von der Beobachtungsposition aus wie „Interferenzen" erscheinen, was jedoch nur durch die unterschiedliche Lage der Projektionsflächenpunkte zum Projektor so erscheint. Die Streifenmuster werden in Anlehnung an die Interferometrie anhand ihrer Lichtintensitätsschwankungen ausgewertet. Die wichtigsten geometrischen Größen, auf denen diese Methode beruht, sind:

- der wirkliche Abstand der projizierten Streifen
- der aus der Beobachtungsposition heraus registrierte Streifenabstand
- der Triangulationswinkel

Die Streifenprojektion wird beispielsweise zur Beurteilung großflächig gekrümmter Oberflächen, wie sie bei Tiefziehwerkzeugen und an Tiefziehteilen vorkommen, eingesetzt. Die Vorteile der Methode sind eine hohe Messgeschwindigkeit und eine räumliche oder flächige Antastung. Nachteilig ist, dass die Messobjekte nicht transparent oder spiegelnd sein dürfen.

2.5 Prüfung der Werkstückrandzone

Das Funktionsverhalten und die Einsatzeignung eines Bauteils hängen nicht nur von seiner Makrogeometrie und der Oberflächenrauigkeit ab, sondern auch von den physikalischen Eigenschaften des Werkstoffs im Kern und im oberflächennahen Bereich. Während die Untersuchung der Werkstoffeigenschaften in den Bereich der Werkstoffwissenschaften und Materialprüfung fällt und hier nicht vertieft werden soll, werden im Folgenden einige Eigenschaften von technischen Oberflächen und den oberflächennahen Schichten (der Randzone) sowie Verfahren zur Messung der Randzoneneigenschaften erörtert. Technische Oberflächen können nach Art der Beanspruchung in die folgenden Gruppen eingeteilt werden:

- Außenflächen von technischen Produkten aller Art, also Sichtflächen, Deckflächen, Signalflächen, usw. Sie sind im Allgemeinen mechanisch unbeansprucht, unterliegen aber einer Klima- bzw. Umweltbeanspruchung.

- Oberflächen, die Wärme, Strahlung oder elektrischem Strom ausgesetzt sind, wie z. B. Isolierflächen, elektrische Kontakte, o.ä. Diese Flächen werden als thermisch, strahlungsphysikalisch oder elektrisch beansprucht bezeichnet.
- Oberflächen, die mit Flüssigkeiten oder Gasen in Berührung kommen. Hierbei kann einerseits eine korrosive Beanspruchung im Vordergrund stehen, oder bei strömenden Medien kann auch eine Strömungsbeanspruchung mit Kavitations- und Erosionsprozessen auftreten. Außerdem können über Mikrostrukturierungen (Riblets) Grenzflächenströmungen beeinflusst werden.
- Oberflächen, die sich in mechanischem Kontakt mit bewegten Gegenkörpern befinden. Diese Belastung wird als tribologische Beanspruchung bezeichnet. Diese Beanspruchungen liegen z. B. in typischen Maschinenelementen, wie Lagerungen, Kupplungen, Bremsen, Verzahnungen usw. vor. Bei dieser Art der Beanspruchung können verschiedene Arten von Verschleiß auftreten.
- Optische Oberflächen, die zur Formung und Leitung von elektromagnetischen Wellen verwendet werden. Optische Oberflächen werden an Spiegeln und transparenten Bauteilen hergestellt. Die grundlegenden Strahlleitungs- und Formungsprinzipien sind Reflexion, Brechung und Beugung.
- Biologisch beanspruchte Oberflächen, die der Wirkung von Mikroorganismen ausgesetzt sind.

2.5.1 Oberflächenschichten

Die für das Bauteilverhalten relevanten Eigenschaften technischer Oberflächen werden durch die Gesamtheit der physikalischen und chemischen Eigenschaften der Oberflächenschicht bestimmt. Zu diesen Eigenschaften zählen z. B. die Gefügestruktur, die Härte, die Festigkeit und die Eigenspannungen in der oberflächennahen Randzone. Die Oberflächenrandzonen technischer Körper werden durch die Bearbeitung erzeugt. Ein Teil der zur Oberflächenerzeugung aufgewandten Energie fließt immer auch in das Innere des Werkstücks und wird hier gespeichert oder löst Änderungsvorgänge im Grundmaterial aus. Damit bewirkt jede Bearbeitung auch eine Veränderung der Oberflächenrandzone gegenüber dem Grundmaterial. Ob diese Veränderungen Einfluss auf die Funktionalität des Bauteils haben, muss im Einzelfall geprüft und beantwortet werden. Häufig wird zwischen der äußeren und der inneren Grenzschicht unterschieden. Abb. 2.35 zeigt den Aufbau der beiden Grenzschichten.

Die genannten Schichten sind nicht klar gegeneinander abzugrenzen, es herrschen fließende Übergänge.

Für weitergehendes Studium sind folgende Literaturstellen zu empfehlen: [Schm36, Schl51, Czic03].

2.5.1.1 Äußere Grenzschicht

Die äußere Grenzschicht befindet sich zwischen der umgebenden Atmosphäre und den fest im Kristallgitter eingebundenen Atomen des Grundwerkstoffs. Sie entsteht durch

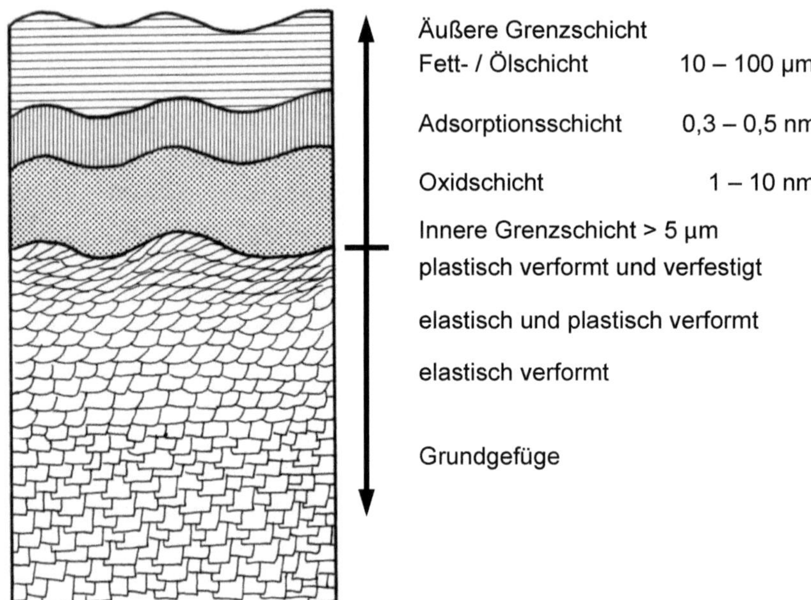

Abb. 2.35 Schichtaufbau metallischer Oberflächen, nach SCHMALTZ [Schm36]

Reaktion zwischen Werkstoff und Atmosphäre während und nach der Bearbeitung. Im Einzelnen enthält die äußere Grenzschicht die im Folgenden genannten Schichten:

2.5.1.2 Reaktionsschichten/Oxidschicht

Auf der frisch bearbeiteten oder durch Bruch erzeugten Oberfläche von Metallen können sich dünne Reaktionsschichten/Oxidschichten bilden. Diese Schichten haben unter Umständen eine Dicke von nur 10 bis 20 Molekülllagen. Sie können z. B. die Benetzungsfähigkeit oder auch das Adhäsionsverhalten beeinflussen.

2.5.1.3 Adsorptionsschicht

Die Oxidschicht wird an der Luft nach kurzer Zeit mit einer adsorbierten Wasser- und Gasschicht überzogen. Diese Adsorptionsschicht ist z. B. in Bezug auf den elektrischen Widerstand bei metallischen Kontakten von erheblicher Bedeutung.

2.5.1.4 Fett- und Ölschicht

Vor allem durch Kühlmittel lagert sich nach der Bearbeitung eine Fett- und Ölschicht auf der Adsorptionsschicht an, die von 10 µm bis zu einigen 100 µm dick sein kann. Sogar nach einer Reinigung kann noch eine dünne Fett- und Ölschicht nachgewiesen werden. Diese Schichten können in der Weiterverarbeitung in galvanischen Prozessen, Klebeprozessen oder in PVD/CVD-Prozessen die Interfaceausbildung maßgeblich beeinflussen.

2.5.1.5 Innere Grenzschicht

Die innere Grenzschicht ist die an den Grundwerkstoff grenzende Schicht des bearbeiteten Werkstücks und besitzt daher praktisch die gleiche chemische Zusammensetzung wie der Grundwerkstoff. Der physikalische Aufbau und die Ausdehnung dieser Schicht in Richtung des Werkstückinneren ist sowohl vom eingesetzten Werkstoff als auch vom Fertigungsverfahren abhängig. Der Übergang vom beeinflussten Randgefüge zum unbeeinflussten Grundgefüge vollzieht sich kontinuierlich.

Abb. 2.36 zeigt beispielhaft die plastische Verformung des Gefüges eines Einsatzstahls C15 nach einer Bohrbearbeitung. Größere mechanische und thermische Belastungen durch das verschlissene Werkzeug führen zu deutlichen Veränderungen der Gefügestruktur.

Wird z. B. ein Stahlwerkstoff bearbeitet, kann bei genügend hohen Temperaturen und großen Abkühlgeschwindigkeiten in der äußersten Randschicht eine Neuhärtungszone entstehen. In darunter liegenden Schichten sind dann aufgrund der dort vorherrschenden geringeren Abkühlgeschwindigkeiten und der geringeren Temperaturen Anlassvorgänge möglich, Abb. 2.37. Bei dem in diesem Bild gezeigten Beispiel aus dem Bereich der Zahnradfertigung ist eine Neuhärtungszone entstanden, die sich äußerst negativ auf die Flankentragfähigkeit auswirkt.

Vorteilhaft gegenüber taktilen und optischen Messungen in der oberflächennahen Randschicht einer Probe kann mit Hilfe der Rasterelektronenmikroskopie (REM; engl.: Scanning Electron Microscopy, SEM) aufgrund der deutlich kleineren Wellenlängen der verwendeten Röntgenstrahlung im Vergleich zum sichtbaren Licht eine wesentlich höhere Auflösung und Vergrößerung erzielt werden.

Auf Basis der Rasterelektronenmikroskopie können zudem zusätzliche Informationen mit Hilfe der Elektronen Rückstreu Methode (besser bekannt unter der englischen Bezeichnung Electron Backscatter Diffraction, EBSD) gewonnen werden. Dabei wird eine Probe unter einem definierten Winkel mit einem Elektronenstrahl beschossen. Die Elektronen werden durch eine Interaktion mit den Gitterelektronen des Werkstoffs gebeugt, zurückgestrahlt und auf einem Phosphorschirm visualisiert. Je nach Lage der Gitteratome in der Probe kommt es zu unterschiedlichen Rückstreumustern, den sogenannten Kikuchi-Patterns. Mit der Kenntnis der Kristallstruktur des untersuchten Werkstoffes sowie

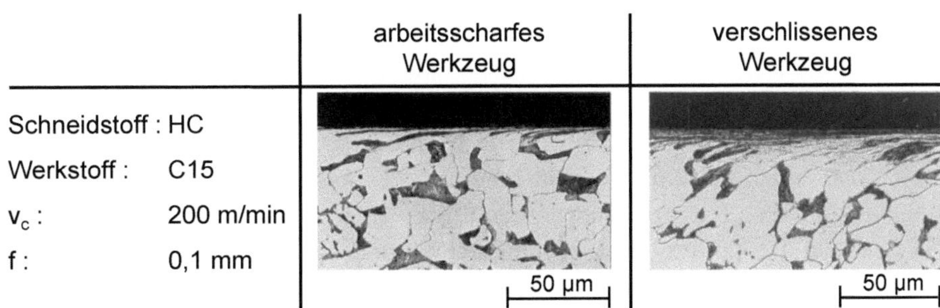

Abb. 2.36 Plastische Verformung der Werkstückrandzone durch Bohren

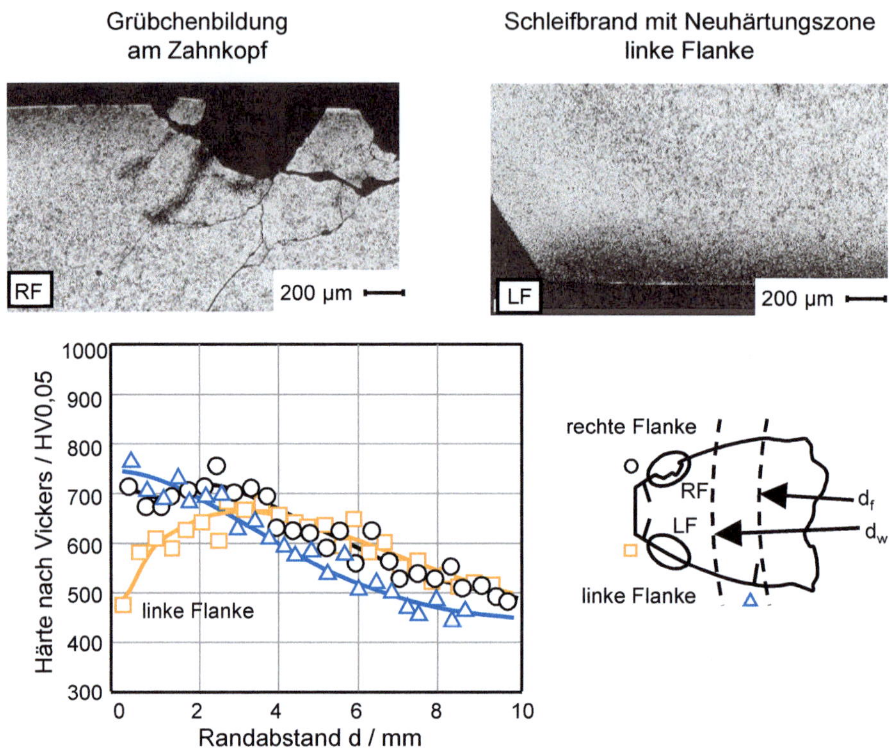

Abb. 2.37 Schleifbrand beim Verzahnungsschleifen

der Gitterparameter kann so auf die räumliche Orientierung der Kristallgitter geschlossen werden [Schw09, S. 99 ff].

Abb. 2.38 zeigt die Oberfläche einer mittels Räumen bearbeiteten Probe im Querschliff, die unter Verwendung der Rasterelektronenmikroskopie aufgenommen wurde. Die Bearbeitungsrichtung ist im Bild angegeben. Weiter ist am linken Probenrand deutlich der Grat zu erkennen, welcher durch den Austritt der Werkzeugschneide aus dem Werkstück verursacht wurde. Im oberen Bildteil links ist das sogenannte Fore Scatter Electron Image (Abb. 2.38a) für den markierten Ausschnitt in Bildteil (Abb. 2.38b) gezeigt. Hier sind sowohl die Korngrenzen als auch ausgeschiedene Phasen im Werkstoff erkennbar. Im Bildteil (Abb. 2.38c) sind die Korngrenzen noch einmal als qualitatives Muster hervorgehoben. Der Bildteil unten rechts zeigt weiter die Orientierungskarte (Abb. 2.38d) mit der Ausrichtung der Gitterstruktur innerhalb des gewählten Probenausschnitts und beinhaltet damit eine zusätzliche Information zum einfachen Korngrenzenmuster.

Für den dargestellten Probenausschnitt sind die unterschiedlichen Orientierungen der Gitterstrukturen innerhalb der einzelnen Körner und ausgeschiedenen Phasen sichtbar. Die Farbgebung für die jeweilige Orientierung ist im rechten Bildteil in Abb. 2.38d gegeben. Im Abstand von etwa 20 µm zur Oberfläche ist weiter zu erkennen, wie sich die Orientierung des Kristallgitters innerhalb der einzelnen Körner ändert. Dies ist der plastischen

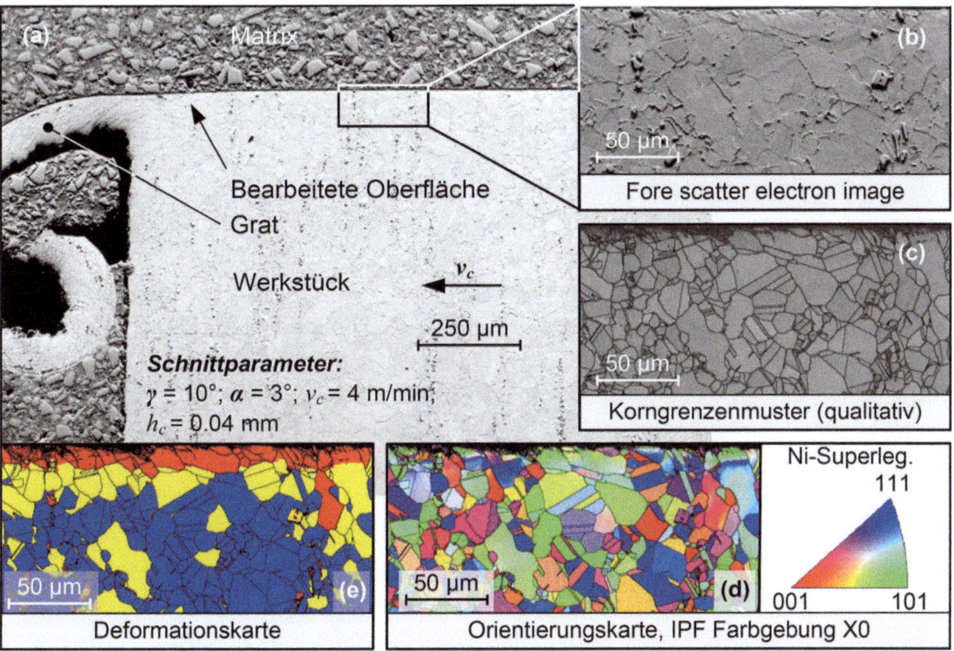

Abb. 2.38 Electron Backscatter Diffraction (EBSD) Analyse für geräumte Oberflächen

Verformung durch den Zerspanprozess geschuldet, wie bereits in den optischen Mikroskopaufnahmen in Abb. 2.38 gezeigt. Anders als dort liegt der wesentliche Vorteil bei Verwendung der EBSD Methode jedoch in der Quantifizierbarkeit der Verformung. Abb. 2.38e zeigt analog die Deformationskarte. Hier sind beispielhaft alle Körner rot markiert, welche eine Deformation von mindestens 45° aufweisen.

In den schwarzen Bereichen in unmittelbarem Abstand zur bearbeiteten Oberfläche konnten mit Hilfe der EBSD Methode keine Gitterstruktur mehr identifiziert werden. Eine mögliche Ursache dafür ist, dass eine derart feine Gitterstruktur vorliegt, die nicht mehr detektierbar ist. Wahrscheinlicher ist jedoch, dass bedingt durch die thermo-mechanische Belastung während der Bearbeitung eine Phasenumwandlung stattgefunden hat und die entsprechenden Bereiche keine regelmäßige Gitterstruktur mehr aufweisen [Gier15, S. 47 ff].

2.5.2 Prüfung der oberflächennahen Randschicht

Da neben der Geometrie der Oberfläche auch die physikalischen Eigenschaften der oberflächennahen Bereiche eine wesentliche Rolle spielen, müssen auch diese Eigenschaften geprüft werden. Hierzu werden die aus der Werkstoffprüfung bekannten Methoden angewendet:

- Werkstoffanalytik

- Struktur- und Gefügeuntersuchung
- Härteprüfung
- Bruchmechanische Prüfung
- Eigenspannungsmessung

Gefügeveränderungen, die durch erhöhte thermische Belastungen der oberflächennahen Randzonen verursacht werden, können durch Struktur- und Gefügeuntersuchungen, wie sie standardmäßig in der Werkstoffwissenschaft eingesetzt werden, anhand metallographischer Präparationen ermittelt werden.

Die Rissprüfung oberflächennaher Randzonen von Bauteilen kann sowohl zerstörend als auch zerstörungsfrei erfolgen. Ein Riss ist eine örtlich begrenzte Trennung des Werkstoffgefüges von geringer Breite, aber oft beträchtlicher Länge und Tiefe. Der Riss kann durch innere Spannungen oder auch durch äußere Krafteinwirkungen entstehen. Zum weiterführenden Studium sei auf die Literatur verwiesen [Schu04].

2.5.2.1 Eigenspannungen

Eigenspannungen charakterisieren den inneren Spannungszustand eines lastfreien Bauteils. Darunter sind Spannungen in Folge inhomogener elastischer und elastisch-plastischer Verformungen, die ohne Einwirkung äußerer Kräfte und Momente vorliegen, zu verstehen. Für jedes Bauteil existiert ein Gleichgewicht aller durch die Eigenspannungen erzeugten inneren Kräfte und Momente. Eigenspannungen werden in Makroeigenspannungen (1. Art) und in Mikroeigenspannungen (2. und 3. Art) gegliedert. Auf die durch mechanische und thermische Einflüsse verursachten Eigenspannungen wird in den Kapiteln der entsprechenden Fertigungsverfahren eingegangen. Die grundsätzlichen Bildungsmechanismen von thermisch und mechanisch induzierten Eigenspannungen zeigt Abb. 2.39.

Eine wichtige Bedeutung haben die Eigenspannungen bei dynamischen Belastungen. Es wird deshalb häufig angestrebt, in der Endbearbeitung Fertigungsverfahren einzusetzen, mit denen Druckeigenspannungen in der Oberflächenrandzone erzeugt werden, um die Wahrscheinlichkeit von Rissentstehungen und -ausbreitungen zu minimieren. Hierzu gehören z. B. das Glatt- und Festwalzen sowie das Kugelstrahlen. Demgegenüber sind bei der funkenerosiven Bearbeitung aufgrund des thermischen Wirkprinzips Zugeigenspannungen in der Oberflächenrandzone wahrscheinlich, beim Schleifen und bei allen Fertigungsverfahren, die mit geometrisch bestimmter Schneide arbeiten, treten sowohl mechanische wie thermische Lastspektren bei der Bearbeitung auf, sodass eine Vorhersage des Spannungszustandes nicht ohne weiteres möglich ist.

2.5.2.2 Analysemethoden

Die messtechnische Bestimmung von Eigenspannungen erfolgt bei allen Verfahren indirekt über die Messung von Dehnungen, elektromagnetischen Kenngrößen oder Schallgeschwindigkeiten. Im Folgenden werden die wesentlichen Methoden, die in der Fertigungstechnik eingesetzt werden, erläutert. Zu weiterführenden Informationen wird auf die Literatur verwiesen [Peit92, Hauk87].

2.5.2.3 Mechanische Verfahren

Mechanische Analysemethoden sind die Bohrlochmethode und das Ringkernverfahren. Hierbei handelt es sich um zerstörende Verfahren, die durch Einbringen sehr kleiner Bohrungen oder Ringnuten in die oberflächennahe Randzone in dieser Eigenspannungen freisetzen, was einen veränderten Spannungszustand und damit die Auslösung von Dehnungen zur Folge hat, die z. B. mit Dehnungsmessstreifen gemessen werden können. Aus den Dehnungen können anschließend, unter Berücksichtigung des elastischen Werkstoffverhaltens, mittlere Oberflächeneigenspannungen berechnet werden.

Durch schichtweises Abtragen der Oberflächenrandzone an verschiedenen Oberflächenstellen können Eigenspannungsverläufe bis in eine Tiefe von der Größe des Bohrerdurchmessers bestimmt werden. Da der Bohr- oder Fräsvorgang erst in einer Tiefe von mehreren Hundertstel Millimetern reproduzierbare Dehnungsänderungen verursacht, können Eigenspannungen der Oberfläche mit starken Randzonengradienten mit diesem Verfahren nicht ermittelt werden.

2.5.2.4 Röntgen- und Neutronenbeugung

In Forschung und Praxis werden auch Verfahren angewendet, bei denen die Beugung monochromatischer Röntgen- und Neutronenstrahlen an der kristallinen Gitterstruktur der Werkstoffphasen ausgenutzt wird, Abb. 2.40.

Dabei gilt die Bragg Bedingung:

$$\lambda = 2 \cdot a \cdot \sin\vartheta \qquad \text{Gl. 2.3}$$

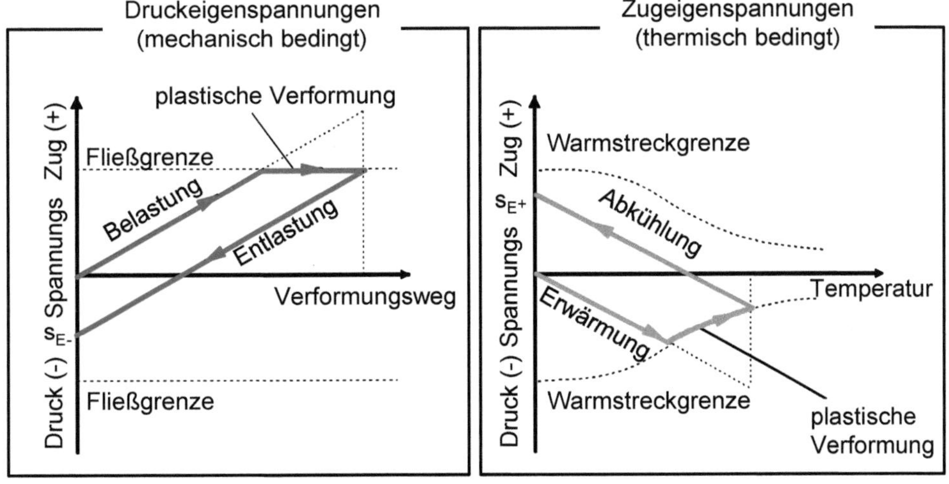

Abb. 2.39 Entstehung von Eigenspannungen

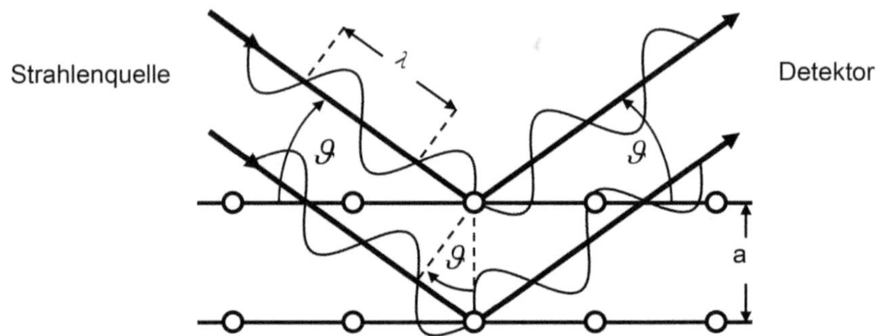

Abb. 2.40 Prinzip der Röntgenbeugung an einem kristallinen Gitter

Veränderte Gitterabstände a der Werkstoffphasen können mit hoher Genauigkeit aus der Verschiebung der Beugungslinien berechnet werden, die wiederum Rückschlüsse auf die Eigenspannungen ermöglichen. Die Wahl der Messrichtung legt die zu ermittelnden Spannungskomponenten fest, sodass durch Messungen in mehreren Richtungen die Möglichkeit besteht, den vollständigen Spannungstensor zu bestimmen. Zur Berechnung der Eigenspannungen aus den Dehnungsmessungen werden die elastischen Eigenschaften der Werkstoffphasen verwendet, wobei sogar bei vielen Werkstoffen ihr anisotropes Verhalten bei der Messung an den jeweiligen Gitterebenen berücksichtigt werden kann. Ein handelsübliches Gerät zur Messung von Eigenspannungen (Goniometer) zeigt Abb. 2.41.

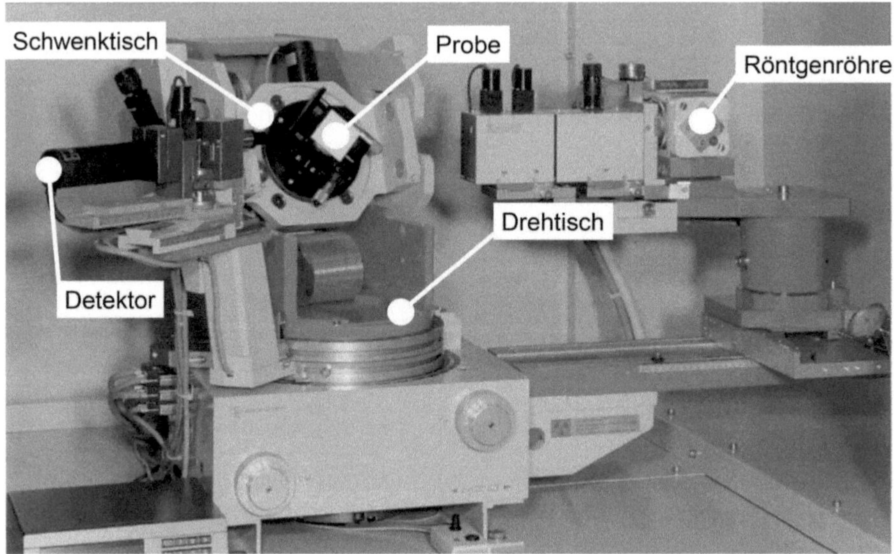

Abb. 2.41 Goniometer

Beugungsmethoden stellen hohe Anforderungen an die Messtechnik und den Arbeitsschutz (Strahlenschutz). Praktisch angewendet wird die Röntgenbeugung zur Bestimmung von Eigenspannungen. In der Forschung kann an ausgewählten Standorten auch auf Neutronenquellen zurückgegriffen werden, mit denen Tiefenverläufe im Millimeterbereich ermittelt werden können, ohne die Oberfläche schichtweise abzutragen.

Die Röntgenmethode besitzt eine eingeschränkte Eindringtiefe, die von den Absorptionseigenschaften des Werkstoffs und der eingesetzten Wellenlänge der Röntgenstrahlung abhängig ist. Die mittleren Eindringtiefen variieren bei üblichen Messparametern zwischen etwa 1 µm bei Hartmetall und etwa 5 µm bei Stahl, bei Leichtmetallen sind deutlich höhere Eindringtiefen möglich. Eigenspannungstiefenprofile mit großen Randtiefen können hergestellt werden, indem die oberflächennahe Randzone schichtweise elektrochemisch abgetragen wird.

2.5.2.5 Magnetische Verfahren

Die magnetischen Analyseverfahren nutzen den Einfluss mechanischer Spannungen auf Ummagnetisierungen in ferromagnetischen Werkstoffen aus. Diese Änderungen können durch ein extern angelegtes magnetisches Wechselfeld gemessen werden. Messgrößen sind hier die Koerzitivfeldstärke, die Überlagerungspermeabilität, die dynamische Magnetostriktion sowie das magnetische und akustische *Barkhausenrauschen*. Die gleichzeitige Analyse mehrerer magnetischer Kenngrößen verbessert die Bewertung der quantitativen Messdaten. Die magnetischen Verfahren zeichnen sich durch kompakte und einfach zu handhabende Versuchsaufbauten aus. In Abhängigkeit vom Werkstoff und vom analysierten Frequenzbereich können oberflächennahe Randzonen von wenigen Mikrometern bis zu über 1 mm abgetastet werden. Nachteile der Verfahren sind ihre Einschränkung auf ferromagnetische Werkstoffe. Außerdem muss das Verfahren an bekannten Werkstoffzuständen kalibriert werden.

2.5.2.6 Akustische Verfahren

Die Eigenspannungen werden durch Gitterdehnungen des Werkstoffs hervorgerufen, die eine veränderte Körperschallausbreitung zur Folge haben. Dieser akustoelastische Effekt kann zur Spannungsanalyse durch Ultraschallmessungen genutzt werden. Es wird davon ausgegangen, dass die Schallgeschwindigkeit proportional zur Gitterdehnung ist. Die Einsatzmöglichkeiten dieser Methode werden vor allem durch den Werkstoffzustand eingeschränkt, da mikrostrukturelle Fehler und Texturen genauso wie Gefügegradienten einen großen Einfluss auf die Schallgeschwindigkeit haben.

Grundlagen der Zerspanung

3

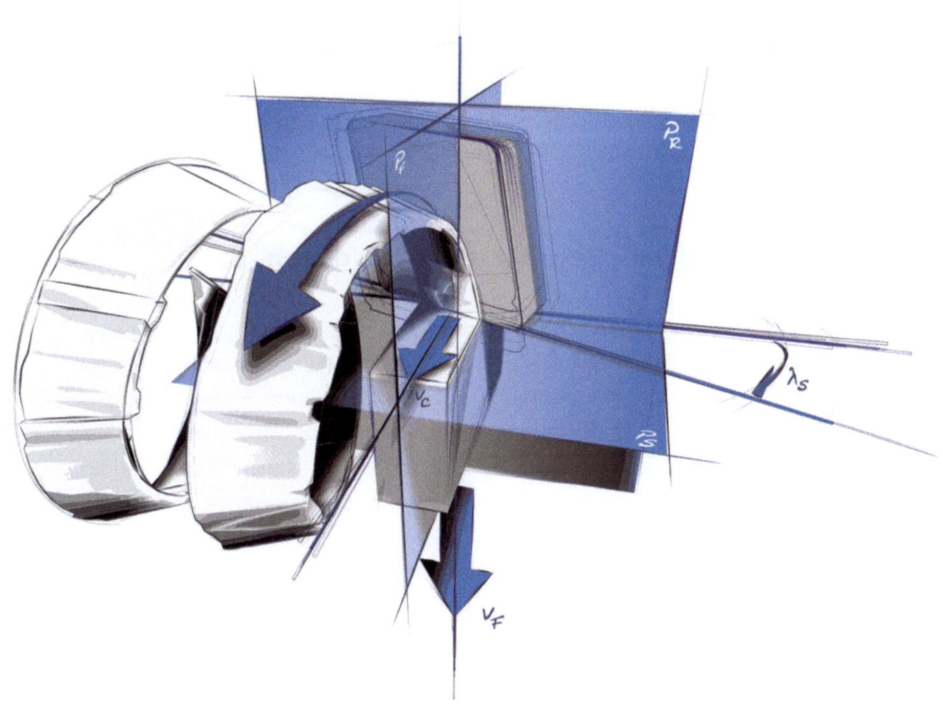

F. Klocke, *Fertigungsverfahren 1*, VDI-Buch,
https://doi.org/10.1007/978-3-662-54207-1_3

Unter Zerspanung werden nach DIN 8580 alle Verfahrensvarianten der 3. Hauptgruppe – Trennen – zusammengefasst, bei denen die Formänderung durch Verminderung des Materialzusammenhalts erfolgt. Die Formänderung wird erreicht, indem eine Relativbewegung zwischen Werkzeug und Werkstück realisiert wird, bei der eine Energieübertragung stattfindet [DIN8580].

Diese Grobeinteilung wird in der Norm zur Einteilung der Fertigungsverfahren Spanen, der DIN 8589, verfeinert. Spanen ist wie folgt definiert: Trennen, bei dem durch die Schneiden eines Werkzeuges von einem Werkstück Werkstoffschichten in Form von Spänen auf mechanischem Wege abgetrennt werden. Spanen umfasst nach DIN 8580 im Ordnungssystem der Fertigungsverfahren die Gruppen 3.2 – Spanen mit geometrisch bestimmten Schneiden und 3.3 – Spanen mit geometrisch unbestimmten Schneiden.

Der erste Teil des Kompendiums der Fertigungsverfahren beschäftigt sich ausschließlich mit Verfahrensvarianten der Gruppe 3.2, und deshalb wird im Folgenden nur noch von Zerspanung im Sinne von Zerspanung mit geometrisch bestimmten Schneiden gesprochen. Allen Verfahren der Gruppe mit geometrisch bestimmten Schneiden ist gemein, dass sie ein Werkzeug verwenden, dessen Schneidenanzahl, Geometrie der Schneidkeile und Lage der Schneiden zum Werkstück bestimmt sind.

Zur Beschreibung der Schneidteile sind einige Begriffe und Bezeichnungen notwendig, die im Folgenden erklärt werden.

3.1 Der Schneidteil – Begriffe und Bezeichnungen

Die Begriffe, Benennungen und Bezeichnungen zur Beschreibung der Geometrie am Schneidteil sind in der DIN 6581 festgelegt. Der Schneidteil ist der wirksame Teil des Werkzeugs, an dem sich die Schneidkeile mit den Schneiden befinden. Der idealisierte Schneidkeil wird durch zwei Flächen gebildet: Der Span- und Freifläche, die sich in einer Strecke schneiden, der Schneide S. Der Winkel zwischen diesen beiden Flächen wird als Keilwinkel β bezeichnet. In Abb. 3.1 ist ein idealisierter Schneidkeil dargestellt [DIN6581].

Die Spanfläche A_γ ist die Fläche der Schneide, auf der der Span abläuft. Die Freifläche A_α ist die Fläche am Schneidkeil, die der neu entstehenden Werkstückoberfläche, der Schnittfläche, zugekehrt ist. Diese Bezeichnungen verdeutlichen, dass der Schneidkeil (Werkzeug) immer in Beziehung zum Werkstück zu betrachten ist, was bedeutet, dass der Verfahrenskinematik eine erhebliche Bedeutung zukommt.

Um eine vereinfachte Beschreibung der Verfahrenskinematik zu ermöglichen, wird häufig eine Modellvorstellung benutzt, das Modell des ausgewählten Schneidenpunkts. Das Modell vereinfacht die wirkliche Kinematik, indem die räumlichen Geschwindigkeitsfelder in einem Punkt, dem ausgewählten Schneidenpunkt, zusammengefasst werden. An dem ausgewählten Schneidenpunkt können die Geschwindigkeitsfelder durch Vektoren zusammenfassend dargestellt werden. Die so entstehenden Vektoren können durch Vektoraddition zu einem Gesamtvektor zusammengefasst werden. Meistens wird das

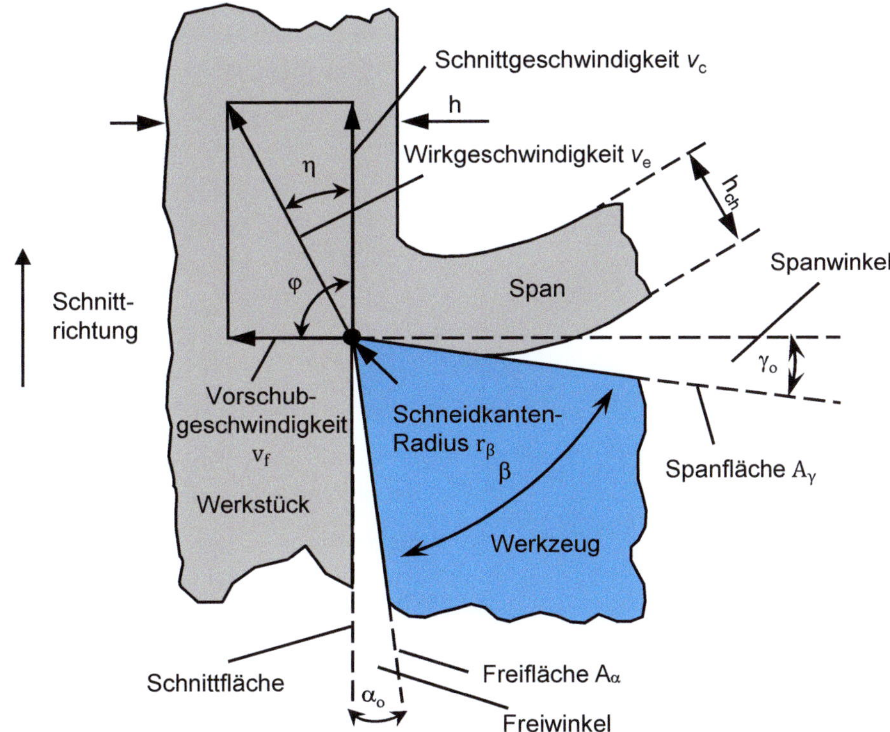

Abb. 3.1 Beschreibung des idealisierten Schneidkeils

Werkstück als ortsfest angenommen; alle Bewegungen werden vom Werkzeug ausgeführt. Der resultierende Geschwindigkeitsvektor wird als Wirkgeschwindigkeit v_e bezeichnet. Er kann in zwei Komponenten zerlegt werden; die Schnittgeschwindigkeit v_c in Schnittrichtung und die Vorschubgeschwindigkeit v_f in Vorschubrichtung. Zur eindeutigen Lage der Komponenten der Wirkgeschwindigkeit sind zwei Winkel definiert:

- Der Wirkrichtungswinkel η als Winkel zwischen Wirkrichtung und Schnittrichtung, vgl. Abb. 3.1
- Der Vorschubrichtungswinkel φ als der Winkel zwischen Vorschubrichtung und Schnittrichtung, vgl. Abb. 3.1

Da in der Praxis keine idealscharfen Werkzeuge vorliegen, wird eine Schneidkantenverrundung berücksichtigt.

Frei- und Spanfläche sind fast immer im Übergang gekrümmt. Diese Krümmung wird durch den Schneidkantenradius $r_ß$ beschrieben.

Bislang wurden die Begriffe an einem einfachen Schneidkeil erläutert, der durch zwei Flächen gebildet wurde. Im Allgemeinen wird mit komplexeren Werkzeugen gearbeitet, die sich aus mehreren Schneidkeilen zusammensetzen. Im einfachsten Fall aus einem Hauptschneidkeil und einem Nebenschneidkeil, Abb. 3.2.

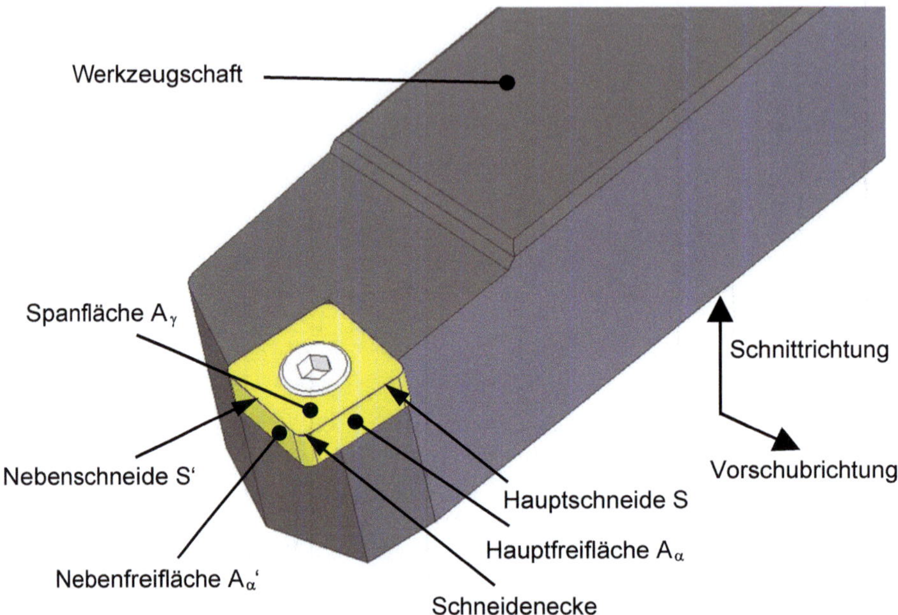

Abb. 3.2 Schneiden und Flächen am Schneidkeil, nach: DIN 6581

Dementsprechend spricht man von der Haupt- und von der Nebenschneide. Die Hauptschneide S ist immer der Schnittfläche zugewandt, die Nebenschneide S´ immer der gefertigten Fläche [DIN6580]. Liegt der ausgewählte Schneidenpunkt auf der Nebenschneide, werden die in ihm definierten Begriffe entsprechend benannt und mit einem Apostroph (´) versehen. Die geraden Bereiche von Haupt- und Nebenschneide werden durch den Eckenradius r_ε miteinander verbunden, Abb. 3.2.

3.2 Bezugssysteme

Zur eindeutigen Beschreibung von Ort, Lage und Bewegungsrichtung eines Schneidkeils werden Bezugssysteme verwendet, in denen charakteristische Ebenen definiert sind, die für alle Verfahrensvarianten gelten.

Die beiden genormten Bezugssysteme sind das Werkzeug- und das Wirk-Bezugssystem, Abb. 3.3. Das Werkzeug-Bezugssystem wurde für die Werkzeugkonstruktion, sowie für die Herstellung und Prüfung von Zerspanwerkzeugen entwickelt. Im Werkzeug-Bezugssystem werden die Werkzeugwinkel ohne Berücksichtigung der Verfahrenskinematik gemessen. In realen Zerspanprozessen weichen die wirksamen Winkel aufgrund der Verfahrenskinematik aber unter Umständen von den nominellen Werkzeugwinkeln ab (Ausnahme Keilwinkel). Aus diesem Grund wurde auch ein Wirk-Bezugssystem definiert, Abb. 3.3 rechts.

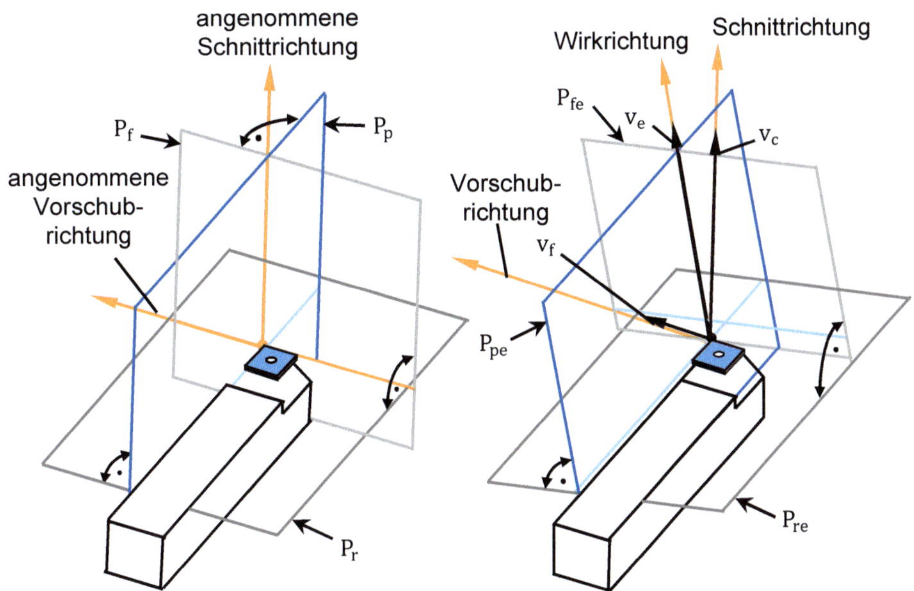

Abb. 3.3 Werkzeug-Bezugssystem (links) und Wirk-Bezugssystem (rechts), nach DIN 6581

Das Werkzeug-Bezugssystem ist ein System, dessen Bezugsebene orthogonal zur angenommenen Schnittrichtung ausgerichtet ist. Im Unterschied dazu ist die Bezugsebene des Wirk-Bezugssystems orthogonal zur Wirkrichtung ausgerichtet. In beiden Systemen enthalten sämtliche Ebenen den ausgewählten Schneidenpunkt. Die Bezugssysteme stimmen dann überein, wenn die Schnittrichtung der Wirkrichtung entspricht.

Zunächst wird das Werkzeug-Bezugssystem betrachtet, Abb. 3.3 links und Abb. 3.4:

- Die Grundebene, auf der alle anderen Ebenen aufbauen, ist die Werkzeug-Bezugsebene P_r. Sie enthält die eventuell vorhandene Drehachse und liegt senkrecht zur angenommenen Schnittrichtung.
- Die Werkzeug-Schneidenebene P_s verläuft tangential zur Schneide S und senkrecht zur Werkzeug-Bezugsebene P_r.
- Die Werkzeug-Orthogonalebene P_o liegt senkrecht zur Werkzeug-Bezugsebene P_r und senkrecht zur Werkzeug-Schneidenebene P_s.
- Die angenommene Arbeitsebene P_f liegt senkrecht zur Werkzeug-Bezugsebene P_r und parallel zur angenommenen Vorschubrichtung.
- Die Werkzeug-Rückebene P_p steht senkrecht auf der Werkzeug-Bezugsebene P_r und senkrecht auf der angenommenen Arbeitsebene P_f.
- Die Werkzeug-Schneidennormalebene P_n liegt senkrecht zur Schneide S. Die Werkzeug-Schneidennormalebene P_n ist identisch mit der Wirk-Schneidennormalebene P_{ne}, da sie nicht an der Werkzeug-Bezugsebene, sondern an der Hauptschneide ausgerichtet ist.

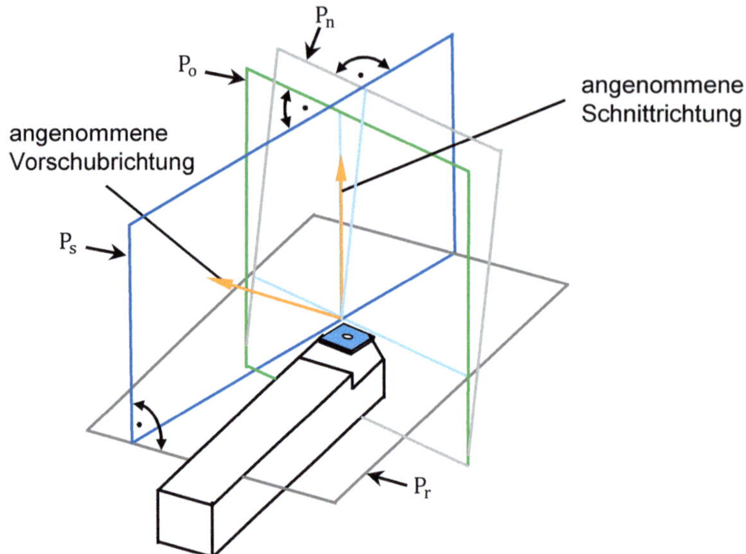

Abb. 3.4 Orientierung im Werkzeug-Bezugssystem

Das Wirk-Bezugssystem ist gegenüber dem Werkzeug-Bezugssystem um den Wirkrichtungswinkel η gedreht. Im Wirk-Bezugssystem werden die gleichen Indizes wie im Werkzeug-Bezugssystem verwendet; ihnen folgt jedoch zusätzlich noch ein *e*, das für „Wirk", engl. *effective,* steht.

Zur eindeutigen Kennzeichnung aller Werkzeug- und Wirkwinkel wird ihnen der gleiche Index zugeordnet, der die Ebene bezeichnet, in der diese Winkel gemessen werden. Beispielsweise wird der Werkzeug-Orthogonalkeilwinkel β_o in der Werkzeug-Orthogonalebene P_o oder der Wirk-Seitenspanwinkel γ_{fe} in der Arbeitsebene P_{fe} gemessen.

Damit innerhalb der Bezugssysteme die Orientierung der Schneiden bzw. die Lage von Span- und Freifläche im Raum eindeutig festgelegt werden kann, sind Angaben über drei Winkel um die drei rotatorischen Achsen im Raum erforderlich. Für einen optimalen Zerspanungsvorgang sind für die drei rotatorischen Raumachsen bestimmte Orientierungen verantwortlich. Im Folgenden werden diese Winkel exemplarisch im Werkzeug-Bezugssystem erläutert:

- Lagewinkel um eine Drehachse, die orthogonal auf der Werkzeug-Bezugsebene P_r steht:

  Als Winkel, der die Lage der Hauptschneide S in der Werkzeug-Bezugsebene P_r festlegt, wird der Werkzeug-Einstellwinkel κ_r zwischen der Werkzeug-Schneidenebene P_s und der angenommenen Arbeitsebene P_f, gemessen in der Werkzeug-Bezugsebene P_r, definiert. Er wird in mathematisch positivem Sinn von der angenommene Arbeitsebene P_f aus gemessen, Abb. 3.5.

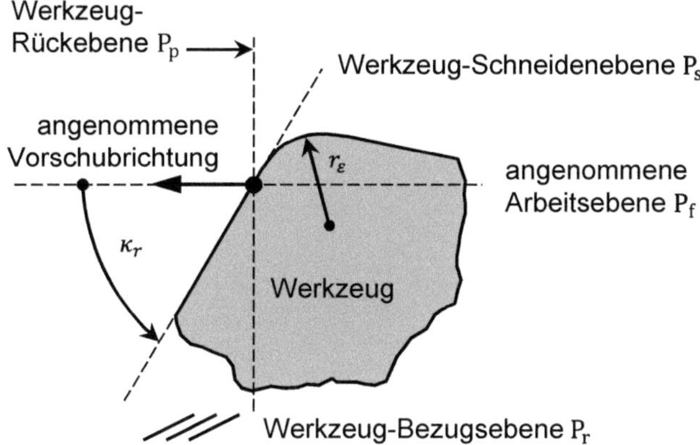

Abb. 3.5 Die Lage des Werkzeug-Einstellwinkels K_r

- Lagewinkel um eine Drehachse, die orthogonal auf der Werkzeug-Schneidenebene P_s steht:
  Als Winkel, der die Lage der Hauptschneide S in der Werkzeug-Schneidenebene P_s festlegt, wird der Werkzeug-Neigungswinkel λ_s zwischen der Hauptschneide S und der Werkzeug-Bezugsebene P_r, gemessen in der Werkzeug-Schneidenebene P_s, definiert. Der Werkzeug-Neigungswinkel wird im mathematisch positiven Sinn von der Hauptschneide auf die Werkzeug-Bezugsebene P_r gemessen, Abb. 3.6.
- Lagewinkel um eine Drehachse, die orthogonal auf der Werkzeug-Schneidennormalebene P_n steht:
  Diese Drehung wird durch einen der Werkzeugwinkel α_n oder γ_n, verwirklicht, die in der Werkzeug-Schneidennormalebene P_n gemessen werden. Als Lagewinkel wird üblicherweise der Werkzeug-Normalspanwinkel γ_n verwendet, da er großen Einfluss auf den Zerspanprozess hat, Abb. 3.7.

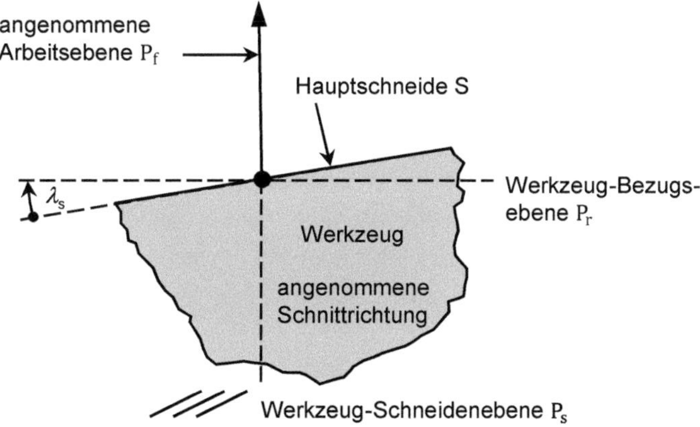

Abb. 3.6 Die Lage des Werkzeug-Neigungswinkels λ_s

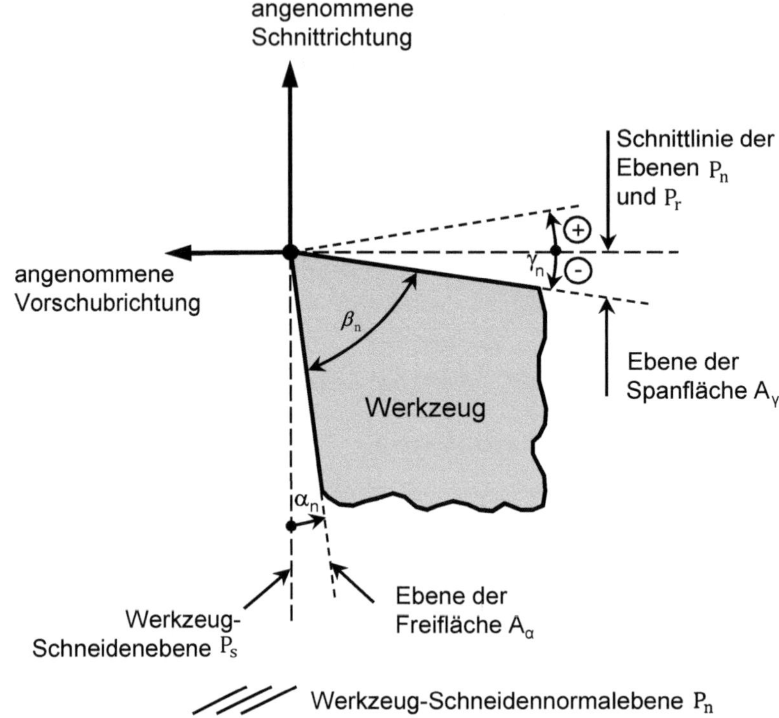

Abb. 3.7 Lage des Schneidkeils im Werkzeug-Bezugssystem

Er wird im mathematisch positiven Sinn zwischen der Werkzeug-Spanfläche A_γ und der Werkzeug-Bezugsebene P_r in der Werkzeug-Schneidennormalebene P_n gemessen. Der Werkzeug-Normalkeilwinkel β_n ist immer fest am Werkzeug und kann durch eine Werkzeugdrehung nicht verändert werden. Der Werkzeug-Normalfreiwinkel α_n liegt zwischen der Werkzeug-Freifläche A_α und der Werkzeugschneidenebene P_s, gemessen in der Werkzeug-Schneidennormalebene P_n.

Als Werkzeug-Orthogonalfreiwinkel α_o wird der Winkel zwischen Freifläche A_α und der Werkzeug-Schneidenebene P_s, gemessen in der Werkzeug-Orthogonalebene P_o, bezeichnet. Als Werkzeug-Orthogonalspanwinkel γ_o wird der Winkel zwischen Spanfläche A_γ und Werkzeug-Bezugsebene P_r festgelegt. Als Werkzeug-Orthogonalwinkel β_o wird der Winkel zwischen der Spanfläche A_γ und der Freifläche A_α bezeichnet. Für die in der Werkzeug-Orthogonalebene P_o, der angenommen Arbeitsebene P_f und der Werkzeugschneidennormalebene P_n definierten Freiwinkel, Keilwinkel und Spanwinkel gilt, das sie in der Summe jeweils einen 90° Winkel bilden.

Als wesentliche Einflussparameter auf den Zerspanungsprozess gelten die kinematischen Größen Werkzeug-Einstellwinkel κ_r, Werkzeug-Neigungswinkel λ_s und Werkzeug-Normalspanwinkel γ_n. Für weitere Informationen wird ergänzend auf die DIN 6582 verwiesen.

3.3 Grundlegende Verfahrensvarianten

Beim Zerspanen gibt es sehr viele Verfahrensvarianten, diese können jedoch alle in drei Hauptkategorien eingeteilt werden:

- Freier, orthogonaler Schnitt,
- freier, schräger Schnitt und
- gebundener, schräger Schnitt.

Der freie, orthogonale Schnitt ist ein Sonderfall, der durch folgende Randbedingungen herbeigeführt werden kann:

- Es ist nur die Hauptschneide im Eingriff (frei).
- Der Werkzeug-Einstellwinkel κ_r beträgt 90° (orthogonal).
- Der Werkzeug-Neigungswinkel λ_s ist gleich 0° (orthogonal).

Praktisch kann dieser Schnitt z. B. durch Längs-Plandrehen oder Quer-Runddrehen, vgl. Abschn. 9.1 – unter Berücksichtigung der genannten Randbedingungen – verwirklicht werden, Abb. 3.8.

Der freie, schräge Schnitt ist allgemeiner und beinhaltet den freien, orthogonalen Schnitt. Die folgenden Randbedingungen sind beim freien, schrägen Schnitt zu verwirklichen:

- Es ist nur die Hauptschneide im Eingriff (frei).
- Der Werkzeug-Einstellwinkel κ_r kann Werte ungleich 90° annehmen (schräg).
- Beliebige Werkzeug-Neigungswinkel λ_s sind zulässig (schräg).

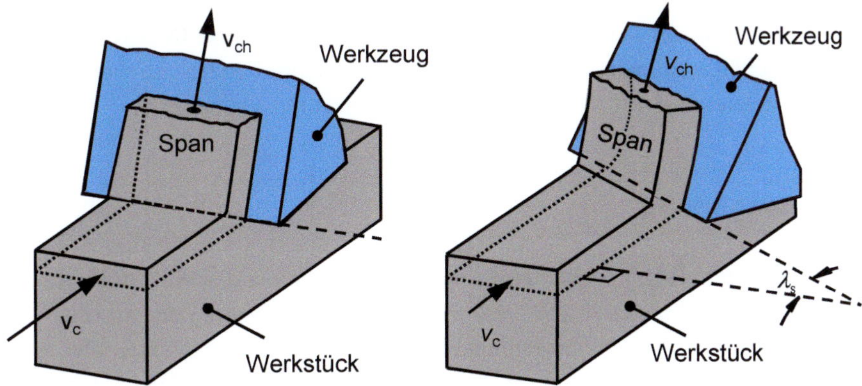

Abb. 3.8 Der freie, orthogonale und der freie, schräge Schnitt

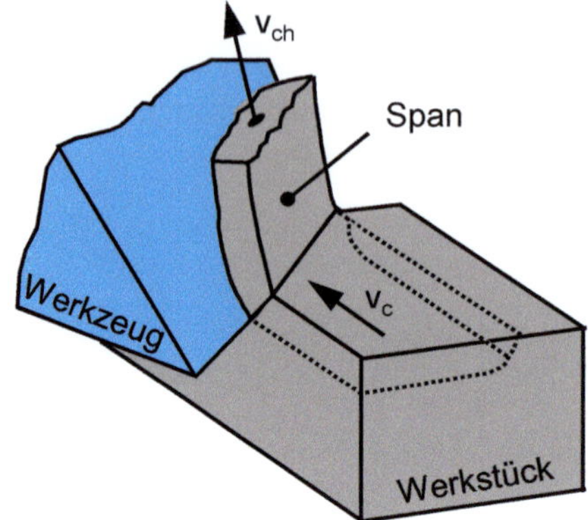

Abb. 3.9 Der gebundene schräge Schnitt

Sobald eine der letzten beiden Randbedingungen erfüllt ist, gilt der freie, schräge Schnitt. Es müssen also nicht gleichzeitig beide Bedingungen erfüllt sein, sie können jedoch gleichzeitig vorliegen.

Der allgemeine Fall, der gebundene, schräge Schnitt, vgl. Abb. 3.9, beinhaltet alle vorstehenden Sonderfälle und lässt zusätzlich zu den Randbedingungen des freien, schrägen Schnittes auch noch den Eingriff der Nebenschneide zu (gebunden).

Alle grundlegenden Verfahrensvarianten können noch erweitert werden, indem als weitere Kategorien hinzugefügt werden:

- Der ununterbrochene Schnitt und
- der unterbrochene Schnitt.

Der unterbrochene Schnitt ist dabei die allgemeine Variante, bei der der Schneideneingriff nur zeitweise erfolgt. Beim ununterbrochenen Schnitt ist die zeitliche Unterbrechung unendlich klein bzw. der Schneideneingriff kontinuierlich. Diverse Details beider Verfahrensmöglichkeiten werden in späteren Kapiteln noch ausführlich beschrieben (vgl. Kap. 9 und 10). Es existieren somit sechs grundsätzliche Verfahrensvarianten.

3.4 Spanbildung

Zu Beginn des Spanbildungsvorgangs dringt der Schneidteil in den Werkstoff ein, welcher dadurch elastisch und plastisch verformt wird. Nach Überschreiten der maximal zulässigen werkstoffabhängigen Schubspannung beginnt der Werkstoff zu fließen. Bedingt durch eine vorgegebene Schneidteilgeometrie bildet sich der verformte Werkstoff zu einem Span aus, der über die Spanfläche des Schneidteils abläuft.

Die plastische Verformbarkeit ist keine ausschließlich werkstoffseitige Eigenschaft, sondern sie kann auch durch veränderte Belastung ganz gezielt erreicht werden. Um eine plastische Verformung eines gegebenen Werkstoffs zu erreichen, sind Betrag und Richtung der Belastung von entscheidender Bedeutung. Der Betrag der Spannungen wird durch die Vorschubgeschwindigkeit v_f, die Schnittgeschwindigkeit v_c und die Schnitttiefe a_p beeinflusst. Die Richtung der Schneidkeilbelastung wird auf der Seite der Verfahrenskinematik durch Festlegung des Werkzeug-Normalspanwinkels γ_n, des Werkzeug-Einstellwinkels κ_r und des Werkzeug-Neigungswinkels λ_s bestimmt.

Um eine Spanbildung zu gewährleisten ist eine Mindestspanungsdicke und -schnitttiefe zu überschreiten, vgl. Kap. 7 [Moll39, Djat52, Soko55, Bram61, Bram60].

3.4.1 Der Schnittvorgang

Durch Variation der Richtung und des Betrags der Belastung kann zähes oder sprödes Werkstoffverhalten erreicht werden [Karm11, Böke14]. Dieses hat großen Einfluss auf die Spanbildung. Die Richtung eines Belastungsfalls lässt sich bei der Zerspanung durch die Verfahrensparameter Werkzeug-Normalspanwinkel, Werkzeug-Einstellwinkel und Werkzeug-Neigungswinkel einstellen. Der Betrag des Belastungsfalls wird durch die Schnittparameter Schnittgeschwindigkeit, Vorschubgeschwindigkeit und Schnitttiefe beeinflusst. Anders formuliert verhält sich derselbe Werkstoff je nach Richtung und Betrag der Belastung zäh oder spröde, unabhängig davon, wie er sich bei Raumtemperatur und bei einachsiger Zugbeanspruchung verhält (Zugversuch).

Beim Zerspanen von Stahl ist zu berücksichtigen, dass sprödes Verhalten nur bei sehr niedrigen Temperaturen auftritt. Anders ist dies bei der Bearbeitung von Gusseisen, Glas und Keramik. Hier liegt aufgrund des Werkstoffaufbaus auch bei hohen Temperaturen sprödes Bruchverhalten vor. Somit muss der Belastungsfall in Richtung und Betrag durch die Verfahrenskinematik optimal an die gegebenen Werkstoffeigenschaften angepasst werden.

Zur Verdeutlichung der plastomechanischen Vorgänge bei der Spanbildung wird auf das Werkstück ein Raster aufgebracht, Abb. 3.10, sodass die Verformung des Werkstoffs während der Zerspanung beobachtet werden kann (Methode der Visioplastizität) [Hast67, Chil71, Leop80, Leop00]. Mit dieser Methode kann der Spanbildungsvorgang sichtbar gemacht werden, und hierauf aufbauend können Spanbildungsmodelle formuliert werden. Eine andere Möglichkeit zum Modellieren der Spanbildung ist die Methode der Finiten Elemente. Die Methode der Visioplastizität kann helfen, FE-Modellierungen zu verifizieren, da sie eine zeitliche und örtliche Auflösung der Spanbildung durch das aufgebrachte Raster ermöglicht [Leop80].

Bei der Spanbildung liegen besondere Randbedingungen vor: Sowohl hohe Spanflächentemperaturen (ca. 770 – 1100 °C) als auch hohe Formänderungsgeschwindigkeiten (Größenordnung : 10^4 1/s)

Abb. 3.11 zeigt schematisch den Spanbildungsvorgang, wie er anhand einer Spanwurzelaufnahme (rechts im Bild) nachgezeichnet wurde.

Die Darstellung lässt eine kontinuierliche plastische Verformung erkennen, die sich in vier Bereiche aufteilen lässt. Der Strukturverlauf im Werkstück (a) geht durch einfaches

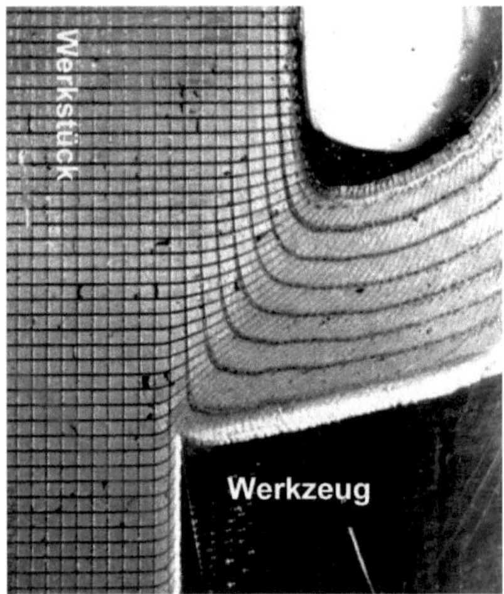

Abb. 3.10 Modellvorstellung der Formänderung, nach LEOPOLD [Leop00]

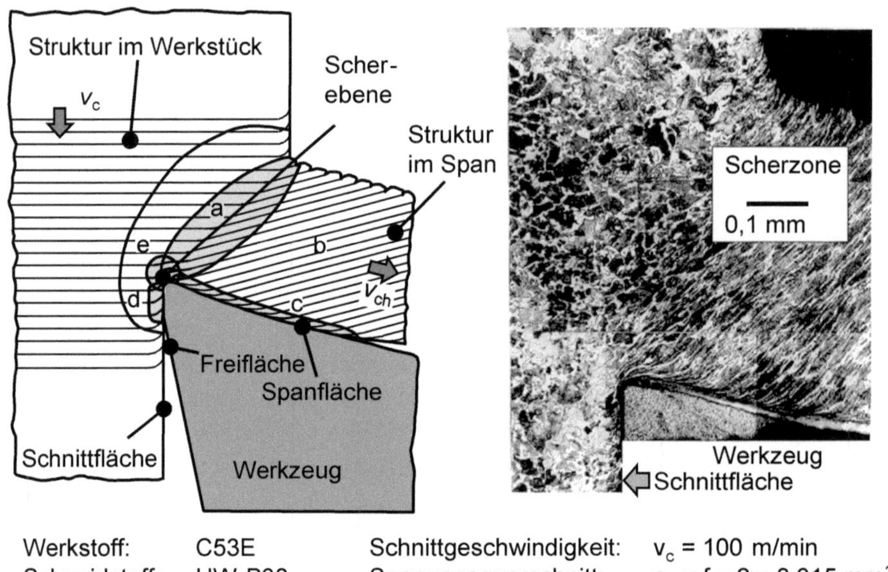

Abb. 3.11 Spanentstehungsstelle

Scheren (Scherbereich) in den Strukturverlauf des Spans (b) über. Bei der Zerspanung spröder Werkstoffe kann bereits eine geringe Verformung in der Scherebene zur Werkstofftrennung führen.

Hat der Werkstoff jedoch eine größere Verformungsfähigkeit, so erfolgt die Trennung erst vor der Schneidkante im Bereich (e). Die Zugbelastung unter gleichzeitig senkrecht wirkendem Druck führt in Verbindung mit der hier herrschenden hohen Temperatur zu starken Verformungen in den Randbereichen der Spanfläche (c) und der Schnittfläche (d). Beim Abgleiten über die Werkzeugflächen entstehen in den Grenzschichten zusätzlich weitere plastische Verformungen. Die sogenannte Fließzone (nicht angeätzte weiße Zone an der Unterseite des Spans), deren Verformungstextur sich parallel zur Spanfläche ausbildet, vermittelt den Eindruck eines viskosen Fließvorgangs mit extrem hohen Verformungsgrad. Der aufgrund des beschriebenen Spanbildungsvorgangs entstandene Span wird als Fließspan bezeichnet. Andere Spanarten sind der Lamellenspan, der Scherspan und der Reißspan.

Der Verlauf der Normal- und Tangentialspannungen, die aus den auf die Spanfläche wirkenden Zerspankraftkomponenten resultieren, ist in Abb. 3.12 qualitativ dargestellt. Diese

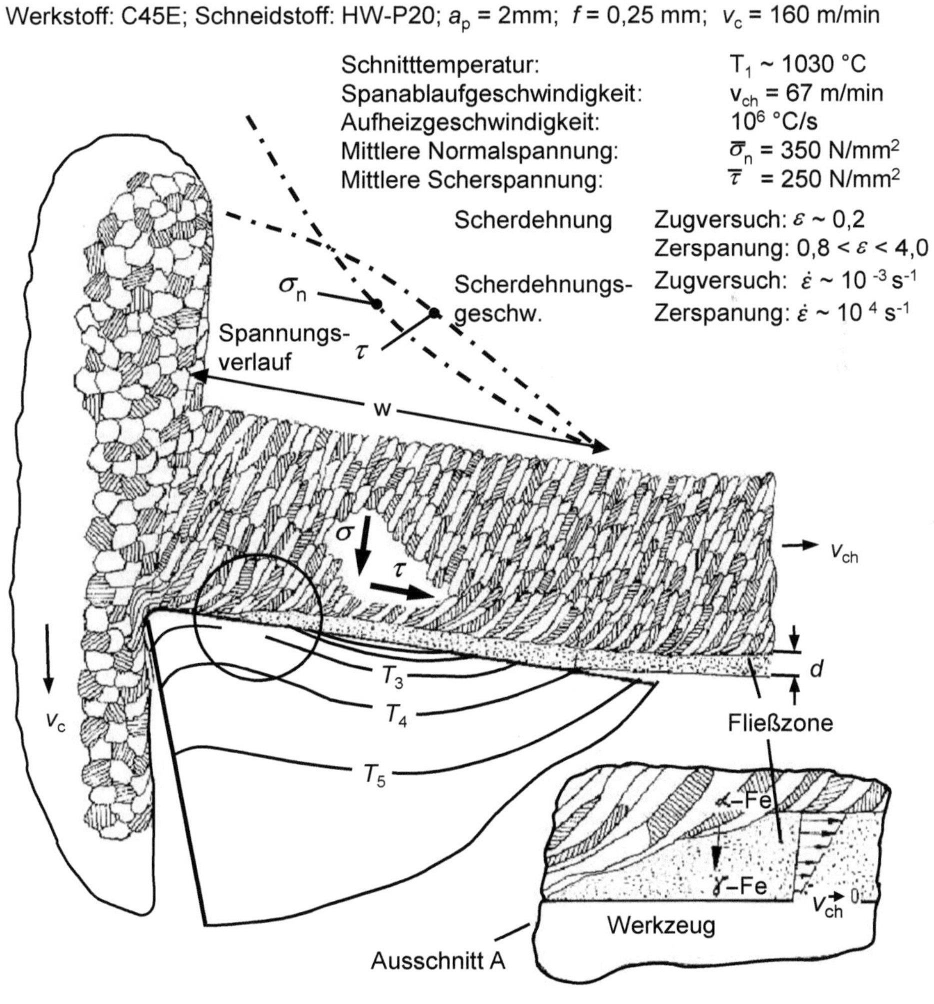

Abb. 3.12 Bedingungen bei der Zerspanung, nach König [Köni67]

Spannungen führen in Verbindung mit den in der Kontaktzone herrschenden Temperaturen, die im Bereich der Fließspanbildung über 1000 °C betragen können, zu Verformungen mit Scherdehnungen ε zwischen 0,8 und 4,0 und Scherdehnungsgeschwindigkeiten $\dot{\varepsilon}$ von bis zu 10^6 s^{-1}. Zum Größenvergleich sind in Abb. 3.12 die entsprechenden Werte des Zugversuchs angegeben. Für Schnittbedingungen, unter denen Hartmetall-Werkzeuge arbeiten, ergeben sich für die Deformation und das Aufheizen des Werkstoffs Zeiten in der Größenordnung von Millisekunden; die Aufheizgeschwindigkeiten liegen theoretisch bei 10^6 °C/s [Opit70].

3.4.2 Verschiedene Arten der Spanbildung

Wenn eine Spanbildung grundsätzlich sichergestellt ist, kann sie in verschiedenen Arten auftreten. Ernst [Erns38, Erns41] teilte Spanbildungsarten phänomenologisch ein. Kennzeichnend für eine Fließspanbildung ist ein gleichmäßig verformtes Werkstoffgefüge des Spanes, dessen Ursache in zeitlich sehr gleichmäßigen Reibungsverhältnissen zwischen Span und Werkzeug vermutet wird.

Für eine Lamellenspanbildung ist ein ungleichmäßig verformtes Werkstoffgefüge charakteristisch, dessen Ursache durch zeitlich stark veränderte Reibungsverhältnisse zwischen Span und Werkzeug (Ruckgleiten), bzw. durch dynamische Spannungsübertragung erklärt wird [Scha64]. Im Spangefüge sind lokal erhöhte Gefügeverformungen, Scherbänder, erkennbar, die für diese Spanbildung kennzeichnend sind.

Die Frequenzen der durch das Ruckgleiten hervorgerufenen Schwingungen liegen im Kilohertzbereich und haben geringe Amplituden. Die starken lokalen Gefügeverformungen werden dadurch erklärt, dass die thermisch bedingte Werkstoffentfestigung größer ist als deren mechanische Verfestigung. Die Forschungen über die genannten Phänomene gehen auf Zener und Hollomon zurück, die zu deren Beschreibung beigetragen haben und den Begriff der Scherbänder prägten. Scherbänder treten bei der Zerspanung von Werkstoffen mit hoher Festigkeit und großem Formänderungsvermögen auf. Besonders häufig sind sie auch bei der Zerspanung mit hohen Schnittgeschwindigkeiten zu beobachten [Hopp03].

Wenn der Spannungszustand in der Scherzone die Verformungsfähigkeit des Werkstoffes überschreitet (Scherfestigkeit), kommt es zur Trennung von Werkstoffbereichen, die anschließend wieder miteinander verschweißen. Dieses führt zur Scherspanbildung. Diese kann als ein Spezialfall der Lamellenspanbildung aufgefasst werden, bei der ebenfalls stark lokalisierte Verformungen (Scherbänder) auftreten. Das Überschreiten des Verformungsvermögens kann anhand des Eintretens von duktilem Werkstoffversagen beschrieben werden [Abus12]. Hierbei versagt der zerspante Werkstoff ab einer kritischen Dehnung, die eine Funktion der Temperatur, Dehnrate und des Spannungszustandes ist. Der Spannungszustand ist wiederum durch die Parameter der Spannungsmehrachsigkeit und des Lodeparameters in seiner räumlichen Verzerrung sowie seiner Belastungsrichtung

(Druck, Scherung, Zug) quantifizierbar [Bai08]. Im ebenen Spannungszustand sind Mehrachsigkeit und Lodeparameter miteinander gekoppelt, sodass die Beschreibung der duktilen Bruchdehnung im orthogonalen Zerspanprozess als Funktion einer der beiden Parameter ausreichend ist [Abus12]. Bei dreidimensionaler Betrachtung des Zerspanprozesses sind die Einflüsse beider Größen auf die mechanischen Werkstoffeigenschaften zu prüfen [Buch14].

Zusätzlich zu Schwingungen wird das gesamte System bestehend aus Werkzeugmaschine, Werkzeug, Werkstück und Spannmitteln von weiteren dynamischen Effekten wie z. B. dem Regenerativeffekt oder der Lagekopplung beeinflusst [Weck77]. Die Frequenzen dieser Effekte liegen wesentlich niedriger, im Bereich von tausend Hertz. Im Gegensatz zu der höherfrequenten Spanbildungsdynamik beeinflussen diese Schwingungen weniger die Spanbildung im Sinne von Werkstoffverformungen im Span, als die Spanbildung von außen, da sie die Ursache dynamischer Veränderungen des nominellen Vorschubes sind.

Schwerd führte mikrokinematographische Versuche durch und schlug den Begriff des „Reißspanes“ vor [Schw36]. Grundsätzlich unterscheidet sich dieser Vorgang von den anderen Spanbildungsvorgängen dadurch, dass hier keine plastische Formänderung bis zum Bruch erfolgt, sondern der Bruch ohne plastische Formänderung stattfindet. Reißspäne sind grundsätzlich bei Werkstoffen mit sehr spröden Eigenschaften zu beobachten, wie z. B. Gusseisen, Gestein, Faserverbundwerkstoffen oder Titanaluminiden.

Abb. 3.13 zeigt zusammenfassend die im Prinzip auftretenden Spanarten [Vier70].

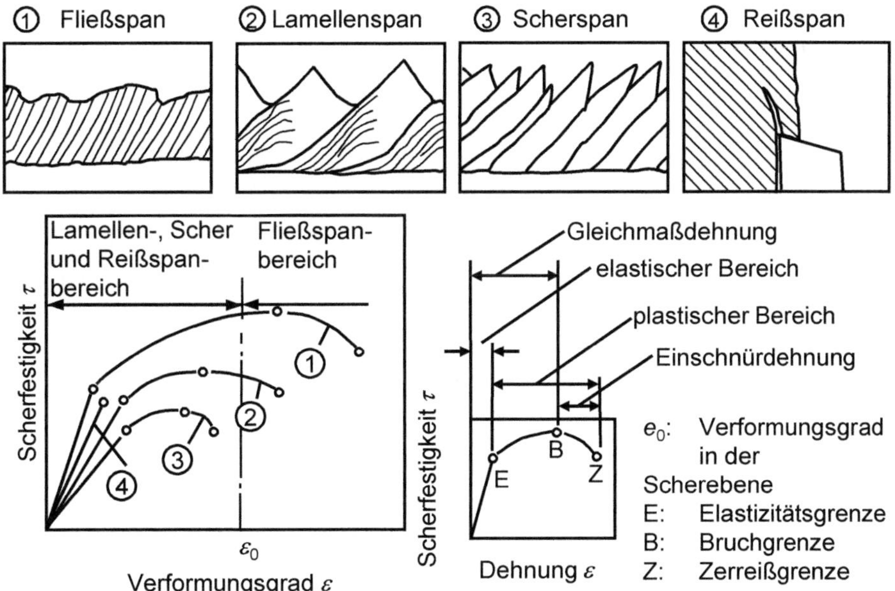

Abb. 3.13 Spanarten in Abhängigkeit von den Werkstoffeigenschaften, nach Vieregge [Vier70]

- Fließspäne entstehen, wenn der Werkstoff eine ausreichende Verformungsfähigkeit besitzt ($\varepsilon_B > \varepsilon_0$), das Gefüge im Spanbereich gleichmäßig ist, die Verformung keine Versprödungserscheinungen hervorruft, und die Spanbildung nicht durch Schwingungen beeinträchtigt wird.
- Lamellenspäne entstehen, wenn $\varepsilon_B < \varepsilon_0 < \varepsilon_Z$ gilt oder das Gefüge ungleichmäßig ist oder Schwingungen zu Schwankungen der Spanungsdicke führen. Lamellenspäne können sowohl bei hohen Vorschüben als auch bei hohen Schnittgeschwindigkeiten entstehen.
- Scherspäne bestehen aus Spanteilen, die in der Scherebene getrennt werden und wieder zusammenschweißen. Sie bilden sich, wenn $\varepsilon_Z < \varepsilon_0$ gilt, wobei dies nicht nur bei spröden Materialien wie Gusseisen der Fall ist, sondern auch dann, wenn die Verformung Versprödungen im Gefüge hervorruft. Scherspäne können auch bei extrem niedrigen Schnittgeschwindigkeiten (v_c= 1 – 3 m/min) entstehen.
- Reißspäne entstehen meist beim Zerspanen von spröden Werkstoffen mit ungleichmäßigem Gefüge, wie einige Arten von Gusseisen und Gestein. Die Späne werden nicht abgetrennt, sondern von der Oberfläche abgerissen, wodurch die Werkstückoberfläche häufig durch kleine Ausbrüche beschädigt wird.

Die Abb. 3.14 gibt werkzeugseitig einen Überblick über das dynamische System mehrfach ineinander geschachtelter und gegenseitig rückwirkender Wirkungskreise, das die Ursache für die verschiedenen Spanbildungsarten bildet. Dieses System wird stark durch die Geschwindigkeitsfelder, die zu bearbeitenden Werkstoffe, die Werkzeuggeometrie und die Verfahrenskinematik beeinflusst.

Abb. 3.14 Beeinflussung der Spanbildung

Auf die niederfrequenten dynamischen Effekte seitens der Werkzeugmaschine wird an dieser Stelle nicht näher eingegangen, sondern es wird auf die weiterführende Literatur verwiesen [Kron54, Opit70, Weck77, Alti00]

Für die Analyse der Spanbildung beim realen Zerspanvorgang finden kamerabasierte Beobachtungsverfahren Anwendung. Während in der Vergangenheit das Verfahren der Mikrokinematographie zum Einsatz kam, wie u. a. durch KURREIN, KLOPPSTOCK, SPAANS oder WARNECKE praktiziert [Kurr05, Klop26, Spaa71, Warn74], erfolgt heutzutage die Beobachtung bevorzugt mit Hochgeschwindigkeitskameras. Diese ermöglichen schnell ablaufende Phänomene, welche für das menschliche Auge nicht erfassbar sind, durch Zeitlupenaufnahmen sichtbar zu machen. Dadurch kann der Spanbildungsvorgang unter realen Schnittbedingungen mit qualitativ und zeitlich hoher Auflösung visualisiert werden. Typische Bildraten liegen heute in der Größenordnung von etwa 5.000 bis 25.000 Bildern pro Sekunde bei maximal möglicher Auflösung des Kamerasystems. Bei reduzierter Auflösung sind sogar Bildraten von weit über 500.000 Bildern pro Sekunde realisierbar. Diese extrem hohen Bildraten kommen in der Regel aber nicht zum Einsatz, da durch die reduzierte Auflösung eine detaillierte Analysierbarkeit des gesamten Spanbildungsvorgangs nicht mehr gegeben ist.

Durch die Verwendung von Hochgeschwindigkeitsaufnahmen ergeben sich vielfältige Untersuchungsmöglichkeiten. BUSCH analysierte die einzelnen Phasen der Spanentstehung beim Gegenlauffräsen anhand von Hochgeschwindigkeitsbildern. Hierzu profilierte er das Werkstück entsprechend der auftretenden Spangeometrie beim Fräsen und zerspante dies im orthogonalen Schnitt. Anhand der Beobachtungen war es zudem möglich, die einzelnen Spanentstehungsphasen mit dem Verlauf der Zerspankraft zu korrelieren [Busc14]. Ein weiteres Anwendungsfeld für Hochgeschwindigkeitsaufnahmen beinhaltet die Charakterisierung von Spanbruch beim Drehen. Sowohl ESSIG als auch BUCHKREMER beobachteten die separaten Phasen während eines Spanbruchzykluses durch Hochgeschwindigkeitsaufnahmen, Abb. 3.15. Hierbei wird tertiärer Spanbruch, wie er zum

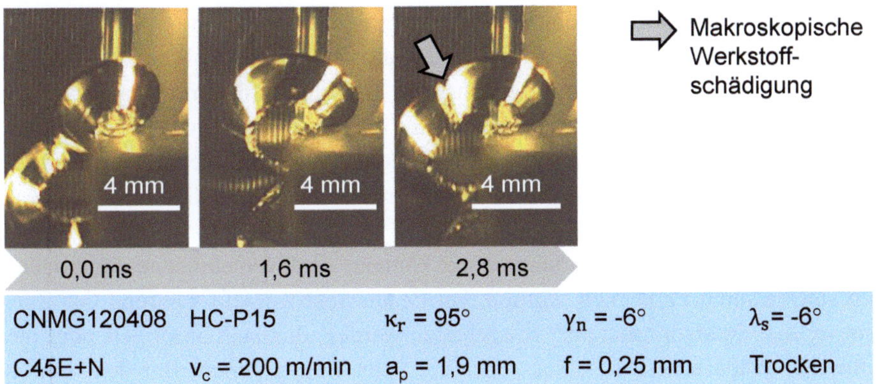

Abb. 3.15 Visualisierung des Spanbruchzykluses mittels Hochgeschwindigkeitskameraaufnahmen [Essi10]

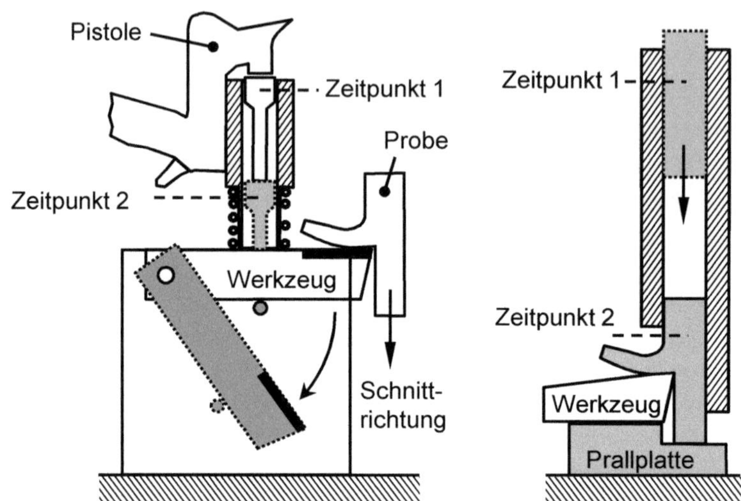

Abb. 3.16 Schnittunterbrechung nach Loladse [Lola49] (links) und Gente [Gent02] (rechts)

Beispiel oft beim Außenlängsdrehen zu beobachten ist, in die Phasen Spanbildung, Spanablauf, Spanaufweitung und Spanbruch untergliedert. Die gewonnenen Erkenntnisse lieferten die Basis für die Kalibrierung und Validierung von dehnungsbasierten Schädigungsmodellen, welche das dem Spanbruch in der Bruchstelle zugrunde liegende duktile Materialversagen vorhersagen können. Die Implementierung derartiger Modelle in der FEM-Simulation ermöglicht es, Spanbruch für den dreidimensionalen Fall vorherzusagen und damit den empirischen Aufwand im Zuge der Werkzeug- und Prozessauslegung zu reduzieren [Essi10, Buch16].

Neben der reinen Visualisierung kann die Hochgeschwindigkeitskameratechnologie heutzutage auch für die Analyse der auftretenden Temperaturen bei der Spanbildung verwendet werden. Hochgeschwindigkeits-Infrarotkamerasysteme ermöglichen selbst bei kurzen Zeitintervallen, die Ausbildung des Temperaturfeldes in Span, Werkzeug und Werkstück während der Spanabnahme zu beobachten. Hierdurch können thermische Effekte in der Zerspanung besser erklärt und verstanden werden. Gierlings und Brockmann nutzten die Informationen von Hochgeschwindigkeitsthermographieaufnahmen in Kombination mit einem Zwei-Farben-Pyrometer zur Entwicklung und Validation eines analytischen Temperaturmodells [Gier14].

Um die Spanbildung besser studieren zu können, sind verschiedene Methoden zur Schnittunterbrechung entwickelt worden, bei denen Spanwurzeln während des Zerspanungsprozesses „in statu nascendi" festgehalten werden, die nach anschließender metallographischer Präparation Aufschluss über die Spanbildung geben. Bei den verwendeten Apparaturen wird das Werkzeug plötzlich aus dem Schnitt heraus beschleunigt. Die Beschleunigung wird bei diesen Apparaturen durch eine Sollbruchstelle an der Schwenkeinrichtung erreicht, die während des Zerspanungsprozesses aufgrund eines Impulses,

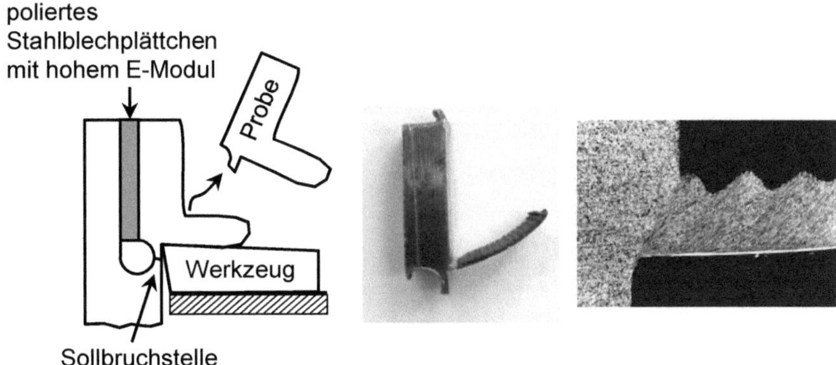

Abb. 3.17 Schnittunterbrechung durch eine Sollbruchstelle im Werkstück, nach Buda [Buda68]

der durch eine Explosion hervorgerufen wird, bricht [Lola49], Abb. 3.16. In jüngerer Zeit hat Gente eine Methode entwickelt, bei der die Verzögerungszeit und die bewegten Massen gegenüber der „Explosionsmethode" reduziert werden konnten [Gent02] (vgl. ebenfalls Abb. 3.16). Dadurch sind Spanwurzeluntersuchungen auch bei höheren Schnittgeschwindigkeiten möglich.

Andere Verfahren wurden entwickelt, bei denen durch eine definierte Sollbruchstelle im Werkstück (Sprödbruch) eine Spanwurzel erzeugt wird [Buda68], Abb. 3.17. Vorteilhaft ist, dass die Spanwurzel von dem Werkstück getrennt wird, und somit die Wirkstelle bei der anschließenden metallographischen Präparation geschont werden kann.

3.5 Kinematische Oberflächenrautiefe

Mit Durchdringungsrechnungen zwischen Werkzeug und Werkstück können wichtige Grundinformationen über den Zerspanvorgang gewonnen werden. Hierzu gehören z. B. bei sich ändernden Eingriffsbedingungen die zugehörigen Spanungsquerschnitte, siehe auch Zahnradfertigung, oder auch mikrogeometrische Oberflächenkennwerte. Im Folgenden ist die Erzeugung der Oberflächengüte beispielhaft für einen einfachen Außenrund-Drehprozess gezeigt. Da Spanbildungsvorgänge außer Acht gelassen werden, spricht man in diesem Fall von dem Erzeugen der kinematischen Oberflächenrautiefe. Dazu wird die Durchdringung des Werkstücks durch das Werkzeug – unter Berücksichtigung der Kinematik in der Werkzeug-Bezugsebene P_r – geometrisch ausgewertet, Abb. 3.18.

3.6 Mechanische und thermische Beanspruchung des Schneidteils

Die Zerspankraft F, hier beispielhaft beim Drehen dargestellt, lässt sich in ihre Komponenten – die Schnittkraft F_c, die Vorschubkraft F_f und die Passivkraft F_p – zerlegen,

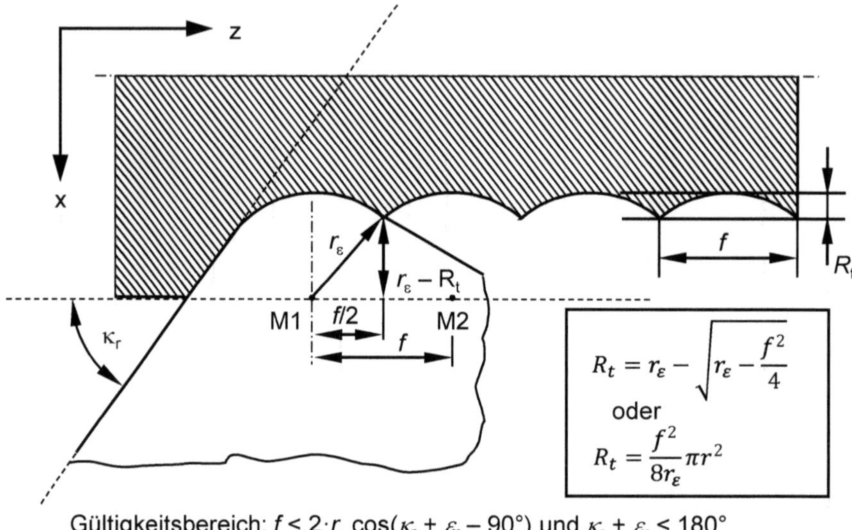

Abb. 3.18 Geometrische Eingriffsverhältnisse beim Drehen

Abb. 3.19. Die messtechnische Erfassung der Zerspankraftkomponenten erfolgt heute üblicherweise mit Hilfe von piezoelektrischen Kraftaufnehmern.

Grundlage für die Bestimmung der an der Werkzeugschneide angreifenden Kräfte stellt die von MERCHANT [Merc45, Merc45a] für den Orthogonalschnitt abgeleitete Kräftezerlegung dar, Abb. 3.20.

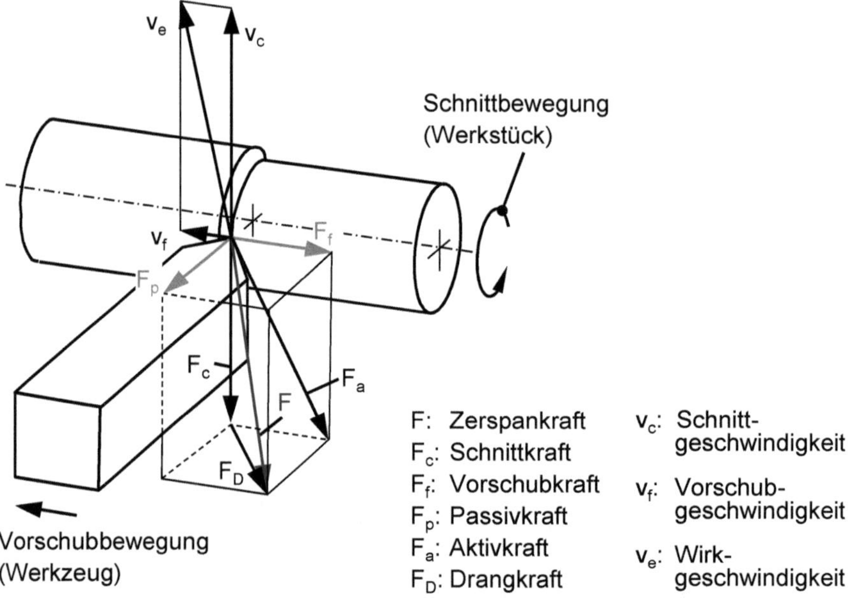

Abb. 3.19 Zerspankraft und ihre Komponenten beim Drehen, nach DIN 6584

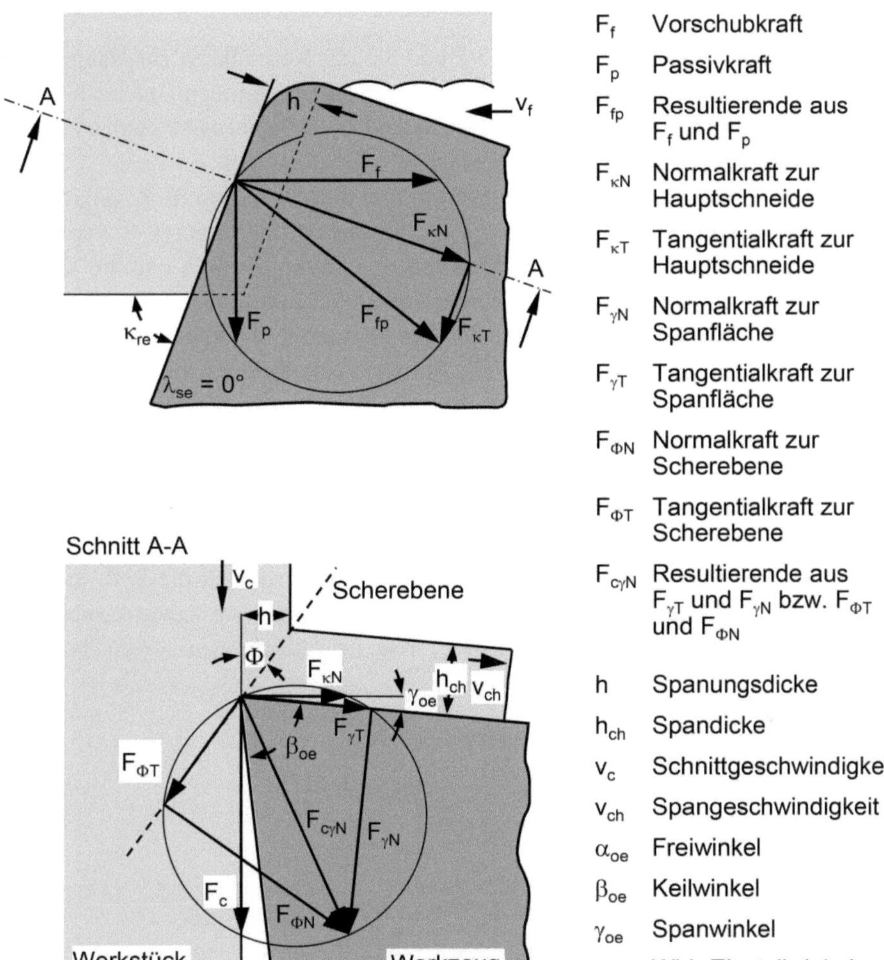

F_c	Schnittkraft
F_f	Vorschubkraft
F_p	Passivkraft
F_{fp}	Resultierende aus F_f und F_p
$F_{\kappa N}$	Normalkraft zur Hauptschneide
$F_{\kappa T}$	Tangentialkraft zur Hauptschneide
$F_{\gamma N}$	Normalkraft zur Spanfläche
$F_{\gamma T}$	Tangentialkraft zur Spanfläche
$F_{\Phi N}$	Normalkraft zur Scherebene
$F_{\Phi T}$	Tangentialkraft zur Scherebene
$F_{c\gamma N}$	Resultierende aus $F_{\gamma T}$ und $F_{\gamma N}$ bzw. $F_{\Phi T}$ und $F_{\Phi N}$
h	Spanungsdicke
h_{ch}	Spandicke
v_c	Schnittgeschwindigkeit
v_{ch}	Spangeschwindigkeit
α_{oe}	Freiwinkel
β_{oe}	Keilwinkel
γ_{oe}	Spanwinkel
κ_{re}	Wirk-Einstellwinkel
λ_{se}	Wirk-Neigungswinkel
Φ	Scherwinkel

Abb. 3.20 Komponenten der Zerspankraft in der Wirkbezugsebene (oben) und in der Arbeitsebene (unten)

Unter Annahme einer idealscharfen Schneide und unter Vernachlässigung des Freiflächenverschleißes können aus den Kraftkomponenten die auf das Werkzeug wirkende Tangentialkraft $F_{\gamma T}$ und Normalkraft $F_{\gamma N}$ berechnet werden. Sofern der Neigungswinkel $\lambda_s = 0°$ beträgt und der Einfluss der Nebenschneide gering ist, gilt:

$$F_{\gamma N} = F_c \cos\gamma_o - (F_f \sin\kappa_r + F_p \cos\kappa_r)\sin\gamma_o \qquad \text{Gl. 3.1}$$

$$F_{\gamma T} = F_c \sin\gamma_o + (F_f \sin\kappa_r + F_p \cos\kappa_r)\cos\gamma_o \qquad \text{Gl. 3.2}$$

wobei der Klammerausdruck in den Gl. 3.1 und 3.2 der Normalkraft zur Hauptschneide $F_{\kappa N}$ entspricht, Abb. 3.20. Wegen des in den meisten Fällen geringen Unterschiedes zwischen den Winkeln im Werkzeugbezugssystem und im Wirkbezugssystem wird vereinfachend im Werkzeugbezugssystem gerechnet.

Für den Fall $\gamma_o = 0°$ wirken die Schnittkraft F_c und die Vorschubkraft F_f senkrecht bzw. tangential zur Spanfläche. Im Gegensatz zur Originalarbeit von Merchant wurde für die Darstellung in Abb. 3.21 ein neutraler Spanwinkel ($\gamma_o = 0°$) gewählt, und die Kräfte mit Wirkrichtung auf die Werkzeugschneide dargestellt. Die Bezeichnung der angreifenden Kräfte und ihrer Vorzeichen orientiert sich an den Normen ISO 3002/4 und DIN 6584.

Wie Abb. 3.21 für den einfachsten Fall, den Orthogonalschnitt mit neutralem Spanwinkel, verdeutlicht, setzen sich am verschlissenen Werkzeug die Schnitt- und Vorschubkraft nicht nur aus der Spanflächen-Normalkraft $F_{\gamma N}$ und der Spanflächen-Tangentialkraft $F_{\gamma T}$, sondern auch aus der an der Freifläche im Bereich der Verschleißzone angreifenden Freiflächen-Tangentialkraft $F_{\alpha T}$ sowie der Freiflächen-Normalkraft $F_{\alpha N}$ zusammen. In dem Reibungskoeffizienten, der sich aus der Schnitt- und Vorschubkraft berechnen lässt, steckt somit nicht nur die Spanflächenreibung, sondern auch die z. B. die infolge der elastischen Verformung der Werkstückoberfläche und des Werkzeugverschleißes an der Freifläche angreifenden Kräfte [Klau65]. Wie Untersuchungen zeigen, beträgt die

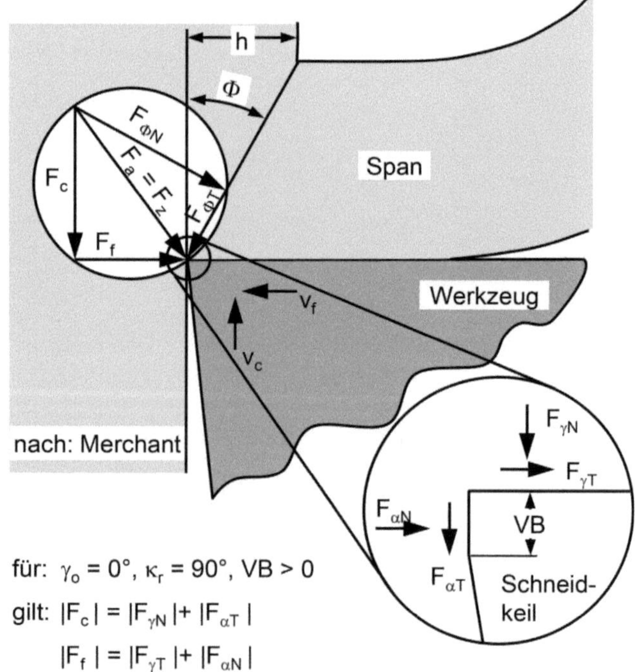

Abb. 3.21 Die mechanische Belastung der Werkzeugschneide resultiert beim Drehen aus den an Span- und Freifläche angreifenden Normal- und Tangentialkräften und ihren Komponenten, nach Merchant [Merc45, Merc45a]

Freiflächen-Normalkraft ca. 40 % der Vorschubkraft und damit ca. 66 % der Spanflächenkomponente in Vorschubrichtung [Spaa67, Lutz68]. Für die Freiflächen-Tangentialkraft wurde ein Anteil von ca. 10 % der Schnittkraft F_c ermittelt.

Die aus den auf die Spanfläche wirkenden Zerspankraftkomponenten resultierenden mittleren Normal- und Tangentialspannungen liegen bei der Zerspanung von Baustählen zwischen 350 und 400 N/mm² bzw. 250 und 350 N/mm² [Köni72]. Für schwer zerspanbare Werkstoffe erreichen sie Werte von 1100 N/mm². Ihr Verlauf ist in Abb. 3.12 qualitativ wiedergegeben. Größe und Richtung der Zerspankraft werden in starkem Maße durch die angewendeten Schnittbedingungen und Schneidteilgeometrien beeinflusst. In Abb. 3.22 ist die Abhängigkeit der statischen Zerspankraftkomponenten F_c, F_f und F_p vom Vorschub f, der Schnittgeschwindigkeit v_c, der Schnitttiefe a_p und dem Einstellwinkel κ_r qualitativ im linearen Koordinatensystem dargestellt.

Die Extremwerte bei den Verläufen der Zerspankraftkomponenten über der Schnittgeschwindigkeit sind auf die Aufbauschneidenbildung zurückzuführen. Die Abnahme der Kräfte mit steigender Schnittgeschwindigkeit hat ihre Ursache in der Abnahme der Festigkeit des Werkstoffs bei höheren Temperaturen. Die Zerspankraftkomponenten steigen über der Schnitttiefe a_p proportional an. Dies gilt jedoch nur, wenn die Schnitttiefe größer

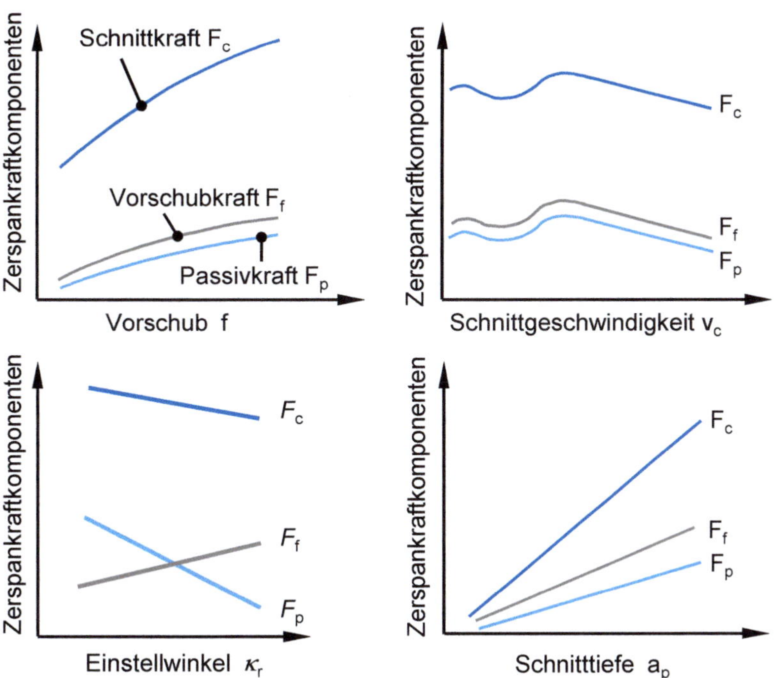

Abb. 3.22 Abhängigkeit der Zerspankraftkomponenten von Vorschub, Schnittgeschwindigkeit, Einstellwinkel und Schnitttiefe (qualitativ)

als der Eckenradius des Werkzeugs ist. Der Verlauf der Vorschubkraft F_f und Passivkraft F_p über dem Einstellwinkel κ_r ergibt sich aufgrund der geometrischen Lage der Schneidkante zur Werkstückachse, da mit größerem Einstellwinkel die in Vorschubrichtung weisende Komponente der Zerspankraft zunimmt, und bei $\kappa_r = 90°$ ihr Maximum erreicht. Wird der Einstellwinkel vergrößert, so erhöht sich die Spanungsdicke h im gleichen Maß wie die Spanungsbreite b abnimmt. Da die Schnittkraft F_c über der Schnittiefe a_p ($\hat{=}$ Spanungsbreite b) proportional ist, aber über dem Vorschub ($\hat{=}$ Spanungsdicke h) degressiv ansteigt, resultiert aus beiden Veränderungen eine leichte Abnahme von F_c bei steigendem κ_r.

Abb. 3.23 gibt einige Richtwerte an, wie sich die Zerspankraftkomponenten ändern, wenn der Spanwinkel oder der Neigungswinkel variiert werden. Diese Angaben können jedoch stark schwanken und sind nur als Anhaltswerte zu sehen.

Eine Veränderung des Freiwinkels im Bereich von $3° \leq \alpha_o \leq 12°$ hat keine nennenswerten Auswirkungen auf die Zerspankraftkomponenten. Ebenso zeigt eine Änderung des Eckenradius keinen wesentlichen Einfluß auf die Kräfte, solange die Bedingung $2r \leq a_p$ erfüllt ist.

Der Werkzeugverschleiß (s. Abschn. 3.7) stellt eine weitere Einflussgröße auf die Zerspankraft dar. In Abhängigkeit von der Art des Verschleißes lässt sich hierbei unterschiedliche Wirkungen auf die Zerspankraftkomponenten feststellen.

Kolkverschleiß, der einen größeren positiven Spanwinkel zur Folge hat, führt in der Regel zu einem Absinken der Zerspankraft. Bei vorherrschendem Freiflächenverschleiß dagegen steigen die Kräfte an, da die Reibfläche zwischen Werkstück und Freifläche größer wird. Eine quantitative Aussage über den Kraftanstieg mit zunehmendem Werkzeugverschleiß ist wegen der Vielzahl der Einflussgrößen nur näherungsweise möglich. Als Anhaltswert für den Kraftanstieg bis zu einer Verschleißmarkenbreite von VB = 0,5 mm

Einflussgrößen		Änderung der Zerspankraftkomponenten je Grad Winkeländerung		
		Schnittkraft F_c	Vorschubkraft F_f	Passivkraft F_p
abnehmend ↓	Spanwinkel	↑ 1,5 %	↑ 5,0 %	↑ 4,0 %
	Neigungswinkel	↑ 1,5 %	↑ 1,5 %	↑ 10,0 %
zunehmend ↑	Spanwinkel	↓ 1,5 %	↓ 5,0 %	↓ 4,0 %
	Neigungswinkel	↓ 1,5 %	↓ 1,5 %	↓ 10,0 %

Abb. 3.23 Einfluss des Span- und Neigungswinkels auf die Zerspankraftkomponenten

können überschlägig angenommen werden: für die Vorschubkraft F_f rd. 90 %, für die Passivkraft F_p rd. 100 % und für die Schnittkraft F_c rd. 20 %.

Es lassen sich mehrere spezifische Kennwerte zur Berechnung der Zerspankraftkomponenten unterscheiden. Die Zerspankraftkomponenten sind direkt proportional zu der Spanungsbreite b. Um empirische Gesetze erkennen zu können, empfiehlt es sich meistens, den Messwert auf bereits bekannte, linear abhängige Größen zu beziehen, um somit die Anzahl der in die Gesetzmäßigkeit eingehenden Variablen zu verringern. In diesem Falle bildet man den Quotienten F_c' aus der Schnittkraft F_c und der Spanungsbreite b. Trägt man nun die so gefundenen Werte im doppelt-logarithmischen System über der Spanungsdicke h auf, so ordnen sich die Messpunkte auf einer Geraden an, Abb. 3.24.

Die entsprechende Geradengleichung

$$\log(F_c / b) = \log(k_{c\,1.1}) + (1 - m_c) \cdot \log h \qquad \text{Gl. 3.3}$$

lässt sich in die Kienzle-Gleichung überführen:

$$F_c = b \cdot k_{c1.1} \cdot h^{(1-m_c)} \qquad \text{Gl. 3.4}$$

Die spezifische Schnittkraft $k_{c\,1.1}$ gibt die Schnittkraft an, die zum Abspanen eines Spans der Spanungsbreite b = 1 mm und der Spanungsdicke h = 1 mm erforderlich ist. Der Exponent (1 – m_c) bezeichnet die Steigung der Geraden $F_c' = f(h)$ im doppelt-logarithmischen System.

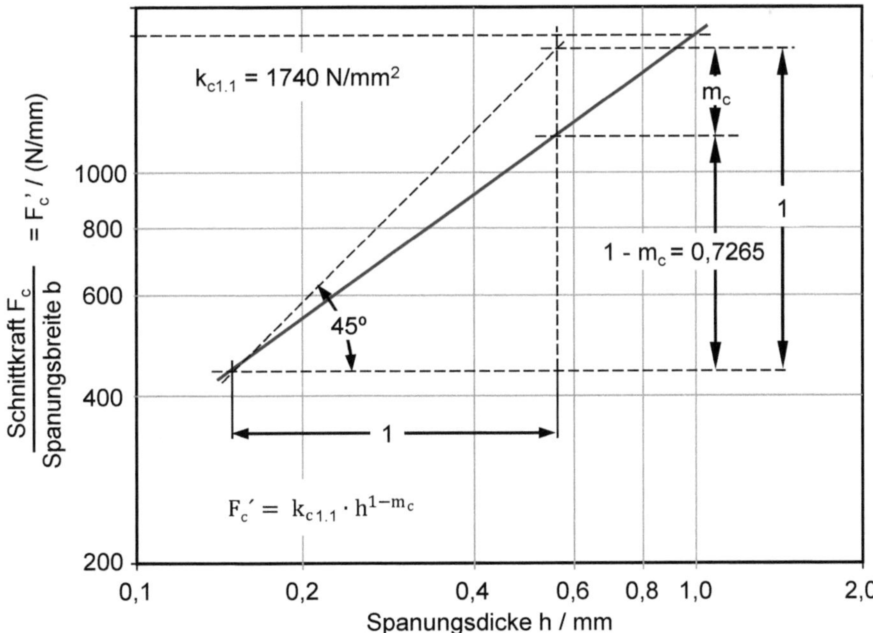

Abb. 3.24 Graphische Ermittlung der Kennwerte $k_{c1.1}$ und (1 – m_c)

Zur Ermittlung von $k_{c\,1.1}$ und $(1 - m_c)$ werden für die zu untersuchenden Werkstoff-Schneidstoff-Paarungen Zerspanungsversuche durchgeführt, bei denen für mehrere Vorschübe die zugehörigen Schnittkräfte bei konstanter Schnittgeschwindigkeit, Schnitttiefe und Schneidteilgeometrie gemessen und entsprechend Abb. 3.24 aufgetragen werden. Durch Extrapolation der Spanungsdicke auf $h = 1$ mm wird der gesuchte spezifische Schnittkraftkennwert $k_{c\,1.1}$ ermittelt. Der Tangens des Winkels zwischen den Geraden und der x-Achse ist der gesuchte Anstiegswert $(1 - m_c)$.

Für die Zerspankraftkomponenten F_f und F_p lassen sich entsprechende Gleichungen und Kennwerte definieren:

$$F_f = b \cdot k_{f1.1} \cdot h^{(1-m_f)} \quad \text{Gl. 3.5}$$

$$F_p = b \cdot k_{p1.1} \cdot h^{(1-m_p)} \quad \text{Gl. 3.6}$$

Die so ermittelten Werte sind allerdings nur für Spanungsdicken $h > 0{,}1$ mm gültig. Werte für k_c und $(1 - m)$ sind in [Köni82] zu finden.

Die Energie zum Zerspanen bzw. die Arbeit beim Zerspanen ergibt sich nach DIN 6584 als Produkt aus den zurückzulegenden bzw. zurückgelegten Wegen und den in ihrer Richtung wirkenden Komponenten der Zerspankraft. Entsprechend ergeben sich die Leistungen beim Zerspanen als Produkt aus den Geschwindigkeitskomponenten und den in ihrer Richtung wirkenden Komponenten der Zerspankraft.

Schnittarbeit W_c und Schnittleistung P_c:

$$W_c = l_c \cdot F_c \quad \text{Gl. 3.7}$$

$$P_c = v_c \cdot F_c \quad \text{Gl. 3.8}$$

Vorschubarbeit W_f und Vorschubleistung P_f:

$$W_f = l_f \cdot F_f \quad \text{Gl. 3.9}$$

$$P_f = v_f \cdot F_f \quad \text{Gl. 3.10}$$

Unter Wirkarbeit W_e und Wirkleistung P_e ist die Summe aus den entsprechenden Schnitt- und Vorschubanteilen zu verstehen:

$$W_e = W_c + W_f \quad \text{Gl. 3.11}$$

$$P_e = P_c + P_f \quad \text{Gl. 3.12}$$

Wegen der relativ kleinen Vorschubgeschwindigkeiten und Vorschubwege beträgt die Vorschubarbeit bzw. die Vorschubleistung beim Drehen nur etwa 0,03 – 3 % der entsprechenden Schnittarbeit oder Schnittleistung. Es kann deswegen in den meisten Fällen $W_e \approx W_c$ und $P_e \approx P_c$ gesetzt werden.

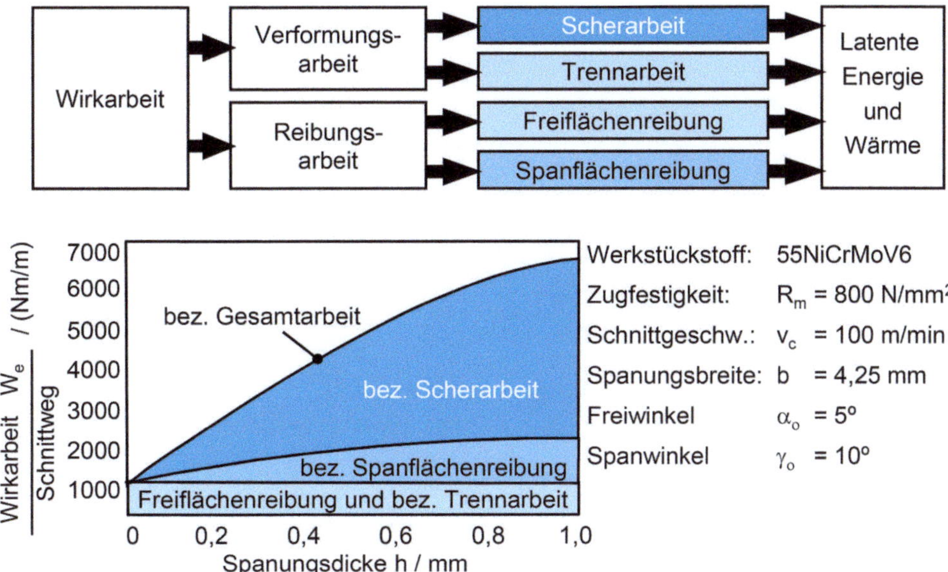

Abb. 3.25 Aufteilung der Wirkarbeit beim Zerspanen in Abhängigkeit von der Spanungsdicke, nach VIEREGGE [Vier59, Vier70]

Abb. 3.25 bietet einen Überblick über die Aufteilung der Gesamtzerspanarbeit in Scher-, Trenn- und Reibungsarbeit in Abhängigkeit von der Spanungsdicke [Vier70]. Aus dem Bild geht hervor, dass die Anteile der verschiedenen Arbeiten von der Spanungsdicke abhängen, wobei die Scherarbeit bei großen Spanungsdicken den wichtigsten Anteil darstellt.

Die für die Zerspanung aufgewendete mechanische Wirkarbeit wird fast vollständig in Wärmeenergie umgewandelt. Da die Wärmezentren mit den Verformungszentren identisch sind, kommen als Wärmequellen die Scherzone und die Reibzonen am Werkzeug in Betracht. Wie Abb. 3.13 zeigt, ist der Verformungsgrad in der Fließzone an der Spanunterseite wesentlich höher als in der Scherzone, sodass zwischen Span und Werkzeug die höchsten Temperaturen zu erwarten sind. Da die Dicke der Fließzone jedoch im Vergleich zur Scherzone sehr gering ist, sind die höheren Temperaturen nicht auch einem höheren Energieumsatz gleichzusetzen.

Die Darstellung in Abb. 3.26 links gibt Aufschluss über die Wärmemengen, die von Werkstück, Span und Werkzeug aufgenommen bzw. abgeführt werden. Der größte Teil der Wärme wird vom Span abgeführt. Der Hauptanteil der mechanischen Energie (in diesem Fall 75 % und i. Allg. mehr als 50 %) wird in der Scherzone umgesetzt. Die an den einzelnen Entstehungsstellen anfallenden Wärmemengen werden durch Wärmeleitung, Strahlung und Konvektion an die Umgebung abgeführt. Als Folge dieser Wärmebilanz bilden sich im Werkstück und Werkzeug entsprechende Temperaturfelder aus, die sich solange

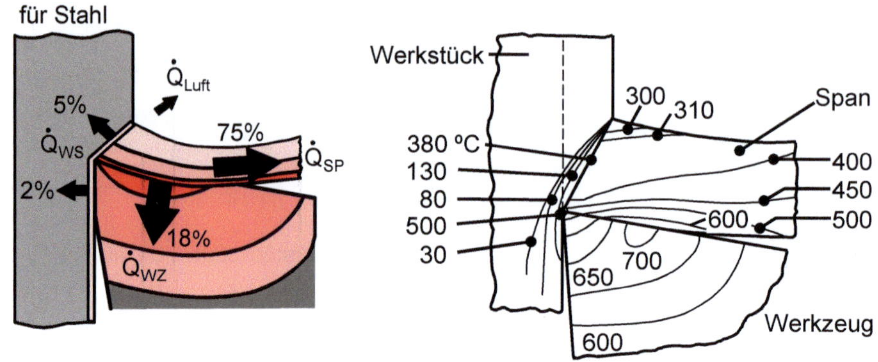

$\dot{Q}_{luft}$ = Wärmestrom an die Umgebung
$\dot{Q}_{SP}$ = Wärmestrom durch den Span
$\dot{Q}_{WS}$ = Wärmestrom in das Werkstück
$\dot{Q}_{WZ}$ = Wärmestrom in das Werkzeug

Werkstoff:	Stahl
Formänderungsfestigkeit:	k_f = 850 N/mm²
Schneidstoff:	HW-P20
Schnittgeschwindigkeit:	v_c = 60 m/min
Spanungsdicke:	h = 0,32 mm
Spanwinkel:	γ_o = 10°

Abb. 3.26 Wärme- und Temperaturverteilung in Werkstück, Span und Werkzeug bei der Stahlzerspanung, nach Kronenberg [Kron54] und Vieregge [Vier59]

verändern, bis ein Gleichgewicht zwischen zu- und abgeführten Wärmemengen erreicht ist. Ein solches Temperaturfeld ist im rechten Bildteil gezeigt.

Betrachtet man ein Materialteilchen in der Trennzone, so wird seine Temperatur mindestens gleich der eines Teilchens in der Scherzone sein. Beim weiteren Gleiten über die Kontaktzone wird das Material an der Spanunterseite und das Werkzeug an der Spanfläche stark aufgeheizt, weil die zur Überwindung der Reibung zwischen Span und Spanfläche erforderliche Energie fast vollständig in Wärme umgesetzt wird. Da dieser Vorgang nur in Grenzschichten des Span- und Schneidstoffvolumens stattfindet, heizt er die Spanfläche und die Spanunterseite umso stärker auf, je weniger Zeit infolge hoher Schnittgeschwindigkeiten für die Wärmeableitung zur Verfügung steht. Die maximale Temperatur tritt nicht direkt an der Schneidkante, sondern je nach Schnittbedingungen in einem gewissen Abstand von ihr auf der Spanfläche auf.

Die Ermittlung der beim Zerspanen auftretenden Temperaturen war schon sehr früh Gegenstand intensiver Forschungsarbeiten [Gott25, Lang49, Schm53, Küst54, Vier55, Küst56, Axer55]. Bereits 1956 wies Küsters beim Zerspanen von Stahl mit Hartmetall auf der Spanfläche Temperaturen von mehr als 1000 °C nach [Küst56]. Spätere Untersuchungen haben diese Ergebnisse immer wieder qualitativ bestätigt [Cass94, Denk90, Ehme70a, Lenz66, Laus88, Beye72, Dama90, LoCa94]. Die Höhe der am Schneidteil wirkenden Temperaturen ist abhängig vom zerspanten Werkstoff, vom Schneidstoff, von den gewählten Schnittbedingungen, vom Werkzeugverschleiß und vom Kühlmedium. Einen Eindruck von der Größenordnung der auf der Spanfläche zu erwartenden mittleren

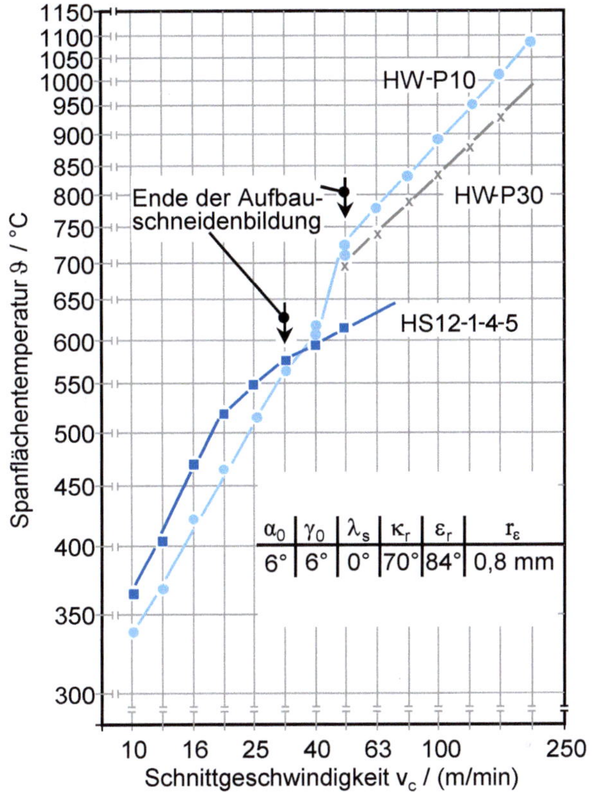

Abb. 3.27 Mittlere Spanflächentemperaturen

Zerspantemperaturen gibt in Abhängigkeit von der Schnittgeschwindigkeit für verschiedene Schneidstoffe, Abb. 3.27. Im Bereich $v_c = 20 - 50$ m/min erfolgt der Temperaturverlauf im doppelt-logarithmischen Koordinatensystem nicht linear. Der Grund hierfür ist die in diesem Schnittgeschwindigkeitsbereich auftretende Aufbauschneidenbildung (s. Abschn. 3.7.2), die die direkte Wärmeleitung stört.

Im Vergleich zur Spanfläche liegen in der Regel an der Freifläche die Temperaturen auf einem niedrigeren Niveau (Abb. 3.28) [Denk90, Ehme70a, Axer55, Laus88, Beye72, Dama90]. Die Größe der sich zwischen Spanfläche und Freifläche einstellenden Temperaturdifferenz, die nach [Ehme70a] für das Zerspanen mit Hartmetallwerkzeugen bei ca. 200 – 300 °C liegt, wird sehr stark von der Lage der Kontaktzone auf der Spanfläche mitbestimmt. Je näher diese an die Schneidkante rückt, um so mehr gleichen sich die an Span- und Freifläche herrschenden Temperaturen an. Dies bedeutet, dass insbesondere bei der Schlichtbearbeitung mit hohen Schnittgeschwindigkeiten und kleinen Vorschüben auch im Bereich der Freifläche sehr hohe Temperaturen vorliegen. Nach Angaben in der Literatur [Ehme70a, Vier53, Schm53, Küst54, Vier55, Küst56, Axer55, Beye72] können

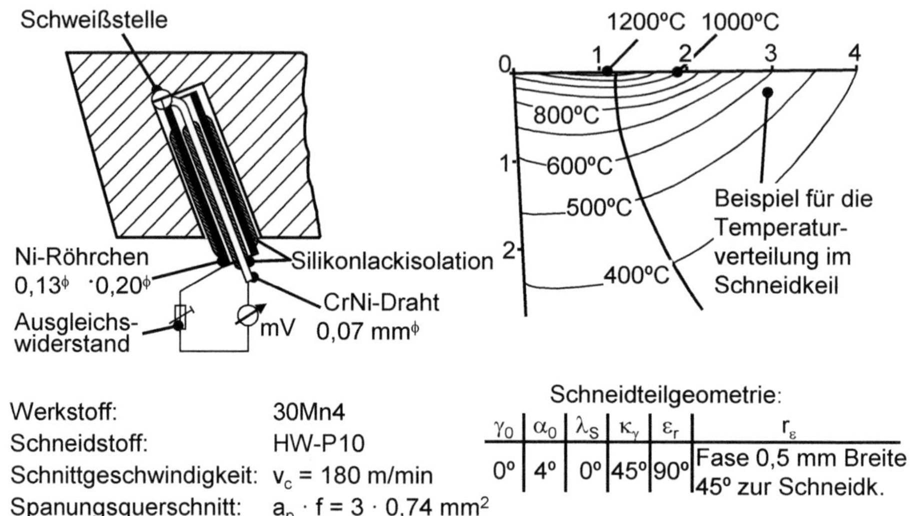

Abb. 3.28 Verfahren zur Temperaturmessung beim Zerspanen

in Abhängigkeit von den gewählten Randbedingungen beim Zerspanen mit Hartmetallwerkzeugen an der Freifläche Temperaturen von mehr als 800 °C auftreten.

Für die Temperaturmessung während des Zerspanungsvorgangs stehen verschiedene Verfahren und Geräte zur Verfügung, Abb. 3.28 [Lowa67]. Diese unterscheiden sich hinsichtlich der Messtechnik, des experimentellen Aufbaus und der Messposition. Für Temperaturmessungen während des Zerspanvorganges kommen ausschließlich die zeitauflösenden Messtechniken in Betracht, da für andere Methoden, wie zum Beispiel das Beschichten mit temperaturempfindlichen Farben oder Pulver mit konstantem Schmelzpunkt, die Prozessdauer bei der Zerspanung und somit das Erreichen eines thermisch stationären Zustands zu kurz ist. Von den in Abb. 3.28 aufgeführten Verfahren sind die Ein- und Zweimeißelmethode, die Temperaturmessung mit Thermoelement, Pyrometer und Thermokamera technisch interessant.

Als erste direkte Verfahren zur Temperaturmessung wurden von Gottwein das Einmeißelverfahren und in Zusammenarbeit mit Reichel das Zweimeißelverfahren entwickelt [Gott25, Herb26, Vier70]. Beide Verfahren beruhen auf dem Prinzip eines Thermoelements. Werkzeug und Werkstück bilden die Warmlötstellen, die Werkstückeinspannung ist die Kaltlötstelle eines Thermoelements. Werkstück und Werkzeug müssen isoliert eingespannt werden, da die in der Kontaktzone zwischen der Schneidplatte und dem Span entstehende Thermospannung sonst über die Maschine im Kurzschluss abgebaut würde. Daher muss auch eine Berührung des ablaufenden Spans mit dem Werkstück außerhalb der Kontaktzone vermieden werden. Beide Verfahren erfordern elektrisch leitende Werk- und Schneidstoffe. Bei dem Zweimeißelverfahren müssen Schneidstoffe mit unterschiedlichen thermoelektrischen Eigenschaften eingesetzt werden. Als nachteilig erweist sich vor allem bei dem Einmeißelverfahren der langwierige und aufwendige Eichprozess des Thermoelements, der für jede Schneidstoff-Werkstoff-Kombination erneut durchzuführen ist. Mit diesen Verfahren sind Temperaturen bis 1200 °C bestimmbar.

Zu den heute gebräuchlichsten Techniken zählt die Temperaturmessung mit Hilfe von Thermoelementen. Durch den Einbau eines Thermoelements in Werkzeug oder Werkstück lässt sich das Temperaturfeld punktweise bestimmen, Abb. 3.29. Bei den eingefügten Thermoelementen wird zwischen gekapselten Thermopaaren, Mantelthermoelementen und sogenannten Eindrahtthermoelementen unterschieden. Thermopaare können in Sacklochbohrungen im Werkzeug [Küst56, Qure66, Abra97] oder im Werkstück appliziert werden [Osul02]. Die zeitliche Auflösung wird von der Ansprechzeit des Thermoelements und dem Wärmeübergang zwischen Thermoelement und Messobjekt beeinflusst. Grundsätzlich besitzen diese Techniken eine geringe zeitliche Auflösung. Problematisch ist des Weiteren der Kontaktwärmeübergangswiderstand zwischen Messoberfläche und Thermoelement, bedingt durch die Rauheit der Bohrung. Dieser verursacht einen Temperaturunterschied zwischen Messoberfläche und Thermoelement. Hinzu kommt bei Mantelthermoelementen mit isolierter Messstelle der Abstand zwischen Thermoelementoberfläche und Messstelle im Inneren. Aufgrund der extrem hohen Temperaturgradienten bei den

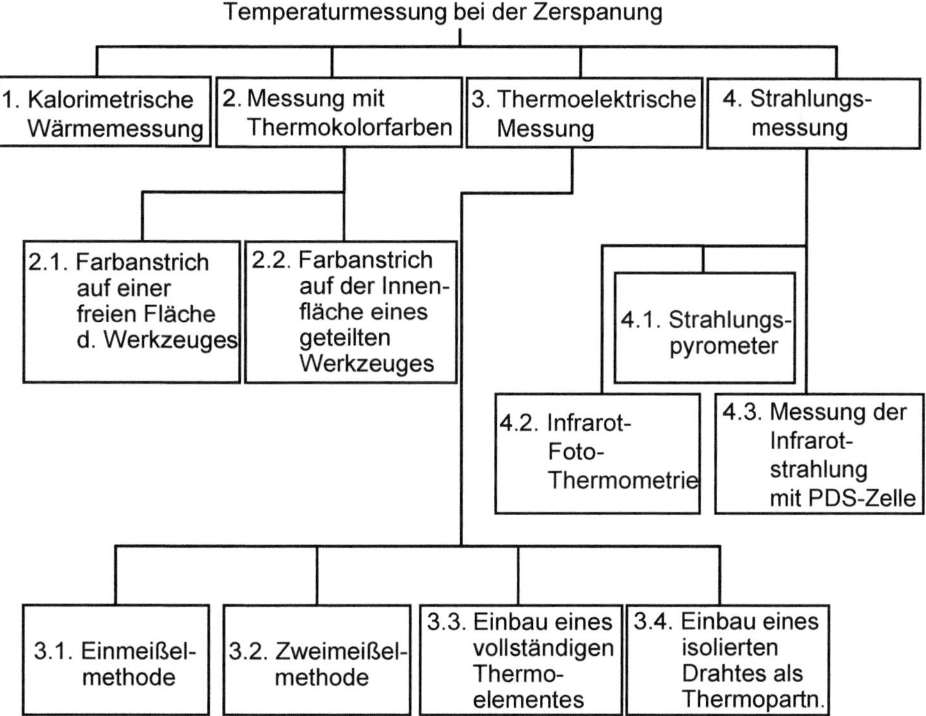

Abb. 3.29 Temperaturmessung mit eingebautem Thermoelement an Hartmetall, nach Küsters [Küst56]

kurzen Versuchszeiten eines Zerspanprozesses kann dies zu deutlich niedrigeren Messwerten führen. Die in den Reibzonen herrschenden Maximalwerte können damit nicht gemessen werden. Zur Verbesserung des Wärmeübergangs zwischen Thermoelement und Oberfläche werden Wärmeleitpasten eingesetzt. Nachteilig ist außerdem, dass ein direkter Kontakt zwischen Thermoelement und Messobjekt notwendig ist, ferner dass die Bohrungen für die Thermoelementpositionierung die Temperaturverteilungen deutlich beeinflussen können.

Die wichtigsten Strahlungsmesstechniken bei der Zerspanung sind die Pyrometrie und die spektrale Strahlungsthermometrie [Davi07]. Mit der gemessenen Strahlung wird die Temperatur des Messobjektes unter Berücksichtigung des Planckschen Gesetzes bestimmt. Die Pyrometrie erfasst dabei die Strahlung, oder genauer die spektrale spezifische Ausstrahlung M_λ, bei diskreten Wellenlängen λ_1 und λ_2 wie auf der rechten Seite von (Abb. 3.30) gezeigt. Spektrale Strahlungsthermometer hingegen erfassen ein komplettes Wellenlängenband welches durch die beiden Wellenlängen λ_1 und λ_2 begrenzt wird, siehe linke Seite von (Abb. 3.30). Zur Messung werden bei beiden Messtechniken Detektoren

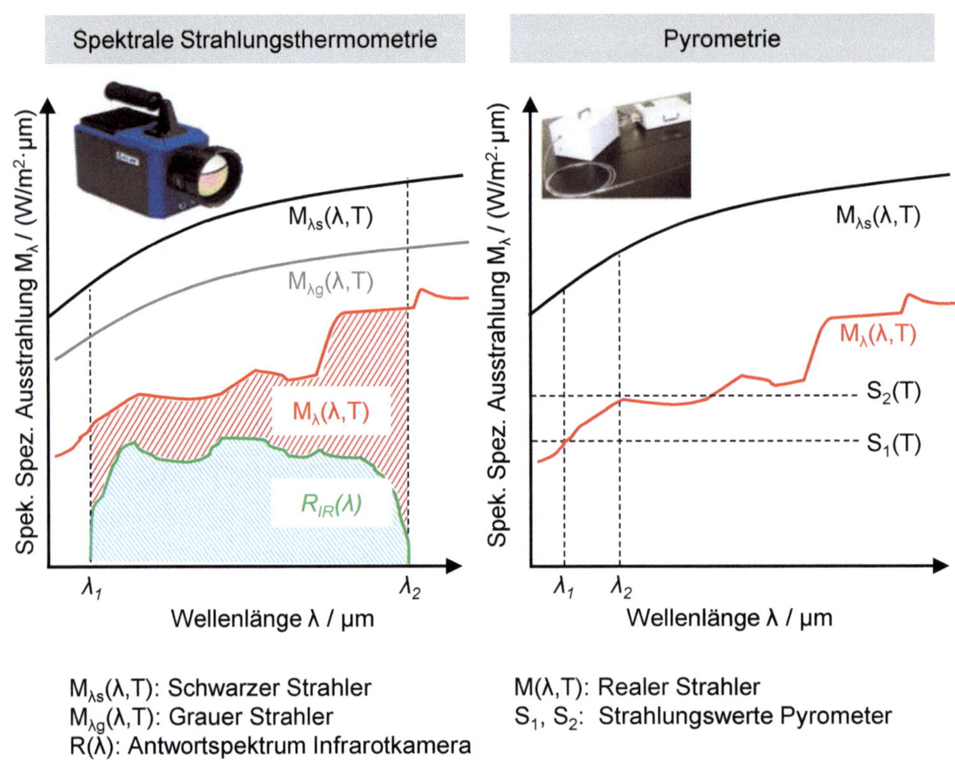

Abb. 3.30 Vergleich von spektraler Strahlungsthermometrie und Pyrometrie

genutzt, die aus Halbleitermaterialien bestehen. Häufig verwendete Legierungen sind das Indiumantimonid (InSb) und das Indiumgalliumarsenid (InGaAs). Diese Legierungen erzeugen eine zur einfallenden Strahlung proportionale Spannung, die mit geeigneter Elektronik bestimmt werden kann. Die Strahlungsmesstechniken haben gegenüber den thermoelektrischen Messtechniken einige entscheidende Vorteile: sehr niedrige Ansprechzeiten, berührungslose Messung und die Möglichkeit der räumlichen Abtastung. Dazu werden mehrere Strahlungsdetektoren in Feldern angeordnet, sodass eine Messung von Temperaturfeldern ermöglicht wird. Infrarotkameras nutzen dieses Prinzip, die einzelnen Detektoren sind dabei einzelne spektrale Strahlungsthermometer.

Ein Hauptproblem für die Messung einer genauen Absoluttemperatur ist die Abhängigkeit der ausgesandten Strahlung vom Emissionsgrad der Oberfläche. Mit dem Planckschen Gesetz kann nur die idealisierte spektrale spezifische Ausstrahlung $M_{\lambda s}$ eines sogenannten schwarzen Strahlers berechnet werden. In der Realität ist die Ausstrahlung jedoch geringer. Eine weitere Idealisierung ist der sogenannte graue Strahler, dessen spektrale spezifische Ausstrahlung $M_{\lambda g}$ um einen konstanten Faktor, dem Emissionsgrad ε reduziert ist. Da der Emissionsgrad bei realen Werkstoffen von vielen Faktoren wie Temperatur, Wellenlänge, Winkellage, Material und Oberflächenbeschaffenheit abhängt, ist die Kalibrierung eines Messgerätes für eine bestimmte Oberfläche sehr schwierig. Die reale spektrale spezifische Ausstrahlung M_{λ} kann daher auch von der Idealisierung eines grauen Strahlers starke Abweichung vorweisen. Insbesondere die Genauigkeit der spektralen Strahlungsthermometer leidet unter diesen Einflüssen. Hinzu kommt das selektive Ansprechverhalten R_{IR} der Breitbanddetektoren, d. h. das Halbleitermaterial reagiert unterschiedlich bei unterschiedlichen Wellenlängen. Bei der Zerspannung haben zusätzlich Effekte wie Oberflächenrauheit und Oxidation einen großen Einfluss auf den Emissionsgrad der Oberflächen.

Um den Einfluss des Emissionsgrads auf die gemessenen Temperaturen zu begrenzen, wurden schmalbandige Teilstrahlungs-, Zweifarben- und Mehrfarbenpyrometer entwickelt. Das Zweifarbenpyrometer (Abb. 3.31) hat den Vorteil, dass die spektralen Emissionsgrade ε_1 und ε_2 der Oberfläche nicht bekannt sein müssen. Da die gewählten zwei Wellenlängen unmittelbar nebeneinander liegen, gilt: $\varepsilon_{\lambda 1} \sim \varepsilon_{\lambda 2}$. Ein Messfehler ergibt sich lediglich dann, wenn sich die beiden Wellenlängen λ_1 und λ_2, und damit die Werte der spektralen spezifischen Ausstrahlung S_1 und S_2 deutlich unterscheiden. Weiterer Vorteil dieses Prinzips ist, dass die gemessene Temperatur unabhängig von einer Signaldämpfung ist, wie zum Beispiel durch Staub, wenn beide Signale in gleichem Maß gedämpft werden. Außerdem kann die Temperatur von Objekten, die kleiner als das Blickfeld der Optik sind, ohne Fehler gemessen werden [Müll85].

Als Alternative zu pyrometrischen Messungen kann die Thermografie mit Infrarotkameras eingesetzt werden. Neben dem Vorteil der bildhaften Temperaturinformation, messen Infrarotkameras jedoch meistens mit dem Prinzip der spektralen Strahlungsthermometrie. Die Genauigkeit der absoluten Temperaturmessung ist dabei zusätzlich von der gewählten Integrationszeit (Belichtungszeit) und dem eingesetzten Objektiv abhängig. Eine umfangreiche Studie der Messungenauigkeit von Infrarotkameras beim Einsatz für die Zerspanung von [Lane13] quantifiziert die Ungenauigkeit von gängigen System auf etwa 50 °C.

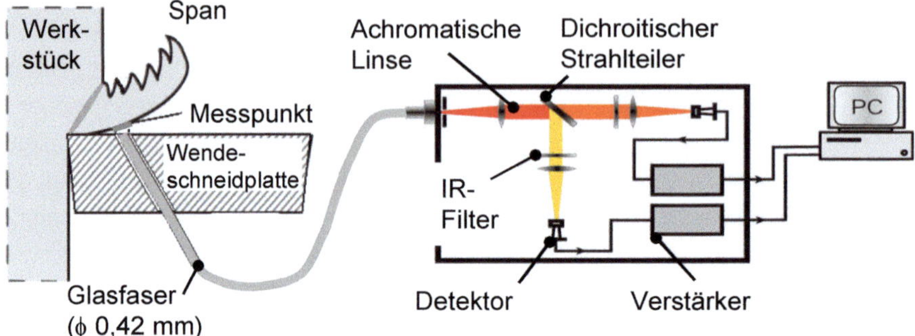

Merkmale

- Messung zweier diskreter Wellenlängenbänder λ_1 = 1,7 µm und λ_2 = 2 µm, die ins Verhältnis gesetzt werden
- Hohes zeitliches Auflösungsvermögen (ca. 2 µs)
- Unabhängigkeit vom Emissionsgrad (keine Kalibrierung erforderlich)
- Großer Temperaturmessbereich (250 – 1200 °C)
- Berührungslose Messtechnik

Abb. 3.31 Prinzipieller Aufbau eines 2-Farben Pyrometers, nach MÜLLER [Müll85]

Kommerzielle Kameras arbeiten meist bei langen Wellenlängen und mit großen Bandbreiten, was die Messung niedriger Temperaturen ermöglicht, sich aber nachteilig auf die erreichbare Genauigkeit auswirkt. Scannende Kameras, die mit einem einzelnen Detektor arbeiten, sind zu langsam für schnelle Prozesse. Einige Hochgeschwindigkeits-Infrarotkameras bieten Integrationszeiten im Mikrosekundenbereich, was Aufnahmen von schnellen Prozessen ohne Bewegungsunschärfe ermöglicht.

Um den Einsatz von Strahlungsmesstechniken bei der Zerspanung zu optimieren wurde eine Methode zur Kombination beider Messprinzipien beim Räumprozess vorgeschlagen [Gier13]. Dabei werden die Vorteile der räumlichen Auflösung der Infrarotkamera mit der genauen Messung des Zwei-Farben-Pyrometers kombiniert. Durch Ausrichtung beider Messsystemen auf einen gemeinsamen Messfleck auf dem Messobjekt kann eine Bestimmung des Emissionsgrades während der Messung durchgeführt werden.

Ein wesentliches Problem bei der messtechnischen Erfassung der Schneidentemperaturen liegt neben der schlechten Zugänglichkeit in dem begrenzten örtlichen Auflösungsvermögen der verfügbaren Messverfahren und dem nur wenige Mikrometer breiten Bereich, innerhalb dem die maximalen Temperaturen auftreten. Auch die in der Grenzfläche zwischen Schneidstoff und abgleitendem Span bestehenden lokalen Temperaturunterschiede können mit den bisherigen Messverfahren nicht erfasst werden. Erfolgversprechende Ansätze, die thermische Werkzeugbelastung genauer als bisher zu bestimmen, stellen Sensoren in Dünnschichttechnik dar, die in die Werkzeugkontaktzonen appliziert, während des Zerspanvorganges die Temperaturverteilung innerhalb der Kontaktzonen erfassen [Zieb95, Töns95, Kloc97]. Für Schnittprozesse mit hohem Verschleiß ist diese Technik bislang allerdings nicht geeignet. Eine weitere viel versprechende Methode zur

Bestimmung der in den Grenzflächen zwischen Werkstoff und Schneidstoff herrschenden Temperaturen ist die Implantation eines Fensters aus Diamant in der Werkzeugkontaktzone. Die von der Spanunterseite ausgesandte Wärmestrahlung gelangt durch das Fenster über einen im Meißelhalter integrierten Spiegel zu einer Infrarotkamera [Müll96].

Der direkte Vergleich der von den verschiedenen Autoren gemessenen Temperaturen ist nur selten möglich, da die Versuchsbedingungen in der Regel voneinander abweichen. Es existieren zahlreiche Parameter, die sich auf die Temperaturen auswirken: Art des Zerspanprozesses, Werk- und Schneidstoffe, mögliche Beschichtungen der Schneidstoffe, die Verwendung von Kühlschmierstoffen und Zerspanparameter wie Vorschub, Schnittgeschwindigkeit, Schnitttiefe und Schneidteilgeometrie. Außerdem ist die Messposition ausschlaggebend und messtechnische Parameter, wie lokale bzw. zeitliche Auflösung. Auch die Dauer des Schnittvorgangs und der Zeitpunkt der Messung müssen berücksichtigt werden.

Den größten Einfluss auf die Maximaltemperaturen, die in der Kontaktzone zwischen Span und Werkzeug auftreten, hat eindeutig die Schnittgeschwindigkeit. Bei dem prinzipiellen Verlauf zeigen die meisten Messungen einen deutlichen Anstieg der Temperaturen bei niedrigen bis mittleren Schnittgeschwindigkeiten, während sich ein näherungsweise konstantes Niveau bei hohen Geschwindigkeiten einstellt.

3.6.1 Einfluss der Geometrie des Schneidteils

Je nach Zerspanungsaufgabe wählt man sehr unterschiedliche Geometrien des Schneidteils. Die Wahl dieser Geometrie hängt ab von

- dem Schneidstoff,
- dem Werkstoff,
- den Schnittbedingungen und
- der Werkzeuggeometrie.

Übliche Größenordnungen der Werkzeugwinkel bei der Stahlzerspanung sind in Abb. 3.32 angegeben. Jede Festlegung von Werkzeugwinkeln ist eine Kompromisslösung, die den verschiedenen Anforderungen nur annähernd gerecht werden kann.

Schneidteilgeometrie / *Schneidstoff*	**Spanwinkel** $\gamma_o / °$	**Freiwinkel** $\alpha_o / °$	**Neigungswinkel** $\lambda_s / °$	**Einstellwinkel** $\kappa_r / °$	**Eckenwinkel** $\varepsilon_r / °$	**Eckenradius** r_ε / mm
Schnellarbeitsstahl (HSS)	-6 bis +20	6 bis 8	-6 bis +6	10 bis 100	60 bis 120	0,4 bis 2
Hartmetall	-6 bis +15	6 bis 12				

Abb. 3.32 Werkzeugwinkel bei der Stahlzerspanung

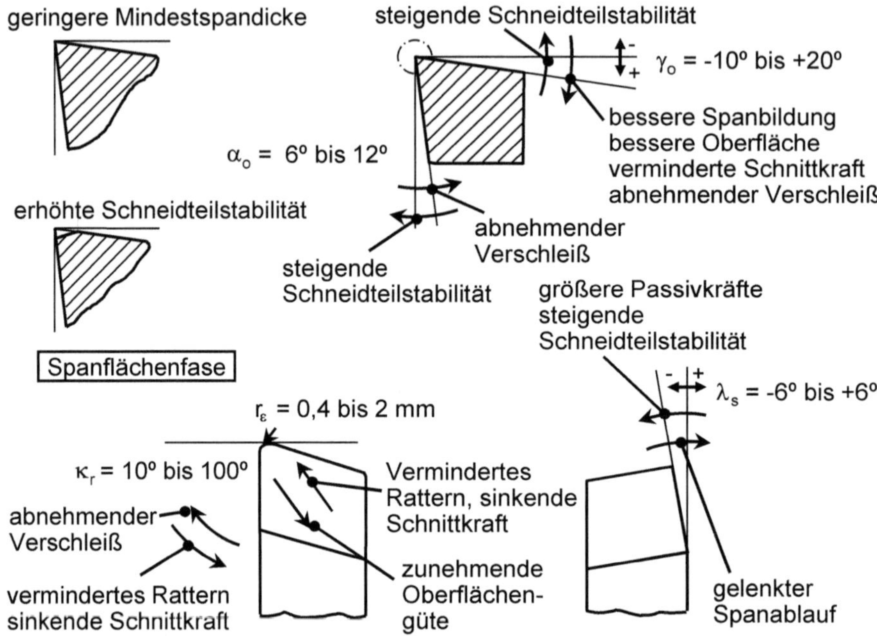

Abb. 3.33 Einfluss der Schneidengeometrie auf die Zerspanungskenngrößen

Abb. 3.33 zeigt, in welcher Weise eine Veränderung der Schneidteilgeometrie die Zerspanungskenngrößen beeinflusst.

3.6.1.1 Freiwinkel α_o

Der Verschleiß an der Freifläche (gekennzeichnet durch die Verschleißmarkenbreite VB) wird wesentlich durch die Größe des Freiwinkels bestimmt. Ist dieser groß, wird der Schneidteil in zweifacher Hinsicht geschwächt: Im Werkzeug kann ein Wärmestau entstehen, der möglicherweise die Beeinträchtigung oder den Verlust der Warmhärte zur Folge haben kann; ein zu kleiner Keilwinkel erhöht außerdem die Ausbruchgefahr der Schneidkante. Ist der Spanwinkel klein, nimmt der Flächenverschleiß zu, da verstärkt Pressschweißungen an den Kontaktstellen der Reibpartner auftreten.

3.6.1.2 Spanwinkel γ_o, Keilwinkel β_o

Der Spanwinkel γ_o kann im Gegensatz zu α_o im positiven wie im negativen Bereich liegen. Er ist für die Trennung des zu zerspanenden Materials verantwortlich. Die Größe des Spanwinkels γ_o beeinflusst die Stabilität des Schneidkeils wesentlich; daher können stark positive Spanwinkel infolge erhöhter Schneidteilschwächung zum Bruch des Werkzeugs führen. Als Vorteile eines positiven Spanwinkels sind in erster Linie die geringen Schnitt- und Vorschubkräfte sowie meist verbesserte Werkstückoberflächen zu nennen. Der durch einen positiven Spanwinkel begünstigte Spanablauf bedingt jedoch oft eine nur ungenügende Spanbrechung (Neigung zur Fließspanbildung). Negative Spanwinkel erhöhen die Schneidenstabilität (Anwendung z. B. beim Hobeln und bei der Bearbeitung von Werkstücken mit Durchbrüchen, Walz- oder Gusshaut...). Die dabei verstärkte Verformung des ablaufenden Spans und die großen Schnittkräfte haben eine starke Temperaturbelastung des Schneidteils zur Folge. Es entsteht ein erhöhter Kolkverschleiß auf der Spanfläche, der zu niedrigen Standzeiten der Werkzeuge führen kann. Spanwinkel γ_o und Freiwinkel α_o bilden zusammen mit dem Keilwinkel β_o einen rechten Winkel (Abb. 3.7).

3.6.1.3 Eckenwinkel ε_r

Wegen der bei extremen Schnittbedingungen erwünschten Werkzeugstabilität sollte der Eckenwinkel ε_r möglichst groß sein. Kleine Eckenwinkel werden besonders bei der Kopier- und NC-Bearbeitung benötigt. Der mögliche Bereich ist dadurch eingeengt, dass die Lage der Hauptschneide vorgegeben ist und der Winkel zwischen Nebenschneide und Vorschubrichtung mindestens 2° betragen soll, um ein Nachschaben der Nebenschneide am Werkstück zu vermeiden.

3.6.1.4 Einstellwinkel κ_r

Bei konstantem Vorschub und konstanter Schnitttiefe steigt mit kleiner werdendem κ_r die Spanungsbreite b an. Dadurch sinkt die spezifische Schneidenbelastung, sodass kleine Einstellwinkel speziell bei der Zerspanung von Werkstoffen mit hoher Festigkeit eingesetzt werden, um so die Werkzeugbelastung bzw. den -verschleiß gering zu halten. Andererseits nimmt die Passivkraft F_p mit kleiner werdendem κ_r zu und damit die Gefahr, dass aufgrund wachsender Instabilität des Zerspanprozesses Ratterschwingungen auftreten.

3.6.1.5 Neigungswinkel λ_s

Durch einen negativen Neigungswinkel kann der Zerspanungsvorgang weitgehend stabilisiert werden, weil der Anschnitt des Werkzeugs nicht an der Schneidenecke sondern in Richtung Schneidenmitte erfolgt. Dadurch ergibt sich ein günstigerer Belastungsverlauf, sodass die Gefahr des Schneidenbruchs infolge örtlicher Überlastung gemindert wird. Die Problematik des belastungsarmen Anschnitts gewinnt insbesondere bei unterbrochenen Schnitten (z. B. beim Fräsen, Hobeln) sowie bei der Bearbeitung von Guss- und Schmiedeteilen (Werkstücke mit Querbohrungen, Lunker) an Bedeutung.

Negative Neigungswinkel rufen große Passivkräfte hervor, die von den Werkzeugmaschinen aufgenommen werden müssen (Steifigkeit senkrecht zur Hauptspindel!).

Der Neigungswinkel hat weiterhin einen Einfluss auf die Spanabflussrichtung. Ein negativer Neigungswinkel kann zur Folge haben, dass der Span auf die Werkstückoberfläche abgelenkt wird und es damit zu einer Verschlechterung der Oberflächengüte kommt.

3.6.1.6 Eckenradius r_ε

Der zu wählende Eckenradius des Schneidteils hängt vom Vorschub f und der Schnitttiefe a_p ab. Im Zusammenhang mit dem gewählten Vorschub beeinflusst er wesentlich die erreichbare Werkstückoberflächengüte (s. Abschn. 7.2.3), wobei annähernd die Beziehung gilt:

$$Rt = \frac{f^2}{8r_\varepsilon} \qquad \text{Gl. 3.13}$$

Große Eckenradien bewirken eine verbesserte Werkstückoberfläche und Schneidenstabilität, kleine Eckenradien haben den Vorteil einer geringen Ratterneigung aufgrund der kleineren Passivkräfte.

3.7 Verschleiß

Während des Zerspanprozesses finden im Bereich der Schneide Verformungs-, Trenn- und Reibvorgänge statt. Dabei unterliegen die eingesetzten Schneidstoffe einem außerordentlich komplexen Belastungskollektiv, das durch hohe Druckspannungen, hohe Schnittgeschwindigkeiten und hohe Temperaturen gekennzeichnet ist.

Unter Anwendung der in der Praxis üblichen Schnittbedingungen erreichen Zerspanwerkzeuge in der Regel durch einen kontinuierlich zunehmenden Verschleiß an Span- und Freifläche ihr Einsatzende. Man versteht hierunter den fortschreitenden Materialverlust aus der Oberfläche eines festen Körpers, hervorgerufen durch mechanische Ursachen, d. h. Kontakt und Relativbewegung eines festen, flüssigen oder gasförmigen Gegenkörpers.

3.7.1 Verschleißmechanismen

Die Hauptmechanismen, die den Verschleiß verursachen, sind Adhäsion, Abrasion, tribochemische Reaktionen und Oberflächenzerrüttung (Abb. 3.34).

3.7.1.1 Abrasion

Abrasion tritt auf, wenn Rauheitshügel des Gegenkörpers oder Partikel, die als Zwischenstoff oder ebenfalls als Gegenkörper vorhanden sind, in die Oberflächenbereiche des Schneidstoffes eindringen und gleichzeitig eine Tangentialbewegung ausführen, sodass Riefen und Mikrospäne gebildet werden. Die unterschiedlichen Abrasionsformen werden

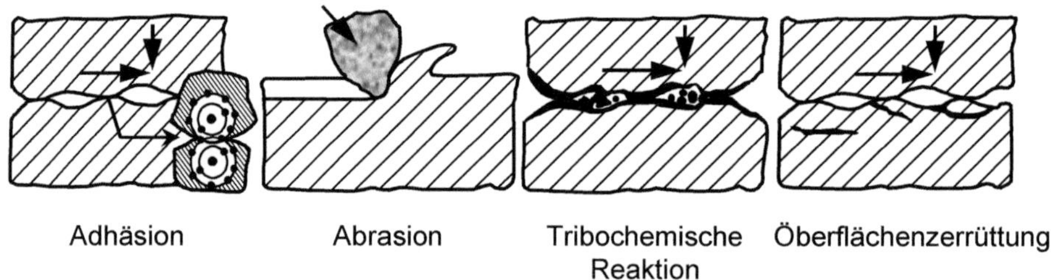

Abb. 3.34 Schematische Darstellung der vier Hauptverschleißmechanismen, nach Zum Gahr [ZumG92]

als Furchungs-, Spül-, Mahl-, Kerb- oder Strahlverschleiß bezeichnet. Häufig wird der Begriff „Furchungsverschleiß“ synonym mit dem Begriff „abrasiver Verschleiß“ verwendet [Habi80, Czic06].

Beim Furchungsverschleiß dringen harte Rauheitshügel oder harte Partikel in die Oberflächenbereiche des beanspruchten Werkstoffes ein und erzeugen durch Gleitbewegung Riefen bzw. Furchen. Der Verschleiß kann hierbei durch einen rauen, kompakten Gegenkörper (Gegenkörperfurchung) oder durch lose Partikel bei Gleitbeanspruchung (Teilchenfurchung) verursacht werden.

Der Vorgang der Werkstoffschädigung kann in Mikropflügen, Mikrospanen und Mikrobrechen unterteilt werden (Abb. 3.35). Mikropflügen und Mikrospanen sind die vorherrschenden abrasiven Verschleißvorgänge bei duktilen Werkstoffen. Beim Mikropflügen wird der Werkstoff innerhalb der Verschleißfurche plastisch verformt und zu den Furchungsrändern verdrängt. Im Idealfall tritt kein Materialabtrag auf. Er kann jedoch dann erfolgen, wenn durch gleichzeitige Wirkung vieler abrasiver Teilchen oder durch die mehrfache Wirkung eines einzelnen Teilchens der Werkstoff wiederholt zu den Furchungsrändern verdrängt wird und schließlich durch Ermüdung versagt. Ideales Mikrospanen führt zu einem Materialabtrag in Form eines Spanes, dessen Volumen gleich dem Volumen der entstehenden Verschleißfurche ist. Bei spröden Werkstoffen kommt das Mikrobrechen noch hinzu. Materialteilchen entstehen hierbei durch Rissbildung und Rissausbreitung in der beanspruchten Oberfläche. Das Volumen der beim Mikrobrechen entstehenden Verschleißteilchen ist mehrfach größer als das der durchgehenden Verschleißfurche [ZumG87, ZumG92, Habi80].

3.7.1.2 Adhäsion

Adhäsion wird als die Ausbildung von Grenzflächen-Haftverbindungen definiert. Man versteht hierunter einen Verschleißmechanismus, bei welchem in der Kontaktfläche zwischen Werkstoff und Schneidstoff atomare Bindungen, z. B. in Form von Mikroverschweißungen, entstehen, die während einer tangentialen Bewegung der Reibpartner verformt, verfestigt und abgeschert werden [Erin90, ZumG87].

Der Vorgang der Adhäsion, d. h. die Ausbildung von Mikroverschweißungen zwischen zwei Reibpartnern, kann sowohl durch atomare Wechselwirkungen (chemische Adhäsion)

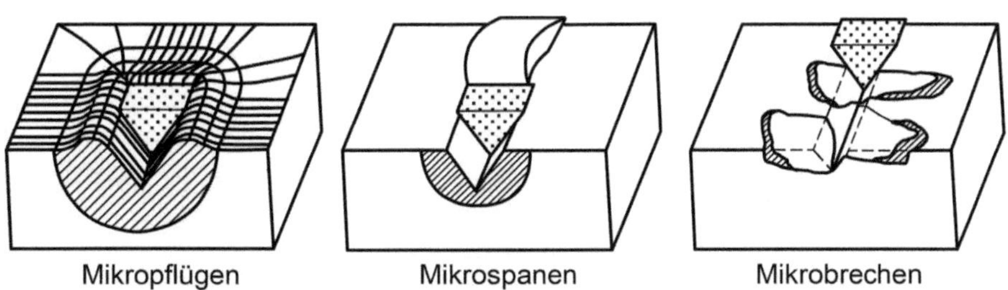

Abb. 3.35 Arten der Werkstoffschädigung durch abrasive Teilchen, nach Zum Gahr [ZumG87]

zwischen den Partnern, wie thermisch induzierte Diffusionsvorgänge, Elektronenaustausch oder elektrische Polarisation als auch durch ein mechanisches Verhaken (mechanische Adhäsion) des bei hohen Temperaturen extrem plastisch verformbar gewordenen Werkstückstoffes mit dem Schneidstoff zustande kommen [Tell93].

Durch Adhäsion können Partikel von einem Verschleißpartner auf den anderen übertragen werden. Ist dieser Übertrag primäre Ursache des Verschleißes, so spricht man auch von adhäsivem Verschleiß, obwohl an der Bildung loser Verschleißpartikel in der Regel noch andere Verschleißmechanismen beteiligt sind [Habi80].

Das Adhäsionsverhalten ist eine Paarungseigenschaft, die von den Eigenschaften des Grund- und Gegenkörpers abhängt. Ob ein Werkstoff zur Adhäsion neigt, kann nur in Abhängigkeit vom Werkstoff des Gegenkörpers beantwortet werden, mit dem er starke, schwache oder keine Adhäsionsbindungen eingeht [Habi80].

Die Stärke einer Adhäsionsverbindung wird durch den Adhäsionskoeffizienten beschrieben. Dieser ist definiert als Quotient aus der Normalkraft F_N, mit der zwei Festkörper unter Verdrehung aufeinandergepresst werden und der entgegengesetzt wirkenden Kraft F_A, die aufgebracht werden muss, um die hierbei durch Adhäsion entstandene Verbindung zu lösen [Habi80, Andr59, Siko63].

Die Neigung von Festkörpern, Adhäsionsverbindungen einzugehen, kann mit Hilfe ihrer Oberflächenenergie beurteilt werden. Ein Verfahren zur Bestimmung der Oberflächenenergie von Festkörpern stellt die Kontaktwinkelmessung dar. In [Bobz00] wird eine Messvorschrift beschrieben, die einen Vergleich der Oberflächenenergien von Schichtsystemen hinsichtlich ihrer polaren- und dispersiven Anteilen ermöglicht. Da in erster Linie die polaren Anteile für die Adhäsionsneigung eines Feststoffes verantwortlich gemacht werden, sollte im Hinblick auf eine möglichst geringe Adhäsionsneigung, die Oberflächenenergie von Zerspanwerkzeugen, d. h. insbesondere die des aufgebrachten Schichtsystems, einen möglichst geringen polaren Anteil besitzen [Bobz00, Kloc05].

Bei der Spanbildung entstehen neue Werkstoffoberflächen, die in statu nascendi ohne Adsorptions- oder Reaktionsgrenzschichten, chemisch äußerst aktiv unter hohen Drücken und Temperaturen mit der Werkzeugoberfläche in Kontakt kommen und sich dieser bis auf Atomabstand nähern. Plastische Verformungsvorgänge führen zur Ausbildung großer realer Kontaktflächen. Der Zerspanvorgang bietet damit sehr günstige Voraussetzungen für das Auftreten adhäsiv bedingter Wechselwirkungen [Bömc89, Neis94, Erin90].

3.7.1.3 Tribooxidation

Unter dem Begriff „Tribooxidation“ werden chemische Reaktionen von Schneidstoff und Werkstoff mit Bestandteilen des Zwischenstoffes oder des Umgebungsmediums infolge reibbedingter Aktivierung zusammengefasst. Durch die Tribooxidation verändern sich die Eigenschaften der äußeren Grenzschicht. Es können Reaktionsprodukte entstehen, die mit dem Span abgeführt werden oder als Belag auf dem Schneidstoff haften bleiben. Der Verschleiß kann dadurch erhöht oder reduziert werden. Ob die Tribooxidation einen höheren Verschleißbeitrag verursacht, hängt entscheidend von der Härte der gebildeten

Reaktionsprodukte im Verhältnis zur Härte des Schneidstoffes ab. Eine Abnahme ist vor allem auch dann möglich, wenn die Reaktionsschichten einen unmittelbaren metallischen Kontakt von Grund- und Gegenkörper verhindern, sodass die Wirkung der Adhäsion eingeschränkt wird [Erin90, Habi80, Tell93].

3.7.1.4 Diffusion

Diffusion ist der thermisch aktivierte Platzwechsel einzelner Atome [Horn67]. Es handelt sich um einen temperaturabhängigen chemisch-physikalischen Prozess, bei dem das Eindiffundieren fremder Substanzen oder das Abdiffundieren eigener Bestandteile zur Herabsetzung der Verschleißfestigkeit des Schneidstoffes führen kann. Die Diffusion von Atomen aus den tribologisch beanspruchten Bereichen der Tribopartner führt einerseits zum unmittelbaren Materialverlust, der in der Regel sehr gering ist, als Verschleißbetrag aber durchaus auch messbar sein kann; viel gravierender kann aber die Herabsetzung der Verschleißfestigkeit von Zerspanwerkzeugen durch das Ein- oder Abdiffundieren bestimmter Legierungselemente sein. Das Abdiffundieren wesentlicher Legierungselemente kann zu einer Verminderung der Härte und damit zu einer Verringerung des Schneidstoffwiderstandes gegen Abrasion führen [Neis94, Erin90, Habi80].

Der Zerspanvorgang bietet aufgrund der hohen Drücke und Temperaturen in den Kontaktzonen gute Voraussetzungen für Diffusionsvorgänge zwischen Werkstoff und Schneidstoff. Diffusionsvorgänge können insbesondere beim Zerspanen mit hohen Schnittgeschwindigkeiten und damit hohen Kontaktzonentemperaturen auftreten. Im Bereich der Kontaktzonen nähern sich Schneidstoff und Werkstoff bis auf Atomabstand an. Ferner ist ein Konzentrationsgefälle aufgrund der unterschiedlichen Zusammensetzung von Schneidstoff und Werkstoff gegeben und bleibt werkstoffseitig aufgrund des ständig neu zugeführten Spanes auch erhalten [Neis94, Erin90].

3.7.1.5 Oberflächenzerrüttung

Oberflächenzerrüttung tritt bei tribologischen Wechselbeanspruchungen auf. In den belasteten Oberflächenbereichen führen wechselnde mechanische Beanspruchungen zu Gefügeveränderungen, Ermüdungs-, Rissbildungs- und Risswachstumsvorgängen bis hin zur Abtrennung von Verschleißpartikeln [Habi80].

Im Gegensatz zur Abrasion, bei der durch einen einzigen Beanspruchungsvorgang Verschleißpartikel gebildet werden können, geht der Oberflächenzerrüttung in der Regel eine längere Inkubationszeit voraus, in der es nicht zu einem messbaren Verschleiß kommt. In dieser Zeit wird die Bildung von Verschleißpartikeln durch Gefügeveränderungen sowie Rissbildungs- und Risswachstumsvorgänge vorbereitet [Habi80].

3.7.2 Verschleißursachen

Die Reibvorgänge in den Kontaktzonen der Werkzeuge sind mit denen der trockenen Reibung im Vakuum vergleichbar. Zusammen mit außerordentlich hohen mechanischen

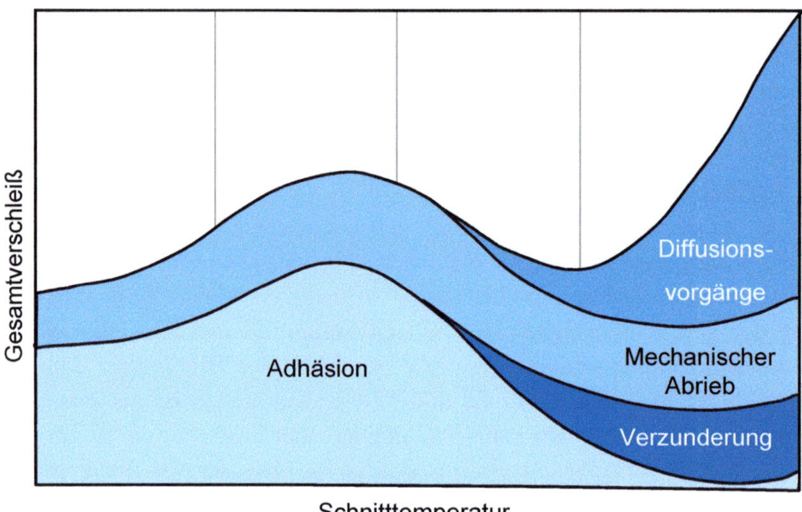

Abb. 3.36 Verschleißursachen bei der Zerspanung

und thermischen Beanspruchungen ergibt sich in der Regel eine schnelle Abnutzung des Werkzeugs [Rabi65, Krag71, Opit70a, Opit70b].

Nach dem heutigen Stand der Erkenntnisse kann man für den Sammelbegriff „Verschleiß" folgende Einzelursachen angeben, Abb. 3.36:

- mechanischer Abrieb (Abrasion),
- Abscheren von Pressschweißstellen (Adhäsion),
- Beschädigung der Schneidkante infolge mechanischer und thermischer Überbeanspruchung,
- Diffusion und
- Verzunderung.

Die Vorgänge überlagern sich in weiten Bereichen und sind sowohl in ihrer Ursache als auch in ihrer Auswirkung auf den Verschleiß nur zum Teil voneinander zu trennen [Opit67, Köni65, Ehme70a, Ehme70b].

3.7.2.1 Mechanischer Abrieb (Abrasion)

Mechanischer Abrieb bzw. Abrasionsverschleiß tritt sowohl bei niedrigen wie auch bei hohen Schnittgeschwindigkeiten auf. Als dominierende Verschleißform kann hierbei der Furchungsverschleiß in Form der Gegenkörper- oder Teilchenfurchung angesehen werden. Bei der Gegenkörperfurchung beruht die tribologische Beanspruchung des Schneidstoffes auf der abrasiven Wirkung harter Teilchen, die in der Kontaktoberfläche von Werkstück oder Span fixiert sind. Diese können aus dem Werkstückstoff stammen (Oxide, Carbide, Nitride) oder durch Adhäsion vom Schneidstoff auf Werkstück oder Spanunterseite übertragen worden sein. Bei der Teilchenfurchung verursachen lose Partikel den Verschleiß. Sie können direkt durch Abrasion (Mikrospanen, Mikrobrechen) oder Oberflächenzerrüttung entstanden sein. Es kann sich hierbei aber auch um Adhäsionspartikel oder Tribooxidationsprodukte handeln, die durch Abrasion oder Oberflächenzerrüttung abgetragen worden sind. Aufgrund der hohen Drücke und Temperaturen, die in den Kontaktzonen an Span- sowie Freifläche herrschen, ist zu vermuten, dass die entstandenen losen Verschleißpartikel in den vorbeigleitenden weicheren Gegenkörper eingedrückt werden und durch Gegenkörperfurchung zum weiteren Verschleiß beitragen.

Durch Abrasion oder Oberflächenzerrüttung an der Schneidkante oder in den Kontaktzonen an Span- und Freifläche aus dem Schneidstoff heraus gebrochene Schneidstoffpartikel gleiten unter hohem Druck über die Span- oder Freifläche ab. Dabei können sie durch Mikrospanen oder Mikrobrechen zum weiteren Verschleißfortschritt beitragen. Diesem auch als „Selbstverschleiß" [Ehme70] bezeichneten Vorgang kommt insbesondere im Hinblick auf die Ausbildung und Entwicklung des Freiflächenverschleißes eine wesentliche Bedeutung zu.

3.7.2.2 Abscheren von Pressschweißstellen (Adhäsion)

Beim Abscheren von Mikroverschweißungen kann die Materialtrennung in der Grenzfläche, innerhalb eines oder innerhalb beider Körper erfolgen. Von Adhäsionsverschleiß spricht man dann, sobald die Werkstofftrennung im Schneidstoff erfolgt. Auch für die Bildung und das Wachstum von Aufbauschneiden, bei denen Material vom zu zerspanenden Werkstoff auf das Zerspanwerkzeug übertragen wird, ist die Adhäsion verantwortlich [Erin90, Habi80, ZumG87].

Ferritische und austenitische Stahlwerkstoffe neigen sehr stark zur Adhäsion mit dem Schneidstoff. Der Grund hierfür ist vor allem in der guten plastischen Verformbarkeit dieser Werkstoffe zu sehen. Die große Duktilität der ferritischen Werkstoffe beruht vor allem auf deren relativ geringen Festigkeit, bei den austenischen Stahlwerkstoffen auf deren kubisch-flächenzentriertem Kristallgitter.

Wolframkarbid, Träger der Härte und Verschleißfestigkeit in den konventionellen WC-Co-Hartmetallen, besitzt eine hexagonale Kristallstruktur, das Kristallgitter des Bindemetalls Kobalt ist dagegen oberhalb von 690 K kubisch-flächenzentriert, besitzt also eine Adhäsionsvorgänge begünstigende Struktur. Die üblicherweise auf Hartmetallen abgeschiedenen Schichtsysteme auf Titan-Basis sind ebenfalls kubisch-flächenzentriert, woraus eine starke Adhäsionsneigung bei der Zerspanung austenitischer Stahlwerkstoffe resultiert. Die Verschleißformen, die aus dieser starken Adhäsionsneigung resultieren, können von Werkstoffverklebungen auf Span- und Freifläche bis hin zur Entschichtung beschichteter Werkzeuge im Bereich der Kontaktzone reichen.

Aufbauschneiden sind hochverfestigte Schichten des zerspanten Werkstoffs, die als Verklebungen auf dem Werkzeug die Funktion der Werkzeugschneide übernehmen. Ermöglicht wird diese Erscheinung durch die Eigenschaft bestimmter Werkstoffe, sich

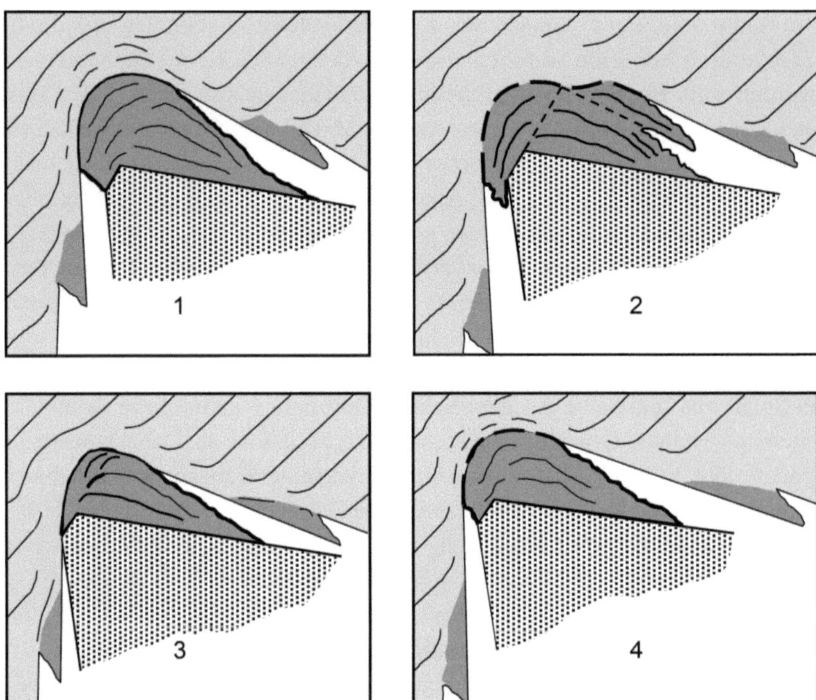

Abb. 3.37 Schema der periodischen Aufbauschneidenbildung

bei plastischer Verformung zu verfestigen. Der an der Schneide haftende Werkstoff wird durch den Spandruck verformt und gewinnt eine hohe Härte, die ihn befähigt, seinerseits die Funktion eines spanabhebenden Werkzeugs zu übernehmen.

Je nach Schnittbedingungen gleiten Aufbauschneidenteilchen periodisch zwischen Freifläche und Schnittfläche ab. Sie führen bei hoher Härte und Ablösefrequenzen bis rd. 1,5 kHz zu einem erhöhten Freiflächenverschleiß und verschlechtern erheblich die Oberflächengüte des Werkstücks, Abb. 3.37. Da der Span über die Aufbauschneide und nicht über die Spanfläche abgeleitet wird, ist der Kolkverschleiß meist vernachlässigbar gering.

In Abb. 3.38 ist eine Verschleiß-Schnittgeschwindigkeitsfunktion (VB-v_c-Kurve) dargestellt. Danach steigt der Freiflächenverschleiß mit der Schnittgeschwindigkeit nicht kontinuierlich an, sondern weist mindestens zwei ausgeprägte Extremwerte auf [Opit64]. Der Verschleiß erreicht zunächst ein Maximum bei der Schnittgeschwindigkeit, bei der die Aufbauschneiden ihre größten Abmessungen aufweisen. Ein Verschleißminimum tritt bei der Schnittgeschwindigkeit auf, bei der keine Aufbauschneide mehr entsteht.

Der nach Überschreiten des Maximums trotz höherer Schnittgeschwindigkeit geringer werdende Freiflächenverschleiß ist darauf zurückzuführen, dass infolge von Rekristallisations- bzw. Umkristallisationsvorgängen die Verfestigung der Aufbauschneide abgebaut

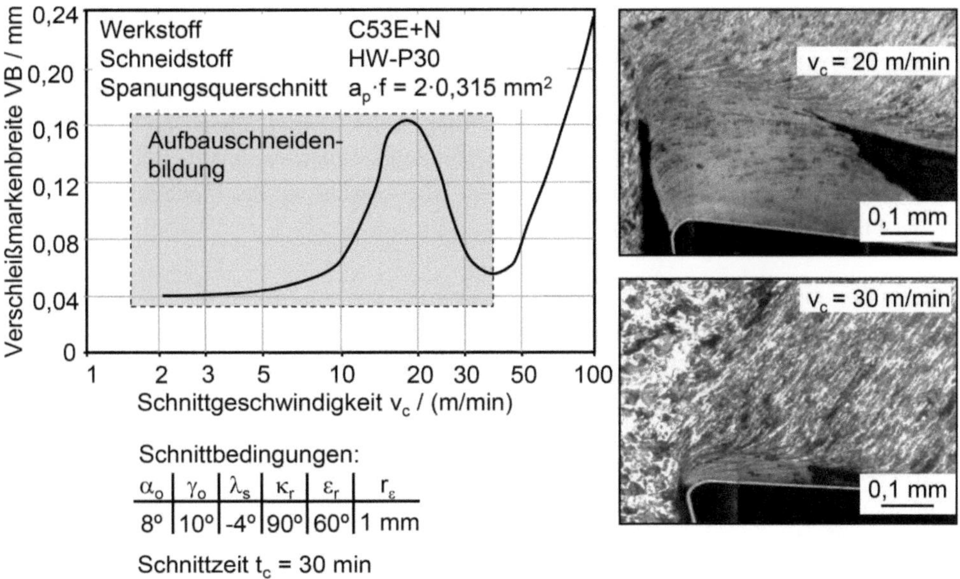

Abb. 3.38 Freiflächenverschleiß und Aufbauschneidenbildung

wird. Sie wird instabil und wandert nicht mehr teilweise zwischen Schnittfläche und Freifläche, sondern insgesamt über die Spanfläche ab.

Die Lage der Maxima und Minima der VB-v_c-Kurve ist temperaturabhängig. Sie wird durch jegliche Maßnahmen zur Erhöhung der Schnitttemperatur (z. B. höheren Vorschub, kleineren Spanwinkel, höhere Werkstofffestigkeit) zu niedrigeren Schnittgeschwindigkeiten verschoben. Maßnahmen zur Herabsetzung der Schnitttemperatur (z. B. Kühlung) verschieben die Extremwerte demgemäß zu höheren Schnittgeschwindigkeiten [Opit69, Peke74].

3.7.2.3 Mechanische und thermische Überbeanspruchung

Beschädigungen der Schneidkante, wie Ausbrüche, Querrisse, Kammrisse oder plastische Verformungen, treten bei mechanischer oder thermischer Überbeanspruchung auf.

Ausbrüche

Große Schnittkräfte führen leicht zu Schneidkanten- oder Eckenausbrüchen, wenn die Keil- oder Eckenwinkel des Werkzeugs zu klein sind oder ein zu spröder Schneidstoff benutzt wird. Bei derartigen Ausbrüchen ist der Verlauf der Bruchfläche durch die Schnittkraftrichtung bestimmt [Köni75]. Auch Schnittunterbrechungen können Ausbrüche hervorrufen, vor allem bei der Bearbeitung zäher Werkstoffe, deren Späne kleben.

Kleine Ausbrüche treten auf, wenn die Werkstücke harte, nichtmetallische Einschlüsse enthalten, die bei der Desoxidation des Stahls entstehen [Opit64a, Opit66, Opit62]. Gegen diese Art örtlicher Überbeanspruchung sind die Sinteroxide und die verschleißfesteren

Hartmetallsorten empfindlich, insbesondere bei Fertigungsverfahren mit relativ kleinen Spanungsquerschnitten (z. B. Reiben oder Schaben).

Ausgeprägte Schneidstoffausbrüche an Haupt- und/oder Nebenschneide können auch durch auf der Schneidkante aufschlagende Späne oder beim Drehen von Wellenabsätzen durch das Einklemmen des Spanes zwischen Schneidplatte und Werkstück verursacht werden. Die Schneidkantenausbrüche können dabei sowohl auf der Plattenober- als auch an der Plattenunterseite auftreten.

Querrisse

Bei unterbrochenem Schnitt (z. B. Fräsen) unterliegt der Schneidstoff einer starken mechanischen Wechselbeanspruchung. Diese dynamische Druckschwellbelastung kann zum Dauerbruch führen. Kurzzeitig aufeinander folgende Schnittkraftwechsel führen vor allem beim Fräsen mit Hartmetall-Werkzeugen zu sogenannten Querrissen, Abb. 3.39.

Die schnell wechselnde Beanspruchung bei Lamellenspanbildung kann beim Überschreiten einer kritischen Lastspielzahl ebenfalls zur Bildung von Querrissen führen [Domk74, Beck69], z. B. bei der Zerspanung von Titanwerkstoffen.

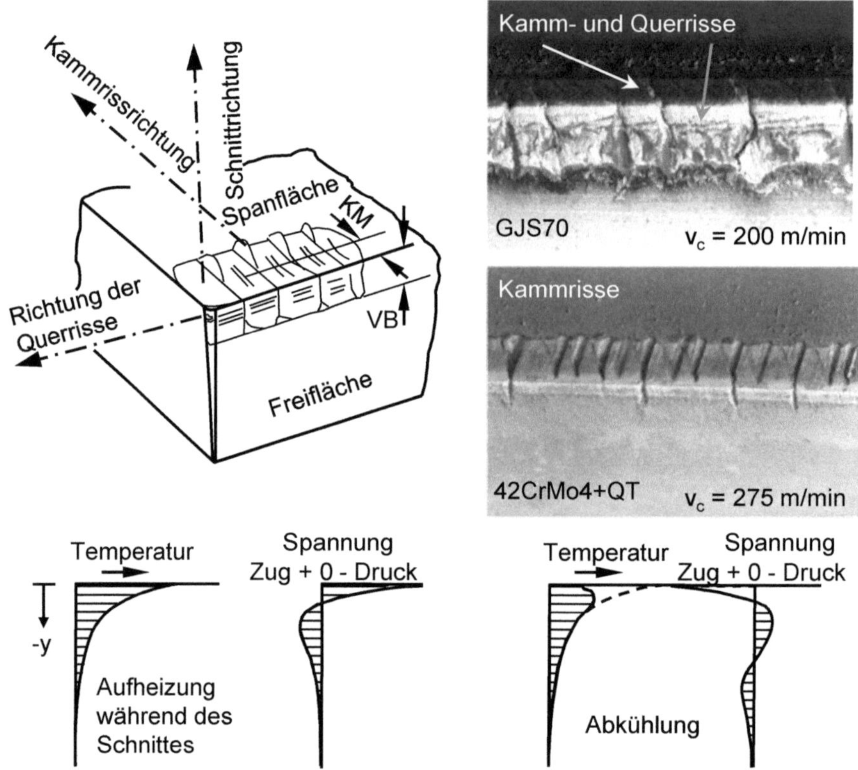

Abb. 3.39 Kamm- und Querissbildung beim Fräsen, nach VIEREGGE [Vier59]

Kammrisse

Kammrisse sind Beschädigungen der Schneide infolge thermischer Wechselbeanspruchungen, s. Abb. 3.39. Derartige Beanspruchungen entstehen hauptsächlich beim Arbeiten im unterbrochenen Schnitt.

Während des Werkzeugeingriffs heizt sich die Schneide schnell auf hohe Temperaturen auf. Nach dem Austritt aus dem Werkstück kühlt sie ab. Die Differenz zwischen höchster und niedrigster Temperatur ist u. a. vom Werkstoff, den Schnittbedingungen und dem Verhältnis der im Werkstoff und in der Luft zurückgelegten Wege abhängig. Der Einsatz von Kühlschmierstoffen ist bei unterbrochenen Schnitten im Hinblick auf die Größe der Temperaturdifferenz von besonderer Bedeutung, weil sie eine sehr viel größere Abschreckwirkung besitzen als Luft. Die Kühlung begünstigt bei Hartmetallen und keramischen Schneidstoffen die Kammrissbildung. Der Verlauf der Kammrisse deckt sich mit dem Verlauf der Isothermen des Temperaturfeldes im Schneidteil.

Die beim Fräsen oder auch beim kurzzyklischen Drehen im Schneidteil auftretenden Kammrisse sind in der Regel Temperaturwechselrisse. Sie sind zu unterscheiden von den Thermoschockrissen, wie sie beim Drehen oder Fräsen unter Einsatz von Kühlschmierstoff entstehen können. Thermoschockrisse bilden sich durch eine einmalige schroffe Temperaturveränderung, Temperaturwechselrisse dagegen erst allmählich im Laufe des Schneideneinsatzes im Schneidteil aus. Während beim Thermoschock die in der Kontaktzone auftretenden thermisch bedingten Zugspannungen die Festigkeit des Schneidstoffes übersteigen und unmittelbar zur Rissbildung führen, liegen die zur Ausbildung der Temperaturwechselrisse führenden Spannungen unterhalb der Schneidstofffestigkeit. Die Entstehung von Temperaturwechselrissen erfordert daher in der Regel mehrere periodische Temperaturwechsel.

Aufgrund des hohen Energieniveaus breiten sich Thermoschockrisse mit großer Geschwindigkeit aus. Die Rissausbreitung erfolgt weitgehend transkristallin. In Abhängigkeit vom Spannungsniveau können sie im Schneidstoff sehr große Tiefen erreichen (> 1 mm) und damit eine erhebliche Schwächung der Schneide bewirken [Gers98].

Das Auftreten von Temperaturwechselrissen kann sowohl im Nass- wie auch im Trockenschnitt beobachtet werden. Für ihre Ausbildung spielen – neben der Höhe der thermischen Belastung – der Schnittzyklus und die Anzahl der Schnittzyklen eine entscheidende Rolle. Der Einsatz von Kühlschmierstoff führt zu einer starken Reduzierung der zur Rissbildung erforderlichen Schnittzyklen [Gers98].

Bedingt durch die Biegebeanspruchung, der die Schneide während des Schnittvorganges unterliegt und die den thermisch induzierten Spannungen überlagert wird, vergrößern sich die Risse mit zunehmender Anzahl an Schnittzyklen und können bei entsprechender Ausgangslänge relativ schnell eine kritische, zum Bruch führende Größe erreichen. Infolge der von dem Riss ausgehenden Kerbwirkung können sie auch selbst zum Ausgangspunkt weiterer Risse werden [Gers98].

Plastische Verformung

Plastische Verformung der Schneidkante tritt auf, wenn die auf die Werkzeugschneide einwirkende thermisch-mechanische Belastung den Verformungswiderstand des Schneidstoffes übersteigt. Einflussgrößen sind die Festigkeit des zu zerspanenden Werkstoffes, die Schnittbedingungen, die Plattengeometrie sowie von Seiten des Schneidstoffes dessen Hochtemperatureigenschaften wie Härte, Druckfestigkeit und Kriechverhalten.

Schneiden aus Werkzeugstahl oder aus Schnellarbeitsstahl verformen sich umso stärker, je geringer die Differenz zwischen der Temperatur an der Schneide und der Anlasstemperatur des Schneidstoffs ist. Auch bei Hartmetallen und Cermets treten plastische Verformungen auf, allerdings erst bei höheren Temperaturen (Schnittgeschwindigkeiten) und bei höheren Kräften als bei Werkzeug- und Schnellarbeitsstählen. Hartmetalle verformen sich umso stärker, je höher der Anteil der Bindephase, meist Kobalt, ist.

Die plastische Verformung der Schneide hat eine starke Zunahme des Verschleißes zur Folge und kann zum plötzlichen Erliegen des Werkzeuges durch Rissbildung und Abscheren der Schneidkante führen. Sie begrenzt damit vor allem die beim Schruppdrehen anwendbaren Spanungsquerschnitte und Schnittgeschwindigkeiten.

Diffusion

Bei den warmverschleißfesten Hartmetall-Werkzeugen muss bei hohen Schnittgeschwindigkeiten und gegenseitiger Löslichkeit der Partner mit Diffusionsverschleiß gerechnet werden. Werkzeugstahl und Schnellarbeitsstahl erweichen schon bei Temperaturen, bei denen Diffusion kaum in Erscheinung treten kann (z. B. etwa 600 °C für Schnellarbeitsstahl).

Beim Zerspannen mit unbeschichteten Hartmetallsubstraten können folgende Reaktionen ablaufen, Abb. 3.40:

- Diffusion von Fe in die Bindephase Co,
- Diffusion von Co in den Stahl, wobei Fe und Co eine lückenlose Mischkristallreihe bilden und
- Auflösung von Wolframkarbid unter Bildung von Misch- und Doppelkarbiden in Form Fe_3W_3C, $(FeW)_6C$ und $(FeW)_{23}C_6$.

Der bei der Auflösung des Wolframkarbids freiwerdende Kohlenstoff wandert in Richtung geringerer Konzentration, d. h. in den Stahl. Die Kohlenstoffdiffusion läuft über die Kobaltphase ab. Die maximale Löslichkeit von Kohlenstoff in Kobalt liegt bei Temperaturen von 1200 °C in der Größenordnung von 0,7 %. Bei Anwesenheit von Fe erhöht sich die Löslichkeit auf 1,5 – 2 %. Das eindiffundierende Eisen leitet also zwei, die Auflösung beschleunigende, Reaktionen ein. Es bietet sich zur Bildung der Eisen-Mischkarbide an und erhöht die Aufnahme von Kohlenstoff in Kobalt, was wiederum die Voraussetzung zur Auflösung des Wolfram-Monokarbids ist.

Die zwischen Hartmetall und Stahlwerkstoffen möglichen Diffusionsvorgänge lassen sich sehr anschaulich mit Hilfe von Glühproben aufzeigen. Zu diesem Zweck wurden Hartmetall-Werkstoff-Paarungen bei einer Temperatur von 1100 °C, einem Druck von

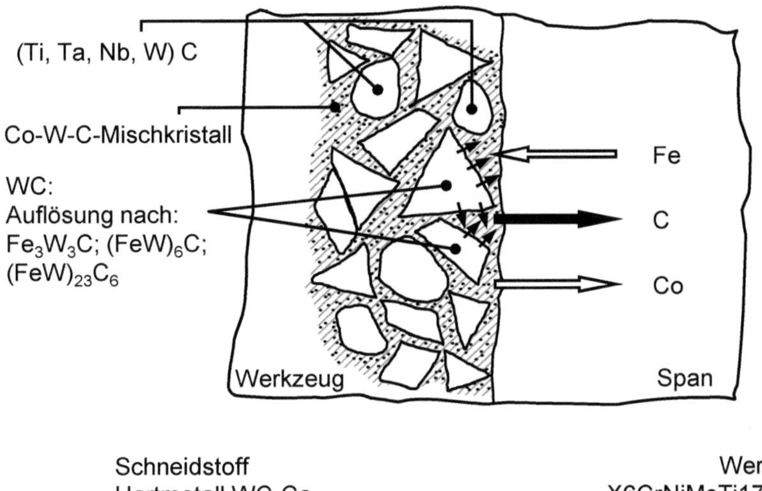

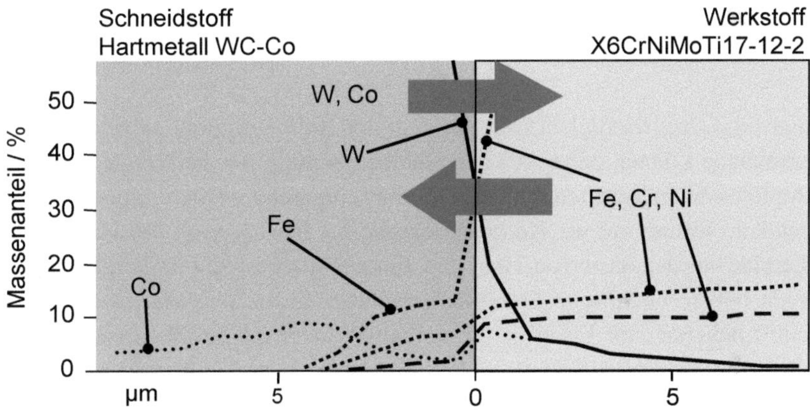

Abb. 3.40 Darstellung der Diffusionsvorgänge im Hartmetall-Werkzeug

12,6 MPa und einer Haltezeit von 2 Stunden in einer Schutzgasatmosphäre aus Argon geglüht. Im Anschluss hieran wurden die an der Kontaktfläche miteinander verschweißten Proben auf einer Trennschleifmaschine senkrecht zur Kontaktebene getrennt, die entstandenen Probenhälften geschliffen, poliert und mit einer Mikrosonde die Elementeverteilung senkrecht zur Grenzfläche Schneidstoff/Werkstoff analysiert.

Wie die quantitativen Linescans in Abb. 3.40 zeigen, finden unter den gewählten Glühbedingungen zwischen dem unbeschichteten Hartmetall und dem hier gewählten austenitischen Stahlwerkstoff Diffusionsvorgänge statt. Von Seiten des Stahlwerkstoffes erfolgt eine Diffusion von Eisen, Chrom und Nickel in den Schneidstoff. In umgekehrter Richtung, d. h. vom Schneidstoff in den Werkstoff, diffundieren Wolfram und Cobalt.

Die durch die Diffusion von Eisen in das Hartmetall bedingte Auflösung des Wolframkarbides, dem Träger von Härte und Verschleißfestigkeit, führt zu einer Schwächung des Gefügeverbandes und verringert den Widerstand des Hartmetallsubstrates gegen Abrasion. Die Folge hiervon ist die Ausbildung eines ausgeprägten Kolkverschleißes, Abb. 3.41. Da Diffusionsvorgänge temperaturabhängig sind, beeinflusst die Schnittgeschwindigkeit ganz

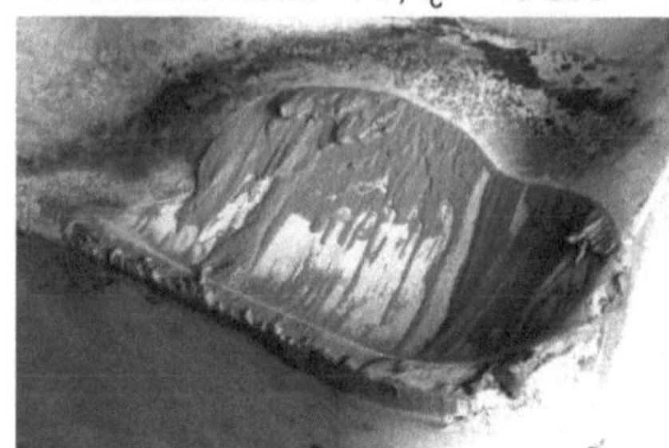

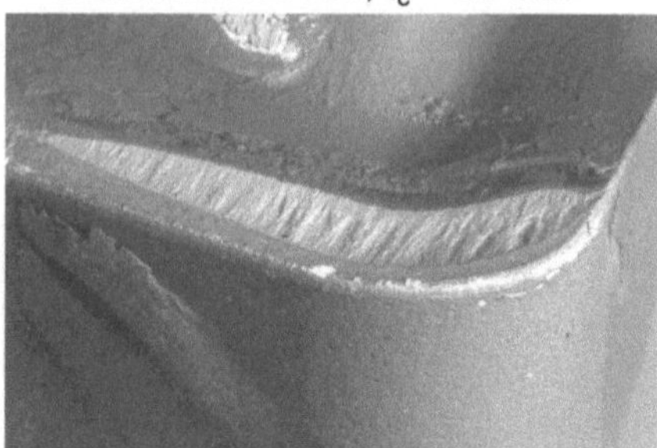

Abb. 3.41 Ausbildung des Kolkverschleißes bei einem unbeschichteten und einem beschichteten Hartmetall, nach GERSCHWILER [Gers04]

elementar die Geschwindigkeit, mit der sich der Kolkverschleiß ausbildet. Unbeschichtete Hartmetalle können daher bei der Stahlbearbeitung nur bei vergleichsweise niedrigen Schnittgeschwindigkeiten ($v_c < 100$ m/min) eingesetzt werden. Einen außerordentlich gravierenden Einfluss auf die Kolkentwicklung hat hierbei auch das Hartmetallsubstrat. Mischkarbide auf der Basis von Titan und Tantal/Niob besitzen im Vergleich zu WC eine wesentlich höhere chemische Stabilität gegenüber Eisen. Die Mischkarbide reduzieren das Eindiffundieren von Eisen in die Cobalt-Bindephase, erhöhen so den Widerstand des Schneidstoffes gegen Kolkverschleiß und verbessern damit ganz wesentlich dessen Warmverschleißfestigkeit.

Die wirkungsvollste Maßnahme zur Reduzierung des Kolkverschleißes stellt die Beschichtung des Hartmetallsubstrates dar. Hartstoffschichten versiegeln die Substratoberfläche, verhindern so den direkten Kontakt zwischen Substrat und Werkstoff und reduzieren bzw. unterdrücken damit auch Diffusionsvorgänge. Wie die Linescans von Glühproben in Abb. 3.42 zeigen, können bei TiN- bzw. TiCN-Schichten durchaus noch Diffusionsvorgänge zwischen dem Hartmetallsubstrat und dem Werkstoff erfolgen. Im Gegensatz hierzu erfolgen bei dem beschichteten Hartmetall mit Al_2O_3 als Zwischenschicht keine Diffusionsvorgänge mehr. Die Schicht aus Aluminiumoxid wirkt damit als Diffusionsbarriere. In der ZrN-Deckschicht finden sich die Elemente Eisen, Nickel sowie Chrom, in der TiN-Grenzschicht die von Wolfram und Kobalt, Abb. 3.42. Im Bereich der Aluminiumoxidzwischenlage geht der nachweisbare Gehalt dieser Elemente auf 0 Massen-% zurück. Vor allem finden sich auf der jeweils gegenüberliegenden Seite der Al_2O_3-Zwischenschicht keine Hinweise darauf, dass Eisen, Chrom, Wolfram oder Kobalt durch die Al_2O_3-Zwischenschicht hindurch diffundiert sind.

Die Beobachtung, wonach elektrisch isolierende Oxidschichten auf Hartmetallen im Gegensatz zu halbleitenden Nitrid- oder Karbonitridschichten als Diffusionsbarriere bei Luft- oder Wasserausschluss wirken, lässt sich wie folgt erklären: In elektrisch isolierenden

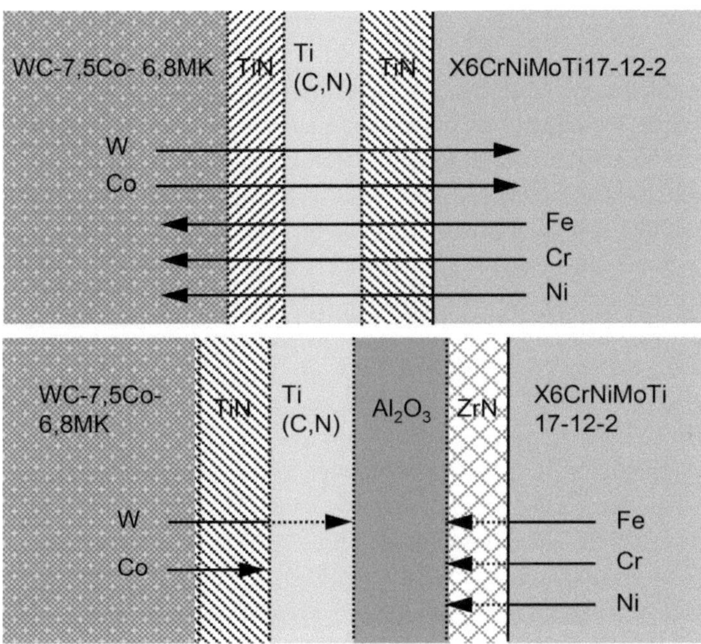

Abb. 3.42 Nachweis von Diffusionsvorgängen zwischen beschichteten Hartmetallen und Stahl in Abhängigkeit vom Schichtsystem anhand von Glühproben

Oxiden wie Al_2O_3 oder HfO_2 ist nur Ionendiffusion möglich, aber keine Wanderung von Elektronen oder Löchern. Dies hat zur Folge, dass „Komponentendiffusion" nicht möglich ist. „Komponente" ist ein Eisenatom, welches gedanklich in ein Ion und ein Elektron zerlegt werden kann. Aus Gründen der Elektroneutralität kann das Eisenatom seine Elektronen nicht außerhalb der Schicht „abgeben" und dann als Ion durch die Schicht wandern. Die Folge ist, dass diese Oxidschichten als Sperre wirken, solange es für die Elektronen keinen Weg „außen herum" gibt und auch der Transport von Sauerstoffionen langsam genug ist (dieser ist erfahrungsgemäß in Oxiden um Größenordnungen langsamer als der Kationentransport). In halbleitenden oder leitenden Schichten kann das Elektron jedoch mit dem Ion zusammen durch die Schicht wandern, sodass im Endeffekt die Komponente Eisen durch die Schicht wandert und sich mit dem Substrat legiert. Umgekehrt ist dann auch Transport von Co oder W in den Span möglich. Bei den bei der Zerspanung am Werkzeug vorherrschenden Temperatur von > 800 °C ist bereits diffusiver Transport möglich. Die Diffusionskoeffizienten sind zwar noch klein, aber die notwendigen Diffusionswege sehr kurz.

Der bei TiN- und TiCN-beschichteten Hartmetallen durch die Hartstoffschicht möglichen Diffusion von Eisen in das Hartmetallsubstrat kommt jedoch nicht die gleiche Bedeutung zu, wie dies bei unbeschichteten Substraten der Fall ist. Im Gegensatz zu einem unbeschichteten Hartmetall schützt die Schicht das Substrat zusätzlich vor dem abrasiven Angriff des ablaufenden Spanes. Vor allem durch ihre gegenüber dem Substrat wesentlich höhere Härte tragen Hartstoffschichten zu einer signifikanten Reduzierung des Abrasionsverschleißes bei. Auf diese Weise begründen Hartstoffschichten das hohe Leistungsvermögen der beschichteten Werkzeuge und ermöglichen bei der Zerspanung von Stahlwerkstoffe im Vergleich zu unbeschichteten Hartmetallen deren Einsatz bei vielfach höheren Schnittgeschwindigkeiten, Abb. 3.41. Sobald jedoch die Hartstoffschicht in der Kontaktzone auf der Spanfläche durchgerieben und das Substrat frei gelegt ist, tragen die nun wieder zwischen Substrat und ablaufendem Span erfolgenden Diffusionsvorgänge in Verbindung mit der abrasiven Wirkung des Spanes auf das Substrat zu einer Beschleunigung des Kolkverschleißes bei.

Verzunderung

Betrachtet man ein Werkzeug nach dem Schnitt, so sind vielfach in der Nähe der Kontaktzonen Anlauffarben zu erkennen, die auf eine Verzunderung (Oxidationsvorgang) des Schneidstoffs hindeuten. Die Verzunderung ist je nach Schneidstofflegierung und Schneidentemperatur von unterschiedlicher Bedeutung, Abb. 3.43. Hartmetall beginnt bereits bei 700 – 800 °C zu verzundern, wobei Hartmetalle aus reinem Wolframkarbid und Kobalt stärker oxidieren als solche mit Zusätzen von Titankarbid oder anderen Karbiden [Kief65].

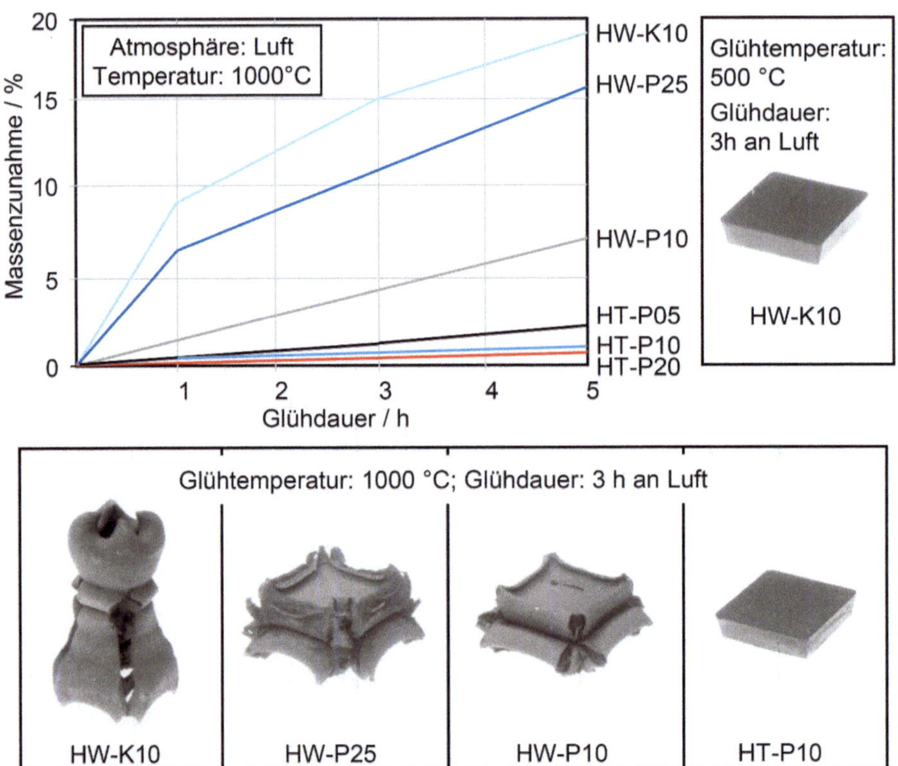

Abb. 3.43 Gewichtszunahme beim Glühen an Luft in Abhängigkeit vom Schneidstoff

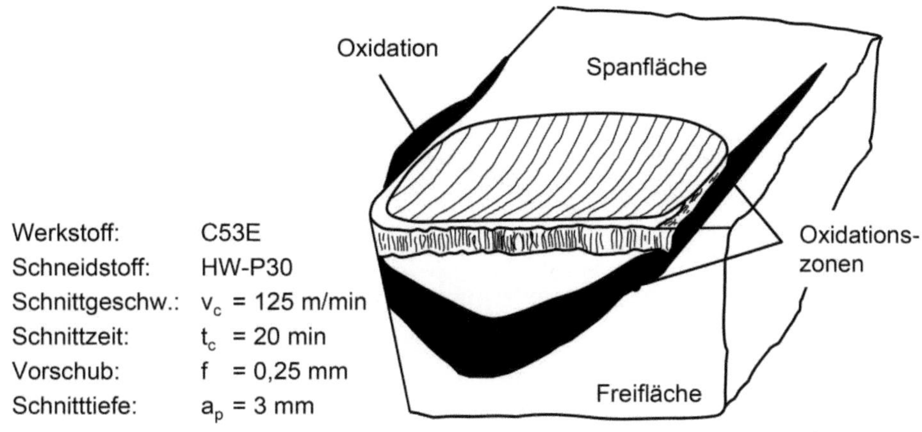

Abb. 3.44 Oxidationszonen am Hartmetall-Drehwerkzeug

Schon unter üblichen Schnittbedingungen bildet sich am WC-haltigen Werkzeug in der Nähe der Schneidkante durch die auftretenden Schnitttemperaturen und unter Einwirkung des Luftsauerstoffs ein Oxidfilm. Dieser bedeckt dabei die Gebiete, an denen der Luftsauerstoff freien Zutritt hat, also die Enden der Kontaktzonen auf Freifläche, Nebenfreifläche und Spanfläche, Abb. 3.44.

Der zerstörende Einfluss der Oxidation auf das Hartmetallgefüge kann besonders deutlich an der Nebenschneide beobachtet werden. Es entsteht ein komplexes Wolfram-Kobalt-Eisen-Oxid, das sich infolge seines gegenüber dem Hartmetall größeren Molvolumens warzenartig ausbildet und zum Ausbruch der Schneidenecke führen kann [Köni75].

Für Werkzeugstähle und Schnellarbeitsstähle ist eine Verzunderung praktisch ohne Bedeutung, da ihre Warmfestigkeit überschritten wird, bevor die Oberflächen stärker oxidieren.

3.7.3 Verschleißformen und -messgrößen

Die während des Zerspanungsvorgangs am Schneidteil auftretenden Verschleißerscheinungen, bilden sich je nach Belastungsart und -dauer unterschiedlich stark aus. Abb. 3.44 zeigt hauptsächlich am Drehwerkzeug vorkommende Verschleißformen.

Der Schneidteil verschleißt auf der Spanfläche (Kolkverschleiß) sowie auf der Haupt- und Nebenfreifläche (Freiflächenverschleiß), Abb. 3.45. In Abhängigkeit von den Schnittbedingungen und der Werkstoff-Schneidstoff-Paarung kann der Freiflächenverschleiß am Rand der Kontaktzone an Haupt- und Nebenschneide des Werkzeugs ein deutliches Maximum aufweisen, welches sich spanflächenseitig fortsetzt. Dieser sog. Kerbverschleiß wird hervorgerufen durch die am Ende des Kontaktbereichs Werkzeug-Span vorherrschenden schroffen Übergänge mechanischer und thermischer Belastungen, den abrasiven

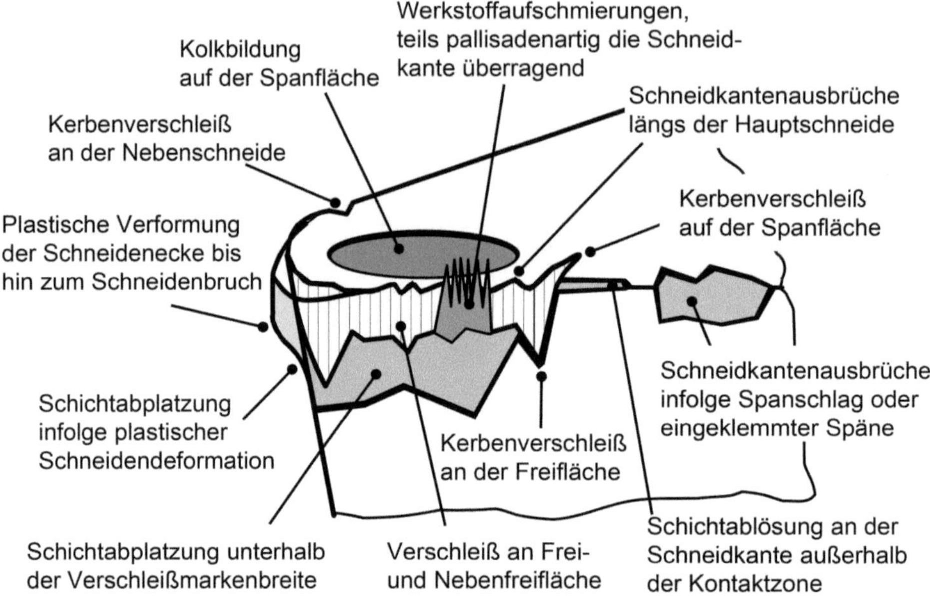

Abb. 3.45 Charakteristische Verschleißformen am Schneidteil beim Drehen

Charakter des scharfkantigen Spanrandes bzw. der Vorschubkämme und der Werkstückkante sowie den direkten Kontakt mit der Atmosphäre (Abb. 3.46).

Die Verschleißmessgrößen sind schematisch in Abb. 3.47 dargestellt. Im Einzelnen unterscheidet man die Verschleißmarkenbreite VB, den Schneidenversatz SV_α und SV_γ in Richtung der Frei- bzw. Spanfläche gemessen, die Kolktiefe KT und den Kolkmittenabstand KM, aus denen das Kolkverhältnis K = KT/KM gebildet wird.

3.8 Zerspanungstherorie

3.8.1 Die Theorie der Scherebene

Die Modellvorstellung der Scherebene geht von idealen Zerspanungsverhältnissen aus. Es sind gefordert:

- Ideal scharfe Schneidkeile,
- Schneidkeile, die keinem Verschleiß unterliegen,
- Darstellung mechanischer Lasten durch Ersatzkräfte und
- Ideal-plastisches Materialverhalten.

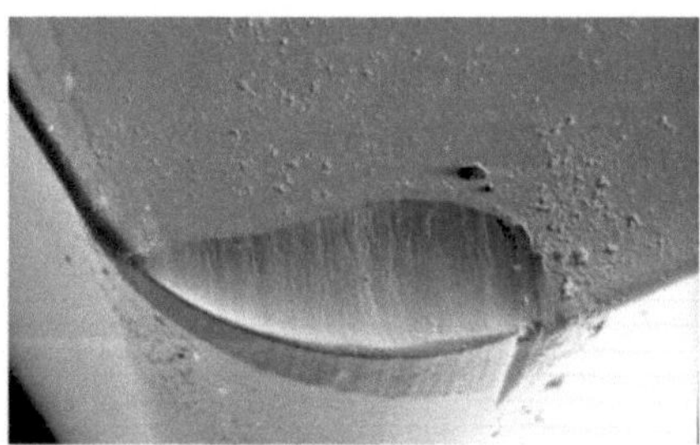

Schneidstoff: Cermet
Werkstoff: 42CrMo4+QT
Schnittbedingungen:
v_c = 400 m/min
f = 0,1 mm
t_c = 12 min
a_p = 0,5 mm
Plattengeometrie:
SPGN 120308

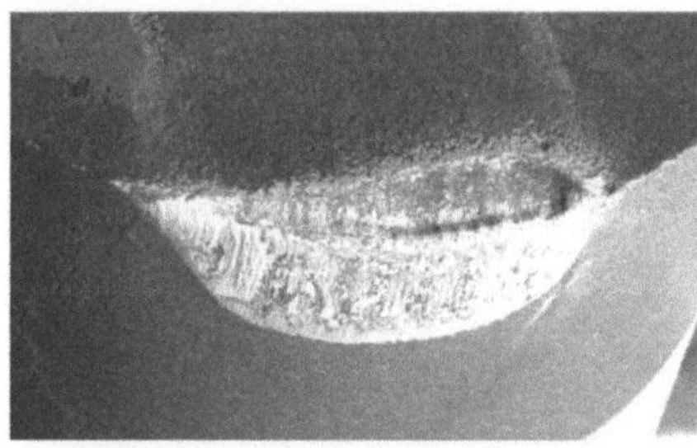

Schneidstoff: PCBN
Werkstoff: Nickelbasislegierung
Schnittbedingungen:
v_c = 300 m/min
f = 0,16 mm
t_c = 1,6 min
a_p = 0,3 mm
Plattengeometrie:
VBMW 160412

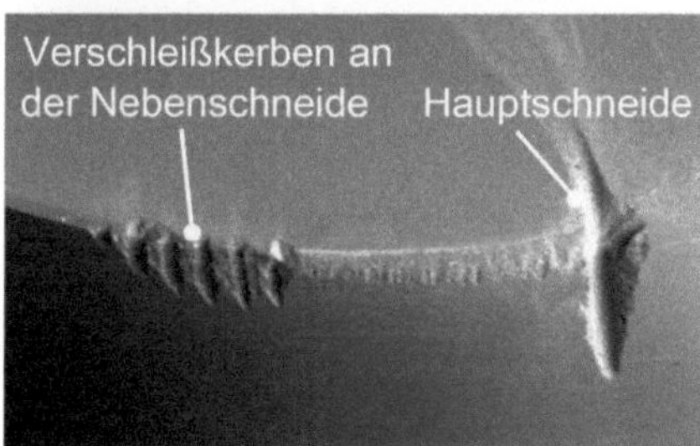

Schneidstoff: Schneidkeramik
Werkstoff: Nickelbasislegierung
Schnittbedingungen:
v_c = 220 m/min
f = 0,16 mm
t_c = 2,3 min
a_p = 0,3 mm
Plattengeometrie:
RCGX090700T00515

Abb. 3.46 Beispiele für die Ausbildung von Kolk-, Freiflächen- und Kerbverschleiß in Abhängigkeit von Schneidstoff und zerspantem Werkstoff

Die sich aus diesem Modell abgeleitete Spanbildungstheorie (Scherebenentheorie) geht davon aus, dass die Verformung nur in einer Ebene, der Scherebene, erfolgt. Per Definition verläuft die Scherebene ebenso wie das Werkzeug- und Wirk-Bezugssystem durch den ausgewählten Schneidenpunkt (Abb. 3.48).

Im Weiteren wird die Scherebene P_Φ im Werkzeug-Bezugssystem betrachtet. Sie ist eine Ebene, die gegen die Werkzeug-Schneidenebene P_s um den Scherwinkel Φ geneigt ist.

Die Forderungen an die Verfahrenskinematik sind erfüllt, wenn gilt:

- Werkzeug-Einstellwinkel $\kappa_r = 90°$
- Werkzeug-Neigungswinkel $\lambda_s = 0°$

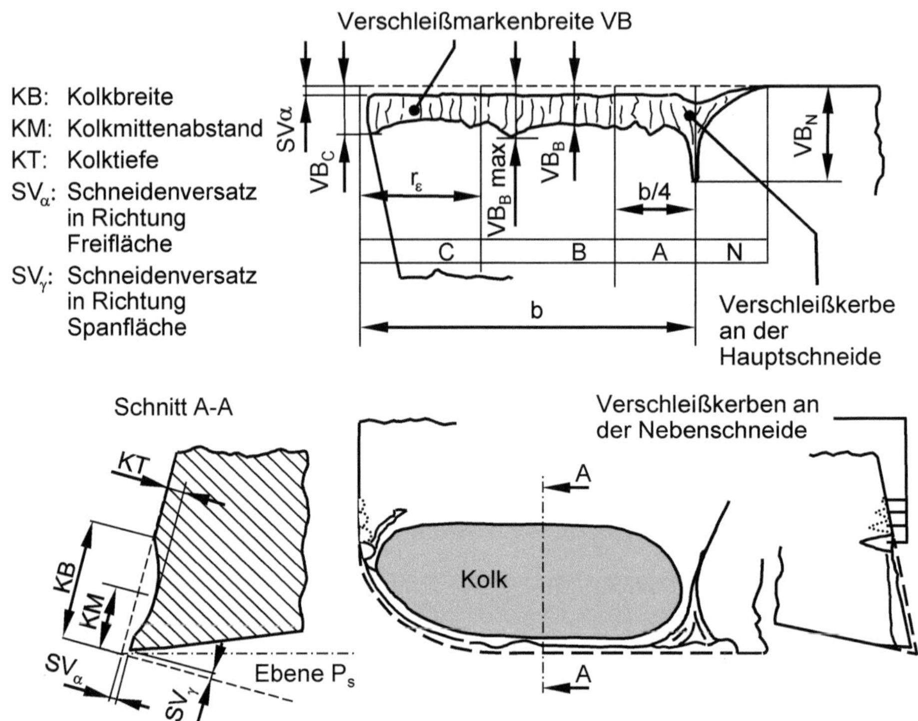

Abb. 3.47 Verschleißformen und –messgrößen am Schneidteil, nach DIN ISO 3685

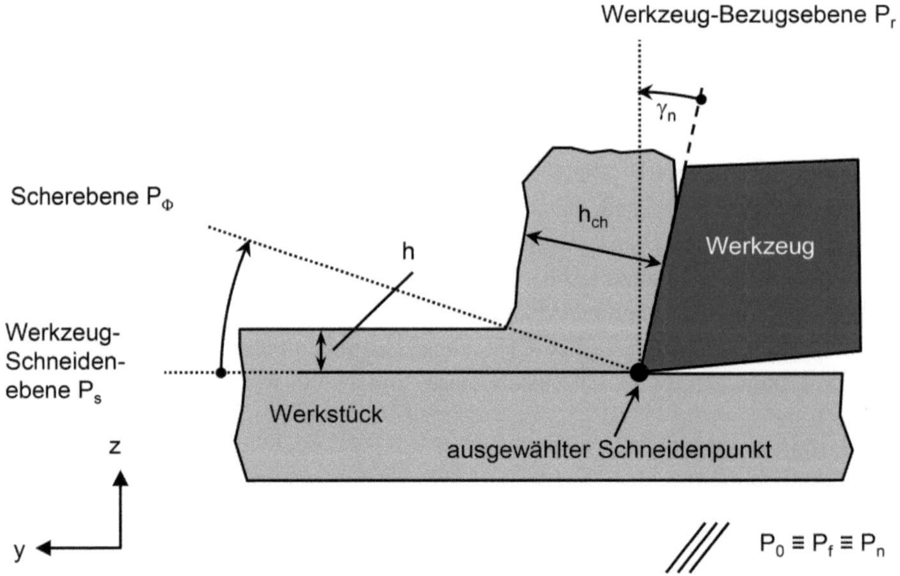

Abb. 3.48 Modellvorstellung der Scherebene

Es wird also ein freier, orthogonaler Schnitt vorausgesetzt. Das Scherebenenmodell hat den Vorteil, dass es eine sehr gute Überschaubarkeit der an sich komplizierten Zerspanvorgänge ermöglicht.

Wenn die Einflüsse von Eckenradius und Nebenschneide gegenüber dem der Hauptschneide vernachlässigbar sind, kann die Theorie der Scherebene auch für den gebundenen Schnitt eingesetzt werden.

Durch den Scherwinkel können Werkstoff- und Schneidstoffeigenschaften sowie thermische Lasten und Reibungsverhältnisse, die im Kontakt von Span und Spanfläche herrschen, makroskopisch berücksichtigt werden, sodass eine Berechnung wichtiger Parameter möglich wird. Außerdem stellt der Scherwinkel den Zusammenhang zwischen Spanungsdicke h und Spandicke h_{ch} her. (Der Index $_{ch}$ steht für Span, engl. chip.)

$$h_{ch} = \frac{\cos(\Phi - \gamma_n)}{\sin\Phi} \cdot h \qquad \text{Gl. 3.14}$$

Durch den Scherwinkel, lässt sich nun in der Scherebene der Flächeninhalt der Scherfläche A_Φ berechnen:

$$A_\Phi = b \cdot \frac{h}{\sin\Phi} \qquad \text{Gl. 3.15}$$

Das Verhältnis von unverformten zu verformten Größen wird in der Umformtechnik als Formänderung bezeichnet. Wird das Material gestaucht und nur die Höhenänderung beschrieben, spricht man auch vom Stauchgrad. Es gilt die Volumenkonstanz. In der Zerspanungslehre wird in Analogie dazu die Spanstauchung λ_h verwendet [Krys39].

$$\lambda_h = \frac{h_{ch}}{h} = \frac{\cos(\Phi - \gamma_n)}{\sin\Phi} \qquad \text{Gl. 3.16}$$

Der Scherwinkel ϕ ist eine rein theoretische Größe und nicht mit den wirklichen Gleitrichtungen des Werkstoffs zu verwechseln, wenngleich unter bestimmten Randbedingungen Scherfläche und Gleitfläche nahezu identisch sind.

Um zu zeigen, dass die Theorie der Scherebene Möglichkeiten schafft, verschiedene Größen der komplizierten Verhältnisse einer Berechnung näherungsweise zugänglich zu machen, werden abschließend drei klassische Anwendungen der Theorie der Scherebene beschrieben.

3.8.1.1 Berechnung der Span- und Schergeschwindigkeit

MERCHANT berechnete aus einfachen trigonometrischen Beziehungen (Sinussatz) im Geschwindigkeitsplan mit Hilfe des Scherwinkels Φ die Span- und Schergeschwindigkeit v_{ch} bzw. v_Φ (vgl. Abb. 3.49) [Merc45].

$$|\vec{v}_{ch}| = \frac{\sin\Phi}{\cos(\Phi - \gamma_n)} \cdot |\vec{v}_c| \qquad \text{Gl. 3.17}$$

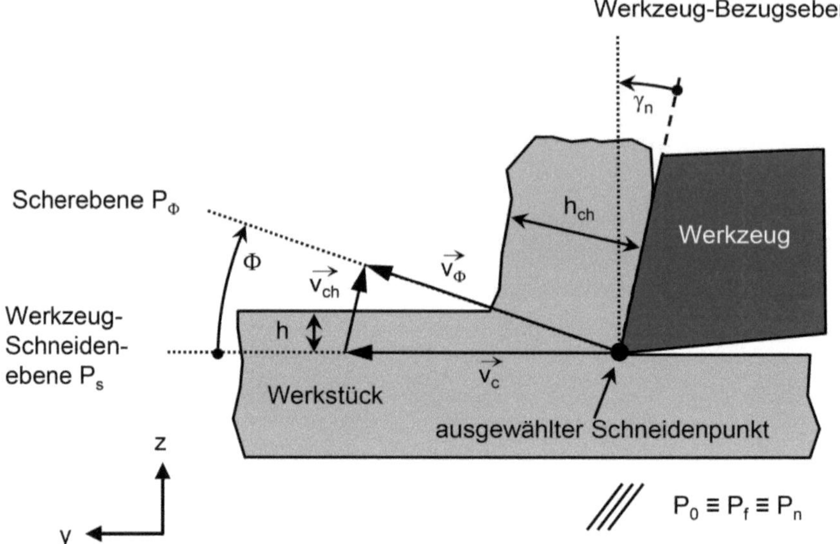

Abb. 3.49 Geschwindigkeitsplan nach MERCHANT [Merc45]

$$|\vec{v}_{\Phi}| = \frac{\cos\gamma_n}{\cos(\Phi - \gamma_n)} \cdot |\vec{v}_c| \qquad \text{Gl. 3.18}$$

Ebenso kann zur Berechnung der Spangeschwindigkeit v_{ch} die Kontinuitätsgleichung angewendet werden. Hier liegt die Vorstellung zugrunde, dass ein Massestrom durch eine Kontrollfläche, hier die Scherfläche, fließt. Unter der Voraussetzung, dass sich die Dichte des Werkstoffs durch die mechanische und thermische Belastung nicht ändert, gilt:

$$\dot{m} = \text{const.} \Rightarrow |\vec{v}_c| \cdot A = |\vec{v}_{ch}| \cdot A_{ch} \qquad \text{Gl. 3.19}$$

Es folgt:

$$|\vec{v}_{ch}| = \frac{h}{h_{ch}} \cdot |\vec{v}_c| = \frac{1}{\lambda_h} \cdot |\vec{v}_c| \qquad \text{Gl. 3.20}$$

3.8.1.2 Berechnung der Dehnung, Dehngeschwindigkeit und Temperatur

Mit Hilfe des Merchant-Modells lassen sich ebenfalls die lokalen Größen Dehnung, Dehngeschwindigkeit und Temperatur in der primären Scherzone berechnen. Man geht zunächst von der folgenden Definition für die mittlere Scherung γ in der primären Scherzone aus:

$$\gamma = \frac{|\vec{v}_{\Phi}|}{|\vec{v}_N|} \qquad \text{Gl. 3.21}$$

Wobei $v_N = v_c \sin\Phi$ die Materialgeschwindigkeit senkrecht zur Scherebene ist. Durch Einsetzen der Gl. 3.17 und 3.18 in die Gl. 3.21 kann die Vergleichsdehnung nach der Gestaltänderungs energiehypothese (von MISES) wie folgt formuliert werden:

$$\varepsilon = \frac{\cos\gamma_n}{\sqrt{3}\cos^2(\Phi-\gamma_n)} \cdot \frac{h_{ch}}{h} \qquad \text{Gl. 3.22}$$

Aus der Gl. 3.22 ist ersichtlich, dass die Vergleichsdehnung in der primären Scherzone durch den Spanwinkel γ_n, den Scherwinkel Φ und die Spanstauchung $\lambda_h = h_{ch}/h$ bestimmt wird. Nimmt man an, dass die primäre Scherzone im Durchschnitt eine Dicke von d_{PSZ} hat, so lässt sich die mittlere Schergeschwindigkeit in der primären Scherzone durch v_Φ/d_{PSZ} berechnen. Unter der Annahme von OXLEY [Oxle89], dass die mittlere Dicke der primären Scherzone ein Zehntel ihrer Länge $l_{PSZ} = h/\sin\Phi$ beträgt, ergibt sich für die mittlere Vergleichsdehngeschwindigkeit der folgende Zusammenhang:

$$\dot{\varepsilon} = \frac{10\cos\gamma_n \sin\Phi}{\sqrt{3}\cos(\Phi-\gamma_n)} \cdot \frac{|\vec{v}_c|}{h} \qquad \text{Gl. 3.23}$$

Wegen der Hochgeschwindigkeitsbeanspruchung in der primären Scherzone kann der Verformungsvorgang als adiabatisch betrachtet werden. Unter der Annahme, dass die plastische Verformungsenergie in dieser Scherzone überwiegend in Wärme umgewandelt wird und der verbleibende Anteil zur Erhöhung der inneren Energie, z. B. durch Versetzungsmultiplikation, beiträgt, erhöht sich die Temperatur in der primären Scherzone gemäß:

$$\rho \cdot c \cdot dT = \kappa \cdot \tau_\Phi \cdot d\gamma \qquad \text{Gl. 3.24}$$

Darin sind ρ und c die über den zu erwartenden Temperaturbereich gemittelte Dichte und spezifische Wärmekapazität des Materials. κ ist der Taylor-Quinney Parameter [Tayl34], der den in Wärme umgeformten Energieanteil beschreibt. Taylor und Quinney ermittelten in umfangreichen experimentellen Untersuchungen an verschiedenen Metallen, dass ungefähr 90 % der Umformarbeit in Wärme umgewandelt wird, sodass für κ ein Wert von 0,9 festgelegt wird. τ_Φ ist die Schubspannung. Zur Berechnung der Temperatur in der primären Scherzone gilt dann der folgende Ansatz:

$$T = \frac{0{,}9 \cdot \tau_\Phi}{\rho \cdot c} \cdot \frac{\cos\gamma_n}{\cos^2(\Phi-\gamma_n)} \cdot \frac{|\vec{v}_c|}{|\vec{v}_{ch}|} + T_{Anfang} \qquad \text{Gl. 3.25}$$

3.8.1.3 Berechnung der Zerspankraft

Es wird angenommen, dass der Scherwinkel eine Funktion der Schubspannung in der Scherebene ist, was sich in den folgenden Schritten zeigen wird. Zunächst gilt:

$$\tau_\Phi = \frac{|\vec{F}_\Phi|}{A_\Phi} \qquad \text{Gl. 3.26}$$

Die Zerspankraftkomponente in der Scherebene, die Scherkraft F_Φ, lässt sich durch die resultierende Zerspankraft F_z darstellen. Anhand der Winkelbeziehungen im Kreis des THALES gilt nach Abb. 3.50:

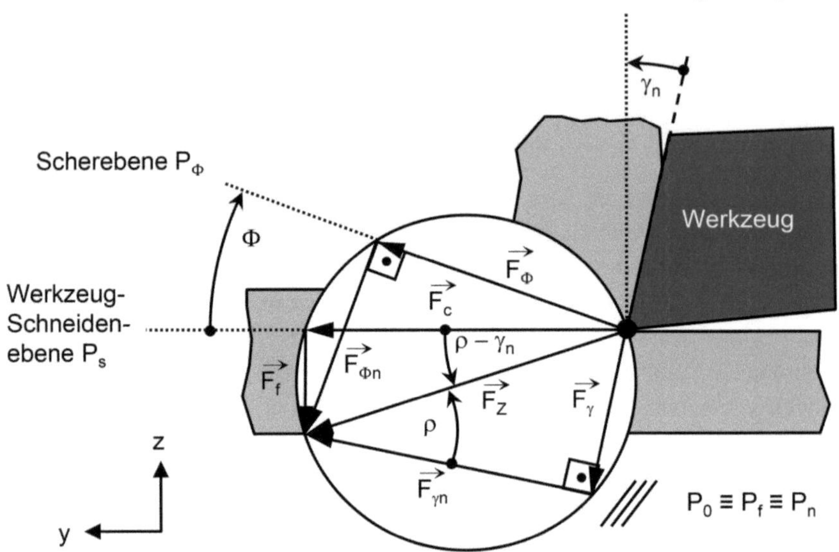

Abb. 3.50 Kreis des THALES für den Kräfteplan nach MERCHANT

$$|\vec{F}_\Phi| = |\vec{F}_z| \cdot \cos(\Phi + \rho - \gamma_n) \quad \text{Gl. 3.27}$$

Aufteilung der Zerspankraft Fz in

- Scherkraft F_φ und Schernormalkraft $F_{\varphi n}$
- Schnittkraft F_c und Vorschubkraft F_f
- Reibkraft F_γ und Reibnormalkraft $F_{\gamma n}$

Der Betrag der Zerspankraft lässt sich nun aus den Gl. 3.26 und 3.27 berechnen:

$$|\vec{F}_z| = \frac{\tau_\Phi}{\sin\Phi \cdot \cos(\Phi + \rho - \gamma_n)} \cdot b \cdot h \quad \text{Gl. 3.28}$$

Dem Kreis des THALES aus Abb. 3.50 können die funktionalen Zusammenhänge der Beträge der Zerspankraftkomponenten Schnittkraft und Vorschubkraft von der Zerspankraft entnommen werden.

$$|\vec{F}_c| = |\vec{F}_z| \cdot \cos(\rho - \gamma_n) \quad \text{Gl. 3.29}$$

$$|\vec{F}_f| = |\vec{F}_z| \cdot \sin(\rho - \gamma_n) \quad \text{Gl. 3.30}$$

Wird nun die Gl. 3.22 in die Gl. 3.29 und Gl. 3.30 eingesetzt, gilt für die Beträge der Zerspankraftkomponenten:

$$|\vec{F}_c| = \frac{\cos(\rho - \gamma_n) \cdot \tau_\Phi}{\sin\Phi \cdot \cos(\Phi + \rho - \gamma_n)} \cdot b \cdot h \qquad \text{Gl. 3.31}$$

$$|\vec{F}_f| = \frac{\sin(\rho - \gamma_n) \cdot \tau_\Phi}{\sin\Phi \cdot \cos(\Phi + \rho - \gamma_n)} \cdot b \cdot h \qquad \text{Gl. 3.32}$$

3.8.1.4 Berechnung des Scherwinkels

KRYSTOF entwickelte ein Modell zur einfachen Berechnung des Scherwinkels [Krys39]. Er machte folgende Annahmen:

- Die Theorie der Scherebene gilt.
- Die maximale Schubspannung führt zu Werkstoffversagen.

Im Hauptachsensystem treten die maximalen Schubspannungen unter einem Winkel von 45° auf. Für Rechnungen am Zerspanungsvorgang wird die Lage des Hauptachsensystems näherungsweise in Richtung der resultierenden Kontaktspannung angenommen (vgl. Abb. 3.51).

Es wird vereinfacht, indem die Hauptspannung nicht durch den Spannungstensor, sondern einfach durch Vektoraddition dargestellt wird. In diesem Fall gibt der Reibungswinkel näherungsweise die Orientierung des Hauptachsensystems an.

Aus der Abb. 3.51 ist der funktionale Zusammenhang zwischen dem Scherwinkel, dem Werkzeug-Orthogonalspanwinkel und dem Reibungswinkel abzuleiten. Es gilt für den Scherwinkel:

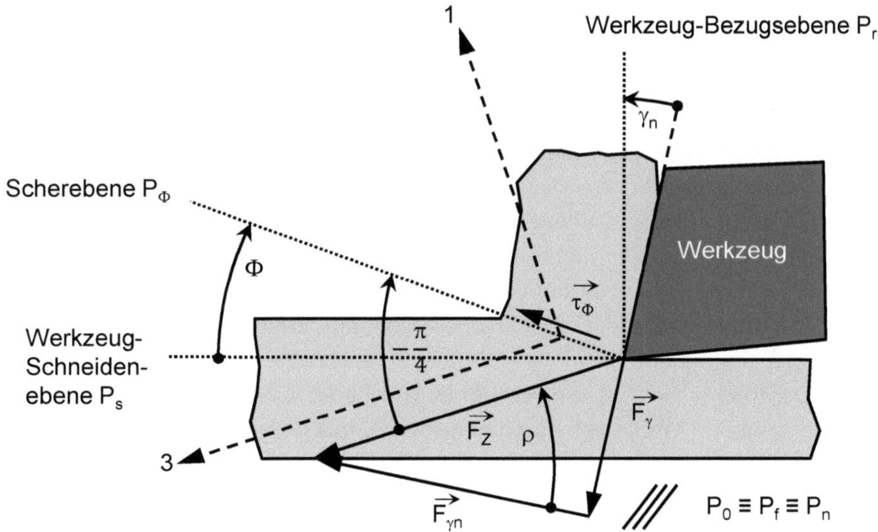

Abb. 3.51 Prinzip der maximalen Schubspannung nach KRYSTOF [Krys39]

$$\Phi = \frac{\pi}{4} - \left(\rho - \gamma_n\right) \qquad \text{Gl. 3.33}$$

MERCHANT schlug eine Berechnungsmöglichkeit für den Scherwinkel vor, bei der folgende Voraussetzungen getroffen werden [Merc45, Merc45a]:

- Die Theorie der Scherebene gilt.
- Die Lage der Scherebene wird durch das Minimum der Schnittenergie bestimmt.

Der Betrag der Schnittkraft kann am Kreis des THALES der Abb. 3.50 abgelesen werden:

$$|\vec{F}_c| = \frac{\cos\left(\rho - \gamma_n\right)}{\cos\left(\Phi + \rho - \gamma_n\right)} \cdot \frac{b \cdot h}{\sin \Phi} \cdot \tau_\Phi \qquad \text{Gl. 3.34}$$

Die notwendige und die hinreichende Bedingung für die Berechnung der Lage des Energieminimums sind:

$$\text{notw.:} \quad \frac{\partial E_c}{\partial \Phi} = 0 \qquad \text{hinr.:} \quad \frac{\partial^2 E_c}{\partial \Phi} \neq 0 \qquad \text{Gl. 3.35}$$

Da sich die Schnittenergie als Produkt aus Schnittkraft und Schnittweg berechnet und der Schnittweg keine Funktion des Scherwinkels ist, kann vereinfacht werden:

$$\text{notw.:} \quad \frac{l_c \cdot \partial |\vec{F}_c|}{\partial \Phi} = 0 \qquad \text{hinr.:} \quad \frac{\partial^2 |\vec{F}_c|}{\partial \Phi} \neq 0 \qquad \text{Gl. 3.36}$$

Es folgt dann für den Scherwinkel:

$$\Phi = \frac{\pi}{4} - \frac{1}{2} \cdot \left(\rho - \gamma_n\right) \qquad \text{Gl. 3.37}$$

Die dem Scherebenenmodell zu Grunde gelegten Annahmen bilden im Gegensatz zu seiner einfachen mathematischen Handhabbarkeit einen Kritikpunkt. Die Tatsache, dass die Scherung des Werkstoffes von der Spanungsdicke h auf die Spandicke h‘ in einer infinitesimal schmalen Ebene stattfindet würde unendlich hohe Dehnraten erfordern, die physikalisch nicht sinnvoll sind [Asta05, Altm01]. Auch die Annahme ideal plastischen Materialverhaltens stellt im Hinblick auf die Bedingungen der Zerspanung eine starke Vereinfachung dar, da die Fließspannung aufgrund hoher Gradienten von Temperatur, Dehnung und Dehnrate ebenfalls hohe Gradienten aufweisen kann [Lut98, S. 598]. Darüber hinaus ist die Annahme konstanter Coulomb’scher Reibung zwischen Werkzeug und Werkstück durch empirische, tribologische Untersuchungen unter zerspanungsähnlichen Bedingungen bezüglich Normaldruck und Temperatur nicht zu bestätigen [Puls14]

3.8.2 Anwendung der Plastizitätslehre bei der Zerspanung

Hucks und Opitz entwickelten eine Scherwinkelgleichung, indem sie die Gleittheorie nach Mohr auf den orthogonalen Zerspanungsvorgang anwendeten [Huck51, Opit53, Mohr06]. Durch diese Theorie wird es im Gegensatz zu den Modellen von Krystof und Merchant möglich, einen materialspezifischen Gleitwinkel anstatt der idealisierten 45° zu berücksichtigen. An dieser Stelle wird nochmals darauf hingewiesen, dass der bisher bekannte Scherwinkel nicht zwingend gleich dem Winkel sein muss, der die tatsächliche Lage der Gleitfläche angibt, da die Richtung der Scherebene bisher nur rein geometrisch anhand idealer Betrachtungen bestimmt wurde. Hier wird nun der Richtungswinkel der Gleitfläche gegenüber der Werkzeug-Schneidenebene als Scherwinkel Φ bezeichnet. Es wird zunächst ein quadratisches Flächenelement (FE) auf der Spanfläche betrachtet, das durch das Werkzeug sowohl Schub- als auch Druckbelastungen erfährt (Abb. 3.52).

Die Schubspannungen treten aufgrund des Satzes der Gleichheit der Schubspannung auch an allen übrigen Seitenflächen des quadratischen Elementes auf. Aufgrund des unbehinderten Abgleitens des Spans über die Spanfläche liegt in dieser Richtung eine sehr

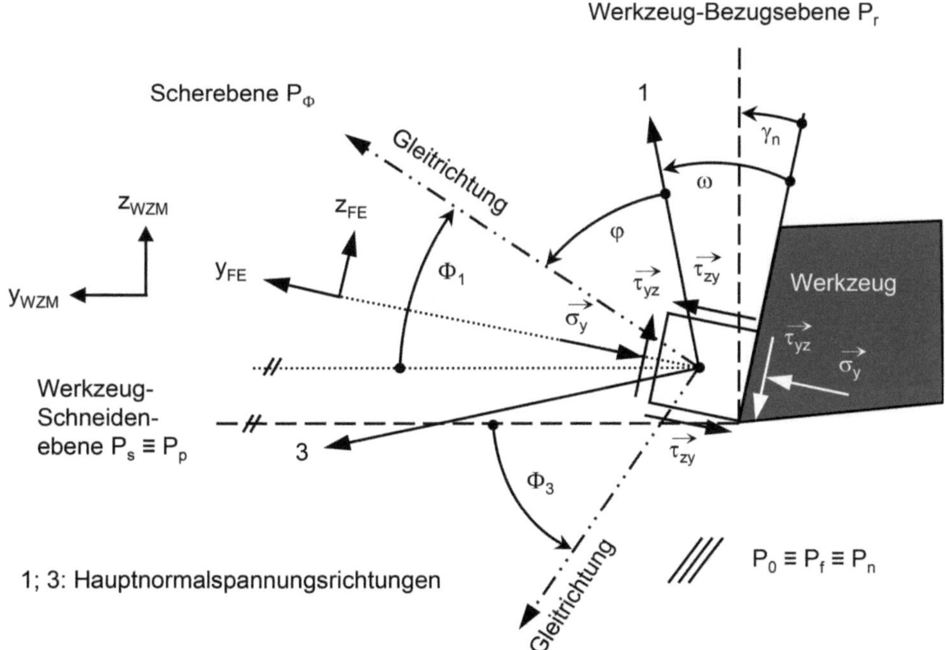

Abb. 3.52 Flächenelement am Schneidkeil, nach Hucks [Huck51]

geringe Druckspannung vor, die im Folgenden vernachlässigt wird. Es existieren also zwei Druckspannungen und vier Schubspannungen an dem betrachteten Flächenelement.

Ermittelt man nun die Hauptnormalspannungen mit Hilfe des Mohr'schen Spannungskreis, lässt sich feststellen, dass folgende Gleichung gilt:

$$\omega = \frac{1}{2}\arctan(2 \cdot \mu) \qquad \text{Gl. 3.38}$$

Der Winkel zwischen Spanfläche und Hauptspannungsrichtung ist also allein durch den Reibwert zwischen Spanfläche und Span bestimmt. Über diesen Zusammenhang wird beispielsweise deutlich, wieso sich bei verschiedenen Schnittgeschwindigkeiten verschiedene Scherwinkel ergeben. Der Reibwert ist abhängig von der Schnittgeschwindigkeit und verändert somit die Hauptspannungsrichtung. Die Gleitrichtung wiederum ist um einen stoffabhängigen Winkel φ gegenüber den Hauptspannungsrichtungen geneigt. Dieser Winkel kann mit Hilfe von Fließversuchen und des Mohr'schen Spannungskreis aus der Druckfließspannung σ_D und der Schubfließspannung τ_F errechnet werden:

$$\varphi = 45 - \frac{1}{2}\arcsin\left(\frac{\sigma_D - 2\tau_F}{\sigma_D}\right) \qquad \text{Gl. 3.39}$$

Für den idealplastischen Körper, der näherungsweise durch Stahl an der Fließgrenze verwirklicht wird, bildet sich die Gleitebene unter 45° zu der Hauptspannungsrichtung aus, da dort die maximale Schubspannung auftritt [Huck51].

Hiermit ergeben sich relativ zur Spanfläche die in Abb.3.52 dargestellten Hauptspannungs- und Gleitrichtungen. Mit Hilfe der Winkel γ, φ und ω lässt sich nun der Gleitwinkel φ_1 berechnen:

$$\varphi_1 = \varphi - \frac{1}{2}\arctan(2\mu) + \gamma_n \qquad \text{Gl. 3.40}$$

Der Gleitwinkel φ_3 liegt im noch unverformten Bereich, weshalb nur der Gleitwinkel φ_1, welcher identisch mit dem Scherwinkel ist, von Bedeutung ist. Der hier berechnete Scherwinkel setzt eine Extrapolation des Spannungszustands über die Scherebene und die Verschleißmarkenbreite voraus, ebenso wie die Ausbildung eines Fließspans. Diese Näherung erwies sich als richtig in Übereinstimmung mit den Versuchen, die an Stoffen mit geneigten und zur σ-Achse parallel verlaufenden Hüllgeraden vorgenommen worden sind. Versuche mit Materialien mit gekrümmter Hüllkurve wurden von Hucks nicht vorgenommen [Huck51].

Mit Hilfe des Scherwinkels lässt sich nun auch die Zerspankraft berechnen. Dazu werden die Spannungen, die in der Scherebene wirken, mit der Scherebenenfläche multipliziert, woraus sich eine Normal- und Tangentialkraft in der Scherebene ergibt. Aus diesen Kräften lassen sich nun die Schnitt- und Vorschubkraft berechnen. Auf die Herleitung der von Hucks ermittelten Formeln soll an dieser Stelle verzichtet werden. Für Stahl, welcher eine zur σ-Achse parallele Hüllgerade hat, ergeben sich nach Hucks mit der Spanungsbreite b und Spanungsdicke h folgende Formeln für die Schnitt- und Vorschubkraft:

$$F_c = \tau_0 \cdot b \cdot h \cdot \left[\frac{1}{2\sqrt{\mu^2 + \frac{1}{4}}} + \cot g(\phi) \right] \quad \text{Gl. 3.41}$$

$$F_f = \tau_0 \cdot b \cdot h \cdot \left[\frac{\cot g(\phi)}{2\sqrt{\mu^2 + \frac{1}{4}}} - 1 \right] \quad \text{Gl. 3.42}$$

Zusammenfassend lässt sich sagen, dass die sehr zahlreichen experimentellen Zusammenhänge bei der Spanbildung nur von einigen wenigen Stoffzahlen und dem Reibwert abhängen. In der Arbeit von HUCKS war die Erkenntnis grundsätzlich neu, dass das Spannungsfeld im Span an der Schneidkante bis auf seine Intensität nur vom Reibwert und der Normalenrichtung der Hüllgeraden abhängt [Huck51].

4 Schneidstoffe und Werkzeuge

F. Klocke, *Fertigungsverfahren 1*, VDI-Buch,
https://doi.org/10.1007/978-3-662-54207-1_4

Werkzeugwechselzeiten und damit sowohl Fertigungszeiten als auch Werkzeug-, Maschinen- und Lohnkosten werden über den Verschleiß von den Eigenschaften der Schneidstoffe beeinflusst. Die Entwicklung auf dem Schneidstoffsektor ist deshalb keineswegs abgeschlossen, sondern von dem ständigen Bestreben gekennzeichnet, sowohl bereits etablierte Schneidstoffe zu verbessern als auch neuartige Materialien zur Herstellung von Zerspanwerkzeugen zu verwenden.

Schneidstoffe sollten, um den Beanspruchungen gerecht zu werden, über folgende Eigenschaften verfügen:

- Härte und Druckfestigkeit,
- Biegefestigkeit und Zähigkeit,
- Kantenfestigkeit,
- innere Bindefestigkeit,
- Warmfestigkeit,
- Oxidationsbeständigkeit,
- geringe Diffusions- und Adhäsionsneigung,
- Abriebfestigkeit,
- reproduzierbares Verschleißverhalten.

Sollten alle diese Eigenschaften gleichzeitig berücksichtigt werden, so stellt sich die Forderung nach dem „idealen“ Schneidstoff, vgl. Abb. 4.1. Einen Schneidstoff, der alle

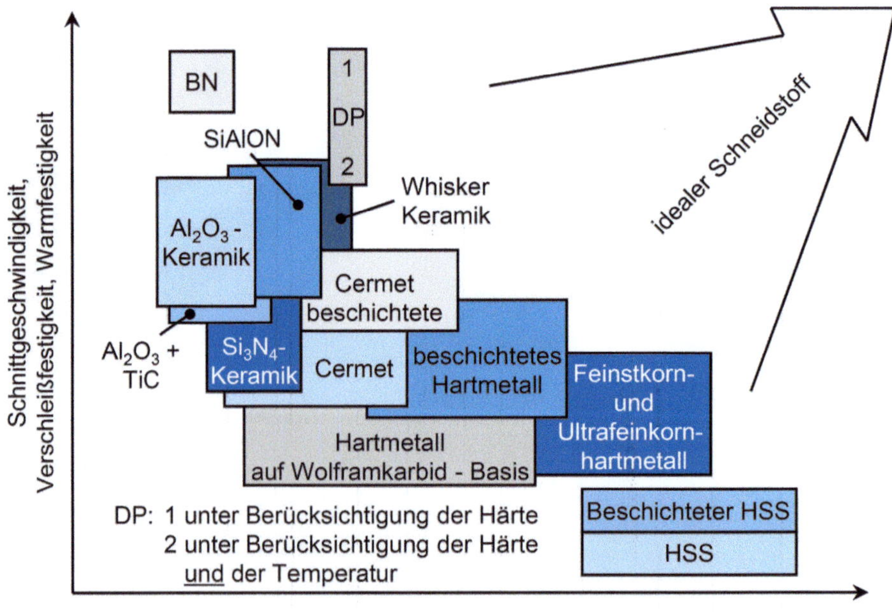

Abb. 4.1 Schematische Einteilung der Schneidstoffe nach den Kriterien Zähigkeit und Verschleißfestigkeit

geforderten Eigenschaften in sich vereint, gibt es jedoch nicht. Ein Grund hierfür ist z. B. der physikalische Gegensatz von Härte und Zähigkeit. Die Entwicklungen auf dem Schneidstoffsektor konzentrieren sich daher darauf, durch Optimierung und Modifizierung von chemischer Zusammensetzung, Herstellungsverfahren, Geometrie und Beschichtung die Einsatzgebiete der Schneidstoffe und Werkzeuge entsprechend den Anforderungen einer modernen Fertigung zu erweitern.

4.1 Schneidstoffübersicht

Die bei der Zerspanung eingesetzten Schneidstoffe können in folgenden Gruppen zusammengefasst werden, vgl. Abb. 4.2:

- Werkzeugstähle,
- Hartmetalle,
- Schneidkeramiken und die,
- hochharten Schneidstoffe aus Bornitrid und Diamant.

In dieser Reihenfolge nehmen die Härte und die Verschleißfestigkeit der Schneidstoffe zu. Im Gegensatz dazu nimmt die Biegefestigkeit in dieser Reihenfolge ab.

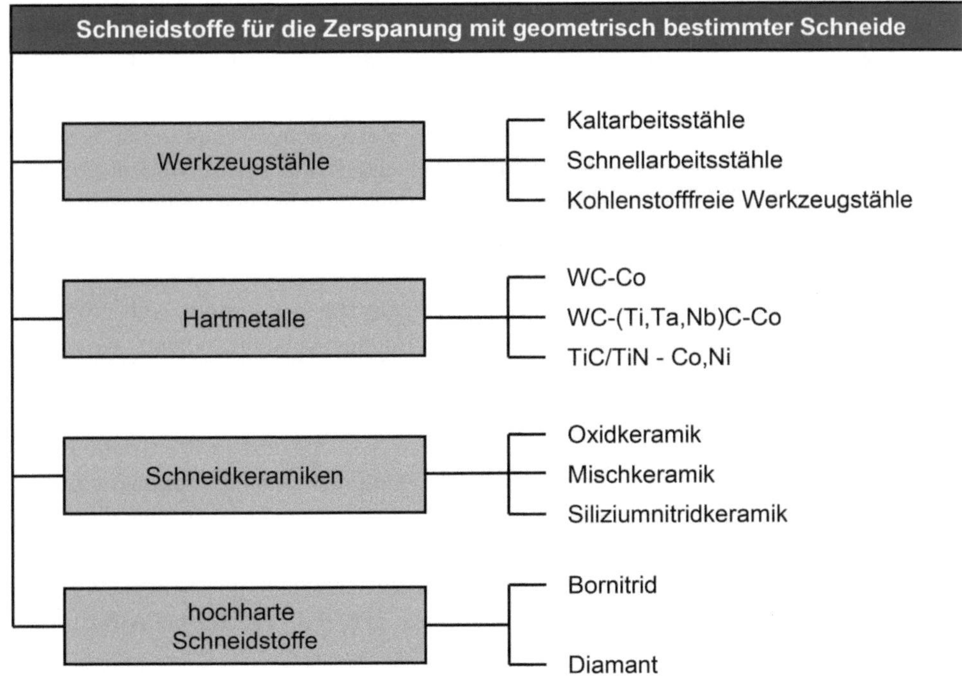

Abb. 4.2 Einteilung der Schneidstoffe für die Zerspanung

Zu den Werkzeugstählen zählen die unlegierten und legierten Kaltarbeitsstähle sowie die Schnellarbeitsstähle. Unter der Bezeichnung Hartmetalle sind die konventionellen Hartmetalle auf der Basis von Wolframkarbid sowie die sog. Cermets auf der Basis von Titankarbonitrid zusammengefasst. Schneidkeramik ist der Oberbegriff für Schneidstoffe aus Oxid-, Misch- und Nichtoxidkeramik.

4.1.1 Klassifizierung der harten Schneidstoffe

Nach DIN ISO 513 werden die Bezeichnung und Anwendung der harten Schneidstoffe aus Hartmetall, Schneidkeramik, Diamant und Bornitrid mit Kennbuchstaben gemäß Abb. 4.3 klassifiziert. Demnach erhalten unbeschichtete Hartmetalle auf der Basis von **W**olframkarbid bei einer WC-Korngröße von ≥ 1 µm das Kürzel HW und bei Korngrößen < 1 µm die Kennzeichnung HF. Cermets – Hartmetalle auf der Basis von Titankarbonitrid – werden mit dem Kürzel HT, beschichtete Hartmetalle und beschichtete Cermets mit HC gekennzeichnet. Für die übrigen harten Schneidstoffe auf der Basis von Keramik, Diamant oder Bornitrid gelten die entsprechenden Kurzzeichen aus Abb. 4.3.

Ziel der DIN ISO 513 ist neben der Kennzeichnung der Schneidstoffe vor allem deren Zuordnung zu Werkstoffen, für deren Zerspanung sich die verschiedenen Schneidstoffe besonders eignen. In Erweiterung früherer Normen sieht die DIN ISO 513 sechs Hauptanwendungsgruppen und damit sechs Klassen von Werkstück-Werkstoffen vor, die mit den Kennbuchstaben P, M, K, N, S und H bezeichnet und farblich gekennzeichnet werden, vgl. Abb. 4.4. Die Norm DIN ISO 513 behält damit die in den vorherigen Normen definierten und in der Praxis etablierten Kennbuchstaben P, M und K bei, bezeichnet mit ihnen jedoch nun Hauptanwendungsgruppen, die nur noch die Werkstoffgruppen Stahl (P), nichtrostender Stahl (M) und Gusseisen (K) umfassen. Der Zerspanungs-Hauptgruppe K waren in der alten Norm neben Gusseisenwerkstoffen noch eine Reihe weitere Werkstoffe zugeordnet. In der DIN ISO 513 wurden für diese nun neue Anwendungs-Hauptgruppen mit der Bezeichnung N für NE-Metalle, S für Speziallegierungen und Titan sowie H für harte Werkstoffe eingeführt.

Jede Hauptanwendungsgruppe ist in Anwendungsgruppen unterteilt, vgl. Abb. 4.4. Diese werden mit dem Kennbuchstaben für die Hauptanwendungsgruppe, zu der sie gehören, und mit einer Kennzahl bezeichnet. Die Kennzahl weist auf die Zähigkeit und die Verschleißfestigkeit des Schneidstoffs hin. Je höher die Kennzahl innerhalb jeder Anwendungsgruppe ist, desto niedriger ist die Verschleißfestigkeit und desto größer ist die Zähigkeit des Schneidstoffs. Die Kennzahlen sind hierbei lediglich Ordnungsnummern, die auf eine gewisse Reihenfolge hinweisen. Sie haben keinerlei Aussagekraft über die Größe der Verschleißfestigkeit oder die Zähigkeit eines Schneidstoffs. Die Schneidstoffhersteller sollen, in Abhängigkeit von Verschleißfestigkeit und Zähigkeit, ihre Schneidstoffe der geeigneten Anwendungsgruppe zuordnen. Beispiele: HW-P10, HC-K20, CA-K10. Eine

Hartmetalle	
Kenn-buchstabe	Werkstoffgruppe
HW	Unbeschichtetes Hartmetall, Hauptbestandteil Wolframkarbid (WC) mit Korngröße ≥ 1 µm
HF	Unbeschichtetes Hartmetall, Hauptbestandteil Wolframkarbid (WC) mit Korngröße < 1 µm
HT [1])	Unbeschichtetes Hartmetall, Hauptbestandteil Titankarbid (TiC) oder Titannitrid (TiN) oder beides
HC	Hartmetalle wie oben, jedoch beschichtet
[1]) Diese Metalle werden auch „Cermets" genannt	

Schneidkeramik	
Kenn-buchstabe	Werkstoffgruppe
CA	Schneidkeramik, Hauptbestandteil Aluminiumoxid (Al_2O_3)
CM	Mischkeramik, Hauptbestandteil Aluminiumoxid (Al_2O_3), zusammen mit anderen Bestandteilen als Oxiden
CN	Siliziumnitridkeramik, Hauptbestandteil Siliziumnitrid (Si_3N_4)
CR	Schneidkeramik, Hauptbestandteil Aluminiumoxid (Al_2O_3), verstärkt
CC	Schneidkeramik wie oben, jedoch beschichtet

Diamant	
Kenn-buchstabe	Werkstoffgruppe
DP	Polykristalliner Diamant
DM	Monokristalliner Diamant

Bornitrid	
Kenn-buchstabe	Werkstoffgruppe
BL	Kubisch-kristallines Bornitrid mit niedrigem Bornitridgehalt
BH	Kubisch-kristallines Bornitrid mit hohem Bornitridgehalt
BC	Kubisch-kristallines Bornitrid wie oben, jedoch beschichtet

Abb. 4.3 Bezeichnung der harten Schneidstoffe, nach DIN ISO 513

Anwendungsgruppe umfasst somit vergleichbare Schneidstoffe verschiedener Hersteller, die sich allerdings in ihrem Verschleiß- und Leistungsverhalten unterscheiden können. Es ist auch möglich, dass ein Schneidstoff von einem Hersteller mehreren Anwendungsgruppen zugeordnet wird, wenn er sich hierfür eignet.

Hauptanwendungsgruppe (Quelle: DIN ISO 513)			Anwendungsgruppe			
Kenn-buchstabe	Kennfarbe	Werkstück - Werkstoff	Harte Schneidstoffe			
P	blau	**Stahl:** Alle Arten von Stahl und Stahlguss, ausgenommen nichtrostender Stahl mit austenitischem Gefüge	P01 P10 P20 P30 P40 P50	P05 P15 P25 P35 P45	↑ [a]	↓ [b]
M	gelb	**Nichtrostender Stahl:** Nichtrostender austenitischer und austenitisch-ferritischer Stahl und Stahlguss	M01 M10 M20 M30 M40	M05 M15 M25 M35	↑ [a]	↓ [b]
K	rot	**Gusseisen:** Gusseisen mit Lamellengraphit, Gusseisen mit Kugelgraphit, Temperguss	K01 K10 K20 K30 K40	K05 K15 K25 K35	↑ [a]	↓ [b]
N	grün	**Nichteisenmetalle:** Aluminium und andere Nichteisenmetalle, Nichtmetallwerkstoffe	N01 N10 N20 N30	N05 N15 N25	↑ [a]	↓ [b]
S	braun	**Speziallegierungen und Titan:** Hochwarmfeste Speziallegierungen auf der Basis von Eisen, Nickel und Kobalt, Titan und Titanlegierungen	S01 S10 S20 S30	S05 S15 S25	↑ [a]	↓ [b]
H	grau	**Harte Werkstoffe:** Gehärteter Stahl, gehärtete Gusseisen-werkstoffe, Gusseisen für Kokillenguss	H01 H10 H20 H30	H05 H15 H25	↑ [a]	↓ [b]

[a] Zunehmende Verschleißfestigkeit des Schneidstoffes; Höhere Schnittgeschwindigkeiten möglich

[b] Zunehmende Zähigkeit des Schneidstoffes; Größere Vorschübe möglich

Abb. 4.4 Anwendung und Klassifizierung der harten Schneidstoffe, nach DIN ISO 513

4.2 Werkzeugstähle

Werkzeugstähle sind nach DIN EN ISO 4957 Edelstähle, die zum Be- und Verarbeiten von Werkstoffen sowie Handhaben und Messen von Werkstücken geeignet sind. Man unterscheidet zwischen Kaltarbeitsstählen, Warmarbeitsstählen und den Schnellarbeitsstählen. Kaltarbeitsstähle bzw. Warmarbeitsstähle sind für Verwendungszwecke geeignet, bei denen die Oberflächentemperatur im Einsatz i. Allg. unter 200 °C liegt. Schnellarbeitsstähle können dagegen bis zu Temperaturen von 600 °C eingesetzt werden. Aus Kaltarbeitsstählen und Schnellarbeitsstählen werden vor allem Werkzeuge zum Zerspanen, aber auch zum Umformen hergestellt. Aus Warmarbeitsstählen werden hauptsächlich Umformwerkzeuge wie Gesenke, Druckgießformen oder Werkzeuge für Schmiedemaschinen und Strangpressen gefertigt.

4.2.1 Kaltarbeitsstähle

Kaltarbeitsstähle erhalten ihre Verschleiß- und Zähigkeitseigenschaften durch Vergüten, bestehend aus Erwärmen auf Austenitisierungstemperatur, Abschrecken im Öl- oder Wasserbad (hohe Abkühlgeschwindigkeit erforderlich, Martensithärte) und Anlassen (mit dem Ziel eines teilweisen Härteabbaus und dabei entstehender Zähigkeitserhöhung).

Die Kaltarbeitsstähle lassen sich in unlegierte und legierte Stähle einteilen, vgl. Abb. 4.5 [DIN EN ISO 4957, Wegs95]. Die unlegierten Werkzeugstähle (Kohlenstoffstähle) enthalten bis zu 1,25 % C und in geringen Mengen Si und Mn. Die legierten Werkzeugstähle weisen rd. 1,25 % C sowie bis zu 1,5 % Cr, 1,2 % W, 0,5 % Mo und 1,2 % V auf.

Die Härte und der Verschleißwiderstand unlegierter Werkzeugstähle hängen von der Ausbildung des martensitischen Gefüges ab. Der Verschleißwiderstand nimmt mit der Härte und mit steigendem Kohlenstoffgehalt zu; gleichzeitig fällt aber die Zähigkeit ab und damit wird die Empfindlichkeit während der Wärmebehandlung und des Werkzeugeinsatzes größer. Alle unlegierten Werkzeugstähle sind Schalenhärter, d. h. sie härten nicht über den gesamten Querschnitt gleichmäßig durch, sondern nur an der Werkstückoberfläche.

Die Vorteile der legierten gegenüber den unlegierten Werkzeugstählen liegen in der Erhöhung der Verschleißfestigkeit (Zusatz von karbidbildenden Elementen), der Anlassbeständigkeit und Warmfestigkeit (Zulegieren von Chrom, Wolfram, Molybdän, Vanadium) und in der höheren Härte (in Lösung gegangener Kohlenstoff). Außerdem sinkt die kritische Abkühlgeschwindigkeit, sodass eine bessere Durchhärtbarkeit erzielt werden kann. Sie können bei Zerspantemperaturen bis zu max. 200 °C eingesetzt werden. Verwendung finden sie vorwiegend bei der Stahlbearbeitung mit niedrigen Schnittbedingungen (Reiben, Gewindeschneiden) und zur Herstellung von Werkzeugen für Reparaturarbeiten, da die Kosten durch den geringeren Anteil an Legierungselementen niedriger als bei Schnellarbeitsstahl (HSS)-Werkzeugen liegen.

Aufgrund ihrer geringen Warmhärte und den damit nur niedrigen anwendbaren Schnittgeschwindigkeiten werden heute Kaltarbeitsstähle nur noch selten für die Metallbearbeitung

Bezeichnung Werkst.-Nr.	C	Si	Mn	Cr	Mo	V	W	Anwendung
Unlegierte Kaltarbeitsstähle								
C45W 1.1730	0,40 - 0,50	0,15 - 0,40	0,60 - 0,80					Hämmer, Beile, Äxte, Scheren, Schraubendreher, Meißel
C85W 1.1830	0,80 - 0,90	0,25 - 0,40	0,50 - 0,70					Holzsägen, Handsägen, Stammblätter für Segment-Kreissägen
C125W 1.1563	1,20 - 1,35	0,10 - 0,30	0,10 - 0,35					Feilen, Schaber, Stichel, Papiermesser
Legierte Kaltarbeitsstähle								
45CrMoV7 1.2328	0,42 - 0,47	0,20 - 0,30	0,85 - 1,0	1,7 - 1,9	0,25 - 0,30	0,05		Meißel aller Art
115CrV3 1.2210	1,10 - 1,25	0,15 - 0,30	0,20 - 0,40	0,5 - 0,8	- / -	0,07 - 0,12		Feilen, Schaber, Stichel, Papiermesser
X210CrW12 1.2436	2,0 - 2,25	0,10 - 0,40	0,15 - 0,45	11,0 - 12,0	- / -	- / -	0,6 - 0,8	Schnittwerkzeuge, Scherenmessser zum Schneiden von Stahl, Räumnadeln, Holzbearbeitungswerkzeuge

Abb. 4.5 Beispiele für unlegierte und legierte Kaltarbeitsstähle

auf Werkzeugmaschinen eingesetzt. Ihr Anwendungsbereich erstreckt sich vor allem auf Handwerkzeuge wie z. B. Feilen, Stichel, Reibahlen oder auf Sägeblätter für die Holzbearbeitung, Abb. 4.5.

4.2.2 Schnellarbeitsstähle

Im Jahre 1900 wurde auf der Weltaustellung in Paris erstmals ein neuer Schneidstoff vorgestellt, mit dem von Taylor erheblich höhere Schnittgeschwindigkeiten realisiert werden konnten als sie bis dahin möglich waren. Die Produktivität der Zerspanprozesse konnte erheblich gesteigert werden. Man nannte diese neue Gruppe Schneidstoffe „High-Speed-Steels (HSS)", Schnellarbeitsstähle.

Schnellarbeitsstähle sind hochlegierte Stähle, die als Hauptlegierungselemente Wolfram, Molybdän, Vanadium, Kobalt und Chrom enthalten. Sie verfügen über eine verhältnismäßig hohe Biegebruchfestigkeit und damit über günstige Zähigkeitseigenschaften.

Gegenüber den Kaltarbeitsstählen zeichnen sie sich durch eine verbesserte Anlassbeständigkeit des Grundgefüges und eine höhere Härte aus. Ihre Härte von etwa 60 – 67 HRC behalten sie bis zu Temperaturen von 600 °C bei. Hieraus sowie aufgrund ihrer Bearbeitbarkeit ergibt sich nach wie vor ein breites Einsatzgebiet, vor allem für Werkzeuge mit scharfen Schneidkanten und kleinen Keilwinkeln wie z. B. Räumwerkzeuge, Spiralbohrer, Gewindeschneidwerkzeuge, Reibahlen, Fräser und Drehwerkzeuge für Ein- und Abstechoperationen sowie für die Feinbearbeitung.

Während die Härte der Schnellarbeitsstähle durch die Härte der Grundmasse (Martensit) und die Anzahl und Verteilung der Karbide beeinflusst wird, sind für die Anlassbeständigkeit die in der Matrix gelösten Anteile der Legierungselemente W, Mo, V und Co verantwortlich, die z. T. als stabile Sonderkarbide ausgeschieden werden. Härte und Verschleißfestigkeit werden gesteigert durch den im Grundgefüge angelassenen Martensit und die eingelagerten Karbide (besonders Mo-W-Doppelkarbide, Cr- und V-Karbide). Karbidbildung und Durchhärtung werden durch Zulegieren von Chrom gefördert.

4.2.2.1 Einteilung der Schnellarbeitsstähle

Schnellarbeitsstähle werden mit den Buchstaben „HS" und der prozentualen Angabe der Legierungselemente in der Reihenfolge W-Mo-V-Co gekennzeichnet, z. B.: HS10-4-3-10. Die Einteilung der Schnellarbeitsstähle erfolgt nach ihrem W- und Mo-Gehalt in vier Legierungs- und Leistungsgruppen, vgl. Abb. 4.6 [DIN EN 10027a].

	Zusammen-setzung	Kurzname W - Mo - V - Co	Zur Bearbeitung von Stahl			
			bei mittlerer Beanspruchung		bei höchster Beanspruchung	
			< 850 N/mm²	> 850 N/mm²	Schruppen	Schlichten
I	18% W	HS18-0-1	+	-	-	-
		HS18-1-2-5	-	-	+	-
II	12% W	HS12-1-4-5	-	-	(+)	+
		HS10-4-3-10	-	-	(+)	+
III	6% W + 5% Mo	HS6-5-2	-	+	-	-
		HS6-5-3	-	-	(+)	+
		HS6-5-2-5	-	-	+	-
IV	2% W + 9% Mo	HS2-9-1	+	-	-	-
		HS2-9-2	-	+	-	-
		HS2-10-1-8	-	-	+	-

Abb. 4.6 Legierungs- und Leistungsgruppen der Schnellarbeitsstähle

Gruppe I umfasst die hoch wolframhaltigen Stähle (18 % W). Die Co-haltige Sorte HS18-1-2-5 besitzt eine gute Anlassbeständigkeit. Werkzeuge aus dieser Legierung werden für das Schruppen von Stählen mit hoher Festigkeit, schwer bearbeitbarem Gusseisen, Nichteisenmetallen und nichtmetallischen Werkstoffen eingesetzt.

Der Werkstoff HS12-1-4-5 der Gruppe mit 12 % W besitzt aufgrund seines hohen V-Gehalts eine ausgezeichnete Verschleißfestigkeit. Der Co-Gehalt verleiht ihm außerdem eine hohe Warmhärte und Anlassbeständigkeit. Verwendung findet die Legierung zur Herstellung von Drehwerkzeugen und Formstählen aller Art, für Schlichtwerkzeuge, Hochleistungsfräser und bei Automatenarbeiten. Sie ist geeignet zur Bearbeitung von hochvergüteten Cr-Ni-Stählen und von Nichteisenmetallen.

In den letzten zwei Gruppen sind hauptsächlich wolfram- und molybdänhaltige Stähle angeführt. Molybdän kann unter metallurgischen Gesichtspunkten Wolfram ersetzen und ist bei gleichem Masseanteil wirksamer, weil es infolge seiner geringeren Dichte einen etwa doppelt so hohen Volumenanteil besitzt. Molybdänhaltige Stähle verfügen über eine besonders hohe Zähigkeit. Kobalthaltige Sorten werden für Zerspanungsarbeiten mit einfachen Werkzeugen eingesetzt, wenn eine robuste Beanspruchung zu erwarten ist (Bohrer, Dreh-, Fräs-, Hobel- und Räumwerkzeuge, Wälzfräser). Sie zeichnen sich durch eine hohe Zähigkeit, Temperaturbeständigkeit und Anlassbeständigkeit aus. Sie sind universell einsetzbar für Schrupp- und Schlichtarbeiten, insbesondere für hochbeanspruchte Fräswerkzeuge.

Kobaltarme und -freie Stähle dieser beiden Gruppen dienen zur Herstellung von Werkzeugen aller Art. Die bedeutendste Gruppe stellen die Schnellarbeitsstähle mit 6 % Wolfram und 5 % Molybdän dar. Am meisten wird die Universal- oder Standardsorte HS6-5-2 eingesetzt [Habe88]. Aufgrund ihres ausgewogenen Legierungsaufbaues, ihrer hohen Zähigkeit und guten Verschleißfestigkeit ist diese Legierung sehr vielseitig einsetzbar. Sie eignet sich zur Herstellung von Zerspanwerkzeugen zum Schruppen oder Schlichten, wie Wendelbohrern, Fräsern aller Art, Gewindebohrern, Reibahlen, Räumnadeln, etc..

Der prinzipielle Einfluss der Legierungselemente in Schnellarbeitsstählen ist im Folgenden noch einmal stichwortartig zusammengefasst:

- Wolfram: Karbidbildner; erhöht die Warmhärte, die Anlassbeständigkeit und die Verschleißfestigkeit.
- Molybdän: Karbidbildner; verbessert die Durchhärtung und die Zähigkeit, erhöht die Warmhärte, die Anlassbeständigkeit und die Verschleißfestigkeit, Wolfram ist durch Molybdän ersetzbar (halbe Dichte!).
- Vanadium: Liegt als Primärkarbid VC vor und erhöht die Verschleißfestigkeit (Schlichtbearbeitung).
- Kobalt: Verschiebt die Grenze der Überhitzungsempfindlichkeit zu höheren Temperaturen, wodurch höhere Härtetemperaturen erreichbar werden. Es gehen mehr Karbide in Lösung und die Warmhärte steigt.
- Chrom: Verbessert die Durchhärtbarkeit, ist an der Karbidbildung beteiligt.
- Kohlenstoff: Ist der Träger der Härte in der Grundmasse. Erhöht als Karbidbildner die Verschleißfestigkeit.

4.2.2.2 Anwendungsgebiete

In Abb. 4.7 sind die Hauptanwendungsgebiete der Schnellarbeitsstähle aufgelistet [DIN EN ISO 4957, Wegs95]. Mit steigendem Gehalt an Legierungselementen nimmt die Leistungsfähigkeit dieser Schneidstoffe im Hinblick auf eine verbesserte Verschleißfestigkeit und hohe Standzeit zu. Gleichzeitig wird jedoch ihre Bearbeitbarkeit schwieriger, was sich insbesondere bei der Herstellung komplizierter Formwerkzeuge ungünstig auswirkt. Allgemein bedeutet ein höherer Gehalt an Legierungselementen höhere Werkzeugkosten. Die Wirtschaftlichkeit eines Fertigungsprozesses wird damit auch durch die Wahl des Schnellarbeitsstahls bestimmt.

Der Einsatz hochlegierter Schnellarbeitsstähle bietet sich vor allem dann an, wenn Zerspanungsprobleme gelöst werden müssen, bei denen sich die Erhöhung der Warmfestigkeit oder der Zähigkeit besonders stark auswirken. Kobaltlegierte Schnellarbeitsstähle (z. B. HS6-5-2-5, HS18-1-2-5) eignen sich für Bearbeitungsaufgaben, die erhöhte Anforderungen an die Warmfestigkeit der Werkzeuge stellen. Stähle, die neben Kobalt noch Vanadium enthalten, wie z. B. die Qualitäten HS12-1-4-5 und HS10-4-3-10, zeichnen

Stahlsorte (Kurzname nach DIN EN ISO 4957)	Werkstoff Nr.	Hauptsächlicher Verwendungszweck
HS6-5-2	1.3343	Standard-Schnellarbeitsstahl für alle Zerspanungswerkzeuge zum Schruppen oder Schlichten, Gewinde- und Spiralbohrer, Fräser aller Art, Räumnadeln, Reibahlen, Schneideisen, Senker, Hobelwerkzeuge, Kreissägen, Umformwerkzeuge
HS6-5-3	1.3344	Hochbeanspruchte Gewindebohrer und Reibahlen, Hochleistungsfräser, Räumwerkzeuge, Spiralbohrer, Schneid- und Schabräder
HS6-5-2-5	1.3243	Hochleistungsfräser, Dreh- und Hobelwerkzeuge aller Art, hochbeanspruchte Spiral- und Gewindebohrer, Räumnadeln, Holzbearbeitungs- und Kaltarbeitswerkzeuge, Schruppwerkzeuge mit hoher Zähigkeit
HS10-4-3-10	1.3207	Universell einsetzbar für Schrupp- und Schlichtarbeiten, Dreh- und hochbeanspruchte Fräswerkzeuge, Automatenarbeiten, Holzbearbeitungswerkzeuge
HS2-9-2	1.3348	Spiral- und Gewindebohrer, Fräser, Reibahlen, Räumwerkzeuge
HS2-9-1-8	1.3247	Schaftfräser, Drehwerkzeuge für Automatenarbeiten, Spiralbohrer, Gewindebohrer

Abb. 4.7 Hauptanwendungsgebiete der wichtigsten Schnellarbeitsstähle, nach DIN EN ISO 4957

sich durch verbesserte Verschleißeigenschaften bei erhöhter Temperaturbeanspruchung aus und eignen sich für Zerspanungsaufgaben, die höchste Anforderungen an den Verschleißwiderstand der Werkzeuge stellen.

4.2.2.3 Herstellung der Schnellarbeitsstähle

Schnellarbeitsstähle können auf schmelzmetallurgischem [Habe88] oder pulvermetallurgischem Wege [Duda86, Beis82] hergestellt werden. Eine Gegenüberstellung beider Herstellungsverfahren zeigt Abb. 4.8. Trotz der Bemühungen, alternative Herstellungsverfahren zu entwickeln, kommt der schmelzmetallurgischen Herstellung von Schnellarbeitsstählen heute nach wie vor die größte wirtschaftliche Bedeutung zu.

Schmelzmetallurgische Herstellung An das Erschmelzen und Abgießen (1550 °C) des Stahls in Kokillen schließt sich ein Blockglühen (900 °C) an (Homogenisierung), vgl. Abb. 4.9. Es folgen ein Schmiedevorgang (Zertrümmern des Ledeburits und der Karbide) mit evtl. Zwischenaufheizen des Werkstücks sowie das Walzen (1200 °C). Das Weichglühen dient der Verbesserung der Bearbeitbarkeit. Der weichgeglühte Zustand ist in den meisten Fällen sowohl zum Zerspanen als auch zum Kaltumformen am zweckmäßigsten und bietet das günstigste Ausgangsgefüge für das Härten. Um beim Härten Risse oder starken Verzug zu vermeiden, empfiehlt es sich, insbesondere bei unregelmäßig und schwierig geformten Werkzeugen, diese zum Abbau von Bearbeitungsspannungen vor der letzten mechanischen Bearbeitung spannungsarm zu glühen.

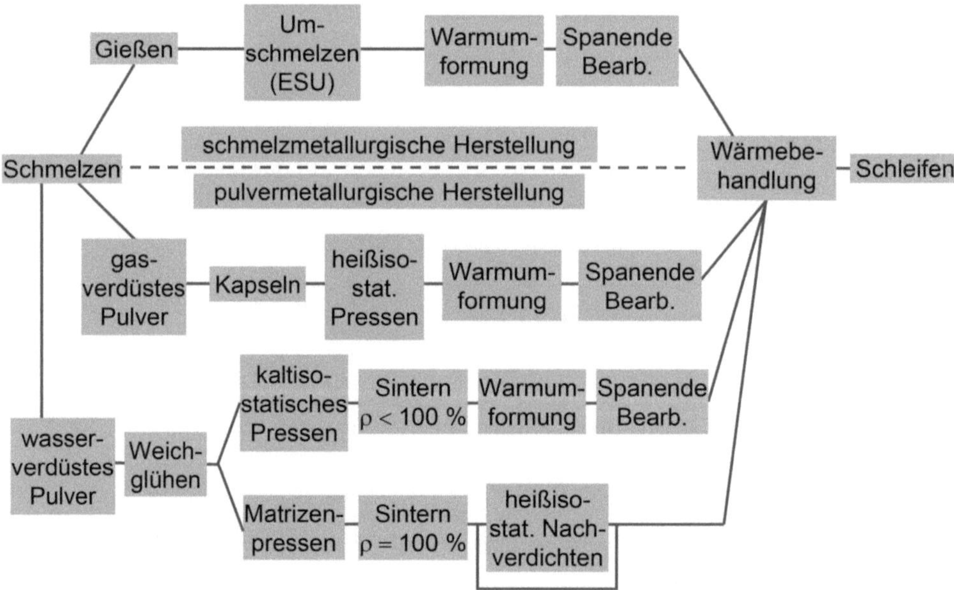

Abb. 4.8 Fertigungsfolge bei der schmelz- und pulvermetallurgischen Herstellung von Schnellarbeitsstählen

Aufgrund der hohen Anteile verschiedener Legierungselemente haben Schnellarbeitsstähle einen sehr komplexen Erstarrungsablauf. Konventionell hergestellte Schnellarbeitsstähle neigen daher während der Erstarrungsphase zu Seigerungen (Entmischungen), die bei großen Gussblöcken und hochlegierten Stählen besonders ausgeprägt sind. Derartige Erscheinungen sind bei späterem Werkzeugeinsatz meist Ursachen für Standzeitstreuungen.

Unabhängig von bereits angewendeten Maßnahmen, wie verbesserter Schmelzenführung oder Impfen sowie einer optimierten Gestaltung der Blockformate bietet das Elektroschlackeumschmelzverfahren (ESU) die Möglichkeit, den Reinheitsgrad und die Zähigkeit von Schnellarbeitsstählen weiter zu verbessern. Bei diesem Verfahren ist während des Umschmelzens nicht der gesamte Block flüssig, sondern nur jeweils ein geringer Teil. Dadurch lassen sich makroskopische Entmischungen wie Karbidanhäufungen vermindern und Schlackeneinschlüsse entfernen. Nachteilig sind die höheren Herstellkosten.

Vorteil des ESU-Verfahrens ist die Ausbildung eines gleichmäßigeren, seigerungsärmeren Gefüges mit hohem Reinheitsgrad. Hieraus ergeben sich als praktische Konsequenzen ein geringerer Verzug in Quer- und Längsrichtung beim Härten und Anlassen aufgrund des homogeneren Gefüges – ein Aspekt, der besonders bei langen oder mit geringem Schleifaufmaß vorbearbeiteten Werkzeugen wie Räumwerkzeugen oder Wälzfräsern wichtig ist – sowie eine verbesserte Zähigkeit, die aus dem höheren Reinheitsgrad und dem generell homogeneren Gefüge resultiert.

Pulvermetallurgische Herstellung Ausgangsmaterialien für die pulvermetallurgische Herstellung von Schnellarbeitsstählen sind Pulver, die durch Gas- bzw. Wasserverdüsung der Schmelze gewonnen werden, vgl. Abb. 4.8. Gasverdüste Pulver werden gekapselt und heißisostatisch verdichtet. Die so hergestellten Halbzeuge werden nach einer Warmumformung konventionell spanend zu Werkzeugen weiterverarbeitet. Wasserverdüstes Pulver wird nach dem Weichglühen kaltisostatisch zu Halbzeugen verpresst und anschließend in einem Vakuumofen gesintert. Dabei wird nicht bis zum Erreichen der vollen theoretischen Dichte gesintert. Die endgültige Verdichtung erfolgt erst in einem nachgeschalteten Schmiedevorgang. Demgegenüber werden Formteile wie Wendeschneidplatten in Matrizenpressen verdichtet. Beim Sintern wird die volle theoretische Dichte angestrebt. Dem Sinterprozess kann gegebenenfalls noch ein heißisostatisches Nachverdichten folgen.

Pulvermetallurgisch hergestellte Schnellarbeitsstähle haben in den letzten Jahren zunehmend an Bedeutung gewonnen. Gegenüber den schmelzmetallurgisch hergestellten Schnellarbeitsstählen weisen sie in der Regel einen etwas höheren Legierungsgehalt auf. PM-Stähle zeichnen sich durch ein homogenes Gefüge (keine Karbidseigerungen) mit gleichmäßiger Verteilung feiner Karbide aus. Aufgrund ihres Gefügeaufbaus weisen die PM-Stähle eine bessere Schleifbarkeit und höhere Zähigkeit auf. Hinsichtlich ihrer Leistungsfähigkeit als Zerspanwerkzeuge werden die pulvermetallurgisch hergestellten Schnellarbeitsstähle z. T. unterschiedlich bewertet. Zahlreiche Zerspanversuche haben gezeigt, dass sie konventionellen Schnellarbeitsstählen mit gleicher nomineller Zusammensetzung mindestens gleichwertig sind. Vorteile für PM-Stähle ergeben sich bei hohen mechanischen Belastungen infolge großer Vorschübe, insbesondere bei der Bearbeitung schwer zerspanbarer Werkstoffe, wie Nickelbasis- und Titanlegierungen.

Für die pulvermetallurgisch hergestellten Schnellarbeitsstähle existieren bislang keine eigenen Werkstoffnummern. Ihre Bezeichnung erfolgt firmenspezifisch. Zur leichteren Einordnung wird häufig auch die amerikanische Nomenklatur verwendet oder die Normbezeichnung des entsprechenden schmelzmetallurgisch hergestellten Schnellarbeitsstahls angeführt.

4.2.2.4 Wärmebehandlung der Schnellarbeitsstähle

Zur Erzielung ihrer Gebrauchshärte werden die HSS-Werkzeuge einer Wärmebehandlung unterzogen [Habe88]. Sie werden zunächst gehärtet (Erwärmen und Halten auf Austenitisierungstemperatur und Abkühlen mit hoher Geschwindigkeit) und anschließend mehrmals angelassen. Ein Zeit-Temperatur-Folge-Schaubild für die Wärmebehandlung des Schnellarbeitsstahls HS6-5-2 zeigt Abb. 4.9.

Wegen der schlechten Wärmeleitfähigkeit muss das Erwärmen von Schnellarbeitsstählen sehr langsam erfolgen, um Wärmespannungen und Risse zu vermeiden. Das Anwärmen erfolgt daher in der Regel in zwei oder drei Vorwärmstufen bei 400 °C, 850 °C und bei 1050 °C. Nach Erreichen der Austenitisierungsstufe erfolgt ein kurzes Halten auf Härte – resp. Austenitisierungstemperatur (1150 – 1250 °C). Ziel des Austenitisierens ist es, einerseits möglichst viele Karbide in Lösung zu bringen, wobei die Auflösung der Sekundärkarbide mit steigender Härtetemperatur und verlängerter Haltezeit zunimmt, andererseits jedoch keine Grobkörnigkeit entstehen zu lassen. In Abhängigkeit von der kritischen Abkühlgeschwindigkeit und von Form und Größe der Werkstücke erfolgt das Abkühlen in unterschiedlichen Abkühlmedien. Diese können Wasser, Härteöle, Warmbäder (Salz- oder Metallschmelzen) oder Gase sein. Zu den gasförmigen Medien zählen ruhende oder bewegte Luft, Stickstoff oder andere Gase. Durch Erhöhung der Strömungsgeschwindigkeit und des Druckes kann die Abkühlintensität, die bei Gasen viel geringer als bei flüssigen Medien ist, gesteigert werden.

Nach dem Abschrecken besteht das Gefüge eines Schnellarbeitsstahls aus Martensit, Restaustenit und Karbiden. Für Zerspanwerkzeuge ist das Härtegefüge ungeeignet, da es aufgrund des hohen Restaustenitgehalts und eines instabilen Gefügezustandes keinen ausreichenden Verschleißwiderstand besitzt, im Einsatz nicht maßbeständig ist und eine erhöhte Neigung zum Bruch zeigt. Die Werkzeuge müssen daher nach dem Härten einer Anlassbehandlung unterzogen werden.

Das Anlassen von Schnellarbeitsstählen erfolgt bei Temperaturen von 540 – 580 °C und damit im Temperaturbereich der sog. Sekundärhärte. Hierunter wird der nach einem anfänglichen Härteabfall durch Anlassen bei niedrigen Temperaturen erfolgende Härteanstieg bei höheren Anlasstemperaturen verstanden. Dieser Wiederanstieg der Härte führt bei den üblichen Härte- und Anlassbedingungen zu Härtewerten, die deutlich oberhalb derer nach dem Abschrecken liegen können. Die beim Anlassen von Schnellarbeitsstählen ablaufenden Vorgänge sind in Abb. 4.10 schematisch dargestellt. Die sich aus der

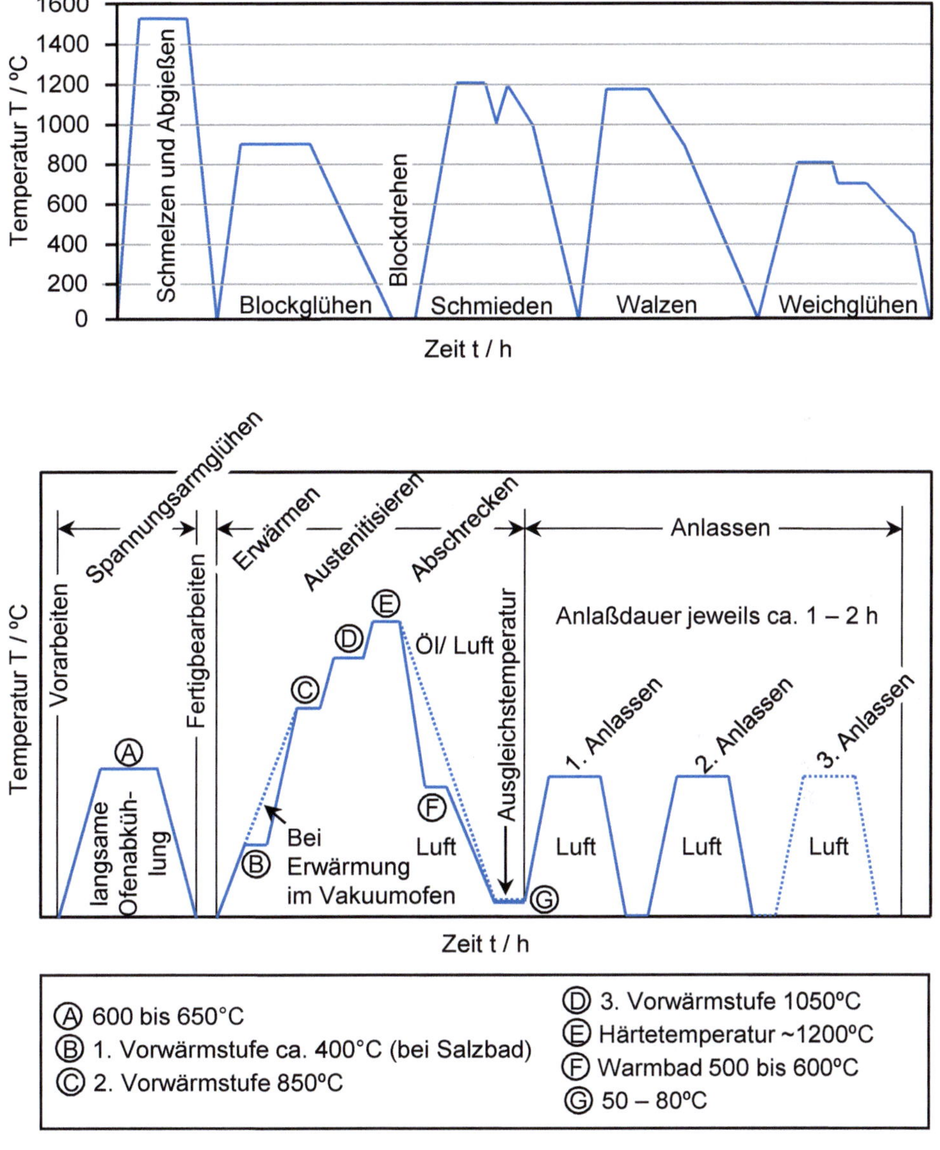

Abb. 4.9 Schmelzmetallurgische Herstellung und Wärmebehandlung der Schnellarbeitsstähle

Überlagerung der unterschiedlichen Vorgänge ergebende Schneidstoffhärte ist darin als Summenkurve S in Abhängigkeit von der Anlasstemperatur aufgetragen.

Mit steigender Anlasstemperatur nimmt die Härte des Martensits (M) kontinuierlich ab (M1). Ursache hierfür ist die Ausscheidung des sich in Zwangslösung befindlichen Kohlenstoffs und die damit verbundene Abnahme der Kristallgitterverspannung. Diesem

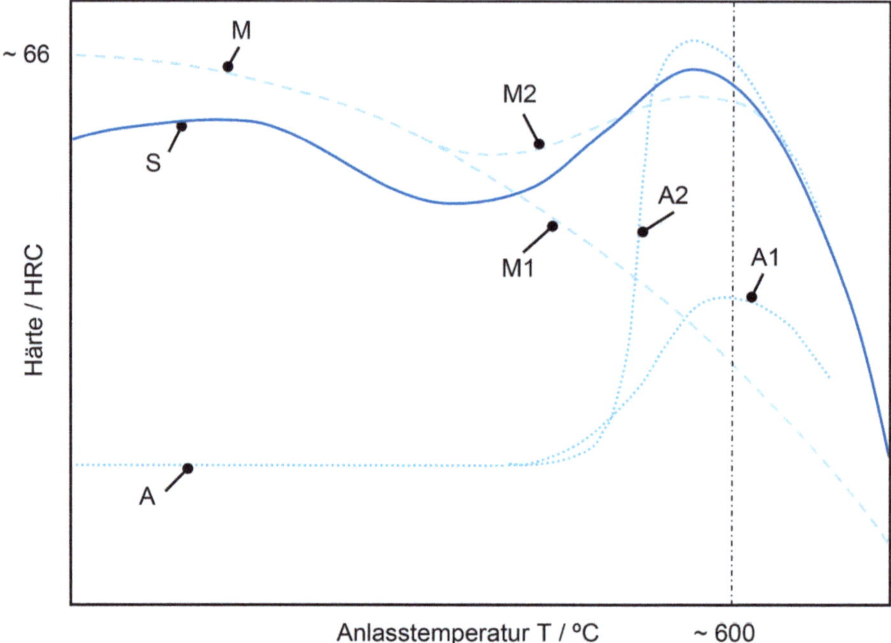

Abb. 4.10 Schematische Darstellung der sich aus der Überlagerung unterschiedlicher Effekte beim Anlassen von Schnellarbeitsstahl ergebenden Schneidstoffhärte

Vorgang, der zu dem beim Anlassen bis ca. 350 °C zu beobachtenden Härteabfall führt, wirkt die Ausscheidung von Karbiden entgegen. Oberhalb von 350 °C scheiden sich aus dem Martensit (M) und ab etwa 450 °C aus dem Restaustenit (A) äußerst fein verteilte Karbide aus, die durch Ausscheidungshärtung einen Wiederanstieg der Härte (M2 bzw. A1) bewirken. Infolge der Karbidbildung verarmt das Grundgefüge an Kohlenstoff und an Legierungselementen, sodass sich beim Abkühlen von Anlasstemperatur ein Teil des Restaustenits in Sekundärmartensit (A2) umwandelt. Alle drei Vorgänge – die Karbidausscheidung aus dem Martensit, die Karbidausscheidung aus dem Restaustenit und die Umwandlung von Restaustenit in Sekundärmartensit – führen zu dem als Sekundärhärteeffekt bezeichneten Härteanstieg. Das Maximum des Härteverlaufs wird zu höheren Temperaturen (560 °C) verschoben und bei richtiger Austenitisierung kann die Härte nach der Anlassbehandlung höher als im gehärteten Zustand sein [Habe88].

Die Wärmebehandlung erfolgte bislang hauptsächlich in Salzbädern. Vorteile der Salzbadanlage sind der optimale Wärmeübergang und die Möglichkeit, partielle Wärme- und Oberflächenbehandlungen durchführen zu können. Wesentliche Nachteile sind der große Aufwand für die Entgiftung der Salze und die Notwendigkeit, die Werkstücke nach der Behandlung von Salzrückständen reinigen zu müssen.

In den letzten Jahren hat die Wärmebehandlung in Vakuumöfen zunehmend an Bedeutung gewonnen. Vorteile dieses Verfahrens sind vor allem seine größere Umweltfreundlichkeit sowie blanke und saubere Werkstückoberflächen. Das Abschrecken der Werkstücke von Härtetemperatur erfolgt durch Fluten mit Stickstoff bei einem Druck von 10 bar. Das Gas wird dabei so umgewälzt, dass es mit hoher Geschwindigkeit durch die Charge und zum Rückkühlen über einen Wärmetauscher strömt. Die Bauteile werden auf diese Weise bis auf 50 °C abgeschreckt.

4.2.2.5 Oberflächenbehandlung

Eine weitere Verbesserung der Verschleißeigenschaften von HSS-Werkzeugen kann durch eine Behandlung der Oberfläche in Form von Nitrieren (Anreicherung der Randschicht mit Stickstoff durch thermochemische Behandlung bei Temperaturen von 500 – 580 °C), Dampfanlassen (Ausbildung einer dünnen Eisenoxidschicht auf der Werkzeugoberfläche in einer Dampfatmosphäre bei etwa 500 °C), Verchromen (Abscheiden einer harten Chromschicht mit einer Dicke von 5 – 50 μm bei Temperaturen von 50 – 70 °C) oder Beschichten (PVD-Beschichtung) mit dünnen, hochverschleißfesten Hartstoffschichten wie Titannitrid (TiN) oder Titanaluminiumnitrid (Ti,Al)N erreicht werden.

4.2.2.6 Wendeschneidplatten aus HSS

Wendeschneidplatten aus Schnellarbeitsstahl können durch Feinguss, spanend aus Halbzeugen oder direkt durch pulvermetallurgische Verfahren hergestellt werden. Während Halbzeuge erst noch spanend bearbeitet werden müssen, werden z. B. bei der pulvermetallurgischen Herstellung von HSS-Wendeschneidplatten die kostenintensiven Legierungselemente wesentlich besser ausgenutzt. Weitere Vorteile gesinterter HSS-Wendeschneidplatten sind neben geringeren Herstellkosten und der höheren Materialausnutzung vor allem die größere Flexibilität im Werkzeugeinsatz durch die Nutzung der Wendeschneidplattentechnik. Diese bietet bei Fertigungsverfahren wie dem Fräsen oder Bohren die Möglichkeit, Werkzeuge beanspruchungsgerecht mit unterschiedlichen Schneidstoffen zu bestücken, vgl. Abb. 4.11. Wendeschneidplatten aus Feinguss haben für die Stahlzerspanung bisher keine Bedeutung erlangt [Bong91, Wähl86].

4.3 Hartmetalle

Hartmetalle sind Verbundwerkstoffe. Sie bestehen aus Karbiden der Übergangsmetalle (4.–6. Nebengruppe des Periodensystems), die in eine weiche metallische Bindephase aus Kobalt und/oder Nickel eingebettet sind. Die Karbide liegen an der Grenze zwischen Metallen und Keramiken. Sie weisen z. T. noch metallähnliche Eigenschaften (z. B. elektrische Leitfähigkeit) auf, werden aber als sog. metallische Hartstoffe der nichtoxidischen Keramik zugeordnet [Horn06, Salm83]. Cermets enthalten darüber hinaus noch Titannitrid.

Die Hartstoffe sind die Träger der Härte und Verschleißfestigkeit. Aufgabe der Bindephase ist es, die spröden Karbide und Nitride zu einem relativ festen Körper zu verbinden.

Die Vorteile der Hartmetalle bestehen in der guten Gefügegleichmäßigkeit aufgrund der pulvermetallurgischen Herstellung, der hohen Härte, Druckfestigkeit und Warmverschleißfestigkeit. Hartmetall besitzt bei 1000 °C die gleiche Härte wie Schnellarbeitsstahl

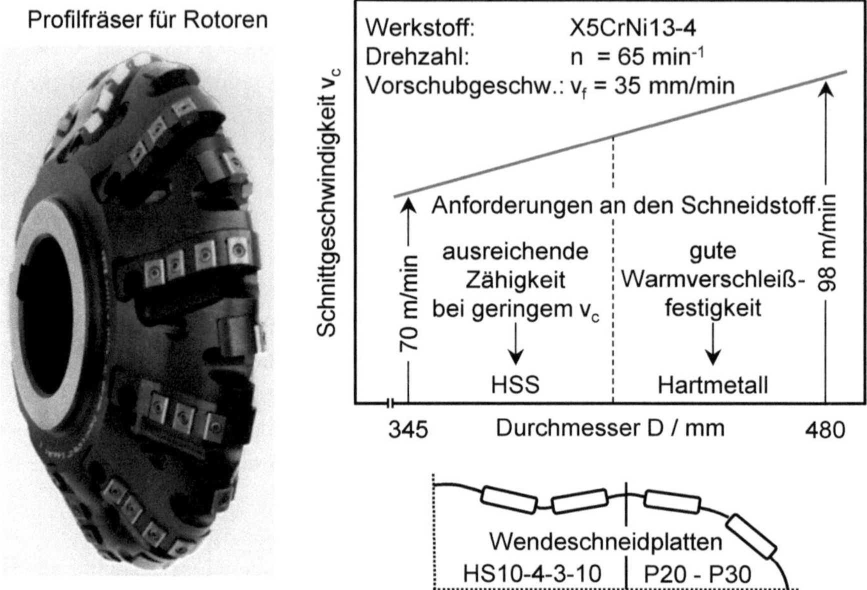

Abb. 4.11 Beanspruchungsgerechte Bestückung eines Profilfräsers mit Wendeschneidplatten aus Schnellarbeitsstahl und Hartmetall (Quelle: Fette)

bei Raumtemperatur. Ferner besteht die Möglichkeit, Hartmetall-Sorten mit unterschiedlichen Eigenschaften durch gezielte Änderung des Hartstoff- und Bindemittelanteils herzustellen [Sche88, Kola92].

4.3.1 Geschichtliche Entwicklung

Im Jahr 1927 wurde auf der Frühjahrsmesse in Leipzig unter dem Namen WIDIA erstmals Hartmetall als neuer Hochleistungsschneidstoff vorgestellt, vgl. Abb. 4.12. Der neue Schneidstoff bedeutete für die damalige Zeit eine revolutionäre Entwicklung, die völlig neue Dimensionen in der Zerspantechnik eröffnete. Gegenüber den bislang eingesetzten Werkzeugen aus Schnellarbeitsstahl ermöglichten die Hartmetalle bei gleichen Spanungsquerschnitten die Anwendung der zwei- bis dreifachen Schnittgeschwindigkeit. Vielfach reichte das Leistungsvermögen der verfügbaren Werkzeugmaschinen nicht aus, um das Leistungspotential der neuen Schneidwerkzeuge auszuschöpfen. Werkstoffe wie Hartguss, die bislang mit HSS-Werkzeugen nur schwer zerspanbar waren, konnten mit dem neuen Schneidstoff problemlos bearbeitet werden. Am Anfang beschränkte sich der Einsatz der WC-Co-Hartmetalle ausschließlich auf die Zerspanung von Gusswerkstoffen. Wegen des hohen Kolkverschleißes waren diese Hartmetalle für die Bearbeitung langspanender Stahlwerkstoffe nicht geeignet. Dies änderte sich mit der Einführung von Titankarbid als

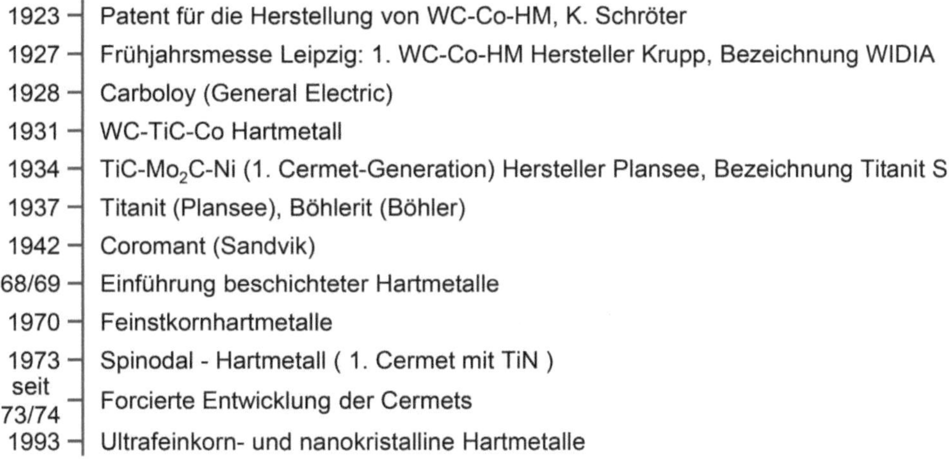

Abb. 4.12 Meilensteine in der Hartmetallentwicklung

Legierungskomponente. Mit den TiC-haltigen Hartmetallen waren in der Stahlzerspanung ähnlich sensationelle Schnittgeschwindigkeitssteigerungen wie zuvor bei Guss mit den WC-Co-Hartmetallen möglich. In diese Zeit fiel auch die Entwicklung des ersten Cermets. Die aus Patentgründen hergestellten wolframfreien Hartmetalle auf der Basis von TiC und Mo_2C mit Nickel als Binder erwiesen sich jedoch für den damaligen Maschinenpark in vielen Fällen als zu bruchanfällig [Sche88, Kola92, Kola93, DRP23, ÖP31, Häus90, Spri95].

Die Weiterentwicklung der Hartmetalle war in den folgenden Jahren von einer kontinuierlichen Verbesserung ihrer Zusammensetzung, ihrer Herstellung und damit ihrer Zerspanleistung geprägt. Bereits sehr früh wurde der Einfluss der Karbidkorngröße auf die Eigenschaften der Hartmetalle erkannt. Der Zusammenhang, wonach bei Hartmetallen eine Härtezunahme mit einer Abnahme der Zähigkeit einhergeht, konnte mit der Entwicklung der Feinstkorn-Hartmetalle durchbrochen werden. Durch die Verringerung der WC-Kristallitgröße unter 1 µm konnte bei gleich bleibendem Bindergehalt sowohl die Härte als auch die Biegefestigkeit gesteigert werden [Sche88, Kola93, Spri95].

Ein weiterer großer Innovationsschritt war die Einführung beschichteter Hartmetalle zu Beginn der 1970er Jahre. Die Kombination zäher Hartmetallsubstrate mit hochverschleißfesten Hartstoffschichten führte zu einer enormen Steigerung der anwendbaren Schnittgeschwindigkeiten und der erreichbaren Werkzeugstandzeiten. Die CVD- und PVD-Verfahren stellen heute die bedeutendsten Beschichtungsprozessvarianten dar. Neue Entwicklungen sind Viellagenbeschichtungen auf Substraten mit binderreichen Randzonen oder Gradientenstruktur [Sche88, Kola92, Gill95].

Mit der Entwicklung der sog. Spinodal-Hartmetalle, den ersten Cermets, die Titannitrid als weitere Hartstoffkomponente enthielten, wurde 1973 die Grundform der heutigen leistungsstarken Cermets geschaffen. Heute zählen die Cermets zu den Hochleistungsschneidstoffen, die durch die Anwendung hoher Schnittgeschwindigkeiten bei moderaten Vorschüben und durch die Realisierung langer Standzeiten bei hoher Zuverlässigkeit in hervorragender Weise den Anforderungen einer modernen Zerspanungstechnologie entsprechen. Gründe hierfür sind ihre hohe chemische Stabilität und ihre hohe Warmverschleißfestigkeit, die diese Schneidstoffe insbesondere für Zerspanoperationen mit hoher thermischer Schneidenbelastung interessant machen.

4.3.2 Herstellung der Hartmetalle

Die Herstellung der Hartmetalle erfolgt auf pulvermetallurgischem Weg nach verschiedenen Verfahren, vgl. Abb. 4.13. Aufgrund der großen Formenvielfalt von Hartmetallbauteilen werden sehr unterschiedliche Formgebungsverfahren eingesetzt. Man unterscheidet

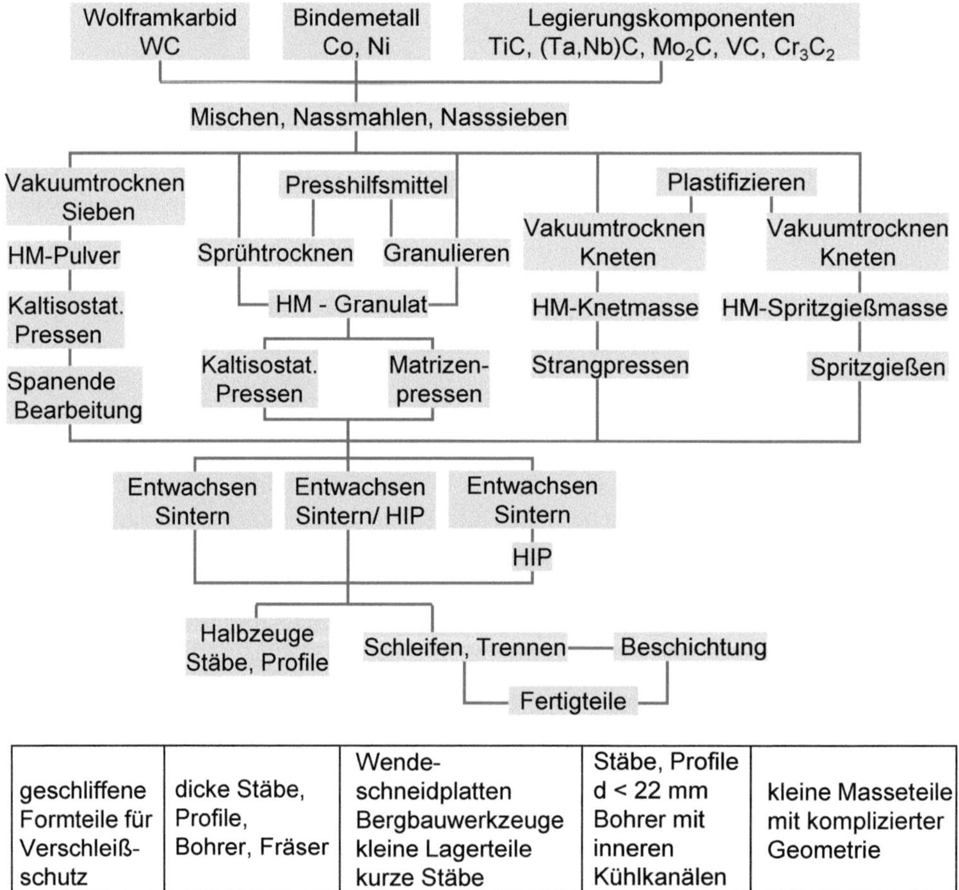

geschliffene Formteile für Verschleiß-schutz	dicke Stäbe, Profile, Bohrer, Fräser	Wende-schneidplatten Bergbauwerkzeuge kleine Lagerteile kurze Stäbe	Stäbe, Profile d < 22 mm Bohrer mit inneren Kühlkanälen	kleine Masseteile mit komplizierter Geometrie

Abb. 4.13 Formgebungsverfahren zur Herstellung von Bauteilen aus Hartmetall (Quelle: Widia)

im Wesentlichen zwischen direkter und indirekter Formgebung, kombinierter Formgebung und Sonderverfahren (Spritzgießen). Welches Formgebungsverfahren zur Anwendung kommt, hängt hauptsächlich von der Geometrie und der Stückzahl des zu fertigenden Produkts ab [Sche88, Kola92].

Etwa zwei Drittel aller Hartmetallerzeugnisse werden über die direkte Formgebung hergestellt. Überwiegend handelt es sich hierbei um Wendeschneidplatten. Komplizierte Formteile in geringen Stückzahlen wie Kolben, Schnecken, Walzringe oder Pressformen werden durch indirekte Formgebung, d. h. durch zusätzliche Bearbeitungsschritte wie Trennen, Bohren, Drehen oder Fräsen gefertigt. Als Ausgangsmaterial dient hierzu Hartmetall, das im vorgesinterten oder kaltisostatisch gepressten Zustand vorliegt und eine noch kreidige Konsistenz aufweist [Sche88, Kola92].

Die einzelnen Hartmetallkomponenten (Einzelkomponenten oder Vorlegierungen) werden als Pulver zu einer Charge eingewogen und in Mischern homogenisiert. Beim anschließenden Nassmahlen soll die Mahlflüssigkeit (Alkohole, Azeton, Hexan o. a.) das Mahlgut während des Mahlens vor Oxidation schützen und eine optimale Dispergierung aller Komponenten in der Suspension gewährleisten. Nach Abschluss des Mahlvorganges wird die entstandene Pulvermischung dem folgenden Formgebungsverfahren entsprechend aufbereitet. Für die Herstellung von Wendeschneidplatten wird das Pulver in eine Granulatform überführt, um für das Verpressen in Matrizen gute Fließeigenschaften sowie eine geeignete Granulatgröße zu gewährleisten. Die Herstellung des Granulats erfolgt mit Hilfe des Sprühtrocknungs- oder Granulierverfahrens. Die Formgebung der Wendeschneidplatten erfolgt durch Verdichten des Granulats in Matrizenpressen. Das Matrizenpressverfahren ermöglicht kurze Taktzeiten und ist deshalb besonders für große Stückzahlen geeignet [Kola92, Daub95].

In der Abfolge der einzelnen Verfahrensschritte stellt der Sintervorgang die wohl wichtigste Teiloperation dar, da hier dem Bauteil die für seine Funktionsfähigkeit notwendigen mechanisch-technologischen Eigenschaften verliehen werden. Grundsätzlich wird unter Sintern ein thermisch aktivierter Materialtransport, bei dem das gepresste, lose gebundene Pulverhaufwerk (Pressling, Grünling) aufgrund von diffusionsgesteuerten Platzwechselvorgängen (Oberflächendiffusion, Korngrenzendiffusion, Volumendiffusion) zunehmend verdichtet wird, verstanden. Für die Herstellung von Hartmetallen ist entscheidend, dass nicht das gesamte Legierungssystem in den schmelzflüssigen Zustand überführt, sondern, wie es in der Fachsprache heißt, mit flüssiger Phase gesintert wird [Sche88, Kola92].

Bei etwa 1300 °C tritt erstmals Schmelze auf. In der Schmelze löst sich zunehmend WC auf. Bei einer Sintertemperatur von etwa 1400 °C ist die gesamte Bindephase schmelzflüssig. Sie setzt sich aus Kobalt und Wolframkarbid zusammen. Die flüssige Phase benetzt das Karbid, dringt in alle Poren ein und lässt die Hartstoffteilchen unter Einwirkung der Oberflächenspannung auf engstem Raum zusammengleiten. Dieser Vorgang der Teilchenumlagerung und Wiederausscheidung führt zu einer dichten Packung mit minimaler Oberflächenenergie. Je nach Gründichte und Sinterbedingungen kann die lineare Schwindung bis zu 20 % betragen. Beim Abkühlen von Sintertemperatur scheidet aus der flüssigen Bindephase wieder Wolframkarbid aus. Bis zu einer Temperatur von 700 °C erfolgt ein weiterer thermisch aktivierter Materialtransport von Wolfram und Kohlenstoff entsprechend der Löslichkeit von WC in Co. Die nach der Erstarrung in der Bindephase noch gelösten Atome der Hartstoffphase stabilisieren die kobaltreiche Bindephase in der kubisch-kristallinen Gitterstruktur bis auf Raumtemperatur, ansonsten wandelt das Kobalt unterhalb von 417 °C in die hexagonale Form um [Sche88, Kola92].

4.3.3 Komponenten der Hartmetalle und ihre Eigenschaften

- WC: Das Monowolframkarbid ist die wichtigste Hartstoffphase in den technischen Sinterhartmetallen. WC ist in Co löslich, daraus resultiert eine hohe innere Binde- und Kantenfestigkeit der reinen WC-Co-Hartmetalle. WC ist außerdem noch verschleißfester als TiC und TaC. Die anwendbare Schnittgeschwindigkeit ist durch die Lösungs- und Diffusionsfreudigkeit bei höheren Temperaturen begrenzt.
- TiC: Titankarbid hat eine geringe Diffusionsneigung. Daraus resultiert eine hohe Warmverschleißfestigkeit der TiC-haltigen Hartmetalle, aber eine geringe Binde- und Kantenfestigkeit. Hoch-TiC-haltige Hartmetalle sind deshalb spröde und bruchanfällig. Sie werden bevorzugt zur Zerspanung von Stahlwerkstoffen mit hohen Schnittgeschwindigkeiten eingesetzt. Mit WC bildet TiC ein Mischkarbid.
- TaC: In kleinen Mengen wirkt Tantalkarbid kornverfeinernd und damit zähigkeits- und kantenfestigkeitsverbessernd; die innere Bindefestigkeit fällt nicht so stark ab wie beim TiC.
- NbC: NbC hat eine ähnliche Wirkung wie TaC. Beide Karbide treten als Mischkristall (Ta,Nb)C im Hartmetall auf.
- TiN: Titannitrid ist die eigenschaftsbestimmende Komponente aller modernen Cermets. TiN besitzt in Stahl eine noch geringere Löslichkeit und damit eine größere Diffusionsbeständigkeit als Titankarbid. Der Stickstoff bewirkt eine Steigerung der Verschleißfestigkeit. Ferner wird das Kornwachstum gehemmt. Stickstoffhaltige Cermets weisen in der Regel ein sehr feinkörniges Gefüge auf. Im festen Zustand sind TiC und TiN lückenlos ineinander mischbar. Die physikalischen Eigenschaften der Cermets leiten sich von denen des Titankarbonitrids ab.
- Co: Kobalt ist als Bindemetall für Hartmetalle auf der Basis von Wolframkarbid bisher unübertroffen. Zurückzuführen ist dies auf die gute Löslichkeit von WC in Kobalt und auf die gute Benetzbarkeit der Wolframkarbidkristalle durch die schmelzflüssige WC-Co-Bindephase [Sche88].
- Ni: Wegen der besseren Benetzbarkeit der Hartstoffe wird bei den Cermets Nickel als Binder eingesetzt. Da Nickel jedoch leichter als Kobalt verformbar ist, wird den heutigen Cermets zur Verbesserung ihrer Hochtemperatureigenschaften neben Nickel auch Kobalt als Binder zugegeben.

Im Hinblick auf das Verschleiß- und Leistungsvermögen von unbeschichteten und beschichteten Hartmetallen kommt den Eigenschaften des Hartmetallsubstrats eine Schlüsselrolle zu. Das Hartmetall sollte im Hinblick auf einen hohen Widerstand der

Schneidkante gegen plastische Deformation eine große Warmhärte und Druckfestigkeit aufweisen, gleichzeitig jedoch eine hohe Biegefestigkeit und damit eine ausreichend hohe Zähigkeit und Sicherheit gegen Rissbildung, Ausbröckelungen und Bruch besitzen. Allgemein gilt, dass zähe Hartmetalle geringe Härten und Druckfestigkeiten aufweisen. Diese beiden gegensätzlichen Schneidstoffeigenschaften werden maßgebend von dem Gefügeaufbau des Grundmaterials bestimmt. Tendenziell gilt: mit zunehmendem Kobaltgehalt und mittlerer WC-Korngröße nimmt die Bruchzähigkeit zu, Härte und Druckfestigkeit nehmen hingegen ab, vgl. Abb. 4.14. Bei den für die Zerspanung mit geometrisch bestimmter Schneide relevanten Korngrößen steigt, bei konstantem Binderanteil, sowohl die Härte als auch die Biegefestigkeit mit sinkendender Hartstoffkorngröße an. Begründet ist dies zum einen in einem Absinken der Übergangstemperatur zwischen sprödem und duktilem Werkstoffverhalten, durch welches der Schermodul herabgesetzt wird und Versetzungen leichter entstehen können. Zum anderen steigt mit einem feinkörnigen Gefüge die Anzahl der Scherebenen, die günstig in Richtung der Schubbeanspruchung liegen. So ist es möglich durch ein Senken der Korngröße sowohl die Biegefestigkeit als auch die Härte zu steigern.

Mit zunehmendem Mischkarbidanteil sinkt die Bruchzähigkeit. Tantalkarbid wirkt sich günstig auf die Temperaturwechselfestigkeit aus. In vielen Fällen wird dies ausgenutzt und bei Substraten für das Fräsen das Verhältnis TiC/TaC zugunsten des Tantalkarbids modifiziert [Sche88, Schi89, Köni90]. Durch die hohen Materialkosten sind einer Zulegierung von TaC jedoch enge Grenzen gesetzt.

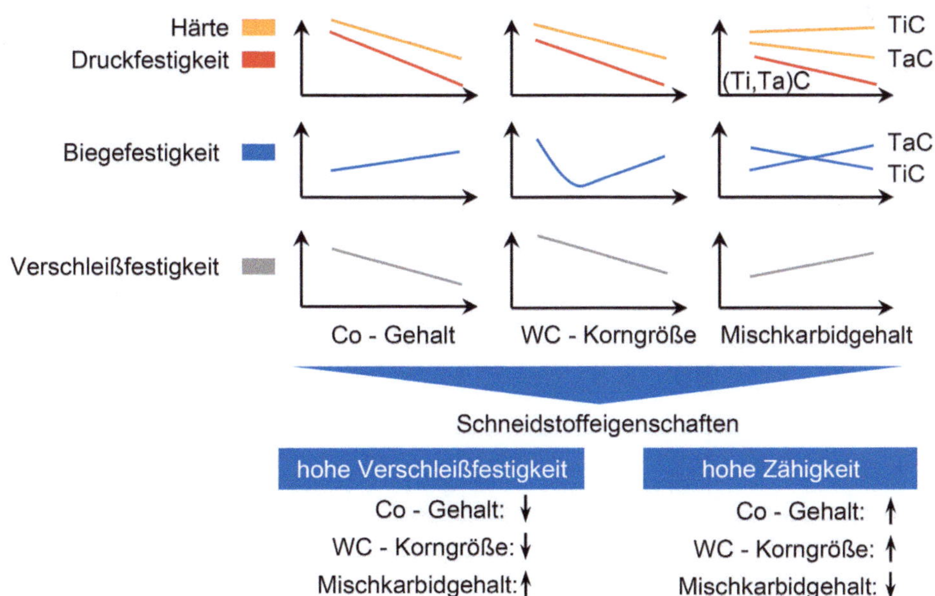

Abb. 4.14 Einflussgrößen auf die Verschleißfestigkeit von Hartmetallen

4.3.4 Gefügeausbildung

In den konventionellen Hartmetallen auf der Basis von WC liegen die Wolframkarbide meist in Form von Prismen mit dreieckiger Grundfläche vor. Im Gegensatz zu Hartmetallen mit höherem Kobaltgehalt, in denen das Kristallwachstum weniger behindert wird, ist in den feinkörnigeren und kobaltarmen Sorten diese Kristallform weniger gut ausgebildet. Die kubischen Mischkristalle kommen sowohl in Würfelform (mit abgerundeten Kanten) als auch nahezu kugelförmig vor, vgl. Abb. 4.15. Das Karbidskelett wird durch die Bindephase ausgefüllt.

Das Gefüge der Cermets weist ausschließlich abgerundete Mischkarbonitride auf. Charakteristisch für ihr Mikrogefüge ist die Kern-Schale-Struktur der Hartstoffe. Als Ursachen hierfür sind Entmischungsvorgänge in den Hartstoffen (spinodale Entmischung), hauptsächlich jedoch die während der Flüssigphasensinterung erfolgenden Lösungs- und Wiederausscheidungsprozesse anzusehen. Durch selektive Lösung wird die Ni-Co-Schmelze mit Karbidkomponenten angereichert. Um die verbliebenen Hartstoffkörnchen scheiden sich beim Abkühlen von der Sintertemperatur aus der Schmelze Mischkarbide als Randzone ab [Mosk66, Rudy73, Kola89, Kief71, Leop87, Kola89a, Kola93a].

Die Struktur der Hartstoffteilchen wird von den im Ausgangspulver enthaltenen Komponenten bestimmt. Je nach Zusammensetzung und Korngröße des Ausgangspulvers können die Hartstoffe einen sehr unterschiedlichen Gefügeaufbau aufweisen. Besteht das

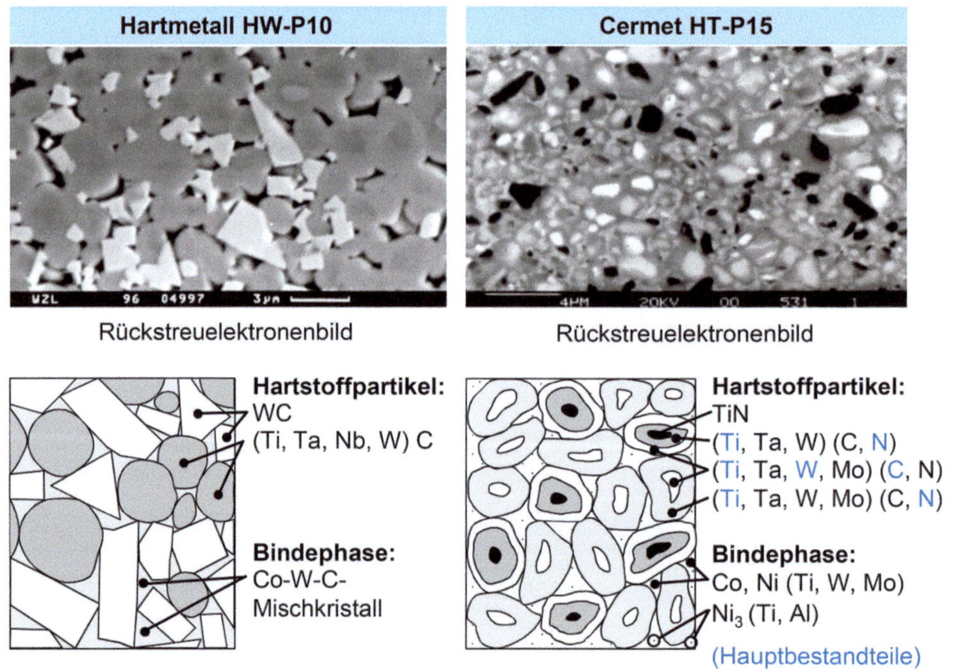

Abb. 4.15 Gefügeaufbau von konventionellem Hartmetall und Cermet

Ausgangspulver aus unlegierten binären Hartstoffkomponenten, liegt nach dem Sintern im Kern meist Titannitrid oder Titankarbid (dunkle Kerne) vor. Beim Einsatz von vorlegierten Ausgangspulvern, die aus Mischkarbiden oder quaternären Karbonitriden bestehen, werden auch im Kern höhere Konzentrationen an Molybdän und/oder Wolfram (helle Kerne) gefunden. Die Rückstreuelektronenaufnahme in Abb. 4.15 zeigt diesen unterschiedlichen Kern-Mantel-Aufbau sehr deutlich. Das Ausgangspulver bestand in diesem Fall aus Einzelkarbiden, Mischkarbiden und Karbonitriden. Die Hartstoffpartikel mit schwarzem bzw. dunklem Kern bestehen in ihrem Zentrum aus Ti(C,N), das von einem relativ titanreichen Mischkarbonitrid (Ti,Ta,W)(C,N) umgeben wird. Der sich hieran anschließende hellere Mantel aus (Ti,Ta,W,Mo)(C,N) besteht in erster Linie aus einem Titan-Wolfram-Molybdän-Mischkarbid, mit einem relativ hohen Anteil an Wolfram und/oder Molybdän. Die Hartstoffpartikel mit dem hellen Kern enthalten im Inneren dieses Mischkarbid, das von einer titan- und stickstoffreichen Schale umgeben wird.

4.3.5 Einteilung der Hartmetalle

Die Hartmetall-Schneidstoffe können in drei Gruppen unterteilt werden und zwar in Hartmetalle auf der Basis von

- WC-Co,
- WC-(Ti,Ta,Nb)C-Co und
- TiC/TiN-Co,Ni.

Für die Hartmetalle auf der Basis von TiC/TiN-Co,Ni hat sich die Bezeichnung „Cermets" eingebürgert.

4.3.5.1 WC-Co-Hartmetalle

Die Hartmetalle dieser Gruppe bestehen fast ausschließlich aus dem hexagonalen Wolframmonokarbid und der Bindephase Kobalt. Sie können bis 0,8 Massenprozent VC und/oder Cr_3C_2 und/oder bis zu 2 Massenprozent (Ta,Nb)C als Dotierungszusätze zur Steuerung der Gefügefeinheit und Gleichmäßigkeit enthalten, vgl. Abb. 4.16.

Die WC-Co-Hartmetalle zeichnen sich durch eine hohe Abriebfestigkeit aus. Aufgrund der starken Diffusionsneigung des Wolframkarbids sind sie für die Bearbeitung weicher Stahlwerkstoffe nicht geeignet. Sie finden vor allem bei kurzspanenden Werkstoffen, Gusswerkstoffen, Nichteisen- und Nichtmetallen, hochwarmfesten Werkstoffen sowie bei der Gestein- und Holzbearbeitung Verwendung, vgl. Abb. 4.4.

Nach der bisherigen Terminologie werden die WC-Co-Hartmetalle in Abhängigkeit von der durchschnittlichen WC-Korngröße im gesinterten Gefüge in Fein- (0,8 – 1,3 µm), Feinst- (0,5 – 0,8 µm) und Ultrafeinkorn-Hartmetalle (0,2 – 0,5 µm) unterteilt. Abweichend hiervon unterscheidet die Norm DIN ISO 513 nur zwischen Hartmetallen mit Korngrößen ≥ 1 µm (HW) und solchen mit WC-Korngrößen < 1 µm (HF).

Hartmetallsorte Anwendungsgruppe (DIN ISO 513)	HW - K05	HW - K10	HW - K25	HW - K40
Sorte	WC - 4Co	WC - 6Co	WC - 9Co	WC - 12Co
Dichte (g/cm^3) (ISO 3369)	15,1	14,9	14,6	14,2
Härte HV 30 (ISO 3878)	1730	1580	1420	1290
Druckfestigkeit (Zyl.-Probe) (N/mm^2) (ISO 4506)	5700	5400	5000	4500
Biegefestigkeit (N/mm^2) (ISO 3327)	1600	2000	2350	2450
E – Modul ($10^3 \cdot N/mm^2$) (ISO 3312)	650	630	590	580
Bruchzähigkeit ($N \cdot m^{1/2}/mm^2$)	6,9	9,6	12,3	12,7
Poisson-Konstante	0,21	0,22	0,22	0,22
Wärmeleitfähigkeit ($W \cdot m^{-1} \cdot K^{-1}$)	80	80	70	65
Wärmeausdehnungskoeffizient (293 K – 1073 K) ($10^{-6} \cdot K^{-1}$)	5,0	5,5	5,6	5,9

Abb. 4.16 Zusammensetzung und Eigenschaften konventioneller WC-Co-Hartmetalle, nach Kolaska [Kola92]

Konventionelle Feinkornhartmetalle (HW) Die konventionellen unbeschichteten WC-Co-Feinkornhartmetalle (fine hardmetals) mit einem durchschnittlichen Korndurchmesser von 0,8 – 1,3 µm (nach DIN ISO 513 Korngröße ≥ 1 µm) haben ihren festen Einsatzbereich in der Zerspantechnik immer noch dort, wo hohe Anforderungen an Schneidenschärfe und Zähigkeit gestellt werden, wie z. B. beim Fräsen von Stahl, bei der Feinbearbeitung, bei Ein- und Abstechoperationen oder bei der Gewindeherstellung [Kola92].

Feinst- und Ultrafeinkornhartmetalle (HF) Als Feinst- (submicron hardmetals) bzw. Ultrafeinkornhartmetalle (ultrafine hardmetals) werden bislang in Literatur und Praxis WC-Co-Hartmetalle mit einem durchschnittlichen WC-Korndurchmesser von 0,5 – 0,8 µm bzw. 0,2 – 0,5 µm im gesinterten Gefüge bezeichnet. Die kleine Korngröße verleiht diesen Hartmetallen eine besondere Eigenschaftskombination: Die Verringerung der WC-Kristallitgröße unter 1 µm führt bei gleich bleibendem Bindergehalt sowohl zu einer Erhöhung der Härte als auch der Biegefestigkeit, vgl. Abb. 4.17. Diese Eigenschaften eröffnen den Feinst- und Ultrafeinkorn-Hartmetallen ein weites Anwendungsfeld [Kola92, Daub95, Köni90a, Köni93, Drey01, Gill01].

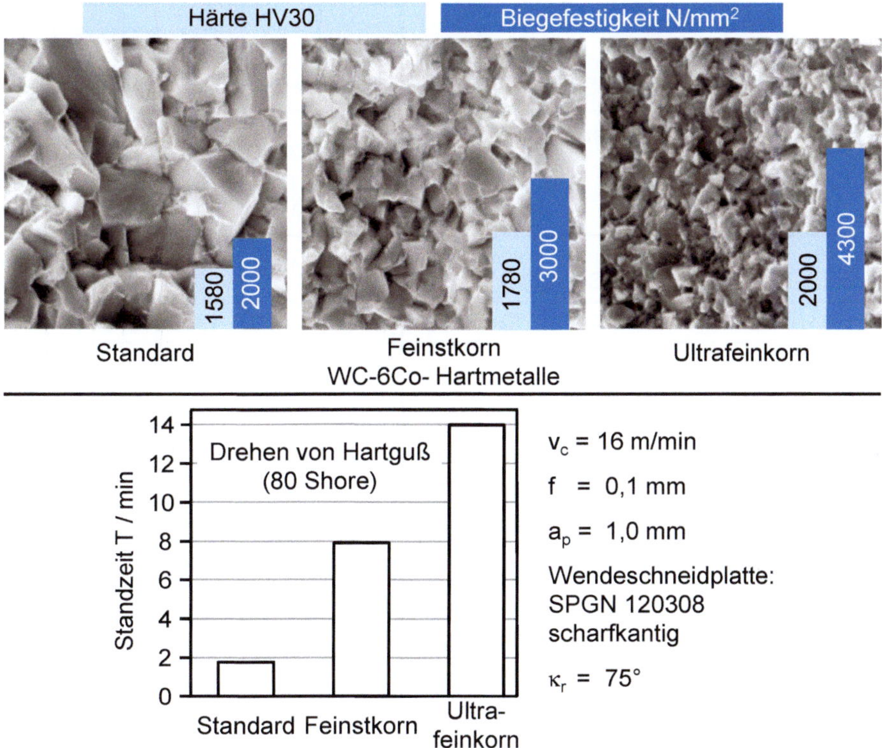

Abb. 4.17 Gefügeausbildung und Eigenschaften von Feinst- und Ultrafeinkornhartmetallen im Vergleich zu einem Standard-WC-Co-Hartmetall (Quelle: Widia)

Hochwertige Feinst- und Ultrafeinkornhartmetalle sind den konventionellen Feinkornhartmetallen in Härte, Kantenfestigkeit und Zähigkeit überlegen. Sie besitzen zudem nur eine geringe Neigung zur Adhäsion und zum Verschleiß durch Diffusion. Diese Eigenschaften sind erforderlich, wenn die Aufgabe besteht, gehärtete Materialien mit kleinsten Aufmaßen in Feinbearbeitungsqualität fertig zu bearbeiten.

Das Anwendungsgebiet der feinst- und ultrafeinkörnigen Hartmetalle liegt dort, wo eine hohe Zähigkeit, hohe Verschleißfestigkeit sowie höchste Kantenfestigkeit der Schneide gefordert werden, z. B. beim Räumen, Fräsen und Wälzstoßen vergüteter und gehärteter Stähle, bei der Gusszerspanung sowie bei der Bearbeitung von Faserverbundwerkstoffen und Nichteisenmetallen [Kola92, Daub95, Köni90a, Köni93, Drey01, Gill01].

4.3.5.2 WC-(Ti,Ta,Nb)C-Co-Hartmetalle

Die Hartmetalle dieser Gruppe enthalten neben Wolframkarbid noch Mischkarbide (MK) aus Titan-, Tantal-, Niob- und/oder Zirkonkarbid, vgl. Abb. 4.18. Gegenüber den WC-Co-Hartmetallen zeichnen sie sich durch verbesserte Hochtemperatureigenschaften aus. Dies

Hartmetallsorte Anwendungsgruppe (DIN ISO 513)	HW - P10	HW - P15	HW - P25	HW - P30	HW - M10	HW - M15
Zusammensetzung (Massen-%) WC (Ti, Ta, Nb)C Co	60,0 31,0 9,0	64,5 25,5 10,0	72,7 17,3 10,0	78,5 10,0 11,5	84,5 9,5 6,0	82,5 11,0 6,5
Dichte (g/cm^3) (ISO 3369)	10,6	11,7	12,6	13,0	13,1	13,3
Härte HV 30 (ISO 3878)	1560	1500	1490	1380	1700	1550
Druckfestigkeit (Zyl.-Probe) (N/mm^2) (ISO 4506)	4500	5200	4600	4450	5950	5500
Biegefestigkeit (N/mm^2) (ISO 3327)	1700	2000	2200	2250	1750	1900
E-Modul ($10^3 \cdot N/mm^2$) (ISO 3312)	520	500	550	560	580	570
Bruchzähigkeit ($N \cdot m^{1/2}/mm^2$)	8,1	9,5	10,0	10,9	9,0	10,5
Poisson-Konstante	0,22	0,23	0,22	0,23	0,22	0,22
Wärmeleitfähigkeit ($W \cdot m^{-1} \cdot K^{-1}$)	25	20	45	60	83	90
Wärmeausdehnungskoeffizient (293 K – 1073 K) ($10^{-6} \cdot K^{-1}$)	7,2	7,9	6,7	6,4	6,0	6,0

Abb. 4.18 Zusammensetzung und Eigenschaften von WC-(Ti,Ta,Nb)Co-Hartmetalle, nach Kolaska [Kola92]

gilt insbesondere für die Warmhärte, beziehungsweise Warmfestigkeit, die Oxidationsbeständigkeit und Diffusionsbeständigkeit gegenüber Eisenwerkstoffen. Hauptanwendungsbereich ist die Bearbeitung langspanender Stähle, vgl. Abb. 4.4. Aufgrund des Gehaltes an Mischkarbiden können die Hartmetalle dieser Gruppe hinsichtlich ihres Einsatzgebietes in zwei Untergruppen unterteilt werden.

Gruppe A: Mischkarbidgehalt > 10 – 11 Massen %. Die Hartmetalle dieser Gruppe zeichnen sich aufgrund ihres Gehaltes an Mischkarbiden durch eine hohe Warmverschleißfestigkeit und geringe Diffusionsneigung zu Eisenwerkstoffen bei geringer Abrasion aus. Sie finden vor allem bei der Zerspanung von Stahl und Stahlguss, mit Ausnahme der rost- und säurebeständigen Stähle mit austenitischem Gefüge, Anwendung.

Gruppe B: Mischkarbidgehalt < 10 – 11 Massen %. Die dieser Gruppe zugeordneten Hartmetalle haben eine relativ gute Warmverschleißfestigkeit und Abriebfestigkeit. Sie sind besonders geeignet für die Zerspanung von rost-, säure- und hitzebeständigen

Stählen mit austenitischem Gefüge sowie für legierte oder harte austenitische/ferritische Gusswerkstoffe.

4.3.5.3 TiC/TiN-Co,Ni-Hartmetalle (Cermets)

Als Cermets (gebildet aus **cer**amic + **met**al) werden Hartmetalle auf der Basis von Titankarbid und Titannitrid mit einer Ni,Co-Bindephase bezeichnet. Die heutigen Cermets sind komplexe Vielstoffsysteme, die noch eine Reihe weiterer Elemente, wie Wolfram, Tantal, Niob, Molybdän oder Komplexkarbide, aus denen sich beim Sintern intermetallische Phasen bilden, enthalten können.

Die Zusammensetzung und einige charakteristische Eigenschaften von drei typischen Cermet-Sorten zeigt Abb. 4.19 [Kola92]. Im Vergleich zu den konventionellen Hartmetallen zeichnen sich die Cermets durch eine geringere Dichte aus. Wesentliche Unterschiede gegenüber den WC-basierten Hartmetallen sind die deutlich kleinere Wärmeleitfähigkeit

Cermetsorte Anwendungsgruppe (DIN ISO 513)	HT - P05	HT - P10	HT - P20
Zusammensetzung (Massen-%) Carbonitride Zusatznitride Co/Ni	 89,0 0,6 10,4	 85,7 0,8 13,5	 82,3 1,0 16,7
Dichte (g/cm^{-3}) (ISO 3369)	6,1	7,0	7,0
Härte HV 30 (ISO 3878)	1650	1600	1450
Druckfestigkeit (Zyl.-Probe) (N/mm^2) (ISO 4506)	5000	4700	4600
Biegefestigkeit (N/mm^2) (ISO 3327)	2000	2300	2500
E-Modul ($10^3 \cdot$N/mm^2) (ISO 3312)	460	450	440
Bruchzähigkeit (N$\cdot$m$^{1/2}$/mm^2)	7,2	7,9	10,0
Poisson-Konstante	0,21	0,22	0,21
Wärmeleitfähigkeit (W$\cdot$m$^{-1}\cdot$K^{-1})	9,8	11,0	15,7
Wärmeausdehnungskoeffizient (293 K – 1073 K) ($10^{-6}\cdot$K^{-1})	9,5	9,4	9,1

Abb. 4.19 Zusammensetzung und Eigenschaften von Cermets, nach KOLASKA [Kola92]

bei gleichzeitig größerer Wärmeausdehnung. Durch die geringere Wärmeleitfähigkeit wird ein größerer Teil der Zerspanwärme mit dem Span abgeführt, woraus eine insgesamt niedrigere Erwärmung der Schneidplatte resultiert. Im Bereich der Kontaktzonen nimmt jedoch innerhalb des Schneidstoffs der Temperaturgradient zu. In Verbindung mit dem großen thermischen Ausdehnungskoeffizienten führt dies zu hohen Zug- und Druckspannungen im Schneidstoff. Als Folge hiervon reagieren Cermets im Vergleich zu den konventionellen Hartmetallen wesentlich empfindlicher auf Temperaturwechsel. Insbesondere beim Zerspanen im unterbrochenen Schnitt neigen sie daher sehr stark zur Kammrissbildung [Köni90a, Köni93, Kloc96].

Cermets besitzen eine hohe Härte, geringe Diffusions- und Adhäsionsneigung sowie eine hohe Warmverschleißfestigkeit. Aufgrund der hohen Kantenfestigkeit, des großen Widerstandes gegen abrasiven Verschleißangriff und der geringen Adhäsion sind die Cermets besonders zum Schlichten von Stählen geeignet. Der schwerpunktmäßige Einsatz von Cermets lag bislang beim Bearbeiten von Stählen mit hohen Schnittgeschwindigkeiten und kleinen Spanungsquerschnitten. Die Entwicklung zäherer Cermet-Sorten führte zur Erweiterung des Anwendungsbereiches, hin zu mittleren Schruppbedingungen, vgl. Abb. 4.20.

Haupteinsatzgebiete sind sowohl das Drehen als auch das Fräsen. Sie eignen sich ebenfalls zum Einstechen und Gewindedrehen. Die große Verschleißfestigkeit der Schneiden, in Verbindung mit der geringen Diffusionsneigung und hohen Oxidationsbeständigkeit, führt bei der Schlicht- und Feinstbearbeitung i.Allg. zu besseren Oberflächenqualitäten als sie mit beschichteten Hartmetallen erreicht werden können. Dabei kann aufgrund dieser Eigenschaften mit, im Vergleich zu konventionellen Hartmetallen, höheren Schnittgeschwindigkeiten gearbeitet werden. Sie eignen sich aber auch für Schnittgeschwindigkeiten unterhalb von 100 m/min. Zähere Cermet-Sorten, die etwa dem Bereich P15 bis P25 konventioneller Hartmetalle auf der Basis von WC-(Ti,Ta,Nb)C-Co entsprechen, werden mit Erfolg bei mittleren Schruppdrehoperationen und beim Fräsen eingesetzt, vgl. Abb. 4.21. Aufgrund ihrer ausgeprägten Neigung zur Kammrissbildung sollte mit Cermets grundsätzlich trocken gefräst werden [Drey97, Köni90a, Köni93, Kloc96].

4.3.6 Unbeschichtete Hartmetalle und Cermets

Die unbeschichteten konventionellen Hartmetalle haben in der Zerspantechnik ihren festen Einsatzbereich noch immer dort, wo hohe Anforderungen an Schneidenschärfe und Zähigkeitseigenschaften gestellt werden, wie z. B. beim Fräsen von Stahl, bei der Feinbearbeitung, bei Ein- und Abstechoperationen oder bei der Gewindeherstellung. Sie stehen jedoch im unmittelbaren Wettbewerb mit den beschichteten Hartmetallen und mit den Cermets, von denen sie aus immer mehr Anwendungsgebieten verdrängt werden. Nach DIN ISO 513 erhalten unbeschichtete Hartmetalle auf der Basis von Wolframkarbid das Kürzel HW und unbeschichtete Cermets die Kennzeichnung HT, vgl. Abb. 4.3.

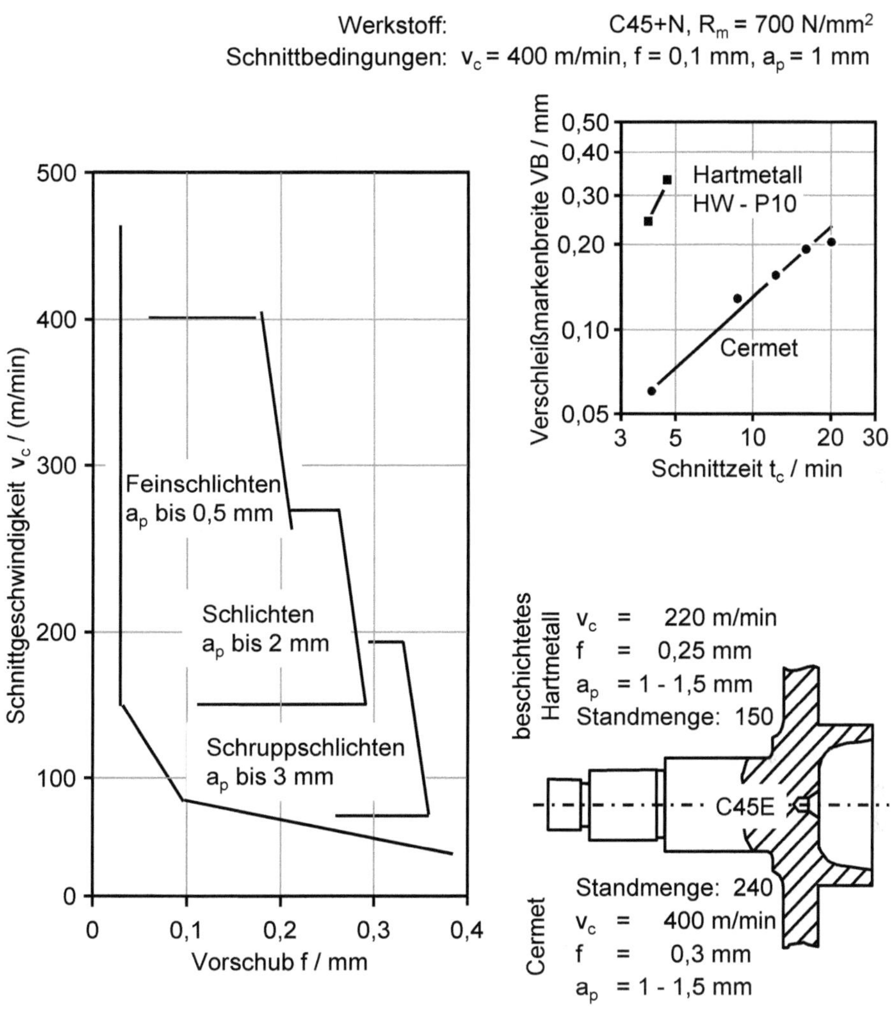

Abb. 4.20 Einsatzbereiche von Cermets beim Drehen (Quelle: Kennametal Widia, CeramTec)

4.3.7 Funktionsgradienten-Hartmetalle (FGHM)

Unter Funktionsgradienten-Hartmetallen werden Werkstoffe, deren Zusammensetzung und/oder Mikrostruktur sich in der Randzone und im Kernbereich unterscheiden, verstanden. Der Übergang von der Randzone zum Kernbereich erfolgt kontinuierlich [Berg03].

Ziel bei der Entwicklung von Funktionsgradienten-Hartmetallen war bzw. ist es, durch eine Modifizierung der Randzone die Verschleißfestigkeit beschichteter Wendeschneidplatten, insbesondere bei dynamischer Belastung, weiter zu steigern. Durch solche

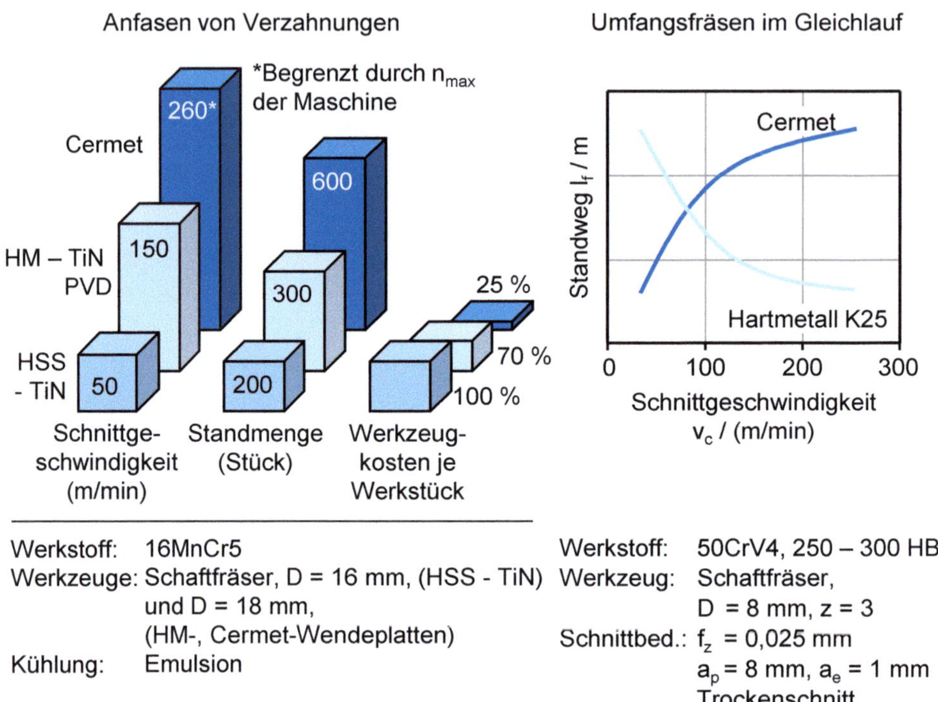

Abb. 4.21 Fräsen mit Cermets (Quelle: VW-Kassel, Kennametal)

Modifizierungen, beispielsweise durch Kobaltanreicherung und Mischkarbidverarmung in einer ca. 50 µm dicken Randzone, wird die Rissbildung und damit die Bruchempfindlichkeit der Schneidplatte vermindert [Berg97]. Derartige Maßnahmen sind allerdings nur bei Wendeschneidplatten sinnvoll, die für größere Spanungsquerschnitte und unterbrochene Schnitte vorgesehen sind. Bei Schlichtoperationen reicht die Festigkeit der Hartmetalle i.Allg. völlig aus. Hier kann eine Randzone, die die verschleißmindernde Wirkung der Beschichtung übernimmt oder unterstützt (Mischkarbidanreicherung) von Vorteil sein [Berg97]. Im Folgenden werden drei Formen von Funktionsgradienten-Hartmetallen vorgestellt.

4.3.7.1 Gradientenhartmetalle mit mischkarbidfreier Randzone

Als Gradientenhartmetalle werden solche Hartmetalle verstanden, deren Randzone frei von harten und spröden (Ti, Ta, Nb)C-Mischkristallen ist, vgl. Abb. 4.22, und bis zu einer Tiefe von ca. 50 µm praktisch nur aus Wolframkarbid und Kobalt besteht. Der Kobaltgehalt in der Randzone liegt hierbei höher als im Inneren. Zur Verminderung der Schlagempfindlichkeit ist ein grobes WC-Korn von Vorteil. Darüber hinaus können in diesen Randzonen auch Nitride, die weniger hart, aber verschleißbeständiger als die kubischen Karbide sind oder Karbide anderer Übergangsmetalle, wie z. B. Zirkonkarbid enthalten sein. Auf

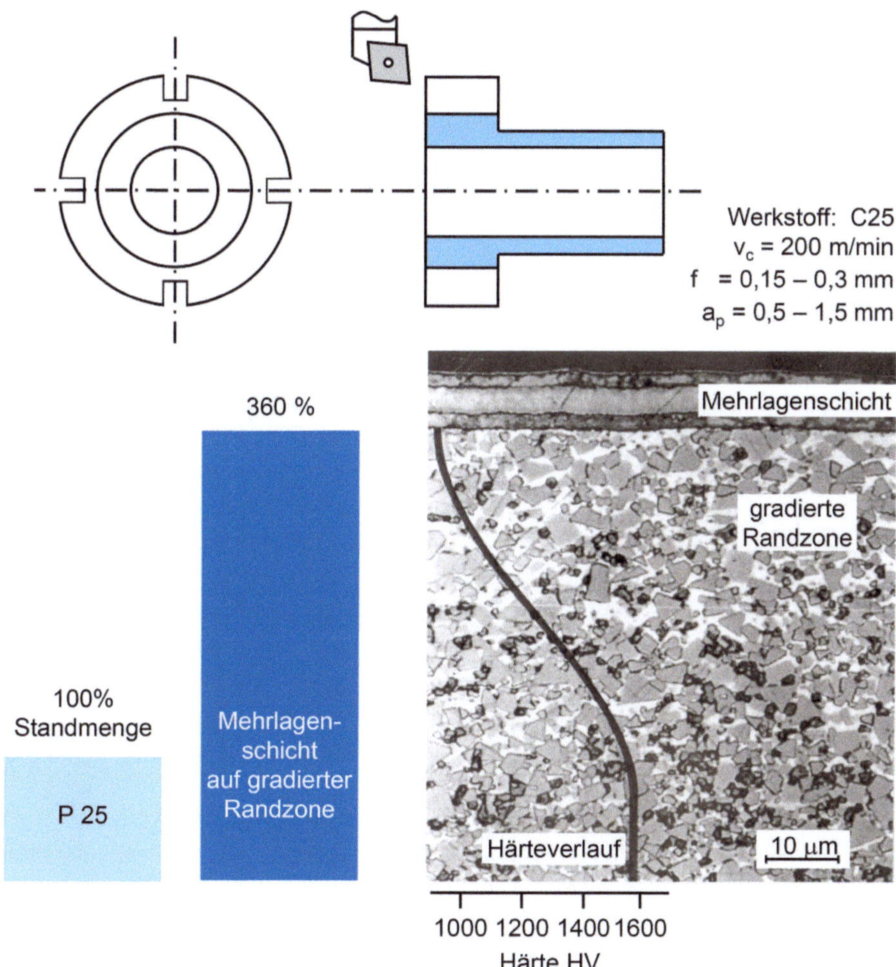

Abb. 4.22 Mischkarbidfreie Randzonen erhöhen den Risswiderstand CVD-beschichteter Hartmetalle (Quelle: Sumitomo)

diese Weise können Hartmetallsubstrate mit einer hohen Härte aber sehr zäher Randzone mit geringerer Härte und erhöhtem Widerstand gegen Rissbildung erzeugt werden.

Die Herstellung mischkarbidfreier Randzonen kann auf verschiedenen Wegen erfolgen. Als grundlegendes Prinzip wird die Ausbildung eines Stickstoffgradienten in der Randzone der Hartmetalle angenommen [Berg97].

Bei dem heute üblicherweise angewandten Verfahren wird Stickstoff als TiN oder als Ti(C,N) in die Ausgangsmischung des Hartmetalls mit eingebracht. Das Titannitrid zerfällt während des Sinterprozesses. Der sich in der flüssigen Phase lösende Stickstoff diffundiert aus dem Schneidstoff heraus in die umgebende Atmosphäre. Dadurch entsteht in der Hartmetallplatte ein Stickstoff-Konzentrationsgefälle von innen nach außen. Als

Folge hiervon kommt es zur Ausbildung eines Titanaktivitätsgradienten. Titan diffundiert ins Innere und lagert sich dort an bestehenden kubischen Mischkristallen an. Dies gilt in gleicher Weise auch für Tantal und Niob. Die Mischkarbide nahe der Oberfläche lösen sich so nach und nach auf. Umgekehrt dringt Kobalt von innen nach außen. Die Wachstumsrate folgt einem parabolischen Zeitgesetz. Sie nimmt mit wachsendem Stickstoffgehalt zu und mit zunehmendem Titangehalt ab. Charakteristisch bei diesen Vorgängen ist ein Eckeneffekt, der dazu führt, dass an scharfen Ecken die mischkarbidfreie Zone dünner als an ebenen Flächen ist [Berg97].

Weitere Verfahrensvarianten sind zum einen eine Stickstoffdruckbehandlung, bei der im Anschluss an die Sinterung das Hartmetall einer Stickstoffbehandlung unter erhöhtem Druck unterzogen wird, und zum anderen die Erzeugung mischkarbidfreier Zonen ohne Stickstoff, bei denen das Hartmetall einen definierten Überschuss an Kohlenstoff enthält und beim Abkühlen ein bestimmtes Sinterregime eingehalten wird [Berg97, Köni90, Yohe93].

Die Dicke der auf diese Weise erzeugbaren mischkarbidfreien Randzonen beträgt bis zu 50 μm. Die beschriebenen Verfahren können daher nur bei Wendeschneidplatten angewendet werden, die bereits nach dem Sinterprozess ihre gebrauchsfertige Form besitzen. Allenfalls kann noch eine geringe Schneidkantenverrundung vorgenommen werden. Bei hochgenauen Platten zum Fräsen, die geschliffen werden, können daher solche zähigkeitssteigernde Maßnahmen nicht angewendet werden, obwohl sie gerade hier sehr erwünscht sind. Bei der Drehbearbeitung mit Werkzeugen der Anwendungsgruppen P20–P40 finden Wendeschneidplatten mit mischkarbidfreien Randzonen breite Verwendung [Berg97].

Wie die Praxis zeigt, ergeben sich signifikante Vorteile im Verschleißverhalten zugunsten so konzipierter Hartmetalle im Vergleich zu beschichteten. Insbesondere beim Drehen im unterbrochenen Schnitt erreichen nach diesem Konzept beschichtete Werkzeuge deutlich höhere Standzeiten.

4.3.7.2 Gradientenhartmetalle mit äußerer Ti(C,N)-Anreicherung

Kennzeichen dieser Hartmetalle ist eine Anreicherung von Nitriden und Karbonitriden an der Oberfläche. Die Substrate werden zunächst dichtgesintert und dann mit Stickstoff beaufschlagt. Die Eindiffusion von Stickstoff in die Randzone führt an der Oberfläche zur Ausbildung und Anreicherung sehr stickstoffhaltiger Karbonitride, deren Zusammensetzung mit zunehmender Tiefe kohlenstoffreicher wird. Durch die Einstellung der Behandlungszeiten kann die Dicke der sich an der Oberfläche ausbildenden Karbonitridschicht variiert werden. Dieser Vorgang der Anreicherung der Randzone mit Ti(C,N) wird auch als ein Beschichten des Substrates während des Sinterprozesses bezeichnet. Die auf diese Weise „beschichteten" Hartmetalle können eine leistungsfähige Alternative zu unbeschichteten und zu konventionell beschichteten Werkzeugen darstellen. Zerspanversuche mit Gradientenhartmetallen mit Ti(C,N)-reicher Randzone zeigten gegenüber unbeschichteten Hartmetallen ein deutlich verbessertes Verschleißverhalten. Sie können aber auch konventionell beschichtet werden. Man verspricht sich eine verbesserte Haftung der

Beschichtung, insbesondere dann, wenn es gelingt, Schicht und Randzone so zu gestalten, dass beide nach dem Beschichtungsprozess nicht mehr klar voneinander abgrenzbar sind [Leng06, Leng04].

4.3.7.3 Gradientenhartmetalle mit innerer Ti(C,N)-Anreicherung

Bei dieser Substratvariante wird zunächst eine mischkarbidfreie Randzone erzeugt. Nach deren Ausbildung wird der Stickstoffdruck bei relativ hohen Temperaturen so verändert, dass Stickstoff durch die mischkarbidfreie WC-Co-Randzone ins Innere diffundiert. Die Ti-Diffusion durch die WC-Co-Schicht hindurch ist jedoch nur minimal. Die mischkarbidfreie Randzone wirkt damit als Membran, die die Stickstoff-Eindiffusion erlaubt, aber die Titan-Ausdiffusion verhindert. Durch die einseitige Diffusion des Stickstoffs entsteht am Übergang der WC-Co-Zone zum Grundhartmetall, d. h. wenige Mikrometer unterhalb der Oberfläche im Inneren des Substrates eine mit Ti(C,N) angereicherte Zone. In Zerspanversuchen beim Fräsen zeigten Schneidplatten mit innerer Ti(C,N)-Anreicherung im Vergleich zu einer TiAlN-beschichteten Standardplatte ein ausgezeichnetes Verschleißverhalten [Leng06, Leng04].

4.3.8 Beschichtete Hartmetalle und Cermets

Zu den Meilensteinen bei der Weiterentwicklung der Hartmetalle zählt deren Beschichtung mit dünnen, hochverschleißfesten Hartstoffschichten. Beschichtete Hartmetalle bestehen aus einem relativ zähen Grundkörper, z. B. P20, K20, auf den eine 5 – 20 μm dicke Hartstoffschicht aus Karbiden (z. B. Titankarbid, TiC), Nitriden (z. B. Titannitrid, TiN), Karbonitriden (Titankarbonitrid, Ti(C,N)) und/oder Oxiden (z. B. Aluminiumoxid, Al_2O_3) aufgebracht wird. Obwohl die unbeschichteten Cermets bereits eine relative hohe Verschleißfestigkeit aufweisen, kann auch bei ihnen, ähnlich wie bei den konventionellen Hartmetallen, das Verschleiß- und Leistungsverhalten durch eine Hartstoffbeschichtung weiter verbessert werden. Nach der Norm DIN ISO 513 werden beschichtete Hartmetalle und Cermets mit HC (z. B. HC-K20) gekennzeichnet.

4.4 Beschichtungen

Seit etwa 1968 werden Hartmetalle zur Steigerung ihrer Verschleißbeständigkeit und damit ihres Leistungsvermögens mit Hartstoffen beschichtet. Heute zählt der Einsatz beschichteter Hartmetalle und Schnellarbeitsstähle für die spanende Bearbeitung unterschiedlicher Werkstoffe zum Stand der Technik.

Die hohe Leistungsfähigkeit beschichteter Hartmetalle wird unter anderem dadurch verdeutlicht, dass mittlerweile mehr als 80 % aller beim Zerspanen eingesetzten Hartmetalle eine hochverschleißfeste Hartstoffschicht aufweisen. Beim Drehen liegt der Anteil bei ca. 95 % und beim Fräsen bei ca. 60 %.

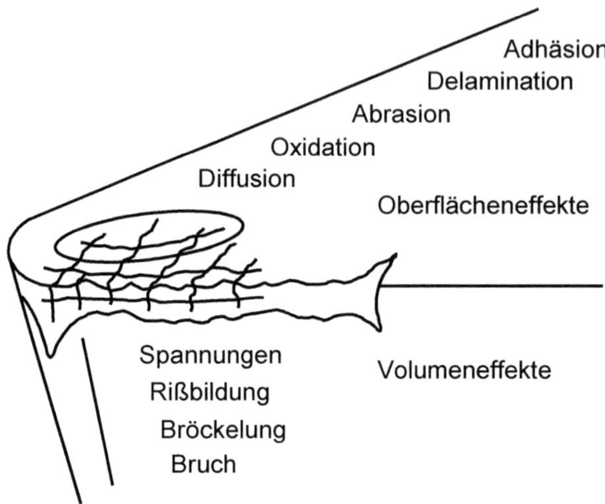

Abb. 4.23 Verschleißphänomene an beschichteten Schneiden

Primäre Aufgabe der Hartstoffschicht ist es, während des Zerspanvorgangs den Kontakt zwischen Werkstoff und Werkzeug zu unterbinden und damit den Werkzeugverschleiß, der durch Adhäsions-, Abrasions-, Diffusions- und Oxidationsvorgänge an der Oberfläche des Schneidstoffs verursacht wird, zu reduzieren, vgl. Abb. 4.23. Diese Vorgänge überlagern sich in weiten Bereichen und sind sowohl in ihren Ursachen als auch in ihren Auswirkungen auf den Verschleiß nur zum Teil voneinander zu trennen. Allgemein gilt jedoch, dass neben der Abrasion bei niedrigen Schnittgeschwindigkeiten vor allem Adhäsion und bei hohen Schnittgeschwindigkeiten (Schnitttemperaturen) zusätzlich Diffusion und Oxidation den Verschleiß am Werkzeug bestimmen.

Mit ihrer hohen Härte und chemischen Stabilität bringen zahlreiche Hartstoffe sowohl bei niedrigen als auch bei hohen Schnittgeschwindigkeiten die erforderlichen Voraussetzungen mit, um den Widerstand gegen Kolk-, Freiflächen- und Kerbverschleiß wirkungsvoll zu verbessern.

Während die Hartstoffschicht die Verschleißfestigkeit steigert, die Adhäsion zwischen Werkzeug und Werkstück mindert und als Diffusionssperre wirksam wird, kommt dem Substrat die Aufgabe zu, als Träger der Hartstoffschicht eine gute Stützwirkung zu gewährleisten und dem Verbundkörper aus Substrat und Schicht eine ausreichende Warmfestigkeit und insbesondere Zähigkeit zu verleihen.

Bei Anwendungen im unterbrochenen Schnitt kommt den Zähigkeitseigenschaften des Substrates eine entscheidende Bedeutung zu. Aufgrund der Ein- und Austrittsstöße und den damit verbundenen mechanischen und thermischen Wechselbelastungen ist die Zähigkeit der Schneide in weitaus stärkerem Maße als der Verschleißwiderstand für die Schneidhaltigkeit verantwortlich. Für den unterbrochenen Schnitt muss der Verbundwerkstoff „beschichtetes Hartmetall" zunächst einen ausreichenden Widerstand gegen Rissbildung, Bröckelung und Bruch aufweisen, vgl. Abb. 4.23. Erst wenn diese Voraussetzungen gegeben sind, können analog zum unterbrochenen Schnitt Verschleißmechanismen wie Adhäsion, Abrasion, Abschieferungen und, sofern die Kontaktzonentemperatur und die Kontaktzeit ausreichen, Oxidation und Diffusion wirksam verhindert werden.

Aus diesen Zusammenhängen leiten sich zwei Forderungen an die Beschichtung ab [Köni92]:

- Die Hartstoffschicht muss die Wirkung möglichst aller am Verschleiß beteiligten Verschleißmechanismen drastisch verringern.
- Der Beschichtungsprozess darf die innere Bindefestigkeit, d. h. besonders die Zähigkeit des Substrates nicht vermindern.

4.4.1 Beschichtungsverfahren

Die Beschichtung von Zerspanwerkzeugen kann sowohl auf chemischen als auch auf physikalischem Wege erfolgen. Verfahrensvarianten sind die

- CVD-Verfahren (engl.: Chemical Vapour Deposition, chemische Abscheidung aus der Dampfphase) sowie die
- PVD-Verfahren (engl.: Physical Vapour Deposition, physikalische Abscheidung aus der Dampfphase).

Abb. 4.24 zeigt eine Übersicht der technisch etablierten Beschichtungsverfahren zur Erzeugung von verschleißbeständigen Hartstoffschichten. Wie hieraus ersichtlich ist, liegt bei jedem Verfahren die Schichtabscheidung innerhalb eines spezifischen Druck-/Temperaturbereiches und umfasst vorzugsweise einige charakteristische Schichtsysteme, die in der Abbildung fett hervorgehoben sind [Berg03].

4.4.1.1 CVD-Verfahren

Unter CVD-Verfahren werden chemische Reaktionen, die in der Gasphase bei Grobvakuumbedingungen (10^3 – 10^5 Pa) und unter Zufuhr von Wärme- oder Strahlungsenergie ablaufen und dabei neben flüchtigen Produkten technisch nutzbare Feststoffe (Hartstoffe) bilden, verstanden. Die chemische Reaktion wird durch die Gesetze der Thermodynamik und damit vom Partialdruck der gasförmigen Komponenten und von der Temperatur bestimmt.

Es werden drei Arten von CVD-Beschichtungsverfahren unterschieden:

- HT-CVD (Hochtemperatur-CVD, 900 °C – 1100 °C)
- MT-CVD (Mitteltemperatur-CVD, 700 °C – 900 °C)
- PA-CVD (Plasmaaktiviertes-CVD, 450 °C – 650 °C)

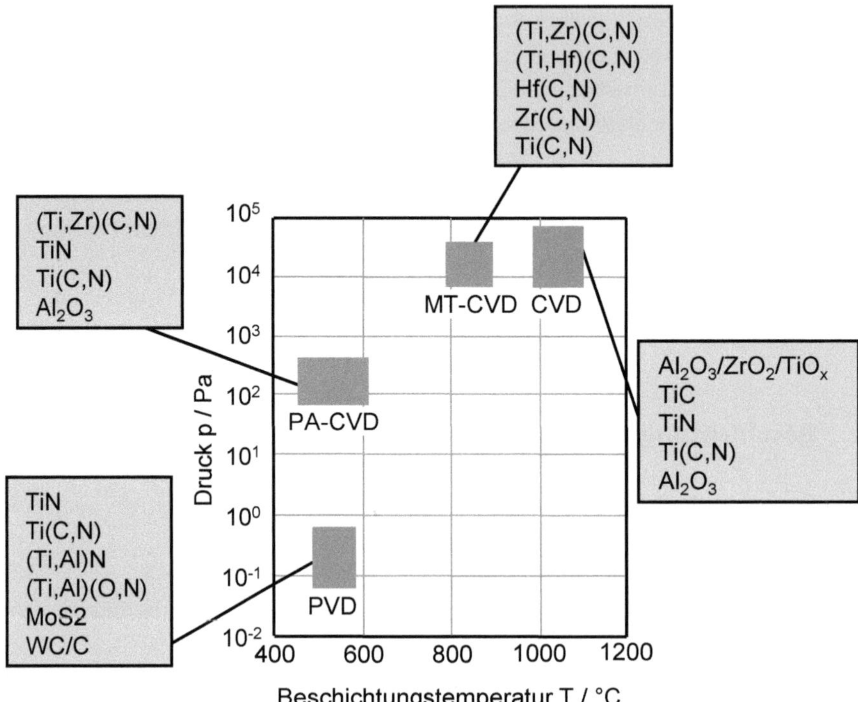

Abb. 4.24 Vergleich der Druck- und Temperaturverhältnisse von Beschichtungsverfahren mit charakteristischen Schichtsystemen (Quelle: Kennametal Widia)

Mit den CVD-Verfahren kann eine breite Palette von Hartstoffschichtsystemen synthetisiert werden. Die am meisten verbreiteten Schichtwerkstoffe basieren auf Hartstoffen mit vorwiegend metallischem Bindungscharakter, wie beispielsweise TiC, Ti(C,N), TiN, heteropolarem (ionischem) Bindungscharakter wie Al_2O_3, aber auch mit kovalentem Bindungscharakter wie Diamant [Damm04]. Eine Übersicht über die am häufigsten nach dem CVD-Verfahren erzeugten Hartstoffe enthält Abb. 4.25.

Einige wesentliche physikalische Kenngrößen sind hier denen des Wolframkarbids, dem Hauptbestandteil der klassischen Hartmetalle, gegenübergestellt.

Aufgrund des gleichgewichtsnahen Prozesses lassen sich bei den thermisch aktivierten HT- und MT-CVD-Verfahren lediglich Gleichgewichtsphasen synthetisieren. Mit dem Niedertemperatur-PA-CVD-Verfahren können dagegen auch metastabile Phasen wie TiAlN abgeschieden werden. Zum Stand der Technik zählt auch die Abscheidung von Schichtsystemen mit Nanostrukturen. So lassen sich komplex dotierte Hartstoffphasen aus Al_2O_3 oder Superlattice-Strukturen aus TiN/TiB_2 mit Einzellagenschichtdicken von 5 nm realisieren [Damm04].

	WC-6Co	TiC	TiN	ZrC	ZrN	HfC	HfN	α-Al_2O_3	ZrO_2	HfO_2
Kristallsystem		kfz	kfz	kfz	kfz	kfz	kfz	rhombo-edrisch	monoklin	monoklin
Dichte (g/cm^3)	14,9	4,93	5,44	6,46	7,35	12,30	13,94	3,99	5,7	9,7
Mikrohärte HV0,05	1580 HV30	3100	2300	2800	1700	2600	1850	2300	1200	1100
E-Modul ($10^3 \cdot N/mm^2$)	590	451	570	348	495	352	530	380	200	
Schmelzpunkt (°C)		3070	2950	3420	2980	3700	3380	2050	2700	
Wärmeausdehnungskoeffizient ($10^{-6} \cdot K^{-1}$)	5,5	7,7	9,4	6,7	7,3	6,6	6,9	8,0	7,7	5,6
Wärmeleitfähigkeit ($W \cdot cm^{-1} \cdot K^{-1}$)	80	33	29	38	21	29	22	6 (bei 1000 °C)	0,6 (bei 1000 °C)	< 0,1
Farbe	grau	metallisch grau	goldgelb	metallisch grau	hellgelb	metallisch grau	grüngelb	farblos	weiß	grauweiß

Abb. 4.25 Eigenschaften von Hartstoffen für Beschichtungen im Vergleich zu einem Hartmetall der Anwendungsgruppe HW-K10 (Quelle: Kennametal Widia)

HT-CVD-Verfahren

Das Hochtemperatur-CVD-Verfahren (HT-CVD) ist das klassische CVD-Verfahren für die Beschichtung von Hartmetallen. Mit ihm werden HM-Werkzeuge bei Temperaturen von 900 – 1100 °C beschichtet. Hochtemperatur-Beschichtungen zeichnen sich durch eine sehr große Haftfestigkeit auf dem Substrat aus. Die besondere Haftsicherheit wird durch die auf einfache Weise sicher reproduzierbare Stoffübertragung zwischen Substratoberfläche und reaktivem Umfeld hergestellt [Ever94].

Zur Erzeugung einer TiC-Schicht wird beispielsweise Titantetrachlorid ($TiCl_4$) verdampft und zusammen mit Methan (CH_4) zu einem Reaktionsgefäß geleitet, das mehrere tausend Wendeschneidplatten fassen kann, vgl. Abb. 4.26. Dabei wird das Titankarbid bei Temperaturen von 900 – 1100 °C und einem Druck unterhalb des Atmosphärendrucks in einer chemischen Reaktion unter einer Wasserstoffatmosphäre (H_2) nach folgender Gl. 4.1 gebildet:

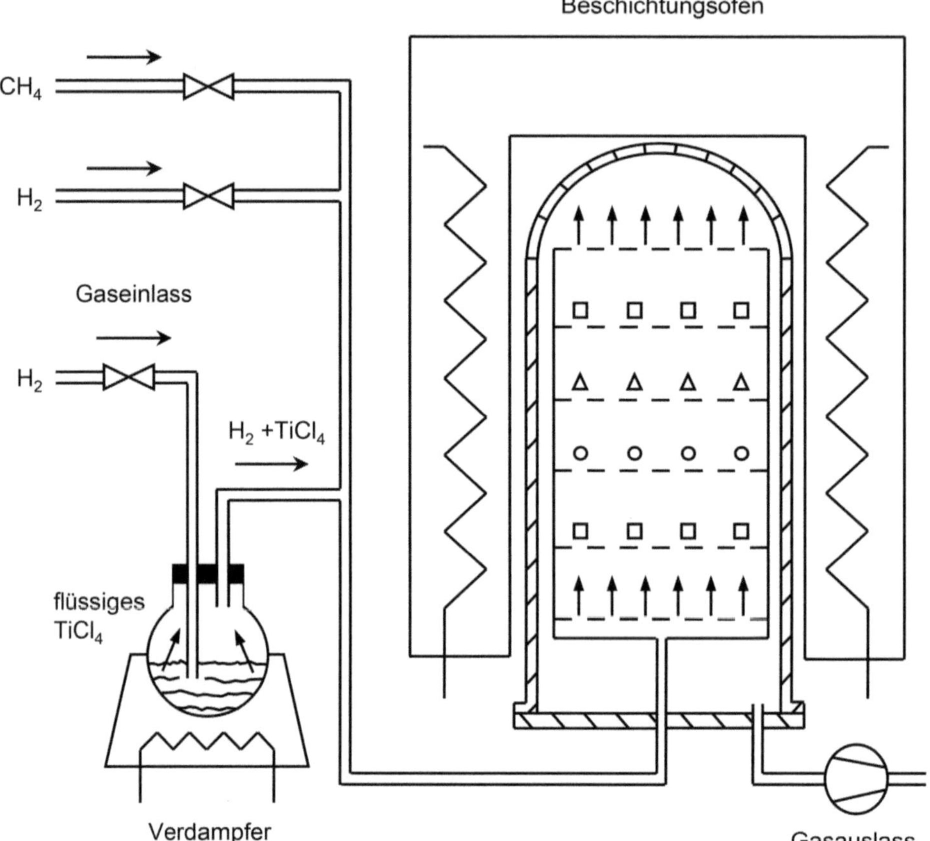

Abb. 4.26 Aufbau einer CVD-Beschichtungsanlage (schematisch)

$$\mathrm{TiCl_4 + CH_4 + n\,H_2} \xrightarrow[\text{10-150 mbar}]{1000\ ^\circ C} \mathrm{TiC + 4HCl + n\,H_2} \qquad \text{Gl. 4.1}$$

Mit diesem Prozess lassen sich Hartstoffe wie TiC, TiN, $Ti(C_xN_y)$, (Ti,Hf)(C,N), (Zr/C,N), Al_2O_3, AlON und andere als Einzelschichten oder in verschiedenen Kombinationen als Mehrlagenschichten abscheiden. Das Schichtmaterial wird durch eine chemische Reaktion direkt an der Oberfläche der zu beschichtenden Teile aus der Gasphase gebildet. Die Reaktionsprodukte umspülen die Substrate, sodass keine Abschattungseffekte auftreten. Ohne Schwierigkeiten können hiermit auch Teile mit komplexer Geometrie allseitig gleichmäßig beschichtet werden.

Hartmetalle, die im klassischen Hochtemperatur-CVD-Prozess beschichtet werden, zeichnen sich durch eine hohe Verschleißfestigkeit aufgrund relativ dicker Hartstoffschichten (bis 20 μm beim Drehen und bis 6 μm beim Fräsen) aus.

Problematisch ist diese hohe Prozesstemperatur bei der Beschichtung von Werkzeug- und Vergütungsstählen. Hier ist im Anschluss an die Beschichtung eine Neuhärtung erforderlich und damit die Gefahr von nicht zulässigen Verzügen gegeben.

Ein weiterer Nachteil des HT-CVD-Beschichtungsvorgangs besteht darin, dass die Zähigkeit der beschichteten Hartmetallkörper gegenüber dem unbeschichteten Substrat reduziert wird. Die Ursachen für den Zähigkeitsverlust bei der HT-CVD-Beschichtung sind außerordentlich kompliziert. Sie umfassen zum einen die Eigenschaften des zu beschichtenden Substrates (chemische Zusammensetzung, Gefügeausbildung, Korngröße, Wärmeausdehnung, Biege- und Druckfestigkeit, Vorbehandlung) und zum anderen die Prozessführung (Gasatmosphäre, Druckverhältnisse, Temperatur/Zeitzyklus). Weiterhin sind die während des Beschichtens ablaufenden Vorgänge in der Randzone (Bildung von Eta-Phasen), die nach dem Beschichtungsprozess in Substrat, Übergangszone (Interface) und Hartstoffschicht vorhandenen Eigenspannungen sowie Gefüge, Textur, Dicke und Haftung der aufgebrachten Schicht ursächlich für den Zähigkeitsverlust bei der HT-CVD-Beschichtung verantwortlich.

Aus der Vielzahl dieser Faktoren, die zahlreiche Ansatzpunkte zur Verbesserung des Zähigkeitsverhaltens beschichteter Hartmetalle bieten, sollen die Vorgänge in der Randzone (Bildung von Eta-Phasen), der „Temperatur/Zeitzyklus“ im Beschichtungsprozess und die Schichtdicke hier näher betrachtet werden.

Während der Beschichtung im HT-CVD-Prozess ist die Gefahr der Bildung von Sprödphasen im Interface gegeben. Die Hartmetalle der ersten Generation wiesen, bedingt durch Entkohlungsvorgänge in der Randzone, noch eine ca. 3 – 5 µm dicke spröde Zone mit der sogenannten Eta-Phase (W_6Co_6C, W_3Co_3C) auf [Schi89]. Die Versprödung durch die Eta-Phase hat einen ungünstigen Einfluss auf die Zähigkeit beschichteter Hartmetalle.

Abb. 4.27 zeigt das Zeit-Temperatur-Umwandlungsschaubild für eine Kobaltlegierung mit 5 % Wolfram und 0,23 % Kohlenstoff. Eingetragen sind typische Beschichtungstemperaturen und -zeiten für die Verfahren HT-CVD, MT-CVD, PA-CVD und PVD. Aus dieser Darstellung wird ersichtlich, dass beim klassischen HT-CVD- und beim CVD-Prozess (MT-CVD) das Gebiet der Eta-Phasen-Ausscheidung durchlaufen bzw. tangiert wird. Im Vergleich hierzu sind bei Niedertemperatur-Beschichtungsverfahren wie beim PA-CVD- und beim PVD-Prozess keine Konstitutionsänderungen zu erwarten [Köni90].

Die vergleichende Prüfung der Biegefestigkeit von dünnen, unterschiedlich beschichteten WC-Co-Hartmetallen zeigt, welchen Einfluss die Beschichtungstemperatur und die Schichtdicke auf diese für das Zähigkeitsverhalten wichtige Kenngröße haben, vgl. Abb. 4.28.

Mit zunehmender Schichtdicke und Beschichtungstemperatur wird die Biegefestigkeit verringert. Dieser Sachverhalt wirkt sich vor allem bei Zerspanoperationen im unterbrochenen Schnitt, bei denen das Werkzeug dynamischen Beanspruchungen unterliegt, negativ aus. Beim Fräsen werden deshalb Hartmetalle mit dünneren Hartstoffschichten (4 – 6 µm) als beim Drehen eingesetzt. Bei diesen Schichtdicken ist der Zähigkeitsverlust vergleichsweise gering. Eine Minderung des Verschleißschutzes aufgrund der reduzierten Schichtdicke muss in Kauf genommen werden.

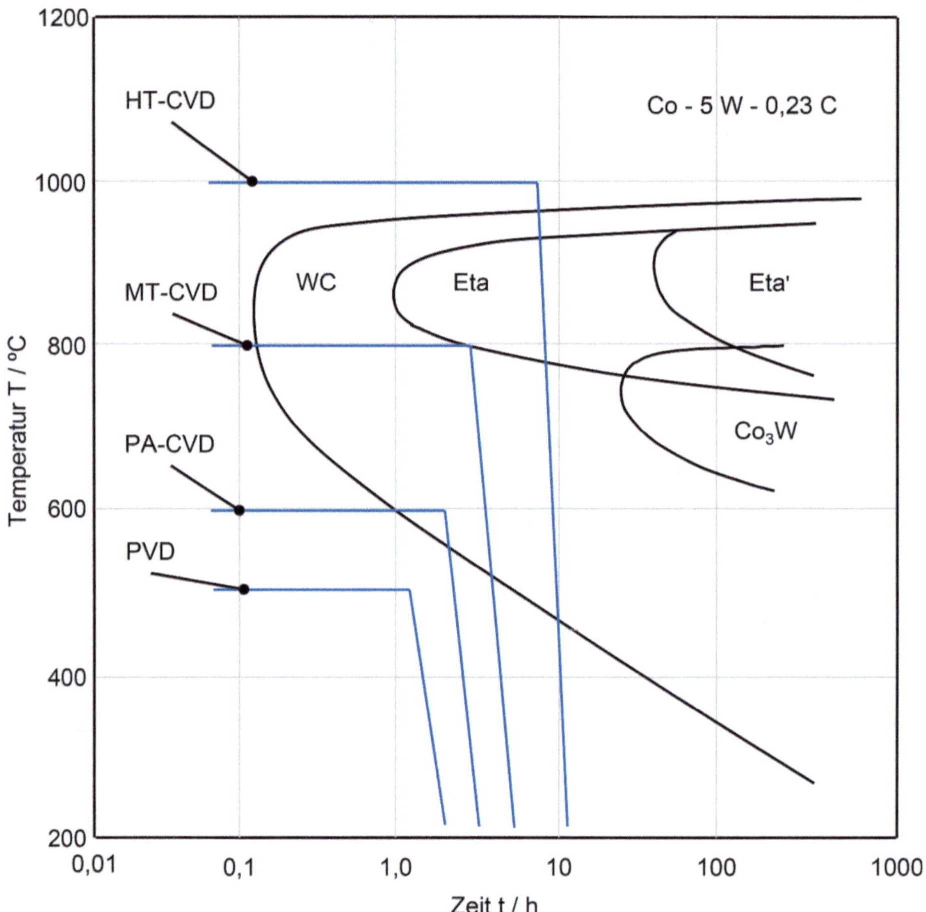

Abb. 4.27 ZTU-Schaubild einer Kobaltlegierung mit typischen Temperaturverläufen von Beschichtungsprozessen (Quelle: Widia)

Als logische Konsequenz dieser Erkenntnisse haben in den letzten Jahren auch für die Beschichtung von Hartmetallen immer mehr Beschichtungsverfahren an Bedeutung gewonnen, die im Vergleich zum klassischen HT-CVD-Prozess bei niedrigeren Beschichtungstemperaturen arbeiten.

Mitteltemperatur-CVD-Verfahren

Durch die Verwendung von Acetonitril (CH_3-CN) anstelle eines Methan (CH_4)/Stickstoff (N_2) – Gasgemisches ist es möglich, die Beschichtungstemperatur gegenüber dem HT-CVD-Verfahren um bis zu 200 °C zu senken [Chat86]. Im Temperaturbereich von 700 – 900 °C können Carbonitrid-Schichten der Elemente Ti, Zr und Hf mit hohen

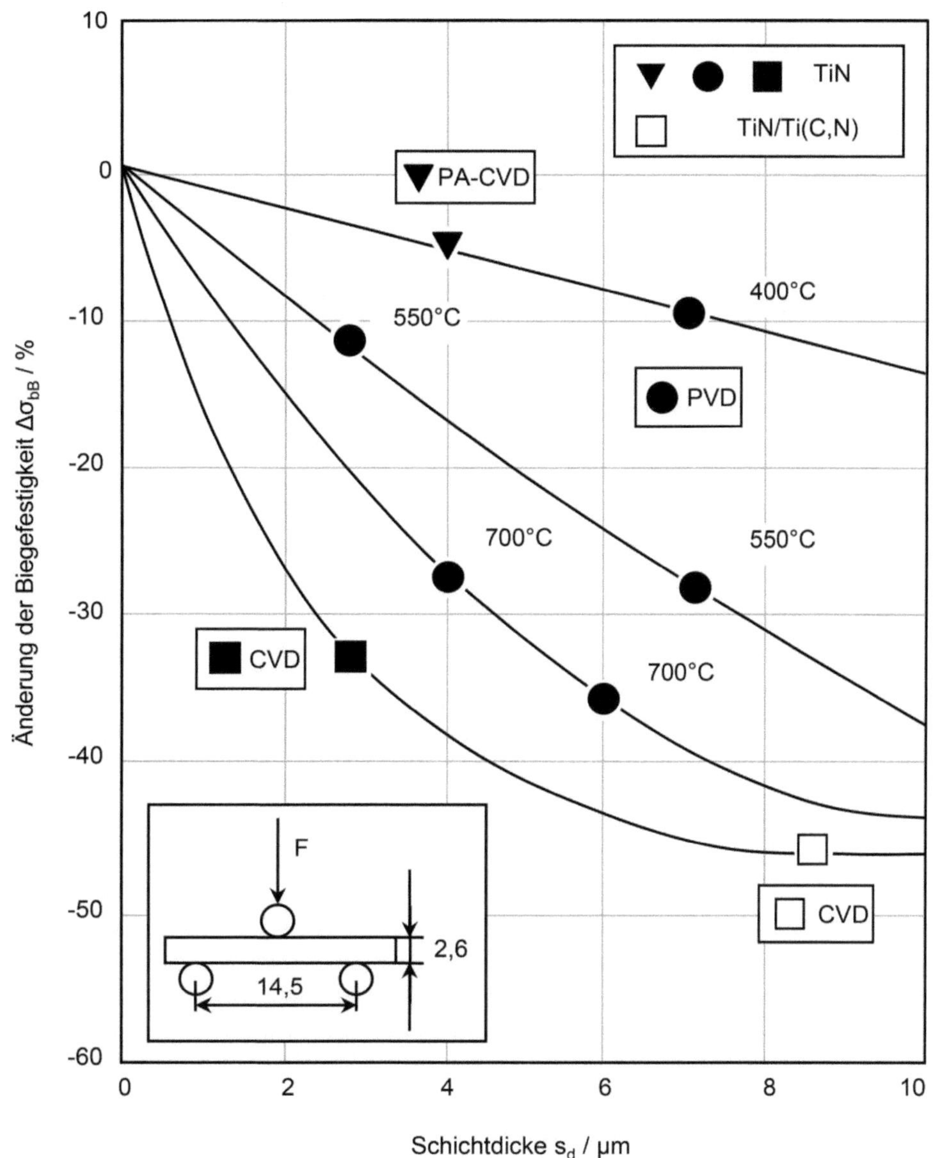

Abb. 4.28 Einfluss von Beschichtungsmethode und Schichtdicke auf die Biegefestigkeit beschichteter Hartmetalle (Quelle: Widia)

Abscheideraten aufgebracht werden. Gegenüber dem konventionellen HT-CVD-Prozess zeichnet sich das MT-CVD-Verfahren durch folgende Vorteile aus:

- Die thermische Belastung des Schneidstoffs ist aufgrund der niedrigeren Beschichtungstemperatur bei gleichzeitig höheren Abscheideraten geringer.
- Die Gefahr einer Entkohlung und damit die Entstehung versprödender Eta-Phasen nimmt bei Hartmetallsubstraten ab.
- Die nach dem MT-CVD-Verfahren aufgebrachten Schichten weisen im Vergleich zu HT-CVD-Beschichtungen niedrigere Zugeigenspannungen auf.

Die Versuchsergebnisse des Leistendrehtests zeigen für das MT-CVD-beschichtete Hartmetall dieselbe qualitative Abhängigkeit von der Schnittgeschwindigkeit wie für das unbeschichtete Substrat, vgl. Abb. 4.29 [Köni92, VDI3324]. Sowohl das MT-CVD- als auch das PVD-beschichtetete Hartmetall sind in ihrer Leistung dem unbeschichteten deutlich überlegen. Im Bereich hoher Schnittgeschwindigkeiten differieren die Leistungen der 3 μm dicken Arc-PVD-TiN-Schicht und der 6 μm dicken MT-CVD-TiN-Ti(C,N)-TiN-Schicht nicht. Zu niedrigen Schnittgeschwindigkeiten hin zeigt die PVD-Schicht Vorteile. Sie erweitert den Bereich der anwendbaren Schnittgeschwindigkeiten deutlich zu niedrigeren Schnittgeschwindigkeiten hin bis in einen Bereich, der auch von beschichtetem HSS abgedeckt wird. Bei den niedrigen Schnittgeschwindigkeiten erliegen die Schneiden durch Freiflächenverschleiß und nicht mehr durch Rissbildung und Bröckelung. Die Ursachen für das verbesserte Zähigkeitsverhalten sind in den unbeeinflussten Eigenschaften des Substrates und in den günstigeren Druckeigenspannungen, die beim PVD-Beschichten von Hartmetallen entstehen, begründet [Köni90].

Anwendung finden MT-CVD-beschichtete Hartmetalle vorzugsweise beim Fräsen. Es ergeben sich signifikante Leistungsvorteile gegenüber konventionellen Beschichtungen. Das Standzeitende wird nicht mehr durch Schneidenausbröckelungen, sondern reproduzierbar durch einen sich kontinuierlich entwickelnden Freiflächenverschleiß erreicht. Durch die ausgezeichneten Zähigkeitseigenschaften können diese Hartmetalle auch beim Fräsen mit Kühlschmierstoff erfolgreich eingesetzt werden. Es entstehen weniger Kammrisse und die Rissfortschrittsgeschwindigkeit ist geringer als bei HT-CVD-Schichten. Querrisse und Schneidstoffausbröckelungen treten später auf, woraus längere Werkzeugstandzeiten bei hoher Bearbeitungsqualität resultieren.

Eigenspannungen in CVD-Schichtsystemen

In der Regel weisen nach dem HT- oder MT-CVD-Verfahren abgeschiedene Schichten Zugeigenspannungen auf. Diese Aussage gilt jedoch nicht mehr ausschließlich. Zwischenzeitlich stehen auch CVD-Schichtsysteme mit Druckeigenspannungen zur Verfügung.

Zugeigenspannungen entstehen bei der Abkühlung von Beschichtungstemperatur auf Raumtemperatur und resultieren primär aus der Differenz der thermischen Ausdehnungskoeffizienten zwischen Substrat und Schicht oder bei Mehrfachbeschichtungen zwischen den einzelnen Schichten. Hinzu kommt, dass bei den für den CVD-Prozess typischen

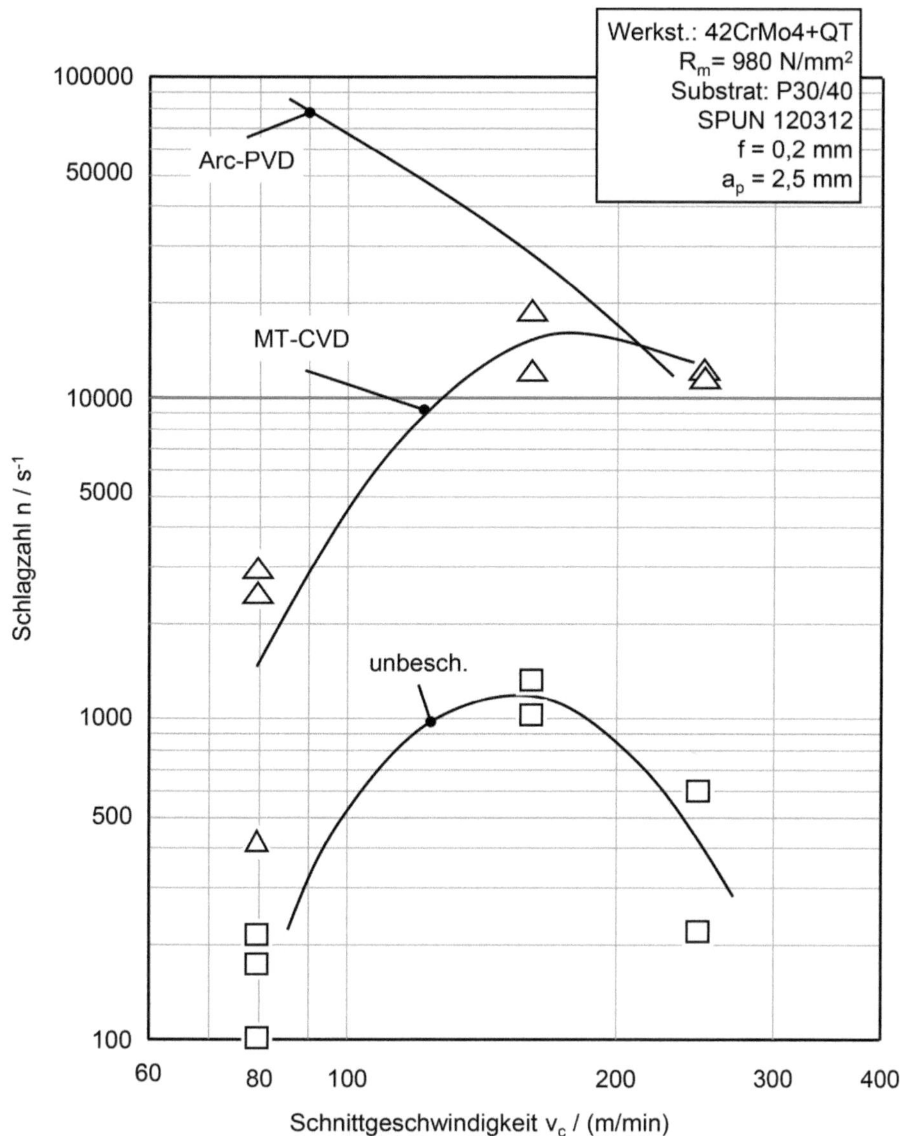

Abb. 4.29 Einfluss von Beschichtungsmethode und Schnittgeschwindigkeit auf das Zähigkeitsverhalten von Hartmetallen im Leistendrehtest

Beschichtungstemperaturen immer auch ein Spannungsarmglühen im Substrathartmetall erfolgt und so, im Gegensatz zu den Niedertemperatur PVD-Verfahren, die z. B. beim Schleifen eingebrachten (Druck)Eigenspannungen abgebaut werden [West00].

Beschichtungen mit Druckeigenspannungen, wie sie von PVD-Schichten allgemein bekannt sind, haben den Vorteil, dass die Rissausbreitung in der Hartstoffschicht erschwert wird und die Bruchfestigkeit des Verbundes aus Schicht und Hartmetallsubstrat weitgehend erhalten bleibt. Leistungssteigernd wirken sich demnach Druckeigenspannungen vor allem beim Drehen im unterbrochenen Schnitt und generell beim Fräsen aus.

Druckeigenspannungen können durch entsprechende Wahl und Anordnung der einzelnen Schichtsysteme auch bei der Anwendung der CVD-Verfahren erzeugt werden. Ein Beispiel hierfür ist die Schichtfolge TiN-Ti(C,N)-Al_2O_3. Die außen liegende Schicht aus Al_2O_3 hat den kleinsten thermischen Ausdehnungskoeffizienten, die innen liegende TiN-Schicht den größten. Nach dem Abkühlen von Beschichtungs- auf Raumtemperatur weist die Al_2O_3-Schicht geringe Druckeigenspannungen auf. Erheblich größere Druckeigenspannungen werden bei der gleichen Schichtfolge gemessen, wenn diese außen noch durch eine Schicht aus Zr(C,N) oder Hf(C,N) (Verhältnis C:N = 1:1) ergänzt wird, vgl. Abb. 4.30.

Zur Erzeugung dieser Mehrlagenschichtsysteme werden das klassische HT-CVD-Verfahren mit dem MT-CVD-Verfahren kombiniert, wobei die Abscheidung der Carbonitridschichten mit Hilfe des MT-CVD-Verfahrens erfolgt [Drey97, West00, Berg03, Berg05].

Plasmaunterstützte CVD-Verfahren

Im PA-CVD-Prozess (engl.: plasma assisted bzw. plasma activated) – in der Fachliteratur ist anstelle von PA auch die Abkürzung PE für „plasma enhanced" verbreitet – erfolgt die Abscheidung feinkörniger Hartstoffschichten im Vergleich zum HT- und MT-CVD-Verfahren bei deutlich niedrigeren Beschichtungstemperaturen von 450 – 650 °C. Bei diesen

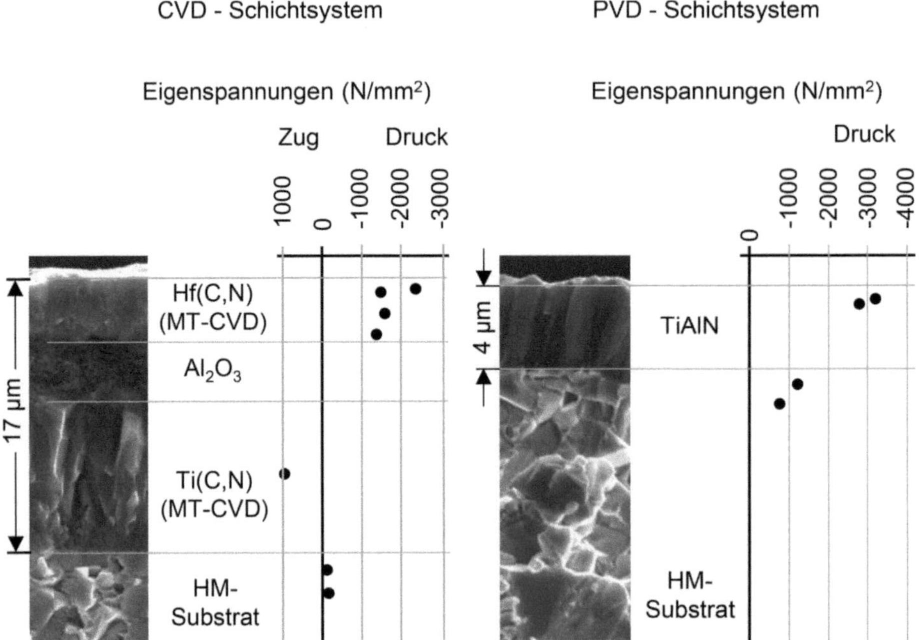

Abb. 4.30 Einfluss von Beschichtungsverfahren und Schichtaufbau auf die Ausbildung von Eigenspannungen in Hartstoffschichten

Temperaturen reicht die thermische Energie alleine nicht mehr aus, um die chemische Reaktion zur Bildung der Hartstoffe aus der Gasphase einzuleiten. Deshalb wird dem Prozess durch ein gepulstes Plasma einer Niederdruckglimmentladung zusätzlich Energie zugeführt. Auf diese Weise werden chemische Reaktionen möglich, die im thermodynamischen Gleichgewicht nur bei wesentlich höheren Temperaturen ablaufen können [Tabe89, Köni89].

Wie beim HT-CVD-Prozess können durch Änderungen der Gaszusammensetzung auch hier Schichten aus Titannitrid, Titankarbid, Titankarbonitrid und Aluminiumoxid in kristalliner Struktur einzeln oder in beliebiger Reihenfolge abgeschieden werden. Aufgrund der gleichgewichtsfernen Bedingungen während der Abscheidung besteht die Möglichkeit mittels PA-CVD auch metastabile Systeme wie z. B. (Ti,Al)N zu synthetisieren [Lemm03].

Durch das Absenken der Temperatur bleiben die Eigenschaften des Hartmetalls während des Beschichtens weitgehend unbeeinflusst. Die Eigenspannungen liegen nach dem Beschichten im Druckbereich. An PA-CVD-beschichteten Hartmetallen werden um etwa 30 % höhere Biegefestigkeiten gemessen als an HT-CVD beschichteten.

Die Eigenschaften PA-CVD-beschichteter Hartmetalle wirken sich positiv auf ihre Leistungen beim Zerspanen höherfester Stahlwerkstoffe im unterbrochenen Schnitt aus. Die Empfindlichkeit des Verbundes gegen Kammrissbildung und Versagen durch Bröckelung ist deutlich geringer als bei HT-CVD-beschichteten Schneidstoffen. Das Anwendungsbeispiel „Scheibenfräsen" belegt diesen Sachverhalt, vgl. Abb. 4.31. Gegenüber

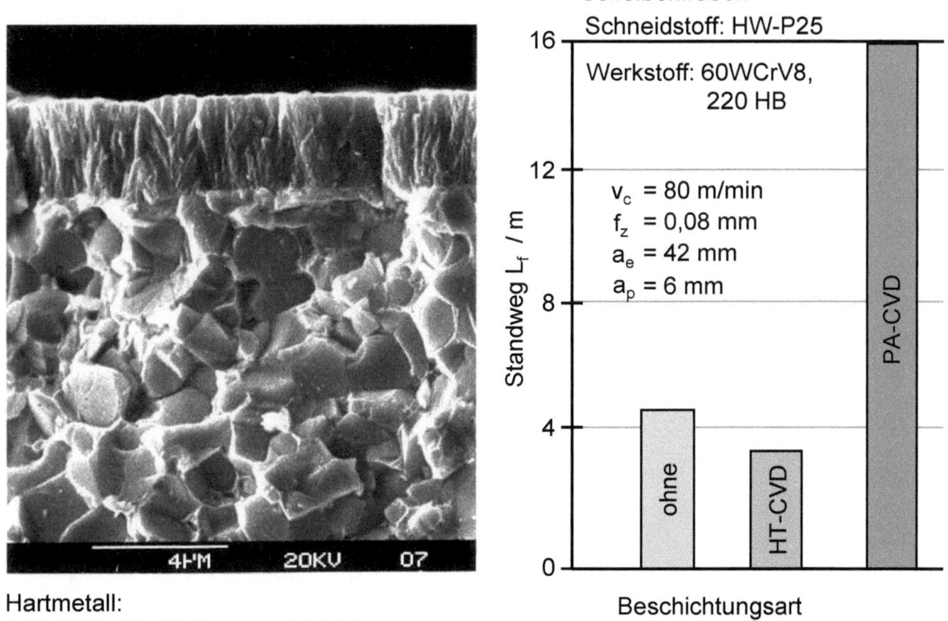

Abb. 4.31 Schneidhaltigkeit eines PA-CVD-beschichteten Hartmetalls beim Scheibenfräsen (Quelle: Widia)

dem unbeschichteten Substrat vermindert sich aufgrund der thermischen Substratbeeinflussung sowie von Zugeigenspannungen in der Hartstoffschicht der Standweg geringfügig nach einer HT-CVD-Beschichtung, während er nach einer PA-CVD-Beschichtung um über 300 % größer ist.

Modifizierung des Schichtaufbaus

Der Schichtaufbau vieler Mehrlagenschichtsysteme beginnt üblicherweise mit einer dünnen, das Substrat bedeckenden Titannitridschicht, an die sich dann eine oder mehrere Titankarbonitrid-Zwischenschichten anschließen können. Die TiN-Deckschicht wirkt während des Beschichtens als Diffusionssperre und unterbindet die Gefahr, dass sich spröde Eta-Phasen im Interface bilden [Köni90]. Die auf der TiN-Deckschicht aufbauenden Ti(C,N)-Schichten können einlagig oder aus mehreren sich in ihrer Stöchiometrie unterscheidenden Schichtlagen bestehen. Sie wirken als eine Art „Puffer" zwischen dem vergleichsweise weichen und zähen Substrat und den wesentlich härteren und spröderen Karbiden, Nitriden oder Oxiden der Schicht.

Mit zunehmender Schichtdicke nimmt die Verschleißfestigkeit CVD-beschichteter Hartmetalle zu, gleichzeitig wird jedoch ihre Biegefestigkeit und damit ihre Zähigkeit reduziert. Das Zähigkeitsverhalten des Verbundes Schicht/Substrat wird hierbei nicht nur durch die Gesamtschichtdicke, sondern maßgeblich auch vom Schichtstoff und von der Dicke der einzelnen Schichtkomponenten beeinflusst.

Abb. 4.32 zeigt dies am Beispiel einer Beschichtung aus TiC und Al_2O_3. Bei einer konstanten Gesamtschichtdicke von 10 µm steigt mit zunehmender Al_2O_3-Schichtdicke die Ausfallrate des beschichteten Schneidstoffs durch Bruch deutlich an [Naka88]. Aluminiumoxid besitzt aufgrund seiner hohen chemischen Stabilität als Schichtstoff zwar einen ausgezeichneten Widerstand gegen Kolkverschleiß, weist jedoch nur eine geringe Temperaturwechselbeständigkeit und Zähigkeit auf.

Um die Sprödigkeit aluminiumoxidhaltiger Schichtsysteme zu verringern, werden diese daher vielfach in Form von feinlamellaren, feinkörnigen Mehrlagenbeschichtungen ausgeführt, vgl. Abb. 4.32. Die Multilayerschichten bestehen dabei meist aus einer Kombination von TiN oder Ti(C,N) mit Al_2O_3 oder, wie in Abb. 4.32, mit Aluminiumoxinitrid (AlON). Derartige Beschichtungen können unter Umständen aus einer Vielzahl von Einzellagen aufgebaut sein, wobei die jeweiligen Einzelschichten dünner als 0,2 µm sein können. Die Gesamtschichtdicken liegen, je nach Verwendung, zwischen 5 µm beim Fräsen und zwischen 12 – 20 µm beim Drehen.

Mit der PA-CVD-Beschichtungstechnik ist man heute in der Lage auch sogenannte Nanolayer-Schichten abzuscheiden. Es handelt sich hierbei um Viellagenschichten mit Einzelschichten, deren Dicken nicht mehr in Mikrometern, sondern in Nanometern angegeben werden, vgl. Abb. 4.33. Bei den in Abb. 4.33 gezeigten Schichtsystemen 1 und 2 werden auf einer Decklage aus Titannitrid 60 jeweils 80 Nanometer bzw. 36 jeweils 50 Nanometer dicke Einzelschichten abgeschieden. Bei dem Schichtsystem TiN-AlN handelt es sich gar um 2000 Einzelschichten aus Titan- und Aluminiumnitrid, die abwechselnd

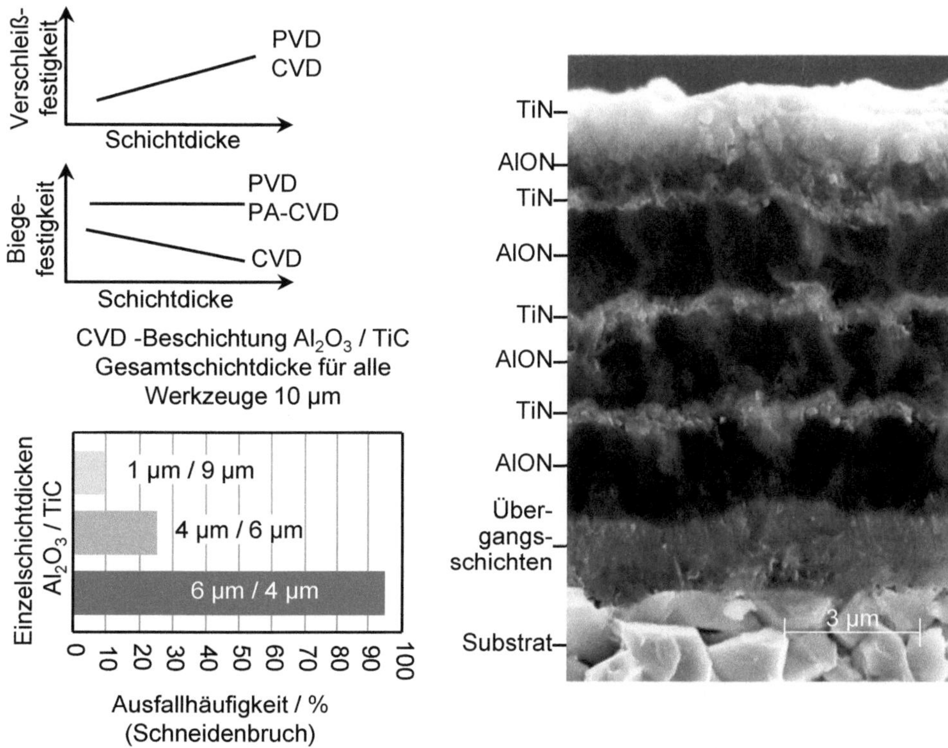

Abb. 4.32 Feinlamellare Mehrlagenschichten (Quelle: Widia, Sumitomo)

mit Schichtdicken von 9 nm aufgebracht werden. Mit der Verringerung der Schichtdicke geht ein Anstieg von Härte, Zähigkeit und Verschleißfestigkeit einher. Dieser Effekt beruht unter anderem auch darauf, dass einige Schichtmaterialien unterhalb einer bestimmten Schichtdicke völlig neue Eigenschaften annehmen. So ist AlN mit einer Härte von ca. 1200 HV0,05 im Vergleich zu Hartstoffen wie TiC relativ weich, weist jedoch unterhalb einer Schichtdicke von 10 nm eine Härte von über 3000 HV0,05 auf.

Bei hohen Schnittgeschwindigkeiten oder beim Einsatz in der Trockenbearbeitung steigen die Anforderungen an die thermische Beständigkeit der Werkzeugschneide. Diesen Anforderungen werden aufgrund ihrer geringen Wärmeleitfähigkeit vor allem Oxidschichten besonders gerecht. Wie aus Abb. 4.25 hervorgeht, weisen neben Aluminiumoxid sowohl Zirkonoxid ZrO_2 als auch Hafniumoxid HfO_2 eine sehr geringe Wärmeleitfähigkeit auf. Da beide Oxide für sich allein nicht ausreichend hart sind, werden sie mit Al_2O_3 kombiniert [West00]. Dies kann in Form von Mehrlagen-Schichtsystemen mit einphasigen oder mehrphasigen Einzellagen erfolgen, wobei bei letzteren, den sog. Composite-Schichten, in der Al_2O_3-Grundmatrix Partikel eines weiteren Oxids, z. B. HfO_2 oder ZrO_2, feinverteilt vorliegen, vgl. Abb. 4.34.

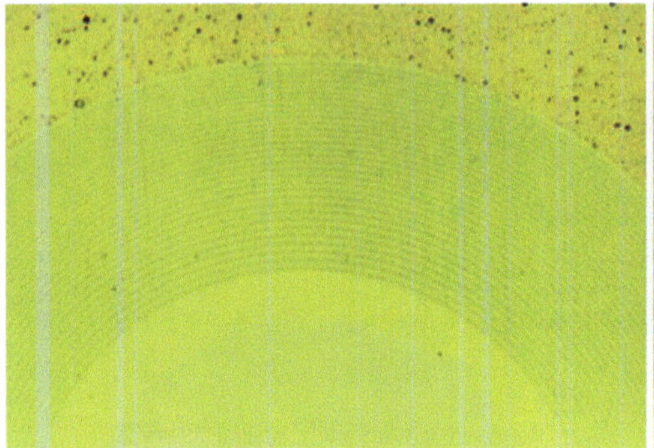

Schichtsystem: TiN-30x(TiCN-TiN)
Schichtdicke: 5,2 µm
Einzelschichtdicke: ca. 80 nm

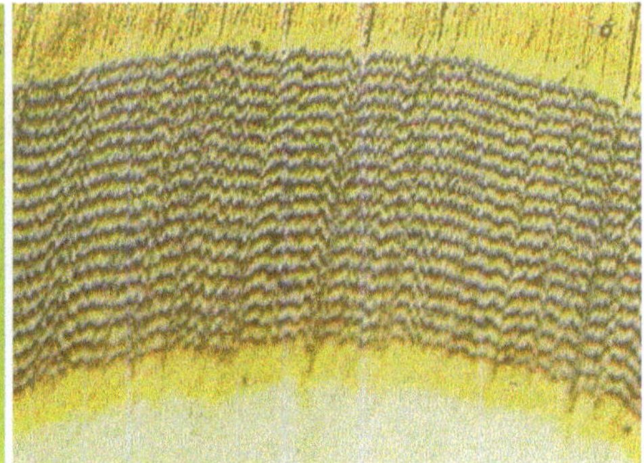

Schichtsystem: TiN-18x(Al_2O_3-TiN)
Schichtdicke: 2 µm
Einzelschichtdicke: ca. 50 nm

Schichtsystem: 1000x(TiN-AlN)
Schichtdicke: 9 µm
Einzelschichtdicke: ca. 9 nm
Schichthärte: 3200HV0,05

Abb. 4.33 Mit dem PA-CVD-Beschichtungsprozess erzeugte Nanolayers (Quelle: Kennametal Widia)

Bei der in Abb. 4.34 dargestellten $Al_2O_3/ZrO_2/TiO_x$ Composite-Beschichtung wird die aus drei Komponenten bestehende Oxidschicht aus einem aus $AlCl_3$, $ZrCl_4$, $TiCl_4$, CO_2, H_2, N_2 und Ar bestehenden Gasgemisch kondensiert. Al_2O_3 liegt danach als κ-Phase und ZrO_2 in Abhängigkeit von der Beschichtungstemperatur als Phasengemisch tetragonal/monoklin (Beschichtungstemperatur > 990 °C) oder monoklin (Beschichtungstemperatur < 990 °C) vor. Im Bruchgefügebild sind die ZrO_2-Partikel feinverteilt in der Al_2O_3-Matrix zu erkennen. Die sehr feinkörnige Schichtstruktur entsteht durch eine geringe Zugabe von Titan als Dotierungsmittel.

Die Dotierung von Schichten aus Al_2O_3 mit Titan oder Bor bzw. von TiN-Schichten mit Bor führt zur Ausbildung sehr feinkörniger Schichtstrukturen. Im CVD-Prozess wird Titan dem Gasgemisch als $TiCl_4$ und Bor als BCl_3 zugeführt. Die in der EDX (Energy Dispersive X-ray)-Analyse gut nachweisbaren, bislang als Phase jedoch nicht eindeutig identifizierten Dotierungsprodukte TiO_x und B_xO_y sind quasi im Al_2O_3-Gitter gelöst. Aufgrund ihrer

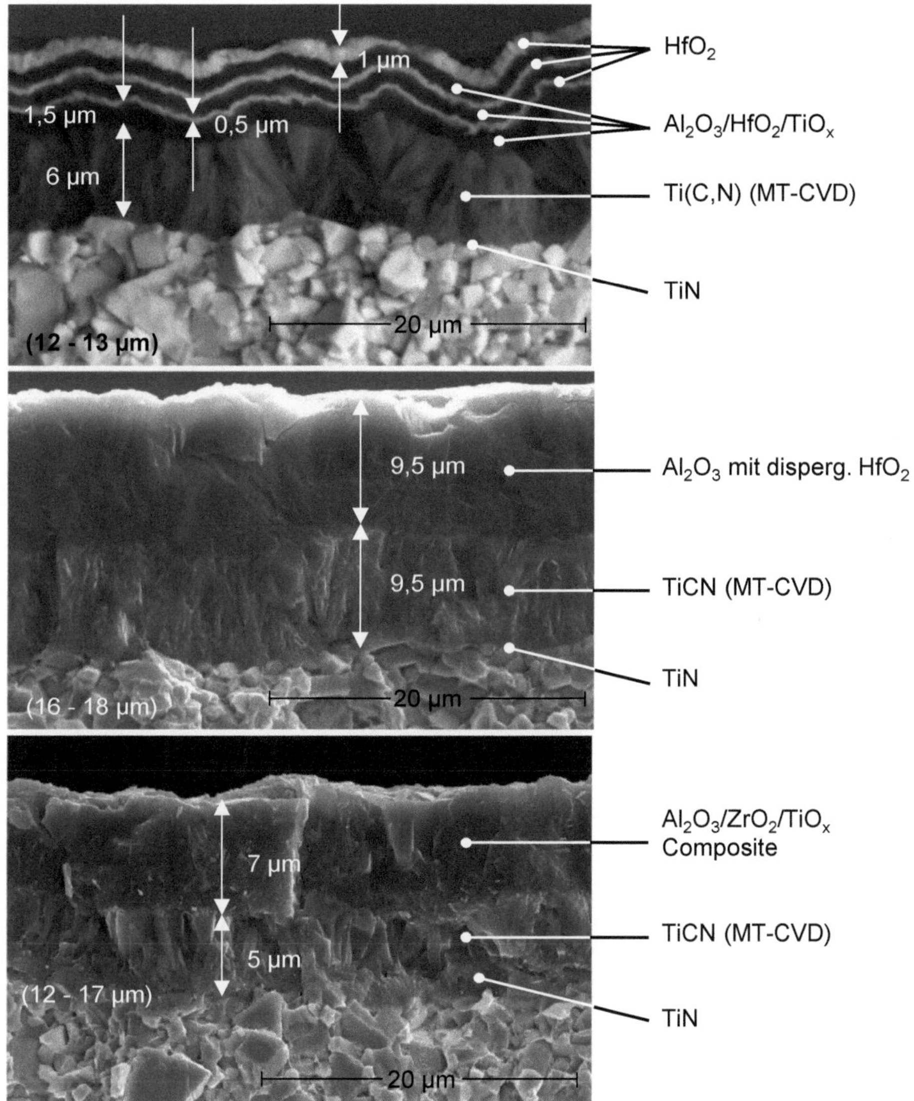

Abb. 4.34 Bruchgefüge von CVD-beschichteten Hartmetallen mit modernem Schichtdesign (Quelle: Kennametal Widia)

nanodispersiven Verteilung haben sie eine positive Auswirkung auf das Schichtwachstum und auf die Korngröße der das Schichtsystem bildenden Hartstoffe [West01, Kloc01, Berg03]. Die Dotierung bewirkt höhere Abscheideraten, ermöglicht eine Reduzierung der Abscheidetemperatur und führt zu einer deutlichen Verbesserung des Verschleißverhaltens bei hoher thermischer Schneidenbelastung, vgl. Abb. 4.35 [Kath03].

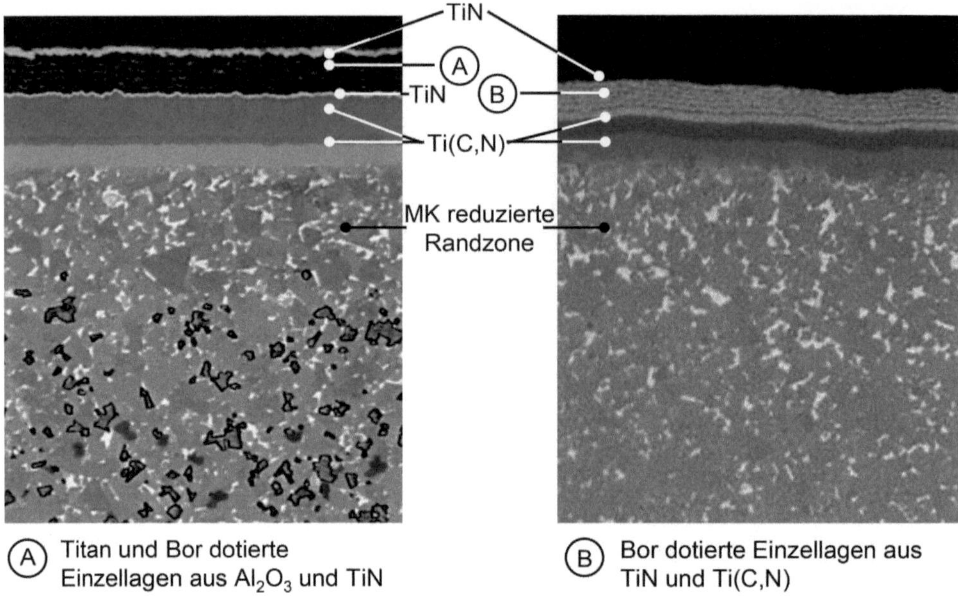

Abb. 4.35 Ausbildung Feinkristalliner Schichtstrukturen durch Dotierung mit Titan und Bor (Quelle: Ceratizit)

Nachbehandlung

Zu einer weiteren Verbesserung der Gebrauchseigenschaften, vorzugsweise bei unterbrochenen Schnitten, trägt die Nachbehandlung von Beschichtungen bei. So ist das Glätten der Oberfläche CVD-beschichteter Schneidkörper durch Bürsten, Strahlen oder Polieren zur Beseitigung von Rissquellen heute übliche Praxis. Da das Bürsten nur den Bereich der Schneidkante erfasst, wird zunehmend dem allseitigen Glätten durch Strahlen der Vorzug gegeben. Von besonderer Bedeutung hierbei ist, dass das Strahlen neben dem Glätten auch eine von den Strahlparametern abhängige Änderung des Eigenspannungszustandes bewirkt. Dies ist dem Einbringen von Versetzungen sowie Verfestigungseffekten in der Schichtrandzone zuzuschreiben. So weist beispielsweise die AL_2O_3-Schicht in dem Schichtsystem AL_2O_3/Zr O_2/T_iO_x nach der Strahlbehandlung anstelle von Zugeigenspannungen (1000 N/mm^2) Druckeigenspannungen (−3500 N/mm^2) auf. Durch das Strahlen wird nicht nur ein günstigerer Eigenspannungszustand erzeugt, sondern auch der Bereich, innerhalb dessen Verschleiß und Standzeit von beschichteten Hartmetallwendeschneidplatten streuen, verringert [Berg03]. In der industriellen Praxis hat sich in diesem Zusammenhang das nachträgliche Strahlen von CVD-Schichten mittels harten Partikeln etabliert. Hier kommt zum Beispiel Korund in Form von trockenem Pulver oder als Suspension zum Einsatz.

Andere CVD-Schichtsysteme wie zum Beispiel TiB_2 können auch ohne Nachbehandlungen günstige Druckeigenspannungsprofile aufweisen. Als Hauptgründe werden hier die starken kovalenten B-B Bindungen sowie die sich im CVD-Prozess ausbildende, nanokristalline Mikrostruktur in der Schichtrandzone angesehen [Scha14].

Modifizierung der Substratrandzone

CVD-Beschichtungen bewirken im Vergleich zu unbeschichteten Hartmetallen einerseits eine enorme Verlängerung der Standzeiten, setzen andererseits jedoch auch das Zähigkeitsverhalten der Wendeschneidplatten und damit insbesondere deren Vermögen, hohe Spannungsspitzen bei Schnittunterbrechungen zu ertragen, herab [Köni90, Köni92]. Als Ursache dafür wird die Ausbreitung von Rissen angesehen, die sich von der unter Zugspannungen stehenden Hartstoffschicht ausgehend in das Hartmetallsubstrat ausbreiten.

Die Bemühungen, die Zähigkeit und damit den Widerstand eines Hartmetallsubstrats gegen Rissausbreitung zu verbessern, ohne jedoch seine Warmhärte zu verringern, führten zur Entwicklung von Substraten mit gradierten Randzonengefügen [Sche88, Köni90, Schw89]. Ziel war es, die Randzone des Hartmetalls so zu modifizieren, dass die Rissausbreitung in das Innere der Wendeschneidplatte behindert oder unterdrückt wird. Ein Lösungsansatz sind Hartmetalle deren Randzone weitgehend frei von harten und spröden (Ti, Ta, Nb)C-Mischkristallen ist und bis zu einer Tiefe von ca. 50 μm praktisch nur aus Wolframkarbid und Kobalt besteht (mischkarbidfreie bzw. -reduzierte Randzone, Abb. 4.35). Die Beschichtung und der Einsatz derartiger Hartmetalle ist heute Stand der Technik.

Die Weiterentwicklungen in diesem Bereich zielen darauf ab, die Grundeigenschaften eines beschichteten Hartmetallkörpers – außen hart und innen zäh – bereits während der Sinterung herzustellen [Leng04]. Dies würde sich auch vorteilhaft auf einen nachfolgenden Beschichtungsprozess auswirken. Die Herstellung von Funktionsgradienten-Hartmetallen mit mischkarbidfreier Randzone und mit äußerer oder innerer Ti(C,N)-Anreicherung ist in Abschn. 4.3.5 näher beschrieben.

4.4.1.2 PVD-Beschichtung

Anfang der 1980er Jahre folgte dem CVD- der PVD-Prozess in unterschiedlichen Prozessvarianten (Vakuumverdampfen, Arc-PVD, Sputtern). Damit wurde zunächst die Beschichtung von komplex geformten HSS-Werkzeugen erschlossen. Mittlerweile werden diese Prozesse auch zur Hartmetallbeschichtung und zur Beschichtung von Cermets eingesetzt. Weiterhin können auch dekorative Schichten, Oxidations- und Korrosionsschichten erzeugt werden.

Die wesentlichen Unterschiede zum klassischen HT-CVD-Prozess lassen sich wie folgt zusammenfassen [Sche88, Schi89, Köni90, Rödh87, Knot89, Gühr89, VDI3198, VDI3824]:

- Mit einer Prozesstemperatur von 160 – 600 °C liegt eine relativ geringe Temperaturbelastung der Substratwerkstoffe vor, sodass auch temperaturempfindliche Substratmaterialien beschichtet werden können.
- Die Biegefestigkeit des Substrats bleibt aufgrund der niedrigen Beschichtungstemperatur weitgehend unbeeinflusst.
- PVD-Schichten weisen Druckeigenspannungen auf, welche die realisierbaren Schichtdicken auf z. Z. 3 – 6 μm begrenzen. Die Gefahr der Rissbildung bei stoßartiger Belastung und bei thermischer Wechselbelastung wird durch die Druckeigenspannungen vermindert.

- Im PVD-Verfahren zu beschichtende Werkstücke bedürfen einer sehr sorgfältigen Oberflächenvorbehandlung und Prozessführung, um eine ausreichende Schichthaftung zu gewährleisten. Bedingt durch Abdampf- und Diffusionseffekte weisen CVD-Beschichtungen eine bessere Schichthaftung auf.
- Aufgrund von Abschattungseffekten können bei der PVD-Beschichtung gleichmäßige Schichtdicken zum Teil nur durch sehr aufwendige Vorrichtungen für die Rotation der zu beschichtenden Teile erreicht werden. Innenkonturen sind grundsätzlich nur bis zu einem Tiefe/Durchmesser-Verhältnis von 1 beschichtbar, da sich die Schichtdicke mit zunehmender Tiefe verringert.
- Hohe Anzahl potentieller Schichtsysteme und Substratwerkstoffe
- Außer stabilen Schichtsystemen wie TiN und Ti(C,N) können unter den Nichtgleichgewichtsbedingungen der physikalischen Gasphasenabscheidung auch mehrkomponentige, metastabile Phasen abgeschieden werden, welche oftmals Strukturen aufweisen, die unter Gleichgewichtsbedingungen nicht existieren. Ein Beispiel hierfür ist das Schichtsystem TiAlN.
- Bei der PVD-Beschichtung können mehrere Verfahren unterschieden werden:
  - Verfahren mit thermischem Verdampfen (Vakuumverdampfen)
  - Verfahren mit Lichtbogenverdampfung (Arc-PVD)
  - Verfahren mit Kathodenzerstäubung (Sputtern)

Verfahren mit thermischem Verdampfen (Vakuumverdampfen)

Beim Vakuumverdampfen wird üblicherweise das Schichtmaterial in einem Tiegel mit einer Widerstandsheizung oder einer Elektronenstrahlkanone (EB-PVD) im Hochvakuum bei einem Druck von 10^{-3} – 10^{-6} Pa verdampft, vgl. Abb. 4.36. Die Dampfatome weisen bei diesen Drücken mittlere freie Weglängen von bis zu mehreren Metern auf. Sie treten deshalb i.Allg. nicht in Wechselwirkung miteinander und gelangen geradlinig zum Substrat. Da dieses erheblich kälter ist als der Dampf, kondensieren die Teilchen nach dem Wasserdampfprinzip auf dem Substrat. Es entsteht eine stängelig feinkristalline Schicht [Möhw96]. Aufgrund des geradlinigen Teilchenflugs muss der Substratwerkstoff in der Beschichtungskammer bewegt werden, um Abschattungseffekte und ungleichmäßige Schichtdicken zu vermeiden. Das Vakuumverdampfen ermöglicht hohe Schichtraten (Schichtdickenzunahme pro Zeit) und wird vor allem für optische Anwendungen, im großen Maßstab bei der großflächigen Metallisierung von Folien, Kunststoffteilen und Papier und auch zur Beschichtung von Turbinenschaufeln (EB-PVD) eingesetzt [Sche88, Rass96].

Zur Bildung von Hartstoffschichten aus Karbiden, Nitriden oder Oxiden wird das Substrat mit Hilfe eines Reaktionsgases (N_2, CH_2, …) reaktiv bedampft [Haef87]. So bildet sich beispielsweise aus $2Ti + C_2H_2$ die Hartstoffschicht 2TiC und das Gas H_2. Die Haftfestigkeit ist beim einfachen reaktiven Verdampfen aufgrund der geringen Teilchenenergie von weniger als 2 eV relativ gering.

Verfahren mit Lichtbogenverdampfung (Arc-PVD)

Beim Arc-PVD-Verfahren wird das Targetmaterial mittels eines Lichtbogens im Hochvakuum verdampft und ionisiert. Der Lichtbogen wandert dabei zufällig (Random-Arc) oder

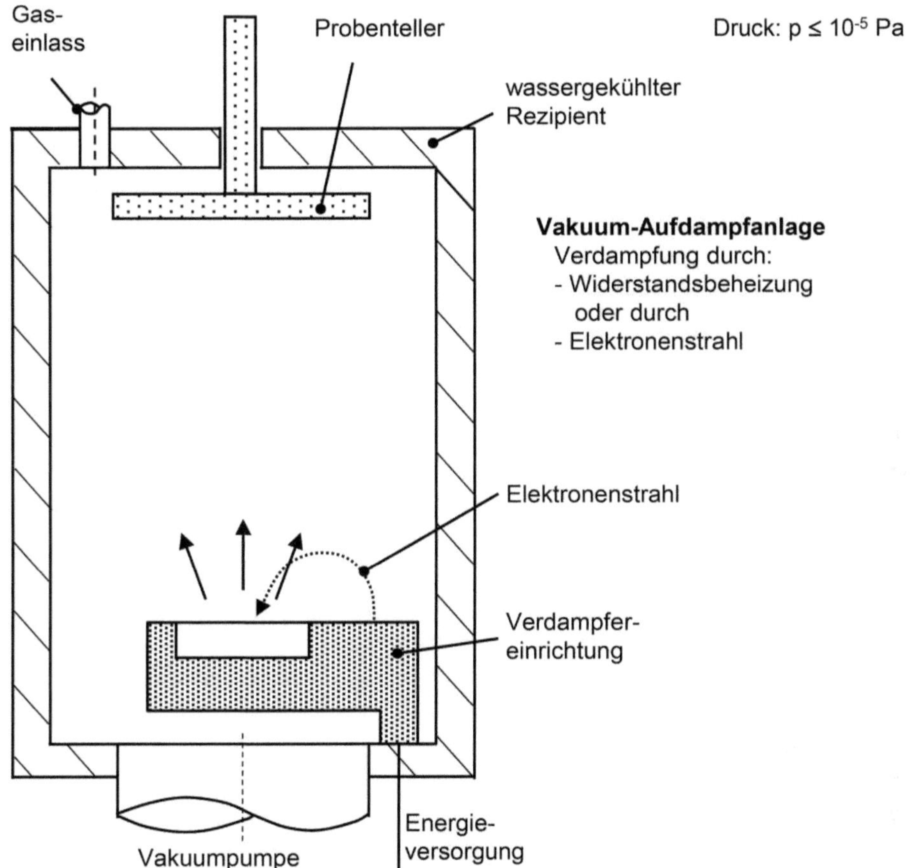

Abb. 4.36 PVD-Verfahren – Vakuumverdampfen, nach MÖHWALD [Möhw96]

gesteuert (Steered-Arc) über die üblicherweise als Kathode geschaltete Verdampferquelle, vgl. Abb. 4.36. Das Verfahren zeichnet sich durch einen hohen Ionisationsgrad von bis zu 90 % aus und bietet damit gute Voraussetzungen für die Erzeugung qualitativ hochwertiger Beschichtungen mit dichten Strukturen und guter Haftung.

Aufgrund der hohen Energiedichte im Brennpunkt des Lichtbogens wird das Material explosionsartig verdampft und herausgeschleudert, gleichzeitig werden aber auch schmelzflüssige Partikel herausgerissen. Die mitgerissenen flüssigen Teilchen finden sich als tropfenförmige Fehlstellen (Droplets) in der Schicht wieder [Bran05]. Diese sind auf der Schicht unerwünscht, da sie nur mangelhaft auf dem Substrat haften [Möhw96]. Das Auftreten von Droplets beschreibt den Hauptnachteil der Arc-Verdampfung, da die Tröpfchen zu Poren in der Schicht führen können, eignet sich dieses Verfahren nicht zur Abscheidung korrosionsbeständiger Schichten [Möhw96]. Die Dropletemission kann zum Teil durch optimierte Prozessparameter reduziert werden. Da die Verdampfung mittels kathodischem Lichtbogen die elektrische Leitfähigkeit des Beschichtungsmaterials voraussetzt, können mit diesem Verfahren keine Oxidschichten abgeschieden werden.

Eine Verfahrensvariante stellt das sog. LARC-Verfahren (Lateral Rotating Arc-Cathodes) dar. Kennzeichen dieses Verfahrens sind rotierende, wassergekühlte Arc-Kathoden [Damm04]. Das Magnetfeld wird durch Permanentmagnete und Spulen erzeugt, die vertikal und radial bewegt und gesteuert werden. Gegenüber der konventionellen Arc-Technik entstehen weniger Droplets, damit können glattere Schichten hergestellt werden [Csel03].

Verfahren mit Kathodenzerstäubung (Sputtern)

In einem Niederdruckplasma wird ein Inertgas (z. B. Argon) durch Anlegen einer Hochspannung ionisiert. Die positiv geladenen Inertgasionen werden auf das als Kathode geschaltete Target (Schichtwerkstoff) hin beschleunigt und schlagen dort durch Impulsaustausch Atome, Atomgruppen und Moleküle des Beschichtungsmaterials heraus [Rass96], vgl. Abb. 4.37.

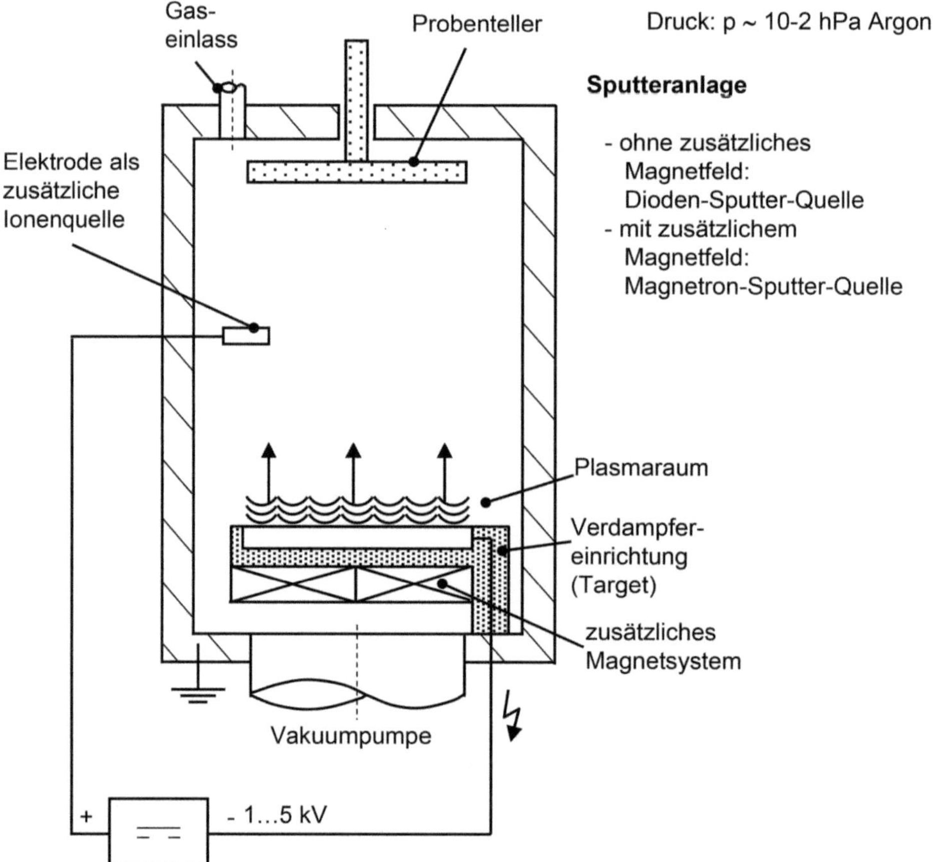

Abb. 4.37 PVD-Verfahren – Kathodenzerstäubung (Sputtern)

Im Unterschied zum Vakuumverdampfen wird beim Sputtern ein Prozessgas benötigt, i.Allg. Argon, und eine Hochspannungsquelle. Nach dem Evakuieren des Rezipienten wird das Prozessgas bis zu einem Druck von 0,1 – 1 Pa eingelassen. Die mittlere freie Weglänge der Teilchen beträgt bei diesem Druck wenige Millimeter. Bei einer Target-Spannung von −1 bis −5 kV wird ein Glimmentladungsplasma erzeugt. Das Plasma brennt zwischen dem Target als Kathode und dem an Masse liegenden Substrat bzw. der Rezipientenwand, die somit die Anode darstellen. Das Plasma besteht aus Ionen, Elektronen und nicht geladenen Atomen [Möhw96].

Diese Methode des Verdampfens ermöglicht eine universelle Anwendbarkeit, da das Material nicht thermisch, sondern durch Impulsübertragung verdampft wird. Es können also nahezu alle Substanzen [Haef87] und Gemische von sehr unterschiedlich schmelzenden Substanzen verdampft, d. h. nicht nur metallische, sondern auch isolierende Schichten sowie Materialien mit hohem Schmelzpunkt abgeschieden werden.

Sollen nicht nur Metalle oder Metalllegierungen abgeschieden werden, sondern Karbide, Nitride oder auch Oxide, so ist dies mit dem reaktiven Sputterverfahren möglich. Dabei wird neben dem inerten Prozessgas noch ein reaktives Gas (Reaktionsgas) eingespeist (z. B. N_2, CH_4, O_2, H_2, …) aus dem die nichtmetallische Komponente der Schicht bezogen wird (z. B. TiN, TaC, Al_2O_3, …).

Wie beim Arc-Verfahren besteht auch beim Sputtern die Möglichkeit, metastabile, d. h. im Gleichgewicht nicht existierende Schichten abzuscheiden. Hierbei ist es wegen der gleichgewichtsfernen Prozessbedingungen möglich, metastabile Mischphasen aufgrund ihrer raschen Kondensation aus der Gasphase einzufrieren und somit eine vollkommen neue, den stabilen Randsystemen oftmals überlegene Werkstoffgattung zu synthetisieren [Leye04].

Es wird zwischen dem Gleichspannungs-Dioden Sputtern (DC-Sputtern), bei dem das Sputtermaterial elektrisch leitend ist und dem Hochfrequenz-Dioden Sputtern (RF-Sputtern), bei dem ein hochfrequentes elektrisches Wechselfeld anliegt, das bei nichtleitenden Materialien zum Einsatz kommt, unterschieden. Der Einsatz von Gleichstromplasma (DC), Hochfrequenzplasma (RF) und deren Kombination sowie eine nahezu unbegrenzte Anzahl möglicher Beschichtungsmaterialien begründen eine enorme Flexibilität des Sputterns im Hinblick auf die Entwicklung anwendungsspezifischer Bauteilschichten [Rass96]. Obwohl das RF-Sputtern wesentliche Vorteile bei der Zerstäubung isolierender Materialien besitzt, kommt dieser Technik bei der Erzeugung von Verschleißschutzschichten aufgrund der im Vergleich zum DC-Sputtern erheblich höheren Investitionskosten und der signifikant geringeren Abscheiderate nur eine untergeordnete Bedeutung zu [Lemm03]. Die Nachteile des RF-Sputterns lassen sich durch das gepulste DC-Sputtern (MF: Mittelfrequenz-Sputtern, bis 50 kHz) überwinden. Die mit dem Sputtern bei niedrigen Aufdampfraten erzeugten Schichten besitzen eine gute Haftfestigkeit.

Magnetronsputtern

Im Vergleich zum reinen Dioden-Sputtern werden beim Magnetronsputtern hinter dem Target Permanentmagnete angeordnet, vgl. Abb. 4.37, deren magnetische Feldlinien die

Kathodenplatte und das darauf angebrachte Target senkrecht durchdringen. Aufgrund der Überlagerung magnetischer und elektrischer Felder werden die Elektronen im Plasma auf verlängerte spiralförmige Bahnen gelenkt. Dadurch erhöhen sich die Ionisationswahrscheinlichkeit und die Abscheiderate bei gleichzeitig reduzierter Entladespannung. Erst die Erfindung des Magnetronsputterns ermöglichte die wirtschaftliche Nutzung des Sputtereffekts zur Schichtabscheidung und damit die kommerzielle Abscheidung von Verschleißschutzschichten mittels der Sputtertechnologie [Lemm03, Bobz00].

Gepulste Plasmen (High-Ionisation Pulsing)

Das steigende Interesse an isolierenden, meist oxidischen Verschleißschutzschichten und die Notwendigkeit, zur Abscheidung von Schichten mit dichter, optimierter Morphologie in der Nähe des Substrates die Ionendichte zu erhöhen, haben zur Entwicklung von gepulsten DC-Plasmen geführt. Mit dieser Technologie lassen sich nicht nur die der RF-Technik vorbehaltenen Schichtsysteme abscheiden, sondern, aufgrund der extrem gesteigerten Ionenflüsse am Substrat, auch vollkommen neue Schichtsysteme synthetisieren [Lemm03, Leye04].

Die Pulstechnik ermöglicht das Abscheiden von leitfähigen und elektrisch isolierenden Schichten in nahezu beliebiger Stöchiometrie sowie von nanostrukturierten ein- und mehrphasigen Schichten mit neuen Eigenschaftskombinationen.

Abb. 4.38 zeigt eine nach der konventionellen DC-Technik im Vergleich zu einer mit Hilfe der Pulstechnologie hergestellten (Ti,Al)N-Schicht. Deutlich erkennbar ist die mit der bei der Pulstechnologie erhöhten Plasmaionisation einhergehende Veränderung der Schichtmikromorphologie hin zu einem feinkristallinerem Gefüge [Lemm03]. Die Pulstechnologie eröffnet auch damit die Möglichkeit kristallines γ-Al_2O_3 bei Substrattemperaturen < 500 °C abzuscheiden oder (Ti,Al)N-Schichten mit einem AlN-Gehalt von bis zu 66 mol% herzustellen, vgl. Abb. 4.39

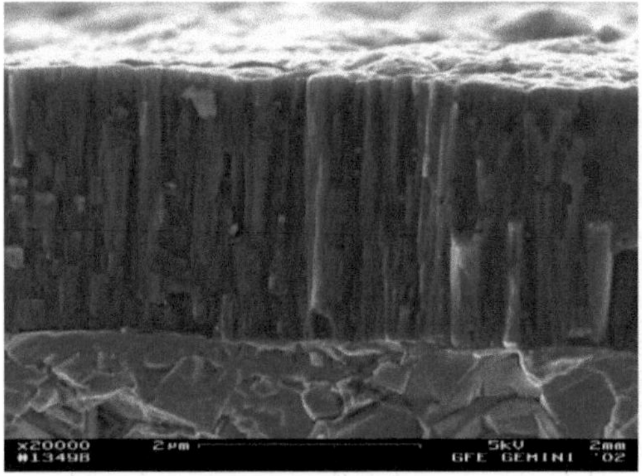

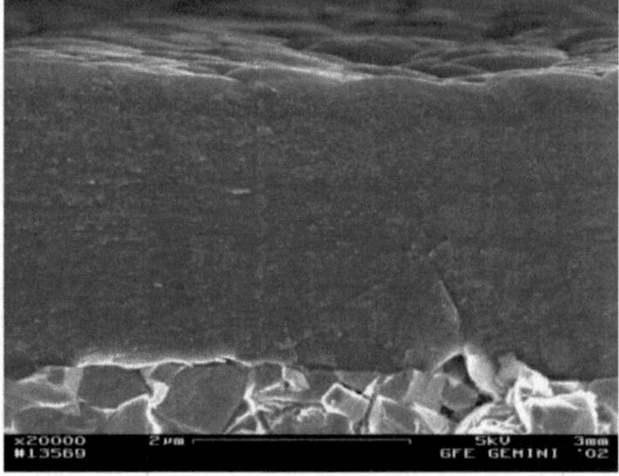

Abb. 4.38 Bruchbilder von (Ti,Al)N-Schichten auf Hartmetallsubstraten, abgeschieden mit konventioneller DC-Technik (links) und mittels bipolarer Pulstechnik (rechts) (Quelle: CemeCon)

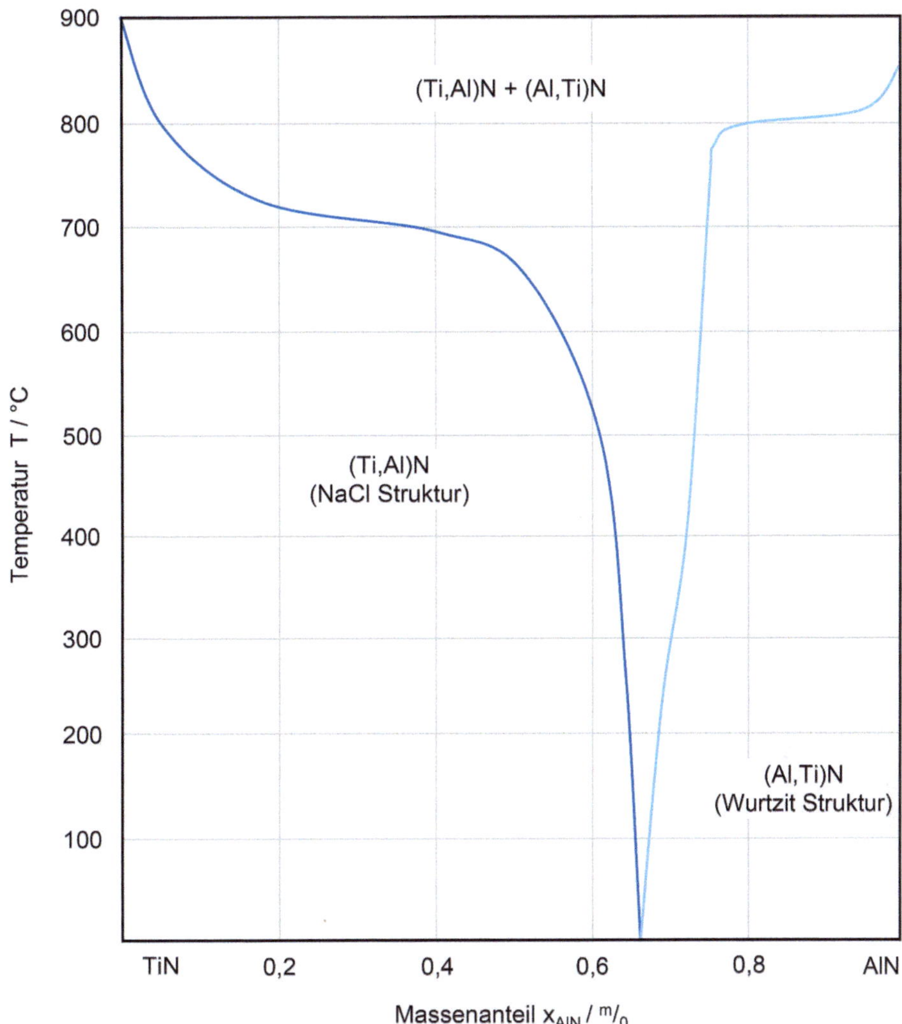

Abb. 4.39 Metastabiles PVD-Phasendiagramm des Systems TiN-AlN, nach CREMER [Crem98]

Der Beschichtungsprozess mit gepulsten Plasmen wird auch als „High Ionisation Pulsing" (HIP) bezeichnet. Als Verfahrensvarianten wird zwischen dem unipolaren, dem asymmetrischen bipolaren und dem bipolaren Zweikathoden-Magnetronsputtern unterschieden [Lemm03, Erke05].

Ionenplattieren (Ion Plating)

Unter Ionenplattieren wird hinsichtlich der Prozessführung eine Variante von PVD-Beschichtungsverfahren verstanden, bei der die kondensierende Schicht mittels eines elektrischen Zusatzfelds, das an die Substrate angelegt wird, beeinflusst wird. Diese

Verfahrensvariante ist unabhängig von der Art und dem physikalischen Prinzip der Erzeugung des Metalldampfes. Voraussetzung ist eine genügend große Zahl ionisierter Dampf- und Prozessgasatome.

Beim Ionenplattieren wird das Substrat mit einer negativen Spannung, die sog. Biasspannung, beaufschlagt. Der Metalldampf wird durch im Gasraum angeordnete Elektroden und elektromagnetische Felder ionisiert. Ein Teil der ionisierten Teilchen wird zum Substrat hin beschleunigt, vgl. Abb. 4.40. Beim Ionenplattieren wird somit das Substrat mit Gasionen beschossen. Durch das Bombardement der aufwachsenden Schicht mit

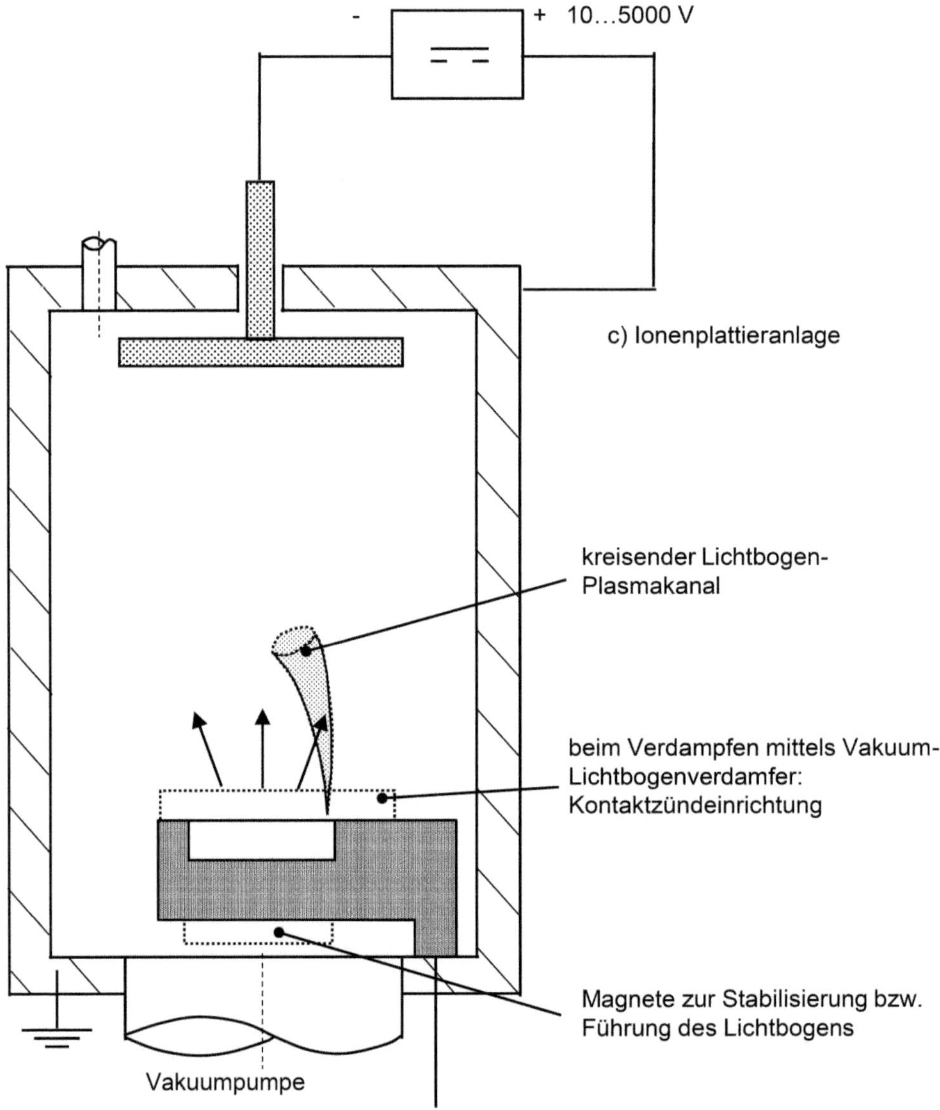

Abb. 4.40 PVD-Verfahren – Ionenplattieren, nach MÖHWALD [Möhw96]

Ionen werden Schichteigenschaften wie Dichte und Eigenspannungen modifiziert und die Haftung am Substrat verbessert. Es entstehen sehr haftfeste und dichte Schichten. Alle PVD-Verfahren, bei denen eine Biasspannung zur Schichtbeeinflussung genutzt wird, werden mit dem Zusatz „Ionenplattieren“ (Ion Plating) gekennzeichnet [Bobz05].

Zur Herstellung von Karbiden, Nitriden oder Oxiden als Schicht wird auch hier ein reaktives Gas mit in die Kammer eingespeist. Dieses Verfahren nennt sich reaktives Ionenplattieren [Möhw96, Haef87]. Das Ionenplattieren kann auch zur Reinigung und Aktivierung der Bauteiloberfläche vor der Beschichtung (auch als Ätzen bezeichnet) oder zur Aktivierung während der Beschichtung verwendet werden [Rass96].

Es hat sich eine Fülle an Ausführungsformen von Ionenplattieranlagen als praktikable Beschichtungsvarianten herausgestellt. Für die Werkzeugbeschichtung haben als Beschichtungsverfahren unter anderem das Verfahren des Ionenplattierens mit Lichtbogenverdampfung (AIP: Arc Ion Plating), das Ionenplattieren mit Kathodenzerstäubung (MSIP: Magnetron Sputter Ion Plating) und das Ionenplattieren mit Niedervolt-Bogenentladung große Bedeutung erlangt.

Arc Ion Plating (AIP)

Beim AIP-Verfahren wird das Targetmaterial mittels eines Lichtbogens im Hochvakuum verdampft und ionisiert. Das Verfahren zeichnet sich durch einen hohen Ionisationsgrad von bis zu 90 % aus und bietet damit gute Voraussetzungen für die Erzeugung qualitativ hochwertiger Beschichtungen mit dichten Strukturen und guter Haftung.

Durch die an das Substrat angelegte Vorspannung (Biasspannung) werden die ionisierten Teilchen beschleunigt und treffen mit hoher Energie auf dem Substrat auf. Dabei wird deren Energie zum Teil in Wärme umgewandelt, wodurch hohe Beschichtungstemperaturen (ca. 550 °C) in den Substraten entstehen können.

Magnetron Sputter Ion Plating (MSIP)

Das MSIP gewährleistet ein stabiles Plasma und hohe Zerstäubungsraten [Bobz00]. Mit dem MSIP-Verfahren abgeschiedene Schichten zeigen sehr gute mechanische und optische Eigenschaften. Nahezu alle Materialien sind mit diesem Verfahren abscheidbar. Da der Ionisationsgrad der zerstäubten Teilchen unter 5 % liegt, werden die Substrate deutlich weniger erwärmt als im AIP-Verfahren, sodass auch Kunststoffe und Werkstoffe mit niedrigen Anlasstemperaturen erfolgreich beschichtet werden können [Bobz00].

Niedervoltbogen-Beschichtung

Das Ionenplattieren mit Niedervolt-Bogenentladung zeichnet sich durch eine niedrige Beschleunigungsspannung aus, womit ein Elektronenstrahl aus einer Niedervolt-Bogenentladung erzeugt und auf das Target (Anode) im wassergekühlten Tiegel gerichtet wird. Der durch den Elektronenbeschuss entstehende Dampf aus Schichtmaterial wird etwa zur Hälfte ionisiert und, da das Substrat mit einer Spannung von –200 V beaufschlagt ist, auf das Beschichtungsgut gerichtet. Dieses Verfahren eignet sich zur Abscheidung von Nitrid- oder Karbid-Schichten durch Einleiten der entsprechenden reaktiven Gase [Haef87].

Beim Beschichten durch Ionenplattieren mit Niedervolt-Bogenentladung werden keine Droplets gebildet. Daher bietet dieses Verfahren die Möglichkeit, sehr glatte Schichten (Rz = 0,1 μm) abscheiden zu können und eignet sich damit zur Beschichtung spiegelglanzpolierter Flächen, ohne ein Nachpolieren erforderlich zu machen.

Einsatz PVD-beschichteter Hartmetalle bei niedrigen Schnittgeschwindigkeiten
Ein eindrucksvolles Beispiel für die Schneidhaltigkeit PVD-beschichteter Hartmetalle bei niedrigen Schnittgeschwindigkeiten ist das Räumen weicher und gehärteter Stähle [Köni92a]. Kennzeichnend für den Räumprozess sind die im Allgemeinen niedrigen anwendbaren Schnittgeschwindigkeiten, die in Abhängigkeit von Räummaschine, Schneidstoff und Werkstoff meist zwischen 1 – 25 m/min liegen.

Charakteristisch für die Bearbeitung relativ weicher bzw. zäher Stähle bei niedrigen Schnittgeschwindigkeiten ist die Aufbauschneidenbildung, die zu Maß- und Formfehlern sowie einer reduzierten Oberflächenqualität der Werkstücke führt. Eine Maßnahme zur Verringerung der Aufbauschneidenbildung stellt unter anderem der Einsatz von Räumölen dar.

Durch den Einsatz PVD-TiN-beschichteter anstelle unbeschichteter Hartmetalle wird die Aufbauschneidenbildung aufgrund der zwischen ablaufendem Span und Schneidstoff verringerten Adhäsion in dem gesamten untersuchten Schnittgeschwindigkeitsbereich von v_c = 10 – 63 m/min nahezu vollständig unterdrückt, vgl. Abb. 4.41. Des Weiteren kann auf die Verwendung von Kühlmitteln verzichtet werden, die ein ständig wachsendes ökologisches Problem darstellen und deren Wartung und Entsorgung immer höhere Kosten verursachen.

4.4.2 Spezifische Eigenschaften von Hartstoffschichten

Die kommerziell am weitesten verbreiteten Verschleißschutzschichten in der Metallzerspanung sind TiN, TiC, Ti(C,N), Ti(Al,N), CrN und Al_2O_3. Neben diesen Schichtsystemen werden solche, die sich durch einen niedrigen Reibungskoeffizienten auszeichnen, wie z. B. DLC- (diamond-like carbon) und MoS_2-Schichten erfolgreich im Verschleißschutz eingesetzt. Wegen der unübertroffenen Härte von Diamant kommen zunehmend auch CVD-Diamantschichten zum Einsatz [Lemm03].

Die unterschiedlichen Schichtsysteme können als Einzelschicht (Monolayer), z. B. TiN, Ti(C,N), Ti(Al,N), (Ti,HF,Cr)N u.a. oder zur Optimierung ihrer verschleißschützenden Wirkung kombiniert als Viellagenschichten (Multilayer) mit Einzelschichtdicken von einigen Mikrometern z. B. TiN-Ti(C,N)-Al_2O_3-TiN, (Ti,Al)N-WC/C, u. a., abgeschieden werden.

Ziel der Multilayertechnik ist es, vor allem die Zähigkeit, Härte und den Verschleißwiderstand der Schicht zu verbessern, aber auch die Gesamtschichtdicke zu erhöhen. Die Übergänge, die sich zwischen Schichten unterschiedlicher Stoffe ausbilden, stellen für Versetzungen Grenzen dar, was vor allem bei Schichten mit stark unterschiedlichen

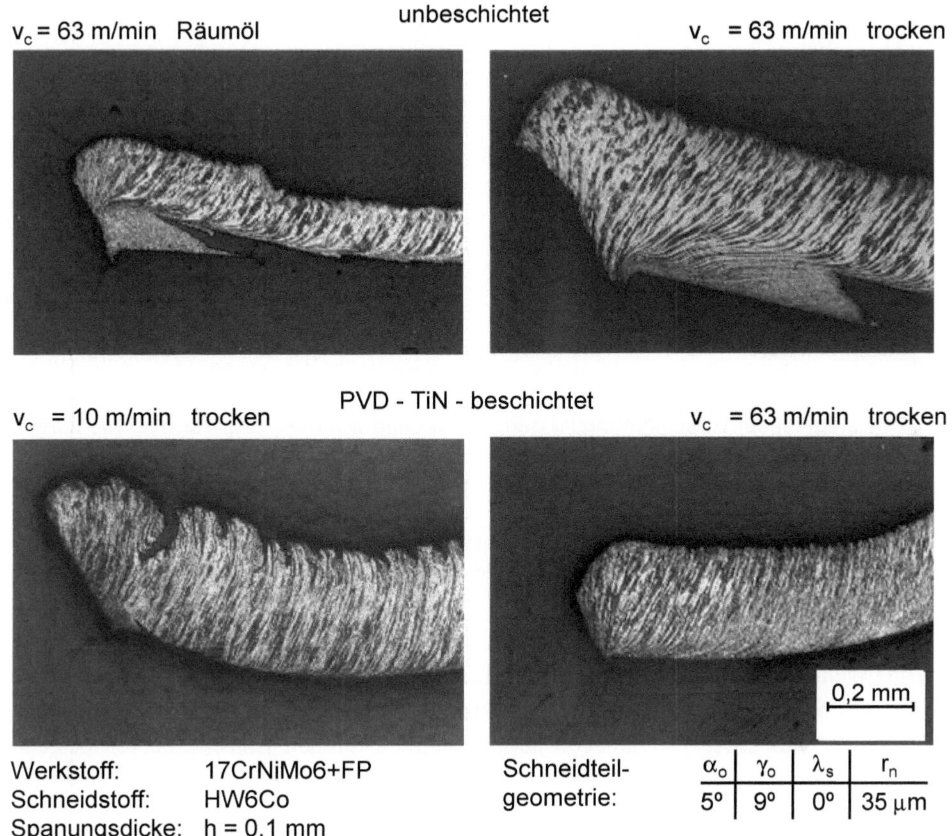

Abb. 4.41 Beschichtung verhindert Aufbauschneiden

E-Modulen zu einer großen Festigkeitssteigerung führt. Für Risse, die sich in der Schicht ausbreiten, bedeuten die Übergänge zwischen den einzelnen Schichtlagen Barrieren, an denen sie zu energieverzehrenden Umwegen gezwungen werden, wodurch ihre Ausbreitung verlangsamt oder gestoppt wird, vgl. Abb. 4.42. Der Multilayeraufbau führt im Vergleich zu einer gleich dicken Monolayerschicht zu geringeren Eigenspannungen. Multilayerschichten bieten ferner die Möglichkeit, Schichten mit unterschiedlichen Eigenschaften innerhalb eines Schichtsystems zu integrieren und damit die Funktionalitäten verschiedener Schichtmaterialien miteinander zu verbinden. Solche spezifischen Schichtfunktionen können beispielsweise in der hohen thermischen Stabilität, der hohen Warmhärte oder in dem geringen Reibungswiderstand von Schichtzwischen- oder -decklagen bestehen [Krie01, Lugs03]. Größere Schichtdicken bedeuten ein größeres Schichtvolumen, das durch Verschleiß abgetragen werden muss. Hieraus resultieren i.Allg. auch längere Werkzeugstandzeiten.

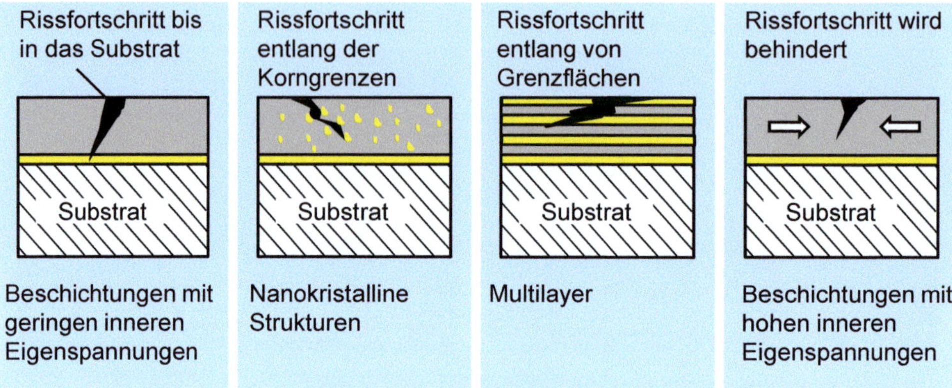

Abb. 4.42 Schematische Darstellung der Rissausbreitung in Hartstoffschichten in Abhängigkeit von deren Aufbau und Eigenschaften (Quelle: Oerlikon Balzers)

Eine Weiterentwicklung der Multilayer-Technik stellt die Abscheidung von sog. Nanolayers oder Schichten mit Superlattice-Strukturen dar. Hierbei handelt es sich um Schichtsysteme, die aus einer Vielzahl von außerordentlich dünnen Einzelschichten bestehen, deren Schichtdicke nur noch wenige Nanometer beträgt, vgl. Abb. 4.43. Gegenüber konventionellen meist kolumnar aufgebauten Schichten zeichnen sich die als Nanolayer abgeschiedenen Schichtmaterialien durch eine wesentlich höhere Härte aus. Wie im Zusammenhang mit dem PA-CVD-Beschichtungsverfahren bereits ausgeführt, beruht diese darauf, dass unterhalb einer bestimmten Schichtdicke die Härte des Schichtmaterials signifikant zunimmt. Der Härteanstieg wird damit erklärt, dass mit kleiner werdender Schichtdicke sich das Kristallgitter und damit auch der E-Modul ändert. So weist z. B. AlN bei Schichtdicken > 10 nm eine hexagonale und bei Schichtdicken < 10 nm eine kubische Gitterstruktur auf [Csel03a].

Ein weiterer Ansatz die Schichteigenschaften zu verbessern ist die Erzeugung sog. Nanocomposites. Hierbei handelt es sich um nanokristalline, isotrope Mehrphasensysteme, bei denen zwei ineinander nicht lösliche Phasen (z. B. Al, Ti, Si) während des Beschichtungsprozesses auf der Werkzeugoberfläche abgeschieden werden. Beispiele hierfür sind die Einbettung von nanokristallinem kubischem TiN in einer AlN-Matrix, von nanokristallinem TiAlN bzw. von AlCrN in einer amorphen Si_3N_4-Matrix [Csel04] oder von nanokristallinem (Ti,Al)N in einer Matrix aus (Al,Ti)N. Die Nanocomposites können als Mono- oder als Multilayerschichtsysteme abgeschieden werden. Die in Nanolayer- bzw. in Nanocomposite-Schichten vorhandenen Schichtgrenzflächen bzw. Korngrenzen

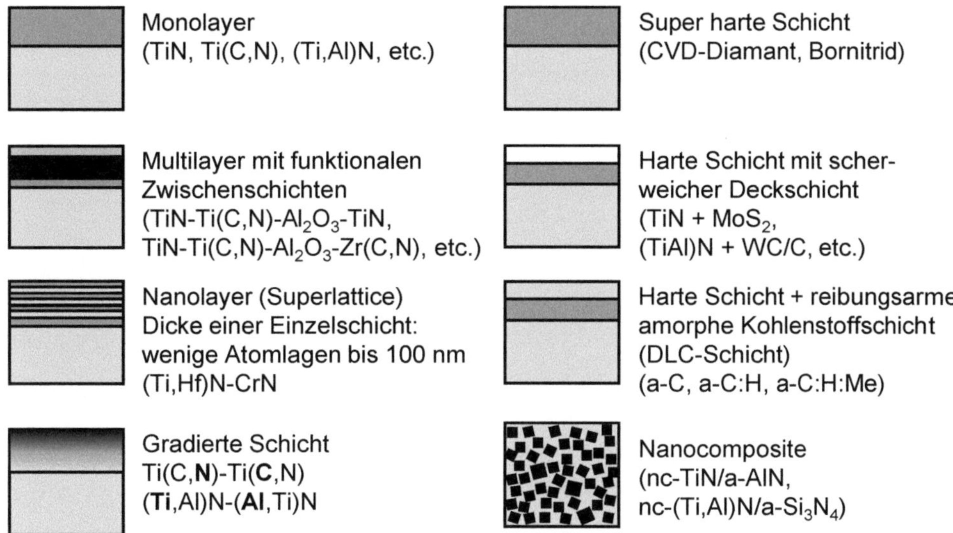

Abb. 4.43 Schematische Darstellung des Aufbaus gängiger mit den CVD- und PVD-Verfahren abscheidbarer Schichtsysteme

stellen für Risse energieverzehrende Widerstände dar. Rissausbildung und Rissausbreitungsgeschwindigkeit werden dadurch verringert, vgl. Abb. 4.42. Nanolayer- wie auch die Nanocomposite-Schichten zeichnen sich dadurch neben einer außerordentlich hohen Warmhärte und Warmverschleißfestigkeit auch durch gute Zähigkeitseigenschaften aus.

Hinsichtlich des Aufbaus von Hartstoffschichten unterscheidet man zwischen einphasigen Schichten (z. B. TiN), mehrphasigen Schichten (z. B. TiN + Ti_2N) und gradierten Schichten, d. h. Schichten, deren chemische Zusammensetzung einen Gradienten aufweisen (z. B. (Ti,Al)N-Schichten mit steigendem Al-Gehalt) [VDI 3824].

Die Eigenschaften von Hartstoffschichten werden durch ihre chemische Zusammensetzung und ihre Struktur, die von den Abscheidungsbedingungen abhängt, bestimmt. In Abb. 4.25 und in Abb. 4.44 sind einige Kennwerte für die Schichteigenschaften und das Schichtverhalten von beispielhaft ausgewählten mit dem PVD- und CVD-Verfahren herstellbaren Hartstoffschichtsystemen zusammengestellt. Durch eine Veränderung der Abscheidungsbedingungen können unter anderem Eigenschaften wie die chemische Zusammensetzung, die Morphologie, die Struktur, die Textur, die Eigenspannungen und damit die Mikrohärte, der Wärmeausdehnungskoeffizient und die Oxidationsbeständigkeit in gewissen Grenzen verändert werden. Die dargestellten Daten können daher nur Anhaltspunkte für mögliche Einsatzgebiete darstellen. Außer den hier zusammengestellten und unten näher erläuterten Hartstoffschichten gibt es noch eine Reihe weiterer, hier nicht näher beschriebener Hartstoffschichten für die Werkzeugbeschichtung.

	TiN	*TiCN*	*TiC*	*TiAlN*	*CrN*	*Al_2O_3*
Herstellungsverfahren	PVD/CVD	PVD/CVD	CVD	PVD	PVD	CVD/PVD
Schichtdicke in µm	1 bis 5	1 bis 5	1 bis 5	1 bis 5	1 bis 10	1 bis 5
Mikrohärte in HV 0,05 [1])	2300	3000	3100	3000	1900	2100 HV 0,1
Oxidations – temperatur in °C [2])	> 450	> 350	> 350	> 700	> 600	- [3])
Thermische Barriere – Wirkung [4])	+++	++	+	++++	+	+++++
Widerstand gegen Abrasivverschleiß	++	+++	+++	+++	++	++
Widerstand gegen Adhäsivverschleiß (gegenüber Stahl)	++	++	+	++	++	+++
Widerstand gegen Diffusionsverschleiß (gegenüber Stahl)	++	+	+	+++	++	+++
Schutz des Grundmaterials gegen Korrosion [5])	+	+	+	+	++	+

[1]) Für die Mikrohärte werden Mittelwerte aus berichteten Messwerten angegeben, die sich auf Grund unterschiedlicher Zusammensetzung, Schichtdicke und Eigenspannung ergeben

[2]) Die Oxidationstemperatur bezeichnet die Temperatur, bei der eine Oxidation des Schicht- materials beginnt, welche die Eigenschaften der Schicht maßgeblich beeinträchtigt

[3]) Al_2O_3 ist bereits ein Oxid

[4]) Als schlechter Wärmeleiter bilden die Schichten eine thermische Barriere für die entste-hende Zerspanungswärme, sodass die meiste Wärme über den Span abgeführt werden kann

[5]) Da die genannten Hartstoffschichten selbst nicht korrodieren, bilden sie eine korrosions-hemmende Schicht für das Grundmaterial. (Wenn die Hartstoffschichten nicht dicht sind, kann es zur Ausbildung lokaler galvanischer Elemente und zur Lochkorrosion kommen)

Abb. 4.44 Kennwerte für Schichteigenschaften, nach VDI 3824/1

4.4.2.1 Titankarbid-Schichten (TiC)

Die Beschichtung von Werkzeugen mit Hartstoffen hat mit der Abscheidung von TiC begonnen. Aufgrund der mit 3100 – 3400 HV0,05 erreichbaren hohen Härte bietet Titankarbid einen wirkungsvolleren Schutz gegenüber Abrasionsverschleiß als TiN. Die Diffusionsneigung ist dagegen aufgrund der relativ geringen Bildungsenthalpie geringfügig höher als die von TiN und Al_2O_3. Der Widerstand von TiC gegenüber Freiflächenverschleiß ist damit höher als der von TiN, die Kolkverschleißfestigkeit jedoch geringer. Auch die Oxidationsbeständigkeit ist von den in Abb. 4.44 dargestellten Schichten am geringsten. TiC-Schichten werden vorzugsweise im CVD-Prozess aufgebracht. Hauptsächlich wird TiC als Einlagenschicht bei vorherrschender Abrasion oder in Mehrlagenschichten zusammen mit TiN, Ti(C,N) oder Al_2O_3 eingesetzt [VDI 3824].

4.4.2.2 Titandiborid-Schichten (TiB_2)

Im Vergleich zu Titankarbid (TiC) verfügt Titandiborid (TiB_2) über eine höhere Härte (4000 HV0,05), bessere Abrasionsfestigkeiten sowie höhe Oxidationswiderstände [Basu06]. Des Weiteren weist TiB_2 eine geringe Affinität zu NE-Metallen auf, was in Verbindung mit geringen Reibzahlen der Aufbauschneidenbildung gerade bei der Bearbeitung von untereutektischem Aluminium (Si $\leq$ 9 %) entgegenwirkt [Ceme13]. Weitere Einsatzbereiche von mit TiB_2 beschichteten Werkzeugen sind die Bearbeitung von Magnesium-, Kupfer- und Titanlegierungen.

Titandiborid kann sowohl im HiPIMS-PVD- als auch im thermischen CVD-Verfahren abgeschieden werden [Ceme13].

4.4.2.3 Titannitrid (TiN)

Seit 1980 werden Werkzeuge bereits mit Titannitrid beschichtet. TiN ist der bis heute am häufigsten verwendete Hartstoff für die Beschichtung von Zerspanwerkzeugen. Der Schichtstoff ist eine Einlagerungsverbindung von Titan und Stickstoff. Aufgrund der starken Wechselwirkung zwischen den Metall- und den Stickstoffatomen erhält diese Verbindung eine hohe Stabilität. TiN ist mit einer fast doppelt so hohen Bildungsenthalpie thermodynamisch stabiler, daher diffusionsträger und neigt damit weniger zur Adhäsion mit Spänen als TiC. Daher ist die Kolkverschleißfestigkeit von TiN höher als von TiC. TiN-Schichten besitzen eine gute Zähigkeit.

TiN kann sowohl mit CVD- als auch mit PVD-Verfahren abgeschieden werden. Die charakteristische Farbe von TiN ist Goldgelb. Silberfarbene TiN-Schichten bestehen aus einem Phasengemisch von Ti_2N und TiN, wobei die Ti_2N-Phase dominiert. Diese Schichten weisen eine höhere Härte, aber auch eine größere Sprödigkeit als reine TiN-Schichten auf. Sie werden bei überwiegend abrasivem Verschleiß eingesetzt [VDI 3824].

4.4.2.4 Titankarbonitrid-Schichten (Ti(C,N))

TiC und TiN sind in jedem Verhältnis mischbar. Die Eigenschaften der Titancarbonitride sind durch die Variation des C/N-Verhältnisses einstellbar. Mit steigendem Kohlenstoffgehalt verändert sich die Farbe der Ti(C,N)-Schichten von kupferfarben über violett, blaugrau zu grau [VDI 3824].

Titankarbonitride finden sowohl als Hartstoffe in Hartmetallen als auch als verschleißresistente Dünnschichten industrielle Anwendung. Häufig werden Ti(C,N)-Schichten mehrlagig, d. h. mit steigendem Kohlenstoffgehalt in Richtung der Schichtoberfläche abgeschieden. Durch den Einbau von Kohlenstoffatomen anstelle der Stickstoffatome in das

Kristallgitter von Titannitrid wird ein beträchtlicher Härteanstieg erreicht, der sich einerseits positiv auf das Verschleißverhalten auswirkt, andererseits ein spröderes Verhalten bewirkt [Sato78, Schi74, Berg90]. Zur Kompensation des spröderen Verhaltens werden die Ti(C,N)-Schichten als Multilayerschichten abgeschieden, sodass sich zwischen den einzelnen Schichtlagen Eigenspannungen abbauen können.

Ti(C,N)-Schichten sind geeignet für die Bearbeitung von Stählen mit hoher Zugfestigkeit und damit für höhere Zerspantemperaturen.

4.4.2.5 Titanaluminiumnitrid-Schichten ((Ti,Al)N)

Mit der Entwicklung des Schichtsystems (Ti,Al)N wurde der Versuch unternommen, die Oxidationsbeständigkeit, die Warmhärte und die Verschleißschutzeigenschaften gegenüber den bisher bekannten Schichten zu verbessern [Quin87, Knot87]. Im Vergleich zu den TiN- und Ti(C,N)-Schichten besitzen die (Ti,Al)N-Schichten die höchste Oxidationsbeständigkeit bei einer vergleichsweise hohen Härte. Da es sich bei Ti(Al,N) um ein metastabiles Schichtsystem handelt, kann dieses nur mit dem PVD-, dem PA-CVD- oder MT-CVD-Verfahren abgeschieden werden.

(Ti,Al)N-Schichten sind eine Weiterentwicklung von TiN, wobei Titan zu 20 bis 60 at.-% durch Aluminium substituiert wird. Je nach Zusammensetzung sind die Schichten braun (geringer Al-Gehalt) bis hin zu schwarz-violett (hoher Al-Gehalt) [VDI 3824].

Aufgrund ihrer hohen Oxidationsbeständigkeit und Warmhärte sind bevorzugte Anwendungsgebiete die Trockenzerspanung, Hartbearbeitung und HSC-Bearbeitung. Die hervorragende Verschleißbeständigkeit der (Ti,Al)N-Schichten wird darauf zurückgeführt, dass im Gegensatz zu stabilen Mischphasen sich metastabile Schichten in die stabilen Randphasen zersetzen oder in oxidierender Atmosphäre stabile Oxide bilden, sofern ihnen die zum Übergang in den Gleichgewichtszustand nötige Energie, z. B. in Form von Wärme, zugeführt wird, wie dies z. B. bei der Trockenbearbeitung oder bei der Hochgeschwindigkeitsbearbeitung der Fall ist. Vor diesem Hintergrund wird die hohe Oxidationsbeständigkeit der (Ti,Al)N-Schichten damit erklärt, dass sich auf der Schichtoberfläche eine dünne Aluminiumoxidschicht ausbildet, die sich während des Zerspanvorgangs ständig erneuert und damit den Verschleißfortschritt verlangsamt. Mit zunehmendem Al-Gehalt steigt die Oxidationsbeständigkeit der (Ti,Al)N-Schicht an. Trotz des gegenüber TiN- und Ti(C,N)-Schichten wesentlich verbesserten Oxidationsverhaltens, versagt auch diese Schicht ab etwa 800 °C. TiAlN-Schichten werden als Einlagen-, Mehrlagen- oder auch als Gradientenschicht abgeschieden. [Lemm03, Leye04, VDI 3824]

(Ti,Al)N zählt zu den am meisten eingesetzten Hochleistungsschichtsystemen. Wesentliche Maßnahme zur weiteren Steigerung der Schneidhaltigkeit von (Ti,Al)N-Schichten stellt neben der Entwicklung von Nanolayers die Erhöhung des Aluminiumgehalts dar. Ziel hierbei ist es, vor allem die Warmhärte, die Verschleißfestigkeit und die Oxidationsbeständigkeit zu verbessern, was zur Einwicklung von angepassten Low Pressure (LP)-CVD Verfahren geführt hat. Während bei PVD-(Ti,Al)N Schichten der Aluminiumanteil 65 % verfahrensbedingt nicht überschritten werden kann, sind angepasste Low Pressure (LP)-CVD Verfahren in der Lage, Al-Anteile von bis zu 90 % bei Prozesstemperaturen von unter

900 °C abzuscheiden [Endl08, Endl10]. Die durch den gesteigerten Al-Anteil verbesserte Verschleißfestigkeit schlägt sich in signifikanten Steigerungen der Standzeiten nieder, beispielsweise bei der Fräsbearbeitung von Vergütungsstahl [Endl10]. Zur Unterscheidung von den konventionellen (Ti,Al)N-Schichten werden Schichten mit über 50 % Aluminiumanteil als (Al,Ti)N-Schichten bezeichnet.

4.4.2.6 Al-Cr-N-Schichten

Ein Ansatz zur weiteren Verbesserung der Oxidationsbeständigkeit und der Hochtemperatureigenschaften des (Ti,Al)N-Schichtsystems stellt neben der Erhöhung des Aluminiumgehalts auch die Zugabe geringer Mengen an Oxidbildern, wie Cr, Y oder Si, dar. Ein Beispiel für diese Richtung der Schichtentwicklung ist das Schichtsystem Al-Cr-N. Im Vergleich mit der konventionellen (Ti,Al)N-Schicht werden dem (Al,Cr)N-Schichtsystem ein größerer Widerstand gegenüber Abrasionsverschleiß sowie eine höhere Warmhärte und Oxidationsbeständigkeit bescheinigt [Gey04]. Einsatzgebiete sind die Trocken-, HSC- und Hartzerspanung von Stahl und NE-Metallen durch Drehen, Bohren und Fräsen [Gey04, Denk04].

4.4.2.7 Aluminiumoxid-Schichten (Al_2O_3)

Die von der Schneidkeramik her bekannte hervorragende Resistenz von Al_2O_3 sowohl gegen Abrasion als auch gegen Diffusionsverschleiß bei gleichzeitig völliger Unempfindlichkeit gegen oxidativen Verschleißangriff, hat die Verwendung von Al_2O_3 als Beschichtungshartstoff nahe gelegt [Sche88].

Wegen seiner großen Sprödigkeit kommt Al_2O_3 in der Regel nicht als Einzelschicht, sondern nur in Kombination mit anderen Hartstoffen in Mehrlagenschichten zur Anwendung. Die elektrisch nicht leitenden Al_2O_3-Schichten konnten aus anlagetechnischen Gründen bislang nicht mit dem PVD-, sondern nur mit dem CVD-Prozess bei Temperaturen von ca. 1000 °C hergestellt werden [Bobz10]. Die Abscheidung der thermodynamisch stabilen Hochtemperaturmodifikation des Aluminiumoxids – das α-Al_2O_3 – mittels des CVD-Prozesses ist seit über zwei Jahrzehnten industriell etabliert. Wegen ihres hervorragenden Verschleißschutzes und hohen Leistungspotentials wird versucht, Al_2O_3-Schichten auch mit Hilfe des PVD-Verfahrens herzustellen. Ein erster Schritt hierzu war die Abscheidung von amorphem Aluminiumoxid (γ-Al_2O_3) mittels der RF-Sputtertechnik. Wegen der niedrigen Beschichtungsrate und den damit einhergehenden langen Prozesszeiten erweist sich dieses Verfahren für die Beschichtung von Zerspanwerkzeugen jedoch nicht als wirtschaftlich. Mit Hilfe des gepulsten Magnetron Sputter-Prozesses ist es möglich, Zerspanwerkzeuge mit kristallinen γ-Al_2O_3–Schichten bei Substrattemperaturen von unter 700 °C zu beschichten [Bobz10]. Die γ-Al_2O_3-Schichten kann hierbei als Multilayerschicht in Kombination mit karbidischen oder nitridischen Zwischenschichten aufgebracht werden [Hauz05].

4.4.2.8 Amorphe Kohlenstoffschichten

Unter dem Begriff „amorphe Kohlenstoffschichten“ wird eine Vielzahl von Schichten und Schichtsystemen zusammengefasst. Sie werden oft auch als „diamantähnliche

Kohlenstoffschichten“ oder mit der englischen Bezeichnung als „DLC-Schichten“ (von „diamond-like carbon“) benannt. Es handelt sich hierbei um auf Kohlenstoff basierende hochvernetzte amorphe Schichten mit verschiedenen Anteilen an sp^2- (Graphitbindung) und sp^3-Bindungen (Diamantbindung) sowie unterschiedlichen Gehalten an eingelagertem Wasserstoff. Bei den Me-C:H-Schichten sind zusätzlich feinverteilte Metallkarbide eingelagert. DLC-Schichten werden durch plasmaaktivierte PVD- und CVD-Verfahren hergestellt und bei Beschichtungstemperaturen von Raumtemperatur bis ca. 300 °C abgeschieden. Die typischen Schichtdicken liegen bei 1 – 5 µm. Einige Kennwerte für die Schichteigenschaften und für das Schichtverhalten der wichtigsten verfügbaren mit PVD- und CVD-Verfahren hergestellten kohlenstoffbasierten Hartstoffschichten zeigt Abb. 4.45 [VDI 3824, VDI 2840].

	MeC:H	***a-C:H***	***a-C***	***Diamant***
Herstellungsverfahren	PVD	CVD	PVD	CVD
Schichtdicke in µm	1 bis 10	1 bis 5	1 bis 3	3 bis 10
Mikrohärte in HV 0,05 [1])	800 bis 1800	1500 bis 3500	3000 bis 7000	10000
Eigenspannungen in GPa	0,1 bis 1,5	1 bis 3	2 bis 6	-
Graphitisierungs – temperatur in °C [2])	350	400	450	> 600
Widerstand gegen Abrasivverschleiß	+	+++	++++	++++
Widerstand gegen Adhäsivverschleiß (gegenüber Stahl)	+++	+++	+++	(+++) bei guter Kühlung
Schutz des Grundmaterials gegen Korrosion [3])	+	+++	+++	+++

[1]) Für die Mikrohärte werden Mittelwerte aus berichteten Messwerten angegeben, die sich auf Grund unterschiedlicher Zusammensetzung, Schichtdicke und Eigenspannung ergeben

[2]) Die Graphitisierungstemperatur bezeichnet die Temperatur, bei der der amorphe Kohlen- stoff beginnt, sich von einem dreidimensionalen Netzwerk aus in Graphit umzuwandeln, welches die Eigenschaften der Schicht maßgeblich beeinträchtigt

[3]) Da die genannten Hartstoffschichten selbst im Wesentlichen nicht korrodieren (außer MeC), bilden sie eine korrosionshemmende Schicht für das Grundmaterial. (Wenn die Hartstoffschichten nicht dicht sind, kann es zur Ausbildung lokaler galvanischer Elemente und zur Lochkorrosion kommen)

Abb. 4.45 Kennwerte für die Schichteigenschaften, nach VDI 3824/1

Zur Verbesserung der Haftfestigkeit werden die Kohlenstoffschichten in der Regel auf einer Hartstoffschicht, z. B. CrN, als Toplayer abgeschieden. Als günstig haben sich hierbei gradierte Zwischenschichten aus CrCN bewährt, bei denen durch sukzessiven Austausch von Stickstoff und Kohlenstoff Härte und E-Modul an die mechanischen Eigenschaften der Kohlenstoffdecklage angepasst wird. Diese Vorgehensweise ermöglicht einen weitgehend stufenlosen Übergang von der Hartstoffschicht zur Kohlenstoffschicht um damit einen bestmöglichen Verbund zwischen beiden Schichtsystemen zu erreichen [Leye04].

Amorphe Kohlenstoffschichten zeichnen sich durch extrem niedrige Reibwerte bei Festkörperreibung, eine hohe Verschleißbeständigkeit und geringe Adhäsionsneigung aus. In der Zerspantechnik finden diese Schichten vor allem auf Werkzeugen für die Trockenbearbeitung von NE-Metallen, wie Aluminium oder Magnesium, und in der Feinzerspanung mit großem Erfolg Anwendung. Weitere Einsatzfelder sind die Bearbeitung von Graphit und faserverstärkten Kunststoffen.

Über die Prozessführung und durch den Einbau zusätzlicher chemischer Elemente lassen sich die Eigenschaftsprofile amorpher Kohlenstoffschichten gezielt beeinflussen. Diese Möglichkeit hat in den letzten Jahren zu einer Vielzahl unterschiedlichster Kohlenstoffschichten geführt. Im Folgenden sollen die wesentlichsten Merkmale und Eigenschaften ausgewählter amorpher Kohlenstoffschichten näher beschrieben werden. Einteilung, Bezeichnung und Charakterisierung der Schichten orientiert sich hierbei an der VDI-Richtlinie 2840.

Nach der VDI-Richtlinie 2840 können die amorphen Kohlenstoffschichten in zwei Gruppen unterteilt werden, in wasserstofffreie und wasserstoffhaltige Schichten. Da alle Kohlenstoffschichten auch ohne Zusatz von Wasserstoffgas geringe Mengen an Wasserstoff enthalten, der z. B. aus Restgasen stammt, wird eine Grenze von ca. 3 at.-% Wasserstoffanteil als Übergang von den wasserstofffreien zu den wasserstoffhaltigen Kohlenstoffschichten angesehen. Mit zunehmendem Wasserstoffgehalt nimmt der Vernetzungsgrad zwischen den Kohlenstoffatomen ab, was zu weicheren Schichten führt [VDI 3824, VDI 2840].

Als Verschleißschutzschichten auf Zerspanwerkzeugen finden von den wasserstofffreien Kohlenstoffschichten vor allem die amorphe Kohlenstoffschicht a-C und die tetraedische amorphe Kohlenstoffschicht ta-C Verwendung. In amorphen Festkörpern sind die Atome regellos angeordnet. Bindungen bestehen nur zwischen einzelnen, wenigen Atomen. Überwiegt in der amorphen Kohlenstoffschicht der sp^2-Bindungsanteil ist die Schicht weicher, überwiegt der sp^3-Anteil ist die Schicht härter. In Abhängigkeit von der Abscheideenergie bilden sich die Kohlenstoffatome in der Schicht überwiegend in einem der beiden Hybridzustände aus. Bei geringen Abscheideenergien überwiegen die sp^2-Bindungsanteile, die Schichten werden also weicher. Sie erhalten die Abkürzung „a-C“. Bei hohen Abscheideenergien bilden sich überwiegend sp^3-Hybridisierungen der Tetraederanordnung. Die Schichten weisen eine höhere Härte auf, die Druck-Eigenspannungen nehmen zu. Die tetraedischen amorphen Kohlenstoffschichten besitzen die Bezeichnung „ta-C“ [VDI 3824, VDI 2840].

Von den wasserstoffhaltigen amorphen Kohlenstoffschichten, sind vor allem die nicht modifizierten Schichten, die neben dem Kohlenstoff nur Wasserstoff enthalten und die mit „a-C:H" bezeichnet werden sowie die modifizierten Kohlenstoffschichten von Bedeutung. Letztere enthalten zusätzlich zum Wasserstoff noch weitere Elemente und werden nach der VDI-Richtlinie 2840 in die Gruppe der metallhaltigen und in die der mit Nichtmetallen modifizierten wasserstoffhaltigen amorphen Kohlenstoffschichten unterteilt [VDI 3824, VDI 2840].

Den Ursprung der Beschichtung mit amorphen Kohlenwasserstoff-Schichten bildet das Schichtsystem a-C:H. Es enthält neben Kohlenstoff noch 10 – 30 % Wasserstoff. Dieser stammt aus Kohlenwasserstoffgasen wie Acetylen, die im Herstellprozess zum Einsatz kommen.

Werden beim Vakuumabscheiden zusätzlich Metalle eingebaut, so entstehen metallhaltige Schichten. Im Gegensatz zu den a-C:H-Schichten sind sie elektrisch leitfähig und lassen sich mit einem technisch einfacheren und preiswerteren Gleichstromverfahren herstellen. Von allen amorphen Kohlenstoffschichten haben sie deshalb die bisher größte Anwendungstiefe und -breite erreicht. Die metallhaltigen amorphen Kohlenstoffschichten werden allgemein auch als „a-C:Me oder „a-C:H:Me" (üblich ist auch die Bezeichnung Me-C:H) benannt, wobei „Me" für „Metall" steht. Statt des Kürzels „Me" können jedoch auch die eingebundenen Metalle konkret angegeben werden, z. B. Wolfram (a-C:W, a-C:H:W) oder Titan (a-C:Ti, a-C:H:Ti). Die zugegebenen Metalle bilden mit dem Kohlenstoff in der Matrix feinverteilte Karbide. Durch den Einbau der Metallkarbide kann die Schichthaftung verbessert und die tribologischen Eigenschaften der Schicht beeinflusst werden [VDI 3824, VDI 2840].

Die mit Nichtmetallen modifizierten wasserstoffhaltigen amorphen Kohlenstoffschichten enthalten nichtmetallische Element wie z. B. Silizium (Si), Sauerstoff (O), Stickstoff (N), Fluor (F) oder Bor (B), die teilweise auch Karbide bilden. Durch den Einbau verschiedener Nichtmetalle sind weitere Optimierungen möglich. Mit Silizium lässt sich zum Beispiel die Temperaturbeständigkeit erhöhen. Außerdem können verschiedene Elemente gleichzeitig in die Schicht eingebaut werden. Damit lassen sich spezielle Schichteigenschaften, wie z. B. die Oberflächenenergie (Adhäsionsneigung, Benetzbarkeit), verändern.

4.4.2.9 Scherweiche Schichten

Zu den scherweichen Schichten werden Schichtsysteme gezählt, die Graphit oder Molybdändisulfid (MoS_2) enthalten. Auf Zerspanwerkzeugen werden Graphit- und MoS_2-Schichten als Deckschichten auf einer tragenden Hartstoffschicht aufgebracht und erfüllen dort eine Festschmierstofffunktion. Graphit wird hierbei in Kombination mit WC als WC/C-Multilayer Schichtsystem abgeschieden, das aus mehreren Lagen WC und Graphit besteht.

Graphit und MoS_2 weisen eine ähnliche Kristallstruktur auf. Kennzeichnend für Graphit ist, dass die C-Atome sich in einer Ebene anordnen, woraus aufgrund des geringen Atomabstandes eine sehr hohe innere Bindefestigkeit resultiert. Zwischen den

Atomlagen befindet sich jedoch ein relativ großer Abstand, sodass die Atomlagen unter der Einwirkung äußerer Kräfte leicht gegeneinander verschoben werden können. MoS_2 weist ebenfalls eine lamellare Struktur auf. Zwischen den eine Lamelle bildenden Mo- und S-Atomen besteht eine sehr starke chemische Bindung. Die Bindung zwischen zwei benachbarten Lamellen erfolgt über die Schwefelatome. Aufgrund der intermolekularen van der Waals'schen Bindungen zwischen den Schwefelatomen zweier Lamellen können diese sehr leicht gegeneinander verschoben werden können. Die Ausbildung dieser Gleitebenen ist verantwortlich für die weiche, schmierende Wirkung von Graphit und Molybdänsulfid.

Beide Schichtsysteme finden ihren bevorzugten Einsatz bei der Bearbeitung von Werkstoffen, die sehr stark zur Adhäsion mit dem Werkzeug neigen, u.a. bei der Trockenbearbeitung von Aluminiumknetlegierungen. Beim Bohren verringern diese Schichten durch ihre „schmierende" Wirkung die Reibung zwischen Span und Werkzeug und tragen damit zum verbesserten Spanabtransport bei. Beim Gewindebohren, bei dem vor allem Quetsch-, Reib- und Adhäsionsvorgänge das Bearbeitungsergebnis bestimmen, können diese Schichtsysteme auch ohne Hartstoffzwischenschichten signifikante Leistungssteigerungen erbringen.

Durch ihr scherweiches Verhalten werden beide Schichtsysteme während des Zerspanvorganges allmählich abgetragen (Verlustschmierung). Auch wenn die Schicht optisch abgetragen erscheint, ist ihre Wirkung teilweise noch nachweisbar. Dieser Effekt wird damit erklärt, dass in mikroskopisch kleinen Vertiefungen auf der Werkzeugoberfläche noch Schichtmaterial vorhanden ist und von dort aus seine Wirksamkeit noch entfalten kann. Nach dem völligen Verlust der weichen Decklage wird das weitere Verschleißverhalten der Werkzeuge dann von den Eigenschaften der Trägerhartstoffsystems bestimmt.

4.4.2.10 Diamantschichten (Kristalline Kohlenstoffschichten)

Die polykristalline Diamantbeschichtung von Werkzeugen wird erst seit 1990 angeboten und ist damit das jüngste Verfahren zur Herstellung von Diamant-Werkzeugen. Die Diamantbeschichtung erfolgt auf Werkzeugen aus Hartmetall oder Keramik in einer Diamantniederdrucksynthese (CVD-Verfahren). Die Diamantschicht besteht aus reinen Diamanten und hat keine Bindephase. Die Abscheidetemperaturen liegen im industriellen Einsatz bei ca. 600 – 1000 °C. Die Beschichtungstechnik ermöglicht es, auch Werkzeuge mit komplizierter Geometrie, wie gekrümmte Flächen, kostengünstig aus Diamant herzustellen [Leye95]. Anwendungsbeispiele hierfür sind Bohrwerkzeuge, Schaftfräser und Wendeschneidplatten mit Spanformgeometrien. Diese Werkzeuge werden bei der Bearbeitung von Kunststoffen, Hartmetall- und Keramikgrünlingen, Buntmetallen sowie bei der Zerspanung von abrasiv wirkenden Werkstoffen eingesetzt. Diamantbeschichtete Werkzeuge sind zur Bearbeitung von Stahl und anderen eisenhaltigen Werkstoffen nicht einsetzbar, da die Diamantschicht aufgrund der Löslichkeit des Kohlenstoffs in Eisen schnell verschleißt.

Man unterscheidet zwischen Diamantdünnschichten (s_d = 1 – 40 µm) und Diamantdickschichten (s_d = 0,3 – 2 mm). Diamantdünnschichten dienen der direkten Beschichtung von Bauteilen, z. B. von Werkzeugen. Diamantdickschichten werden dagegen in der Regel auf einem Hilfssubstrat abgeschieden und anschließend von diesem wieder abgelöst. Die so entstehenden Diamantplatten werden dann als freistehender Diamant, z. B. als Strahlungsfenster, eingesetzt oder auf Träger montiert, in der Regel durch Vakuumlöten, um daraus z. B. Werkzeuge herzustellen. Da es sich dann nicht mehr explizit um eine Schicht handelt, wird häufig nicht mehr von einer CVD-Diamantschicht, sondern von einem CVD-Diamanten gesprochen [VDI 2840].

Zur Herstellung von Diamantschichten haben sich mehrere Verfahren etabliert. Die wichtigsten sind das Heißdrahtverfahren (Hot-Filament-Process, HF-CVD), das Mikrowellenverfahren und das Plasma-Jet-Verfahren (DC-Arc-Jet). Allen Verfahren gemeinsam ist die Zersetzung kohlenstoffhaltiger Gase, z. B. Methan, Acethylen oder Kohlenmonoxid, mit nachfolgender Abscheidung des Kohlenstoffes auf der Substratoberfläche. Dabei muss die Bildung unerwünschten Graphits vermieden werden. Bei der Keimbildung und dem Wachstum der Diamantschichten spielt atomarer Wasserstoff eine besondere Rolle. Bei dem für die Abscheidung von CVD-Diamantdünnschichten bekanntestem Verfahren, dem Heißdraht- oder Hot-Filament-Verfahren, wird der für den Prozess erforderliche atomare Wasserstoff an elektrisch beheizten Glühdrähten aus Refraktärmetallen (Ta, W, oder Re) erzeugt. Es werden Gastemperaturen von über 2500 °C benötigt, um die erforderlichen chemischen Reaktionen zu initiieren [Lemm04, VDI 2840].

Besondere Bedeutung kommt bei der Beschichtung von Hartmetallen der Randzone zu. Kobalt, das die Bindephase des Hartmetalls bildet, reduziert die Keimbildung des Diamanten auf der Substratoberfläche, beschleunigt die Graphitbildung, beeinflusst das Kristallwachstum und die Schichthaftung. Hartmetallsubstrate müssen daher vor der Beschichtung einer Vorbehandlung unterzogen werden. Dabei kann zwischen physikalischer und chemischer Vorbehandlung und dem Aufbringen einer Zwischenschicht unterschieden werden. Üblich ist heute eine mehrstufige Vorbehandlung, die aus den Arbeitsschritten Strahlen, chemisches Ätzen, Reinigen und Bekeimen besteht. Durch eine Mikrostrahlbehandlung wird das Substrat zunächst gereinigt und homogenisiert. Beim dem sich anschließenden chemischen Ätzen wird die Kobalt-Bindephase aus der Randzone des Hartmetallsubstrates entfernt. Die Tiefe, bis zu der die Bindephase herausgelöst wird, richtet sich nach der Rückdiffusion des Kobalts während des Beschichtungsprozesses. Aufgrund der hohen Substrattemperatur von 900 °C und der langen Prozesszeiten diffundiert das Kobalt während der Diamantbeschichtung durch die geätzte Randzone zur Substratoberfläche. Bei einer zu geringen Ätztiefe reagiert das zur Oberfläche diffundierende Kobalt mit der Diamantschicht und führt zu einer Auflösung des Diamanten an der Grenzfläche. Dies verringert die Haftfestigkeit der Diamantschicht. Eine zu große Ätztiefe schwächt die Einbindung der Karbide in der Bindephase und verringert dadurch ebenfalls die Schichthaftung. Die durch das Ätzen erzeugte raue Oberfläche sorgt für eine mechanische Verklammerung der Diamantschicht mit dem Hartmetallsubstrat. Aufgrund der extremen Unterschiede zwischen Schicht- und Substratmaterial (E-Modul und Härte) kommt im Hinblick auf eine gute Haftfestigkeit der Diamantschicht deren mechanischen Verklammerung mit dem Substrat eine außerordentlich große Bedeutung zu. Im Anschluss an das Ätzen werden die Substrate nochmals gereinigt und bekeimt. Zum Aufwachsen der Diamantschicht müssen sich Diamantkeime auf der Substratoberfläche befinden, die als Startkristalle dienen und von denen aus die Schicht aufwächst. Das Bekeimen kann z. B. dadurch geschehen, dass über eine Diamantsuspension kleine Diamantkristalle aufgebracht werden [Gram04, VDI 2840, Lemm04].

Die standardmäßigen Diamantschichten besitzen einen mikrokristallinen Aufbau, Abb. 4.46. Die Kristallite wachsen, ausgehend von den Keimen, je nach ihrer Kristallorientierung unterschiedlich schnell. Langsam wachsende Kristallite werden dabei von schnell wachsenden überdeckt. Mit zunehmender Schichtdicke werden die die Oberfläche bildenden Kristallite immer größer und es bildet sich das typische Aussehen einer mikrokristallinen CVD-Diamantschicht mit scharfkantigen Kristallflächen [VDI 2840].

Werden die Wachstumsbedingungen so eingestellt, dass ständig neue Keime entstehen und ein Größenwachstum einzelner Kristallite nicht möglich ist, bleibt die Kristallitgröße über die gesamte Schichtdicke im Nanometerbereich, Abb. 4.46 und 4.47. Auf diese Weise entstehen sog. nanokristalline CVD-Schichten, die im Vergleich zu den kristallinen Schichten, eine wesentlich glattere Oberfläche aufweisen [VDI 2840].

Beide Schichttypen können auch kombiniert und so die positiven Eigenschaften von mikro- und nanokristallinen Diamantschichten in Multilayerstrukturen [Uhlm05] vereint werden, Abb. 4.46 und 4.47. Auf diese Weise wird die Bruchzähigkeit des Gesamtsystems

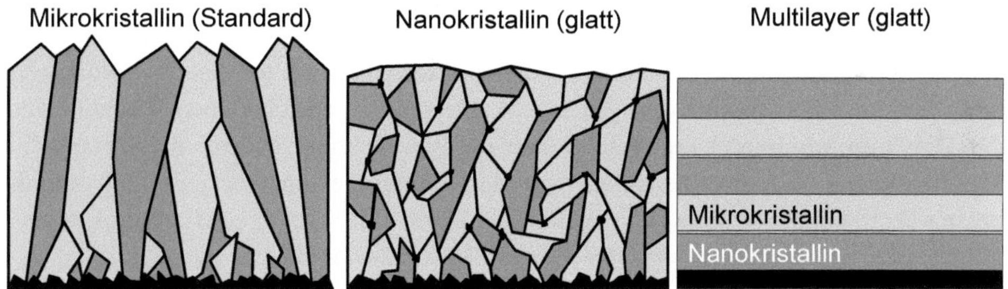

Abb. 4.46 Wachstumsmodell und Oberflächenausbildung von Diamantschichten, nach VDI 2840 und LEMMER [Lemm04]

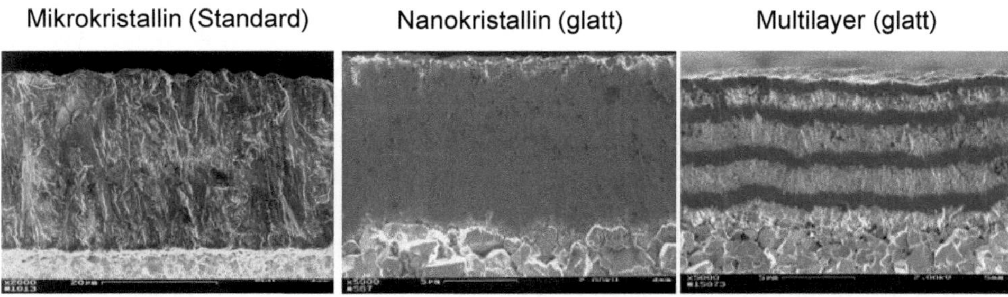

Abb. 4.47 REM-Aufnahmen von CVD-Diamantschichten auf einem HM-Substrat [VDI 2840, Lemm04]

erhöht und die Ausbreitung von Rissen eingedämmt, sodass diese nicht mehr so einfach das Interface zwischen der ersten Diamantschicht und dem Substrat erreichen und damit die Abplatzung der gesamten Schicht verursachen können [Lemm04].

4.4.3 Substratvorbehandlung

CVD- und insbesondere PVD-Beschichtungsprozesse stellen hohe Anforderungen an den Oberflächenzustand der zu beschichtenden Bauteile. Schon kleinste Verunreinigungen auf den Substratoberflächen in Form von Kühlschmierstoffresten, Fettresten, Wassereinlagerungen, Schleif- und Poliermitteln, Härtesalzrückständen oder Oxidablagerungen können während des Beschichtungsprozesses ausgasen, den Beschichtungsprozess ungünstig beeinflussen und zu Problemen bei der Schichthaftung führen. Der Vorbehandlung der Substrate kommt daher im Hinblick auf die Erzielung einer hohen und reproduzierbaren Schichtqualität eine Schlüsselrolle zu [Lugs03, VDI3824].

Bei der Substratvorbehandlung wird zwischen der mechanischen Vorbehandlung z. B. durch Schleifen, Entgraten, Mikrostrahlen und Polieren sowie der physikalisch-chemischen Vorbehandlung z. B. durch Entschichten oder ultraschallunterstütztes Reinigen, unterschieden. Um bei der PVD-Beschichtung eine optimale Schichthaftung zu erreichen, durchlaufen die Teile vor der Chargierung eine mehrstufige Ultraschallreinigung. In der Beschichtungsanlage werden die Teile dann zuerst im Vakuum aufgeheizt, wobei weitere Verunreinigungen abdampfen können. Anschließend werden die Werkzeuge durch Beschuss mit Argon-Ionen geätzt, um eine rein metallische Oberfläche zu erzeugen. Direkt im Anschluss hieran erfolgt dann die Beschichtung. Müssen die Substrate bis zur Chargierung noch zwischengelagert werden, erfolgt dies im Trockenschrank, um die Substratoberflächen vor Wassereinlagerungen (durch Luftfeuchtigkeit), gegen Flugrostbildung und Hautkontakt zu schützen [Lugs03, VDI3824, Gey03].

4.5 Keramische Schneidstoffe

Zu den keramischen Werkstoffen werden alle nichtmetallischen, anorganischen Feststoffe gezählt. Im Wesentlichen handelt es sich hierbei um chemische Verbindungen von Metallen mit nichtmetallischen Elementen der Gruppen III A bis VII A des Periodensystems der Elemente. Unterschieden wird zwischen den oxidischen und den nichtoxidischen Keramiken. Die größte Gruppe der Keramiken stellen die Oxide dar. Nichtoxidische Keramiken sind Karbide, Boride, Nitride und Silizide. Verschiedene Autoren differenzieren hierbei nochmals zwischen metallischen Hartstoffen (Verbindungen zwischen C, B, N oder S mit Ti, Zr, Nb, Ta, W u.a.) und nichtmetallischen Hartstoffen wie Diamant, SiC, Si_3N_4, B_4C und BN. Kennzeichnende Eigenschaften der keramischen Werkstoffe sind Druckfestigkeit, hohe chemische Beständigkeit und hohe Schmelztemperaturen, die auf die feste kovalente und Ionenbindung der Atome zurückzuführen sind [Salm83a, Horn06].

Im Folgenden werden die keramischen Werkstoffe, die als Schneidstoffe in der Zerspanungstechnik Verwendung finden, näher beschrieben. In Anlehnung an den in der Praxis üblichen Sprachgebrauch, wird hierbei zwischen den Schneidkeramiken (Oxid- und Nichtoxidkeramiken) sowie den hochharten nichtmetallischen Schneidstoffen (Diamant und Bornitrid) unterschieden.

4.5.1 Schneidkeramiken

Schneidkeramik findet in vielen Bereichen der spanenden Bearbeitung mit geometrisch bestimmter Schneidteilgeometrie ihr Einsatzgebiet. Zu nennen sind hier die Hochgeschwindigkeitsbearbeitung von Gusswerkstoffen, die Hartzerspanung oder die Bearbeitung von Nickelbasislegierungen. In der Massenfertigung von Bremsscheiben, Schwungscheiben und ähnlichen Werkstücken ist ihr Einsatz heute selbstverständlich. In der Fahrzeugtechnik konnten sich Silizumnitridkeramiken beim Hochgeschwindigkeitszerspanen von Gusseisenwerkstücken bedeutende Marktanteile sichern [Schn99]. Ein vorrangiges Einsatzgebiet der Mischkeramik ist die Hartbearbeitung. Sog. whiskerverstärkte Schneidkeramiken finden im Bereich des Triebwerkbaus, bei der Bearbeitung von Triebwerkskomponenten aus Nickelbasislegierungen bevorzugt Verwendung. Whisker sind stäbchenförmige Einkristalle mit einem geringen Fehlordnungsgrad im Gitter. Sie haben dementsprechend eine hohe mechanische Festigkeit (R_m bis 7000 N/mm²). Ihre Länge beträgt ca. 20 – 30 µm, ihr Durchmesser 0,1 – 1 µm.

Die zunehmende Bereitschaft von Anwendern Schneidkeramik in der Produktion einzusetzen, beruht neben dem herausragenden Verschleißverhalten keramischer Schneidstoffe im Wesentlichen auf deren in den letzten Jahren deutlich verbesserten Zähigkeitseigenschaften. Das für keramische Werkstoffe charakteristische Sprödbruchverhalten, die Streuung ihrer Festigkeitseigenschaften und die hieraus resultierenden stochastisch auftretenden Werkzeugbrüche sind nach wie vor die Hauptursachen dafür, dass diese Schneidstoffe bislang nicht in dem Maße Eingang in die Zerspantechnik gefunden haben, wie z. B. die Hartmetalle.

Neu- und Weiterentwicklungen von Schneidkeramik konzentrieren sich infolgedessen auf die weitere Erhöhung der Zähigkeit und damit der Sicherheit beim Einsatz dieser Schneidstoffe in der Produktion. Durch die Weiterentwicklung keramischer Schneidstoffe können heute vollkeramische Schaftfräser am Markt angeboten werden.

Die Verbesserung dieser Eigenschaften wird bei den oxidischen Reinkeramiken durch die Erhöhung des Zirkonoxidgehalts, die Optimierung der Verteilung dieser Phasen und durch die Einstellung eines gleichmäßigeren Gefüges angestrebt. Bei den Mischkeramiken kommen feinkörnigere Hartstoffe zum Einsatz und es erfolgt eine partielle Substitution des Titankarbids durch Titankarbonitrid. Weitere Maßnahmen sind die Faser- und/ oder Whiskerverstärkung, die Reduzierung des Glasphasenanteils an den Korngrenzen nichtoxidischer Keramiken sowie die Ausbildung spezieller Gefügestrukturen [Kola86, Clau77, Schn99].

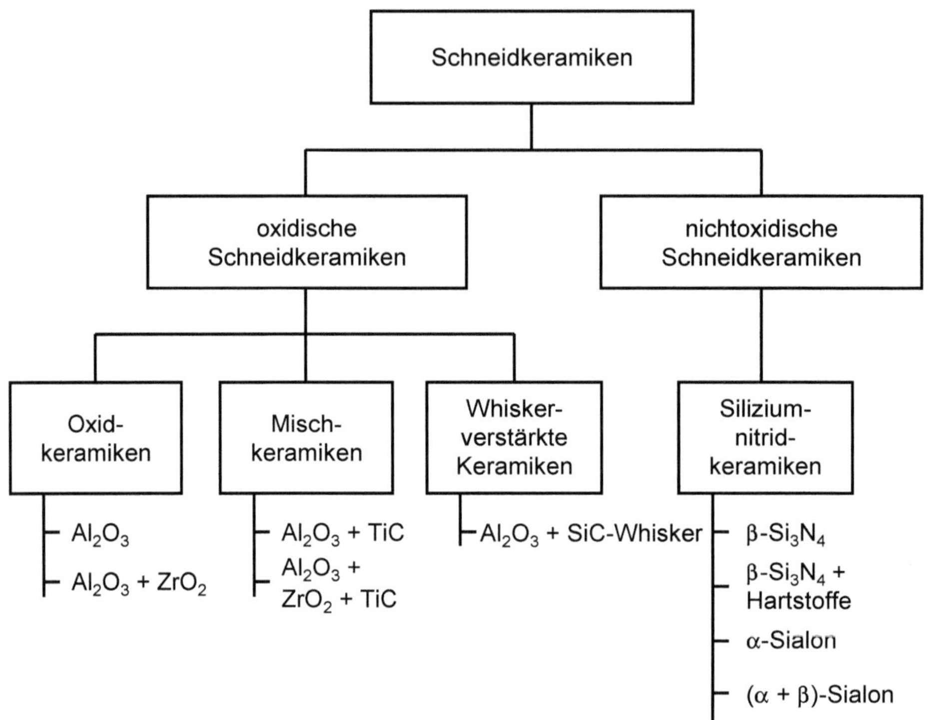

Abb. 4.48 Einteilung der Schneidkeramiken

Die keramischen Schneidstoffe können in oxidische und nichtoxidische Schneidkeramik eingeteilt werden, vgl. Abb. 4.48.

Zu den oxidischen Schneidkeramiken zählen alle Schneidstoffe auf der Basis von Aluminiumoxid (Al_2O_3). Es wird zwischen der Oxidkeramik, die außer Al_2O_3 als weitere Komponenten nur Oxide (z. B. ZrO_2) enthält, der Mischkeramik, die neben Al_2O_3 noch metallische Hartstoffe (TiC/TiCN) aufweist sowie der whiskerverstärkten Keramik, bei der in die Al_2O_3-Matrix SiC-Whisker eingelagert sind, unterschieden.

Abb. 4.49 zeigt rasterelektronenmikroskopische Aufnahmen der Bruchgefüge verschiedener Schneidkeramiken. Typisch für die oxidischen Schneidkeramiken ist, dass sie keine sichtbare Bindephase, wie z. B. die Hartmetalle (Kobalt), besitzen. Zu erkennen sind die globularen Körner der Oxidkeramik, die extreme Feinkörnigkeit der Misch- und whiskerverstärkten Keramik sowie in der Ausschnittsvergrößerung die nur wenige µm großen SiC-Whisker. Kennzeichnend für die nichtoxidischen Keramiken auf der Basis von Si_3N_4 ist die stäbchenförmige Ausbildung der Kristalle. Zur Verbesserung der Verschleißfestigkeit können Si_3N_4-Schneidkeramiken mit Al_2O_3 oder mit Multilayer-Schichtsystemen aus Al_2O_3 und TiN beschichtet werden [Schn99].

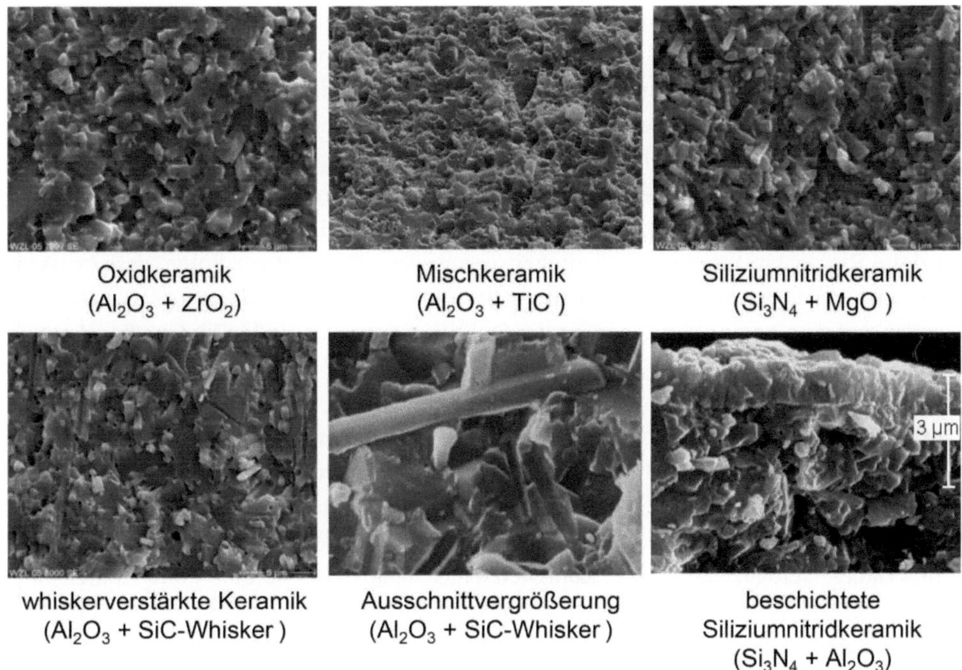

Abb. 4.49 Bruchgefüge verschiedener Schneidkeramiken

In Abb. 4.50 sind einige physikalische Eigenschaften handelsüblicher keramischer Schneidstoffe zusammengestellt. In Abhängigkeit von der chemischen Zusammensetzung unterscheiden sich die verschiedenen Keramiksorten in ihren Eigenschaften z. T. erheblich.

4.5.1.1 Schneidkeramiken auf der Basis von Al_2O_3

Oxidkeramiken

Die traditionelle Schneidkeramiksorte ist die weiße Oxidkeramik. Bereits Ende der 1930er Jahre wurden Keramiken auf der Basis von Al_2O_3 als Schneidstoffe vorgestellt [Kola86]. Die Schneidplatten bestanden lange Zeit aus reinem Aluminiumoxid. Aufgrund ihrer großen Sprödigkeit und Bruchanfälligkeit finden derartige Schneidplatten in der Zerspanung keine Verwendung mehr. Die heute eingesetzte Reinkeramik ist ein Dispersionswerkstoff, der neben Al_2O_3 zur Verbesserung der Zähigkeitseigenschaften ca. 3 – 15 % feinverteiltes Zirkondioxid enthält.

Die zähigkeitssteigernde Wirkung von dispergierten ZrO_2-Teilchen in einer Al_2O_3-Matrix beruht auf der Phasenumwandlung des Zirkondioxids. ZrO_2, das im Sintertemperaturbereich (1400 – 1600 °C) in Form einer tetragonalen Gittermodifikation vorliegt, wandelt sich beim Abkühlen in seine monokline Tieftemperaturmodifikation um. Die

Temperaturen, bei der die Umwandlung stattfindet, sind abhängig von der Teilchengröße. Je kleiner die ZrO_2-Teilchen sind, umso niedriger ist die Umwandlungstemperatur. Da die Umwandlung von der tetragonalen in die monokline Modifikation mit einer Volumenausdehnung verbunden ist, können in Abhängigkeit von der Teilchengröße unterschiedliche, jeweils spezifische Wirkmechanismen zur Geltung gelangen. Diesen Mechanismen ist gemeinsam, dass sie letztlich Bruchenergie absorbieren. Durch Mikrorissbildung, Rissverästelung, spannungsinduzierte Umwandlung kleiner ZrO_2-Teilchen sowie Rissablenkung wird die Rissausbreitungsgeschwindigkeit vermindert. Dies hat zur Folge, dass kritische Risse erst bei höherem Energieniveau entstehen, was einer Erhöhung des Bruchwiderstandes und damit einer Verbesserung der Duktilität entspricht [Clau77, Clau84, Zieg87].

Mischkeramiken

Die Mischkeramiken (schwarze Keramiken) sind Dispersionswerkstoffe auf der Basis von Al_2O_3, die zwischen 5 und 40 % nichtoxidische Bestandteile in Form von TiC oder TiCN enthalten. Die Hartstoffe bilden im Grundgefüge feinverteilte Phasen, die das Kornwachstum des Aluminiumoxids begrenzen. Dementsprechend weisen diese Keramiken ein sehr feinkörniges Gefüge, verbesserte Zähigkeitseigenschaften sowie eine hohe Kanten- und Verschleißfestigkeit auf. Im Vergleich zur Reinkeramik besitzen sie eine höhere Härte und aufgrund der guten Wärmeleitfähigkeit der metallischen Hartstoffe günstigere Thermoschockeigenschaften, vgl. Abb. 4.50. Durch Zugabe von ZrO_2 kann das Zähigkeitsverhalten dieser Keramiken weiter verbessert werden.

Die Entwicklung der Mischkeramik geht hin zu immer feinkörnigeren Schneidstoffen mit äußerst homogener Gefügestruktur. Gegenüber konventioneller Schneidkeramik auf der Basis von Aluminiumoxid und Titankarbonitrid mit einer mittleren Korngröße von < 2 µm weist die weiterentwickelte Mischkeramik ein Submikrongefüge mit Korngrößen < 1 µm auf. Durch das feinkörnigere Gefüge werden Härte und Biegefestigkeit und damit einhergehend die mechanische und thermische Belastbarkeit, der Verschleißwiderstand und die Kantenfestigkeit keramischer Schneidplatten gesteigert. Einsatz findet die feinkörnige Mischkeramik bei der Hartfeinbearbeitung, z. B. bei der Bearbeitung gehärteter Wälzlagerstähle, beim Hartfeindrehen einsatzgehärteter Bauteile aus der Fahrzeugtechnik wie Antriebsräder, Tellerräder, Zahnräder oder Schiebemuffen mit einer Rockwell-Härte von 54 – 62 HRC aber auch beim Schlichten und Feinschlichten von Gusseisen mit sehr hohen Schnittgeschwindigkeiten. Beim Hartdrehen stehen die Submikron-Mischkeramiken im Wettbewerb zu den PCBN-Schneidstoffen, zu denen sie aufgrund eines guten Kosten-Nutzungsverhältnisses in zahlreichen Anwendungsfällen eine wirtschaftliche Alternative darstellen [Krel97, Schn99].

Whiskerverstärkte Schneidkeramiken

Whiskerverstärkte Schneidkeramiken sind Schneidstoffe auf der Basis von Al_2O_3 mit ca. 20 – 40 % Siliziumkarbid-Whiskern. Ziel der Whiskerverstärkung ist die Verbesserung der Zähigkeitseigenschaften keramischer Schneidstoffe. Der Zähigkeitsgewinn bei oxidischen Keramiken durch den Einbau von Whiskern ist bemerkenswert. Im Vergleich zu

Eigenschaften			Oxidkeramik		Whiskerverst. Oxidkeramik	Mischkeramik		Siliziumnitrid-keramik
			Al_2O_3		Al_2O_3	Al_2O_3		Si_3N_4
			+3,5% ZrO_2	+15% ZrO_2	+15%ZrO_2 +20%SiC-Whisker	+10%ZrO_2 +5%TiC	+30% Ti(C,N)	+10%Y_2O_3
Dichte	ρ	g/cm^3	4,0	4,2	3,7	4,1	4,3	3,3
Vickers-härte	–		1730	1750	1900	1730	1930	1750
Biege-festigkeit	σ_{bB}	N/mm^2	700	800	900	650	620	800
Druck-festigkeit	σ_{dB}	N/mm^2	5000	4700	-	4800	4800	-
E-Modul	E	$10^3 \cdot N/mm^2$	380	410	390	390	400	
Bruch-zähigkeit	K_{IC}	$N \cdot m^{1/2}/mm^2$	4,5	5,1	8,0	4,2	4,5	7,0
Wärmeleit-fähigkeit	λ	$W/m \cdot K$	16,4	15	32	14,7	20	
Wärmeaus-dehnung	α	$10^{-6} \cdot K^{-1}$	8	8	-	8	8	3,4
Schmelz-punkt	t	°C	-	-	-	-	-	-

Abb. 4.50 Physikalische Eigenschaften verschiedener Schneidkeramiken

Mischkeramiken weisen whiskerverstärkte Sorten eine bis zu 60 % höhere Bruchzähigkeit auf. Die Whisker bewirken eine gleichmäßigere Verteilung der mechanischen Belastungen im Schneidstoff sowie aufgrund der besseren Wärmeleitfähigkeit einen schnelleren Wärmetransport aus den thermisch hoch belasteten Schneidenbereichen. Daraus ergibt sich eine verbesserte Wechselfestigkeit und Thermoschockbeständigkeit, sodass mit whiskerverstärkter Schneidkeramik auch im Nassschnitt gearbeitet werden kann.

Herstellung von oxidischer Schneidkeramik

Die Ausgangsmaterialien der Schneidkeramik werden einschließlich der Press- und Sinterhilfsmittel nach einer genauen Rezeptur dosiert, in Schwingmühlen homogenisiert und in einem Sprühtrockner zu einem pressfähigen Pulver mit hoher Rieselfähigkeit aufbereitet.

Die Oxidkeramiken, wie auch die Mischkeramiken mit geringen Hartstoffanteilen werden bei Raumtemperatur zu Schneidplatten (Kaltpressen) verpresst und anschließend gesintert. Das Sintern erfolgt bei ca. 1600 °C. Mischkeramik mit einem hohen Hartstoffanteil (> 10 %) sowie die whiskerverstärkte Keramik müssen heißgepresst werden, d. h. Pressen und Sintern erfolgen in einem Arbeitsgang. Aufgrund der hierfür erforderlichen speziellen Einrichtungen (z. B. Graphit- statt Hartmetallformen) ist das Heißpressen kostenintensiver als das Normalsintern. Ferner ist die Anzahl der herstellbaren Werkzeuggeometrien deutlich eingeschränkt. Durch heißisostatisches Pressen können gesinterte Keramikteile nachverdichtet und damit die Porosität des Schneidstoffs verringert werden. Eine Verfahrensvariante ist das heißisostatische Nachverdichten vorgesinterter Formteile mit geschlossener Porosität in einer Anlage.

Nach dem Sintern bzw. Heißpressen werden die Auflageflächen, bei Genauigkeitsplatten auch die Mantelflächen der Schneidplatten sowie die Schneidkantenfase, mit Diamantschleifscheiben geschliffen [Kola86, Grew85].

Eigenschaften oxidkeramischer Schneidstoffe

Keramische Schneidstoffe auf der Basis von Al_2O_3 zeichnen sich aufgrund ihrer hohen Warmhärte und chemischen Beständigkeit durch ein hervorragendes Verschleißverhalten aus. Den ausgesprochen günstigen Verschleißeigenschaften oxidkeramischer Schneidstoffe steht jedoch, bedingt durch die sprödharte Materialcharakteristik, ihre Empfindlichkeit gegen Zug-, Biege-, Schlag- und thermische Schockbeanspruchung gegenüber. Wie eingangs dieses Kapitels bereits erwähnt, liegt aus diesem Grund der Schwerpunkt der in den letzten Jahren durchgeführten Weiterentwicklung oxidkeramischer Schneidstoffe auf einer Verbesserung der Zähigkeits- und Thermoschockeigenschaften, ohne dabei jedoch die Verschleißfestigkeit zu mindern.

Das ausgezeichnete Verschleißverhalten oxidischer Schneidstoffe, insbesondere bei hohen Schnittgeschwindigkeiten, beruht u.a. auf der im Vergleich zu anderen Schneidstoffen überlegenen Härte und Druckfestigkeit bei hohen Temperaturen. So weisen oxidkeramische Schneidstoffe bei 1000 °C noch eine höhere Härte als z. B. Schnellarbeitsstahl bei Raumtemperatur auf, vgl. Abb. 4.51.

Während die Druckfestigkeit von Al_2O_3 bei Raumtemperatur in etwa der von Hartmetall entspricht, ist sie bei 1100 °C noch so groß wie die von Stahl bei Raumtemperatur, während weder Stahl noch Hartmetall bei 1100 °C auf Druck belastbar sind. Nicht zuletzt aufgrund der hohen Druckfestigkeit konnte Keramik sich als Schneidstoff durchsetzen. Da jedoch die Biegebruchfestigkeit relativ gering ist, muss die Verfahrenskinematik bei der Verwendung von Oxidkeramik als Schneidstoff so ausgewählt sein, dass die Schnittkräfte möglichst nur in Form von Druckspannungen wirksam werden [Kola86, Kola87, Zieg87].

Eine weitere, den Einsatz keramischer Schneidstoffe bei hohen Schnittgeschwindigkeiten begünstigende Eigenschaft, ist das geringe Kriechen von Al_2O_3. Bei Hartmetallen wird die Warmfestigkeit durch die eigenschaftsbestimmende Kobaltphase bei Temperaturen von 800 – 900 °C begrenzt. Bei höheren Temperaturen setzen Kriechvorgänge ein, die bei Al_2O_3 um Größenordnungen geringer sind.

Die hohe Verschleißfestigkeit oxidischer Schneidstoffe ist auch auf die gute chemische Beständigkeit des Al_2O_3 zurückzuführen. Al_2O_3 ist bei den in der Praxis auftretenden Schnitttemperaturen oxidationsbeständig und zeigt nur eine geringe Affinität zu metallischen Werkstoffen.

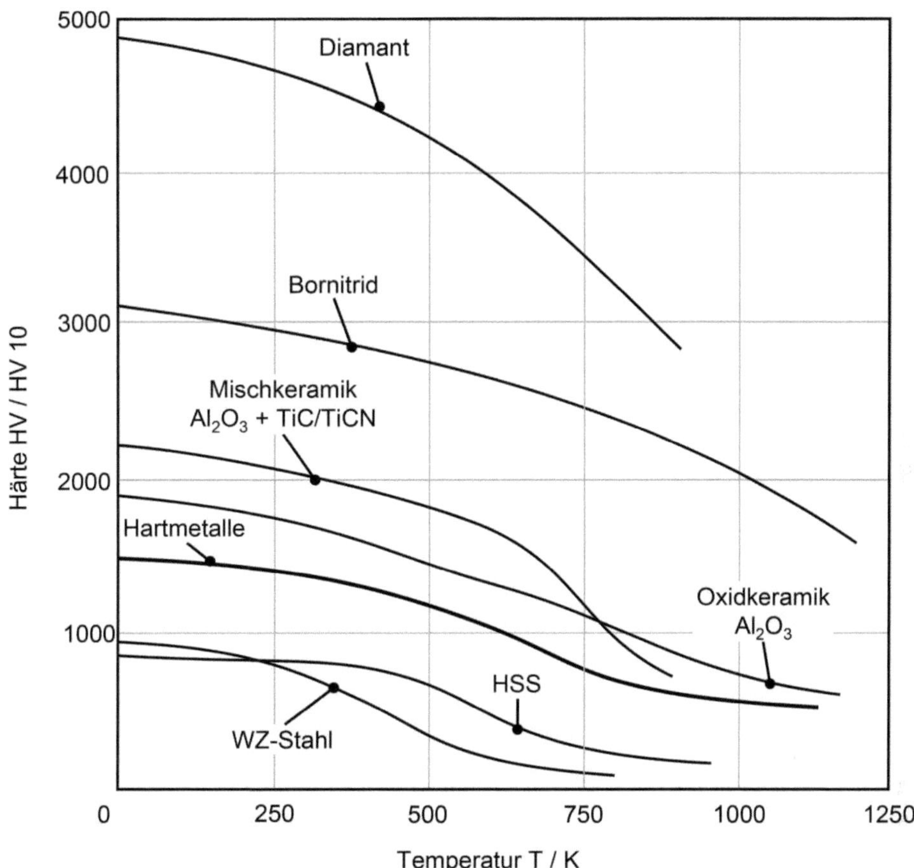

Abb. 4.51 Warmhärte verschiedener Schneidstoffe (Quelle: CeramTec)

Der wesentlichste Nachteil keramischer Schneidstoffe ist ihre Sprödigkeit, d. h. die mangelnde Fähigkeit, Spannungsspitzen durch plastische Deformation abzubauen. Ursache hierfür ist die zu geringe Anzahl von Gleitsystemen im Kristallaufbau keramischer Werkstoffe. Die Folgen sind eine hohe Empfindlichkeit gegen Zugspannungen und eine im Vergleich zu Metallen geringe mechanische und thermische Schockbeständigkeit.

Bei plötzlicher mechanischer Überbelastung durch impulsartige Beanspruchung kommt es zu einer Zerstörung des Schneidstoffs infolge Sprödbruchs. Aufgrund der fehlenden Duktilität setzt bei Überschreitung des inneren Werkstoffzusammenhalts durch äußere Spannungen Rissbildung ein. Erreicht der Riss eine kritische Größe, tritt instabiles Risswachstum auf und es kommt zum Bruch des keramischen Werkzeugs. Eine Kenngröße zur Beurteilung des Spannungszustandes an der Spitze eines Risses ist der Spannungsintensitätsfaktor K_I. Zum Versagen des Schneidstoffs durch Bruch kommt es, wenn der Spannungsintensitätsfaktor einen kritischen Wert, die Risszähigkeit (Bruchzähigkeit)

K_{IC} erreicht. Im Vergleich zu anderen Werkstoffen sind die K_{IC}-Werte für Keramik sehr niedrig, vgl. Abb. 4.50.

Ein weiterer wesentlicher Nachteil von Oxidkeramik ist ihre relativ geringe Temperaturwechselbeständigkeit. Bei Temperaturwechseln von mehr als 200 °C wird reines Al_2O_3 zerstört. Eine Verbesserung ist nur durch Zulegieren einer Komponente mit besserer Temperaturwechselbeständigkeit möglich.

Aufgrund der Thermoschockempfindlichkeit soll beim Schruppen und Schlichten mit Oxidkeramik nicht gekühlt werden. Kühlflüssigkeit sollte nur zur Temperierung des Werkstücks, z. B. aufgrund enger Werkstücktoleranzen, eingesetzt werden.

Geringe Biegebruchfestigkeit und verhältnismäßig hohe Empfindlichkeit auf Schlag- und Temperaturwechselbeanspruchung erfordert beim praktischen Einsatz das mit verzögerter Belastung der Werkzeugschneide verbundene, schräge An- und Ausschneiden, vgl. Abb. 4.52. Bedingt durch die geringe Kantenfestigkeit sollen angefaste Kanten die Schneide stabilisieren.

Einsatzgebiete oxidkeramischer Schneidstoffe

Grundsätzlich ist zu betonen, dass aufgrund der hohen Sprödigkeit die sorgfältige Anpassung von Schnittwerten und Werkzeuggeometrie Voraussetzung für einen erfolgreichen

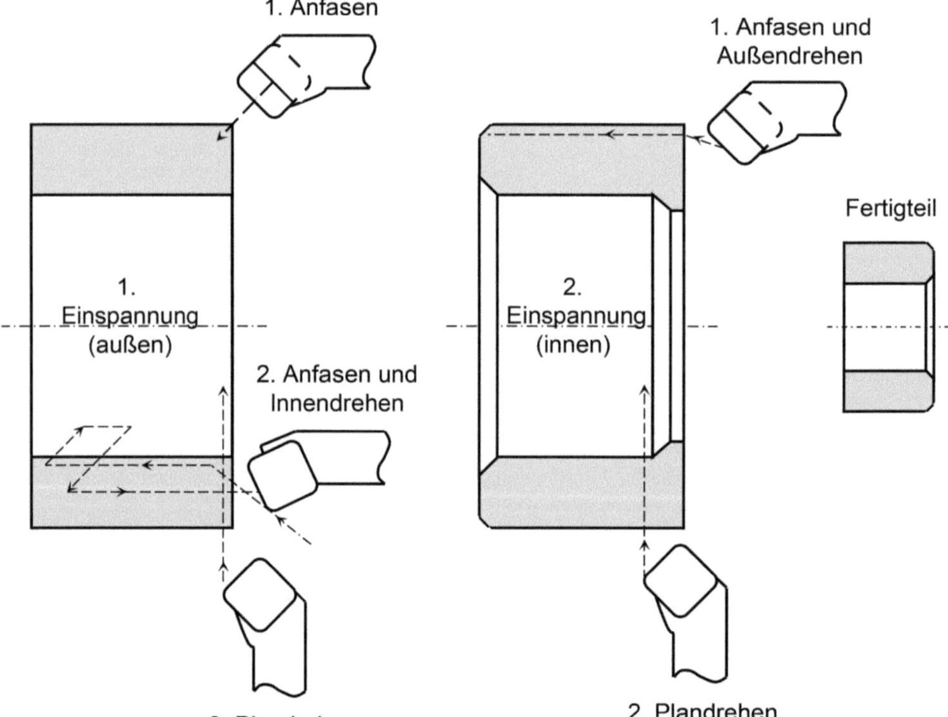

Abb. 4.52 Anschnitt- und Ausschnittstrategien beim Drehen mit Schneidkeramik (Quelle: Ford)

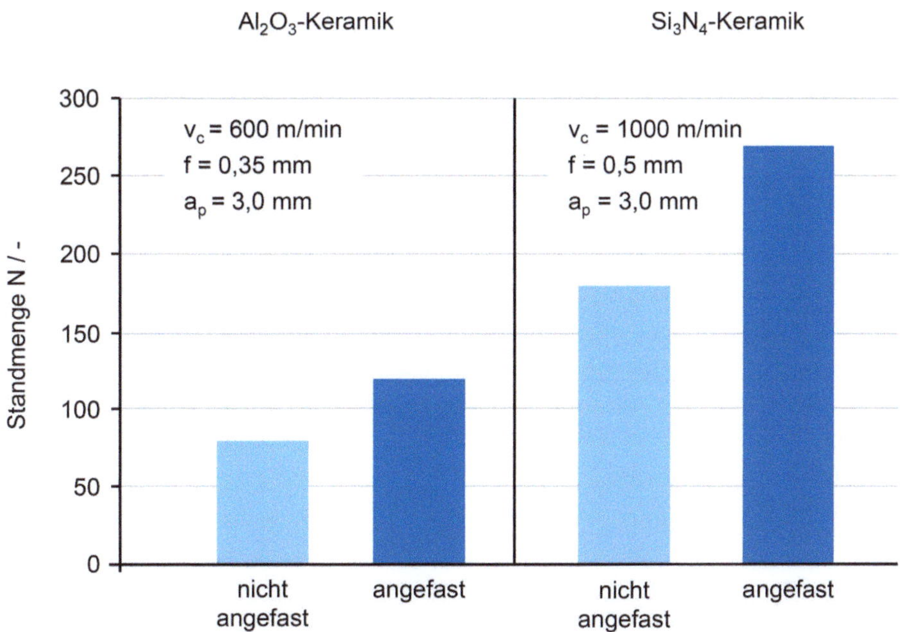

Abb. 4.53 Einfluss von Schneidkeramiksorte und Anschnittstrategie auf die Standmenge bei der Bremsscheibenfertigung (Quelle: CeramTec)

Einsatz der Schneidkeramiken ist. Die Keramik toleriert hier keine Fehler, da sie bei ungünstigen Randbedingungen unmittelbar durch Bruch zerstört werden kann. Schneidkeramiken kommen daher nahezu ausschließlich in der Massenfertigung zum Einsatz. Hier rechtfertigt die Reduzierung von Bearbeitungszeit den hohen Aufwand bei der Auswahl und Anpassung der Schneidstoffe. Hauptanwendungsbereich oxidkeramischer Schneidstoffe ist das Schrupp- und Schlichtdrehen von Grauguss, Einsatz- und Vergütungsstählen. Jedoch wird die reine Oxidkeramik gerade bei der Gussbearbeitung immer mehr von der Siliziumnitrid-Keramik verdrängt, vgl. Abb. 4.53. Die Tendenz zur Trockenbearbeitung eröffnet der Oxidkeramik dagegen beim Drehen von Fließpressteilen mit geringem Aufmaß neue Einsatzfelder. Feinkörnige Mischkeramik wird bei der Hartfeinbearbeitung, z. B. bei der Bearbeitung gehärteter Wälzlagerstähle, beim Feindrehen einsatzgehärteter Bauteile aus der Fahrzeugtechnik wie Antriebsräder, Tellerräder, Zahnräder oder Schiebemuffen mit einer Rockwell-Härte von 54 – 62 HRC aber auch beim Schlichten und Feinschlichten von Gusseisen mit sehr hohen Schnittgeschwindigkeiten eingesetzt. Beim Hartdrehen steht die Submikron-Mischkeramik im Wettbewerb zu den PCBN-Schneidstoffen, zu denen sie aufgrund eines guten Kosten-Nutzungsverhältnisses in zahlreichen Anwendungsfällen eine wirtschaftliche Alternative darstellt [Krel97, Schn99].

Restriktionen bestehen für beide Schneidkeramiken jedoch hinsichtlich des Kohlenstoffgehalts der bearbeiteten Stähle. So kommt es bei Stählen mit einem C-Gehalt von

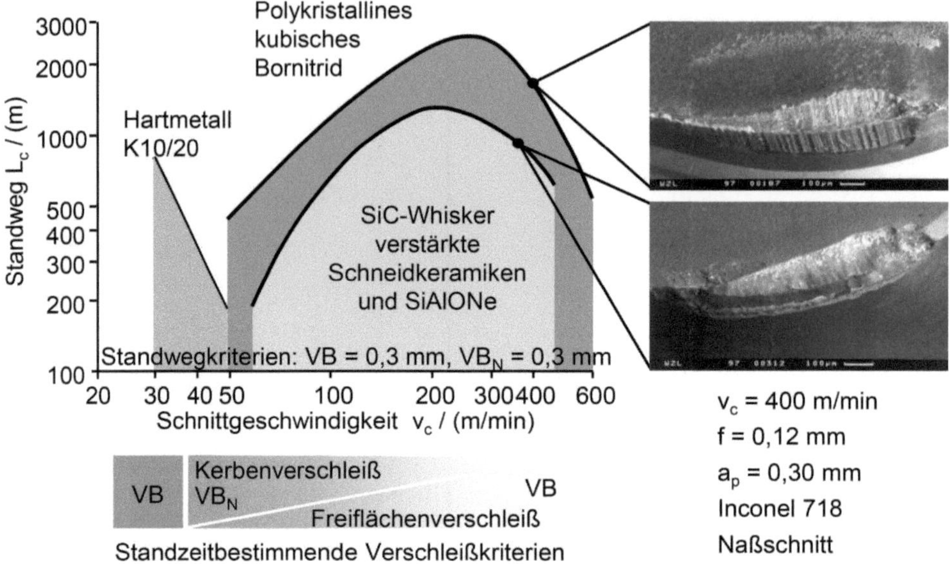

Abb. 4.54 Erreichbare Standwege und anwendbare Schnittgeschwindigkeiten beim Schlichtdrehen von Inconel 718 mit unbeschichtetem Hartmetall, whiskerverstärkter Schneidkeramik, Siliziumnitridkeramik und PCBN

unter 0,35 % zu Verklebungen auf dem Werkzeug und zu chemischen Reaktionen, infolgedessen der Verschleiß ansteigt und ein wirtschaftlicher Einsatz fraglich wird.

Die whiskerverstärkte Oxidkeramik wird sehr erfolgreich beim Drehen hochwarmfester Nickelbasislegierungen eingesetzt, vgl. Abb. 4.54. Gegenüber dem sonst üblichen Schneidstoff (Hartmetall oder HSS) sind Steigerungen der Schnittgeschwindigkeit um den Faktor 10 und mehr möglich. Beim Schrupp- und Schlichtfräsen von Inconel 718 mit Messerkopfstirnfräsern kann mit Schneidkeramik auf der Basis von Siliziumnitrid und whiskerverstärktem Aluminiumoxid Schnittgeschwindigkeiten von 800 – 1000 m/min realisiert werden. Gegenüber der Bearbeitung mit Hartmetallwerkzeugen bedeutet dies eine Leistungssteigerung um den Faktor 25 und mehr [Momp93, Gers02, Krie02, Uhlm04].

Chemische Reaktionen und Aufbauschneidenbildung bei der Zerspanung von Leichtmetalllegierungen machen die Al_2O_3-Schneidkeramik für die Bearbeitung von Al-, Mg- und Ti-Legierungen ungeeignet.

Eine neue Generation von keramischen Schneidstoffen stellt eine aus dünnen Keramikröhrchen bestehende Schneidkeramik dar. Bei dieser erstmals auf der EMO 2005 vorgestellten Keramik wird der Schneidkörper aus dünnen Röhrchen gebildet, die aus einem zähen Keramikwerkstoff bestehen und mit einem harten, verschleißfesten Keramikmaterial gefüllt sind. Durchmesser und Dicke der Röhrchen, wie auch die Orientierung und Füllung der Röhrchen sind variabel. Die Röhrchen werden in einer Ebene angeordnet. Das Werkzeug wird aus einer Vielzahl aufeinander gestapelter Ebenen gebildet, wobei die die einzelnen Ebenen bildenden Röhrchen von Ebene zu Ebene parallel oder abwechselnd unter einem Winkel von 45° bzw. 90° zueinander angeordnet werden können. Auf diese Weise können die Eigenschaften des Schneidstoffs wie Zähigkeit und Verschleißfestigkeit modifiziert und den Belastungen unterschiedlicher Bearbeitungsaufgaben angepasst werden. Bei ersten Zerspanversuchen beim Drehen hochwarmfester Nickelbasislegierungen wie auch bei der Bearbeitung gehärteter Stahlwerkstoffe zeichnete sich die neue Schneidkeramik durch ein viel versprechendes Verschleiß- und Leistungsverhalten aus [Haid05].

4.5.1.2 Nichtoxidische Schneidkeramiken

Von den nichtoxidischen Keramiken (Karbide, Nitride, Boride, Silizide …) haben in den letzten Jahren vor allem Werkstoffe auf der Basis von Si_3N_4 als Schneidstoffe für die Zerspanung große Bedeutung erlangt. Die Si_3N_4-Schneidkeramik zeichnet sich im Vergleich zu der oxidischen Schneidkeramik durch eine höhere Zähigkeit und eine bessere Thermoschockbeständigkeit aus, vgl. Abb. 4.50. Darüber hinaus besitzen sie eine große Warmhärte und Warmfestigkeit. In der spanenden Fertigung ermöglichen sie bei der Bearbeitung von Grauguss die Anwendung höchster Schnittwerte bei gleichzeitig hohen Standzeiten und geringen Ausfallraten. Insbesondere die hohe Sicherheit dieser Schneidstoffe gegen Schneidenbruch hat zu einer großen Akzeptanz der Si_3N_4-Schneidstoffe durch die Anwender geführt.

Der gegenüber den Oxid- und Mischkeramiken deutlich größere Bruchwiderstand ist auf die im Gegensatz zu den globularen Al_2O_3-Körnern stäbchenförmige Gestalt der hexagonalen β-Si_3N_4-Kristalle zurückzuführen. Das nicht gerichtete Wachstum der nadelförmigen Kristalle führt zu einer Mikrostruktur, die aus mechanisch ineinander verankerten Bestandteilen aufgebaut ist und die dem Schneidstoff ausgezeichnete Festigkeitseigenschaften verleiht. Die im Vergleich zur Oxid- und Mischkeramik geringe Wärmeausdehnung der Si_3N_4-Keramiken ist unter anderem für das gute Thermoschockverhalten verantwortlich. Zur vollständigen Verdichtung von Siliziumnitrid-Keramiken sind jedoch Sinterhilfsmittel (Y_2O_3, MgO, Al_2O_3) erforderlich, die eine Glasphase bilden und die Lücken zwischen den Kristallen ausfüllen. Durch diese Glas- bzw. Bindephase werden die Hochtemperatureigenschaften der Siliziumnitrid-Keramiken nachteilig beeinflusst.

Neben den Sinterhilfsmitteln enthält die Si_3N_4-Schneidkeramik zum Teil noch Zusätze, die die Kristallstruktur oder das Gefüge und damit auch ihre Eigenschaften beeinflussen. Entsprechend ihrer chemischen Zusammensetzung und ihres kristallographischen Aufbaues kann die derzeit zur Verfügung stehende Siliziumnitrid-Schneidkeramik schwerpunktmäßig in drei Gruppen eingeteilt werden:

- I: β-Si_3N_4 + Bindephase (Y_2O_3, MgO, Al_2O_3)
- II a: α-Sialon (α-Si_3N_4 + Al_2O_3 + AlN) + Bindephase (Y_2O_3)
- II b: (α + β)-Sialone (α-Si_3N_4 + Al_2O_3 + AlN) + Additive (z. B. Ytterbium) + Bindephase (Y_2O_3)
- III: β-Si_3N_4 + Hartstoffe (z. B. TiN, ZrO_2, SiC-Whisker) + Bindephase

Die Schneidstoffe aus Gruppe I und III werden durch Heißpressen, Sintern, heißisostatisches Pressen oder durch eine Kombination dieser Verfahren hergestellt. Der größte Teil der zur Zeit auf dem Markt befindlichen Si_3N_4-Schneidstoffe ist der Gruppe I zuzuordnen.

Die Schneidstoffe aus Gruppe II werden üblicherweise als Sialone bezeichnet. Siliziumnitrid kann bis zu 60 % Aluminiumoxid in fester Lösung aufnehmen. Einige Stickstoffatome werden hierbei durch Sauerstoffatome und Silizium- durch Aluminiumatome ersetzt. Während die α-Sialon-Mischkristalle eine globulare Form aufweisen, sind die β-Sialon-Mischkristalle stängelig ausgebildet. Durch die Zugabe von speziellen Additiven gelingt es, die β-Sialone zu stabilisieren und so einen Schneidstoff zu erzeugen, dessen Gefüge sowohl aus α- als auch aus β-Sialon-Mischkristallen besteht. Die Menge an zugegebenen Additiven bestimmt hierbei den Anteil an β-Sialon im Schneidstoffgefüge. Analog zu den whisker-verstärkten Schneidstoffen bewirkt die stängelige Form des β-Sialon einen Anstieg der Zähigkeit. Durch die Einstellung des α- bzw. β-Sialonanteils sind folglich die mechanischen Eigenschaften des Schneidstoffes zu verändern. Im Vergleich zu den Schneidstoffen aus Gruppe I weisen die Sialone eine höhere Härte, eine bessere chemische Beständigkeit und einen höheren Oxidationswiderstand auf. Fertigungsverfahren ist hier das Sintern, dem ggf. noch ein heißisostatisches Nachverdichten folgen kann.

Der Gruppe III können die Si_3N_4-Schneidstoffe zugeordnet werden, deren Eigenschaften durch die Zugabe von Hartstoffen, wie z. B. Titannitrid, Titankarbid, Zirkoniumoxid oder SiC-Whisker gezielt beeinflusst werden.

Einsatzgebiete nichtoxidischer Schneidkeramiken

Klassisches Einsatzgebiet von Si_3N_4-Schneidstoffen ist die Graugussbearbeitung. Hierbei wird, insbesondere in der automatisierten Fertigung, meist den zäheren Siliziumnitrid-Keramiken aus Gruppe I der Vorzug gegeben. Aufgrund der hohen Bruchzähigkeit dieser Schneidstoffe sind bei der Bearbeitung von Gusswerkstoffen im glatten und unterbrochenen Schnitt große Vorschübe, hohe Schnittgeschwindigkeiten und damit große Zeitspanungsvolumina realisierbar [Köni86, Köni87, Schn99]. So bringt z. B. beim Drehen von Bremsscheiben für Automobile der Einsatz der Si_3N_4-Keramiken im Vergleich zu Oxidkeramiken beträchtliche Standmengengewinne, vgl. Abb. 4.53. Die verbesserte Sicherheit gegen Bruch erlaubt es, wie das Beispiel in Abb. 4.52 zeigt, das Anfasen der Werkstücke entfallen zu lassen, wenn auf eine maximale Ausnutzung des Schneidstoffs verzichtet wird.

Ein Haupteinsatzgebiet der Sialone ist die Drehbearbeitung von Nickelbasislegierungen unter Schlicht- bzw. unter mittleren Schruppbedingungen, vgl. Abb. 4.54. Sie stehen hierbei im direkten Wettbewerb zu der whiskerverstärkten Oxidkeramik. Wie diese können die Sialone bei der Bearbeitung von Nickelbasislegierungen im Vergleich zu Hartmetall-Werkzeugen bei vielfach höheren Schnittgeschwindigkeiten eingesetzt werden. Sie eignen sich ebenfalls für das Hochgeschwindigkeitsfräsen von Nickelbasislegierungen mit Wendeschneidplatten bestückten Werkzeugen bei Schnittgeschwindigkeiten von 800 – 1000 m/min.

Die Verschleißfestigkeit von Siliziumnitrid-Keramik ist im Vergleich zu Oxidkeramik geringfügig schlechter. Siliziumnitrid-Schneidstoffe weisen unter Zerspanbedingungen eine starke Affinität zu Eisen und Sauerstoff auf. Sie verschleißen bei der Stahlbearbeitung sehr schnell, sodass für diese Werkstoffgruppe derzeit kein wirtschaftlicher Einsatz gegeben ist.

Die Beschichtung von Siliziumnitrid-Keramik eröffnet für deren Anwendung weitere Perspektiven. Klassische Beschichtungsstoffe sind TiN, TiC, TiCN und Al_2O_3, die in verschiedenen Kombinationen und Schichtdicken aufgebracht werden. Bewährt hat sich ein Multilayerschichtsystem aus Aluminiumoxid und Titannitrid. Durch die verschleiß- und diffusionshemmende Schicht wird die Standzeit von Si_3N_4 insbesondere bei der Bearbeitung von Gusseisen mit vermikularem Graphit (z. B. GJV400) erheblich gesteigert [Schn99]. Beschichtete Siliziumnitridkeramik eignet sich damit auch für Anwendungsfälle, die bislang den Hartmetallen vorbehalten waren. Dem Anwender eröffnen sie die Möglichkeit gegenüber der Bearbeitung mit Hartmetall höhere Schnittgeschwindigkeiten und damit kürzere Bearbeitungszeiten und vielfach auch eine Trockenbearbeitung zu realisieren [Schn99].

4.5.2 Hochharte nichtmetallische Schneidstoffe

Als hochhart und nichtmetallisch werden in der Zerspantechnik Schneidstoffe auf der Basis von Diamant und Bornitrid bezeichnet. Definitionsgemäß handelt es sich in beiden Fällen um keramische Schneidstoffe, wobei der Diamant zu den einatomaren, das Bornitrid zu den nichtoxidischen Keramiken gezählt wird.

4.5.2.1 Diamant als Schneidstoff

Elementarer Kohlenstoff tritt in den beiden Kristallmodifikationen Graphit und Diamant auf. Diamant erstarrt im kubisch-kristallinen Gittersystem, in dem die C-Atome durch Kovalenzbindung tetraedisch miteinander verbunden sind. Die extrem hohe Bindungs- und Gitterenergie sind der Grund dafür, dass der Diamant der härteste aller bekannten Stoffe ist. Ebenso überlegen zeigt sich der Diamant gegenüber allen anderen bekannten Hartstoffen in Bezug auf die Wärmeleitfähigkeit. Abb. 4.55 zeigt Härte und Wärmeleitfähigkeit einiger Stoffe, die vorwiegend als Schleifmittel verwendet werden, sowie verschiedener Karbide, die Bestandteil von Hartmetall-Werkzeugen sind und erlaubt den Vergleich zum Diamant.

Einteilung der Diamantschneidstoffe

Zur Einteilung der Diamantschneidstoffe unterscheidet man zwischen natürlichem und synthetischem Diamant, die beide in mono- oder polykristalliner Form vorliegen können. Nach DIN ISO 513 lauten die Kennbuchstaben für polykristallinen Diamant DP und für monokristallinen Diamant DM, vgl. Abb. 4.3. In Anlehnung an den in Praxis und Literatur

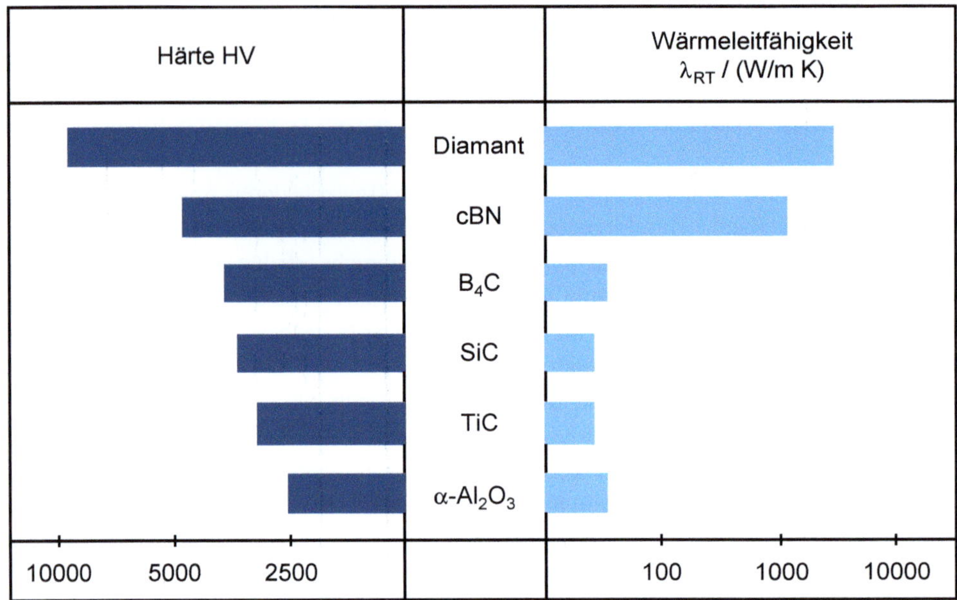

Abb. 4.55 Härte und Wärmeleitfähigkeit von Diamant im Vergleich zu anderen Hartstoffen

üblichen Sprachgebrauch werden im Folgenden polykristalline Diamantschneidstoffe auch mit dem Kürzel PKD bezeichnet.

a) Naturdiamant

Von besonderer Bedeutung für die Zerspanung mit geometrisch bestimmter Schneide ist Naturdiamant nur in seiner monokristallinen Form. Obwohl Diamant in der Natur auch in polykristalliner Ausbildung (Ballas, Carbonado) vorkommt, sind diese Diamantarten als Schneidstoffe von untergeordnetem Interesse, da die synthetische Herstellung von polykristallinem Diamant sowohl wirtschaftliche als auch technologische Vorteile liefert.

Eine wichtige Eigenschaft monokristalliner Diamanten ist die Anisotropie (Richtungsabhängigkeit) der mechanischen Kennwerte wie Härte, Festigkeit oder Elastizitätsmodul. Während sich bei polykristallinen Materialien die Richtungsabhängigkeit durch die völlig regellose Verteilung der einzelnen Kristallite ausgleicht, bleibt die Anisotropie bei monokristallinen Stoffen aufgrund der gleichgerichteten Orientierung des Kristallgitters erhalten.

Aus dem gleichen Grund ergibt sich eine Spaltbarkeit des monokristallinen Diamanten in vier bevorzugten Spaltrichtungen. Hieraus ist ersichtlich, dass sowohl für die Bearbeitung eines monokristallinen Diamanten durch Schleifen als auch für seinen Einsatz als Werkzeug die Lage der Gitterrichtungen bekannt sein muss. Während das Schleifen immer in Richtung der geringsten Härte erfolgen sollte, müssen monokristalline

Diamant-Werkzeuge im Werkzeughalter so orientiert werden, dass die Zerspankraft in die Richtung eines Härtemaximums weist.

b) Synthetischer Diamant

Der Prozess zur Herstellung synthetischer Diamanten läuft unter Verwendung einer Katalysatorlösung in einem Druck- und Temperaturbereich ab, in dem Diamant die stabile Phase bildet. Durch gezielte Wahl von Druck und Temperatur lassen sich die Kristallwachstumsrate und damit die Abmessungen der Kristalle im Bereich von wenigen Mikrometern bis zu mehreren Millimetern steuern und bestimmte physikalische Eigenschaften wie Reinheit oder Porosität beeinflussen.

Die Diamantsynthese liefert monokristalline Diamantpartikel, die in der spanenden Bearbeitung mit geometrisch bestimmter Schneide als synthetische monokristalline Diamantschneidkörper oder zur Weiterverarbeitung zu polykristallinen Schneidteilen mit Hilfe eines Heißpressprozesses Verwendung finden.

Herstellung und Ausführungsarten von Schneidkörpern aus Diamant

a) Monokristalline Diamant-Werkzeuge

Monokristalline Diamantschneidkörper werden sowohl aus Naturdiamanten als auch aus synthetischen Einkristallen [Heus96] hergestellt. Die gebräuchlichsten Schneidenformen monokristalliner Diamant-Werkzeuge sind in Abb. 4.56 dargestellt [Wein69]. Das Werkzeug mit einer Schneidkante wird sowohl für Bohrarbeiten als auch für das Außendrehen verwendet, wobei im letzteren Fall zur Erzielung eines günstigen Oberflächenprofils ein

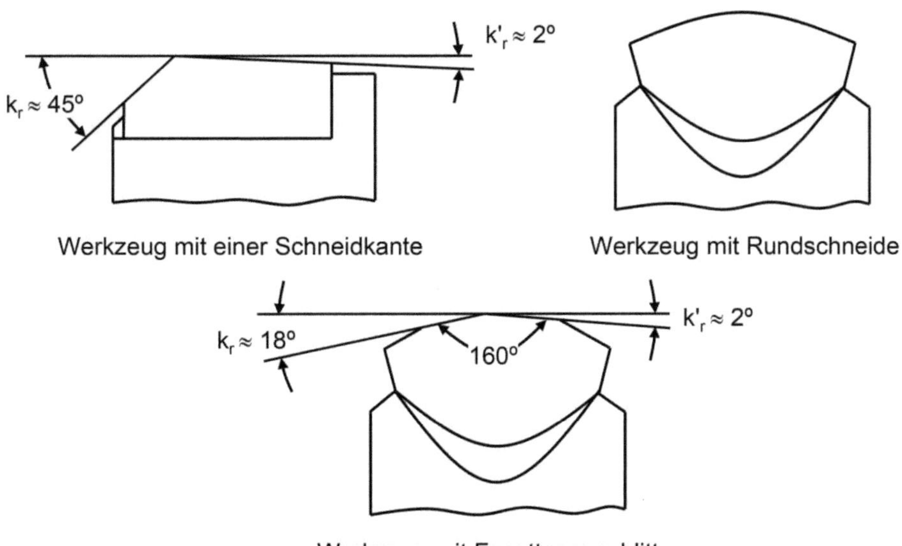

Abb. 4.56 Formen von monokristallinen Diamantwerkzeugen

Eckenradius angeschliffen wird. Durch die Wahl eines sehr kleinen Nebenschneideneinstellwinkels $\kappa_r' < 2°$ lässt sich die Nebenschneide als Breitschlichtschneide ausführen, die das Nachglätten der Oberfläche übernimmt.

Die Werkzeugvariante mit Rundschneide bietet den Vorteil einer sehr großen nutzbaren Schneidenlänge, liefert aber infolge der Schneidenkrümmung ungünstige Spanbildungsbedingungen und relativ hohe Passivkräfte. Beim Schneidkörper mit Facettenanschliff werden drei bis fünf Schneidkanten angeschliffen, von denen jeweils zwei benachbarte Kanten einen Winkel von etwa 160° miteinander bilden. Dabei wird das Werkzeug so eingestellt, dass die Nebenschneide einen sehr kleinen Einstellwinkel aufweist und als Breitschlichtschneide fungiert. Durch geringfügige Variation von κ_r' kann die Oberflächengüte erheblich beeinflusst werden. Die geschliffenen Schneideneinsätze werden entweder auf einen Werkzeugträger aufgelötet oder mit speziellen Klemmvorrichtungen gespannt.

b) Polykristalline Diamant-Werkzeuge

Schneidkörper aus einer synthetischen polykristallinen Diamantschicht wurden 1973 erstmals vorgestellt und haben auf einigen Einsatzgebieten die monokristallinen Diamant-Werkzeuge und die Hartmetalle ersetzt. Ausgangsmaterial sind synthetische Diamantpartikel sehr kleiner, definierter Körnung (Korndurchmesser 2 – 25 µm), um ein Höchstmaß an Homogenität und Packungsdichte zu erreichen.

Die Herstellung der polykristallinen Diamantschicht erfolgt durch einen Hochdruck-Hochtemperaturprozess (60 – 70 kbar, 1400 – 2000 °C), wobei die synthetischen Diamanten in Anwesenheit von einem metallischen Katalysator zu einem polykristallinen Körper zusammengesintert werden. Hierzu werden in der Regel Kobalt, teilweise auch Silizium, Wolfram oder Wolframkarbid eingesetzt [Neis94]. Während des Sintervorganges bilden sich zwischen den Diamantkörnern sog. Diamantbrücken aus, die dem polykristallinen Körper seine hohe Festigkeit verleihen. Beim Zusammenwachsen der Diamantkörner entstehen zwischen benachbarten Diamantkristallen Zwischenräume bzw. Zwickel, die von dem eingesetzten Katalysator ausgefüllt werden. In der Literatur wird diese Phase auch als Binder bezeichnet, die dem polykristallinen Diamantkörper die erforderliche Zähigkeit verleiht [Pret06]. Ein Weg, insbesondere bei grobkörnigen DP-Sorten die Zwischenräume zwischen den Diamantkörnern zu verkleinern, ist die Verwendung von Diamantpartikeln mit unterschiedlichen Korngrößen (2 – 30 µm). Die kleinen Diamantkörner sammeln sich in den von großen Kristallen gebildeten Zwickeln. Sie erhöhen die Anzahl an Diamantbrücken und damit die Stoßfestigkeit des Verbundmaterials sowie die Schneidkantengüte. Die in dem Hochdruck-Hochtemperaturprozess hergestellte polykristalline Diamantschicht, deren Dicke etwa 0,5 mm beträgt, wird entweder direkt auf eine vorgesinterte Hartmetallunterlage aufgebracht oder über eine dünne Zwischenschicht, die aus einem Metall mit niedrigem Elastizitätsmodul besteht, mit dem Hartmetall verbunden, um Spannungen zwischen der Diamantschicht und der Hartmetallunterlage auszugleichen.

Die Diamantschicht stellt aufgrund ihres polykristallinen Aufbaus einen statistisch isotropen Gesamtkörper dar, in dem die Anisotropie der einzelnen, monokristallinen

Diamantpartikel durch die regellose Verteilung der Diamantkörner ausgeglichen wird. Polykristalliner Diamant weist somit nicht die Härteanisotropie und Spaltbarkeit monokristalliner Diamanten auf, erreicht auf der anderen Seite aber auch nicht die Härtewerte eines Diamant-Einkristalls in dessen „härtester" Richtung, zumal die Härte außerdem durch den Grad des Zusammenwachsens der einzelnen Kristalle und deren Bindung an die Bindephase beeinflusst wird.

Je nach Korngröße der verwendeten Diamantkörnung sowie des verwendeten Katalysators können die Eigenschaften des polykristallinen Verbundmaterials gezielt beeinflusst werden. Grobkörnige DP-Schneidstoffe (Korngröße ca. 25 µm) zeichnen sich durch höhere Härte und thermische Beständigkeit aus, jedoch ist die Schneidkantenverrundung und -schartigkeit größer als bei feinkörnigen Sorten. Infolgedessen steigt die Verschleißbeständigkeit bei vorwiegend abrasiver Beanspruchung im Zerspanprozess, vgl. Abb. 4.57. Sie bieten hinsichtlich Verschleiß, Schneidkantengüte und –festigkeit für die Bearbeitung von bezüglich der Werkstückoberfläche unkritischen Aluminium-Verbundwerkstoffen und –Legierungen die besten Voraussetzungen. DP-Sorten mittlerer Korngröße (ca. 10 µm) sind als Mehrzweckvarianten weit verbreitet. Sie werden bei umlaufenden Werkzeugen mit hohen Anforderungen an Schneidkantengüte und Standverhalten eingesetzt. Feinkörnige Sorten (ca. 2 µm Korngröße) haben sich vor allem in der Automobilindustrie dort durchgesetzt, wo bestmögliche Schneidkantengüten gefordert sind [Bail01].

Über die Zusammensetzung der „Bindephase" kann ebenfalls die thermische Stabilität zu höheren Grenzen hin verschoben werden, beispielsweise durch Verwendung von SiC. Jedoch sinkt dann die Wärmeleitfähigkeit des Schneidstoffs gegenüber der von Schneidstoffen mit dem üblichen Co-Katalysator stark ab [Neis94].

Die Schneidenformgebung des Schneidteilrohlings, d. h. der Hartmetallunterlage mit aufgebrachter Diamantschicht, erfolgt durch funkenerosives Schneiden und Schleifen. Die Schneidkörper werden entweder auf den Werkzeugträger aufgelötet oder in genormte Werkzeughalter geklemmt, da die Wendeschneidplatten aus polykristallinem Diamant in Form und Abmessung mit den handelsüblichen Hartmetall- oder Schneidkeramik-Wendeschneidplatten übereinstimmen.

Anwendungsgebiete von Diamantschneidstoffen

Die Zerspanung von Eisen- und Stahlwerkstoffen mit Diamantwerkzeugen ist aufgrund der Affinität des Eisens zum Kohlenstoff nicht möglich. Der Diamant wandelt sich in der Kontaktzone zwischen Werkzeug und Werkstück wegen den dort auftretenden hohen Temperaturen in Graphit um und reagiert mit dem Eisen. Die Folge ist ein schnelles Abstumpfen der Schneidkante sowohl bei mono- als auch bei polykristallinen Diamantschneidstoffen.

Monokristalline Diamant-Werkzeuge eignen sich insbesondere für die Zerspanung von Leicht-, Schwer- und Edelmetallen, von Hart- und Weichgummi sowie von Glas, Kunststoffen und Gestein. Ihr Anwendungsgebiet liegt hauptsächlich in der Feinbearbeitung, da aufgrund der begrenzten Schneidkantenabmessungen und der relativ geringen Biegebruchfestigkeit die Realisierung großer Schnitttiefen und Vorschübe nicht möglich

Prozess:	Außenlängsdrehen
Werkstoff:	G-AlSi12
Kühlung:	keine
Schnittbed.:	v_c = 500 m/min
	f = 0,1 mm
	a_p = 1 mm
Schnittzeit:	t_c = 40 min

Schneidkantenversatz SV / (µm)

14, 12, 10, 8, 6, 4, 2, 0

DP1 DP2 DP3 DP4

DP1: Korngröße: 10 – 15 µm,
Bindephase: β-SiC

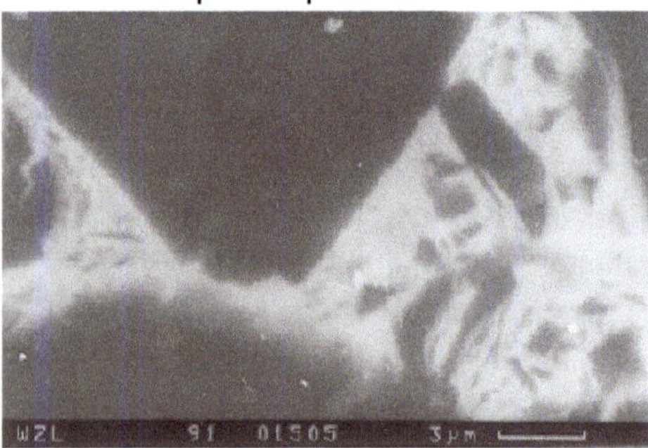

DP2: Korngröße: 6 - 10 µm,
Bindephase: W (9%), Co (91%)

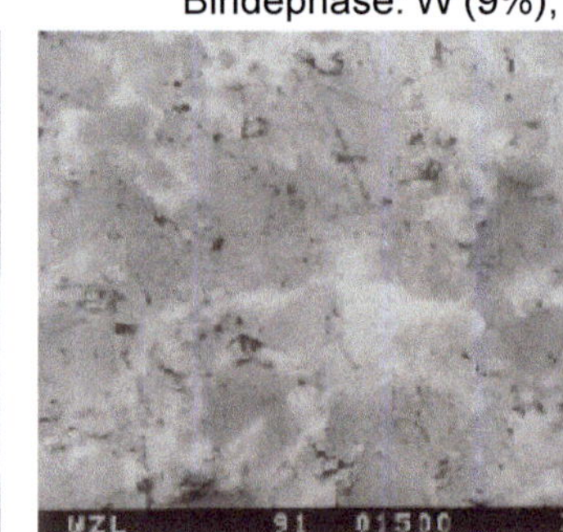

DP3: Korngröße: 2 - 6 µm,
Bindephase: W (12%), Co (88%)

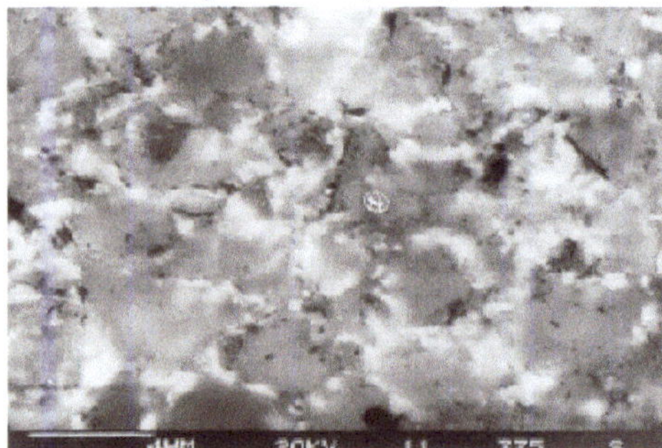

DP4: Korngröße: 0,5 - 1 µm,
Bindephase: W (47%), Co (53%)

Abb. 4.57 Verschleiß und Mikrostruktur von Schneidstoffen aus polykristallinem Diamant beim Drehen der ALSi-Legierung G-AlSi12, nach Neises [Neis94]

ist. Der Einsatz monokristalliner Diamantschneidstoffe verspricht dann Vorteile, wenn die Forderung nach sehr hoher Maßgenauigkeit und Oberflächengüte im Vordergrund steht. So können bei der Ultrapräzisionsbearbeitung (Drehen, Fly-cutting, Hobeln) durch die Verwendung nahezu schartenfrei auspolierter Diamantschneiden Rautiefen in der

Größenordnung zwischen 3 – 6 nm erreicht werden. Ein klassisches Einsatzgebiet ist die Bearbeitung von harten und weichen Kontaktlinsen. Weitere Einsatzgebiete sind die Herstellung von Spiegeln für Laser und andere optische Anwendungen, von Formwerkzeugen für das Abformen von CD-Rohlingen, von Werkzeugen für das Prägen von Kunstoffen oder von Werkzeugen für den Kunststoffspritzguss [Spen91, Ikaw91, Weck95, Heus96, Brin96, Kloc96, Take00].

Eine Variante des konventionellen Ultrapräzisionsdrehprozesses mit monokristallinen Diamanten sieht eine Ultraschallunterstützung vor, die das Werkzeug während der Rotation des Werkstücks zusätzlich mit einer periodischen Oszillation überlagert. Durch die hochfrequente Unterbrechung des Kontaktes zwischen Werkzeug und Werkstück wird der chemische Verschleiß in starkem Maße unterdrückt, der sich sonst aufgrund der Affinität zwischen dem Diamanten des Werkzeugs und dem zu zerspanenden Material einstellt. Auf diese Weise wird eine wirtschaftliche Bearbeitung von Materialien, wie z. B. Stahl, in optischer Qualität ermöglicht, die sich sonst auf konventionellem Wege nicht mit dem Diamanten zerspanen lassen. Neben der deutlichen Verschleißminderung ergeben sich weitere positive Nebeneffekte: Die Schmierung verbessert sich und die Bearbeitungskräfte sinken. Abb. 4.58 zeigt die schematische Darstellung des Prozesses für eine lineare Ultraschallschwingung des Werkzeugs. Bei dieser Variante bewegt sich das Werkzeug parallel zur bearbeiteten Oberfläche zwischen der kontaktfreien Position (Zykluspunkt 1) über den Werkzeugeintritt (Zykluspunkt 2) in die Zerspanung (Zykluspunkt 3). Anschließend verändert sich das Vorzeichen der Oszillation und das Werkzeug kehrt über den

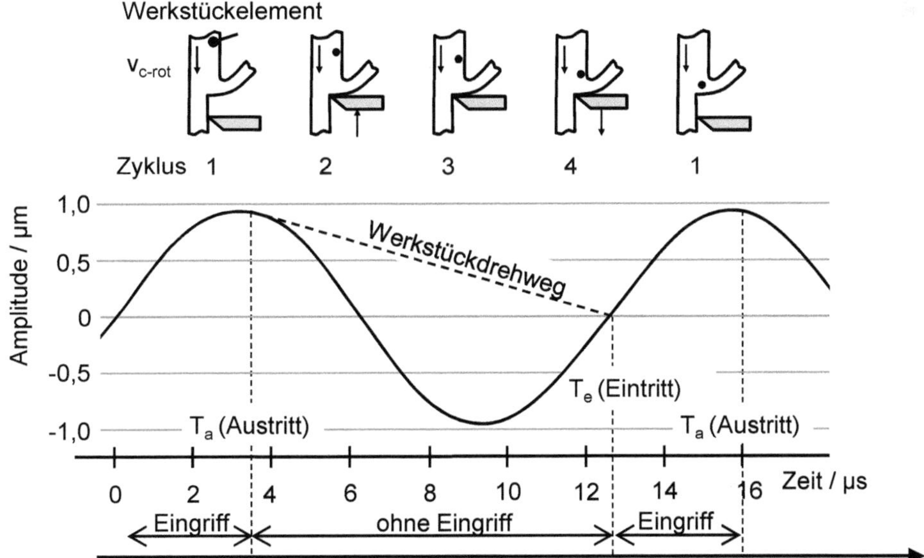

Abb. 4.58 Schematische Darstellung der kinematischen Eingriffverhältnisse des Werkzeugs am Werkstück bei der ultraschallunterstützten Ultrapräzisionszerspanung

Werkzeugaustritt (Zykluspunkt 4) in die kontaktfreie Position (Zyklus 1) zurück. Dabei ist zu beachten, dass die gewünschte periodische Unterbrechung zwischen Werkzeug und Werkstück nur dann gewährleistet ist, wenn die maximale Schwingungsgeschwindigkeit $v_{c-os,max}$ des Werkzeugs größer ist als die Rotationsgeschwindigkeit v_{c-rot} des Werkstücks [Rueb01, Hese09, Kloc08, Bull13].

Die Palette der mit polykristallinen Diamantwerkzeugen zerspanten Werkstoffe umfasst neben den Leicht-, Schwer- und Edelmetallen verschiedene Kunststoffe, Kohle, Graphit und vorgesintertes Hartmetall. Die Anwendung ist nicht auf die Feinbearbeitung beschränkt, sondern schließt auch die Schruppbearbeitung mit ein. In manchen Fällen ist es möglich, Vor- und Endbearbeitung in einem Arbeitsgang zusammenzufassen.

Bei der Bearbeitung von Werkstücken aus Aluminium und anderen Nicht-Eisenmetallen haben PKD-Werkzeuge in modernen Zerspanprozessen einen festen Platz und haben sich als Hochleistungswerkzeuge etabliert [Schü01, Halw04, Kass04, Vogt04, Wick04, Fall05, Hedr05, Hedr05a, Kasp05, Brun99]. Besondere Bedeutung haben polykristalline Diamant-Werkzeuge bei der Bearbeitung hoch siliziumhaltiger Aluminiumlegierungen erlangt, vgl. Abb. 4.59. Da diese Legierungen eine Hart-Weich-Struktur aufweisen, schneidet die Schneide abwechselnd durch die weiche Aluminiumphase und durch die harten Siliziumpartikel. Aufgrund der starken abrasiven Wirkung der Siliziumpartikel

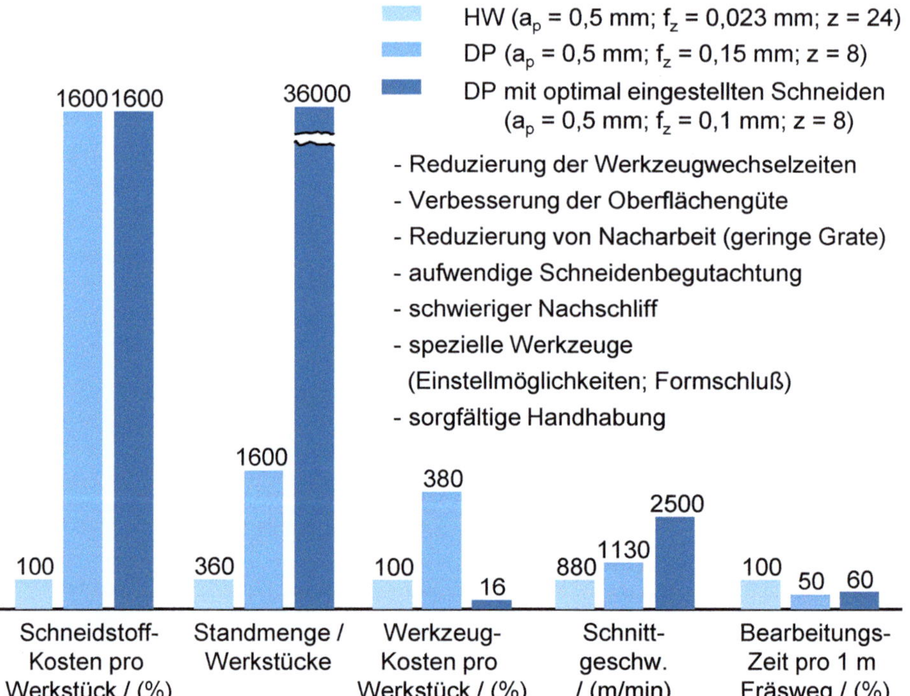

Abb. 4.59 Vergleich von Hartmetall und PKD beim Fräsen der Aluminiumlegierung GK-AlSi17Cu4Mg

unterliegen Werkzeuge aus Hartmetall einem sehr großen Verschleiß. Darüber hinaus wirkt sich beim Einsatz von Hartmetall-Werkzeugen die Klebneigung des Aluminiums mit dem Schneidstoff nachteilig auf den Zerspanprozess aus.

Im Vergleich zu Hartmetallen können PKD-Schneidstoffe bei der Zerspanung hoch siliziumhaltiger Aluminiumlegierungen bei wesentlich höheren Schnittgeschwindigkeiten eingesetzt werden. Sie erreichen extrem hohe Standzeiten, die bis zu 80-mal höher als die von Hartmetall-Werkzeugen liegen, bei gleichzeitig exzellenter Oberflächenqualität und Genauigkeit. Die hohe Fertigungssicherheit ist ein weiterer wesentlicher Grund, weshalb für diese Bearbeitungsaufgabe Werkzeuge aus polykristallinem Diamant solchen aus Hartmetall vorgezogen werden. Dies ist vor allem in der Massenfertigung auf Transferstraßen der Fall, wo kurze Taktzeiten und hohe Sicherheit gegen unvorhergesehenen Schneidenbruch gefordert sind. Weitere Anwendungsbeispiele sind das Fräsen von Magnesium-Druckguss-Legierungen und das Hochleistungsfräsen von Aluminium-Integralbauteilen in der Flugzeugindustrie mit PKD bestückten Schaftfräsern [Wein69, Obel84, Köni82, Chry79, Spur84, Hoff88, Jäge89, Beck95, Wald92, Stie99, Zwah00].

Unter bestimmten Voraussetzungen ist es möglich, auch Eisen-Gusswerkstoffe mit PKD-Werkzeugen zu bearbeiten. Beispiele hierfür sind die Bohrungsfeinbearbeitung mit DP-bestückten Reibwerkzeugen. Bei sehr geringen Schnitttiefen, angepassten Vorschüben und Schnittgeschwindigkeiten sowie einer intensiven Schneidenkühlung ist es möglich, bei der Gussbearbeitung lange Werkzeugstandzeiten bei gleichzeitig hoher Oberflächenqualität und Bauteilgenauigkeit zu erreichen [NN02].

c) CVD-Diamant-Werkzeuge

Unter CVD-Diamant versteht man Diamantschichten, die in einem CVD-Prozess auf einem Grundkörper aus Hartmetall oder Keramik abgeschieden werden. Man unterscheidet hierbei zwischen Diamantdünn- und Diamantdickschichten. Im Gegensatz zu polykristallinem Diamant, bestehen die Diamantschichten nur aus Diamantkristallen, sie enthalten keine „Bindephase". Die Herstellung von mit Diamant beschichteten Werkzeugen wird ausführlich in Abschn. 4.4.2 behandelt. Diamant-Dünnschichten können auf Werkzeugen mit komplexer Geometrie, wie z. B. Bohrer, Schaftfräser, Wendeschneidplatten mit Spanformrille abgeschieden werden. Sie eignen sich für die Bearbeitung von Graphit, Kupfer, Faserverbundwerkstoffen und von hochsiliziumhaltigen Aluminiumlegierungen. Im Bereich der Feinstbearbeitung konnten sich die Diamant-Dünnschichten bislang nicht durchsetzen. Grund hierfür ist, dass scharfe Schneiden durch die relativ dicken Diamantschichten (ca. 20 μm) verrunden und damit abgestumpft werden. Neuere Entwicklungen ermöglichen es, an diamantbeschichteten Werkzeugen durch einen Schärfprozess auch sehr scharfe Schneidkanten zu erzeugen [Hage04].

CVD-Diamantdickschichten eignen sich hervorragend für die Zerspanung von hochabrasiven Werkstoffen, wie z. B. von aluminiumbasierten Metall-Verbundwerkstoffen. Beispiele hierfür sind die Bearbeitung von Bremstrommeln aus AlSi9Mg in die 20vol.-% SiC-Partikel eingelagert sind oder von Zylinderkurbelgehäusen aus AlSi9Cu3, die im Bereich der Zylinderlaufbahnen mit 15vol.% Si-Partikeln und 5vol.-% Al_2O_3-Kurzfasern verstärkt sind [Suss01, Wein02, Uhlm00]. Auch bei der Bearbeitung von GFK/CFK Materialien sind aufgrund des fehlenden Binders gegenüber PKD-Schneiden deutlich höhere Standzeiten zu erwarten [Feuc05].

4.5.2.2 Bornitrid als Schneidstoff

Bornitrid tritt in Analogie zum Kohlenstoff in einer weichen hexagonalen Modifikation, die im gleichen Gittertyp wie Graphit kristallisiert, und in einer harten kubischen Modifikation, die eine mit dem Diamantgitter identische Struktur besitzt, auf. Darüber hinaus existiert noch eine dritte Modifikation, die in der Wurtzit-Struktur kristallisiert. Das Wurtzit-Gitter ist ein Gittertyp mit hexagonaler Symmetrie, jedoch mit anderer Atomanordnung als das Graphit-Gitter. Bezüglich der Härte liegt diese Form zwischen den beiden anderen Modifikationen.

Im Gegensatz zum Siliziumnitrid ist das natürlich vorkommende hexagonale Bornitrid weich und als Schneidstoff für die Zerspanung mit definierter Schneidteilgeometrie nicht geeignet. Erst nach Transformation des hexagonalen in das kubisch-kristalline Gitter mit Hilfe eines Hochdruck-Hochtemperatur-Prozesses weist das Bornitrid die Eigenschaften auf, die es als Schneidstoff auszeichnet. Kubisches Bornitrid (cBN) ist nach Diamant das zweithärteste bekannte Material, vgl. Abb. 4.55. Die Herstellung von hexagonalem Bornitrid erfolgt über die Reaktion von Borhalogeniden mit Ammoniak. Es hat eine Dichte von 2,27 g/cm^3 und einen Schmelzpunkt von 2730 °C [Salm83]. Das kubische Bornitrid (ρ = 3,45 g/cm^3) kommt in der Natur nicht vor. Seine Herstellung unter den Bedingungen der Diamantensynthese gelang erstmals im Jahre 1957. Die Umwandlung von hexagonalem in kubisches Bornitrid erfolgt bei Drücken von 50 – 90 kbar und Temperaturen von 1800 – 2200 K unter dem katalytischen Einfluss von Alkali- oder Erdalkalinitriden. Abb. 4.60 zeigt das Phasendiagramm des Systems Bornitrid mit den vier Zustandsbereichen Schmelze, hexagonales Borinitrid mit Graphit- bzw. Wurtzit-Struktur und kubisches Bornitrid mit Diamant-Struktur.

Trotz der identischen Gitterstruktur lassen sich zwischen Diamant und cBN einige wesentliche Unterschiede feststellen. cBN besitzt sechs Spaltebenen, also zwei mehr als Diamant. Diese Eigenschaft ist für den Einsatz von cBN in der Zerspanung mit definierter Schneide unbedeutend, da ausschließlich polykristalline Werkzeuge verwendet werden.

Von größerer Bedeutung ist die Tatsache, dass Bornitrid kein chemisches Element wie Kohlenstoff, sondern eine chemische Verbindung darstellt. Das Bornitridgitter enthält Bor- und Stickstoffatome und kann daher nicht die gleiche Symmetrie der Bindungskräfte und folglich nicht die Härte des Diamanten erreichen, dessen Gitter nur aus Kohlenstoff-Atomen aufgebaut ist.

Im Hinblick auf seine chemische Beständigkeit, insbesondere gegen Oxidation, ist das cBN aber dem Diamanten deutlich überlegen. Es ist bei atmosphärischem Druck bis ca. 2000 °C stabil, wogegen die Graphitisierung des Diamanten schon bei etwa 900 °C einsetzt.

Beim Zerspanen mit geometrisch bestimmter Schneide wird cBN hauptsächlich als polykristalliner Schneidstoff (BN) eingesetzt. Da die erreichbare Kristallgröße bei der Herstellung von cBN begrenzt ist (1 – 50 µm), werden in einem Hochdruck-Hochtemperatur-Prozess

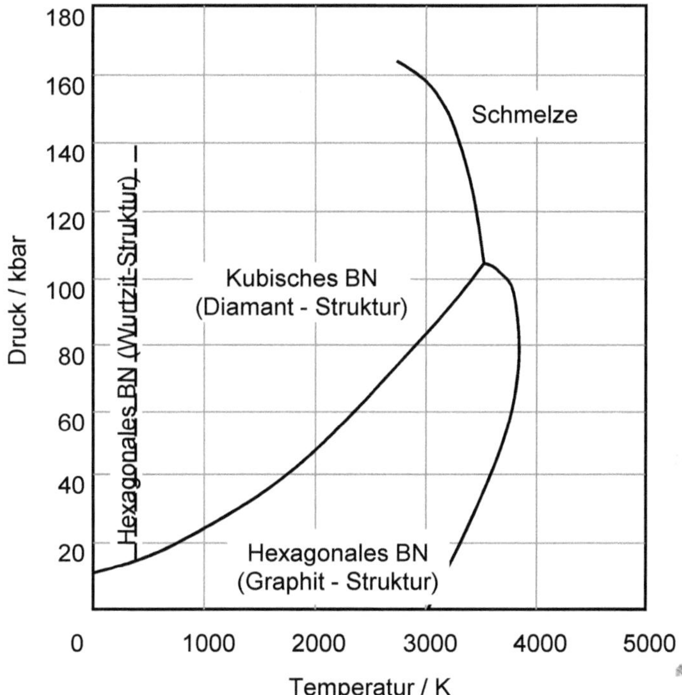

Abb. 4.60 Phasendiagramm von Bornitrid

cBN-Körner mit Hilfe einer Bindephase zu einer etwa 0,5 mm dicken polykristallinen BN-Schicht versintert und gleichzeitig auf einer Hartmetallunterlage aufgebracht. Man unterscheidet zwischen Schneidenrohlingen, die durch Löten mit dem Werkzeughalter verbunden werden und erst durch Schleifen ihre endgültige Schneidenform erhalten und Wendeschneidplatten, die in handelsüblichen Klemmhaltern geklemmt werden können [Töns81, Töll81, Wern81, Nott82, Clau85, Töll82, Wern84, Wein87, Buzd87, Krat06].

Als Binder finden Aluminium, Titan, Titanaluminiumnitrid, Titankarbid oder Kobalt, Nickel und Wolfram Verwendung. Aluminium und Titan reagieren chemisch mit dem cBN unter Bildung von AlN und AlB_2 bzw. zu TiN und TiB_2. Kobalt bildet mit Wolfram komplexe Boride der Form CoWB, W_2CoB_2 oder $W_2Co_{21}B_6$. Die CoW-Boride entstehen durch Korngrenzreaktionen während des Sinterns. Dieser Vorgang führt zu einer extrem stabilen Verbindung zwischen den cBN-Körnern und der Co-W-Bindephase [Krat06].

Die derzeit gebräuchlichsten Schneidstoffe auf der Basis von Bornitrid lassen sich schwerpunktmäßig in zwei Gruppen und zwar in hoch cBN-haltige (BH) und in niedrig cBN-haltige (BL) Sorten unterteilen, vgl. Tab. 4.1 und 4.2. Hoch cBN-haltige Sorten bestehen aus 80 – 90 % cBN und einer metallischen W-Co- oder keramischen Bindephase auf Basis von Titan und Aluminium. Ihre Korngröße variiert in einem Bereich von 0,5 – 10 μm. Niedrig cBN-haltige Sorten weisen in der Regel einen Anteil von 45 – 65 %

Tab. 4.1 Marktverfügbare PCBN-Sorten (BH) für die Zerpanung von Sinterstahl und Sinterschmiedestahl, nach Kratz [Krat06]

cBN-Gehalt / Vol%	cBN-Korndurchmesser / µm	Bindephase	Knoop-Härte / GPa	Wärmeleitfähigkeit / (W/mK)	Biegefestikeit / GPa
80	0,5 – 4	Co-W	26 – 30	80 – 100	1,4
85	0,5 – 5	Co-W	38 – 41	80 – 100	1,0
90	0,5 – 4	Co-W	40 – 43	100 – 110	1,3

Tab. 4.2 Marktverfügbare PCBN-Sorten (BL) für die Zerspanung von gehärtetem Sinterstahl und Sinterschmiedestahl im kontinuierlichen Schnitt, nach Kratz [Krat06]

cBN-Gehalt / Vol%	cBN-Korndurchmesser / µm	Bindephase	Knoop-Härte / GPa	Wärmeleitfähigkeit / (W/mK)	Biegefestigkeit / GPa
45	0,5	Ti-Keramik	24	34	0,6
50	2	Ti-Keramik	28	44	0,6
60	1	Ti-Keramik	33	45	1,2

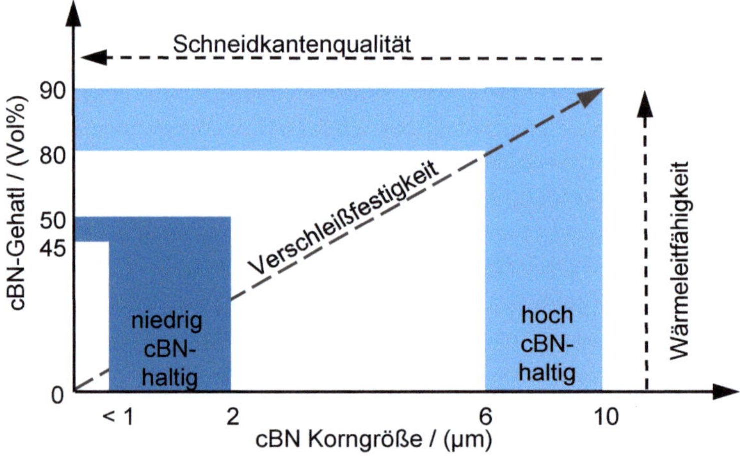

Abb. 4.61 Effekt von cBN-Gehalt und Korngröße auf die Eigenschaften von PCBN

cBN auf und besitzen eine keramische Bindephase auf der Basis von Titankarbid und /oder Titannitrid [Krat06]. Sie sind in der Regel sehr feinkörnig (Korndurchmesser < 2 µm). Wie Abb. 4.61 zeigt, nehmen mit steigendem cBN-Gehalt und Korngröße Wärmeleitfähigkeit und der Widerstand von BN-Schneidstoffen gegen abrasiven Verschleiß zu. Feinkörnige niedrig cBN-haltige Sorten weisen eine höhere Schneidkantenqualität auf, eine wesentliche Voraussetzung für die Erzeugung qualitativ hochwertiger Oberflächen bei der Hartfeinbearbeitung von Bauteilen.

Werkzeuge aus kubischem Bornitrid werden bevorzugt beim Drehen, Bohren und Fräsen von gehärtetem Stahl mit einer Härte von 55 – 68 HRC, Schnellarbeitsstahl, Grauguss, Hartguss, Sintermetallen und hochwarmfesten Legierungen auf Nickel- und Kobaltbasis, die sich mit Hartmetall-Werkzeugen nur sehr schwer bearbeiten lassen, eingesetzt. Anwendungsschwerpunkte der hoch cBN-haltigen Sorten sind in der Regel Schrupp- bzw. Vorbearbeitungen an gehärtetem Stahl- und Eisenwerkstoffe, die spanende Bearbeitung von Hartguss, Sintermetallen und alle Bearbeitungsoperationen an perlitischen Gusseisenwerkstoffen. Aufgrund ihrer relativ hohen Wärmeleitfähigkeit führen sie die in der Kontaktzone beim Schruppen entstehende Wärme schnell ab. Die niedrig cBN-haltigen Sorten werden überwiegend bei der Hartfeinbearbeitung mit Schnitttiefen < 0,5 mm (Drehen statt Schleifen) und bei der Schlichtbearbeitung von Nickelbasis-Knetlegierungen eingesetzt. Sie weisen eine erhöhte Kantenstabilität und, im Vergleich zu den höher cBN-haltigen Sorten, ein für diese Bearbeitungsaufgaben günstigeres Verschleißverhalten auf, vgl. Abb. 4.62.

Bei der Zerspanung gehärteter Stähle mit BN-Schneidstoffen führen tribochemische Reaktionen zwischen dem kubischen Bornitrid (cBN) und Bestandteilen des zu zerspanenden Stahlwerkstoffes zu einem verstärkten Verschleiß des Bornitrids [Bömc89, Neis95, Halp05, Barr00, Barr06]. Je höher der cBN-Anteil im Schneidstoff ist, umso stärker wirkt sich dieser Verschleißmechanismus leistungsbegrenzend bei der Hartbearbeitung auf die eingesetzten BN-Schneidstoffe aus.

Zur Reduzierung dieses Verschleißphänomens werden Schneidstoffe aus cBN beschichtet. Durch die Beschichtung wird der tribochemische Verschleiß reduziert und es können höhere Bauteilqualitäten, längere Standzeiten sowie eine größere Prozesssicherheit erreicht werden [Daws02, Gey05, Ohas04, Okam05]. Üblicherweise werden BN-Werkzeuge nach dem PVD-Verfahren mit TiN, TiAlN oder AlCrN beschichtet. Daneben gibt es auch massive mit CVD-Al_2O_3 beschichtete BN-Platten.

Bei der Bearbeitung von Werkstoffen mit geringerer Härte (45 – 55 HRC) führt der höhere Fe-Gehalt in den Werkstoffen zu einer Zunahme des chemischen Verschleißes. Müssen gehärtete Bauteile auch im Übergangsbereich hart/weich zerspant werden, kommt noch ein weiteres Problem hinzu. Aufgrund der abnehmenden Werkstofffestigkeit verändert sich die Spanbildung vom Lamellen- zum Fließspan. Damit einhergehend verändern sich die Reibverhältnisse in der Kontaktzone auf der Spanfläche, die thermische und mechanische Belastung der Schneide nimmt zu. Es kommt zu einer starken Erwärmung des BN-Schneideneinsatzes. Als Folge hiervon kann das Lot, mit dem der BN-Blank auf der Hartmetallunterlage aufgelötet ist, erweichen und die Schneidplatte brechen. In diesen Fällen kann durch eine Beschichtung des cBN-Schneidstoffes dessen Verschleiß- und Leistungsverhalten deutlich verbessert werden.

Bei der Endbearbeitung von Turbinenscheiben aus Nickelbasislegierungen (s. Abschn. 7.6.5) gewinnen Drehwerkzeuge aus polykristallinem kubischem Bornitrid eine immer größere

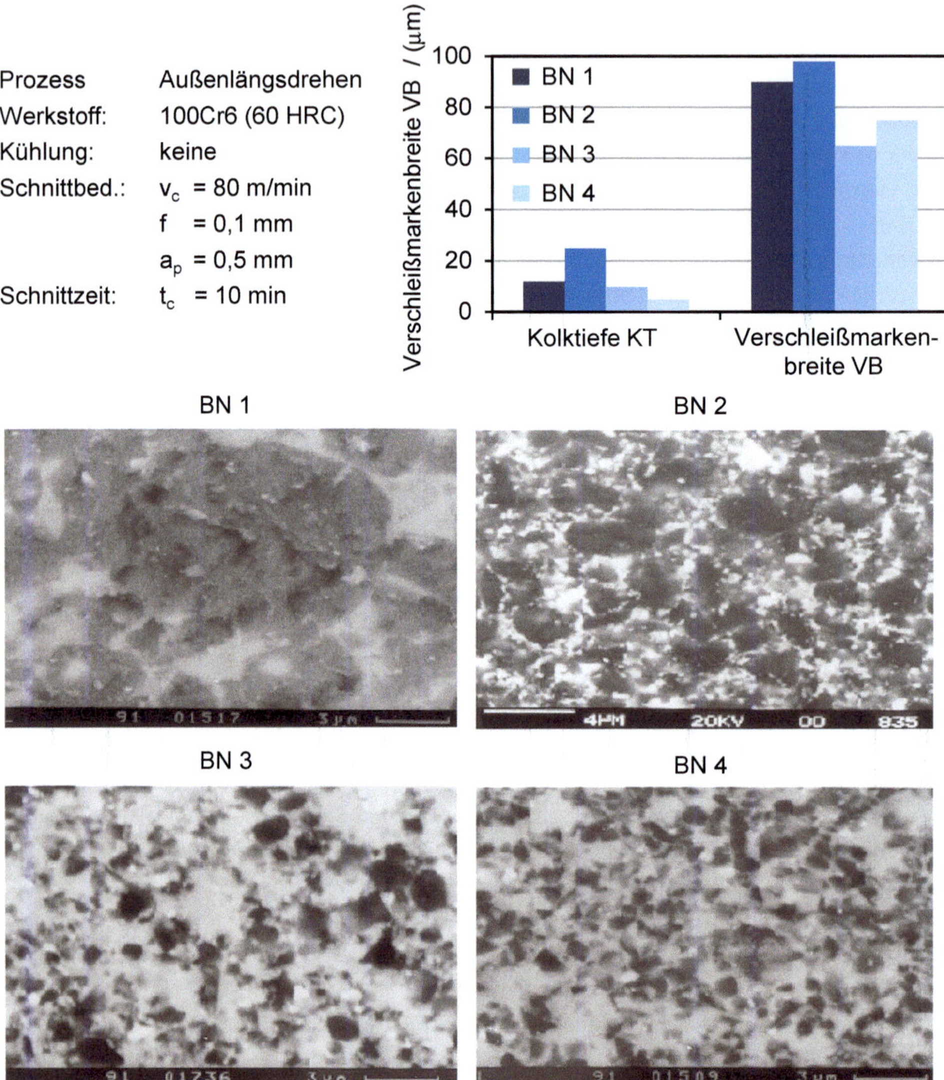

Abb. 4.62 Verschleiß unterschiedlicher BN-Schneidstoffe beim Drehen von 100Cr6

Bedeutung. Gegenüber Hartmetallen (v_c = 20 – 40 m/min) können sie bei wesentlich höheren Schnittgeschwindigkeiten (v_c = 250 – 500 m/min) eingesetzt werden, vgl. Abb. 4.54. Im Vergleich zu Drehwerkzeugen aus whiskerverstärkter Schneidkeramik oder SiAlON zeichnen sich BN-Schneidstoffe durch eine höhere Prozesssicherheit und die mit ihnen bearbeiteten Bauteile durch eine bessere Oberflächenqualität aus. Standzeitbestimmende Verschleißformen sind bei Verwendung geeigneter BN-Sorten (niedrig cBN-haltig, Bindephase TiC oder

TiN) und Plattengeometrien (z. B. RNGX120700E) in der Regel bei hohen Schnittgeschwindigkeiten (v_c > 250 m/min) Frei- und Spanflächenverschleiß und bei niedrigen Schnittgeschwindigkeiten (v_c < 250 m/min) Kerbenverschleiß an Haupt- und/oder Nebenschneide. Neben niedrigen Schnittgeschwindigkeiten begünstigen auch kleine Eckenradien die Ausbildung von Verschleißkerben. Die Bearbeitung erfolgt unter Einsatz einer Emulsion als Kühlschmierstoff, eine Trockenbearbeitung ist in der Regel nicht möglich.

4.6 Werkzeugausführungen

Auf dem Markt haben sich unterschiedliche Werkzeugausführungen für die einzelnen Prozesse durchgesetzt, da die Einsatzbereiche bestimmte Anforderungen an die konstruktive Auslegung der Werkzeuge stellen. Um die Funktionstüchtigkeit der Werkzeuge zu gewährleisten, müssen bereits in der Konstruktionsphase die folgenden Anforderungen berücksichtigt werden:

- Mechanische Werkzeugbelastungen (Zerspankräfte),
- thermische Werkzeugbelastung (Reibungs- und Verformungswärme, Kühlschmierstoff),
- schnelles Wechseln und sicheres Positionieren der Werkzeugschneide,
- einfaches und schnelles Auswechseln verschlissener Werkzeugteile,
- vielseitige Verwendungsmöglichkeiten,
- die Herstellkosten und der Instandhaltungsaufwand.

Aus diesen Anforderungen haben sich die folgenden zwei Haupt-Werkzeuggruppen entwickelt. Die Werkzeuge können entweder als

- Massiv-Werkzeuge oder als
- Werkzeuge mit Schneidplatte

ausgeführt sein. Zu den Massiv-Werkzeugen zählen Werkzeuge, bei denen der Schneidteil und der Schaft aus einem Material hergestellt wurde. Bei den Werkzeugen mit Schneidplatte bestehen der Schaft meist aus einem zäheren und billigeren Grundmaterial und die Schneidplatte aus einem härteren verschleißfesteren Material (z. B. Hartmetall, cBN). Für die einzelnen Fertigungsverfahren haben sich bei diesen Gruppen unterschiedliche Ausführungen durchgesetzt. So sind beim Fräsen und Bohren Massiv-Werkzeuge wirtschaftlich einsetzbar, während diese beim Drehen nur in Sonderfällen angewendet werden.

Der Fokus wird bei den im Folgenden vorgestellten Werkzeugen auf Drehwerkzeuge gelegt. Nähere Spezifikationen zu Werkzeugsystemen anderer spanabhebender Bearbeitungsverfahren mit definierter Schneide sind in Kap. 9 und 10 zu finden.

4.6.1 Massiv-Werkzeuge

Unter Massiv-Werkzeugen sind die Drehwerkzeuge zu verstehen, bei denen der Schneidkörper und der Schaft aus einem Material, z. B. Schnellarbeitsstahl, bestehen. Diese Werkzeugart wird auch Drehling genannt und entsteht durch das Anschleifen der Schneidteilgeometrie an die verschiedensten Grundformen.

Abstechdrehlinge haben bereits eine gebrauchsfertige Geometrie. Die für den Abstechvorgang notwendigen Winkel sind bis auf den Freiwinkel angeschliffen. Diese Werkzeuge werden nach dem Anschliff des Freiwinkels wie in Abb. 4.63 zu sehen in einen Klemmhalter eingesetzt. Das Nachschleifen der Werkzeuge erfolgt jeweils nur auf der Freifläche. Die notwendige Höhenkorrektur wird durch ein Nachjustieren des Drehlings im Halter erreicht.

Ein Vorteil dieser Drehlinge ist, dass bei jedem Nachschliff theoretisch freiwählbare Geometrien angeschliffen werden können. Abb. 4.64 zeigt zwei Formwerkzeuge in Rund- und Flachausführung. Letzteres wird als Tangentialwerkzeug bezeichnet, da das Werkzeug tangential nachgeschoben werden kann, im Gegensatz zum Radialwerkzeug, das radial nachzustellen ist. Die Rundwerkzeuge werden nach dem Nachschleifen um einen entsprechenden Winkel gedreht. Diese Arten von Formwerkzeugen werden nur an der Spanfläche nachgeschliffen, da ein Nachschleifen der Freiflächen die mit großem Kostenaufwand erzeugte Form verändern würde.

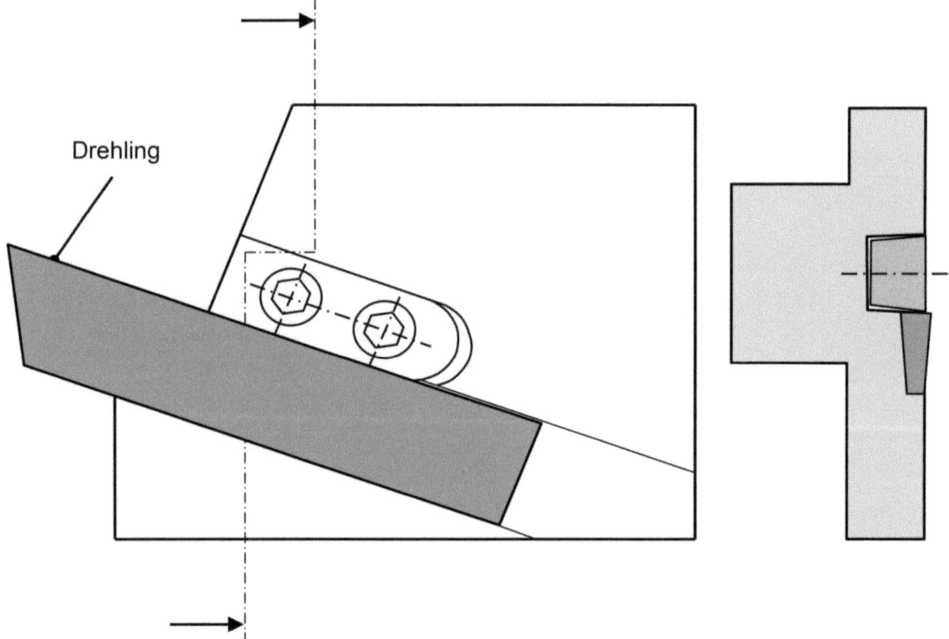

Abb. 4.63 Klemmhalter für Abstechdrehling

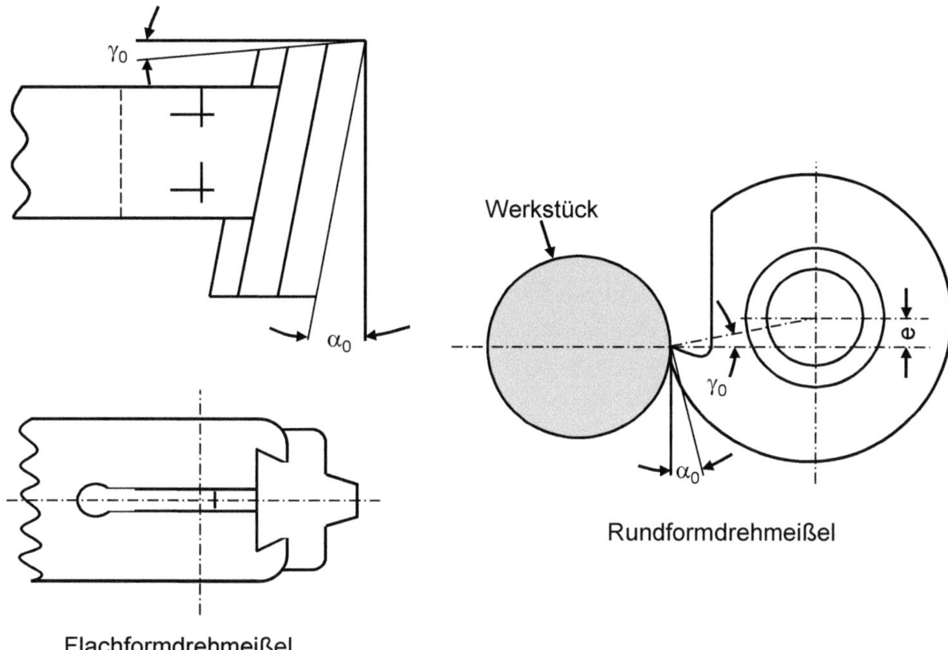

Abb. 4.64 Formwerkzeuge

Vorteilhaft werden diese Werkzeuge nur für das Drehen von Werkstoffen eingesetzt, die keine Spanformer erfordern, da sie in diesen Fällen einfach nachschleifbar sind. Rundwerkzeuge können solange aufbereitet werden, bis der Schneidteil auf 25 % des Umfangs reduziert wurde.

Die Massiv-Werkzeuge verlieren für das Drehen immer mehr an Bedeutung und es werden üblicherweise Werkzeuge mit Schneidplatten verwendet. Wenn das Auflöten von Hartmetall-Schneidplatten Schwierigkeiten bereitet, wie z. B. bei kleinen Werkzeugen, können Drehwerkzeuge ganz aus Hartmetall hergestellt werden. Um eine geringe Durchbiegung des Schafts zu gewährleisten, werden, zum Beispiel bei Bohrstangen, komplette Hartmetallschäfte verwendet, da das Hartmetall ein größeres E-Modul besitzt.

4.6.2 Werkzeuge mit Schneidplatte

Werkzeuge mit Schneidplatten müssen entsprechend der Verbindungstechnik zwischen Schaft und Schneidplatte in

- Werkzeuge mit fester Schneidplatte (Stoffverbindung) und
- Werkzeuge mit lösbarer Schneidplatte (Kraft- und Formschluss)

unterschieden werden.

4.6.2.1 Werkzeuge mit fester Schneidplatte

Das Löten als Verbindungstechnik zwischen Schneidplatte und Werkzeugschaft für den Drehprozess wird nur noch in Ausnahmefällen bei Sonderwerkzeugen angewandt. In anderen Bereichen wie der Fräser- und Bohrerfertigung oder bei der Herstellung von Holzbearbeitungswerkzeugen wird es häufiger angewandt. Schneidplatten werden heute vorwiegend geschraubt oder geklemmt.

Als Werkstoff für Drehwerkzeugschäfte haben sich unlegierte Baustähle mit einer Festigkeit von 700 – 800 N/mm² bewährt. Werden Werkzeuge für große Spanungsquerschnitte benötigt, sollte die Festigkeit 800 – 1000 N/mm² betragen. Die Schaftquerschnitte sind nach DIN 770-1 und DIN 770-2 genormt.

Bei gelöteten Werkzeugen wie in Abb. 4.65 werden meist Schneidplatten aus PCBN oder Hartmetall auf den Werkzeugschaft aufgelötet. Das Auflöten von Schnellarbeitsstahl wird meist nur bei Werkzeugen angewendet, die geringere Anforderungen an die Schneide haben, wie es z. B. bei Sägeblättern für die Holzbearbeitung der Fall ist.

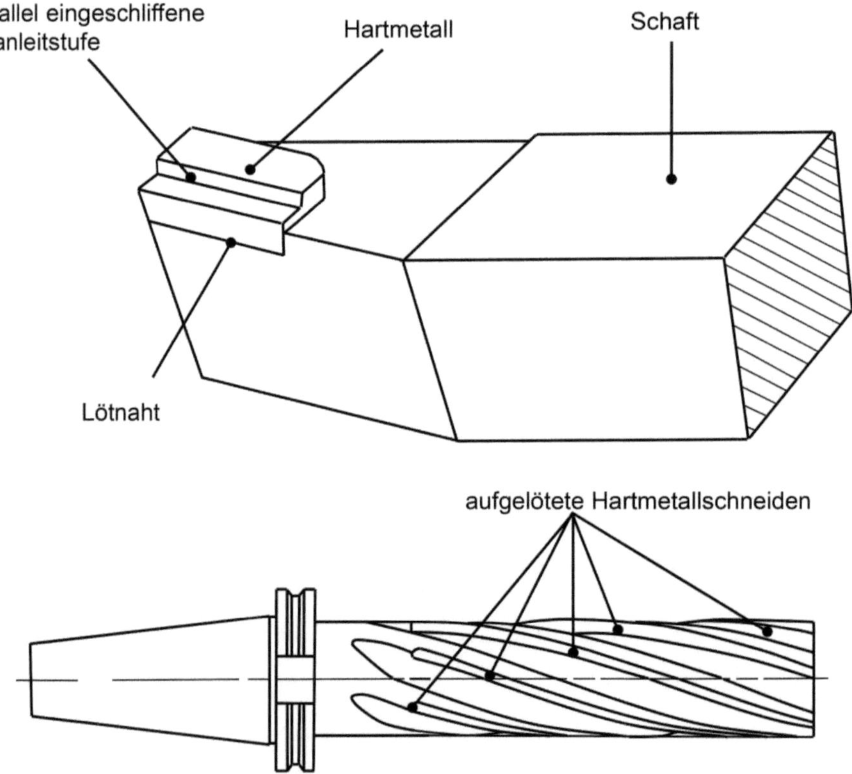

Abb. 4.65 Dreh- und Fräswerkzeuge mit aufgelöteten Hartmetallschneiden

4.6.2.2 Werkzeuge mit lösbarer Schneidplatte

Gegenüber den Werkzeugsystemen mit gelöteten Schneidplatten haben die Werkzeuge mit geklemmten und geschraubten Schneidplatten unter anderem den Vorteil, dass mehrere Schneiden einer Platte einsetzbar sind. Hat eine der Schneiden das Standzeitende erreicht, so wird nach dem Lösen der Befestigung die Schneidplatte gedreht oder gewendet und dadurch eine neue Schneide zum Einsatz gebracht. Hieraus ergibt sich die Bezeichnung Wendeschneidplatte. Das Bezeichnungssystem für übliche Wendeschneidplatten ist nach DIN ISO 1832 genormt und in den Abb. 4.66 und 4.67 dargestellt.

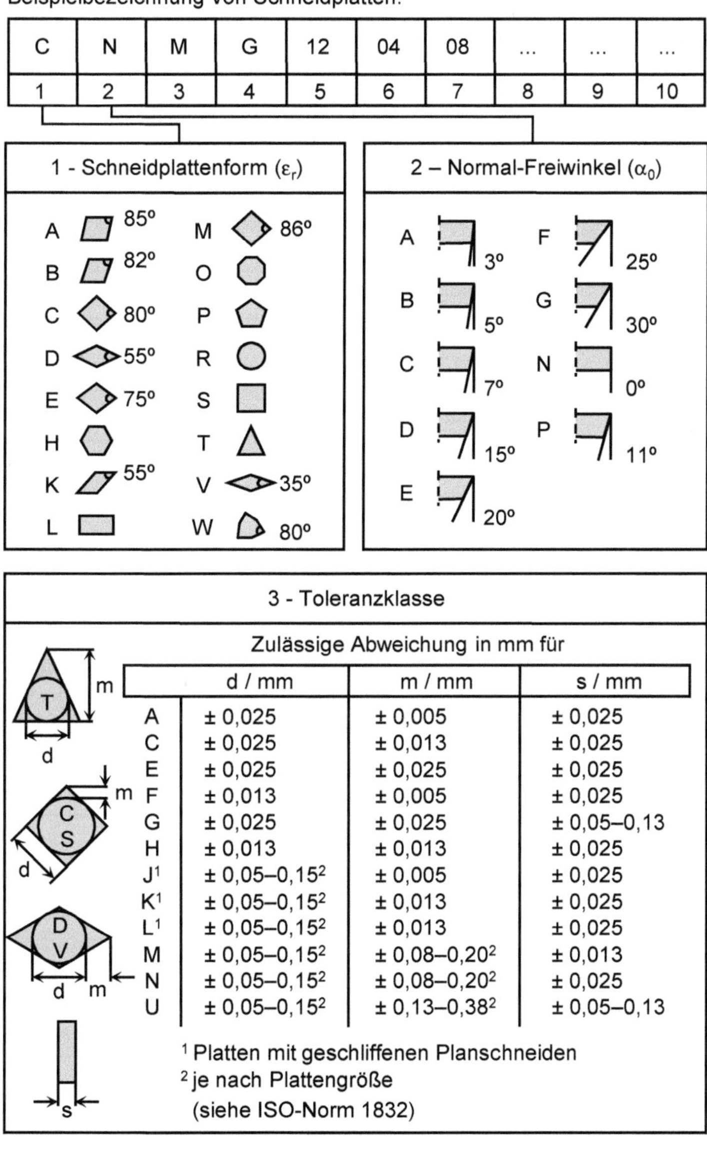

Zulässige Abweichung in mm für

	d / mm	m / mm	s / mm
A	± 0,025	± 0,005	± 0,025
C	± 0,025	± 0,013	± 0,025
E	± 0,025	± 0,025	± 0,025
F	± 0,013	± 0,005	± 0,025
G	± 0,025	± 0,025	± 0,05–0,13
H	± 0,013	± 0,013	± 0,025
J[1]	± 0,05–0,15[2]	± 0,005	± 0,025
K[1]	± 0,05–0,15[2]	± 0,013	± 0,025
L[1]	± 0,05–0,15[2]	± 0,013	± 0,025
M	± 0,05–0,15[2]	± 0,08–0,20[2]	± 0,013
N	± 0,05–0,15[2]	± 0,08–0,20[2]	± 0,025
U	± 0,05–0,15[2]	± 0,13–0,38[2]	± 0,05–0,13

[1] Platten mit geschliffenen Planschneiden
[2] je nach Plattengröße (siehe ISO-Norm 1832)

Abb. 4.66 Bezeichnungssystem für Wendeschneidplatten, nach DIN ISO 1832

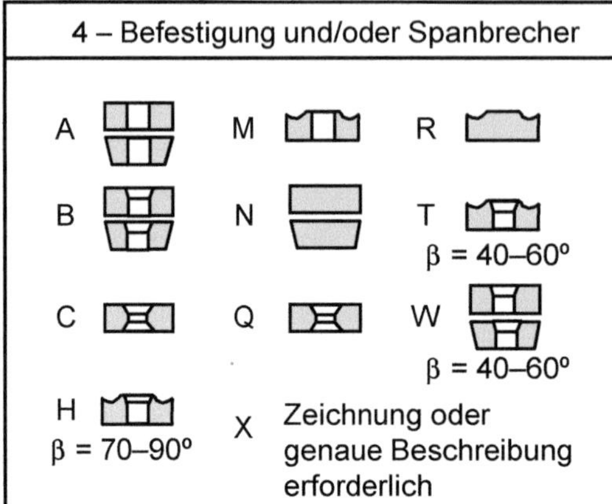

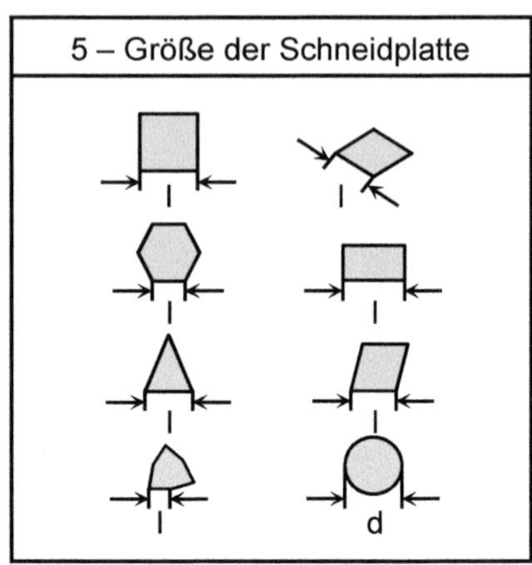

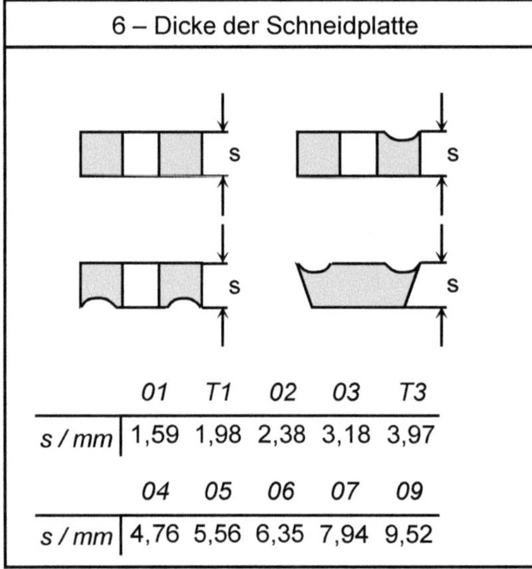

8 – Schneidenausbildung

F scharfkantig
T gefast
E gerundet
S gefast u. gerundet

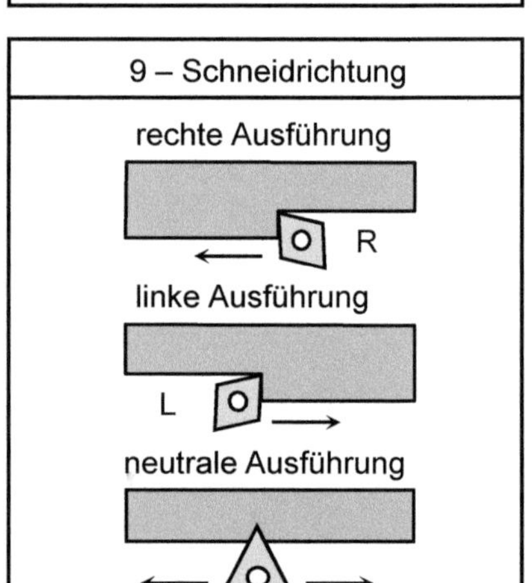

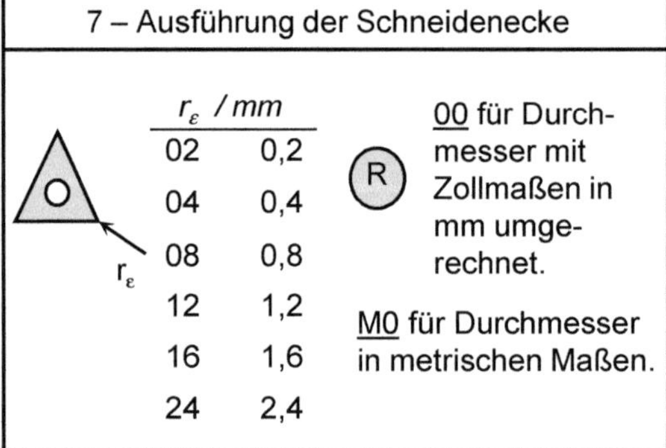

10 – interne Bezeichnungen

Zustand der Schneide, besondere Spanformgeometrie, zum Beispiel:

P = poliert W = mit (Breit-) Schlichtschneide

Abb. 4.67 Bezeichnungssystem für Wendeschneidplatten, nach DIN ISO 1832 (Forts.)

Die Schneidplatten sind bei diesen Werkzeugen mit Klemmvorrichtungen auf dem Werkzeugträger befestigt. Vorteilhaft ist das sichere und schnelle Spannen der Schneidplatten. Entsprechend der gewählten Toleranzklasse ist das Auswechseln der Schneidplatten innerhalb der Fertigung schnell möglich, da eine neue Positionierung der Schneide gegenüber dem Werkstück entfällt.

Die Fertigungstoleranzen der Wendeschneidplatten haben bei einem Plattenwechsel, z. B. auf NC-Maschinen, einen sehr großen Einfluss auf die Fertigungsgenauigkeit der Werkstücke. Man unterscheidet bei Wendeplatten die Normal- und Genauigkeitsausführung. Die Toleranzen liegen bei der Normalausführung im Bereich von ±0,13 mm, bei der Genauigkeitsausführung bei ±0,025 mm, wodurch sich Werkstücktoleranzen von etwa ±0,1 mm nach einem Plattenwechsel ohne zusätzliche Positionierung einhalten lassen.

Neben den in der DIN ISO 1832 beschriebenen Formen existiert eine Vielzahl von Sonderausführungen und nicht genormten Schneidplatten für die spanenden Bearbeitungsverfahren mit definierter Schneide.

Da die Klemmhalter ein Spannen von Schneidplatten aus verschiedensten Schneidstoffen ermöglichen, können diese der Bearbeitungsaufgabe gut und schnell angepasst werden. Die Lagerkosten sind relativ gering, da sich diese im Wesentlichen auf die Lagerung der Schneidplatten und Ersatzteile für die Werkzeughalter beschränken [Corn74].

Bei der Lagerhaltung ist zu beachten, dass Bauteile verschiedener Fabrikate nicht gegeneinander austauschbar sind. Aus diesem Grunde ist es unwirtschaftlich, in einem Betrieb für den gleichen Verwendungszweck verschiedene Halterkonstruktionen zu verwenden, da diese die Lagerhaltung der Ersatzteile erheblich verteuern.

Es existieren mittlerweile intelligente Werkzeugausgabesysteme der einzelnen Werkzeug-Hersteller, die es ermöglichen die Werkzeuge zu verwalten und an den Verbrauch der Anwender angepasste Bestellungen automatisch bei dem Werkzeughersteller abzugeben [Pitt04].

Wie in der DIN ISO 1832 dargestellt, gibt es Schneidplatten mit und ohne Loch. Schneidplatten ohne Loch haben im Allg. einen aufgesetzten Spanformer und gelochte Schneidplatten eingeformte Spanformer. Schneidplatten aus keramischen Schneidstoffen und PCBN werden vorwiegend ohne Loch hergestellt und können somit nur in Klemmhaltern mit Klemmfinger fixiert werden.

Klemmhalter für die Drehbearbeitung sind in der DIN 4983 genormt. Abb. 4.68 stellt anhand eines Beispiels das Bezeichnungssystem für Klemmhalter dar.

Die Klemmhalter für Wendeschneidplatten haben im Wesentlichen folgende Aufgaben zu erfüllen:

- Die Wendeschneidplatte ist nach dem Auswechseln stets in eine gleiche Lage zu klemmen.
- Eine Lageänderung durch die auftretende Zerspankraft ist zu vermeiden.
- Die Auflagefläche muss gewährleisten, dass ein Verbiegen der Schneidplatten vermieden wird.

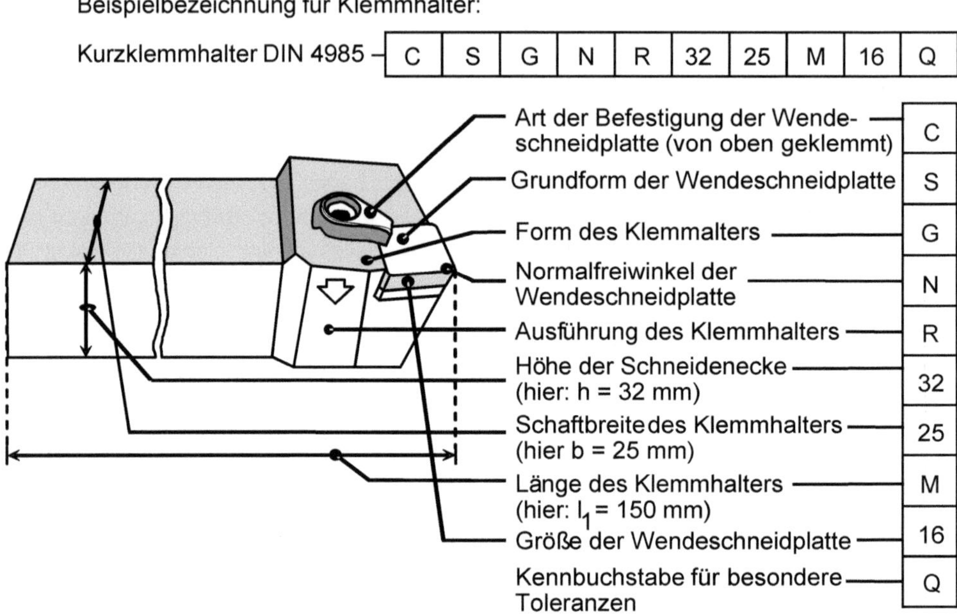

Abb. 4.68 Bezeichnungssystem für Drehmeißelklemmhalter, nach DIN 4983

- Die Befestigung muss gewährleisten, dass die entstehende Wärme gut in den Klemmhalter abgeleitet wird.
- Die Zerspankraft ist so auf den Halter überzuleiten, dass die Zentrierung der Schneidplatte unterstützt wird.
- Je nach der vorliegenden Bearbeitungsaufgabe ist der Einsatz eines Spanformers erforderlich.

In der Abb. 4.69 sind die verschiedenen Ausführungen der Befestigung von Wendeschneidplatten mit (unten) und ohne Loch (oben) dargestellt. Vorteilhaft bei Befestigungen für Lochplatten ist, dass alle Spannelemente im Halter vor Spänen geschützt sind. Die Wendeschneidplatten werden z. B. durch Kniehebel oder Stifte unverrückbar im Plattensitz zentriert und fixiert.

Die konstruktiv einfachste Klemmung wird durch eine Spannschraube verwirklicht. Eine andere Möglichkeit bietet die Fixierung durch eine Spannpratze, die die Wendeschneidplatte und einen stufenlos verstellbaren Spanformer klemmt. Hierbei kann der Spanformer besonders gut wechselnden Schnittbedingungen angepasst werden, um eine günstige Spanform zu gewährleisten.

Klemmhalter mit Klemmfinger werden angewendet, wenn der Spanformer stufenweise verstellbar ist und weitestgehend konstante Arbeitsbedingungen vorhanden sind. Treten Beschädigungen am Klemmhalter auf, so sind die einzelnen Teile durch ein Ersatzteilangebot der Klemmhalterhersteller austauschbar.

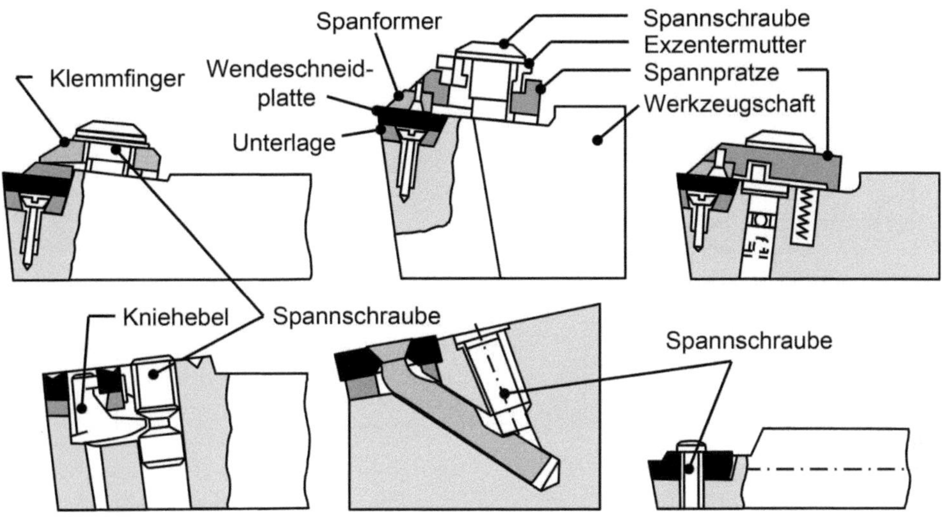

Abb. 4.69 Befestigungsarten von Wendeschneidplatten (Quelle: Widia, Hertel)

Um Rüst- und Nebenzeiten zu verkürzen, werden in der Großserienfertigung häufig Sonderausführungen, beispielsweise Kurzklemmhalter oder Kassetten eingesetzt. Hauptsächlich für verkettete Maschinen oder Kopierdrehmaschinen können Werkzeuge eingesetzt werden, die verbrauchte Wendeschneidplatten automatisch während der Werkstückbeschickung ohne Zeitverlust wechseln.

Man unterscheidet negative und positive Schneidplatten. Kriterium für diese Unterscheidung ist die Größe des Spanwinkels im eingespannten Zustand, also in der Bearbeitungsposition. Liegt ein positiver Spanwinkel vor, so wird die Platte als Positivplatte bzw. beim negativen Spanwinkel als Negativplatte bezeichnet, vgl. Abb. 4.70.

Positive Schneidplatten weisen nur an der Oberseite einsetzbare Schneiden auf. Wendeschneidplatten für Klemmhalter mit eingearbeiteten positiven Spanwinkeln sind mit Freiwinkeln versehen. Beträgt, wie in Abb. 4.70 angenommen, der Freiwinkel der Schneidplatte 11° (Keilwinkel $\beta_0 = 79°$) und der Spanwinkel des Halters +5°, dann ergibt sich der Freiwinkel während des Werkzeugeingriffs zu +6°. Negative Wendeschneidplatten haben einen Keilwinkel von 90°, wodurch an Ober- und Unterseite der Schneidplatte Schneiden zur Verfügung stehen.

Schneidplatten mit eingeformten oder eingeschliffenen Spanformern haben die gleiche Grundform wie die negativen Wendeschneidplatten, zerspanen aber effektiv, bedingt durch die Geometrie der Spanformer, mit positivem Spanwinkel, vgl. Abb. 4.71. Diese Art der Wendeschneidplatten vereint somit den Vorteil des positiven Spanwinkels, die geringere Schnittkraft, mit dem der höheren Schneidenanzahl der negativen Platte. Hauptaufgabe der Spanformer ist es, kurzbrechende Späne zu erzeugen. Auf automatisierten Fertigungseinrichtungen, bei denen Prozessstörungen durch unkontrollierten Spanbruch besonders

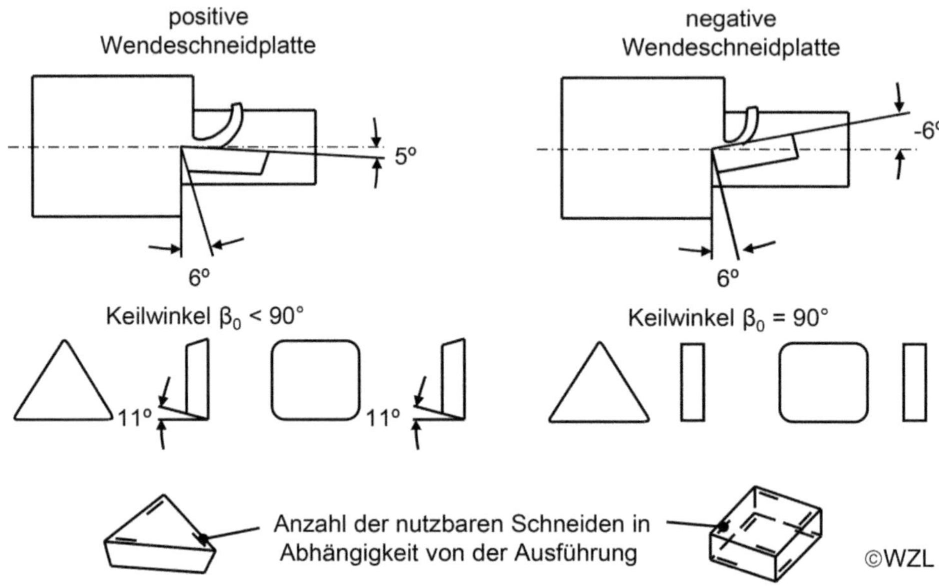

Abb. 4.70 Charakteristische Eigenschaften von positiven und negativen Wendeschneidplatten

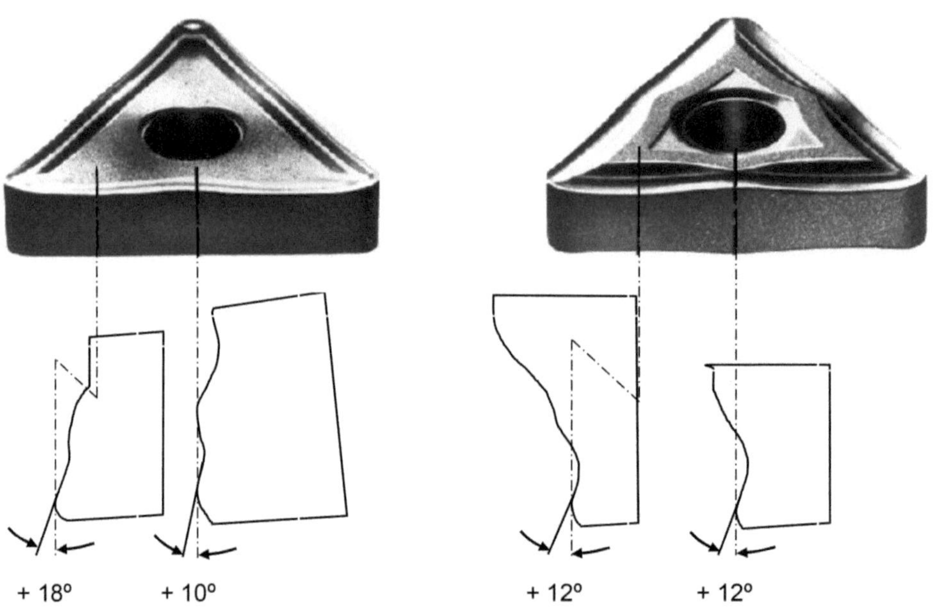

Abb. 4.71 Wendeschneidplatten mit gefertigten Spanformern

störend sind, werden daher fast ausschließlich Wendeschneidplatten mit Spanformer eingesetzt [Müll93].

Die Geometrie der Spanformer und die Anordnung der Spanleitstufe werden sowohl im Ecken- wie auch im Hauptschneidenbereich weiterentwickelt und optimiert, um eine Verbesserung der Standzeit und Prozesssicherheit zu erzielen und somit den ständig steigenden Anforderungen der modernen Zerspanung gerecht zu werden. So besitzen Geometrieelemente des Eckenbereichs die Aufgabe, bei stark variierenden Spanablaufwinkeln eine Führung und Umformung des Spans zu gewährleisten. Beispiele hierfür sind die halbkugelförmigen Erhöhungen im Eckenbereich bei Typ 1 und Typ 3 [Essi10]. Sie bewirken ein vom Spanablaufwinkel nahezu konstantes Werkzeugprofil, welches den ablaufenden Span formt bzw. leitet. Im Hauptschneidenbereich ist ein Bestreben, eine beschränkte Kontaktlänge zwischen Span und Werkzeug zu erzeugen. Dies wird durch eine primäre Spanfläche erreicht, an die sich in der Regel eine abfallende, sekundäre Spanfläche oder eine Vertiefung anschließt. Besonders deutlich ausgeprägt ist dies bei Typ 3 und 4 zu erkennen. Die beschränkte Kontaktlänge zielt darauf ab, dass unabhängig von der Spandicke h_{ch} der effektive Spanwinkel für einen weiten Vorschubbereich konstant bleibt.

Als weiteres Element der Hauptschneide ist die Spanleitstufe zu nennen, die zunächst einen Widerstand gegen den natürlichen Ablauf des Spans darstellt. Durch das Ausweichen des zerspanten Werkstoffs kommt es zu einer Aufwärtskrümmung des Spans. Durch den effektiven Spanwinkel sowie die Lage und Ausprägung der Spanleitstufe wird der Wirkradius der Spanleitstufe festgelegt, der ein wesentliches Maß für die Beurteilung des Spanablaufs darstellt. Häufig wird die Spanleitstufe so platziert, dass sich der Abstand zwischen Spanleitstufe und Hauptschneide mit zunehmender Entfernung von der Schneidenecke vergrößert (vgl. Typ 1, Typ 3, Typ 4). Der dadurch erzeugte Gradient im Aufwärtskrümmungsradius entlang der Spanbreite führt zu einer Steigung der Spanwendel und unterstützt damit die Kollision des Spans mit der Werkzeugfreifläche. Einen alternativen Ansatz hierzu stellt Typ 2 dar. Hier wird der Spanablauf durch eine Hohlkehle festgelegt, die zu einem festgelegten Aufwärtskrümmungsradius führt.

Zu beachten ist, dass die eingeformten bzw. eingeschliffenen Spanformer den jeweiligen Schnittbedingungen anzupassen sind [Sche78]. Um den möglichen Anwendungsbereich zu vergrößern, sind oft mehrere Spanleitstufen hintereinander angeordnet. Kleine, im Bereich des Eckenradius angeordnete Spanformer garantieren einen guten Spanbruch bei Schlichtarbeiten.

Beispiele für Werkzeuge mit lösbaren Wendeschneidplatten für die Bohr-, Fräs-, Säge- und Drehbearbeitung zeigt die Abb. 4.72.

Die quadratischen Schneidplatten weisen durch den großen Eckenwinkel ($\varepsilon_r = 90°$) eine sehr große Schneidenstabilität auf. Ihr Einsatz ist im Gegensatz zur dreieckigen Schneidplatte bei Formdreharbeiten nur begrenzt möglich. Dreieckige Wendeschneidplatten weisen infolge des kleinen Eckenwinkels geringere Schneidenstabilität auf. Sehr hohe Oberflächenqualitäten können durch den Einsatz von runden Wendeschneidplatten erreicht werden. Ihr Nachteil ist jedoch, dass der kleinste zu fertigende Werkstückradius durch die Schneidplattengeometrie vorgegeben ist. Speziell für Kopierarbeiten wurden

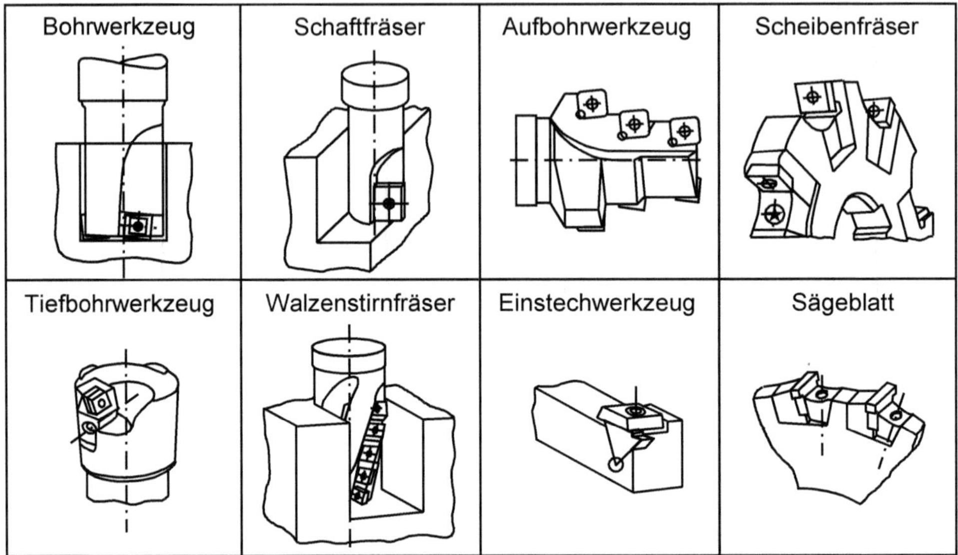

Abb. 4.72 Anwendungsbeispiele

rhomboidische Schneidplatten entwickelt. Mit ihnen sind tiefe und runde Konturen nachzuformen.

4.7 Aufbereitung von Werkzeugen

Teure Werkzeuge, wie z. B. Räumwerkzeuge, werden in der Regel wieder aufbereitet, wenn hierfür die Kosten geringer sind als für ein neues Werkzeug. Das Nachschleifen wird fast ausschließlich bei Sonderwerkzeugen und bei Werkzeugausführungen mit gelöteten Schneidplatten eingesetzt. Weitere typischerweise aufbereitbare Werkzeuge sind Vollhartmetall-Werkzeuge wie z. B. Bohrer und Schaftfräser, Verzahnungswerkzeuge aus HSS und Wendeschneidplatten aus PKD oder PCBN. Das Aufbereiten von Wendeschneidplatten aus Hartmetall oder HSS ist aufgrund des geringen Materialwertes nicht wirtschaftlich.

Soll ein Werkzeug aufbereitet werden, so muss, um Schleif- und Werkzeugkosten zu sparen, rechtzeitig nachgeschliffen werden. Dies bedeutet, dass die Schneide nicht über einen zulässigen Verschleiß hinaus benutzt werden sollte. Die Abb. 4.73 gibt einen Überblick über übliche Verschleißwerte, die als Standkriterium eines Werkzeugs gelten.

Das An- bzw. Nachschleifen der Werkzeuge wird in der Regel auf speziellen 5-Achs-Werkzeugschleifmaschinen durchgeführt. Nur auf diese Weise lassen sich stets gleiche Winkel- und Spanformergeometrien anschleifen. Anschliffe von Hand sind ungenau und haben infolgedessen einen großen Einfluss auf das Standzeitverhalten und die entstehenden Spanformen.

Schneidstoff	*Messgröße*		*anzustrebende Verschleißwerte*
Schnell-arbeitsstahl	Verschleiß-markenbreite	VB VB_{max}	0,2 bis 1,0 mm 0,35 bis 1,0 mm
	Kolktiefe	KT	0,1 bis 0,3 mm
Hartmetall	Verschleiß-markenbreite	VB VB_{max}	0,3 bis 0,5 mm 0,5 bis 0,7 mm
	Kolktiefe	KT	0,1 bis 0,2 mm
Schneidkeramik	Verschleiß-markenbreite	VB	0,15 bis 0,3 mm
	Kolktiefe	KT	0,1 mm

Abb. 4.73 Richtwerte für das Standkriterium von Werkzeugen

Beim Schleifen von Schnellarbeitsstahl sind, abhängig von den verschiedenen Anschliffen wie Grob- und Feinschleifen, die verschiedenen Härten und Korngrößen der Schleifscheiben dem Schnellarbeitsstahl anzupassen. Als Schleifmittel kommen cBN- oder Edel-Korund-Scheiben zur Anwendung. Ausführliche Informationen zu Schleifmitteln und Verfahrensvarianten des Schleifens sind [Kloc05a] zu entnehmen.

Spezielle Fertigungsprozesse der Feinbearbeitung erfordern scharf angeschliffene Werkzeugschneiden. Vor der Beschichtung der Werkzeuge werden die Werkzeugoberflächen durch Strahlen vorbehandelt. Hierbei entsteht an dem Werkzeug eine ausgeprägte Schneidkantenverrundung. Um dennoch beschichtete und scharf angeschliffene Werkzeuge für die Feinbearbeitung verwenden zu können, wurden verschiedene Anschliffstrategien entwickelt. In der Abb. 4.74 sind in Abhängigkeit von der Art des aufgetretenen Verschleißes die entsprechenden Nachschliffstrategien dargestellt. Bei vorrangigem Kolkverschleiß wird die Freifläche nachgeschliffen, damit die Werkzeuge an der Spanfläche weiterhin die verschleißresistentere Beschichtung aufweisen. Umgekehrt wird bei überwiegendem Freiflächenverschleiß die Spanfläche nachgeschliffen.

Beim Nachschleifen wirkt sich die Schleifstrategie und damit die Oberflächenqualität stark auf den erreichbaren Standweg des Werkzeugs aus. Durch die richtige Wahl der Schleifmittel und angepasste Bearbeitungsbedingungen muss deshalb ein fehlerfreier

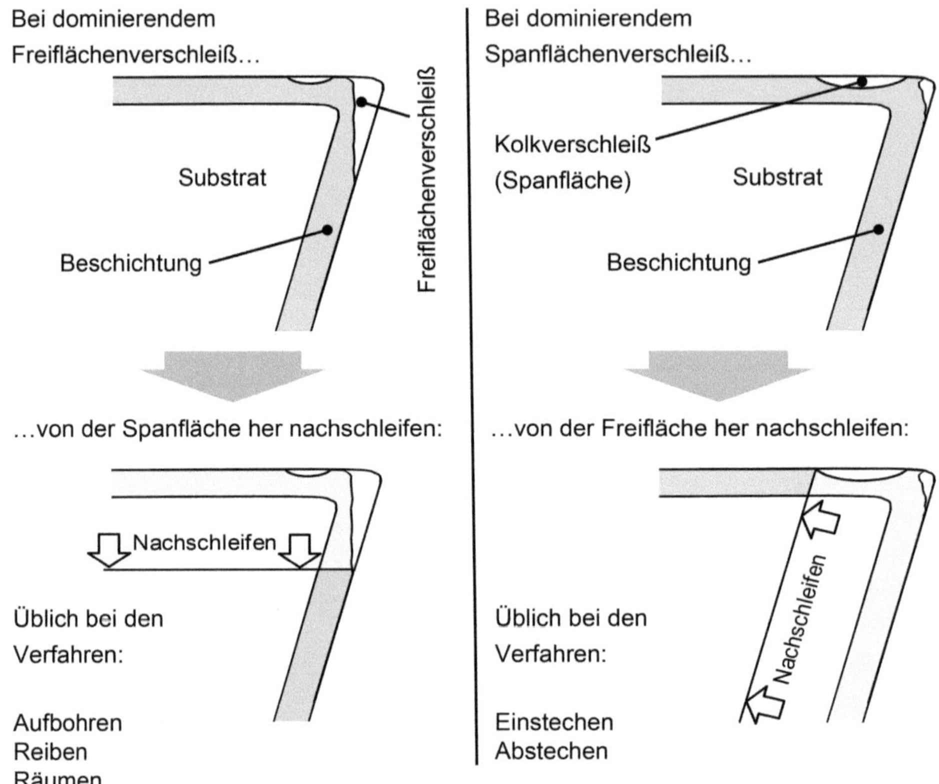

Abb. 4.74 Bearbeitungsflächen beim Nachschleifen

Nachschliff sichergestellt werden. Außerdem ist während des Schleifvorgangs darauf zu achten, dass sich das Werkzeug nicht über die Anlasstemperatur erhitzt, um Randzonenschädigungen zu vermeiden. Der Vermeidung von wärme- und kraftbedingten Rissen kommt beim Aufbereiten von Werkzeugen mit aufgelöteten Schneideinsätzen besondere Bedeutung zu [Weir64].

Bei Hartmetall wird das Nachschleifen, Feinschleifen und Anschleifen von Fasen und Rundungen mit Diamantscheiben durchgeführt. Als ein weiteres Verfahren ist auch das elektrolytische Schleifen gut zum Vor- und Fertigschleifen der Werkzeuge geeignet [Rein69].

5 Schneidkantenpräparation

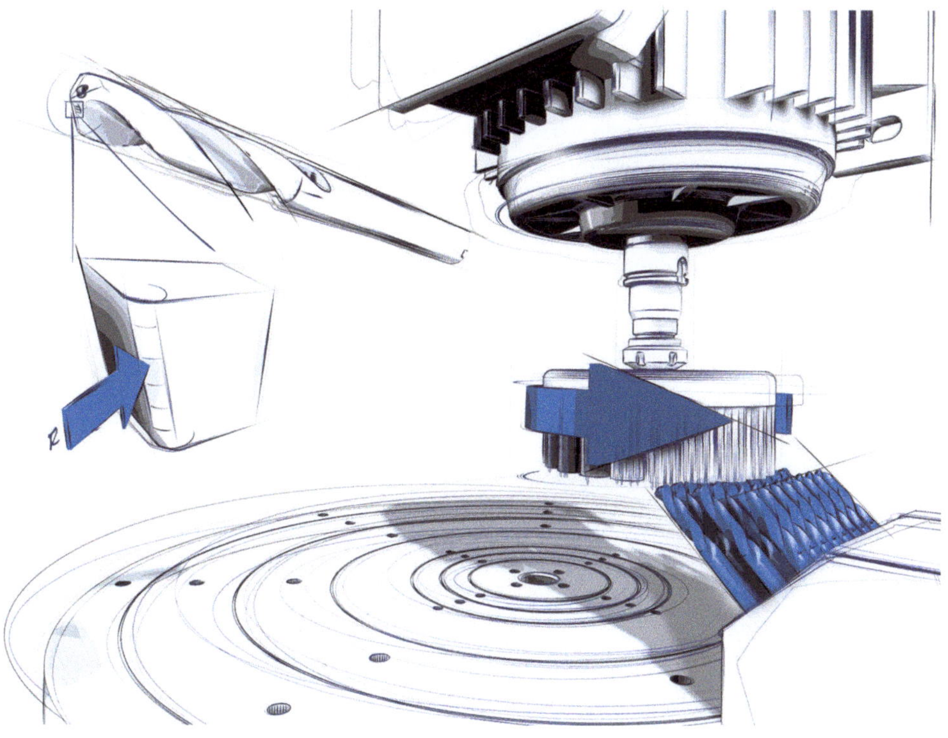

© Springer-Verlag GmbH Deutschland, ein Teil von Springer Nature 2018
F. Klocke, *Fertigungsverfahren 1*, VDI-Buch,
https://doi.org/10.1007/978-3-662-54207-1_5

5.1 Ziele

Die Leistung von Zerspanwerkzeugen wird maßgeblich von der Werkzeugmikrogeometrie beeinflusst. Werkzeuge mit positivem Spanwinkel und schleifscharfen Schneidkanten besitzen zwar eine gute Schneidfähigkeit, weisen jedoch in der Regel verschiedene Mikrodefekte wie z. B. Mikroausbrüche, -risse oder Grate auf, die zu einer hohen Kantenschartigkeit und -instabilität führen. Hierdurch erhöht sich das Risiko von Schneidkantenausbrüchen, die das Standzeitende des Werkzeugs definieren. Darüber hinaus sind negative Auswirkungen auf die erzielbare Oberflächenqualität des Werkstücks möglich. Schneidkanten werden daher oftmals präpariert, um deren Mikrokontur und -topographie gezielt zu verändern, Abb. 5.1. Hauptziele sind eine Steigerung der Kantenstabilität sowie eine Verbesserung der Substrat-Schicht-Verbundhaftung bei beschichteten Werkzeugen. Zudem werden beschichtete Werkzeuge zur Restrukturierung der Schichtoberfläche in der Regel nachbehandelt. Die Erhöhung der Kantenstabilität beabsichtigt eine Steigerung der Prozesssicherheit und Werkzeugstandzeit bei kontrollierbarem Verschleißfortschritt sowie, insbesondere beim Fräsen, eine Steigerung der Oberflächenqualität durch die Reduzierung der Werkzeugdynamik. Die Präparation der Schneidkanten kann mittels verschiedener Verfahren erfolgen, die in Abschn. 5.3. erläutert werden.

Die Schneidkantenpräparation ist ein zentraler Bestandteil bei der Herstellung von Zerspanwerkzeugen. Obwohl die Technologie industriell bereits seit langer Zeit weit verbreitet ist, besteht unverändert ein hoher Bedarf zu deren kontinuierlicher Weiterentwicklung. Dies betrifft die Verfahren zur Präparation der Werkzeuge, die Charakterisierung und Messung von Schneidkanten sowie den Einfluss der Werkzeugmikrogeometrie und -topographie von unbeschichteten und beschichteten Werkzeugen auf den Zerspanprozess.

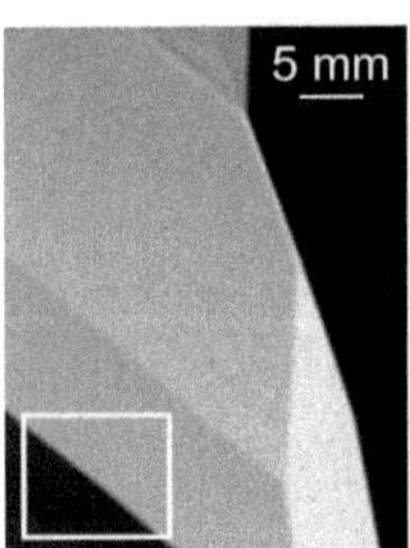

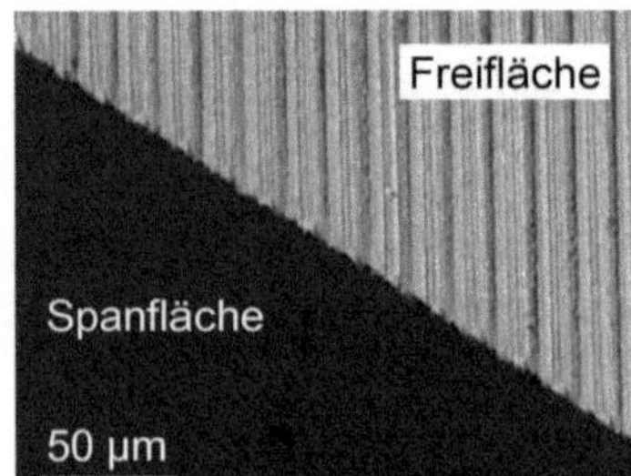

Abb. 5.1 Schneidkantenpräparation eines Hartmetallfräsers

5.2 Charakterisierung von Schneidkanten

5.2.1 Kenngrößen

Im Gegensatz zur Werkzeugmakrogeometrie, die die Grundform des Werkzeugs und des Schneidkeils definiert, beschreibt die Werkzeugmikrogeometrie die Kontur der Schneidkante und damit den Übergang von der Span- zur Freifläche.

Neben der schleifscharfen Schneide unterscheidet man bei der Schneidkantenform zwischen gefasten und verrundeten Schneiden sowie einer Kombination aus diesen beiden Varianten. Fasen werden durch die Fasenlänge l_β und den Fasenwinkel γ_β charakterisiert, Abb. 5.2. Dabei können nicht nur eine, sondern auch mehrere Fasen an einer Schneidkante angebracht sein.

Bei einer verrundeten Schneide liegt nach DIN 6582 ein „etwa kreisbogenförmiger Übergang zwischen Span- und Freifläche“ vor, der mit dem Radius r_n, gemessen in der Schneidennormalebene Pn, charakterisiert werden kann [DIN6582]. Die Beschreibung der Schneidkante durch diese gemittelte Größe ist jedoch in der Regel nicht ausreichend, da der Übergang von der Span- zur Freifläche oftmals von einem idealen Kreisbogen abweicht. Neben einer unbewussten Abweichung werden in der Industrie zunehmend asymmetrisch hergestellte Schneidkantenformen eingesetzt, um den Zerspanprozess gezielt zu beeinflussen Abschn. 5.4. Denkena et al. führten daher im Jahr 2005 die Formfaktormethode, auch K-Faktormethode genannt, ein [Denk05]. Sie definierten die Parameter S_α und S_γ, die mittlere Verrundung $\overline{S}$, den K-Faktor sowie den Abstand Δr und den Winkel φ zur Beschreibung der Kantengeometrie, Abb. 5.3. Die Schneidkantenabschnitte S_α und S_γ sind definiert als die virtuelle Verlängerung der geraden Frei- bzw. Spanflächenkontur bis zur Spitze der theoretisch ideal scharfen Schneidkante. Der kürzeste Abstand von dieser Spitze bis zur Konturlinie wird mit Δr bezeichnet, während der Winkel φ die Abweichung des Vektors von Δr zur Vertikalen beschreibt. Die mittlere Verrundung $\overline{S}$ charakterisiert als Mittelwert von S_γ und S_α die Größe der Verrundung und der Formfaktor K als Verhältnis

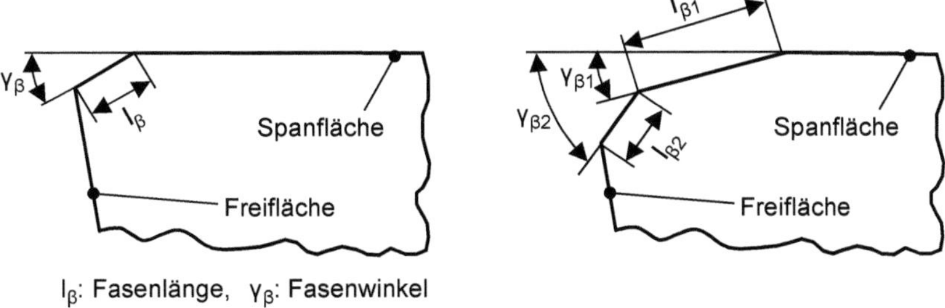

Abb. 5.2 Kenngrößen zur Charakterisierung gefaster Schneidkanten [Frie02]

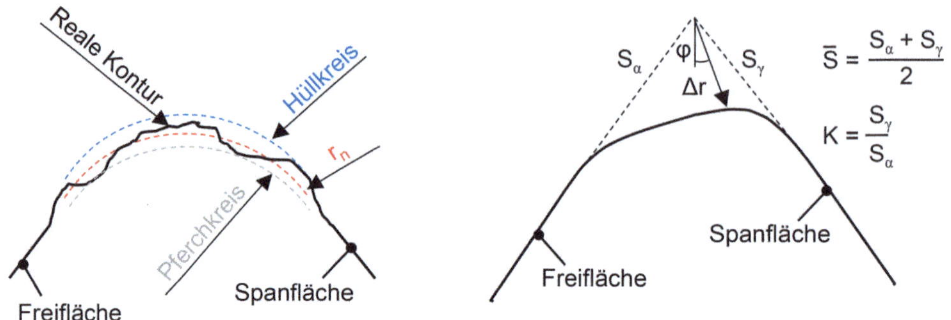

Abb. 5.3 Definition des Schneidkantenradius r_n (links) [DIN6582] und Parametrisierung der Schneidkante nach DENKENA ET AL. (rechts) [Denk05]

von S_γ zu S_α die Abweichung der Kontur vom idealen Radius. Für den Fall, dass der Schneidkantenabschnitt S_α an der Freifläche größer ist als der Abschnitt S_γ an der Spanfläche, d. h. der Radius zur Freifläche hin verschoben ist, entsteht ein K-Faktor von $K < 1$ (Wasserfallgeometrie). Bei einer Verschiebung zur Spanfläche erhält man einen K-Faktor von $K > 1$ (Trompetengeometrie). Für einen idealen Kreisbogen ergibt sich gemäß Definition ein K-Faktor von $K = 1$. Der Abstand Δr weist auf die Stumpfheit der Schneidkantenkontur hin und unterstützt dadurch die nähere Beschreibung der Schneidkantengeometrie. Bei konstanten Parametern S_γ und S_α geht eine spitze Geometrie mit einem kleinen Δr und eine stumpfere, fasenähnliche Kante mit einem größeren Δr einher. [Denk05]

5.2.2 Messtechnik

Die Messtechnik ermöglicht das Erfassen von Kenngrößen zur Charakterisierung der Schneidkante. Um das Potenzial der Schneidkantenpräparation voll ausschöpfen zu können, ist der Bedarf an speziell für die Messung von Schneidkanten entwickelten Messsystemen hoch. Im Allgemeinen wird zwischen taktilen und optischen Messverfahren unterschieden.

Das verbreitetste taktile Verfahren ist das Tastschnittverfahren nach VDI/VDE 2602. Dabei wird eine Tastspitze mit konstanter Geschwindigkeit über das Messobjekt geführt und dessen Auslenkung gemessen [VDI2602]. Das Ergebnis der Messung wird durch die Tastspitzenradiuskompensation und den Verschleiß der Tastspitze beeinflusst. Zudem übt die Geometrie der Tastspitze einen Einfluss auf die Messung aus, da die Tastspitze hochfrequenten Kavitäten nicht folgen kann [Löwe13]. Bei der taktilen Messung ist die Justage der Schneidkante quer zum Taster zu beachten, da es sonst zur fehlerhaften Ermittlung der Kontur kommen kann [Tika09].

In der Praxis finden zur Messung von Schneidkanten auch optische Verfahren ihre Anwendung. Es werden triangulationsbasierte Verfahren wie die Streifenlichtprojektion und fokusbasierte Verfahren wie die Fokus-Variation, Konfokalmikroskopie und Weißlichtinterferometrie eingesetzt. Im Folgenden wird auf die Messverfahren Streifenlichtprojektion und Fokus-Variation näher eingegangen, da diese die weiteste Verbreitung in der Praxis aufweisen [Tika09].

Das Prinzip der Streifenlichtprojektion wird neben anderen in VDI/VDE 2617 Blatt 6.2 beschrieben. Bei der Streifenlichtprojektion wird ein Streifenmuster auf das Messobjekt projiziert, Abb. 5.4. Das reflektierte Licht wird mittels einer unter einem Triangulationswinkel angeordneten Kamera erfasst [Löwe13]. Über die Verzerrung des Streifenmusters kann wie bei der Triangulation die Topographie der Schneide bestimmt werden. Durch gezielte Variation der Streifenbreite werden die schmalsten Streifen einem eindeutigen binären Code zugeordnet. So können auch bei Unstetigkeiten die Objektpunkte eindeutig zugeordnet werden. Im Phasenschiebeverfahren wird darüber hinaus die Phase des Streifenmusters variiert. In die Auswertung wird anschließend nicht nur die Position der sinusförmig modulierten Streifen mit einbezogen, sondern auch deren Intensität. Dadurch kann die Höhenauflösung der Messung um den Faktor 10 bis 50 verbessert werden [Tika09].

Die Streifenlichtprojektion ermöglicht bei der Schneidkantenmessung kurze Messzeiten im Sekundenbereich, wobei laterale Auflösungen von 2,5 µm bis zu 0,4 µm und Höhenauflösungen von 0,3 µm bis 0,1 µm erzielt werde [Löwe13, Rehe15]. Als weiterer Vorteil ist der Arbeitsabstand im Zentimeterbereich zu nennen, der die Handhabung des Messgeräts erleichtert.

Das Prinzip der Fokus-Variation basiert auf der begrenzten Schärfentiefe der abbildenden Optik und ist im Anhang A der DIN EN ISO 25178 – 606 beschrieben. Das Messobjekt wird zumeist koaxial mit moduliertem Licht oder per Ringlicht beleuchtet. Die

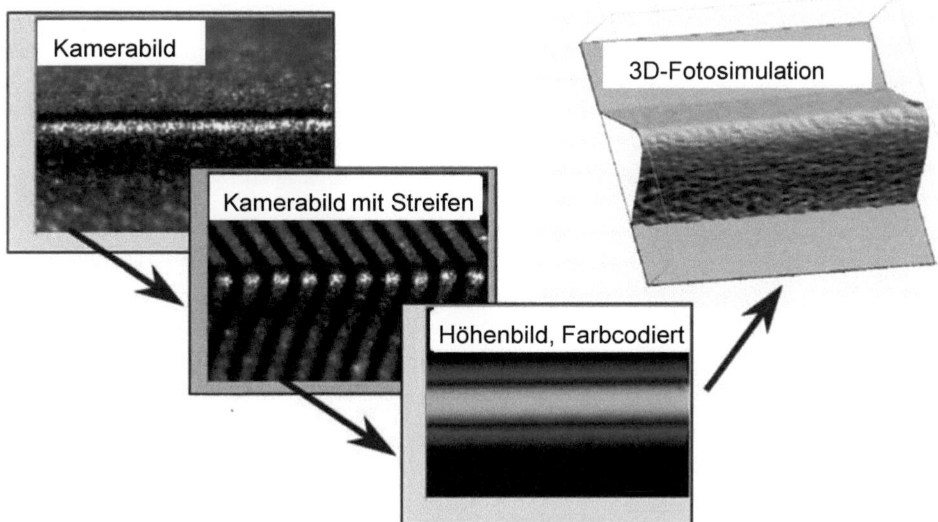

Abb. 5.4 Schematischer Ablauf der Messung einer Schneidkante mittels Streifenlichtprojektion [Tika09]

Reflektion des Messobjekts wird von dem Objektiv auf einem lichtempfindlichen Sensor abgebildet [Löwe13]. Beim Messvorgang wird der Schärfebereich des Objektivs durch vertikales Verfahren variiert und ein Bilderstapel erzeugt. Dadurch kann mittels digitaler Bildverarbeitung die Schärfe jedes Pixels in Abhängigkeit der Objektivposition bestimmt werden. Die Objektivposition mit der höchsten Schärfe entspricht dem gesuchten Messwert, Abb. 5.5. Prinzip bedingt muss die zu messende Oberfläche eine Rauheit aufweisen, damit eine Bewertung der Schärfe erfolgen kann [Tika09].

Mittels Fokus-Variation können je nach Objektiv laterale Auflösungen bis zu 0,44 µm und vertikale Auflösungen bis zu 10 nm erreicht werden. In der Praxis haben sich Auflösungen von etwa einem Zehntel des Betrags des Schneidkantenradius bewährt [Löwe13]. Der Arbeitsabstand ist ebenfalls abhängig vom Objektiv und liegt in der Größenordnung von 10 bis 20 mm. Im Vergleich mit anderen fokusbasierenden Verfahren ermöglicht die Fokus-Variation das Messen steiler Flanken sowie den Erhalt der Farbinformation [Tika09].

In der heutigen Anwendung werden taktile Messverfahren zunehmend von berührungslosen optischen Verfahren abgelöst. Das liegt zum einen daran, dass optische Verfahren höhere Auflösungen mit hoher Reproduzierbarkeit erreichen. Zudem wird das Messergebnis bei optischen Verfahren nicht durch die Geometrie einer Tastspitze beeinflusst. Ein weiterer Vorteil optischer Messverfahren ist, dass eine flächige Auswertung des Messobjekts möglich wird. Darüber hinaus ist für die Schneidkantenmessung keine präzise Justage der Schneidkante notwendig, da das Messen quer zur Schneidkante über Softwarefunktionen realisiert wird [Löwe13, Tika09].

Neben dem Erfassen der Schneidkantenkontur hat auch die Software zur Auswertung mittels Software einen maßgeblichen Einfluss auf das Ergebnis. Geeignete Softwarelösungen werden dazu von den meisten Messgeräteherstellern zur Verfügung gestellt. Diese ermöglichen neben der manuellen Auswertung auch die automatisierte Bestimmung von Schneidkantenkenngrößen [Löwe13]. Mittels Automatisierung werden die Einflüsse des Bedieners auf die Messergebnisse reduziert und damit die Reproduzierbarkeit der Messungen erhöht. Aktuelle Untersuchungen zeigen darüber hinaus, dass die ermittelten

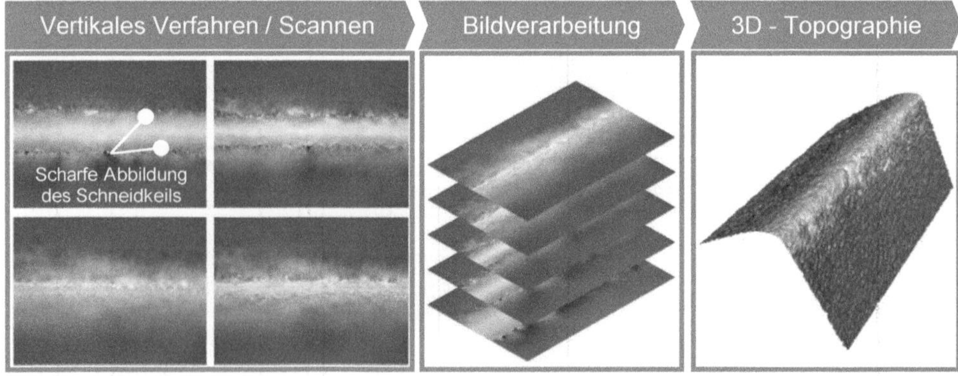

Abb. 5.5 Ablauf einer Schneidkantenmessung mittels Fokus-Variation

Schneidkantenkenngrößen stark vom zugrunde liegenden Messprinzip, dem Messgerätehersteller, dem Anwender und dem Messalgorithmus abhängig sind [Denk14].

5.3 Präparationsverfahren

In der Vergangenheit wurde eine Vielzahl von Verfahren zur Schneidkantenpräparation entwickelt, Abb. 5.6. Bei der Auswahl eines Verfahrens für einen vorliegenden Anwendungsfall sind die Möglichkeit zur Herstellung der geforderten Mikrogeometrie und -topographie, die reproduzierbare Einhaltung der Toleranzen, der zu präparierende

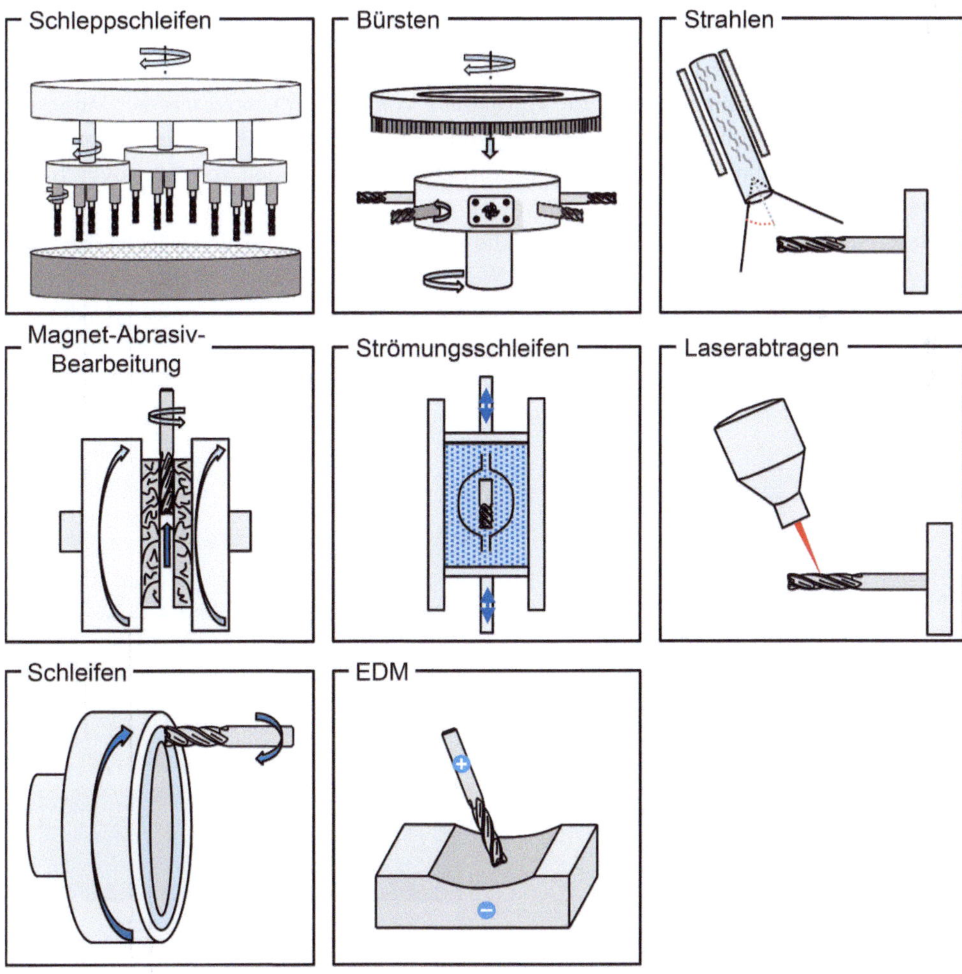

Abb. 5.6 Verfahren zur Schneidkantenpräparation

Werkzeugtyp und dessen Makrogeometrie, der Schneidstoff und ggf. die Beschichtung sowie die erzielbare Produktivität und Wirtschaftlichkeit zu berücksichtigen. In der Industrie am weitesten verbreitet sind derzeit das Bürsten, Schleppschleifen, das Trocken- und Nassstrahlen sowie die Magnet-Abrasivbearbeitung (Magnetfinishing). Weitere Verfahren sind das Strömungsschleifen (Druckfließläppen), das Laserabtragen, das Schleifen, die funkenerosive Bearbeitung (EDM) und die elektrochemische Bearbeitung (ECM). Die Präparationsverfahren unterscheiden sich grundsätzlich in ihrem Wirkprinzip (kraft-, bahn- oder energiegesteuert) und ihrer Prozesskinematik.

5.3.1 Schleppschleifen

Das Tauchgleitläppen ist nach DIN 8589 der Gruppe des Gleitspanens zuzuordnen. Außerhalb der Norm wird dieses Verfahren in der Regel als Schleppschleifen oder auch Trowalisieren bezeichnet. Es handelt sich um ein kraft- und raumgebundenes Verfahren, das grundsätzlich zum Entgraten, zur Verrundung von Schneidkanten und zur Verbesserung von Werkstückoberflächen eingesetzt wird. Die maßbeglichen Abtragmechanismen sind das Pflügen und Furchen durch das Aufprallen und Abrollen von Abrasivpartikeln [Kloc11, Löwe13].

Beim Schleppschleifen ist eine Rotorplatte parallel zur Schleifbadoberfläche angeordnet. Auf der Platte sind entweder einzelne Werkzeugaufnahmen oder Werkzeughalter zur Aufnahme mehrerer Werkzeuge pro Nebenachse, sogenannte Satelliten, befestigt, Abb. 5.7 rechts. Die einzelnen Werkzeugaufnahmen verfügen ebenfalls über eine Rotationsachse, um an allen Kanten und Flächen ein gleichmäßiges Schliffbild erzeugen zu können.

Abb. 5.7 Anlagentechnik zum Schleppschleifen (Quellen: Walther Trowal GmbH & Co. KG, Otec Präzisionsfinish GmbH)

Zu den relevanten Prozessparametern zählen neben der Eintauchtiefe die Drehrichtung der Haupt- und Nebenachse (Gleich- oder Gegenlauf), die Hauptarm- und Satellitengeschwindigkeit, die Bearbeitungszeit sowie das gewählte Schleifmedium. Über die Eintauchtiefe des Werkstücks in das Schleifbad kann das Abtragvolumen maßgeblich beeinflusst werden. Dieser Effekt ist auf den höheren Druck beim Schleppen des Werkzeugs in einer größeren Eintauchtiefe durch das Schleifbad und der somit erhöhten Abrasion zurückzuführen [Riss06]. Bezogen auf die Drehrichtung hat sich bei Untersuchungen an Hartmetallfräsern gezeigt, dass sich zwar mit einem Gegenlauf der Haupt- und Nebenachsen ein höherer Abtrag erzielen lässt, dass aber beim Gleichlauf höhere Oberflächengüten und eine geringere Kantenschartigkeit aufgrund der Anströmung des Schleifmittels über die Freifläche erreicht werden können [Tika09]. Die Hauptarmdrehzahl verursacht aufgrund des großen Verhältnisses zwischen Hauptarmradius und Satellitenradius die größte Relativgeschwindigkeit zwischen Schleifbad und Werkstück. Somit kann hierdurch zusammen mit der Bearbeitungszeit das Gesamtabtragvolumen gesteuert werden [Riss06]. Als Schleifmedium werden Walnussschalen, verschiedene Aluminiumoxid- oder Siliziumkarbid-Granulate, eingesetzt [Tika09]. Diese werden zusätzlich in Form und Korngröße unterschieden. Für die Kantenpräparation werden üblicherweise Korndurchmesser im Bereich von 0,6 – 1 µm und kleiner verwendet.

Der Schleppschleifprozess ist aufgrund der vielen Prozessparameter sehr gut an die Bearbeitungsaufgabe anpassbar. In zahlreichen Untersuchungen wurde gezeigt, dass bei angepasster Konfiguration Schneidkantenradien reproduzierbar herstellbar sind [Riss06]. Die Kantenschartigkeit kann durch das Schleppschleifen deutlich reduziert werden [Uhlm11]. Das Schleppschleifen ist sowohl für Schaftwerkzeuge als auch für Wendeschneidplatten anwendbar. Da gleichzeitig mehrere Werkzeuge präpariert werden können, weist das Verfahren eine hohe Wirtschaftlichkeit auf [Riss06]. Allerdings ist der Bereich der maximal herstellbaren Verrundungsgröße aufgrund der entsprechend steigenden Bearbeitungszeit eingeschränkt. Maximal wirtschaftlich herstellbare Schneidkantenradien liegen in der Regel bei r_n = 20 – 25 µm. Ein weiterer Nachteil besteht darin, dass asymmetrische Schneidkanten, d. h. K-Faktoren $K \neq 1$, nicht oder nur mit ungenügender Reproduzierbarkeit, insbesondere bei komplexen Werkzeugmakrogeometrien, hergestellt werden können.

5.3.2 Bürsten

Das Bürstenspanen bzw. Bürsten ist in der Industrie zur Schneidkantenpräparation von Zerspanwerkzeugen weit verbreitet, Abb. 5.8. Gründe hierfür sind sowohl die Prozessrobustheit als auch die relativ geringen Anlagen- und Verschleißmittelkosten [Riss06]. Grundlegend wird entsprechend der Bürstkinematik zwischen Umfangs- und Tellerbürsten unterschieden. Für die Bearbeitung von Hartmetallwerkzeugen kommt üblicherweise das Umfangsbürsten zum Einsatz. Die verwendeten Bürstscheiben bestehen aus Nylonfilamenten, in die ein Abrasivmedium, meist SiC oder Al_2O_3, eingebettet ist. Das

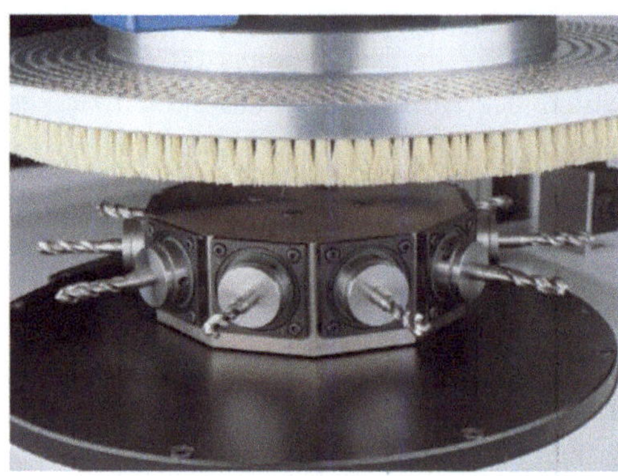

Abb. 5.8 Anlagentechnik zum Bürsten (Quelle: Gerber AG)

Abrasivmedium, dessen Volumenanteil etwa 30 – 40 % beträgt, sorgt für den werkstückseitigen Abtrag. Neben dem abrasiven Abtrag kommt es durch freistehende Hartstoffpartikel an den Filamentenden zu einer Spanbildung auf dem Werkstück. Zusätzlich entsteht durch die Oberflächenzerrüttung aufgrund von initiierten Mikrorissen ein weiterer Materialabtrag [Over03].

Haupteinflussgrößen des Bürstprozesses sind die Prozessparameter (Schnittgeschwindigkeit, Zustellung, Eingriffswinkel, Eingriffsdauer) und Größen des Bürstwerkzeugs (Korngröße und Schneidstoff) [Vent14]. Während zwischen der Bürstzustellung bzw. der Anzahl der Abrasivkörner, die im Eingriff sind, und dem erzielten Materialabtrag ein annähernd linearer Zusammenhang besteht, herrscht zwischen der Schnittgeschwindigkeit und der resultierenden Kantenverrundung ein progressiver Verlauf [Denk03]. Über die Bürstdauer lässt sich die Radiusgröße bei sonst konstanten Parametern ebenfalls steuern. Aufgrund des steigenden Materialabtrags bei größer werdenden Radien ist hier ein degressiver Zusammenhang zwischen Radius und Bürstdauer erkennbar [Koet06].

Der Verschleiß der Bürste kann in Abhängigkeit von der Schnittgeschwindigkeit in drei Bereiche eingeteilt werden. Während bei geringen Bürstgeschwindigkeiten das Abstumpfen der Abrasivkörner im Vordergrund steht, kommt es bei einer Erhöhung der Schnittgeschwindigkeit zum Ablösen dieser Partikel aus der Nylonmatrix. Bei einer weiteren Geschwindigkeitserhöhung kann es durch den erhöhten Energieeintrag zur Adhäsion des Nylons auf der Werkzeugoberfläche kommen [Denk09, Tika09].

Der Bürstprozess zeichnet sich durch eine kurze Bearbeitungszeit von 10 – 30 Sekunden für Radien von bis zu $r_n = 20\ \mu m$ aus [Denk07]. Grundsätzlich können bei längeren Bearbeitungszeiten auch deutlich größere Radien erreicht werden. Des Weiteren kann eine geringe Oberflächenrauheit im Bereich der Schneidkante erreicht werden. Durch den Einsatz von 5-Achs-Bürstmaschinen sind außerdem asymmetrische Konturen der

Schneidkante einstellbar [Denk09]. Die Nachteile des Bürstprozesses liegen in großen Toleranzen bedingt durch den Bürstenverschleiß. Die Prozesssteuerung ist zudem aufgrund einer mangelnden Überwachung des Bürstverschleißes ungenügend. Der Austausch der Bürsten erfolgt in der Regel rein erfahrungsbasiert, was zu einer unzureichenden Reproduzierbarkeit führen kann. Darüber hinaus lassen sich verfahrensbedingt nur außen liegende Kanten voll bearbeiten [Karp09]. Außerdem kann es bei der Trockenbearbeitung durch zu hohe Prozesswärme zu Filamentauftrag durch geschmolzenes Nylon kommen [Tika09]. Aus diesem Grund werden viele Bürstprozesse nass durchgeführt [Vent14].

5.3.3 Flakkotieren

Eine Weiterentwicklung des Bürstens stellt das Hochpräzisionsbürsten dar, das auch Flakkotieren genannt wird X_i, Abb. 5.9. Der Begriff Flakkotieren bildet sich als Komposition der Abkürzungen für „Flächen, Kanten und Konturen" und ist von der Profin AG entwickelt sowie teilweise patentiert worden. Das Verfahren hebt sich vom konventionellen Bürsten durch spezielle Werkzeuge, eine verbesserte Prozessüberwachung sowie eine präzisere Prozessführung ab. Die Filamente der Bürstwerkzeuge bestehen nicht wie beim klassischen Bürsten aus Nylon, sondern aus einem bis zu 400 °C temperaturbeständigen Kunststoff. Dieser wird vor der Extrusion mit Hartstoffpartikeln, wie z. B. Silizium, cBN oder Diamant, versetzt, wodurch eine besonders homogene und feinkörnige Einbettung der Abrasivpartikel erreicht wird.

Die einzelnen Filamente werden im Werkzeug zu Büscheln angeordnet und dann in die Tellerbürsten vergossen. Die Prozesskinematik für die Bearbeitung von Schaftwerkzeugen mit Hilfe des Flakkotierens beruht auf einer Überlagerung mehrerer Rotations- und

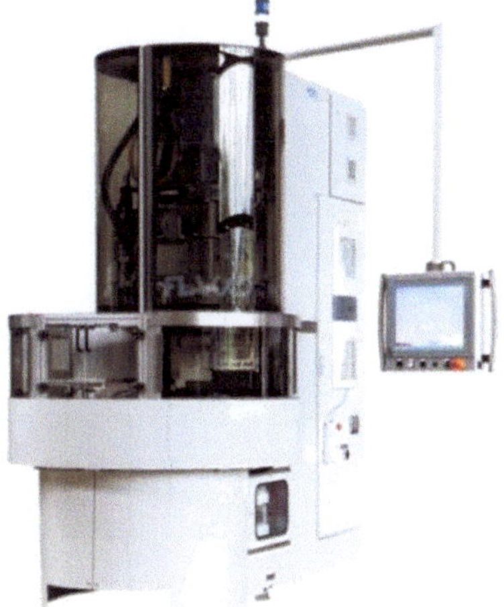

Abb. 5.9 Anlagentechnik zum Flakkotieren (Quelle: Profin AG)

Translationsbewegungen. Der Werkzeughalterkopf rotiert oder pendelt mit einer Drehzahl von 20 – 250 min^{-1}, während das exzentrisch befestigte Werkzeug sich mit einer Drehzahl von 200 – 2500 min^{-1} translatorisch bewegt. Dies ist im Gleich- und Gegenlauf möglich. Zusätzlich kann der gesamte Kopf linear in der Höhe verstellt werden. Werkstückseitig sind die Drehung des Rundtisches sowie die darauf montierte Halterung der Schaftwerkzeuge um die Werkzeugachse möglich. Hierdurch kann die Relativgeschwindigkeit zwischen den Borsten und der Bearbeitungsoberfläche sowie der Anpressdruck frei eingestellt werden.

Je nach gewünschtem Prozessergebnis kann das Filament angestellt werden, um das Fließverhalten und somit die resultierende Kantenform einzustellen. Laut Hersteller sind dadurch die Erzeugung von symmetrischen und asymmetrischen Schneidkantengeometrien sowie das Polieren von Oberflächen sowohl in der Trocken- als auch Nassbearbeitung möglich. Zur reproduzierbaren Einbringung von Radien im einstelligen Mikrometerbereich sind Kenntnisse über die exakte Besatzhöhe des Werkzeugs nötig. Dies wird durch eine Laservermessung der Bürstscheiben und einen Acoustic Emission Sensor, der den Eingriffszeitpunkt des Werkzeugs ins Werkstück erfasst, realisiert. Anschließend erfolgt die Bestimmung der notwendigen Zustellung.

5.3.4 Strahlen

Das Strahlen zählt nach DIN 8589 zu den spanenden Verfahren mit geometrisch unbestimmter Schneide und wird innerhalb dieser Gruppe dem Strahlspanen zugeordnet [DIN8589]. Es ist charakterisiert durch die Spanbildung mittels Strahlmittel, welches durch einen Energieträger auf die Werkstückoberfläche transportiert wird, Abb. 5.10. Je nachdem, ob Luft oder Wasser als Trägermedium verwendet wird, wird das Verfahren Trocken- oder Nassstrahlen genannt. Während des Strahlens sind zwei Abtragsmechanismen aktiv. Auf der einen Seite kommt es durch den Aufprall der Strahlkörner mit hoher

Abb. 5.10 Anlagentechnik zum Strahlen (Quellen: Graf Technik GmbH, joke Technology GmbH)

Geschwindigkeit auf der Oberfläche direkt zu einem Materialabtrag. Dabei führen kleine Korngrößen des Strahlmediums lediglich zu einem Abtrag der Bindephase, während mit steigender Korngröße bei der Präparation von Hartmetall vermehrt Wolframkarbide herausgeschlagen werden. Darüber hinaus kommt es zur Deformation von Oberflächenbereichen. Durch die wiederholte Deformation kann es in solchen Bereichen zu Ermüdungsbrüchen kommen. Die Kontrolle des Materialabtrags erfolgt durch die Einstellung des Strahldrucks, der -geschwindigkeit, des -abstands, -winkels und -mediums [Koet06, Vent14].

Der Einfluss der Korngröße des Abrasivmediums lässt sich auf die davon abhängige kinetische Energie zurückführen und ist daher eine sehr sensible Einstellgröße [Klei03]. Mit abnehmender Korngröße verringert sich die kinetische Energie, was zu einer Verringerung des abgetragenen Materials und zu einer abnehmenden Schartigkeit führt [Denk03]. Übliche Korngrößen für die Kantenpräparation liegen zwischen 10 und 50 µm. Ein weiterer wichtiger Einflussparameter ist der Strahldruck. Mit zunehmendem Strahldruck steigen die Geschwindigkeit der austretenden Strahlpartikel und damit die kinetische Energie an. Die verwendeten Drücke beim Strahlen liegen je nach Werkstoff, einzustellender Verrundungsgröße und sonstigen Einstellparametern zwischen 0,2 und 0,6 MPa [Koet06]. Über die Strahlvorschubgeschwindigkeit ist die Bearbeitungsintensität, gemessen als die eingebrachte Korndichte je Flächeneinheit, einstellbar [Denk03]. Der Strahlwinkel ist für die Erzeugung asymmetrischer Schneidkantengeometrien von zentraler Bedeutung. Da der Hauptabtragmechanismus bei der Hartmetallbearbeitung auf Materialermüdung bzw. Oberflächenzerrüttung basiert, ist ein maximaler Abtrag bei größtmöglicher Einkopplung der kinetischen Energie der Abrasivpartikel in die Bearbeitungsoberfläche erzielbar [Koet06]. Je nach Neigung der Düse in Richtung der Span- oder Freifläche wird diese stärker abrasiv bearbeitet [Koet06]. Aufgrund der statistischen Strahlmittelverteilung ist der Abstand zwischen Düse und Werkstück für die bestrahlte Fläche und die Eindringtiefe auf dieser Fläche von entscheidender Bedeutung. Bei einer präzisen Bearbeitung mit möglichst geringem Kollateralschaden auf benachbarten Flächen ist dieser Abstand möglichst gering zu wählen.

Vorteile des Strahlens sind die kurze Prozesszeit und die Möglichkeit zur Herstellung asymmetrischer Schneidkantengeometrien. In diversen Untersuchungen konnte im Zusammenhang mit der Strahlbehandlung auch eine Homogenisierung und Steigerung der Druckeigenspannungen in oberflächennahen Bereichen nachgewiesen werden [Koet06]. Das Verfahren wird z. B. zur gezielten Einstellung eines Druckeigenspannungsprofils nach dem Entschichten bei der Werkzeugaufbereitung von Hartmetall-Wälzfräsern zur Zahnradherstellung eingesetzt [Klei03]. Durch die statistische Streuung bei der Verwendung des Trockenstrahlens können jedoch in der Nähe der Schneidkante Kollateralschäden entstehen, die sich negativ auf das Einsatzverhalten auswirken [Tika09]. Des Weiteren kann das Verfahren nicht zur Präparation hochharter Schneidstoffe wie Keramik, cBN und PKD eingesetzt werden, da durch das Aufprallen der Abrasivpartikel auf diese Schneidstoffe Mikroausbrüche und demzufolge eine hohe Schartigkeit an der Schneidkante entstehen [Vent14].

5.3.5 Magnetfinishing

Die Magnet-Abrasivbearbeitung bzw. das Magnetfinishing ist eine im Vergleich zum Schleppschleifen, Bürsten und Strahlen junge Technologie zur Schneidkantenpräparation. Der Aufbau einer magnetabrasiven Anlage besteht aus zwei Permanent-Magnetköpfen, dem magnetabrasiven Pulver und einer Vorrichtung zur Werkstückeinspannung und -führung, Abb. 5.11. Zwischen den beiden Magnetköpfen liegt der Arbeitsspalt mit einer etwa 5 – 7 mm dicken Pulverschicht und dem darin eingetauchten, zu bearbeitenden Werkzeug. Der stärkere Magnetkopf, auch Arbeitskopf genannt, dient der Beschleunigung des Pulvers und bringt somit die nötige Energie zur Präparation auf. Der zweite Magnetkopf ist für die exakte Verteilung des Pulvers zuständig und wird mit ca. 10 % der Arbeitskopfdrehzahl betrieben. Die dritte Rotationsachse dient der präzisen Führung des zu präparierenden Werkzeugs.

Die Drehung sorgt für eine gleichmäßige Bearbeitung aller Kanten sowie die Einstellung, ob bevorzugt die Schneidkante oder die Spannut zu bearbeiten ist [Tika09]. Das magnetabrasive Pulver muss ferromagnetisch sein, um es auf einer definierten Bahn bewegen zu können und zeitgleich für einen Materialabtrag an Werkstoffen mit hoher Festigkeit wie Hartmetall gute abrasive Eigenschaften aufweisen. Dies wird durch die Einbettung von Hartstoffkarbiden, -oxiden, -boriden, Diamant oder Ferrolegierungen in eine Eisenmatrix erzielt. Eine Verteilung von ca. 70 % ferromagnetischem Anteil zu 30 % Abrasivkomponente hat sich als günstige Kombination erwiesen. Ein exakter Zusammenhang zwischen der Korngröße von Abrasiv- bzw. Matrixkomponente und dem Abtragverhalten wurde bislang nicht nachgewiesen, da vor allem die verwendeten Materialen und ihre magnetischen Eigenschaften einen starken Einfluss ausüben.

Maßgebliche Einstellgrößen sind die Prozesszeit, der Abstand zwischen Werkzeug und rotierenden Scheiben, die Korngröße der Abrasivpartikel und die Magnetkopfdrehgeschwindigkeit [Vent14]. Aufgrund des hohen und konstant über die gesamte eingetauchte

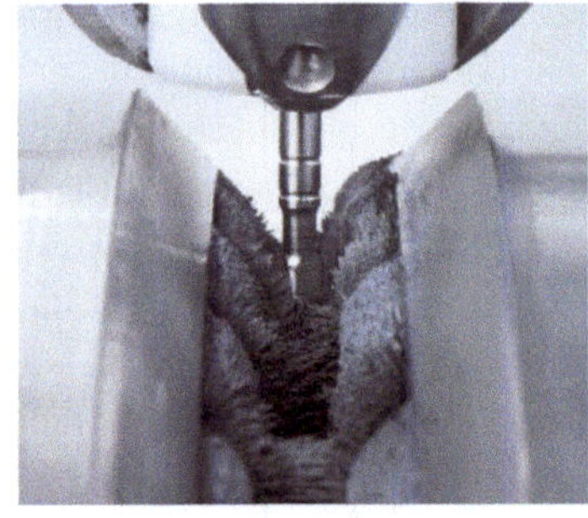

Abb. 5.11 Anlagentechnik zum Magnetfinishing (Quellen: Magnetfinish GmbH, Seckler AG)

Werkzeuglänge wirkenden magnetischen Anpressdrucks des Pulvers zeichnet sich das Verfahren durch kurze Prozesszeiten, für Schaftwerkzeuge im Bereich von 10 – 20 Sekunden pro Stück, aus. Die Bearbeitung von jeweils nur einem Werkzeug und die Möglichkeit, verschiedene Bearbeitungsprofile in der Steuerung zu hinterlegen, machen das System für die Kleinserienfertigung mit wechselnden Werkzeuggeometrien anwendbar. Unter Variation diverser Parameter wie Prozessdauer, magnetische Feldstärke und Abstand des Schaftwerkzeugs zum Arbeitskopf ist es möglich, asymmetrische Schneidkantengeometrien herzustellen [Denk09, Karp09]. Nachteilig sind hingegen vergleichsweise hohe Anlagenkosten sowie hohe Schartigkeits- und Rauheitswerte aufgrund der hohen Relativgeschwindigkeiten [Uhlm11]. Zudem können nur rotierende Werkzeuge präpariert werden [Vent14]. Die herstellbaren Schneidkantenradien liegen in der Regel bei r_n = 30 – 50 µm [Tika09].

5.3.6 Alternative Verfahren

Die in der Industrie etablierten Verfahren zur Schneidkantenpräparation (Schleppschleifen, Bürsten, Strahlen und Magnetfinishing) weisen neben verfahrensspezifischen Vorteilen auch diverse Nachteile auf. Hierzu gehören u. a. Einschränkungen bei der Herstellung asymmetrischer Schneidkanten oder lokal begrenzter Schneidenbereiche (Schleppschleifen) sowie die Einschränkung bei der Präparation hochharter Schneidstoffe (Strahlen). In der Vergangenheit wurden daher alternative Verfahren entwickelt bzw. für die Präparation von Schneidkanten angepasst, u. a. das Laserabtragen, Schleifen sowie EDM und ECM.

Das Laserabtragen birgt grundsätzlich ein hohes Leistungspotenzial für die Schneidkantenpräparation, insbesondere von hochharten Schneidstoffen wie z. B. cBN, Keramik oder PKD. Der Materialabtrag erfolgt durch kurze Laserimpulse mit hohen Pulsenergien, wodurch das Material aufschmilzt und verdampft [Vent14]. Hierfür werden diodengepumpte Nd:YaG-Laser mit Q-Switch, Excimer-Laser sowie Pico- oder Femtosekunden-Laser verwendet. Die Laser können hinsichtlich der Pulsleistung und -länge, der Repititionsrate und der Wellenlänge unterschieden werden. Durch das Laserabtragen können Verrundungsgrößen im Bereich zwischen 5 und 50 µm erreicht werden [Vent14]. Zu den wesentlichen Einstellgrößen zählen die Präparationszeit, die Pulsfrequenz, der Scanüberdeckungsfaktor, die Zahl der Ablationsschichte und der Pulsüberdeckungsgrad [Auri11]. Die industrielle Umsetzung der Technologie für die Schneidkantenpräparation ist in ersten Schritten bereits erfolgt. Nachteilig sind die verhältnismäßig hohen Investitionskosten und die komplexe Prozesskontrolle, auf der ein Schwerpunkt für zukünftige Entwicklungen liegt. Dies gilt insbesondere für die Wirkung bestimmter Einflussgrößen auf das Prozessergebnis. Ein wichtiger Aspekt ist hierbei die Wärmebeeinflussung der Werkzeugrandzone infolge der Laserbearbeitung [Denk14].

Das Schleifen wird neben der Herstellung der Werkzeugmakrogeometrie im Bereich der Werkzeugmikrogeometrie vor allem zur Fertigung von Fasen an den Schneidkanten eingesetzt. Die Anwendbarkeit des Verfahrens zur Herstellung von verrundeten Schneidkanten ist aufgrund der Prozesskinematik schwierig. Grundsätzlich bietet das Schleifen die Möglichkeit, die gesamte Werkzeuggeometrie in einer Aufspannung und einer Maschine zu fertigen und damit die Prozesskette zu verkürzen. Zudem werden Investitionen für zusätzliche Anlagen zur Schneidkantenpräparation vermieden. Um die Herstellung verrundeter Schneidkanten zu realisieren, gibt es heutzutage verschiedene Ansätze. Eine Möglichkeit ist die Unterteilung der Schneidkante in diskrete gerade Abschnitte, die das runde Kantenprofil näherungsweise abbilden [Denk13]. Ein anderer Weg ist der Einsatz von elastisch gebundenen Schleifscheiben [Brod14, Auri15]. Hierbei werden unterschiedliche Prozessvarianten verfolgt. AURICH ET AL. lehnten ihr Vorgehen an die Kinematik beim Schleifen von Fasen an [Auri15]. Hierbei rotiert die Schleifscheibe und verfährt entlang der zu präparierenden Schneidkante. Durch die Verwendung von elastisch gebundenen Schleifscheiben schmiegt sich die Schleifscheibe um das Werkzeug und erleichtert dadurch die Fertigung von verrundeten Schneidkanten. Nachteilig kann die geringe erzeugte Oberflächenrauheit im Bereich der Schneidkante hinsichtlich der Schicht-Substrat-Verbundhaftung bei beschichteten Zerspanwerkzeugen sein. Darüber hinaus ist die thermische Belastung der Randzone des Zerspanwerkzeugs im Vergleich zum konventionellen Schleifen höher. Einen alternativen Ansatz für die Präparation von Bohrwerkzeugen wählten BRODBECK ET AL. [Brod14]. Beim sogenannten „Drillpolishen" steht die Schleifscheibe, wohingegen der zu präparierende Bohrer rotiert und in die Umfangsfläche der Schleifscheibe hineinbohrt. Die Präparation erfolgt dadurch in erster Linie an den stirnflächenseitigen Schneidkanten mit einem flachen Verrundungsprofil.

5.4 Einfluss der Schneidkantenpräparation auf den Zerspanprozess

5.4.1 Grundlegende Einflüsse

Die Präparation von Zerspanwerkzeugen und die damit einhergehende Veränderung der Werkzeugmikrokontur- und -topographie im Bereich der Schneidkante haben einen maßgeblichen Einfluss auf die Vorgänge im Zerspanprozess. Dies betrifft den Spanbildungsprozess, die mechanische und thermische Werkzeugbelastung sowie die Oberflächenintegrität des Werkstücks. In der Vergangenheit gab es zahlreiche Forschungsarbeiten, die diese Aspekte thematisierten.

Für die Vorgänge während der Spanbildung ist neben der Gestaltung der Fasen bzw. der Verrundung an der Schneidkante vor allem die Spanungsdicke von entscheidender Bedeutung. Unterhalb einer sogenannten Mindestspanungsdicke h_{min} findet keine Werkstofftrennung und somit keine Spanbildung statt. Es kommt zum Materialstau vor der Schneidkante, wobei der Werkstoff gequetscht wird und an der Freifläche abgleitet (Ploughing-Effekt) [Albr60]. Die Schneidkantengeometrie hat einen hohen Einfluss auf die Mindestspanungsdicke und den Ploughing-Effekt. Das Grenzverhältnis von Mindestspanungsdicke und Schneidkantenradius, ab dem der Ploughing-Effekt auftritt, hängt stark vom zu bearbeitenden Werkstoff und den Prozessbedingungen ab.

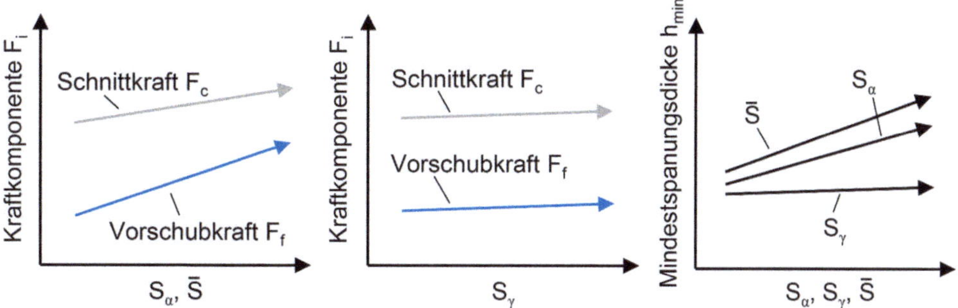

Abb. 5.12 Einfluss der Schneidkantenverrundung auf die Zerspankraftkomponenten F_i und die Mindestspanungsdicke h_{min} [Denk14]

Durch die Beeinflussung des Spanbildungsprozesses verändert sich des Weiteren die generierte Zerspankraft infolge der Schneidkantenpräparation. Abb. 5.12 zeigt den qualitativen Einfluss verschiedener Größen der Schneidkantenverrundung auf die Zerspankraftkomponenten F_i und die Mindestspanungsdicke h_{min} [Denk14]. Demnach steigen die Schnittkraft F_c und insbesondere die Vorschubkraft F_f mit einem zunehmenden Schneidkantenabschnitt S_α an der Freifläche sowie einer zunehmenden mittleren Verrundung $\bar{S}$ stark an. Dies ist auf verstärkte Reibvorgänge im Bereich der Schneidkantenverrundung und an der Freifläche infolge eines zunehmenden Ploughing-Anteils zurückzuführen. Dementsprechend steigt auch die Mindestspanungsdicke h_{min} mit diesen beiden Größen deutlich an. Im Gegensatz dazu beeinflusst eine Verschiebung der Schneidkantenverrundung zur Spanfläche und dementsprechend eine Steigerung des Schneidkantenabschnitts S_γ den Ploughing-Effekt nur unwesentlich. Die Zerspankraftkomponenten F_c und F_f sowie die Mindestspanungsdicke h_{min} bleiben von dieser Größe daher nahezu unbeeinflusst.

Neben der mechanischen wird auch die thermische Werkzeugbelastung in erheblichem Maße von der Schneidkantengestaltung beeinflusst. Die Wirkung der beiden Schneidkantenabschnitte S_α und S_γ sowie der mittleren Verrundung $\bar{S}$ gestaltet sich dabei analog. Mit steigender Größe der Schneidkantenverrundung sowie des Schneidkantenabschnitts S_α an der Freifläche nehmen demnach die mechanische und thermische Werkzeugbelastung zu.

Hinsichtlich der Oberflächenintegrität des Werkstücks sind unterschiedliche Effekte der Schneidkantenpräparation zu beobachten. Grundsätzlich hat die Präparation einen hohen Einfluss auf die erzeugte Oberflächentopographie. Auf der einen Seite wird infolge einer reduzierten Kantenschartigkeit eine geringere Oberflächenrauheit erreicht. Auf der anderen Seite ist bei der Schlichtbearbeitung der Schneidkantenradius oftmals in einer ähnlichen Größenordnung wie der Vorschub bzw. die Spanungsdicke. Je kleiner das Verhältnis von Spanungsdicke zu Schneidkantenradius ist, desto größer ist der Ploughing-Anteil im Zerspanprozess. Dadurch wird tendenziell mehr Werkstoffmaterial unterhalb der Werkzeugschneide entlang der Freifläche gedrückt, wodurch sich das Material auf der soeben erzeugten Werkstückoberfläche aufschmiert. Die Oberflächenrauheit steigt dadurch in der Regel an. Welcher der beiden beschriebenen Effekte dominiert, hängt von vielen weiteren Einflussfaktoren wie z. B. dem Werkstoff, dem Fertigungsverfahren und der Kühlschmierstoffstrategie ab.

Ein weiterer wichtiger Aspekt bei der Beeinflussung der Oberflächentopographie ist die Werkzeugdynamik, d. h. Schwingungen/Vibrationen sowie die Abdrängung des Werkzeugs. Diesen Parametern kommt vor allem beim Mikrofräsen eine große Bedeutung zu. Grundsätzlich lassen sich durch eine geeignete Wahl des Schneidkantenradius die Schwingungen und Vibrationen deutlich reduzieren, wodurch eine bessere Oberflächenqualität erzielt werden kann [Bier09, Xiao13]. Mit steigender Verrundungsgröße nimmt jedoch auch die Werkzeugabdrängung zu. Biermann et al. stellten aus diesem Grund beim Einlippentieflochbohren von 42CrMo4 ($d = 5$ mm, $v_c = 60$ m/min) eine höhere Oberflächenrauheit mit steigender mittlerer Verrundung $\overline{S}$ fest [Bier12].

Neben der Oberflächentopographie hat die Schneidkantenpräparation einen maßgeblichen Einfluss auf die Randzonenausbildung im Werkstück (plastische Verformung, Eigenspannungen, Härteverlauf etc.). Eine größere Schneidkantenverrundung führt zum einen zu einem Anstieg der Druckeigenspannungen, da eine größere mechanische Druckbelastung auf das Werkstück infolge des Ploughing-Effekts und der stärkeren plastischen Verformung wirkt. Auf der anderen Seite führt die höhere Reibung im Bereich der Schneidkantenverrundung und der Freifläche zu höheren Temperaturen und damit zu höheren thermisch induzierten Zugeigenspannungen. Welcher der beiden Effekte überwiegt, hängt stark von den Schnittparametern und vom zerspanten Werkstoff, insbesondere von der thermischen Leitfähigkeit des Werkstoffs, ab. Eine größere Schneidkantenverrundung führt darüber hinaus beim Drehen gehärteter Stähle zu einer stärkeren White-Layer-Bildung.

5.4.2 Werkzeugverschleiß und -standzeit

Neben der Spanbildung, mechanischen und thermischen Werkzeugbelastung sowie der Oberflächenintegrität des Werkstücks werden der Werkzeugverschleiß und die -standzeit maßgeblich von der Schneidkantenmikrogeometrie und -topographie beeinflusst. Das Leistungspotenzial der Werkzeuge hängt dabei von vielen Einflussfaktoren, insbesondere von der Schneidkantenform, vom Fertigungsverfahren, vom Präparationsverfahren sowie vom Werkstoff ab.

Negative Fasen kommen in der Regel bei der Verwendung hochharter Schneidstoffe (cBN, Keramik, PKD) zum Einsatz, um die Schneidkante explizit vor Ausbrüchen zu schützen. Eine Hauptanwendung liegt auf der Zerspanung gehärteter Stähle. Durch den Einsatz gefaster Schneidkanten kann hier die Werkzeugstandzeit deutlich gesteigert werden. In einem Großteil der Bearbeitungsaufgaben werden jedoch verrundete Schneidkanten verwendet. Hinsichtlich der Verrundungsgröße liegt in der Regel ein optimaler Bereich vor, in dem die Werkzeugstandzeit für einen bestimmten Anwendungsfall am

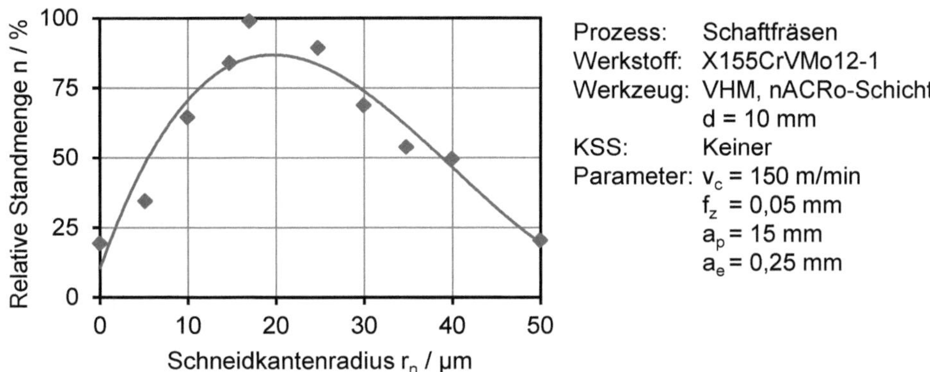

Abb. 5.13 Einfluss des Schneidkantenradius auf die relative Standmenge [Lümk12]

höchsten ist. Abb. 5.13 zeigt hierzu den Einfluss des Schneidkantenradius auf die relative Standmenge beim Schaftfräsen des Kaltarbeitsstahls X155CrVMo12 – 1 [Lümk12]. Mit einem Schneidkantenradius von $r_n = 15 - 25$ µm wurden die höchsten Standmengen erzielt. Bei kleineren Schneidkantenradien nahm die Stabilität der Schneidkante deutlich ab. Hierdurch wurden Ausbrüche an der Schneidkante hervorgerufen, die das Standmengenende definierten. Im Gegensatz dazu nahm mit steigendem Schneidkantenradius die thermomechanische Belastung auf das Werkzeug zu, vgl. Abschn. 5.4.1. In dem in Abb. 5.13 gezeigten Anwendungsfall war daher ein deutlicher Rückgang der relativen Standmenge bei Schneidkantenradien von $r_n \geq 30$ µm zu verzeichnen. In welchem Bereich der Schneidkantenradius optimalerweise liegt, ist für jeden Anwendungsfall individuell zu identifizieren.

Neben der Größe der Verrundung besitzt auch deren Form einen entscheidenden Einfluss auf den Werkzeugverschleiß. Untersuchungen von Bassett zufolge können sowohl der Freiflächen- als auch der Kolkverschleiß gezielt durch den Formfaktor K gesteuert werden [Bass14]. Eine Vergrößerung des Schneidkantenabschnitts S_α an der Freifläche führt demnach zu einer stärkeren Entwicklung des Freiflächenverschleißes, wohingegen der Schneidkantenabschnitt S_γ an der Spanfläche nahezu keinen Einfluss besitzt. Im Gegensatz dazu bewirkt eine Steigerung von S_γ einen Anstieg des Kolkverschleißes. Der Schneidkantenabschnitt $S\alpha$ an der Freifläche hat auf den Kolkverschleiß hingegen keinen maßgeblichen Einfluss. Es kann aus diesen Erkenntnissen geschlussfolgert werden, dass für Anwendungsfälle mit dominierendem Freiflächenverschleiß ein K-Faktor von $K > 1$ vorteilhaft ist, wohingegen bei dominierendem Kolkverschleiß die höchsten Werkzeugstandzeiten mit einem K-Faktor von $K < 1$ zu erwarten sind. In Abb. 5.14 ist diesbezüglich ein Anwendungsbeispiel zum Schaftfräsen von Inconel 718 dargestellt. Die Untersuchungen wurden im Technologie-Arbeitskreis am WZL der RWTH Aachen durchgeführt. Bei einer steigenden Verschiebung der Schneidkantenverrundung in Richtung Spanfläche, d. h. bei steigendem K-Faktor, sank die maximale Verschleißmarkenbreite VB_{max} und zudem

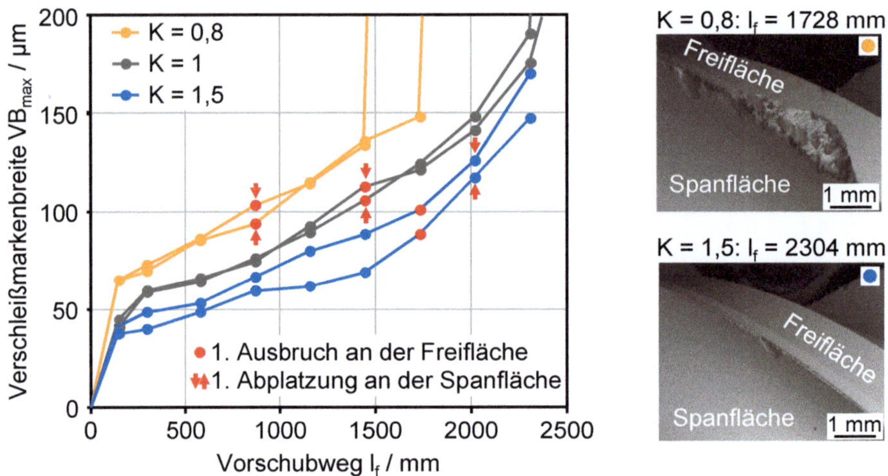

Abb. 5.14 Einfluss des Formfaktors auf den Werkzeugverschleiß beim Fräsen von Inconel 718

wurde das Auftreten von Schneidkantenausbrüchen zu höheren Vorschubwegen verschoben. Die Schneidkanten wurden in diesem Fall mittels Flakkotieren präpariert.

Einen Ansatz zur weiteren Erhöhung des Leistungspotenzials von Zerspanwerkzeugen stellen lokal angepasste Verrundungen dar. Özel et al. führten Untersuchungen durch, in denen bei cBN-Schneidplatten zum Hartdrehen die Größe der Verrundung von der Hauptschneide zur Schneidenecke abnahm [Özel08]. Hierdurch wird die geringere Spanungsdicke im Bereich des Eckenradius berücksichtigt, sodass infolge eines optimierten Verhältnisses des Schneidkantenradius zur Spanungsdicke die plastische Verformung des Werkstoffs und die thermische Belastung des Werkzeugs abnehmen. Dies resultierte in höheren Werkzeugstandzeiten [Özel08].

Der Einfluss der Schneidkantenpräparation wurde in der Vergangenheit für verschiedene Werkstoffe und Zerspanprozesse, u. a. beim Bohren, Drehen, Fräsen und Räumen, umfangreich erforscht. Die Schwerpunkte lagen dabei vor allem auf der Variation der Werkzeugmikrogeometrie vor dem Hintergrund größtmöglicher Werkzeugstandzeit und Prozesssicherheit.

Biermann et al. ermittelten eine Steigerung der Werkzeugstandzeit beim Einlippentieflochbohren von 42CrMo4+QT durch Nassstrahlen unbeschichteter Hartmetallwerkzeuge [Bier12]. Als optimal erwies sich eine mittlere Verrundung von $\bar{S}$ = 20 µm. Biermann und Terwey brachten durch Nassstrahlen verschiedene Verrundungsgrößen ($\bar{S}$ = 20 – 60 µm) an TiN-beschichteten Hartmetallwendelbohrern (d = 14 mm) auf [Bier08]. Im Vergleich zu geschliffenen Werkzeugen wurden infolge der erhöhten Kantenstabilität deutlich höhere Standzeiten erzielt. Risse wies diesen Effekt bei schleppgeschliffenen Hartmetallwendelbohrern mit einem geringeren Durchmesser von d = 1 mm nach [Riss06].

Beim Räumen von Nickelbasislegierungen für Flugzeugtriebwerke wird heutzutage zur Steigerung der Produktivität verstärkt Hartmetall anstelle von HSS als Schneidstoff eingesetzt. Aufgrund der geringeren Zähigkeit erfordert die Verwendung von Hartmetall beim Räumen eine gezielte Anpassung der Werkzeugmikrogeometrie. Beim Schruppen mit Hartmetallwerkzeugen sind Schneidkantenradien von $r_n \geq 30$ µm zu empfehlen [Vogt14].

Bassett [Bass14] und Rehe [Rehe15] variierten mittels Bürsten systematisch die mittlere Verrundung $\bar{S}$ und den K-Faktor beim Drehen und Fräsen verschiedener Werkstoffe, u. a. der Stahllegierungen C45 und 42CrMo4, der Titanlegierung TiAl6V4 und der Nickelbasislegierung Inconel 718. Die Schneidkantenabschnitte S_α und S_γ an der Frei- und Spanfläche wurden jeweils in einem Bereich zwischen 10 und 60 µm variiert. In empirischen Untersuchungen wurden Bereiche mit maximaler Werkzeugstandzeit identifiziert. Im Anschluss wurden die Ergebnisse in einer Übersichtskarte zur belastungsspezifischen Auslegung der Werkzeugmikrogeometrie zusammengefasst, Abb. 5.15 [Bass14, Denk14, Rehe15]. Die optimalen Schneidkantenabschnitte S_α und S_γ sind dabei in Abhängigkeit vom Werkstoff stark unterschiedlich. Grundsätzlich ist für Werkstoffe mit einer geringen thermischen Leitfähigkeit eine verhältnismäßig geringe Schneidkantenverrundung zu empfehlen. Andernfalls würde eine zu hohe thermomechanische Werkzeugbelastung zu einer reduzierten Werkzeugstandzeit führen [Denk14]. Es ist anzumerken, dass die Empfehlungen für S_α und S_γ in Abb. 5.15 lediglich Richtwerte darstellen. Die für einen vorliegenden Bearbeitungsfall optimalen Werte für S_α und S_γ können je nach Randbedingungen und Präparationsverfahren deutlich variieren.

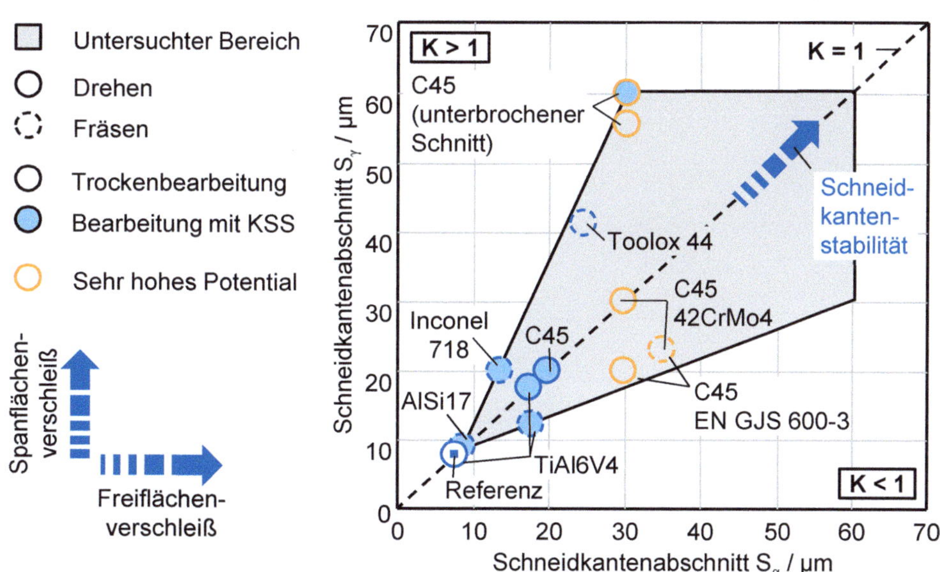

Abb. 5.15 Übersichtskarte zur belastungsspezifischen Auslegung der Werkzeugmikrogeometrie [DENK14]

6 Kühlschmierstoffe (KSS)

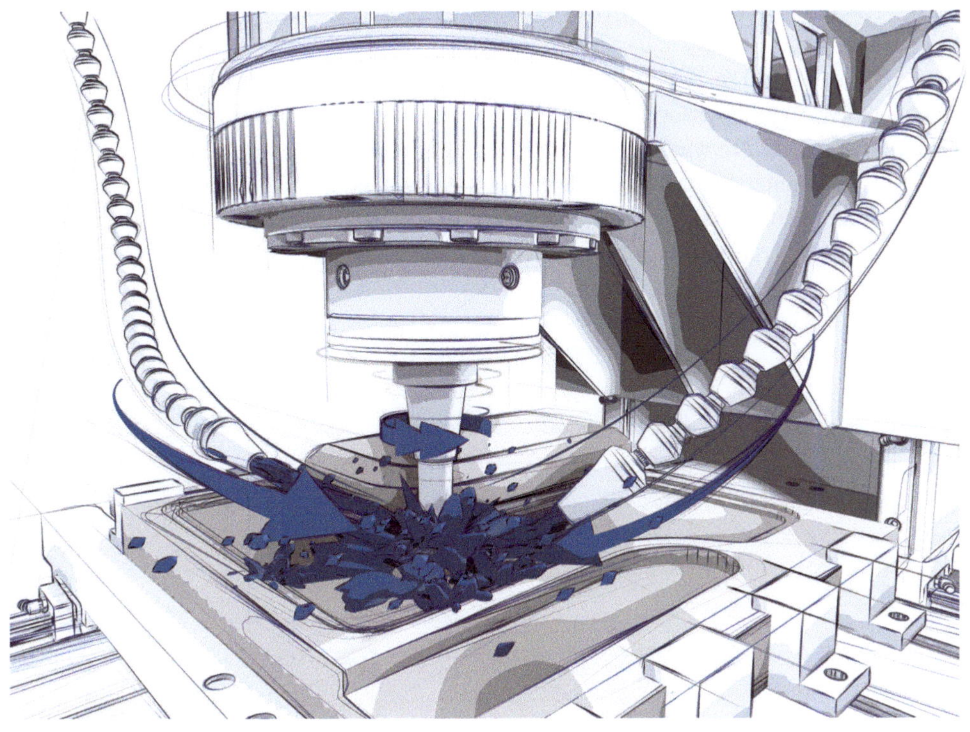

F. Klocke, *Fertigungsverfahren 1*, VDI-Buch,
https://doi.org/10.1007/978-3-662-54207-1_6

6.1 Aufgaben der Kühlschmierstoffe

Durch die Wahrnehmung ihrer Hauptaufgaben, dem Kühlen und Schmieren der Bearbeitungsstelle sowie dem Abtransport der Späne, tragen moderne Kühlschmierstoffsysteme maßgeblich zu dem hohen Leistungsniveau zahlreicher Fertigungsprozesse bei. Erreicht wird dies durch die Abfuhr der Prozesswärme aus der Kontaktstelle Werkzeug-Werkstück durch Kühlung und die Reduktion der Wärmeentstehung durch Schmierung. Dabei ist sowohl eine zu starke Aufheizung der Werkstücke, die zu einer entsprechenden Ausdehnung führt, zu vermeiden als auch die Temperaturbelastung der Schneidstoffe zu verringern. Die Erfüllung dieser Aufgaben mag zunächst einfach klingen, jedoch werden dazu oft Eigenschaften vom Kühlschmierstoff (KSS) verlangt, die sich nicht ohne Weiteres miteinander verbinden lassen.

6.2 Arten von Kühlschmierstoffen

Nach DIN 51385:2013 – 12 werden Kühlschmierstoffe (SC) zunächst in nichtwassermischbare (SCN) und wassermischbare (SCE) Kühlschmierstoffe unterteilt. Wassermischbare Kühlschmierstoffe werden zusätzlich in emulgierbare (SCEM) und in wasserlösliche (SCES) Kühlschmierstoffe untergliedert. Die wassermichbaren Kühlschmierstoffe werden einfach durch Anrühren der wassermischbaren Konzentrate mit Wasser zur gebrauchsfertigen Mischung hergestellt, vgl. Abb. 6.1.

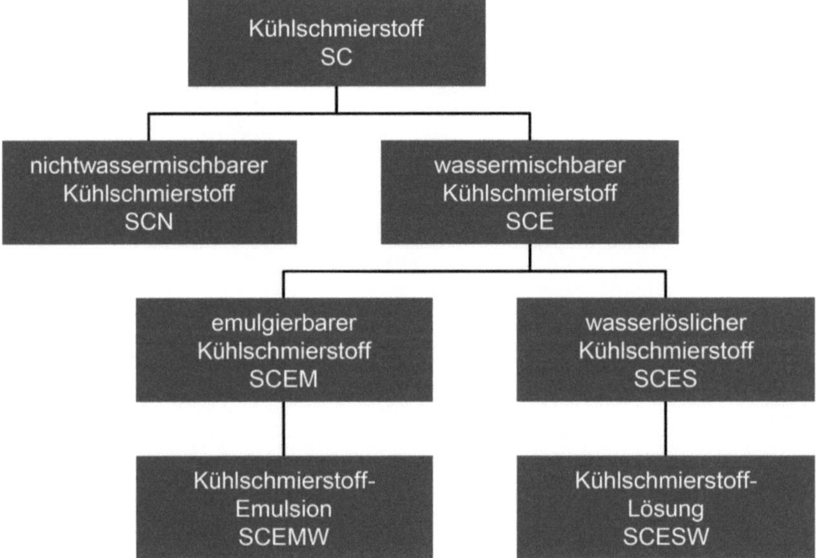

Abb. 6.1 Unterteilung der für die Metallbearbeitung wichtigsten Kühlschmierstoffe, nach DIN 51385:2013 – 12

6.2.1 Nichtwassermischbare Kühlschmierstoffe

Nichtwassermischbare Kühlschmierstoffe sind meist Mineralöle, die zur Verbesserung der Schmierfähigkeit, des Verschleißschutzes, des Korrosionsschutzes, der Alterungsbeständigkeit und des Schaumverhaltens noch zusätzliche Wirkstoffe enthalten. Schmierungsverbessernde Zusätze (sog. AW-Additive (Antiwear-Additive)) dienen dazu, die Reibung an der Zerspanstelle herabzusetzen. Hierzu werden natürliche Fettöle (Palmöl, Rüböl) oder synthetische Fettstoffe (Ester) zulegiert. Die polare Struktur dieser Zusätze verleiht den Zusätzen eine gute Haftfähigkeit auf der Metalloberfläche, mit der sie einen halbfesten Schmierfilm, die sogenannte Metallseife, bildet. Die Wirksamkeit dieses Schmierfilms lässt aber bei Temperaturen oberhalb seines Schmelzpunktes (120 °C–180 °C) nach. Weiterhin werden Mineralölen EP-Zusätze (EP = extreme pressure) zugefügt. Verwendung finden phosphor- und schwefelhaltige Verbindungen sowie freier Schwefel. Die ebenfalls in Abb. 6.2 aufgeführten Chlorverbindungen haben in Deutschland nur noch eine untergeordnete Bedeutung. Die Verbrennung verbrauchter chlorhaltiger Kühlschmierstoffe ist nur noch in Sondermüllverbrennungsanlagen gestattet, da bei unkontrollierter Verbrennung möglicherweise toxische Dioxine entstehen können. Dadurch verteuert sich die Entsorgung entscheidend, sodass auf den Einsatz chlorhaltiger Additive weitgehend verzichtet wird. Auf der Metalloberfläche bilden die Additive bei unterschiedlichen Temperaturen Metallsalze, die hohe Drücke aufnehmen können und nur eine geringe Scherfestigkeit aufweisen. Somit werden sowohl die Kräfte gesenkt als auch die Entstehungswärme an der Zerspanstelle vermindert. Die Temperaturwirkungsbereiche der einzelnen Zusätze sind Abb. 6.2 zu entnehmen.

Wirkstoffart		*Temperatureinsatzbereich*
Schmierungsverbessernde Zusätze	Fettöle (tierisch, pflanzlich)	bis ca. 120 °C
	Synthetische Fettstoffe (Ester)	bis ca. 180 °C
EP-Zusätze	Chlorhaltige Verbindungen	bis ca. 400 °C
	Phosphorhaltige Verbindungen	bis ca. 600 °C
	Schwefelhaltige Verbindungen	bis ca. 800 °C
	Freier Schwefel	bis ca. 1000 °C

Abb. 6.2 Temperatureinsatzbereich von Kühlmittelzusätzen (Quelle: Mobil Oil)

Als Kühlschmierstoffe in der spanenden Bearbeitung kommen neben Mineralölen auch niedrigviskose Esteröle zum Einsatz. Derzeit finden noch überwiegend Mineralöle (Anteil ca. 90 %) Verwendung. Der Grund hierfür sind die im Vergleich zu synthetischen Esterölen bislang geringeren Beschaffungskosten. Dieser Vorteil der Mineralöle gegenüber den synthetischen Esterölen wird jedoch durch die in den letzten Jahren stark gestiegenen Rohölpreise stetig geringer. Gegenüber Mineralölen zeichnen sich Esteröle durch eine geringere Verdampfungsneigung, einen höheren Flammpunkt, günstigere Schmiereigenschaften, eine bessere Hautverträglichkeit und eine bessere biologische Abbaubarkeit aus [Frei00]. Obwohl Esteröle aufgrund ihrer polaren chemischen Struktur im Vergleich zu Mineralölen wesentlich bessere Schmiereigenschaften aufweisen, werden in der Regel auch ihnen zur weiteren Eigenschaftsverbesserung tribologisch wirksame, oberflächenaktive Additive in Form von Phosphor- oder Schwefelverbindungen zugesetzt. Die beigesetzten Additive reduzieren Reibung und Verschleiß, verschlechtern jedoch die biologische Abbaubarkeit des Öls nachhaltig.

Vor diesem Hintergrund ist es das Ziel aktueller Forschungsarbeiten [Murr07], eine auf nachwachsenden Rohstoffen basierende biologisch schnell abbaubare Fluidfamilie zu entwickeln, die alle in einer Werkzeugmaschine benötigten Kühl- und Schmierfunktionen abdeckt. Das heißt, nicht additivierte Esteröle sollen nicht nur als Kühlschmierstoff bei der Zerspanung, sondern in allen übrigen Tribosystemen einer Werkzeugmaschine als Schmier- und Druckübertragungsmedien eingesetzt werden. Der mit dem Verzicht auf Additive einhergehende Verlust tribologischer Funktionen des Schmiermediums soll hierbei durch geeignete PVD-Verschleißschutzschichten kompensiert, d. h. Funktionen des Kühlschmierstoffes sollen in die Werkzeugoberfläche verlagert werden [Krie01, Kloc06a].

6.2.2 Wassergemischte Kühlschmierstoffe

Emulgierbare Kühlschmierstoffe werden als Konzentrat angeliefert und vor dem Gebrauch mit Wasser zu Emulsionen verdünnt. Der hohe Wasseranteil von bis zu 99 % ist Ursache für die gute Kühlwirkung der Emulsionen, aber auch für die korrosionsfördernden Eigenschaften. Der Rostschutz wird durch den leicht alkalischen Charakter (pH-Wert 8 – 9) der Flüssigkeit gewährleistet. Höher legierte Emulsionen enthalten zur Schmierungsverbesserung und Erhöhung der Druckfestigkeit die in Abb. 6.2 aufgeführten Zusätze. Ein besonderes Problem bei Emulsionen ist der Befall durch Mikroorganismen wie Bakterien, Hefen und Pilze. Als Folge davon sinkt der pH-Wert ab und damit auch das Korrosionsschutzvermögen, es tritt eine Geruchsbelästigung auf und die hygienischen Randbedingungen für das Bedienungspersonal verschlechtern sich. Weiterhin wird die Emulsion instabil, d. h. es wird Öl auf der Oberfläche abgeschieden und es entstehen Ablagerungen, die die Filter verstopfen und somit zu Betriebsstörungen führen. Abhilfe schaffen Biozide, die zu einem Anteil von ca. 0,15 % der Emulsion zugefügt werden. Eine wesentliche Überschreitung dieses Wertes kann zu dermatologischen Erkrankungen des Bedienungspersonals führen, bei einer zu geringen Zugabe ist das Mittel wirkungslos.

Die wichtigsten Zusätze von Kühlschmieremulsionen sind Emulgatoren. Sie haben die Aufgabe, das Öl im Wasser zu dispergieren, sodass sich nach dem Anmischen mit Wasser eine stabile Öl-in-Wasser-Emulsion einstellt. Es wird zwischen ionogenen und nichtionogenen Emulgatoren unterschieden. Sie bilden an der Grenzfläche zwischen Öltröpfchen und Wasser einen relativ stabilen Film, der ein Zusammenfließen der Öltröpfchen verhindert. Als Emulgatoren finden z. B. Alkaliseifen von Fettsäuren oder Naphtensäuren (ionogen) und Umsetzungsprodukte von Alkylphenolen mit Athylenoxid Anwendung. Die Emulgatormenge bestimmt die Öltröpfchengröße. Sie liegt bei den in der Metallbearbeitung benutzten grobdispersen Emulsionen zwischen 1 – 10 µm [Mang01].

Kühlschmierlösungen entstehen durch Vermischen eines wasserlöslichen Konzentrats mit Wasser. Sie besitzen keine große Bedeutung für die Zerspanung mit geometrisch definierter Schneide. Ihre Hauptanwendung liegt auf dem Gebiet des Schleifens.

6.3 Gebrauchshinweise für Kühlschmieremulsionen

Beim Ansetzen von Kühlschmieremulsionen sind einige Hinweise zu beachten, um deren Stabilität und Betriebsverhalten nicht zu beeinträchtigen. Die Qualität des Ansetzwassers als Hauptbestandteil der Emulsionen ist von entscheidender Bedeutung. Die Wasserhärte als wichtigste Eigenschaft ergibt sich aus dem Gehalt an wasserlöslichen Calzium- und Magnesiumsalzen. Sie wird in °dH (Grad Deutscher Härte) oder mmol/l angegeben (1 °dH = 0,179 mmol/l). Die Härte sollte zwischen 5 und 20 °dH betragen. Bei zu großen Härtewerten reagieren die Emulgatoren mit den Calzium- und Magnesiumsalzen, was zur Bildung wasserunlöslicher Seifen (Aufrahmung auf der Emulsionsoberfläche) führt und den Emulgatorgehalt verringert. Die Gebrauchsdauer der Emulsion verkürzt sich dadurch drastisch. Weiches Wasser fördert dagegen unerwünschtes Schäumen.

Weitere Anforderungen an das Ansetzwasser bestehen bezüglich des Nitrat- und Chloridgehalts. Im Allgemeinen genügt Trinkwasserqualität, um die Anfangsbelastung der Emulsion durch Bakterien, Hefe und Pilze entsprechend gering zu halten. Der Nitratgehalt darf im Ansetzwasser 50 mg/l nicht überschreiten.

Beim Ansetzen der Kühlschmieremulsionen muss immer zuerst das Wasser in den Behälter gegeben werden und dann erst das Konzentrat. Der Mischvorgang sollte immer unter kräftigem Rühren ausgeführt werden, sodass sich eine einwandfreie Öl-in-Wasser-Emulsion ohne Ausflockungen bildet.

Ein Prüfpunkt der fertigen Emulsion ist die Konzentration. Dies kann entweder mit einem Handrefraktometer oder einem Emulsionsprüfkolben geschehen. Das Handrefraktometer ermöglicht eine einfache und schnelle Bestimmung der Konzentration vor Ort. Dabei wird der Zusammenhang zwischen Brechungsindex und Konzentration ausgenutzt und zur Anzeige gebracht. Eine genauere Methode besteht darin, dass in einem Prüfkolben durch Zusatz von Salzsäure Öl und Wasser getrennt werden. Der Nachteil dieses Verfahrens liegt in dem größeren Zeitaufwand begründet.

Der pH-Wert der Emulsionen sollte in frisch angesetztem Zustand zwischen 8 und 9 betragen. Die Prüfung erfolgt in der Praxis meist mit Indikatorpapier, dessen Verfärbung beim Eintauchen in die Flüssigkeit als Maßstab dient. Die potentiometrische Bestimmung des pH-Werts empfiehlt sich nur bei höheren Anforderungen an die Genauigkeit. Die genaue Vorgehensweise der pH-Wert-Messung kann der DIN 51369 entnommen werden. Diese beinhaltet neben der Kalibrierung des pH-Messgerätes und der Durchführung ebenfalls Hinweise zur korrekten Probenentnahme [DIN 51369].

Während des Betriebs gelangen fortwährend Verunreinigungen wie Späne oder Abrieb in die Kühlschmierstoffe. Sie müssen aus der Emulsion entfernt werden, da sie die Standzeiten der Werkzeuge und das Bearbeitungsergebnis negativ beeinflussen sowie die Pumpen zusetzen. Zur Beseitigung der Verunreinigungen kommen Schwerkraftreinigung im Sedimentationsbecken, Fliehkraftreiniger (z. B. Zentrifugen, Separatoren), Magnetfilter oder verschiedene Ausführungsformen von Bandfiltern in Frage. Das Abtrennen von Fremdstoffen ist ein Aspekt der Pflege von Kühlschmierstoffen. Eine weitere Maßnahme, die zur Erhaltung der Qualität der Kühlschmierstoffe beiträgt, ist die Überwachung der Kühlschmierstoffe. Dies umfasst verschiedenste Prüfmethoden, die eine Abweichung vom Sollzustand erkennen. Zusätzliche Maßnahmen sind das Temperieren von wassergemischten Kühlschmierstoffen sowie die exakte Neubefüllung [VDI 3397].

Bei einem Wechsel des Kühlschmierstoffs ist auf eine sorgfältige Reinigung des Behälters zu achten, da Bakteriennester die frische Füllung sofort infizieren und eine geringe Standzeit der Emulsion zur Folge haben. Systemreiniger oder Heißwasserstrahlgeräte haben sich zur Säuberung gut bewährt. Ein großer Kostenfaktor wird durch die Entsorgung der Kühlschmierstoffe verursacht. Die dabei erforderliche Trennung des Öls vom Wasser kann auf chemischem Wege (Salz-, Säurespaltung) erfolgen, durch Ultrafiltration (Membrantechnik) oder durch Verdampfen bzw. Verbrennen.

Bei dem Umgang mit Kühlschmierstoffen ist ebenfalls auf die gesundheitliche Gefährdung hinzuweisen. Speziell die Haut, die Augen oder die Lunge können bei intensivem Kontakt mit Kühlschmierstoffen angegriffen werden. Um dieser Gefährdung vorzubeugen, wurden Gesetze und Verordnungen verabschiedet, welche die Verwendung von gefährlichen Stoffen regulieren. Die 2007 in Kraft getretene europäische Chemikalienverordnung REACH (engl.: Registration, Evaluation, Authorisation and Restriction of Chemicals) befasst sich mit der Registrierung, Bewertung, Zulassung und Beschränkung von chemischen Stoffen. Weitere nennenswerte Verordnungen sind die CLP- Verordnung (engl.: Regulation on Classification, Labelling and Packaging of Substances and Mixtures) und die GHS-Verordnung (engl.: Globally Harmonised System of Classification and Labelling of Chemicals). Als ein Beispiel für die Einstufung von Chemikalien kann Borsäure erwähnt werden. Borsäure ist eine schwache Säure und wird Kühlschmierstoffen zur Hemmung des mikrobiellen Wachstums und zur Stabilisierung des pH-Wertes hinzugefügt. Borsäure gilt als reproduktionstoxisch und wurde in die Kategorie 1B (wahrscheinlich reproduktionstoxischer Stoff) eingestuft. Als Folge dessen müssen KSS-Konzentrate, die mehr als 5,5 % freie Borsäure enthalten, deklariert werden und besondere Schutzmaßnahmen einhalten. KSS-Konzentrate mit weniger als 0,1 % freier Borsäure müssen hingegen nicht gekennzeichnet werden [DGUV14]. Durch die kommende Einstufung von Formaldehyd in die Kategorie „krebserzeugend, 1B“, wird die Verwendung von Formaldehyddepotstoffen (FAD), welche als Biozide in wassermischbaren Kühlschmierstoffen wirken, kritisch gesehen. FAD-Bakterizide setzten jedoch nur geringe Mengen Formaldehyd frei und überschreiten, nach aktuellem Kenntnisstand, den Grenzwert von 0,1 % Formaldehyd nicht.

6.4 Auswirkungen des KSS auf den Zerspanprozess

Das Werkzeug ist, wie in Kap. 3 näher erläutert, während der Zerspanung sehr hohen mechanischen und thermischen Belastungen ausgesetzt, wobei die zur Spanentstehung aufgebrachte mechanische Energie in der Scher- und Reibzone fast vollständig in Wärme umgesetzt wird. Die Folge dieser Belastungen sind Verschleißerscheinungen wie mechanischer Abrieb und Abscheren von Pressschweißungen, die im gesamten nutzbaren Schnittgeschwindigkeitsbereich auftreten, sowie Diffusionsvorgänge und Verzunderungen, die erst ab bestimmten Temperaturen in Erscheinung treten (vgl. Abschn. 3.7).

Durch die Schmierwirkung von Kühlschmierstoffen kann man in erster Linie den Adhäsionsverschleiß beeinflussen, der durch das periodische Abwandern von Aufbauschneiden in bestimmten Geschwindigkeitsbereichen entsteht [Opit70a, Köni66, Prim69]. Besonders die auf Pressschweißungen im niedrigen Geschwindigkeitsbereich (beim Einsatz von HSS) beruhenden Erscheinungen lassen sich wirkungsvoll durch Schmierung bekämpfen.

Bei den dabei auftretenden Flächenpressungen sollten auf den Metalloberflächen Feststoffschichten mit hoher Druck- und geringer Scherfestigkeit vorhanden sein, die das direkte Aufeinandergleiten von Werkstoffen verhindern, sodass Verschweißungen unterdrückt oder wenigstens vermindert werden. Das lässt sich ggf. durch Hochdruckzusätze im Kühlschmierstoff erreichen. Jedoch ist zu beachten, dass die entsprechenden Schwefel- oder Phosphorzusätze erst bei bestimmten Temperaturen wirksam werden und deshalb die Zusammensetzung des Schmiermittels auf die jeweilige Operation abgestimmt sein muss. Grundsätzliche Voraussetzung ist vor allem, dass der Schmierstoff in die Kontaktzone eindringen kann. Im Bereich zunehmender Aufbauschneidenbildung sind diese Bedingungen durch die Fluktuation der Aufbauschneiden gegeben.

Mit wachsender Schnittgeschwindigkeit – im Bereich abnehmender Aufbauschneidenbildung – werden die Voraussetzungen zur Bildung von Hochdruckschmierfilmen immer ungünstiger, weil die erhöhte Spanablaufgeschwindigkeit die Zeit für etwaige Reaktionen zwischen den Zusätzen und der metallischen Oberfläche verkürzt. Gleichzeitig führt der Temperaturanstieg zu Diffusionsvorgängen zwischen den Reibpartnern oder im Extremfall zu plastischen Verformungen der Schneide, sodass ein Herunterkühlen der Schnittstelle notwendig wird. Demzufolge beginnt von diesen Schnittgeschwindigkeiten an der Bereich, in dem die Standzeit eines Werkzeugs weniger durch die Schmierfähigkeit einer Flüssigkeit, sondern vielmehr durch deren Wärmeableitung verbessert wird, also durch Kühlung.

Andererseits ist es durchaus möglich, dass durch eine Kühlung der Verschleiß am Werkzeug erheblich vergrößert und die Standzeit entsprechend vermindert wird. Dies wird in Abb. 6.3 verdeutlicht. Der Kolkverschleiß im Nassschnitt liegt erheblich höher als im Trockenschnitt. Durch die Kühlung ist die Temperatur des ablaufenden Spans geringer und damit seine Festigkeit größer, was sich in erhöhten Kräften äußert. Da der Kühlschmierstoff hauptsächlich die Oberseite des Spans abkühlt und die Spanunterseite aufgrund ihres intensiven Kontakts mit der Spanfläche des Werkzeuges weitgehend unbenetzt bleibt, bildet sich ein größerer Temperaturgradient im Span aus als beim ungekühlten Prozess. Daraus resultiert eine größere Spankrümmung, sodass sich die Kontaktfläche zwischen Span und Werkzeug verkleinert. Insgesamt erhöht sich also die spezifische Beanspruchung der Spanfläche und damit der Kolkverschleiß.

Ebenfalls zu beachten sind die Bearbeitungsoperationen mit niedrigen Schnittgeschwindigkeiten, die im Allgemeinen so ausgelegt sind, dass der Bereich der Aufbauschneiden vermieden wird. Beim Einsatz von Kühlschmierstoffen verlagern sich aber die für die Aufbauschneidenbildung maßgeblichen Temperaturen zu höheren Schnittgeschwindigkeiten, sodass ein für die ungekühlte Bearbeitung optimierter Prozess dann eventuell falsch ausgelegt ist [Opit64].

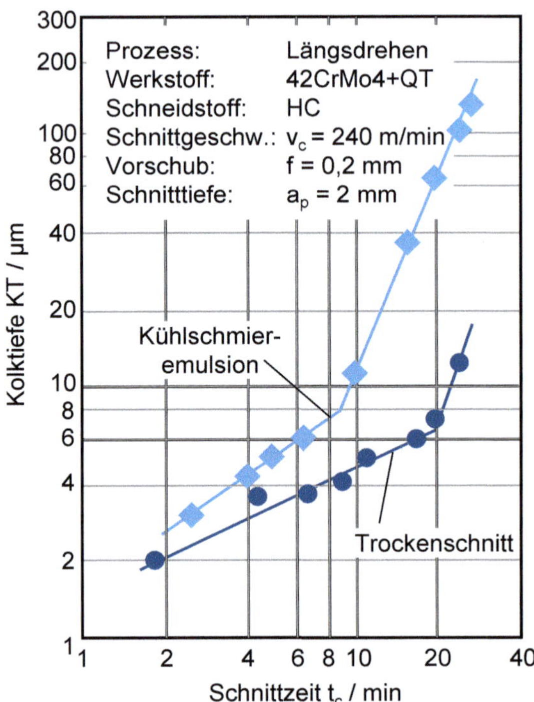

Abb. 6.3 Verschleiß-Schnittzeit-Diagramm für Trockenschnitt und bei Anwendung von Kühlschmiermitteln

Deutliche Standzeitverbesserungen sind dagegen zu erwarten, wenn ohne den Einsatz von KSS die Schneidentemperaturen in der Nähe des Erweichungspunkts des verwendeten Schneidstoffes liegen. Wie wirksam die Kühlwirkung einer Emulsion dann wird, zeigt Abb. 6.4 am Beispiel des Bohrens von Kupferlegierungen mit HSS-Bohrern. Die Anwendung von Emulsionen erlaubt höhere Schnittgeschwindigkeiten und größere Vorschübe bei deutlich gesteigerten Standzeiten [Bömc85].

Ein weiterer zu berücksichtigender Aspekt ist der Abtransport der Späne. So kann es z. B. beim Nutenfräsen mit hartmetallbestückten Schaftfräsern von Vorteil sein, die Späne

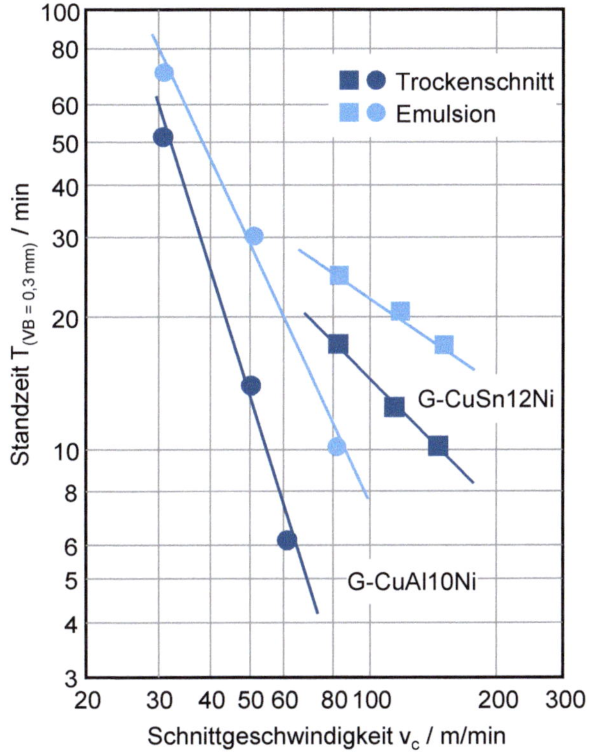

Werkzeug	Spiralbohrer (d = 11 mm)			
Schneidstoff	HS6-5-2-5			
Werkstoff	G-CuAl10Ni		G-CuSn12Ni	
	trocken	nass	trocken	nass
Vorschub / mm	f = 0,1	f = 0,2	f = 0,2	f = 0,4
Bohrtiefe / mm	l = 30	l = 30	l = 45	l = 45

Abb. 6.4 Einfluss der Kühlung auf die Standzeit beim Bohren von Kupferlegierungen

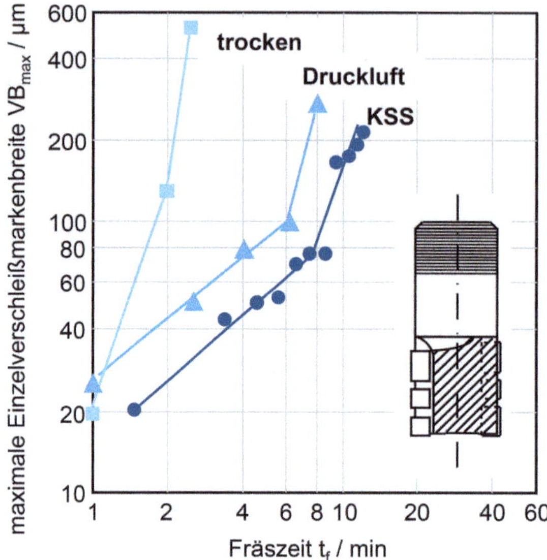

Schnittgeschwindigkeit: v_c = 50 m/min Eingriffsweite: a_e = 32 mm
Vorschub je Zahn: f_z = 0,17 mm Schnitttiefe: a_p = 30 mm
Werkzeugdurchmesser: d = 32 mm

Abb. 6.5 Zeitlicher Verschleißverlauf beim Nutfräsen von Titan im Trockenschnitt, Nassschnitt und mit äußerer Druckluft

mit Druckluft oder Kühlschmierstoff von der Schneidkante wegzutransportieren, sodass keine Späne mit in den Schnitt gezogen werden und erhöhten Verschleiß verursachen. Der Nachteil, dass sich die Temperaturwechselbelastung der Wendeschneidplatten infolge Kühlung vergrößert, wird dadurch mehr als kompensiert, vgl. Abb. 6.5 [Köll86].

Auch beim Bohren erfüllt der Kühlschmierstoff den Hauptzweck, die Späne aus der Bohrung abzuführen und so ein Verstopfen der Spannuten zu vermeiden.

Einige Maschinenkonstruktionen sind so ausgelegt, dass speziell angeordnete Düsen den Arbeitsraum mit Kühlschmierstoff säubern, sodass die Späne nachfolgende Bearbeitungsoperationen nicht behindern oder das Spannen neuer Werkstücke erschweren.

6.5 Auswahl von Kühlschmierstoffen

Zusammenfassend seien die Gesichtspunkte genannt, die in technologischer und wirtschaftlicher Hinsicht bei der Kühlschmierstoffauswahl von Bedeutung sind.

Emulsionen zeichnen sich durch eine Vielzahl von Eigenschaften aus, die sie als Kühlschmierstoff (KSS) für den Einsatz in der spanenden Fertigung prädestinieren. Hierzu zählen vor allem ihre gute Kühl- und Spülwirkung sowie der geringe Reinigungsaufwand

	Öl	*Emulsion*
Verbrauchsanteil	10%	90%
Kühlwirkung	gering	sehr gut
Schmierwirkung	sehr gut	gering
Hautverträglichkeit	gut	problematisch
Bakterienresistenz	gut	weniger gut
Wassergefährdungsklasse	WGK 1-2	WGK 3-4
Neuansatzkosten	hoch	gering
Wartungskosten	gering	hoch
Gebrauchsdauer	unbegrenzt	2-24 Monate
Entsorgungskosten	gering	hoch
Abwasseranfall	sehr gering	sehr hoch
Maschinenverträglichkeit	gut	problematisch
Korrosionsschutz	gut	gering
Brandschutzaufwendung	hoch	entfallen
Aufwand Werkstück- und Spänereinigung	hoch	niedrig
Wiederverwendung des rückgewonnenen KSS	möglich	nicht möglich

Abb. 6.6 Vor- und Nachteile beim Einsatz von Öl oder Emulsion als KSS

für Werkstücke, Werkzeuge und Späne, vgl. Abb. 6.6. Der hohe Pflegeaufwand, die mit ihrem Einsatz verbundenen Arbeitsplatz- und Umweltprobleme haben in der Vergangenheit zu Überlegungen geführt, Emulsionen durch nichtwassermischbare Kühlschmierstoffe zu ersetzen [Kloc96a].

In zahlreichen Bereichen finden Öle als Kühlschmierstoff bereits Verwendung. Zu nennen sind hier u. a. die Verfahren zur Herstellung von Verzahnungen, das Räumen und das Hochgeschwindigkeitsschleifen mit PCBN. Der Vorteil der nichtwassermischbaren Kühlschmierstoffe besteht zum einen in ihren technischen Eigenschaften, insbesondere in ihrer guten Schmierwirkung, zum anderen vor allem aber in den gegenüber den Emulsionen wesentlich geringeren Pflege-, Wartungs- und Entsorgungskosten. Ihre Standzeiten sind praktisch unbegrenzt. Es muss lediglich der Austrag ersetzt werden. Aus arbeitsmedizinischer Sicht stellt die bessere Hautverträglichkeit der Öle einen weiteren wesentlichen Vorteil dar.

Der Einsatz von nichtwassermischbaren Kühlschmierstoffen ist jedoch auch mit einer Reihe von Nachteilen, wie höhere Neuansatz- und Nachfüllkosten, und Problemen verbunden. So erfordert die höhere Viskosität des Öls eine Anpassung der Maschine hinsichtlich des KSS-Systems und der Filter. Die starke Neigung zur Dampf- und Nebelbildung bedingt eine vollständige Kapselung der Bearbeitungsstelle mit einer entsprechenden Absaugung. Die gute Haftung des Öls an den Werkstücken führt zu großen Ausschleppverlusten, erfordert lange Abtropfstrecken mit Wannen sowie ein aufwendiges Wenden, Schleudern und Waschen der Werkstücke. Die Späne müssen ebenfalls geschleudert und ggf. gewaschen werden. Zudem können Öldampf und Ölnebel mit der Luft ein brennbares Gemisch bilden und zur Verpuffung führen.

Eine allgemeingültige Aussage über den wirtschaftlichen Einsatz dieser oder jener Kühlschmierstoffe ist somit von Fall zu Fall zu treffen.

6.6 Kühlschmierstrategien

Neben den technologischen Vorteilen, die die Kühlschmierstoffe bei ihrem Einsatz bieten, stellen sie eine nicht unerhebliche Gefährdung für die damit umgehenden Menschen sowie für die Umwelt dar. KSS-Bestandteile wie Bakterizide und Fungizide, im Kühlschmierstoff entstehende Reaktionsprodukte sowie eingeschleppte Fremdstoffe können Auslöser für Erkrankungen sein. Leckage- und Ausschleppverluste, Emissionen, Waschwasser und die Entsorgung verbrauchter Kühlschmierstoffe stellen eine Belastung von Boden, Wasser und Luft dar.

Vom Gesetzgeber und den Berufsgenossenschaften werden deshalb der Umgang mit Kühlschmierstoffen und deren Entsorgung durch strenge Auflagen geregelt. Hinweise über Anforderungen an Kühlschmierstoffe und zugehörige Einrichtungen, über Pflege und Entsorgung von Kühlschmierstoffen sowie über die zu beachtenden Gesetze, Verordnungen sowie berufsgenossenschaftliche Vorschriften und Regeln geben u. a. die BG-Regel 143, die VDI Richtlinie 3397 und die VDMA-Broschüre Kühlschmierstoffe – Frische Luft am Arbeitsplatz [VDMA 2002]. Für die Unternehmen bedeuten diese Vorschriften und Auflagen neben einer hohen Verantwortung gegenüber ihren Mitarbeitern vor allem steigende finanzielle Belastungen. Für die Fertigung stellt sich damit zunehmend die Aufgabe, Auflagen des Umweltschutzes zu berücksichtigen, ohne die Wirtschaftlichkeit der Produktion in Frage zu stellen. Hierzu stehen verschiedene Kühlschmierstrategien bereit, die sich in der Effizienz bei der Erfüllung der Kühlschmierstoffaufgaben und dem finanziellen sowie technologischen Aufwand unterscheiden.

6.6.1 Trockenbearbeitung

Der konsequenteste Schritt zur Vermeidung der mit dem Einsatz von Kühlschmierstoffen verbundenen Probleme ist die Trockenbearbeitung. Bei einer Vielzahl von Bearbeitungsaufgaben, bei denen heute noch große Mengen an Kühlschmierstoffen eingesetzt werden, ist deren Einsatz technologisch nicht erforderlich. Bei jeder bestehenden oder zukünftigen

Bearbeitungsaufgabe sollte deshalb grundsätzlich die Frage gestellt werden, ob nicht auf Kühlschmierstoffe verzichtet werden kann.

Diese ist allerdings nicht einfach nur durch das Abschalten der KSS-Zufuhr zu realisieren, auch wenn hierdurch in Einzelfällen ein positiver Effekt erzielt werden kann. Eine sinnvolle und wirtschaftlich vertretbare Trockenbearbeitung erfordert vielmehr eine sehr eingehende Analyse der gegebenen Randbedingungen sowie das Verständnis der komplexen Wirkzusammenhänge, die Prozess, Schneidstoff, Bauteil und Werkzeugmaschine miteinander verbinden, vgl. Abb. 6.7 [Kloc98, Tham98, Adam02, Wein04].

Bei der Trockenbearbeitung entfallen die primären KSS-Funktionen Schmieren, Kühlen und Spülen. Für den Zerspanprozess bedeutet dies einerseits, dass stärkere Reibungs- und Adhäsionsvorgänge zwischen Werkzeug und Werkstoff stattfinden können und andererseits, dass ein Teil der in den Energieumwandlungsstellen erzeugten und über Span, Werkzeug und Werkstück abgeführten Wärme nicht mehr vom Kühlschmierstoff aufgenommen und die heißen Späne nicht mehr aus dem Bearbeitungsbereich sowie aus der Werkzeugmaschine weggespült werden. Die Folge hiervon ist eine höhere thermische Belastung von Werkzeug, Bauteil und Werkzeugmaschine, was sich wiederum nachteilig auf die Werkzeugstandzeit sowie die Bauteil- und Maschinengenauigkeit auswirken kann. Ziel bei der Planung und Auslegung von Einzelprozessen oder Fertigungsfolgen ohne Kühlschmierstoff muss es demnach sein, nicht nur die technologischen, sondern auch die von Seiten des Bauteils und der Werkzeugmaschine für eine Trockenbearbeitung erforderlichen Voraussetzungen zu schaffen.

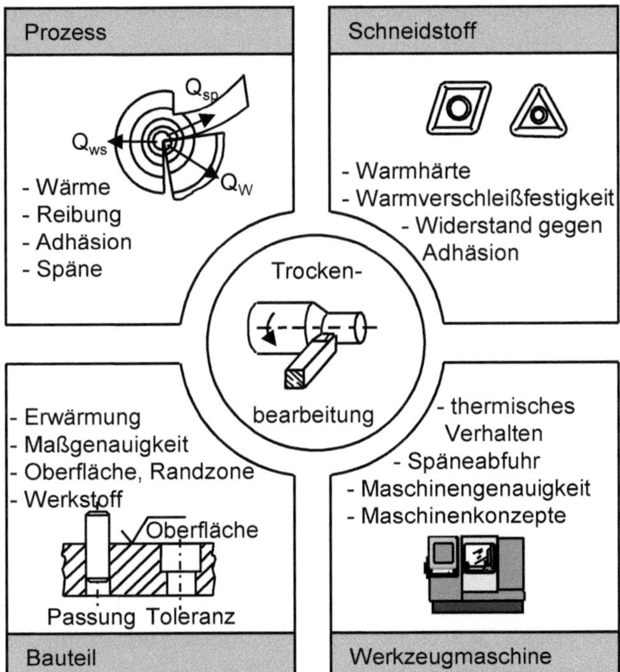

Abb. 6.7 Trockenbearbeitung – Anforderungen und Randbedingungen

Die besten Voraussetzungen für eine Trockenbearbeitung bieten z. Z. die Schneidstoffe. Hartmetalle, Cermets, Schneidkeramiken und polykristallines Bornitrid besitzen eine ausreichend hohe Warmverschleißfestigkeit, um auch ohne Kühlschmierstoffe eingesetzt werden zu können. Besondere Bedeutung kommt der Werkzeugbeschichtung zu. Sie reduziert die thermische Belastung des Substrates und verringert Reibungs- und Adhäsionsvorgänge zwischen dem Werkstoff und dem Schneidstoff. Die Trockenbearbeitung führt allerdings zu einer Veränderung der Wärmeflüsse zwischen Werkzeug und Span. Da der Kühlschmierstoff keine Wärme aufnimmt, muss bei vergleichbarer Energieumsetzung mehr Wärme über den Span abgeführt werden. Dies wiederum erfordert, dass durch eine geeignete Konzeption der Werkzeugmaschine die heißen Späne möglichst schnell aus dem Arbeitsraum entfernt werden [Kloc98].

Während beim Drehen und Fräsen von Gusswerkstoffen, Stählen, Aluminiumlegierungen und Buntmetallen in vielen Fällen auf den Einsatz von Kühlschmierstoffen verzichtet werden kann, stellen sich die Verhältnisse bei Verfahren wie dem Bohren, Reiben und Gewindebohren generell schwieriger dar, vgl. Abb. 6.11. Die Probleme beim Trockenbohren bestehen in der höheren thermischen Belastung von Werkzeug, Bauteil und Span sowie in der schlechteren Spanabfuhr. In der Spannut verklemmte oder verschweißte Späne verschlechtern die Bohrungsqualität und können zum Werkzeugbruch führen. Beim Gewindebohren führen Quetsch-, Reib- und Adhäsionsvorgänge zu einer hohen mechanischen Werkzeugbelastung. Heute steht eine große Palette von Bohrern, Gewindebohrern und Feinbohr- bzw. Reibwerkzeuge zur Verfügung, mit speziellen auf die besonderen Belange der Trockenbearbeitung abgestimmten Substraten, Schichtsystemen und Werkzeuggeometrien. Die Trockenbearbeitungswerkzeuge weisen vielfach ein gegenüber den konventionellen Nasswerkzeugen deutlich verbessertes Verschleiß- und Leistungsverhalten auf.

Trotz zahlreicher erfolgversprechender Ansätze, das Anwendungsfeld für eine wirtschaftliche Trockenbearbeitung durch geeignete Werkzeuggeometrien, Beschichtungen und Zerspanparameter zu erweitern, ist es unbestritten, dass ein vollständiger Verzicht auf KSS nicht bei allen Bearbeitungsaufgaben möglich sein wird. Restriktionen können sich hierbei von Seiten des Verfahrens, des Werkstoffes oder der geforderten Bauteilgenauigkeit ergeben.

Als Alternativen bieten sich hier Verfahrenssubstitutionen an. Ein Beispiel hierfür ist das Herstellen von Innengewinden durch Gewindefräsen und Bohrgewindefräsen. Der unterbrochene Schnitt und der Einsatz beschichteter Fräswerkzeuge aus Hartmetall sind günstige Voraussetzungen, um Gewinde im Trockenschnitt zu fertigen, die Oberflächenqualität zu verbessern und ggf. die Fertigungszeiten zu verkürzen [Kloc98].

Randzonenbeeinflussungen sowie Form- und Maßfehler am Bauteil können weitere Restriktionen für eine Trockenbearbeitung sein. Da die Bauteilqualität von der Wärmemenge, die in das Bauteil fließt, beeinflusst wird, muss der Prozess so ausgelegt werden, dass möglichst wenig Wärme in das Werkstück eingebracht wird. Höhere Schnittgeschwindigkeiten und größere Vorschübe tragen durch eine Verkürzung der Kontaktzeiten zwischen Werkzeug und Werkstück hierzu ebenso bei wie größere positive Spanwinkel, die die Schnittarbeit verringern. Gleiches gilt auch für die Reduzierung von Reibung,

Adhäsion und Verschleiß durch den Einsatz beschichteter Werkzeuge. Große Bedeutung kommt der Aufteilung und der Anzahl der Schnitte zu. Nach Möglichkeit sollte die Bearbeitung in einem Schnitt erfolgen. Dies erfordert Bauteile mit möglichst kleinem abzuspanendem Volumen sowie gleichmäßigen Aufmaßen. Optimale Voraussetzungen bieten „Near-Net-Shape"-Teile, deren Endkonturen häufig mit nur einem Schnitt erzeugt werden.

Fertigungsprozesse werden künftig nicht mehr nur unter der Zielvorgabe der Leistungsoptimierung, sondern auch hinsichtlich ihres ökologischen Gefährdungspotentials zu bewerten sein. Vor dem Hintergrund der mit dem Einsatz von KSS verbundenen Probleme stellt aus heutiger Sicht die Trockenbearbeitung sicherlich den effektivsten Ansatz dar, in der Zerspantechnik ökologische Zielsetzungen mit wirtschaftlichen Vorteilen zu kombinieren. Bei zahlreichen Fertigungsverfahren ist eine Trockenbearbeitung wirtschaftlich machbar. Viele Unternehmen haben dies erkannt und zumindest Teile ihrer Fertigung auf eine Trockenbearbeitung bzw. auf Minimalmengeschmierung umgestellt. Unstrittig ist aber auch, dass nicht bei allen Bearbeitungsaufgaben völlig auf KSS verzichtet werden kann. Für diese Fertigungsprozesse stellt sich daher auch die Forderung nach alternativen, umweltverträglichen Medien, die einerseits die Funktionen herkömmlicher Kühlschmierstoffe übernehmen, andererseits jedoch kein ökotoxisches Gefährdungspotential beinhalten [Krie01, Kloc05].

6.6.2 Minimalmengenkühlschmierung (MMKS)

Eine weitere Maßnahme zur Reduzierung der KSS-Menge stellt die sogenannte Minimalmengenkühlschmierung (MMKS) dar [Kloc96a, Köni93a, Wein04]. Bei dieser Kühlschmiertechnik werden die Werkzeuge mit geringsten Mengen eines Kühl- und/oder Schmiermediums versorgt. Als Medien finden primär Öle aber auch Emulsionen, Wasser oder Luft Verwendung. Sie werden dem Werkzeug und/oder der Zerspanstelle in geringsten Mengen zugeführt. Dies erfolgt ohne oder unter Zuhilfenahme eines Transportmediums. Bei den sogenannten Airless-Systemen, wird das Werkzeug mittels einer Pumpe gezielt mit einem Medium, in der Regel Öl, in Form einzelner schnell aufeinander folgender, fein dosierter Tröpfchen versorgt. Im zweiten Fall wird das Medium mit Hilfe von Druckluft in einer Düse zu feinsten Tröpfchen zerstäubt und als Aerosol der Bearbeitungsstelle zugeführt.

Im Zusammenhang mit der Trockenbearbeitung versteht man unter Minimalmengenkühlschmierung in der Regel die Zuführung des Kühlschmiermediums in Form eines Aerosols. Abhängig von Art und primärer Aufgabe des zugeführten Mediums kann man hierbei zwischen einer Minimalmengenschmierung (MMS) und einer Minimalmengenkühlung (MMK) unterscheiden (vgl. Abb. 6.8).

Beim Einsatz von Ölen als Medium steht deren gute Schmierwirkung im Vordergrund. Ihre Aufgabe ist es, Reib- und Adhäsionsvorgänge zwischen Werkstück, Span und Werkzeug zu vermindern. Durch die Reduzierung der Reibung entsteht weniger Reibungswärme.

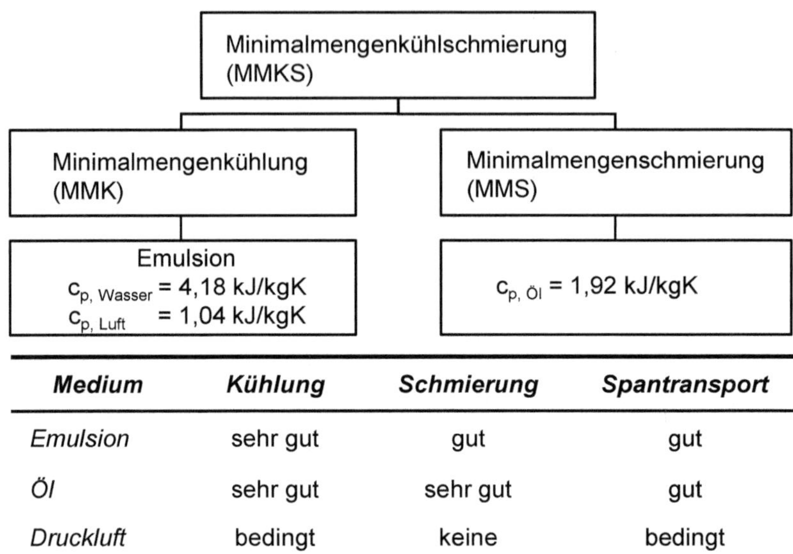

Abb. 6.8 Definition des Begriffs „Minimalmengenkühlschmierung"

Hieraus resultiert eine im Vergleich zur reinen Trockenbearbeitung geringere Erwärmung von Werkzeug und Bauteil (Abb. 6.9) [Eise00]. Die direkte Kühlwirkung des Öl/Luft-Gemisches ist aufgrund der niedrigen Wärmekapazität von Öl ($c_{p,Öl}$ = 1,92 kJ/kgK) und Luft ($c_{p,\,Luft}$ = 1,04 kJ/kgK) und der geringen zugeführten Menge von nur untergeordneter Bedeutung. Aufgrund der insgesamt sehr geringen Kühlwirkung des Öl/Luft-Gemisches spricht man daher bei Verwendung von Öl als Medium von einer Minimalmengenschmierung (MMS).

Im Vergleich zu Ölen werden Emulsionen oder Wasser wesentlich seltener als Medien für eine Minimalmengenkühlschmierung eingesetzt. Sie finden in der Regel nur dann Verwendung, wenn Werkzeug oder Bauteil stärker gekühlt werden müssen, als dies mit Ölen möglich ist. Aufgrund der im Vergleich zu Ölen bei Emulsionen deutlich geringeren und der bei Wasser und Luft nicht vorhandenen Schmierwirkung bezeichnet man den Einsatz dieser Medien auch als Minimalmengenkühlung (MMK).

Die Minimalmengenkühlung (MMK) mit Emulsion, Wasser (mit Korrosionsinhibitor), kalter Luft oder flüssigen Gasen ist im Gegensatz zur Minimalmengenschmierung (MMS) eine bislang vergleichsweise wenig genutzte und daher bei Anwendern weitgehend unbekannte Komponente der Minimalmengenkühlschmiertechnik (MMKS). Die MMK-Technik kann aber durchaus bei einer Trockenbearbeitung mit zur Lösung thermischer Probleme an Werkzeug und/oder Bauteil beitragen.

Wegen ihrer überragenden Bedeutung für die Trockenbearbeitung befassen sich die folgenden Ausführungen ausschließlich mit der Minimalmengenschmiertechnik (MMS). Die Zufuhr des MMS-Mediums zur Zerspanstelle kann von außen über gesondert im

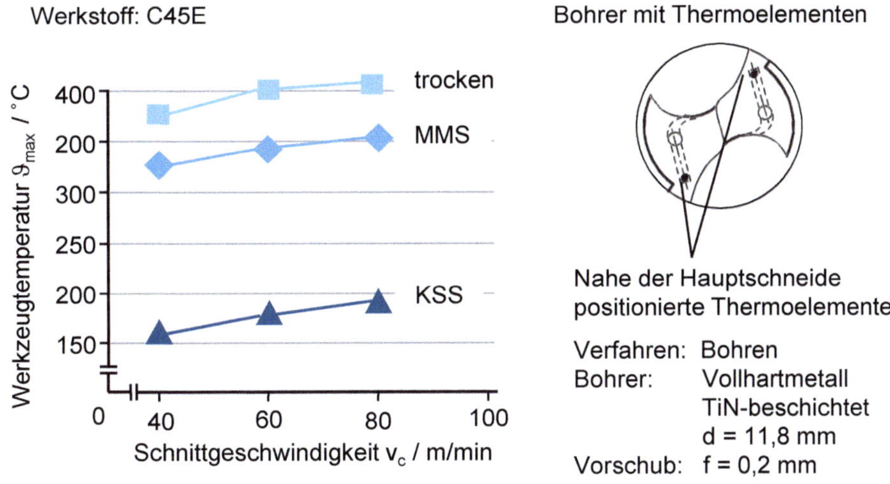

Abb. 6.9 Einfluss der Minimalmengenschmierung auf die Werkzeugtemperatur

Maschinenraum angebrachte Düsen oder über die Werkzeugspindel und innere im Werkzeug verlaufende Kühlkanäle erfolgen (Abb. 6.10). Beide Systeme haben ihre Anwendungsfelder. Bei optimal eingestellten MMS-Systemen werden weniger als 50 ml/h Schmiermedium verbraucht. Gemessen daran, dass bei einer Transferstraße mit einem KSS-Volumen von 60 m^3 täglich bis zu 6 m^3 KSS ausgetragen werden können, bedeutet das bei der MMS-Technik verbrauchte Volumen eine enorme Mengenreduzierung. Wesentliches Merkmal der MMS ist, dass bei korrektem Einsatz Werkzeuge, Werkstücke und Späne trocken bleiben.

Bei der äußeren Zufuhr wird das Aerosol über eine oder mehrere Düsen von außen auf das Werkzeug gesprüht. Die Anzahl und Ausrichtung der Düsen sowie das von der Düsengestaltung abhängige Sprühbild bestimmen maßgeblich das Arbeitsergebnis. Anwendung findet das Verfahren u. a. beim Sägen, Schaft- und Messerkopfstirnfräsen oder auch beim Drehen. Bei Innenbearbeitungsoperationen, wie dem Bohren, Reiben oder Gewindebohren, ist eine äußere Zuführung des Mediums nur bis zu Längen/Durchmesser-Verhältnissen von $l/d < 3$ zweckmäßig. Bei größeren l/D-Verhältnissen muss das Werkzeug zur erneuten Benetzung gegebenenfalls mehrmals zurückgezogen werden, was zu einer erheblichen Verlängerung des Bearbeitungsvorganges führen kann. Problematisch ist der Einsatz einer äußeren Zuführung auch bei Bearbeitungsaufgaben, bei denen Werkzeuge zum Einsatz kommen, die sich hinsichtlich Länge und Durchmesser sehr stark unterscheiden. Die Ausrichtung der Zuführungsdüse(n) muss hierbei manuell oder mit Hilfe von Positionierungssystemen erfolgen, die mit der Maschinensteuerung gekoppelt die Düsen in Abhängigkeit von Werkzeuglänge und -durchmesser in axialer und/oder radialer Richtung verfahren oder um einen bestimmten Winkelbereich schwenken. Eine äußere MMS-Zuführung kann aber auch dann unverzichtbar sein, wenn die einzusetzenden Werkzeuge über keine inneren Kühlkanäle verfügen.

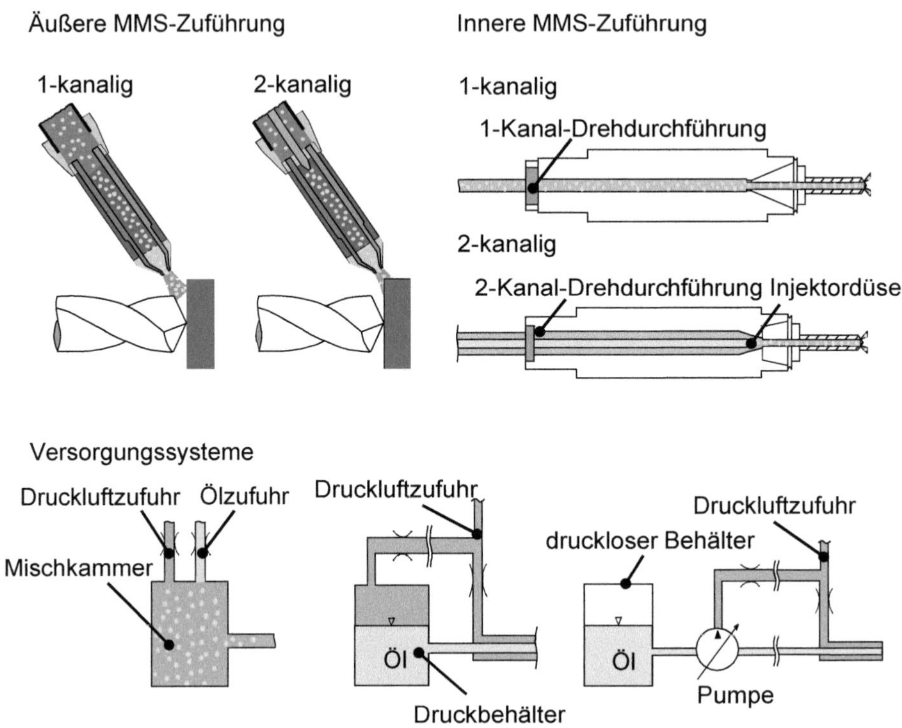

Abb. 6.10 MMS Zuführungssysteme

Beim Bohren, Reiben, Gewindebohren mit größeren l/D-Verhältnissen ist eine innere Zuführung des Mediums über Spindel und Werkzeug von Vorteil, da unabhängig von der Bohrungstiefe kontinuierlich Medium in der Nähe der Wirkstelle zur Verfügung steht und die Spanabfuhr aus der Bohrung unterstützt wird. In ähnlicher Weise gilt dies auch für Werkzeuge mit sehr unterschiedlichen Abmessungen. Beim Tieflochbohren ist, bedingt durch die großen l/D-Verhältnisse, eine innere MMS-Zuführung unabdingbar. Weitere Vorteile einer inneren Zuführung des MMS-Mediums bestehen darin, dass Positionierfehler, wie sie bei dem Einsatz von Düsen auftreten können, vermieden werden und durch die Integration der MMS in die Werkzeugmaschine der Arbeitsraums nicht durch Zuleitungen eingeschränkt wird.

Bei der inneren MMS-Zuführung unterscheidet man nochmals zwischen den sogenannten 1-kanaligen und 2-kanaligen Systemen (Abb. 6.10). Bei der 1-kanaligen Variante wird das Aerosol außerhalb der Spindel erzeugt und durch diese hindurch dem Werkzeug zugeführt. Bei den 2-kanaligen Systemen werden Öl und Luft getrennt durch die Spindel hindurchgeführt. Die Erzeugung des Luft-Öl-Gemisches erfolgt hier unmittelbar vor dem Werkzeug.

Wesentliche Forderung an beide Systemvarianten ist, das Medium zum Zeitpunkt des Schnittbeginnes in ausreichender Menge an der Zerspanstelle zur Verfügung zu stellen.

Die innere MMS-Zuführung erfordert Werkzeuge mit Kühlkanälen. Heute werden bereits Bohrwerkzeuge mit < 1 mm Durchmesser mit inneren Kühlkanälen angeboten. Bei Werkzeugen ohne innere Kühlkanäle, seien es Bohrer, Gewindebohrer oder Schaftfräser, ist eine äußere MMS-Zuführung unverzichtbar. Aber auch hier bieten die Werkzeughersteller Sonderlösungen an, die es ermöglichen, das durch die Spindel heranströmende MMS-Medium innerhalb der Werkzeugaufnahme nach außen und dann am Werkzeugumfang in Werkzeuglängsrichtung zur Bearbeitungsstelle zu führen.

Als MMS-Medien finden hauptsächlich Fettalkohole und Esteröle (chemisch modifizierte pflanzliche Öle) Verwendung. Die Auswahl des Mediums richtet sich nach der Art der Zuführung, nach dem Werkstoff, dem Bearbeitungsverfahren und nach der Bauteilnachbehandlung (Glühen, Beschichten, Lackieren).

Bei vielen Werkstoff-Verfahrens-Kombinationen ist zur Realisierung einer Trockenbearbeitung der Einsatz einer Minimalmengenschmierung unverzichtbar, vgl. Abb. 6.11. Auf Seiten der Werkstoffe gilt dies insbesondere für die Trockenbearbeitung von Aluminiumknetlegierungen und auf der Verfahrensseite, weitgehend unabhängig vom Werkstoff, bei der Bohrungsherstellung und bei der Bohrungsnachbearbeitung. Klassisches Einsatzgebiet für die MMS-Technik ist das Sägen. Das Drehen und Fräsen von Stahl und Gusswerkstoffen erfolgt aufgrund der hohen Warmverschleißfestigkeit der heute zur Verfügung stehenden beschichteten Hartmetall-Werkzeuge weitestgehend völlig trocken.

Abb. 6.12 zeigt den Einfluss einer MMS auf den Werkzeugzustand und auf die Standmenge beim Bohren in eine Aluminiumknetlegierung. Beim Trockenbohren ohne MMS war das Werkzeug bereits nach 16 Bohrungen durch Werkstoffverklebungen in der Spannut unbrauchbar. Beim Einsatz der MMS konnten hingegen nach 128 Bohrungen weder Verschleißerscheinungen noch Werkstoffaufschmierungen am Werkzeug festgestellt werden.

6.6.3 Konventionelle Überflutungskühlung

Die konventionelle Überflutungskühlung ist die gängigste Kühlschmierstrategie in der industriellen Praxis. Sie ist äußerst flexibel einsetzbar und robust gegen Störungen, wie einer ungünstigen Positionierung der Kühlschmierstoffdüsen, da die Zerspanstelle von dem Kühlschmiermedium großräumig umspült wird. Aufgrund der ungerichteten Zufuhr des Kühlschmiermittels mit geringem Druck ist sie jedoch nicht sehr effektiv. Des Weiteren kommen sehr große Mengen des Kühlschmierstoffs zum Einsatz. Die Verringerung des KSS-Einsatzes ist daher ein Ziel bei der konventionellen Überflutungskühlung. Eine Verringerung des KSS-Einsatzes zielt daraufhin, dem Prozess nur das technologisch notwendige KSS-Volumen zur Verfügung zu stellen. Sekundäre Aufgaben des Kühlschmierstoffs

Werkstoff	*Aluminium*		*Stahl*		*Guss*
Verfahren	Gusslegierungen	Knetlegierungen	Hochlegierte Stähle, Wälzlagerstahl	Automatenstahl, Vergütungsstahl	GG20 – GGG70
Bohren	MMS	MMS	MMS	MMS/ trocken	MMS/ trocken
Reiben	MMS	MMS	MMS	MMS	MMS
Gewinde-schneiden	MMS	MMS	MMS	MMS	MMS
Gewinde-formen	MMS	MMS	MMS	MMS	MMS
Tiefbohren	MMS	MMS		MMS	MMS
Fräsen	MMS/ trocken	MMS	trocken	trocken	trocken
Drehen	MMS/ trocken	MMS/ trocken	trocken	trocken	Trocken
Wälzfräsen			trocken	trocken	trocken
Sägen	MMS	MMS	MMS	MMS	MMS
Räumen			MMS	MMS/ trocken	trocken

Abb. 6.11 Anwendungsgebiete der MMS

wie z. B. der Spänetransport innerhalb der Maschine oder deren Temperierung müssen durch andere Maßnahmen gelöst werden, die neben dem Werkzeug auch die Werkzeugmaschine betreffen, vgl. Abb. 6.13 [Köni93a].

Bei der Werkzeugmaschine ergeben sich verschiedene Möglichkeiten. Zur Späneabfuhr können Schrägbettlösungen, Fördersysteme, spezielle Spanleitsysteme oder auch alternative Medien, wie z. B. Druckluft zum Einsatz kommen. Die für die Form- und Maßtoleranz wichtige Temperaturkonstanz der Werkzeugmaschine kann z. B. über geschlossene Kühlkreisläufe realisiert werden.

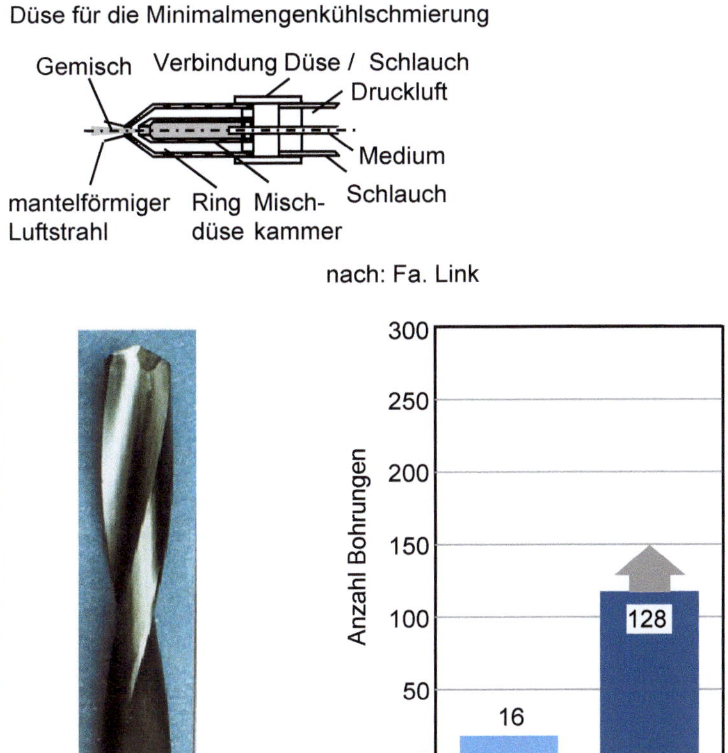

Abb. 6.12 Bohren von Aluminium mit und ohne Minimalmengenkühlschmierung

Seitens der Werkzeuge bestehen unterschiedliche Ansatzpunkte, die eingesetzte Kühlschmierstoffmenge zu reduzieren. Ein Beispiel sind innengekühlte Werkzeuge. Neben Bohrer mit Kühlkanälen, die schon lange Stand der Technik sind, werden auch Wendeschneidplatten mit „innerer" Kühlschmierstoffzufuhr eingesetzt. Über einen Kanal im Trägerwerkzeug und in der Schneidplatte wird der Kühlschmierstoff unter hohem Druck direkt der Zerspanstelle zugeführt. Die effektivere Schneidenkühlung erfordert nicht nur ein deutlich geringeres KSS-Volumen, sondern wirkt sich z. B. beim Ein- und Abstechdrehen günstig auf den Werkzeugverschleiß, die Werkzeugstandzeit, die Spanabfuhr sowie die Oberflächenqualität des Werkstücks aus [Köni93a].

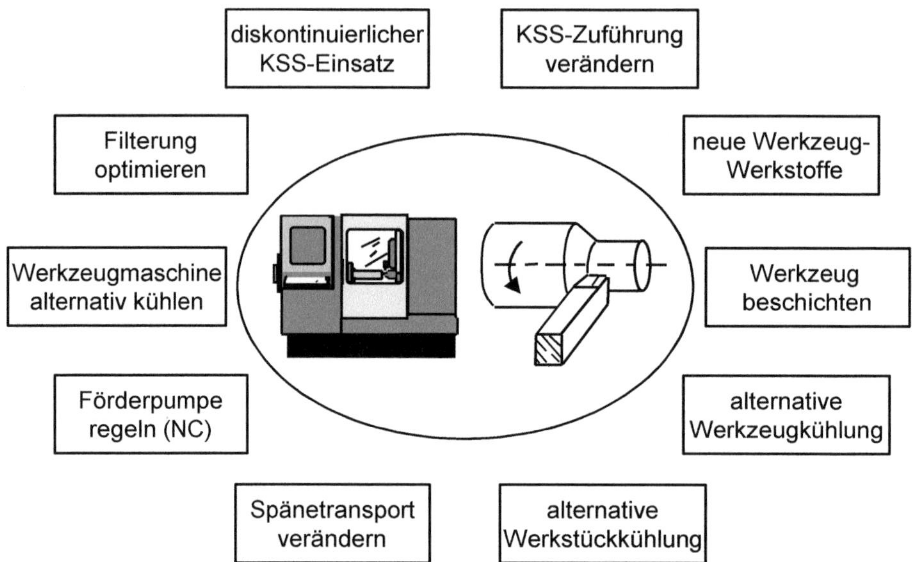

Abb. 6.13 Werkzeug- und maschinenseitige Maßnahmen zur Reduzierung des KSS-Bedarfs

6.6.4 Hochdruck-KSS-Zufuhr

Trotz der Weiterentwicklung von Kühlschmierstrategien, Werkzeugen, Schneidstoffen und Beschichtungen ist ein Verzicht auf Kühlschmierstoff bei vielen Bearbeitungsaufgaben bis heute undenkbar [Denk10, Cour09, Wein04, Kami00]. Wenn nass bearbeitet werden muss, gilt es, den KSS-Einsatz so effizient wie möglich zu gestalten [Graß03]. Zur Steigerung der Produktivität und Prozesssicherheit stellt in diesem Zusammenhang die zielgerichtete Zuführung des Kühlschmierstoffs zur Zerspanstelle mit hohem Druck (Hochdruck-KSS-Zufuhr) eine potentialträchtige Technologie dar, die eine Basis für eine automatisierte und wirtschaftliche Fertigung schaffen kann [Kloc13, Sorb06, Ezug04, Mazu89]. Bei der Hochdruck-KSS-Zufuhr wird der KSS je nach Zuführungsvariante durch die im Werkzeughalter exakt positionierten Düsen oder durch die Schneidplatte der Zerspanstelle gezielt und fokussiert zugeführt. Da bislang keine einheitliche Definition für „Hochdruck" besteht, werden in diesem Beitrag KSS-Zuführdrücke ab 70 bar als Hochdruck bezeichnet.

Die am meisten verbreitete KSS-Zuführungsvariante stellt die spanflächenseitige Hochdruck-KSS-Zufuhr dar. Der durch Düsen fokussierte KSS-Strahl wird hierbei mit hoher Geschwindigkeit in den zwischen Spanunterseite und Spanfläche entstehenden Keil geleitet [Kova95]. Erste Untersuchungen zum Einsatz der Hochdruck-KSS-Zufuhr wurden bereits in den 50er Jahren von Pigott und Colwell durchgeführt [Pigo52]. Seitdem haben mehrere Wissenschaftler das große Potential der Hochdrucktechnologie in der spanenden Fertigung untersucht und dokumentiert [Brah09, Cour09, Shar08, Ezug04, Ezug06 Kami00, Mazu89]. Die positiven Effekte der gezielten Zufuhr des KSS mit hohem Druck können wie folgt zusammengefasst werden:

- Senkung der Zerspantemperatur nahe der Schneidkante und Verringerung der Kontaktzonenreibung im Vergleich zur konventionellen Überflutungskühlung.
- Erzeugung von Spanbruch sowie Gewährleistung sicheren Spanabtransports und reproduzierbarer Werkzeugstandzeiten (Steigerung der Prozesssicherheit).
- Reduzierter Werkzeugverschleiß, längere Werkzeugstandzeiten und somit Möglichkeit zur Steigerung der Schnittgeschwindigkeit und des Zeitspanvolumens (Steigerung der Produktivität).

Derzeit findet die Hochdruck-KSS-Zufuhr zunehmend Anwendung vor allem bei der Bearbeitung schwer zerspanbarer Werkstoffe wie z. B. Titan- und Nickelbasislegierungen in der Luftfahrtindustrie [Ezug06, Dahl04] sowie hochlegierter Stähle. Niedrige anwendbare Schnittgeschwindigkeiten, lange Bearbeitungszeiten, hohe Fertigungskosten und die Entstehung von Band- und Wirrspänen (im kontinuierlichen Schnitt) stellen die Hauptprobleme bei der Bearbeitung dieser Werkstoffe dar, die sich aus ihrer hohen Warmfestigkeit und Duktilität ergeben [Kloc13a, Kloc10].

Neben der spanflächenseitigen KSS-Zuführung stellen die freiflächenseitige KSS-Zuführung, die kombinierte span- und freiflächenseitige KSS-Zuführung sowie die KSS-Zuführung durch die Schneidplatte mit KSS-Austritt aus der Spanfläche alternative Zuführungsvarianten dar, die bislang nur vereinzelt untersucht und industriell eingesetzt wurden [Kloc14, Shar08, Sorb06, Wert92, Pigo52]. Die beschriebenen Zuführungsvarianten sind in Abb. 6.14 schematisch dargestellt.

In der Literatur finden sich zahlreiche Hinweise, die die zugrunde liegenden Wirkmechanismen der Hochdruck-KSS-Zufuhr beschreiben und mit Theorien und Hypothesen zu erklären versuchen. Diese Wirkmechanismen sind im Folgenden zusammenfassend dargestellt [Sang13, Ezug06, Ezug04, Mach94, Mazu89, Shar71, Pigo52]:

Die gezielte Zuführung des Kühlschmierstoffs in Form eines oder mehrerer fokussierter hochenergetischer Freistrahlen (hoher dynamischer Druck = hohe Geschwindigkeit) und deren Ausrichtung auf die Kontaktfläche zwischen Spanunterseite und Spanfläche bewirkt zunächst ein weites Vordringen des KSS zur Schneidkante. Es bildet sich ein Flüssigkeitskeil aus, der die Zerspanstelle effektiv kühlt und schmiert (thermische und tribologische Strahlwirkung). Des Weiteren übt der fokussierte KSS-Strahl eine hydrodynamische Kraft auf die Spanunterseite aus, die wie ein Spanformer wirkt (mechanische Strahlwirkung). Dadurch wird der Spanaufwärtskrümmungsradius des Spans reduziert und die Kontaktzone zwischen Span und Werkzeugspanfläche je nach Anwendungsfall deutlich reduziert. Aus den beschriebenen Effekten resultiert eine im Vergleich zur konventionellen Überflutungskühlung deutlich effektivere Kühlung der Spanunterseite und der Spanfläche nahe der Schneidkante im Bereich der Spankontaktzone (sekundäre Scherzone). Darüber hinaus bewirkt die gleichzeitig verbesserte Schmierung im Bereich der Kontaktzone sowie

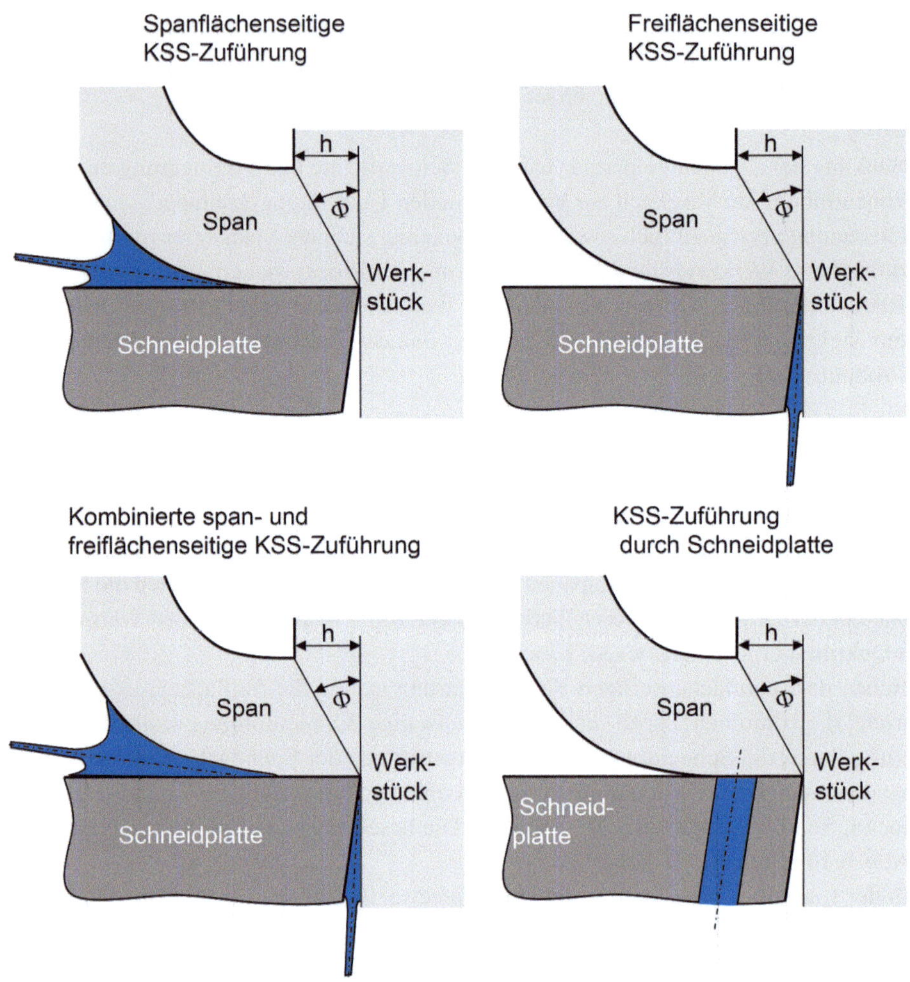

Abb. 6.14 Unterschiedliche Zuführungsvarianten bei der Hochdruck-KSS-Zufuhr

die Verkleinerung der Kontaktzone durch Verringerung des Spankrümmungsradius eine Reduzierung der durch Reibung entstehenden Wärme. Insgesamt kann somit die thermische Schneidstoffbelastung mittels Hochdruck-KSS-Zufuhr gesenkt und der thermomechanisch bedingte Werkzeugverschleiß in vielen Anwendungsfällen reduziert werden, wodurch beste Voraussetzungen zur Steigerung der Produktivität durch die Steigerung der Schnittparameter geschaffen werden.

Viele Forscher berichten von einer Verbesserung der Spanbildung und der Entstehung kurzer Späne durch den Einsatz der spanflächenseitigen Hochdruck-KSS-Zufuhr beim Drehen von duktilen Werkstoffen. Die stärkere Spanumformung (kleiner Spanaufwärtskrümmungsradius) durch die auf den Span aufgrund des Flüssigkeitsstrahls wirkenden

Kraft sowie die verbesserte Kühlung der Spanunterseite und die veränderten Reibverhältnisse im Bereich der Kontaktzone sind die ausschlaggebenden Faktoren, die zu einer Veränderung des Scherwinkels und der Spanstauchung führen. Damit kommt es zu einer Veränderung der Spanbildung und zur Erzeugung von kontrolliertem Spanbruch durch den Einsatz der Hochdruck-KSS-Zufuhr [Cayl14, Haba06, Craf99, Mazu89, Rasc81].

Die durch den Hochdruck-KSS-Strahl verbesserte Kühlung nahe der Schneidkante wird häufig auch dadurch erklärt, dass die hohen Temperaturen an der Zerspanstelle den Kühlschmierstoff verdampfen und eine Dampfbarriere erzeugen, die bei konventioneller KSS-Zufuhr eine effektive Kühlung des Werkzeugs im Bereich der Schneidkante verhindert. Durch den Einsatz der Hochdruck-KSS-Zufuhr bzw. die Zuführung des KSS in Form von hochenergetischen Freistrahlen kann die Dampfbarriere durchbrochen oder eingedrückt werden, wodurch der KSS näher an die Schneidkante vordringen kann und so zur verbesserten Werkzeugkühlung beiträgt [Shar08, Kami00, Ezug04, Dahl02].

Neben dem KSS-Zuführdruck, dem KSS-Volumenstrom (abhängig vom Zuführdruck und Düsendurchmesser) und der KSS-Zuführungsvariante stellen die Strahlausrichtung (Strahlwinkel und Auftreffposition), die Anzahl der KSS-Strahlen, die Düsengeometrie sowie der Abstand zwischen Strahlaustritt und Strahlauftreffposition die wichtigsten Einstellgrößen bei der Hochdruck-KSS-Zufuhr dar. Bedingung für die Nutzung dieser Technologie sind ein dichter Arbeitsraum mit Absauganlage und – falls noch nicht vorhanden – eine Aufrüstung der Werkzeugmaschine mit einer entsprechenden Hochdruckpumpe und Filterung.

Die benötigten Maschinenkomponenten und entsprechende Hochdruck-Werkzeugkonzepte (Abb. 6.15) sind zunehmend als Standard- und Sonderlösungen auf dem Markt erhältlich. Die Dimensionierung der Pumpe im Hinblick auf den maximalen Druck (p) und Volumenstrom (Q) hängt dabei stets vom konkreten Anwendungsfall ab (Werkstoff, Verfahren, Spanungsquerschnitt, etc.).

Die Abb. 6.16 zeigt den Freiflächenverschleiß und die entstehenden Spanformen beim Außenlängsdrehen der Titanlegierung TiAl6V4. Neben dem Einsatz der spanflächenseitigen KSS-Zufuhr mit der Variation des Druckes von p = 70 bis 300 bar wurde auch die konventionelle Überflutungskühlung im Vergleich eingesetzt. Es zeigt sich, dass der

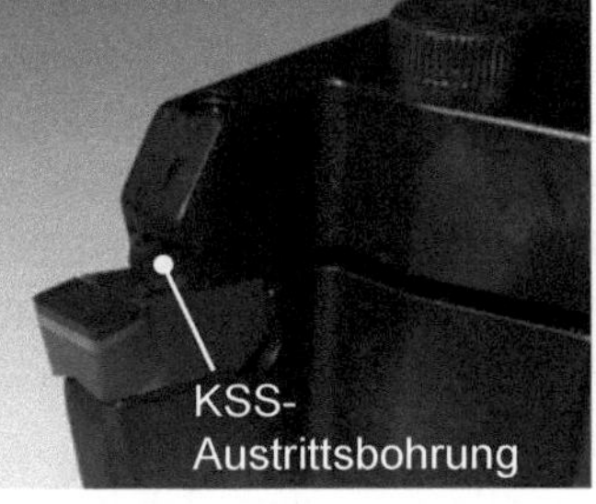

Abb. 6.15 Werkzeughalter mit innerer Hochdruck-KSS-Zufuhr

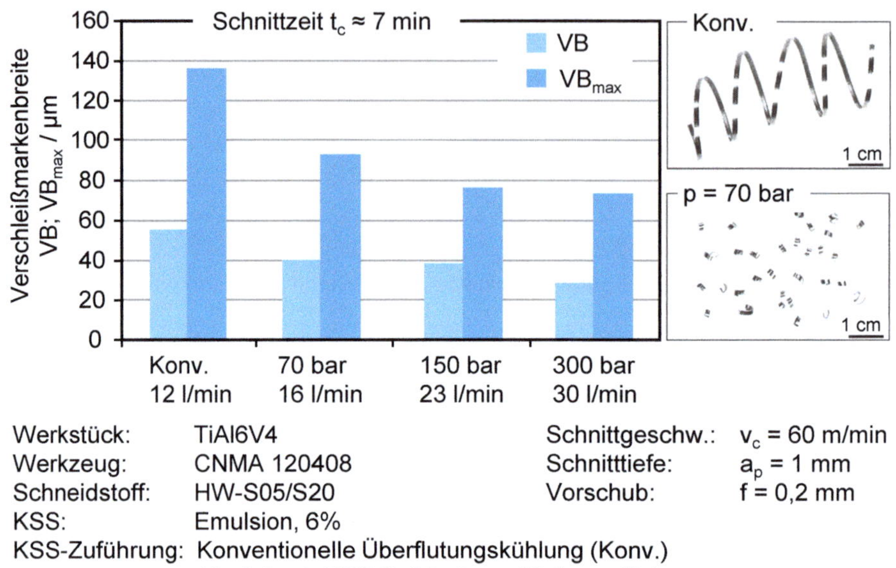

Abb. 6.16 Werkzeugverschleiß und Spanformen beim Außenlängsdrehen von TiAl6V4 bei konventioneller Überflutungskühlung und Hochdruck-KSS-Zufuhr

Freiflächenverschleiß durch den Einsatz der Hochdruck-KSS-Zufuhr um bis zu 50 % reduziert werden kann. Bereits ab einem Zuführdruck von p = 70 bar konnte definierter Spanbruch erzielt werden.

Die Anwendung der Hochdruck-KSS-Zufuhr ist nicht auf das Drehen begrenzt. Sie kann ebenso beim Bohren und Fräsen eingesetzt werden. Dabei wird der Kühlschmierstoff über die Spindel und die im Werkzeug verlaufenden Kühlkanäle zugeführt. Während bei dieser Art der Zuführung durch die Maschine der maximal anwendbare Druck aufgrund der konstruktiven Auslegung der Maschinenkomponenten derzeit auf ca. 100 bar begrenzt ist, kann bei einer externen Zuführung direkt in das Werkzeug beim Drehen oder durch externe Düsen beim Fräsen (auch Bypass-Lösung genannt) mit deutlich höherem Druck zugeführt werden. Zurzeit sind Hochdruckanlagen mit Drücken bis zu 1000 bar verfügbar [Fili02]. Ob es technologisch notwendig und wirtschaftlich sinnvoll ist mit derart hohen Drücken zu arbeiten, ist Gegenstand aktueller Forschungsarbeiten. Wie die Ergebnisse zeigen, sind für einen Großteil der Bearbeitungsaufgaben Drücke im Bereich von 80 bis 300 bar vollkommen ausreichend. Darüber hinaus sind Drücke in der Größenordnung 1000 bar aufgrund der Wechselwirkung mit der Werkzeugmaschine, der Peripherie und dem Werkzeug als nicht praxisgerecht einzustufen. Grundsätzlich sollte das Ziel verfolgt werden, mit möglichst geringem Druck und wenig Volumenstrom (= geringe erforderliche Pumpenleistung) und vor allem mit dem richtigen Verhältnis von Druck und Volumenstrom in enger Abstimmung mit den Schnittparameter und der Werkzeugauslegung ein Maximum an Produktivitäts- und Prozesssicherheitsgewinn zu erzielen, um auch den Aspekt der Energieeffizienz und Wirtschaftlichkeit zur berücksichtigen.

6.6.5 Kryogene Prozesskühlung

Eine Alternative zur Prozesskühlung mit Kühlschmierstoffen, die hohes Potential zur weiteren Reduktion der Werkzeugtemperaturen bietet, ist die Kryokühlung von Zerspanprozessen. Bei der Kryokühlung in der Zerspantechnik werden Stoffe mit extrem niedrigen Temperaturen zur Prozesskühlung verwendet. Die bekanntesten Kryogene sind flüssiger Wasserstoff (Siedepunkt 20,268 K = –252,882 °C), flüssiger Stickstoff LN_2 (Siedepunkt 77,35 K = −195,80 °C), flüssiger Sauerstoff (Siedepunkt 90,18 K = −182,97 °C) und Trockeneis/CO_2-Schnee (Sublimationspunkt 194,5 K = −78,5 °C). Für die Zerspanprozesskühlung werden aufgrund der guten Verfügbarkeit und der verhältnismäßig sicheren Handhabung insbesondere flüssiger Stickstoff und Trockeneis eingesetzt. Die Vorteile der Kryokühlung sind reduzierte Zerspantemperaturen und daraus folgend deutlich geringerer Werkzeugverschleiß beziehungsweise höhere anwendbare Schnittparameter.

Werden die Eigenschaften von flüssigem Stickstoff (LN_2) und flüssigem Kohlenstoffdioxid (LCO_2) als Kühlmittel verglichen, stellen sich einige Gemeinsamkeiten heraus. Durch die Absorption der latenten Wärme, unterliegen beide Kühlmittel einer Phasenumwandlung. Beide Stoffe werden im flüssigen Zustand gelagert und in diesem Zustand der Zerspanzone zugeführt. Der erste offensichtliche Unterschied ist die Verdampfungstemperatur, welcher sich jedoch als sehr signifikant herausstellt.

CO_2 hat die Eigenschaft bei Raumtemperatur und unter hohen Drücken in flüssiger Form vorzuliegen. Dieser Umstand ermöglicht es, dass das flüssige CO_2 ohne Isolierung unter einem Druck von 6 MPa durch die Rohrleitung an die Zerpanzone geführt werden kann. Zu dem Zeitpunkt des Austritts wirkt ein schlagartiger Druckabfall auf das flüssige CO_2 und verursacht eine Phasenumwandlung von flüssig zu einem Gemisch aus fest (45 %) und gasförmig (55 %) [Supe12, Cryo05, Fell09]. Der feste Zustand wird in diesem Fall als Trockeneis bezeichnet und hat im Vergleich zur gasförmigen Phase eine deutlich höhere Kühlleistung. Kryogenisch verflüssigter Stickstoff siedet unter atmosphärischem Druck bei einer Temperatur von −195,8 °C. Diese Eigenschaft erschwert die Lagerung sehr, sodass oft vakuum-isolierte Behälter verwendet werden.

Bereits in den 1960er Jahren wurden Zerspanversuche unter Einsatz der Kryokühlung durchgeführt und bis heute wurde kontinuierlich weiter an dieser Thematik geforscht. Der größte Anteil der Forschungsarbeiten beschäftigt sich mit der Kryokühlung bei der Zerspanung von Stahlwerkstoffen. Beim Außenlängsdrehen von austenitischem Stahl wird unter Einsatz der LN_2-Kühlung von mehr als viermal so hohen Werkzeugstandzeiten im Vergleich zur konventionellen Überflutungskühlung berichtet [Kahn08]. Aufgrund der Eigenschaften der hochwarmfesten Legierungen bietet die Kryokühlung aber auch bei deren Zerspanung ein großes Potential thermisch bedingte Verschleißmechanismen zu reduzieren. Untersuchungen beim Außenlängsdrehen von TiAl6V4 haben gezeigt, dass durch den Einsatz der LN_2-Kühlung anstelle der konventionellen Überflutungskühlung der Werkzeugverschleiß auf ein Fünftel reduziert werden kann [Hong01]. Vor allem bei höheren Schnittgeschwindigkeiten kam die höhere Kühlwirkung beim Einsatz der Kryokühlung zum Tragen. Durch die Reduktion des Werkzeugverschleißes bei der Anwendung der LN_2-Kühlung anstelle der konventionellen Überflutungskühlung konnten die mit arbeitsscharfen Schneiden erreichbaren hohen Oberflächengüten bis zu deutlich höheren Werkzeugeinsatzzeiten aufrecht erhalten werden [Wang99].

Abb. 6.17 zeigt Versuche mit beschichteten Vollhartmetallschaftfräsern mit einem Durchmesser von 12 mm, die bei identischen Schnittparametern unter konventioneller Überflutungskühlung (6 %-ige Emulsion) und unter Einsatz der LN_2-Kühlung ohne Schmiermittelanteil eingesetzt wurden. Der flüssige Stickstoff wurde durch eine Düse extern zugeführt. Als Versuchswerkstücke wurden Platten aus TiAl6V4 genutzt, welche in geraden Fräsbahnen im Gleichlauf bearbeitet wurden. In Abb. 6.17 (rechts) sind die Werkzeuge nach einer Einsatzzeit von etwa 16 min mit den im Bild angegebenen Schnittparametern gezeigt. Auf den Bildern der Spanflächen wird der Unterschied zwischen der Überflutungskühlung und der LN_2-Kühlung am deutlichsten sichtbar. Während die Schneidkante nach einer Einsatzzeit von 16 min unter Überflutungskühlung freigelegt ist und Riefen aufweist, zeigt die Schneidkante unter Einsatz der LN_2-Kühlung lediglich leichte Materialanhaftungen und Kratzer auf der Beschichtung. Durch den Schneidkantenversatz, der

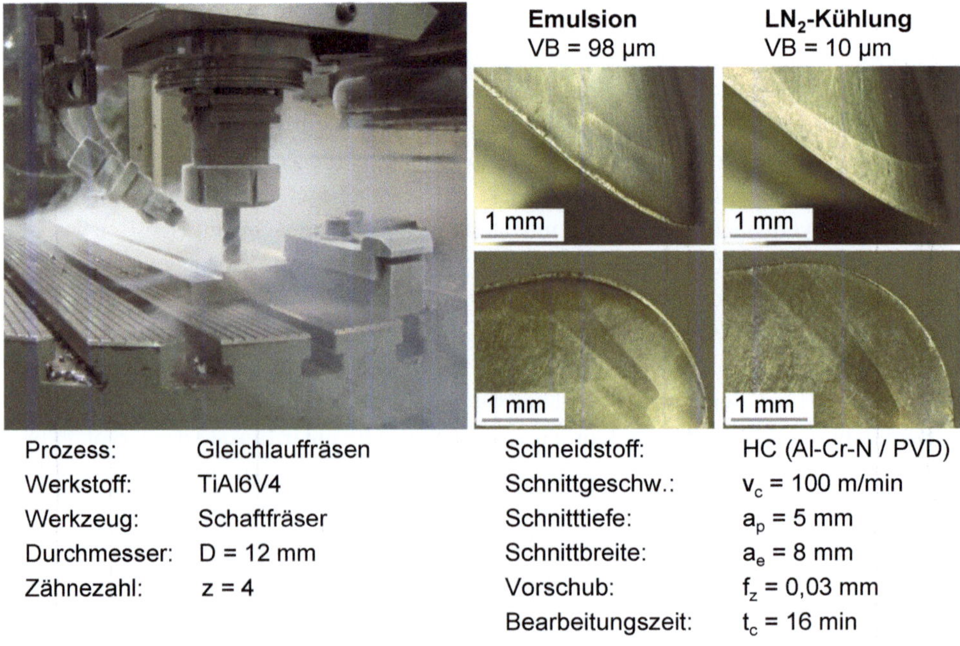

Abb. 6.17 Werkzeugverschleiß bei der Fräsbearbeitung von TiAl6V4 unter Einsatz einer konventionellen Überflutungskühlung und einer Stickstoffkühlung (LN2)

aufgrund des stärkeren Verschleißes unter Einsatz der Überflutungskühlung zustande kommt, tritt der Unterschied in den Bildern der Freiflächen nicht so deutlich hervor. Wird der Schneidkantenversatz bei der Verschleißmessung berücksichtigt zeigt sich jedoch hier der Vorteil der LN_2-Kühlung (vergleiche VB = 98 µm unter Einsatz der Überflutungskühlung zu VB = 10 µm unter Einsatz der LN_2-Kühlung) [Kloc11].

Als Werkzeuge für die Kryokühlung können Standardwerkzeuge eingesetzt werden. Die modernen Schneidstoffe weisen eine ausreichende Zähigkeit auf, um auch bei tiefen Temperaturen nicht zu verspröden. Besonders günstig sind Schneidstoffe mit einer hohen Wärmeleitfähigkeit wie Diamant- oder CBN-Schneidstoffe. Bei der Kryokühlung fungieren die Werkzeuge als Wärmesenke, sodass eine große Wärmemenge über die Werkzeuge abgeführt wird. Diese Art der Wärmeabfuhr wird zum einen durch einen hohen Temperaturgradienten zwischen Zerspanstelle und Werkzeugkörper begünstigt und zum anderen durch eine hohe Wärmeleitfähigkeit des Schneidstoffs.

Bei der externen Zufuhr der Medien sind in Bezug auf die Werkzeugmaschine keine Änderungen erforderlich. Sollen die Medien jedoch durch innere Kühlkanäle durch die Spindel der Werkzeugmaschine zugeführt werden, ist hinsichtlich der Anlagentechnik zwischen der Kühlung mit CO_2-Schnee und flüssigem Stickstoff LN_2 zu unterscheiden.

Die innere Kühlung mit flüssigem Stickstoff ist aufgrund der tiefen Temperatur, mit denen dieses Medium zugeführt wird, komplexer. Da Spindellager und Drehdurchführungen nicht auf die geringen Temperaturen ausgelegt sind, muss die Spindel mit einer vakuumisolierten Leitung versehen werden. Der Stickstoff wird auf der Eingangsseite über eine für flüssigen Stickstoff geeignete Drehdurchführung in die Vakuumleitung übergeben, in der Vakuumleitung durch das Spindelrohr zum Spindelkopf transportiert und dort in die Werkzeugaufnahme geleitet [Zeli11]. In der Werkzeugaufnahme und den Kühlmittelkanälen im Werkzeug verdampft ein Teil des flüssigen Stickstoffs und kühlt das Werkzeug. Der Rest wird dem Zerspanprozess zugeführt. Für die Kühlung mit CO_2-Schnee gibt es spezielle Anlagen, bei denen flüssiges Kohlendioxid mit einem Fördergas vermischt bei Raumtemperatur, unter Druck durch die Spindel zugeführt wird. Auf der Maschinenseite ist lediglich eine Drehdurchführung für Kühlschmierstoff erforderlich.

Wie diese Beispiele zeigen, ist das technologische und wirtschaftliche Potenzial der Kryokühlung zur Lösung schwieriger Bearbeitungsaufgaben groß. Durch die Nutzung der Kryokühlung ist es möglich, den Werkzeugverschleiß deutlich zu reduzieren, beziehungsweise die Schnittparameter zu steigern. Ein weiterer Vorteil der Kryokühlung ist die Eigenschaft, dass die Medien noch während der Bearbeitung vollständig vergasen und dadurch Bauteile, Späne und Maschineninnenräume trocken und sauber bleiben. Ob sich der mit der Kryokühlung verbundene Aufwand wirtschaftlich lohnt, muss im Einzelfall geprüft werden.

7 Standvermögen

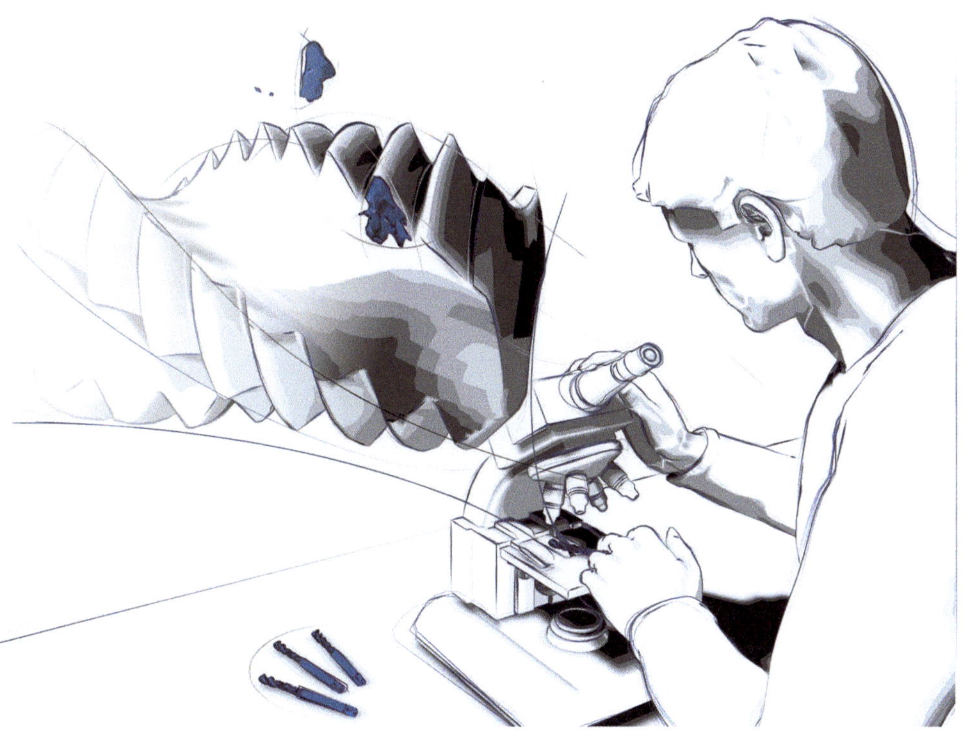

F. Klocke, *Fertigungsverfahren 1*, VDI-Buch,
https://doi.org/10.1007/978-3-662-54207-1_7

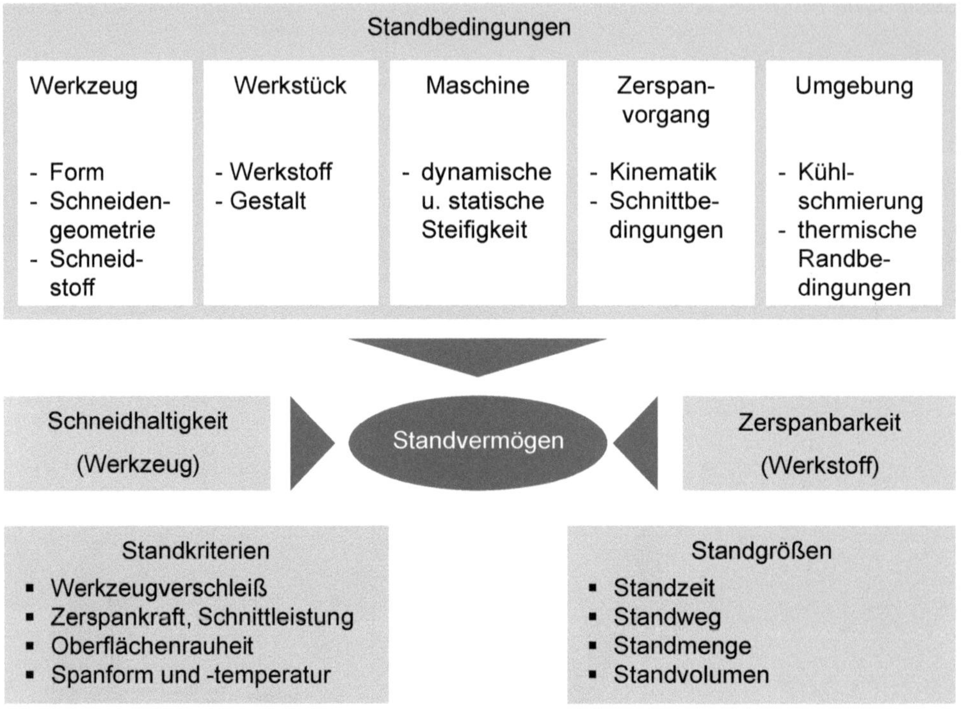

Abb. 7.1 Standvermögen

Zur Beschreibung des Werkstoff- und des Schneidstoffverhaltens während der Zerspanung wurde der Begriff des Standvermögens eingeführt, für den folgende Definition gilt:

Das Standvermögen ist die Fähigkeit eines Wirkpaares (Werkzeug und Werkstück), einen bestimmten Zerspanvorgang durchzustehen [DIN6583].

Es wird von der Schneidhaltigkeit des Werkzeuges, der Zerspanbarkeit des Werkstückes und den Standbedingungen beeinflusst, vgl. Abb. 7.1.

Zerspanbarkeit ist die Eigenschaft eines Werkstückes oder Werkstoffes, sich unter gegebenen Bedingungen spanend bearbeiten zu lassen. Schneidhaltigkeit ist die Fähigkeit eines Werkzeuges, seine Schneidfähigkeit während des Zerspanens beizubehalten. Schneidfähigkeit ist die Fähigkeit eines Werkzeuges, ein Werkstück oder einen Werkstoff unter gegebenen Bedingungen zu bearbeiten [DIN6583].

Das Standvermögen selbst ergibt sich aus den Standbedingungen, den Standkriterien und den Standgrößen. Sie werden auch Bewertungsgrößen für das Standvermögen genannt.

Sowohl die Zerspanbarkeit als auch die Schneidhaltigkeit hängen von den Zustandsgrößen Kraft und Temperatur ab. Diese Zustandsgrößen wiederum werden durch die Standbedingungen beeinflusst. Standbedingungen sind alle beim Zerspanvorgang bzw. Standversuch vorliegenden Bedingungen. Sie bestehen aus mehreren beteiligten Komponenten [DIN6583]:

- am Werkzeug, z. B. dessen Form, Schneidengeometrie und Schneidstoff
- am Werkstück, z. B. dessen Gestalt und Werkstoff
- an der Werkzeugmaschine, z. B. deren statische und dynamische Steifigkeit
- des Zerspanvorganges, z. B. dessen Kinematik und dem Schneideneingriff
- der Umgebung, z. B. der Art der Kühlschmierung und der thermischen Randbedingungen.

Zur Beurteilung des Standvermögens des Systems Werkstück – Werkzeug – Einspannung – Werkzeugmaschine – Kühlmittel werden Standkriterien verwendet, die Grenzwerte für durch das Zerspanen verursachte unerwünschte Veränderungen am Werkzeug, am Werkstück oder am Zerspanvorgang darstellen. Als Standkriterien werden z. B. festgelegt:

- alle am Werkzeug messbaren Verschleißgrößen, z. B. die Verschleißmarkenbreite,
- am Werkstück messbare Daten, z. B. Veränderungen der Rauheit,
- am Zerspanvorgang messbare Größen, z. B. Änderung der Schnittkraft, der Spantemperatur oder der Spanform.

Zur Beschreibung der Lebensdauer des Systems Werkstück – Werkzeug – Einspannung – Werkzeugmaschine – Kühlmittel, also vom Einsatzbeginn bis zum Erreichen des Standkriteriums unter dem Einfluss der Standbedingungen, werden die Standgrößen verwendet. Standgrößen sind Zeiten, Mengen oder Wege, die bis zum Erreichen eines Standkriteriums unter gewählten Bedingungen spanend erzielt werden. Dazu gehören z. B. [DIN6583]:

- die Standzeit,
- der Standweg,
- das Standvolumen,
- und die Standmenge.

Zur eindeutigen Beschreibung des Standvermögens des Systems Werkstück – Werkzeug – Einspannung – Werkzeugmaschine – Kühlmittel müssen immer Standbedingungen, Standkriterien und Standgrößen angegeben werden. Bei der Beschreibung des Standvermögens durch die Standgrößen werden z. B. im Index Standkriterium und Standbedingung angezeigt. Wird die Standbedingung zur Beschreibung gewählt, müssen Standgröße und Standkriterium im Index berücksichtigt werden. Wenn das Standkriterium zur Beschreibung genutzt wird, müssen analog Standgröße und Standbedingung im Index stehen. Zur Verdeutlichung dieser Zusammenhänge dienen folgende zwei Beispiele.

a. Beschreibung durch die Standbedingung:

$$v_{c\,T15;\,VB\,0,2} = 200\ \frac{\mathrm{m}}{\mathrm{min}} \qquad \text{Gl. 7.1}$$

Vorgegebene Größen: $T = 15$ min (Standgröße) und $VB = 0{,}2$ mm (Standkriterium)

b. Beschreibung durch das Standkriterium:

$$F_{\mathrm{c\,ap\,2;\,N\,500}} = 4000\ \mathrm{N} \qquad \text{Gl. 7.2}$$

Vorgegebene Größen: $a_p = 2$ mm (Standbedingung) und $N = 500$ (Standgröße)
Aufgrund der Wechselwirkung zwischen Zerspanbarkeit und Schneidhaltigkeit können beide Größen zur Beurteilung des Zerspansystems verwendet werden, sofern eine Eigenschaft in Bezug auf das Standvermögen konstant gehalten wird (konstante Zerspanbarkeit zur Beurteilung der Schneidhaltigkeit verschiedener Schneidstoffe bei konstanten Standbedingungen oder konstante Schneidhaltigkeit zur Beurteilung der Zerspanbarkeit verschiedener Werkstoffe bei konstanten Standbedingungen).

Große Bedeutung besitzt der Werkzeugverschleiß. Im Gegensatz zu den zeitvarianten Zustandsgrößen des Zerspansystems, wie z. B. die mechanische Spannung oder die Temperatur, lässt sich der Werkzeugverschleiß relativ einfach bestimmen. Hierauf wird in den folgenden Abschnitten näher eingegangen.

7.1 Ermittlung der Standgrößen

Versuche, bei denen die Standgrößen ermittelt werden, sind grundsätzlich in Form von Lang- oder Kurzprüfverfahren durchführbar. Zur detaillierten Belastungsbeschreibung von Werkzeugen an Werkzeugmaschinen werden Langzeitzerspanversuche durchgeführt, die sich durch einen hohen Zeit- und Materialaufwand auszeichnen. Als Alternative wurden verschiedene Kurzprüfverfahren entwickelt, um bei möglichst geringem Zeit- und Materialaufwand Schneidhaltigkeit und Zerspanbarkeit verschiedener Werkstoffe beurteilen und miteinander vergleichen zu können.

7.2 Zerspanbarkeit

Die Größen, die während der Zerspanung einer Zustandsänderung unterliegen, können als Bewertungsgrößen zur Beurteilung der Zerspanbarkeit genutzt werden. Es muss aber deutlich unterschieden und kenntlich gemacht werden, ob der Bewertungsgegenstand der Werkstoff (das Bauteil) oder der Schneidstoff ist. In diesem Abschnitt steht der Werkstoff im Vordergrund, der Schneidstoff wird als konstant angenommen.

Zur Bewertung der Zerspanbarkeit können folgende Größen herangezogen werden:

- Zerspankraft,
- Standzeit (bzw. Standweg, -menge etc.),
- Oberflächengüte des Werkstücks und
- Spanform usw.

Häufig ist es ausreichend, eine dominierende Kenngröße zur Bewertung der Zerspanbarkeit heranzuziehen.

7.2.1 Standzeit

Zur Kennzeichnung der Zerspanbarkeit eines Werkstoffes hat die Standzeit T_c des Werkzeuges die größte Bedeutung. Die Standzeit T_c ist die Zeit in Minuten, während der ein Werkzeug vom Anschnitt bis zum Unbrauchbarwerden aufgrund eines vorgegebenen Standzeitkriteriums unter gegebenen Zerspanungsbedingungen Zerspanarbeit leistet.

7.2.1.1 Temperaturstandzeitdrehversuch

Für Schneidstoffe mit geringer Temperaturbeständigkeit (Werkzeugstähle und Schnellarbeitsstähle) wurde der Temperaturstandzeit-Drehversuch entwickelt. Der Versuch wird immer dann durchgeführt, wenn nicht der Verschleiß, sondern vorwiegend der Einfluss der Schnitttemperatur maßgebend für das Ende der Standzeit ist. Er wird unter konstanten Standbedingungen durchgeführt, bis die Schneide thermisch erliegt. Das thermische Erliegen wird auch Blankbremsung genannt. Blankbremsen wird dadurch erkannt, dass sich auf der Schnittfläche oder an der bearbeiteten Werkstückoberfläche blanke oder in Anlassfarben gefärbte Streifen bilden oder veränderte Oberflächen auftreten. Veränderte Spanformen und Geräusche weisen ebenfalls auf ein fortgeschrittenes Stadium der Zerstörungen an der Schneide hin.

7.2.1.2 Verschleißstandzeitdrehversuch

Für Schneidstoffe mit einer großen Temperaturbeständigkeit (Hartmetall, Cermet, Keramik, CBN) wird der Verschleißstandzeit-Drehversuch durchgeführt. Der Versuch wird immer dann durchgeführt, wenn nicht die Schnitttemperatur zum Erliegen des Werkzeugs führt, sondern vorwiegend der Verschleiß bestimmend für die Standzeit ist. Dieser Versuch erfolgt im Längsrundschnitt mit konstanten Standbedingungen. Nach verschiedenen Schnittzeiten wird der Verschleiß auf der Frei- und Spanfläche gemessen, solange bis das vorher festgelegte Standkriterium erreicht ist. Im Allgemeinen ist es ausreichend, die Verschleißmarkenbreite *VB*, die Kolktiefe *KT* und den Kolkmittenabstand *KM* zu ermitteln. Die Messergebnisse können in einem Diagramm dargestellt werden, vgl. Abb. 7.2.

Anhand der Verschleißkurven in Abb. 7.2 können zum Standkriterium jeweils Wertepaare aus Schnittgeschwindigkeit und Schnittzeit gebildet werden, die zusammen die Standzeitkurve bilden, vgl. Abb. 7.3.

Der Kurvenverlauf in Abb. 7.3 kann näherungsweise durch eine allgemeine Exponentialfunktion beschrieben werden. Diese Funktion ist – aufgetragen im doppeltlogarithmischen System – angenähert eine Gerade, vgl. Abb. 7.4

Eine Gerade kann allgemein beschrieben werden:

$$y = m \cdot x + b \qquad \text{Gl. 7.3}$$

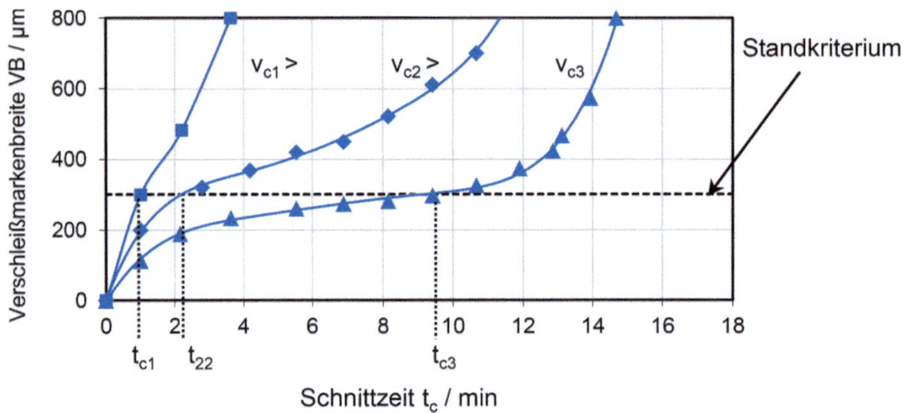

Abb. 7.2 Verschleiß von unbeschichtetem Hartmetall beim Zerspanen von Vergütungsstahl

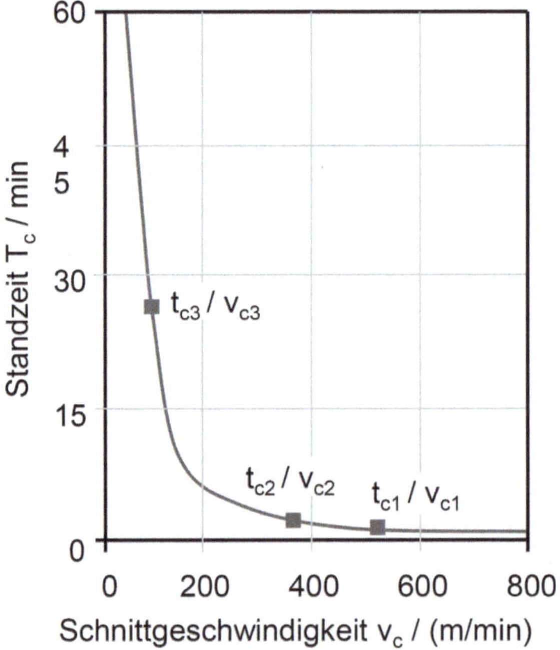

Abb. 7.3 Standzeitkurve (Vergütungsstahl/Hartmetall)

Es gilt hier:

$$\log T_{\mathrm{c}} = k \cdot \log v_{\mathrm{c}} + \log C_{\mathrm{v}} \qquad \text{Gl. 7.4}$$

Weiterhin gilt nach dem Entlogarithmieren:

$$T_{\mathrm{c}} = C_{\mathrm{v}} \cdot v_{\mathrm{c}}^{\ \mathrm{k}} \qquad \text{Gl. 7.5}$$

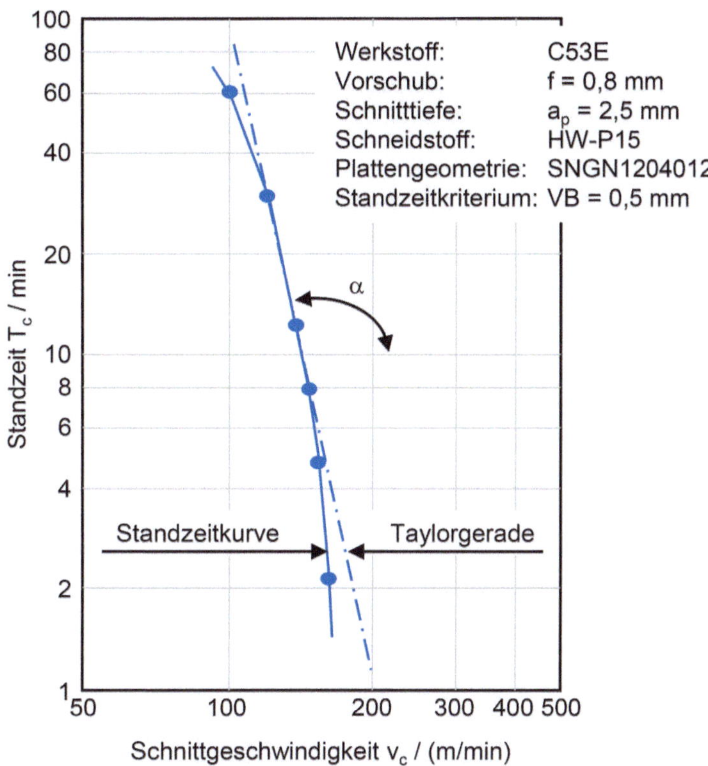

Abb. 7.4 Standzeitkurve im log. System (Vergütungsstahl/Hartmetall)

Dies ist die TAYLOR-Gleichung. Der Parameter C_v (Ordinatenabschnitt) gibt die Standzeit bei einer Schnittgeschwindigkeit von $v_c = 1$ m/min an (normierte Standzeit) und der Parameter C_T (Abszissenabschnitt) gibt die Schnittgeschwindigkeit bei $T_c = 1$ min (normierte Schnittgeschwindigkeit) an. Damit kann der Steigungswert k auch folgendermaßen ausgedrückt werden:

$$\tan\alpha = k = -\frac{\log C_v}{\log C_T} \qquad \text{Gl. 7.6}$$

Die Standzeitfunktion in Gl. 7.4 wird als einfache Standzeitfunktion bezeichnet, da sie nur den Einfluss der Schnittgeschwindigkeit auf den Verschleiß berücksichtigt. Diese einfache Standzeitfunktion wurde von TAYLOR entwickelt [Tayl07]. Sie ist auch in erweiterter Form bekannt, die sowohl die Einflüsse der Schnittgeschwindigkeit als auch die des Vorschubes und der Schnitttiefe berücksichtigt.

$$T_c = C \cdot {v_c}^{k} \cdot {f_z}^{k_{fz}} \cdot {a_p}^{k_a} \qquad \text{Gl. 7.7}$$

Die Erforschung dieser grundsätzlichen Zusammenhänge geht im Wesentlichen auf den Amerikaner TAYLOR zurück [Wall08]. Danach bedurfte es weiterer Arbeiten, um die

Standzeitgleichungen einer praktischen Anwendung und einem breiten Anwenderfeld zugänglich zu machen. Diese Arbeiten wurden maßgeblich von KRONENBERG geprägt [Kron27]. Weiterführende Arbeiten von KRONENBERG zeigten auch, dass die Anwendung der Ähnlichkeitsmechanik in der Zerspanungslehre auf die in Gl. 7.5 und 7.7 genannten Zusammenhänge führt [Kron49]. Grundsätzlich muss allerdings beachtet werden, dass die Parameter in den Funktionen keine Konstanten sind. Sie dürfen nur in bestimmten Bereichen näherungsweise als konstant angenommen werden.

7.2.2 Zerspankraft

Die Kenntnis der Größe und Richtung der Zerspankraft F bzw. ihrer Komponenten, der Schnittkraft F_c, der Vorschubkraft F_f und der Passivkraft F_p, bildet eine Grundlage:

- zum Konstruieren von Werkzeugmaschinen, d. h. zur anforderungsgerechten Auslegung von Gestellen, Antrieben, Werkzeugsystemen, Führungen u. ä.,
- zum Festlegen von Schnittbedingungen in der Arbeitsvorbereitung,
- zum Abschätzen der unter bestimmten Bedingungen erreichbaren Werkstückgenauigkeit (Verformung von Werkstück und Maschine),
- zum Ermitteln der an der Spanentstehungsstelle ablaufenden Vorgänge und zur Erklärung von Verschleißmechanismen.

Ferner bildet die Größe der Zerspankraft einen Beurteilungsmaßstab für die Zerspanbarkeit eines Werkstoffs, da im Allg. bei Bearbeitung schwerer zerspanbarer Werkstoffe auch höhere Kräfte auftreten.

Die Zerspankraft wird durch den Betrag und die Richtung beschrieben. Neben dem Betrag kann auch die Wirkrichtung der Kraft einen signifikanten Einfluss auf mechanisch bedingte Veränderungen am Werkzeug oder Werkstück haben. Außerdem kann von der Zerspankraft auf den Spannungszustand im Werkstoff vor der Werkstückschneide zurück geschlossen werden (vgl. Kap. 3).

Im Folgenden wird vorwiegend der Einfluss des Werkstoffs auf die Zerspankraft diskutiert, die geometrischen und kinematischen Einflüsse des Zerspanungsprozesses bleiben weitgehend unberücksichtigt. Wenn dies nicht der Fall ist, wird gesondert darauf hingewiesen.

In der praktischen Anwendung wird statt der Zerspankraft häufig die Schnittkraft als Bewertungskenngröße herangezogen. Die Schnittkraft ist die Komponente der Zerspankraft in Schnittrichtung. Dieses Vorgehen ist dann zulässig, wenn die anderen Komponenten der Zerspankraft vernachlässigbar gering sind. Als Bewertungskenngrößen können ebenfalls die spezifische Zerspankraft oder die spezifische Schnittkraft angewendet werden (vgl. Kap. 3).

Grundsätzlich muss bei Zerspanbarkeitsuntersuchungen, bei denen die Zerspankraft als Bewertungskenngröße dient, zwischen zwei verschiedenen Schnitten unterschieden werden, die grundsätzlich unterschiedliche Spannungszustände im Werkstoff verursachen:

- Solche, die einen zweiachsigen Spannungszustand verursachen, oder einen, der zumindest in unmittelbarer Nachbarschaft zum zweiachsigen Spannungszustand liegt.
- Solche, die weit entfernt vom zweiachsigen Spannungszustand sind.

7.2.2.1 Zerspankraftmessungen

Zerspankraftmessungen werden mit *Dynamometern* durchgeführt, die die mittlere mechanische Belastung auf das Zerspanwerkzeug in drei zueinander orthogonalen Richtungen [Schl29], bevorzugt die Achsen der Werkzeugmaschine, messen, vgl. Kap. 3 und 8.

Salomon entdeckte, dass näherungsweise ein exponentieller Zusammenhang zwischen spezifischer Kraft und Spanungsdicke [Salo26, Salo28] besteht. Seither werden die Kraftmesswerte über der Spanungsdicke dargestellt, vgl. Abb. 7.5. Es ist zu beachten, dass vor allem im Bereich kleiner Spanungsdicken nicht extrapoliert werden darf, da hier zumindest nicht dieselbe Exponentialfunktion Gültigkeit hat.

Durch eine Darstellung im doppeltlogarithmischen System in dem die Exponentialfunktion einer Geraden folgt, können die Bestimmungsparameter der Geraden einfach durch die Achsenabschnitte und die Steigung bestimmt werden, s. Abb. 7.6. Es gilt:

$$\log k_i = \log k_{i1.1} + m_i \cdot \log h \qquad \text{Gl. 7.8}$$

$$k_i = k_{i1.1} \cdot h^{m_i} \qquad \text{Gl. 7.9}$$

$$m_i = \tan\alpha \qquad \text{Gl. 7.10}$$

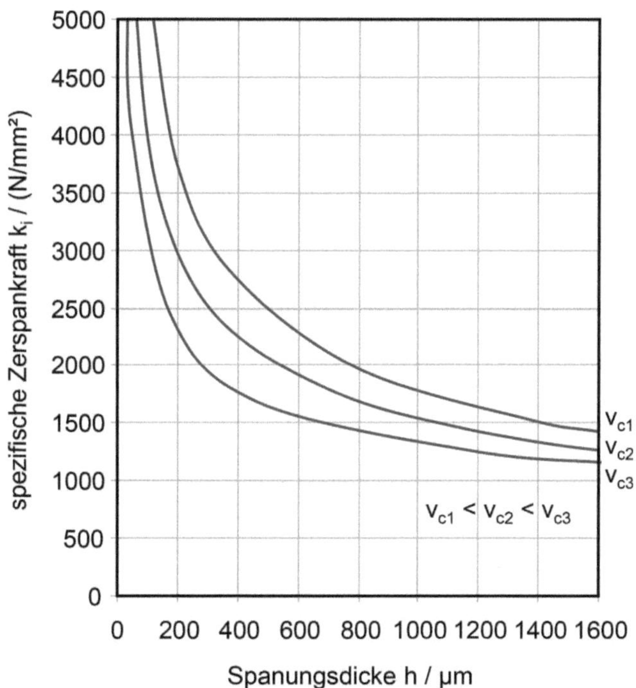

Abb. 7.5 Verlauf der spezifischen Zerspankraft über der Spanungsdicke (Prinzip)

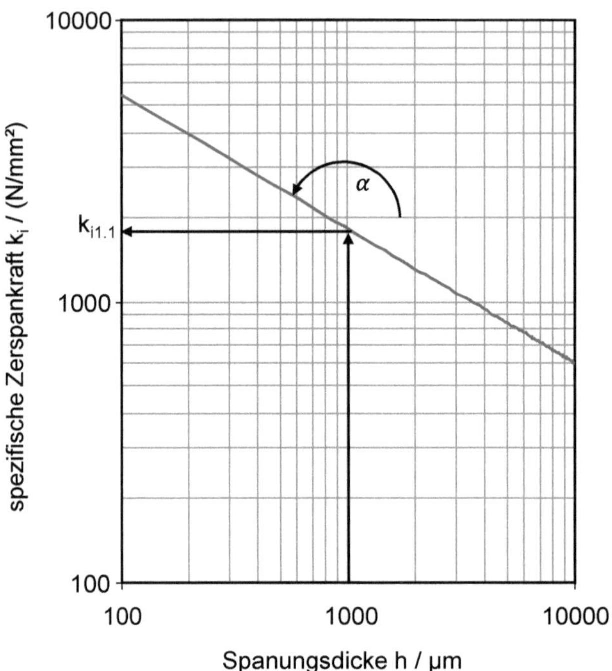

Abb. 7.6 Spezifische Zerspankraft in Abhängigkeit von der Spanungsdicke in logarithmischer Darstellung

7.2.3 Oberflächengüte

Die Oberflächengüte kann ebenfalls zur Beurteilung der Zerspanbarkeit herangezogen werden. Die bestimmenden Faktoren sind dabei die elastische und plastische Formänderung des Werkstoffs im Bereich der Nebenschneide [Djat52]. Bei geringen Schnittgeschwindigkeiten und bei bestimmten Werkstoff-/Werkzeugkombinationen kann es zur Adhäsion von Werkstoffpartikeln auf der Spanfläche kommen. Dies bezeichnet man als Aufbauschneidenbildung, s. Abb. 7.7. Das sich auf der Spanfläche aufbauende Material wird unter Wirkung der mechanischen und thermischen Lasten sporadisch abgelöst und auf die Werkstückoberfläche übertragen.

Aufbauschneiden sind unerwünscht. Sie erhöhen den Werkzeugverschleiß und führen zu einer schlechten Oberflächengüte, vgl. Abb. 7.7. Bei erhöhten Schnittgeschwindigkeiten tritt dieser Einfluss immer mehr in den Hintergrund.

Die kinematische Rauheit ergibt sich durch die Relativbewegung zwischen Werkstück und Werkzeug sowie durch den Eckenradius. Beim Drehen wird sie vorwiegend durch die Form der Schneide und den Vorschub beeinflusst. Abb. 7.8 zeigt eine Gegenüberstellung von berechneten und gemessenen Rautiefewerten bei konstanter Schnittgeschwindigkeit ohne Prozessstörungen durch Aufbauschneiden.

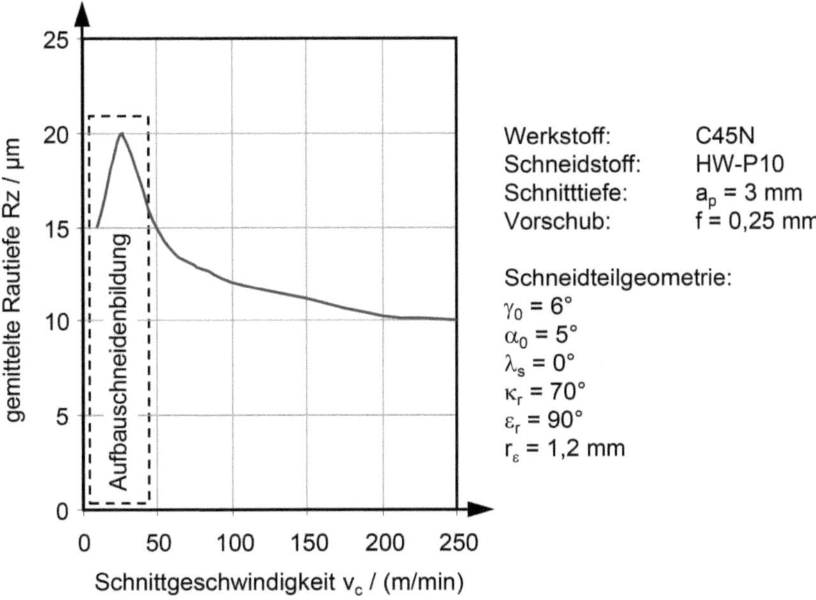

Abb. 7.7 Einfluss der Schnittgeschwindigkeit auf die Oberflächenqualität

Die Theorie von Brammertz berücksichtigt plastische Formänderungen und auch die elastische Rückfederung des Werkstoffs, nachdem die Schneide einen bestimmten Werkstoffbereich überstrichen hat [Bram61]. Damit überhaupt ein Span entsteht, muss eine Mindestschnitttiefe erreicht werden. Andernfalls wird der Werkstoff nur elastisch durch die Schneide verformt. Zur Beurteilung des elastischen Verhaltens des zu bearbeitenden Werkstoffs kann die Streckgrenze herangezogen werden.

Da der Werkstoff nicht nur an der gefertigten Fläche, sondern auch an der Schnittfläche belastet wird, muss auch hier die elastische Formänderung berücksichtigt werden. Das

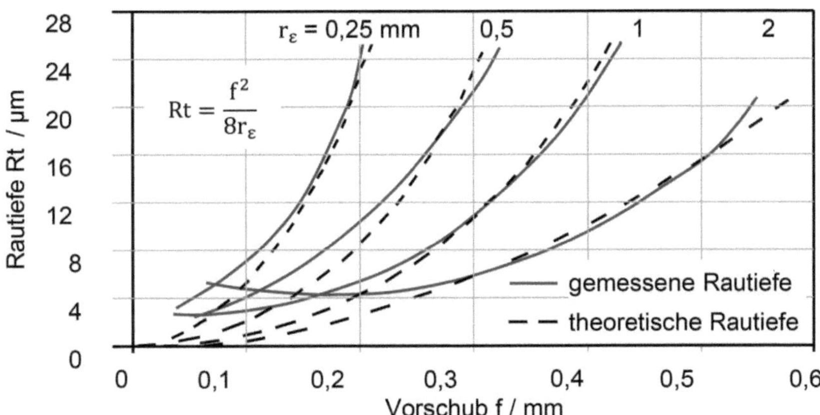

Abb. 7.8 Vergleich von berechneten und gemessenen Rautiefen

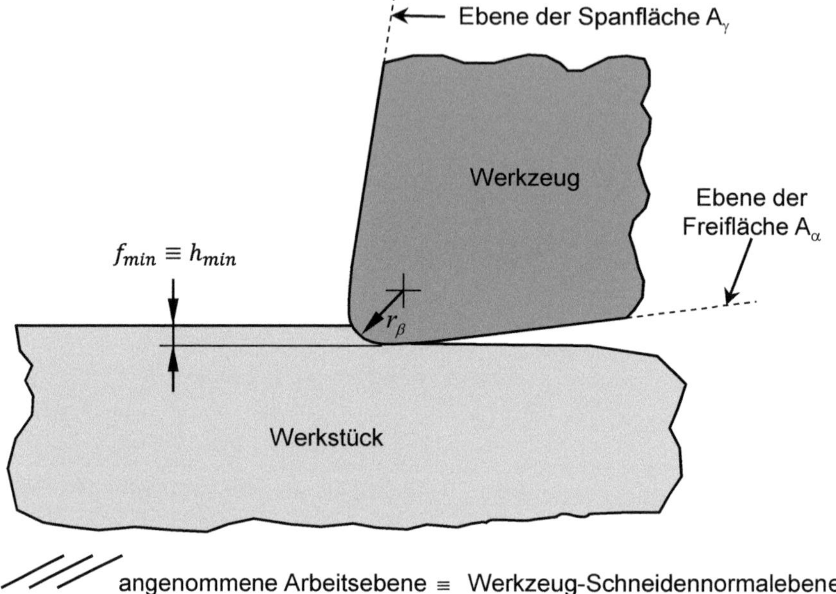

Abb. 7.9 Prinzipskizze zu Mindestvorschub und Mindestspanungsdicke

bedeutet, dass auch ein Mindestvorschub f_{min} verwirklicht werden muss, damit eine Werkstofftrennung stattfindet, die vom Schneidkantenradius r_β und von der Streckgrenze R_e des Werkstoffs abhängt. Der Mindestvorschub wird häufig in der theoretischen Zerspanungslehre in die Werkzeug-Schneidennormalebene P_n projiziert und als *Mindestspanungsdicke* h_{min} bezeichnet, vgl. Abb. 7.9.

Unterhalb der Mindestspanungsdicke findet keine Werkstofftrennung und somit keine Spanbildung statt. Sobald der Schneidkantenradius größere Werte als die Spanungsdicke annimmt, tritt der Einfluss des nominalen Spanwinkels in den Hintergrund, da mit steigendem Schneidkantenradius der effektive Spanwinkel immer stärker negativ wird. Der effektive Spanwinkel stellt eine wesentliche Einflussgröße auf die Mindestspanungsdicke dar. Wird die Mindestspanungsdicke unterschritten, so kommt es zum Materialstau vor der Schneidkantenverrundung, wobei der Werkstoff gepresst, gequetscht und an der Freifläche abgleitet (Ploughing-Effekt) [Albr60]. Die erzielbare Oberflächenqualität wird dadurch beeinträchtigt. Das Grenzverhältnis von Mindestspanungsdicke h_{min} und Schneidkantenradius, ab dem der Ploughing-Effekt auftritt, hängt stark vom zu bearbeitenden Werkstoff und den Prozessbedingungen ab. In der Vergangenheit wurden verschiedene Ansätze gewählt, um die Mindestspanungsdicke mithilfe von analytischen Methoden, FEM-Simulationen und der Messung der Zerspankraft zu bestimmen.

Klocke et al. bestimmten die Mindestspanungsdicke anhand einer analytischen Methode auf Basis der Anteile an Scherung und Ploughing an der Schnittenergie im Zerspanprozess [Kloc07]. Für das Bohren von C45 ermittelten sie ein Grenzverhältnis von Mindestspanungsdicke zu Schneidkantenradius, das im Bereich zwischen 0,2 ($r_\beta = 30 - 60$ µm) und 0,9 ($r_\beta = 5\ \mu m$) lag. SHIMADA ET AL. [Shim93] führten unter Verwendung von Molekulardynamiksimulationen verschiedene Versuche zur minimalen Spanungsdicke durch und stellten fest, dass beim Zerspanen von Kupfer und Aluminium die minimale Spanungsdicke ungefähr 5 % des Schneidkantenradius betrug. VOGLER ET AL. [Vogl04] bestimmten die minimale Spandicke von Stahl durch FEM Simulation. Sie gaben eine minimale Spandicke von 20 – 30 % des Schneidkantenradius für ferritischen und perlitischen Stahl an. Untersuchungen zum Hartdrehen im Ultrapräzisionsbereich führten zu Mindestspanungsdicken, die ca. 1/10 des Schneidkantenradius betragen.

Als weitere Einflussgrößen auf die Oberflächengüte sind Werkstoffinhomogenitäten und Verfestigungen zu nennen.

7.2.4 Spanform

Bei der spanabhebenden Bearbeitung unterschiedlicher Werkstoffe bilden sich bei gleichen Standbedingungen unterschiedliche Spanformen aus. Übliche Spanformen sind beispielhaft in Abb. 7.10 zu sehen. Lange Spanformen erschweren den Abtransport der anfallenden Späne. Flachwendelspäne wandern bevorzugt außerhalb der Eingriffslänge über die Freifläche ab und verursachen dadurch Beschädigungen am Werkzeughalter und an der Schneidkante. Band-, Wirr- und Bröckelspäne stellen eine erhöhte Gefährdung des Maschinenbedienpersonals dar.

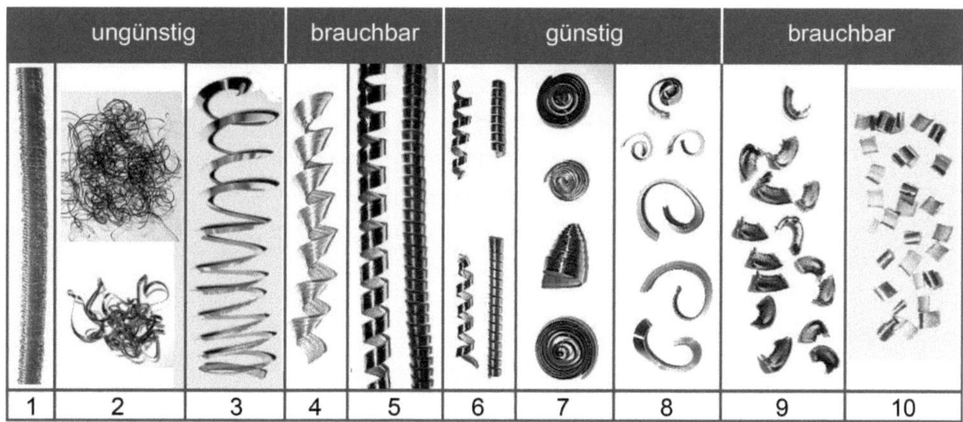

1 Bandspäne
2 Wirrspäne
3 Flachwendelspäne
4 Schrägwendelspäne
5 lange Wendelspäne
6 kurze Wendelspäne
7 Spiralspäne
8 konische Wendelspäne
9 Spanlocken
10 Bröckelspäne

Abb. 7.10 Übliche Spanformen

Die Bildung verschiedener Spanformen ist stark abhängig von den Reibverhältnissen im Kontaktbereich zwischen Span und Spanfläche, dem Werkzeug-Normalspanwinkel, den Schnittwerten sowie den Werkstoffeigenschaften. Die Spanformen können durch Zulegieren verschiedener chemischer Elemente wie Phosphor, Schwefel und Blei oder durch eine gezielte Wärmebehandlung verändert werden. Der Spanbruch wird i. Allg. durch zunehmende Festigkeit bzw. abnehmende Zähigkeit des Werkstoffs begünstigt.

Besonders vorteilhaft sind Spanformen, die keine Behinderungen bei der Bearbeitung darstellen. Sie dürfen das Werkzeugsystem und die Werkzeugmaschine sowie die Oberfläche des gefertigten Bauteils nicht beschädigen. Außerdem sind der Raumbedarf für die Späne und der Spanabtransport wichtige Kenngrößen (Spanraumzahl).

7.2.5 Schnittgeschwindigkeit

Im Folgenden wird der Einfluss der Schnittgeschwindigkeit auf die Zerspanbarkeit bewertet und durch eine Analyse der spezifischen Schnittkraft diskutiert. Abb. 7.11 zeigt einen typischen Verlauf der spezifischen Schnittkraft bei der Zerspanung von nicht wärmebehandelten Vergütungsstählen.

Im Bereich kleiner Schnittgeschwindigkeiten tritt Adhäsion und Aufbauschneidenbildung auf. Mit steigender Schnittgeschwindigkeit nimmt die Adhäsionsneigung ab. Es wird ein Temperaturbereich erreicht, in dem die spezifische Zerspankraft bis zum Erreichen eines Maximums wieder ansteigt. Dies ist der Bereich, in dem Blausprödigkeit auftritt. Blausprödigkeit bezeichnet einen Werkstoffzustand, bei dem die Versetzungsbeweglichkeit durch Wechselwirkung mit im Gefüge vorhandenem Stickstoff stark eingeschränkt

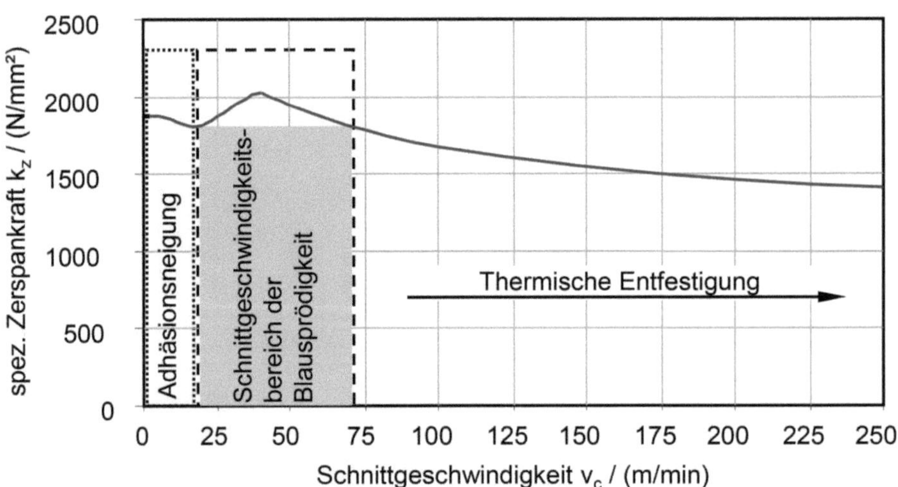

Abb. 7.11 Werkstoffeigenschaften anhand der spezifischen Zerspankraft

wird. Die Folge ist eine Abnahme der Verformungsfähigkeit und damit ein Anstieg der spezifischen Zerspankraft. Bei einer weiteren Steigerung der Schnittgeschwindigkeit steigen die Temperaturen in der Scherzone deutlich an und der Werkstoff entfestigt, wodurch die Zerspankraft wieder abfällt.

Im Folgenden werden Werkstoffe und ihre Zerspanbarkeit beschrieben, die häufig durch spanende Fertigungsprozesse bearbeitet werden.

7.3 Zerspanbarkeit von Stahlwerkstoffen

Stähle lassen sich nach ihren Legierungselementen, ihren Gefügebestandteilen und ihren mechanischen Eigenschaften in Gruppen einteilen. Eine derartige Klassifizierung gibt eine Hilfestellung bei der Wahl eines Werkstoffes mit den hinsichtlich seiner späteren Funktion erforderlichen Eigenschaften und bei der Festlegung von Bearbeitungsbedingungen. Abhängig vom Legierungsgehalt teilt man die Stahlwerkstoffe in folgenden Gruppen ein:

- Unlegierte Stähle,
- niedriglegierte Stähle (Legierungsgehalt < 5 %) und
- hochlegierte Stähle (Legierungsgehalt > 5 %).

Bei den unlegierten Stählen ist weiterhin zu unterscheiden zwischen solchen Sorten, die nicht für eine Wärmebehandlung (allgemeine Baustähle) und solchen, die für eine Wärmebehandlung (Qualitäts- und Edelstähle) bestimmt sind. Unter allgemeinen Baustählen (z. B. S235JR, S355J2G3) werden Werkstoffe verstanden, die durch Mindestwerte der mechanischen Eigenschaften charakterisiert werden. Auf die Baustähle wird in der Praxis zurückgegriffen, wenn keine besonderen Anforderungen an die Gefügeausbildung gestellt werden.

7.3.1 Gefügebestandteile

Die Zerspanbarkeit von Stählen wird in entscheidendem Maße durch die Gefügeausbildung beeinflusst. Das Stahlgefüge setzt sich hauptsächlich aus den folgenden Bestandteilen zusammen:

- Ferrit,
- Zementit,
- Perlit,
- Austenit,
- Bainit und
- Martensit.

Tab. 7.1 Mechanische Eigenschaften der Gefügebestandteile, nach Vieregge [Vier70]

	Härte / HV 10	R_m/(N / mm²)	$R_{p0,2}$/ (N/mm²)	Z / %
Ferrit	80 – 90	200 – 300	90 – 170	70 – 80
Zementit	>1100	–	–	–
Perlit	210	700	300 – 500	48
Austenit	180	550 – 750	300 – 400	50
Bainit	300 – 600	800 – 1100	–	–
Martensit	900	1380 – 3000	–	–

Je nach Kohlenstoffgehalt, Gehalt an Legierungselementen und durchgeführter Wärmebehandlung überwiegen einer oder mehrere dieser Gefügebestandteile, deren mechanischen Eigenschaften, Tab. 7.1, die Zerspanbarkeit des vorliegenden Stahles prägen.

Ferrit (α-Ferrit, kubisch-raumzentriert, maximale Löslichkeit für Kohlenstoff: 0,02 %) zeichnet sich durch eine relativ niedrige Festigkeit und Härte sowie durch eine hohe Verformungsfähigkeit aus. Bei der Zerspanung bereitet Ferrit Schwierigkeiten durch

- seine große Adhäsionsneigung, was Werkstoffaufschmierungen auf dem Werkzeug sowie die Ausbildung von Aufbauschneiden und Scheinspänen begünstigt,
- die Neigung zur Bildung von unerwünschten Band- und Wirrspänen aufgrund seiner großen Formänderungsfähigkeit,
- schlechte Oberflächengüte und verstärkte Gratbildung an den Werkstücken.

Zementit (Eisenkarbid, Fe_3C) ist hart und spröde und lässt sich daher praktisch nicht zerspanen. In Abhängigkeit vom Kohlenstoffgehalt und der Abkühlgeschwindigkeit kann Zementit frei bzw. als Bestanteil von Perlit oder Bainit im Gefüge auftreten.

Perlit ist ein eutektoides Phasengemisch aus Ferrit und Zementit. Der eutektoide Punkt liegt bei 723 °C und 0,83 % Kohlenstoff. Perlit tritt in Eisenwerkstoffen bei Kohlenstoffgehalten zwischen 0,02 % und 6,67 % auf. Bis zu einem C-Gehalt von 2,06 % liegt er als einzelner Gefügebestandteil vor, oberhalb von 2,06 % ist er Bestandteil des Ledeburits. Überwiegend tritt lamellarer, zeilenartiger Zementit im Perlit auf. Nach entsprechender Wärmebehandlung (Weichglühen) kann jedoch auch globularer (körniger, kugeliger) Zementit entstehen. Vergütungsstähle mit einem Kohlenstoffgehalt < 0,8 % werden als untereutektoidisch bezeichnet.

Bei der Zerspanung verursacht Perlit aufgrund seiner geringeren Formänderungsfähigkeit und seiner höheren Härte einerseits

- starken abrasiven Verschleiß und
- hohe Zerspankräfte

  andererseits

- verringert Perlit die Klebeneigung und die Aufbauschneidenbildung,
- fördert die Ausbildung günstiger Spanformen,
- führt zu geringerer Gratbildung am Bauteil und
- verbessert die Oberflächenqualität.

Als Austenit werden die γ-Mischkristalle des Eisens bezeichnet. Austenit besitzt eine kubisch-flächenzentrierte Struktur. Die maximale Löslichkeit für Kohlenstoff beträgt 2,06 %. Das Gefüge weist eine nur geringe Härte auf, die Festigkeit kann jedoch durch Kaltverformung gesteigert werden. Austenit ist der Haupt-Gefügebestandteil vieler nichtrostender Stähle und ist nicht ferromagnetisch. In unlegierten und in niedriglegierten Stählen wird unterhalb von etwa 723 °C Austenit zu Perlit und abhängig vom Kohlenstoffgehalt zu Ferrit oder Zementit umgewandelt. Austenit kommt daher bei Raumtemperatur nur in Legierungen vor. Austenitbildner sind beispielsweise Nickel (Ni), Mangan (Mn) und Stickstoff.

Wesentliche zerspanungsrelevante Eigenschaften austenitischer Stahlwerkstoffe sind:

- ihre hohe Verformungsfähigkeit und Zähigkeit: die hohe Duktilität des Werkstoffs beruht auf der guten plastischen Verformbarkeit des kubisch-flächenzentrierten Kristallgitters, das vier Gleitebenen mit jeweils drei Gleitrichtungen und damit insgesamt 12 Gleitsysteme aufweist. Die Folge ist eine stark ausgeprägte Neigung des Werkstoffs zur Bildung von Aufbauschneiden, Verklebungen und Scheinspänen sowie zur ungünstigen Spanbildung in Form von Band- und Wirrspänen.
- ihre ausgeprägte Neigung zur Adhäsion mit dem Schneidstoff: kubisch-flächenzentrierte Werkstoffe neigen weit stärker als hexagonale oder kubisch-raumzentrierte Metalle zur Adhäsion, d. h. Aufbauschneiden, Verklebungen und Scheinspäne treten bei diesen Stahlwerkstoffen verstärkt auf.
- ihre Neigung zur Kaltverfestigung: die bei der Spanbildung erfolgende plastische Verformung des Werkstoffes führt im Bereich der entstehenden Werkstückoberfläche zur Verfestigung des die Oberfläche bildenden Werkstoffes. Hieraus resultiert insbesondere bei nachfolgenden Schnitten eine zusätzliche Belastung der Werkzeugschneide.
- ihre gegenüber unlegierten Stählen um ca. 1/3 niedrigere Wärmeleitfähigkeit: Sie verschlechtert die Wärmeabfuhr über den Span und erhöht die Temperaturbelastung der Schneide.

Bainit bildet sich im Temperaturbereich zwischen der Perlit- und Martensitstufe: die Eisendiffusion ist nicht mehr möglich, die Kohlenstoffdiffusion schon erheblich erschwert. Zwei Bainit-Hauptformen werden unterschieden:

- nadeliger Bainit (bei kontinuierlicher Abkühlung und bei isothermer Umwandlung) sowie
- körniger Bainit (nur bei kontinuierlicher Abkühlung).

Unabhängig von der Form besteht Bainit aus an Kohlenstoff übersättigtem Ferrit, wobei der Kohlenstoff zum Teil in Form von Karbiden (z. B. Fe_3C) ausgeschieden ist, deren Größe (von grob bis extrem fein) durch die Umwandlungstemperatur bestimmt wird. Bei den nadeligen Bainit-Formen unterscheidet man je nach Umwandlungstemperatur zwischen unterem Bainit (große Ähnlichkeit mit dem Martensit) und oberem Bainit (große Ähnlichkeit mit dem Perlit).

Martensit entsteht bei einer raschen Abkühlung eines Stahlwerkstoffes mit einem Kohlenstoffgehalt von > 0,2 % aus dem Austenitgebiet auf eine Temperatur unterhalb der Martensitstarttemperatur. Aufgrund der schnellen Abkühlung bleibt der im Austenit gelöste Kohlenstoff im Mischkristall zwangsgelöst. Durch einen diffusionslosen Umklappvorgang entsteht aus dem kubisch-flächenzentrierten Gitter des Austenits ein tetragonal verzerrtes, raumzentriertes Martensit-Gitter.

Martensit ist ein feinnadeliges, sehr hartes und sprödes Gefüge, das sich schlecht zerspanen lässt. Die eingesetzten Zerspanwerkzeuge unterliegen

- einem erhöhten abrasiven Verschleißangriff sowie
- einer hohen mechanischen und thermischen Belastung.

7.3.2 Kohlenstoffgehalt

Die Gefügebestandteile der Stähle können dem Eisen-Kohlenstoff-Phasendiagramm entnommen werden, Abb. 7.12. Stähle mit C-Gehalten < 0,8 % scheiden bei der Abkühlung aus dem Austenitgebiet Ferrit aus. Der restliche Austenit zerfällt unterhalb von 723 °C in Perlit. Bei einem Gehalt von 0,8 % Kohlenstoff bildet sich nur Perlit als eutektoides Gemenge aus Ferrit und Zementit. In Stählen mit C-Gehalten > 0,8 % entsteht Perlit und Sekundärzementit. Der Sekundärzementit wird aus dem Austenit vorwiegend an den Korngrenzen ausgeschieden.

Die Zerspanbarkeit von Stählen mit einem Kohlenstoffgehalt < 0,25 % ist im Wesentlichen durch die Eigenschaften des freien Ferrits gekennzeichnet. Aufgrund der hohen Formänderungsfähigkeit des Werkstoffs ist die sich einstellende Schnittflächenrauheit groß. Da Ferrit grundsätzlich eine große Adhäsionsneigung besitzt, bilden sich bei niedrigen Schnittgeschwindigkeiten Aufbauschneiden. Werkzeugverschleiß und Schnitttemperatur nehmen mit steigender Schnittgeschwindigkeit nur langsam zu. Aufgrund der geringen Festigkeit des Ferrits sollen Werkzeuge mit möglichst großem positivem Spanwinkel (z. B. beim Drehen: $\gamma_o > 6°$) verwendet werden. Zur Verminderung der Klebneigung und zur Verbesserung der Oberflächenqualität werden meist Öle als Kühlschmierstoffe eingesetzt, wobei deren Schmiereigenschaften von höherer Bedeutung sind als die Kühlwirkung. Besondere Schwierigkeiten bereiten Stähle mit einem Kohlenstoffgehalt von < 0,25 % beim Ein- und Abstechen sowie beim Bohren, Reiben und Gewindeschneiden. Aufgrund der hohen Formänderungsfähigkeit und der relativ niedrigen Schnittgeschwindigkeiten

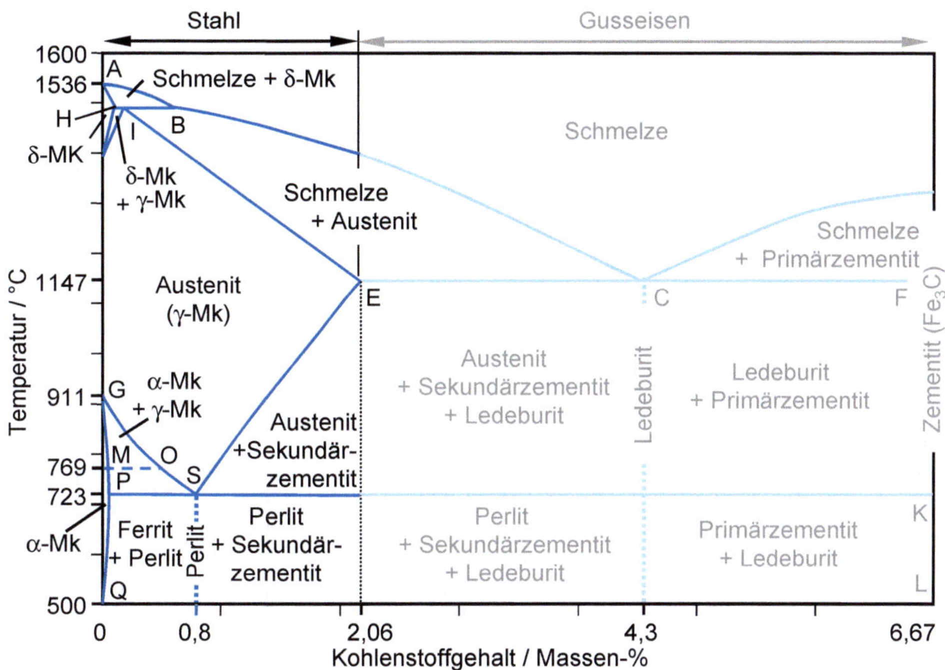

Abb. 7.12 Ausschnitt aus dem Zustandsschaubild Eisen-Kohlenstoff (metastabiles System)

sind die erzielbaren Oberflächengüten ausgesprochen schlecht. Ferner tritt verstärkt Gratbildung auf.

Mit steigendem Kohlenstoffgehalt (0,25 – 0,4 %) nimmt der Anteil des Perlits im Gefüge zu. Dadurch gewinnt auch die besondere Eigenschaft dieses Gefügebestandteils stärkeren Einfluss auf die Zerspanbarkeit des Werkstoffes. Die Festigkeit des Gefüges nimmt zu, seine Formänderungsfähigkeit ab. Daraus folgt:

- eine geringere Adhäsionsneigung und damit Verschiebung der ABS (Aufbauschneidenbildung) zu niedrigeren Schnittgeschwindigkeiten,
- zunehmender Werkzeugverschleiß und höhere Temperaturen in den Werkzeugkontaktzonen aufgrund der höheren Werkstofffestigkeit,
- eine Zunahme des Abrasionsverschleißes,
- eine Verbesserung von Oberflächengüte und Spanform.

Die Zerspanbarkeit kann durch Grobkornglühen bei niedrigen C-Gehalten und durch Normalglühen bei Kohlenstoffgehalten oberhalb von 0,35 % verbessert werden. Es sollten Werkzeuge mit positivem Werkzeug-Orthogonalspanwinkel eingesetzt werden. Eine Kaltverformung wirkt sich günstig auf die Zerspanbarkeit, insbesondere hinsichtlich der

Spanbildung aus. Dies ist insofern wichtig, da diese Werkstoffe häufig durch Kaltfließpressen verformt und dann spanend fertig bearbeitet werden.

Eine weitere Steigerung des Kohlenstoffgehalts (0,4 – 0,8 %) bewirkt eine weitere Abnahme des Ferritanteils zugunsten des Perlits, bis bei 0,83 % Kohlenstoff ausschließlich Perlit vorliegt. Aufgrund erhöhter Festigkeiten entstehen bereits bei niedrigen Schnittgeschwindigkeiten hohe Spanflächentemperaturen. Gleichzeitig verursacht die zunehmende mechanische Belastung der Spanfläche erhöhten Verschleiß, auch in Form von Kolkverschleiß. Schwierigkeiten bezüglich der Spanform treten seltener auf. Mit steigendem Kohlenstoffgehalt wird die Spanform besser, gleichzeitig nimmt der Verschleiß zu. Stähle mit Kohlenstoffanteilen von 0,4 – 0,8 % gelten i. Allg. nur hinsichtlich der Oberflächengüte und der Spanform als gut zerspanbar.

Bei übereutektoidischen Vergütungsstählen (C > 0,8 %) besteht nach langsamer Abkühlung an Luft das Gefüge aus Sekundärzementit und Perlit. Die Perlitbildung setzt direkt von den Austenitkorngrenzen aus ein. Bei Kohlenstoffanteilen deutlich über 0,8 % scheidet sich der Sekundärzementit an den Korngrenzen aus. Der frei vorliegende Zementit bildet Schalen um die Austenit- bzw. Perlitkörner [Schu04]. Derartige Stähle rufen bei Zerspanprozessen sehr starken Verschleiß hervor. Neben der stark abrasiven Wirkung der harten und spröden Gefügebestandteile bewirken die auftretenden hohen Drücke und Temperaturen eine zusätzliche Belastung der Schneide. Bereits bei vergleichsweise niedrigen Schnittgeschwindigkeiten tritt starker Kolk- und Freiflächenverschleiß auf. Die Schneidteile müssen stabil ausgebildet sein. Zum Drehen sollten Werkzeuge mit positiven Spanwinkeln γ_o bis 6° und leicht negativen Neigungswinkeln λ_s bis -4° benutzt werden.

7.3.3 Legierungselemente

Legierungs- und Spurenelemente können die Zerspanbarkeit der Stähle durch eine Veränderung des Gefüges oder durch die Bildung von schmierenden sowie von abrasiven Einschlüssen beeinflussen. Im Folgenden wird der Einfluss einiger wichtiger Legierungselemente auf die Zerspanbarkeit der Stähle erläutert.

7.3.3.1 Mangan

Mangan verbessert die Härtbarkeit und steigert die Festigkeit von Stahl (ca. 100 N/mm^2 je 1 % Mangan). Aufgrund der hohen Affinität zu Schwefel bildet Mangan mit dem Schwefel Sulfide. Mangananteile bis zu 1,5 % begünstigen bei Stählen mit niedrigem Kohlenstoffanteil infolge der guten Spanbildung die Zerspanbarkeit. Bei Stählen mit höheren Kohlenstoffanteilen wird die Zerspanbarkeit durch den stärkeren Werkzeugverschleiß jedoch negativ beeinflusst.

7.3.3.2 Chrom, Molybdän, Wolfram

Chrom und Molybdän verbessern die Härtbarkeit und beeinflussen somit bei Einsatz- und Vergütungsstählen die Zerspanbarkeit über Gefüge und Festigkeit. Bei Stählen mit höheren Kohlenstoff- bzw. Legierungsanteilen bilden diese Elemente, wie auch Wolfram, harte Sonder- und Mischkarbide, die die Zerspanbarkeit verschlechtern.

7.3.3.3 Nickel

Nickel gehört zu den Elementen, die in Eisenlegierungen den Bereich der γ-Phase erweitern. Durch die Zugabe von Nickel nimmt die Festigkeit des Stahls zu. Nickel bewirkt eine Zähigkeitssteigerung, insbesondere bei tiefen Temperaturen. Dies führt generell zu einer ungünstigen Zerspanbarkeit, besonders bei den austenitischen Nickelstählen (bei höheren Nickelanteilen).

7.3.3.4 Silizium

Silizium erhöht die Festigkeit der Ferrit-Bestandteile im Stahl. Mit Sauerstoff bildet es bei Anwesenheit stärkerer Desoxidationsmittel, wie z. B. Aluminium, harte Siliziumoxid (Silikat)-Einschlüsse. Hieraus resultiert ein erhöhter Werkzeugverschleiß.

7.3.3.5 Phosphor

Das Zulegieren von Phosphor, das nur bei einigen Automatenstählen durchgeführt wird, führt zu Seigerungen im Stahl, die auch bei anschließenden Wärmebehandlungen und Warmverformungen nicht beseitigt werden können und zu einer Versprödung des Ferrits führen. Hierdurch wird ein kurzbrüchiger Span erreicht. Bei Anteilen von bis zu 0,1 % wirkt sich Phosphor günstig auf die Zerspanbarkeit aus. Höhere Phosphoranteile ergeben darüber hinaus zwar eine Verbesserung der Oberflächenqualität, führen jedoch zu verstärktem Werkzeugverschleiß.

7.3.3.6 Titan, Vanadium

Titan und Vanadium können bereits in kleinen Mengen eine erhebliche Festigkeitssteigerung aufgrund von feinstverteilten Karbid- und Karbonitridausscheidungen verursachen. Sie führen zu einer starken Kornverfeinerung, die sich hinsichtlich der mechanischen Belastung und der Spanform ungünstig auf die Zerspanbarkeit auswirkt.

7.3.3.7 Schwefel

Schwefel besitzt eine nur geringe Löslichkeit in Eisen, bildet aber je nach den Legierungsbestandteilen des Stahls verschiedene stabile Sulfide. Eisensulfide FeS sind unerwünscht, da sie einen niedrigen Schmelzpunkt aufweisen und sich vorwiegend an den Korngrenzen ablagern. Dies führt zur gefürchteten „Rotbrüchigkeit“ des Stahls. Erwünscht sind dagegen Mangansulfide MnS, die einen wesentlich höheren Schmelzpunkt haben. Die positive Wirkung des MnS auf die Zerspanbarkeit liegt in kurzbrüchigeren Spänen, besserer Oberflächengüte der gefertigten Fläche und geringerer Neigung zur Aufbauschneidenbildung. Mit zunehmender Länge der Einschlüsse übt MnS einen negativen Einfluss auf die mechanischen Eigenschaften wie Festigkeit, Dehnung, Einschnürung und Kerbschlagzähigkeit aus, besonders wenn es quer zur Beanspruchungsrichtung eingelagert ist. Durch besondere Legierungszusätze (z. B. Tellur, Selen) kann in der Praxis der formänderungsbedingten Streckung der MnS jedoch wirkungsvoll begegnet werden.

7.3.3.8 Blei

Blei ist im Eisengefüge nicht löslich, es liegt in Form submikroskopischer Einschlüsse vor. Aufgrund des niedrigen Schmelzpunktes bildet sich ein schützender Bleifilm zwischen Werkzeug und Werkstoff, der den Werkzeugverschleiß verringert. Die mechanische Belastung des Werkzeuges kann bis zu 50 % sinken und die Späne werden infolge der reduzierten Scherfestigkeit kurzbrüchig. Dieser Effekt wird insbesondere bei den Automatenstählen genutzt (s. Abschn. 7.4.1). Der größte Effekt durch die Zugabe von Blei wird bei Schnittgeschwindigkeiten bis ca. $v_c = 150$ m/min beobachtet. In diesem Schnittgeschwindigkeitsbereich verringert der Bleischmierfilm die Neigung zu Aufbauschneidenbildung und führt zudem durch seine reibungsmindernde Wirkung zu einer deutlichen Reduzierung des Freiflächenverschleißes. Da die Zerspankraft durch das Zulegieren von Blei jedoch nicht in dem Maße sinkt wie die Kontaktfläche, kann es bei der Zerspanung von bleihaltigen Stählen zu einem stärkeren Kolkverschleiß kommen [Dreß64, Bers71]. Bei höheren Schnittgeschwindigkeiten ab $v_c = 100$ m/min gelangt wegen der hohen Relativgeschwindigkeit des Spans nur noch verhältnismäßig wenig Blei in die Kontaktzone. Darüber hinaus wird ein Großteil des flüssigen Bleis aus der Kontaktzone herausgedrückt, sodass insgesamt weniger Bleipartikel an der Spanunterseite haften bleiben. Infolgedessen verschlechtert sich die Zerspanbarkeit von bleilegierten Automatenstählen bei höheren Schnittgeschwindigkeiten.

Vor dem Hintergrund der gesundheits- und umweltschädlichen Wirkung von Blei strebt die Gesetzgebung zunehmend eine drastische Reduzierung von Blei im Stoffkreislauf an. Ein Beispiel hierfür ist die Richtlinie 2000/53/EG des Europäischen Parlamentes und Rates über Altfahrzeuge (End of Life Vehicles Directive – ELV) [Euro00]. Auch wenn derzeit noch der Einsatz von 0,35 % Blei in Stahlwerkstoffen erlaubt ist, wird die Notwendigkeit dieser Ausnahmeregelung in periodischen Abständen überprüft. Aus diesem Grund zielten Forschungsarbeiten in der Vergangenheit darauf ab, Blei adäquat zu substituieren. Eine wesentliche Bedeutung hierbei kommt Bismuth bei, das infolge seiner versprödenden Wirkung einen guten Spanbruch ermöglicht. Beim Einsatz von CVD-Al_2O_3-TiCN beschichtetem Hartmetall konnte in Arbeiten von Essel [Esse06] der Werkzeugverschleiß beim Längsdrehen von 11SMn30+Bi bei einer Schnittgeschwindigkeit von $v_c \geq 200$ m/min im Vergleich zum bleilegierten Automatenstahl 11SMnPb30 um bis zu 60 % reduziert und die Oberflächenqualität gesteigert werden. Das Zulegieren von Zinn (11SMn30+Sn, 11SMn30+Sn+Cu) führte hingegen lediglich zu einer guten Oberflächenqualität. Hinsichtlich der anderen Zerspanbarkeitskriterien wurde ein deutlich schlechteres Zerspanergebnis festgestellt [Esse06].

7.3.3.9 Nichtmetallische Einschlüsse

Die bei der Desoxidation von Stahl zugegebenen Elemente Aluminium, Silizium, Mangan oder Calcium binden den bei der Stahlerstarrung freiwerdenden Sauerstoff. Die dann im

Stahl z. B. als Aluminiumoxide und Siliziumoxide vorliegenden harten, nicht verformbaren Einschlüsse, verschlechtern die Zerspanbarkeit, besonders wenn die Oxide in größeren Mengen oder zeilenartig im Stahl vorliegen [Wink83]. Allerdings kann durch die Wahl eines geeigneten Desoxidationsmittels die Zerspanbarkeit der Stähle auch positiv beeinflusst werden. So können sich z. B. nach der Desoxidation mit Calcium-Silizium oder Ferro-Silizium unter bestimmten Bearbeitungsbedingungen bei der Zerspanung oxidische und sulfidische Schichten auf den Werkzeugschneiden bilden, die den Verschleißfortschritt abbremsen [Köni65, Opit67].

Eine Maßnahme zur Verbesserung der Zerspanbarkeit von mit Aluminium desoxidierten Stählen stellt die Calciumbehandlung dar. Hierbei wird der Stahlschmelze auf sekundärmetallurgischem Wege Calcium zugeführt. Durch diese Maßnahme werden die bei der konventionellen Erschmelzung im Stahl vorhandenen, scharfkantigen und während der Zerspanung abrasiv wirkenden Aluminiumoxide in globulare und unter Zerspanbedingungen plastifizierbare Calciumaluminate umgewandelt. Diese Caliciumaluminate sind, vergleichbar mit den Mangansulfiden bei den Automatenstählen, in der Lage, unter bestimmten Schnittbedingungen in den Kontaktzonen der Werkzeugschneide reibungsmindernde und/oder verschleißhemmende Beläge zu bilden [Köni65, Töns89, Kloc98a, Zink99].

7.3.4 Wärmebehandlungsarten

Gezielt durchgeführte Wärmebehandlungen können das Gefüge hinsichtlich der Menge, Form und Anordnung seiner Bestandteile beeinflussen. Es können also die mechanischen Eigenschaften und damit die Zerspanbarkeit den Anforderungen angepasst werden. Der Begriff Wärmebehandlung wird nach DIN EN 10052 folgendermaßen definiert: Wärmebehandlung ist eine Folge von Wärmebehandlungsschritten, in deren Verlauf ein Werkstück ganz oder teilweise Zeit-Temperatur-Folgen unterworfen wird, um eine Änderung seiner Eigenschaften und/oder seines Gefüges herbeizuführen. Gegebenenfalls kann während der Behandlung die chemische Zusammensetzung des Werkstoffes geändert werden (thermochemische Behandlung).

Im Wesentlichen können drei Gruppen der Wärmebehandlung unterschieden werden:

- Einstellen eines gleichmäßigen Gefüges im ganzen Querschnitt, welches sich weitgehend im thermodynamischen Gleichgewicht (z. B. Weichglühgefüge, Gefüge aus Ferrit bzw. aus Austenit) oder im thermodynamischen Ungleichgewicht (z. B. Perlit, Bainit, Martensit) befindet.
- Einstellen eines auf kleinere Teile des Querschnitts beschränkten Härtungsgefüges bei unveränderter chemischer Zusammensetzung (insbesondere: Randschichthärtung).
- Einstellen von Gefügearten, die über den Querschnitt, speziell im Randbereich, stark unterschiedlich sind, infolge Änderung der chemischen Zusammensetzung (Nitrieren, Karbonitrieren, Aufkohlung, Einsatzhärtung).

Unterschiedliche Wärmebehandlungsverfahren, mit welchen, je nach chemischer Zusammensetzung des Stahls, die Zerspanbarkeit etwa in Bezug auf die Spanform und den Werkzeugverschleiß gezielt beeinflusst werden kann, finden eine breite praktische Anwendung. Die Temperaturbereiche der einzelnen Wärmebehandlungsarten können der Abb. 7.13 entnommen werden.

7.3.4.1 Diffusionsglühen

Definition nach DIN EN 10052: Glühen bei hoher Temperatur mit ausreichend langem Halten, um örtliche Unterschiede in der chemischen Zusammensetzung infolge Seigerungen durch Diffusion zu verringern.

7.3.4.2 Grobkornglühen

Definition nach DIN EN 10052: Glühen bei einer Temperatur meist beträchtlich oberhalb Ac_3 mit ausreichend langem Halten, um grobes Korn zu erzielen.

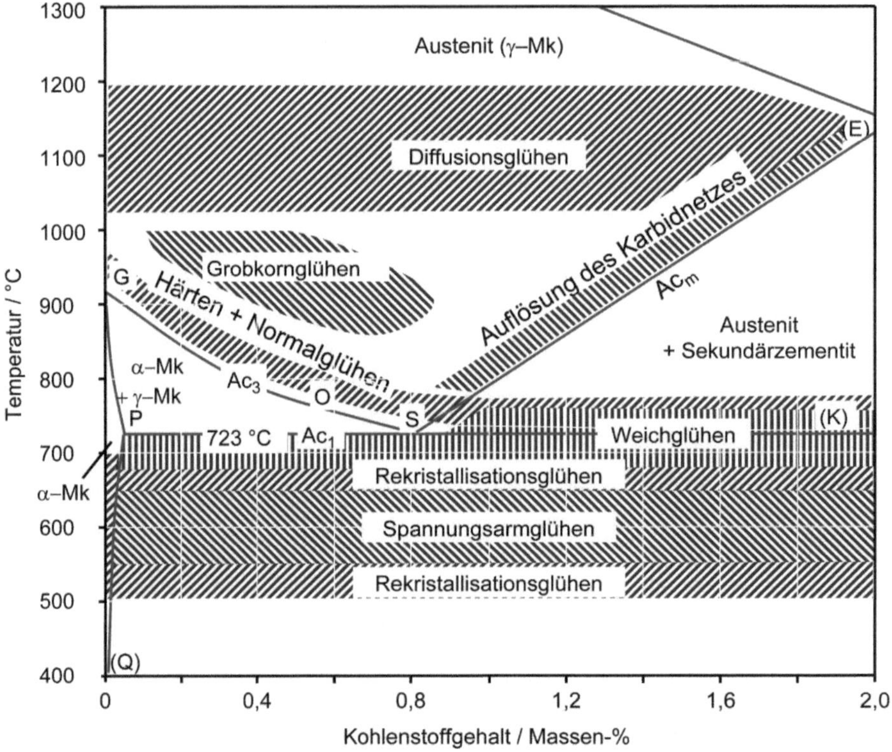

Abb. 7.13 Eisen-Kohlenstoff-Teildiagramm mit Angabe der Wärmebehandlungsbereiche für Stahl

Das Grobkornglühen oder Hochglühen mit anschließender isothermischer Umwandlung wird bei untereutektoidischen Stählen mit einem Kohlenstoffgehalt von 0,3 – 0,4 % (ferritisch-perlitischer Stahl) angewendet, um ein grobkörniges Gefüge mit einem möglichst geschlossenen Ferrit-Netz zu erzielen, in das Perlit oder Bainit eingeschlossen sind [Hors85, Schu04]. Der Werkzeugverschleiß beim Zerspanen eines solchen Gefüges ist relativ gering, die Spanbildung in der Regel gut. Weiterhin können hohe Oberflächenqualitäten erreicht werden. Der Anwendung des Grobkornglühens zur Verbesserung der Zerspanbarkeit sind jedoch durch die Beeinträchtigung der Festigkeitseigenschaften und aus wirtschaftlichen Gründen, Grenzen gesetzt.

7.3.4.3 Normalglühen

Definition nach DIN EN 10052: Wärmebehandlung, bestehend aus Austenitisieren und anschließendem Abkühlen an ruhender Luft.

Durch Normalglühen (+N) wird ein annähernd gleichmäßiges und feinkörniges Gefüge erreicht, dessen Zerspanbarkeit je nach Kohlenstoffgehalt von dem überwiegenden Gefügeanteil, entweder vom Ferrit (geringer Verschleiß, schlechte Spanbildung) oder vom Perlit (höherer Verschleiß, bessere Spanbildung) bestimmt wird [Hors85]. Es erfolgt eine α- γ-Umwandlung. Bei untereutektoidischen Stählen wird auf Temperaturen oberhalb von Ac_3 erwärmt.

Übereutektoidische Stähle werden auf Temperaturen 30 – 50 °C oberhalb von Ac_1 erwärmt oder, falls bei höheren Kohlenstoffanteilen das Karbidnetz aufgelöst werden soll, auf Temperaturen oberhalb von Ac_3. Im Allgemeinen soll mit dieser Wärmebehandlung ein gleichmäßiges und feinkörniges perlitisch-zementitisches Gefüge erzielt werden.

Stärkere Karbidzeilen lassen sich nicht völlig auflösen, sodass normalgeglühte übereutektoidische Stähle einen noch relativ hohen Werkzeugverschleiß verursachen können. Sie ermöglichen jedoch eine hohe Oberflächengüte der gefertigten Flächen [Schu04].

7.3.4.4 Weichglühen

Definition nach DIN EN 10052: Wärmebehandlung zum Vermindern der Härte eines Werkstoffes auf einen vorgegebenen Wert.

Das Weichglühen (+A) wird angewendet, um Gefüge mit lamellarem Perlit bzw. mit lamellarem Perlit und Zementit ihre hohe Härte und geringe Formänderungsfähigkeit zu nehmen. Durch Glühen bei Temperaturen knapp unterhalb der PSK-Linie (vgl. Abb. 7.13) – gegebenenfalls mit Pendeln um die PSK-Linie – und anschließendem langsamen Abkühlen lässt sich ein weicher und spannungsarmer Zustand erzeugen, indem der lamellare Perlit und Zementitadern zum Zerfall gebracht werden. Angestrebt wird ein möglichst körniger Perlit, der aus Ferrit mit eingeformtem Zementit besteht. Ein solches Gefüge ist weich und gut verformbar. Die Zerspanbarkeit eines solchen Gefüges wird hinsichtlich der Verschleißwirkung auf das Werkzeug günstiger, die Spanbildung wird sich in dem Maße verschlechtern, wie der Ferritanteil im Gefüge überwiegt.

7.3.4.5 Glühen auf bestimmte Eigenschaften

In der Praxis werden häufig für spezielle Stähle neben dem klassischen Weichglühen andere Behandlungen gefordert, die auf bestimmte Eigenschaften oder Gefüge abzielen.

Eine besondere Art des Weichglühens ist das Glühen auf kugelige Carbide (+AC) bzw. auf kugeligen Zementit (auch als GKZ-Glühen bezeichnet). Ziel hierbei ist es, den Zementit vollständig kugelig einzuformen. Dazu werden die Temperaturen länger im Bereich der PSK-Linie gehalten, gegebenenfalls wird um diese Temperatur gependelt. Bei vollständiger Einformung des Zementits kann wieder eine Verschlechterung der Zerspanbarkeit eintreten, da sie sich der des reinen Ferrits annähert [Opit64].

Bei Stählen mit Kohlenstoffanteilen von 0,10 – 0,35 % können durch hohe Austenitisierungstemperatur, lange Haltedauer und beschleunigte Abkühlung Gefüge mit Widmannstättenstruktur erzeugt werden. Es entsteht ein nadeliger Ferrit mit außerordentlich feinverteiltem lamellarem Zementit. Ein derartiges Gefüge zeichnet sich durch gute Spanbildung und Spanform aus, hat aber schlechte Gebrauchseigenschaften [Schu04].

Einer Wärmebehandlung auf Ferrit-Perlit Gefüge (+FP) werden Einsatzstähle unterzogen. In diesem Zustand kann ihnen eine ähnlich gute Zerspanbarkeit wie Automatenstählen mit niedrigem Kohlenstoffgehalt zugeschrieben werden, sowohl was den geringen Werkzeugverschleiß als auch die gute Spanbildung betrifft. Eine weitere Wärmebehandlung zur Verbesserung der Zerspanbarkeit, die überwiegend bei Einsatzstählen und Vergütungsstählen angewendet wird, ist das Glühen auf bestimmte Zugfestigkeit (+TH).

Aus Gründen der Energieeinsparung werden gezielte Wärmebehandlungen direkt aus der Schmiedewärme durchgeführt, z. B. das gesteuerte Abkühlen aus der Schmiedewärme (BY-Glühen) [Fasc80]. Zerspanbarkeitsuntersuchungen [Wink83] haben ergeben, dass die aus der Schmiedewärme gesteuert abgekühlten Vergütungsstähle (z. B. C45E+BY) ein günstigeres Verschleißverhalten aufweisen können als die gleichen Werkstoffe im vergüteten oder normalisierten Zustand. Unterschiede in Bezug auf die Spanbildung konnten hierbei nicht festgestellt werden. Die Ursache liegt in dem relativ grobkörnigen Gefüge der verwendeten Stähle und darin, dass das Ferritnetz die Perlitkörner auch beim Schervorgang umschließt.

7.3.4.6 Rekristallisationsglühen

Definition nach DIN EN 10052: Wärmebehandlung mit dem Ziel, durch Keimbildung und Wachstum ohne Phasenänderung eine Kornneubildung in einem kaltumgeformten Werkstück zu erreichen.

Unter Rekristallisationsglühung versteht man das Glühen nach einer Kaltumformung bei einer Temperatur unterhalb von Ac_1, die bei Stahl üblicherweise zwischen 500 und 700 °C liegt, ohne eine α/γ-Umwandlung des Kristallgitters zu verursachen. Es wird hauptsächlich zwischen den einzelnen Verformungsstufen, z. B. beim Kaltwalzen bzw. -ziehen von Blechen und Drähten angewandt [Schu04, Meta06].

Im Gefüge macht sich die Kaltverfestigung durch das Auftreten von Versetzungen, Gleitlinien, Kornstreckungen und die Zerteilung spröder Kristallarten (Zementit) bemerkbar. Die damit einhergehenden Eigenschaftsänderungen, wie Zunahme von Härte und Festigkeit bzw. Abnahme von Dehnung und Zähigkeit können mit dieser Wärmebehandlung beseitigt werden. Ist bei einer Kaltumformung das Material an seiner Umformgrenze angelangt, muss durch eine Rekristallisation eine Kornneubildung vorgenommen werden. Bei der Rekristallisationsglühung findet keine Neubildung der Gefügezusammensetzung statt, sondern es werden nur die Körner neu gebildet. Die Neigung zur Kornneubildung ist umso stärker, je größer der Umformgrad ist. Bei hohen Umformgraden kann die Größe der neugebildeten Körner unterhalb der der Ausgangskörner liegen [Schu04, Meta07].

7.3.4.7 Spannungsarmglühen

Definition nach DIN EN 10052: Wärmebehandlung, bestehend aus Erwärmen und Halten bei ausreichend hoher Temperatur und anschließendem zweckentsprechendem Abkühlen, um innere Spannungen ohne wesentliche Änderung des Gefüges weitgehend abzubauen.

Übliche Temperaturen für das Spannungsarmglühen von Werkstücken aus Stahl liegen bei 550 – 650 °C. Eine Gefügeumwandlung findet dabei nicht statt.

Das Spannungsarmglühen wendet man vornehmlich bei Werkstücken an, die infolge ungleichmäßiger Abkühlung nach dem Gießen, Schweißen, Schmieden oder anderer thermischer Verfahren oder aber nach starker mechanischer Bearbeitung durch Fräsen, Drehen, Hobeln, Tiefziehen usw. hohe innere Spannungen aufweisen. Das Spannungsarmglühen dient dem Abbau dieser Spannungen. Dadurch wird verhindert, dass bei der Weiterverarbeitung solcher Bauteile vorhandene innere Spannungen frei gesetzt werden und zu geometrischen Abweichungen aufgrund von Verzug führen. Die durch Kaltumformung eingebrachte Kaltverfestigung in den Verformungszonen wird dagegen mittels Rekristallisationsglühen abgebaut.

7.3.4.8 Härten

Definition nach DIN EN 10052: Wärmebehandlung, bestehend aus Austenitisieren und Abkühlen unter solchen Bedingungen, dass eine Härtezunahme durch mehr oder weniger vollständige Umwandlung des Austenits in Martensit und gegebenenfalls Bainit erfolgt.

Beim Härten von Stahl (+Q) wird die bei normaler Abkühlgeschwindigkeit ablaufende Kohlenstoffausscheidung aus dem γ-Mischkristall durch eine hohe Abkühlgeschwindigkeit unterdrückt. Bei überkritischer Abkühlgeschwindigkeit bildet sich nach dem Unterschreiten der Ms-Temperatur Martensit (Ms = *martensit starting* = Beginn der Martensitbildung) [Schu04].

Bei Abkühlgeschwindigkeiten unterhalb der kritischen Abkühlgeschwindigkeit laufen die Umwandlungsvorgänge in der Zwischenstufe und in der Perlitstufe ab [MPI61, MPI72, MPI73]. Die Umwandlung in der Zwischenstufe ist im Wesentlichen dadurch

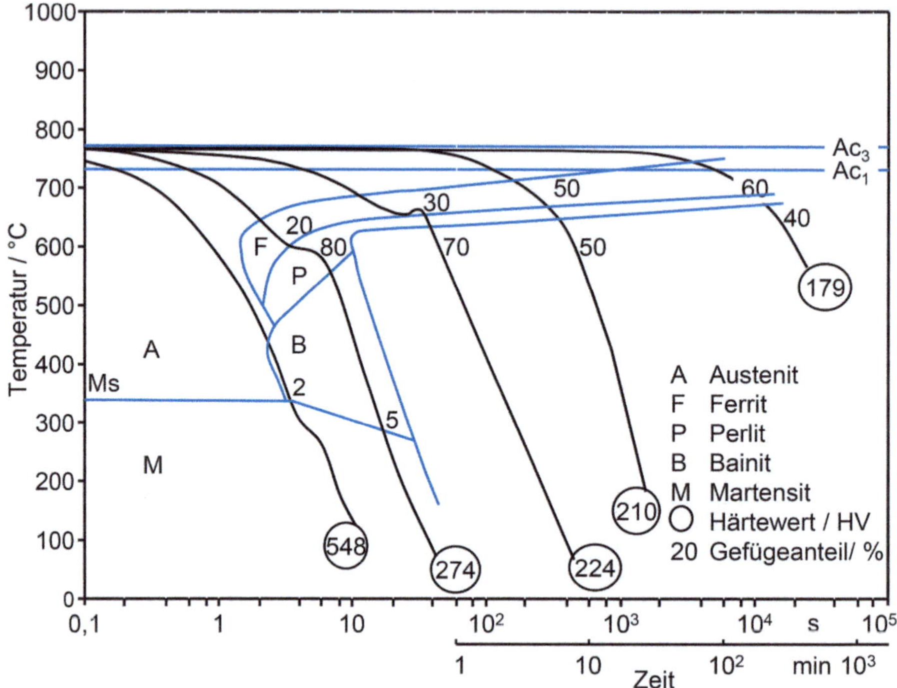

Abb. 7.14 Zeit-Temperatur Umwandlungsschaubild für kontinuierliches Abkühlen des Stahls C45E (nach: MPI)

gekennzeichnet, dass nur noch der Kohlenstoff diffundieren kann. Die Vorgänge bei kontinuierlicher und isothermer Umwandlung für den Vergütungsstahl C45E zeigen die Abb. 7.14 und 7.15.

Diese Gefügearten lassen sich schlechter zerspanen, da sie eine höhere Festigkeit aufweisen. Die Spanbildung ist als gut zu bezeichnen. Die Schneidkeile müssen möglichst stabil ausgebildet sein.

7.3.4.9 Vergüten

Definition nach DIN EN 10052: Härten und Anlassen bei höherer Temperatur, um die gewünschte Kombination der mechanischen Eigenschaften, insbesondere hohe Zähigkeit und Duktilität, zu erreichen.

Die Festigkeitswerte eines Stahles können ebenfalls durch Vergüten (+QT) erhöht werden. Beim Anlassen des Werkstoffs wird der beim Härten entstandene Martensit durch

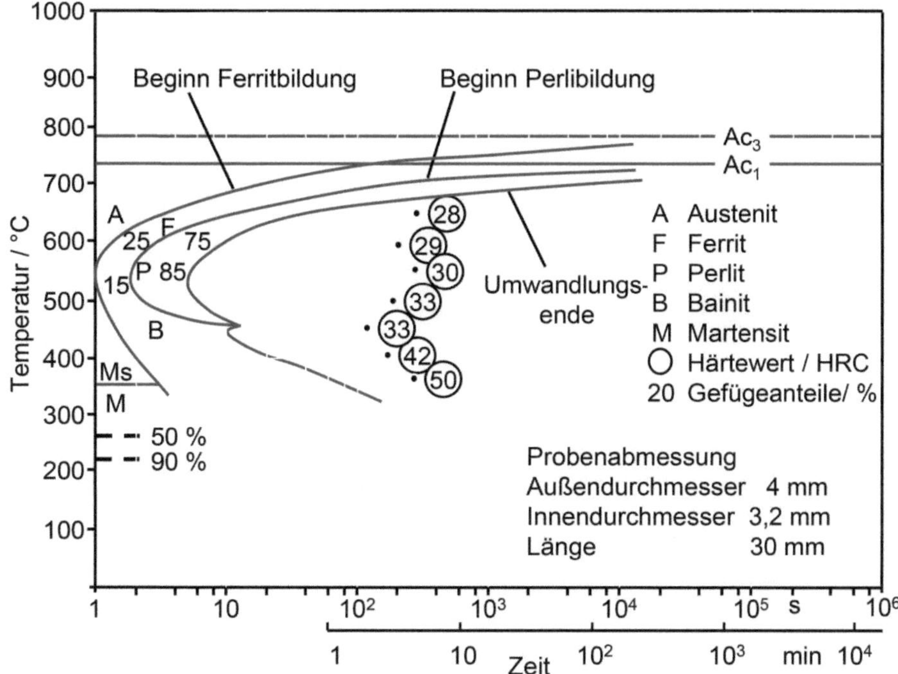

Abb. 7.15 Zeit-Temperatur Umwandlungsschaubild für isothermes Umwandeln des Stahls C45E (nach: MPI)

erneute Erwärmung gezielt wieder zum Zerfall gebracht. Bei niedrigen Anlasstemperaturen scheidet sich der Kohlenstoff in fein verteilter Form aus, bei höheren Anlasstemperaturen entstehen gröbere Zementitkörner [Schu04]. Anlassgefüge lässt sich mit zunehmendem Martensitzerfall besser zerspanen.

Einige Möglichkeiten der gezielten Gefügebeeinflussung durch verschiedene Wärmebehandlungen sind am Beispiel des Vergütungsstahls C45E in Abb. 7.16 dargestellt.

Die Zuordnung der Teilbilder zu den Wärmebehandlungen ist wie folgt:

1. *Grobkornglühen*. Gefügebestandteile: Grobkörniger Perlit mit lamellarem Zementit, zwischen den Körnern ein Ferrit-Netz (weiß).
2. *Normalglühen*. Gefügebestandteile: Perlit mit lamellarem Zementit und Ferrit. Dies sind die gleichen Bestandteile wie nach dem Grobkornglühen, jedoch ist das Gefüge feinkörniger und homogener.
3. *Vergüten*. Gefüge: angelassener Martensit.
4. *Weichglühen*. Gefügebestandteile: Ferrit (weiß) mit globular eingeformtem Zementit.

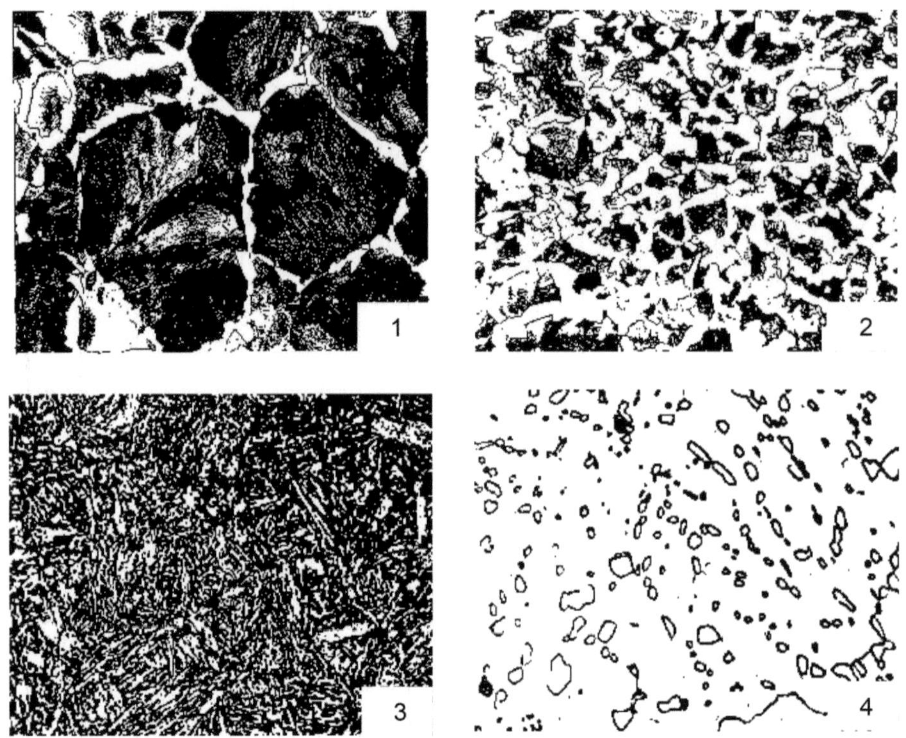

Abb. 7.16 Gefügeausbildung bei unterschiedlicher Wärmebehandlung (C45E)

7.4 Zerspanbarkeit unterschiedlicher Stahlwerkstoffe

Neben der Einteilung der Stähle nach ihrem Legierungsanteil werden sie praxisgerecht nach Einsatzbereichen und Verwendung klassifiziert. Es wird unterschieden in

- Automatenstähle,
- Einsatzstähle,
- Vergütungsstähle,
- Nitrierstähle,
- Werkzeugstähle sowie
- Rost- und säurebeständige, hitzebeständige und hochwarmfeste Stähle.

7.4.1 Automatenstähle

Zu der Gruppe der Automatenstähle zählen Werkstoffe, die sich durch eine besonders gute Zerspanbarkeit auszeichnen. Merkmale hierfür sind günstiger Spanbruch, saubere

Werkstückoberflächen sowie ein geringer Werkzeugverschleiß. Sie können problemlos auf Drehautomaten und Mehrspindel-Drehmaschinen zerspant werden und eignen sich daher sehr gut für die Serien- und Massenfertigung. Die anwendbaren Schnittgeschwindigkeiten sind hoch, und werden häufig durch den Werkstückdurchmesser und die Werkzeugmaschinen (Mehrspindel-Drehautomaten) begrenzt. Je nach chemischer Zusammensetzung und Anwendungsgebiet werden die Automatenstähle einer Wärmebehandlung wie Einsatzhärtung oder Vergütung unterzogen.

Diese günstigen Eigenschaften hinsichtlich der Zerspanbarkeit verleiht man den Automatenstählen in erster Linie durch Zusatz von verschiedenen Legierungselementen. Die Hauptlegierungselemente Schwefel, Blei und Phosphor sowie Tellur, Wismut und Antimon verringern die Festigkeit des Materials in der Scherzone. Als Folge der verminderten Festigkeit entstehen kurze Späne mit geringem Stauchungsgrad.

Automatenstähle werden überwiegend mit beschichteten Hartmetallwerkzeugen und Formwerkzeugen aus Schnellarbeitsstahl spanend bearbeitet. Die Verschleißentwicklung an diesen Werkzeugen ist vergleichsweise langsam. Die weit verbreiteten niedrigkohlenstoffhaltigen Automatenstähle (z. B. 11SMn30, 11SMnPb30, 9S20) zeichnen sich durch einen hohen Ferrit- und einen geringen Perlitanteil im Gefüge aus. Daraus resultiert eine geringe abrasive Beanspruchung der Werkzeuge. Gerade bei niedrigen Schnittgeschwindigkeiten spielt Adhäsion in Form von Aufbauschneiden eine bedeutende Rolle hinsichtlich des Werkzeugverschleißes. Beim Zerspanen der niedrigkohlenstoffhaltigen Automatenstähle bei niedrigen Schnittgeschwindigkeiten (v_c < 100 m/min) bilden sich reibungsmindernde Schichten (MnS, Pb), die zu einer Verringerung des Werkzeugverschleißes beitragen [Zink99].

Die Zerspankraft bei der Bearbeitung von Automatenstahl ist vergleichsweise niedrig. Gründe hierfür sind der große Anteil an Ferrit im Gefüge sowie die festigkeitsmindernden Eigenschaften der Hauptlegierungselemente.

Die erreichbaren Oberflächengüten sind maßgeblich durch die Adhäsionsneigung des Werkstoffs durch Aufbauschneidenbildung geprägt. MnS- Schichten, Pb und P verringern die Adhäsionsneigung, sodass die Oberflächengüte der Werkstücke positiv beeinflusst wird.

Abhängig vom Stahlherstellverfahren führt Phosphor aufgrund seines relativ kleinen Diffusionskoeffizienten zur Seigerungsbildung (Entmischung) im Stahl. Diese unerwünschte Eigenschaft ist nur teilweise durch eine nachfolgende Wärmebehandlung zu beseitigen. Durch Hochtemperatur-Diffusionsglühen können nur Mikroseigerungen (Kristallseigerungen, Konzentrationsunterschiede) ausgeglichen werden. Im Gegensatz dazu ist die weitgehende Beseitigung von Seigerungen im Makrobereich (Blockseigerungen) durch eine nachfolgende Wärmebehandlung wegen der großen räumlichen Entfernung von der Mitte bis zum Rand des Stahlblockes nicht möglich. Zur ausreichenden Beseitigung von Blockseigerungen wären so lange Glühzeiten erforderlich, dass es zu starker Kornvergröberung führen würde. Geringere Blockseigerungen lassen sich durch Beruhigung des Stahles vor dem Vergießen erzielen.

Stickstoff- und Kohlenstoffausscheidungen werden durch Phosphor gefördert und rufen eine Versprödung des α-Mischkristalls hervor (Ferrit-Versprödung). Die Ausscheidungen nehmen mit steigender Temperatur zu, sodass die Anlasssprödigkeit verstärkt auftritt und die Kerbschlagzähigkeit schon ab 100 °C geringer wird. Diese phosphorbedingte Verschlechterung der Festigkeitseigenschaften bewirkt, dass die Automatenstähle im Bereich der mittleren Scherebenentemperatur von rd. 200 – 400 °C spröder sind. Somit ergibt sich beim Zerspanen eine günstigere Spanbildung mit kurzbrüchigen Spänen. Weiterhin wird die Adhäsionsneigung in der Kontaktzone vermindert und die Oberflächengüte günstig beeinflusst. Automatenstähle enthalten bis zu 0,1 % Phosphor.

Die positive Wirkung des MnS auf die Zerspanbarkeit wird damit erklärt, dass sowohl die innere Reibung des Werkstoffs in der Scherebene als auch die Kontaktzonenreibung herabgesetzt werden. Neuere Untersuchungen weisen den MnS-Einschluss als Ausgangspunkt für Gleitlinienbildung im Scherebenenbereich nach. Da Schwefel den Werkzeugverschleiß herabsetzt, die Anlasssprödigkeit aber kaum beeinflusst, wird er gegenüber Phosphor als Legierungselement bevorzugt.

MnS bewirkt, dass die Späne kurzbrüchiger, die Oberflächengüte des Werkstücks besser und die Neigung zur Aufbauschneidenbildung geringer wird. Die Form sulfidischer Einschlüsse im Automatenstahl wird von der Menge an Sauerstoff bestimmt, die bei der Erstarrung gelöst ist. Man unterscheidet drei verschiedene Sulfidtypen im Stahl:

- Typ 1: Dieser Sulfidtyp bildet sich als flüssige Phase bei Sauerstoffgehalten > 0,02 % entsprechend dem quasiternären System Fe-MnO-MnS in eisenreicher Schmelze. Nach der Erstarrung tritt dieses Sulfid in Form von gleichmäßig verteilten, globularen oder unregelmäßig abgerundeten Partikeln auf. Diese spröden Sulfide des Typs 1 liegen deutlich voneinander getrennt, in abgeschlossenen Zellen im Stahl vor.
- Typ 2: Diese Sulfidform scheidet bei Eisenschmelzen mit Sauerstoffgehalten < 0,01 % an den Primärkorngrenzen aus mangansulfidreicher Schmelze als eine eutektikumähnliche MnS-Phase aus. Die Sulfide vom Typ 2 liegen nicht in abgeschlossenen Zellen vor, sondern sind von Zentren aus strahlenartig gewachsen. Dabei kommt es zur Ausbildung von Gabelungen oder stellenweise zur Verschmelzung der aus den trichterförmigen Zellen herauswachsenden Sulfide.
- Typ 3: Dieser Sulfidtyp kristallisiert aus Fe-Schmelzen mit erniedrigtem Schmelzpunkt als primäre eckige Kristalle. Wesentliche Voraussetzung für ihre Bildung sind Kohlenstoff- und Siliziumgehalte zwischen 0,1 und 0,4 % sowie ein Aluminiumgehalt zwischen 0,05 und 0,3 %. Die Sulfide des Typs 3 scheiden sich in den interdendritischen Bereichen aus, sind jedoch, wie die des Typs 1, gleichmäßig verteilt. Sie entsprechen gemäß ihrer Zusammensetzung und Gestalt dem eckigen, kubisch flächenzentrierten α-MnS.

Hinsichtlich der Zerspanbarkeit sind die Sulfide des Typs 1 am günstigsten anzusehen. Demzufolge ist man bestrebt, diesen Sulfidtyp durch verschiedene metallurgische Maßnahmen beim Automatenstahl zu erzeugen. Die Ausbildung rundlicher Mangansulfide wird durch die Zulegierung von z. B. Tellur begünstigt. Mit wachsender Anzahl größerer Mangansulfide wird die Zerspanbarkeit von Automatenstahl wesentlich verbessert. Solche Sulfide verhindern durch Bildung schuppenartiger Schichten im Span eine

Pressschweißung der Ferrit-Körner und stellen eine schützende Zone zwischen Span und Werkzeug her [Köni66].

Eine Verbesserung der Zerspanbarkeit wird durch die Zugabe von bis zu 0,35 % Blei erreicht. Blei geht mit α-Fe nicht in Lösung und durchsetzt das Gefüge der Stähle in Form von submikroskopischen Einschlüssen. Die Festigkeitseigenschaften und die Zähigkeit der Stähle werden negativ beeinflusst, insbesondere im Bereich von 250 bis 400 °C. Bei relativ niedrigen Temperaturen verflüssigt sich Blei (T_s = 326 °C). Ein dünner Bleifilm kann beim Zerspanen von bleihaltigen Stählen die Kontaktflächen zwischen Werkzeug und Werkstück benetzen. Dadurch wird die Neigung zu Pressschweißungen verringert und der Abschervorgang erleichtert. Bei Schnittgeschwindigkeiten über 100 m/min oder bei großen Vorschüben wird der Bleifilm unwirksam und der Verschleißfortschritt intensiver. Die spezifischen Schnittkräfte sinken um bis zu 50 % und die Späne werden kurzbrüchiger.

Durch die Zugabe von Blei (rd. 0,25 %) zu Automatenstählen können Standzeitgewinne von etwa 50 – 70 % erreicht werden. Die Wirkung von Blei auf den Werkzeugverschleiß ist von der Schnittgeschwindigkeit abhängig. Aus der Zunahme des Bleigehalts von 0 – 0,29 % folgt für Schnittgeschwindigkeiten unter 100 m/min eine Verringerung des Freiflächenverschleißes an HSS Werkzeugen. Im Schnittgeschwindigkeitsbereich über 100 m/min wirkt sich ein höherer Bleigehalt negativ auf die Verschleißentwicklung an der Freifläche aus. Hinsichtlich des Kolkverschleißes ist die Wirkung von Blei schnittgeschwindigkeitsunabhängig.

Im Gegensatz zu Schwefel kann Blei fast allen Stählen zulegiert werden, die aber nur in einem Temperaturbereich unter 200 °C beansprucht werden dürfen. Den Automatenstählen wird üblicherweise rd. 0,15 – 0,30 % Pb zugesetzt. Aufgrund der gesundheitsschädlichen Wirkung von Blei nimmt die Bedeutung der Substitution dieses Legierungselements in Automatenstählen zu [Wink83]. Tellur, Wismut und Antimon erzielen ähnlich wie Blei eine bessere Spanbrüchigkeit und eine Schmierwirkung in der Kontaktzone, die den Werkzeugverschleiß reduziert. Untersuchungen haben gezeigt, dass die Zugabe von Wismut die Zerspanbarkeit von bleifreien Automatenstählen (z. B. 16SMn30) hinsichtlich ihrer Spanbildung, der Oberflächenrauheit und der auftretenden Kräfte wesentlich verbessert. Verglichen mit bleihaltigen Legierungen verstärkt sich jedoch der abrasive Verschleißangriff auf unbeschichtete Hartmetallwerkzeuge beim Drehen erheblich. Für beschichtete Hartmetallwerkzeuge ist dieser Effekt nicht zu beobachten. Automatenstähle in denen Blei durch Zinn ersetzt wurde, weisen eine stark verminderte Neigung zu Spanbruch auf und sind so lediglich für Verfahren mit unterbrochenem Schnitt, beispielsweise Fräsen, zu empfehlen [Esse06]. Gebräuchliche Automatenstähle sind z. B. 9SMn28; 9SMnPb28; 35S20; 45S20.

7.4.2 Einsatzstähle

Zu den Einsatzstählen zählen unlegierte Baustähle, Qualitäts- und Edelstähle sowie legierte Edelstähle. Allen gemeinsam ist der relativ niedrige Kohlenstoffgehalt (C-Gehalt

< 0,2 %). Vorwiegend finden diese Werkstoffe bei der Herstellung verschleiß- und wechselbeanspruchter Teile wie Zahnräder, Getriebewellen, Gelenke, Buchsen usw. Verwendung.

Die Einsatzstähle werden fast ausschließlich vor der Einsatzbehandlung spanabhebend bearbeitet. Da das Gefüge dieser Stähle vorwiegend Ferrit und nur wenig Perlit enthält, ist der Verschleißangriff auf das Werkzeug gering. Des Weiteren müssen Schnittgeschwindigkeiten oberhalb von 200 m/min angestrebt werden, um Aufbauschneidenbildung zu vermeiden. Die spanende Bearbeitung der Einsatzstähle erfolgt meistens mit beschichteten Hartmetallwerkzeugen der Anwendungsgruppe P (z. B. HC–P10) oder mit Cermets um der thermischen Belastung bei der Bearbeitung mit hohen Schnittgeschwindigkeiten standhalten zu können.

Aufgrund des hohen Ferrit- und niedrigen Perlitanteils im Gefüge ist die Zerspankraft bei der Bearbeitung von Einsatzstählen im weichen Zustand gering.

Die Adhäsionsneigung der Einsatzstähle führt zur Aufbauschneidenbildung und zu schlechten Oberflächengüten bei Verfahren mit niedrigen Schnittgeschwindigkeiten, z. B. Gewindebohren, Bohren, Räumen und Stoßen. Zur Verbesserung der Zerspanbarkeit hinsichtlich Oberflächenrauheit werden Einsatzstähle je nach ihren Legierungselementen auf ein bestimmtes Ferrit-Perlit-Gefüge (BG) oder auf bestimmte Festigkeit (BF) wärmebehandelt. Das Grobkornglühen wird häufig bei legierten Einsatzstählen angewandt, um die von der Adhäsionsneigung herrührenden Bearbeitungsschwierigkeiten zu mindern. Hierbei wird gleichzeitig die stark ausgeprägte Neigung zur Zeiligkeit des Gefüges verringert, die für die spanende Bearbeitung, insbesondere beim Reiben und Räumen, sehr nachteilig ist, da einzelne Zeilen ausgeschnitten werden können. Durch eine schnelle Abkühlung bei der Wärmebehandlung ist die Zeiligkeit zum Teil unterdrückbar, jedoch tritt sie bei erneuter Erwärmung über den Umwandlungspunkt wieder auf. Möglichst gute Oberflächenqualität wird weiterhin durch Anwendung geeigneter Kühlschmierstoffe erreicht, durch Änderung der Werkzeuggeometrie (positive Spanwinkel) sowie durch Herabsetzen des Vorschubs [Opit64, Peke74].

Die anwendbaren Schnittbedingungen werden durch die Wärmebehandlung wenig beeinflusst – vorausgesetzt, die Zerspanung erfolgt mit Hartmetall-Werkzeugen und die Zugfestigkeit des Werkstoffs liegt unter 650 N/mm² [Well72]. Werkzeuge aus HSS reagieren dagegen empfindlicher auf Festigkeitsunterschiede, sodass je nach Wärmebehandlungszustand des Werkstoffs unterschiedliche Schnittgeschwindigkeiten erforderlich sind.

Einsatzstähle neigen aufgrund ihrer sehr hohen Zähigkeit und dem geringen Anteil an Kohlenstoff zur Bildung langer Späne. Bei der Drehbearbeitung mit Hartmetall-Wendeschneidplatten kommt somit der Wahl einer geeigneten Spanleitstufe eine besondere Bedeutung zu. Eine Verbesserung des Spanbruchs kann durch das Zulegieren von z. B. Schwefel und Blei erreicht werden (z. B. 16MnCrS5). Mit der Zulegierung von Schwefel sinkt die Festigkeit des Stahls aufgrund von der Bildung von Mangansulfiden (s.a. Abschn. 7.3.3). Eine Verminderung der Festigkeit durch das Zulegieren von Blei ist erst ab Temperaturen von über 300 °C zu beobachten.

Nach der spanenden Bearbeitung folgt der Einsatzhärtevorgang in drei Schritten: die Aufkohlung, das Härten und das Anlassen. Die Randzonen der Werkstücke wird auf

0,6 – 0,9 % Kohlenstoff aufgekohlt. Nach der Einsatzhärtung (Direkthärten, Einfachhärten, Doppelhärten) steigen die Härtewerte in der Randzone auf bis zu 62 HRC. Infolge des durch die Einsatzhärtung auftretenden Verzugs der Bauteile muss in manchen Fällen noch eine spanende Nachbearbeitung erfolgen. Für diese Fertigbearbeitung der hoch vergüteten bzw. gehärteten Stähle (> 45 HRC) eignen sich besonders Feinstkorn-Hartmetalle, Mischkeramik und PCBN-Schneidstoffe. Dabei treten sehr hohe Zerspankräfte auf. Der Spanbruch stellt aufgrund des durch die deutlich höheren Temperaturen ausgeglühten Spans kein Problem dar. In der Regel werden sehr gute Oberflächenqualitäten erreicht (s.a. Abschn. 7.4.6).

Häufige Vertreter der Einsatzstähle sind z. B. C15E, 16MnCr5, 20MoCr4, 18CrNi8.

7.4.3 Vergütungsstähle

Die Vergütungsstähle weisen Kohlenstoffgehalte zwischen 0,2 % und 0,6 % C auf und besitzen daher höhere Festigkeiten als die Einsatzstähle. Die Hauptlegierungsbestandteile sind Silizium, Mangan, Chrom, Molybdän, Nickel und Vanadium.

Die Zerspanbarkeit der Vergütungsstähle hängt vorwiegend von deren Gefügeausbildung als Resultat der jeweiligen Wärmebehandlung ab und kann daher stark variieren. Der Einfluss des Werkstoffgefüges auf die Zerspanbarkeit ist im Allgemeinen stärker als der Einfluss der Legierungselemente auf die Zerspanbarkeit.

Die Verschleißentwicklung wird wesentlich durch die Anteile an Ferrit und Perlit im Gefüge bestimmt. Bei unlegierten Vergütungsstählen bis etwa 0,5 % Kohlenstoff wirken sich gleichmäßig ausgebildete ferritisch-perlitische Gefüge positiv auf die Zerspanbarkeit aus. Mit Zunahme des Perlitanteils wird die Verschleißentwicklung am Werkzeug beschleunigt und der Betrag der Zerspankraft steigt an. Dies führt zu einer Verringerung der anwendbaren Schnittgeschwindigkeiten. Bei höheren Schnittgeschwindigkeiten wird das Ende der Standzeit durch Kolklippenbruch hervorgerufen, insbesondere dann, wenn der Stahl größere Anteile an Chrom, Mangan und Vanadium enthält (legierte Vergütungsstähle).

Die Länge der Späne bei der Bearbeitung von Vergütungsstählen hängt, wie andere Zerspanbarkeitskriterien auch, maßgeblich von der Art der Wärmebehandlung und der Ausbildung des Gefüges ab. Ähnlich zu den Einsatzstählen lässt sich der Spanbruch durch die Werkzeuggeometrie und durch das Zulegieren von Blei und Schwefel verbessern. Bei der Auswahl spanbruchfördernder Legierungselemente ist der Einsatzzweck des Vergütungsstahls von besonderer Bedeutung, da diese zur Verringerung der Festigkeit führen können.

Hinsichtlich des Verschleißverhaltens von Stählen mit höheren Kohlenstoffanteilen ist eine Einformung des Zementits (z. B. durch Weichglühen) zweckmäßig. Dadurch lassen sich höhere Schnittgeschwindigkeiten anwenden. Gleichzeitig nimmt jedoch die Adhäsionsneigung zu, sodass die Oberflächengüte des Werkstücks abnimmt. Weichgeglühte Gefüge mit einer Mischung aus lamellarem und körnigem Zementit sind auch bei höheren Schnittgeschwindigkeiten gut zerspanbar.

Abrasion und thermisch bedingter Verschleiß treten bei der Zerspanung von vergüteten Gefügen (überwiegend angelassener Martensit) in den Vordergrund. Die Schnittgeschwindigkeit ist entsprechend zu verringern. Als Schneidstoffe bei der spanenden Bearbeitung von Vergütungsstählen kommen in erster Linie beschichtete Hartmetalle für den Schruppschnitt und Cermets für die Schlichtbearbeitung in Frage. Beim Bohren und Gewindeschneiden werden vielfach Werkzeuge aus Schnellarbeitsstahl eingesetzt. Aufgrund von Abrasion und thermisch bedingtem Verschleiß ist hier die Auswahl einer geeigneten Beschichtung zu empfehlen. Werkstoffhärten > 45 HRC erfordern sehr verschleißresistente Hartmetalle, Schneidkeramiken oder CBN als Schneidstoff.

Beim Drehen, Fräsen und Bohren bewirken Schwefelzugaben von rund 0,06 – 0,1 % im Vergütungsstahl eine deutliche Verbesserung der Zerspanbarkeit. Bei höheren Werten wird diese Verbesserung geringer und die Festigkeit der Stähle sinkt.

Die Wärmebehandlung der Vergütungsstähle dient der Einstellung der mechanischen Eigenschaften hinsichtlich des Verwendungszweckes und kann nur in wenigen Fällen auf eine gute Zerspanbarkeit abgestimmt werden. Darüber hinaus sind die Wärmebehandlungverfahren zur Erzielung einer guten Zerspanbarkeit unterschiedlich. Z. B. wird der Stahl C60E durch Weichglühen, der Stahl C22E durch Grobkornglühen (oder durch Kaltverfestigung) hinsichtlich der Zerspanbarkeit verbessert.

In einigen Fällen erfolgt das Vergüten zwischen der Schrupp- und der Schlicht- bzw. Feinbearbeitung. Die Schruppbearbeitung, bei der es vor allem auf hohe Zerspanraten ankommt, erfolgt an Werkstoffen im normalisierten Zustand, deren Zerspanbarkeit sich aufgrund des ferritisch-perlitischen Gefüges durch einen relativ geringen Verschleiß auszeichnet. Der größte Teil der Bauteile aus Vergütungsstahl wird im vergüteten Zustand spanend bearbeitet. Hierbei liegt die Festigkeit über der des geglühten Zustands. Daher rufen hohe Schnittgeschwindigkeiten einen stark erhöhten Werkzeugverschleiß hervor.

Zu den häufig in der Praxis spanabhebend zu bearbeitenden Vergütungsstählen zählen u. a. C45E, 42CrMo4, 30CrMoV9 oder 36CrNiMo4. Diese Werkstoffe werden für Bauteile mittlerer und höherer Beanspruchung, insbesondere im Automobil- und Flugzeugbau (Pleuelstangen, Achsen, Achsschenkel, Läufer- und Kurbelwellen) verwendet.

7.4.4 Nitrierstähle

Der Kohlenstoffgehalt der Nitrierstähle liegt bei 0,2 bis 0,45 %. Sie sind vergütbar und werden mit Cr und Mo zur besseren Durchvergütbarkeit sowie mit Aluminium oder Vanadium (Nitridbildner) legiert. Das Nitrieren wird bei Temperaturen zwischen 500 und 600 °C durchgeführt, d. h. unterhalb der α-γ-Umwandlungstemperatur des Werkstoffs [MDH80].

Im Gegensatz zu einem einsatzgehärteten Stahl, bei dem die hohe Härte mittels einer γ-α-Phasenumwandlung und durch die Erzeugung des metastabilen Zustands Martensit erreicht wird, hat ein nitrierter Stahl eine Oberfläche, die ihre hohe Härte den spröden Metallnitriden verdankt. Der beim Nitrieren in die Oberfläche eindiffundierende Stickstoff bildet mit den Legierungselementen Cr, Mo und Al Sondernitride, die sich meist in submikroskopischer Form ausscheiden und hohe Gitterverspannungen, d. h. eine hohe Oberflächenhärte bewirken.

Die spanende Bearbeitung dieser Stähle erfolgt vor dem Nitrieren, meist im vergüteten Zustand. Dieser für die nachfolgende Nitrierung günstige Gefügezustand (d. h. feine, gleichmäßig verteilte Karbide, angelassener Martensit) weist ungünstige Zerspanungseigenschaften auf.

Das meist bei der Zerspanung vorliegende Vergütungsgefüge und die im Gefüge verteilten Karbide führen zu einer hohen mechanischen und thermischen Belastung der Werkzeuge. Insbesondere bei hohen Schnittgeschwindigkeiten sind kurze Standzeiten zu erwarten. Aufgrund der hohen Festigkeiten der vergüteten Nitrierstähle ist die Zerspankraft relativ hoch.

Werden die Nitrierstähle im weichen Zustand bearbeitet, so kann es zu einer Verschlechterung der Oberflächengüte und zu einer Beeinträchtigung der Bauteilqualität aufgrund von Gratbildung kommen.

Bei der Zerspanung von Nitrierstählen im vergüteten Zustand ist mit überwiegend akzeptablen Spanformen zu rechnen. Im unvergüteten Zustand treten allerdings Schwierigkeiten während der Bearbeitung hinsichtlich des Spanbruchs auf.

Größere Ferrit-Ausscheidungen im Nitrierstahl führen zur Versprödung der Randzone und zu einem ungleichmäßigen Übergang zur Kernzone. Ein Grobkornglühen zur Erzielung einer guten Zerspanbarkeit ist mit Rücksicht auf die spätere Verwendung nicht zu empfehlen, da der Ferrit noch grobkörniger werden und die Festigkeit noch weiter fallen würde.

Nitrierstähle mit erhöhtem Nickelgehalt, z. B. 34CrAlNi7 mit ca. 1 % Ni, sind allgemein schlecht zerspanbar. Grundsätzlich sind aluminiumhaltige Nitrierstähle schwerer zu bearbeiten als aluminiumfreie, wie z. B. 31CrMo12, welcher eine geringere Adhäsionsneigung aufweist. Günstig auf die Zerspanbarkeit wirkt sich die Beimengung von Schwefel (34CrAlS5) aus. Die Nitrierstähle haben ein ähnliches Anwendungsgebiet wie die Einsatzstähle (Zahnräder, Führungsleisten, usw.).

7.4.5 Werkzeugstähle

Generell wird zwischen unlegierten und legierten Werkzeugstählen unterschieden. Werkzeugstähle werden für unterschiedliche Beanspruchungen benötigt. Darauf basierend werden sie unterteilt in

- Kaltarbeitsstähle,
- Warmarbeitsstähle und
- Schnellarbeitsstähle.

Diese Einteilung ist ebenfalls zur Beschreibung der Zerspanbarkeit der Werkzeugstähle sinnvoll.

In unlegierten Werkzeugstählen sind im geschmiedeten oder gewalzten Zustand bei einem Kohlenstoffgehalt bis zu 0,9 % lamellarer Perlit und Ferrit, bei höheren

Kohlenstoffgehalten lamellarer Perlit und ein Zementitnetzwerk vorhanden. Weichgeglühte Stähle sollen unabhängig vom Kohlenstoffgehalt mehr oder weniger gleichmäßig verteilte Zementitkörner in einem ferritischen Grundgefüge haben. Bei noch höheren Kohlenstoffgehalten kann durch konventionelles Weichglühen das Zementitnetzwerk nicht beseitigt werden.

Im gehärteten Zustand besteht das Gefüge in den Randschichten überwiegend aus Martensit, der hin zum Werkstückinneren allmählich in Zwischenstufengefüge sowie in feinlamellaren Perlit übergeht. Bei übereutektoidischen Stählen sind im Grundgefüge zusätzlich Zementitkörner eingelagert, wenn der Stahl vor dem Härten weichgeglüht war. Fehlt diese Vorbehandlung, dann treten an Stelle der Zementitkörner Reste des spröden Zementitnetzwerks auf.

Unlegierte Werkzeugstähle mit einem Kohlenstoffanteil zwischen 0,5 und 1,5 % werden im weichgeglühten Zustand spanend bearbeitet. Die untereutektoidischen, unlegierten Werkzeugstähle können auch im normalgeglühten Zustand oder im Lieferzustand nach der Warmumformung spanend bearbeitet werden. In beiden Fällen ist mit einer relativ schlechten Zerspanbarkeit, wegen erhöhter Adhäsionsneigung und Aufbauschneidenbildung zu rechnen.

Der Betrag der Zerspankraft bei der Bearbeitung von Werkzeugstählen wird maßgeblich durch die spezielle Legierungszusammensetzung und die Art der Wärmebehandlung bestimmt. Bei der Zerspanung von legierten Werkzeugstählen führt die Lösung von Karbidbildnern und die damit verbundene Festigkeitssteigerung zu einer Erhöhung der Zerspankraft.

Bei der Zerspanung der Werkzeugstähle im normal- und weichgeglühten Zustand wirken sich die erhöhte Adhäsionsneigung und die damit verbundene Aufbauschneidenbildung nachteilig auf die Oberflächenqualität aus. Abhilfe lässt sich in Grenzen durch eine Vergütung auf höhere Festigkeit schaffen. Aufgrund der hohen Verformungsfähigkeit des Ferrits bilden sich lange, schlecht brechende Späne bei der Zerspanung von Werkzeugstählen im weichgeglühten Zustand. Eine zunehmende Einformung der Karbide verschlechtert den Spanbruch. Erfolgt die Bearbeitung im vergüteten Zustand, ist der Spanbruch als unproblematisch anzusehen.

Für die Zerspanbarkeit der legierten Werkzeugstähle ist der Gehalt an Karbidbildnern von geringer Bedeutung. Karbidbildner erhöhen die Verschleißwirkung des Stahls erst dann deutlich, wenn sie beim Austenitisieren in Lösung gegangen sind und sich beim nachfolgenden Glühen keine Karbide gebildet haben. Die legierten Werkzeugstähle, insbesondere die hochlegierten Schnellarbeitsstähle, gelten im geglühten Zustand als schlecht zerspanbar. Dies ist, wie bei unlegierten Werkzeugstählen, auf starke Verklebungen und Aufbauschneidenbildung zurückzuführen. Es können an den Austrittsstellen des Werkzeugs Ausbrüche auftreten. Durch eine Vergütung auf höhere Festigkeiten (1200 – 1400 N/mm^2) kann die Adhäsionsneigung reduziert werden, der abrasive Verschleiß sowie die thermische Belastung der Schneiden nehmen hingegen zu. Die anwendbaren Schnittgeschwindigkeiten bei der spanenden Bearbeitung von Werkzeugstählen sind in der Regel relativ gering und nehmen mit dem Einformungsgrad der Karbide zu. In gleichem Maße steigt jedoch auch die Adhäsionsneigung solcher Stähle mit fein verteilten körnigen Karbiden.

Als Schneidstoffe für die spanende Bearbeitung von Werkzeugstählen werden vorwiegend titan- und tantalkarbidhaltige Hartmetalle mittlerer Zähigkeit (z. B. der Anwendungsgruppe P20) sowie Cermets eingesetzt. Neben der spanenden Bearbeitung im geglühten Zustand sind Werkzeugstähle auch im vergüteten Zustand (R_m < 2000 N/mm^2) mit Schneidstoffen aus CBN bearbeitbar.

Die Auswahl der Legierungszusätze in legierten Werkzeugstählen erfolgt in erster Linie nach ihrem Einfluss auf Oberflächenhärte, Einhärtungstiefe, Anlassbeständigkeit, Zähigkeit und Verschleißwiderstand, wobei vor allem bei höher legierten Stählen eine geeignete Abstimmung mit dem Kohlenstoffgehalt erforderlich ist. Der Kohlenstoffgehalt im Stahl bestimmt den Mengenanteil an Karbiden, die den abrasiven Verschleiß wesentlich fördern. Der Kohlenstoff beeinflusst zusätzlich die Durchhärtbarkeit und trägt über die Karbidreaktionen beim Härten und Anlassen zur Anlassbeständigkeit und Zähigkeit entscheidend bei.

7.4.6 Gehärtete Stähle

Lange Zeit war die spanabhebende Bearbeitung gehärteter Stähle nur durch Schleifen möglich. Die Entwicklung der hochharten Schneidstoffe ermöglicht seit den 1980er Jahren die Zerspanung dieser Werkstoffe mit geometrisch bestimmten Schneiden. Seit dieser Zeit wird die Bearbeitung gehärteter Werkstoffe mit einer Härte über 50 HRC als *Hartbearbeitung* oder *Hartzerspanung* bezeichnet.

Während das Hartdrehen bis vor einigen Jahren beinahe ausschließlich in der Einzel- und Kleinserienproduktion eingesetzt wurde, wird es heute zunehmend auch für Großserien und in der Massenfertigung angewandt. In der Regel bestehen die Vorteile für den Einsatz des Hartdrehens, wenn eine Mehrseitenbearbeitung in einer Aufspannung realisiert werden kann. Bei der Bearbeitung in einer Aufspannung sind sehr gute Lagegenauigkeiten der Funktionsflächen erreichbar. Weiterhin sind Hartdrehprozesse für die Innen- und die Konturbearbeitung von großer Bedeutung.

Für das Drehen gehärteter Stähle kommen fast ausschließlich die hochharten, nichtmetallischen Schneidstoffe wie polykristallines kubisches Bornitrid (PCBN) und – mit Einschränkungen – Mischkeramik in Betracht. Grund hierfür sind die extrem hohen Anforderungen an die Warmhärte und die Diffusionsbeständigkeit des Schneidstoffs, die aus den hohen Temperaturen und Schnittdrücke in der Zerspanzone resultieren. Feinstkornhartmetalle- und Ultrafeinstkornhartmetalle sind aufgrund ihrer geringen Warmhärte dagegen nur für die Hartzerspanung mit geringen Schnittzeitanteilen, wie z. B. Drehen im unterbrochenen Schnitt, Hartfräsen, Räumen, Schälwälzen und -stoßen, geeignet. Aufgrund ihrer guten Zähigkeit, die deutlich über der der sehr warmfesten, jedoch auch vergleichsweise spröden PCBN- und vor allem Mischkeramik-Schneidstoffen liegt, weisen die in diesen Anwendungen ein sehr gutes Einsatzverhalten auf [Koch96, Wina96].

Das Spektrum der chemisch-physikalischen Eigenschaften kommerziell erhältlicher PCBN-Schneidstoffe ist vergleichsweise groß. Neben deutlichen Unterschieden in der Härte und der Biegebruchfestigkeit, variieren insbesondere die Wärmeleitfähigkeit, die Thermoschockbeständigkeit und die thermo-chemische Inertie gegenüber dem zu zerspanenden Werkstoff. Diese Varianz lässt sich auf die CBN-Korngröße sowie auf die Art und Konzentration der Bindephase zurückführen [Kloc05b, Joch01].

Eine Verbesserung der Oberflächenqualität beim Zerspanen von gehärteten Stählen mit PCBN ist durch Modifikation der Schneidkantengeometrie möglich. Prinzipiell besteht durch die Wahl eines großen Freiwinkels eine Möglichkeit zur Erhöhung der Schnittzeit bei identischem Freiflächenverschleiß und gleichzeitigem Anstieg des Schneidkantenversatzes. Für die Schneidkantenverrundung wird ein optimaler Radius von etwa 20 µm empfohlen. Kleine Fasen oder Radien führen demnach zu Ausbrüchen und schwankenden Standzeiten während größere Fasen und Radien größere Kräfte verursachen und Schwingungen hervorrufen können [Kloc05c].

Mischkeramik ist eine weitere Anwendungsgruppe, die für die Hartbearbeitung im kontinuierlichen Schnitt einsetzbar ist. Im Vergleich zu den PCBN-Schneidstoffen erfordert der Einsatz von Mischkeramik als Schneidstoff geringere Belastungen der Schneide und damit deutlich geringere Spanungsdicken von höchstens 100 µm. Für die Vorbearbeitung im glatten Schnitt wird der Einsatz runder Wendeschneidplatten bzw. die Wahl größtmöglicher Eckenradien empfohlen [Abel93]. Aufgrund der geringen Zähigkeit beschränken sich die Einsatzempfehlungen ausschließlich auf den glatten Schnitt [Köni89a, Momp87]. Unter besonderer Berücksichtigung der um den Faktor 10 – 20 geringeren Werkzeugkosten stellt die Mischkeramik im glatten Schnitt eine weit verbreitete Alternative zu Schneidstoffen mit niedrigem CBN-Anteil dar.

Bei der Hartzerspanung im Schruppschnitt treten hohen Zerspankräfte und hohe Spanflächentemperaturen auf. Es wurden spezifische Schnittkräfte k_c von 4000 – 4700 N/mm^2 und Spanflächentemperaturen, die sogar in Ausnahmefällen die lokale Schmelztemperatur des zu zerspanenden Werkstoffs überschreiten können, ermittelt [Berk92]. Im Gegensatz zur Weichbearbeitung nimmt die Passivkraft sehr hohe Werte an, die häufig sogar über denen der Schnittkraft liegt [Köni84a, Töns93, Wobk93]. Die hohen Drucknormalspannungen im Bereich der Verschleißmarke seitens der Nebenfreifläche führen zu einer hohen mechanischen und thermischen Belastung der Werkstückrandzone.

Die mechanische Belastung resultiert aus einer der HERTZschen Pressung ähnlichen Flächenlast. Der durch sie im Werkstück verursachte Spannungszustand verursacht eine Restaustenitumwandlung und Kaltverfestigung in der Randschicht des Werkstücks [Gold91]. Durch diesen Vorgang werden Druckspannungen induziert, die mit zunehmendem Freiflächenverschleiß der Nebenscheide ansteigen. Deshalb verlagert sich bei der Hartbearbeitung das Maximum der Druckeigenspannungen mit steigendem Freiflächenverschleiß in größere Tiefen der Werkstückrandzone [Wina96].

Die thermische Belastung resultiert aus der Reibung zwischen Freifläche und Werkstück. Sowohl hohe Normalspannungen als auch hohe Schubspannungen führen in Verbindung mit der Relativbewegung zwischen Werkzeug und Werkstück zu hohen Reibleistungen. Die Folge sind hohe Kontakttemperaturen, die bei Überschreiten der α-γ-Umwandlungstemperatur durch rasche Abkühlung zur Bildung von Martensit führen. Der Martensit ist im Gefügeschliff als „weiße", nicht angeätzte Schicht zu erkennen, vgl. Abb. 7.17 rechts. Unterhalb der weißen Randschicht ist eine dunklere Zone mit angelassenem Gefüge erkennbar. Die Phänomene, die bei hohen Temperaturen durch

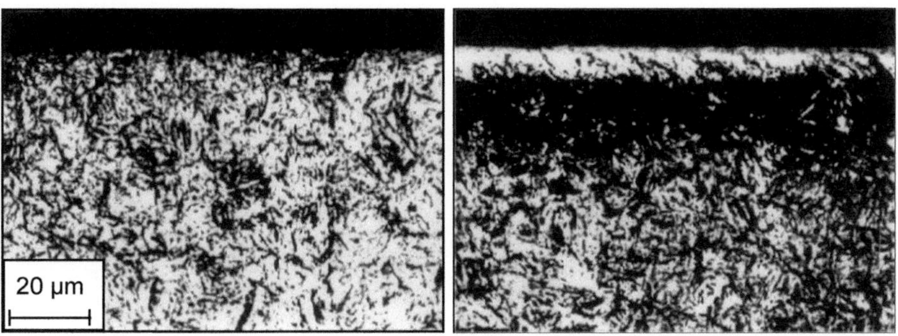

Abb. 7.17 Randzonenbeeinflussung beim Hartdrehen

Umwandlung und hohe Abkühlungsgradienten ablaufen, verursachen Zugeigenspannungen, die sich den mechanisch bedingten Druckeigenspannungen überlagern [Jonk87]. Die Größe des Freiflächenverschleißes an der Nebenschneide hat einen signifikanten Einfluss auf den Spannungsverlauf in der Werkstückrandzone. Metallographische Untersuchungen an hartbearbeiteten Werkstückoberflächen bestätigen den Einfluss des Werkzeugverschleißes auf die Bildung einer Neuhärtungszone [Gold91]. Wie sich der Spannungsverlauf und die Neuhärtungszonen letztendlich auf das Bauteilverhalten auswirken, ist noch nicht ausreichend geklärt. Besonderes Interesse gilt den Auswirkungen auf die Dauerfestigkeit von wälzbelasteten Funktionsflächen. Die Bildung von Neuhärtungszonen kann bei der Hartzerspanung auch durch den Einsatz von Kühlmittel nicht unterdrückt werden. Da der Einsatz von Kühlmittel keine Verbesserung des Standzeitverhaltens der Schneidstoffe bewirkt, wird in der Regel trocken bearbeitet. Bei der Zerspanung im unterbrochenen Schnitt verbietet die Thermoschockempfindlichkeit superharter Schneidstoffe sogar den Einsatz von Kühlmitteln [Acke89, Töns91].

Hochvergütete Stähle, die ihre Härte hauptsächlich aus ihrer martensitischen Gefügestruktur erhalten, sind bei Raumtemperatur und Umgebungsdruck praktisch nicht verformbar. Aus diesem Formänderungsverhalten resultiert eine besondere Spanbildung, die sich von der klassischen Spanbildung ungehärteter Stähle unterscheidet. Bei der Zerspanung gehärteter Stähle können je nach Spanungsdicke zwei verschiedene Spanformen entstehen. Während sich bei großen Spanungsdicken ($h > 20$ µm) ein „sägezahnförmiger" Span ausbildet [Acke89, Berk92, Naru79] vgl. Abb. 7.18, ist für geringere Spanungsdicken ($h < 20$ µm) die Entstehung eines Bandspans charakteristisch [Köni93b].

Bei der Entstehung des „sägezahnförmigen" Spans wird der Beginn der Werkstofftrennung durch eine Rissbildung an der Oberfläche, die sich unter einem Winkel der größten Schubspannungen in das Werkstück fortpflanzt, eingeleitet [Acke89]. Das freigesetzte Spansegment gleitet zwischen der Spanfläche und der neu entstandenen Trennfläche ab. Ist das Spansegment soweit abgeglitten, sodass die steigenden Druckspannungen wiederum zum Überschreiten der kritischen Schubspannung führen, entsteht der nächste Riss. Eine Theorie führt die Verbindung der Spansegmente darauf zurück, dass der Riss vor der Schneidkante aufgefangen wird und, bedingt durch den Druckspannungszustand

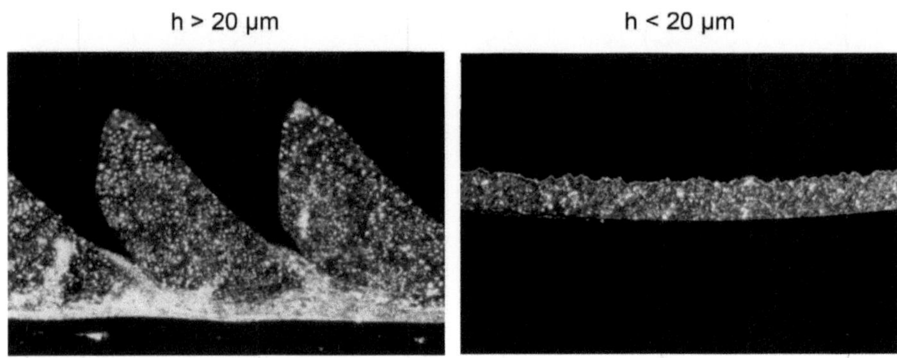

Abb. 7.18 Sägezahnspan (links) und Bandspan (rechts) im Längsschliff

und die hohen Temperaturen, eine plastische Formänderung stattfindet. Die Spansegmente gleiten somit auf plastifiziertem Werkstoff ab [Berk92]. Bei großen Spanungsdicken ist der Übergang vom Bandspan zum Sägezahnspan von der Härte des Werkstoffs abhängig. Bei dem vorwiegend martensitisch gehärteten, unlegierten Werkzeugstahl C105W2 (1.1645) findet dieser Übergang z. B. bei ca. 50 HRC statt [Naru79]. Bei geringeren Spanungsdicken (h < 20 µm) liegt die Spanungsdicke im Bereich des Schneidkantenradius r_n und mit entsprechend stark negativ wirksamem Spanwinkel γ_n [Töns93, Kais92]. Dabei wird ein dreiachsiger Spannungszustand mit einem hohen hydrostatischen Druckspannungsanteil im Werkstoffbereich direkt vor der Schneidkante verursacht, ohne dass eine Werkstofftrennung einsetzt. Zur Erklärung dieser Phänomene kann die Schubspannungshypothese nach Mohr herangezogen werden. Bereits von Kármán weist auf die Möglichkeit der plastischen Formänderung sprödharter Werkstoffe unter allseitigem Druck hin [Karm11]. Liegt ein solcher Druckspannungszustand vor, wird die Schubfließgrenze zu einem maßgeblichen Kriterium. Ist die Belastung des Werkstoffs hingegen durch einen einachsigen Druckspannungszustand gekennzeichnet, wie er an der Werkstückoberfläche auftritt, so wird Werkstoffversagen durch einen Spaltbruch hervorgerufen.

Das *Präzisionshartdrehen* ($v_c \approx 100 - 200$ m/min, $f \approx 0{,}05 - 0{,}15$ mm, $a_p \approx 0{,}1 - 0{,}5$ mm) hat die Herstellung einsatzfertiger Bauteile zum Ziel. In der Serienfertigung können Oberflächenrauheiten im Bereich Rz = 2,5 – 4 µm prozesssicher erzielt werden. Eine konsequente Weiterentwicklung in Richtung höherer Bauteilqualitäten stellt das *Hochpräzisionshartdrehen* ($v_c \approx 150 - 220$ m/min, $f \approx 0{,}01 - 0{,}1$ mm, $a_p \approx 0{,}02 - 0{,}3$ mm) dar, mit dem Potential Oberflächenrauheiten deutlich unterhalb der von konventionellen Präzisionshartdrehprozessen zu erzielen. Die unter Verwendung spezieller Werkzeugmaschinen erreichbaren Oberflächenrauheiten Rz liegen unter 1 µm. Allerdings muss mit steigendem Werkzeugverschleiß auch mit einer Verschlechterung der Oberflächengüte gerechnet werden. Das Verfahren zeigt Potential, für die Erzeugung von Oberflächen mit $Rz \leq 3$ µm bei längeren Standzeiten.

7.4.7 Nichtrostende Stähle

Nichtrostende Stähle enthalten mindesten 10,5 % Chrom und höchstens 1,2 % Kohlenstoff. Ihre Hauptlegierungselemente sind Chrom und Nickel. Bei Anteilen von über 12 % bewirkt Chrom die Korrosionsbeständigkeit des Stahlwerkstoffes. Nickel erweitert das γ-Gebiet und führt in hochchromhaltigen Stählen zur Stabilisierung des austenitischen Gefüges, das bei niedrig legierten Kohlenstoffstählen in der Regel nicht stabil ist und unterhalb der A_{c1}-Temperatur in Ferrit und Zementit zerfällt. Die Wärmeleitfähigkeit des Stahlwerkstoffes wird durch Nickel stark vermindert. „Chrom-Stahl" ist die übliche Bezeichnung für ferritische und „CrNi-Stahl" für austenitische Stahlsorten. Entsprechend ihren wesentlichsten Gebrauchseigenschaften werden nach DIN EN 10088-1 die nichtrostenden Stähle eingeteilt in:

- korrosionsbeständige Stähle,
- hitzebeständige Stähle und
- warmfeste Stähle.

Korrosionsbeständige Stähle zeichnen sich durch eine gute Beständigkeit gegenüber chemisch aggressiven Stoffen aus. Im Allgemeinen weisen sie einen Chromgehalt von wenigstens 12 % auf. Der Schutz wird bei mehr als 10,5 % Cr durch spontane Bildung einer Chromoxidschutzschicht erreicht [DINEN10088a]. Hinsichtlich ihrer Gefügebestandteile werden die korrosionsbeständigen Stähle in ferritische, martensitische, austenitische und in ferritisch-austenitische Stähle untergliedert. Abb. 7.19 zeigt das Zustandsschaubild der Cr-Ni-Stähle. Hieraus kann abgelesen werden, welches Gefüge bei einem nichtrostenden Chrom-Nickel-Stahl in Abhängigkeit vom Chrom- und Nickelgehalt nach dem Abschrecken vorliegt. Punkt 1 entspricht dem austenitischen Stahl X5CrNi18 – 10 mit 18 % Chrom, 10 % Nickel und 72 % Eisen, Punkt 2 dem ferritischen Chromstahl X6Cr17 und Punkt 3 dem martensitischen Stahlwerkstoff X39Cr13 [Igna97].

Bei den ferritischen Stählen handelt es sich vorwiegend um reine Chromstähle mit Cr-Gehalten von 12,5 – 18 % und C-Gehalten unter 0,1 % (z. B. X6Cr13, Werkstoff-Nr.: 1.4000, X6Cr17, Werkstoff-Nr.: 1.4016). Sie sind magnetisch und nicht härtbar.

Martensitische Stähle sind vorwiegend Chromstähle mit Chromgehalten von 12 – 18 % bei einem C-Gehalt von 0,1 bis 1,2 % (z. B. X12Cr13, Werkstoff-Nr.: 1.4006; X39Cr13, Werkstoff-Nr.: 1.4031). Je nach Qualität enthalten diese Stähle noch Zusätze von Ni und Mo. Sie sind magnetisch und können durch eine entsprechende Wärmebehandlung vergütet bzw. gehärtet und angelassen werden. Mit zunehmendem C-Gehalt nimmt die Härte im gehärteten Zustand zu. Bei einem C-Gehalt von 0,1 % ist eine Härte um 40 HRC und bei einem Gehalt von 0,9 % C um 59 HRC erzielbar.

Die mit Abstand am meisten verwendeten Stähle sind die austenitischen Stahlwerkstoffe. Sie enthalten ca. 17 – 26 % Cr, 7 – 26 % Ni, weniger als 0,12 % C und zum Teil geringe Anteile von Si, Mo, V, Nb, Ti, Al oder Co (z. B. X5CrNi18-10, Werkstoff-Nr.: 1.4301; X6CrNiMoTi17-12-2, Werkstoff-Nr.: 1.4571). Sie sind nicht magnetisch und durch eine

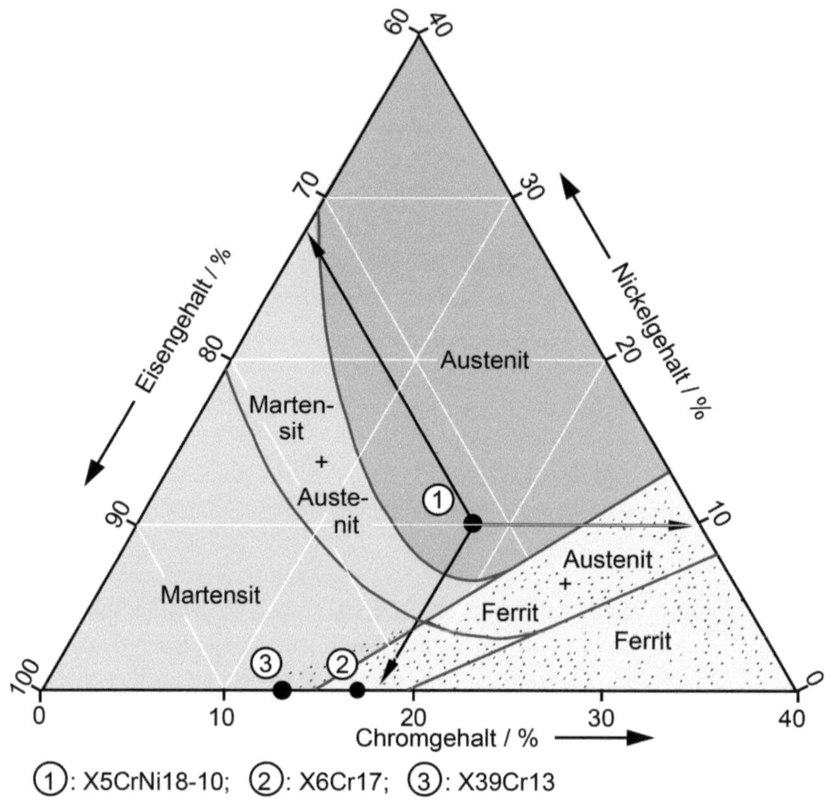

Abb. 7.19 Zustandschaubild der Cr-Ni-Stähle mit Angabe der Gefügebestandteile nach dem Abschrecken, nach IGNATOWITZ [Igna97]

Wärmebehandlung nicht härtbar. Sie zeichnen sich im geglühten Zustand durch sehr gute Zähigkeitseigenschaften aus, die sie auch bei extrem tiefen Temperaturen beibehalten. Sie neigen, insbesondere bei höheren Kohlenstoffgehalten, bei der Kaltumformung zu starker Kaltverfestigung. Durch Kaltumformung können somit ihre Festigkeitswerte sehr stark erhöht werden. Bei Bildung von Verformungsmartensit nimmt die Dehnung allerdings sehr stark ab.

Aus den oben genannten korrosionsbeständigen Stählen werden u. a. Haushaltsgeräte, Rasierklingen, Messer, chirurgische Instrumente, Teile für den Automobilbau, die Agrar- und Fördertechnik, den Maschinen- und Anlagenbau, Apparate und Geräte für die Lebensmittelindustrie, die chemische Industrie, die Textil-Industrie und für den Schiffsbau hergestellt [Stah01].

Eine weitere Gruppe der korrosionsbeständigen Stähle sind die ferritisch-austenitischen Stahlwerkstoffe, die auch als Duplex- (z. B.: X2CrNiMoN22-5-3, Werkst.-Nr.: 1.4462) oder Superduplex-Stähle (z. B. X2CrNiMoCuWN25-7-4, Werkst.-Nr.: 1.4501) bezeichnet werden. Ihren Namen Duplex verdanken diese Stähle ihrem zweiphasigen Gefügeaufbau, der aus Ferrit und Austenit besteht. Ihre optimalen Eigenschaften erreichen die

Duplex-Stähle bei einem ausgeglichenen Ferrit-Austenit-Verhältnis von ca. 50/50 %. Im Vergleich zu den normalen austenitischen Stählen enthalten die Duplex-Stähle weniger Nickel (ca. 4 – 8 %), jedoch meist einen deutlich höheren Chromgehalt (ca. 18 – 25 %). Zur Erhöhung des Widerstandes gegenüber interkristalliner Korrosion wird, im Austausch für einen gewissen Anteil an Nickel, Stickstoff als Austenitbildner und Molybdän zugesetzt. Das optimale Gefüge wird durch eine Wärmebehandlung bei ca. 1000 bis 1100 °C eingestellt. Die Stähle finden vor allem in der Gas- und Ölindustrie, in der petrochemischen Industrie, in Chemikalientankern und im Klärwerksbau Verwendung. Gegenüber den austenitischen rostfreien Stählen weisen die Duplex-Werkstoffe bei vergleichbarer oder deutlich höherer Festigkeit eine nahezu doppelt so hohe Dehngrenze ($R_{p0,2}$ ca. 400 – 550 MPa) auf.

Hitzebeständige Stähle sind hauptsächlich ferritische und austenitische Stähle mit guter Beständigkeit gegen Oxidation sowie gegen den Einfluss von heißen Gasen und Verbrennungsprodukten oberhalb von 550 °C. In oxidierender Atmosphäre wird eine schützende Schicht aus Chrom-, Silizium- und Aluminiumoxiden auf der Stahloberfläche gebildet [DINEN10088a]. Die hitzebeständigen ferritischen Stähle enthalten in der Regel mindestens 12 % Chrom sowie Aluminium und Silizium (z. B. X10CrAlSi13, Werkst.-Nr.: 1.4724; X10CrAlSi25, Werkst.-Nr.: 1.4762). Die hitzebeständigen austenitischen Stähle sind zusätzlich mit mindestens 9 % Nickel legiert (z. B. X8CrNiTi18-10, Werkstoff-Nr.: 1.4878; X15-CrNiSi25-21, Werkstoff-Nr.: 1.4841). Verwendung finden diese Stahlsorten u. a. im Ofen- und Apparatbau für Glühhauben, Glühkörbe und Glührohre [Stah01].

Bei den warmfesten Stählen handelt es sich hauptsächlich um martensitische und austenitische Stahlsorten mit einer hohen Zeitstandfestigkeit bei mechanischer Langzeitbeanspruchung oberhalb von 500 °C. Aus warmfesten martensitischen Stählen (z. B. X20CrMoV11-1, Werkstoff-Nr.: 1.4922; X20CrMoWV12-1, Werkstoff-Nr.: 1.4935) werden Bauteile für Wärmekraftanlagen, Dampfkessel und Turbinen, für die chemische Industrie und für die Reaktortechnik hergestellt. Warmfeste austenitische Stähle (z. B.: X6CrNi18-10, Werkstoff-Nr.: 1.4948; X5NiCrTi26-15, Werkstoff-Nr. 1.4980) finden beim Bau von Druckgefäßen und Armaturen, im Druckbehälter- und Dampfkesselbau aber auch bei der Herstellung von Schaufeln, Scheiben, Wellen und Bolzen für Dampf- und Gasturbinen sowie im Schiffsbau Verwendung [Stah01].

Die nichtrostenden Stähle mit ferritischem Gefüge sind verhältnismäßig gut zerspanbar. Der Verschleißangriff durch Abrasion und Adhäsion ist vergleichsweise gering. Die Zerspanbarkeit der martensitischen Stähle richtet sich nach der Härte als Folge der jeweils durchgeführten Wärmebehandlung. Je nach Wärmebehandlung besteht das Gefüge aus Martensit (gehärtet) oder angelassenem Martensit mit Chromkarbiden und Ferrit (vergütet). Die Duplex-Stähle gelten als außerordentlich schlecht zerspanbar. Kennzeichnend hierfür sind eine ausgeprägte Neigung zur Adhäsion, eine starke Kaltverfestigung der Werkstückrandzone und eine ungünstige Spanbildung.

Aufgrund der herausragenden Bedeutung der korrosionsbeständigen austenitischen Stahlwerkstoffe soll im Folgenden auf ihre Zerspanbarkeit etwas detaillierter eingegangen werden. Austenitische Stahlwerkstoffe werden im abgeschreckten oder im lösungsgeglühten Zustand zerspant. Gegenüber ferritisch-perlitischen oder vergüteten Stählen sind sie deutlich schlechter zerspanbar. Ursache hierfür sind ihre hohe Verformungsfähigkeit und Zähigkeit, ihre Neigung zur Kaltverfestigung und zur Adhäsion mit dem Schneidstoff sowie ihre gegenüber unlegierten Stählen um ca. 1/3 niedrigere Wärmeleitfähigkeit. Diese verschlechtert die Wärmeabfuhr über den Span und erhöht die Temperaturbelastung der Schneide. Folgen dieser spezifischen Werkstoffeigenschaften sind trotz der vergleichsweise geringen Zugfestigkeit der austenitischen CrNi-Stähle eine hohe thermische Belastung der Werkzeugschneide, ausgeprägter Frei- und/oder Spanflächenverschleiß, Materialverklebungen, Kerbenverschleiß, Schneidstoffausbröckelungen, Schneidkantenausbrüche und ungünstige Spanformen, die bei vielen Bearbeitungsaufgaben eine spanende Bearbeitung nur bei vergleichsweise niedrigen Schnittgeschwindigkeiten erlaubt, zu kurzen Standzeiten und zu ungenügenden Oberflächenqualitäten führen. Bei beschichteten Werkzeugen kann vielfach beobachtet werden, dass die Adhäsion zwischen Werkstoff und Hartstoffschicht stärker als deren Haftung am Substrat ist und zur Schichtablösung führt.

Die spanende Bearbeitung austenitischer Stahlwerkstoffe erfolgt vorzugsweise mit unbeschichteten oder beschichteten WC-Co-Hartmetallen der Hauptanwendungsgruppe M. Aufgrund der hohen thermischen Schneidenbelastung kommen gegenüber der Drehbearbeitung ferritisch-perlitischer Stähle Schnittgeschwindigkeiten zur Anwendung, die um den Faktor 2 – 5 niedriger liegen. Der Bereich anwendbarer Schnittgeschwindigkeiten erstreckt sich in Abhängigkeit von der Legierung von v_c = 50 m/min (X5NiCrTi26-15) bis v_c = 160 m/min (X6CrNiMoTi17-12-2). Die Standzeiten liegen zwischen 5 und 15 Minuten.

Standzeitbegrenzende Verschleißform beim Drehen austenitischer Stahlwerkstoffe mit unbeschichteten Hartmetallen ist die Ausbildung eines ausgeprägten Kolkes auf der Spanfläche, Abb. 3.41 links. Aufgrund des starken Kolkverschleißes können unbeschichtete Hartmetalle nur bei vergleichsweise niedrigen Schnittgeschwindigkeiten (v_c < 100 m/min) eingesetzt werden [Gers04]. Die Anwendung hoher Schnittgeschwindigkeiten ist bei der Drehbearbeitung austenitischer Stahlwerkstoffe nur durch den Einsatz beschichteter Werkzeuge möglich, vgl. Abb. 3.41 rechts.

Signifikante Leistungssteigerungen bei der Drehbearbeitung austenitischer Stähle erfordern Schneidstoffe mit im Hinblick auf die Bearbeitungsaufgabe maßgeschneiderten Eigenschaften, Abb. 7.20. Je mehr das System Schneidstoff im Zerspanprozess an die physikalischen Grenzen von Substrat und Hartstoffbeschichtung stößt, umso sorgfältiger müssen Substrat, Hartstoffschicht und Geometrie an die Bearbeitungsaufgabe angepasst werden [Gers04].

Neben einem hohen Verschleißwiderstand wird Zerspanwerkzeugen bei der Drehbearbeitung austenitischer Stahlwerkstoffe auch „Leistung“ bei der Spanformung und der Spanbrechung abverlangt. Vor allen die austenitischen Stähle neigen aufgrund ihrer hohen Verformungsfähigkeit zur Bildung langer Band- und Wirrspäne. Diese stellen nicht nur für das Bauteil und die Maschine sondern auch für das Bedienungspersonal ein hohes Gefahrenpotential dar. Nicht nur in automatisierten Fertigungsanlagen ist es daher unabdingbar, mit allen verfügbaren Mitteln diese Spanbildungsart zu vermeiden, um eine umfassende Zerspanungssicherheit zu erreichen.

Die Gewährleistung eines sicheren Spanbruches wird auf zwei Wegen angestrebt. Der eine ist auf Seiten des Werkstoffes durch legierungstechnische Maßnahmen. Diesem

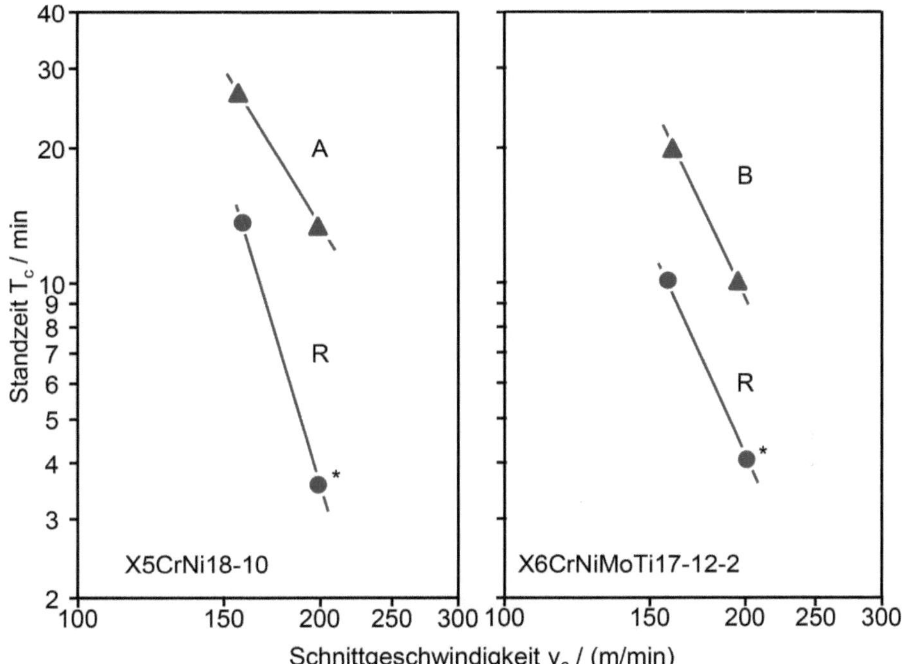

Schneidstoffe:

A: WC-7,5Co-6,8MK-0,75Cr_3C_2 / TiN-TiCN-Al_2O_3-HfCN

B: WC-7,5Co-6,8MK-0,75Cr_3C_2 / TiAlN

R: Referenzschneidstoff

Standzeitkriterien:

Freiflächenverschleiß VB = 0,3 mm, *: plastische Verformung der Schneidenecke

Verfahren: Außenlängsdrehen

Schnittdaten: Vorschub: f = 0,32 mm, Schnitttiefe: a_p= 2 mm

Kühlschmierstoff: Emulsion 6%

Abb. 7.20 Beispiele für das Leistungspotential von Hartmetallen mit speziell angepassten Substraten und Schichtsystemen im Vergleich zu einem konventionellen Schneidstoff beim Schruppdrehen austenitischer Stahlwerkstoffe, nach Gerschwiler [Ger04]

Weg sind jedoch im Hinblick auf die Gebrauchseigenschaften von Werkstoff und Bauteil vielfach enge Grenzen gesetzt. Der erfolgversprechendere Weg ist daher in den meisten Fällen die Optimierung der Schneidteilgeometrie. Bei wechselnden Schnitttiefen und/oder kleinen Vorschüben stellt dies jedoch außerordentlich hohe Anforderung an die geometrische Gestaltung der Schneidenform. Insbesondere bei kleinen Spanungsquerschnitten müssen die Werkzeuge Spanformelemente besitzen, die nahe genug an der Schneidkante liegen, um mit den feinen Spänen überhaupt in Kontakt zu kommen [Köni90a].

Die hohe Duktilität der austenitischen Werkstoffe erfordert Werkzeuge mit möglichst scharfen Schneiden. Scharfe Werkzeugschneiden erleichtern bei der Spanbildung die Trennung des Werkstoffes und tragen wesentlich über eine Reduzierung der Zerspankräfte zu einer geringeren plastischen Verformung der Werkstückrandzone, zur Erzeugung hochwertiger Werkstückoberflächen und zur Verringerung der Gratbildung bei. Demgegenüber steht die Beobachtung, wonach mit zunehmender mechanischer Belastung es bei sehr scharfen Schneiden verstärkt zu Schneidstoffausbröckelungen kommt, was wiederum zu einem rascheren Verschleißzuwachs führt. Wie Versuche zeigen, kann durch eine definierte Schneidkantenverrundung die Schneidkante stabilisiert und die Werkzeugstandzeit signifikant verbessert werden. Beim Schlichtdrehen mit kleinen Spanungsquerschnitten sollte die Schneidkantenverrundung nicht größer als 30 μm gewählt werden. Beim Schruppdrehen kann dagegen zur Vermeidung von Kantenausbrüchen und Schneidstoffausbröckelungen die Schneidkante mit einer Verrundung in der Größenordnung von ca. 40 – 60 μm möglichst stabil ausgeführt werden.

Bei der Zerspanung duktiler austenitischer Stahlwerkstoffe ist die Gratbildung ein weiteres gravierendes Problem. Bei Bauteilen mit hohen Ansprüchen an die Gratfreiheit können bis zu 20 % der Fertigungskosten auf das Entgraten entfallen [Köni93]. Neben den Kosten für das Entgraten zwingen steigende Ansprüche an die Bauteilqualität und an die Attraktivität von Arbeitsplätzen der Gratbildung durch geeignete Maßnahmen entgegenzuwirken.

In der Regel erfolgt die Bearbeitung austenitischer Stähle im Nassschnitt. Eine Trockenbearbeitung ist bei entsprechender Prozessauslegung möglich. Zu beachten ist hierbei allerdings, dass gegenüber der Nassbearbeitung aufgrund der fehlenden Kühlwirkung des Kühlschmierstoffes Span und Werkzeug höhere Temperaturen aufweisen. Die Folgen hiervon sind verstärkte Materialaufschmierungen auf dem Werkzeug, eine deutlich schlechtere Spanbildung, ein stärkerer Kerbenverschleiß an Haupt- und Nebenschneide und hieraus resultierend eine verstärkte Gratbildung und eine schlechtere Oberflächenqualität. Gegenüber der Nasszerspanung kann die Trockenbearbeitung austenitischer Stähle ferner zu einer Reduzierung der Werkzeugstandzeiten führen, wobei die Standzeit in der Regel nicht durch den Freiflächenverschleiß, sondern durch die mit der Kerbenbildung an der Nebenschneide einhergehende Verschlechterung der Oberflächenqualität begrenzt wird. Um austenitische Stahlwerkstoffe wirtschaftlich trocken bearbeiten zu können bedarf es daher besonderer Maßnahmen. Hierzu zählt neben einer auf die Bearbeitungsaufgabe abgestimmten Werkzeuggeometrie, geeigneten Schichtsystemen und Schnittparametern vor allem der Einsatz einer Minimalmengenschmierung. Insbesondere durch diese können Materialaufschweißungen reduziert und die Oberflächenqualität signifikant verbessert werden. Als Medien finden hierbei in der Regel synthetische Esteröle Verwendung [Gers04], vgl. hierzu auch Kap. 6.

7.5 Zerspanbarkeit von Gusseisen

Als Gusseisen werden diejenigen Eisen-Kohlenstofflegierungen bezeichnet, die einen Kohlenstoffgehalt von mehr als 2,06 % aufweisen. Im Zweistoffsystem Eisen-Kohlenstoff schließt sich das Gusseisen somit an die Stähle (bis 2,06 % C) an. Die Formgebung erfolgt vornehmlich durch Gießen mit anschließender spanender Fertigbearbeitung.

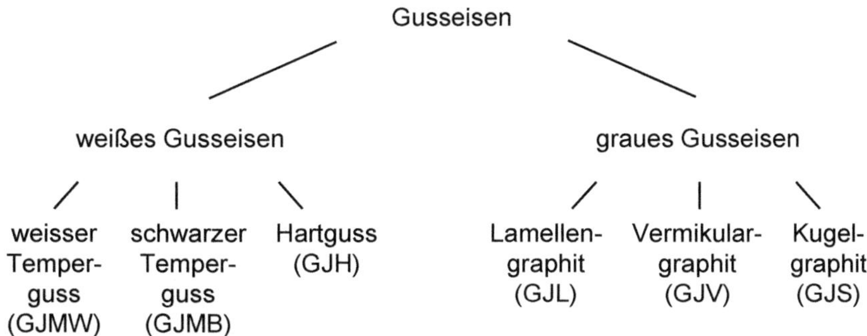

Abb. 7.21 Einteilung des Gusseisens

In Anlehnung an das Aussehen der Bruchflächen unterteilt sich die Werkstoffgruppe der Gusseisenlegierungen in die weißen und die grauen Gusseisen, vgl. Abb. 7.21. Zu den weißen Gusseisenwerkstoffen zählen der Hartguss sowie der Temperguss, bei denen die Erstarrung nach dem metastabilen System Eisen-Eisenkarbid erfolgt und der Kohlenstoff somit in Form von Zementit (Fe_3C) vorliegt. Im Gegensatz dazu erfolgt die Erstarrung beim grauen Gusseisen nach dem stabilen System Eisen-Graphit, der Kohlenstoff liegt folglich in Form von Graphit vor. In Abhängigkeit von der Form des Graphits wird bei den grauen Gusseisenwerkstoffen zwischen Gusseisen mit Lamellengraphit (GJL), Gusseisen mit Vermikulargraphit (GJV) und Gusseisen mit Kugelgraphit (GJS) unterschieden.

Die Zerspanbarkeitseigenschaften der Eisenguss-Werkstoffe werden neben dem metallischen Grundgefüge sehr stark von der Menge und der Ausbildung des eingelagerten Graphits beeinflusst. Die Graphiteinlagerungen reduzieren zum einen die Reibung zwischen Werkzeug und Werkstück und unterbrechen zum anderen das metallische Grundgefüge. Dies führt zu einer im Vergleich zu graphitfreien Eisenguss- oder Stahlwerkstoffen günstigeren Zerspanbarkeit, die sich durch kurzbrüchige Späne, niedrige Zerspankräfte und höhere Werkzeugstandzeiten auszeichnet.

Das metallische Grundgefüge des Gusseisens ist in hohem Maße ausschlaggebend für dessen Zerspanbarkeit. Das Grundgefüge wird durch die chemische Zusammensetzung (Legierungselemente) und die Wärmebehandlung beeinflusst und besteht bei Werkstoffen niedriger Festigkeit zum überwiegenden Teil aus Ferrit. Mit steigendem Perlitanteil kommt es zu einer höheren Werkstofffestigkeit und somit auch zu einem höheren abrasiven Werkzeugverschleiß. Gusseisen hoher Festigkeit und Härte verfügen häufig über ein bainitisches, ledeburitisches oder martensitisches Gefüge und sind deshalb sehr schlecht zerspanbar.

7.5.1 Weißes Gusseisen

Wie bereits erwähnt, erfolgt die Erstarrung beim weißen Gusseisen nach dem metastabilen System Fe-Fe_3C, vgl. Abb. 7.22. Bedingt durch eine hohe Abkühlgeschwindigkeit kommt es zur Ausbildung des Eutektikums (1147 °C, C-Gehalt = 4,3 %), das Ledeburit

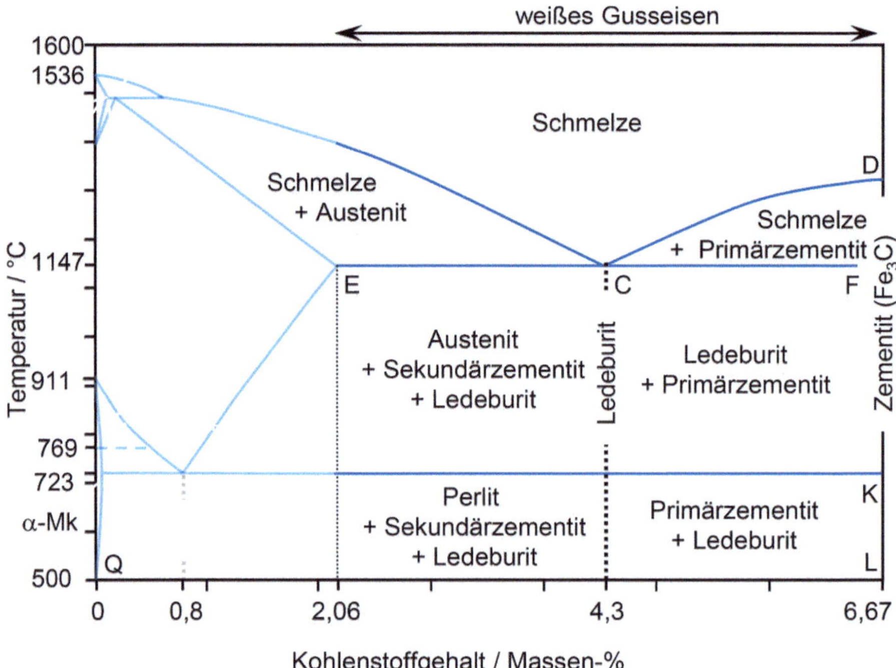

Abb. 7.22 Ausschnitt aus dem Zustandsschaubild Eisen-Kohlenstoff (metastabiles System, schnelle Abkühlung)

(Austenit + Zementit) genannt wird. Je nach Kohlenstoffgehalt liegt bei untereutektischen Zusammensetzungen zusätzlich Perlit und Sekundärzementit, bei übereutektischen Legierungen Primärzementit, vor.

Der hohe Anteil von Eisenkarbid im weißen Gusseisen führt zu einer hohen Härte bei ausgeprägter Sprödigkeit. Wird das weiße Gusseisen keiner weiteren Wärmebehandlung unterzogen, wird es als Hartguss bezeichnet. Erfolgt eine weitere Wärmebehandlung (Tempern), so entsteht Temperguss.

7.5.1.1 Temperguss

Beim Temperguss werden die Gebrauchseigenschaften durch eine metastabile Erstarrung mit anschließender Wärmebehandlung (Tempern) eingestellt. Anhand des Bruchaussehens wird der Temperguss in weißen (GJMW) und schwarzen Temperguss (GJMB) unterteilt.

Zur Herstellung von weißem Temperguss wird der Temperrohguss (weißes Gusseisen) in einer oxidierenden Atmosphäre geglüht (ca. 1000 °C, 60 – 120 h). Ziel ist es, einen teilweise oder vollständig entkohlten Werkstoff herzustellen, indem dem Gussstück der Kohlenstoff entzogen wird [DINEN1562]. Der Grad der Entkohlung des Werkstücks ist stark abhängig von der Dauer des Tempervorgangs und von der Wanddicke des Gusstückes. Eine vollständige und gleichmäßige Entkohlung findet nur bei geringen Wandstärken statt, bei dickeren Gussstücken findet eine Randentkohlung sowie ein Zerfall des Zementits im Inneren des Werkstücks statt. Der verbleibende Graphit liegt dann in Form von Temperkohle vor. In dem Fall der teilweisen Entkohlung liegen also ein rein ferritisches Randzonengefüge und ein perlitisch-ferritisches Kerngefüge vor.

Im Gegensatz zum weißen Temperguss erfolgt die Wärmebehandlung beim schwarzen Temperguss in einer sauerstofffreien Atmosphäre, das Gusseisen wird somit nicht entkohlt. Der Zementit zerfällt vollständig in Temperkohle [DINEN1562]. Kennzeichnend für schwarzen Temperguss ist, dass aufgrund der nichtentkohlenden Glühung ein über dem Werkstückquerschnitt gleichmäßiges Gefüge vorliegt, unabhängig von der Wanddicke. In Abhängigkeit von der Abkühlgeschwindigkeit bildet sich bei langsamer Abkühlung ein ferritisches Grundgefüge aus, die Temperkohle ist darin in Form von knotenförmigen Ausbildungen gleichmäßig verteilt. Bei schnellerer Abkühlung bildet sich ein perlitisches oder sogar martensitisches Grundgefüge. Auch perlitisch-ferritische Mischgefüge sind möglich.

Temperguss lässt sich im Gegensatz zu Stählen ausgezeichnet zerspanen. Trotz der guten plastischen Verformbarkeit der verschiedenen Temperguss-Sorten bewirken die im stahlähnlichen Grundgefüge Ferrit bzw. Perlit eingelagerten Mangansulfide und Temperkohle kurzbrüchige Späne, die problemlos abgeführt werden können [Wern83]. Die Temperkohle verringert außerdem die Reibung zwischen Werkstück und Werkzeug und unterbricht den metallischen Grundwerkstoff, was zu niedrigen Zerspankräften und höheren Werkzeugstandzeiten führt. Bei gleicher Werkstückhärte ist schwarzer Temperguss besser zerspanbar als weißer, wobei dieser Effekt auf das rein ferritische Randzonengefüge (ohne Temperkohle) des weißen Tempergusses zurückzuführen ist. Probleme bei der Zerspanung von Ferrit sind Aufbauschneidenbildung (Adhäsionsneigung von Ferrit), die Bildung von Band- und Wirrspänen (großes Formänderungsvermögen von Ferrit) und die Minderung der Oberflächengüte bei verstärkter Gratbildung.

Zur Bearbeitung von Temperguss werden als Schneidstoffe meistens unbeschichtete oder beschichtete Hartmetalle, Cermets, Oxidkeramiken und PCBN der Hauptanwendungsgruppen P und K eingesetzt.

Als Folge der Wärmebehandlung bei der Herstellung von Temperguss wird eine bemerkenswerte Konstanz hinsichtlich der mechanisch-technologischen Werkstoffeigenschaften erreicht, was eine Optimierung der Schnittbedingungen für eine wirtschaftliche Bearbeitung erlaubt. Des Weiteren zeichnet sich Temperguss durch hohe Festigkeits- und Zähigkeitseigenschaften aus, verbunden mit ausgezeichneter gießtechnischer Verarbeitbarkeit. Es lassen sich somit formgenaue, auch schwierig gestaltete und dünnwandige Werkstücke von hoher Oberflächenqualität realisieren. Aufgrund der hohen Duktilität eignet sich Temperguss besonders für Bauteile, die dynamischen Beanspruchungen – schwingend oder stoßartig – ausgesetzt sind und hohen mechanischen Kräften widerstehen müssen [Wern00].

Weißer Temperguss ist schweißbar und härtbar. Bei der Wahl des Härteverfahrens ist zu berücksichtigen, dass weißer Temperguss ein von der Wanddicke abhängiges Gefüge mit von außen nach innen zunehmendem Kohlenstoffgehalt hat. Für die kohlenstoffarme

Randschicht kann daher nur ein thermochemisches Verfahren angewendet werden, wie beispielsweise das Einsatzhärten oder das Nitrieren [Schü06].

7.5.1.2 Hartguss

Weißes Gusseisen ohne Wärmebehandlung wird aufgrund seines hohen Anteils an Zementit als Hartguss (GJH) bezeichnet. Hartguss ist sehr hart sowie spröde und somit für Bauteile geeignet, bei denen eine große Verschleißfestigkeit bei geringen dynamischen Belastungen verlangt wird, z. B. für Walzen und Mahlwerkzeuge.

Durch die hohe Härte des Zementits ist Hartguss sehr schwer zerspanbar. Die Werkzeugschneide wird bei der Bearbeitung hohen mechanischen und thermischen Belastungen ausgesetzt. Deshalb müssen an den Schneidstoff hohe Anforderungen hinsichtlich Verschleißbeständigkeit und Druckfestigkeit gestellt werden. Zur Hartgussbearbeitung werden fast ausschließlich Hartmetalle und, insbesondere bei hohen Härten, Schneidkeramik (oxidische Mischkeramik) sowie PCBN-Schneidstoffe der Hauptanwendungsgruppe H eingesetzt. Der Einsatz von Schneidkeramik erlaubt im Vergleich zu Hartmetallen eine Erhöhung der Schnittgeschwindigkeit um den Faktor drei bis vier [Bere77]. Der größeren Zerspanleistung steht jedoch eine erhöhte Bruchanfälligkeit gegenüber.

Um die mechanische Belastung der Werkzeugschneide bei der Zerspanung von Hartguss möglichst gering zu halten und somit die Standgrößen zu steigern, sollte die Schnittgeschwindigkeit und der Vorschub mit steigender Werkstoffhärte reduziert werden. Für die Hartgussbearbeitung sind Einstellwinkel von 10°–20° und Spanwinkel von -5°–5° üblich.

7.5.2 Graues Gusseisen

Bei den grauen Gusseisensorten liegt der Kohlenstoff im Gefüge idealerweise ausschließlich in Form von Graphit vor. Die Erstarrung der Schmelze erfolgt nach dem stabilen System Eisen-Graphit, vgl. Abb. 7.23. In Realität liegen aufgrund der endlichen Abkühlgeschwindigkeit zusätzlich zum Graphit geringe Mengen Fe_3C im Gefüge vor. Um den Graphitanteil zu maximieren, können der Schmelze sog. graphitisierende Elemente wie Silizium zulegiert werden.

Es wurde bereits darauf hingewiesen, dass die mechanischen Eigenschaften sowie die Zerspanbarkeitseigenschaften der graphithaltigen Gusseisenwerkstoffe sehr deutlich von der Ausbildung des Grundgefüges und der Form der Graphiteinschlüsse abhängig sind.

Die Art des metallischen Grundgefüges ist durch die Wahl der chemischen Zusammensetzung bzw. Wärmebehandelung in weiten Grenzen variierbar. Die Gusssorten mit einem ferritischen Grundgefüge haben die geringste Festigkeit und die höchste Plastizität und Zähigkeit, die Sorten mit einem perlitischen Grundgefüge die höchste Festigkeit und geringere Plastizität und Zähigkeit. Sorten mit einem Mischgrundgefüge (mit unterschiedlichen Ferrit-Perlit-Verhältnissen) liegen zwischen den genannten Grenzen [Herf07]. In der Praxis ist das Grundgefüge meist ferritisch-perlitisch oder rein perlitisch. Erst nach besonders langem Glühen stellt sich ein rein ferritisches Grundgefüge ein.

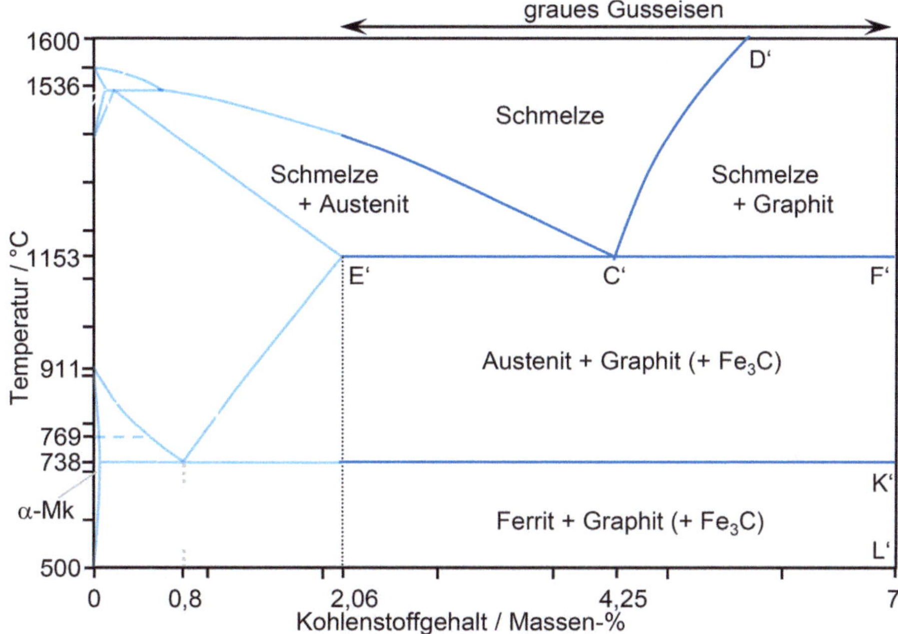

Abb. 7.23 Ausschnitt aus dem Zustandsschaubild Eisen-Kohlenstoff (stabiles System, langsame Abkühlung)

Je nach den Entstehungsbedigungen, die auch durch metallurgische Maßnahmen zu beeinflussen sind (Mg-Gehalt), nehmen die Graphiteinschlüsse unterschiedliche Formen an, die von plättchenförmigen (lamellaren) über zerklüftete Formen (würmchenförmig, d. h. vermicular) bis zu globularen Teilchen reichen, vgl. Abb. 7.24 [Hors85].

Insgesamt kann festgehalten werden, dass die Zerspanbarkeit von grauem Gusseisen nicht allein von der Härte und Festigkeit der Legierung bestimmt wird, sondern dass die

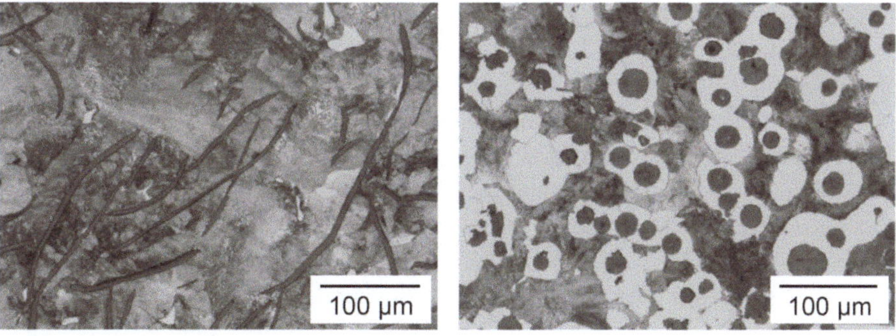

Abb. 7.24 Gusseisen mit Lamellengraphit (links) und Kugelgraphit (rechts)

Form, Menge und Verteilung der Graphiteinlagerungen in Kombination mit der vorliegenden Grundgefügeart eine wichtige Bedeutung spielen [Stäh65, Töns91]. Im Folgenden werden die verschiedenen Graugusssorten näher spezifiziert.

7.5.2.1 Gusseisen mit Lamellengraphit

Gusseisen mit Lamellengraphit (GJL) ist die am häufigsten hergestellte Gusssorte. Der Graphit liegt dabei in Form von dünnen, unregelmäßig geformten Plättchen, den sog. Graphitlamellen, vor. Mit den Graphitlamellen wird die metallische Grundmasse sehr stark unterbrochen und an den Rändern dieser Graphitlamellen bilden sich bei Beanspruchung durch äußere Kräfte Spannungsspitzen. Die Lamellen wirken somit als innere Kerben (Sollbruchstellen), weshalb die Zugfestigkeit dieser Gusssorte relativ gering ist (100 – 350 N/mm²) und der Werkstoff als spröde bezeichnet wird [Herf07a]. Andererseits verleiht der lamellare Graphit dem Werkstoff eine hohe Wärmeleitfähigkeit, gute Dämpfungseigenschaften und wegen der Versprödung eine hohe Formsteifigkeit. Gusseisen mit Lamellengraphit eignet sich in besonderer Weise für Maschinenbetten und -ständer, Lager-, Getriebe- und Maschinengehäuse.

GJL zeichnet sich durch hervorragende Selbstschmiereigenschaften aus, da bei der Zerspanung die Graphitlamellen angeschnitten werden und der Graphit auf dem Werkzeug eine Schmierschicht bildet, was zu niedrigerem Verschleiß und höherer Werkzeugstandzeit führt. Die Graphitlamellen wirken sich außerdem günstig auf die Spanform aus, da sie frühzeitig eine begonnene Scherung stoppen und Rissbildungen einleiten, die zur Scher- oder Reißspanbildung führen. Es entstehen kurzbrüchige Späne, meist Spanlocken oder Bröckelspäne.

Die mechanische Belastung der Werkzeugschneide bei der Zerspanung von GJL ist eher gering und führt zu niedrigen Zerspankräften. Einen großen Vorteil bei der Zerspanung von GJL bietet die Bildung von verschleißmindernden Belägen aus Mangansulfid auf der Frei- und Spanfläche der Schneidplatte. Die Mangansulfide bilden mit steigender Schnittgeschwindigkeit eine dichter und dicker werdende Schicht auf der Schneidplatte. Diese Schicht reduziert einerseits den Reibwert und wirkt andererseits als Diffusionsbarriere und Verschleißschutz. Die Bildung der verschleißmindernden Beläge setzt erst bei höheren Schnittgeschwindigkeiten (ab etwa 200 m/min), infolge der dadurch erhöhten Zerspantemperaturen, ein. Dieser Effekt sorgt für lange Werkzeugstandzeiten bei der Bearbeitung von GJL.

Die Oberflächengüte der bearbeiteten Werkstücke aus GJL ist vom Fertigungsverfahren, von den Schnittbedingungen und von der Zusammensetzung, Feinheit und Gleichmäßigkeit des Gussgefüges abhängig [Opit70]. Bei der Zerspanung bildet sich an den Werkstückkanten im Allgemeinen kein Grat, sondern es kommt aufgrund der Werkstoffsprödigkeit zu Kantenausbrüchen.

Die Härte des Werkstoffs ist in erster Näherung eine Bezugsgröße für die anwendbare Schnittgeschwindigkeit. Gusseisen mit Lamellengraphit, das nach der Glühbehandlung nur einen geringen Perlitanteil (ca. 10 %) im Gefüge aufweist, kann z. B. bei gleicher Standzeit mit einer etwa dreimal höheren Schnittgeschwindigkeit zerspant werden als ein

Gusseisen mit hohem Perlitanteil (ca. 90 %). Andere harte Gefügebestandteile, wie z. B. das Phosphid-Eutektikum Steadit, erhöhen ebenso wie der Zementit im Perlit den Werkzeugverschleiß und reduzieren somit die Standzeiten. Sie setzen die anwendbaren Schnittgeschwindigkeiten deutlich herab, Abb. 7.25.

Das Randzonengefüge von Gusswerkstücken weist im Allgemeinen eine schlechtere Zerspanbarkeit auf als die Kernzone. Zurückzuführen ist dies einerseits auf nichtmetallische Einschlüsse, andererseits auf die veränderte Graphit- und Gefügeausbildung unmittelbar unter der Gusshaut sowie auf Verzunderungen. Infolgedessen kommt es zu einem stärkeren abrasiven Verschleiß und zur Ausbildung einer Verschleißkerbe an der Werkzeugschneide. In der Praxis wird dem häufig durch eine Reduzierung der Schnittwerte Rechnung getragen.

Zur Bearbeitung von Gusseisen mit Lamellengraphit bietet sich eine umfangreiche Schneidstoffpalette an. Der Einsatz von Schnellarbeitsstählen ist im Allgemeinen auf Werkzeuge mit sehr feinen Schneiden begrenzt. Typische Verfahren sind das Bohren,

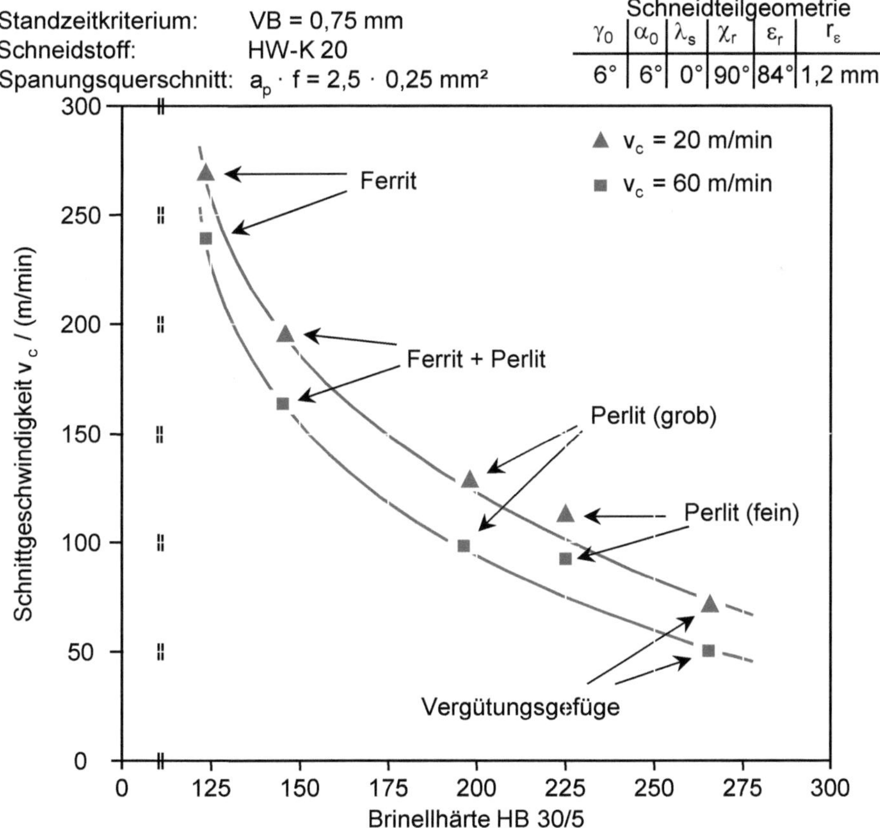

Abb. 7.25 Abhängigkeit der Schnittgeschwindigkeit von der Gefügeausbildung und Härte beim Drehen von Gusseisen mit Lamellengraphit

Reiben und Gewindeschneiden. Die klassischen Hartmetallsorten für die Zerspanung von Gusseisen mit Lamellengraphit sind die der Hauptanwendungsgruppe K. Für die Fein- und Feinstbearbeitung sind hiervon die Sorten K01–K05 und besonders Cermets geeignet. Eine deutliche Erhöhung der Zerspanleistung ermöglichen beschichtete Hartmetalle, Schneidkeramiken und vor allem PCBN-Schneidstoffe der Hauptanwendungsgruppe K.

Beschichtete Hartmetall-Wendeschneidplatten werden zum Drehen, Bohren und Fräsen von Grauguss eingesetzt. Höchste Standzeiten und Schnittgeschwindigkeiten können dabei durch den Einsatz von Hartmetallen mit keramischer Viellagenbeschichtung erreicht werden. Für die Schruppbearbeitung mit starken Schnittunterbrechungen oder extremen Unregelmäßigkeiten der Werkstückkontur, sowie für die Zerspanung mit Kühlschmierstoff sind die Siliziumnitrid-Keramiken geeignet.

7.5.2.2 Gusseisen mit Vermikulargraphit

In Gusseisen mit Vermikulargraphit (GJV) bildet sich Graphit nicht in lamellenartiger oder globularer Form aus, sondern korallenförmig, im zweidimensionalen Schliffbild würmchenförmig. Die abgerundeten Kanten der Graphiteinschlüsse reduzieren innere Spannungsspitzen, wie sie an den spitz auslaufenden Enden der Graphitlamellen beim GJL auftreten.

Der Vermikularguss liegt hinsichtlich seiner mechanischen und thermischen Eigenschaften sowie seiner Zerspanbarkeit zwischen dem Gusseisen mit lamellaren (GJL) und globularen (GJS) Graphiteinschlüssen. GJV zeichnet sich gegenüber dem lamellaren Gusseisen durch höhere Festigkeit (bis zu 70 %), höhere Zähigkeit, höhere Steifigkeit, höhere Härte, höhere Dauerwechselfestigkeit, höhere Oxidationsbeständigkeit und höhere Temperaturwechselbeständigkeit aus. Gegenüber Gusseisen mit Kugelgraphit weist GJV bessere Gießeigenschaften, eine bessere Bearbeitbarkeit, ein besseres Dämpfungsvermögen, eine geringere Verzugneigung, eine niedrigere thermische Ausdehnung und eine bessere Formbeständigkeit bei Temperaturwechseln auf. Gusseisen mit Vermikulargraphit kann aufgrund der genannten Eigenschaften dünnwandiger gegossen werden als GJL und GJS, was die Einsparung von Gewicht ermöglicht. Aufgrund dieser Eigenschaftskombinationen bietet sich GJV als Konstruktionswerkstoff für Verbrennungskraftmaschinen an. Diese hochfeste Gusseisensorte kommt insbesondere den Anforderungen von modernen direkt einspritzenden Dieselmotoren entgegen. Insbesondere in dem Spannungsfeld von hoher Bauteilfestigkeit bei niedrigem Bauteilgewicht bietet GJV eine gute Alternative zu herkömmlichen Konstruktionswerkstoffen wie Aluminium und Gusseisen mit Lamellengraphit. Durch den Einsatz von GJV lassen sich im Vergleich zu herkömmlichen Motoren aus GJL Gewichtseinsparungen um bis zu 20 % erreichen. Neben Einsatzbereichen im Fahrzeugbau, wie Motorblöcke, Kurbelgehäuse, Zylinderköpfe, Zylinderlaufbuchsen, Auspuffkrümmer, Brems- und Kupplungsscheiben, besteht Interesse, GJV auch in Anwendungen außerhalb des Automobilbaus einzusetzen [Kloc01, Leng06, Röhr06].

Der industrielle Einsatz von GJV in der Automobilindustrie verzögert sich wegen der unwirtschaftlichen und schwierigen spanenden Bearbeitbarkeit dieses Werkstoffes gegenüber Gusseisen mit Lamellengraphit. Der Hauptunterschied zwischen der Zerspanbarkeit von GJL auf der einen und GJV und GJS auf der anderen Seite stellt die Bildung von verschleißmindernden Belägen aus Mangansulfid auf der Frei- und Spanfläche der Schneidplatte bei der Bearbeitung von GJL dar. Bei der Zerspanung von Gusseisen mit Vermikular- und Kugelgraphit liegt aufgrund der zur Graphitumformung notwendigen Behandlung mit Magnesium kein Schwefel und kein Mangansulfid, und somit auch keine verschleißmindernde Schicht, vor. Bei niedrigeren Schnittgeschwindigkeiten (v_c < 200 m/min), bei denen sich aufgrund niedriger Temperaturen auch bei der Zerspanung von GJL keine Verschleißschutzschicht ausbildet, ist der Standwegunterschied bei der Zerspanung unterschiedlicher Gusseisenwerkstoffe maßgeblich durch Unterschiede in den mechanischen Kennwerten (Härte, Zugfestigkeit) sowie der Graphitmorphologie begründet.

Einen wesentlichen Einfluss auf die Standzeit haben Legierungselemente, wie z. B. Titan. Das Legierungselement Titan bildet Titankarbide, die härter als WC-Co-Hartmetall sind und so einen erhöhten Abrasionsverschleiß am Werkzeug verursachen. Untersuchungen haben gezeigt, dass eine Verdoppelung des Titangehalts den Werkzeugstandweg etwa um die Hälfte reduziert. In den heute am meisten verwendeten GJV-Sorten ist der Titangehalt kleiner als 0,015 % [Kopp04].

Beim Zerspanen von GJV kommt es in einem weiten Schnittgeschwindigkeitsbereich zu einer diskontinuierlichen Spanbildung, woraus sich kurze Spanformen ergeben. Die Inhomogenität des Materials durch die unterschiedlichen mechanischen Eigenschaften der Phasen Ferrit, Perlit und ausgeschiedenem Graphit fördern diese Form der Spanentstehung [Röhr06].

Als Schneidstoffe für die Zerspanung von Gusseisen mit Vermikulargraphit weisen neben beschichtetem Hartmetall (HC) vor allem die Aluminiumoxidkeramik (CA) große Potenziale für die GJV-Bearbeitung auf. Allerdings ist beim Vergleich der Standwege von HC und CA bei verschiedenen Schnittgeschwindigkeiten zu erkennen, dass jeder der Schneidstoffe in einem gewissen Schnittgeschwindigkeitsbereich zu favorisieren ist. Beschichtetes Hartmetall ist für die Bearbeitung bei konventionellen Schnittgeschwindigkeiten gut geeignet, während Aluminiumoxidkeramik der besser nutzbare Schneidstoff für die Hochgeschwindigkeitsbearbeitung ist. Die dynamische Anregung durch die diskontinuierliche Spanbildung bedingt, dass in niedrigeren Schnittgeschwindigkeitsbereichen zähere Schneidstoffe auf WC-Co-Basis die hohen Lastwechsel besser kompensieren können als spröde keramische Schneidstoffe. Bei höheren Temperaturen sind allerdings die Warmhärte und die chemische Beständigkeit des Schneidstoffes ausschlaggebend, wodurch CA-Werkzeuge bei hohen Schnittgeschwindigkeiten und Temperaturen ein gutes Einsatzverhalten aufweisen, bei denen HC-Werkzeuge erweichen und so einem erhöhten chemischen und abrasivem Verschleißangriff unterliegen [Röhr06].

Allgemein können mit PCBN-Schneidstoffen aufgrund ihrer hohen Härte und Verschleißfestigkeit gegenüber Hartmetall deutlich erhöhte Schnittgeschwindigkeiten und somit eine deutlich erhöhte Produktivität erreicht werden. Wegen des Nichtvorhandenseins der MnS-Schutzschicht bei der Bearbeitung von GJV liegen die optimalen Schnittgeschwindigkeiten auch beim Einsatz von PCBN als Schneidstoff mit ca. 300 m/min deutlich unter denen von GJL (bis 1500 m/min). Werden hohe Schnittgeschwindigkeiten eingesetzt (500 – 1000 m/min), so ist mit deutlich reduzierten Standwegen im Gegensatz zu GJL zu rechnen [Leng06, Reut02].

Erste Untersuchungen haben gezeigt, dass Polykristalliner Diamant (PKD) ein interessanter Schneidstoff zu sein scheint, mit dem bei der Bearbeitung von GJV vergleichbare Standzeiten erreicht werden können wie bei der Bearbeitung von GJL. Im Vergleich zu Hartmetallen ist (PKD) in der Lage, Werkstücke mit doppelter Geschwindigkeit zu bearbeiten und dabei einen 10 – 20 fachen Anstieg der Standzeiten zu erzielen. Dabei müssen die Zerspantemperaturen allerdings unter einem bestimmten Grenzwert gehalten werden, um einen plötzlichen Wechsel von mechanischem zu thermisch-bedingtem Verschleiß zu unterbinden. Es ist empfehlenswert, Druckluft oder Minimalmengenschmierung als Kühl- bzw. Schmiermittel zu verwenden. PKD-Werkzeuge verfügen über ein großes Potenzial bei GJV-Fräsanwendungen, wobei die Schnitttemperaturen im Allgemeinen viel niedriger sind als im kontinuierlichen Schnitt. Da PKD-Schneidstoffe im Vergleich zu Keramik und PCBN eine höhere Bruchzähigkeit und Festigkeit aufweisen, ist es empfehlenswert, neutrale bis positive Geometrien auf PKD-besetzten Werkzeugen anzuwenden. Dadurch kann die Schnittkraft und die Kontaktzonentemperatur reduziert werden, was die Anwendung höherer Schnittgeschwindigkeiten erlaubt [Pret06].

7.5.2.3 Gusseisen mit Kugelgraphit

In Gusseisen mit Kugelgraphit, auch Sphäroguss genannt, liegt Graphit in Form von sphärolitischen Einschlüssen vor. Im Vergleich zu anderen Gusseisen mit Graphiteinschlüssen wird die Grundmasse durch Graphitkugeln weniger oft unterbrochen und die innere Kerbwirkung fällt nahezu weg. Dadurch steigt die Festigkeit und Sphäroguss erreicht eine hohe Duktilität [Herf07b].

Die mechanischen Eigenschaften, wie Zugfestigkeit und Zähigkeit, des Werkstoffs werden durch das Verhältnis von Ferrit zu Perlit im Grundgefüge bestimmt. Die Sorten mit niedrigen Festigkeiten und guten Zähigkeitseigenschaften (z. B. GJS 400-15) bestehen zum überwiegenden Teil aus Ferrit. Hohe Festigkeit in Verbindung mit geringer Zähigkeit sind typisch für Sorten mit überwiegend perlitischem Grundgefüge (z. B. GJS 600-3). Das Verhältnis Ferrit zu Perlit ergibt sich aus dem Anteil an gebundenem Kohlenstoff im Grundgefüge, welcher durch Wärmebehandlung verändert werden kann. Die Zerspanbarkeit wird ebenfalls durch das Verhältnis von Ferrit zu Perlit im Grundgefüge des Werkstoffs beeinflusst.

Mit zunehmendem Perlitanteil im Grundgefüge steigt mit der Festigkeit des Gusseisens der abrasive Werkzeugverschleiß. Daraus ergeben sich geringe Standgrößen [Stau84]. Für die spanabhebende Bearbeitung von Gusseisen mit Kugelgraphit eignen sich besonders unbeschichtete Hartmetalle (HW), beschichtete Hartmetalle (HC) und Oxidkeramik (CA) der Hauptanwendungsgruppe K.

Die auftretenden Zerspankräfte und die dadurch wirkende mechanische Belastung der Werkzeugschneide sind bei der Zerspanung der Gusseisensorte GJS vergleichsweise gering. Unterbrochene Schnitte sind aufgrund der guten Dämpfungseigenschaft des Werkstoffs problemlos möglich. Durch eine Steigerung der Schnittgeschwindigkeit wird eine leichte Reduzierung der Beträge der einzelnen Zerspankraftkomponenten erreicht.

Bei der Endbearbeitung werden Oberflächenrauhigkeiten knapp unter $Ra = 1\ \mu m$ erreicht. Mikroskopisch ist die Oberfläche durch herausgelöste und zum Teil verschmierte Graphiteinschlüsse gekennzeichnet. Dieser Effekt verschlechtert die gemessenen Rauheitswerte nur geringfügig.

Bei der Zerspanung von Gusseisen mit Kugelgraphit entstehen in erster Linie Scherspäne. Nur bei sehr scharfen Schneidkanten entsteht ein Fließspan, der schon bei einer kleinen Schneidkantenverrundung in einen Scherspan übergeht. Es können Wendelspäne auftreten, die aufgrund der durch die Graphiteinlagerungen reduzierten Spanfestigkeit leicht brüchig sind. Aufgrund von hohen Temperaturen in den Kontaktzonen zwischen Werkstück und Werkzeug plastifiziert Werkstoff und tritt zwischen Schnittfläche am Werkstück und der Freifläche bzw. zwischen Spanunterseite und der Spanfläche aus. Bei hohen Schnittgeschwindigkeiten im Trockenschnitt kann es zu dieser Erscheinung kommen, die als Scheinspanbildung bezeichnet wird.

Verglichen mit Stählen gleicher Härte und ähnlicher Festigkeit liegen beim Gusseisen mit Kugelgraphit die anwendbaren Schnittgeschwindigkeiten, insbesondere beim Schlichten mit Hartmetall, etwas tiefer. Durch höhere Vorschübe, optimierte Werkzeuge und weniger Schnitte aufgrund geringerer Materialzugabe kann dieser Nachteil ausgeglichen werden [Schm07].

7.5.2.4 Ausferritisiertes Gusseisen mit Kugelgraphit (ADI)

Durch eine spezielle Wärmebehandlung in der Bainitstufe kann im Gusseisen mit Kugelgraphit ein austenitisch-ferritisches (oder auch ausferritisch genanntes) Grundgefüge erzeugt werden. Es hat sich hier die englische Bezeichnung ADI (Austempered Ductile Iron) durchgesetzt. Das ADI Gefüge ist in Abb. 7.26 dargestellt. Es besteht aus nadeligem Ferrit und einem hochkohlenstoffhaltigen, stabilisierten Austenit.

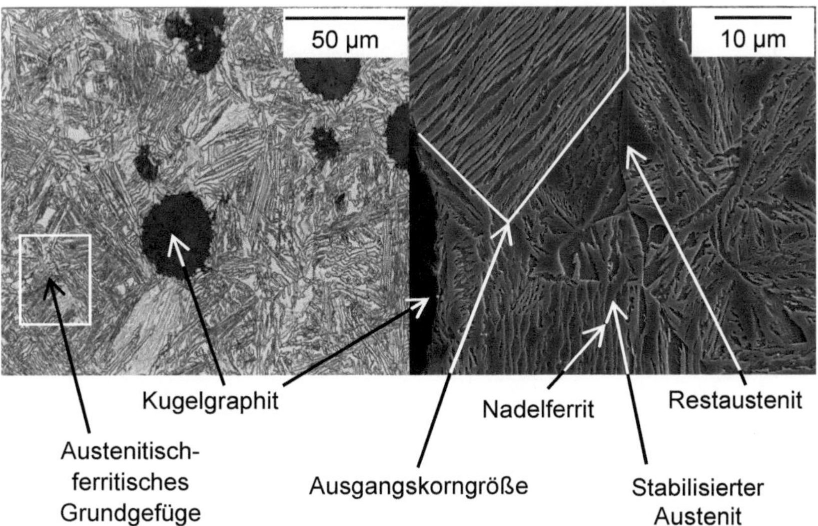

Abb. 7.26 Gefügeausbildung von austenitisch-ferritischem Gusseisen mit Kugelgraphit (ADI)

Durch die visuelle Ähnlichkeit des Gefüges mit dem ferritisch-karbidischen Gefüge von Stahl wurde der Werkstoff in älteren Veröffentlichungen fälschlicherweise bainitisches Gusseisen genannt.

Das austenitisch-ferritische Grundgefüge wird durch eine zweistufige Wärmebehandlung, bestehend aus Austenitisieren und Ausferritisieren (Abb. 7.27), hergestellt. Während der Austenitisierung wird das Gusseisen mit Kugelgraphit auf eine Temperatur oberhalb von 840 °C erhitzt und isotherm gehalten (B → C), sodass sich die aus veränderlichen Anteilen Ferrit und Perlit bestehende metallische Matrix in ein austenitisches Grundgefüge umwandelt. Während der isothermen Wärmebehandlung reichert sich der kubisch-flächenzentrierte Austenit mit Kohlenstoff aus den Graphitkugeln an. Im nächsten Schritt wird der Werkstoff auf die Ausferritisierungstemperatur abgeschreckt (C → D) und wiederum isotherm gehalten (D → E). Der Abschreckvorgang muss dabei ausreichend schnell stattfinden, damit die Entstehung von Perlit verhindert wird. Ein Unterschreiten der Martensitstarttemperatur Ms darf nicht stattfinden, da der sonst entstehende Martensit in der Ausferritisierungsphase nicht wieder zufallen würde und somit kein austenitisch-ferritisches Grundgefüge hergestellt werden kann. In der Ausferritisierungsphase entstehen im austenitischen Grundgefüge Ferritnadeln. Der entstehende Ferrit ist nicht mehr in der Lage den Kohlenstoff zu binden und gibt diesen an den umliegenden Austenit ab. Der Kohlenstoffgehalt stabilisiert den Austenit und ermöglicht ein Abkühlen des Werkstoffes auf Raumtemperatur (E → F), sodass ein Gusseisen mit Kugelgraphit und austenitisch-ferritischem Grundgefüge vorliegt [Kova96].

Das austenitisch-ferritische Grundgefüge zeichnet sich neben einer erhöhten Festigkeit und Härte durch eine gesteigerte Zähigkeit aus (z. B. EN-GJS 900-8; genormt in der [DIN1564]). Durch Variation der Wärmebehandlungszeit und –temperatur werden

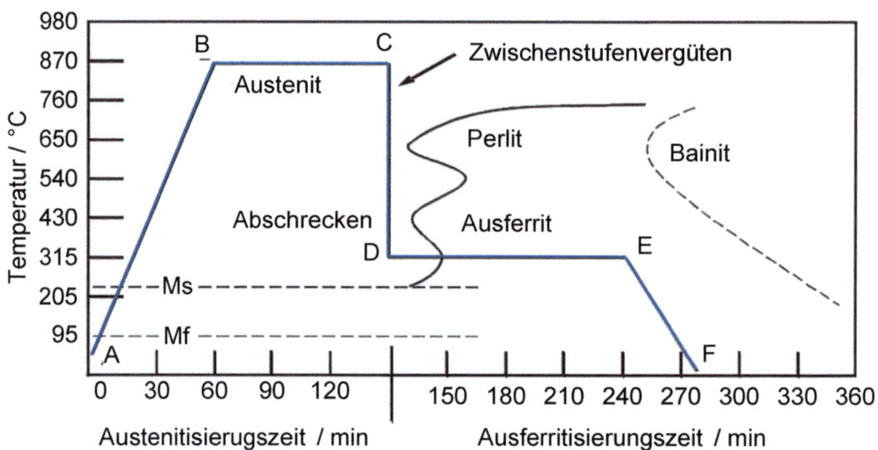

Abb. 7.27 Wärmebehandlung zur Einstellung eines austenitisch-ferritischen Grundgefüges [Kova96]

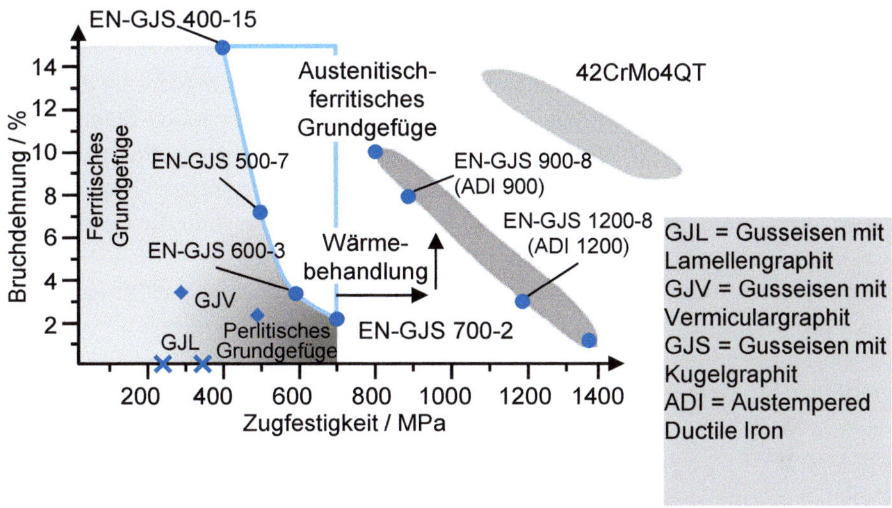

Abb. 7.28 Zugfestigkeit und Bruchdehnung von ADI im Vergleich zu konventionellem Gusseisen und Vergütungsstahl [Arft12]

Festigkeiten bis 1400 MPa oder Duktilitäten von 10 % erreicht. Ein derart wärmebehandeltes Gusseisen erreicht damit Zugfestigkeiten oder Duktilitäten von Stahlwerkstoffen und übertrifft die Werkstoffeigenschaften konventioneller Gusseisenwerkstoffe deutlich (Abb. 7.28).

Die mechanischen Eigenschaften prädestinieren diesen Werkstoff zur Substitution von Stahl- und Aluminiumwerkstoffen. Insbesondere in Verzahnungen wurde in den letzten Jahren zunehmend Stahl durch ADI ersetzt. Als weitere Gründe hierfür sind das Ausbilden einer verschleißfesten Werkstückrandzone, die gusstechnischen Gestaltungsfreiheiten, die geringere Dichte des Gusseisens und die Dämpfungseigenschaften des graphithaltigen Werkstoffes zu nennen [Schl02, Rimm08].

Die Zerspanbarkeit von ADI unterscheidet sich wesentlich von der konventioneller Gusseisenwerkstoffe. Bei der Bearbeitung von ADI ist das Werkzeug einer Kombination aus abrasivem und adhäsivem Verschleißverhalten ausgesetzt, die bei der Zerspanung von ADI zu einem ausgeprägten Kolkverschleiß nah an der Schneidkante führt [Kloc03]. Der adhäsive Verschleiß ist auf den diskontinuierlichen Spanablauf zurückzuführen, da während der Segmentbildung bis zum Abgleiten des Spansegmentes der ausferritische Werkstoff auf die Spanfläche des Werkzeuges gepresst wird. Der abrasive Verschleiß ist auf abrasive wirkende Einschlüsse im Grundgefüge zurückzuführen [Klöp07]. Mit zunehmender Schnittzeit sinkt durch den fortschreitenden Verschleiß die Stabilität der Schneidkante und die Gefahr von Schneidkantenbruch, auch Kolklippenbruch genannt, steigt [Kloc03]. Dieser Effekt wird durch die auf das Zerspanwerkzeug wirkenden hochfrequenten Druckschwellbelastungen (mehrere kHz) mit ausgeprägten Schnittkraftmaxima verstärkt.

Die auftretenden mittleren Kräfte bei der Bearbeitung von ADI sind mit denen von anderen Gusseisen mit Kugelgraphit vergleichbar [Klöp07].

Den besonderen Werkzeugbelastungen kann durch eine geeignete Auswahl der Schnittbedingungen und dem Einsatz von Werkzeugen mit einer angepassten Schneidteilgeometrie begegnet werden. Durch eine Verminderung der Schnittgeschwindigkeiten kann die Werkzeugstandzeit verlängert werden. Zur Steigerung der Produktivität sollte der Vorschub gesteigert werden. Die Anwendung von Kühlschmierstoff ist für die Bearbeitung im kontinuierlichen Schnitt empfehlenswert.

Für diskontinuierliche Prozesse wie das Fräsen ist Kühlschmierstoff aufgrund der Thermoschockbelastung des Werkzeugs nicht zu empfehlen [Schm07].

Die Oberflächenqualität ist mit der des konventionellen Gusseisens mit Kugelgraphit vergleichbar. In der Randzone wandelt sich aufgrund der mechanischen Belastung der Austenit in Martensit um, was mit einer Härtesteigerung von etwa 200 – 300 HB einhergeht [Klöp07].

Als Schneidstoffe kommen überwiegend beschichtete Hartmetallwerkzeuge der Hauptanwendergruppe K zum Einsatz. Für die ADI Bearbeitung mit höheren Schnittgeschwindigkeiten werden auch Aluminiumoxid-Schneidkeramiken und CBN Schneidstoffe empfohlen [Kloc03].

ADI ist grundsätzlich nicht schwerer zerspanbar als höherfeste GJS Sorten. Allerdings sollten speziell auf die ADI Bearbeitung abgestimmte Werkzeuggeometrien, wie Bohrer mit Radien- oder Facettenanschliff angewandt werden.

7.6 Zerspanbarkeit von Nichteisenmetallen

7.6.1 Aluminiumlegierungen

Als Einsatzgebiete von Aluminiumlegierungen als Konstruktionswerkstoff sind folgende Branchen zu nennen:

- Fahrzeugtechnik
- Luft- und Raumfahrttechnik
- Anlagen- und Apparatetechnik
- Elektrotechnik
- Lebensmitteltechnik
- Chemische Industrie
- Optische Industrie

Aus der Luftfahrttechnik wird am Beispiel eines modernen Verkehrsflugzeuges, das zu 65 – 81 % Massenteil aus Aluminium besteht, der Anteil an Aluminiumbauteilen deutlich [Star96, Töns01]. Die Luftfahrttechnik verwendet traditionell einen hohen Anteil an Aluminiumbauteilen, die häufig durch einen hohen Anteil des zerspanten Volumens am

Halbzeugvolumen gekennzeichnet sind. Bei der spanabhebenden Fertigung von Strukturbauteilen liegt dieser Anteil z. B. in der Größenordnung von 90 – 95 % [Schu96, Berk01].

Aluminiumlegierungen zeichnen sich durch eine geringe Dichte von ρ_{Al} = 2,7 kg/dm³ bei einer allerdings geringen Festigkeit aus. Um den Einsatz von Aluminiumlegierungen zu erweitern, ist offensichtlich eine Steigerung der Festigkeit notwendig. Die Legierungstechnik ermöglicht diese Steigerung durch die Hauptlegierungselemente Mangan, Magnesium, Silizium, Zink und Kupfer. Es wird zwischen Knet- und Gusslegierungen unterschieden. Legierungen beider Gruppen können naturhart und im ausgehärteten Zustand vorliegen. Bei Knetlegierungen werden die Halbzeuge durch Umformen hergestellt. Hier sind die Eigenschaften des umgeformten Gefüges für die Zerspanung maßgebend. Beim Aushärten (Warmaushärten oder Kaltaushärten) erfolgt eine Festigkeitssteigerung durch Ausscheiden von harten Gefügebestandteilen, die im Allgemeinen auf den Korngrenzen angesiedelt sind.

Als eine weitere wichtige Gruppe sind die intermetallischen Phasen zu erwähnen, deren Eigenschaften sich von denen ihrer Bestandteile stark unterscheiden. Werkstoffe, deren Gefüge überwiegend aus intermetallischen Phasen bestehen, werden in der Umgangssprache häufig auch verkürzt nur als „intermetallische Phasen" bezeichnet. Beispielhaft sind hier NiAl, Ni_3Al und TiAl zu erwähnen.

Die Zerspanbarkeit von Aluminiumlegierungen ist abhängig von der Zusammensetzung und vom Gefügezustand. Verglichen mit der Zerspanung von Stählen treten bei der Zerspanung der Aluminiumwerkstoffe wesentlich geringere Grenzflächentemperaturen auf, die in der Größenordnung von 350 °C liegen. Aufgrund der geringen Schmelztemperatur der Aluminiumlegierungen (520 – 650 °C) muss beachtet werden, dass die Grenzflächentemperatur möglichst nicht zu nahe an die Anschmelztemperatur heranreicht. Die Grenzflächentemperatur ist maßgeblich von den tribologischen Bedingungen abhängig. Aufgrund der gegenüber Stahl geringen Festigkeit sind bei gleichen Schnittwerten geringere mechanische und thermische Belastungen am Schneidkeil zu erwarten. Die geringe Grenzflächentemperatur ermöglicht gegenüber der Stahlbearbeitung gesteigerte Schnittwerte. Besonders hervorzuheben sind bedeutend höhere Schnittgeschwindigkeiten, die nach unten durch den Verschleißmechanismus Adhäsion und nach oben durch die Temperaturbeständigkeit des Werkstoffs begrenzt werden.

Die Standgrößen der Werkzeuge bei der spanabhebenden Bearbeitung von Aluminiumlegierungen variieren in Abhängigkeit von Legierungen und vom Gefügezustand. Generell sind günstigere Standgrößen zu erwarten als bei der Stahlbearbeitung. Der Verschleißmechanismus Adhäsion ist vor allem im unteren Schnittgeschwindigkeitsbereich dominierend, obgleich, wie schon in Kap. 3 erwähnt, immer auch Abrasion wirksam ist, die besonders mit einer größeren Verteilungsdichte von Einschlüssen harter Partikel zunimmt. Solche Partikel können intermetallische Verbindungen und nichtmetallische Einschlüsse wie z. B. Verunreinigung der Schmelze sein. Ausgehärtete Knetlegierungen und Gusslegierungen mit einem Siliziumanteil bis zu 12 % verursachen mit steigendem Anteil einen erhöhten Werkzeugverschleiß. Harte und spröde Einschlüsse wie Al_2O_3 und Silizium verbessern den Spanbruch, beschleunigen aber gleichzeitig den

Werkzeugverschleiß. Aufgrund hoher Grenzflächentemperaturen kann plastifizierter Werkstoff zwischen Schnittfläche und Freifläche und/oder zwischen Span und Spanfläche austreten. Diese Erscheinung, die zu einer Verschlechterung der Oberflächengüte beiträgt, wird als Scheinspanbildung bezeichnet. Die Schnittgeschwindigkeit muss bei diesen Bedingungen reduziert werden. Zerspanwerkzeuge aus unbeschichtetem Hartmetall (HW) und Diamant (DP) sind die am häufigsten eingesetzten Schneidstoffe für die Bearbeitung von Aluminiumlegierungen. Hartmetall wird als Schneidstoff aufgrund seiner Verschleißbeständigkeit und Härte für die Zerspanung von Knetlegierungen und untereutektischen Gusslegierungen verwendet. Gegenüber Diamant als Schneidstoff überwiegen die Zähigkeit und die Herstellbarkeit komplizierter Werkzeuggeometrien wie z. B. stark gedrallte Schaftfräser mit scharfen Schneiden. Diamanten, in polykristalliner Form (DP) und in monokristalliner Form (DM), sind für die Zerspanung der stark abrasiv wirkenden übereutektischen Gusslegierungen die erste Wahl. Für alle Aluminiumlegierungen ist der Einsatz von Schneidstoffen der Werkstoffgruppe DP zum Bohren ins Volle aufgrund von Quetschvorgängen im Bereich der Querschneide nicht zu empfehlen. Beim Aufbohren, insbesondere von Aluminiumlegierungen mit höherem Siliziumanteil, sind Schneidstoffe der Werkstoffgruppe DP denen der Werkstoffgruppe HW hinsichtlich Standgrößen und Zeitspanungsvolumen überlegen. Alle Schneidstoffe für die Hauptanwendungsgruppe K können sinnvoll eingesetzt werden. Die Auswahl richtet sich nach allgemeinen Kriterien wie Schnittgeschwindigkeit, Spanungsquerschnitt, ununterbrochener oder unterbrochener Schnitt [Bech63, Opit64b, Zoll69, Bömc87]. Zerspanversuche zeigen, dass CVD-Diamantschichten auf Hartmetallsubstrat das Potential haben, die Vorteile des Hartmetalls mit den Vorteilen der polykristallinen Diamanten zu verbinden. Bei der Zerspanung der Aluminiumknetlegierung AlCu4Mg1 ermöglicht die CVD-Diamantbeschichtung z. B. eine Verbesserung der Standgrößen des Werkzeuges im Vergleich zu unbeschichtetem Werkzeugen. Im unterbrochenen Schnitt mit geringer Schnittgeschwindigkeit bei gleichzeitig hohem Zeitspanungsvolumen kann für die Zerspanung von Legierungen mit geringem Siliziumanteil Schnellarbeitsstahl (HSS) vorteilhaft eingesetzt werden.

Die spezifische Zerspankraft beispielhafter Sorten AlMg5, AC-AlSi6Cu4 (AC-42000) und AC-AlSi10Mg (AC-470000) liegt ungefähr 25 % unterhalb der Werte für die Vergütungsstahlsorte Stahl C35.

Zur Erzeugung stark reflektierender Oberflächeneigenschaften werden häufig Diamantschneidstoffe eingesetzt. Es gilt hierbei allgemein die Bearbeitung mit hohen Schnittgeschwindigkeiten und kleinen Spanungsquerschnitten. Die Oberflächengüte hängt in hohem Maße von dem Verschleißmechanismus Adhäsion ab, der durch Aufbauschneiden in Erscheinung tritt und von der Verfahrenskinematik beeinflusst werden kann. Durch Adhäsion kann keine optimale Oberflächengüte erreicht werden.

Durch ein hohes Zeitspanungsvolumen muss bei der spanabhebenden Bearbeitung von Aluminiumlegierungen eine große Spanmenge abtransportiert werden. Die Spanform ist aus Gründen einer störungsarmen Fertigung ein besonders wichtiges Kriterium zur Beurteilung der Zerspanbarkeit.

Die Spanform kann durch die Legierungsbestandteile, die Wärmebehandlung und die Verfahrenskinematik beeinflusst werden. Bei der Bearbeitung von nicht aushärtbaren und aushärtbaren Legierungen im weichen Zustand ohne Siliziumanteil entstehen lange Bandspäne, die den Bearbeitungsvorgang erschweren. Diese Legierungen sollten für Bauteile, an denen spanende Bearbeitungen vorgenommen werden müssen, möglichst vermieden werden [Bech62]. Ausgehärtete Knetlegierungen und Gusslegierungen mit einem Siliziumgehalt bis zu 12 % führen mit steigendem Siliziumgehalt zu einem günstigeren Spanbruch. Harte und spröde Einschlüsse wie Al_2O_3 und Silizium begünstigen den Spanbruch ebenfalls.

Zusammenfassend kann gesagt werden, dass die Zerspanung von Aluminiumlegierungen umso günstigere Spanformen bildet, je härter diese sind. Bearbeitungskritisch sind vorrangig nichtaushärtbare Aluminiumlegierungen und aushärtbare Aluminiumlegierungen im weichen Zustand. Es ist aus diesem Grund zu empfehlen diese Legierungen möglichst im Zustand gesteigerter Festigkeit (kaltverfestigt bzw. ausgehärtet) zu zerspanen [John84].

7.6.2 Magnesiumlegierungen

Magnesiumlegierungen werden seit Ende der 1930er Jahre vor allem in der Fahrzeugtechnik als Leichtbauwerkstoffe in Deutschland bei der Produktion des Volkswagens eingesetzt. Ungefähr 80 % der zurzeit in Deutschland hergestellten Gussteile bestehen aus Magnesiumlegierungen [Wolf03]. Als Beispiele sind Getriebegehäuse, Lenkungsteile, Sitzrahmen, Innenauskleidungen, Instrumententräger und Motorblöcke in Magnesium-Aluminium-Verbundkonstruktion [Dörn04] zu nennen. Weitere Produkte, in denen Magnesiumbauteile Verwendung finden, sind z. B. handgeführte Elektrogeräte, Laptopgehäuse, Mobilfunktelefone und andere Geräte aus dem Bereich der Unterhaltungselektronik sowie Maschinenteile und Sportartikel. Der überwiegende Teil dieser Komponenten wird durch Druckgießen hergestellt. Sandguss hat demgegenüber nur eine untergeordnete Bedeutung. Gleiches gilt für Produkte aus Magnesiumknetlegierungen. Es wird deutlich, dass sich die spanabhebende Bearbeitung von Magnesiumlegierungen primär auf Druckgussteile konzentriert.

Die geringe Dichte von $\rho_{Mg} = 1{,}74\ kg/dm^3$ im Vergleich zu Aluminium mit $\rho_{Al} = 2{,}7\ kg/dm^3$ und Stahl mit $\rho_{Stahl} = 7{,}8\ kg/dm^3$ prädestiniert Magnesiumlegierungen besonders für Leichtbauanwendungen. Die Legierungstechnik zielt darauf ab, die Festigkeitseigenschaften des Magnesiums zu verbessern, vor allem für Anwendungen bei Temperaturen oberhalb von etwa 100 °C. Ein zweites wichtiges Ziel der Legierungstechnik ist die Verbesserung der Korrosionsbeständigkeit von Magnesiumlegierungen. Dies gilt hinsichtlich der inneren Korrosion und der Kontaktkorrosion. Zu den wichtigsten Legierungselementen gehören Aluminium, Zink, Mangan, Silizium und Seltene Erden wie z. B. Cer, Lanthan, Neodym, Praseodym und Yttrium. Aus der Vielzahl der Magnesiumgusslegierungen wird im Folgenden beispielhaft je eine Legierungsgruppe näher betrachtet.

Die Legierung AZ91hp ist die am häufigsten für Druckgussteile eingesetzte Magnesiumlegierung. Der Zusatz „hp“ (engl. high purity) bedeutet, dass nur Spurenelemente von Eisen, Kupfer und Nickel vorhanden sind. Diese Elemente verursachen innere Korrosion in Magnesiumlegierungen.

AZ91hp ist gekennzeichnet durch gute mechanische Eigenschaften und sehr gute Gießbarkeit [Kamm00, DINEN1753]. Durch die Erstarrung der Legierung in einem Temperaturbereich von 465 – 598 °C werden inhomogene Gefügeausbildungen im Gussteil und die Ausbildung von Porositäten begünstigt. Dadurch kann die Dichtigkeit von Gussteilen besonders nach einer spanenden Bearbeitung beeinträchtigt werden.

Magnesium-Aluminium-Manganlegierungen (AM-Legierungen) weisen gute Festigkeitseigenschaften bei gleichzeitig höherer Bruchdehnung und Kerbschlagarbeit auf. Die Korrosionsbeständigkeit von Legierungen der Gruppe AM ist besser als die von Legierungen der Gruppe AZ. Das Legierungselement Mangan bindet korrosiv wirkende Elemente wie Eisen, Kupfer und Nickel. Mangan und Aluminium verbinden sich zu harten MnAl-Ausscheidungen, die den Werkzeugverschleiß beschleunigen. Durch die gute Gießbarkeit der AM-Legierungen werden sie z. B. für Strukturteile, Lenkungsteile und Felgen im Bereich der Fahrzeugtechnik eingesetzt.

AS-Legierungen (Magnesium-Aluminium-Silizium) weisen ähnliche mechanische Kennwerte auf wie AM-Legierungen. Im Zähigkeitsverhalten sind sie dieser jedoch unterlegen. Ihr besonderer Vorteil ist die verbesserte Kriechfestigkeit im Temperaturbereich bis etwa 150 °C. Weitere Legierungssysteme, die auf die Verbesserung der mechanischen Eigenschaften und der Kriechfestigkeit abzielen, sind:

- Magnesium- Zink- RE- Zr (ZE- Gruppe)
- Magnesium- RE- Ag- Zr (QE- Gruppe)
- Magnesium- Yttrium- RE- Zr (WE- Gruppe)
- Magnesium- Aluminium- RE (AE- Gruppe)

Zu den Seltenen Erden (engl.: rare earths) werden die Elemente Cer, Lanthan, Neodym, Praseodym und Yttrium gezählt. Die Legierung AE42 enthält den RE-Anteil als Mischmetall mit der Zusammensetzung 50 % Cer, 25 % Lanthan, 20 % Neodym und 3 % Praseodym. Diese hat mit Ausnahme der höheren Bruchdehnung und höheren Kriechfestigkeit ähnliche Eigenschaften wie die Legierung AS41. Zur Einordnung des Werkstoffverhaltens in ein Werkstoffspektrum ist die Bruchdehnung bei Raumtemperatur als mechanische Kenngröße hilfreich, die für Magnesiumlegierungen bei $A = 7 - 14\ \%$ liegt.

Ab einer bestimmten Temperatur, die im Fall von Magnesiumlegierungen bei ca. 225 °C liegt, ändert sich das Werkstoffverhalten von spröde zu zäh. Diese Erscheinung ist durch die Werkstoffstruktur erklärbar. Magnesium weist bei Raumtemperatur eine hexagonale Gitterstruktur auf. Als Gleitebenen wirken bei Raumtemperatur nur die Basisebenen. Oberhalb von $\vartheta = 225$ °C liegt das Gefüge in einer kubischen Gitterstruktur vor. Damit wird die Formänderungsfähigkeit erhöht.

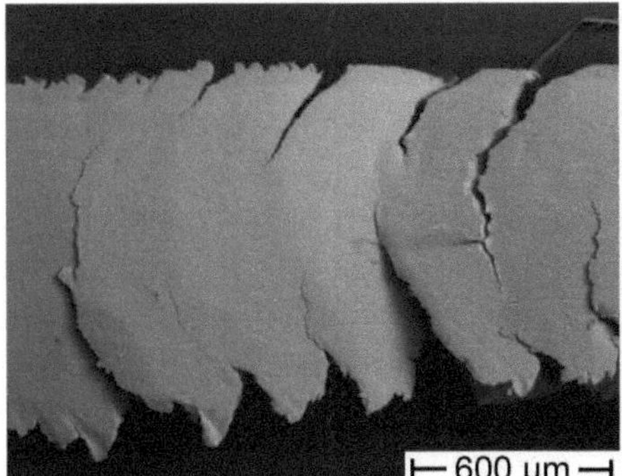

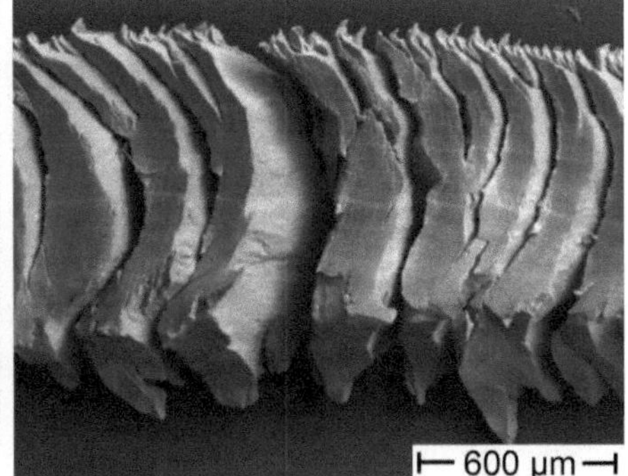

Abb. 7.29 Span der Magnesiumlegierung AM60

Bei der Zerspanung von Magnesiumlegierungen entstehen Späne durch Lamellenspanbildung, vgl. Abb. 7.29. Der Abstand der Lamellen, bzw. die Spanbildungsfrequenz ist im Wesentlichen von der Tribologie der Grenzfläche abhängig, die wiederum durch den Vorschub und die Schnittgeschwindigkeit beeinflusst werden kann. Kennzeichnend für die Zerspanung von Magnesiumlegierungen ist der ausgeprägte Reibungsmechanismus des Ruckgleitens, der zwar in gewisser Weise von der Werkstoff–Schneidstoff Paarung abhängt, jedoch durch die Verfahrenskinematik beeinflussbar ist. Das bedeutet, dass durch eine geschickte Wahl der Verfahrenskinematik die Amplitude und die Frequenz der dynamischen Belastung des Schneidkeils an dessen Belastbarkeitsvermögen angepasst werden kann. Nahe der Grenzfläche von Span und Werkzeug steigt aufgrund der Reibung die Temperatur derart an, dass eine dünne Werkstoffschicht plastifiziert, durch die die einzelnen Spanlamellen zusammengehalten werden.

Scharfe Werkzeugschneiden und glatte Spanflächen führen zu guten Ergebnissen. Die Werkzeuggeometrie orientiert sich an derjenigen von Werkzeugen für die spanabhebende Aluminiumbearbeitung, vgl. Abschn. 7.6.1. Die maximalen Spindeldrehzahlen begrenzen bei Bohr- und Fräsarbeiten mit geringen Werkzeugdurchmessern die Schnittgeschwindigkeit. Beim Einsatz von rotierenden Werkzeugen mit großen Durchmessern stellen die maximal zulässigen Werkzeugdrehzahlen Grenzkriterien dar. Die Werkstücksteifigkeit kann vor allem bei der Feinbearbeitung den Spanungsquerschnitt und das Zeitspanungsvolumen begrenzen.

Hinsichtlich der Zerspanbarkeit sind Magnesiumlegierungen dadurch gekennzeichnet, dass sie nur wenige abrasiv wirkende Bestandteile enthalten. Dies gilt auch für die Randzonen der zu bearbeitenden Teile, weil diese überwiegend durch das Fertigungsverfahren

Druckgießen hergestellt werden. Magnesiumlegierungen neigen beim Zerspanen nur in geringem Maße zur Adhäsion, sodass keine Aufbauschneidenbildung zu erwarten ist. Die Anschmelztemperatur dieser Legierung liegt im Bereich von 420 – 435 °C. Hieraus wird deutlich, dass die thermische Belastung der Werkzeuge bei der Zerspanung von Magnesiumlegierungen vergleichsweise niedrig ist.

Als Schneidstoffe für die spanabhebende Bearbeitung eignen sich Schnellarbeitsstahl (HSS), unbeschichtetes und beschichtetes Feinstkornhartmetall (HF, HC), polykristalliner Diamant (DP) sowie diamantbeschichtetes Feinstkornhartmetall. In der Praxis sind feinstkörnige Hartmetalle der Anwendungsgruppe N10/20 und polykristalliner Diamant (DP) gebräuchliche Schneidstoffe. Werkzeuge aus diesen Materialien erlauben hohe Schnittgeschwindigkeiten und Vorschübe. Sie zeichnen sich durch besonders hohe Verschleißresistenz aus und tragen in besonderem Maße zur Prozesssicherheit bei. Der vergleichsweise große Festigkeitsverlust infolge erhöhter Temperatur und die niedrige Anschmelztemperatur von Magnesiumlegierungen begünstigen die Scheinspanbildung, vgl. Abschn. 7.6.1.

Die Zerspankraft bei der Magnesiumbearbeitung ist relativ niedrig, sie liegt unter derjenigen bei der Bearbeitung untereutektischer Aluminiumlegierungen.

In Abb. 7.30 sind Versuchsergebnisse beim Stirnfräsen im Trockenschnitt der Aluminiumlegierung AlSi9Cu3 und der Magnesiumlegierung AZ91hp gegenübergestellt [Kloc00]. Beide Legierungen kommen beispielsweise für Getriebegehäuse zum Einsatz. Beim Bohren der beiden Legierungen mit Werkzeugen aus Hartmetall liegt die Zerspankraft der Magnesiumlegierung ebenfalls unterhalb derjenigen der Aluminiumlegierung. Schnittmomentunterschiede sind marginal [Wein00].

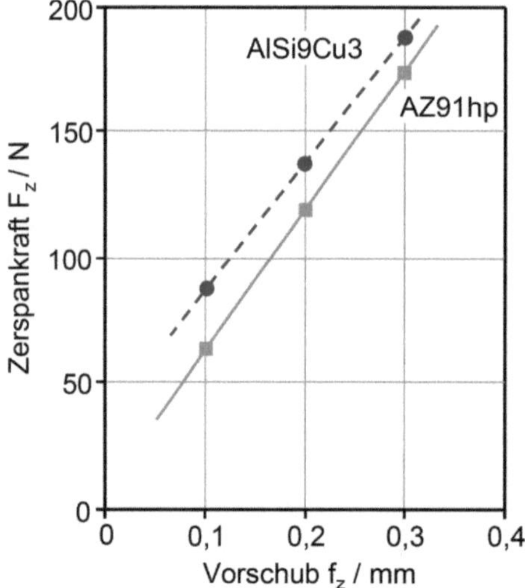

Härte der Werkstoffe:
AlSi9Cu3 102HBW 5/250
AZ91hp 67HBW 5/250

Schnittbedingungen:
v_c = 2000 m/min
a_e = 30 mm
a_p = 3 mm

Werkzeug: Stirnfräser D = 80 mm, z = 5
Strategie: Gleichlauffräsen im Trockenschnitt
Schneidstoff: DP

Abb. 7.30 Vergleich der Kraftkomponenten beim Stirnfräsen im Trockenschnitt

Die Möglichkeit, Magnesiumlegierungen unter Anwendung hoher und höchster Schnittgeschwindigkeiten spanend zu bearbeiten, ist eine gute Voraussetzung zum Erzeugen hoher Oberflächengüten an den bearbeiteten Bauteilen. Sowohl im Nassschnitt unter Einsatz von Öl oder Emulsion als auch im Trockenschnitt werden bei der Fräsarbeit befriedigende Oberflächengüten erreicht. Bei den in Abb. 7.30 angegebenen Schnittbedingungen wurde nach dem Stirnfräsen im Nassschnitt ein arithmetischer Mittenrauwert von $Ra = 0{,}6$ µm gemessen. Für Dichtflächen von Kfz-Komponenten sind häufig Ra-Werte um 1,5 µm gefordert. Diese Werte lassen sich bei Zahnvorschüben von $f_z = 0{,}3$ mm sicher einhalten [Kloc02]. Bei der Feinbearbeitung von Bohrungen sind auch unter Anwendung höchster Schnittbedingungen beste Oberflächengüten im Bereich von $R_a = 0{,}2 - 0{,}4$ µm unter Produktionsbedingungen sicher einzuhalten [Wein00]. Voraussetzung dafür sind stabil ablaufende Prozesse.

Aufgrund der Lamellenspanbildung entstehen kaum längere Späne, in der Hauptsache Spanlocken und Bröckelspäne. Längere Spanstücke brechen aufgrund ihrer geringen Stabilität bei Berührung mit dem Werkzeug, dem Werkstück und den Spannmitteln in kurze Teile. Im Allgemeinen bereitet die Spanform bei der Magnesiumbearbeitung keine Probleme.

7.6.3 Titanlegierungen

Titanlegierungen sind eine noch relativ junge Gruppe von Konstruktionswerkstoffen. Die ersten Legierungen wurden erst Ende der 1940er Jahre in den USA entwickelt, darunter auch die klassische Legierung TiAl6V4.

Titan zählt zur Gruppe der Leichtmetalle und ist darin, mit einer Dichte von $\rho_{\mathrm{Ti}} = 4{,}51\ \mathrm{kg/dm^3}$, das schwerste Element. Die große technische Bedeutung der Titanlegierungen beruht vor allem auf ihrer hohen Festigkeit, insbesondere jedoch auf dem Verhältnis von Streckgrenze zu Dichte, das bislang von keinem anderen metallischen Werkstoff auch nur annähernd erreicht wird (Abb. 7.31). Selbst die hochfesten Stähle mit Streckgrenzwerten von ca. 1000 MPa erreichen bezüglich dieses Verhältnisses nur wenig mehr als die Hälfte des Wertes der Titanlegierung TiAl6V4. Eine weitere wesentliche Eigenschaft von Titanlegierungen ist ihre gute Korrosionsbeständigkeit. Sie sind bis zu Temperaturen von ca. 550 °C temperaturbeständig. Die maximale Einsatztemperatur wird durch die ab 550 °C verstärkt einsetzende Oxidation begrenzt [Essl91]. Zu nennen ist ferner die hervorragende Bioverträglichkeit von Titanlegierungen. Anwendungen finden Titanlegierungen vor allem in den Bereichen:

- Luft- und Raumfahrt,
- chemischen Industrie,
- Medizintechnik,
- Energietechnik und
- Sportgerätetechnik.

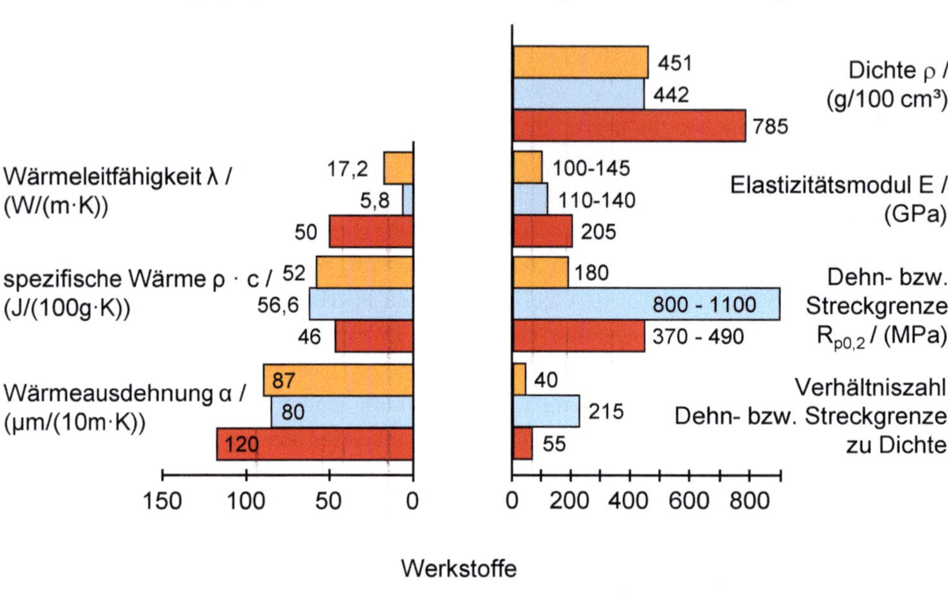

Abb. 7.31 Mechanische und physikalische Eigenschaften von Titanwerkstoffen im Vergleich zu dem Vergütungsstahl C45+QT (Richtwerte)

Titan tritt in verschiedenen Gittermodifikationen auf, von denen jede nur innerhalb eines bestimmten Temperaturbereichs stabil ist. Bei tieferen Temperaturen liegt Reintitan und die Mehrzahl der Titanlegierungen in der Modifikation einer hexagonal dichtesten Kugelpackung (hdp) vor, die mit α-Titan bezeichnet wird. Die Hochtemperaturphase kristallisiert dagegen kubisch raumzentriert und wird β-Titan genannt. Die Umwandlung der α- in die β-Phase erfolgt oberhalb von 882 °C, der sog. Transustemperatur. Die Existenz dieser zwei Phasen und die damit verbundene Gefügeumwandlung ist die Voraussetzung für die vielfältigen Eigenschaften von Titanlegierungen [Pete02].

Nach ihrem Einfluss auf die Transustemperatur unterscheidet man zwischen neutralen (Sn, Zr), α-stabilisierenden (Al, O, N, C) und β-stabilisierenden (Mo, V, Ta, Mn, Cr, Cu, Fe) Legierungselementen. Die α-stabilisierenden, zu ihnen gehört Aluminium, das wichtigste Legierungselement des Titans, erweitern das α-Phasengebiet hin zu höheren Temperaturen und bildet ein zweiphasiges (α+β)-Gebiet [Pete02].

Die Eigenschaften von Titanlegierungen werden im Wesentlichen durch die chemische Zusammensetzung und das Gefüge bestimmt. Die chemische Zusammensetzung bestimmt primär den Volumenanteil der α– und β–Phase. Unter Gefüge versteht man in diesem Zusammenhang bei den fast immer als zweiphasig vorliegenden Titanlegierungen primär die Größe und Anordnung dieser beiden Phasen. Die beiden extremen Formen der Phasenanordnung sind das lamellare Gefüge, das durch einfaches Abkühlen aus dem ß-Gebiet entsteht und das globulare Gefüge als Resultat eines Rekristallisationsprozesses. Beide Gefügearten können sowohl in feiner als auch in grober Verteilung vorliegen. Grundsätzlich wird das jeweils unterschiedliche Gefüge durch thermomechanische Behandlungen erzeugt. Hierunter versteht man eine komplexe Abfolge von Lösungsglüh-, Verformungs-, Rekristallisations-, Auslagerungs- und Spannungsfreiglühbehandlungen [Pete02].

Die Titanwerkstoffe können in folgende Gruppen eingeteilt werden:

- Reintitan
- α-Legierungen
- (α+β)-Legierungen
- Near-α-Legierungen
- Metastabile β-Legierungen
- γ-Titanaluminidlegierungen

Reintitan (z. B. Reinstitan: 99,98 % Ti, Rein-Ti: 0,2 % Fe–0,18 % O oder 0, 5% Fe–0,4 % O) und Titan-Legierungen (z. B. TiAl5Sn2,5, TiPl0,2), die ausschließlich α-stabilisierende und/oder neutrale Legierungselemente enthalten, werden als α-Legierungen bezeichnet. α-Legierungen weisen, da sie einphasig sind, vergleichsweise niedrige Festigkeiten (R_m = 280 – 740 N/mm²) auf. Sie werden primär in der chemischen Industrie und in der Verfahrenstechnik eingesetzt, da es hier vorrangig auf gute Korrosionsbeständigkeit und Verformbarkeit ankommt. Die Reintitansorten enthalten bis zu 0,4 % Sauerstoff, der als interstitielles Legierungselement die Streckgrenze drastisch erhöht. Während der Sauerstoff als einziges Element zur Erzielung der geforderten Festigkeitseigenschaften absichtlich zulegiert wird, stellen die übrigen Elemente wie Eisen oder Kohlenstoff durch das Herstellungsverfahren bedingte Verunreinigungen dar. Die ausgezeichnete Korrosionsbeständigkeit wird durch Zulegieren von Palladium (bis 0,2 %) erreicht. Diese Titansorten werden schwerpunktmäßig im Tieftemperaturbereich eingesetzt. Sind höhere Festigkeiten gefordert, bieten sich mit Aluminium und Zinn (TiAl5Sn2,5) legierte Titan-Werkstoffe an [Pete02, Schu04].

Das Gefüge der (α+β)-Legierungen ist durch eine bimodale Struktur gekennzeichnet. Es besteht zu einem Anteil aus globularer (primärer) α-Phase in einer Matrix aus lamellar angeordneter α- und β-Phase. Dieses Gefüge vereint die guten Eigenschaften von lamellaren Strukturen, wie höherer Widerstand gegen Kriechen und Ermüdungsrissausbreitung mit denen globularer, wie höhere Festigkeiten und Bruchdehnungen. Erzeugt wird das (α+β)-Gefüge durch eine thermomechanische Behandlung, die aus einer Kombination von Umform- und Wärmebehandlungsschritten besteht. Durch Aushärtung erreichen die (α+β)-Legierungen sehr hohe Festigkeiten im Bereich von R_m = 900 – 1300 MPa, außerdem zeichnen sich diese Legierungen durch eine hohe Temperaturbeständigkeit aus. Zu den (α+β)-Legierungen zählt die mit Abstand gebräuchlichste Titanlegierung TiAl6V4. Mehr als die Hälfte aller Titan-Werkstoffe werden mit dieser Zusammensetzung erschmolzen. Sie wurde bereits Anfang der 1950er Jahre in den USA entwickelt und ist die meist erforschte sowie erprobte Titanlegierung. Verwendung findet sie vor allem in der Luft- und Raumfahrtindustrie. Aus Titanlegierungen werden Leit- und Laufschaufeln, Scheiben, Gehäuse, Rohre und Abstandsringe zwischen den Rotorstufen hergestellt [Adam98, Pete02, Schu04].

Near-α-Titanlegierungen (z. B. Ti-6Al-2Sn-4Zr-2Mo-0,1Si) sind die klassischen Hochtemperaturlegierungen. Hierunter versteht man derzeit Einsatztemperaturen von 500 – 550 °C. Diese Legierungsklasse vereint die guten Kriecheigenschaften der α-Legierungen mit den hohen Festigkeiten der (α+β)-Legierungen. Sie weisen ferner eine günstige Kombination aus mechanischen Eigenschaften und Oxidationsbeständigkeit auf. Für den Triebwerksbau haben diese Legierungen eine große Bedeutung erlangt. Sie ermöglichen es, die Einsatztemperaturen auf bis zu 600 °C zu steigern. Während die (α+β)-Standardlegierung TiAl6V4 nur im relativ kalten Bereich des Verdichters eingesetzt werden kann, kommen die Near-α-Legierungen auch in den heißeren Bereichen, z. B. im Hochdruckverdichter, zum Einsatz. Zwei wesentliche Vertreter dieser Legierungsgruppe sind die Titanlegierungen Ti-6-2-4-2 (Ti-6Al-2Sn-4Zr-2Mo) und IMI834 (Ti-6Al-4Sn-3,5Zn). Beide Legierungen besitzen eine bimodale Struktur (Abb. 7.32), mit einem gegenüber der Standardlegierung TiAl6V4 jedoch wesentlich höheren α-Anteil.

Metastabile β-Legierungen (z. B. Ti-4,5Al-3 V-2Mo-2Fe, Ti-15 V-3Cr-3Al-3Sn) enthalten Vanadium, Molybdän, Mangan, Chrom, Kupfer und Eisen. Vanadium und Molybdän bilden mit Titan eine durchgehende Reihe von Mischkristallen, die auch bei niedriger Temperatur stabil bleiben. Die Mischkristalle mit den übrigen Legierungselementen zerfallen bei niedrigen Temperaturen eutektoidisch [Scha98]. Die metastabilen β-Legierungen können zu extrem hohen Festigkeiten von über 1400 MPa ausgehärtet werden. Ihre

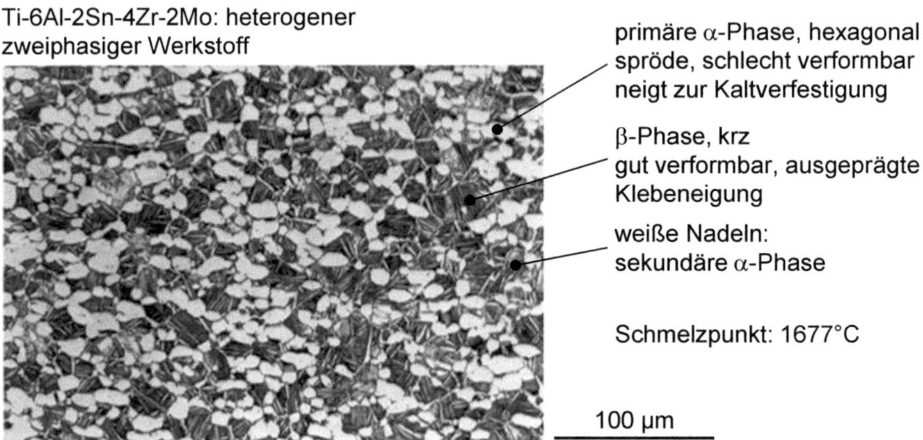

Abb. 7.32 Typisches (α+β)-Mischgefüge am Beispiel einer Hochdruckverdichter-Laufschaufel aus der Near-α-Legierung Ti-6-2-4-2, nach Adam [Adam98]

komplexe Mikrostruktur erlaubt eine Optimierung des Verhältnisses von hoher Festigkeit zu hoher Bruchzähigkeit. Aus diesen Legierungen werden Folien, Teile für den Luft- und Raumfahrtbereich sowie für die Automobilindustrie hergestellt. Ihre Einsatzmöglichkeiten werden jedoch durch ein größeres spezifisches Gewicht, eine mäßige Schweißbarkeit, ein schlechtes Oxidationsverhalten und die Komplexität ihrer Mikrostruktur eingeschränkt [Pete02, Schu04].

Eine weitere Werkstoffgruppe auf Basis des Elementes Titan sind die seit den 1970er Jahren entwickelten Titanaluminidlegierungen (α_2-Ti_3Al, γ-TiAl). Die Titanaluminide zählen zu den sog. intermetallischen Phasen. Hierunter versteht man Verbindungen von Metallen mit Metallen oder Nichtmetallen, die gegenüber den Ausgangskomponenten eine andere Gitterstruktur aufweisen, aus der ihre spezifischen Eigenschaften resultieren. Intermetallische Phasen vom Typ TiAl zeichnen sich durch eine geringe Dichte, hohe Warmfestigkeit, hohe Oxidationsbeständigkeit und Kriechfestigkeit bis zu Temperaturen von 650 °C aus. Sie weisen damit gegenüber den zuvor genannten Titanlegierungen eine höhere Temperaturbeständigkeit auf und stehen in direkter Konkurrenz zu den etablierten Nickellegierungen mit hoher Dichte, die bis zu Temperaturen von etwa 700 °C eingesetzt werden [Pete02]. Kennzeichnend für γ-Titanaluminidlegierungen ist ferner ihre sehr geringe Bruchdehnung bei Raumtemperatur, die im Bereich von $A = 0{,}5 - 1$ % liegt.

Die Zerspanung von Titanlegierungen gilt aufgrund ihrer mechanischen und physikalischen Eigenschaften als schwierig. Die Festigkeit ist hoch, die Bruchdehnung mit $A_5 = 5 - 15$ % gering. Der Elastizitätsmodul liegt um fast die Hälfte niedriger als bei Stahl. Die hexagonale α-Phase ist relativ hart, spröde, schlecht verformbar und neigt stark zur Kaltverfestigung. Diese Phase wirkt auf die aktive Werkzeugschneide wie die stark verschleißfördernden Zementitlamellen in den Perlitkörnern der Kohlenstoffstähle. Die kubisch-raumzentrierte ß-Phase ist in ihrem Zerspanverhalten dem ebenso nach dem krz-Gittertyp kristallisierenden Ferrit sehr ähnlich, da sie gut verformbar, vergleichsweise weich und duktil ist sowie eine ausgeprägte Klebneigung aufweist, Abb. 7.32.

Eine für die Zerspanbarkeit von Titanlegierungen bedeutsame physikalische Eigenschaft ist deren geringe Wärmeleitfähigkeit, die nur etwa 10 – 20 % der von Stahl beträgt (Abb. 7.31). Als Folge hiervon wird nur ein geringer Teil der entstehenden Wärme über den Span abgeführt. Im Vergleich zur Bearbeitung des Stahlwerkstoffes C45E muss beim Zerspanen der Titanlegierung TiAl6V4 in Abhängigkeit von der Wärmeleitfähigkeit des Schneidstoffes ca. 20 – 30 % mehr Wärme vom Werkzeug aufgenommen werden (Abb. 7.33). Hieraus resultiert eine außerordentlich hohe thermische Belastung der Zerspanwerkzeuge, die deutlich über der bei der Zerspanung von Stahl liegt (Abb. 7.33 rechts). Für die spanende Bearbeitung von Titanlegierungen bedeutet dies, dass die Zerspanwerkzeuge nicht nur einer erheblichen mechanischen Beanspruchung, sondern auch einer außerordentlich hohen thermischen Belastung unterliegen [Krei73].

Ein weiteres charakteristisches Merkmal bei der Zerspanung von Titanlegierungen unter konventionellen Schnittbedingungen ist die Bildung von Lamellenspänen. Ursache hierfür sind ein steter Wechsel zwischen Stauch- und Gleitvorgängen in der Scherzone, Abb. 7.34. In Position I ist die volle Ausbildung der Scherzone bereits erfolgt. Die

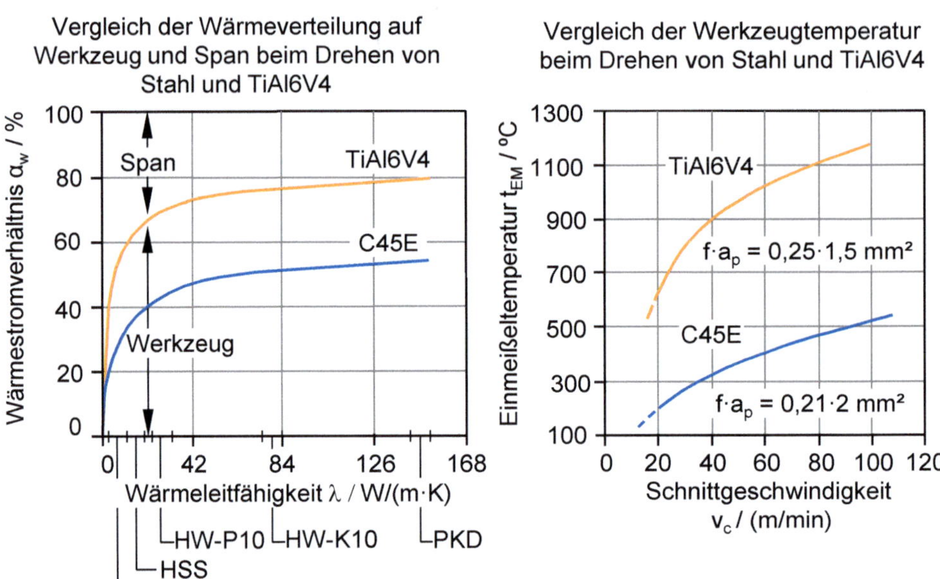

Abb. 7.33 Wärmeverteilungskoeffizient des Wärmestromes auf der Spanfläche und thermische Werkzeugbelastung beim Drehen von TiAl6V4 im Vergleich zu dem Stahlwerkstoff C45E, nach Kreis [Krei73]

gebildete Lamelle gleitet über die Spanfläche ab, während gleichzeitig eine neue Lamelle gestaucht wird. Da nun der Verformungswiderstand des Titanwerkstoffes sofort nach Ausbildung der Scherzone infolge der hohen Scher- bzw. Verformungsgeschwindigkeit rapide abnimmt, sinkt die Schnittkraft stetig. Die gleichzeitig eingeleitete Stauchung der neu zu bildenden Lamelle bewirkt ein erneutes Anwachsen der Schnittkraft (Position II), bis in Position III die Schnittkraft bzw. Scherkraft so groß wird, dass die Scherfestigkeit des Materials überschritten und eine neue Lamelle gebildet wird [Krei73]. Durch die diskontinuierliche Spanbildung unterliegen die Werkzeuge einer mechanischen und thermischen Wechselbelastung, deren Frequenzen und Amplitude direkt von den Schnittbedingungen abhängig sind. Die dynamischen Schnittkraftanteile können etwa 20 – 35 % der statischen betragen. Die mechanische und thermische Schwellbeanspruchung kann zu Ermüdungserscheinungen am Werkzeug führen und dessen Erliegen durch die Entstehung von Rissen, muschelförmigen Abplatzungen, das Herausbrechen von Schneidstoff-Partikeln oder durch Schneidenbruch begünstigen [Krei73, Yang99, Kita97].

Die Drehbearbeitung von Titanwerkstoffen erfolgt im Allgemeinen mit unbeschichteten Hartmetallen der Hauptanwendungsgruppe S. Aufgrund der hohen thermischen und mechanischen Belastung können diese Werkzeuge jedoch nur bei relativ niedrigen

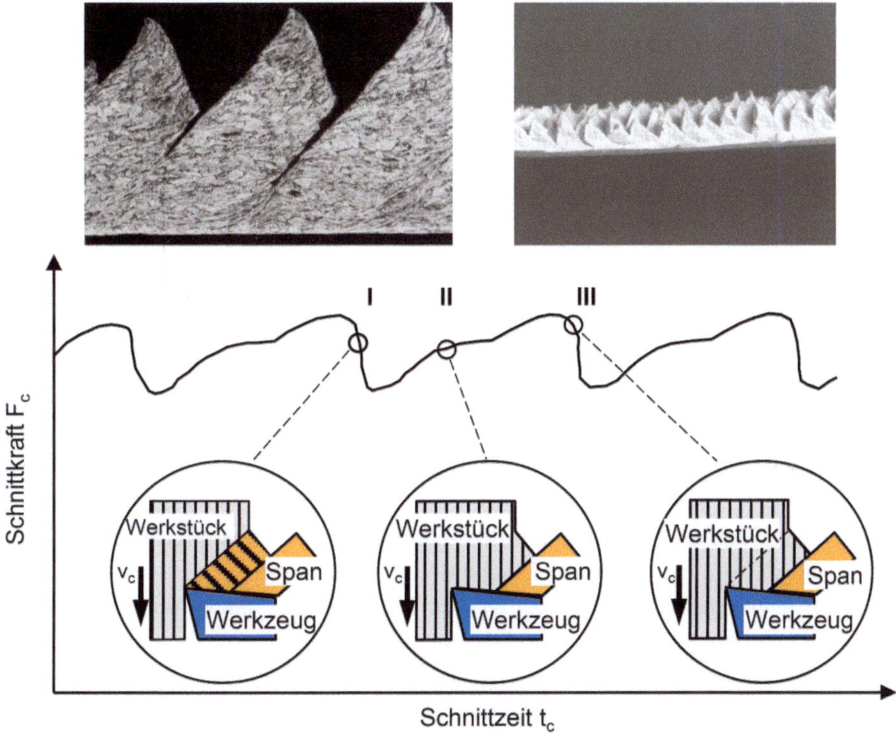

Abb. 7.34 Spanbildung beim Drehen von Titanwerkstoffen, nach KREIS [Krei73]

Schnittgeschwindigkeiten eingesetzt werden. Der Bereich üblicher Schnittgeschwindigkeiten liegt beim Schruppdrehen bei 50 – 70 m/min beim Schlichtdrehen bei 60 – 90 m/min.

Titanhaltige Hartmetalle (P-Sorten), Cermets oder beschichtete HM-Sorten sind für die Drehbearbeitung von Titanlegierungen in der Regel nicht geeignet. Elemente des Substrates (Ti) oder des Schichtwerkstoffes (Ti, O, N) reagieren mit dem Werkstückstoff, was die Verschleißfestigkeit der Werkzeuge stark beeinträchtigt. Vereinzelt wird über gute Ergebnisse beim Zerspanen mit TiB_2-beschichteten Werkzeugen berichtet.

Schneidstoffe auf der Basis von Al_2O_3 und Si_3N_4 kommen aufgrund der geringen Wärmeleitfähigkeit und der großen Affinität von Aluminium, Silizium, Sauerstoff und Stickstoff zu Titan für die Bearbeitung von Titanwerkstoffen ebenfalls nicht in Betracht.

Eine Alternative zu unbeschichteten Hartmetallwerkzeugen stellen beim Schlichtdrehen von Titanlegierungen Werkzeuge aus monokristallinem Diamant, polykristallinem kubischem Diamant (PKD), CVD-Diamant-Dickschichten und polykristallinem kubischem Bornitrid (PCBN) dar. Diese Schneidstoffe zeichnen sich durch eine hohe Härte und Verschleißfestigkeit, eine im Vergleich zu anderen Schneidstoffen ausgezeichnete Wärmeleitfähigkeit (Abb. 7.33), eine niedrige Wärmedehnung sowie durch eine geringe Reibung zwischen Spanfläche und Span bzw. Freifläche und Werkstück aus. Gegenüber Hartmetallen ermöglichen sie die Anwendung höherer Schnittgeschwindigkeiten und damit eine deutliche Reduzierung der Hauptzeiten bei gleicher oder besserer Bearbeitungsqualität. Der mit Werkzeugen aus diesen Schneidstoffen anwendbare Schnittgeschwindigkeitsbereich erstreckt sich von v_c = 100 – 200 m/min. Von den PCBN-Schneidstoffen erweisen sich vor allem hoch cBN-haltige Sorten für das Schlichtdrehen einiger Titanlegierungen als gut geeignet.

Die bei der Drehbearbeitung von Titanlegierungen mit PKD-Werkzeugen zwischen Werkstoff und Schneidstoff erfolgenden verschleißbestimmenden Wechselwirkungen sind außerordentlich komplex. Charakterisiert werden sie durch Diffusion und Graphitisierung, thermisch bedingte Rissausbildung, Oberflächenzerrüttung infolge der Lamellenspanbildung und eine mögliche Ausbildung von verschleißreduzierenden Reaktionsschichten auf den Diamantkörnern [Bömc89, Neis94]. Aufgrund dieser vielfältigen Wechselwirkungen zwischen Schneidstoff und Werkstoff wird das Leistungsvermögen von PKD Schneidstoffen bei der Titanzerspanung sehr stark von der Schneidstoffzusammensetzung beeinflusst. Zu nennen sind hierbei vor allem die Zusammensetzung der Binderphase, deren mengenmäßiger Anteil sowie die Größe der Diamant-Körner [Neis94].

Dominierende Verschleißform beim Drehen von Titanlegierungen mit PKD-Werkzeugen ist die Ausbildung eines Kolkes auf der Spanfläche. Der Freiflächenverschleiß ist insbesondere bei hohen Schnittgeschwindigkeiten von untergeordneter Bedeutung. In Zerspanversuchen beim Außenlängsdrehen der Titanlegierung TiAl6V4 wurde der geringste Kolkverschleiß bei einer PKD-Sorte mit SiC als Binder gemessen. Bei PKD-Sorten mit kobalthaltigen Bindern zeigte sich, dass der Kolkverschleiß sehr stark vom Bindergehalt und von der Korngröße beeinflusst wird. Der stärkste Kolkverschleiß wurde hier bei der PKD-Sorte mit dem größten Binderanteil und der kleinsten Korngröße beobachtet [Köni93c, Neis94, Kloc07].

Aufgrund seiner katalytischen Wirkung begünstigt Kobalt die Graphitisierung von Diamant. Das Ergebnis ist eine Verringerung des Schneidstoffwiderstandes gegen Abrasionsverschleiß. Kobalt und Diamant haben ferner unterschiedliche Wärmeausdehnungskoeffizienten, was die Ausbildung von Mikrorissen begünstigt. Dieser Vorgang ist vor allem bei feinkörnigen Sorten zu beobachten. In Verbindung mit der dynamischen Belastung des Schneidstoffes durch die Lamellenspanbildung, fördern die Mikrorisse das Herauslösen einzelner Diamantkörner oder ganzer Kornverbände aus dem Schneidstoffverbund [Bömc89, Köni93c, Neis94].

Der geringere Kolkverschleiß beim Drehen mit der SiC-haltigen bzw. mit grobkörnigeren kobalthaltigen PKD-Sorten wird in der Literatur auf die Bildung eines verschleißhemmenden Films aus Titancarbid auf den Diamantkörnern zurückgeführt. Es wird vermutet, dass es im Bereich des Kolkes zu einer diffusionsgesteuerten Reaktion zwischen dem Titan aus dem Werkstoff und dem Kohlenstoff aus dem Schneidstoff kommt. Der sich im Bereich der Kontaktzone auf der Spanfläche bildenden TiC-Film haftet während des Zerspanvorganges fest auf den die Oberfläche bildenden Diamantkörnern. Da die Diffusionsgeschwindigkeit von Kohlenstoff in Titancarbid um mehr als den Faktor 10

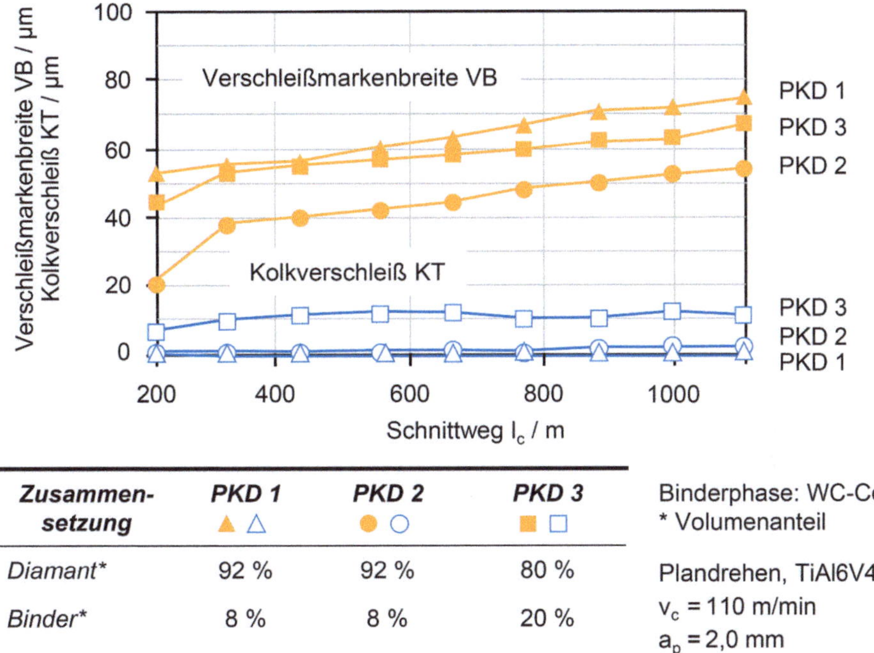

Zusammen-setzung	*PKD 1* ▲ △	*PKD 2* ● ○	*PKD 3* ■ □
*Diamant**	92 %	92 %	80 %
*Binder**	8 %	8 %	20 %
Korngröße	6-10 µm	2-6 µm	0,5-1 µm

Binderphase: WC-Co
* Volumenanteil

Plandrehen, TiAl6V4
v_c = 110 m/min
a_p = 2,0 mm
f = 0,1 mm

Abb. 7.35 Diamant als Schneidstoff für die Drehbearbeitung von Titanlegierungen

niedriger ist als die von Kohlenstoff in Titan wird der Verschleißzuwachs signifikant verringert [Hart82]. Im Hinblick auf eine möglichst geringe Kolkbildung beim Drehen von Titanlegierungen mit PKD, sollten daher PKD-Schneidstoffe mit großen Diamantkörnern, geringem Kobaltgehalt oder mit einer Binderphase aus β-SiC eingesetzt werden.

Ein wesentliches Anforderungskriterium an moderne Flugtriebwerke ist die Reduzierung des Gewichtes. Dies kann durch den Einsatz von Werkstoffen mit niedrigerer Dichte, aber auch durch ein innovatives Bauteildesign realisiert werden. Ein Beispiel für ein modernes Bauteilkonzept sind Verdichterscheiben mit integrierter Beschaufelung, die sog. Blisks (blade integrated disk). Zur Herstellung der Blisks müssen die Schaufeln aus dem „Vollen" herausgearbeitet werden. Hierbei handelt es sich um eine außerordentlich anspruchsvolle Bearbeitungsaufgabe, zumal an die Schaufeln hinsichtlich Oberflächengüte, Randzonenausbildung sowie Form- und Maßgenauigkeit höchste Anforderungen gestellt werden.

Bis zu Schaufellängen von 80 mm erfolgt die Bliskfertigung durch Schaft- bzw. Formfräsen. Für Blisks mit einem Durchmesser von 600 mm und ca. 70 Schaufeln werden hierbei bis zu 55 Stunden reine Fräszeit benötigt. Mit zunehmender Schaufellänge und damit zunehmender Auskraglänge des Fräsers wird das Fräsen immer schwieriger. In diesen Fällen setzt man bevorzugt auf die ECM-Bearbeitung, wobei zunächst allerdings noch alle Schaufeln bis auf ein Aufmaß von 3 mm vorgefräst werden müssen. Auch hier ergeben sich für das Vorfräsen in Abhängigkeit von der Bliskgröße noch Bearbeitungszeiten von bis zu 45 Stunden. Für die ECM-Bearbeitung müssen nochmals 7 – 8 Stunden veranschlagt werden. Die Blisk-Herstellung erweist sich damit als sehr zeitaufwendig und kostenintensiv.

Das Vorfräsen der Blisks erfolgt mit Schaftfräsern aus Hochleistungs-Schnellarbeitsstahl oder aus konventionellem Hartmetall. Aufgrund des großen abzutragenden Werkstoffvolumens werden zur Realisierung großer Zeitspanvolumen die Werkzeuge mit vergleichsweise großen axialen (D) und radialen (D/2) Schnitttiefen eingesetzt. Bei der Endbearbeitung der Schaufeln müssen dagegen nur noch sehr kleine Aufmaße abgearbeitet werden. Hier kommt es vor allem auf eine hohe Prozesssicherheit, Oberflächenqualität sowie Maß- und Formgenauigkeit an. Für diesen Bearbeitungsfall empfehlen sich aufgrund ihres ausgezeichneten Verschleiß- und Zähigkeitsverhaltens Werkzeuge aus Feinstkornhartmetall.

Aufgrund ihrer hohen Verschleiß- und Biegefestigkeit können mit Schaftfräsern aus Feinstkornhartmetall gegenüber solchen aus konventionellem Hartmetall höhere Schnittgeschwindigkeiten und größere Zeitspanungsvolumina realisiert werden. Im vorliegenden Beispiel (Abb. 7.36) gelang es bei der Schaufelendbearbeitung durch den Einsatz von Feinstkornhartmetall-Fräsern in Verbindung mit einer angepassten Bearbeitungsstrategie die Gesamtbearbeitungszeit um ca. 50 % zu reduzieren. Die Bearbeitung der Schaufeln mit diesen Werkzeugen bei hohen Schnittgeschwindigkeiten führt darüber hinaus noch zu weiteren Vorteilen, von denen vor allem die bessere Oberflächenqualität der gefrästen Schaufeln wie auch die niedrigeren Zerspankräfte, die wiederum höhere Bauteilgenauigkeiten ermöglichen, zu nennen sind.

Zur Reduzierung der Fräszeiten bei der Vorbearbeitung der Blisk-Schaufeln bietet sich trochoides Fräsen an. Auf 5-achsigen Werkzeugmaschinen können mit diesem Verfahren durch Überlagerung einer Taumelbewegung auch gekrümmte Schaufelflächen in einem Durchlauf bis nahe an die Endkontur durch Schaftfräsen hergestellt werden.

Analog zu den Ausführungen zum Fräsen von Nickelbasislegierungen (vergl. Abschn. 7.6.5) kommt auch beim Fräsen von Titanlegierungen im Hinblick auf den Werkzeugverschleiß der Schneidkantenausbildung eine Schlüsselrolle zu. Auch hier zeigen Ergebnisse aus Forschung und industrieller Praxis, dass beim Schaftfräsen von Titanlegierungen die Stabilisierung der Schneidkante durch eine definierte Verrundung in der Größenordnung von 5 – 20 µm nicht nur bei lang auskragenden Werkzeugen zu einer signifikanten Steigerung der Werkzeugstandzeit führt.

Beim Fräsen schwer zerspanbarer Werkstoffe, zu denen auch die Titanlegierungen zählen, sollte grundsätzlich dem Gleichlauffräsen der Vorzug gegeben werden. Beim Gegenlauffräsen erfolgt der Werkzeugeintritt mit einer Spanungsdicke von $h = 0$ mm. Aufgrund der hohen elastischen Verformungsfähigkeit von Titanlegierungen geht der Spanbildung eine lange Reibphase zwischen Werkzeug und Werkstück voraus, wodurch der Verschleiß an der Freifläche stark gefördert wird. Der Werkzeugaustritt erfolgt mit

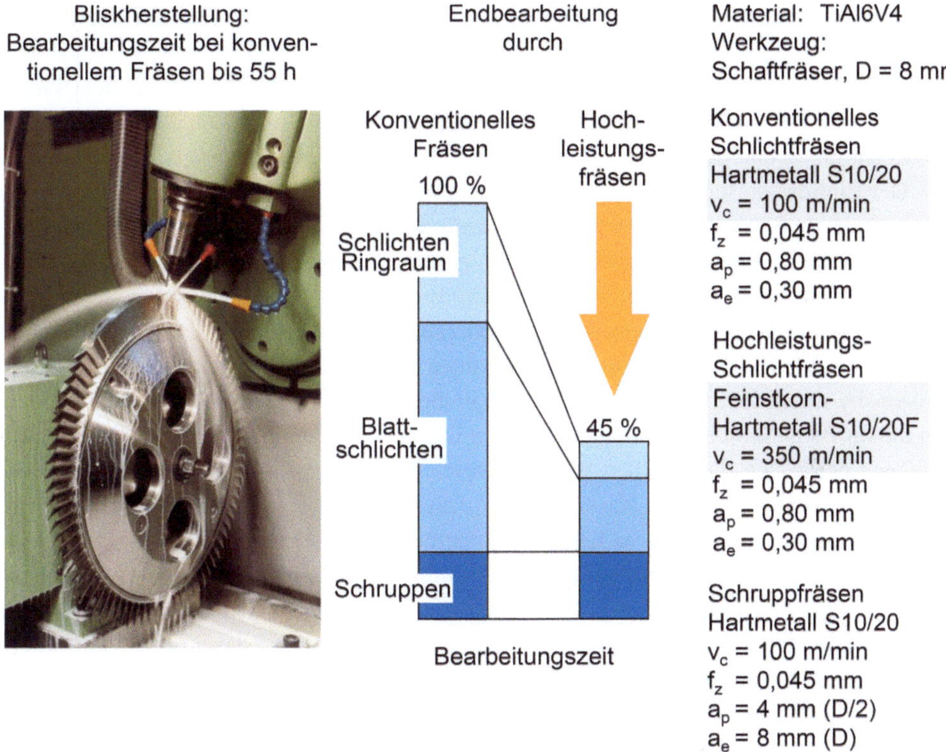

Abb. 7.36 Reduzierung der Bearbeitungszeiten durch Hochleistungsfräsen bei der Endbearbeitung einer Blisk aus der Titanlegierung TiAl6V4 (Quelle: MTU)

Ausnahme beim vollen Nutschnitt mit $h > 0$ mm. Als Folge hiervon kann es zur Spanfußbildung [Peke78] und zur Ausbildung von Zugeigenspannungen im Schneidkeil kommen. Zugeigenspannungen können zur Rissbildung, damit zu lokalen Schneidstoffausbrüchen und zum Ausfall des Werkzeuges durch Bruch führen. An der Schneidkante anhaftende Späne werden beim Wiedereintritt der Schneide in den Werkstoff auf der Gegenlaufflanke teilweise aufgequetscht oder sie gelangen zwischen Schneide und Werkstück. Die Folge sind nicht anforderungsgerechte Bauteiloberflächen und/oder Schneidstoffausbrüche an der Schneidkante.

Beim Gleichlauffräsen erfolgt dagegen der Eintritt der Schneide mit $h > 0$ mm und der Schneidenaustritt mit $h = 0$ mm. Eine Spanfußbildung kann beim Werkzeugaustritt nicht erfolgen. Eventuell anhaftende Späne sind nur über einen dünnen Materialsteg mit der Schneide verbunden und werden meist beim Wiedereintritt vom Werkzeug abgestreift. Die Oberflächenqualität der Gleichlaufflanke ist verglichen mit der an der Gegenlaufflanke deutlich besser.

Besonderes Merkmal des Gleichlauffräsens ist der Schneidenaustritt mit der Spanungsdicke $h = 0$ mm. Diesem Aspekt kommt beim Fräsen von Nuten auch während der Phase, in der das Werkzeug in das Werkstück eintaucht eine große Bedeutung zu. Erfolgt der Eintritt des Werkzeuges in das Werkstück geradlinig, so tritt die Schneide bis zum Erreichen des vollen Nutenschnittes, wie beim Gegenlauffräsen, stets mit $h > 0$ mm aus dem Werkstück aus. Taucht das Werkzeug dagegen mit den sog. Kreisbogenanschnitt in das Bauteil ein, treten die Schneiden analog zum Gleichlauffräsen mit $h \sim 0$ mm aus dem Werkstoff aus. Der Einfluss dieser beiden Anschnittstrategien auf das Verschleiß- und Leistungsverhalten von Schaftfräsern ist signifikant. Gegenüber dem konventionellen Anschnitt verursacht der Kreisbogenanschnitt einen deutlich geringeren Werkzeugverschleiß, Abb. 7.37.

Im Gegensatz zum Drehen, werden beim Fräsen von Titanlegierungen bei vielen Bearbeitungsaufgaben auch beschichtete Werkzeuge erfolgreich eingesetzt. Als Ursachen für das gute Verschleiß- und Leistungsverhalten beschichteter Werkzeuge beim Fräsen, können die durch den unterbrochenen Schnitt bedingte niedrigere Werkzeugtemperatur und die für PVD-Schichten charakteristischen Druckeigenspannungen angesehen werden.

Wegen der hohen thermischen Werkzeugbelastung erfolgt die Bearbeitung von Titanlegierungen in der Regel im Nassschnitt. Aufgrund langer Eingriffszeiten ist vor allem beim Drehen auf eine intensive Kühlung zu achten. Ein außerordentlich effektives Verfahren stellt in diesem Zusammenhang die Zuführung des Kühlschmierstoffes mit Hochdruck ($p > 80$ bar) dar. In Zerspanversuchen beim Drehen der Titanlegierung TiAl6V4 mit unbeschichteten Hartmetallen wurde der Kühlschmierstoff konventionell mit einem Pumpendruck von 6 bar und unter Hochdruck mit 140 bar zugeführt, Abb. 7.38. Unter

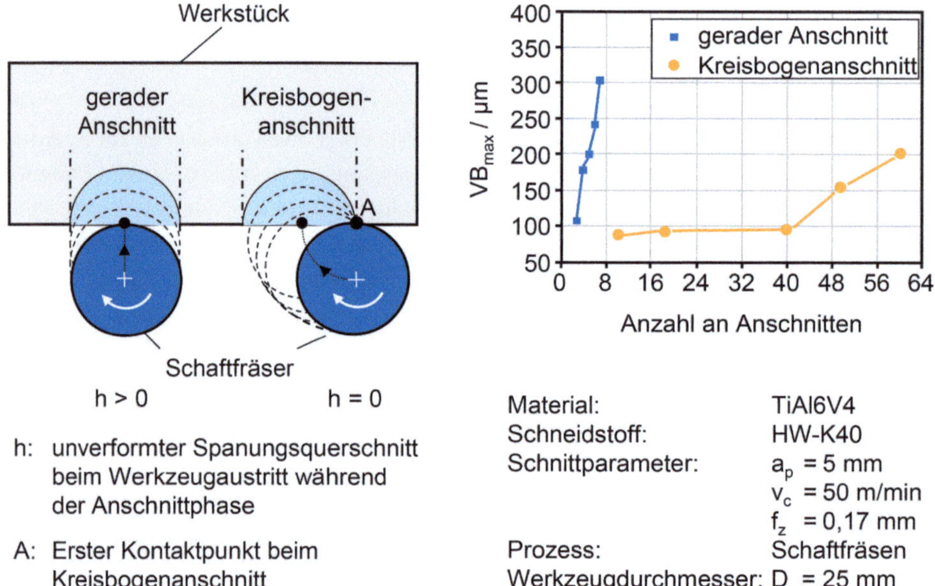

Abb. 7.37 Einfluss der Anschnittstrategie auf den Werkzeugverschleiß beim Fräsen der Titanlegierung TiAl6V4

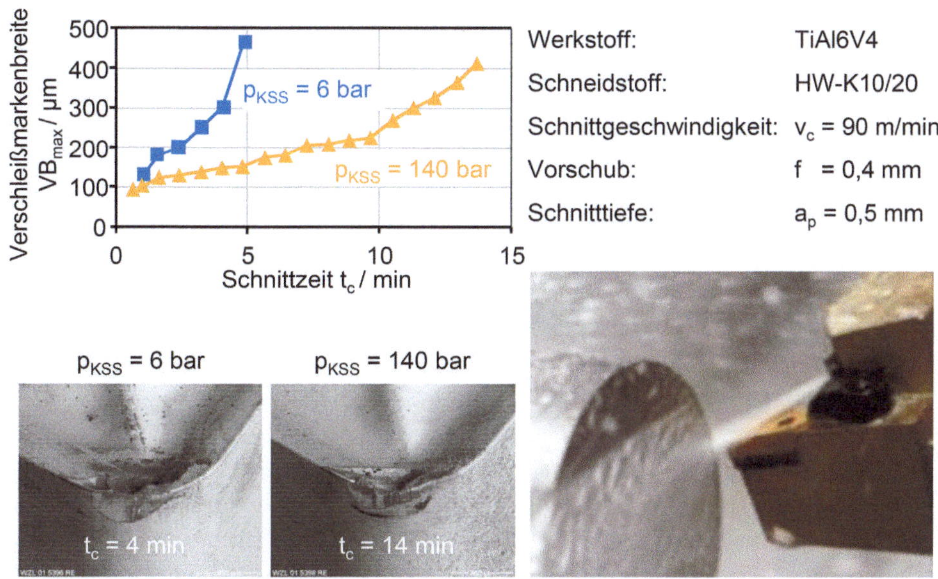

Abb. 7.38 Steigerung der Werkzeugstandzeit durch Hochdruckkühlung

den Bedingungen der Hochdruckkühlung wurde gegenüber der konventionellen KSS-Zufuhr eine um den Faktor 2,3 höhere Werkzeugstandzeit (VB = 0,3 mm) erzielt. Wie dieses Beispiel zeigt, kann durch einen gezielt mit Hochdruck zugeführten KSS-Strahl die Werkzeugstandzeit vor allem aber die Schnittgeschwindigkeit und damit die Produktivität, deutlich gesteigert werden [Gold07]. Der mit Hochdruck in den Spalt zwischen Spanunterseite und Spanfläche zugeführte KSS-Strahl bewirkt nicht nur eine intensive Kühlung des Werkzeuges, sondern verbessert auch den Spanbruch. Anstelle von langen Band- und Wirrspänen entstehen unter den gewählten Bedingungen kurzbrechende Späne, deren Abtransport aus der Spanentstehungsstelle und der Werkzeugmaschine keine Probleme mehr bereitet. Besonders bei Stechdrehoperationen kann eine Hochdruckkühlung zu einer enormen Verbesserung von Spanbildung und Werkzeugleistung beitragen. Eine Verfahrensvariante stellt die Zuführung des Kühlschmierstoffes durch die Schneidplatte dar. Der KSS-Austritt erfolgt hierbei nahe der Schneidkante im Bereich von Frei- oder Spanfläche.

Die Anwendung der Hochdruckkühlung ist nicht auf das Drehen begrenzt. Sie kann ebenso beim Bohren und Fräsen eingesetzt werden. Beim Bohren wird der Kühlschmierstoff über die Spindel und die im Werkzeug verlaufenden Kühlkanäle zugeführt. Beim Bohren in Titan- oder Nickelbasislegierungen mit Hochdruckkühlung sind signifikante Leistungssteigerungen zu verzeichnen. Gegenüber einer konventionellen Zuführung werden um ein Vielfaches höhere Werkzeugstandzeiten erreicht. Während bei der inneren Zuführung über die Maschinenspindel der anwendbare Druck durch die Drehdurchführung auf derzeit ca. 140 bar begrenzt wird, kann bei einer äußeren Zuführung beim Drehen oder

Fräsen der Kühlschmierstoff mit deutlich höherem Druck zugeführt werden. Zurzeit sind Hochdruckanlagen mit Drücken bis zu 1000 bar verfügbar [Fili02]. Ob es technologisch notwendig und wirtschaftlich sinnvoll ist mit derart hohen KSS-Drücken zu arbeiten, ist derzeit Gegenstand von Forschungsarbeiten. Wie erste Ergebnisse zeigen, dürften für die meisten Bearbeitungsaufgaben KSS-Drücke im Bereich von 100 – 200 bar ausreichend sein. Bei der Hochdruckkühlung kommt es nicht nur auf den Druck, sondern auch auf den Volumenstrom an. Dieser muss ebenfalls optimal auf die jeweilige Bearbeitungsaufgabe abgestimmt werden.

Analog zum Drehen kommen üblicherweise auch beim Fräsen von Titanlegierungen Kühlschmierstoffe zum Einsatz. Dabei stellt sich, wie beim Fräsen von Stahlwerkstoffen auch, das grundsätzliche Problem dar, dass die aus dem Werkstoff austretende hocherhitzte Schneide durch den Kühlschmierstoff schroff abgekühlt wird. Der dadurch verursachte Thermoschock begünstigt die Ausbildung von Kammrissen und damit den Werkzeugverschleiß. Im ungünstigsten Fall können in Verbindung mit der mechanischen Stoßbelastung der Schneide beim Eintritt in das Werkstück Kammrisse zum Versagen des Werkzeuges durch Bruch führen. Zahlreiche Untersuchungen beim Trockenfräsen von Stahlwerkstoffen belegen, dass mit dem Verzicht auf Kühlschmierstoffe eine signifikante Erhöhung der Werkzeugstandzeiten einhergeht. Zur Verringerung der thermischen Wechselbelastung und damit der Kammrissbildung stellt sich die Frage, ob auch beim Fräsen von Titanlegierungen ein Verzicht auf Kühlschmierstoffe technologisch sinnvoll ist.

Vergleichende Untersuchungen [Köll86] beim Gleichlauffräsen von TiAl6V4 mit $a_e < D$ bestätigten die beim Trockenfräsen von Stahlwerkstoffen gesammelten Erfahrungen, Abb. 7.39. Im Vergleich zur Nassbearbeitung führte auch hier der Trockenschnitt zu einer signifikant geringeren Verschleißausbildung an den eingesetzten Schaftfräsern. Beim Gleichlauffräsen mit $a_e/D = 7{,}5/25$ wurde im Nassschnitt das Standzeitende bereits nach 8 min, im Trockenschnitt dagegen erst nach 200 min Schnittzeit erreicht.

Dieses Ergebnis ändert sich jedoch grundlegend beim Fräsen im vollen Nutenschnitt, d. h. sobald die Schneide mit einer Spanungsdicke von $h = 0$ mm in das Werkstück eindringt. Hier ergibt sich der geringste Verschleiß beim Fräsen unter Einsatz eines Kühlschmierstoffes. Ursache des starken Verschleißes beim Fräsen im Trockenschnitt ist der Umstand, dass an der Schneide anhaftende oder in der Nut befindliche Späne beim Wiedereintritt des Werkzeuges in den Werkstoff zwischen Schneide und Nutflanke geraten, auf der Oberfläche der Gegenlaufflanke aufgequetscht werden und an der Schneidkante Schneidstoffausbrüche verursachen. Beim Fräsen im vollen Nutschnitt kommt dem Kühlschmierstoff die wesentliche Aufgabe zu, die Späne von der Schneide sicher abzulösen und aus der Nut abzutransportieren [Köll86].

Grundsätzlich ist also unter bestimmten Bedingungen eine Trockenbearbeitung von Titanlegierungen möglich. Bei den meisten Anwendungsfällen in der Praxis kommen jedoch, nicht zuletzt wegen der sicheren Spanabfuhr und damit aus Gründen einer höheren Prozesssicherheit, Kühlschmierstoffe zum Einsatz. In diesen Fällen ist darauf zu achten,

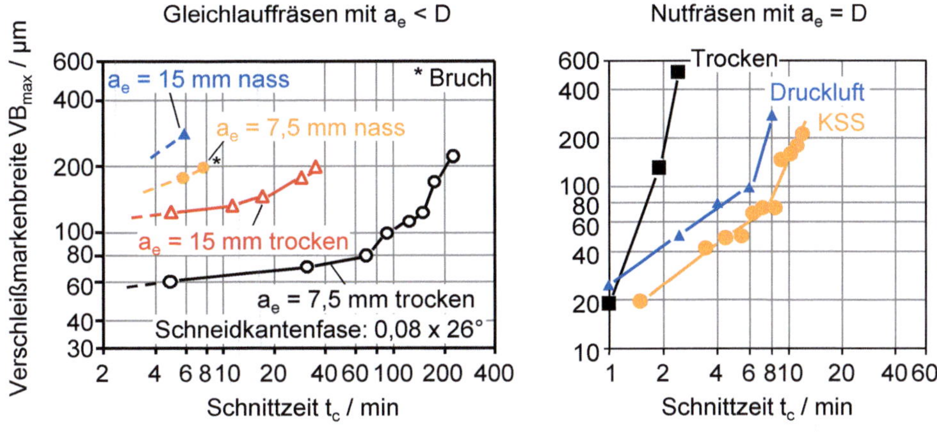

	Gleichlauffräsen	Nutfräsen
Werkstoff	TiAl6V4	
Schneidstoff	HM-S40	
Schnittgeschwindigkeit v_c [m / min]	50 m / min	
Vorschub pro Zahn f_z [mm]	0,17	
Werkzeugdurchmesser D [mm]	25	32
Schnitttiefe a_p [mm]	3	30
Eingriffsbreite a_e [mm]	variiert	32

Abb. 7.39 Einfluss von Trocken- und Nassschnitt auf die Verschleißausbildung beim Fräsen von TiAl6V4

dass zur Reduzierung des Thermoschocks der Kühlschmierstoff den Werkzeugen gezielt zugeführt und diese intensiv gekühlt werden.

Eine Alternative zur konventionellen Überflutungskühlung beim Fräsen ist analog zum Drehen (Abb. 7.38) die Zufuhr des Kühlschmierstoffes unter Hochdruck. Eine besonders extreme Form der Werkzeugkühlung stellt die Verwendung von kalten oder flüssigen Gasen dar. Untersuchungen mit unterschiedlichen KSS-Medien, KSS-Konzentrationen, Wasser und flüssigem Stickstoff lieferten folgende Erkenntnisse, Abb. 7.40. Zwischen den KSS-Medien bestehen zum Teil deutliche Leistungsunterschiede. Unbefriedigende Ergebnisse beim Fräsen von Titanlegierungen können auch durch den Einsatz eines ungeeigneten Kühlschmierstoffes mit verursacht werden. Da bei der Titanzerspanung der Kühlung des Werkzeuges eine primäre Bedeutung zukommt, sollte der Ölanteil in der Emulsion nicht zu hoch gewählt werden. In der vorliegenden Untersuchung führte eine fünfprozentige

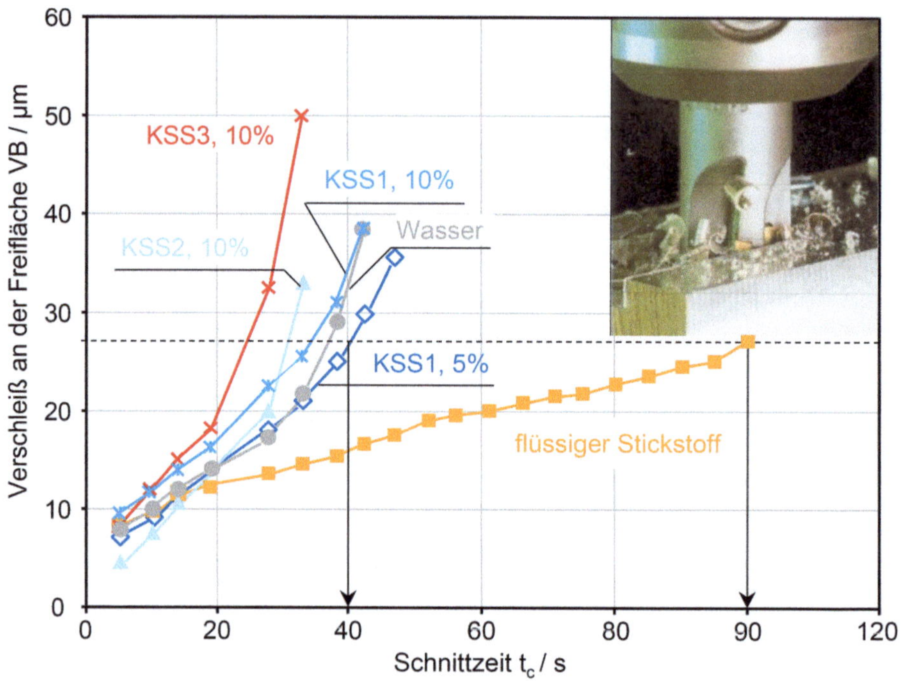

Werkstoff:	TiAl6V4	Schnittparameter:	v_c = 32 m/min
Verfahren:	Schaftfräsen, Gleichlauf		f_z = 0,1 mm
Werkzeug:	D = 50 mm, Z = 7		a_p = 50 mm
			a_e = 15 mm

Abb. 7.40 Einfluss des Kühlschmiermediums auf den Werkzeugverschleiß beim Fräsen der Titanlegierung TiAl6V4

Emulsion im Vergleich zu einer zehnprozentigen zu einem geringeren Werkzeugverschleiß. Wie die stärkere Verschleißausbildung beim Fräsen mit reinem Wasser, das nur einen Rostinhibitor enthielt, belegt, sollte ein gewisser Ölanteil zur Reibungsminderung in dem Kühlschmierstoff jedoch vorhanden sein.

Das beste Ergebnis zeigte in diesem Vergleich das Kühlen mit flüssigem Stickstoff, Abb. 7.40. Der Siedepunkt von Stickstoff beträgt −195,8 °C. Der Einsatz dieses Kühlmediums führte zu einer extremen Kühlung von Werkzeug und Spänen. Ähnlich positive Ergebnisse können auch bei der Anwendung kalter Gase beobachtet werden. Ein Beispiel hierfür ist der Einsatz von CO_2-Schnee (Trockeneis) beim Drehen eines Duplexstahls. Durch die intensive Kühlung konnten Werkzeugverschleiß und Gratbildung reduziert sowie Spanbildung und Oberflächenqualität verbessert werden [Wein07]. Wie diese Beispiele zeigen, kann der Einsatz extrem kalter Medien einen Beitrag zur Lösung schwieriger Bearbeitungsaufgaben leisten. Ob sich der damit verbundene Aufwand wirtschaftlich lohnt, muss im Einzelfall geprüft werden.

Titanaluminide besitzen das Potenzial die Einsatztemperaturen von Titanlegierungen vielleicht einmal auf 800 °C anzuheben. Sie sind damit in Flugtriebwerken nicht nur für den Hochdruckverdichter, sondern auch für die Niederdruckturbine eine mögliche Alternative zu den Nickelbasislegierungen, bei einem jedoch um 50 % geringeren Gewicht. Aufgrund ihrer geringen Bruchdehnung (<1 % bei ca. 700 °C) und der geringen Wärmeleit-fähigkeit (λ = 10 W/(mK)) bereiten sie bei der Zerspanung erhebliche Probleme. Diese sind durch starken Werkzeugverschleiß, sehr niedrige anwendbare Schnittgeschwindigkeiten und ungenügende Oberflächenqualitäten gekennzeichnet. Die Bearbeitung von Bauteilen aus Titanaluminid erfolgt bislang üblicherweise mit unbeschichteten Hartmetallen (HW-K10/20) [Ecks96, Aust99]. Beim Drehen können jedoch auch Werkzeuge aus PKD oder mit CVD-Diamantdickschichten erfolgreich eingesetzt werden.

Eine wesentliche Herausforderung bei der Bearbeitung dieser Werkstoffe unter konventionellen Prozessbedingungen ist die Ausbildung von Defekten in Form von Mikrorissen und Mikroausbrüchen in der Oberfläche der bearbeiteten Werkstücke, Abb. 7.41. Ursache ist die große Sprödigkeit des Werkstoffes und sein Unvermögen, sich plastisch zu verformen. Sehr deutlich wird dies anhand der sich bildenden Reiß- und Scherspäne. Eine Spanbildung, wie sie von der Bearbeitung von Stählen oder von Titanlegierungen her bekannt ist, erfolgt bei konventioneller Bearbeitung nicht. Es entstehen vielmehr kantige, nadelförmige Spanlamellen, deren Trennflächen sehr rau sind, deutliche Bruchstrukturen aufweisen und von einer Vielzahl von Rissen durchzogen werden. Eine während der Spanbildung erfolgende plastische Verformung des Werkstoffes ist nicht zu erkennen. Das abzuspanende Material wird quasi aus dem Werkstoff herausgebrochen. Derartige

Abb. 7.41 Oberflächenausbildung und Spanformen beim Drehen von γ-Titanaluminid mit konventionellen und angepassten Bearbeitungsbedingungen

Oberflächenstrukturen sind vor allem für sicherheitskritische Bauteile, wie sie im Triebwerksbau Verwendung finden, unbrauchbar.

Wie Grundlagenuntersuchungen zeigen, kann durch eine Anpassung von Schneidengeometrie und Prozessparametern das Bearbeitungsergebnis signifikant verbessert werden. Mit scharfkantigen Werkzeugen und bei Wahl eines kleinen Verhältnisses von Schnitttiefe a_p zu Eckenradius r_ε ist es möglich, glatte schadensfreie Oberflächen durch Drehen an Werkstücken aus Ti-45Al-8Nb-0,2C zu erzeugen. Unter diesen Bedingungen bilden sich gewendelte Späne, wie sie auch bei der Stahlzerspanung entstehen. Beim Einsatz von Hartmetallen der Sorte S10/20 können Schnittgeschwindigkeiten von bis zu 100 m/min angewendet werden.

7.6.4 Kupferlegierungen

Unter Kupferlegierungen werden Werkstoffe verstanden, deren Kupferanteil mindestens 50 % beträgt. Kupferlegierungen werden als Konstruktionswerkstoff aufgrund ihrer hervorragenden elektrischen und thermischen Leitfähigkeit, ihrer sehr guten Korrosionsbeständigkeit und ihrer antibakteriellen Wirkung bevorzugt in folgenden Bereichen eingesetzt:

- Elektrotechnik und Elektronik
- Sanitärindustrie und Bauwesen
- Automobilindustrie
- Lebensmitteltechnik
- Klimatechnik
- Chemische Anlagen- und Apparatetechnik

Im Vergleich zu anderen metallischen Konstruktionswerkstoffen gelten die meisten Kupferlegierungen als gut zerspanbar. Die Zerspanbarkeit hängt dabei von vielen Einflussfaktoren ab, u. a. von der chemischen Zusammensetzung und Gefügeausbildung der Legierung, vom Fertigungsverfahren zur Herstellung der Halbzeuge sowie von der Wärmebehandlung (z. B. Aushärten). Es ist aus diesem Grund schwierig, eine allgemeine Einteilung der Legierungen hinsichtlich ihrer Zerspanbarkeit durchzuführen.

Generell gilt, dass Kupfer-Gusswerkstoffe – sofern die Gusshaut außer Betracht gelassen wird – aufgrund ihres Gefüges besser zerspanbar sind als die Kupfer-Knetwerkstoffe. Härte und Zugfestigkeit gegossener Werkstücke sind im Allgemeinen niedriger als bei gleichartig zusammengesetzten Walz- und Ziehfabrikaten. Dabei schwanken die Dehnungswerte innerhalb weiter Grenzen. Bei der Zerspanung gegossener Kupferwerkstoffe ist jedoch zu beachten, dass die Gusshaut wesentlich andere Eigenschaften als der Werkstoff selbst aufweist. Festigkeit und Härte der Gusshaut liegen im Allgemeinen sehr viel höher, wodurch der Verschleiß der Werkzeuge ungünstig beeinflusst wird. Oberflächengüte und auch die Maßhaltigkeit der Werkzeuge können dadurch stark verschlechtert werden.

Bei der Kaltumformung von Kupferlegierungen steigen deren Härte und Festigkeit bei abnehmendem Formänderungsvermögen an. Dies führt zu einer positiven Beeinflussung der Zerspanbarkeit aufgrund eines besseren Spanbruchs verglichen mit nicht kaltumgeformten Werkstoffen [Deut10].

Die spanabhebende Bearbeitung aushärtbarer Kupferlegierungen erfolgt vorzugsweise am kaltumgeformten Werkstoff vor der Wärmebehandlung, da die Zerspanung nach der Aushärtung einen beschleunigten Werkzeugverschleiß verursachen würde. Für abschließende Schleif- und Polierarbeiten ist hingegen der härtere Werkstoffzustand günstiger.

7.6.4.1 Legierungsgruppen

Die Zerspanbarkeit von Reinkupfersorten ist aufgrund der geringen Festigkeit und guten Verformbarkeit der Werkstoffe sehr schlecht. Sie neigen stark zum Schmieren, zum Verkleben mit dem Schneidstoff, sowie zur Bandspanbildung und verursachen starken Werkzeugverschleiß. Durch das Zulegieren von Schwefel, Tellur, Selen oder Blei kann die Spanbildung deutlich verbessert werden.

Mit einer Reihe von Metallen (Sn, Zn, Ni, Al, u. a.) bildet Kupfer technisch wichtige Zwei-, Drei- und Mehrstoffsysteme. Man unterscheidet zwischen Kupferwerkstoffen mit < 5 % (niedriglegiert) und solchen mit mehr als 5 % Legierungszusätzen, ferner zwischen Knet- und Gusslegierungen [DIN 13388]. Eine weitere Einteilung kann zudem in Abhängigkeit von der Gefügeausbildung in homogene und heterogene Legierungen erfolgen. Kupferlegierungen mit Zink, Zinn, Nickel und Aluminium, die ein einphasiges homogenes Gefüge ausbilden, haben hinsichtlich der Spanbildung und der Werkzeugstandzeit eine ähnliche Zerspanbarkeit wie Reinkupfer. Dies liegt in erster Linie am hohen Formänderungsvermögen des α-Mischkristalls mit kubisch-flächenzentrierter (kfz) Gitterstruktur. Bei höheren Anteilen an den genannten Legierungselementen bildet sich eine zweite Gefügephase bestehend aus β-Mischkristallen, die aufgrund des kubisch-raumzentrierten (krz) Gitters eine höhere Härte und Sprödigkeit sowie eine geringere Umformbarkeit aufweisen. Die Spanbildung dieser Legeirungen ist dadurch deutlich verbessert, allerdings verursacht die höhere Werkstoffhärte einen hohen Werkzeugverschleiß.

Die niedriglegierten Kupferwerkstoffe (Legierungszusätzen bis 5 %) haben ein homogenes Gefüge und werden in nicht aushärtbare und aushärtbare Legierungen eingeteilt. Sie zeichnen sich durch eine hohe elektrische Leitfähigkeit aus. Gegenüber Reinkupfer besitzen sie eine höhere Festigkeit.

Die Kupferwerkstoffe mit Legierungszusätzen von mehr als 5 % werden in Abhängigkeit von den Legierungselementen in verschiedene Werkstoffgruppen wie Cu-Zn- (Messing), Cu-Sn- (Zinnbronze), Cu-Al (Aluminiumbronze), Cu-Sn-Zn- (Rotguss) und Cu-Ni-Zn- (Neusilber) Legierungen unterteilt. Hierbei ist anzumerken, dass die umgangssprachlich verbreiteten Begriffe Messing, Bronze, Rotguss und Neusilber nicht genormt sind.

Die Bezeichnung Messing wird auf alle Kupfer-Zink-Legierungen mit mehr als 50 % Kupfer angewendet. Der Zinkanteil beträgt zwischen 5 und 45 %. Die Cu-Zn-Legierungen sind die bedeutendste Gruppe unter den Kupferlegierungen. Nach ihrem Gefüge werden die Messinge in drei Gruppen unterteilet: α-Messinge mit einem Cu-Gehalt > 61 %, (α+β)-Messinge mit einem Cu-Gehalt von 54 – 61 % und (nur mit weiteren Legierungszusätzen technisch verwertbar) β-Messinge mit 50 – 54 % Kupfer. Zur Verbesserung der Zerspanbarkeit können Messinge bis zu 4 % Blei enthalten. Cu-Zn-Legierungen werden unterschieden in Legierungen ohne weitere Legierungselemente, solchen mit Blei und Cu-Zn-Legierungen, die noch weitere Legierungselemente enthalten und die als Sondermessinge bezeichnet werden [DEUT82, WIEL99].

Unter Bronzen versteht man in erster Linie Legierungen aus Kupfer mit Zinn, die zusätzlich noch andere Metalle enthalten können. Knetlegierungen enthalten bis zu 8,5 % Sn, Gusslegierungen zwischen 9 – 12 % Sn. Zinnbronze wird im seltensten Fall als reine Zweistofflegierung genutzt, sondern mit weiteren Legierungskomponenten und Zusätzen versehen. Dadurch lassen sich die Werkstoffeigenschaften maßgeschneidert beeinflussen. Bei Knetlegierungen werden vor allem Phosphor und Zink beigemengt, bei Gusslegierungen sind darüber hinaus Blei, Nickel und Eisen von Bedeutung. Derartige Legierungen werden auch als Mehrstoffbronzen bezeichnet. Bronze-Knetlegierungen sind mit Ausnahme der bleihaltigen Legierung CuSn5Pb1 schwer zerspanbar. Es bilden sich beim Drehen typischerweise Bandspäne und Aufbauschneiden [DEUT03].

7.6.4.2 Zerspanungshauptgruppen

Obwohl die Eigenschaften der Kupferlegierungen im Wesentlichen durch deren chemische Zusammensetzung bestimmt werden, ist dieses Ordnungsschema aufgrund der sehr unterschiedlichen Zerspanbarkeit von Sorten gleicher Legierungsgruppen für eine Klassifizierung von Kupferlegierungen hinsichtlich ihrer Zerspanbarkeit ungeeignet. Klassischer Weise werden daher die Kupferwerkstoffe in drei „Zerspanungshauptgruppen" eingeteilt, Tab. 7.2. Die in einer Gruppe zusammengefassten Werkstoffe werden als „ähnlich zerspanbar" betrachtet. Die grobe Unterteilung in Zerspanungshauptgruppen erfolgt primär durch eine Bewertung der Spanform und des Werkzeugverschleißes. Da die Zerspanbarkeit eines Werkstoffes wesentlich von seiner Gefügeausbildung mit bestimmt wird, ergibt sich auch eine schwerpunkmäßige Zuordnung der Cu-Legierungen zu den drei Zerspanungshauptgruppen in Abhängigkeit von ihrer Gefügeausbildung.

Die Hauptgruppe I umfasst die blei-, tellur- oder schwefellegierten Kupferwerkstoffe mit homogenem oder heterogenem Gefüge. Aufgrund der spanbrechenden Wirkung der zugesetzten Legierungselemente, die im Kupfer unlösliche Bestandteile bilden, weisen von allen Cu-Werkstoffen die Legierungen von Hauptgruppe I die günstigste Zerspanbarkeit auf. Zu ihnen gehören insbesondere die bleilegierten Messing- und Neusilberlegierungen. Das bleihaltige Automatenmessing CuZn39Pb3 zählt zu den am besten zu zerspanenden metallischen Werkstoffen. Seine Zerspanbarkeit ist gekennzeichnet durch geringen Werkzeugverschleiß, sehr gute Spanbildung und einer niedrigen Zerspankraft. Wegen seiner hervorragenden Zerspanbarkeit wird daher dieser Werkstoff, sofern nicht spezifische technische Anforderungen gegen seinen Einsatz sprechen, bevorzugt von Lohn- und Automatendrehereien eingesetzt.

Die Hauptgruppe II enthält mäßig bis gut zerspanbare (meist bleifreie) Kupferwerkstoffe. Verglichen zu den Legierungen aus Hauptgruppe I besitzen die Werkstoffe eine größere Kaltumformbarkeit, was in der Regel die Bildung längerer Späne zur Folge hat.

Tab. 7.2 Einteilung der Kupferwerkstoffe in drei Hauptzerspanungsgruppen [Deut10]

Merkmale	Hauptgruppe		
	I	II	III
Gefüge	Homo-/heterogen mit spanbrechenden Teilchen (Pb, S, Te)	Heterogene (grobdisperse Phase) ohne Pb-Teilchen	a) homogen b) heterogen (feindisperse Ausscheidungen)
Spanform	kurz (Bröckelspan)	mittel (Wendelspan)	lang + zäh (Wendel-, Wirr-, Bandspan)
Verschleiß	gering	mittel	hoch
Kaltumformbarkeit der Knetwerkstoffe	im allgemeinen gut	im allgemeinen gut	a) sehr gut b) gering
Warmumformbarkeit der Knetwerkstoffe	im allgemeinen gut	mäßig	a) mäßig b) gut

Die Hauptgruppe II umfasst Legierungen, die Anteile der Elemente Zink, Zinn, Nickel und Aluminium enthalten, die so groß sind, dass ein zweiter Mischkristall (β-Phase) auftritt. Die Ausscheidung einer zweiten Phase, die härter und spröder als der primäre Mischkristall ist, bewirkt gegenüber den einphasigen Legierungen eine Steigerung der Zugfestigkeit und Härte bei einer geringeren Dehnung und Umformbarkeit, vor allem der Kaltumformbarkeit. Zu nennen sind hier auch die mehr als zwei Legierungskomponenten enthaltenden Kupfer-Mehrstoff-Legierungen. Die Zerspanbarkeit der heterogenen Kupferlegierungen sind verglichen mit den homogenen Kupferlegierungen aus Hauptgruppe III deutlich verbessert. Die Späne brechen verhältnismäßig früh oder können mit Hilfe von Spanleitstufen gebrochen werden. Im Vergleich zu den Legierungen aus Hauptgruppe I wird die Werkzeugstandzeit beim Zerspanen der heterogenen Kupferlegierungen durch das Auftreten des härteren β-Mischkristalls herabgesetzt.

Die Hauptgruppe III umfasst Kupferwerkstoffe mit einer schlechten Zerspanbarkeit. Die Zusatzelemente sind derart aufeinander abgestimmt, dass sie nur einen Mischkristall bilden. Aus dem homogenen Gefüge und der ausgezeichneten Kaltformbarkeit dieser Werkstoffe folgen höhere Schnittkräfte und lange, zähe Späne, die eine hohe Stauchung aufweisen. Zudem ist der Werkzeugverschleiß verglichen mit den Werkstoffen aus den Hauptgruppen I und II sehr hoch. Zur Hauptgruppe III gehören die α-Messinge mit einem Zinkgehalt von bis zu 39 %, einphasige bleifreie Kupfergusslegierungen wie phosphorhaltige Zinnbronzen, Guss-Mehrstoff-Aluminiumbronzen mit Eisen-, Mangan- und Nickelzugaben, Kupfer-Nickel- und Neusilber-Legierungen sowie die Reinkupfersorten. Ferner enthält diese Hauptgruppe heterogene Werkstoffe wie die hochfesten Cu-Al-Legierungen und die niedrig legierten Kupferwerkstoffe in ausgehärtetem Zustand, die einen hohen Werkzeugverschleiß verursachen.

Wie die Praxis zeigt, unterscheiden sich die in den drei Hauptgruppen zusammengefassten Kupferwerkstoffe zum Teil noch erheblich in ihrer Zerspanbarkeit. Um eine feinere Abschätzung und Beurteilung der Zerspanbarkeit der verschiedenen Cu-Werkstoffe innerhalb und zwischen den drei Hauptgruppen zu erreichen, wurde der Zerspanbarkeitsindex eingeführt. Der Zerspanbarkeitsindex berücksichtigt ebenfalls in erster Linie die Zerspanbarkeitskriterien Spanbildung und Werkzeugverschleiß. Die Bestimmung des Zerspanbarkeitsindizes erfolgt anhand eines 1977 in den USA von der Normungsstelle ASTM (American Society for Testing and Materials) vorgeschlagenen experimentellen Verfahrens (ASTM E 618), das jedoch einen sehr hohen Zeit- und Materialaufwand erfordert [ASTM81]. Der Zerspanbarkeitsindex reicht vom Wert 100 für sehr gut zerspanbare bis zum Wert 20 für sehr schlecht bearbeitbare Kupferlegierungen. Mit ihm wird die Zerspanbarkeit einer Kupferlegierung, bezogen auf den am besten zu zerspanenden Kupferwerkstoff, in Prozent ausgedrückt. Referenzwerkstoff mit einem Zerspanbarkeitsindex von 100 ist in Europa das bleilegierte Automatenmessing CuZn39Pb3, in den USA die Legierung CuZn36Pb3.

Auf der Basis des ASTM E 618 Verfahrens wurden von der Copper Development Association in den USA (CDA) die Zerspanbarkeitsindizes für einige Kupferlegierungen bestimmt und mit denen anderer Werkstoffe verglichen [THIE90], Abb. 7.42 Aufgrund des hohen Zeit- und Materialaufwands dieser Methode beruhen die heute üblicherweise angegebenen Zerspanbarkeitsindizes jedoch zu einem großen Teil auf Erfahrungswerten aus der Praxis.

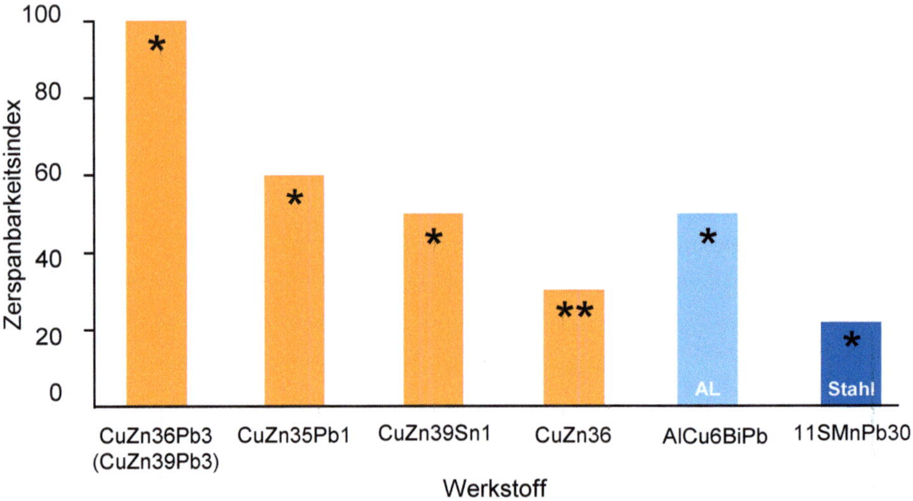

Abb. 7.42 Vergleich der Zerspanbarkeit von Kupferlegierungen mit einem Automatenstahl und einer Aluminiumlegierung [Thie90, Deut10]

* Zerspanbarkeitsindex 100 gemäß CDA nach der Testmethode ASTM E618 mit der Cu-Legierung CuZn36Pb3 als Referenzwerkstoff (In Europa ist der Referenzwerkstoff die Kupfer-Zink-Legierung CuZn39Pb3)

** CuZn36: Zerspanbarkeitsindex 35 nach DKI Werkstoffdatenblatt

7.6.4.3 Zerspanungsverbessernde Legierungselemente

Zur Verbesserung ihrer Zerspanbarkeit, insbesondere der Spanbildung, werden den Kupferwerkstoffen bestimmte Legierungselemente zugegeben. Automatenlegierungen können als spanbrechende Zusätze Blei, Schwefel, Tellur, Selen oder Bismut enthalten. Hierdurch nehmen jedoch die Festigkeit, Kerbschlagzähigkeit und das Formänderungsvermögen ab. Die Späne zerbrechen zu feinen nadelartigen Bruchstücken. Die Zerspanbarkeit Selen-Bismut-legierter Kupferwerkstoffe ist nach [Vila05] mit der bleilegierter Materialien vergleichbar. Bismut kommt allerdings nur in vergleichsweise geringen Mengen in der Natur vor, ist wesentlich teurer als Blei und verursacht eine starke Versprödung von Kupferwerkstoffen.

Die größte Bedeutung hat, vergleichbar zu den Stahlwerkstoffen, auch bei den Kupferlegierungen Blei zur Verbesserung der Zerspanbarkeit erlangt. Das praktisch unlösliche Blei wirkt in feindisperser Verteilung als ausgezeichnetes Spanbrecherelement und als reibungsmindernder Schmierstoff, ohne jedoch die Gebrauchseigenschaften des Werkstoffes wesentlich zu beeinflussen. So haben Zusätze von Blei nur einen geringen Einfluss auf die mechanischen Eigenschaften. Hinsichtlich der Funktion des Bauteils wirkt sich Blei vor allem positiv durch eine Verbesserung der Gleiteigenschaften und Reduzierung der Reibung aus, z. B. bei Gleitlagern oder Gleitleisten. Bleizusätze setzen jedoch das Warm- und Kaltumformungsvermögen sowie die Beanspruchbarkeit durch Stoß und Schlag erheblich herab. Aus diesen Gründen ist bei den hoch- und stoßfesten Kupfer-Aluminium-Legierungen ein Bleizusatz nicht üblich. Auch wenn Werkstücke später noch gelötet oder geschweißt werden sollen, ist die Verwendung von bleihaltigen Kupferwerkstoffen eingeschränkt. Das gilt auch für Werkstücke, die neben einer spanenden Bearbeitung stark kalt umgeformt werden müssen.

Aufgrund der umwelt- und gesundheitsschädlichen Wirkung von Blei wird weltweit jedoch verstärkt das Ziel verfolgt Blei aus dem Stoffkreislauf zu eliminieren. Beispiele für Maßnahmen der Gesetzgebung sind die deutsche Trinkwasserverordnung TrinkwV 2001 und die Richtlinien 2000/53/EG bzw. 2002/95/EG des Europäischen Parlamentes und Rates über Altfahrzeuge bzw. alte Elektro- und Elektronikgeräten. Nach diesen Richtlinien ist der Einsatz von Blei in Kupferlegierungen für die genannten Einsatzbereiche limitiert. Derzeit gilt zwar noch eine Ausnahmeregelung, die den Einsatz von 4 % Blei in Kupferwerkstoffen erlaubt. Die Notwendigkeit dieser Regelung wird jedoch in periodischen Abständen überprüft.

In dem Bestreben, Blei in den Kupferwerkstoffen durch geeignete Legierungselemente zu substituieren, wurde in der Vergangenheit die bleifreie siliziumhaltige Kupferlegierung CuZn21Si3P entwickelt und unter dem Namen Ecobrass patentiert (Wieland-Werke AG) [Hofm05]. Der Werkstoff weist eine den bleihaltigen Messingen vergleichbar gute Spanbildung auf (Zerspanungsgruppe I), da im Gefüge siliziumreiche κ-Phasen als Spanbrecher wirken. Im Vergleich zu Blei sind sie jedoch „harte" Spanbrecher [Wiel06]. Da das Silizium die Festigkeit des Werkstoffes erhöht und die κ-Phase abrasiv wirkt, bildet sich an den Werkzeugen ein im Vergleich zur Bearbeitung der bleilegierten Werkstoffe höherer Verschleiß aus. In der Zwischenzeit wurde eine Reihe weiterer bleifreier Kupferlegerungen für verschiedene Anwendungsbereiche entwickelt, u. a. die entzinkungsbeständige

Legierung CuZn38As für den Sanitärbereich sowie die Legierung CuZn42 mit dem Markennamen BlueBrass (Aurubis AG) für die Elektro- und Elektronikindustrie.

In einem AiF-Forschungsprojekt wurde am WZL der RWTH Aachen University die Zerspanbarkeit dieser und einer Reihe weiterer bleifreier Kupferlegierungen (Reinkupfer, niedriglegiertes Kupfer, Messing, Sondermessing, Zinn- und Aluminiumbronze sowie Neusilber) grundlegend untersucht und hinsichtlich Spanform, Zerspankraft, Oberflächenqualität und Werkzeugverschleiß mit dem bleihaltigen Automatenmessing CuZn39Pb3 verglichen [Kloc12a]. Abb. 7.43 zeigt exemplarisch eine zum Teil deutlich höhere Schnittkraft und Werkzeugtemperatur beim Längsdrehen mit Emulsion. Die daraus resultierende höhere thermische und mechanische Werkzeugbelastung führte zu einem stärkeren Werkzeugverschleiß. Weitere Probleme ergaben sich durch eine erhöhte Neigung zu Adhäsion mit dem Schneidstoff, durch die Bildung langer Wendel-, Band- und Wirrspäne sowie durch verstärkte Gratbildung. Durch eine geeignete Anpassung der Werkzeuggeometrie, des Schneidstoffs, der Werkzeugbeschichtung und der KSS-Strategie kann diesen Problemen entgegen getreten werden. PVD-DLC (Diamond-Like Carbon) und CVD-diamantbeschichtete Hartmetallwerkzeuge zeigten in Längsdrehuntersuchungen ein hohes Leistungspotential. Darüber hinaus kann PKD als Schneidstoff aufgrund seiner hohen Beständigkeit gegen abrasiven Verschleiß bei hohen Schnittgeschwindigkeiten eingesetzt werden. Zudem ist die Adhäsionsneigung zwischen PKD und den Kupferwerkstoffen gering. Bei langspanenden bleifreien Kupferwerkstoffen bietet sich die Kombination

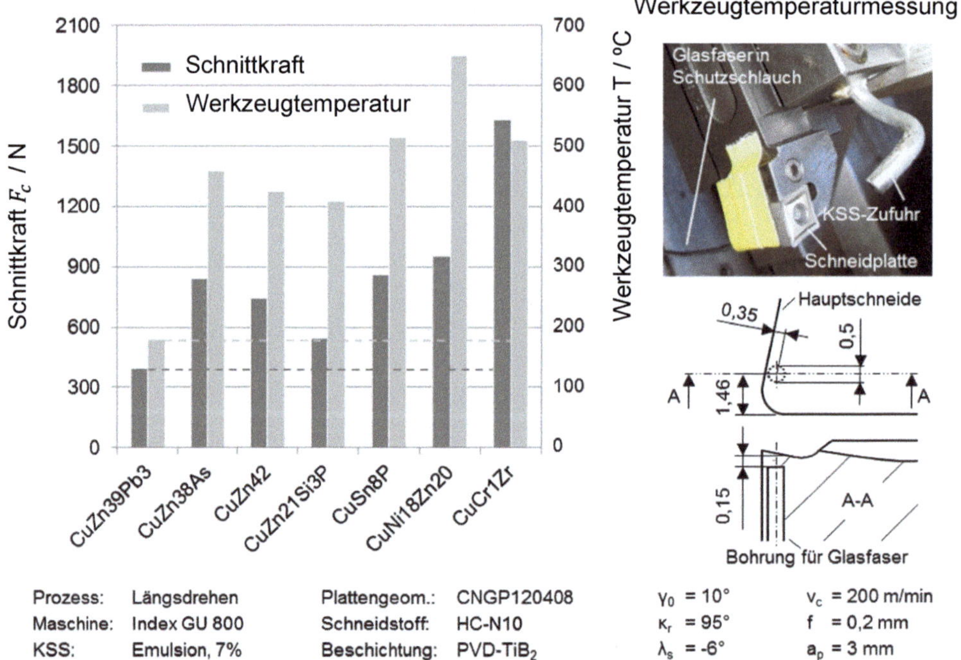

Abb. 7.43 Vergleich der Schnittkraft und der Werkzeugtemperatur beim Längsdrehen von Kupferlegierungen [Kloc12b]

von glatten PKD-Schneidplatten mit einer zielgerichteten Hochdruck-KSS-Zufuhr an, um einen definierten Spanbruch sicherzustellen [Kloc12a].

Keramische Schneidstoffe sind im Allgemeinen wegen ihrer hohen Adhäsionsneigung ungeeignet für die Zerspanung von Kupferlegierungen [Grei90]. Für das Bohren, Reiben, Gewindebohren, Wälzfräsen und Räumen von Kupferwerkstoffen ist der Einsatz von unbeschichteten und beschichteten HSS-Werkzeugen Stand der Technik [Deut10]. Für die Bearbeitung von schwer zerspanbaren bleifreien Kupferlegierungen empfiehlt sich jedoch der Einsatz von Hartmetallwerkzeugen.

7.6.5 Nickellegierungen

Nickellegierungen sind Werkstoffe mit Nickel als Hauptbestandteil, die mit mindestens einem anderen Element legiert sind. Sie zeichnen sich durch eine gute Korrosionsbeständigkeit und/oder durch eine hervorragende Hochtemperaturfestigkeit aus.

Nickel besitzt eine kubisch-flächenzentrierte Kristallstruktur und verfügt auch bei niedrigen Temperaturen über eine ausgezeichnete Duktilität und Kaltumformbarkeit. Es zählt zu den ferromagnetischen Werkstoffen.

Einige Nickellegierungen weisen spezielle physikalische Eigenschaften auf. Ein Beispiel hierfür ist die weichmagnetische Nickel-Eisen-Legierung mit ca. 15 % Fe, 5 % Cu und 4 % Mo, die auch unter dem Namen Mumetall bekannt ist, und die aufgrund ihrer hohen magnetischen Permeabilität zur Abschirmung von Magnetfeldern eingesetzt wird [Schu04].

Nickellegierungen finden aufgrund ihrer herausragenden Eigenschaften vielfältigen Einsatz als Konstruktionswerkstoffe. Beispiele hierfür sind:

- Chemische Industrie (Kessel, Wärmetauscher, Ventile, Pumpen),
- Umweltschutz und Abfallwirtschaft (Rauchgasentschwefelungsanlagen),
- Energieerzeugung (Kraftwerksgeneratoren),
- Luft- und Raumfahrt (Triebwerke).

Die spezifischen, den jeweiligen Einsatzgebieten angepassten Eigenschaften dieser Werkstoffe sind im Wesentlichen abhängig von der chemischen Zusammensetzung, einer eventuellen Kaltumformung und der Art der Wärmebehandlung. Entsprechend ihrer wichtigsten Legierungselemente lassen sich die Nickellegierungen in folgende Hauptgruppen einteilen, Abb. 7.40 [DIN17742, DIN17743, DIN17744, DIN17745, Ever71].

- I Nickel-Kupfer-Legierungen
- II Nickel-Molybdän-Legierungen und Nickel-Chrom-Molybdän-Legierungen
- III Nickel-Eisen-Chrom-Legierungen
- IV Nickel-Chrom-Eisen-Legierungen
- V Nickel-Chrom-Kobalt-Legierungen

Die Werkstoffe der Hauptgruppe II sind durch eine Wärmebehandlung nicht aushärtbar. Die Hauptgruppen I, III und IV umfassen sowohl nicht aushärtbare als auch aushärtbare Legierungen. Die Werkstoffe der Hauptgruppen III und IV, die bei entsprechendem Gehalt von Aluminium und/oder Titan sowie einer entsprechenden Wärmebehandlung ausgehärtet werden können, werden, wie die Legierungen der Hauptgruppe V, im englischen Sprachraum als „super alloys" bezeichnet. Den Hauptgruppen I–V wurde jeweils der Handelsname der zuerst aus dieser Gruppe auf dem Markt angebotenen Legierung zugeordnet. Die Einteilung in Abb. 7.44 ist nicht sehr präzise, so enthalten z. B. nicht alle Werkstoffe mit der Bezeichnung Nimonic auch Kobalt als Legierungselement, bietet jedoch eine gute Orientierung. Zu beachten ist, dass jeder Hersteller seine Produkte mit einem eigenen Handelsnamen versieht.

Der Schwerpunkt dieses Kapitels liegt bei den aushärtbaren hochwarmfesten Nickelbasislegierungen, die vorzugsweise in Flugtriebwerken und stationären Turbinen Verwendung finden. Die Legierungselemente dieser Werkstoffe lassen sich nach ihrer Wirkung

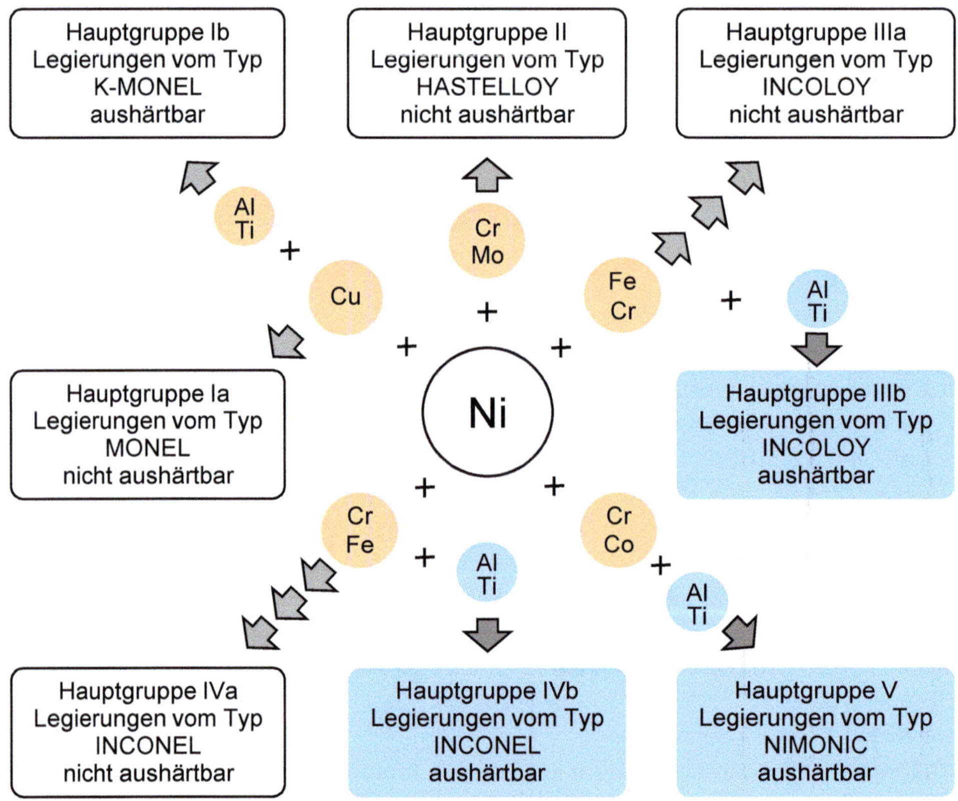

Abb. 7.44 Zuordnung der Nickellegierungen zu Hauptgruppen (Quelle: Wiggin Alloys, Huntington Alloys) nach Everhart [Ever71]

auf das Gefüge in drei Gruppen einteilen. Einige Elemente wirken hierbei in mehrfacher Hinsicht.

Die Elemente Cr, Co, Mo und W bilden mit Nickel Mischkristalle. Neben einer Steigerung der Festigkeit bei niedrigen Temperaturen bewirken sie eine Zunahme der Kriechfestigkeit der Legierung bei hohen Temperaturen, weil das Versetzungskriechen in den γ-Mischkristallen eingeschränkt wird [Schu04]. Chrom verbessert die Oxidations- und Korrosionsbeständigkeit, Kobalt begünstigt die Stabilität der γ'-Phase.

Der wesentlichste Mechanismus zur Festigkeitssteigerung bei den hochwarmfesten Nickelbasislegierungen ist die Ausscheidung der intermetallischen Phasen γ' ($Ni_3(Al,Ti)$) und γ'' ($Ni_3(Nb,Al,Ti)$). Die zur γ-Matrix kohärente γ'-Phase bewirkt eine Teilchenhärtung der Gefügematrix, die bis in den Hochtemperaturbereich wirksam ist. Gebildet wird sie durch Zulegieren von Aluminium, wobei dieses durch die Elemente Titan und Tantal substituiert werden kann. Die γ'-Phase kann bereits aus der Schmelze entstehen. Im Gusszustand weist sie jedoch eine ungleichmäßige Teilchengröße, Ausbildungsform und Verteilung im Gefüge auf. Deshalb werden Knetlegierungen nach dem Erschmelzen im Vakuum und dem Erstarren einer mehrstufigen Wärmebehandlung unterworfen. Durch das Lösungsglühen wird die γ'-Phase zunächst in der Mischkristallmatrix aufgelöst. Beim Abkühlen von der Lösungsglühtemperatur scheidet sie sich im Vergleich zum Gusszustand in gleichmäßigerer Form in der Gefügematrix wieder aus. Das anschließende Auslagern bei höheren Temperaturen bewirkt eine weitere Vervollkommnung der Gleichmäßigkeit der Teilchengröße und –form der γ'-Phase im Gefüge [Schu04].

Bei Werkstoffen, die einen erhöhten Niob-Gehalt aufweisen, wie z. B. Inconel 718, erfolgt neben der γ'-Härtung eine Aushärtung durch die γ''-Phase. Die γ''-Phase neigt jedoch gegenüber der γ'-Phase zu einer rascheren Vergröberung und thermischen Instabilität, was die Langzeiteinsatzgrenze von Inconel 718 auf 650 °C begrenzt [Bürg06, Kenn05].

Neuere Nickelbasislegierungen, wie z. B. Allvac 718Plus, weisen daher gegenüber Inconel 718 bei gleichem Nb-Gehalt zur bevorzugten Bildung und Stabilisierung der γ'-Phase einen höheren Titan- und Kobalt-Anteil auf. Die Dauereinsatztemperatur konnte so bei Allvac 718Plus auf 704 °C angehoben werden. Bei der Nickelbasislegierung Udimet 720 tritt die γ'-Phase in den Formen $Ni_3(Al,Ti)$ und $(Ni,Co)_3(Al,Ti)$ auf. Ein hoher Gehalt an Kobalt (14,7 %) reduziert die Löslichkeit von Titan und Aluminium und ermöglicht so die γ'-Bildung im mittleren Temperaturbereich. Udimet 720 ist für Dauereinsatztemperaturen von bis zu 730 °C geeignet [Tors97, Helm00, Mark05, Bürg06].

Bei den polykristallinen Legierungen unterscheidet man zwischen den Schmiede- und den Gusslegierungen. Schmiedelegierungen, wie Inconel 718, Waspaloy, Udimet 720LI, Allvac 718Plus enthalten einen Volumenanteil von etwa 30 – 40 % γ'-Phase. Mit zunehmendem Gehalt an γ'-Phase wird die Umformbarkeit und die Zerspanbarkeit immer mehr eingeschränkt. Demgegenüber können in den Gefügen der Gusslegierungen, wie Inconel 713C, MAR-M-247LC, höhere Anteile (bis etwas 70 %) der γ'-Phase auftreten [Schu04]. Ab 70 % wird diese Phase selbst zur Matrix. Aufgrund des hohen Anteils an γ'-Phase sind die Gusslegierungen nicht mehr schmiedbar und werden bevorzugt durch Schleifen bearbeitet. Eine Bearbeitung durch Verfahren mit geometrisch bestimmter Schneide ist in Abhängigkeit von der Gusslegierung bedingt möglich. Wegen der schlechten Zerspanbarkeit von Gusslegierungen wendet man bei diesen Werkstoffen meist endkonturnahe Feingießverfahren an, die keine aufwendige mechanische Nacharbeit erfordern [Schu04].

Die Elemente Cr, Ti, Mo, W, Ta bilden mit dem Kohlenstoff, welcher in geringer Konzentration in den Legierungen vorhanden ist, Karbide verschiedener chemischer Zusammensetzung (MC, M_6C und $M_{23}C_6$), die bei den polykristallinen Legierungen vorzugsweise an den Korngrenzen entstehen. Diese Karbide bewirken eine Erhöhung des Kriechwiderstandes, da sie das Korngrenzengleiten behindern [Schu04].

Neben der schmelzmetallurgischen Herstellung können Teile aus Nickelbasislegierungen auch auf pulvermetallurgischem Wege hergestellt werden. Ziel der PM-Technik ist es, alle Arten von Seigerungen bei der Erstarrung sowie Konzentrations- und Gefügegradienten innerhalb eines großen Schmiedestücks zu vermeiden. Zusätzlich besteht die Möglichkeit, die Festigkeit von Legierungen dadurch zu steigern, dass hochfeste, nicht schmiedbare, in der Regel hoch γ'-haltige Legierungen (Gußlegierungen) pulverisiert und kompaktiert werden. Die PM-Technik bietet die Möglichkeit, Legierungen mit einer im Vergleich zu Schmiedelegierungen höheren Warmfestigkeit zu entwickeln. Ein zentrales Problem der PM-Technik besteht darin, dass keinerlei Fremdbestandteile in das Pulver gelangen dürfen, da sich selbst solche von Pulverpartikelgröße im Sinne der Bruchmechanik als Anfangsriss auswirken können. Die Pulver werden eingekapselt, heißisostatisch gepresst und nachträglich noch geschmiedet, um die Wahrscheinlichkeit eines größeren Fremdeinschlusses oder einer verbliebenen Inhomogenität zu verringern. Eine Verfahrensvariante ist hierbei das sog. „gatorizing“. Damit wird ein Prozess bezeichnet, bei dem das isotherme Schmieden des Pulvers in Form eines Kriechumformprozesses erfolgt. Aus PM-Legierungen werden Turbinenscheiben für zivile wie auch für militärische Flugtriebwerke hergestellt [Adam98].

Die unterschiedliche chemische Zusammensetzung und Gefügeausbildung von Nickelbasislegierungen wirkt sich unmittelbar auf ihre Zerspanbarkeit aus. Hinsichtlich ihrer Zerspanbarkeit können die Nickelbasislegierungen in fünf Zerspanbarkeitsgruppen entsprechend Tab. 7.3 eingeteilt werden. Dabei bedeutet Zerspanbarkeitsgruppe 1 leichtere, 3 mittlere und 5 schwierige Zerspanbarkeit. Für jede Zerspanbarkeitsgruppe sind repräsentative Werkstoffe aufgeführt, die wie bei Nickelbasislegierungen üblich, durch Angabe ihrer Handelsnamen gekennzeichnet sind.

Bei den Legierungen der Zerspanbarkeitsgruppen 1 und 2 wirkt sich eine Kaltumformung (Kaltverfestigung) günstig auf Spanbildung und Oberflächenqualität aus. Die Zerspanbarkeit dieser Gruppen ist mit der korrosionsbeständiger austenitischer Stähle vergleichbar.

Die Zerspanbarkeitsgruppen 3 und 4 umfassen die durch eine Wärmebehandlung aushärtbaren Nickelbasislegierungen, die auch als Superlegierungen bzw. im amerikanischen Sprachraum als „super alloys“ bezeichnet werden. Im Hinblick auf den Werkzeugverschleiß und die erreichbare Oberflächenqualität sollte bei den Werkstoffen dieser beiden Gruppen die Schruppbearbeitung im lösungsgeglühten und die Schlichtbearbeitung im

Tab. 7.3 Einteilung der Nickelbasislegierungen in Zerspanbarkeitsgruppen (Quelle: Machining Data Handbook, Huntington Alloys)

Zerspanbarkeitsgruppe				
1	2	3	4	5
Knetlegierungen				Gusslegierungen
Legierungen der Hauptgruppe I.) Ni-Cu	nicht aushärtbare Legierungen der Hauptgruppen II.) Ni-(Cr)-Mo III.) Ni-Fe-Cr IV.) Ni-Cr-Fe	aushärtbare Legierungen der Hauptgruppen III.) Ni-Fe-Cr IV.) Ni-Cr-Fe V.) Ni-Cr-Co		hochwarmfeste Gusslegierungen
Beispiele Monel 400 Monel 401 Monel 404 Monel R405	Beispiele Hastelloy B Hastelloy X Incoloy 804 Incoloy 825 Inconel 600 Inconel 601	Beispiele Incoloy 901 Inconel 718 Inconel X750 Nimonic 80 Waspaloy Allvac 718 Plus	Beispiele Nimonic 90 Rene 41 Udimet 720LI Astroloy LC PM René 95 PM	Beispiele IN100 Inconel 713C Inconel 718C Mar-M247LC Nimocast 739

ausgehärteten Zustand erfolgen. Ein Unterschied in der Bearbeitung zwischen den Knet- und Gußlegierungen der Gruppen 1 bis 4 besteht bei gleicher Zusammensetzung praktisch nicht. Aufgrund ihrer höheren Festigkeit und dem meist hohen γ'-Anteil im Gefüge werden die PM-Legierungen der Zerspanbarkeitgruppe 4 zugeordnet. Die Gußlegierungen der Gruppe 5 sind aufgrund des hohen Anteils an γ'-Phase und an Karbiden, ihres grobkörnigen Gefüges und geringer Korngrenzenfestigkeit sehr schwer zerspanbar; herausgerissene Materialpartikel und Korngrenzenrisse bereiten häufig Schwierigkeiten bei der Herstellung funktionsgerechter Oberflächen [Lenk79].

Aufgrund ihrer mechanischen, thermischen und chemischen Eigenschaften zählen die Nickelbasislegierungen allgemein zu den schwer zerspanbaren Werkstoffen. Ihre im Vergleich zu Stahlwerkstoffen hohe Warmfestigkeit, niedrige Wärmeleitfähigkeit ihre ausgeprägte Neigung zur Aufbauschneidenbildung und Kaltverfestigung sowie die abrasive Wirkung von Karbiden und intermetallischen Phasen führen bei der spanenden Bearbeitung zu einer außerordentlich hohen mechanischen und thermischen Schneidenbelastung. Unter den in Abb. 7.45 dargestellten Bearbeitungsbedingungen wurden beim Drehen von Inconel 718 mit $v_c = 50$ m/min gegenüber dem Vergütungsstahl 42CrMo4+QT um ca. 60 % höhere Schnittkräfte und um ca. 35 % höhere Temperaturen an der Spanunterseite gemessen [Kloc06b]. Wegen der hohen thermischen und mechanischen Belastung können Werkzeuge aus Schnellarbeitsstahl und Hartmetall bei der spanenden Bearbeitung von Nickelbasislegierungen nur bei niedrigen Schnittgeschwindigkeiten eingesetzt werden Übliche Schnittgeschwindigkeiten liegen beim Drehen von Inconel 718 und Waspaloy mit unbeschichteten Hartmetallen der ISO-Anwendungsgruppe HW-K10/20 bei $v_c = 20 - 50$ m/min. Beim Schlichtdrehen können mit beschichteten Hartmetallen Schnittgeschwindigkeiten von bis zu 100 m/min erreicht werden.

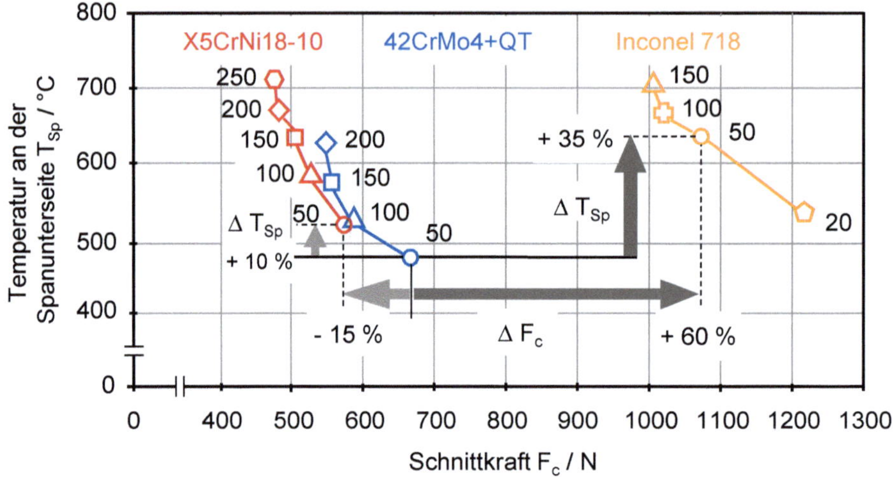

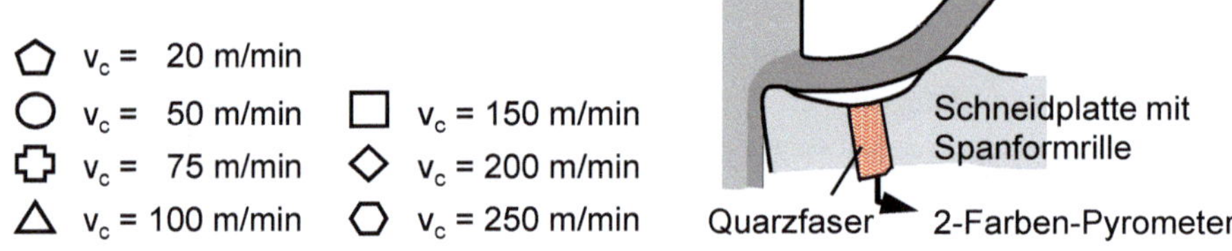

Abb. 7.45 Vergleich der beim Drehen von Stahlwerkstoffen und der Nickelbasislegierung Inconel 781 gemessenen Schnittkräfte und Temperaturen an der Spanunterseite

Die Drehbearbeitung wird heute noch vielfach mit Hartmetall durchgeführt. Bei der Vorbearbeitung unter mittleren Schruppbedingungen finden jedoch zunehmend keramische und bei der Endbearbeitung sowohl keramische als auch PCBN-Schneidstoffe Verwendung.

Bei vielen Bearbeitungsaufgaben ist der Einsatz von Schneidkeramiken heute Stand der Technik. Von den keramischen Schneidstoffen besitzen die mit SiC-Whiskern duktilisierten Mischkeramiken (CW) bislang das größte Leistungspotential. Sie eignen sich sowohl für die Schlicht- als auch für die Vorbearbeitung von Turbinenteilen unter mittleren Schruppbedingungen (v_c = 150 – 300 m/min, f = 0,12 – 0,3 mm, a_p = 0,5 – 2 mm). Aus der Gruppe der Siliziumnitrid-Schneidkeramiken (CN) erweisen sich in ihrem Verschleißverhalten vor allem die α/β-Sialone den whiskerverstärkten Schneidkeramiken ebenbürtig (v_c = 150 – 200 m/min, f = 0,12 – 0,3 mm, a_p ≤ 4 mm). Die α/β-SiAlONe bestehen aus dem stäbchenförmigen β-Si_3N_4 und aus globularen SiAlON-Kristallen. Sie vereinigen auf diese Weise die Zähigkeit der β-Si3N4-Keramiken mit der hohen Härte und Verschleißbeständigkeit der Sialone in einem Schneidstoff [Gers02]. Durch die Weiterentwicklungen keramischer Schneidstoffe lassen sich Nickelbasislegierungen heute auch fräsend mit sehr hohen Schnittwerten bearbeiten.

PCBN-Schneidstoffe finden vorzugsweise bei der Endbearbeitung von Bauteilen aus Nickelbasislegierungen (v_c = 250 – 350 m/min, f = 0,12 – 0,2 mm, $a_p \leq$ 0,5 mm) Verwendung. Besondere Bedeutung kommt bei der Bearbeitung von Nickelbasislegierungen mit PCBN-Schneidstoffen der Wahl einer für diese spezielle Bearbeitungsaufgabe geeigneten Schneidstoffsorte zu. Die auf dem Markt angebotenen PCBN-Schneidstoffe unterscheiden sich zum Teil erheblich hinsichtlich der Modifikation und dem Anteil des Bornitrids, der Korngröße sowie dem Aufbau der Binderphase. Die hieraus resultierenden chemischen, physikalischen und mechanischen Schneidstoffeigenschaften beeinflussen das Verschleiß- und Leistungsverhalten der PCBN-Werkzeuge maßgeblich. Für die Schlichtbearbeitung von Nickelbasislegierungen haben sich vor allem feinkörnige PCBN-Sorten mit einem TiC- oder TiN-basierten Binder und einem cBN-Anteil von 50 – 65 Vol% als geeignet erwiesen [Gers02].

Kennzeichnend für die Drehbearbeitung von Nickelbasislegierungen mit Keramik- und PCBN-Schneidstoffen ist der bogenförmige Verlauf ihrer Standzeitkurven (vgl. Abb. 4.54). Er resultiert aus unterschiedlichen, in Abhängigkeit von der Schnittgeschwindigkeit dominierenden Verschleißmechanismen. Während beim Drehen mit Hartmetall-Werkzeugen der Freiflächenverschleiß das primär standzeitbegrenzende Verschleißkriterium darstellt, wird bei den Keramik- und PCBN-Schneidstoffen die Standzeit im Bereich niedriger Schnittgeschwindigkeiten durch Kerbverschleiß und erst bei höheren Schnittgeschwindigkeiten durch den sich an Span- und Freifläche ausbildenden Verschleiß begrenzt. Der bogenförmige Verlauf der Standzeitkurven zeigt an, dass es einen Bereich optimaler Schnittgeschwindigkeiten gibt. Je näher die an- und absteigenden Äste der Standzeitkurven beieinander liegen, umso wichtiger ist es, in einem möglichst schmalen Bereich um das Standzeitoptimum zu arbeiten.

Bewährt haben sich beim Schlichtdrehen von Nickelbasislegierungen Schneidplatten aus Schneidkeramik und PCBN mit neutralem Spanwinkel ($\gamma_o = 0°$). PCBN-Platten sollten an der Schneidkante eine kleine Verrundung von ca. 10 µm aufweisen. Im Gegensatz hierzu werden keramische Schneidplatten meist mit einer kleinen Schutzfase zur Stabilisierung der Schneidkante versehen.

Charakteristisch für die Drehbearbeitung von Nickelbasislegierungen mit Schneidkeramik oder PCBN-Schneidstoffen ist die Ausbildung von Verschleißkerben an Haupt- und Nebenschneide der eingesetzten Schneidplatten. In signifikanter Weise werden hierdurch das Leistungsvermögen der Werkzeuge und die Qualität der bearbeiteten Bauteile beeinflusst. Die Kerbenbildung an der Hauptschneide führt zur Ausbildung eines Grates an der Werkstückkante und an der Nebenschneide zu einer Verschlechterung der Oberflächenqualität (Abb. 7.46).

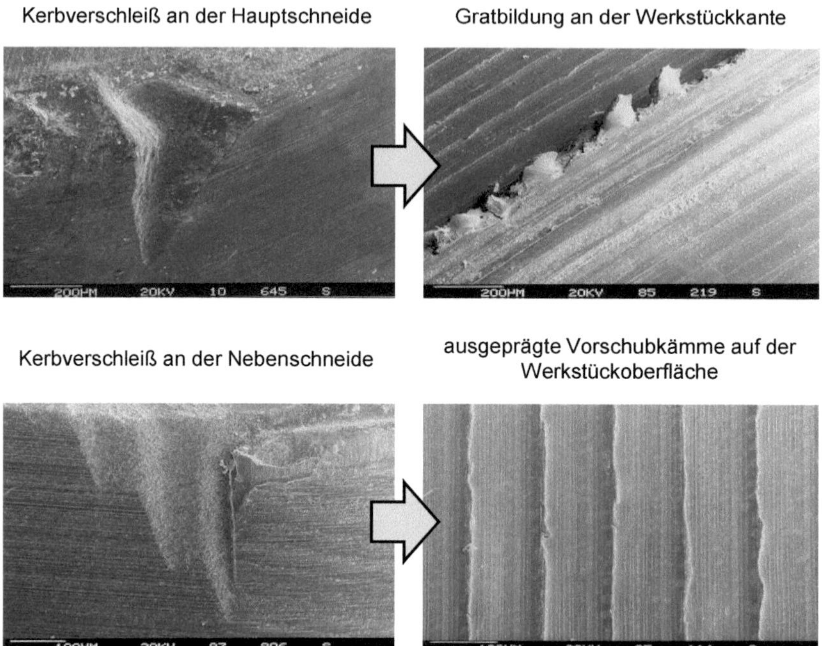

Abb. 7.46 Die an Haupt- und Nebenschneide entstehenden Verschleißkerben beeinflussen signifikant das Leistungsvermögen der Werkzeuge und die Bauteilqualität

Die Verschleißmechanismen, die der Ausbildung der Verschleißkerben zugrunde liegen, sind:

- Ermüdungs-, Rissbildungs- und Risswachstumsvorgänge – hervorgerufen durch die hohe thermische und mechanische Wechselbeanspruchung des Schneidstoffes infolge der Lamellenspanbildung und des Querfließens des Werkstoffes beim Aufstauchen der Spanlamelle,
- Adhäsion – bedingt durch die Neigung des kfz-Kristallgitters zur Bildung von Mikroverschweißungen und das mechanische Verhaken des seitwärts in die Kerbe fließenden Spanrandes mit Schneidstoffpartikeln,
- Abrasion – verursacht durch den verfestigten, teilweise sägezahnförmig ausgebildeten Spanrand, durch die Werkstückkante und die Vorschubkämme und
- Tribooxidation – verursacht durch die chemische Reaktion von Werkstoff und/oder Schneidstoff mit Bestandteilen des Umgebungsmediums.

Die Verschleißkerben entstehen als Ergebnis aus der Überlagerung und gegenseitigen Beeinflussung dieser Einzelmechanismen (Abb. 7.47). Eine eindeutige Trennung dieser Mechanismen hinsichtlich ihrer Wirkung auf den Gesamtverschleiß ist nur bedingt möglich [Mütz67].

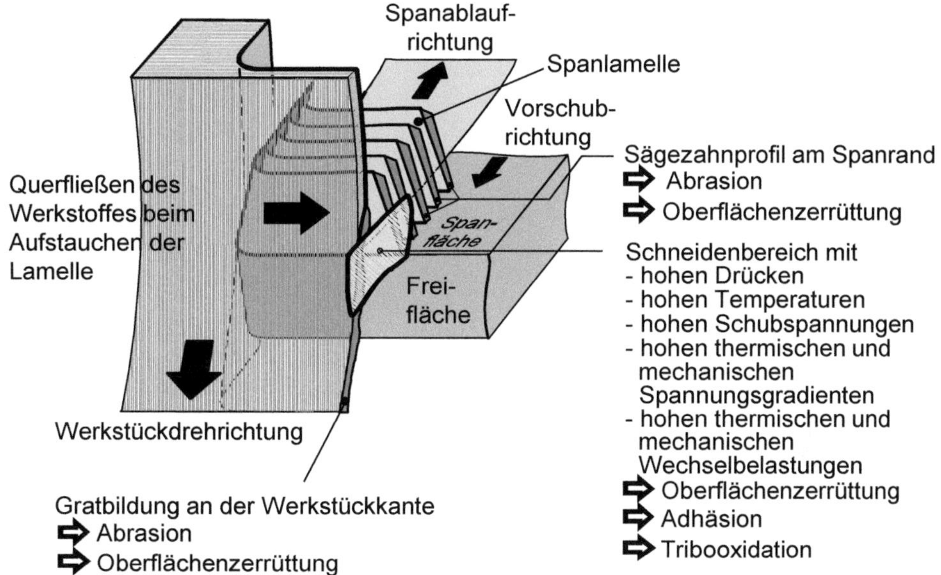

Abb. 7.47 Schematische Darstellung der Ursachen, die zur Ausbildung einer Verschleißkerbe an der Hauptschneide führen [Gers98]

Zur Reduzierung der Verschleißkerbenbildung an der Hauptschneide sollte das Verhältnis von Eckenradius r_ε zu Schnitttiefe a_p möglichst groß und damit der effektive Einstellwinkel im Bereich des Kontaktzonenendes an der Hauptschneide möglichst klein sein. Ein kleiner Einstellwinkel führt zu einer Verringerung der Spanungsdicke und reduziert damit auch die abrasive Wirkung des Spanrandes an der Schneidkante (Abb. 7.48). Für die Drehbearbeitung mit Werkzeugen aus Schneidkeramik und PCBN hat sich ein Einstellwinkel von $\kappa_r \leq 45°$ als günstig erwiesen.

Aus diesem Zusammenhang erklärt sich auch der vorteilhafte Einsatz runder Schneidplatten. Geometriebedingt weisen diese nicht nur eine große mechanische Stabilität und damit eine hohe Sicherheit gegen Plattenbruch auf, bei diesen Platten ergeben sich insbesondere bei kleinen Schnitttiefen in der Regel auch kleine Einstellwinkel. Sofern die Bearbeitungsaufgabe es erlaubt, empfiehlt es sich daher runde Wendeschneidplatten einzusetzen. Nachteil runder Wendeschneidplatten sind jedoch die höheren Passivkräfte, die eine stärkere plastische Verformung der Randzone bewirken können. Ferner begünstigt der große Kontaktbogen im Bereich der Nebenschneide die Ausbildung von Verschleißkerben. Dies ist insbesondere beim Drehen mit runden Wendeschneidplatten aus Schneidkeramik zu beobachten. Werden sehr hohe Anforderungen an die Oberflächenqualität gestellt, sollten PCBN-Schneidplatten mit Eckenradien im Bereich von 0,8 – 1,2 mm eingesetzt werden [Gers02, Kloc07].

Die Verschleißkerbenbildung an der Hauptschneide kann auch durch Wahl einer angepassten Schnittstrategie wirkungsvoll reduziert und damit die Werkzeugstandzeit verbessert werden. Eine Maßnahme, die sich besonders bei der Vorbearbeitung mit

r_ε = 4,76 mm

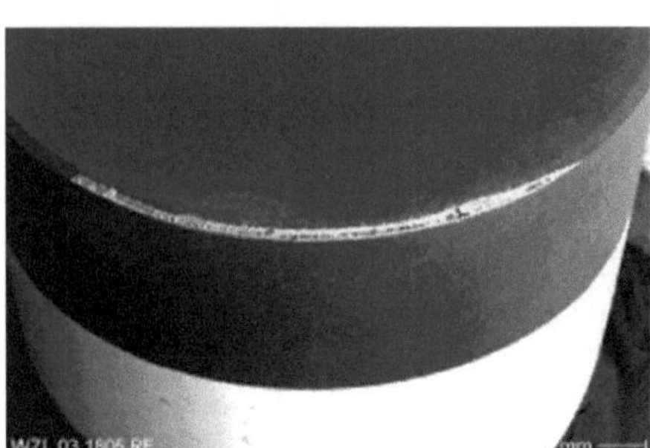

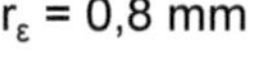

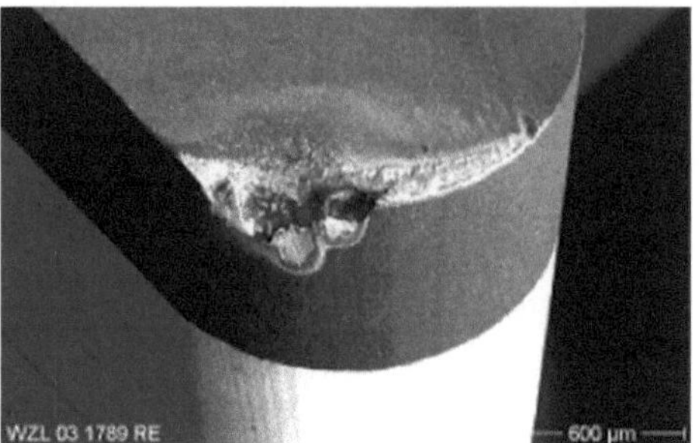

RCGX090700T

VBGW160408F

κ_r = 21°

f

h = 0,06 mm

a_p

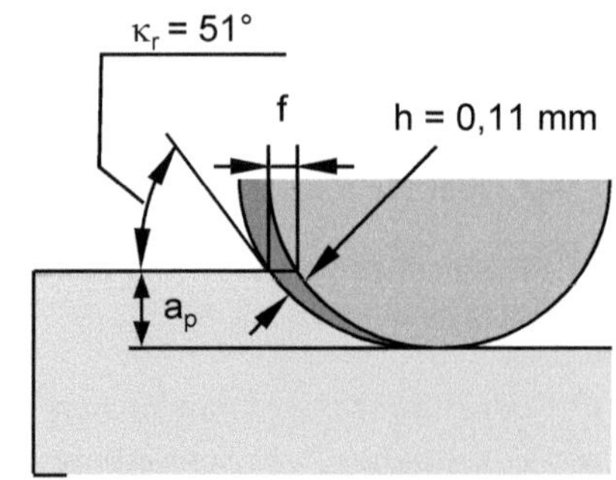

Werkstoff: Udimet 720Li
Vorschub: f = 0,15 mm

Schnittgeschwindigkeit: v_c = 250 m/min
Schnitttiefe: a_p = 0,3 mm

Abb. 7.48 Einfluss des Eckenradius auf die Verschleißausbildung beim Drehen einer Nickelbasislegierung mit PCBN

runden Schneidkeramiken als sehr effektiv erweist, ist das sogenannte Schrägfahren oder „Ramping". Das abzuspanende Material wird hierbei in paarweisen Überläufen mit kontinuierlich abnehmender (1. Schnitt) und zunehmender Schnitttiefe (2. Schnitt) abgetragen. Durch die sich kontinuierlich verändernde Schnitttiefe konzentriert sich der Angriff des stark abrasiv wirkenden Spanrandes nicht an einer Stelle der Schneidkante, sondern erstreckt sich über einen größeren Kantenbereich. In diesem Bereich verschleißt die Schneide zwar stärker, der Kerbenverschleiß entwickelt sich jedoch wesentlich langsamer, womit die Schneidplatte länger im Einsatz bleiben kann (Abb. 7.49).

Das Fräsen von Nickelbasislegierungen erfordert aufgrund der extrem hohen Schneidenbelastung Schneidstoffe mit großer Zähigkeit und Verschleißfestigkeit. Bedingt durch den unterbrochenen Schnitt und die große Warmfestigkeit des Werkstoffes unterliegen die Werkzeuge einer außerordentlich hohen mechanischen und thermischen Wechselbelastung. Als Folge hiervon können sowohl HSS als auch Hartmetallwerkzeuge nur bei

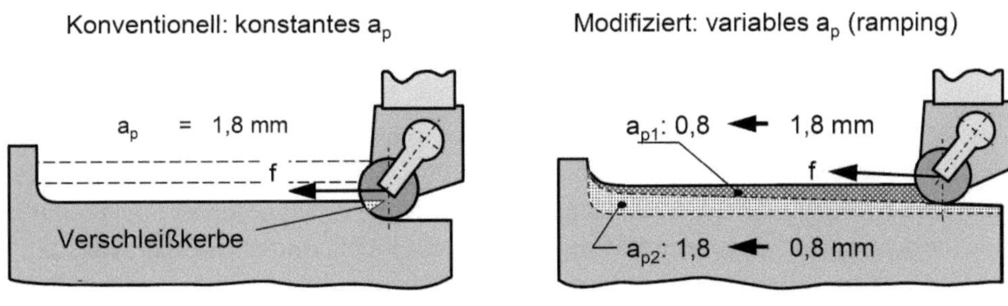

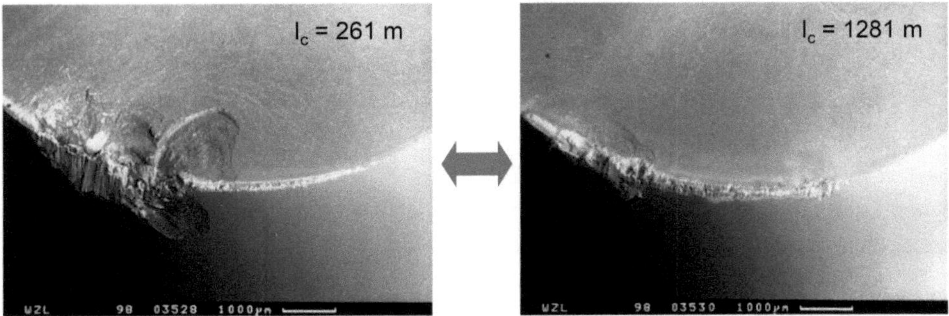

Abb. 7.49 Geeignete Schnittstrategien ermöglichen die Reduzierung des Kerbverschleißes und damit längere Werkzeug-Standzeiten (Quelle: Greenleaf)

verhältnismäßig geringen Schnittgeschwindigkeiten und Vorschüben eingesetzt und damit nur niedrige Zeitspanungsvolumen realisiert werden. Das Fräsen dieser Legierungen stellt damit einen außerordentlich zeitintensiven Bearbeitungsvorgang dar.

HSS-Werkzeuge werden aufgrund ihrer geringen Warmverschleißfestigkeit bei der Bearbeitung von Nickelbasislegierungen bei Schnittgeschwindigkeiten von v_c = 5 – 10 m/min eingesetzt. Ihre hervorragenden Zähigkeitseigenschaften erlauben jedoch die Anwendung relativ großer Vorschübe (f_z = 0,10 – 0,16 mm). Aufgrund der großen Anzahl der in Eingriff befindlichen Schneiden sowie einer feinrilligen Kordelung erfolgt der Fräsprozeß mit HSS-Werkzeugen außerordentlich ruhig. Beschichtete Schaftfräser aus PM-HSS eignen sich daher vor allem für die Schruppbearbeitung von Nickelbasislegierungen. Mit einer auf die besonderen Anforderungen dieser Werkstoffe abgestimmten Schneidengeometrie werden hohe Zeitspanvolumen bei gleichzeitig großer Fertigungssicherheit erreicht.

Schaftfräser aus Feinst- und Ultrafeinstkorn-Hartmetallen besitzen im Vergleich zu HSS-Werkzeugen eine wesentlich größere Warmhärte. Sie können daher bei deutlich höheren Schnittgeschwindigkeiten (v_c = 20 – 100 m/min) eingesetzt werden und ermöglichen damit eine deutliche Reduzierung der Bearbeitungszeiten. Verwendung finden sie bevorzugt bei mittleren Schrupp- und vor allem bei Schlichtoperationen. Beim Einsatz von Schaftfräsern und Messerkopfstirnfräser, die mit HM-Wendeschneidplatten bestückt sind, wird beim Fräsen von Nickelbasislegierungen das Leistungsvermögen der Werkzeuge maßgeblich von Schneidstoffausbröckelungen an den Schneidkanten der eingesetzten Wendeschneidplatten bestimmt. Sie entstehen als Folge einer mechanischen Überlastung des betreffenden Schneidenabschnittes. Im Hinblick auf einen dynamisch stabilen und damit ruhigeren Fräsprozess ist anzustreben, dass sich möglichst mehrere Schneidenreihen gleichzeitig im Eingriff befinden. Diese Forderung ist bei gegebener Bearbeitungsaufgabe aufgrund der Bauform WSP-bestückter Fräser nicht immer erfüllbar [Gers02].

Müssen Nuten durch Schruppfräsen im vollen Nutenschnitt in Bauteile aus Nickelbasislegierungen eingebracht werden, unterliegen die Werkzeuge einer sehr hohen mechanischen und thermischen Belastung. Aufgrund des Umschlingungswinkels zwischen Werkzeug und Werkstück von 180° wirkt auf die Werkzeuge in Vorschubrichtung eine sehr hohe Kraftkomponente, die den Schaftfräser sehr stark auf Biegung beansprucht. Hieraus resultieren Form- und Maßfehler an den Nutflanken. Als Folge der hohen statischen und dynamischen Belastung können beim vollen Nutenschnitt die Werkzeuge nur mit relativ niedrigen Schnittgeschwindigkeiten ($v_c = 20 - 40$ m/min) und axialen Schnitttiefen ($a_p = 0{,}5 \cdot D$) eingesetzt werden. Bei langauskragenden Werkzeugen müssen zur Reduzierung der mechanischen Belastung und damit der Gefahr von Schneidenausbrüchen und Werkzeugtotalbruch die Schnittparameter noch weiter verringert werden.

Wirtschaftliche Alternativen zum konventionellen Schaftfräsen von Nuten in schwerzerspanbare Werkstoffe sind das sogenannte trochoide Fräsen (Abb. 7.50) und das Tauchfräsen, wobei letzteres im englischen als „plunge milling“ bezeichnet wird. Beim trochoiden Fräsen wird der Vorschubbewegung des Fräsers, dessen Durchmesser kleiner als die Nutbreite ist, eine in etwa kreisförmige Bewegung überlagert. Gefräst wird üblicherweise im Gleichlauf. Die Besonderheit dieses Verfahrens besteht darin, dass in Abhängigkeit vom Verhältnis Fräserdurchmesser zu Nutbreite und den gewählten Vorschüben in axialer und radialer Richtung der Umschlingungswinkel deutlich kleiner als 180° wird und damit Schlichtbedingungen entspricht. Trochoides Fräsen führt zu einer erheblichen Reduzierung der mechanischen Werkzeugbelastung. Als Folge hiervon können gegenüber dem konventionellen Nutenfräsen die Schnittgeschwindigkeit, vor allem aber die axiale Schnitttiefe signifikant erhöht werden. Besonders bei schlanken, langauskragenden Werkzeugen betragen die realisierbaren Schnitttiefen ein Vielfaches dessen beim konventionellen Fräsen. Durch die größeren anwendbaren Schnitttiefen verteilt sich das zu zerspanende Werkstoffvolumen auf eine größere Schneidenlänge. Die Werkzeuge werden dadurch besser ausgenutzt, die Standzeiten sind bezogen auf das zerspante Werkstoffvolumen signifikant größer, womit eine drastische Reduzierung der Werkzeugkosten einhergeht. Ein weiterer Vorteil dieses Verfahrens besteht darin, dass die Breite der Nut, die gefertigt werden soll, unabhängig vom Werkzeugdurchmesser ist und in einem Fräsdurchgang maßgenau erzeugt werden kann. Da verfahrensbedingt auf die Werkzeuge beim Ein- und Austritt an beiden Flanken nur geringe Kräfte wirken, sind die Form- und Maßfehler an beiden Nutflanken außerordentlich gering. Durch Überlagerung einer Taumelbewegung können mit diesem Verfahren nicht nur gerade, sondern auch geneigte Flanken erzeugt werden.

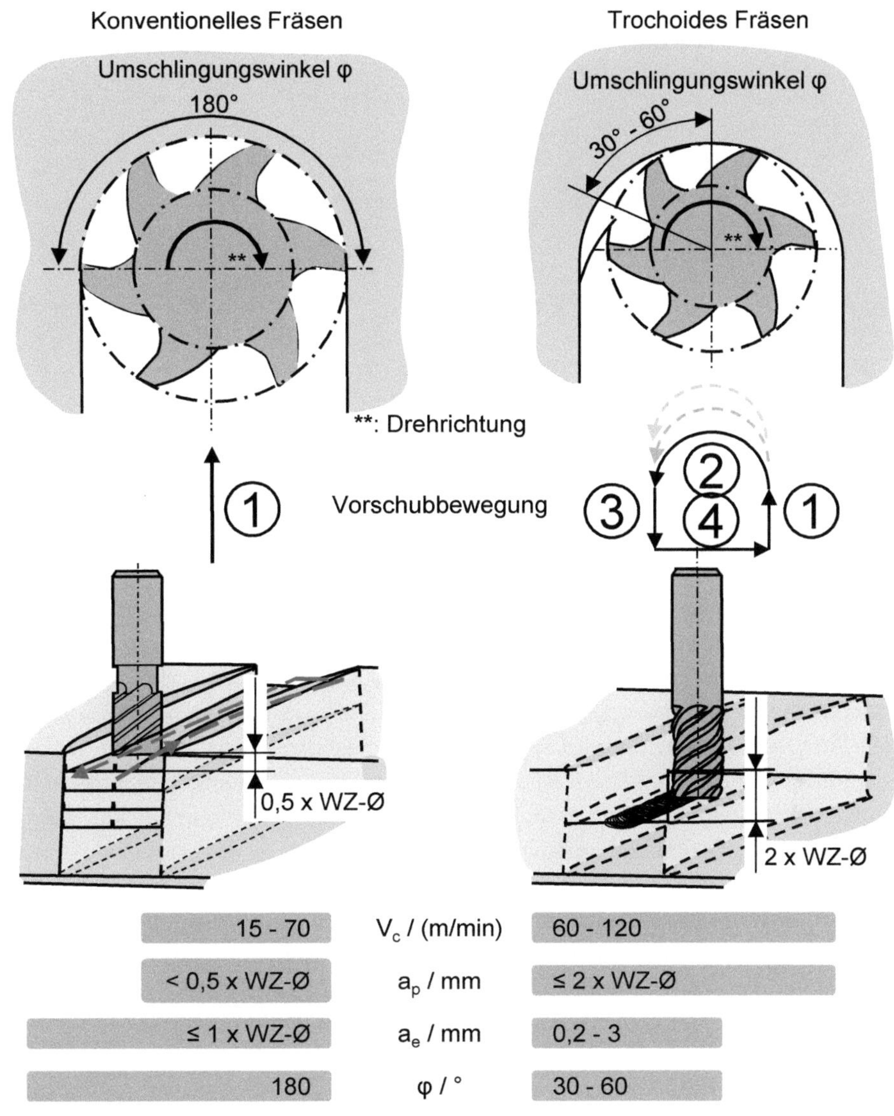

Abb. 7.50 Konventionelles versus trochoides Schaftfräsen

Eine Alternative zum trochoiden Fräsen stellt das Tauchfräsen dar (siehe Abb. 7.51). In der Prozessfolge wird der Fräser außerhalb des Werkstücks radial um den Pitch p zugestellt. Die anschließende Vorschubbewegung verläuft stets parallel zur Drehachse des Werkzeugs. Aus diesem Grund kann die Kinematik des Tauchfräsens entsprechend DIN 8589 nicht dem Fräsen zugeordnet werden, die eine senkrecht oder schräg zur Drehachse verlaufende Vorschubbewegung fordert. Die Kinematik des Tauchfräsens ähnelt der des

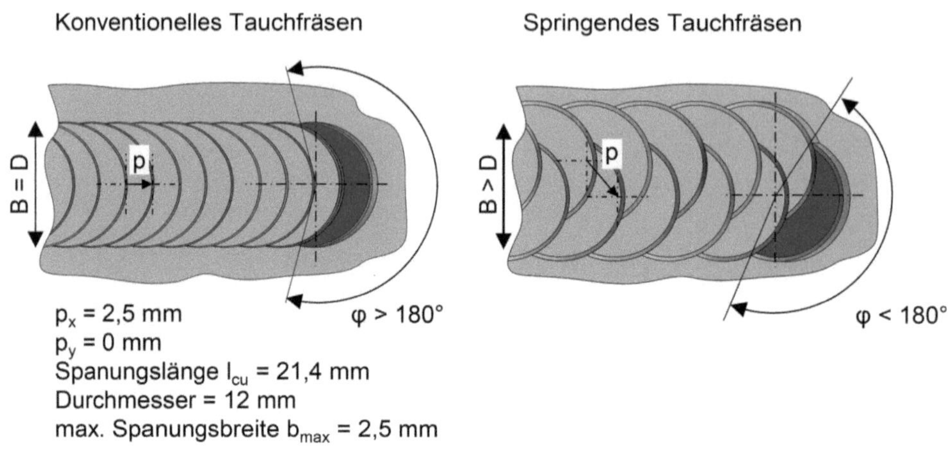

Abb. 7.51 Konventionelles versus springendes Tauchfräsen

Bohrens. Durch die rein axiale Vorschubbewegung dominiert die axiale Zerspankraftkomponente [Kloc04]. Insbesondere in der Bearbeitung tiefer Kavitäten stellt das Werkzeug häufig das labilste Element in der Zerspanung dar. In axialer Richtung weist das Werkzeug eine wesentlich niedrigere Nachgiebigkeit auf, sodass eine prozessstabile Bearbeitung auch bei relativ großer Zerspanrate und Aspektverhältnis von $l/d > 5$ erzielt werden kann. Dem produktiven Zerspanvorgang schließt sich der Rückhub und die Neupositionierung um den Pitch an. Die Kavität wird somit durch Aneinanderreihung mehrerer Tauchvorgänge gefertigt. Der unproduktive Rückhub erfordert im wirtschaftlichen Vergleich mit alternativen Strategien die Betrachtung gemittelter Zeitspanungsvolumen. Im Vergleich zum Umfangsfräsen ist nur eine relativ kleine Schneidenlänge an der Stirn des Werkzeugs im Eingriff. Der Verschleiß ist daher lokal begrenzt. Der Eckenradius limitiert als stärkster belasteter Bereich das Standvermögen des Werkzeugs. Im konventionellen Tauchfräsen entspricht die Breite der gefertigten Nut dem Werkzeugdurchmesser. Abhängig von der Größe des Pitchs resultiert ein Umschlingungswinkel größer 180°, der die erhöhte thermische Belastung am Eckenradius bedingt [Witt12]. Eine Alternative stellt das springende Tauchfräsen dar. Hier wird ein Fräserdurchmesser kleiner der zu fertigenden Nutbreite gewählt. Abwechselnd taucht der Fräser an beiden begrenzenden Seitenwänden (Abb. 7.51). Durch die Prozessführung kann gezielt eine niedrigere resultierende Spanungslänge auch bei einer größeren maximalen Spanungsbreite b_{max} eingestellt werden. Durch die gleichzeitig größere Spanungsbreite wird mehr Material pro Tauchvorgang zerspant und eine größere Schneidenlänge ist an der Zerspanung beteiligt. Im konventionellen Tauchfräsen ist eine größere Spanungsbreite nur mit gleichzeitiger Vergrößerung der Spanungslänge einzustellen. Resultierend lässt sich neben der verbesserten Wirtschaftlichkeit z. B. in X3CrNiMo13-4 ein bis zu vierfach größeres Standvolumen gegenüber dem konventionellen Tauchfräsen erzielen.

Bei der Bearbeitung schwerzerspanbarer Werkstoffe wird die Leistung eines Schaftfräsers in signifikanter Weise auch von der Schneidenmikrogeometrie beeinflusst. In

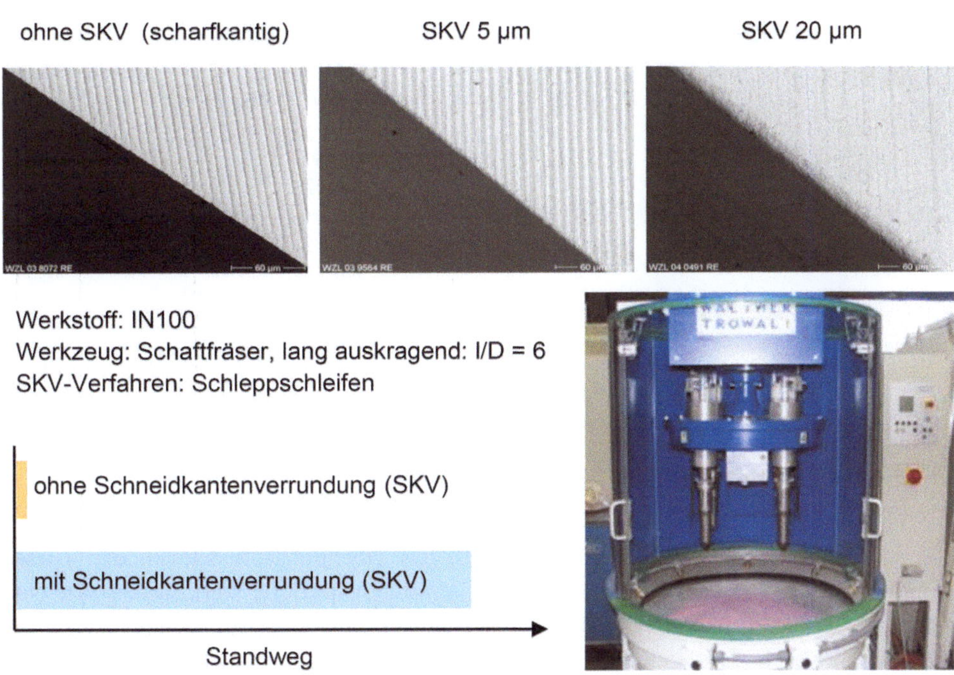

Abb. 7.52 Einfluss der Schneidkantenverrundung auf den Werkzeugverschleiß beim Schaftfräsen einer Nickelbasislegierung mit lang auskragenden Werkzeugen

der Vergangenheit vertrat man vielfach die Meinung, dass Schaftfräswerkzeuge für die Bearbeitung von Werkstoffen, wie Nickel- und Titanlegierungen, aufgrund der geringen realisierbaren Spanungsquerschnitte möglichst scharfe Schneiden besitzen sollten. Sehr positive und scharf ausgebildete Schneiden weisen zwar eine gute Schneidfähigkeit auf, je schärfer jedoch eine Schneidkante ausgebildet ist, umso größer ist in der Regel auch ihre durch Kantenausbröckelungen bedingte Schartigkeit. Wie Untersuchungen zeigen, beeinflusst die in Abhängigkeit von Schleifprozess, Schneidstoffgefüge und Schneidkantengeometrie sich ausbildende Kantenschartigkeit das Leistungsvermögen eines Werkzeuges ganz entscheidend. Durch eine kleine Kantenverrundung in der Größenordnung von 5 – 20 µm kann das Verschleißverhalten von Schaftfräswerkzeugen, insbesondere bei der Bearbeitung schwerzerspanbarer Werkstoffe, signifikant gesteigert werden, Abb. 7.52. Durch die Kantenverrundung wird die Schneide stabilisiert, kleine bei der Herstellung durch Schleifen bedingte Defekte in Form von Mikroausbröckelungen, gelockerten Hartmetallkristallen oder Mikrorissen werden gleichmäßig eingeebnet und/oder abgetragen. An der Schneide bildet sich auf diese Weise eine gleichmäßige Verschleißzone aus, der Verschleißzuwachs erfolgt kontinuierlich. Die Kantenpräparation kann auf unterschiedliche Weise erfolgen. Als Verfahren finden neben dem Schleppschleifen, das bei den in Abb. 7.52 gezeigten Werkzeugen zum Einsatz kam, das Bürsten, das Strahlen mit Abrasivmedien oder das Kantenverrunden mit Laserstrahl Anwendung [Denk05].

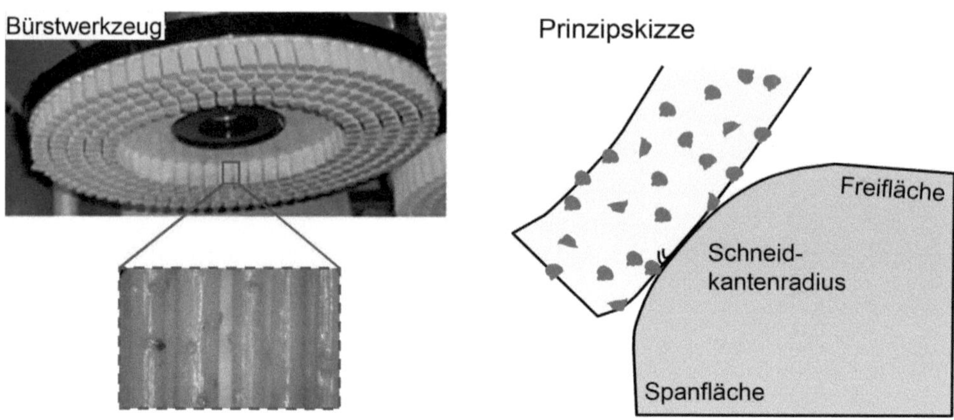

Abb. 7.53 Funktionsprinzip des Hochpräzisionsbürstprozesses (Quelle: Profin AG)

Eine Weiterentwicklung des Bürstens stellt das Hochpräzisionsbürsten dar. Dieses Verfahren hebt sich vom konventionellen Bürsten durch spezielle Werkzeuge sowie eine präzisere Prozessführung ab. Die Bürstwerkzeuge bestehen nicht aus Nylon sondern aus einem temperaturbeständigen Kunststoff und verfügen über besonders homogene, feinkörnige Abrasivpartikel (Siliziumkarbid, cBN oder Diamant). Die einzelnen Filamente werden im Werkzeug zu Büscheln angeordnet und dann in die Tellerbürsten vergossen. Je nach gewünschtem Prozessergebnis kann das Filament angestellt werden, um das Fließverhalten und somit die resultierende Kantenform einzustellen. Die gewünschte Schneidkantenmikrogeometrie wird folglich mit einer Feinschleifprozess sehr prozesssicher und schnell erzeugt. Neben der Anwendung der Schneidkantenpräparation wird das Hochpräzisionsbürsten auch für andere Oberflächenendbearbeitungen wie dem Polieren oder Entgraten eingesetzt.

Eine neue Dimension bei der Fräsbearbeitung von Inconel 718 eröffnet der Einsatz von Schneidkeramiken auf der Basis von Siliziumnitrid und whiskerverstärktem Aluminiumoxid beim Schrupp- und Schlichtfräsen mit Messerkopfstirnfräsern (Abb. 7.54). Die anwendbaren Schnittgeschwindigkeiten reichen bis zu mehr als 1000 m/min und liegen damit um ein Vielfaches über den beim Fräsen mit Hartmetall üblichen Schnittwerten. Bei einer Schnittgeschwindigkeit von $v_c = 800$ m/min und einem Vorschub von $f_z = 0{,}1$ mm bedeutet dies gegenüber Hartmetall mit $v_c = 40$ m/min und $f_z = 0{,}06$ mm eine Steigerung der Zerspanleistung um den Faktor 33 [Krie02, Gers02].

Die Ursachen für ein derart hohes Leistungspotential liegen in der chemischen und mechanischen Stabilität der Keramik bei hohen Temperaturen begründet. Einschränkungen beim Einsatz der Schneidkeramiken ergeben sich allerdings noch aufgrund ihrer begrenzten Zähigkeit. Eine ausreichend hohe Zähigkeit ist jedoch insbesondere bei unterbrochenen Schnitten zur Vermeidung von Rissen und Ausbrüchen gefordert. Die Verstärkung keramischer Schneidstoffe mit stäbchenförmigen ß-Si_3N_4 Kristallen bzw. mit SiC-Whiskern entspricht dieser Forderung und trägt ganz wesentlich zur Verbesserung der

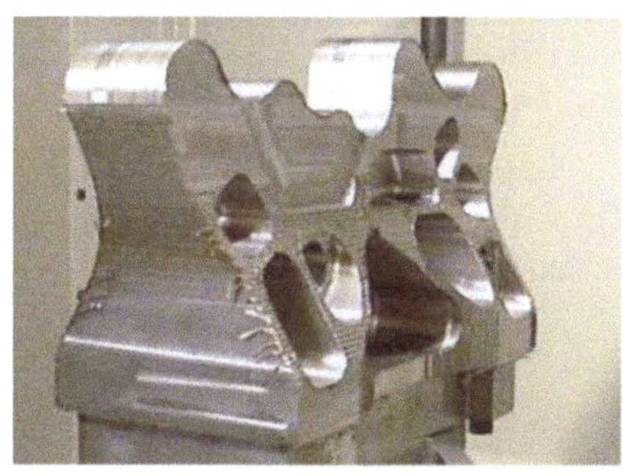

Schneidstoff:
CA + SiC-Whisker
Matrix: Al_2O_3 + ZrO_2

v_c = 1310 m/min
f_z = 0,076 - 0,10 mm
v_f = 1,8 - 2,0 m/min
Trockenschnitt

Motorträger aus
Inconel 718, 28 HRC

Zeiten:
Fräsen mit Hartmetall: 59 h
Fräsen mit Keramik: 14 h

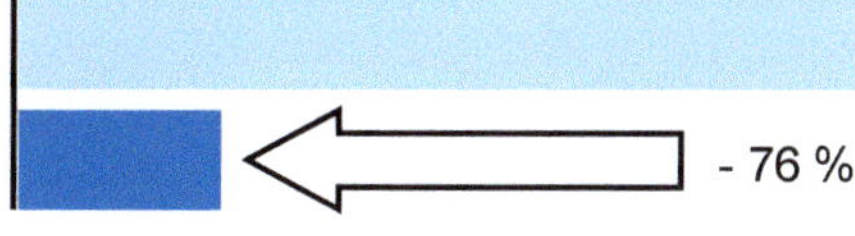

Abb. 7.54 Hochleistungsfräsen von Inconel 718 mit Schneidkeramik (Quelle: Kennametal)

Zähigkeit bei. Die in eine keramische Matrix eingebetteten stäbchenförmigen Kristalle bzw. Whisker können Zugspannungen übertragen und vermindern so die Rissentstehung. Die Energie, die zum Ablösen dieser Kristalle benötigt wird, verzögert die Rissausbreitung. In der Matrix sich ausbreitende Risse werden an den Stäbchenkristallen zu energieverzehrenden Umwegen gezwungen, die Rissausbreitungsgeschwindigkeit wird hierdurch verringert. Durch diese Effekte wird die Zähigkeit des Schneidstoffes und damit seine dynamische Belastbarkeit erhöht [Krie02].

7.7 Zerspanbarkeit von Nichtmetallen

Zu den technisch bedeutsamen Nichtmetallen, die spanend bearbeitet werden gehören im Wesentlichen Graphit und Faserverbundkunststoffe.

7.7.1 Graphit

Graphit ist – wie Diamant – eine Modifikation des Kohlenstoffs und kristallisiert in einer hexagonalen Gitterstruktur. Die Herstellung erfolgt durch Verkoken von Kohle. Der Herstellungsprozess bietet erhebliche Freiheitsgrade in der Prozessführung, wodurch die resultierenden Materialeigenschaften in hohem Maße anwendungsspezifisch eingestellt werden können. Graphit für technische Anwendungen zeichnet sich durch eine gute elektrische und thermische Leitfähigkeit aus und ist bis 3000 °C temperaturbeständig. Weitere Eigenschaften wie die Dichte, die Thermoschock-, Korrosions- oder chemische Beständigkeit können in hohem Maße durch den Herstellungsprozess über einen weiten Bereich eingestellt werden. Die Haupteinsatzgebiete von Graphit finden sich demnach vor allem in Anwendungen mit hohen Arbeitstemperaturen als Elektroden, Heizleiter, Dichtungs- und Gleitelemente sowie Trägermaterialien in der

- Halbleiterindustrie (z. B. Aufbereitung von Reinstsilizium),
- Buntmetallproduktion (z. B. Heizelemente in Ofenanlagen),
- Energieübertragung (z. B. Gleitkontakte),
- Maschinenbau (z. B. Gleitringe) und in der
- Metallverarbeitenden Industrie (z. B. Elektroden für die Funkenerosion).

Die Graphitkörner sind 3 – 15 µm groß und fest in einer verkokten Bindermatrix eingebunden. Diese Gefügezusammensetzung führt zu einem spröden Werkstoffverhalten mit einem Abtragsmechanismus, der sich grundsätzlich von dem bei der Stahlbearbeitung unterscheidet. Das bedeutet insbesondere, dass Erfahrungen, die aus der Stahlbearbeitung bestehen, nur schwer bzw. überhaupt nicht auf die Graphitbearbeitung mit geometrisch bestimmten Schneiden übertragbar sind. Beim Eindringen der Werkzeugschneide in das Material findet keine plastische Verformung im Graphit statt. Daher kommt es nicht zur „Spanbildung und -abnahme", wie bei der Zerspanung duktiler Werkstoffe, sondern es herrschen hauptsächlich die folgenden Effekte vor:

- Die unter der Werkzeugschneide eingebrachten Druckspannungen, die sich durch Sekundärrissbildung abbauen, führen zur Zerrüttung des Materials, und es kommt zur ausgeprägten Feinstaubbildung.
- Aufgrund von vorauseilenden Rissfronten kommt es zum Abplatzen von Graphitpartikeln und der Bildung von Bruchflächen vor der Werkzeugschneide.

Abhängig von den Schnittwerten und den Eingriffsverhältnissen des Werkzeuges ist einer der beiden Effekte vorherrschend. Durch Erhöhung von Spanungsquerschnitt und Schnittgeschwindigkeit kommt es zu einem reduzierten Spannungsabbau durch Sekundärrisse, sodass die Rissausbreitung und damit das Entstehen von größeren Bruchflächen begünstigt wird.

Die zuvor beschriebenen Effekte wirken sich unterschiedlich auf die erreichbare Oberflächengüte und den Werkzeugverschleiß aus (Abb. 7.55). Die Oberflächenrauigkeit steigt mit zunehmender Korngröße des Graphits und mit Erhöhung des Spanungsquerschnittes durch Vergrößerung von Arbeitseingriff a_e, Zahnvorschub f_z und Schnitttiefe a_p sowie bei Steigerung der Schnittgeschwindigkeit v_c durch die Bildung von der Schneide vorauseilenden Rissfronten.

Der dominierende Verschleißmechanismus bei der Graphitbearbeitung ist Abrasion aufgrund von Feinstaubanströmung und Reibung (Verschleißart: Strahlverschleiß). Da mit Erhöhung des Spanungsquerschnittes die Feinstaubbildung vermindert wird, kommt es hierbei zu deutlich reduziertem Werkzeugverschleiß. Generell wird der Verschleiß durch alle Maßnahmen zur schnellen Abfuhr des Graphitstaubes von der Wirkstelle (Ausblasen,

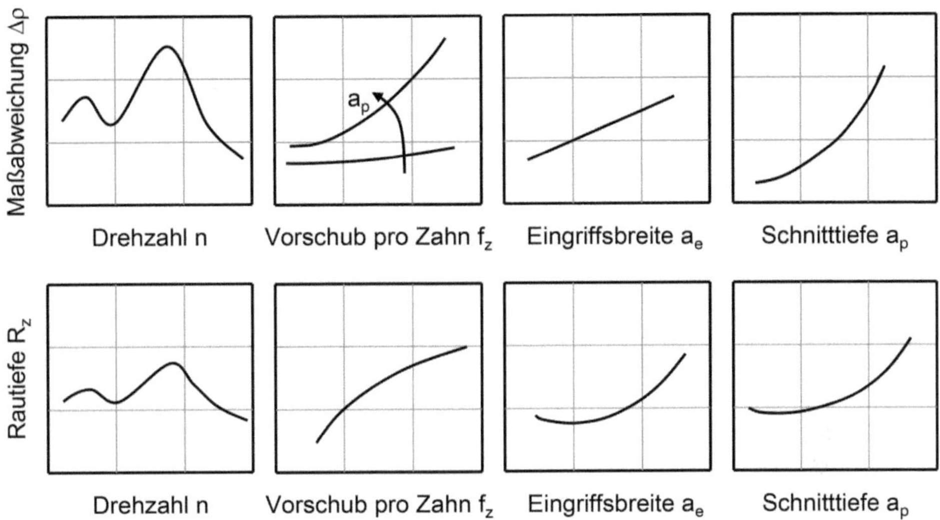

Abb. 7.55 Qualitative Einflüsse auf die „Zerspanung" von Graphitelektroden

Staubabsaugung) reduziert. Der nahe liegende Einsatz der Nasszerspanung bringt allerdings negative Effekte mit sich, da die entstehende abrasive Suspension zu erhöhtem Werkzeug- und Maschinenverschleiß führt. Bei der Schruppbearbeitung mit hohem Zeitspanungsvolumen von in Dielektrikum getränkten Elektroden haben Untersuchungen eine deutliche Erhöhung der Standgrößen aufgrund reduzierter Feinstaubbildung ergeben, der jedoch bei der Schlichtbearbeitung mit kleinen Spanungsquerschnitten nicht reproduziert werden konnte.

Die Werkzeugwahl wird bei der Graphitbearbeitung hauptsächlich vor dem Hintergrund der Verschleißminimierung getroffen. Die Abrasion durch harten Graphitstaub (Strahlverschleiß) führt zu Auskolkungen und Ausbrüchen auf der Spanfläche. Der Reibkontakt fördert durch abrasives Auswaschen der Hartmetallmatrix den Verschleiß der Freifläche. Eine Verbesserung der Standzeit durch Beschichtungen, wie sie aus der Stahlbearbeitung bekannt sind (z. B. TiAlN, TiN), ist nur eingeschränkt möglich. Einzig wirksamen Schutz gegen die abrasive Wirkung des Graphitstaubes bietet aufgrund der hohen Härte der Schneidstoff polykristalliner Diamant (DP) oder der Einsatz von Diamantbeschichtungen, vgl. Abb. 7.56.

Die mit der Beschichtung verbundene Verrundung der Schneidkante bewirkt ein verstärktes Abplatzen von Graphitpartikeln und führt zu etwas schlechterer Oberflächengüte. Durch einen positiven Werkzeug-Neigungswinkel wird der Strahlverschleiß aufgrund der flacheren Anströmung reduziert und die Graphitabfuhr von der Wirkstelle begünstigt. Eine Vergrößerung des Werkzeug-Otrthogonalfreiwinkels führt zu vermindertem Verschleiß. Eine Schwächung des Schneidkeils ist wegen der niedrigen Zerspankraft nur von untergeordneter Bedeutung. Da sich das Werkstoffverhalten von Graphit grundsätzlich von dem metallischer Werkstoffe unterscheidet, können und müssen andere Bearbeitungsstrategien zum Einsatz kommen, um ein optimales Ergebnis zu erzielen. Ziel bei der Schruppbearbeitung ist ein hohes Zeitspanungsvolumen bei hoher Werkzeugstandzeit und konstantem

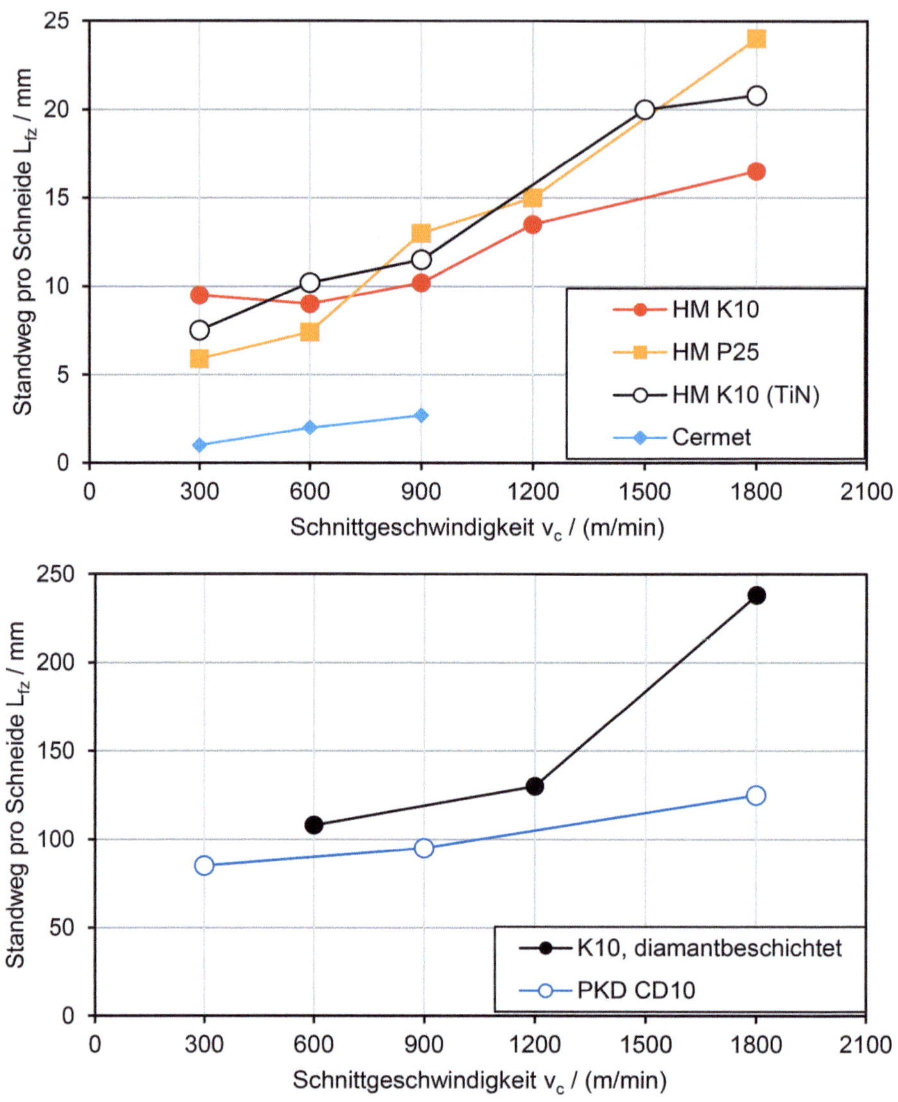

Werkstoff:	Werkzeug:	Schnittbedingungen:
EK85	Schaftfräser	f_z = 0,05 mm
Korngröße: 13 µm	D = 12 mm	a_p = 3 mm
	z = 2	a_e = 12 mm

Abb. 7.56 Standverhalten verschiedener Schneidstoffe

Restaufmass. Die geringe Zerspankraft bei der Graphitbearbeitung erlaubt eine Bearbeitung im Nutschnitt ($D = a_e$) mit hoher Schnitttiefe. Zur Reduzierung von Umkehrbewegungen sollte eine hüllkurvenbegrenzte Schnittaufteilung vorgenommen werden. Bei der Schlichtbearbeitung sind eine hohe Oberflächengüte und Konturgenauigkeit sowie niedrige Bearbeitungszeiten bei hoher Werkzeugstandzeit zu erreichen. Wie bei der Stahlbearbeitung muss zwischen unterschiedlichen Bearbeitungs- und Eingriffssituationen unterschieden werden. Bei der Bearbeitung gekrümmter Flächen führt das Gegenlauffräsen mit fallender Bearbeitungsrichtung, anders als bei der Stahlbearbeitung, sowohl zu besseren Oberflächen als auch zu höheren Werkzeugstandzeiten. An steilen Konturbereichen ist eine Bearbeitung mit fallender der steigenden Bearbeitungsrichtung vorzuziehen, da die Fräserbelastung hierbei in Richtung der maximalen Werkzeugsteifigkeit liegt und die Fräserabdrängung vermindert werden kann. Bei der Bearbeitung schlanker Stege besteht die Gefahr von Ausbrüchen an den Werkstückkanten. Hier empfiehlt sich der Einsatz von Werkzeugen mit negativem Werkzeugdrallwinkel, um das Ausbruchrisiko aufgrund von Zugspannungen zu senken. Das Gegenlauffräsen reduziert beim Werkzeugeintritt das Ausbruchrisiko, ebenso wie das Gleichlauffräsen beim Werkzeugaustritt. Um diesen gegenläufigen Forderungen aus dem Weg zu gehen, empfiehlt es sich, komplett im Gegenlauf zu bearbeiten und den Werkzeugaustritt jeweils in das noch zu bearbeitende Aufmass einer benachbarten Fläche zu legen. Die Materialanhäufung im Bereich von Hohlkehlen erfordert gerade beim Einsatz schlanker dünner Werkzeuge eine Vorbearbeitung entlang der Hohlkehle, bevor die benachbarten Flächen fertig bearbeitet und die Hohlkehle nachgezogen werden kann. Die Gefahr der Werkzeugabdrängung steigt hier mit abnehmender Korngröße und steigender Härte des Graphits.

Zusammenfassend wird deutlich, dass die Werkstoffeigenschaften des Graphits mit seinem spröden Materialverhalten eine grundsätzlich andere Prozessauslegung bei der Fräsbearbeitung erfordern. Die niedrigen Bearbeitungskräfte und die geringe thermische Belastung ermöglichen hohe Schnitt- und Vorschubgeschwindigkeiten und stellen hiermit besondere Anforderungen an das System Werkzeug – Verfahrenskinematik – Werkzeugmaschine. Zur Verschleißreduzierung sollten diamantbeschichtete Hartmetallfräser mit Eckenverrundung und großem Freiwinkel oder PKD- Fräser eingesetzt werden. Die eingesetzte Werkzeugmaschine muss in der Lage sein, die hohen möglichen Bearbeitungsparameter auch bei der Bearbeitung komplexer Geometrien umsetzen zu können. Hierzu werden hohe Spindeldrehzahlen und eine hohe Achsdynamik, sowie eine schnelle NC-Steuerung benötigt. Die Staubentwicklung erfordert eine leistungsfähige Absaugung und Filterung in einem gekapselten Arbeitsraum. Bei der NC-Programmierung müssen an die Besonderheiten des Graphits angepasste Bearbeitungsstrategien umgesetzt werden, um eine durchgängige Bauteilqualität zu gewährleisten.

In Abb. 7.57 sind zwei Graphitelektroden zu sehen, die typisch für die Verwendung im Werkzeug- und Formenbau sind. Bei Senkelektroden, wie z. B. zur Herstellung einer Computermaus, vgl. Abb. 7.57 links, müssen meistens komplexe Freiformgeometrien erzeugt werden. Häufig müssen geteilte Elektroden gefertigt werden, die zur Herstellung von Nuten in Spritzgießwerkzeugen benötigt werden.

Beispiel für Komplettelektroden:
Fräsbearbeitung einer Graphitelektrode
für die Oberhälfte einer Computermaus

Beispiel für geteilte Elektroden:
Graphitelektrode für zwei Nuten eines
Spritzgießwerkzeugs

Abb. 7.57 Beispiele für Senkelektroden für die Funkenerosion

7.7.2 Faserverbundwerkstoffe

Faserverstärkte Verbundwerkstoffe, bestehend aus einer textilen, im Matrixmaterial eingebetteten Verstärkungsstruktur, stellen eine verhältnismäßig junge und daher vergleichsweise unerforschte Werkstoffgruppe dar. Neben hervorragenden gewichtsspezifischen Festigkeits- und Steifigkeitswerten weisen diese Werkstoffe je nach Auslegung gutes Dämpfungsverhalten, eine hohe chemische Resistenz sowie einen geringen Wärmeausdehnungskoeffizienten auf. Im Vergleich zu Metallen ist insbesondere die Gewichtseinsparung in Verbindung mit einer hervorragenden Korrosionsbeständigkeit signifikant. Je nach Anwendungsfall können über die Substitution konventioneller Metallkomponenten durch kohlenstofffaserbasierte Verbundwerkstoffe, Gewichtsreduktionen von bis zu 70 % bei Stahl- und 30 % bei Aluminiumwerkstoffen erzielt werden [Cher11].

Im Unterschied zu metallischen Materialien, welche über isotrope, d. h. in alle Belastungsrichtungen gleich ausgeprägte Eigenschaften verfügen, zeichnen sich Verbundwerkstoffe durch eine starke Anisotropie aus. Die mechanischen Eigenschaften werden dabei maßgeblich vom Faseranteil, der Faserlänge sowie der Faseranordnung im Bauteil bestimmt. Daraus ergibt sich die Möglichkeit zur Konstruktion maßgeschneiderter Verbundelemente mit entsprechend hohem Leichtbaunutzen. Die Verbundstruktur, insbesondere die Verteilung und Orientierung der Verstärkungsfasern im Laminat, wird hierfür auf das jeweils im Betrieb vorherrschende Belastungskollektiv zugeschnitten.

Trotz zahlreicher Vorzüge ist der industrielle Masseneinsatz faserverstärkter Kunststoffe bis zum heutigen Zeitpunkt jedoch ausgeblieben. Anwendungsgebiete beschränken sich gegenwärtig überwiegend auf preisintensive Industriezweige wie die Luft- und

Raumfahrt sowie das Luxusfahrzeugsegment. Vermehrt ist der Einsatz dieser Werkstoffe auch im Bereich der Windkraftindustrie sowie dem Sportsektor zu finden. Das Ausbleiben eines flächendeckenden Einsatzes ist dabei hauptsächlich auf die im Vergleich zur konventionellen Metallbauweise höheren Bauteilkosten zurückzuführen. Neben der energiereichen und damit kostenintensiven Rohstoffproduktion ist hierzu auch das Fehlen großserienfähiger Formgebungs- sowie Endbearbeitungsprozesse zu zählen [Klei10].

Die hohe Anzahl aktueller auf diesem Gebiet platzierter Forschungsaktivitäten, welche auf die Entwicklung durchgängiger, automatisierter Fertigungskonzepte für Faserverbundkomponenten zielen, lässt jedoch keinen Zweifel an einer zukünftig stark ansteigenden Verbreitung der Verbundwerkstofftechnologie. Speziell der Automobilsektor wird zur Forcierung der Leichtbauthematik gezwungen sein. Einerseits um die Langstreckentauglichkeit von Elektrofahrzeugen zu ermöglichen, andererseits um in Kraft tretende EU-Abkommen zur Reduzierung des CO_2-Ausstoßes einzuhalten [Nied12].

Das Herstellungsverfahren für Verbundwerkstoffe besteht in der Regel aus zwei Teilschritten. Neben Formgebungsprozessen, bei denen aus den Einzelbestandteilen des Verbundes die gewünschte Geometrie der Komponente erzeugt wird, zählt hierzu auch die Endbearbeitung. Bedingt durch die endkonturnahe Formgebung der meist dünnwandig ausgeführten Verbundbauteile, beschränken sich die Endbearbeitungsumfänge an dieser Stelle auf reine Nachbearbeitungsoperationen. Die Umsetzung kann dabei über die spanabhebende Bearbeitung oder den Einsatz von Wasser- bzw. Laserstrahlverfahren realisiert werden.

Die für die Metallindustrie charakteristische Bearbeitung „aus dem Vollen" spielt für die Faserverbundtechnologie keine Rolle. Typische Aufgaben sind vielmehr die Besäumung (Umrissbearbeitung), die Fensterherstellung (Kantenbearbeitung innerhalb der Bauteilkontur), die Herstellung von Nutgeometrien und funktionalen Flächen (gekennzeichnet durch hohe Anforderungen an Maß- und Formgenauigkeit oder hohe Oberflächengüten) sowie die Herstellung von Bohrungen. Spanabhebende Verfahren mit geometrisch bestimmter Schneide sind dabei die mit Abstand am häufigsten eingesetzten Fertigungsverfahren in diesem Bereich [Heis11].

Die Integration mehrerer Komponenten (Fasern und Matrixwerkstoffe) mit stark unterschiedlichen mechanischen, physikalischen als auch thermischen Eigenschaften, erfordert jedoch neue Wege zur optimalen Auslegung von Zerspanprozessen. Wirkprinzipien, welche für die seit Jahrzehnten erforschte Metallzerspanung gelten, sind für Zerspanprozesse von Faserverbundwerkstoffen nur bedingt anwendbar [Shei09]. Erschwerend kommt die Vielzahl an möglichen Faser-Matrix-Kombinationen hinzu, sodass eine allgemein gültige Richtlinie zur effizienten Auslegung von Zerspanprozessen nicht das gesamte Materialspektrum der Faserverbundtechnologie umfassen kann. Vielmehr muss der Nachbearbeitungsprozess an die jeweils vorliegende Faserverbundstruktur adaptiert werden.

Unabhängig davon lassen sich dennoch allgemeine, materialbedingte Herausforderungen sowie deren Folgen für den Zerspanprozess von Faserverbundwerkstoffen zusammentragen. Diese sollen nachfolgend kurz aufgezeigt werden.

7.7.2.1 Materialbedingte Herausforderungen der Faserverbundzerspanung

Für die Bearbeitung eines Bauteils aus Faserverbundkunststoffen ist insbesondere das mechanische als auch thermische Werkstoffverhalten der Einzelkomponenten (Fasern und Matrixmaterial) von Bedeutung. Der Einsatz unterschiedlicher Faserwerkstoffe geht dabei mit unterschiedlichem Bruchverhalten, welches in Abb. 7.58 anhand der für die Industrie wichtigsten Textilfasern veranschaulicht wird, einher.

Glas- und Kohlenstofffasern weisen unter Zug-, Scher- oder Biegebelastung ein sprödes Bruchverhalten auf, wobei die Bruchfläche der Kohlenstofffaser eine etwas rauere Ausbildung vorweist. Die wesentlich zähere Aramidfaser neigt hingegen beim Aufbringen von Belastungen zum Ausweichen der Werkzeugschneide, was bei der Bearbeitung zu einer ausgefransten Schnittfläche führen kann. Derart zähe Fasern lassen sich nur unter Vorspannung befriedigend trennen. Folglich entscheidet bereits die Wahl der Faserart über die Zerspanbarkeit des Gesamtverbundes. Matrixwerkstoffe, mit einer im Vergleich zur Verstärkungsstruktur signifikant niedrigeren Temperaturbeständigkeit, beschränken hingegen maßgeblich die anwendbare Zerspanrate, beeinflussen aber auch die Spanbildung.

Besonders bei faserverstärkten Duroplastwerkstoffen findet während der Zerspanung lediglich eine geringfügige plastische Deformation statt. Dadurch entstehen eher Faser-Matrix-Bruchstücke und Stäube als kontinuierliche Späne. Der Spanbildungsmechanismus (Versagensmechanismus) und damit einhergehend auch die Höhe der auftretenden Zerspankräfte und die Ausbildung der Oberflächenqualität hängen dabei im starken Maße

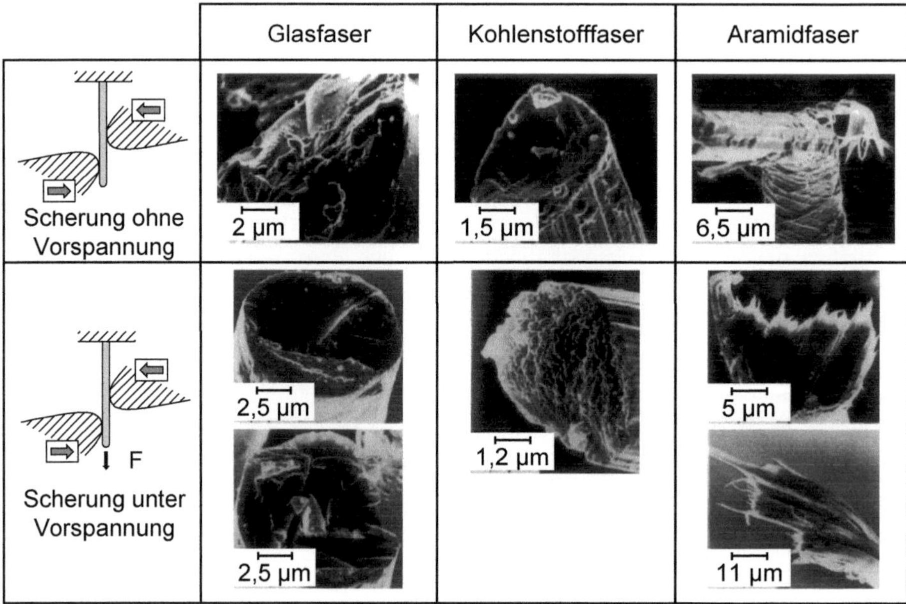

Abb. 7.58 Bruchverhalten der unterschiedlichen Fasertypen

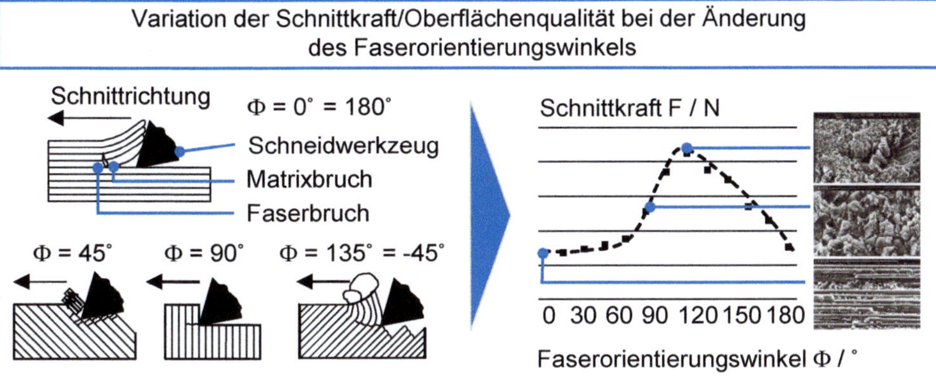

Abb. 7.59 Orthogonalschnitt einer Verbundstruktur bei unterschiedlichen Faserorientierungswinkeln

von der Faserorientierung ab [Capr12]. Der Faserorientierungswinkel Φ wird hierbei vom Vorschubvektor und der vorliegenden Faserorientierung gebildet. Abb. 7.59 verdeutlicht diesen Zusammenhang anhand des Orthogonalschnitts eines unidirektional faserverstärkten Faserverbundwerkstoffs.

Für den Einsatz rotierender Werkzeuge liegt demnach eine permanente Änderung der Werkzeugschneidenposition relativ zur Faserorientierung vor, sodass stark alternierende Zerspankräfte während der Bearbeitung von Faserverbundwerkstoffen entstehen. Die daraus resultierende hohe Prozessdynamik, welche im Vergleich zur Metallzerspanung deutlich stärker ausgeprägt ist, führt in der Regel zu Werkstückvibrationen. Die erreichbare Oberflächenqualität als auch die Konturgenauigkeit dünnwandiger Komponenten ist dadurch limitiert. Gleichzeitig wird das Zerspanwerkzeug einer zusätzlichen Wechselbelastung ausgesetzt wodurch die Gefahr für Schneidkantenausbrüche enorm ansteigt.

Die Haupteinflussgröße für die Lebensdauer von Zerspanwerkzeugen ist die hoch abrasive Wirkung der Verstärkungsfasern. Faserbruchstücke und Staubpartikel, die während der Spanbildung entstehen, wirken als Reibpartner zwischen der Werkzeugschneide und dem Werkstückmaterial. Ein schnell voranschreitender Abrasivverschleiß verrundet die Schneidkante. Der gewünschte Faserscherprozess, welcher beim Einsatz scharfkantiger Werkzeuge zu einwandfreien Bauteiloberflächen führt, geht dabei zunehmend in einen Quetschprozess über (Abb. 7.60).

Höhere Zerspankräfte in Verbindung mit steigenden Zerspantemperaturen, sind die Folge. Bedingt durch die schlechte Wärmeleitfähigkeit faserverstärkter Polymerwerkstoffe wird die während der Zerspanung generierte Prozesswärme zum Großteil über das Zerspanwerkzeug abgeführt [Davi10]. Die Wärmeleitung über das Werkstück bzw. die Späne ist nur bedingt vorhanden. Die konzentrierte thermische Belastung innerhalb der Zerspanzone kann dabei die Matrixfestigkeit durch Anschmelzungen oder gar Verbrennungen schwächen. Darüber hinaus können sich Schmelzanteile der Matrix auf der Oberfläche der Werkzeugschneiden festsetzen, sodass die geometrische Abweichung von der optimalen

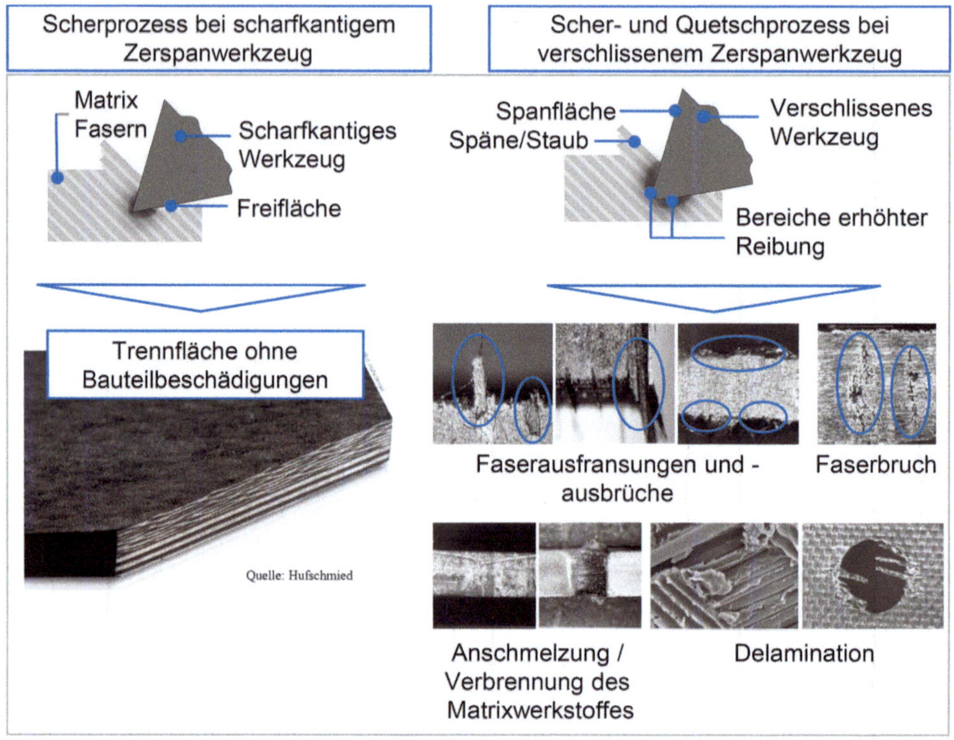

Abb. 7.60 Einfluss der Schneidkantenverrundung auf das Bearbeitungsergebnis

Schneidkeilform zu veränderten Zerspanbedingungen und damit stark beschleunigtem Verschleißfortschritt führt. Höhere Zerspantemperaturen führen gleichzeitig zu thermisch bedingten Eigenspannungen im Werkstück, da Faser- und Matrixbestandteile meist über sehr unterschiedliche Wärmeausdehnungen verfügen.

Mit steigendem Schneidkantenradius nimmt der Anteil der Werkstückstruktur, welche unter den Schneidkeil gedrückt wird und bei Entlastung wieder auffedert, zu. Hierdurch entstehen geometrische Abweichungen und erhöhte Reibung auf der Freifläche des Werkzeugs.

Verrundete Werkzeuge führen demnach zu einem übermäßig starken Risiko für die Überschreitung der Matrixfestigkeit und damit einer erhöhten Gefahr für prozessinduzierte Bauteilschädigungen. Schädigungen in Form von Delaminationen, Faserausfransungen und – überständen, aber auch Matrixverbrennungen, sind typische Erscheinungen, die beim Einsatz stark verschlissener Werkzeuge beobachtet werden [Shei09].

Weiterhin ist die Bearbeitung faserverstärkter Kunststoffe durch die Entstehung sehr feiner Partikel, bestehend aus Bruchstücken des Grundmaterials sowie Fasern, charakterisiert. Dabei werden auch lungengängige Staubpartikel (Partikelgröße < 10 μm) erzeugt, welche eine Gesundheitsbeeinträchtigung des Maschinenbedieners hervorrufen können.

Im Bearbeitungsraum festgesetzte Feinstäube begünstigen den Abrasivverschleiß bewegter Maschinenkomponenten, wodurch die Lebensdauer bzw. die Dauer der erforderlichen Serviceintervalle von Werkzeugmaschinen herabgesetzt wird. Zudem können Kurzschlüsse, welche durch elektrisch leitfähige Kohlenstofffaserstäube auf elektronischen Schnittstellenelementen verursacht werden, zu einer Schädigung sensibler elektrischer Anlagen führen. Leistungsfähige Absaugungen, Filterung der Partikel und eine Maschinenraumkapselung sind für die sichere Zerspanung faserverstärkter Verbundwerkstoffe zwingend erforderlich.

Werkzeugseitige Einflussgrößen, wie Schneidwerkstoff, Beschichtungssystem und Werkzeuggeometrie, sowie Prozessparameter (Schnittgeschwindigkeit, Vorschubgeschwindigkeit, radiale und axiale Werkzeugzustellung) müssen für einen optimalen Prozess auf die jeweilige Zerspanaufgabe ausgelegt werden. Im Hinblick auf die Realisierung günstiger, d. h. beschädigungsarmer Faserschnitt- bzw. Faserorientierungswinkelkonfigurationen rückt auch die Implementierung geeigneter Werkzeugführungsstrategien in den Vordergrund. Neuartige Einspannkonzepte als Maßnahme zur Dämpfung der hohen Prozessdynamik sind ebenfalls Bestandteil einer vollständigen Prozessauslegung. Nachfolgend sollen ausgewählte Aspekte anhand der aktuell praktizierten Fräs- und Bohrbearbeitung aufgezeigt werden.

7.7.2.2 Fräsbearbeitung faserverstärkter Verbundwerkstoffe

Die heterogene Schichtstruktur faserverstärkter Verbundwerkstoffe stellt ganz besondere Anforderungen an die optimale Gestaltung von Zerspanwerkzeugen.

Ausgehend von der stark abrasiven Wirkung der Verstärkungsfasern in Kombination mit der bereits beschriebenen hohen Prozessdynamik sollte der ausgewählte Schneidstoff primär über eine hohe Abrasionsbeständigkeit (Härte) verfügen. Gleichzeitig wird eine ausreichend hohe Zähigkeit vorausgesetzt, um der oszillierenden Werkzeugbelastung ohne Schneidkantenausbrüche zu widerstehen. Darüber hinaus wirkt sich eine hohe Wärmeleitfähigkeit des Werkzeugmaterials in positiver Weise auf das Bearbeitungsergebnis sowie die Werkzeuglebensdauer aus.

Einem derartigen Anforderungsprofil genügen feinkörnige Hartmetallwerkzeuge in Verbindung mit hochharten Diamantbeschichtungen und deutlich teurere polykristalline oder Dickschicht-Diamantwerkzeuge.

Werkzeuge aus Diamant weisen aufgrund ihrer Härte die höchste Abrasionsfestigkeit aller Schneidstoffe auf und eignen sich deshalb besonders gut für die Faserverbundzerspanung. Der Auftrag von Beschichtungen ist bei Diamantwerkzeugen nicht erforderlich, sodass extrem scharfkantige Schneiden hergestellt werden können. Dies resultiert in einer hohen Oberflächenqualität bei gleichzeitig guter Konturgenauigkeit.

Aufgrund der hohen Werkzeugkosten, welche mit zunehmender Geometriekomplexität (z. B. bei gedrallten Werkzeugen) unverhältnismäßig stark ansteigen (Abb. 7.61), ist der Einsatz dieser Werkzeugmaterialien jedoch eingeschränkt. Lediglich für Bearbeitungsoperationen bei denen der hohe Anschaffungspreis zu Gunsten besserer Bearbeitungsqualitäten in Kauf genommen werden kann, kommen Diamantwerkzeuge in Frage.

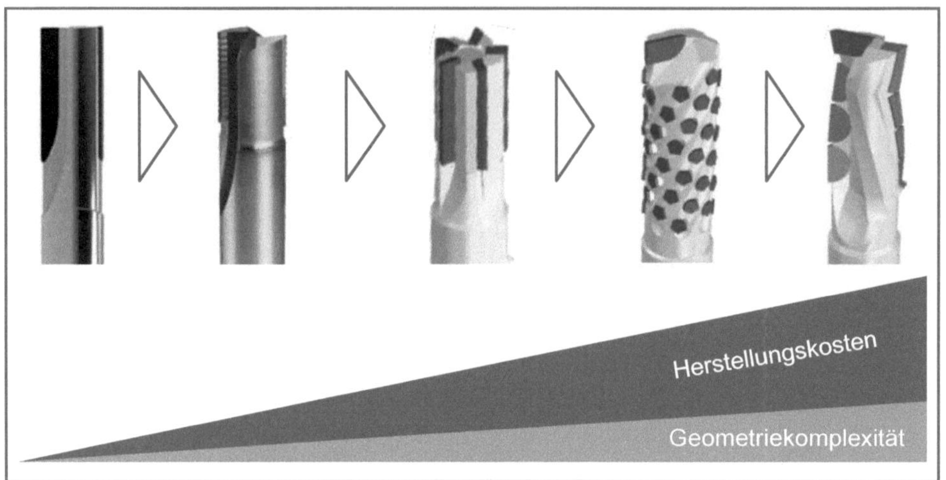

Abb. 7.61 Anstieg der Herstellungskosten durch steigende Geometriekomplexität von Diamantwerkzeugen

Signifikant geringere Herstellungskosten sowie die Möglichkeit zur Herstellung beliebig komplexer Werkzeuggeometrien bieten hingegen Hartmetallwerkzeuge. Aufgrund der im Vergleich zu Diamantschneiden deutlich reduzierten Abrasionsfestigkeit, wird die Leistungsfähigkeit von Hartmetallen meist über Diamantbeschichtungen gesteigert. Zur Beibehaltung der Schneidenschärfe müssen diese Beschichtungen äußerst dünn abgeschieden werden. Nano-kristalline Diamantschichten, welche zudem über sehr glatte, reibungsminimierende Oberflächen verfügen, haben sich für den Einsatz im Bereich der Faserverbundzerspanung besonders bewährt.

Im Hinblick auf die Geometrie von Zerspanwerkzeugen ist eine möglichst scharfkantige Schneide mit geringer Schartigkeit zu bevorzugen. Spanwinkel im Bereich von 0° bis 10° werden hierfür empfohlen. Größere Werte verbessern zwar die erzielbare Oberflächenqualität, reduzieren jedoch gleichzeitig die Lebensdauer der Werkzeuge aufgrund der fehlenden Schneidkeilstabilität. Der Freiwinkel sollte im Bereich von 10° bis 20° liegen. Über das Einbringen eines Sekundärfreiwinkels, als Maßnahme zur Minimierung der Kontaktfläche zwischen der elastisch zurückfedernden Werkstückstruktur und der Werkzeugfreifläche, kann insbesondere die thermische und mechanische Beanspruchung der Werkzeugschneide reduziert werden.

Die Geometrieflexibilität bei der Herstellung von Hartmetallwerkzeugen hat in der Vergangenheit zur Entwicklung unterschiedlichster Werkzeugformen geführt (Abb. 7.62).

Router-Werkzeuge gehören hierbei zu den Standard-Ausführungen. Sie sind gekennzeichnet durch sich auf dem Werkzeugschaft kreuzende Nutgeometrien, wodurch pyramidenförmige Schneidelemente entstehen. Während der Zerspanung befinden sich immer mehrere Schneiden im Eingriff, sodass die Verstärkungsfasern gleichzeitig gezogen und geschert werden.

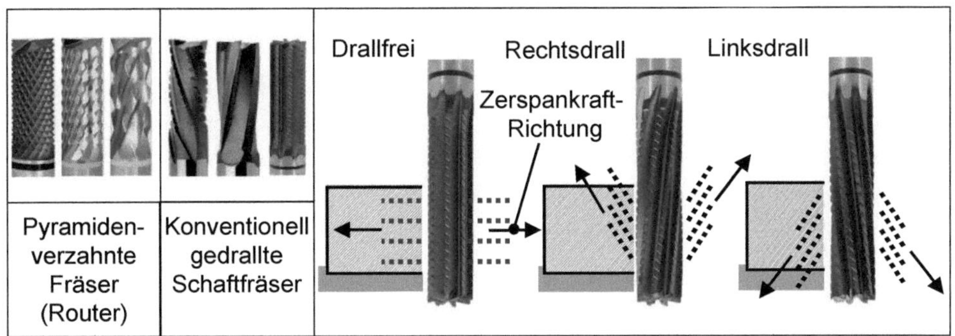

Abb. 7.62 Typische Hartmetallwerkzeuge für die Faserverbundzerspanung

Die Vorspannung der Fasern ermöglicht hierbei einen definierten Faserschnitt. Über die Einstellung der Verzahnungsfeinheit (Abstand der sich kreuzenden Nuten) kann diese Werkzeugvariante entsprechend an das vorliegende Werkstückmaterial angepasst werden.

Je feiner die Verzahnung, desto bessere Bauteiloberflächen werden erzeugt. Aufgrund der Reduzierung der Spanraumgröße verschlechtert sich jedoch der Abtransport der Abtragprodukte. Die Anwendung höherer Prozessparameter kann daher zum Zusetzen und damit einem totalen Versagen der Werkzeuge führen.

Router-Werkzeuge eignen sich besonders gut für Schruppoperationen bei Anwendung einer geringen bis mittleren Vorschubgeschwindigkeit.

Für höhere Schnittparameter eignen sich Schaftfräser. Diese sollten in Abhängigkeit von der zu bearbeitenden Werkstückstruktur unterschiedlichen Drall aufweisen (Abb. 7.62). Profilierte Schneiden, in die gezielt Spanbrecherstrukturen eingebracht werden, ermöglichen hierbei besonders wirtschaftliche Prozesse. Verantwortlich hierfür ist der verbesserte Späneabtransport, der durch die Zerkleinerung der Abtragprodukte erzielt wird. Hingegen kommen glatte Schneiden immer dann zum Einsatz wenn besonders hochwertige Bauteiloberflächen gefordert sind.

Die Ausführung des Dralls ist neben dem Schneidkantenradius eine der wichtigsten Einflussgrößen im Bereich der Faserverbundzerspanung. Gedrallte Werkzeuge zeichnen sich generell durch einen sanfteren Schneideneingriff und damit verbunden durch eine gleichmäßigere Werkzeugbelastung aus. Dadurch ist die ins Werkstück eingebrachte Prozessdynamik speziell im Bereich hoher Schnittgeschwindigkeiten deutlich geringer als bei drallfreien Werkzeugen. Nachteilig ist dagegen die Entstehung von Axialkräften, welche bei Wirkung auf ungestützte Deckschichten des Laminats zu einer Überschreitung der Matrixfestigkeit führen und die häufigste prozessinduzierte Bauteilschädigung in Form von Delaminationen verursachen können.

Rechtsgedrallte Werkzeuge erzeugen eine zum Spannfutter gerichtete Axialkraft, wodurch ein effizienter Späneabtransport ermöglicht wird. Aus diesem Grund sollte speziell die Bearbeitung größerer Laminatquerschnitte, bei der große Spanvolumen anfallen, mit rechtsgedrallten Werkzeugen durchgeführt werden.

Beim Einsatz linksgedrallter Werkzeuge ist die erzeugte Axialkraft dagegen zum Einspannsystem gerichtet, wodurch das Werkstück auf die Auflageoberfläche gedrückt wird. Die delaminationsgefährdete untere Deckschicht des Laminats ist in diesem Fall von der Einspannvorrichtung gestützt. Nachteilig wirkt sich hier jedoch der erschwerte Späneabtransport aus, sodass gerade bei dickeren Verbund-Bauteilen die thermische Werkzeugbelastung signifikant ansteigt. Aus diesem Grund eignen sich linksgedrallte Werkzeuge eher für die Bearbeitung dünnwandiger Strukturen, welche leicht zu Schwingungen neigen.

Axialkraftfreie und damit delamninationsminimierende Werkzeuge ohne Drall stellen eine weitere Lösungsmöglichkeit für Bearbeitungsoperationen von Faserverbundwerkstoffen dar. Jedoch muss in diesem Fall eine deutlich höhere, durch den schroffen Eingriff der Schneiden begründete Prozessdynamik, in Kauf genommen werden.

Neben den aufgezeigten Standardgeometrien, welche in ähnlicher Form bereits aus der Metallzerspanung bekannt sind, existieren im Bereich der Faserverbundbearbeitung spezielle Werkzeugkonzepte. Gegenläufig (veränderlicher Drallwinkel mit Wechsel der Drallrichtung entlang der Werkzeugschneide) und gegensinnig (zwei Bereiche mit gleichbleibendem aber entgegen gerichteten Drallwinkeln) gedrallte Werkzeuggeometrien, sind Beispiele für derartige Spezialkonstruktionen (Abb. 7.63). Trotz der Integration des für die Prozessstabilität förderlichen Dralls, wird das Werkstück bei richtiger Positionierung zusammengedrückt. Die erzeugten Axialkräfte sind dabei in jeder Bearbeitungsposition zur Werkstückmitte gerichtet, sodass die Gefahr insbesondere für das Auftreten von Deckschichtdelaminationen signifikant reduziert werden kann. Herausfordernd ist hierbei jedoch der zuverlässige Abtransport der anfallenden Späne, welcher über eine entsprechende Ausgestaltung des Übergansbereiches gewährleistet sein muss.

Die Bearbeitung aramidfaser-verstärkter Laminate erfordert dagegen aufgrund der speziellen Faserbruchcharakteristik wechselsinnig gedrallte Werkzeuge. Benachbarte Schneiden verfügen dabei über gegensinnige Drallrichtungen, sodass die Fasern einer dauerhaften Wechselbelastung ausgesetzt sind. Die hierdurch erzwungene Vorspannung der Fasern ermöglicht leichteres Scheren der zähen Aramidfaser.

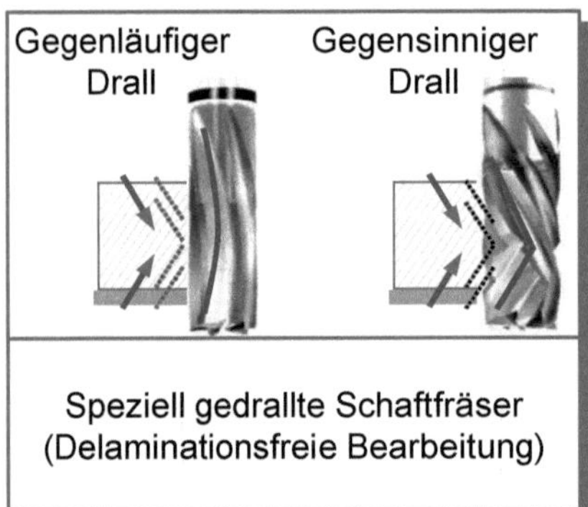

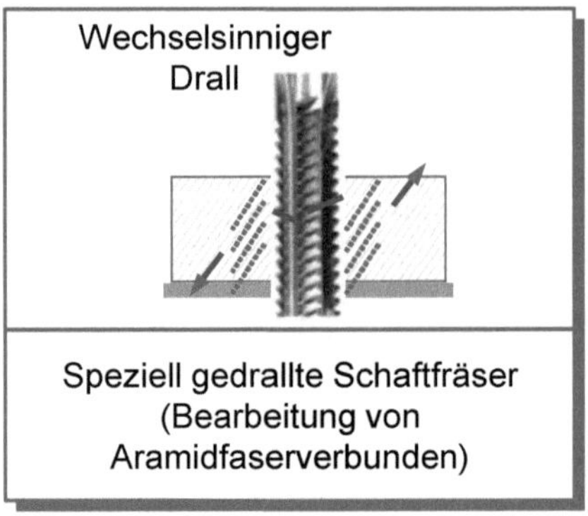

Abb. 7.63 Spezialgeometrien für Faserverbund-Hartmetallwerkzeuge

7.7.2.3 Bohrbearbeitung faserverstärkter Verbundwerkstoffe

Die Verbindung zwischen einzelnen Faserverbundkomponenten sowie zu Bauteilen aus anderen Materialien werden in den meisten Fällen über Bolzen-, Niet- oder Schraubelemente realisiert. Speziell in der Luftfahrtindustrie müssen großflächige Schalenstrukturen über eine Vielzahl an Nietverbindungen gefügt werden. Die Herstellung von Bohrungen stellt daher eine der wichtigsten Nachbearbeitungsoperationen im Bereich der Faserverbundzerspanung dar. Hierbei hat sich die mechanische Bearbeitung mit Bohrwerkzeugen beim Vergleich mit unkonventionellen Verfahren (Wasserstrahl- und Laserstrahlschneiden) als die effektivste Methode erwiesen.

In Anlehnung an die zuvor beschriebenen materialbedingten Herausforderungen bei der Faserverbund-Bearbeitung gilt es bei der Bohrbearbeitung hauptsächlich, Delaminationen und Faserüberstände zu vermeiden, wobei Delaminationserscheinungen am Bohrungsaustritt in diesem Zusammenhang die größte Problematik darstellen [Davi10].

Delaminationen entstehen, sobald die während des Prozesses wirkende Vorschubkraft über dem Niveau der interlaminaren Festigkeit des Schichtverbundes liegt. Deckschichten sind dabei aufgrund der fehlenden Stützwirkung durch benachbarte Schichtstrukturen besonders anfällig.

Die Vorschubkraft kann bei Anwendung konventioneller Spiralbohrer sowohl über die Einstellung des axialen Werkzeugvorschubs als auch die Ausgestaltung der Werkzeuggeometrie beeinflusst werden. Der Werkzeugspitzengeomterie (Spitzenwinkel, Länge der Querschneide) kommt dabei aufgrund der zum Zentrum hin geringer werdenden Relativbewegung besondere Bedeutung zu.

Das Werkstückmaterial unter der Querschneide (Abb. 7.64) wird demnach eher verdrängt als geschnitten, wodurch es zu einer elastischen Durchbiegung der zu bearbeitenden Schichtstruktur kommt. Fehlt die stützende Wirkung der Nachbarstrukturen wie im Falle der Deckschichten kann es zu einer Überschreitung der Matrixfestigkeit und damit zur Ausbildung von Delaminationen kommen. Die größte Herausforderung für die Bohrbearbeitung faserverstärkter Verbundwerkstoffe liegt demnach in einer zuverlässigen Begrenzung der Vorschubkraft.

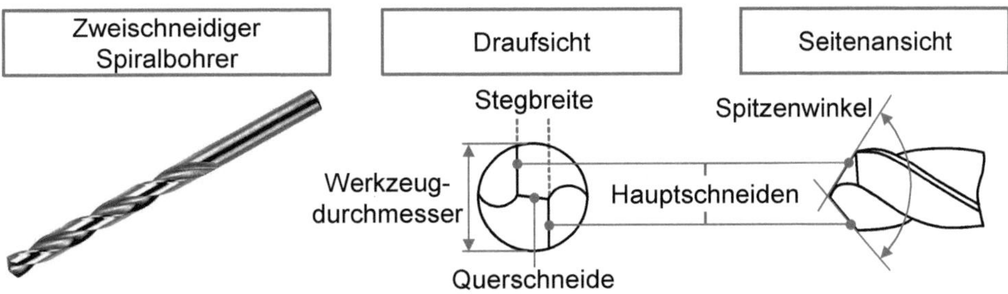

Abb. 7.64 Darstellung der für die Faserverbundzerspanung wichtigsten Geometrieelemente eines Spiralbohrers

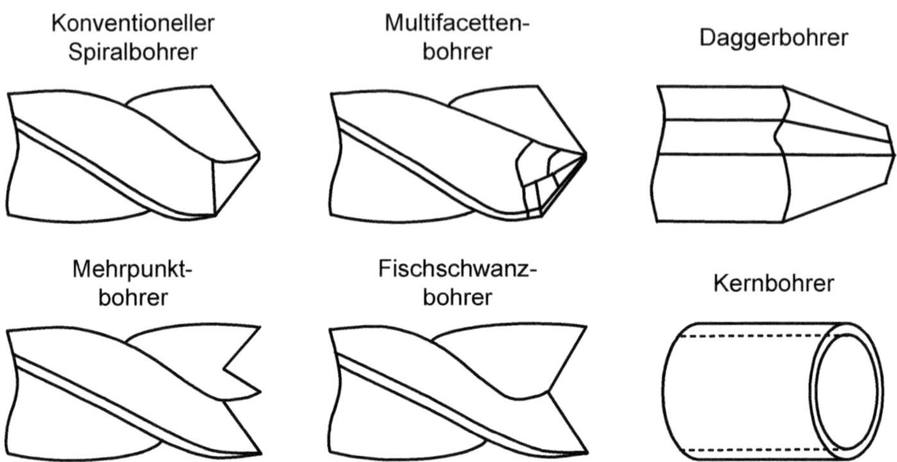

Abb. 7.65 Unterschiedliche Bohrergeometrien für die Bearbeitung von Faserverbundwerkstoffen

Die Bearbeitung mit reduziertem Vorschub ist eine effektive Methode, um die Vorschubkraft zu limitieren. Bedingt durch die hohe Anzahl an benötigten Bohroperationen kann die Lösung jedoch nur in Einzelfällen akzeptiert werden. Eine positionsgebundene Vorschubanpassung mit entsprechend reduziertem Vorschub im Bereich der Decklagenschicht hat sich dagegen in der Praxis bereits bewährt. In Verbindung mit Support-Strukturen, welche bei vorliegender Zugänglichkeit unterhalb der Decklagenschicht befestigt werden, können Delaminationserscheinungen zuverlässig unterbunden werden.

Weiteres Optimierungspotenzial bietet der Einsatz neuartiger Bohrergeometrien. Modifizierte Werkzeugspitzen mit geringen Spitzenwinkeln und Querschneidenlängen bieten sich in diesem Zusammenhang für konventionelle Spiralbohrer an. Darüber hinaus zielen Neuentwicklungen auf die Verteilung der Vorschubkraft auf möglichst viele Stellen am Umfang oder im Zentrum des Werkzeuges (Abb. 7.65). Auf diese Weise kann die Vorschubgeschwindigkeit gesteigert werden, ohne die kritische Vorschubkraft an einzelnen Stellen des Laminats zu übersteigen [Hoch12].

Alternativ kann der Einsatz von Stufenbohrern, bei denen in der Primärstufe zunächst eine kleine Bohrung hergestellt wird, bevor die nachfolgende Sekundärstufe das Aufbohren auf den geforderten Nenndurchmesser übernimmt, das Risiko für Delaminationserscheinungen am Bohrungsaustritt reduzieren. Sogenannte „One-Shot"-Werkzeuge gehören ebenfalls zur Gruppe der Stufenbohrer. Abb. 7.66 zeigt ein Beispiel für die Ausführung eines solchen „One-Shot"-Werkzeuges, bei dem in der ersten Stufe das Vorbohren für die anschließende Reibstufe durchgeführt wird. Im letzten Schritt folgt die Senkbearbeitung der zuvor gefertigten Bohrgeometrie. Das aufgeführte Werkzeug wird in der Praxis für die Bohrbearbeitung von sogenannten CFK-Aluminium-Stacks verwendet.

Stacks sind Schichtverbunde aus Faserverbund- und Metallwerkstoffen, welche gerade in hochbelasteten Strukturbauteilen moderner Flugzeuggenerationen zum Einsatz kommen. Die schichtweise Kombination aus kohlenstofffaserverstärktem Kunststoff,

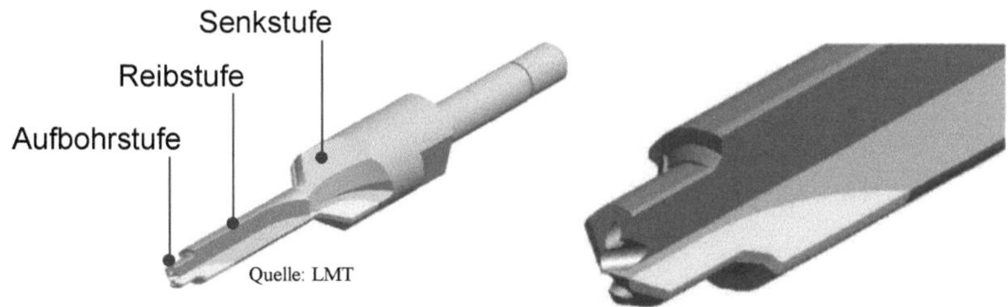

Abb. 7.66 Stufenförmiges „One-Shot"-Werkzeug

Titan und/oder Aluminium muss dabei simultan zerspant werden, wodurch neben der allgemeinen Problematik der Faserverbundzerspanung weitere durch die Integration metallischer Komponenten resultierende Herausforderungen entstehen.

Grundsätzlich entstehen insbesondere bei der Bearbeitung von Titanwerkstoffen deutlich höhere Zerspantemperaturen als bei der reinen Faserverbundbearbeitung. Die heißen Späne führen bei Kontakt mit dem Matrixwerkstoff zu einer thermischen Schädigung bzw. Schwächung der Kunststoffoberfläche. Dadurch können auch im Inneren der Bohrungsgeometrie Delaminationen auftreten. Verbundwerkstoffauswaschungen aufgrund eines mechanischen Abtrags durch die scharfkantigen Späne als auch die Einlagerung von Metallpartikeln in der Kunststoffoberfläche sind weitere Schädigungsformen, welche typisch für Bearbeitungsprozesse von Stacks sind [Satt11].

Spezielle Spanbrechergeometrien als Maßnahme zur Erzeugung von Bröckelspänen und Spanleitstufen, welche einen sicheren Späneabtransport gewährleisten, haben bereits gute Ergebnisse in der Industrie erzielt.

8 Finite Elemente Methode (FEM)

F. Klocke, *Fertigungsverfahren 1*, VDI-Buch,
https://doi.org/10.1007/978-3-662-54207-1_8

Die numerische Modellierung spanender Bearbeitungsprozesse mit der Methode der finiten Elemente (FEM) wird seit einigen Jahren angewendet und hat bereits zu ersten vielversprechenden Ergebnissen in der Modellierung der Zerspanprozesse geführt. Die Verwendung numerischer Modelle zur Simulation des Zerspanprozesses ermöglicht neben der gleichzeitigen Berücksichtigung von plasto-mechanischen und thermischen Vorgängen die Abbildung komplex geformter Werkzeuge auf den Zerspanprozess. Neben der FEM können wahlweise analytische und empirische Prozessmodelle herangezogen werden, welche die schnelle Abbildung des Prozesses zum Vorteil haben. Empirische Modelle sind in ihrer Anwendbarkeit begrenzt: Sie werden in der Regel nur für die Gültigkeit eines limitierten Prozessraums kalibriert. Analytische Modelle eignen sich aufgrund der vereinfachten Modellvorstellung nur bedingt zur Beschreibung von komplexen Prozessvorgängen, wie es beispielsweise die FEM erlaubt. Bei der FEM handelt es sich um ein numerisches Verfahren zur näherungsweisen Lösung von kontinuierlichen Feldproblemen. Ursprünglich wurde sie zur Lösung von Spannungsproblemen in der Strukturmechanik entwickelt, ist aber sehr bald auf das große Anwendungsgebiet der Kontinuumsmechanik ausgedehnt worden [Bett03].

8.1 Grundlegende Konzepte der FEM

Für den Anwender ist es hilfreich, die grundlegenden Konzepte der FEM zu kennen, um Fehler zu vermeiden und die Ergebnisse der Berechnung zu bewerten. Der Anwender sollte sich der durch die Software getroffenen Annahmen und ihrer möglichen Auswirkungen auf das Berechnungsergebnis bewusst sein. Die Betrachtung eines Prozesses mittels der FEM wird auch als Finite Elemente Analyse (FEA) bezeichnet. Die nachfolgend genannten Schritte finden in jeder FEA statt [Hueb82, Zien00, Redd93, Roll93]:

1. Diskretisierung des Kontinuums,
2. Auswahl von Interpolationsfunktionen,
3. Bestimmung der Elementeigenschaften,
4. Zusammensetzen der Elementgleichungen und
5. Lösung der Gleichungssystem.

Während der Diskretisierung des Kontinuums wird die Lösungsdomäne, z. B. das Werkstück, in endlich viele Subdomänen – die finiten Elemente – unterteilt. Dabei werden Typ, Anzahl, Größe und Verteilung der Elemente festgelegt. Kontinuumselemente ermöglichen es, alle Normal- und Schubspannungen zu erfassen. Die vollständige Definition eines Elementtyps beinhaltet Elementform, Anzahl der Knoten, die Art der Knotenvariablen und die Interpolationsfunktionen. Abb. 8.1 zeigt beispielhaft einige Elementtypen, die zur Diskretisierung eingesetzt werden.

Die Auswahl von Interpolationsfunktionen, die oft auch als Shape-, Form- oder Ansatzfunktionen bezeichnet werden, findet in der Praxis gleichzeitig mit der Auswahl des Elementtyps statt. Die Interpolationsfunktionen dienen dazu, den Verlauf der Zustandsgrößen

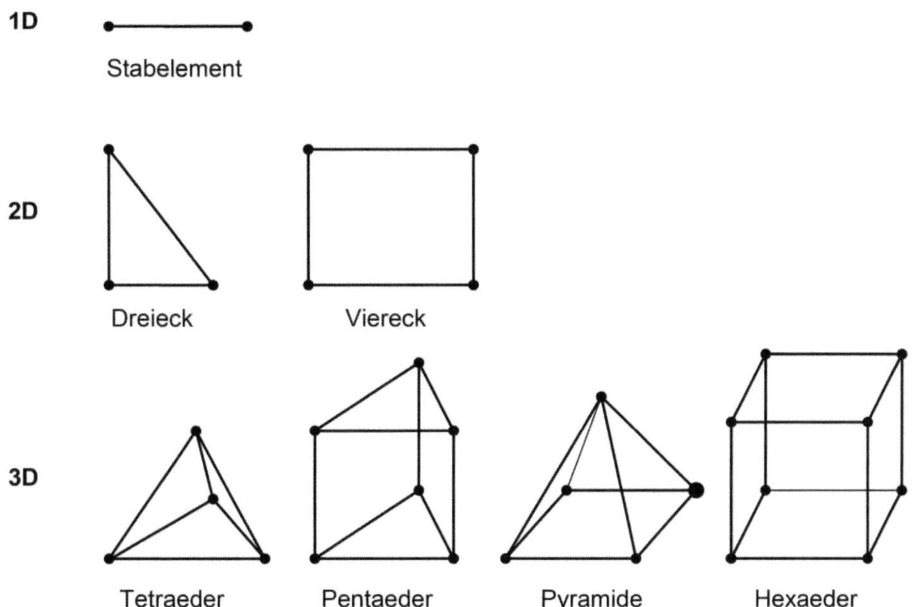

Abb. 8.1 Elementtypen zur Diskretisierung von Kontinuumsproblemen, nach STEINBUCH [Stei98]

innerhalb eines Elementes anzunähern. Als Stützstellen für die Interpolation dienen die Elementknoten. Bei sogenannten linearen Elementen sind dies die Eckpunkte eines Elementes. Elemente höherer Ordnung verfügen über eine festgelegte Anzahl zusätzlicher Knoten auf den Elementkanten, bzw. im Innern der Elemente und liefern aufgrund ihrer höheren Knotenzahl eine genauere Lösung. Wegen ihrer Differenzierbarkeit bzw. Integrierbarkeit finden als Interpolationsfunktionen häufig Polynome Verwendung. Die Ordnung der Polynome hängt dabei von der Anzahl der Elementknoten, der Anzahl der Unbekannten eines jeden Knotens sowie den Kontinuitätsbedingungen an den Knoten ab. Da die Interpolationsfunktionen das Verhalten der Zustandsgröße im Elementinnern repräsentieren, stellen die Werte der Zustandsgröße an den Knoten die Unbekannten des diskretisierten Problems dar.

Nach der Auswahl der Elementtypen und der zugehörigen Interpolationsfunktionen werden die Elementgleichungen (Elementmatrizen) bestimmt. Diese Gleichungen beschreiben die Zusammenhänge zwischen den primären Unbekannten (z. B. Geschwindigkeit, Verschiebung, Temperatur) und den sekundären Unbekannten (z. B. Spannungen). Zur Bestimmung der Unbekannten kommen mehrere Ansätze in Frage. Ein Ansatz ist beispielsweise die Nutzung des Prinzips der virtuellen Arbeit (Energie).

Einer der grundsätzlichen Unterschiede zwischen der FEM und anderen numerischen Näherungsmethoden besteht darin, dass die Lösung zunächst für jedes einzelne Element formuliert wird. Um die Eigenschaften des aus den Elementen gebildeten Gesamtsystems anzunähern, werden die Elementmatrizen zur globalen Matrix des Problems zusammengesetzt (assembliert). Weiterhin werden die Randbedingungen (Einspannungen, äußere

Kräfte, etc.) definiert. Das Zusammensetzen der Elementgleichungen führt zu den Systemgleichungen, die mit Hilfe geeigneter Verfahren gelöst werden können. Die zur Integration der Elementmatrizen verwendeten numerischen Integrationsverfahren erfordern die Auswertung der Integrale an bestimmten Punkten innerhalb eines Elementes, den sogenannten Integrationspunkten. Dabei kann die Anzahl der erforderlichen Integrationspunkte bei gleichbleibender Genauigkeit durch gezielte Wahl ihrer Position reduziert werden. Ein überaus gebräuchliches Verfahren zur numerischen Integration in der FEM ist die Gauß-Quadratur. Die Positionen der Integrationspunkte innerhalb eines Elementes sind genau festgelegt und repräsentieren die Positionen, an denen Spannungen und Dehnungen berechnet werden [Koba89, Roll93, Zien00].

8.2 LAGRANGEsche und EULERsche Betrachtung des Kontinuums

Die Diskretisierung des Kontinuums kann aus verschiedenen Betrachtungsweisen heraus erfolgen, wobei der LAGRANGEsche und der EULERsche Ansatz zu den in der FEM Gebräuchlichsten gehören [Bath96].

Bei dem LAGRANGEschen Ansatz bewegen sich die Knoten eines Elementes mit dem Werkstoff. Ein auf einem Knoten reisender Beobachter würde die Veränderung der Zustandsgrößen eines bestimmten Partikels über den gesamten Umformprozess beobachten. Ein Nachteil des LAGRANGEschen Ansatzes ist die mit großen plastischen Deformationen einhergehende Verzerrung des Netzes, die unter Umständen eine Neuvernetzung (Remeshing) erfordert. Die danach erforderliche Interpolation der Zustandsgrößen vom verzerrten auf das neu erzeugte Netz führt je nach Anzahl der Neuvernetzungszyklen zu einer unerwünschten, mehr oder weniger stark ausgeprägten, Glättung der Zustandsgrößen.

Der EULERsche Ansatz geht von der Bewegung des Kontinuums durch ein ortsfestes Netz aus. Ein Beobachter auf einem Knoten eines solchen Netzes würde die Zustände aller Partikel beobachten, die seinen raumfesten Beobachtungspunkt passieren. Dieser Ansatz ist besonders für die Untersuchung stationärer Prozesse geeignet und wird häufig in der Strömungssimulation eingesetzt. Eine zunehmende Verbreitung findet der sogenannte ALE („Arbitrary Lagrangian EULERian") Ansatz, der eine Kombination der beiden vorgenannten Ansätze darstellt und dem Netz eine vom Werkstoff unabhängige Bewegung erlaubt, solange dabei die Gestalt der betrachteten Domäne erhalten bleibt [Koba89, Wu03].

8.3 Explizite und implizite Lösungsverfahren

Viele FE-Programme, die für die Berechnung von großen plastischen Verformungen eingesetzt werden, verwenden sogenannte implizite Verfahren. Für hochdynamische Anwendungen, wie z. B. die Crash-Simulation, hingegen ist die explizite Zeitintegration bei FE-Programmen weit verbreitet.

Explizite Verfahren betrachten den untersuchten Prozess als ein in Zeitschritte unterteiltes dynamisches Problem. Die gesuchten Größen zum Zeitpunkt $t+\Delta t$ werden allein aus zum Zeitpunkt t verfügbaren Werten bestimmt. Dies geschieht meist mittels des Differenzen-Schemas. Dieses Verfahren ist jedoch nur stabil, wenn der Zeitschritt Δt kleiner ist als die Zeit, die eine elastische Welle benötigt, um eine der kürzesten Elementkante entsprechende Strecke zurückzulegen. Damit wird die mögliche Zeitschrittweite abhängig von der im Werkstoff vorliegenden Schallgeschwindigkeit c. Für Festkörper gilt:

$$c = \sqrt{\frac{E}{\rho}} \qquad \text{Gl. 8.1}$$

Die maximal mögliche Zeitschrittweite hängt also von der Dichte ρ und dem Elastizitätsmodul E des Werkstoffs ab. Da die Zeitschrittweite im Bereich von Mikrosekunden liegen kann, ist unter Umständen eine sehr hohe Anzahl von Rechenschritten erforderlich. Durch sogenanntes „Mass-Scaling", d. h. künstliches Erhöhen der Werkstoffdichte oder durch künstliche Verkürzung der Prozesszeit wird versucht, die mögliche Zeitschrittweite zu vergrößern. Die durch solche Eingriffe bewirkten Masseneffekte müssen durch geeignete Maßnahmen kompensiert werden [Roll93, Chun98].

Bei Verwendung impliziter Verfahren ist diese Begrenzung nicht gegeben. Implizite Solver suchen die Lösung für jeden Zeitpunkt $t+\Delta t$ unter Berücksichtigung der Werte der gesuchten Größen sowohl zum Zeitpunkt t, als auch zum Zeitpunkt $t+\Delta t$ [Hueb82]. Die Lösung eines solchen nicht-linearen Gleichungssystems erfordert spezielle Iterationsverfahren (z. B. Newton-Raphson) [Roll93, Zien00]. Dem Vorteil der bis um den Faktor 1000 größeren Zeitschrittweite im Vergleich zum expliziten Verfahren steht also die für die iterative Gleichungslösung benötigte Rechenzeit gegenüber.

8.4 Thermo-mechanisch gekoppelte FEA

In Zerspanprozessen wird Wärme sowohl aus der inelastischen Verformungsarbeit als auch durch Reibungsarbeit an Span- und Freifläche generiert. Zur Berücksichtigung thermischer Vorgänge müssen die mechanische und die thermische Berechnung miteinander gekoppelt werden. Im Fall der simultanen Kopplung erfolgt dies durch Aufstellen eines vollständig gekoppelten Gleichungssystems. Die nicht simultane Kopplung geht von einer rein mechanischen Formulierung aus, bei der die Temperatur lediglich zur Ermittlung der temperaturabhängigen Werkstoffkennwerte (z. B. der Fließkurve) dient. Die mechanische Rechnung ermittelt Reibungswärme, Wärme aus der plastischen Deformation und dem Wärmeaustausch mit anderen Objekten oder der Umgebung. Diese Daten dienen der thermischen Berechnung als Eingangsgrößen. Die Kopplung kann bei jeder Iteration (iterative Kopplung), oder bei jedem Zeitinkrement (inkrementelle Kopplung) erfolgen [Kopp99].

8.5 Nichtlinearitäten

Unter einer linearen Analyse versteht man die Analyse eines Problems, das einen linearen Zusammenhang zwischen den aufgebrachten Lasten und der Antwort des Systems aufweist. Die lineare Analyse stellt eine Vereinfachung dar, da jedes reale, physikalische System nichtlinear ist. Diese Nichtlinearitäten können jedoch in vielen Fällen vernachlässigt werden. Spricht man von nichtlinearen Problemen in der FEM, so müssen Nichtlinearitäten berücksichtigt werden.

Grundsätzlich unterscheidet man zwischen drei verschiedenen Arten von Nichtlinearitäten:

- Materielle Nichtlinearitäten,
- geometrische Nichtlinearitäten und
- Nichtlinearitäten in den Randbedingungen.

Materielle Nichtlinearitäten resultieren z. B. aus einem nichtlinearen Zusammenhang zwischen Spannung und Verschiebung, wie er bei metallischen Werkstoffen nach Verlassen des HOOKEschen Bereichs auftritt. Weitere Ursachen für materielle Nichtlinearitäten sind ein von der Umformgeschwindigkeit und/oder der Temperatur abhängiges Werkstoffverhalten, sowie Werkstoffversagen. Geometrische Nichtlinearitäten werden durch eine Veränderung der Geometrie während der Berechnung verursacht. Sobald die auftretenden Verschiebungen groß sind und dadurch das Verhalten des Systems beeinflussen, liegt eine Nichtlinearität vor. Nichtlinearitäten in den Randbedingungen entstehen z. B. durch die Veränderung der äußeren Lasten bzw. durch den Neukontakt, oder Kontaktverlust zwischen zwei Objekten (z. B. Werkzeug – Werkstück). Im Rahmen einer typischen Zerspanungssimulation treten in der Regel alle drei Arten von Nichtlinearitäten auf.

8.6 Werkstoffmodelle

8.6.1 Stoffgesetze für homogene Werkstoffmikrostruktur

Für homogene Werkstoffe lassen sich die in der FEM eingesetzten Stoffgesetze in zwei Hauptgruppen unterteilen: Solche, die die elastischen Werkstoffeigenschaften berücksichtigen, indem sie den Werkstoff zunächst elastisch, und bei weiterer Deformation plastisch berücksichtigen, und solche, die den Werkstoff als starr betrachten bis die plastische Grenze erreicht wird, siehe Abb. 8.2. Die Verwendung eines starr-plastischen Stoffgesetzes beschleunigt die Berechnung und liefert für viele Anwendungen, in denen der Anteil der plastischen Formänderung bedeutend größer ist als der elastische Anteil zufriedenstellende Simulationsergebnisse [Roll93]. Elastisch-plastische Werkstoffmodelle sind dort von Bedeutung, wo elastische Effekte, wie z. B. die Berechnung von Eigenspannungen, nicht vernachlässigbar sind.

Stoffgesetze für die Simulation von spanabhebenden Bearbeitungsverfahren müssen den besonderen Anforderungen der Zerspanung genügen. Hierzu gehört die Beschreibung der Fließspannung des Werkstoffes σ in Abhängigkeit von der Verformung ε, der Verformungsrate $\dot{\varepsilon}$ und der Temperatur T, vgl. Abb. 8.3 [Elma05].

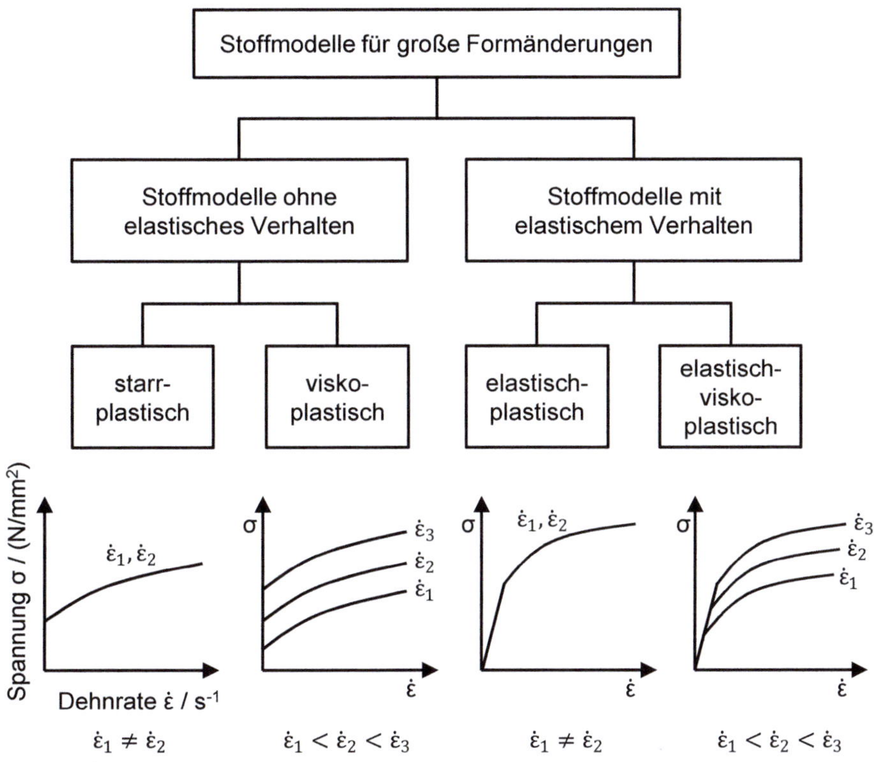

Abb. 8.2 Einteilung der Stoffmodelle für große plastische Formänderungen, nach ROLL [Roll93]

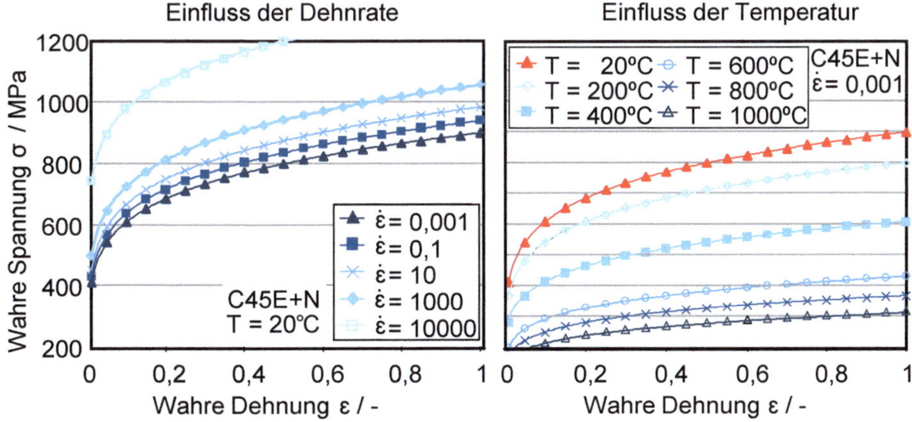

Abb. 8.3 Fließkurven für unterschiedliche Dehnraten und Temperaturen

Tab. 8.1 Vergleich von Verformung, Verformungsrate und Temperatur für unterschiedliche Fertigungsprozesse, nach JASPERS [Jasp99]

Fertigungsverfahren	Verformung	Verformungsrate/s^{-1}	$T_{homolog}$
Fließpressen	2 – 5	10^{-1} – 10^{-2}	0,16 – 0,7
Schmieden/Walzen	0,1 – 0,5	10 – 10^{3}	0,16 – 0,7
Blechumformen	0,1 – 0,5	10 – 10^{2}	0,16 – 0,7
Zerspanen	1 – 5	10^{3} – 10^{6}	0,16 – 0,9

$T_{homolog} = T/T_{schmelz}$

Aus Tab. 8.1 geht hervor wie extrem die Bedingungen in der Zerspanung im Vergleich zu anderen Fertigungsverfahren sind. Hohe Verformungen (bis zu $\varepsilon = 5$) und sehr hohe Verformungsraten (bis zu $\dot{\varepsilon} = 10^6$ 1/s) gepaart mit hohen Temperaturen (bis zu $T = 1500$ °C) sind in der Zerspanung üblich.

Hochgeschwindigkeitsfließkurven aus dem Split-HOPKINSON-Bar-Test

Zur Bestimmung der Fließkurven, die unter diesen extremen Bedingungen Gültigkeit besitzen, werden spezielle Prüfverfahren eingesetzt. Hierzu gehört zum Beispiel die Verwendung des Split-HOPKINSON-Bar-Tests. Dieser speziell für die Hochgeschwindigkeitsverformung entwickelte Prüfstand kann Verformungsgeschwindigkeiten bis zu 10^4 1/s erreichen.

Die Versuchsanordnung beim Split-HOPKINSON-Bar-Test, dargestellt in Abb. 8.4, besteht aus zwei in einer Linie angeordneten, zylindrischen Stäben gleichen Durchmessers, dem Eingangs- und Ausgangsstab. Zwischen den zwei Stäben befindet sich eine Probe mit einem kleineren Querschnitt als dem der Stäbe. Eine beschleunigte Masse trifft auf den Eingangsstab. Durch diese schlagartige Belastung wird eine elastische Druckwelle

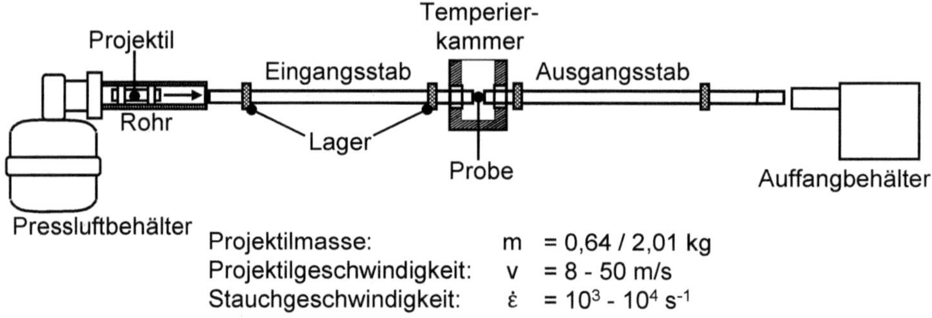

Abb. 8.4 Split-HOPKINSON-Pressure-Bar mit pneumatischer Beschleunigung, nach ABOURIDOUANE [Abou05]

indiziert, die den Eingangsstab durchläuft und am ersten Dehnungsmessstreifen (DMS) gemessen wird. Beim Erreichen der Kontaktstelle zwischen Eingangsstab und Probe wird die Welle aufgrund der Querschnittsänderung folgendermaßen aufgeteilt: Ein Teil der elastischen Welle wird reflektiert und der Rest geht durch die Probe und verformt diese (aufgrund des kleineren Querschnittes der Probe) plastisch. Der im Ausgangsstab ankommende, verbleibende Anteil der Welle wird durch den zweiten Dehnungsmessstreifen erfasst. Mit den durch die DMS ermittelten Zeit-Dehnungs-Kurven können sowohl die Stauchgeschwindigkeit als auch die Fließkurve ermittelt werden [Abou05].

Um die Anzahl der Versuche auf ein Minimum zu reduzieren und die Möglichkeit der Fließkurvenextrapolation zu geben, ist ein konstitutives Materialgesetz erforderlich, das in ein FE-Programm implementiert werden kann. Dieses muss in der Lage sein, das mechanische Werkstoffverhalten unter Zug-, Druck-, oder Torsionsbeanspruchung für einen breiten Bereich der Verformung, der Belastungsgeschwindigkeit und der Temperatur genau zu beschreiben. Für die Simulation sind mehrere Modelle entwickelt worden, die den Einfluss der Verformung (Strain Hardening), der Verformungsgeschwindigkeit (Strain Rate Hardening) und der Temperatur (Thermal Softening) berücksichtigen. Einige davon sind auf mikrostrukturmechanischen Grundlagen aufgebaut, wobei der Großteil im Bereich der Zerspansimulation existierenden Modelle auf empirischen Ansätzen beruht.

Bei den empirischen Materialgesetzen werden zur Beschreibung von Fließkurven in der Regel konstitutive Gleichungen eingesetzt, die die momentanen Werte der Spannung, Verformung, Umformgeschwindigkeit und Temperatur (σ, ε, $\dot{\varepsilon}$, T als Variablen) miteinander verbinden. Die in diesen Gleichungen enthaltenen Konstanten können als Materialparameter betrachtet, und mit der nichtlinearen Regression oder mit der Methode der kleinsten Fehlerquadrate an die Versuchsergebnisse angepasst werden. SHIRAKASHI und USUI haben folgende empirische Beziehung vorgeschlagen,

$$\sigma = \mathrm{A} \cdot \varepsilon^{n} \cdot \dot{\varepsilon}^{m} \cdot \left[-\lambda\left(T - T_0\right)\right] \qquad \text{Gl. 8.2}$$

die zur Beschreibung des dynamischen viskoplastischen Materialverhaltens erfolgreich eingesetzt wurde [Shir70]. Hierbei sind A, n, m und λ Materialparameter.

Eine ähnliche Beschreibung wurde von MOLINARI und CLIFTON eingeführt,

$$\sigma = K\left(B + \varepsilon\right)^{n} \cdot \dot{\varepsilon}^{m} \cdot T^{-\upsilon} \qquad \text{Gl. 8.3}$$

welche die Verfestigung des Materials (nach SWIFT) und die Temperaturabhängigkeit der Spannung auf andere Art beschreibt [Moli83].

Das häufig in FE-Programmen implementierte Materialmodell

$$\sigma = \left(A + B\varepsilon^{n}\right) \cdot \left(1 + C \cdot \ln\left(\dot{\varepsilon} / \dot{\varepsilon}_0\right)\right) \cdot \left(1 - \left[\frac{T - T_{\mathrm{r}}}{T_{\mathrm{m}} - T_{\mathrm{r}}}\right]^{m}\right) \qquad \text{Gl. 8.4}$$

stammt von JOHNSON und COOK [John83]. Darin sind A, B, n, C, m Materialkonstanten, $\dot{\varepsilon}_0$ eine Bezugsgeschwindigkeit und T_{r}, T_{m} die Raum- bzw. die absolute Schmelztemperatur. Hier wird die Werkstoffverfestigung nach LUDWIK, die Geschwindigkeitsabhängigkeit logarithmisch und der Temperatureinfluss durch eine Potenzfunktion beschrieben.

Allerdings ist mit dieser Temperaturfunktion eine analytisch geschlossene Formulierung für die adiabatische Fließkurve nicht möglich.

Eine modifizierte, einfache Gleichung mit einer exponentiellen Temperaturabhängigkeit wurde ebenfalls von JOHNSON und COOK vorgeschlagen,

$$\sigma = \left(A + B\varepsilon^{\mathrm{n}}\right) \cdot \left(1 + C \cdot \ln\left(\dot{\varepsilon} / \dot{\varepsilon}_0\right)\right) \cdot e^{-\lambda(T - T_r)} \qquad \text{Gl. 8.5}$$

mit der sich die Temperatur T nach ε und $\dot{\varepsilon}$ explizit ausdrücken lässt. λ ist dabei ebenfalls eine Materialkonstante, die den Einfluss der Temperatur berücksichtigt.

Auf physikalischen Grundlagen basierend haben ZERILLI und ARMSTRONG ein semiempirisches Modell zur Beschreibung des Werkstoffverhaltens entwickelt, welches zwei Gleichungen beinhaltet [Zeri87]; der erste Typ ist für Werkstoffe mit kfz-Gitter gedacht:

$$\sigma = \Delta\sigma'_G + C_2\varepsilon^{1/2} \cdot \exp\left[-C_3 T + C_4 T \ln\left(\dot{\varepsilon}\right)\right] + k \cdot l^{-1/2} \qquad \text{Gl. 8.6}$$

der zweite für Werkstoffe mit krz-Gitter:

$$\sigma = \Delta\sigma'_G + C_1 \exp\left[-C_3 T + C_4 T \ln\left(\dot{\varepsilon}\right)\right] + C_5\varepsilon^n + k \cdot l^{-1/2} \qquad \text{Gl. 8.7}$$

Die ZERILLI-ARMSTRONG-Gleichung besteht aus additiven Gliedern, die ein athermisches Glied ($\Delta\sigma'_G$: Einfluss der aufgelösten Stoffe und der Ausgangsdichte von Versetzungen), ein thermisch- und geschwindigkeitsbeeinflusstes Glied, den LUDWIK-Ausdruck und eine HALL-PETCH-Beziehung beinhalten. Außer σ, ε, $\dot{\varepsilon}$, T wird hier die Korngröße (l: mittlerer Korndurchmesser) des zu modellierenden Werkstoffs als zusätzliche Einflussgröße hinzugezogen. 1995 wurde eine verallgemeinerte, kombinierte Formulierung von ZERILLI und ARMSTRONG folgendermaßen vorgeschlagen [Zeri95]:

$$\sigma = C_0 + C_1 \cdot \exp[-C_2 T + C_3 T \ln\left(\dot{\varepsilon}\right)] + C_4\varepsilon^{1/2} \cdot \exp\left[-C_5 T + C_6 T\, ln\left(\dot{\varepsilon}\right)\right] \qquad \text{Gl. 8.8}$$

Hochgeschwindigkeitsfließkurven aus dem Zerspanprozess

Die mit dem Split-HOPKINSON-Pressure-Bar (SHPB) erreichten Verformungsgeschwindigkeiten sind um zwei Zehnerpotenzen kleiner als die im Zerspanprozess. Für die FE-Berechnung des Zerspanprozesses muss deswegen das Materialgesetz auf höhere Verformungsgeschwindigkeiten extrapoliert werden, wobei das Zerpanmaterialverhalten nicht adäquat abgebildet werden kann. Darüber hinaus ist die SHPB-Technik sehr kompliziert, versuchsintensiv, langwierig und teuer. Eine einfache und wirtschaftliche Methode zur Ermittlung von Hochgeschwindigkeitsfließkurven ($\dot{\varepsilon} > 10^4$ 1/s) direkt aus dem Zerspanprozess kann basierend auf der Theorie der Scherebene (vgl. Abschn. 3.8) abgeleitet werden.

Man berechnet zunächst für unterschiedliche Schnittparameter die Verformung ε, Verformungsrate $\dot{\varepsilon}$, und Vergleichsspannung σ in der primären Scherzone mittels der Gl. 8.9

bis 8.12 sowie Messung der Spandicke h_{ch} und der Schnittkraft F_c aus dem orthogonalen Schnitt.

$$\varepsilon = \frac{\cos\gamma_n}{\sqrt{3}\cos^2(\Phi-\gamma_n)}\cdot\frac{h_{ch}}{h} \quad \text{Gl. 8.9}$$

$$\dot{\varepsilon} = \frac{10\cos\gamma_n\ \sin\Phi}{\sqrt{3}\cos(\Phi-\gamma_n)}\cdot\frac{|\vec{v}_c|}{h} \quad \text{Gl. 8.10}$$

$$\Phi = \frac{\pi}{4}-\frac{1}{2}\cdot(\rho-\gamma_n) \quad \text{Gl. 8.11}$$

$$\sigma = \frac{\sqrt{3}\cdot\sin\Phi\cdot\cos(\Phi+\rho-\gamma_n)}{\cos(\rho-\gamma_n)}\cdot\frac{|\vec{F}_c|}{b\cdot h} \quad \text{Gl. 8.12}$$

$$T = \frac{0{,}9\cdot\sigma}{\sqrt{3}\rho\cdot c}\cdot\frac{\cos\gamma_n}{\cos^2(\Phi-\gamma_n)}\cdot\frac{|\vec{v}_c|}{|\vec{v}_{ch}|}+T_{Anfang} \quad \text{Gl. 8.13}$$

Die aus dem orthogonalen Schnitt ermittelte Vergleichsspannung σ kann in Abhängigkeit von ε, und $\dot{\varepsilon}$ als dreidimensionale Fläche dargestellt werden. Durch Substitution der Temperaturerhöhung im Stoffgesetz lässt sich andererseits die Vergleichsspannung σ als Funktion der Verformung und Verformungsrate bzw. der technologischen Schnittparameter formulieren.

$$\sigma = \sigma(\varepsilon,\dot{\varepsilon}) = \sigma(h, v_c, \gamma_n, \rho) \quad \text{Gl. 8.14}$$

Die Stoffgesetzparameter können dann mit der nichtlinearen Regression oder mit der Methode der kleinsten Fehlerquadrate bestimmt werden.

8.6.2 Stoffgesetze für inhomogene Werkstoffmikrostruktur

Die Erforschung der Zerspanung von neuen Verbundwerkstoffen und die Erweiterung der Verfahrensgrenzen der spanenden Bearbeitung in den Mikrobereich macht die Entwicklung und Validierung von neuen Materialmodellen für die FE-Zerspansimulation heterogener Werkstoffe notwendig. Um ein mehrphasiges Gefüge in ein FE-Netz zu implementieren, sind drei Konzepte der mehrphasigen FE-Simulation möglich. Das erste Konzept ist die Eins-zu-Eins-Abbildung der realen Mikrostruktur (eines Schliffbilds) in ein FE-Netz. Hierbei können die unterschiedlichen Formen und Größen der einzelnen Partikel, sowie deren reale Anordnung innerhalb des Gefüges durch die große Elementanzahl gut abgebildet werden. Wegen des hohen Rechenaufwandes beschränkt sich dieses Verfahren auf die zweidimensionale FE-Simulation. Das zweite Konzept basiert auf dem

VORONOI-Algorithmus und sieht eine zwei- oder dreidimensionale stochastische Verteilung der Phasen unter Berücksichtigung des Phasenvolumenanteils und der Korngröße vor. Dieses Random-Konzept ist in vielen Vernetzungsprogrammen implementiert. Das dritte Konzept ist die Anwendung eines repräsentativen Volumenelementes (RVE), das zur Bestimmung der effektiven Materialparameter für eine zwei- oder dreidimensionale materielle Einheit des Kontinuums der Makroebene in Abhängigkeit der vorliegenden realen Gefügezusammensetzung (Volumenanteil und Morphologie der Phasen) dient [Nyga03, Pras07]. Durch Kopieren des RVE kann ein ganzes Werkstück generiert werden. Für alle drei Konzepte ist die Charakterisierung der Materialmikrostruktur des betrachteten Zerspanwerkstoffs durch metallographische Untersuchungen erforderlich.

Zur Beschreibung des mechanischen Verformungsverhaltens der einzelnen Phasen werden in der Regel zwei Kategorien von Ansätzen verwendet. Zur ersten Kategorie gehören empirische Materialmodelle, die die Fließkurven der einzelnen Phasen anhand der vorliegenden Gefügemikrostruktur und der lokalen chemischen Zusammensetzung berechnen [Pick92, Ishi00, Hira94]. Diese Ansätze beschreiben jedoch nur das quasistatische Materialverhalten bei Raumtemperatur. Die zweite Kategorie beruht auf konstitutiven Stoffgesetzen, die das thermo-mechanische Materialfließverhalten der einzelnen Phasen und des Verbunds über den gesamten Geschwindigkeits- und Temperaturbereich beschreiben [John83, Zeri87, Elma00].

Zur mehrphasigen FE-Simulation von Mikrobohren in den perlitisch-ferritischen Vergütungsstahl C45+N wurde am Werkzeugmaschinenlabor der RWTH Aachen ein zweiphasiges 3D-FE-Materialmodell entwickelt [Abou12]. Dieses heterogene 3D-Materialmodell basiert auf dem Konzept des repräsentativen Volumen-Elements, wobei die 3D Korngenerierung nach dem stochastischen VORONOI-Modell unter Berücksichtigung der Phasenanteile und Korngröße erfolgt, vgl. Abb. 8.5.

Zur Beschreibung des thermo-mechanischen Materialverhaltens der einzelnen Phasen Ferrit und Perlit sowie des Komposits wurde das konstitutive JOHNSON-COOK-Materialgesetz herangezogen. Die Stoffgesetzparameter wurden mittels Fließkurven aus dem

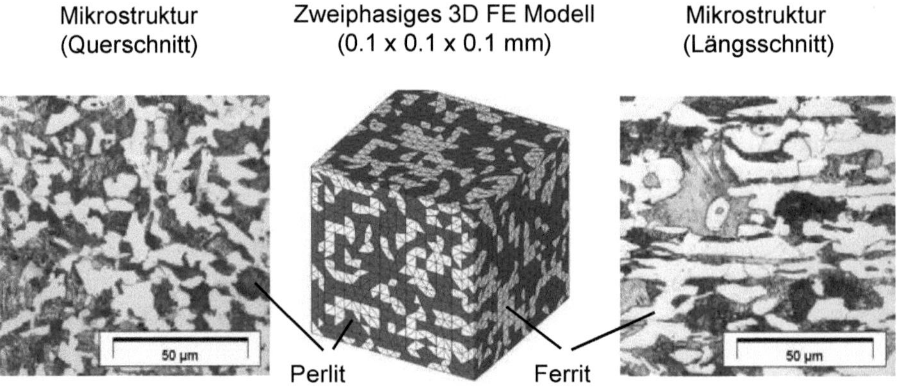

Abb. 8.5 Zweiphasiges 3D Materialmodell: RVE (40 % Ferrit+60 % Perlit)

Druckversuch an rein ferritischem (Ferrit), rein perlitischem (Perlit) und perlitisch-ferritischem C-Stahl bei unterschiedlichen Verformungsraten und Temperaturen ermittelt, vgl. Abb. 8.6a. Ein Vergleich zwischen gemessener und gerechneter Fließspannung bei einer Dehnung von $\varepsilon = 0{,}1$ und unterschiedlichen Verformungsgeschwindigkeiten zeigt Abb. 8.6b.

Johnson-Cook-Modell

a)

$$\sigma_{JC} = (A + B \cdot \varepsilon^n) \cdot \left(1 + C \cdot \ln\frac{\dot{\varepsilon}}{\dot{\varepsilon}_0}\right) \cdot \left(1 - \left[\frac{T - T_r}{T_m - T_r}\right]^m\right)$$

Stahl	A / MPa	B / MPa	n / -	C / -	m / -
Ferrit	175	571	0,35	0,034	1,86
C45	546	487	0,25	0,015	1,22
Perlit	750	593	0,30	0,011	1,10

b)

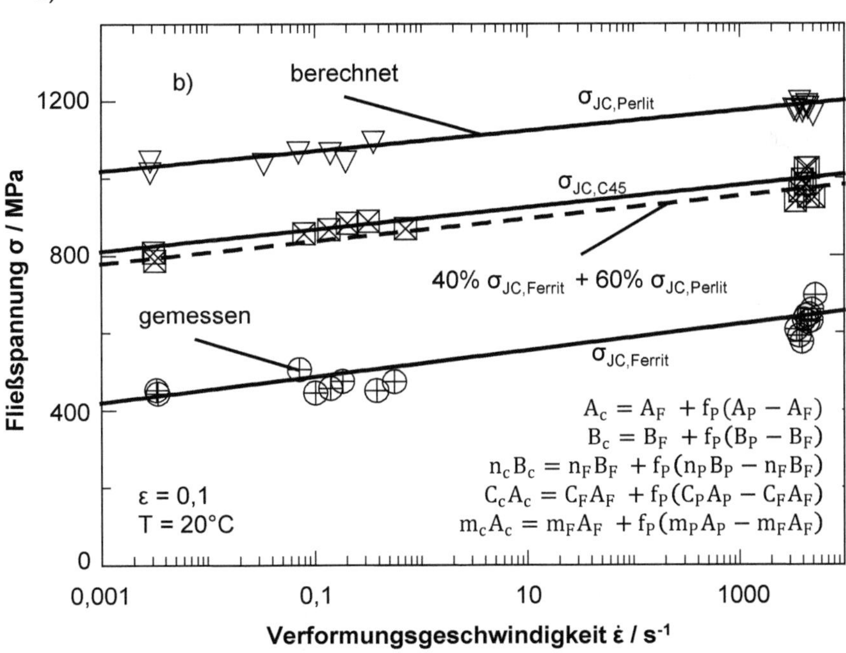

Abb. 8.6 Berechnung der Fließspannung eines perlitisch-ferritischen C-Stahls aus den einzelnen Phasen Ferrit und Perlit

Es ist offensichtlich, dass das JOHNSON-COOK-Materialgesetz das Fließverhalten der einzelnen Phasen und des Komposits im gesamten Geschwindigkeitsbereich relativ gut beschreibt. Außerdem wurde die lineare Mischungsregel zur Berechnung der Fließspannung vom Komposit C45 aus den Fließspannungen seiner Phasen angewandt und in Abb. 8.6b als gestrichelte Line eingetragen. Dabei hat sich gezeigt, dass die lineare Mischungsregel das Fließverhalten des Komposits C45 gut wiedergibt und die Fließspannung der untersuchten C-Stähle vom Perlitanteil f_P annähernd linear abhängt. Demzufolge lässt sich die JOHNSON-COOK-Stoffgesetz-Parameter (A_c, B_c, n_c, C_c, und m_c) für alle C-Stähle aus dem Perlitanteil f_P bzw. Kohlenstoffanteil und den JOHNSON-COOK-Stoffgesetzparametern von Ferrit (A_F, B_F, n_F, C_F, und m_F) und Perlit (A_P, B_P, n_P, C_P, und m_P) berechnen. Die Berechnungsformel hierzu sind in Abb. 8.6b eingetragen.

Das entwickelte zweiphasige 3D-Materialmodell wurde für die integrative gefügebasierte FE-Zerspansimulation von Mikrobohren in den perlitisch-ferritischen Vergütungsstahl C45+N eingesetzt und erfolgreich validiert, wobei die LAGRANGE-Formulierung des impliziten FE-Codes DEFORM 3D™ zum Einsatz kam, vgl. Abb. 8.7.

Verglichen mit dem isotropen FE-Zerspanmodell ohne Berücksichtigung der Mikrostruktur zeigt das mehrphasige 3D-FE-Modell eine realitätsnahe Abbildung der Spanform und eine Verbesserung der berechneten Vorschubkraft und Drehmoment um mehr als 60 %.

Mittels dieses mikrostrukturbasierten innovativen Modellierungsansatzes können zum einen die Wirkzusammenhänge und Skalierungseffekte bei der Mikrozerspanung näher erläutert und zum anderen neue maßgeschneiderte Lösungen für ein anwendungsorientiertes Gefüge- und Zerspanprozess-Design entwickelt werden. Dadurch werden völlig neue Forschungsfelder erschlossen.

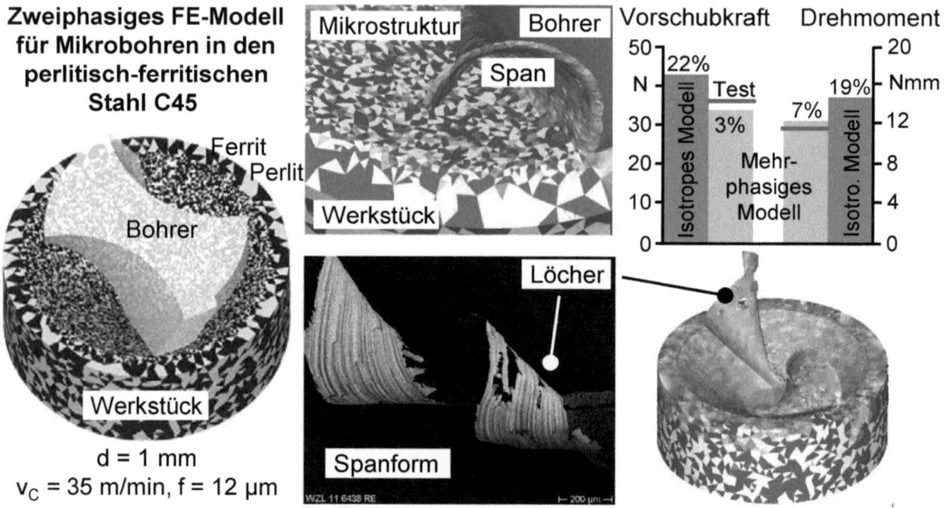

Abb. 8.7 Validierung des zweiphasigen Materialmodells mittels Mikrobohrens

8.7 Schädigungsmodelle

Für die numerische Simulation des duktilen Materialversagens in Fertigungsprozessen wurden zahlreiche Schädigungsmodelle entwickelt [Breu07]. Eine Formulierung für ein Schadenskriterium ist meistens in der Form eines Schadenswerts D gegeben, der nach einer bestimmten Vorschrift berechnet wird. Das duktile Versagen tritt danach auf, wenn der Schadenswert eine kritische Grenze D_{krit} überschreitet. Die existierenden Schädigungsmodelle berücksichtigen den Spannungs- und Verformungszustand sowie deren zeitlichen Verlauf im Werkstück auf unterschiedliche Weise und können in drei Klassen eingeteilt werden:

- Makromechanische, zeitunabhängige Schadenskriterien,
- Makromechanische, zeitabhängige Schadenskriterien und
- Mikromechanische Schadenskriterien.

8.7.1 Makromechanische, zeitunabhängige Schadenskriterien

Diese Art der Schadenskriterien basieren auf der Annahme, dass eine wirkende Belastung zu einer lokalen Überschreitung der Werkstofffestigkeit führt und dadurch ein Riss initiiert wird. Damit hängen diese Ansätze lediglich von der momentan wirkenden Belastung ab und sind unabhängig von der zeitlichen Veränderung des Spannungszustands. Eine Aufstellung der gängigsten Schadenskriterien dieser Art findet sich in Tab. 8.2.

So kann beispielsweise unter Annahme, dass zwischen dem Formänderungsvermögen und dem Spannungszustand ein direkter Zusammenhang besteht, die Vergleichsspannung σ_v herangezogen werden.

Neben der momentan wirkenden Vergleichsspannung σ_v kann die erste Hauptnormalspannung σ_1, also die größte Zugspannung, normiert auf die die Fließspannung k_f, als Kriterium herangezogen werden.

Tab. 8.2 Makromechanische, zeitunabhängige Schadenskriterien für die Beschreibung einer duktilen Werkstoffschädigung

Hypothese	Schadenskriterium	Quelle
Vergleichsspannung	$D_\sigma = \sigma_v$	
Vergleichsdehnung	$D_\varphi = \varphi_v$	
Bezogene max. Hauptnormalspannung	$D_{\sigma_1} = \frac{\sigma_1}{k_f}$	
Gosh	$D_{Gosh} = (1 + \frac{\sigma_2}{\sigma_1}) \cdot \sigma_1^2$	[Gosh76]

Ein in der industriellen Massivumformung häufig eingesetztes Kriterium stellt der Vergleichsumformgrad beim Bruch φ_v dar. Dabei wird angenommen, dass das Formänderungsvermögen des Werkstoffs erreicht ist, wenn ein Umformgrad einen bestimmten Grenzwert überschreitet. Als Grenzwert wird hierbei häufig der Vergleichsumformgrad bei Erreichen der Werkstofffestigkeit im Zugversuch angenommen. Der Ansatz von GOSH legt ein Verhältnis der herrschenden Hauptspannungen zu Grunde.

8.7.2 Makromechanische, zeitabhängige Schadenskriterien

Die makromechanischen, zeitabhängigen Schadenskriterien unterscheiden sich von den zeitunabhängigen Kriterien vor allem dadurch, dass sie die Historie der Formänderung in ihre Betrachtung mit einbeziehen. Dies wird durch die Integration prozess- und prozesszeitabhängiger, lokal bestimmter Zustandsgrößen, wie z. B. Spannungen, über der Dehnung erzielt. Nach diesen Kriterien wird eine plastische Arbeit ermittelt, die in den Werkstoff eingebracht werden muss, damit eine Rissinitiierung stattfindet.

In Tab. 8.3 sind die bekanntesten makroskopischen, zeitabhängigen Ansätze für duktiles Werkstoffversagen aufgelistet. In den unterschiedlichen Ansätzen werden auch

Tab. 8.3 Makromechanische, zeitabhängige Schadenskriterien für die Beschreibung einer duktilen Werkstoffschädigung

Hypothese	Schadenskriterium	Quelle
FREUNDENTHAL	$D_{Freudental} = \int_0^{\varphi_{v,Br}} \varphi_v \, d\varphi_v$	[Freu50]
COCKCROFT und LATHAM	$D_{C\&L} = \int_0^{\varphi_{v,Br}} \max(\sigma_1, 0) \, d\varphi_v$	[Cock68]
BROZZO	$D_{Brozzo} = \int_0^{\varphi_{v,Br}} \frac{2\sigma_1}{3(\sigma_1 - \sigma_m)} d\varphi_v$	[Broz72]
COCKCROFT und LATHAM normalisiert	$D_{C\&L,norm} = \int_0^{\varphi_{v,Br}} \max(\frac{\sigma_1}{\sigma_m}, 0) \, d\varphi_v$	[Ohsi79]
ATKINS	$D_{Atkins} = \int_0^{\varphi_{v,Br}} \sigma_m d\varphi_v$	[Atki81]
GÉLIN	$D_{Gélin} = \int_0^{\varphi_{v,Br}} \frac{\sigma_1}{\sigma_v} d\varphi_v$	[Geli83]
AYADA	$D_{Ayada} = \int_0^{\varphi_{v,Br}} \frac{\sigma_m}{\sigma_v} d\varphi_v$	[Ayad84]

verschiedene Normierungen, wie beispielweise Normierung auf die mittlere Spannung σ_m oder auf die Vergleichsspannung σ_v postuliert.

Während diese zeitabhängigen Kriterien sicher intelligenter formuliert sind, als die zeitunabhängigen, erscheinen sie jedoch gerade in der tabellarischen Übersicht jeweils recht willkürlich. So ist kein direkter Bezug zu werkstoffmechanischen Vorgängen erkennbar. Vielmehr wird nur eine bei der Formänderung eingebrachte Arbeit berechnet. Werkstoffmechanische Vorgänge, wie beispielsweise die Porenentstehung und das Porenwachstum, werden bei einer anderen Klasse von Bruchkriterien betrachtet, den sogenannten mikromechanischen Schadenskriterien.

8.7.3 Mikromechanische Schadenskriterien

Diese Kriterien folgen aus der Überlegung, dass duktiler Bruch aufgrund der Bildung, des Wachstums und der Vereinigung von Mikroporen auftritt, vgl. Abb. 8.8. Für die Rissinitiierung beim duktilen Bruch während der Formänderung werden im Allgemeinen erste Hohlräume [Spro95] verantwortlich gemacht, deren Wachstum und Zusammenschluss schließlich zum Versagen führen. Mikroskopisch gesehen [Knot80] führt inhomogene plastische Verformung (aufgestaute Versetzungsgruppen) zur Bildung von Mikrorissen, die sich unter äußerer Belastung zu Hohlräumen öffnen. Korngrenzen, harte Teilchen und nichtmetallische Einschlüsse [Ritc79] können dabei als Hindernis für Versetzungen wirken und somit zur Rissbildung führen.

Das Wachstum der Poren in einem plastischen Werkstoff wird unter Anwendung anspruchsvoller, plastomechanischer Methoden beschrieben. Rice und Tracey zeigen, dass die Volumenänderung aufgrund der Bildung von Poren einen deutlich stärkeren Einfluss auf die Duktilität des Werkstoffs hat, als die Entwicklung der Porenform. Konsequenterweise untersuchen sie die Entwicklung sphärischer Poren als Funktion des Spannungs- und Formänderungszustands [Rice69]. Andererseits untersucht McClintock das Wachstum zylindrischer Poren unter verschiedenen Spannungszuständen [Mccl68]. Beide Betrachtungsweisen ergeben, dass die hydrostatische Spannung einen großen Einfluss auf das Porenwachstum und damit auf das Formänderungsvermögen des Werkstoffs hat.

Einige mikromechanische Schadenskriterien sind in Tab. 8.4 aufgelistet. Wie leicht ersichtlich ist, besitzt das Kriterium nach Rice und Tracey, obwohl es auf vollkommen unterschiedlicher Basis hergeleitet wurde, wieder große Ähnlichkeit zu dem von Cockcroft und Latham, wenngleich die Spannungen und Formänderungsgrade unterschiedlich miteinander verknüpft werden. Weitere mikromechanische Schadenskriterien, wie beispielsweise die Kriterien nach Oyane, Osakada und Gurson stellen Beziehungen für die Initiierung der Porenbildung über Nukelationshypothesen auf. Hierbei wird das Wachstum der entstandenen Poren in Abhängigkeit vom Spannungs- und Formänderungszustand berechnet. Eine genauere Betrachtung der unterschiedlichen Hypothesen in Tab. 8.4 zeigt, dass diese Kriterien neben den Spannungs- und Dehnungsgrößen verschiedene werkstoffspezifische Kennwerte in die Berechnung des Schadenswertes mit

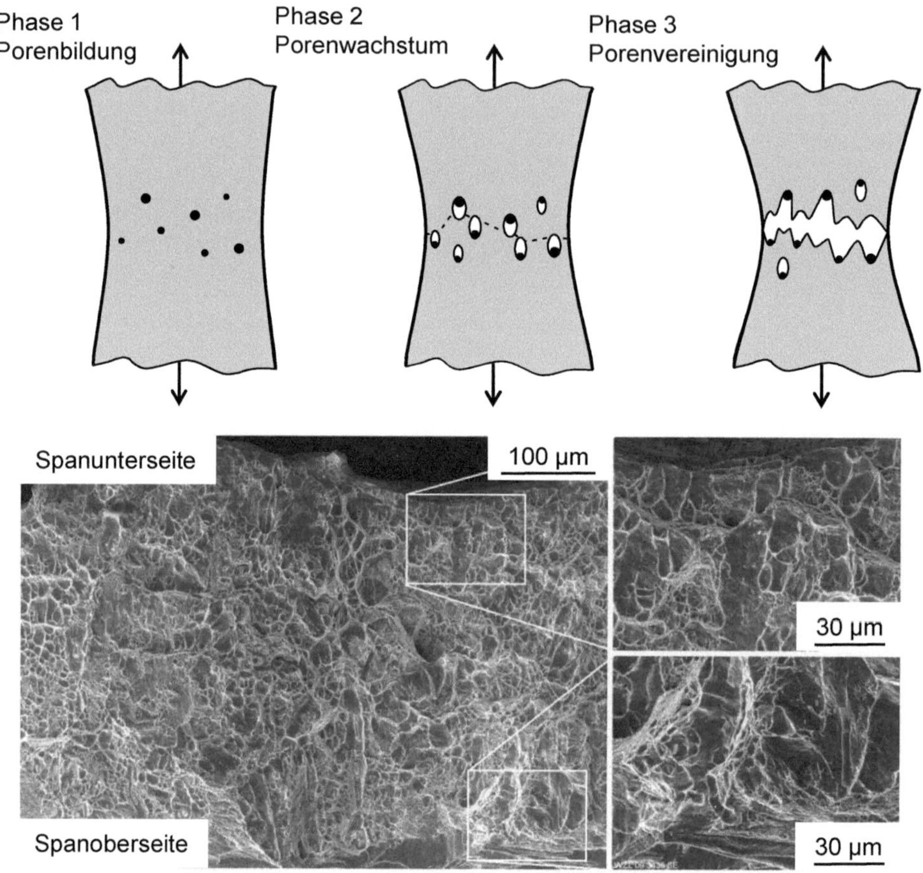

Abb. 8.8 Nachweis von Poren durch die Wabenstruktur an der Spanbruchfläche (Außenlängsdrehen von C45+N [Essi10])

einbeziehen. So erweiterte BOLT [Bolt89] beispielsweise das Kriterium von RICE und TRACEY um eine werkstoffspezifischen Kenngröße w. OYANE [Oyan80] modifizierte seine theoretisch hergeleitete Formel um einen empirischen Faktor A, um so das werkstoffabhängige Hohlraumwachstum zu kompensieren. Solche werkstoffspezifischen Kennwerte müssen in Analogieversuchen im Vorfeld ermittelt werden, im Einzelfall auch für einzelne Werkstoffchargen.

Um Spanbruch simulativ realitätsnah abbilden zu können, ist es zunächst notwendig, die in der Spanbruchstelle wirkenden Belastungen und die beim Versagen ablaufenden Mechanismen zu identifizieren. Die Art des Werkstoffversagens in der Spanbruchstelle kann beispielsweise aus REM-Aufnahmen der Spanbruchflächen abgeleitet werden. Erst diese Kenntnis ermöglicht es, ein geeignetes Schadensmodell zur Spanbruchvorhersage zu entwickeln, welches dann in die industrielle Praxis übertragen werden kann. Der Einsatz solcher Schädigungsmodelle in der FE-Zerspansimulation macht es möglich,

Tab. 8.4 Mikromechanische Schadenskriterien für die Beschreibung einer duktilen Werkstoffschädigung

Hypothese	Schadenskriterium	Quelle
RICE und TRACEY	$D_{R\&T} = \int_0^{\varphi_{v,Br}} \exp\left(\frac{3}{2}\frac{\sigma_m}{\sigma_v}\right) d\varphi_v$	[Rice69]
GURSON	$D_G = (1-p_v)\,\dot{\varphi}_k + \frac{p_n}{s\cdot\sqrt{2\pi}} \exp\left[-\frac{1}{2}\left(\frac{\varphi_v-\varphi_m}{s}\right)^2\right]\cdot\dot{\varphi}_v$	[Gurs77]
OSAKADA	$D_{Osakada} = \int_0^{\varphi_{v,Br}} (B_0 + \varphi_v + B_1\sigma_m)\, d\varphi_v$	[Osak78]
OYANE	$D_{Oyane} = \int_0^{\varphi_{v,Br}} \left(1 + A\frac{\sigma_m}{\sigma_v}\right) d\varphi_v$	[Oyan80]
Mod. RICE und TRACEY	$D_{\mathrm{mod}\,R\&T} = \int_0^{\varphi_{v,Br}} \exp\left(w\frac{\sigma_m}{\sigma_v}\right) d\varphi_v$	[Bolt89]
LEMAITRE	$D_{Lemaitre} = C_{kritZug}\cdot\left(\frac{\sigma_u}{\sigma_v\cdot\sqrt{f_{(n)}}}\cdot(1-C_1)\right)^2 \leq 1$	[Lema96]

Spanbrucharten zu vorhersagen und Spanbruchschaubilder wirtschaftlich durch Reduzierung der erforderlichen Zerspanversuchsanzahl zu erstellen, vgl. Abb. 8.9.

8.8 Software

In der Zerspantechnik haben sich zur Prozesssimulation kommerziell verfügbare und auf Zerspanprozess zugeschnittene FE-Programme etabliert. Diese Programme bieten Benutzerschnittstellen, die an die Bedürfnisse der Zerspantechnik angepasst sind und damit dem Anwender den Aufbau und die Durchführung der Simulationen erleichtern. Die vereinfachte Bedienung solcher spezialisierter Programmsysteme geht meist mit einer Einschränkung der Möglichkeiten zur Einflussnahme auf das Modell einher. Sogenannte „general purpose" Systeme dagegen sind zwar hoch flexibel und bieten auch außerhalb der Zerspantechnik vielfältige Einsatzmöglichkeiten, erfordern jedoch während der Modellerstellung oft ein großes Maß an Erfahrung und einen höheren Zeitaufwand. Je nach Anwendungsspektrum ist der Einsatz verschiedener FEM-Programme innerhalb eines Unternehmens daher durchaus üblich.

Für die Zerspansimulation werden folgende Programme häufig eingesetzt: SFTC / DEFORM™, THIRD WAVE / ADVANTEDGE™ und sogenannte „general purpose" Systeme wie ABAQUS oder MSC / MARC [Denk04a].

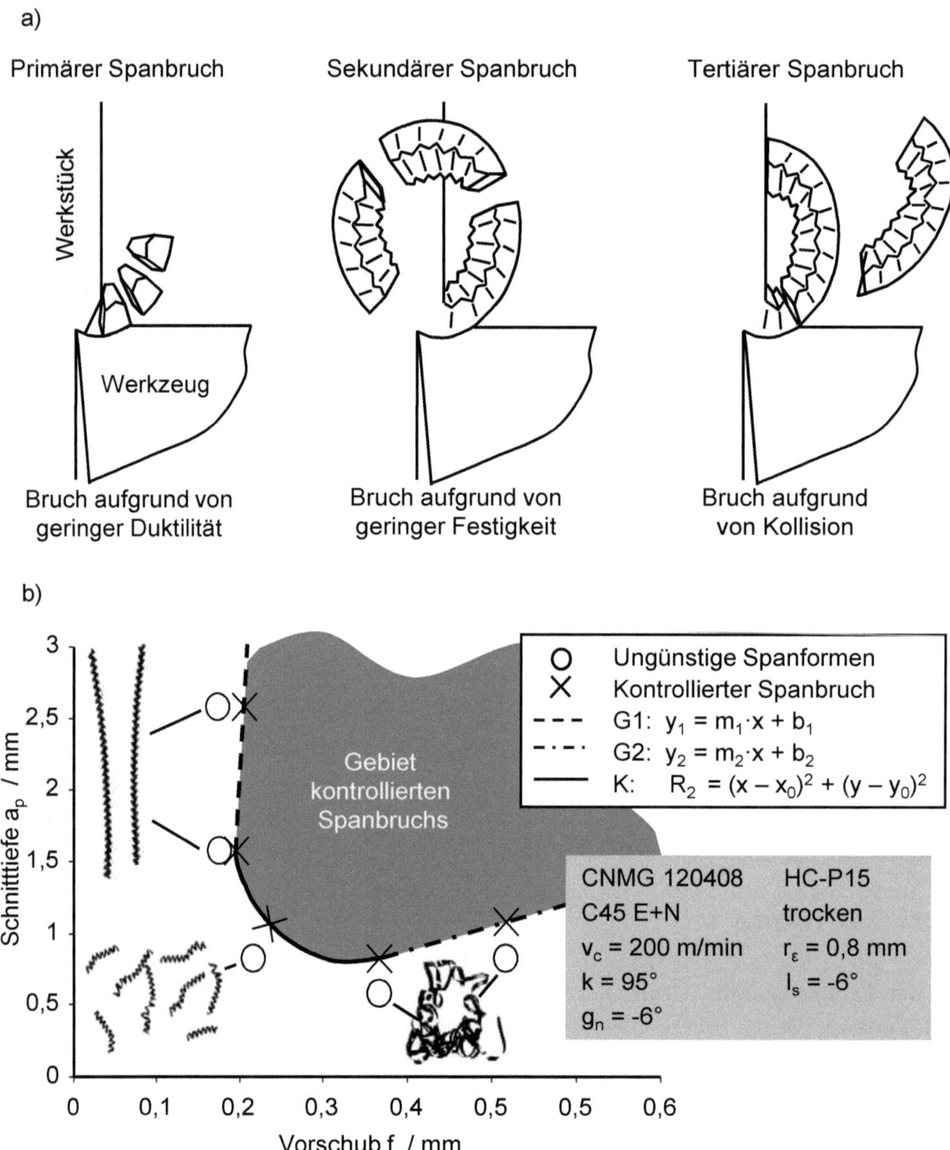

Abb. 8.9 Charakterisierung des Spanbruchs: (**a**) Spanbrucharten und (**b**) Grenzen des kontrollierten Spanbruchs [Essi10]

Das FE-Programm DEFORM™ wurde ursprünglich für die Simulation von Umformprozessen entwickelt. AdvantEdge™ ist ein speziell auf die Zerspanung zugeschnittenes FE-Programm, das dem Anwender das Aufsetzen und die Durchführung von Zerspansimulation erleichtert, allerdings aufgrund seiner Spezialisierung die Einflussnahme des Anwenders einschränkt. Beide Programme basieren auf der impliziten Lagrangeschen

Formulierung und bieten zur Vermeidung stark verzerrter Netztopologie eine automatische Neuvernetzungsroutine mit anschließender Dateninterpolation vom alten auf das neue Netz an. Darüber hinaus steht bei der Software DEFORM™ für die Berechnung des quasi-stationären Prozesszustands die EULER-Betrachtungsweise zur Verfügung.

Kommerzielle FE-Programme bieten über standardisierte Schnittstellen die Möglichkeit an aus einer CAD-Volumen-Software Objektmodelle zu importieren. Als Austauschformat dient in der Regel die STL-Standardschnittstelle (**S**tandard **T**riangulation **L**anguage) für dreidimensionale Datenmodelle oder oftmals auch die für den Austausch von Produktdaten generierte Schnittstelle STEP (**ST**andard for the **E**xchange of **P**roduct Model Data).

8.9 Hardware

Mit der raschen Entwicklung in der Computerbranche wird Rechenleistung fortlaufend günstiger. Waren zur Durchführung von Berechnungen mittels der FEM vor einigen Jahren noch kostenintensive Rechenanlagen erforderlich, so verfügt heutzutage bereits ein Großteil der als Arbeitsplatzrechner eingesetzten Personal-Computer (PC) über die zur Durchführung einfacher Berechnungen notwendigen Voraussetzungen hinsichtlich Arbeitsspeicher und Rechenleistung. Personal-Computer zur Berechnung größerer Probleme sind bereits zu moderaten Preisen erhältlich. Als Folge der geringen Hardwarekosten im PC-Bereich ist die überwiegende Mehrheit aller kommerziellen FE-Pakete auch für die auf solchen Rechnern üblicherweise eingesetzten freien oder proprietären Betriebssysteme erhältlich. Zur Behandlung sehr anspruchsvoller Probleme mit einer großen Anzahl von Elementen bietet sich solche Hardware auch zum Betrieb in sogenannten Clustern an. Dabei werden mehrere Rechner so miteinander vernetzt, dass ein umfangreiches Problem parallel auf mehreren Computern berechnet werden kann. Voraussetzung dafür ist die Unterstützung dieser Funktionalität durch die FE-Software. Die Rechenzeit für ein Problem reduziert sich dabei nicht linear mit der Anzahl der Knoten (hier: Rechner) eines Clusters. Der effektive Geschwindigkeitszuwachs hängt vielmehr von der eingesetzten Hard- und Software ab. Das Verhalten einer Software in Abhängigkeit der verfügbaren Rechenleistung bezeichnet man als Skalierbarkeit. Eine Software skaliert gut, wenn sich die für eine Aufgabe benötigte Rechenzeit bei Verdopplung der verfügbaren Rechenleistung in etwa halbiert.

8.10 Phasen einer Finite-Elemente-Analyse (FEA)

Eine typische Finite-Elemente-Analyse (FEA) findet aus Anwendersicht in drei Phasen statt:

- Datenaufbereitung mittels des Preprozessors,
- Berechnung und
- Auswertung der Ergebnisse mittels des Postprozessors.

Mit Hilfe des Preprozessors stellt der Anwender der Software alle zur Modellierung des Problems notwendigen Informationen zur Verfügung. Dabei muss er das Problem soweit abstrahieren, dass es mit Hilfe der Software abgebildet werden kann. Die getroffenen Vereinfachungen und die Qualität der Daten, die der Anwender dem System übergibt, haben dabei entscheidenden Einfluss auf die Qualität der Simulationsergebnisse. In der Regel beinhaltet das Preprozessing folgende Schritte:

- Geometriedefinition,
- Vernetzung,
- Eingabe der Werkstoffdaten und
- Definition der Randbedingungen.

Moderne Programme verfügen über Importfilter für gebräuchliche CAD-Formate. Die Geometrien der an der Simulation beteiligten Objekte können daher oft aus in der Konstruktion bzw. dem Werkzeugbau in elektronischer Form vorhandenen 2D oder 3D-CAD-Datensätzen übernommen werden.

Nach der Definition aller Objektgeometrien findet die Vernetzung der Objekte (Diskretisierung) statt. Zur Netzerzeugung stellen die meisten Softwarehersteller Werkzeuge zur Verfügung, die eine schnelle Vernetzung von Geometrien erlauben. Stoßen diese Werkzeuge an ihre Grenzen, so können seperat angebotene, kommerzielle Netzgeneratoren (Mesher) eingesetzt werden. Stehen mehrere Elementtypen zur Verfügung, so liegt die Auswahl beim Anwender. Spezialisierte Softwarepakete geben jedoch häufig einen Elementtyp vor. Größe und Verteilung der Elemente werden durch den Anwender bestimmt. Der Elementtyp und die Elementdichte eines Netzes besitzen einen signifikanten Einfluss auf die Qualität des Simulationsergebnisses. Grundsätzlich gilt, dass die Verwendung einer größeren Anzahl von Elementen zu genaueren Ergebnissen führt. Zur Einsparung von Rechenzeit werden häufig adaptive Netze mit einer örtlich variierenden Dichte verwendet, sodass lokale Gradienten in den Zustandsgrößen besser aufgelöst werden können. Einige Programme bieten die Möglichkeit zur automatischen, adaptiven Neuvernetzung, bei der die Elementdichte automatisch an vorliegende Gradienten angepasst wird.

Nach der Diskretisierung erfolgt die Eingabe der mechanischen und thermophysikalischen Werkstoffdaten. Dieser Schritt erfordert die Verfügbarkeit der entsprechenden Daten unter den in der Simulation auftretenden Bedingungen. Im Anschluss werden die Randbedingungen wie äußere Lasten, Kontaktbedingungen und Reibung zwischen verschiedenen Objekten sowie Geschwindigkeiten vorgegeben.

Nach der Berechnung werden die Ergebnisse im sogenannten Postprozessor ausgewertet. Je nach Software, bietet sich hier eine Vielzahl von Möglichkeiten zur graphischen Darstellung und Weiterverarbeitung der Ergebnisse an. Die Auswertung der Ergebnisse beinhaltet auch die kritische Beurteilung der Ergebnisse durch den Anwender. Ein Vergleich der Resultate mit Erfahrungswerten, überschlägigen Berechnungen oder experimentellen Ergebnissen ist unverzichtbar. Zu den möglichen Fehlerquellen einer FE-Analyse gehören:

- Diskretisierungsfehler durch Interpolation der Geometrie bei der Vernetzung und Interpolation der Zustandsgrößen,
- fehlerhafte Eingangsdaten (z. B. Werkstoffdaten, Prozessdaten, Reibverhältnisse),
- numerische Fehler (z. B. durch numerische Integrationsverfahren) und
- Rundungsfehler durch begrenzte Genauigkeit der Gleitkommadarstellung im Rechner.

8.11 Einsatz der FEM in der Zerspantechnik

Zur Simulation des Spanbildungsprozesses werden größtenteils zweidimensionale Modelle eingesetzt. Es handelt sich um den sogenannten freien, orthogonalen Schnitt der im FE-Modell betrachtet wird, welcher sich durch eine deutlich geringere Komplexität als beispielsweise der Außenlängsdrehprozess (schräger, gebundener Schnitt) auszeichnet. Der Eckenradius der Schneidplatte befindet sich nicht im Eingriff mit dem Werkstück und muss folglich im FE-Modell nicht betrachtet werden. Sofern der Werkzeug-Einstellwinkel κ_r gleich 90° ist, der Werkzeug-Neigungswinkel λ_s gleich 0° ist und die Schnitttiefe ein Vielfaches der Spanungsdicke beträgt, ist die Annahme eines ebenen Verformungszustandes zulässig und somit die Simulation des Zerspanprozesses durch ein zweidimensionales FE-Modell möglich. Das bedeutet nicht zuletzt einen erheblich geringeren Zeitaufwand für die Simulationen.

8.11.1 Simulation des Fließspans

Der Großteil der Zerspanungssimulation findet unter Anwendung des LAGRANGEschen Lösungsverfahrens statt. Bei der LAGRANGEschen Formulierung folgt das FE-Netz dem Material, d. h. die Knoten eines Elements bewegen sich mit dem Werkstoff, sodass bei einer Materialverformung die Elemente vorgespannt bzw. verzerrt werden. Speziell in der Zerspanung werden besonders hohe Verformungen vor der Schneidkante erreicht, was zur Folge hat, dass die Elemente sehr stark verzerrt werden. Zusätzlich treten im Bereich der primären und sekundären Scherzonen erhebliche Verformungs- und Spannungsgradienten auf; daher ist für eine hinreichend genaue Abbildung im FE-Modell ein fein strukturiertes Netz von Nöten. Neben der Schwierigkeit große Verformungen und Verformungsgradienten im Modell abbilden zu können, kommt die Problematik der Trennung des Spans vom Werkstück hinzu. Eine grundsätzliche Rissentstehung vor der Schneidkante ist nach wie vor umstritten und konnte insbesondere bei der Zerspanung von Werkstoffen mit duktilem Zustandverhalten noch nicht nachgewiesen werden. Vielmehr wird bei zähem Material der Werkstoff vor der Schneidkante extrem umgeformt ohne dass dabei ein Riss zu beobachten ist, ähnlich wie es in einem Umformprozess der Fall ist. Ausschließlich bei spröden Werkstoffen wurde bei dem Zerspanungsvorgang Rissentstehungen beobachtet [Reul00, Schw36].

Grundlegend existieren zur Berücksichtigung der hohen Verformungen, der Verformungsgradienten und der Spantrennung drei unterschiedliche Simulationsansätze:

Die Trennung kann

- auf Basis eines geometrischen Trennkriteriums, z. B. Distanzkriteriums, in dem die Trennung eintritt, sobald die Werkzeugschneidkante einen kritischen Abstand zum voraus liegenden Werkstückknoten unterschritten hat,
- auf Basis eines physikalischen Trennkriteriums, z. B. Überschreiten einer definierten, maximalen Vergleichsdehnung oder vorher festgelegten maximalen Spannung, oder
- durch Verzicht auf ein Trennkriterium realisiert werden, Abb. 8.10.

Neben der Vorgabe eines Trennkriteriums in den ersten beiden Ansätzen ist es notwendig eine Trennlinie zu definieren, entlang welcher die Knoten bei Erreichen eines Trennkriteriums aufgetrennt werden. Diese Methode bietet sich bei der Verwendung eines geometrischen Trennkriteriums an, d. h. sobald der Abstand zwischen Knoten und Schneidkante unterhalb einer kritischen Distanz liegt – in der Regel eine Elementkantenlänge – erfolgt die Auftrennung des Netzes. Die Trennung des Spans vom Werkstück kann ebenso über die Löschung von Elementen vor der Schneidkante des Werkzeugs realisiert werden. Dabei erfolgt die Elementlöschung in Abhängigkeit von der äquivalenten plastischen Dehnung oder der vorangegangenen progressiven Materialschädigung [Sche06, Oute06]. Ein Nachteil der Methode der Elementlöschung ist, dass Material aus dem Modell entfernt wird – es muss sichergestellt sein, dass dies keinen Einfluss auf das Simulationsergebnis hat. Bei Verwendung einer automatischen Neuvernetzungsroutine mit anschließender Dateninterpolation von dem alten auf das neue Netz, und der Annahme eines rein duktilen Werkstoffverhaltens ist es möglich den Zerspanprozess ohne Trennkriterium zu simulieren. Die Neuvernetzungsroutine wird aufgerufen, sobald die Elemente kritisch verzerrt worden sind, s. Abb. 8.11.

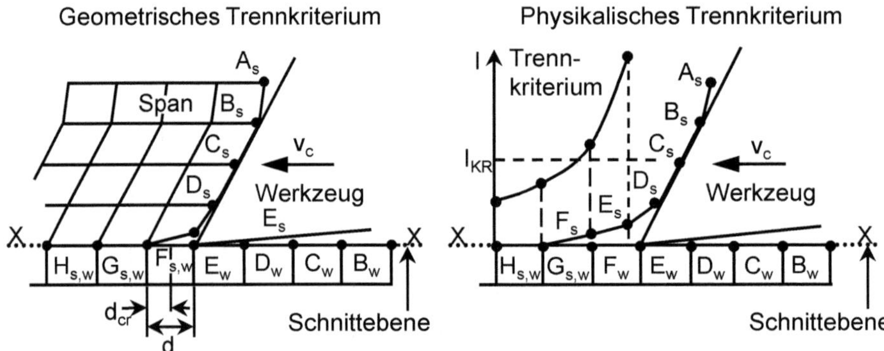

Abb. 8.10 Spantrennung entlang einer vorher festgelegten Trennlinie basierend auf einem geometrischen Trennkriterium (links) und einem physikalischen Trennkriterium (rechts), nach VAZ [Vaz00]

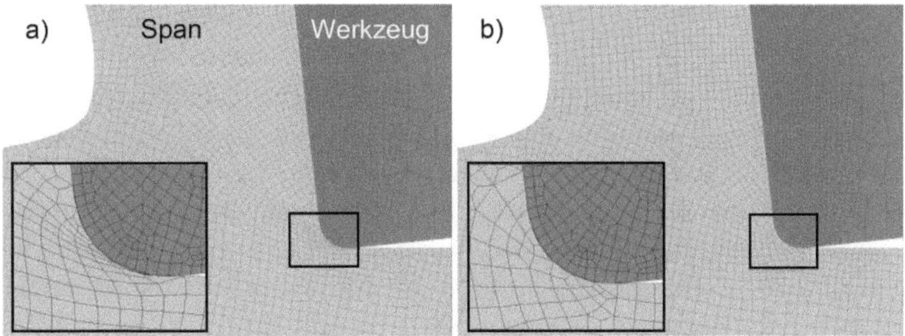

Abb. 8.11 (**a**) Verzerrte Netztopologie vor Aufruf der Neuvernetzungsroutine (**b**) Neue, unverzerrte Netztopologie nach Aufruf der Neuvernetzungsroutine

Ein Kriterium, welches dazu verwendet werden kann, während einer Rechnung automatisch eine Neuvernetzung des Modells und eine Dateninterpolation einzuleiten, sollte verschiedene Bedingungen erfüllen; so nennen HABRAKEN und CESCOTTO [Habr90]:

- Das Kriterium bildet die Netzqualität möglichst getreu ab.
- Der Wert des Kriteriums nimmt mit zunehmender Verformung des Netzes zu.
- Wenn eine Neuvernetzung durchgeführt wird, geht der Wert des Kriteriums zurück.

Bei der eigentlichen Neuvernetzung wird meist die Außenberandung des alten Netzes als Ausgangsbasis für das neue Netz verwendet. Das neue Netz muss nun die vorgegebene Berandung möglichst genau approximieren und entstandene Werkzeugdurchdringungen ausgleichen [West01]. Nach erfolgreicher Neuvernetzung müssen in einem letzten Schritt die Daten von der alten auf die neue Diskretisierung übertragen werden. Ziel eines guten Dateninterpolationsalgorithmuses ist es, die Lösungen einer FE-Rechnung an den Integrations- (z. B. Temperatur, Spannungen etc.) und Knotenpunkten (z. B. Geschwindigkeiten, Verschiebungen etc.), welche in der alten Diskretisierung vorliegen, so getreu wie möglich auf die neue Diskretisierung zu übertragen. Bei der Durchführung der Datenübertragung mittels Extra- und Interpolation können Fehler auftreten, die dazu führen, dass berechnete Gradienten in ihrer Größe abgeschwächt werden. Zur Vermeidung dieses Effekts ist eine feine Diskretisierung in der primären und sekundären Scherzone erforderlich. In der Regel bietet der Vernetzer eines FE-Programms die Möglichkeit an die Feinheit des Netzes im Modell abzustufen, wobei darauf geachtet werden sollte, dass der Übergang unterschiedlich stark diskretisierter Teilbereiche möglichst stetig definiert ist. Die Information zu der Dichteverteilung der Elemente wird über sogenannte Gewichtsfaktoren im Modell vorgegeben.

Neben dem LAGRANGEschen-Lösungsverfahren wird die EULER-Formulierung zur Simulation von statischen Zerspanvorgängen eingesetzt, in welcher sich – im Gegensatz zu der LAGRANGEschen Formulierung – das Material durch ein ortsfestes Netz bewegt. Der Vorteil dabei ist, dass kein Trennkriterium definiert werden muss. Durch die Entkopplung des Materials von dem Netz führen große Verformungen vor der Schneidkante nicht mehr zu stark verzerrten Netzen. Aufgrund dessen ist keine zeitaufwendige Neuvernetzung notwendig. Zur Abbildung einer möglichst realen Spangeometrie erfolgt eine iterative Anpassung der freien Spanränder und Spanoberflächen im Berechnungsprozess ausgehend von einer Startvernetzung der Spanwurzel. Modelliert wird hierbei der stationäre Zustand: Scherbänder, An- und Ausschnittvorgänge sowie instationäre Spanungsvorgänge, wie sie z. B. bei Fräsen vorliegen, können mittels EULER-Modelle nicht beschrieben werden [Leop01]. Der grundsätzliche Vorteil der EULER-Methode im Vergleich zur LAGRANGEschen-Formulierung liegt neben dem Verzicht auf Spantrennungskriterien in der kürzeren Rechenzeit für die Berechnung eines quasi-stationären Prozesszustandes.

8.11.2 Simulation eines Scherspans

Scherspäne werden entweder durch Risse und Poren, adiabatische Scherbandbildung oder durch eine Kombination aus beiden Mechanismen hervorgerufen. Die Simulation von Scherspänen kann durch zwei unterschiedliche Ansätze erfolgen:

- Simulation des Scherspans durch Verformungslokalisierung basierend auf modifizierten Materialkennwerten,
- Simulation des Scherpans durch Rissinitiierung basierend auf Bruch- und Risshypothesen und
- Kombination aus beiden Ansätzen

Die Verformungslokalisierung kann entweder durch eine entsprechende Modifikation der Fließkurve, welche ab einer plastischen Grenzdehnung eine Entfestigung des Materials verursacht, oder durch eine künstliche Reduzierung der spezifischen Wärmekapazität und der Wärmeleitfähigkeit simuliert werden. Allgemein setzt Scherlokalisierung ein, wenn die thermische Entfestigung die mechanische Verfestigung überschreitet. Diese Entfestigung führt zu einer Konzentration der plastischen Verformung, die einen weiteren Temperaturanstieg und damit eine weitere Konzentration der Verformung zur Folge hat. Es kommt zu einem sich selbst beschleunigenden Prozess, der zur Ausbildung eines adiabatischen Scherbandes führt [Abou05].

In Abb. 8.12 ist die Simulation des Scherspans bei der Zerspanung der Titanlegierung Ti6-4 mit unbeschichteten Hartmetall-Schneidkeilen dargestellt [Mess07]. Die Fließkurven in Abb. 8.12 wurden bis zu einer Verformung von $\varepsilon = 0{,}25$ mit Hilfe von Hochgeschwindigkeitsverformungsversuchen bei einer Verformungsgeschwindigkeit von 3000 1/s gemessen [Klim00]. Für größere Verformungen wurde eine Materialentfestigung, wie sie bei Ti6-4 für geringere Verformungsgeschwindigkeiten festgestellt worden ist, angenommen [Doeg86]. Zwischen den Spansegmenten ist eine Lokalisierung der Verformungen zu erkennen, die gemäß der hinterlegten Fließkurven zu einer Entfestigung des Materials führt; somit kann es zu einer Ausbildung von Scherbändern kommen.

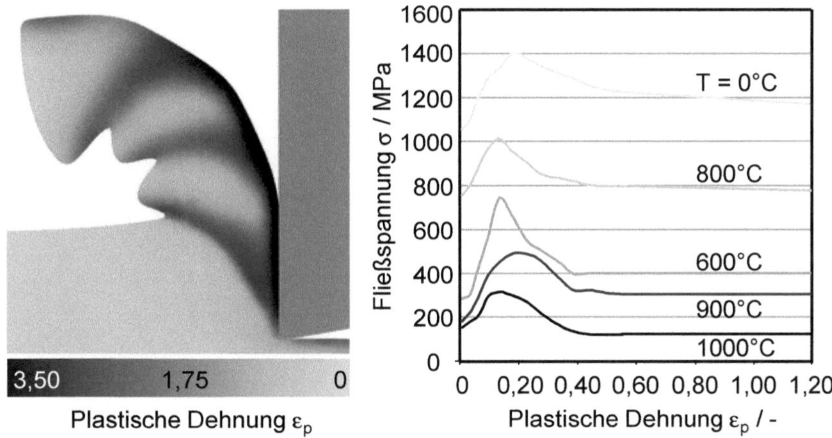

Abb. 8.12 Simulation der Scherspanbildung bei v_c = 25 m/min und f = 0,20 mm mit dazugehörigen Fließkurven, die eine künstliche Materialentfestigung für größere Verformungen enthalten.

Erfolgt die Simulation des Scherspans durch eine Rissinitiierung, wie sie beispielsweise bei der Zerspanung von gehärteten Stählen auftritt, sind geeignete Bruch- oder Risshypothesen in das FE-Modell zu integrieren, die die Formulierung eines kritischen Schädigungswerts D_{krit} für die Rissbildung ermöglichen, vgl. Abschn. 8.7. Dieser kritische Schädigungswert der Rissbildung ist dann eine charakteristische Größe des Werkstoffs [Kloe07]. Sobald ein Element in der FE-Simulation den kritischen Schädigungswert D_{krit} überschreitet, erfolgt dessen Löschung.

Ein Beispiel für eine Simulation der Scherspanbildung basierend auf der Integration einer Bruchhypothese bei der Zerspanung von ADI-900 ist in Abb. 8.13 gegeben. Als Bruchhypothese wurde das Kriterium nach Brozzo verwendet, das den Zugspannungsanteil zu der größten Schubspannung ins Verhältnis setzt [Broz72]. Da experimentelle Untersuchungen gezeigt haben, dass die Bildung von Scherspänen bei der Bearbeitung von ADI-900 auf zwei verschiedenen Mechanismen beruht, wird in dem Werkstoffmodell von Chuzhoy zusätzlich eine Werkstoffschädigung in Abhängigkeit der Zustandsgrößen, Verformung und Verformungsgeschwindigkeit, angenommen, um damit dem beschleunigten Abgleiten der Spansegmente aufgrund der hohen Scherspannungen und der heterogenen Struktur aus Graphitkugeln Rechnung zu tragen.

Nach dem Erstkontakt und der Scherungseinleitung entsteht bei der hier vorliegenden Scherspanbildung ein Riss an der freien Oberfläche, der entlang der Scherzone verläuft. Die Stauzone verschwindet, und das Spansegment beginnt ruckartig von der Schneidkante aus abzugleiten. Durch den entstandenen Riss verringert sich der tragende Querschnitt zwischen Spansegment und Grundmaterial. Der Scherwinkel wird größer, sodass das Spansegment weiter aus dem Spanwurzelgebiet herausgeschoben wird. Ab einem kritischen Scherwinkel fällt die ursprüngliche Scherzone in sich zusammen und teilt sich auf: Der eine Teil wandert mit dem Spansegment über die Spanfläche; der andere Teil bildet

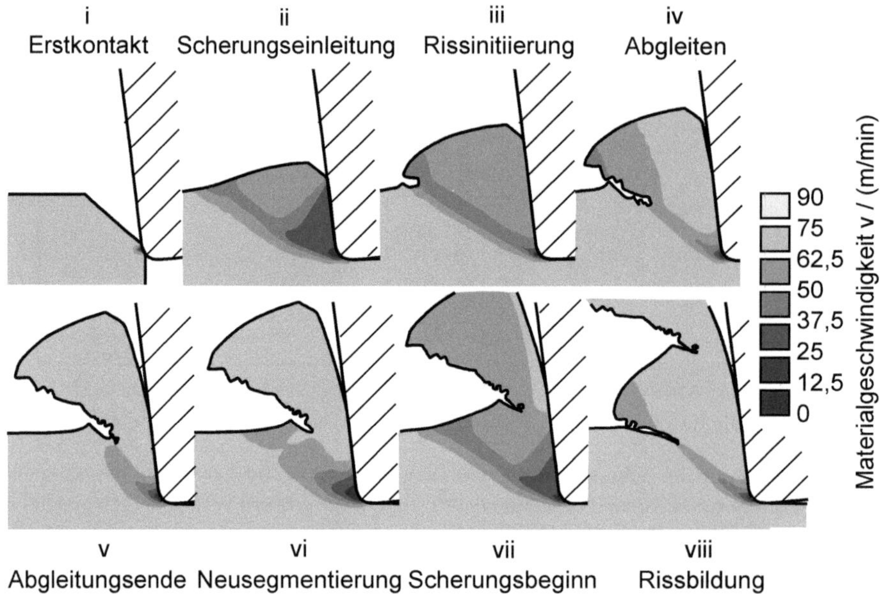

Abb. 8.13 Simulation der Scherspanbildung bei $v_c = 70$ m/min, f = 0,25 mm und $\gamma = -6°$ (ADI-900)

sich nach einem wiederholten Aufstauchen vor der Schneidkante neu aus, womit sich der Segmentierungsprozess wiederholt [Kloe07].

8.11.3 Simulation der Zerspanprozesse

Simulation des Drehprozesses

Mit der raschen Entwicklung in der Computerbranche wird Rechenleistung fortlaufend günstiger und schneller. Dadurch ist es möglich Zerspanprozesse, die der Annahme eines ebenen Dehnungszustandes nicht gerecht werden, dreidimensional zu simulieren. Ein Beispiel für die Simulation des Spanbildungsprozesses beim Außenlängsdrehen eines normalgeglühten Vergütungsstahls C45E+N ist in Abb. 8.14 gegeben. Zur Reduzierung der Rechenzeit wurde nur ein Teilausschnitt des Werkstückes im Modell betrachtet. Die Werte für Reibung und Wärmeübergang wurden aus dem von Hoppe verifizierten Modell für die Zerspanung von C45E+N entnommen [Hopp03]. Die mechanischen Werkstoffeigenschaften des normalgeglühten Vergütungsstahls C45E+N wurden von El-Magd mit Hilfe von Zug- und Druckversuchen bestimmt [Elma06]. Als Werkzeug kam eine Al_2O_3/TiN-beschichtete Schneidplatte der Form CNMG120408 zum Einsatz.

Bei der Integration von Verschleißmodellen in die Simulation lässt sich neben Spannungen, Temperaturen und Spanformen ein möglicher Werkzeugverschleiß vorhersagen.

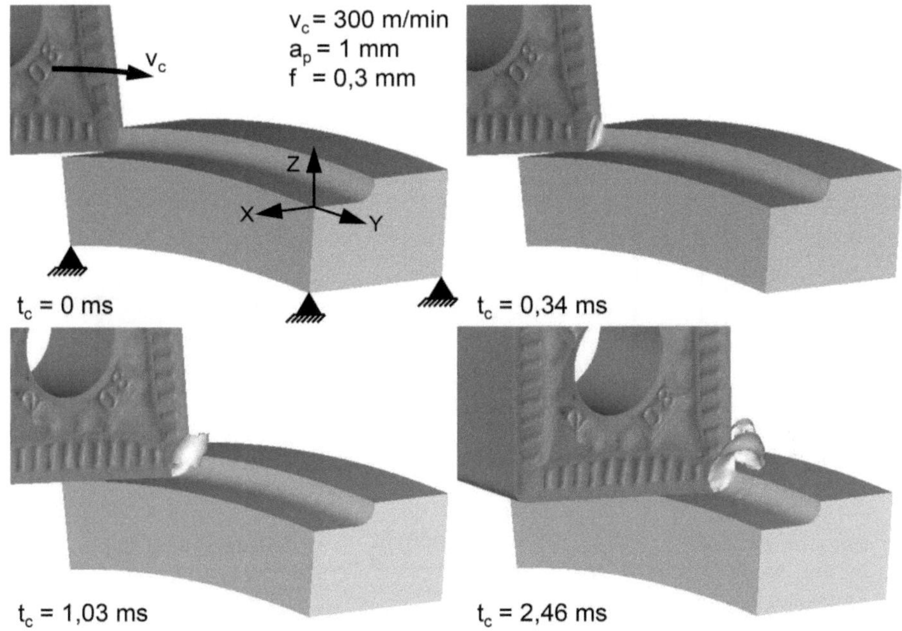

Abb. 8.14 Simulierter Anschnittvorgang beim Außenlängsdrehen von C45E+N

Usui fand in experimentellen Untersuchungen heraus, dass die Verschleißgeschwindigkeit *dW/dt* bei Kenntnis der Normalspannung σ_n, der Abgleitgeschwindigkeit v_{ch} und der Oberflächentemperatur des Werkzeuges ϑ nach der folgenden Gleichung berechnet werden kann [Usui78]:

$$\frac{\partial W}{\partial t} = \sigma_n \cdot v_{ch} \cdot C_1 \cdot \exp\left(-\frac{C_2}{T}\right) \qquad \text{Gl. 8.15}$$

Die Materialkonstanten C_1 und C_2 sind von der Werkstoff-/Schneidstoffkombination abhängig. Zu deren Bestimmung schlug Altan eine numerisch gekoppelte Kalibrierungsmethode vor, in der basierend auf experimentellen Ergebnissen zur Verschleißgeschwindigkeit und numerisch berechneter Werte für σ_n, v_{ch} und ϑ, die spezifischen Materialkonstanten ermittelt werden konnten [Alta02]. In Abb. 8.15 ist der prinzipielle Ablauf einer Verschleißsimulation aufgezeigt. Nachdem in der ersten und zweiten Phase, das thermomechanische Lastkollektiv für den stationären Zustand berechnet worden ist, wird in der dritten Phase, basierend auf dem in der User-Subroutine hinterlegten Verschleißmodell, die aktuelle Verschleißgeschwindigkeit *dW/dt* berechnet. Abschließend erfolgt in der vierten Phase die Modellbildung des verschlissenen Werkzeuges indem die Knoten der Werkzeugkontur in Abhängigkeit des berechneten Verschleißvolumens ΔW verschoben werden. Der beschriebene 4-phasige Verschleißberechnungszyklus wird solange fortgesetzt, bis ein vom Benutzer vorgegebenes Standzeitkriterium erreicht worden ist, und die Simulation daraufhin angehalten wird.

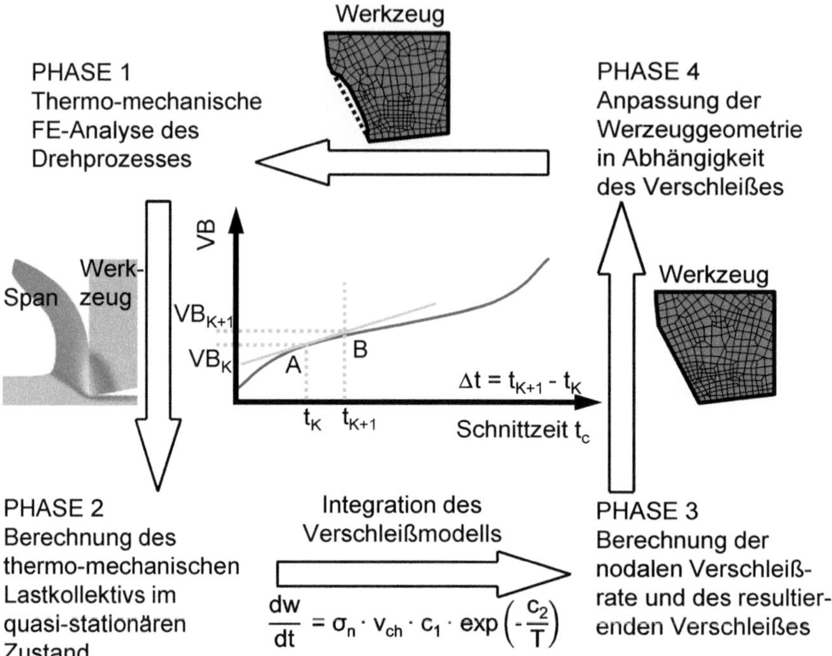

Abb. 8.15 Ablauf einer Simulation zur Verschleißberechnung

Ein Beispiel für die Verschleißvorhersage von unbeschichteten Hartmetallplatten ist in Abb. 8.16 gegeben. Bis zum Erreichen des Verschleißkriteriums von VB_T = 200 µm sind insgesamt sieben 4-phasige Zyklen in der Verschleißsimulation berechnet worden. Wie der Vergleich der Verschleißkurven von Simulation und Experiment zeigt, weicht die Simulation erst im letzten Berechnungszyklus von dem Experiment ab. In der REM-Aufnahme der Schneide, die für eine Schnittzeit von t = 250 s im Versuch eingesetzt worden ist, wird deutlich, dass die Verschleißmarkenbreite VB aufgrund des Schneidenversatzes SV_α im Experiment sprunghaft anstieg. Zu diesem Zeitpunkt brach der Kolk durch die Schneidkante und führte somit zu einem beschleunigten Freiflächenverschleiß. Da in der FE-Simulation der Verschleiß im Bereich der Spanfläche aufgrund fehlender Materialkonstanten für den Kolkverschleiß unberücksichtigt blieb, ist die Simulation eines Schneidenversatzes in Richtung Freifläche nicht möglich gewesen.

Simulation des Fräsprozesses

Dass die Zerspansimulation bereits in der industriellen Umgebung Anwendung findet, wird in folgendem Beispiel beschrieben (Abb. 8.17):

Basierend auf einer numerischen Spanformsimulation wurde die Werkzeuggeometrie eines Messerkopffräsers hinsichtlich des Spanflusses in der Produktentwicklungsphase

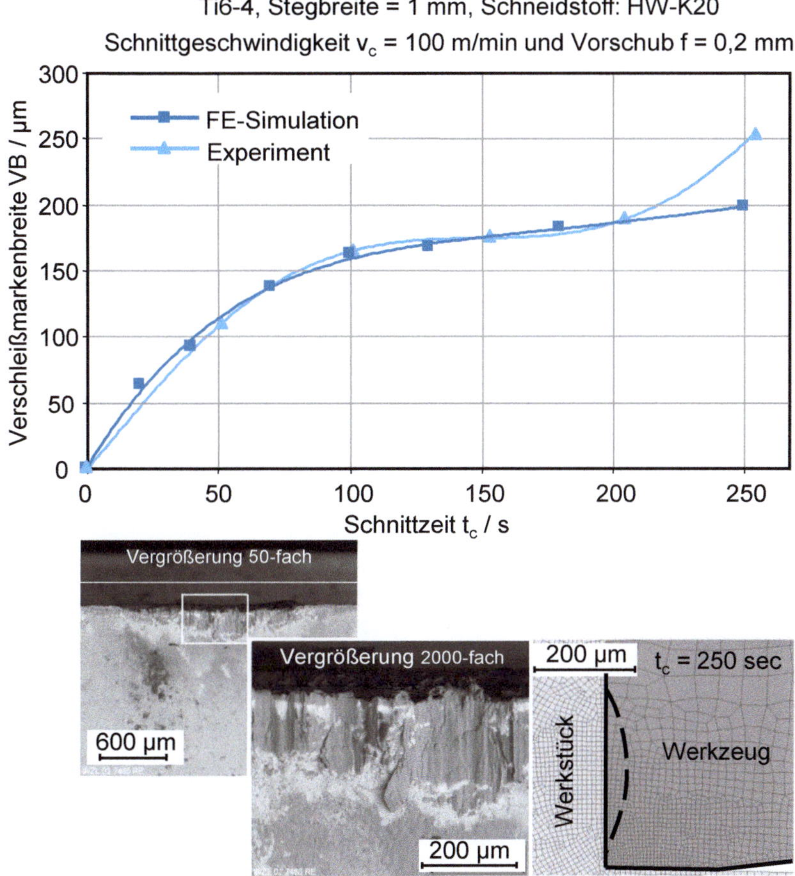

Abb. 8.16 Simulation des Freiflächenverschleißes und der Vergleich mit experimentellen Werten und Aufnahmen

optimiert. Um das beste Design zu identifizieren werden bei dem normalen Produktentwicklungsprozess von Wendeschneidplatten für die metallverarbeitende Bearbeitung Prototypen in mehreren Iterationsstufen gefertigt und getestet.

Der Entwicklungsprozess ist zeitaufwändig, äußerst kostenintensiv und dauert in der Regel sechs bis acht Wochen. Durch die Integration von FE-Simulationen zur Spanbildung in den Entwicklungsprozessen kann die Anzahl von Iterationsschleifen im Design-Prozess deutlich verringert werden. Des Weiteren kann das Design des Werkzeugträgers mit Hilfe der FE-Simulation optimiert werden; allerdings bedarf diese Art der Simulation sehr genaue Eingangsdaten hinsichtlich Kraft und Kraftrichtungen, die in der Vergangenheit nur durch aufwändige Zerspanuntersuchungen bereit gestellt werden konnten. Die Spanformsimulation kann hier Hilfestellung leisten. Durch die Simulation des Spanablaufs, der im

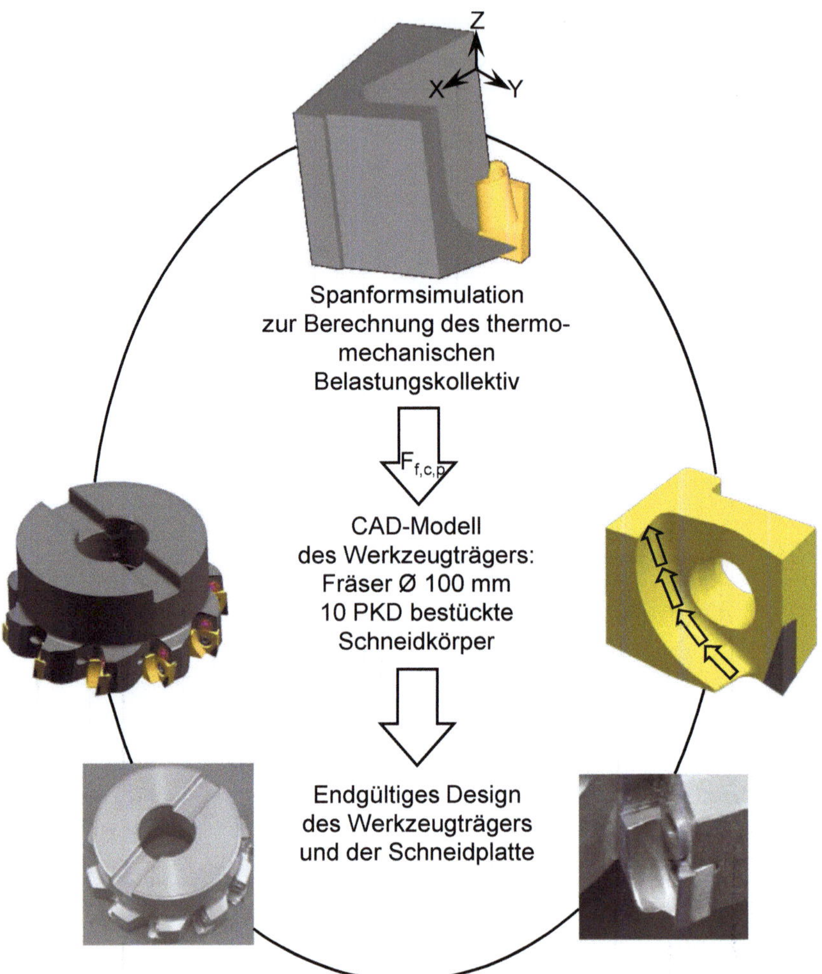

Abb. 8.17 Spanformsimulation zur Entwicklung des Schneidkörpers und des Werkzeugträgers (Quelle: Kennametal)

Wesentlichen durch den Einstellwinkel der Schneide zur Schnittrichtung, sowie der Spanformgeometrie, die in dem Schneidkörper eingebracht ist, bestimmt ist, können neben der Spanform auch Vorhersagen bzgl. der Kräfte und Temperaturen getroffen werden. Diese wiederum können zur Auslegung des Werkzeugträgers herangezogen werden.

Durch die Verwendung der Spanbildungssimulation im Entwicklungsprozess von Werkzeugprototypen kann in dem o.g. Beispiel des Messerkopffräsers eine optimale Kombination aus angepassten, positiven, axialen und radialen Einstellwinkeln, wie auch optimierter Schneidenfase gefunden werden, und somit eine erhebliche bessere Oberflächengüte beim Zerspanen erzielt werden kann. Der Span wird hierbei von der zu erzeugenden Oberfläche abgeleitet, wodurch sehr glatte Oberflächen entstehen. Die zweistufige Schneidenfase verursacht geringere Zerspankräfte, wodurch die Gratbildung minimiert werden kann.

Simulation des Bohrprozesses

Der größte Teil der aufzuwendenden Mittel für Werkzeuge in der Produktionskette entfällt auf Bohrer. Unter dem Gesichtspunkt der Kosten und der Produktivität ist daher die Modellierung und Optimierung von Bohrprozessen ein enorm wichtiges Instrument für die Fertigungsindustrie. Der Bohrvorgang stellt jedoch im Bereich der 3D-FE-Simulation eine besondere Herausforderung dar, da er aufgrund vielfältiger Einflussparameter

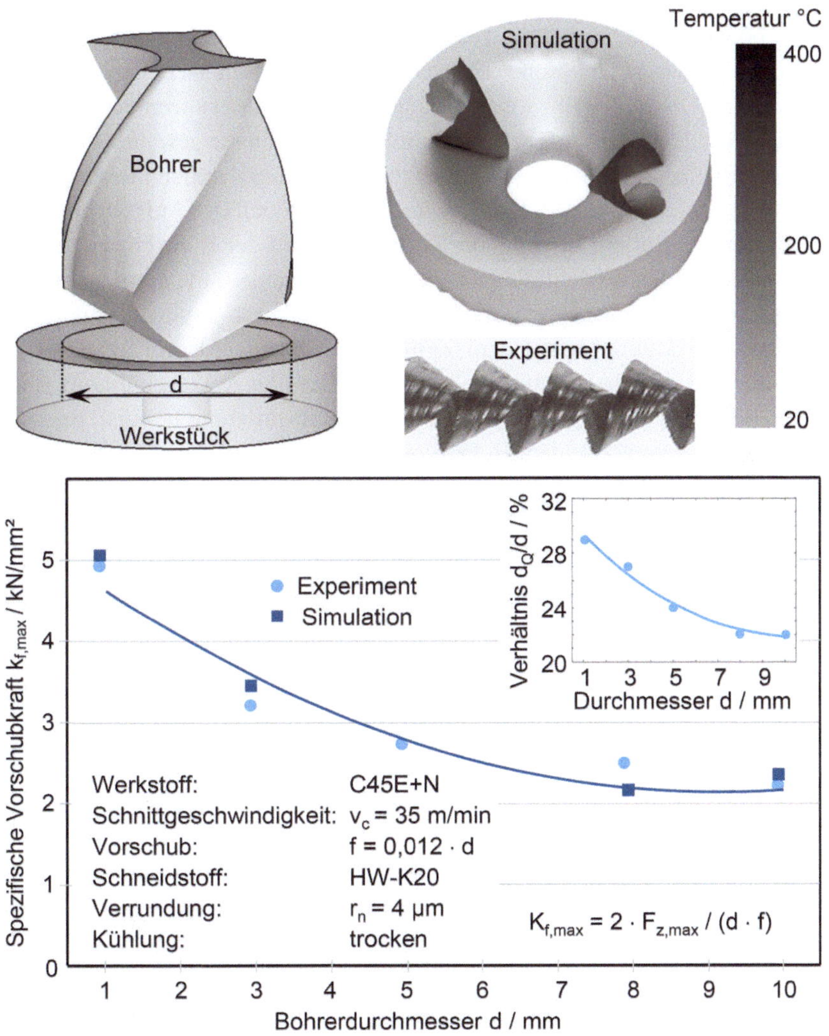

Abb. 8.18 FE-Modell des Bohrprozesses im Vergleich zum Experiment

wie beispielsweise der komplexen Bohrergeometrie, der Schneidkantenverrundung, den verschiedenen Kontaktreibungsvorgängen, dem schwer definierbaren Wärmetransfer und dem thermo-mechanischen Materialverhalten eine große Rechenleistung der Hardware und effiziente Simulationswerkzeuge voraussetzt [Kloc06].

Der Prozess kann aufgrund seiner Komplexität nicht wie der orthogonale Schnitt beim Drehen durch eine 2D-Simulation abgebildet werden. Die Annahme eines ebenen Verformungszustandes ist im Fall des Bohrens nicht zutreffend, da über den Bohrerradius verschiedene Schnittgeschwindigkeiten vorliegen und zusätzlich meist sehr komplexe, gebogene Schneidkantengeometrien vorzufinden sind, die ein Querfließen des Materials bedingen. Für diesen Prozess ist daher nur eine dreidimensionale Betrachtung zielführend. Allerdings steigen dadurch sowohl der Implementierungs-, als auch der Rechenaufwand exponentiell an, wobei die Rechenzeit bei heutiger Computertechnik etwa mit der dritten Potenz der Modellgröße wächst. Trotzdem müssen Werkzeug und Werkstück als Volumenkörper detailliert in finiten Elementen diskretisiert werden. Um eine möglichst zufriedenstellende Genauigkeit der Simulationsergebnisse gewährleisten zu können, sollte im Modell eine besonders feine Vernetzung im interessierenden Bereich der Hauptschneide vorliegen [Kloc06]. Ein Beispiel für ein FE-Modell des Aufbohrprozesses ist in Abb. 8.18 gegeben. Zur Verkürzung der Rechenzeit wird der Bohrprozess erst von dem Zeitpunkt an betrachtet, ab dem die gesamte Hauptschneide im Eingriff ist. Hierzu wird das zylindrische Werkstückmodell um das Material des Anschnittvorgangs durch die Aussparung eines Kegelstumpfes auf dem Zylinder angepasst. Zur Verifikation des Bohrmodells wurden sowohl die Spanform als auch die berechnete Vorschubkraft den experimentellen Größen gegenübergestellt. Die hohe Übereinstimmung beweist, dass selbst für derart komplexe Prozesse wie dem Bohren eine numerische Simulation unterschiedlicher Zielgrößen möglich ist.

9 Prozessauslegung und Prozessüberwachung

F. Klocke, *Fertigungsverfahren 1*, VDI-Buch,
https://doi.org/10.1007/978-3-662-54207-1_9

9.1 Bestimmung wirtschaftlicher Schnittbedingungen

9.1.1 Schnittwertgrenzen

Die Weiterentwicklung der Schneid- und Werkstoffe und die zunehmende Automatisierung der Werkzeugmaschinen bedingen von Zeit zu Zeit eine Korrektur der Zerspanungsrichtwerte.

Die Schnittwertermittlung muss unter Berücksichtigung der Zerspanbarkeit erfolgen und Angaben über Schnitttiefe, Schnittgeschwindigkeit, Vorschub und die zu erwartende Standgröße des Werkzeugs bei vorgegebenem Standkriterium liefern. Die Streuungen der Zerspanbarkeit eines Werkstoffs gleicher Normbezeichnung, aber unterschiedlicher Charge kann in Extremfällen größer drei zu eins sein. Dieses Verhältnis wird umso ungünstiger, je größer der zulässige Verschleiß und je höher die Schnittgeschwindigkeit ist [Kluf83]. Im Hinblick auf optimale Schnittwerte sind die Standgrößen bzw. das Verschleißverhalten des Werkzeugs die wichtigsten Beurteilungskriterien für das Standvermögen einer Werkstoff-Schneidstoff-Kombination [Köni71].

Für den Freiflächenverschleiß werden i. Allg. bei Einsatz von Hartmetallen Verschleißmarkenbreiten von $VB = 200 - 800\ \mu m$ zugelassen. Das Standkriterium für den Kolkverschleiß ist abhängig vom Vorschub f nach folgender Gleichung zu bestimmen:

$$KT = 0{,}06 + 0{,}3 \cdot f \qquad \text{Gl. 9.1}$$

Neben dem Werkzeugverschleiß gelten je nach Bearbeitungsfall die anderen Hauptbewertungsgrößen der Zerspanbarkeit – die Zerspankraft, die Werkstückoberfläche und die Spanformen – als Standkriterien. Bei der Festlegung der Schnittwerte müssen die Grenzen des Systems Werkstück-Spannmittel-Werkzeug-Maschine berücksichtigt werden. Die Vorgaben für diese Grenzwerte beziehen sich in vielen Fällen auf die Beschreibung des Spanungsquerschnittes durch die theoretischen Größen Spanungsdicke h und Spanungsbreite b. Sie müssen entsprechend der geometrischen Beziehungen, die für das jeweilige Bearbeitungsverfahren gelten, in die technischen Größen Schnitttiefe a_p und Vorschub f umgerechnet werden (vgl. Kap. 9 und 10).

Um während einer vorgegebenen Standzeit möglichst große Zeitspanungsvolumina zu erreichen, sollte zunächst die Schnitttiefe a_p so groß wie möglich gewählt werden, sofern sie nicht schon durch das in einem Schnitt abzuhebende Aufmaß festgelegt ist. Durch eine große Schnitttiefe verringert sich die Anzahl der notwendigen Schnitte, sodass neben der Hauptzeit (vgl. Abschn. 9.1.2) auch die Nebenzeit für Abheben, Zurückfahren und erneutes Anstellen eingespart wird.

Die maximale Schnitttiefe a_{pmax} wird vom Werkzeug durch die Stabilität der Schneidkante begrenzt. Für den Schruppschnitt werden Werkzeuge mit einem großen Eckenwinkel ε_r eingesetzt. Als Richtwerte gelten die Faustformeln nach Tab. 9.1.

Größere Schnitttiefen bzw. Spanungsbreiten können zu Ausbrüchen der Schneiden führen. Nach Festlegung der Schnitttiefe sollte der Vorschub so groß wie möglich gewählt werden, um die Hauptzeit zu minimieren. Für diese Reihenfolge in der Festlegung der

Tab. 9.1 Maximale Spanungsbreite

Eckenwinkel ε_r/°	Spanungsbreite b
80 – 90	2/3 · Schneidkantenlänge
60	1/2 · Schneidkantenlänge
35 – 55	1/4 · Schneidkantenlänge

Schnittwerte sprechen der gegenüber der Schnittgeschwindigkeit geringere Einfluss des Vorschubes auf die Verschleißausbildung und die mit zunehmendem Vorschub abfallende spezifische Zerspankraft. Dadurch kann die Maschinenleistung besser genutzt werden.

Bei der Wahl des Vorschubs müssen neben dem maximal und minimal zulässigen Vorschub der Maschine wiederum Begrenzungen seitens des Werkzeugs berücksichtigt werden. Zur Vermeidung unbearbeiteter Bereiche am Werkstück, gilt folgende Ungleichung als Orientierungshilfe:

$$f_{\max} \leq r_{\varepsilon} \qquad \text{Gl. 9.2}$$

Die untere Grenze des Vorschubs wird von der Mindestspanungsdicke $h_{\min}$ bestimmt, die von der Steifigkeit des Systems Werkstück-Spannmittel-Werkzeug-Maschine abhängt und die eine Spanabnahme insbesondere bei verrundeten oder angefasten Schneidkanten sicherstellen soll. Als Richtwert kann hier nach SOKOLOWSKI [Soko55] z. B. für das Drehen gelten:

$$0{,}25 < \frac{h_{\min}}{r_{\mathrm{n}}} < 1{,}125 \qquad \text{Gl. 9.3}$$

Diese Mindestspanungsdicke kann sowohl durch den Werkstoff begrenzt werden, wie z. B. bei austenitischen Stählen, die zur Kaltverfestigung neigen, als auch durch die Schneidkantenausbildung des Werkzeugs. So haben z. B. beschichtete Wendeschneidplatten herstellungsbedingt immer eine Schneidkantenverrundung, deren Radius meist zwischen 20 und 60 µm liegt. Bei der Schruppbearbeitung und bei hohen Zähigkeitsanforderungen an den Schneidstoff durch unterbrochene Schnitte stabilisieren diese Verrundungen ebenso wie Spanflächenfasen die Schneidkanten. Bei sehr geringen Spanungsdicken bzw. Spanungsbreiten nimmt der elastische Anteil beim Trennvorgang stark zu und eine Spanabnahme ist nicht mehr gewährleistet.

Eine weitere Größe, die den Vorschub begrenzt, ist die vorgegebene Oberflächenrauheit. Sie hängt primär vom Vorschub ab, sodass zur Einhaltung bestimmter Oberflächengüten der Vorschub nicht zu groß gewählt werden darf (vgl. Abschn. 3.5).

Für einen störungsfreien Fertigungsablauf, insbesondere bei der automatisierten Fertigung durch NC- und CNC-Maschinen und zum Schutz des Maschinenbedieners, ist die Spanform von großer Bedeutung. Lösungsfelder günstiger Spanformen sind in Abb. 9.1 durch den Vorschub in Abhängigkeit von der Schnitttiefe für zwei Wendeschneidplatten gleicher Abmessungen mit unterschiedlich eingeformten Spanleitstufen dargestellt.

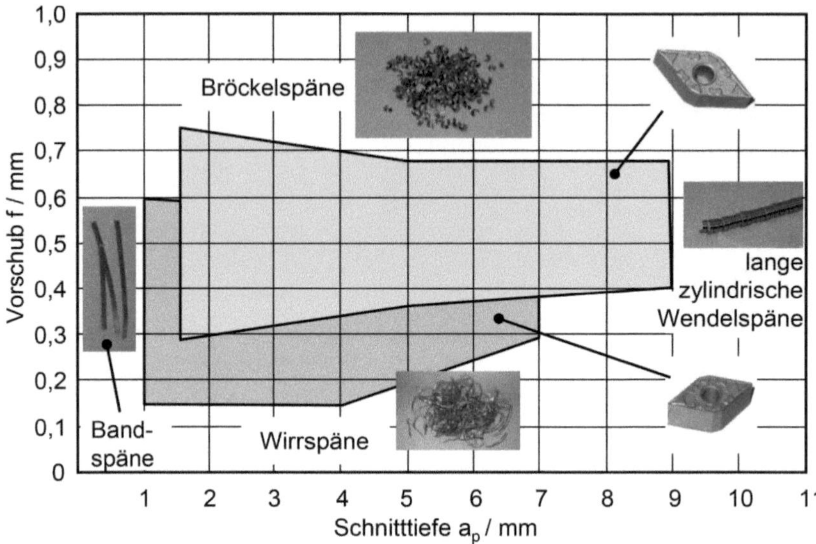

Abb. 9.1 Spanformempfehlung für Werkzeuge mit eingeformter Spanleitstufe

Welche Spanformen zu erwarten sind, verdeutlichen die Bilder an den Rändern des jeweiligen Lösungsfeldes.

Solche Lösungsfelder gelten nur:

- für das angewendete Fertigungsverfahren,
- für die eingesetzte Verfahrenskinematik,
- für die eingesetzten Werkzeuge,
- für den eingesetzten Werkstoff und
- für den eingesetzten Schneidstoff

Die Schnittgeschwindigkeit wird entsprechend der zuvor definierten Standgröße, aufgrund eines vorgegebenen Standkriteriums durch eine Standgrößenfunktion (vgl. Kap. 7) bzw. durch Richtwerttabellen bestimmt.

Die in den Richtwertempfehlungen angegebenen Schnittgeschwindigkeiten gelten üblicherweise für stabile Zerspanungsbedingungen an vorbearbeiteten Werkstücken. Bei der Bearbeitung von Werkstücken mit einem besonders schwer zerspanbaren Randzonengefüge, wie z. B. Schmiede-, Walz- oder Gusshaut, sind die angegebenen Schnittgeschwindigkeiten mit einem Faktor von 0,65 – 0,8 zu multiplizieren.

9.1.2 Optimierung der Schnittwerte

Aufgrund der Lohnkosten, der Investitionskosten für Maschinen, der ständig sinkenden Kosten für die Werkzeugschneide und des verbesserten Verschleißverhaltens beziehen sich die Schnittwertempfehlungen der Schneidstoffhersteller zurzeit auf eine Standzeit von 15 min. Die Notwendigkeit einer Verkürzung der Standzeiten bei kapitalintensiven Werkzeugmaschinen wird bei der Betrachtung der Kostenzusammenhänge verständlich. Moderate Schnittbedingungen ergeben hohe Standzeiten, wenige Werkzeugwechsel und geringe Werkzeugkosten. Auf der anderen Seite entstehen lange Bearbeitungszeiten, die bezogen auf das zerspante Volumen, zu hohen Lohn- und Maschinenkosten führen. Der Zusammenhang zwischen Schnittwerten und Arbeitsplatzkosten ist in Abb. 9.2 dargestellt.

Da die Lohn- und Maschinenkosten stark, die Werkzeug- sowie die Werkzeugwechselkosten, z. B. durch den Einsatz automatisierter Werkzeugwechsler, aber wesentlich langsamer angestiegen sind, führt eine Standzeitreduzierung durch eine Steigerung der Schnittbedingungen zu geringeren Fertigungskosten. Ebenso hat die Verbesserung der Schneidstoffe eine verbesserte Verschleißfestigkeit zur Folge. Dies erlaubt höhere realisierbare Schnittgeschwindigkeiten.

Je nach Bearbeitungsaufgabe muss eine Zielgröße ausgewählt werden. Bei der Schruppbearbeitung stehen, ausgehend von betriebspolitischen Zielsetzungen, zwei Optimierungsziele im Vordergrund:

- minimale Fertigungskosten K_{Fmin}
- minimale Vorgabezeit für einen Vorgang t_{emin}

Bei der Schlichtbearbeitung sind andere Optimierungsziele gefordert. Hier müssen geringere Werkstücktoleranzen, vorgegebene Oberflächenqualitäten oder sonstige für die Funktionssicherheit des Bauteils wichtige Kenngrößen eingehalten werden. Die nachfolgenden Erläuterungen orientieren sich inhaltlich und formal an der vom VDI herausgegebenen Richtlinie zur Schnittwertoptimierung [VDI3321]. Auch bei der Optimierung einzelner Zerspanprozesse sind die Randbedingungen aus dem Umfeld des Produktionsprozesses, wie z. B. Maschinenverfügbarkeit oder Taktzeiten verketteter Fertigungsanlagen bei der Festlegung der Bearbeitungsparameter zu beachten. Entsprechend dem geforderten Optimierungsziel leitet sich die Optimalwertfunktion aus der Fertigungszeit- oder der

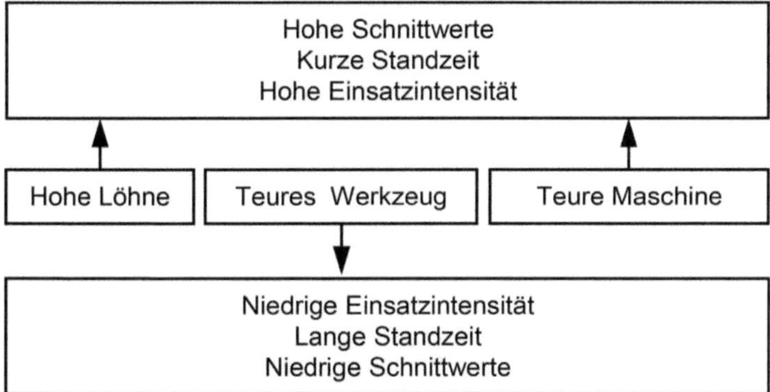

Abb. 9.2 Beeinflussung der Schnittwerte durch die Arbeitsplatzkostengrößen, nach VDI 3321

Fertigungskostengleichung ab. Die Zeit je Einheit t_e setzt sich aus der *Grundzeit* t_g, der *Verteilzeit* t_v und der *Erholungszeit* t_{er} zusammen:

$$t_e = t_g + t_v + t_{er} \qquad \text{Gl. 9.4}$$

Die *Verteilzeit* t_v ist diejenige Zeit, durch die alle unregelmäßig auftretenden Vorgänge, wie z. B. das Besorgen nötiger Betriebsmittel, zusammengefasst werden.

Durch die *Erholungszeit* t_{er} werden alle Pausen berücksichtigt, während denen die Werkzeugmaschine still steht.

Die *Grundzeit* t_g ist die Summe aus der *Hauptzeit* t_h und der *Nebenzeit* t_n, also:

$$t_g = t_h + t_n \qquad \text{Gl. 9.5}$$

Die *Hauptzeit* t_h ist diejenige Zeit, bei der ein unmittelbarer Fortschritt im Sinne des Fertigungsauftrages durch Zerspanen entsteht [VDI 3321].

Für die Hauptzeit gilt:

$$t_h = \sum_i \frac{L_i}{v_{fi}} + \sum_j \frac{S_j}{v_{fj}} \qquad \text{Gl. 9.6}$$

Zur Berechnung der Hauptzeit werden die Vorschubwege L_i und Schnittlängen S_j mit der jeweiligen Vorschubgeschwindigkeit v_f berücksichtigt. Die Anzahl der Vorgänge bis zur Fertigstellung wird durch die Anzahl der Vorschubwege i und Schnittlänge j berücksichtigt.

Die *Nebenzeit* t_n ist diejenige Zeit, bei der alle mittelbaren Vorgänge, die bei der Zerspanung anfallen, wie Spannen, Messen, Ausrichten, anteiliges Werkzeugwechseln und anteiliges Werkstückwechseln, durchgeführt werden [VDI 3321]. Für die Nebenzeit gilt:

$$t_n = \frac{t_r}{t_{WM}} + \frac{t_W}{n_{WT}} + t_{WST} \qquad \text{Gl. 9.7}$$

Die *Werkzeugwechselzeit* t_w ist diejenige Zeit, die verstreicht, bis ein Werkzeug gewechselt ist und sowohl Lagekorrektur als auch die Positionierung zum Wiedereingriff erfolgt ist. Diese Zeit ist anteilig in der Nebenzeit t_n enthalten [VDI 3321].

Die *Werkstückwechselzeit* t_{WST} ist diejenige Zeit, die verstreicht, bis ein Werkstück gewechselt ist.

Da die Summanden der Nebenzeiten z.T. nicht für jedes Werkstück oder jeden Vorgang anfallen, werden sie anteilig berücksichtigt. Die Rüstzeit wird auf die Losgröße m bezogen:

Anzahl der Werkstücke je Maschineneinrichtung:

$$n_{WM} = m \qquad \text{Gl. 9.8}$$

Die Werkzeugwechselzeit wird auf die Standzeit T bzw. Standmenge n_{WT} bezogen:

Anzahl der Werkstücke je Standzeit:

$$n_{WT} = \frac{T}{t_c} \qquad \text{Gl. 9.9}$$

Hierbei ist die *Schnittzeit* t_c die Zeit, in der das Werkzeug tatsächlich zerspant.

Es gilt abschließend für die Zeit je Einheit t_e je Werkstück oder Vorgang:

$$t_e = t_h + \frac{1}{m} \cdot t_r + \frac{t_c}{T} \cdot t_{WZ} + t_{WST} \qquad \text{Gl. 9.10}$$

Kostenoptimale Schnittgeschwindigkeit

Die Fertigungskosten je Werkstück K_F setzen sich aus den Lohn- und Lohnnebenkosten K_L, den reinen Maschinenkosten K_M, den Werkzeugkosten K_W und den Restfertigungsgemeinkosten K_x zusammen.

$$K_F = K_L + K_M + K_W + K_r \qquad \text{Gl. 9.11}$$

Die Lohnkosten werden folgendermaßen berechnet:

$$K_L = K_{LH} \cdot t_e = L \cdot (1 + p_L) \cdot t_e \qquad \text{Gl. 9.12}$$

mit K_{LH} als Lohn- und Lohnnebenkosten je Stunde, L als Stundenlohn und p_L als Lohnnebenkostenanteil.

Die Maschinenkosten ergeben sich aus dem Maschinenstundensatz und der Zeit je Einheit t_e:

$$K_M = K_{MH} \cdot t_e \qquad \text{Gl. 9.13}$$

Die anteiligen Werkzeugkosten sind definiert als

$$K_W = \frac{K_{WT}}{n_{WT}} = \frac{t_c}{T} \cdot K_{WT} \qquad \text{Gl. 9.14}$$

mit K_{WT} als Werkzeugkosten für die Standmenge n_{WT} einschließlich Voreinstellkosten, Anzahl der Werkstücke je Standzeit T und t_c als Schnittzeit. Für die Werkzeugkosten je Standzeit gilt für nachschleifbare Werkzeuge:

$$K_{WT} = \frac{K_{Wa} - K_{Wu} + n_s \cdot K_{Ws}}{n_s + 1} + K_{Wv1} + K_{Wv2} \qquad \text{Gl. 9.15}$$

mit K_{Wa} als Werkzeugbeschaffungswert, K_{Wu} Werkzeugrestwert, n_s Anzahl der möglichen Nachschliffe, K_{Ws} Kosten je Nachschliff, K_{Wv1} und K_{Wv2} als Voreinstellkosten außerhalb und innerhalb der Maschine.

Für Wendeplattenwerkzeuge gilt:

$$K_{WT} = \frac{K_{WP}}{n_{TP}} + \frac{K_{WH}}{n_{TH}} + \frac{K_{WE}}{n_{TE}} + K_{Wv1} + K_{Wv2} \qquad \text{Gl. 9.16}$$

mit K_{WP} als Wendeplattenbeschaffungswert, K_{WH} Werkzeughalterbeschaffungswert, K_{WE} Werkzeugersatzteil- und Zubehörbeschaffungskosten, K_{Wv1} und K_{Wv2} als Voreinstellkosten außerhalb und innerhalb der Maschine.

Die Standmengen n_{Ti} mit $i = P,H,E$ nehmen üblicherweise stark unterschiedliche Werte an.

Die Restfertigungsgemeinkosten ergeben sich zu:

$$K_x = \frac{K_{xH}}{60} \cdot t_{eB} \qquad \text{Gl. 9.17}$$

mit K_{xH} als Restfertigungsgemeinkosten je Stunde und t_{eB} als Belegungszeit auf der Maschine.

Der Maschinen- und Lohnkostenstundensatz K_{ML} ist definiert als:

$$K_{ML} = \frac{t_e}{t_{eB}} \cdot K_{LH} + K_{MH} + K_x \qquad \text{Gl. 9.18}$$

mit K_{LH} als Lohn- und Lohnnebenkosten, K_{MH} als Maschinenstundensatz und K_x als Restfertigungsgemeinkosten. Durch Verwendung des Maschinen- und Lohnkostenstundensatzes können die Fertigungskosten folgendermaßen zusammengefasst werden:

$$K_F = K_L + K_M + K_x + K_W = K_{ML} \cdot t_{eB} + K_W \qquad \text{Gl. 9.19}$$

Der Verlauf der Fertigungskosten, der Werkzeugkosten und der Hauptzeit abhängigen Kosten, in Abhängigkeit von der Schnittgeschwindigkeit ist in Abb. 9.3 dargestellt.

Durch stetige Steigerung der Schnittgeschwindigkeit können die Fertigungskosten nicht weiter gesenkt werden. Wegen der Verkürzung der Standzeit bei zunehmender Schnittgeschwindigkeit wird der Werkzeugwechsel häufiger erforderlich, sodass der Werkzeugkostenanteil steigt. Bei sehr hohen Schnittgeschwindigkeiten können daher die anteiligen Werkzeugkosten zum größten Summanden der Fertigungskosten werden.

Die Schnittwerte Schnitttiefe a_p, Vorschub f und Schnittgeschwindigkeit v_c sind hinsichtlich einer Optimierung unterschiedlich zu beurteilen. Der Einfluss der Schnitttiefe

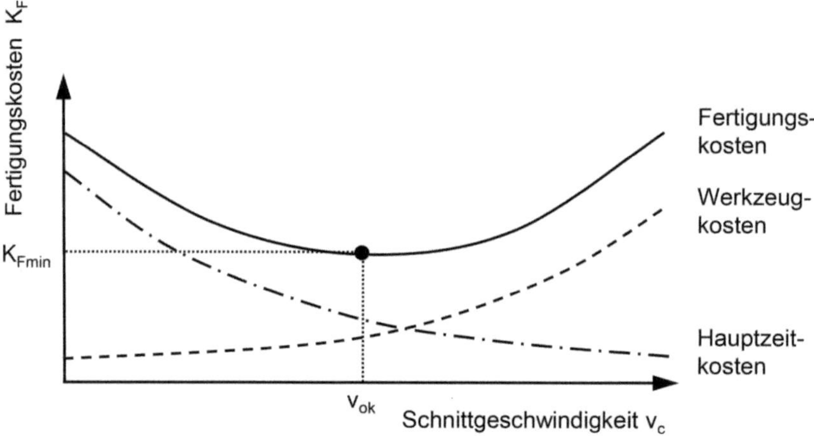

Abb. 9.3 Fertigungskosten als Funktion der Schnittgeschwindigkeit

auf den Werkzeugverschleiß ist gering. Im ersten Schritt zur Kostenoptimierung kann zunächst die kostenoptimale Schnitttiefe a_{pok} maximal gewählt werden.

Obwohl die Fertigungskosten in Abhängigkeit von Vorschub und Schnittgeschwindigkeit ein absolutes Minimum aufweisen, kommt dem Vorschub als frei wählbare Optimiergröße nur sekundäre Bedeutung zu, da der optimale Vorschub für den größten Teil der praktischen Anwendungsfälle oberhalb des technisch möglichen Vorschubs liegt. Unter Berücksichtigung der Schnittwertgrenzen (vgl. Abschn. 9.1.1) ist in einem zweiten Schritt der aus verfahrenstechnischer Sicht maximal mögliche Vorschub als kostenoptimaler Vorschub f_{ok} zu wählen. Im Gegensatz zu den Größen a_{p} und f kann die Schnittgeschwindigkeit v_{c} in einem großen Bereich frei gewählt werden, der für eine Optimierung nutzbar ist. Die Schnittgeschwindigkeit hat einen erheblichen Einfluss auf das Verschleißverhalten des Werkzeuges, welches durch die Standgröße gekennzeichnet wird, die wiederum die Werkzeug- und Werkzeugwechselkosten beeinflusst.

Durch steigende Maschinen- und Lohnkosten sowie kürzere Nebenzeiten verschieben sich die wirtschaftlichen Schnittgeschwindigkeiten in den Bereich geringer Standgrößen. Die Beschreibung des Standverhaltens beschränkt sich i. Allg. auf einen im doppelt logarithmischen System linearisierten Bereich, in dem das Verhalten hinreichend genau beschrieben werden kann (vgl. Abschn. 7.2.1 und Abb. 9.4). Mathematisch wird eine Regressionsanalyse unter Verwendung einer allgemeinen Exponentialfunktion durchgeführt.

Anhand der Abb. 9.4 wird die Abhängigkeit der Steigung der Standzeitgeraden vom Schneidstoff bei der Bearbeitung von Eisenwerkstoffen deutlich. Steil abfallende Standzeitgeraden kennzeichnen temperaturempfindliche Schneidstoffe (wie z. B. Schnellarbeitsstahl), flach abfallende Standzeitgeraden kennzeichnen hingegen für warmfestere Schneidstoffe (wie z. B. Schneidkeramik).

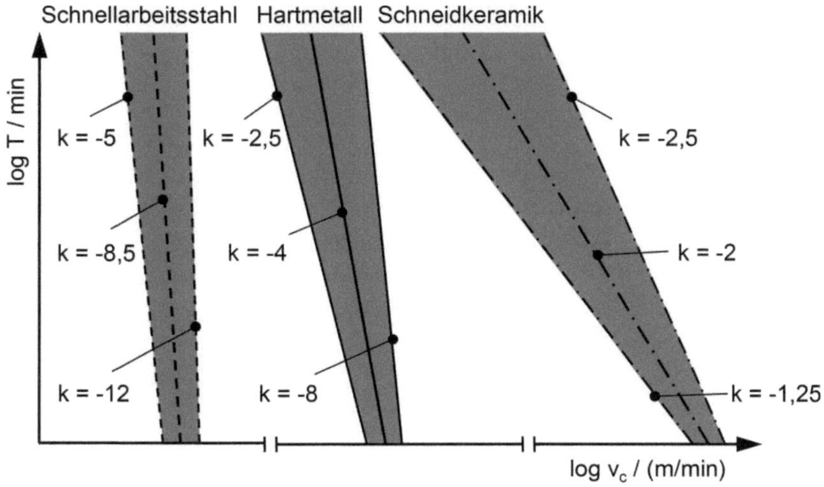

Abb. 9.4 Standzeitgeraden beim Längsdrehen, nach VDI3321

Die erweiterte Standzeitfunktion nach einem Ansatz von TAYLOR beinhaltet alle drei Größen Schnitttiefe, Vorschub und Schnittgeschwindigkeit:

$$T = C_\mathrm{v} \cdot v_\mathrm{c}^{k} \cdot C_\mathrm{f} \cdot f_\mathrm{z}^{k_\mathrm{fz}} \cdot C_\mathrm{a} \cdot a_\mathrm{p}^{k_\mathrm{a}} \qquad \text{Gl. 9.20}$$

Da sowohl die kostenoptimale Schnitttiefe a_pok, als auch der kostenoptimale Vorschub f_ok bereits ausgewählt wurden, ist es ausreichend zur Herleitung der Optimalwertfunktion der Kosten die vereinfachte Standzeitgleichung nach TAYLOR zu verwenden.

$$T = C_\mathrm{v} \cdot v_\mathrm{c}^{k} \qquad \text{Gl. 9.21}$$

Die Optimalwertfunktion f_ow wird aufgestellt, indem die Standzeitgleichung 9.21 und die Hauptzeitgleichung 9.4 unter Berücksichtigung des angewendeten Verfahrens in die Gl. 9.19 eingesetzt werden. Es gilt dann:

$$K_\mathrm{F} = K_\mathrm{ML} \cdot (t_\mathrm{h} + t_\mathrm{n} + t_\mathrm{v} + t_\mathrm{er}) + \frac{t_\mathrm{c}}{T} \cdot K_\mathrm{WT} \qquad \text{Gl. 9.22}$$

Unter Verwendung der bekannten Zusammensetzung der Nebenzeit nach Gl. 8.7 gilt:

$$K_\mathrm{F} = K_\mathrm{ML} \cdot \left(t_\mathrm{h} + \frac{t_\mathrm{w}}{n_\mathrm{WT}} + \frac{t_\mathrm{r}}{n_\mathrm{WM}} + t_\mathrm{WST} + t_\mathrm{v} + t_\mathrm{er} \right) + \frac{t_\mathrm{c}}{T} \cdot K_\mathrm{WT} \qquad \text{Gl. 9.23}$$

An dieser Stelle ist es sinnvoll, die Abhängigkeiten der einzelnen Anteile von der Schnittgeschwindigkeit zu betrachten. Alle Zeitgrößen, die nicht von der Schnittgeschwindigkeit abhängen, werden als Konstanten betrachtet und folgendermaßen substituiert:

$$C_1 = \frac{t_\mathrm{r}}{n_\mathrm{WM}} + t_\mathrm{WST} + t_\mathrm{v} + t_\mathrm{er} \qquad \text{Gl. 9.24}$$

Eingesetzt gilt somit:

$$K_\mathrm{Fo}(v_\mathrm{c}) = K_\mathrm{ML} \cdot \left(t_\mathrm{h} + \frac{t_\mathrm{c}}{T} \cdot t_\mathrm{w} + C_1 \right) + \frac{t_\mathrm{c}}{T} \cdot K_\mathrm{WT} \qquad \text{Gl. 9.25}$$

Da die Optimalwertfunktion eine Funktion der Schnittgeschwindigkeit sein soll, müssen die Zeitanteile durch die Schnittgeschwindigkeit ersetzt werden. Bei Anwendung spanender Fertigungsverfahren mit *rotatorischer Hauptbewegung* gelten bei konstanten Schnittparametern für die Hauptzeit und für die Schnittzeit unter Verwendung von Gl. 8.6 und Substitution der konstanten Glieder durch die Konstante C_3 die folgenden Gleichungen:

$$t_\mathrm{h} = \sum_i \frac{C_i}{v_{fi}} + \sum_j \frac{s_j}{v_{fj}} = C_2 + t_\mathrm{c} \qquad \text{Gl. 9.26}$$

$$t_\mathrm{n} = \frac{t_\mathrm{r}}{n_\mathrm{WM}} + \frac{t_\mathrm{w}}{n_\mathrm{WT}} + t_\mathrm{WST} \qquad \text{Gl. 9.27}$$

$$t_c = j \cdot \frac{\pi \cdot D \cdot s_j}{v_c \cdot f_{ok}} = C_3 \cdot \frac{1}{v_c} \qquad \text{Gl. 9.28}$$

Die Standzeitgleichung muss ebenfalls gelten, sodass für die Optimalwertfunktion gilt:

$$\begin{aligned} K_{Fo}(v_c) &= K_{ML}\left(C_2 + C_3 \cdot \frac{1}{v_c} + C_3 \cdot \frac{t_w}{v_c T} + C_1\right) + C_3 \cdot \frac{1}{v_c \cdot T} \cdot K_{WT} \\ &= K_{ML} \cdot \left(C_2 + C_3 \cdot \frac{1}{v_c} + \frac{C_3}{C_v} \cdot \frac{t_w}{v_c^{k+1}} + C_1\right) + \frac{C_3}{C_v \cdot v_c^{k+1}} \cdot K_{WT} \end{aligned} \qquad \text{Gl. 9.29}$$

Nun können die Methoden einer allgemeinen Extremwertaufgabe angewendet werden, sodass die notwendige und die hinreichende Bedingung erfüllt werden. Dazu gilt zunächst für die erste Ableitung nach der Schnittgeschwindigkeit:

$$\frac{dK_{F0}}{dv_c} = K_{ML}\left(-C_3 \cdot \frac{1}{v_c^2} - (k+1) \cdot \frac{C_3}{C_v} \cdot \frac{t_w}{v_c^{(k+1)}}\right) - (k+1) \cdot \frac{C_3 \cdot K_{WT}}{C_v v_c^{(k+2)}} \qquad \text{Gl. 9.30}$$

Der Ausdruck lässt sich vereinfachen, sodass gilt:

$$\frac{dK_{F0}}{dv_c} = -\frac{K_{ML} \cdot C_3}{v_c^2} - (k+1) \cdot \frac{C_3 \cdot (K_{ML} \cdot t_W + K_{WT})}{C_v \cdot v_c^{(k+2)}} \qquad \text{Gl. 9.31}$$

Die notwendige Bedingung bei Extremwertaufgaben fordert, dass die erste Ableitung zu Null wird, sodass für die optimale Schnittgeschwindigkeit gilt:

$$\frac{dK_{F0}}{dv_c} = 0 \quad \rightarrow \quad v_c = \sqrt[k]{-\frac{(k+1) \cdot C_3 \cdot (K_{ML} \cdot t_w + K_{WT})}{K_{ML} \cdot C_3 \cdot C_v}} \qquad \text{Gl. 9.32}$$

Damit die Schnittgeschwindigkeit kostenminimal wird, muss die zweite Ableitung größer Null sein. Auf den Beweis wird an dieser Stelle jedoch verzichtet. Für die kostenoptimale Schnittgeschwindigkeit gilt nach Rücksubstitution:

$$v_{ok} = \sqrt[k]{\frac{-(k+1) \cdot \left(t_w + \frac{K_{WT}}{K_{ML}}\right)}{C_v}} \qquad \text{Gl. 9.33}$$

Für die kostenoptimale Standzeit gilt nach Einsetzen der kostenoptimalen Schnittgeschwindigkeit, Gl. 9.33 in die Standzeitgleichung, Gl. 9.21:

$$T_{ok} = -(k+1) \cdot \left(t_w + \frac{K_{WT}}{K_{ML}}\right) \qquad \text{Gl. 9.34}$$

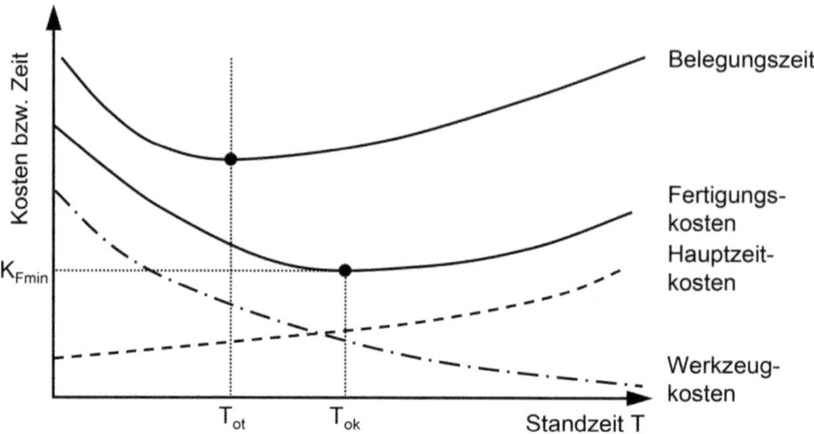

Abb. 9.5 Unterschied zwischen Zeit- und Kostenoptimum, nach VDI 3321

Zeitoptimale Schnittgeschwindigkeit

Zur zeitoptimalen Schnittgeschwindigkeitsbestimmung muss die Fertigungszeit hinsichtlich der Schnittgeschwindigkeit optimiert werden. Der Unterschied zwischen der Kostenoptimierung und der Zeitoptimierung wird aus der Abb. 9.5 deutlich.

Das bedeutet, dass eine Schnittgeschwindigkeit gesucht wird, bei der eine kurze Hauptzeit und eine lange Standzeit verwirklicht werden kann, also das Verhältnis von Schnittzeit zur Standzeit nur einen kleinen Anteil der Nebenzeit ausmacht.

Analog zur Bestimmung der kostenoptimalen Schnittgeschwindigkeit (vgl. die Gl. 9.26 bis 9.33) kann dies für die zeitoptimale Schnittgeschwindigkeit durchgeführt werden. Sie ergibt sich zu:

$$v_{ot} = \sqrt[k]{-(k+1) \cdot \frac{t_w}{C_v}} \qquad \text{Gl. 9.35}$$

Für die schnittzeitoptimale Standzeit gilt nach Einsetzen der zeitoptimalen Schnittgeschwindigkeit (Gl. 9.35) in die Standzeitgleichung (Gl. 9.21):

$$T_{ot} = -(k+1) \cdot t_w \qquad \text{Gl. 9.36}$$

Nach der Ermittlung und Optimierung der Schnittwerte müssen die Schnittwerte a_p, f und v_c auf ihre Realisierbarkeit hinsichtlich der verfügbaren Spindelleistung und des Spindelmoments untersucht werden. Hierbei müssen die folgenden Forderungen erfüllt sein:

$$P_{spindel} > P_c = F_c \cdot v_c \qquad \text{Gl. 9.37}$$

$$M_{spindel} > M_c = F_c \cdot \frac{D}{2} \qquad \text{Gl. 9.38}$$

Die Schnittkraft kann durch die Berechnungsgrundlage nach SALOMON [Salo24] erfolgen, die hier in der Notation nach KIENZLE [Kien52] und in erweiterter Form mit K_{vk} als Korrekturfaktor für den Werkzeugverschleiß verwendet wird [Lang72, VDI3206, Degn00].

$$F_c = k_{c1.1} \cdot b \cdot h^{1-m_c} \cdot K_{vk} \qquad \text{Gl. 9.39}$$

Als Richtwert für den Korrekturfaktor K_{vk} kann von 5 % je 100 µm Verschleißmarkenbreite ausgegangen werden.

Reicht die Spindelleistung nicht aus, so ist die Schnitttiefe oder der Vorschub entsprechend zu reduzieren.

9.1.3 Berechnung des Maschinenstundensatzes

Der Maschinenstundensatz beschreibt die zu kalkulierenden Kosten einer Werkzeugmaschine pro Stunde. Bei der Ermittlung des Maschinenstundensatzes werden

- die kalkulatorischen Abschreibungen K_A,
- die kalkulatorischen Zinsen K_Z,
- die Instandhaltungskosten K_I,
- die Raumkosten $K_{R1,}$
- und die Energiekosten K_E

berücksichtigt. Berechnen lässt sich der Maschinenstundensatz K_{MH} wie folgt:

$$K_{MH} = \frac{K_A + K_Z + K_I + K_R + K_E}{T_N} \qquad \text{Gl. 9.40}$$

Die jährliche Maschinenlaufzeit T_N beläuft sich beispielsweise auf 1600 – 1800 h/a bei Einschicht-Betrieb. Bei Mehrschicht-Betrieb erhöht sich die Laufzeit entsprechend (z. B. Zweischicht-Betrieb ca. 3200 h/a oder Dreischicht-Betrieb ca. 4800 h/a).

Die kalkulatorischen Abschreibungen K_A setzen sich aus dem Anschaffungswert der Maschine K_{AW}, der Abschreibungsdauer t und dem Verkaufserlös der Maschine K_{VE} nach Ablauf der Abschreibungsdauer zusammen:

$$K_A = \frac{K_{AW} - K_{VE}}{t} \qquad \text{Gl. 9.41}$$

Für die Bestimmung der kalkulatorischen Abschreibung K_A ist die Abschreibungsdauer t der Maschine relevant. Die Abschreibungsdauer ergibt sich dabei aus dem Minimum der erwarteten technischen oder wirtschaftlichen Lebensdauer. Die Wertminderung von Anlagevermögen wird steuerrechtlich als *Absetzung für Abnutzungen* (AfA) bezeichnet. In

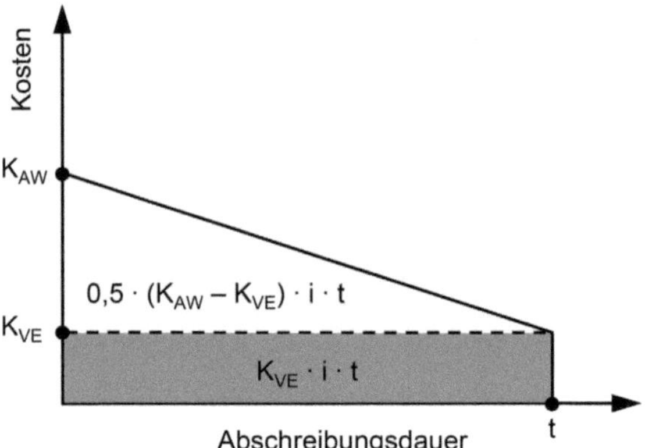

Abb. 9.6 Berechnung der kalkulatorischen Zinsen

solchen AfA-Listen kann die finanztechnische Grundlage der Abschreibungsdauer ermittelt werden, da sie für verschiedene Wirtschaftsgüter unterschiedlich ausfällt [EStG02].

Die Berechnung der kalkulatorischen Zinsen für den Abschreibungszeitraum werden aus der Abb. 9.6 deutlich. Der Verkauferlös K_{VE} kann über die gesamte Zeit abgeschrieben werden. Der Anschaffungswert K_{AW} bleibt jedoch nicht über die gesamte Zeit konstant, sondern verringert sich allmählich. Die kalkulatorischen Zinsen über dem Abschreibungszeitraum K_{Zges} können geometrisch als Flächeninhalt unter der Kostenfunktion interpretiert werden. Es ist zu berücksichtigen, dass durch das Symbol i immer der Zinssatz pro Jahr angegeben wird. Es gilt:

$$K_{\mathrm{Zges}} = \left(K_{\mathrm{VE}} + \frac{K_{\mathrm{AW}} - K_{\mathrm{VE}}}{2} \right) \cdot i \cdot t = \frac{K_{\mathrm{AW}} + K_{\mathrm{VE}}}{2} \cdot i \cdot t \qquad \text{Gl. 9.42}$$

Da sich die Kosten der Gl. 9.39 auf ein Jahr beziehen, müssen in dieser Gleichung die kalkulatorischen Zinsen für ein Jahr K_Z eingesetzt werden. Es gilt:

$$K_{\mathrm{Z}} = \frac{K_{\mathrm{AW}} + K_{\mathrm{VE}}}{2} \cdot i \qquad \text{Gl. 9.43}$$

Die Abschreibung, die Zinsen, die Raumkosten und die festen Instandhaltungskosten sind fixe Größen. Variable Größen sind hingegen die Energiekosten, der Werkzeugverbrauch und die variablen Instandhaltungskosten. Ist der Fertigungslohn abhängig von der Maschinenlaufzeit, so kann er in den Verrechnungssatz einbezogen werden. In diesem Fall wird vom *Arbeitsstundensatz* gesprochen.

9.1.4 Planungsmethoden und Hilfsmittel

Bei der Art der Datenermittlung wird zwischen manueller (externer) und rechnerunterstützter Schnittwertermittlung unterschieden. Die Grenzen hierbei sind je nach Rechnereinsatz fließend, vgl. Abb. 9.7.

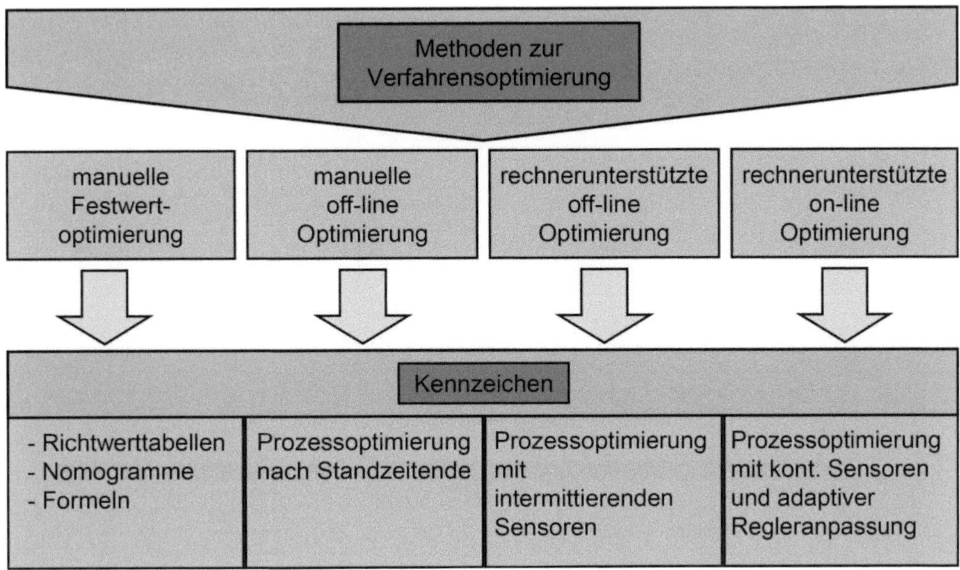

Abb. 9.7 Methoden der Verfahrensoptimierung nach Gebauer [Geba80]

Bei der manuellen Schnittwertermittlung und -optimierung werden Arbeitsunterlagen aus verschiedenen Quellen herangezogen:

- Richtlinien verschiedener Normungsgremien
- Kataloge und Schnittwertempfehlungen der Werkzeughersteller
- Versuchsergebnisse aus Forschungsberichten
- innerbetriebliche Datenbanken für Schnittwerte

Zerspanungsrichtwerte, wie sie z. B. vom Verein Deutscher Ingenieure (VDI) für die verschiedenen Bearbeitungsverfahren als sog. VDI- Richtlinien herausgegeben werden, geben dem Arbeitsplaner nur sehr grobe Anhaltswerte für die Schnittwertvorgabe [VDI3206, VDI3208, VDI3209]. Meist werden für grob zusammengefasste Werkstoffgruppen unabhängig vom Spanungsquerschnitt, dem Standverhalten, der Maschinenart und dem Maschinenstundensatz Schnittgeschwindigkeiten empfohlen, die oftmals zu unwirtschaftlich hohen Standzeiten führen. Viele Werkzeughersteller bieten heute Softwaresysteme an (z. B. CIMSOURCE, CoroGuide™, WinTool, etc.), mit deren Hilfe die Schnittwertbestimmung direkt mit der Auswahl eines geeigneten Werkzeugs kombiniert wird. Genauere Ergebnisse sind aus Versuchsberichten zu entnehmen, die jedoch in den meisten Fällen nur bei speziellen Zerspanungsbedingungen Gültigkeit besitzen und die nur unter Vorbehalt auf andere Bearbeitungsfälle übertragbar sind.

Auf diesen Quellen basierend werden in der Arbeitsvorbereitung der Betriebe oft interne Schnittwertsammlungen erstellt, die sich auf die anfallenden Bearbeitungsfälle

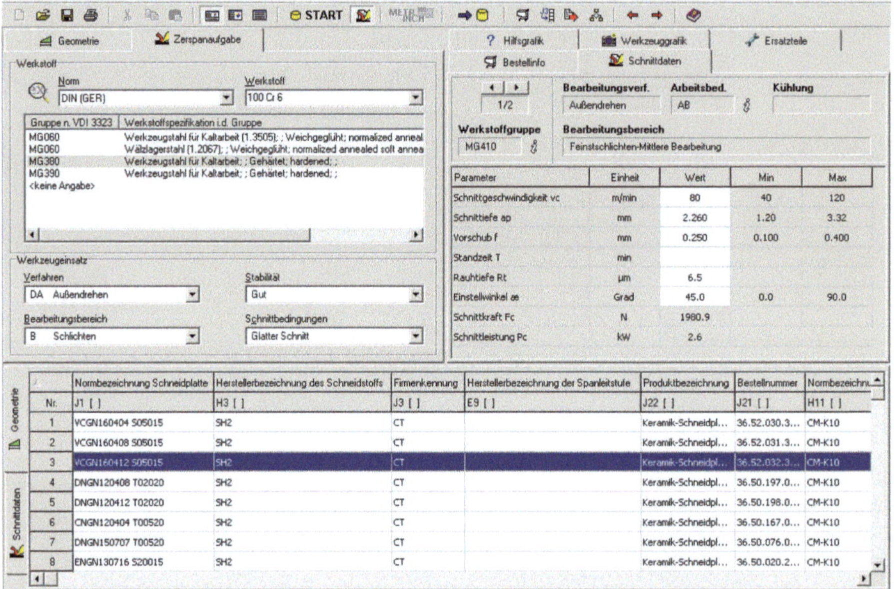

Abb. 9.8 Beispiel für Technologiedatenorganisation (Quelle: CIM GmbH)

in der Fertigung beziehen und in denen die langjährigen Erfahrungen von Facharbeitern und Meistern mit berücksichtigt werden. Einen modernen Weg stellen Informationszentren für Schnittwerte dar, die Schnittwerte aus Industrie und Forschung sammeln und diese den Betrieben in einer für sie geeignet aufbereiteten Form wieder zur Verfügung stellen. Als Beispiel für eine derartige Form der Schnittwertvorgabe ist in Abb. 9.8 eine Eingabemaske einer Datenbank gezeigt. Für eine vergleichbare Werkstoff-Schneidstoff Kombination unter der Berücksichtigung geometrischer Einflussgrößen, enthalten diese Datenbanksysteme Schnittwerte für festgelegte Standgrößen. Eine derartige Datenbank bietet die Möglichkeit, große Bestände einmal erfasster Zerspanungsdaten unter Beachtung vieler Einflussparameter zu verarbeiten und verbesserte Vorgabewerte bereitzustellen.

9.2 Prozessüberwachung

Der sicheren Prozessführung kommt in der Fertigungstechnik eine zentrale Bedeutung zu. Ungestörte, voll- oder teilautomatisierte Fertigungsabläufe gewährleisten eine hohe Produktivität und eine optimale Kapazitätsauslastung. Prozessstörungen sind jedoch nicht immer zu vermeiden. Stochastisch auftretendes Werkzeugversagen, Schwankungen der Zusammensetzung des bearbeiteten Werkstoffs oder eine Fehlplanung bzw. Fehlprogrammierung im Vorfeld der Bearbeitung sind mögliche Ursachen für solche Störungen.

Ziel der Prozessüberwachung in der Fertigungstechnik ist es, diese Prozessstörungen rechtzeitig zu erkennen und entsprechende Gegenmaßnahmen einzuleiten. Aus Werkzeugbrüchen können beispielsweise umfangreiche Schäden an Werkzeug, Werkstück und an der Werkzeugmaschine selbst resultieren, wenn nicht rechtzeitig manuell oder automatisch, d. h. mit Hilfe von Überwachungssystemen, geeignete Gegenmaßnahmen eingeleitet werden. Dies bedeutet u. a., dass eine Überwachung während der Bearbeitung erfolgen muss, um die Folgekosten von Bearbeitungsstörungen zu minimieren.

Prozessüberwachungssysteme ermöglichen eine Überwachung von Zerspanwerkzeugen. Hierbei werden die Werkzeuge auf plötzlich auftretenden Werkzeugbruch bzw. -überlastung und zunehmenden Werkzeugverschleiß überwacht. Abhängig von den verschiedenen Bearbeitungsverfahren der spanenden Bearbeitung mit definierter Schneidteilgeometrie ist die Werkzeugüberwachung unterschiedlich weit entwickelt. Weit erforscht und in der industriellen Anwendung bereits verbreitet ist die Überwachung des Bohrprozesses. Auch zum Drehen existieren verschiedene Ansätze aus Forschung und Praxis, eine zuverlässige Werkzeugbruch- und verschleißerkennung zu realisieren. Beim Fräsen ist die Bruch- und Verschleißüberwachung aufgrund der komplizierten Verfahrenskinematik wesentlich aufwendiger als bei den erstgenannten Verfahren. Entsprechend existieren für die Fräsbearbeitung nur wenige Überwachungslösungen.

Allen Systemen ist gemein, dass die prozessrelevanten Informationen mit Hilfe geeigneter Sensoren gemessen werden. Heutzutage gängige Sensoren und Sensorprinzipien werden im nächsten Kapitel dargestellt.

9.2.1 Sensoren für die Prozessüberwachung

Für die Überwachung fertigungstechnischer Prozesse wird eine Vielzahl von Sensoren am Markt angeboten, von denen ein Großteil in sechs physikalische Funktionsprinzipien gegliedert werden kann. In Tab. 9.2 ist eine Zuordnung von typischen Messgrößen und den ihnen vorwiegend zu Grunde liegenden physikalischen Funktionsprinzipien dargestellt.

Um einen einheitlichen Sprachgebrauch zu ermöglichen und die verwendeten Begriffe semantisch eindeutig zu belegen, werden zunächst wesentliche Grundbegriffe der Messtechnik definiert [Pfei01]:

- Die *Messgröße* ist die physikalische Größe, der die Messung gilt.
- *Messen* ist das Ausführen von geplanten Tätigkeiten zum quantitativen Vergleich der Messgröße mit der Einheit.
- Das *Messergebnis* bezeichnet den aus Messungen gewonnenen Schätzwert für den wahren Wert einer Messgröße.
- Das *Messprinzip* bildet die physikalische Grundlage der Messung.
- Unter *Messmethode* versteht man eine spezielle, vom Messprinzip unabhängige Art des Vorgehens bei der Messung.
- Ein *Messverfahren* bezeichnet die praktische Anwendung eines Messprinzips und einer Messmethode.

Tab. 9.2 Zuordnung von Messgrößen zu physikalischen Funktionsprinzipien

Physikalisches Funktionsprinzip zur Prozessbeschreibung	Zugehörige Messgrößen
mechanisch (Bewegung, Verlagerung, Steifigkeit)	Position, Beschleunigung, Geschwindigkeit, Kraft, Moment, Längs- und Torsionsspannung sowie -dehnung, Druck, etc.
thermisch (kinetische Energie von Atomen und Molekülen)	Temperatur, Wärmefluss, spezifische Wärme, Wärmeleitfähigkeit, etc.
elektrisch (elektrisches Feld)	Spannung, Strom, Ladung, Leitfähigkeit, etc.
magnetisch (magnetisches Feld)	Permeabilität, magnetischer Fluss, etc.
Strahlung (elektromagnetische Strahlung)	Energie, Intensität, Emission, Reflektion, Durchlässigkeit, etc.
chemisch (Kräfte zwischen Atomkernen und Elektronen, Bindungsenergien von Molekülen)	Chemische Komponenten, Konzentrationen, etc.

Ferner werden direkte und indirekte Messmethoden unterschieden. Direkte Messmethoden erfassen die interessierende Messgröße unmittelbar durch einen Vergleich mit einem Normal derselben physikalischen Größe. Indirekte Messmethoden erfassen zur Ermittlung der Messgröße eine Hilfsgröße, die in einem bekannten und beschreibbaren Zusammenhang mit der Messgröße steht [Pfei01].

Während bei direkten Methoden die Erreichbarkeit der Messstelle mit geeigneter Sensorik in vielen Fällen problematisch ist, besteht bei indirekten Messmethoden die Schwierigkeit in der Ermittlung einer Zuordnungsvorschrift, deren Gültigkeit nicht durch die Veränderung von Prozessparametern beeinflusst sein sollte. Die Vor- und Nachteile direkter und indirekter Messmethoden können jedoch nicht generalisiert dargestellt werden und müssen für den Einzelfall gegeneinander abgewogen werden.

Die folgenden Ausführungen konzentrieren sich auf die Überwachung von Zerspanprozessen. Die für diesen Bereich relevanten Prozessäußerungen sind in Abb. 9.9 dargestellt.

Zahlreiche Sensoren verwenden die Dehnung eines Objekts als Hilfsgröße zur Messung von Kräften, Drehmomenten und Beschleunigungen, sodass in den folgenden Abschnitten die Funktionsweisen von Dehnungsmessstreifen und piezoelektrischen Aufnehmern erläutert werden.

Dehnungsmessstreifen

Ein Dehnungsmessstreifen (DMS) wandelt eine mechanische Dehnung in eine elektrische Widerstandsänderung um. Der OHM'sche Widerstand R eines metallischen Leiters ist vom Material (ρ_e), der Länge (L) und dem Querschnitt (A) nach folgendem Zusammenhang abhängig:

$$R = \rho_e \cdot \frac{L}{A} \qquad \text{Gl. 9.44}$$

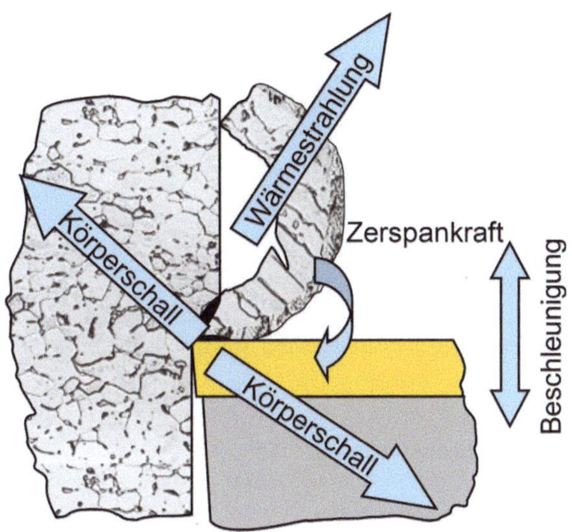

Abb. 9.9 Prozessäußerungen zur Überwachung in der Zerspanung

Im einfachsten Fall besteht ein DMS aus einem Widerstandsdraht, der häufig in einer Trägermatrix aufgenommen ist. Der DMS wird an der Verlagerungsstelle auf dem Messkörper befestigt. Die Ausführung der Klebeverbindung ist von großer Wichtigkeit, weil die Dehnung bzw. Stauchung des Messkörpers über die Klebeverbindung unverfälscht auf den Dehnungsmessstreifen übertragen werden muss. Unter der Voraussetzung, dass durch die Dehnung die Materialeigenschaften des DMS nicht verändert werden (ρ_e = *konstant*), ist die Widerstandsänderung nur von der Längen- und Querschnittsänderung abhängig. Im Allgemeinen kann der Zusammenhang zwischen Dehnung und relativer Widerstandsänderung durch Gl. 9.45 beschrieben werden. Die Dehnungsempfindlichkeit k beträgt für Konstantan-DMS beispielsweise $k = 2{,}044$. Der normale Arbeitsbereich von DMS reicht bis zu einer relativen Dehnung/Stauchung von etwa 1 %.

$$\Delta R / R = k \cdot \varepsilon \qquad \text{Gl. 9.45}$$

Um die Abmessungen im Vergleich zur Eindraht-Form zu verringern, werden vorwiegend mäanderförmige Bauformen verwendet, s. Abb. 9.10.

Aus den Umlenkstellen resultiert jedoch eine Empfindlichkeit quer zur Messrichtung von bis zu 3 %. DMS sind nicht auf die Verwendung von Widerstandsdraht beschränkt. Es werden auch Halbleiter-, Folien- und Dünnfilmwerkstoffe eingesetzt.

Die beim Einsatz von DMS auftretenden Widerstandsänderungen sind sehr gering und betragen nur einen Bruchteil seines Gesamtwiderstandes. Mit Hilfe einer Brückenschaltung ist es möglich, die auftretenden Widerstandsänderungen in Form einer Spannungsänderung U_M zu messen. Für eine abgeglichene Brückenschaltung mit $R_1 = R_2 = R_3 = R_4 = R$ und einer Speisespannung U_0 gilt $U_M = 0$. Die Wheatstonesche Brückenschaltung ist in Abb. 9.11 dargestellt.

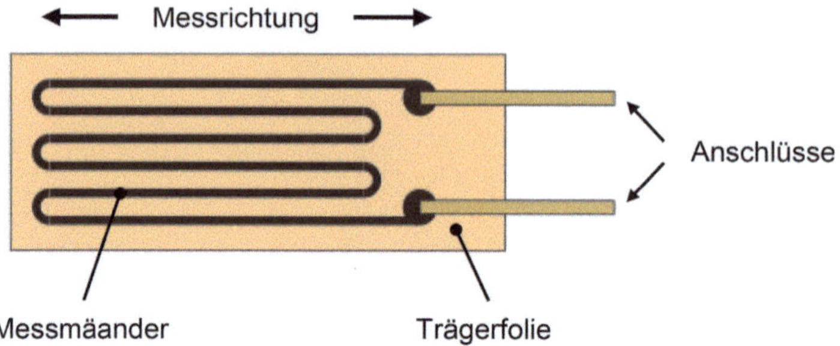

Abb. 9.10 Skizze eines Dehnungsmessstreifens mit Messmäander

Ferner gilt der Zusammenhang nach Gl. 9.46

$$U_{\mathrm{M}} = U_0 \cdot \frac{(R+\Delta R_1)(R+\Delta R_4)-(R+\Delta R_2)(R+\Delta R_3)}{(2R+\Delta R_1+\Delta R_2)(2R+\Delta R_3+\Delta R_4)} \qquad \text{Gl. 9.46}$$

Je nachdem, ob ein, zwei oder vier aktive DMS verwendet werden, lässt sich dieser Zusammenhang in Form einer Viertel-, Halb- oder Vollbrücke vereinfachen. Für eine Viertelbrücke mit $\Delta R_1 = \Delta R$ und $\Delta R_2 = \Delta R_3 = \Delta R_4 = 0$ und $\Delta R \ll R$ gilt Gl. 9.47. Sie wird für einfache Messungen mit einem einzelnen DMS verwendet.

$$U_{\mathrm{M}} = U_0 \cdot \frac{\Delta R}{4R} \qquad \text{Gl. 9.47}$$

Eine Halbbrücke kann zur Erhöhung der Empfindlichkeit verwendet werden, indem zwei identische DMS so appliziert werden, dass der Betrag der Dehnung des einen gleich dem Betrag der Stauchung des anderen ist, d. h. $\Delta R_1 = \Delta R$, $\Delta R_2 = -\Delta R$ sowie $\Delta R_3 = \Delta R_4 = 0$. In diesem Fall gilt Gl. 9.48.

$$U_{\mathrm{M}} = U_0 \cdot \frac{\Delta R}{2R} \qquad \text{Gl. 9.48}$$

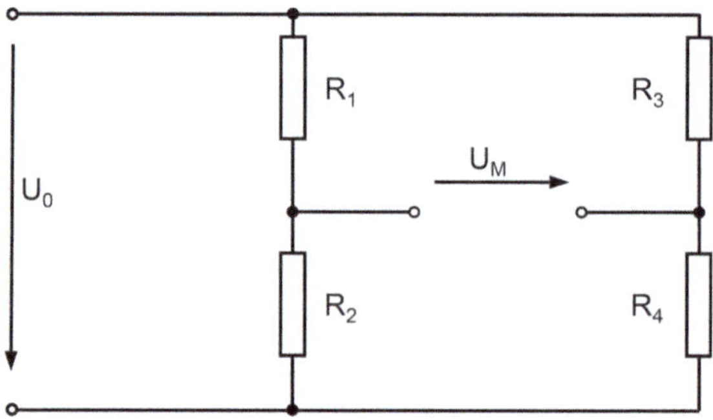

Abb. 9.11 Schaltplan einer Wheatstoneschen Brücke

Bei der Vollbrücke sind alle 4 Arme der Brückenschaltung mit messenden DMS besetzt. Dadurch ist eine weitere Erhöhung der Empfindlichkeit möglich und, falls alle DMS der gleichen Temperatur ausgesetzt sind, gleichzeitig eine Temperaturkompensation realisierbar. Es gilt Gl. 9.49 mit $\Delta R_1 = \Delta R_4 = \Delta R$ und $\Delta R_2 = \Delta R_3 = -\Delta R$.

$$U_{\mathrm{M}} = U_0 \cdot \frac{\Delta R}{R} \qquad \text{Gl. 9.49}$$

Piezoelektrische Sensoren

Piezoelektrizität entsteht durch die elektromagnetische Wechselwirkung zwischen dem mechanischen und dem elektrischen Zustand von Kristallen, die kein Symmetriezentrum besitzen, z. B. Quarz (SiO_2), Turmalin sowie von ferroelektrischen Keramiken. Durch Deformation des Kristallgitters entlang der polaren Achse werden die positiven und negativen Gitterbausteine gegeneinander verschoben und es entsteht ein elektrisches Dipolmoment. Diese Ladungsverschiebung kann mit Hilfe eines Ladungsverstärkers in ein Spannungssignal gewandelt werden. Bei Piezo-Aktoren wird der inverse piezoelektrische Effekt genutzt, bei dem eine mechanische Längenänderung durch Anlegen einer elektrischen Spannung hervorgerufen wird.

Piezoelektrische Materialien besitzen eine oder mehrere polare Achsen. Ihr piezoelektrischer Koeffizient ist richtungsabhängig und gibt die Empfindlichkeit in Richtung der entsprechenden Achse an. Piezoelektrische Koeffizienten liegen betraglich in der Größenordnung von 2 bis derzeit 1500 pC/N. Dies ist beim Schnitt der Kristalle zu berücksichtigen, s. Abb. 9.12.

Beim Longitudinaleffekt tritt eine Ladungsverschiebung an den Kraftangriffsflächen infolge einer mechanischen Deformation entlang einer polaren Achse des Kristalls auf, senkrecht zum Abgriff der Ladung, s. Abb. 9.13.

Dabei ist die Ladungsdifferenz nicht durch die geometrischen Abmessungen der Kristallscheiben zu erhöhen, sondern lediglich durch mechanische Reihenschaltung und

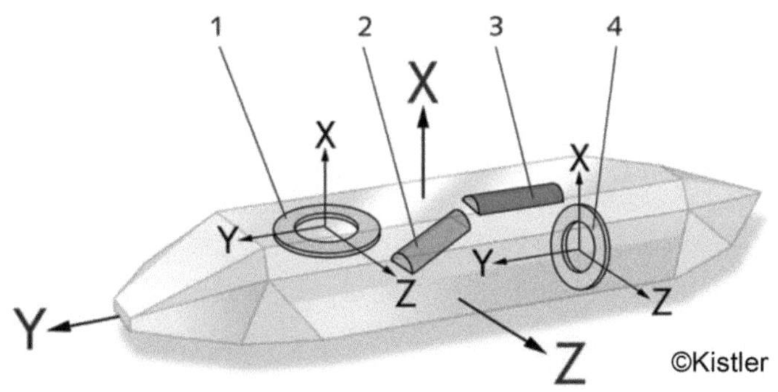

1 = Schnitt für den Longitudinaleffekt
2 = Polystable-Schnitt
3 = Schnitt für den Transversaleffekt
4 = Schnitt für den Schubeffekt

Abb. 9.12 Mögliche Schnitte durch einen synthetischen Kristall

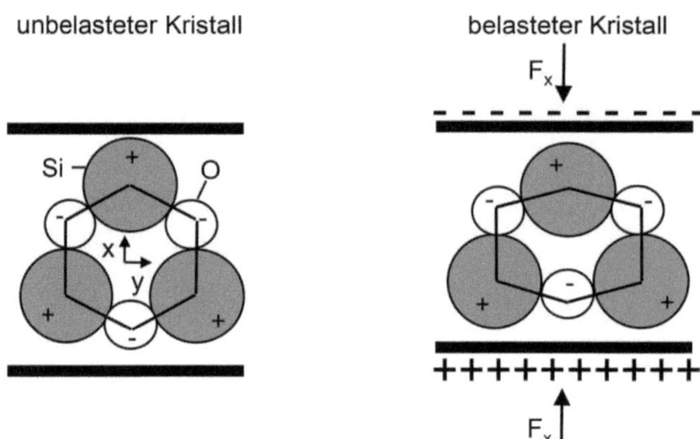

Abb. 9.13 Longitudinaleffekt an piezoelektrischen Materialien

elektrische Parallelschaltung mehrerer Scheiben. Die Größe der Ladung lässt sich beim Longitudinaleffekt nach Gl. 9.50 berechnen, mit d_{11} als piezoelektrischem Koeffizient in x-Richtung, F_x als Kraft in x-Richtung und n als Anzahl der Kristallscheiben.

$$Q_x = d_{11} \cdot F_x \cdot n \qquad \text{Gl. 9.50}$$

Beim Schereffekt erfolgt die Belastung wie beim Longitudinaleffekt entlang der polaren Achse des Kristalls. Allerdings greift in diesem Fall eine Scherkraft in Richtung des Ladungsabgriffes an, s. Abb. 9.14.

Die dabei frei gesetzte Ladung kann nach Gl. 9.51. berechnet werden, mit d_{11} als piezoelektrischem Koeffizient in x-Richtung, F_x als Kraft in x-Richtung und n als Anzahl der Kristallscheiben.

$$Q_x = 2 \cdot d_{11} \cdot F_x \cdot n \qquad \text{Gl. 9.51}$$

Beim Transversaleffekt ist die Belastung in Richtung einer neutralen Achse des Kristalls gerichtet und die Ladung tritt orthogonal dazu an einer polaren Achse auf, s. Abb. 9.15.

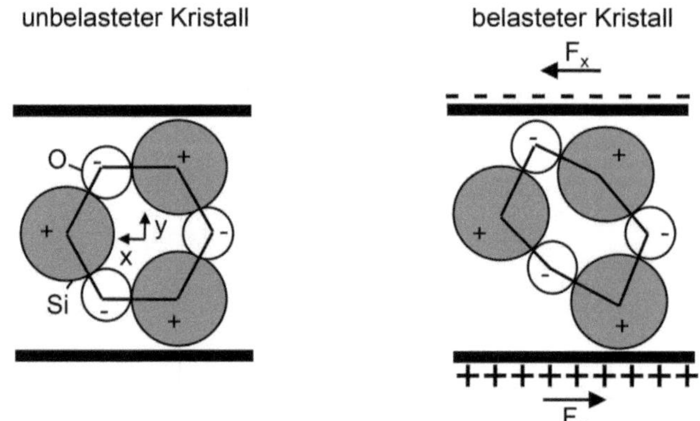

Abb. 9.14 Schereffekt an piezoelektrischen Materialien

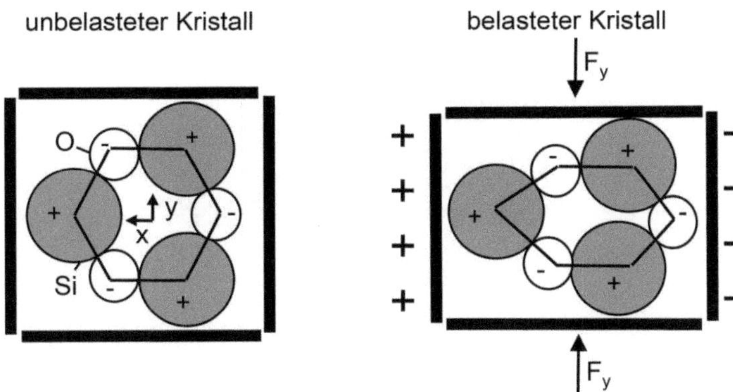

Abb. 9.15 Transversaleffekt an piezoelektrischen Materialien

In diesem Fall ist die Größe der Ladung durch die Abmessungen des Piezoelements zu beeinflussen und kann nach Gl. 9.52 berechnet werden, mit d_{11} als piezoelektrischem Koeffizient in x-Richtung, F_y als Kraft in y-Richtung und b/a als geometrisches Verhältnis.

$$Q_y = -d_{11} \cdot F_y \cdot \frac{b}{a} \quad \text{Gl. 9.52}$$

Eine weitere wesentliche Komponente piezoelektrischer Sensoren sind die Isolatoren. Um zu verhindern, dass die kleinen, piezoelektrisch hervorgerufenen Ladungsverschiebungen rasch abfließen und den Messwert insbesondere bei statischen und quasistatischen Messungen verfälschen, werden an die Isolatoren extreme Anforderungen gestellt. Eine Isolationswirkung muss auch beim Einsatz unter erhöhten Temperaturen und unter Einfluss von Feuchtigkeit gewährleistet sein. Ferner müssen die Isolationsmaterialien über eine hohe Steifigkeit zur Übertragung der mechanischen Belastungen verfügen, um das Piezoelement gegen das Gehäuse abzustützen.

Kraftsensoren

Zur Messung von Kräften und Drehmomenten kommen in der Fertigungstechnik piezoelektrische Sensoren, Dehnungsmessstreifen sowie vereinzelt induktive und kapazitive Wegmessumformer zum Einsatz. Im Allgemeinen wandeln alle Systeme eine Dehnung in eine elektrisch auswertbare Größe um.

Grundsätzlich gibt es die Möglichkeiten, im Krafthauptschluss oder im Kraftnebenschluss zu messen. Vor allem bei der Sensoranordnung im Krafthauptfluss muss gewährleistet sein, dass zum einen die Steifigkeitseigenschaften des gesamten Systems durch die Integration des Sensors nicht nachteilig beeinflusst werden, und zum anderen, dass der Sensor selbst nicht durch eine Überlast beschädigt wird. Die hohe Steifigkeit und die hohe Überlastsicherheit piezoelektrischer Sensoren sind hier von Vorteil. Allerdings ertragen die Sensoren nur äußerst geringe Zugspannungen, sodass sie bei Zug- oder schwellender Belastung mit einer Druckspannung ausreichend vorgespannt werden müssen.

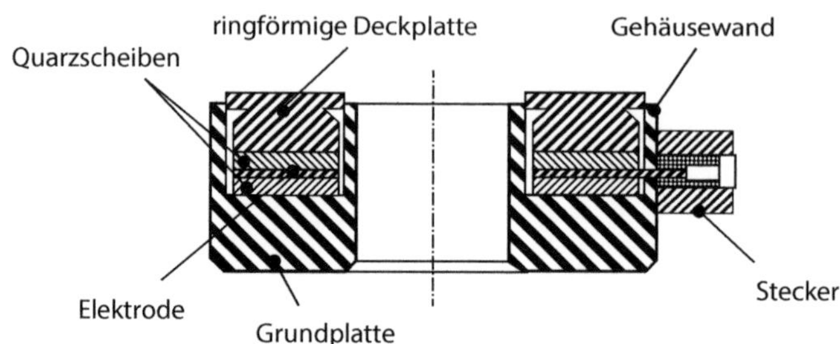

Abb. 9.16 Schematische Darstellung eines piezoelektrischen Kraftsensors

Der Aufbau eines piezoelektrischen Sensors zur Messung einer Kraftkomponente ist in Abb. 9.16 dargestellt. Als Sensorelement dienen zwei longitudinalempfindliche Quarzscheiben.

Um Drehmomente zu messen, können grundsätzlich zwei Prinzipien angewandt werden. Bei der Verwendung von longitudinalempfindlichen Kraftsensoren ist es möglich, aus nichtparallel geschalteten Sensoren unter Berücksichtigung ihrer Bezugskoordinaten auf die Drehmomente zurück zu schließen. Wenn schubempfindliche Kraftsensoren verwendet werden, kann direkt auf die angreifenden Drehmomente zurück geschlossen werden, siehe auch Abb. 9.17. Die Scheiben sind mechanisch in Reihe angeordnet und elektrisch parallel geschaltet, sodass die Ladung zum angreifenden Moment proportional ist. Da die Schubspannungen kraftschlüssig übertragen werden, benötigen die Sensoren eine hohe Vorspannung.

Bei Sensoren zur Erfassung mehrerer Komponenten werden entsprechend mehrere Quarzscheibenpaare mit unterschiedlicher Orientierung verwendet. Abb. 9.18 zeigt ein Vierkomponenten-Dynamometer zur Messung von drei Kraftkomponenten und des Drehmoments.

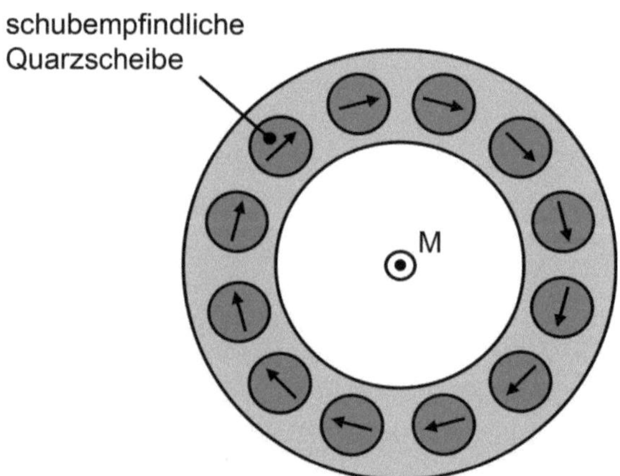

Abb. 9.17 Schematische Darstellung der Anordnung von schubempfindlichen Quarzscheiben eines Drehmomentsensors

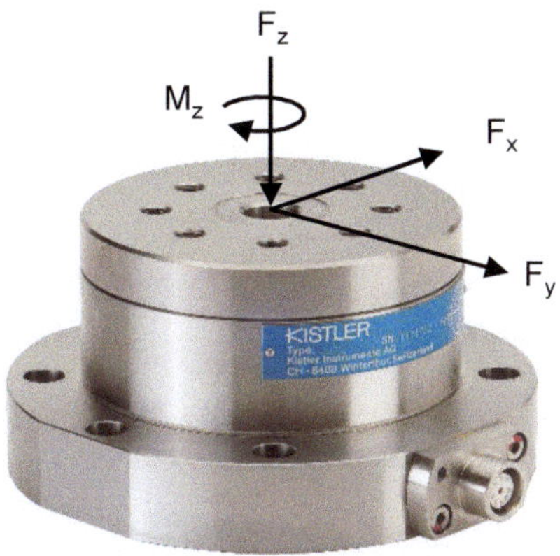

Abb. 9.18 Dynamometer für die Bohrbearbeitung (Quelle: Kistler)

Ähnliche Systeme existieren auch für die Dreh- und Fräsbearbeitung. In Abb. 9.19 ist ein rotierendes Vierkomponenten-Dynamometer für die Fräsbearbeitung dargestellt.

Piezoelektrische Messsysteme zeichnen sich dadurch aus, dass sie eine hohe Steifigkeit besitzen. Wenn darüber hinaus die dem Sensorelement vorgelagerte schwingende Masse gering ist, besitzt die Messstrecke eine hohe Eigenfrequenz. Damit wird es möglich, dynamische Prozesskenngrößen auch in hochfrequenten Bereichen sicher zu analysieren. Im Sprachgebrauch bezeichnet man dies häufig auch als Fähigkeit piezoelektrischer Messsysteme zur hochdynamischen Messung. Abb. 9.20 zeigt die Prinzipskizze eines Werkzeughalters für das Drehen, bei dem ein piezoelektrischer Kraftsensor kleiner Bauform zur Messung der Schnittkraft unterhalb der Schneide angebracht wurde.

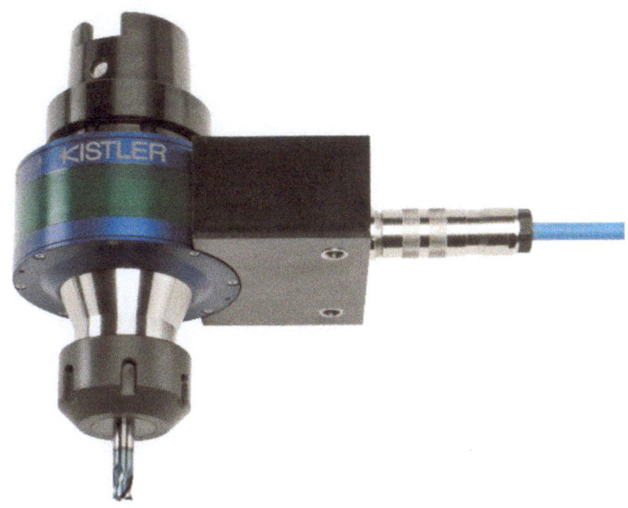

Abb. 9.19 Rotierendes Dynamometer für die Fräsbearbeitung (Quelle: Kistler)

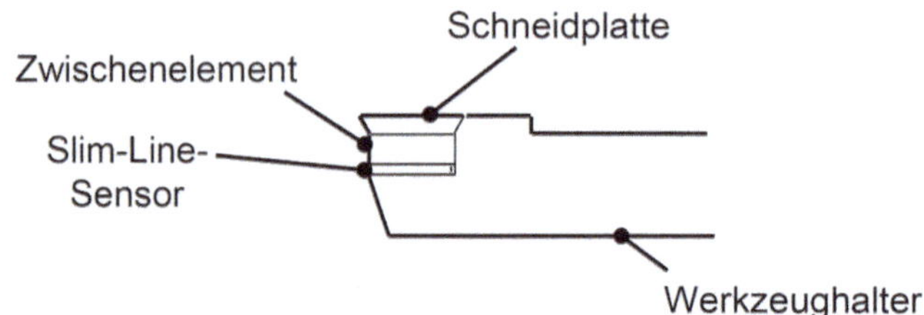

Abb. 9.20 Drehmeißel mit integriertem Kraftsensor

Dieses Prinzip lässt sich auch auf rotierende Werkzeuge übertragen. Dabei wird eine Signalübertragung zwischen dem rotierenden und dem stehenden Teil der Messtechnik benötigt. Derartige Systeme befinden sich zurzeit im Prototypenstadium.

Wenn jedoch bei der Messung auf eine hohe Dynamik verzichtet werden kann, bietet die Messung im Kraftnebenschluss in der Regel den Vorteil der einfacheren Sensorintegration in die Maschinenstruktur. Als Sensoren eignen sich hier neben Dehnungsmessstreifen vor allem piezoelektrische Kraftmessdübel, s. Abb. 9.21. Sie ermöglichen eine indirekte Kraftmessung über die Dehnung der Struktur, in die sie integriert werden.

Ein genereller Nachteil der Messung im Kraftnebenschluss liegt in der notwendigen Analyse der Maschinenstruktur, um den optimalen Montageort zu ermitteln. Bei korrekter Montage ist eine Überwachung von Werkzeugbruch und Überlast möglich.

Eine weitere Möglichkeit zur Zerspankraftmessung bieten Kraftmessringe, die in die Haupt- oder Vorschubspindellagerungen von Bohr-, Dreh- und Fräsmaschinen integriert werden. In einigen Fällen besteht auch die Möglichkeit, Dehnungsmessstreifen am Lageraußenring oder in einer speziellen Lagerhülse zu applizieren.

Beschleunigungssensoren

Zur Messung der mechanischen Prozessdynamik werden in der Zerspanung vorwiegend piezoelektrische Beschleunigungsaufnehmer verwendet. Das grundsätzliche Funktionsprinzip beruht auf dem proportionalen Zusammenhang zwischen Kraft und Beschleunigung. Der Proportionalitätsfaktor ist die träge Masse des Körpers, auf den die Kraft wirkt. Die Hauptkomponenten eines Beschleunigungsaufnehmers sind daher seismische Masse, Sensorelement und Gehäuse, s. Abb. 9.22.

Abb. 9.21 Quarz-Quermessdübel (Quelle: Kistler)

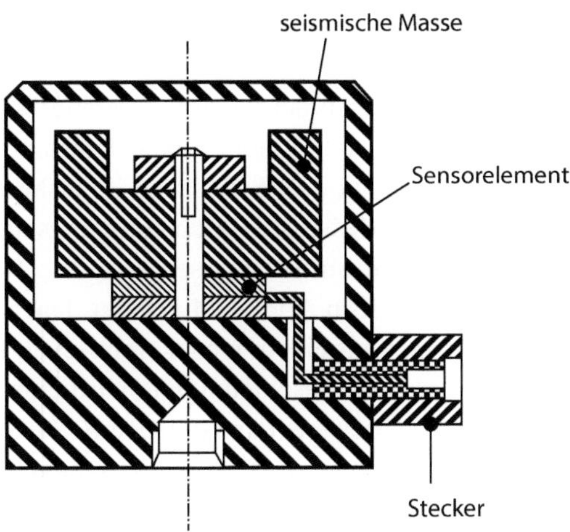

Abb. 9.22 Schematischer Aufbau eines Beschleunigungssensors

Im Einzelnen werden drei unterschiedliche Bauformen von Beschleunigungsaufnehmern unterschieden, bei denen eine Ladungsverschiebung aufgrund von Normalkräften, Schubkräften oder Biegekräften hervorgerufen wird. In Abb. 9.22 ist ein auf Normalkräfte wirkendes Sensorelement dargestellt. Der große Flächenkontakt zwischen Sensorelement und Grundplatte führt konstruktiv bedingt dazu, dass Dehnungen des Messobjekts über die Grundplatte auf das Sensorelement übertragen werden. Hierdurch entsteht ein Messfehler. Ferner wird die Vorspannung durch Temperaturänderungen verändert, sodass zusätzlich auch thermisch bedingte Messfehler entstehen. Die Anfälligkeit des Sensortyps gegenüber den genannten Störeinflüssen ist beim schubempfindlichen Beschleunigungssensor konstruktiv deutlich geringer, s. Abb. 9.23. Neben der geringeren Basisdehnempfindlichkeit

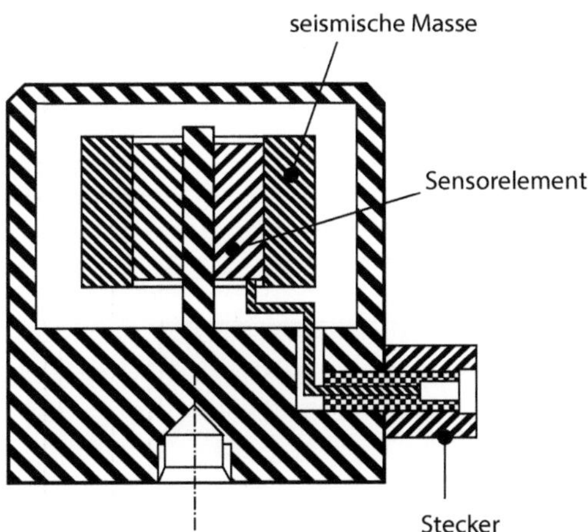

Abb. 9.23 Beschleunigungssensor mit schubemfindlichem Sensorelement

weisen schubsensitive piezoelektrische Keramiken keine thermisch bedingte Ladungsverschiebung (Pyroelektrizität) auf.

Jede zusätzlich am Messobjekt angebrachte Masse verändert dessen Schwingungseigenschaften (Eigenfrequenz) und stellt damit unter Umständen das Ergebnis der Messung infrage. Die Berücksichtigung dieser Tatsache ist insbesondere für die experimentelle Modalanalyse wichtig. Die Masse der Beschleunigungsaufnehmer muss wesentlich kleiner als die zu analysierenden Strukturmassen sein. Ein Beispiel einer massereduzierten Beschleunigungssensorik ist in Abb. 9.24 gezeigt. Das aktive Bauelement des Beschleunigungssensors besteht hier aus einem piezokeramischen Biegebalken. Bei Auslenkung des Biegebalkens infolge einer Beschleunigung wird eine Ladungsverschiebung erzeugt. In diesem Fall sind das Sensorelement und die seismische Masse identisch. Neben der geringen Eigenfrequenz und dem pyroelektrischen Verhalten des Sensors besteht bei unsachgemäßem Gebrauch eine ausgesprochene Empfindlichkeit gegenüber mechanischer Zerstörung durch Bruch des Biegebalkens.

Die Sensorauswahl erfolgt in erster Linie nach dem Messbereich, der Empfindlichkeit, der Masse und der Eigenfrequenz. Die gleichzeitige Erfüllung aller Ziele stellt aufgrund physikalischer Grenzen ein Optimierungsproblem dar. Beispielsweise hat die Erhöhung der Empfindlichkeit über eine größere seismische Masse eine geringere Eigenfrequenz und somit eine Einschränkung des nutzbaren Frequenzbereichs zur Folge, s. Gl. 9.53. Darin sind f_0 die Eigenfrequenz, c die Steifigkeit des Sensorelements und m die seismische Masse.

$$f_0 = \frac{1}{2\pi} \cdot \sqrt{\frac{c}{m}} \qquad \text{Gl. 9.53}$$

Einige piezoelektrische Keramiken liefern im Vergleich zu den Quarzen, bei sonst gleichen Bedingungen, um den Faktor 100 höhere Ladungsdifferenzen. Diese Eigenschaft kann dazu benutzt werden, bei gleicher Empfindlichkeit des Sensors, die seismische Masse um den Faktor 100 zu reduzieren. Allerdings besitzen die Keramikelemente in der Regel eine geringere Steifigkeit, sodass dieser Ansatz zu Einbußen hinsichtlich der Eigenfrequenz führt.

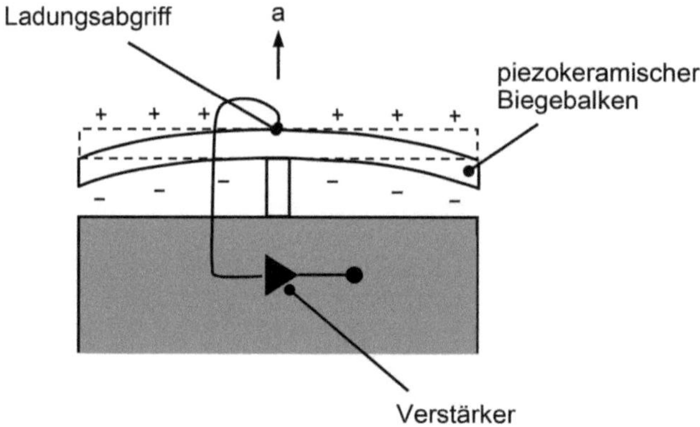

Abb. 9.24 Beschleunigungssensor mit piezokeramischem Biegebalken

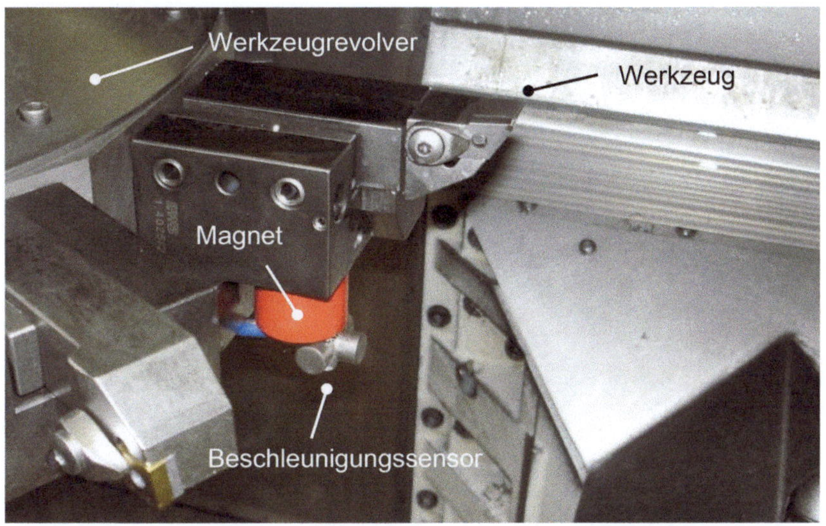

Abb. 9.25 Applikation eines Beschleunigungssensors an der Werkzeugaufnahme

Um in der Praxis die Dynamik von Fertigungsprozessen möglichst frei von störenden Einflüssen zu erfassen, sollte ein triaxial messender Beschleunigungsaufnehmer nahe an der Wirkstelle, z. B. direkt unter dem Drehmeißel, appliziert werden. Innerhalb des Bearbeitungsraumes einer Werkzeugmaschine ist diese Ideallösung nicht immer umsetzbar. In Abb. 9.25 wurde der Sensor daher über einen Magneten an der Werkzeugaufnahme befestigt.

Körperschallsensoren

Dynamik tritt auch im Bereich der Schallemission auf [Eise88]. Abhängig von der Art und der Größe der Schallemissionsquelle reicht der Frequenzbereich vom hörbaren Schall (ca. 16 kHz) bis in den hohen Ultraschallbereich (ca. 30 MHz). Abb. 9.26 zeigt schematisch mögliche Quellen und Ursachen für die Entstehung von Körperschall (engl. Acoustic Emission – AE) in Zerspanprozessen.

Abb. 9.27 zeigt einen AE-Sensor im Querschnitt. Die Oberflächenwellen gelangen über eine dünne Membran mit integriertem Koppelelement an das von einer Dämpfungsmasse umgebene Sensorelement. Zur Detektion des AE-Signals wird keine zusätzliche seismische Masse benötigt. Die Trägheit des Sensorelements selbst ist ausreichend, um bei typischen Frequenzen zwischen 50 kHz und 2 MHz eine messbare Ladungsverschiebung hervorzurufen.

Piezoelektrische Keramiken eignen sich aufgrund ihrer hohen Empfindlichkeit besonders gut zur AE-Messung. AE-Sensoren sind so konstruiert, dass die mechanische Schwingungsrichtung entweder senkrecht oder parallel zur elektrischen Polarisation steht. In der Praxis liegen jedoch noch weitere piezoelektrische oder elastische

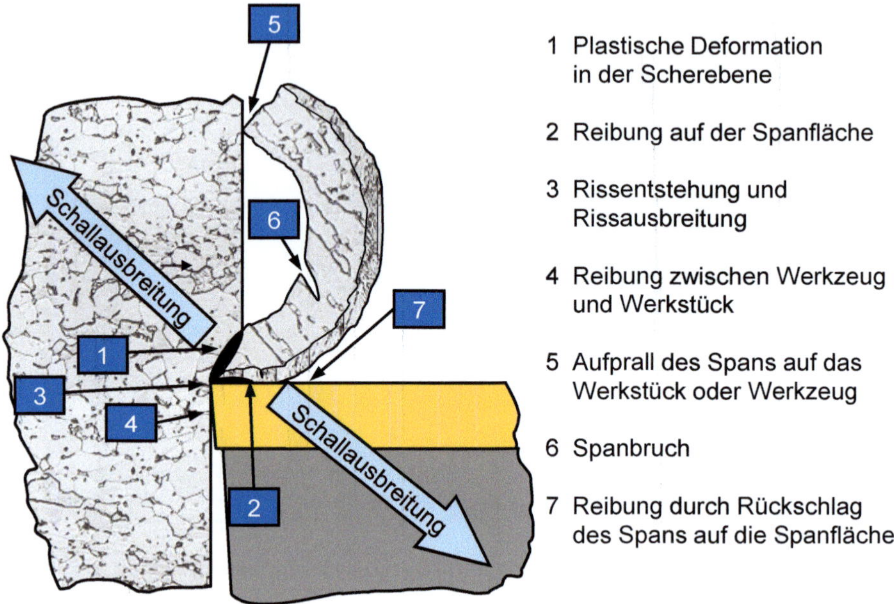

Abb. 9.26 Quellen für Körperschall in der Zerspanung

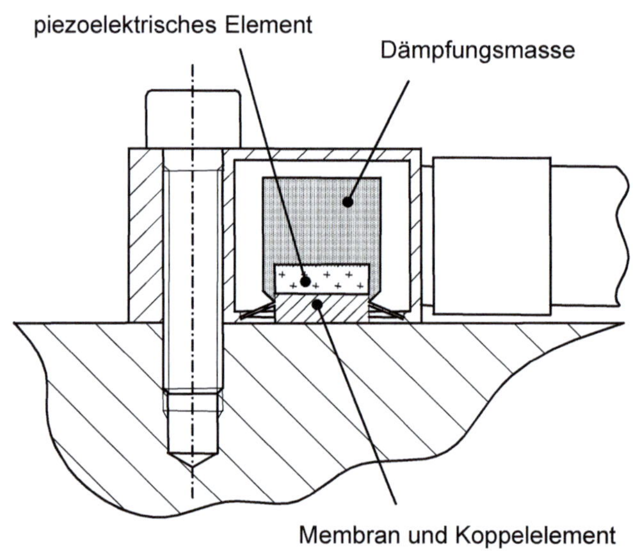

Abb. 9.27 Schematischer Aufbau eines AE-Sensors

Verkopplungsmöglichkeiten vor, die zu unerwünschten Resonanzen bei der Schwingungsmessung führen können [Saxl97]. Daher wird der Einsatzbereich der Sensoren auf geeignete Frequenzbereiche eingeschränkt. Gängige Frequenzbereiche sind beispielsweise 50 – 400 kHz oder 100 – 900 kHz.

Oberflächensensoren werden auf der Maschinenstruktur befestigt und registrieren die durch AE-Signale hervorgerufenen Oberflächenwellen. Es ist wichtig, die optimale Position für eine Sensormontage zu ermitteln. Die Sensorauswahl und Positionierung sind entscheidende Kriterien für eine erfolgreiche Prozessüberwachung. AE-Signale werden an Fügestellen und Materialinhomogenitäten in einer Größenordnung von etwa 11 dB pro Schnittstelle gedämpft [Dorn93, Kett96]. Das Ausmaß dieser Signaldämpfung ist weiterhin stark frequenzabhängig. Hochfrequente Signalanteile werden stärker gedämpft als niederfrequente. Bei der Applikation von AE-Sensoren besteht daher grundsätzlich ein Zielkonflikt zwischen der prozessnahen Anbringung, um möglichst ungedämpfte Signale zu erhalten, und einer geschützten Positionierung, die eine Beeinträchtigung der Funktionsfähigkeit des Sensors durch heiße Späne oder Kühlschmierstoff sowie eine Behinderung des Werkzeug- oder Werkstückwechsels ausschließt. Um konstante und reproduzierbare Ankopplungsverhältnisse zu gewährleisten, muss die Kontaktfläche zum Sensorelement mit hoher Oberflächengüte bearbeitet werden.

Fluidschallsensoren messen das AE-Signal über einen Flüssigkeitsstrahl (z. B. Kühlschmierstoff), der während der Bearbeitung entweder auf das Werkstück, die Werkzeugaufnahme oder das Werkzeug gerichtet wird.

Mit AE-Sensoren lässt sich eine Bruch- und Verschleißerkennung bei der Drehbearbeitung sowie beim Fräsen und Bohren realisieren [Diei87, Dorn89, Kett96, Köni89b, Köni92b, Mori80, Reub00]. Ein weiteres Einsatzfeld ist das Erkennen ungünstiger Spanformen bei der automatisierten Drehbearbeitung [Kutz91, Köni96, Kloc05a]. Ein Anwendungsbeispiel aus der Schleifbearbeitung (s. Fertigungstechnik Band 2) ist die Erkennung von Schleifbrand mittels Schallemissionsanalyse [Saxl97]. Auch für Feinbearbeitungsprozesse eignen sich Überwachungslösungen auf Basis von Acoustic Emission, da der Einsatz anderer Sensorprinzipien, aufgrund kleiner Spanungsquerschnitte und geringer Zerspankräfte, bislang problematisch ist.

Wirkleistungssensoren

Änderungen der Zerspankraftkomponenten führen neben Verlagerungen oder Verformungen auch zu einer Veränderung in der Strom- und Leistungsaufnahme der Haupt- und Vorschubantriebe. Die vom Motor einer Werkzeugmaschine aufgenommene Leistung setzt sich aus einem Wirk- und einem Blindleistungsanteil zusammen. Die Wirkleistung wird aufgrund ihrer Proportionalität zum abgegebenen Drehmoment des Motors häufig als steuerungsinternes Signal zur Quantifizierung der Motorlast verwendet. Bei der Überwachung von Zerspanprozessen werden vorwiegend externe Wirkleistungsmessgeräte, oft mit dazugehöriger Auswertesoftware und Visualisierungseinheit, eingesetzt.

Das Prinzip der Wirkleistungsmessung basiert auf der Erfassung von Spannung U, Strom I und der Phasenverschiebung ϕ zwischen den beiden Größen. Daraus wird die Wirkleistung nach Gl. 9.54 berechnet. Man unterscheidet Ein-, Zwei- und Dreiphasensysteme, wobei Dreiphasensysteme die höchste Auflösung besitzen, da sie die Messung an allen drei Phasen durchführen.

$$P_{\mathrm{w}} = \sqrt{3} \cdot U \cdot I \cdot \cos\varphi \qquad \text{Gl. 9.54}$$

Externe Wirkleistungsmodule werden an Werkzeugmaschinen zwischen Frequenzumrichter und Motor installiert. In Abb. 9.28 ist ein Schaltplan exemplarisch für ein Dreiphasensystem dargestellt. Das Spannungssignal wird parallel an der Phase abgegriffen. Zur Messung des Stroms werden Hallsensoren verwendet, welche den Strom inklusive seiner Phasenlage über das den Leiter ringförmig umgebende Magnetfeld messen. Die Signalanpassung bei der Integration in eine Werkzeugmaschine ist sehr einfach. Die Hallsensoren werden in verschiedenen Leistungsklassen angeboten. Eine Grobanpassung erfolgt durch Variation der Anzahl von Leiterschleifen, die durch die Hallsensoren geführt werden. Darüber hinaus verfügen die gängigen Systeme über elektronische Signalkonditionierer.

Wirkleistungsmesssysteme sind vor allem dadurch gekennzeichnet, dass sie die mechanischen Eigenschaften einer Werkzeugmaschine nicht beeinflussen. Das Bearbeitungsmoment kann bei der Zerspanung ohne Integration externer Sensorik in den Kraftfluss der Maschine gemessen werden. Vorrangiges Anwendungsgebiet ist das Erkennen von Werkzeugbrüchen und Kollisionen im Arbeitsraum. Für eine effiziente Verschleißüberwachung sind ausreichend große Kraftänderungen erforderlich. Ferner sind die Systeme kostengünstig und leicht nachrüstbar. Ihre Eignung als effizientes Hilfsmittel zur Prozessüberwachung hängt in entscheidendem Maße vom Verhältnis der durch den Bearbeitungsprozess hervorgerufenen Leistungsaufnahme und der Gesamtleistung des Antriebs ab. Kleine Bearbeitungsmomente können daher bei Spindeln mit insgesamt großer Leistungsaufnahme nicht mehr zuverlässig erfasst werden. Insbesondere bei kleinen Spanungsquerschnitten, bzw. kleinen Prozesskräften und -momenten, wie sie bei der Schlichtbearbeitung

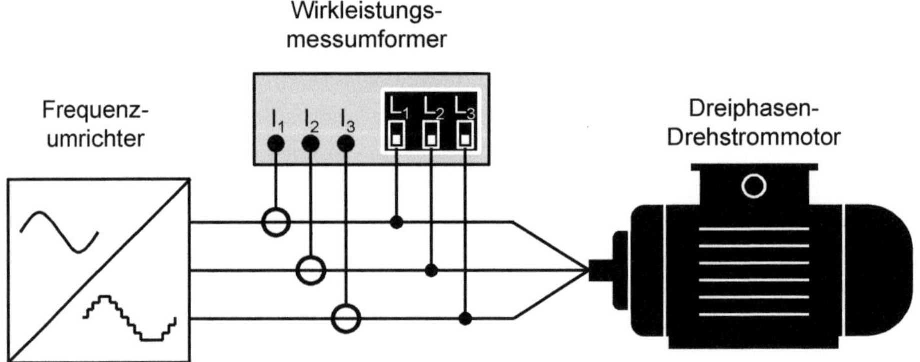

Abb. 9.28 Schaltplan zum Einbau von Wirkleistungsmesssystemen

oder bei kleinen Bohrungsdurchmessern auftreten, wird eine zuverlässige Überwachung erschwert. Zur Messung dynamischer Bearbeitungsmomente ist das Verfahren aufgrund der hohen, der Sensorik vorgelagerten Massenträgheit von Motoranker, Spanneinrichtung, usw. kaum geeignet. Die trägen Massen des Antriebsstrangs stellen einen Tiefpassfilter dar, der aufgrund einer niedrigen Grenzfrequenz das schnelle Messen dynamischer Größen stark einschränkt.

Temperatursensoren

Für die Beurteilung der in der Kontaktzone vorherrschenden thermischen Belastung der Werkstück- und Schneidstoffoberfläche ist die Kenntnis der Zerspantemperatur eine wichtige, den Prozess charakterisierende Größe. Neben Thermoelementen, Widerstandsthermometern und Thermokameras kommen bei der Messung Quotientenpyrometer zum Einsatz, die eine hochdynamische, präzise und absolute Temperaturinformation liefern.

Thermoelemente nutzen den thermoelektrischen Effekt zwischen zwei Metallen. Neben dem Ein-Meißel-Verfahren und dem Zwei-Meißel-Verfahren [Gott25, Vier70], besteht die Möglichkeit, ein Thermoelement in das Werkzeug [Küst54] oder das Werkstück [Hopp03] zu integrieren.

Widerstandsthermometer verwenden die Temperaturabhängigkeit des Widerstandes eines Leiters bzw. Halbleiters zur Temperaturmessung. Vorwiegend kommen metallische Werkstoffe zum Einsatz, insbesondere Platin und Nickel, deren Widerstand gut reproduzierbar mit der Temperatur ansteigt. Einige Halbleiter weisen negative Temperaturkoeffizienten auf, d. h. ihr Widerstand nimmt mit zunehmender Temperatur ab.

Thermokameras ermöglichen eine berührungslose und flächige Messung der Temperatur. Sie arbeiten nach dem Prinzip der Thermographie. Jeder Gegenstand emittiert ein Band von Infrarot-Strahlung, dessen Intensität von der Temperatur abhängt. Der Wellenlängenbereich liegt zwischen 0,7 und 1000 µm. Die Mehrzahl der kommerziellen Infrarotkameras nutzt jedoch nur den Spektralbereich des mittel- und langwelligen Infrarots von 3,5 – 14 µm.

Bei einem Quotientenpyrometer, auch Verhältnispyrometer oder 2-Farben-Pyrometer genannt, wird die Intensität nicht nur bei einer Wellenlänge gemessen, sondern das Verhältnis der Intensitäten zweier unterschiedlicher Wellenlängen. Die Infrarotstrahlung wird mit einer lichtleitenden Faser aufgenommen und zur Auswerteeinheit geleitet. Die Glasfaser ist mit einem Schutzschlauch ummantelt. Im Pyrometergehäuse befinden sich die Optik, Filter, Detektoren und Verstärker, s. Abb. 9.29. Das Prinzip des Quotientenpyrometers ist ausführlich in der Dissertation MÜLLER beschrieben [Müll04].

Das Elektronikgehäuse beinhaltet die Regelung der Peltierelementkühlung und die Spannungsversorgung. Mit einem angeschlossenen Laptop kann die Datenaufnahme und die Datenauswertung automatisiert durchgeführt werden.

Nicht durch die Temperatur hervorgerufene Intensitätsschwankungen, beispielsweise durch teilweise Verschmutzung der Optik, haben keinen Einfluss auf das Messergebnis. Ferner ist die Messung durch Quotientenbildung weitestgehend unabhängig vom Emissionsgrad des Materials, sofern keine ausgeprägte Abhängigkeit von der Wellenlänge besteht.

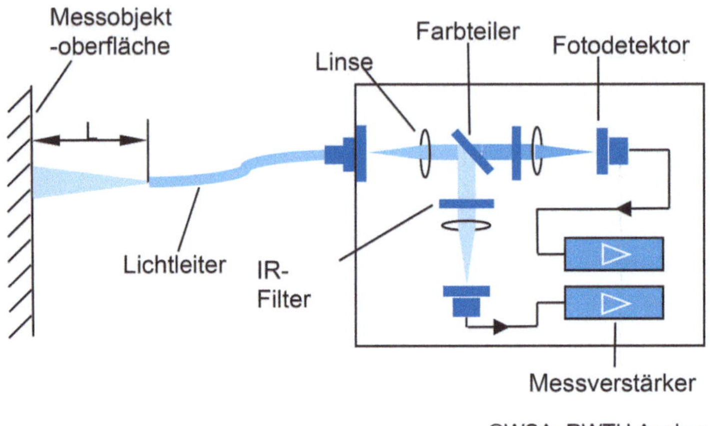

Abb. 9.29 Prinzip des Quotientenpyrometers (Quelle: WSA RWTH Aachen)

Metallisch blanke Oberflächen besitzen niedrige Emissionsgrade. Um die Messung an optisch schwer zugänglichen und thermisch oder mechanisch stark belasteten Stellen zu ermöglichen, besteht die Möglichkeit, einen Lichtwellenleiter sehr nahe an der Kontaktzone zwischen Werkzeug und Werkstück zu positionieren. Dazu muss die Messstelle in der Regel mit einem Loch präpariert werden, in welches die Faser eingeführt werden kann. Abb. 9.30 zeigt eine typische Applikation an einer Wendeschneidplatte zur Messung der Temperatur an der gefertigten Fläche des Werkstücks.

Die Messdatenaufnahme und Auswertung kann am PC durchgeführt werden. Das Ergebnis der Messung ist ein zeitlich und örtlich hochaufgelöstes Temperatursignal, wie es in Abb. 9.31 am Beispiel der Bohrbearbeitung dargestellt ist.

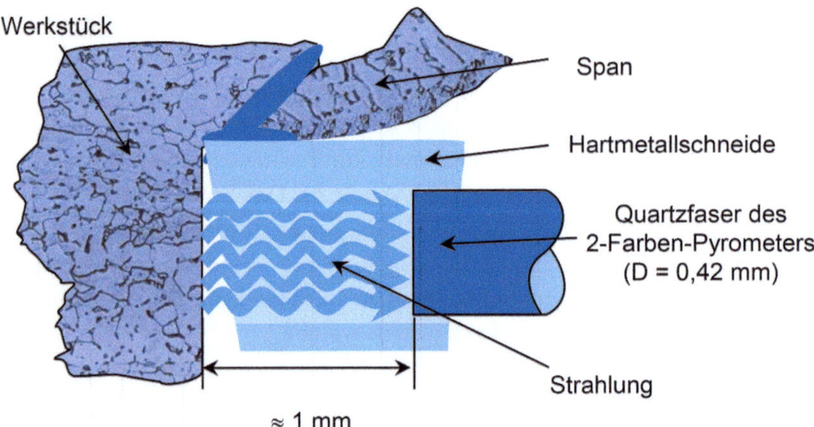

Abb. 9.30 Temperaturmessung an der gefertigten Fläche des Werkstücks

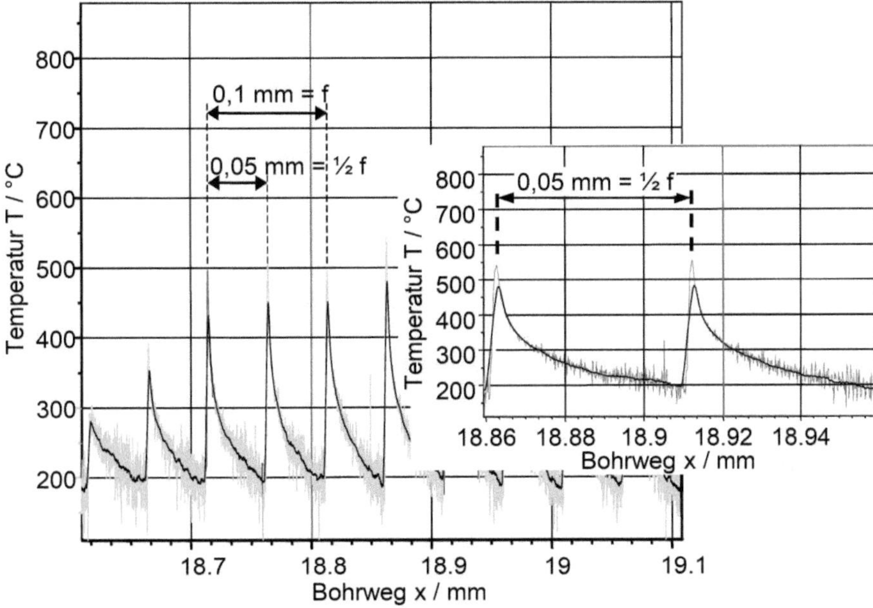

Abb. 9.31 Beispiel für ein hochaufgelöstes Temperatursignal

Bei dem hier beschriebenen System liegt die untere Grenze der messbaren Temperatur bei etwa 200 °C. Die erreichbare Temperaturauflösung ist von der Wahl des Verstärkungsfaktors abhängig. Ein höherer Verstärkungsfaktor bewirkt eine höhere Auflösung, verringert allerdings auch den messbaren Temperaturbereich und die messbare Maximaltemperatur. Während Intensitätsverluste durch teilweise Verschmutzung der Optik das Messergebnis nicht verfälschen, treten bei unterschiedlichen Emissionsgraden für die beiden der Messung zu Grunde liegenden Wellenlängen Messfehler auf. Messungen unter Verwendung von Kühlschmierstoffen verhalten sich aufgrund der unterschiedlichen optischen Eigenschaften von Kühlschmierstoff und Fasermaterial bei Benetzung der Optik äußerst instabil.

9.2.2 Signalverarbeitung und Überwachungsstrategien

Zur Entwicklung von Strategien zur Prozessüberwachung ist zunächst eine Signalaufbereitung erforderlich. Unabhängig davon, ob es sich bei der Datenbasis um durch externe Sensorik oder durch Auslesen der Werkzeugmaschinensteuerung gewonnene Signale handelt, sollten diese eine enge Korrelation zum Prozess aufweisen.

In Abhängigkeit von der erforderlichen Reaktionsgeschwindigkeit des Systems kommen prozessbegleitende oder intermittierende Verfahren zum Einsatz. Eine prozessbegleitende, kontinuierliche Messung bietet die schnellste Möglichkeit, Ereignisse zu detektieren und eine geeignete Reaktion einleiten zu können. Die intermittierende Messung lässt Reaktionen frühestens nach dem Wiedereinsetzen des Messzyklus zu, sodass sich möglicherweise auftretende Störungen außerhalb der Messzyklen nicht in den gemessenen Signalen widerspiegeln.

Bei der Signalverarbeitung wird keine neue Information erzeugt. Die Signalverarbeitung hat ausschließlich die Aufgabe, aus der Gesamtmenge der aufgenommenen Informationen diejenigen heraus zu extrahieren, die in einer Korrelation mit den zu überwachenden Prozesskenngrößen stehen. Man unterscheidet grundsätzlich zwischen Online- und Offline-Signalverarbeitungssystemen. Bei Online-Systemen erfolgen Signalaufnahme und Signalverarbeitung gleichzeitig. Bei der Offline-Verarbeitung sind Signalaufnahme und Signalverarbeitung örtlich und zeitlich voneinander getrennt.

Die Eigenschaften und Charakteristika der verwendeten Sensoren bestimmen ganz wesentlich die grundsätzlichen Eigenschaften der aufgenommenen Signale. Es ist deshalb notwendig, die Signalverarbeitungsstrategien in Abhängigkeit von den Signaleigenschaften festzulegen. Abb. 9.32 zeigt beispielhaft eine Messstrecke zur Erfassung von AE-Signalen in einem spanenden Fertigungsprozess. Diese Messstrecke ist charakteristisch für viele andere Fertigungsprozesse. Die von den Sensoren erzeugten Signale besitzen im Allgemeinen niedrige Energieinhalte. Das Signal-Rausch-Verhältnis (SNR) ist daher gering und eine störungsfreie Signalübertragung und -auswertung werden erschwert. Zur Verbesserung des SNR erfolgt daher eine Vorverstärkung des Signals. Entsprechend des für

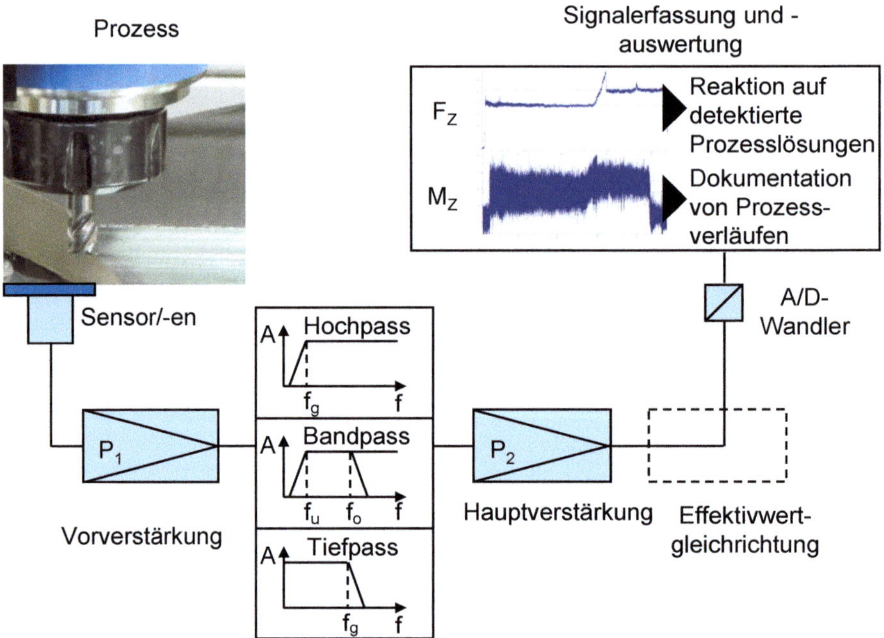

Abb. 9.32 Messstrecke zur Erfassung von Körperschallsignalen

die gegebene Überwachungsaufgabe relevanten Frequenzbereiches findet im Anschluss häufig eine Filterung der Signaldaten statt. Je nach Überwachungsaufgabe und Art der Sensorsignale erfolgt eine Hoch-, Tief- oder Bandpassfilterung.

Der wesentliche Zweck der Signalfilterung ist es, die Signalanteile, die nicht mit den zu überwachenden Prozesskenngrößen korrelieren, aus dem Rohsignal heraus zu filtern. Bei den nichtrelevanten Signalanteilen kann es sich um zwar dem Prozess zugeordnete, aber für den vorliegenden Anwendungsfall nicht relevante Informationen handeln, oder aber um zusätzliche Störsignale, die von außen in die Messkette eingekoppelt wurden. Als Beispiele für Störungen können z. B. nichtrelevante Maschinenschwingungen, oder auch externe elektromagnetische Störfelder genannt werden. Im Anschluss an die Signalfilterung erfolgt die Verstärkung im Hauptverstärker. Optional, vor allem bei AE-Signalen, kann eine Effektivwertgleichrichtung der Sensorsignale nach Gl. 9.55 erfolgen.

$$s_{\mathrm{eff}} = \sqrt{\frac{1}{T}\int_{0}^{T} s^{2}(t)\mathrm{d}t} \qquad \text{Gl. 9.55}$$

Zur Vereinfachung ist die Vorverarbeitung auf ein Signal mit konstanter Frequenz angewandt worden, s. Abb. 9.33. Bei der Effektivwertgleichrichtung wird aus einem

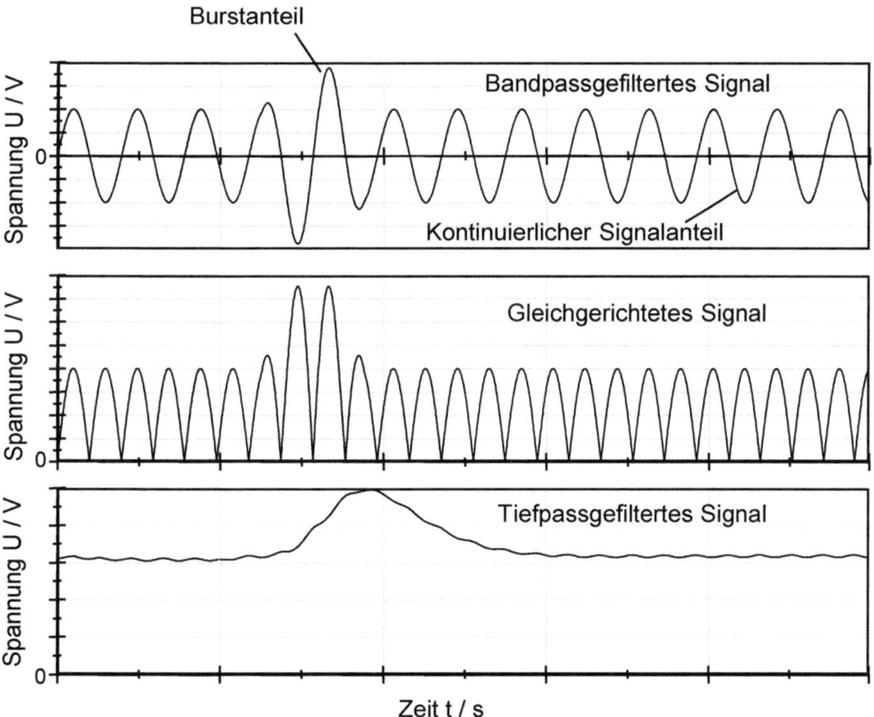

Abb. 9.33 Filterung und Effektivwertgleichrichtung

Ausgangssignal ein zeitabhängiger, gleitender, quadratischer Mittelwert, der RMS (root mean square) – Wert, gebildet [Saxl97, Reub00].

RMS-Signale haben ausschließlich positive Signalanteile und werden für die Ermittlung von Kenngrößen für die Überwachung genutzt. Im Anschluss an die Effektivwertgleichrichtung kann, je nach Anwendungsfall, eine weitere Filterung oder Verstärkung der Signale erforderlich sein. Um eine informationstechnische Weiterverarbeitung der Signale zu ermöglichen, erfolgt eine Digitalisierung der analogen Messwerte in einem Analog/Digital (A/D)-Wandler. Die Messwerte können dann in digitaler Form erfasst, softwaregestützt ausgewertet und weiterverarbeitet werden.

Grundsätzlich besteht die Möglichkeit, Signale im Zeit- oder Frequenzbereich zu betrachten. Die Waveletanalyse ermöglicht eine Kombination der Informationsgehalte beider Bereiche. In Tab. 9.3 sind allgemeine Eigenschaften der drei Verfahren gegenübergestellt [Reub00].

Die Signalauswertung im Zeitbereich besitzt bei zeitkritischen Überwachungsvorgängen den Vorteil, dass auf eine zeit- und rechenintensive Transformation in den Frequenzbereich verzichtet werden kann. Im einfachsten Fall führen Prozessstörungen zu signifikanten Signaländerungen, die direkt aus dem zeitlichen Signalverlauf ermittelt werden können.

Zur Störungsidentifikation eignen sich Eingriffsgrenzen und Toleranzbänder. Klassische Beispiele hierfür sind in Abb. 9.34 dargestellt. Neben einem statischen Grenzwert, einem Trend, einem Toleranzband und mitlaufenden Schwellen besteht auch die Möglichkeit, charakteristische Signalverläufe zu hinterlegen.

Die Überwachung mittels statischer Schwelle ist die einfachste Form der signalbasierten Überwachung. Aus Vorversuchen wird der Signalpegel für den ungestörten Prozessverlauf ermittelt, der dann in Form einer festen Grenze zur Überwachung benutzt wird. Bei der Überwachung mittels dynamischer Schwellen wird aus dem aufgezeichneten Signal

Tab. 9.3 Eigenschaften der Signalanalyse in Zeit- und Frequenzbereich

Zeitbereich	Frequenzbereich
Zeitlicher Signalverlauf	Transformation des Signals in den Frequenzbereich
Signalanalyse kontinuierlich oder in zeitlich begrenzten Ausschnitten	Spektrale Zusammensetzung des Signals
Kaum Information über Signalfrequenzen	Diskontinuierliche Signalauswertung in zeitlich begrenzten Signalausschnitten
Keine zeitintensive Transformation	Keine Informationen über zeitliche Signalveränderungen in dem transformierten Signalausschnitt
	Eingeschränkte Aussage über zeitlichen Signalverlauf durch Analyse mehrerer aufeinander folgender Signalausschnitte

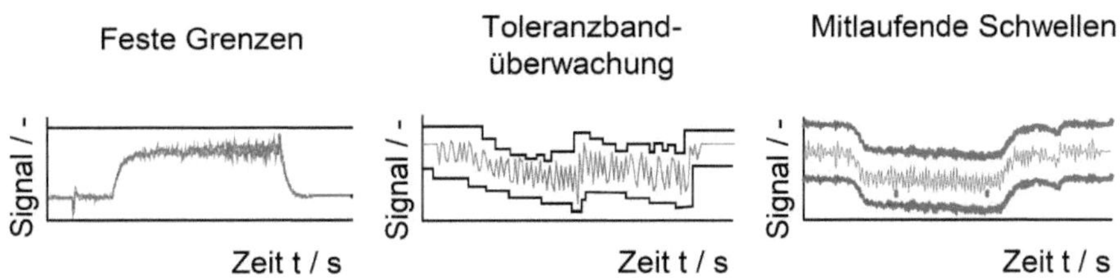

Abb. 9.34 Eingriffsgrenzen und Toleranzbänder

über einen definierten Zeitabschnitt ein gleitender Mittelwert berechnet. Dieser Mittelwert wird mit einem prozentualen Auf- bzw. Abschlag verknüpft, sodass eine dynamische Überwachung des Signalverlaufs möglich wird. Der Vorteil dieser Strategie gegenüber einer festen Grenze liegt darin, dass auch Signale, die nicht gleichmäßig verlaufen, bzw. deren Niveau sich auch im ungestörten Prozessverlauf ständig ändert, überwacht werden können.

Ein Beispiel zur Signalanalyse im Zeitbereich liefert SAXLER in seiner Dissertation zum Aufbau eines Systems zur Erkennung von Schleifbrand mittels Schallemissionsanalyse [Saxl97]. Schleifbrand ist eine unerwünschte thermische Randzonenschädigung und wird in Band 2 dieser Buchreihe näher beschrieben. Beim Profilschleifen von Zahnflanken ist werkstückseitig ein Körperschallaufnehmer angebracht worden. Die Verläufe der Effektivwerte des Signals sind für die Schrupp- und Schlichtphase bei der Bearbeitung von insgesamt 1650 Zahnrädern in Abb. 9.35 dargestellt. Dabei fällt auf, dass beide Kurven bis zum neunhundertsten Zahnrad keinen synchronen Verlauf aufweisen. Oberhalb dieser

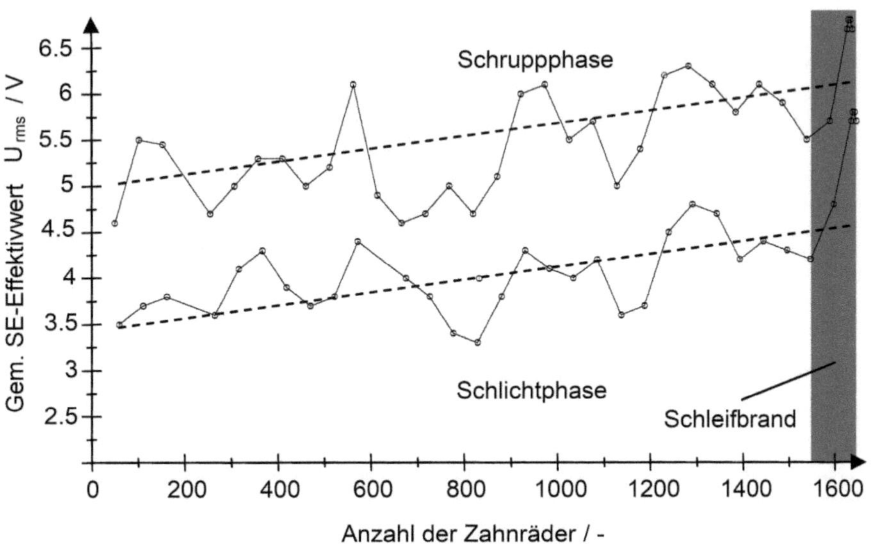

Abb. 9.35 Analyse der Schallemission im Zeitbereich

Stückzahl verlaufen die Kurven fast parallel zueinander und unterscheiden sich durch eine Signaldifferenz von etwa 1 Volt. Nach dem Erreichen des Standzeitendes, d. h. ab einer Anzahl von 1550 geschliffenen Zahnrädern, treten mit Ausnahme der ersten beiden Auswertepunkte die höchsten Effektivwerte der Schallemission innerhalb der Standzeit auf.

Abgesehen davon, dass das Auftreten von Schleifbrand in den ersten beiden Auswertepunkten nicht durch eine Schwellwertüberschreitung zu erfassen ist, sind die Amplitudenunterschiede insgesamt nicht groß genug, um eine sichere und zuverlässige Aussage über die Entstehung von Schleifbrand treffen zu können. Das Praxisbeispiel wird bei der Signalanalyse im Frequenzbereich wieder aufgegriffen.

Das Verletzen von Eingriffsgrenzen kann neben der reinen Detektion von Abweichungen dazu genutzt werden, eine automatische Reaktion der Maschine durch Veränderung von Prozessparametern hervorzurufen.

Hierzu bestehen im Wesentlichen die Regelungsstrategien Grenzregelung (ACC) [Gies73, Häns74, Müll76, Gath77] und Optimierregelung (ACO) [Esse72, Otto76]. Bei der Grenzregelung (Adaptive Control Constraint) wird die Stellgröße des Regelkreises so variiert, dass die Regelgröße ein möglichst konstantes Niveau erreicht. Ein klassisches Beispiel für eine Grenzregelung in der Zerspanung ist das Einhalten eines konstanten Drehmomentniveaus durch Anpassung des Vorschubs bei wechselndem Aufmaß. Bei der Optimierregelung (Adaptive Control Optimisation) werden eine oder mehrere Stellgrößen so variiert, dass die Regelgröße einer Lernkurve folgt. Die Lernkurve könnte beispielsweise den Verlauf der Spindelleistung über dem Vorschubweg darstellen und für eine spezifische Bearbeitungssituation als optimaler Prozessablauf hinterlegt werden. Die Parameter Vorschub und Drehzahl könnten dann innerhalb definierter Grenzen frei gewählt werden, sodass die Leistung trotz Verschleißfortschritts der Lernkurve folgt.

Neue Entwicklungen auf dem Gebiet der Prozessüberwachung zielen auf modellbasierte Überwachungsmethoden oder die simultane Auswertung unterschiedlicher Sensorsignale ab, um eine größtmögliche Störungssicherheit zu erreichen. Dies ist erforderlich, da als wesentliches Problem bei der industriellen Einführung von Prozessüberwachungssystemen eine hohe Fehlalarmquote bei den eingesetzten Geräten genannt wird. Für die adaptive Grenzregelung und die adaptive Optimierregelung werden deshalb häufig Regelungsalgorithmen implementiert, welche eine oder mehrere Sensorinformationen miteinander kombinieren und auswerten. Der Ausgang des Systems kann durch mehrere Stellgrößen gekennzeichnet sein.

Die Signalauswertung im Frequenzbereich ist insbesondere dann sinnvoll, wenn sich verschiedene, periodische Signalanteile überlagern. In der Zerspanung ist dies sehr häufig der Fall, da dominante Prozessfrequenzen, wie die Dreh- oder Zahneingriffsfrequenz sowie deren Oberschwingungen, von den charakteristischen Eigenfrequenzen der Maschine und des Werkzeugs überlagert werden. Aus der Darstellung der Amplituden- oder Leistungsspektren über der Frequenz lassen sich Aussagen über das Auftreten von Signalanteilen bei unterschiedlichen Frequenzen und über Frequenzverschiebungen machen. Häufig wird es durch die Frequenzanalyse auch möglich, Prozessstörungen zu identifizieren, z. B. das Auftreten von Ratterschwingungen oder signifikante Veränderungen an ausgewählten

Schneiden beim Fräsen. Prozessstörungen dieser Art lassen sich im Frequenzbereich leichter nachweisen, als bei Analyse der Prozesssignale im Zeitbereich.

Das bekannteste Verfahren zur Frequenzanalyse basiert auf der FOURIER-Transformation. Die in der industriellen Praxis heute am häufigsten angewandte Methodik ist die Fast-FOURIER-Transformation (FFT), die sich durch einen schnellen und effizienten Transformationsalgorithmus auszeichnet.

Grundsätzlich ist bei einer Analyse der Prozessinformationen im Frequenzbereich zu beachten, dass die Zeitinformation, wann ein bestimmtes Signalereignis eintritt, verloren geht. Aus diesem Grund werden häufig Analysen im Frequenz- und im Zeitbereich miteinander kombiniert. Darauf wird später eingegangen (Waveletanalyse).

Ein Praxisbeispiel für die Signalanalyse im Frequenzbereich liefert erneut SAXLERS System zur Erkennung von Schleifbrand mittels Schallemissionsanalyse [Saxl97]. Die Signale der Schrupp- und Schlichtbearbeitung beim Zahnflanken-Profilschleifen sind innerhalb des Frequenzbereichs von 200 – 400 kHz einer FFT unterzogen worden. Die Verläufe zeigen über die Standzeit der Schleifscheibe einen Anstieg der gemittelten Schallemissionsamplitude um etwa 1 dBV. Einen eindeutigen Zusammenhang zwischen den gemittelten Schallemissionsamplituden und dem Auftreten von Schleifbrand zeigt die Analyse der aus der Schlichtphase gewonnenen Messdaten, s. Abb. 9.36.

Sowohl im Zeitbereich als auch im Frequenzbereich ist es möglich, signifikante Signalkennwerte zu bilden und zueinander ins Verhältnis zu setzen. Die Kennwerte werden dabei entweder aus sehr schmalen Frequenzbändern oder aus der Amplitudenverteilung in einem relevanten Frequenzband errechnet. Im ersten Fall werden meist direkt die Werte der Amplitudenspitzen zur Auswertung herangezogen, im zweiten Fall werden häufig integrierende Kennwerte aus dem Verlauf der Amplitudenverteilung ermittelt, die mit dem Energiegehalt des Signals korrelieren. In Abb. 9.37 sind beispielhaft Signale aus dem Zeit- und dem Frequenzbereich gegenübergestellt und die entsprechenden Kennwerte illustriert [Reub00].

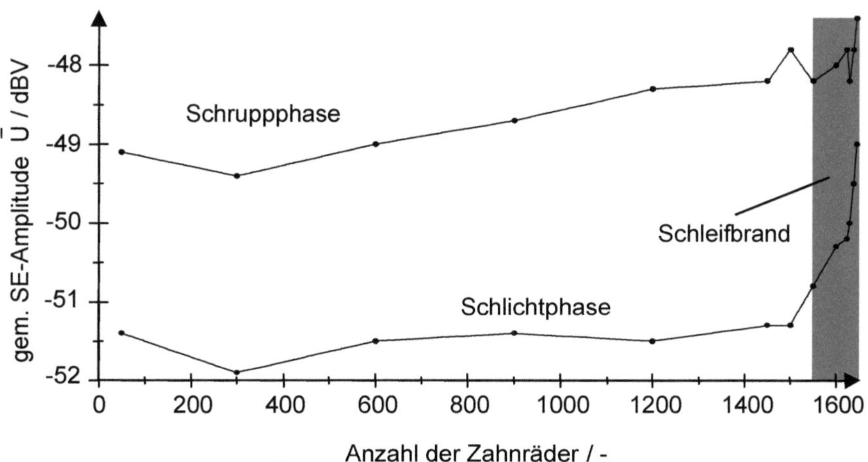

Abb. 9.36 Analyse der Schallemission im Frequenzbereich

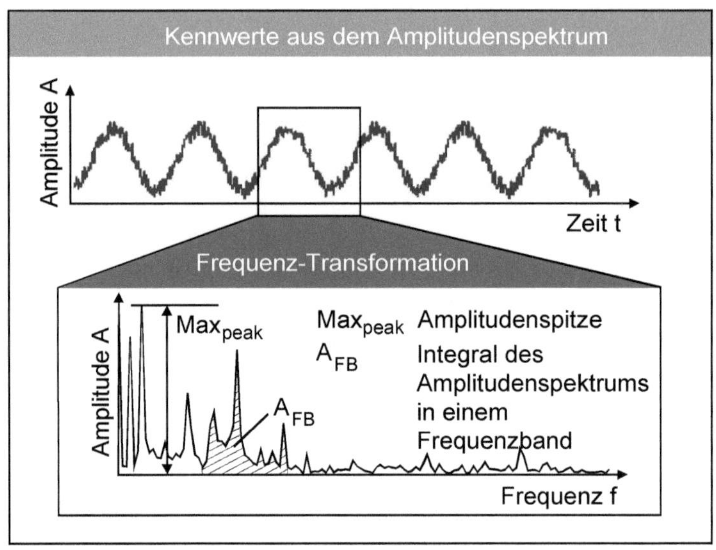

Abb. 9.37 Transformation vom Zeit- in den Frequenzbereich und Signalkennwerte

Die Nutzbarkeit der FOURIER-Transformation ist bei zeitkritischen Signalanalysen und hochdynamischen Prozessen eingeschränkt. Ein Schwachpunkt besteht in der zeitverzögerten Bereitstellung des Auswerteergebnisses, da erst nach der kompletten Transformation des Signalabschnitts Aussagen über enthaltene Signalmerkmale gemacht werden können. Die maximale Verzögerung ergibt sich dabei, falls ein störungssignifikantes Signalmerkmal am Anfang des betrachteten Signalabschnitts auftritt und erst nach dessen Ende erkannt wird. Innerhalb des analysierten Signalabschnitts liegen keine Informationen über den Zeitpunkt oder die zeitliche Abfolge des Auftretens der im Signal enthaltenen Frequenzen vor.

Eine Möglichkeit, die zeitliche Auflösung zu erhöhen, besteht darin, die Breite des Signalabschnitts so schmal zu wählen, dass jedes Signalsegment als quasistationär angesehen werden kann und dann die sequentielle Abfolge mehrerer aufeinander folgender Signalabschnitte zu betrachten. Dies ist das Funktionsprinzip der Short-Time-FOURIER-Transformation (STFT). Im Vergleich zur FFT werden kurzzeitige Änderungen der Amplitude weniger stark eingeebnet. Die Ergebnisdarstellung für den verkleinerten Signalabschnitt erfolgt analog zur FFT. Je schneller die relevanten Signaländerungen auftreten und je geringer die zulässige Verzögerungszeit zu ihrer Erkennung ist, desto kleiner sind die Signalabschnitte zu wählen. Allerdings ist für ein hohes frequenzbezogenes Auflösungsvermögen ein breiter Signalabschnitt erforderlich, um eine möglichst vollständige Information über die niederfrequenten Signalanteile zu erhalten. Ein Ansatz zur Lösung dieses Zielkonflikts liegt in der Erhöhung der Abtastrate bei der Digitalisierung des Signals, wodurch eine größere Anzahl diskreter Werte für die Transformation bereitgestellt wird. Damit sind ein höherer Rechenaufwand und ein größerer Speicherbedarf verbunden.

Die Waveletanalyse stellt die konsequente Weiterführung des Gedankens dar, ein Signal zeitnah und vollständig in seinen enthaltenen Frequenzen zu analysieren. Verschiedene Frequenzbereiche eines Signals können mit unterschiedlicher zeitlicher Auflösung untersucht werden. Während sich bei der FOURIER-Transformation nur ein fester Signalabschnitt für den gesamten Frequenzbereich des Signals wählen lässt, passt der Waveletalgorithmus die Größe des Abschnitts an das jeweils betrachtete Frequenzband an. So werden bei hochfrequenten Signalanteilen eine sehr gute zeitliche Auflösung und bei niedrigen Frequenzbereichen eine sehr gute spektrale Auflösung erreicht. Ein weiterer Vorteil besteht darin, dass sich das transformierte Signal durch eine inverse Wavelet-Transformation wieder vollständig rekonstruieren lässt.

Es wird zwischen der kontinuierlichen Wavelet-Transformation (CWT) und der diskreten Wavelet-Transformation (DWT) unterschieden. Bei der CWT wird das Ausgangssignal mit einer Wavelet-Funktion multipliziert. Die Wavelet-Funktion ψ hat eine konstante Schwingungsanzahl und stellt somit ein Wellenpaket dar. Sie besitzt einen Verschiebungsparameter τ und einen Skalierungsparameter s, s. Gl. 9.56.

$$\psi_{\tau,s} = \frac{1}{\sqrt{s}}\psi\left(\frac{t-\tau}{s}\right) \qquad \text{Gl. 9.56}$$

Der Verschiebungsparameter beinhaltet die Zeitinformation im Transformationsbereich, während die Variation des Skalierungsparameters mit der frequenzbezogenen Auswertung korreliert, s. Abb. 9.38.

Durch die Verschiebung des Wellenpakets entlang der Zeitachse wird das Signal zeitlich aufgelöst, indem der Verschiebungsparameter den aktuellen Aufenthaltsort entlang

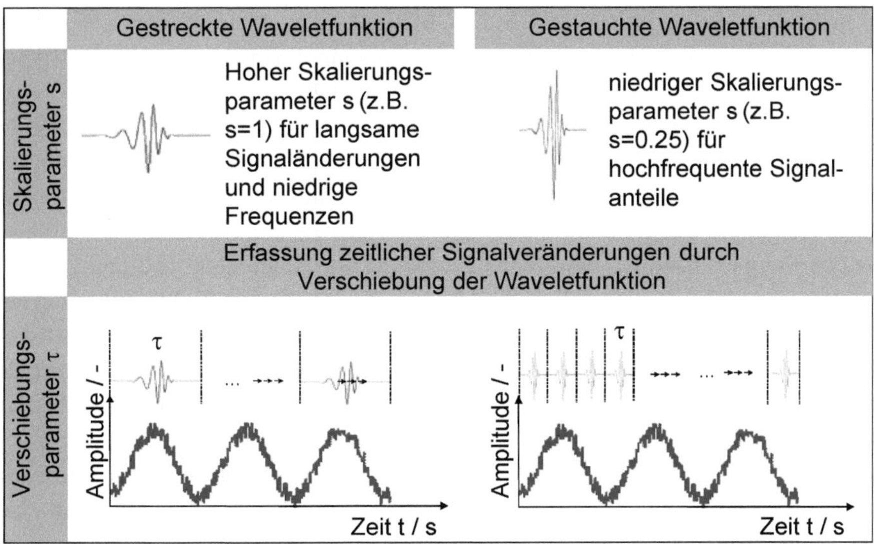

Abb. 9.38 Verschiebung und Skalierung der Wavelet-Funktion

der Zeitachse beinhaltet. Durch Variation des Skalierungsparameters wird das Wellenpaket gestreckt oder gestaucht, sodass dessen Länge ein Maß für den analysierten Frequenzbereich darstellt.

Dem Prinzip der Mehrfachauflösung entsprechend, wird der zeitliche Signalverlauf unter Variation der beiden Parameter mehrfach transformiert. Das Produkt des jeweiligen Signalabschnitts *x(t)* mit dem Wellenpaket erzeugt eine Funktion, deren Integral dem Wavelet-Koeffizienten *c* entspricht, s. Gl. 9.57.

$$c(\tau,s)=\frac{1}{\sqrt{|s|}}\int x(t)\,\psi\left(\frac{t-\tau}{s}\right)\mathrm{dt} \qquad \text{Gl. 9.57}$$

Der berechnete Koeffizient ist ein Maß für die Ähnlichkeit zwischen dem analysierten Signalabschnitt und dem verschobenen bzw. skalierten Wellenpaket. In der Mustererkennung liegt eine wesentliche Stärke des Algorithmus. Zur Ausnutzung dieser Eigenschaft ist es erforderlich, das Wellenpaket durch die Wahl einer geeigneten Grundform an die vorliegende Signalcharakteristik anzupassen.

Für die praktische Anwendung bei der Signalübertragung wird häufig die diskrete Wavelet-Transformation (DWT) eingesetzt, da sie weniger Rechenzeit benötigt und umfassende Möglichkeiten zur Auswertung und Darstellung der Signalverläufe bereitstellt. Der wesentliche Unterschied zwischen CWT und DWT liegt darin, dass das Signal bei der diskreten Wavelet-Transformation durch wiederholte Hoch- und Tiefpassfilterung in einzelne Frequenzbereiche zerlegt wird. Die einzelnen Ebenen der Zerlegung werden als Dekompositionsebenen bezeichnet. Ausschließlich die hochpassgefilterten Signalanteile werden durch Wavelet-Koeffizienten kodiert. Das Ausgangssignal der Tiefpassfilterung wird für die nächste Auswertestufe bereitgestellt, s. Abb. 9.39 [Reub00]. Das sogenannte „Downsampling" komprimiert das Signal, indem es die Anzahl der diskreten Signaleinzelwerte nach Durchlaufen der Hoch-/Tiefpassfilterung um die in den Wavelet-Koeffizienten repräsentierten und somit redundanten Informationen bereinigt.

Bei der DWT repräsentiert ein Wavelet-Koeffizient, vereinfacht gesehen, die Differenz aus zwei Signal-Einzelwerten. In jeder Dekompositionsebene entsteht dadurch ein Vektor von Wavelet-Koeffizienten, der halb so viele Einträge hat wie das analysierte Signal. Er repräsentiert genau die Signalinformationen, die in dem durch Hochpassfilterung entstehenden Frequenzband der jeweiligen Zerlegungsstufe enthalten sind und kann somit einem bestimmten Frequenzband zugeordnet werden. Der aus der Tiefpassfilterung entstehende Signalvektor bildet die Ausgangsbasis für die nächste Auswertestufe. Er wird dabei um die Hälfte der Signaleinzelwerte reduziert, was im Einklang mit dem SHANNONschen Abtasttheorem ohne Informationsverlust für den in der nächsten Auswertestufe betrachteten halbbandigen Frequenzbereich möglich ist.

Der Vorteil dieser Vorgehensweise besteht darin, dass die Menge an Signaleinzelwerten, die in jeder Transformationsstufe für den Berechnungsalgorithmus herangezogen werden, an das analysierte Frequenzband angepasst ist. Während die Transformation in den Frequenzbereich in Abhängigkeit von der spektralen Auflösung an eine konstante Anzahl von Signalwerten gebunden ist, wird mit dem „Downsampling" bei der Wavelet-Transformation

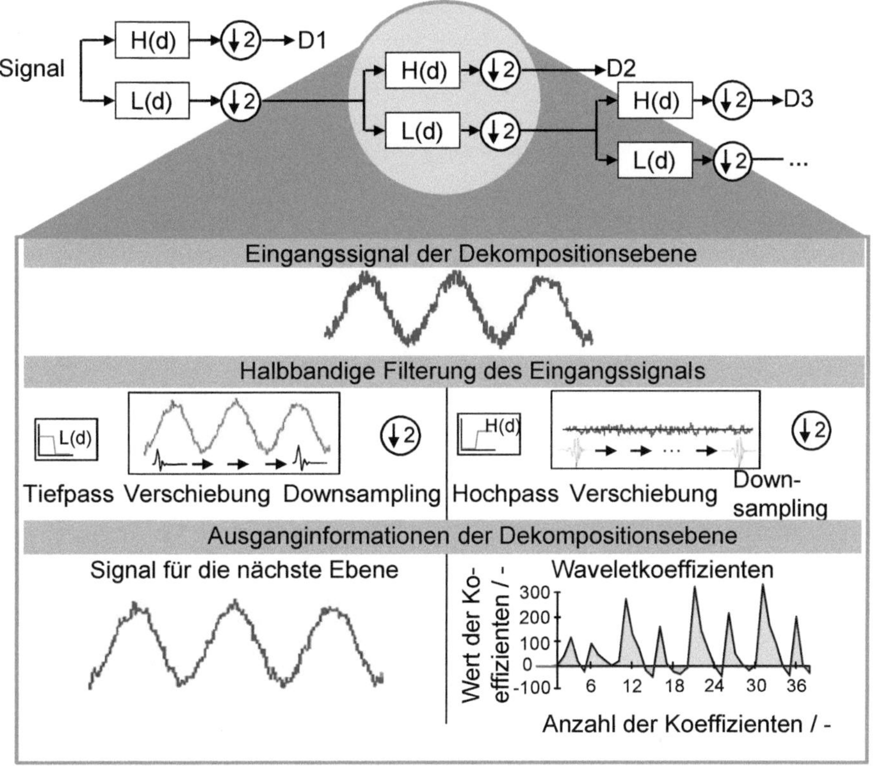

Abb. 9.39 Signalzerlegung durch diskrete Wavelet-Transformation

die Anzahl diskreter Signalwerte in den verschiedenen Verarbeitungsstufen deutlich reduziert. Dadurch kann nicht nur Speicherplatz, sondern auch Rechenzeit eingespart werden, was insbesondere vor dem Hintergrund einer Online-Überwachung vorteilhaft ist.

Ein praktisches Anwendungsbeispiel zur Waveletanalyse liefert die Dissertation von PLAPPER [Plap04]. Darin werden die guten Mustererkennungseigenschaften des Verfahrens zur Detektion lokaler Defekte auf Führungsbahnen von Kugelrollführungen oder Kugelrollspindeln genutzt. Einige Defekte auf den Führungsbahnen machten sich in den steuerungsinternen Signalen der Werkzeugmaschine derart instationär bemerkbar, dass sie im Zeitsignal nicht mittels FOURIER-Transformation auf die Überrollfrequenzen zurückgeführt werden konnten. Mit der Waveletanalyse gelang eine eindeutige Rückführung.

Ein weiteres Anwendungsbeispiel liefert REUBER in seiner Dissertation zur Prozessüberwachung beim Schlichtfräsen von Freiformflächen [Reub00]. Darin wird die ausgeprägte Empfindlichkeit des Algorithmus im Hinblick auf Abweichungen von den gleichmäßigen Signalmustern des störungsfreien Prozesses zur Generierung dynamischer, verschleißabhängiger Kennwerte benutzt. Bei den Untersuchungen wurde eine Waveletfunktion der DAUBECHIES-Familie [Daub93] mit der Regularität 8 (Grad der Differenzierbarkeit) verwendet. Aufgrund ihrer steilen Flanken nähert sich die Funktion dem Verlauf der Zerspankraftsignale sehr gut an und ermöglicht weiterhin eine gute Trennung der einzelnen

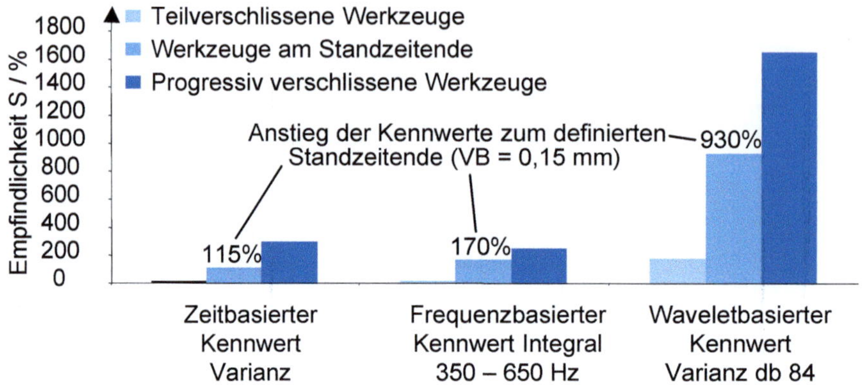

Abb. 9.40 Vergleich der Verschleißempfindlichkeit dynamischer Verschleißkennwerte

Frequenzbereiche. Es wurden drei Kennwerte hinsichtlich ihrer Verschleißempfindlichkeit untersucht: die Varianz des zeitlichen Signalverlaufs, das Integral des Amplitudenspektrums im Frequenzbereich von 350 – 650 Hz sowie die Varianz der Wavelet-Koeffizienten in den jeweils verschleißempfindlichen Dekompositionsebenen, s. Abb. 9.40.

Der Vergleich dieser Kennwerte zeigt, dass die Varianz der Wavelet-Koeffizienten eine deutlich höhere Empfindlichkeit aufweist als die Kennwerte aus dem Zeitsignal und dem Amplitudenspektrum. Über den Mustererkennungseffekt werden die verschleißrelevanten Signalausprägungen sehr viel besser repräsentiert als dies mit der erhöhten Intensität der Signalamplituden im Frequenzbereich oder aus dem zeitlichen Signalverlauf erkennbar ist.

9.3 Entwicklung von Prozessmodellen für die Anwendung in der Prozessüberwachung

Die Entwicklung robuster und zuverlässig arbeitender Prozessüberwachungslösungen bedarf fundiertem Wissen über den Zerspanprozess. Dies umfasst konkret Kenntnisse über die Ursache-Wirkungs-Zusammenhänge infolge der physikalischen und/oder chemischen Prozesse, die in der Kontaktzone zwischen Werkzeug und Werkstück ablaufen. Sind diese Beziehungen bekannt, können auf deren Basis Entscheidungsgrundlagen geschaffen werden, die eine Überwachung des Zerspanprozesses in einem vorgegebenen Zielfenster ermöglichen.

Wissen über fertigungstechnologische Zusammenhänge ist grundsätzlich in zwei unterschiedlichen Formen verfügbar: Expertenwissen und Prozessmodelle. Das Expertenwissen resultiert aus einem langwierigen Lernprozess, der vordergründig durch Beobachtungen und Erfahrungen im Fertigungsumfeld geprägt ist. Als Ergebnis dieses Lernprozesses ist der Technologieexperte in der Lage, den Prozess so einzustellen und zu überwachen, dass die formulierten Zielanforderungen des Herstellungsprozesses erfüllt werden. Das erlernte Wissen ist jedoch streng subjektiv und kann häufig nicht auf direktem Wege in technische

Prozessüberwachungssysteme überführt werden. Aus diesem Grund spielen Prozessmodelle eine zunehmend wichtigere Rolle für die Realisierung von Überwachungsaufgaben. Modelle stellen Wissen in einer Beschreibungsform zur Verfügung, die eine Integration des Wissens in technische Systeme erlaubt. Dieses kann dann wiederum als Basis für die Entscheidungsfindung im Rahmen der Prozessüberwachung verwendet werden.

Der Begriff „Modell" wird sehr vielseitig verwendet und ist in seiner Gesamtheit schwer zu definieren. Eine in der Wissenschaft anerkannte Definition für den Modellbegriff lieferte der deutsche Philosoph Stachowiak mit seinem Werk „Allgemeine Modelltheorie" im Jahre 1973 [Stac73]. Stachowiak stellte dabei das Subjekt, d. h. denjenigen, der das Modell entwickelt, in die Mitte seiner Theorie, s. Abb. 9.41.

Gemäß der Definition von Stachowiak ist ein Modell durch drei Merkmale gekennzeichnet: Abbildungsmerkmal, Verkürzungsmerkmal und Pragmatismusmerkmal. Das Abbildungsmerkmal besagt, dass jedes Modell Abbild oder Vorbild eines existierenden oder noch zu entwickelnden Originals ist. Dabei kann das Original selbst auch ein Modell sein. Das Merkmal der Verkürzung beschreibt den Sachverhalt, dass ein Modell nicht alle Attribute des Originals besitzt, sondern nur diese, die für das Subjekt von Interesse sind. Das dritte Merkmal, das Pragmatismusmerkmal, beinhaltet, dass jedes Modell im Hinblick auf einen spezifischen Verwendungszweck erschaffen worden ist und nur in diesem Zusammenhang dem Original ein Abbild ist. Original und Modell sind einander nicht aus sich selbst heraus zugeordnet. Es gibt immer ein Subjekt, dass das Modell für einen bestimmten Zweck und in einem bestimmten Zeitraum verwendet.

Im vorliegenden Kontext ist das betrachtete Original der Zerspanprozess mit geometrisch bestimmter Schneide, dessen Verhalten mithilfe von Modellen zu beschreiben ist (Abbildungsmerkmal). Aufgrund der Komplexität des Zerspanprozesses ist es nicht möglich,

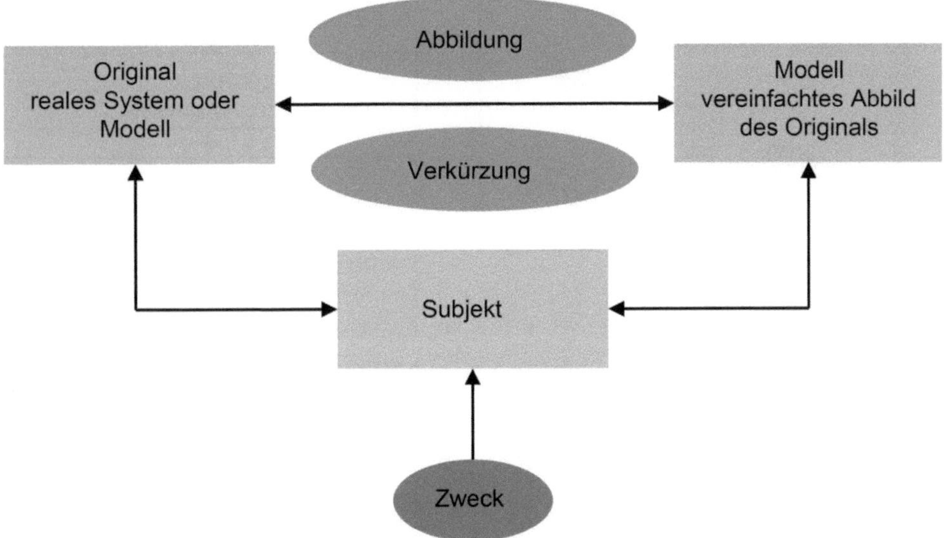

Abb. 9.41 Allgemeine Modelltheorie, nach Stachowiak [Stac73]

diesen in seiner Gesamtheit zu modellieren. Daher bedarf es einer Vielzahl von Modellen, die einzelne relevante Ursache-Wirkungs-Zusammenhänge in einem geschlossenen Systemrahmen beschreiben (Verkürzungsmerkmal). Um letztendlich diese Modelle für den Einsatz in der Prozessüberwachung zu befähigen, bedarf es der genauen Spezifikation der Modellanforderungen vor dem Hintergrund des Einsatzzwecks (Pragmatismusmerkmal).

Im Rahmen des Exzellenzclusters „Integrative Produktionstechnik für Hochlohnländer“ wurde vor dem Hintergrund der Bedeutsamkeit von Modellen als Wissensträger für die Anwendung in fertigungstechnischen Systemen eine Methode zur systematischen Erstellung von Prozessmodellen entwickelt [Thom11]. Diese Methode ist auch für die Entwicklung von Modellen in der Prozessüberwachung anwendbar. Abb. 9.42 veranschaulicht

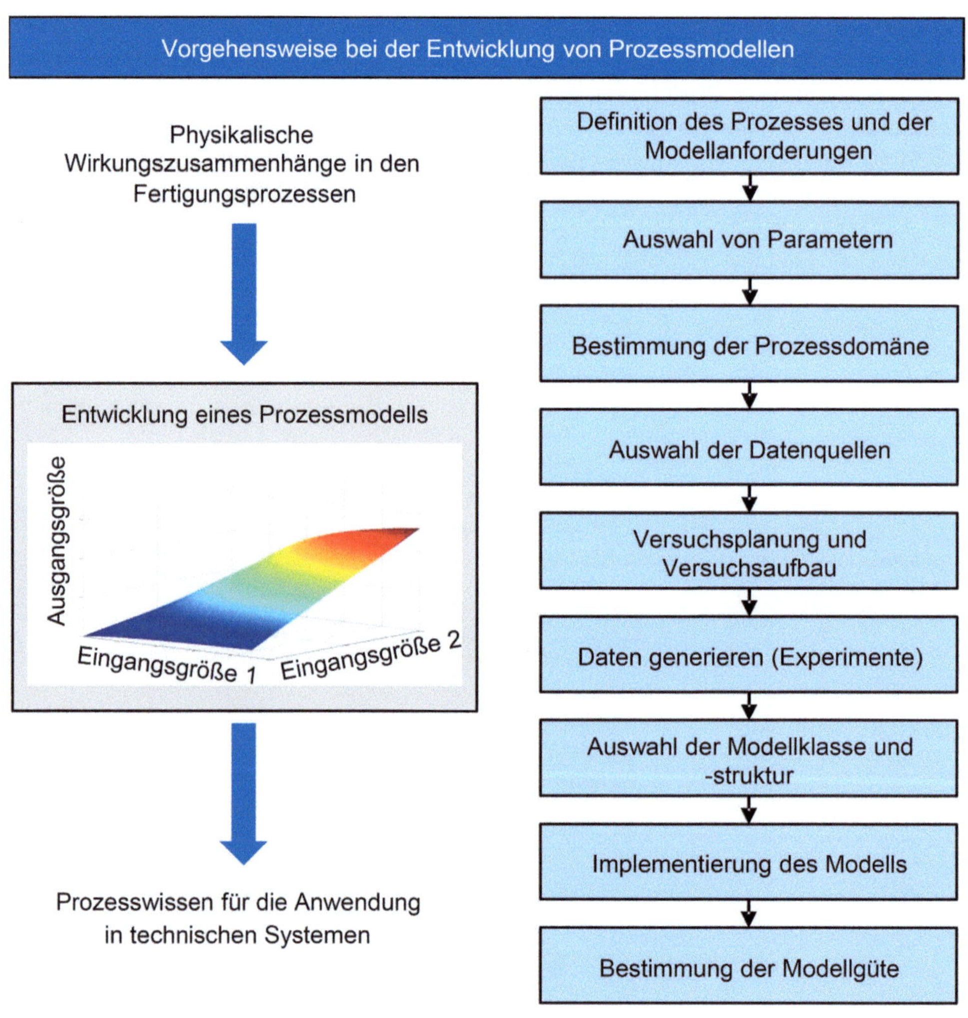

Abb. 9.42 Methode zur Entwicklung von Prozessmodellen, nach THOMBANSEN [Thom11]

die Methode mit den insgesamt neun elementaren Schritten des Modellierungsprozesses, welche im Folgenden erläutert werden.

9.3.1 Anforderungen und Randbedingungen für die Modellierung

In Anlehnung an die Definition von Stachowiak ist jedem Modell ein konkreter Verwendungszweck zugewiesen. Aus diesem Grund besteht der erste Schritt jedes Modellierungsprozesses in der Definition des zu modellierenden Prozesses und der Modellanforderungen. Hierzu ist eine detaillierte Systembeschreibung des Fertigungsprozesses inklusive relevanter Eingangs- und Ausgangsgrößen sowie beeinflussender Störgrößen notwendig. Abb. 9.43 gibt einen Überblick über das System „Zerspanprozess". Die Eingangsgrößen repräsentieren den Gestaltungsrahmen des Technologieexperten und können allgemein in die Kategorien Werkzeugmaschine, Werkzeug, Werkstück, Prozessstrategie und Betriebsmittel unterteilt werden. Abhängig davon, wie die Eingangsgrößen gewählt werden, ergibt sich ein konkretes Verhalten des Fertigungsprozesses, wodurch wiederum das Prozessergebnis bestimmt wird. Das Prozessergebnis kann durch eine Vielzahl von Ausgangsgrößen charakterisiert werden, welche grundsätzlich in Wirtschaftlichkeitskriterien, Prozesskriterien und Qualitätskriterien unterteilt werden können. Zusätzlich wird der Transformationsprozess – von einer definierten Auswahl der Eingangsgrößen hin zu einem resultierenden Prozessergebnis – durch eine Vielzahl von Störgrößen beeinflusst. Gemäß Spur und Eßer können Störwirkungen auf die Arbeitsgenauigkeit von Maschinen

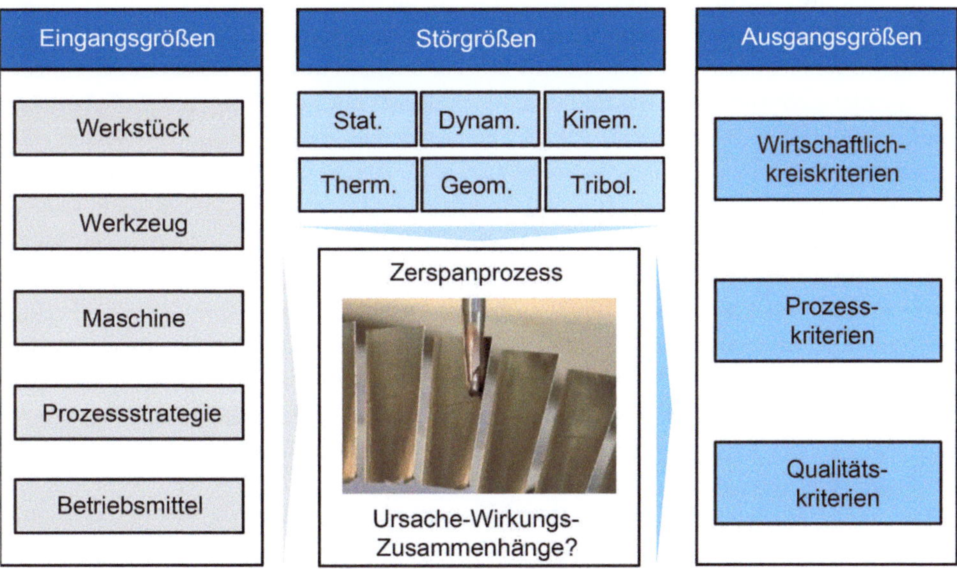

Abb. 9.43 Allgemeine Systembeschreibung des Zerspanprozesses mit geometrisch bestimmter Schneide, nach Auerbach [Auer15]

in sechs Kategorien klassifiziert werden: geometrisch, kinematisch, statisch, dynamisch, thermisch und tribologisch [Spur13].

Auf Basis der Systembeschreibung kann das Modellierungsziel definiert werden, zum Beispiel die Modellierung der Zerspankraft als wesentliches Prozesskriterium. In Ergänzung dazu werden die Anforderungen an das Modell spezifiziert. Je detaillierte die Modellanforderungen zu Beginn definiert werden, desto effizienter und zielgerichteter erfolgt die Modellierung. Zudem kann am Ende des Modellierungsprozesses auf dieser Basis bewertet werden, ob das entwickelte Modell den Verwendungszweck erfüllt. Wesentliche Anforderungen im Hinblick auf die Einsetzbarkeit des Modells in der Prozessüberwachung sind z. B. die maximal erlaubte Rechenzeit und die erforderliche Modellgüte. Diese Aspekte sind für eine zeitnahe und zuverlässige Entscheidungsfindung wichtige Kriterien.

Die vorhandene Systembeschreibung liefert auch die Grundlage für die weitere Konkretisierung der Randbedingungen. Im zweiten Schritt des Modellierungsprozesses erfolgt die Auswahl relevanter Parameter, die im Modell Berücksichtigung finden müssen. Zur Identifikation dieser Parameter kann einerseits vorhandenes Prozesswissen herangezogen oder andererseits Screening-Versuche durchgeführt werden. Beim Screening handelt es sich um eine Methode aus der statistischen Versuchsplanung. Hierbei werden auf Basis von teil- oder vollfaktoriellen Versuchsplänen Korrelationen zwischen den Systemeingangsgrößen und der im Modellierungsprozess betrachteten Ausgangsgröße experimentell identifiziert. Abhängig von der Signifikanz einer Korrelation erfolgt die Entscheidung, ob die jeweilige Eingangsgröße als Parameter im Modell berücksichtigt werden muss oder nicht. Durch diese Vorgehensweise werden die Parameteranzahl und der damit einhergehende Modellierungsaufwand vorab begrenzt.

Im Anschluss an die Parameterauswahl wird im dritten Schritt die Prozessdomäne bestimmt, indem die Wertebereiche der Parameter festgelegt werden. Bei der Prozessdomäne handelt es sich um den Bereich des Parameterraumes, in welchem der Prozess durch gleiche physikalische Eigenschaften geprägt ist. Zur Festlegung der Wertebereiche können analog zur Parameterauswahl vorhandenes fertigungsspezifisches Wissen oder experimentelle Voruntersuchgen verwendet werden. Als erklärendes Beispiel sei hier die Festlegung des Wertebereiches für den Vorschub in der Zerspanung angeführt. Ein wesentliches Kriterium zur Bestimmung der unteren Grenze stellt die Mindestspanungsdicke dar. Die Spanbildung kann nur gewährleistet werden, wenn die Mindestspanungsdicke überschritten wird. Demnach ist der Vorschub so zu wählen, dass dieses Kriterium erfüllt ist. Andernfalls liegen nicht mehr die gleichen physikalischen Eigenschaften dem Zerspanprozess zugrunde. Zur Bestimmung des oberen Vorschubgrenzwertes können mechanische oder thermische sowie maschinenspezifische Kriterien herangezogen werden. Je nachdem, welches Kriterium für den betrachteten Fall höhere Signifikanz aufweist, erfolgt die Begrenzung des Vorschubwertebereiches nach oben hin.

Der vierte und letzte Schritt zur Festlegung der Randbedingungen für die Modellierung umfasst die Auswahl der Datenquellen. Die Datenquellen stellen die Eingangsdaten für das zu entwickelnde Modell bereit und müssen daher vor dem Hintergrund der zu erreichenden Modellgüte durch eine geringe Unsicherheit und ausreichende Sensitivität geprägt sein. Hohe Varianzen in den Eingangsdaten oder eine zu geringe Sensitivität führen zu einer reduzierten Modellgüte oder zu Fehlinterpretationen der Ursache-Wirkungszusammenhänge. Im Hinblick auf die Verwendbarkeit von Sensoren als Datenquellen können für die Auswahl Kriterien wie Signal-zu-Rausch-Verhältnis, Sensorsensitivität oder Messunsicherheit herangezogen werden. Zudem muss sichergestellt sein, dass die Integration des Sensors in den betrachteten Prozess zu keinerlei Beeinflussung der Ausgangsgröße beiträgt. Ein Beispiel für das Vorgehen bei der Sensorauswahl zeigt Kratz, der einen Sensorvergleich für die Erfassung und Überwachung der auftretenden Prozessschwingungen während der Fräsbearbeitung dünnwandiger Werkstücke durchführte, vgl. Abb. 9.44 [Krat11]. Analog zur Sensorauswahl kann auch die Einsetzbarkeit von numerischen Simulationen als Datenquellen bewertet werden. In diesem Zusammenhang lassen sich oftmals Genauigkeit und Sensitivität im Vorfeld abschätzen bzw. berechnen.

Kriterien	BS	WS	FO	K
Messbarkeit der Werkstück-schwingungen	◑	●	●	○
Messbarkeit der Werkzeug-schwingungen	●	●	◑	○
Hohes Signal-zu-Rausch-Verhältnis	◑	◑	●	●
Hohe Sensoreigen-frequenz	●	●	●	○
Geringe Sensitivität gegenüber nicht-prozessbezogenen Störungen	●	●	○	◑
Akzeptable Bandbreite und Auflösung	●	●	●	◑
Einfache Integrierbarkeit in den Prozess	●	◑	○	○

BS: Beschleunigungsensor
WS: Wirbelstromsensor
FO: Faseroptischer Sensor
K: Kraftmessplattform

● Erfüllt
◑ Teilweise erfüllt
○ Nicht erfüllt

Abb. 9.44 Auswahl von Sensoren als Datenquellen, nach Kratz [Krat11]

9.3.2 Generierung einer Datenbasis für die Modellbildung

Die zweite Phase des Modellierungsprozesses beinhaltet die Vorbereitung und Durchführung von Experimenten, um eine verlässliche Datenbasis für die Modellentwicklung aufzubauen. Der deutsche Psychologe und Philosoph WUNDT hat drei zentrale Anforderungen für Experimente formuliert. Diese lauten [Gutt94]:

- Willkürlichkeit: Das zu untersuchende Ereignis muss durch den Experimentator absichtlich ausgelöst werden können, um so eine systematische Beobachtung zu ermöglichen.
- Wiederholbarkeit: Das Experiment muss bei gleichen Versuchsbedingungen replizierbar sein, sodass eine erneute Überprüfung des erzielten Ergebnisses möglich ist.
- Variierbarkeit: Einzelne Parameter des Experimentes müssen unabhängig voneinander verändert werden können, sodass die Effekte separat ergründet werden können.

Diese Anforderungen sind auch für die Gestaltung von experimentellen Untersuchungen in der Zerspanung zu berücksichtigen. Eine systematische Betrachtung der Ursache-Wirkungs-Zusammenhänge setzt reproduzierbare Versuchsbedingungen voraus, wobei die als relevant identifizierten Eingangsgrößen gezielt veränderbar sein müssen. Zudem muss jeder Versuch kontrolliert stattfinden, sodass Beobachtungen während des Experimentes und anschließende Ergebnisinterpretationen gewährleistet sind.

Experimente können entweder unter realen Versuchsbedingungen oder in einer virtuellen Umgebung durchgeführt werden. Im ersten Fall dienen in der Regel vereinfachte Bearbeitungstests als Analogie zum betrachteten Fertigungsprozess. Aufgrund der reduzierten Komplexität können einzelne Ursache-Wirkungs-Zusammenhänge getrennt voneinander und im Detail analysiert werden. Neben der Beobachtung des Experimentes können zusätzlich prozessrelevante Daten, entweder mithilfe von in den Prozess integrierten Sensoren oder durch anschließende Vermessung des bearbeiteten Versuchswerkstücks, ermittelt werden. Einen weiteren Vorteil bieten Untersuchungen unter realen Bedingungen im Zusammenhang mit der Analyse von Störgrößeneinflüssen. Durch Wiederholung des Experimentes mit gleichem oder unterschiedlichen Versuchsaufbau können die Auswirkungen von Störgrößen betrachtet werden.

Die Durchführung von Experimenten in virtueller Umgebung wird als Simulation bezeichnet. Gemäß der VDI 3633 ist der Begriff „Simulation" wie folgt definiert [VDI3633]:

> Nachbilden eines Systems mit seinen dynamischen Prozessen in einem experimentierbaren Modell, um zu Erkenntnissen zu gelangen, die auf die Wirklichkeit übertragbar sind…

Der Aspekt der Übertragbarkeit kann mithilfe von Validationsversuchen am realen Untersuchungsgegenstand überprüft werden. Ist dies gewährleistet, bieten Simulationen eine sinnvolle Alternative zur Analyse von Ursache-Wirkungs-Zusammenhängen und zum Aufbau der Datenbasis. Insbesondere dann, wenn die benötigten Aufwände in Bezug auf Kosten, Ressourcen und Zeit für die Umsetzung des Experimentes am realen

Untersuchungsgegenstand zu hoch sind. Darüber hinaus ist die Wiederholbarkeit von Simulationen in der Regel immer gegeben, da Einflüsse durch externe Störgrößen gezielt ausgeschlossen werden können.

Die Spezifizierung der Experimente bedarf neben der Auswahl des Versuchsaufbaus zudem der Erstellung eines Versuchsplans. Dieser enthält alle Konstellationen der Eingangsgrößen, die im Hinblick auf das gewählte Modellierungsziel untersucht werden sollen. Für die Versuchsplanung steht eine Vielzahl von Methoden zur Verfügung wie [Sieb10]:

- Faktorielle Versuchspläne (z. B. vollfaktoriell und teilfaktoriell, Box-Behnken-Design, Central-Composite-Design),
- Randomisierte Versuchspläne (z. B. Monte-Carlo-Methode),
- Optimal Design (z. B. D-optimal, V-optimal) und
- Space-Filling Design (z. B. Latin Hypercube Sampling, Centroidal Voronoi Tessellation).

Abb. 9.45 veranschaulicht die beiden Versuchsplanungsmethoden Central-Composite-Design und Box-Behnken-Design für 3 Faktoren. Als Faktoren werden in diesem Zusammenhang die Parameter bezeichnet, die gezielt eingestellt und untersucht werden.

Welche Methode für die Erstellung des Versuchsplans vor dem Hintergrund eines bestimmten Untersuchungsgegenstandes geeignet ist, muss der Modellierende selbst entscheiden. Hierzu können Kriterien wie die maximale Anzahl an Versuchspunkten, die Gleichmäßigkeit der Verteilung der Versuchspunkte im betrachteten Parameterraum oder

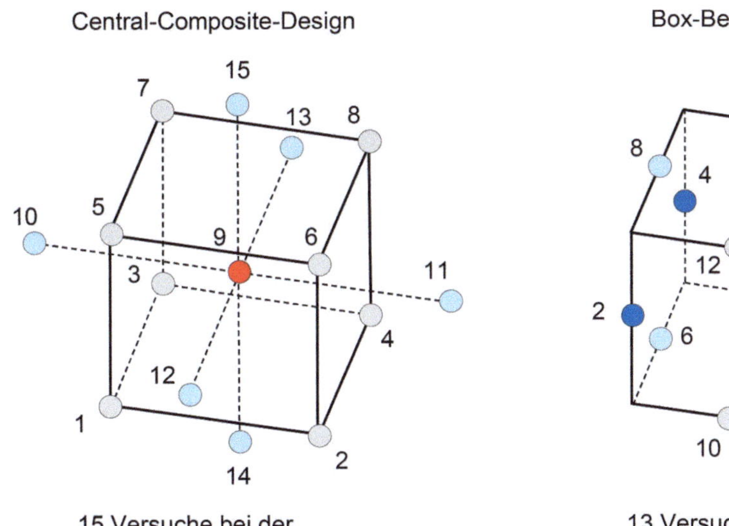

Abb. 9.45 Übersicht zur Versuchsplanung am Beispiel Central-Composite-Design und Box-Behnken-Design, nach Siebertz [Sieb10]

die Vermeidung von kritischen Versuchskonstellationen für die Entscheidung herangezogen werden. Das letzte Kriterium wird beispielsweise durch das Box-Behnken Design adressiert, bei dem die Eckpunkte des Parameterraums nicht als Versuchspunkte deklariert werden. Für die Anwendung des Box-Behnken Designs in der Zerspanung bedeutet dies zum Beispiel, dass ein Versuch mit maximalem Vorschub und maximaler Schnittgeschwindigkeit nicht als Versuchskonstellation gewählt wird. Dies kann vor dem Hintergrund einer thermischen und mechanischen Überlastung des Werkzeuges in bestimmten Anwendungen zielführend sein.

Nachdem der Versuchsaufbau und die Versuchsplanung abgeschlossen sind, erfolgt die Generierung der Daten durch die experimentelle Versuchsdurchführung. Das primäre Ziel dieses Schrittes ist es, eine vertrauenswürdige und zuverlässige Datenbasis für die nachfolgende Modellerzeugung zu erschaffen. Auf der einen Seite setzt dies voraus, dass Fehler bei der Ausführung der Experimente und der Erfassung der Daten vermieden werden. Ein geeignetes Vorgehen stellt in diesem Zusammenhang die standardisierte und automatisierte Versuchsdurchführung dar. Bereits bei der Gestaltung eines standardisierten Versuchsablaufes können mögliche Fehlerquellen identifiziert und durch geeignete Maßnahmen weitestgehend ausgeschlossen werden. Die Automatisierung ermöglicht jeden Versuch unter kontrollierten Bedingungen auszuführen, sodass weitere Fehler bei der Durchführung verhindert werden können. Ein Lösungskonzept zur Automatisierung von experimentellen Zerspanuntersuchungen wurde von Klocke et al. im Rahmen des Exzellenzclusters „Integrative Produktionstechnik für Hochlohnländer" entwickelt und am Beispiel des Fräsprozesses demonstriert [Kloc15].

Auf der anderen Seite muss eindeutig nachvollziehbar sein, unter welchen Randbedingungen die erzeugten Daten ermittelt wurden. Nur so ist eine sinnvolle Verwertung der Daten gewährleistet. Die hierfür benötigte Transparenz kann durch eine umfassende Dokumentation der Experimente und den damit verbundenen Beobachtungen und Ergebnissen erzielt werden. In Ergänzung dazu ist es auch erforderlich, alle Metainformationen, die zur Charakterisierung der Versuchsbedingungen benötigt werden, zu dokumentieren. Tabelle 9.4 gibt einen Überblick wichtiger Metainformationen, die im Zusammenhang mit der Durchführung von realen Zerspanuntersuchungen dokumentiert werden sollten. Analog können diese auch für Simulationen definiert werden.

Tab. 9.4 Wichtige Metainformation zur Dokumentation von realen Zerspanuntersuchungen

Maschine	Werkstück	Werkzeug	Datenerfassung
Hersteller, Typ, Maschinensteuerung, Max. Spindeldrehzahl, Max. Vorschub Kühlschmierstoffart, Spannvorrichtung	Hersteller, Werkstoffnummer, Charge, Materialzusammensetzung, Wärmebehandlung	Hersteller, Typ, Schneidstoff, Beschichtung, Makro- und Mikrogeometrie	Messgröße, Sensortyp, Sensitivität, Abstastrate, Messbereich, Skalierung

9.3.3 Modellerzeugung und Bewertung der Modellgüte

In der letzten Phase des Modellierungsprozesses erfolgt die Modellerzeugung und die abschließende Bewertung der Modellgüte im Hinblick auf die zu Beginn definierten Modellanforderungen. Modelle sind durch ihre Klasse und Struktur gekennzeichnet. Eine Möglichkeit der Differenzierung kann anhand der Menge des physikalischen Prozesswissens, welches in das Modell fließt, erfolgen. In diesem Zusammenhang repräsentieren White-Box und Black-Box Modelle zwei gegensätzlich Ansätze.

Bei White-Box Modellen ist das Ziel, die betrachteten Prozesszusammenhänge ausschließlich mithilfe physikalischer Gleichungen zu beschreiben. Die erreichbare Modellgenauigkeit ist mit diesem Modellierungsansatz sehr hoch, aber auch durch einen sehr hohen Implementierungsaufwand und Komplexitätsgrad geprägt. Häufig ist es nicht möglich, alle relevanten Prozesseigenschaften mithilfe physikalischer Gleichungen zu beschreiben, weil die Zusammenhänge zu komplex bzw. unbekannt sind. Daher werden White-Box Modelle oftmals eher dazu verwendet, die Prozesszusammenhänge qualitativ statt quantitativ zu beschreiben.

Beim Black-Box Ansatz wird hingegen kein physikalisches Prozesswissen für die Modellierung benötigt. Die Modellerzeugung erfolgt ausschließlich auf Basis von vorhandenen Datensätzen aus Experimenten, mit denen das Modell trainiert wird, ohne vorab Strukturen durch Prozesswissen vorzugeben. Es werden lediglich Annahmen über die Modellstruktur getroffen, wie zum Beispiel, ob die betrachteten Zusammenhänge linear oder nichtlinear sind. Voraussetzung für die Anwendung der Black-Box Modellierung ist, dass die Trainingsdaten alle relevanten Eigenschaften der betrachteten Prozessdomäne abbilden. Über diese hinaus kann in der Regel nicht sichergestellt werden, dass das Prozessverhalten korrekt abgebildet wird, da Black-Box Modelle nur bedingt bzw. gar nicht extrapolationsfähig sind. Weiterhin nachteilig ist, dass aufgrund der Nichtberücksichtigung von physikalischem Prozesswissen eine Interpretation des Modells nicht immer möglich ist.

Ein Beispiel für die Black-Box Modellierung sind Künstliche Neuronale Netze (kurz: KNN) [Haun14, Thom11]. KNN bestehen aus einem Netzwerk von mehreren Neuronen, die jeweils durch mehrere Eingänge und einen einzigen Ausgang sowie eine Aktivierungsfunktion charakterisiert sind, Abb. 9.46. Die Neuronen zweier benachbarter Schichten sind über Verbindungslinien miteinander verknüpft. Die Stärke dieser Verbindung wird über das Gewicht w_{ij} definiert. Damit ein KNN den Zusammenhang zwischen Ein- und Ausgangsgrößen abbilden kann, muss dieses mithilfe der vorliegenden Datensätze trainiert werden. Dabei werden in einem ersten Vorwärtsschritt die Eingangsdaten an die Ausgangsschicht weitergeleitet. Der Eingangswert e_j eines Neurons ergibt sich aus der Summe der Ausgangswerte der benachbarten Neuronen multipliziert mit dem jeweiligen Gewicht der Verbindung. Der entsprechende Ausgangswert a_j des Neurons wird dann mittels der Aktivierungsfunktion berechnet. In diesem Zusammenhang wird häufig die Sigmoid-Funktion, wie in Abb. 9.46 dargestellt, verwendet. Nachdem der Ausgabewert des KNN vorliegt, wird dieser mit der real erfassten Ausgangsgröße verglichen. Basierend auf diesem Vergleich

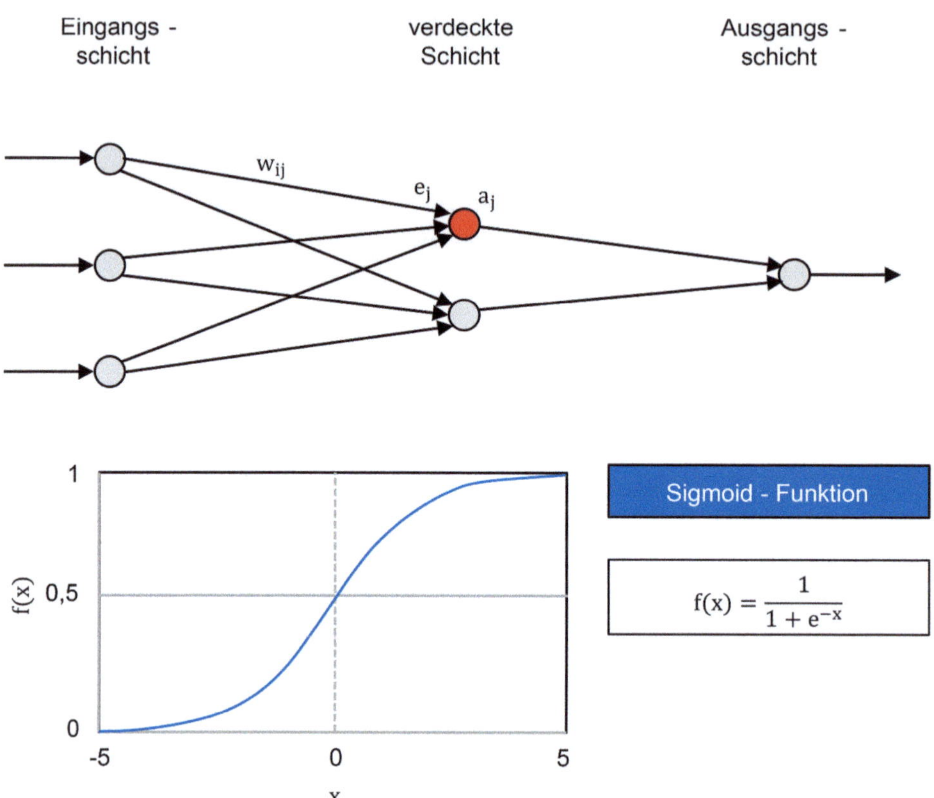

Abb. 9.46 Künstliches Neuronales Netz mit einer verdeckten Schicht und der Sigmoid-Aktivierungsfunktion

erfolgt der zweite Schritt, ein Rückwärtsschritt (engl.; Backpropagation), bei dem die Gewichte der einzelnen Verbindungen angepasst werden. Dies geschient so lange, bis ein zuvor definiertes Abbruchkriterium erfüllt ist.

Eine Möglichkeit, die Vorteile der White-Box und der Black-Box Modellierung zu nutzen, ist die sogenannte Grey-Box Modellierung. Hierbei wird auf physikalisches Prozesswissen zurückgegriffen, indem das Prozessverhalten anhand von physikalischen Gleichungen, deren Parameter unbekannt sind, beschrieben wird. Die unbekannten Parameter können anschließend mithilfe von Black-Box Methoden ermittelt werden, um das Modell zu erzeugen.

Ein Verfahren, mit dem sowohl Grey-Box als auch Black-Box Modelle realisiert werden können, ist die symbolische Regression. Dieses Verfahren basiert auf der genetischen Programmierung; einer Variante der evolutionären Algorithmen. Das Ziel der symbolischen Regression ist es, eine mathematische Funktion zu identifizieren, die einen gegeben Datensatz möglichst gut annähert. Unter Verwendung der Daten werden mittels

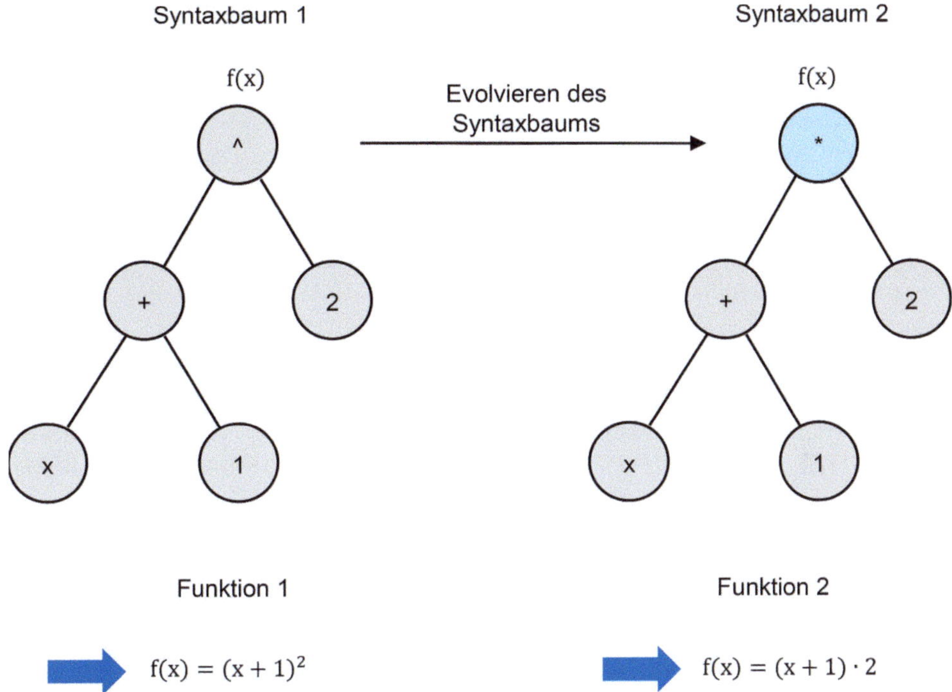

Abb. 9.47 Funktionsweise der symbolischen Regression

evolutionärer Strategie Syntaxbäume entwickelt, die die Funktion symbolisch repräsentieren. In diesem Zusammenhang werden beliebige mathematische Grundfunktionen miteinander kombiniert, um den Syntaxbaum aufzubauen. Das Ergebnis wird anschließend mithilfe eines Fehlermaßes bewertet, wobei keine Beschränkung für die Art des Fehlermaßes gilt. Durch Anwendung von Mutations- und Rekombinationsoperatoren wird dann die Baumrepräsentation solange modifiziert und dadurch weiterentwickelt, bis ein Optimum erzielt wird. [Gerd04] Abb. 9.47 veranschaulicht die Funktionsweise der symbolischen Regression an einem einfachen Beispiel.

Liegt bei Anwendung der symbolischen Regression bereits Prozesswissen im Sinne der Grey-Box Modellierung vor, können durch die Definition der verwendeten mathematischen Grundfunktionen einzelne Parameterabhängigkeiten berücksichtigt oder die komplette Modellstruktur vorgegeben werden. Mithilfe der Evolutionsstrategie werden dann noch die unbekannten Modellparameter bzw. Zusammenhänge identifiziert. Ist hingegen über die Prozesszusammenhänge nichts bekannt, entwickelt die symbolische Regression eine vollständige Funktion auf Basis der vorhandenen Datensätze, ohne vorab Vorgaben treffen zu müssen.

Ist die Modellklasse und Struktur gewählt, erfolgt die Erstellung des Modells. Hierfür stehen eine Reihe von Anwendungsprogrammen wie SNNS, Matlab, DesParO oder

Eurequa zur Verfügung. Bei der Modellimplementierung ist darauf zu achten, dass eine Unter- bzw. Überanpassung des Modells verhindert wird. Dies führt in beiden Fällen zu Verlusten in der Modellqualität. Bei der Unteranpassung ist die Modellordnung zu klein gewählt, wodurch der betrachtete Prozesszusammenhang nicht korrekt wiedergegeben wird. Im Fall der Überanpassung ist die Modellordnung zu hoch. Dadurch werden auch Zusammenhänge wie zum Beispiel die zufällige Streuung der Daten, die nicht dem Prozessverhalten zugeordnet werden kann, abgebildet. Darüber hinaus kann je nach Wahl der Parameter und Anzahl der verwendeten Datensätze der Rechenaufwand bei der Modellerzeugung exponentiell zunehmen. In diesem Kontext ist zu prüfen, ob eine Reduktion beider Punkte möglich ist, ohne die Modellqualität zu beeinflussen. Zudem gibt es noch verfahrensspezifische Aspekte, die Einfluss auf das Modellierungsergebnis nehmen. Bei der Verwendung Künstlicher Neuronaler Netze ist dies zum Beispiel die Anzahl der gewählten Trainingswiederholungen. [Thom11, Heim16]

Im abschließenden Schritt des Modellierungsprozesses wird die Modellgüte bewertet. Ziel ist es zu überprüfen, ob das Modell den zu Beginn definierten Verwendungszweck erfüllt. Zur Modellbewertung stehen unterschiedliche Methoden zur Verfügung. Eine geeignete Methode ist die Kreuzvalidierung. Hierbei wird die Vorhersage des Modells mit Datensätzen verglichen, die nicht zur Modellerzeugung verwendet wurden, und der resultierende Modellfehler ermittelt. Zur Durchführung der Kreuzvalidierung können unterschiedliche Techniken Anwendung finden, wie zum Beispiel Holdout, Leave-one-out oder k-fold. Für die Bestimmung des Modellfehlers existieren verschiedene Kriterien. Klassische Fehlerkriterien sind der mittlere quadratische Fehler, der absolute oder relative Fehler sowie das Bestimmtheitsmaß. Das Bestimmtheitsmaß R^2 beschreibt das Verhältnis zwischen dem mittleren quadratischen Fehler und der Standardabweichung der Parameter. Das Verhältnis kann zwischen 0 und 1 liegen, wobei der Wert 0 bedeutet, dass der Zusammenhang in den Daten nicht durch das Modell erklärt wird. Je höher der Wert des Bestimmtheitsmaßes ist, im Idealfall $R^2 = 1$, desto besser ist die Modellanpassung an den zugrundeliegenden Datensatz. [Thom11] Abb. 9.48 zeigt ein Beispiel für eine gute und schlechte Modellanpassung am Beispiel der linearen Regression.

Eine weitere Möglichkeit, die Modellgüte zu bewerten, bieten grafische Analysemethoden, z. B. Residuendiagramme [Schl08]. Das Residuum beschreibt den Anteil aus den Daten, der nicht durch das Modell erklärt werden kann. Die Berechnung erfolgt durch Subtraktion der Modellschätzung von dem vorhandenen Datenwert. Damit liegt für jeden Datenpunkt die Abweichung zwischen Modellvorhersage und realem Messwert vor. Durch die grafische Darstellung der berechneten Abweichungen kann auf einfachem Wege visualisiert werden, ob die verbliebene Streuung der Daten systematischen oder zufälligen Ursprungs ist. Für den Fall, dass ein systematischer Zusammenhang erkennbar ist, kann dies verwendet werden, um das bestehende Modell sinnvoll zu verbessern.

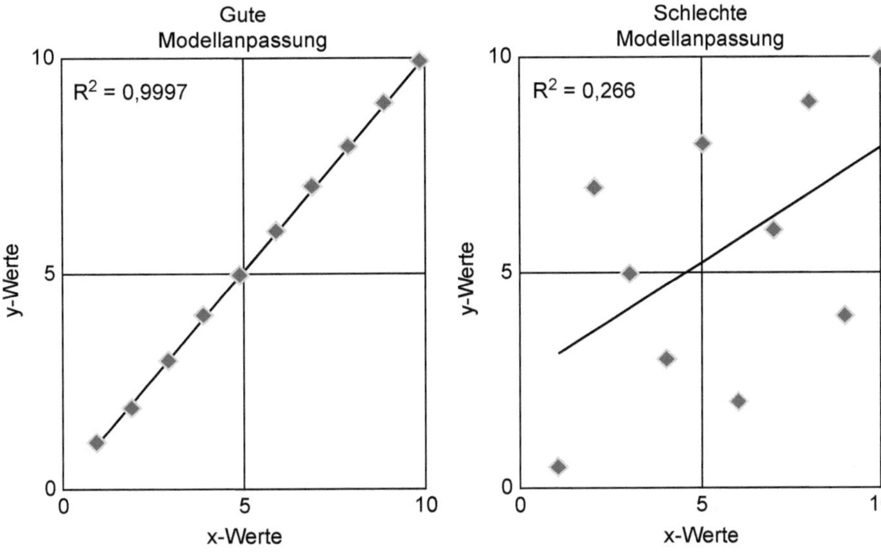

Abb. 9.48 Gute und schlechte Modellanpassung am Beispiel der linearen Regression

Wenn das Modell über eine ausreichende Güte verfügt und den gewünschten Verwendungszweck erfüllt, endet der Modellierungsprozess. Andernfalls müssen Maßnahmen getroffen werden, die zu einer Verbesserung des Modells beitragen. Dazu ist es nicht erforderlich, alle Modellierungsschritte erneut durchzuführen. In der Regel sind individuelle Anpassungen ausreichend. Beispiele für Anpassungen sind unter anderem das Hinzufügen oder Entfernen von Eingangsgrößen, der Austausch der verwendeten Datenquellen oder die Änderung der verwendeten Modellklasse und Struktur.

10 Werkstückdynamik und Spannsysteme

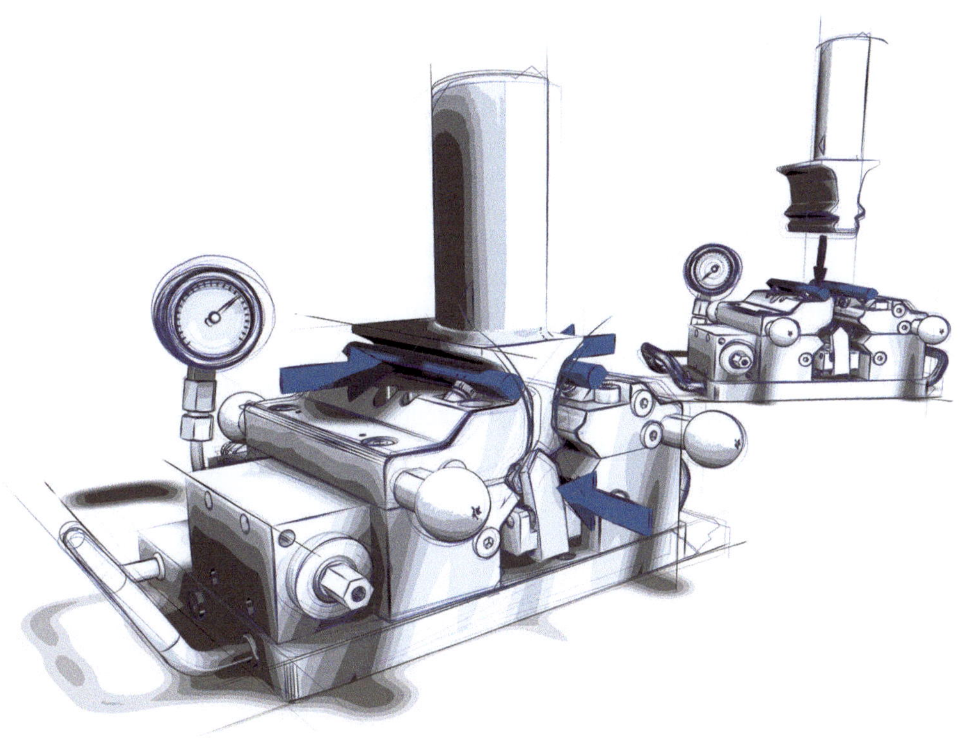

F. Klocke, *Fertigungsverfahren 1*, VDI-Buch,
https://doi.org/10.1007/978-3-662-54207-1_10

Die Werkstückdynamik beeinflusst maßgeblich die Stabilität und Leistungsfähigkeit im Zerspanprozess. Schwingungen der Werkstücke, die bei der Fräsbearbeitung durch den Zahneingriff entstehen, verursachen Formfehler und führen beim Schlichtprozess zu mangelhaften Oberflächen. Die Lebensdauer von Maschinenkomponenten und die Werkzeugstandzeiten können durch Vibrationen verkürzt werden, da dynamische Wechselbelastungen die Mikrogeometrie der Schneidkante und das Bindungsgefüge der Beschichtungen zerrütten können. Werkstückschwingungen sind besonders bei der Bearbeitung dünnwandiger, labiler oder weit auskragender Strukturen problematisch, da hier im niedrigen Frequenzbereich < 1000 Hz große Amplituden auftreten.

10.1 Werkstückeigendynamik

Ein Werkstück bildet mit der Spannvorrichtung ein schwingendes System. Während der Fräsbearbeitung treten Festkörperschwingungen im Werkstück auf, bei denen die Masse eines Werkstückbereiches über einen anderen Bereich desselben Werkstücks elastisch schwingt. Das Werkstück bildet somit einen Kontinuumsschwinger, dessen Eigenformen als Biege- oder Torsionsschwingungen auftreten können (siehe Abb. 10.1).

Mit steigender Frequenz treten zunehmend viele harmonische Oberschwingungen eines Werkstücks auf, deren Anzahl theoretisch unbegrenzt ist. Für die Fräsbearbeitung sind meist nur die ersten drei Ordnungen der Eigenschwingungen im unteren Frequenzbereich relevant. Es kann hier ein ungefährer Grenzwert, je nach Prozess und Werkstück, von etwa 5 kHz angegeben werden, bis zu dem sich die Schwingungen sichtbar auf die Oberflächenqualität auswirken. Der Grund ist, dass die Amplitude eines mechanischen Schwingers bei gleichartiger Anregung (z. B. weißes Rauschen) mit steigender Eigenfrequenz des Schwingers abfällt und hohe Eigenfrequenzen mit nur noch sehr kleinen Amplituden < 1 μm auftreten. Beim Mikrofräsen oder beim Fräsen besonders dünnwandiger

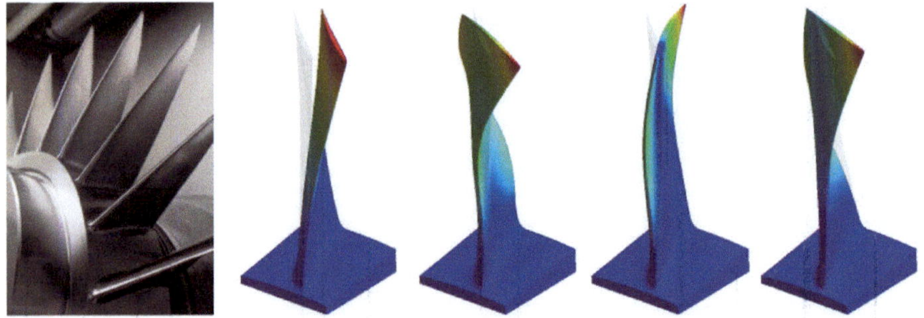

Abb. 10.1 Werkstückeigenfrequenzen der Schaufel einer Turbomaschinen BLISK aus Stahl, von links: erste Eigenform bei 580 Hz (Biegung), zweite Eigenform bei 2 kHz (Torsion) dritte Eigenform bei 2,6 kHz (transversal 2. Ordnung), vierte Eigenform bei 4,2 kHz (Torsion 2. Ordnung)

Strukturen müssen Bauteileigenfrequenzen bis etwa 15 kHz betrachtet werden, da hier die Prozesskräfte in Relation zur geringeren Masse und Steifigkeit stärker wirken.

Im hohen Frequenzbereich entstehen auch bei kleinen Amplituden hohe Schwingungsgeschwindigkeiten, die aufgrund der dann stark wirkenden inneren Materialdämpfung sehr schnell, d. h. in wenigen Millisekunden, ausklingen. Bei niedrigen Eigenfrequenzen unter 500 Hz ist hingegen die Geschwindigkeit der Schwingungsbewegung auch bei größeren Amplituden noch relativ langsam, wodurch auch die Wirkung einer geschwindigkeitsproportionalen (viskosen) Dämpfung, z. B. der Materialdämpfung, gering ist. Dünnwandige oder weit auskragende Werkstücke mit niedrigen Eigenfrequenzen sind nur gering gedämpft und klingen sehr lange nach, sodass in der Resonanz sehr große Schwingungsamplituden entstehen.

Mechanische Schwinger mit niedriger Eigenfrequenz neigen zu großen Resonanzamplituden. Das Schwingungsverhalten von Werkstücken kann gut anhand eines Einmassenschwinger erklärt werden. Zur Veranschaulichung soll im Folgenden ein Vergleich zweier mechanischer Einmassenschwinger den Zusammenhang von Eigenfrequenz, Masse und Steifigkeit verdeutlichen (Abb. 10.2).: Beide Systeme haben zunächst eine gleiche Masse und Dämpfung, aber eine unterschiedliche Steifigkeit. Werden beide Systeme mit gleicher Kraftamplitude periodisch in der jeweiligen Resonanzfrequenz angeregt, wird sich bei dem weicheren System eine größere Schwingungsamplitude einstellen, und zwar proportional zur abnehmenden Steifigkeit. Das heißt bei einer Halbierung der Steifigkeit zeigt sich eine Verdoppelung der Resonanzamplitude. Das ist ein Grund, warum Schwingungsprobleme häufig bei dünnwandigen und labilen Werkstücken problematisch sind.

Die Lage der ersten Eigenfrequenz eines Werkstücks kann einen qualitativen Hinweis auf die Steifigkeit geben. Je höher die erste Eigenfrequenz bei gleichbleibender Masse ist, desto steifer ist das System mit quadratischer Proportionalität: Wenn durch Stützmaßnahmen oder bessere Spannsysteme die Steifigkeit eines Werkstücks vervierfacht wird, verdoppelt sich die erste Eigenfrequenz. Eine Verdoppelung der Eigenfrequenz entspricht einer Erhöhung der akustisch wahrgenommenen Tonhöhe um eine Oktave. Eine einfache Methode, die Steifigkeit einer Aufspannung zu bewerten besteht also darin, das gespannte Bauteil mit einem harten Gegenstand anzuschlagen und auf die Tonhöhe zu achten. Durch

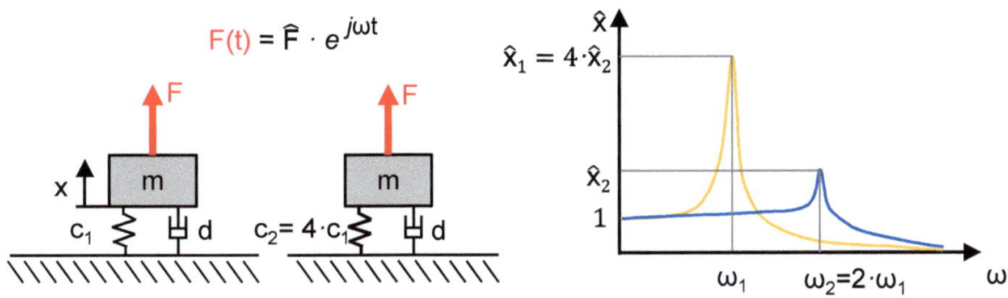

Abb. 10.2 Vergleich von zwei Einmassenschwingern mit periodischer Anregung; vierfache Steifigkeit führt zu einem Viertel der Resonanzamplitude bei verdoppelter Eigenfrequenz

einen Vergleich mit dem Kammerton a‘ bei 440 Hz (nach DIN 1317 – 1) kann ein akustisch geschultes Gehör über die Tonhöhe ungefähr die Frequenz bestimmen. Wenn der hörbare Grundton zum Beispiel eine Oktave höher erklingt, liegt die Eigenfrequenz bei a“ = 880 Hz, entsprechend eine Oktave tiefer bei a = 220 Hz.

Der Zusammenhang zwischen Masse und Eigenfrequenz verhält sich ähnlich wie Steifigkeit und Eigenfrequenz, jedoch hier quadratisch antiproportional. Wie in dem oben genannten Beispiel werden zur Veranschaulichung erneut zwei mechanische Einmassenschwinger verglichen, wobei in diesem Fall die Steifigkeit gleich und nur die Masse unterschiedlich ist. Wird die Masse auf ein Viertel reduziert, verdoppelt sich die Eigenfrequenz und der akustische Grundton steigt um eine Oktave.

Der Materialabtrag bei der Fräsbearbeitung führt sowohl zu einer Verringerung der Masse, als auch zu einer Reduzierung der Steifigkeit. Wie erläutert, steigt die Eigenfrequenz mit sinkenden Schwingungsamplituden, wenn die Masse reduziert wird und wenn die Steifigkeit reduziert wird, sinken die Eigenfrequenzen und die Resonanzamplituden werden größer. In der Regel ist die steifigkeitsreduzierende Wirkung des Materialabtrags jedoch deutlich stärker, als die Massereduktion, wodurch mit fortschreitender Bearbeitung die untersten Eigenfrequenzen eines Werkstücks in der Regel sinkt, während die Schwingungsamplituden größer werden. Dieser Zusammenhang soll im Folgenden wieder anhand eines mechanischen Schwingers erklärt werden, in diesem Fall an einem homogenen Kragbalken mit Rechteckprofil konstanter Breite und Länge (Abb. 10.3). Angenommen wird ein gleichmäßiger, vollflächiger Materialabtrag auf einer Seite durch einen Bearbeitungsprozess. Einerseits erfolgt nun eine kontinuierliche Massereduktion, andererseits wird durch die Verringerung des Querschnitts das Flächenträgheitsmoment des Balkens reduziert. Während die Masse mit der Höhe linear abnimmt reduziert sich in diesem Beispiel die Steifigkeit des Balkens mit der dritten Potenz.

Die Steifigkeit nimmt also durch den Materialabtrag viel schneller ab als die Masse. Ein aus schwingungstechnischer Sicht anfangs stabiles Werkstück erhält mit fortschreitender Bearbeitung in der Regel sinkende Eigenfrequenzen mit zunehmenden Resonanzamplituden. Bei einer konstanten Prozessanregung, zum Beispiel durch eine Bearbeitung mit

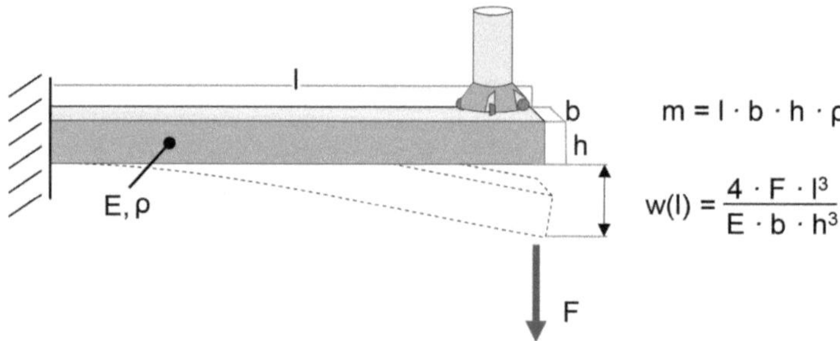

Abb. 10.3 Gleichmäßiger, einseitiger Materialabtrag an einem Kragbalken. Die Steifigkeit nimmt mit h in der dritten Potenz ab, während die Masse proportional zu h abnimmt

gleichbleibender Spindeldrehzahl, kann nun der Fall eintreten, dass die sinkende Eigenfrequenz des Werkstücks schlagartig die Zahneingriffsfrequenz trifft und der Prozess während der Bearbeitung plötzlich instabil wird.

Werkstückschwingungen erscheinen besonders bei der Bearbeitung dünnwandiger, labiler oder weit auskragender Strukturen problematisch. Anzumerken ist, dass Eigenschwingungen des Werkstücks jedoch auch im höheren Frequenzbereich bei steifen Werkstücken die Ursache für regenerative Schwingungseffekte sein können, welche die Prozessleistungsfähigkeit beschränken.

10.2 Prozessanregung der Werkstückschwingungen

Die Werkstückschwingungen werden während der Bearbeitung durch Prozesskräfte angeregt. In der Regel treten die Anregungskräfte periodisch auf, zum Beispiel durch regelmäßigen Zahneingriff im Fräsprozess oder durch die Umläufe einer Schleifscheibe. Das Kraftsignal kann zur Analyse der einzelnen Frequenzanteile mit Hilfe einer Fast Fourier Transformation (FFT) in überlagerte, harmonische Sinusschwingungen zerlegt werden. Für die Bewertung der Schwingungswirkung reicht in der Regel bei Frequenzen über 100 Hz die Betrachtung der stationären Systemantwort, da ein Prozessanregungssignal, zum Beispiel bei einem Fräsprozess, auch bei relativ kurzen Eingriffen von wenigen Sekunden einige hundert Perioden umfasst. Bei gedämpften Systemen stellt sich schnell die stationäre Antwort ein, sodass transiente Einschwingungsvorgänge für die qualitative Prozessbewertung eine untergeordnete Rolle spielen. Stationäre Systeme schwingen mit der Anregungsfrequenz. Aus schwingungstechnischer Sicht ist im stationären Fall der genaue zeitliche Kraftverlauf während eines Zahneingriffs weniger relevant. Die Frequenzanteile des Anregungssignals hingegen sind bis zur eingangs erwähnten Grenze von etwa 5 kHz bedeutend. Für die stationäre Systemantwort können auch die relativen Phasenwinkel der Frequenzanteile vernachlässigt werden. So kommt es, dass zwei Prozesse, die im Zeitbereich einen unterschiedlichen Kraftverlauf haben und im Frequenzbereich das gleiche Anregungsspektrum zeigen, z. B. ein Gleichlaufprozess und ein Gegenlaufprozess, stationär auf die gleichen Schwingungsamplituden führen.

Bei Werkstücksystemen mit besonders niedriger Dämpfung und besonders tiefer Eigenfrequenz kann sich die stationäre Antwort erst relativ spät einstellen. Diese Systeme schwingen bei der Bearbeitung vornehmlich mit ihrer natürlichen Eigenfrequenz und nur wenig in der Anregungsfrequenz. Sie sind schwingungstechnisch durch eine reine Anpassung der Prozessparameter nur schwer in den Griff zu bekommen. Hier empfiehlt sich das System durch zusätzliche Stützstellen aufzusteifen oder die Dämpfung zu erhöhen. Die Dämpfung kann spannsystemseitig z. B. durch Verwendung einer Hydraulik erhöht werden, oder werkzeugseitig durch Prozesse mit vergrößerter Reibung. Eine weitere Methode, freie Bauteilschwingungen zu reduzieren, besteht darin, das Werkstück kontinuierlich an das Werkzeug zu koppeln, in dem Werkzeuge mit engen Zähnen und großem Drallwinkeln bei großen axialen Zustellungen verwendet werden. Wenn stets mindestens ein Zahn im Eingriff ist, werden die Werkstücke stabilisiert und freie Schwingbewegungen verringert, sodass auch bei labilen Werkstücken eine schwingungsarme Bearbeitung sogar in der Resonanzfrequenz möglich ist.

Bei einem Fräsprozess kann das Anregungsspektrum hauptsächlich durch drei Phänomene beschrieben werden: erstens dem Zahneingriff, zweitens der Spindelrotation und drittens durch Seitenbandeffekte. Im Spektrum finden sich an den beschriebenen Stellen jeweils Anregungsfrequenzen die als Spitzen hervortreten.

Die dominante Anregung beim Fräsen ist durch den Zahneingriff gegeben. Somit ist die Zahneingriffsfrequenz die erste und wichtigste Anregungsgröße, die bei der Bewertung von Fräsprozessen beachtet werden muss.

Da der Zahneingriff impulsartig erfolgt, treten im Anregungsspektrum auch die ganzzahligen vielfachen der Zahneingriffsfrequenz deutlich als Spitzen hervor (Abb. 10.4). Die Amplituden der n-harmonischen Zahneingriffsfrequenz können in ihrer Größenordnung ähnlich der grundlegenden Zahneingriffsfrequenz sein und dürfen bei der Prozessauslegung nicht vernachlässigt werden. Das Beispiel verdeutlicht den Zusammenhang: Die Zahneingriffsfrequenz eines Fräswerkzeugs mit vier Zähnen, das mit einer Spindeldrehzahl von 8080 1/min im Eingriff ist, liegt bei 538,66 Hz. Im Anregungsspektrum finden sich auch Spitzen bei 1,07 kHz, 1,62 kHz usw.. Die Spindeldrehzahl und das Werkzeug sollten so gewählt werden, dass keine der Anregungsfrequenzen mit einer Eigenfrequenz des Werkstücks während der Bearbeitung zusammen fällt.

Neben der Zahneingriffsfrequenz und deren Vielfachen finden sich im Anregungsspektrum weitere Signale. Mit der Spindeldrehung wird durch Unwucht, Aufbauschneidenbildung, unterschiedlichen Abnutzungsgrad der Zähne oder Lagereffekte der Spindel ein

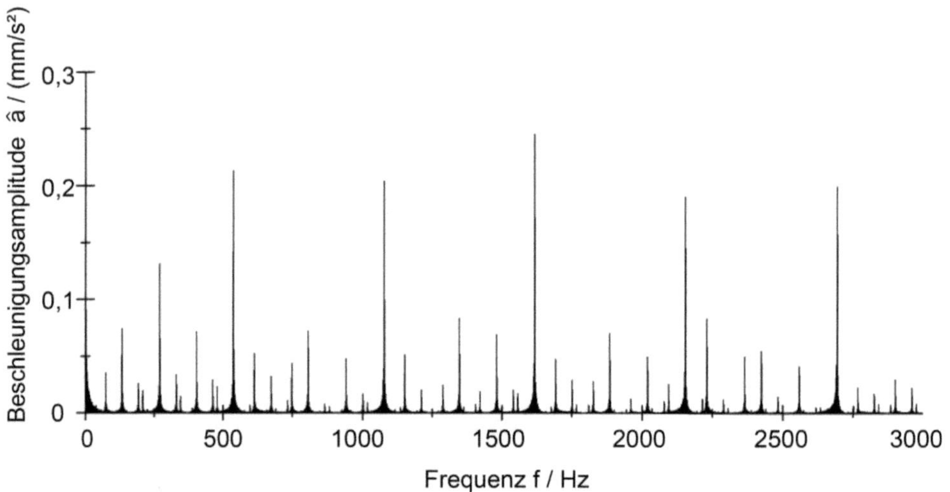

Abb. 10.4 Frequenzgang der Prozesskräfte, Kugelkopffräser, Schnitttiefe $a_p = 0{,}1$ mm, Werkzeugdurchmesser 8 mm, $ß_n = 80°$, W360 (X50CrMoV5 – 1) 48 HRC, Bahnabstand $a_{e,n} = 0{,}05$ mm, $f_z = 0{,}05$ mm, $v_c = 200$ m/min ($n = 8080$ min^{-1}), $z = 4$, Spindelrot.freq. 134,66 Hz, Zahneingriffsfreq. 538,66 Hz

Kraftsignal bei der Spindelrotationsfrequenz erzeugt. Im oben genannten Beispiel liegt diese bei 134,66 Hz. Im Kraftsignal finden sich ebenfalls die n-Harmonischen der Spindelrotation. Durch eine Unwucht des Werkzeugs, ungleichmäßigen Schneidenverschleiß, Materialanhaftungen und weitere Effekte kann das Kraftsignal des Zahneingriffs amplitudenmoduliert mit der Spindeldrehfrequenz auftreten. In der Folge werden sogenannte Seitenbänder im Anregungsspektrum sichtbar, die als Spitzen zu beiden Seiten der Zahneingriffsfrequenz und ihren n-Harmonischen auftreten, jeweils im Abstand der Spindelrotationsfrequenz. Seitenbandeffekte sind in der Regel wesentlich leiser als deren Trägersignale und können bei der Prozessauslegung oft vernachlässigt werden. Des Weiteren finden sich im Anregungssignal diverse Störungen, zum Beispiel harmonische Anregungen aus der Kühlung oder Lagerregelung der Maschine, in Abb. 10.4 zum Beispiel bei 80 Hz. Diese Störungen haben normalerweise nur eine kleine Amplitude und können bei der schwingungstechnischen Prozessauslegung ebenfalls vernachlässigt werden.

10.3 Werkstückdynamik im Spannsystem

Die Eigenformen der Werkstückschwingungen hängen maßgeblich von der Gestalt der Lagerung des Werkstücks ab, also von dem Spannsystem. Die Anordnung der Lagerpunkte in einer Spannvorrichtung bestimmt die frei schwingende Länge des Bauteils. Die Fähigkeit einer Lagerstelle neben der Translation auch Biegemomente aufzunehmen wirkt wie eine Verkürzung der frei schwingenden Länge. Je kürzer diese ist, desto steifer ist die Struktur und desto höher ist die resultierende Eigenfrequenz (siehe Abb. 10.5).

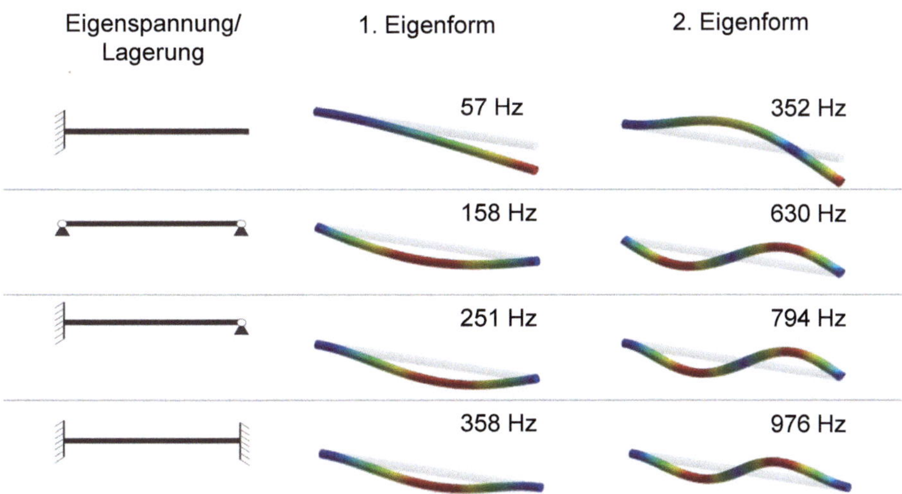

Abb. 10.5 Laterale Eigenfrequenzen 1. und 2. Ordnung einer Stahlstange mit ø20 mm und 500 mm Länge bei unterschiedlicher Lagerung

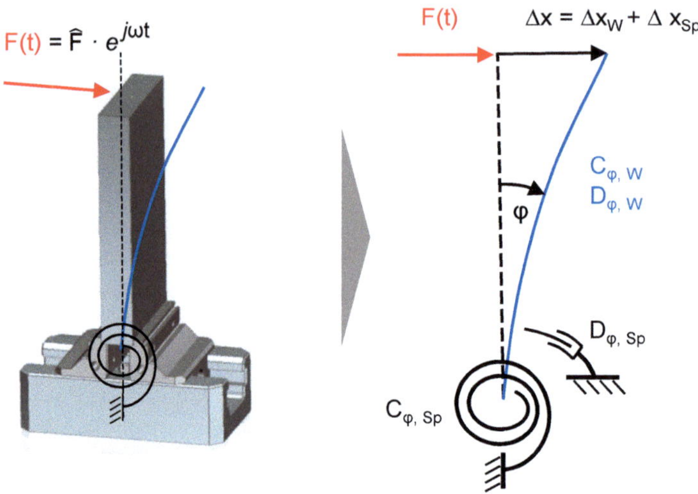

Abb. 10.6 Feder- und Dämpfungswirkung eines Spannsystems. Stahlplatte in den Maßen 20 × 80 × 150 mm³, theoretische 1. Eigenfrequenz des ideal gelagerten Werkstück: 730 Hz; Eigenfrequenz real gemessen bei 381 Hz

Die Federwirkung des Spannsystems verringert die Gesamtsteifigkeit und somit die Eigenfrequenzen des Werkstücksystems. Bei besonders weicher Lagerung können zusätzliche Eigenformen auftreten, in denen das Werkstück gegen die Federwirkung des Spannsystems schwingt (Abb. 10.6). Der Kontakt zwischen Werkstück und Spannsystem sollte daher möglichst steif gestaltet sein.

Bewegungen des Werkstücks im Spannsystem sollten konstruktiv soweit wie möglich verhindert werden. Um Werkstückschwingungen zu reduzieren sollten in Vorrichtungen Stützstellen nicht nur translatorische Freiheitsgrade sperren, also Verschiebungen verhindern, sondern idealer Weise auch rotatorische Freiheitsgrade sperren, um Kippbewegungen zu verhindern und Biegemomente aufnehmen zu können. Lagerstellen mit möglichst hoher kinematischer Wertigkeit bringen jedoch das gestalterische Problem mit sich, dass die Werkstücke schnell kinematisch überbestimmt sind. Ein schwimmender Einspannprozess ist bei kinematisch überbestimmter Lagerung, wie im Folgenden erläutert wird, zwangsläufig erforderlich.

In statisch überbestimmten Vorrichtungen bildet sich beim Einlegen des Werkstücks der Kontakt zu allen Lagerstellen nicht gleichmäßig aus und nur wenige Lagerstellen tragen effektiv. Dies ist insbesondere bei Werkstücken mit großen Formtoleranzen im Rohteil, zum Beispiel bei Gussteilen problematisch. Bei Prozesskräften kann es vorkommen, dass das Werkstück durch elastische Verformungen von einer tragenden Berührpunktkonstellation in eine andere wechselt, es somit „wackelt". In der Folge ist das Werkstück effektiv besonders weich gelagert und die Bearbeitung instabil. Eine kinematisch überbestimmte Werkstücklagerung ist häufig die Ursache für lange Spannzeiten, die eine manuelle Werkstückpositionierung erforderlich macht. Qualitätsprobleme in der Bearbeitung durch

Formabweichungen und schlechte Oberflächenqualitäten durch Vibrationsprobleme bei wackelnden Werkstücken sind weitere Begleiterscheinungen kinematisch überbestimmter Spannsysteme mit inhomogenem Lagerkontakt. Eine überbestimmte Werkstückspannung mit gleichmäßigem Lagerkontakt muss mehrstufig mit schwimmender Fixierung erfolgen. Im ersten Schritt wird das Bauteil kinematisch eindeutig gelagert. Hierzu eignen sich zum Beispiel sechs Kugelanschläge, bei denen nicht mehr als je drei Berührpunkte in einer Ebene liegen. Im zweiten Schritt werden Stützelemente an das Werkstück angelegt, zum Beispiel durch Federkraft oder schwimmend in einer Hydraulik. Die Stützelemente werden nun reibschlüssig in ihrer Position fixiert, sodass sich ein gleichmäßiger Kontakt in allen Spannstellen bildet. Spannkonzepte mit schwimmender Fixierung können durch ihre Fähigkeit Momente aufzunehmen schwingungsstabile Werkstücklagerungen bei relativ großen frei schwingenden Längen gewährleisten.

10.4 Dämpfungswirkung von Spannmitteln

Ein Spannsystem kann dynamisch dämpfend wirken und damit die Resonanzamplitude von Werkstückschwingungen reduzieren. Bauartbedingt sind bei hydraulischen Spannsystemen die Dämpfungseigenschaften besonders hoch. Die dämpfende Wirkung von Spannsystemen setzt voraus, dass das Spannsystem an der Schwingungskinematik beteiligt ist. Sie wirkt daher nur eingeschränkt auf Eigenformen, die vollständig im Werkstück liegen und bei denen das Spannsystem kein federndes Gegenlager bildet. Passive Dämpfung im Spannsystem entsteht durch Reibung zwischen einzelnen Spannsystemkomponenten oder durch viskose Materialdämpfung. Im folgenden Beispiel (Abb. 10.7) wird die Dämpfung eines handelsüblichen Schraubstocks, der direkt auf einem Maschinentisch aufgespannt wurde mit einem baugleichen Modell verglichen, der über eine Nullpunktplatte aufgespannt ist. Durch die Reibung an den Spannbolzen der Nullpunktplatte vervierfacht sich die Dämpfung von 0,5 % auf 2 % ohne nennenswerte Einbußen der Steifigkeit.

Abb. 10.7 Vergleich der Dämpfungseigenschaften von Spannsystemen (Firma LANG Technik GmbH); links ohne Nullpunktplatte: D = 0,5 %; rechts mit Nullpunktplatte: D = 2 %

Eine Erhöhung der Dämpfung bewirkt eine Reduktion der Resonanzamplitude mit dem gleichen Faktor. Im oben genannten Beispiel zeigt das Spannsystem mit der Nullpunktplatte ein Viertel der Resonanzamplitude und die stationäre Schwingungsantwort wird viermal schneller erreicht.

Spezielle Spannmittel mit besonders hohen Dämpfungseigenschaften können sich positiv auf den Bearbeitungsprozess auswirken und die stabilen Prozessleistungsgrenzen erweitern. Hoch wirksame, aktiv dämpfende Spannsysteme finden sich aktuell in der Forschung [Brec10] und zeigen ihr Potential zum Beispiel bei der Geräuschreduktion in der Bearbeitung von Holzplatten [HESS10]. Aktiv dämpfende Spannsysteme gehören derzeit noch nicht zum verbreiteten Stand der Technik.

11 Hartzerspanung mit geometrisch bestimmter Schneide

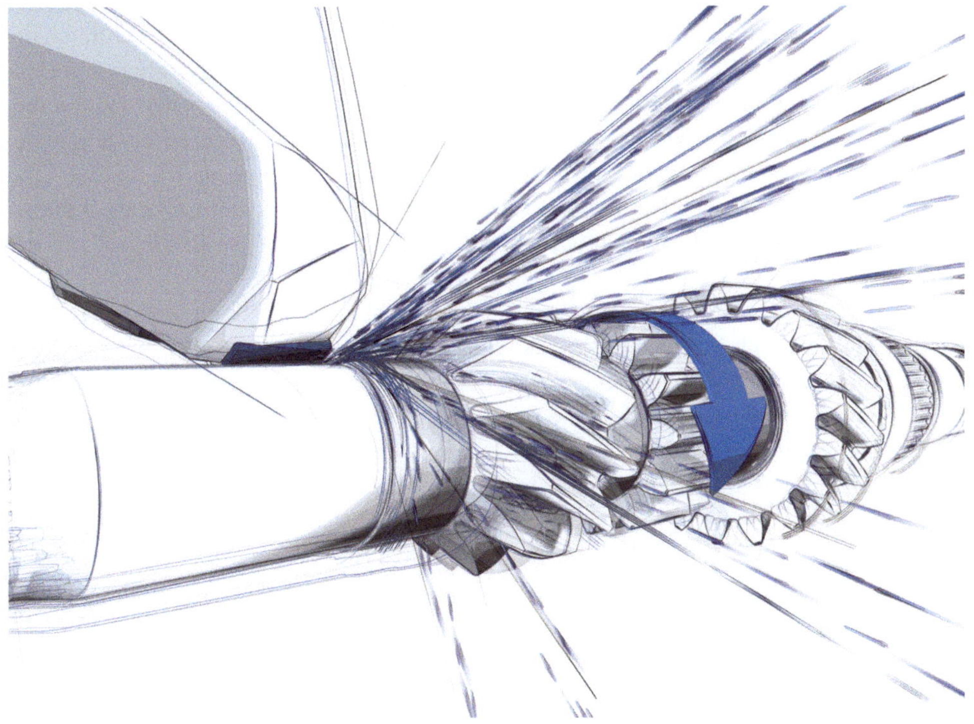

F. Klocke, *Fertigungsverfahren 1*, VDI-Buch,
https://doi.org/10.1007/978-3-662-54207-1_11

11.1 Einordnung und Einsatzgebiete

Der Begriff der Hartzerspanung beschreibt das spanabhebende Bearbeiten von Werkstoffen mit einer Härte von 45 HRC oder höher. Diese sind in der Regel gehärtete Stähle, können jedoch auch Hartmetalle oder andere schwerzerspanbare Werkstoffe wie Gusseisen sein. Die spanabhebende Bearbeitung harter Werkstoffe war lange Zeit nur durch Verfahren mit geometrisch unbestimmter Schneide möglich, wie beispielsweise dem Schleifen, dem Honen oder dem Läppen, sowie durch Erodierverfahren. Durch die Entwicklung von hochharten Schneidstoffen, wie beispielsweise von CBN (kubisch kristallines Bornitrid) in den 1980er Jahren wurde es jedoch erstmals möglich gehärtete Werkstoffe auch mittels geometrisch bestimmter Schneide wirtschaftlich zu zerspanen. Aus dieser Entwicklung gingen Fertigungsverfahren hervor, welche heute allgemein bekannt sind unter der Bezeichnung Hartdrehen, Hartfräsen, Hartbohren etc.

Während die klassische Bearbeitung von gehärteten Werkstoffen in der Regel aus der Prozessfolge Weichbearbeitung – Vergüten – Hartfeinbearbeitung besteht, ist es durch die Hartzerspanungsverfahren, wie dem Hartdrehen und dem Hartfräsen möglich, die Endkontur direkt aus dem gehärteten Werkstoff herzustellen. Kostenintensive Hartfeinbearbeitungsverfahren, wie beispielsweise das Schleifen, sind in der Regel nicht mehr nötig. Somit steht die Hartzerspanung mit geometrisch bestimmter Schneide in direkter Konkurrenz zu den klassischen Hartfeinbearbeitungsverfahren mit geometrisch unbestimmter Schneide. Abb. 11.1 zeigt den qualitativen Vergleich am Beispiel des Hartdrehens und des Schleifens.

Das Hartdrehen zeichnet sich aufgrund der Prozesskinematik durch eine höhere Flexibilität im Vergleich zum Schleifen aus. Dies kommt insbesondere dann wirtschaftlich zum Tragen, wenn eine Mehrseitenbearbeitung oder eine Konturbearbeitung erfolgen soll. Während eine solche Bearbeitung mittels Schleifverfahren durch den Einsatz getakteter Schleifzentren und/oder den Einsatz von Sonderwerkzeugen erfolgen muss, ist die Bearbeitung mittels Hartdrehen auf einer Maschine, in einer Aufspannung und mit Standardwerkzeugen möglich. Ein weiterer Vorteil des Hartdrehens ist die hohe erreichbare Zerspanleistung. Während beim Schleifen nur geringe Aufmaße wirtschaftlich vertretbar sind, können diese beim Hartdrehen um ein vielfaches höher liegen. Vorteilhaft ist beim Hartdrehen des Weiteren, dass die Bearbeitung ohne Kühlschmierstoff (KSS) erfolgen kann. Hierdurch ist eine aufwändige Aufbereitung, Kühlung und Entsorgung des KSS sowie Reinigung der Späne nicht nötig. Kritisch zu bewerten beim Hartdrehen sind die erzeugten Werkstückqualitäten, die erzeugten Randzoneneigenschaften sowie die Prozesssicherheit. So besteht beim Hartdrehen beispielsweise die Gefahr, dass Randzonenschädigungen erzeugt werden, infolge progressiven Werkzeugverschleißes, welche unzulässig für eine nachfolgende Bauteilnutzung sind. Solche können jedoch in der Regel durch regelmäßige Werkzeugwechsel sowie durch online Prozessüberwachung vermieden werden.

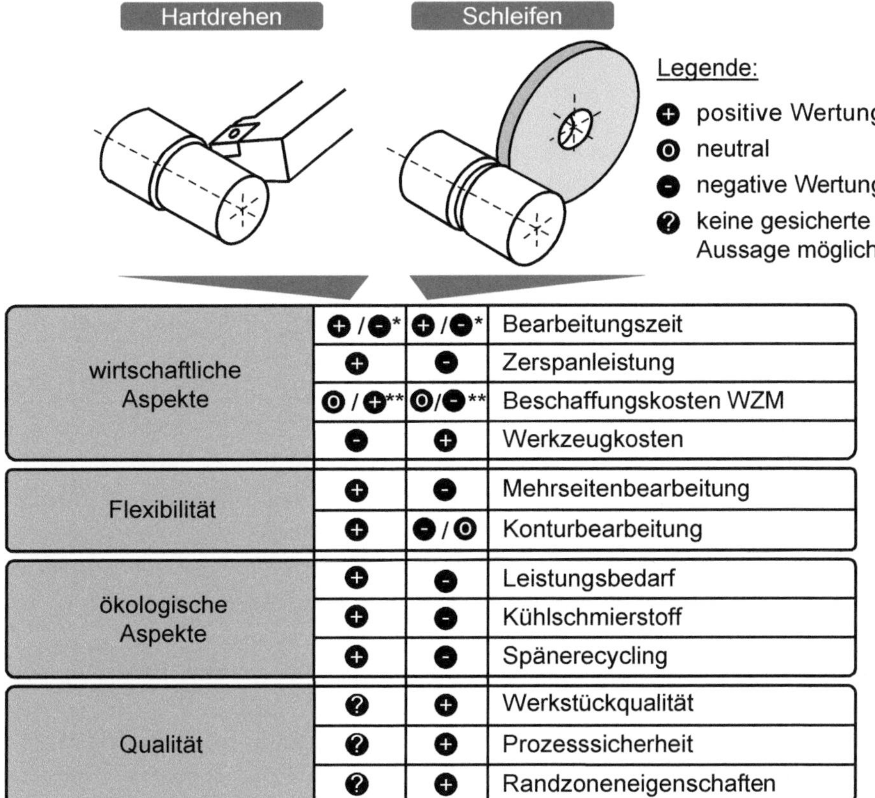

	Hartdrehen	Schleifen	
wirtschaftliche Aspekte	⊕ / ⊖*	⊕ / ⊖*	Bearbeitungszeit
	⊕	⊖	Zerspanleistung
	⊙ / ⊕**	⊙ / ⊖**	Beschaffungskosten WZM
	⊖	⊕	Werkzeugkosten
Flexibilität	⊕	⊖	Mehrseitenbearbeitung
	⊕	⊖ / ⊙	Konturbearbeitung
ökologische Aspekte	⊕	⊖	Leistungsbedarf
	⊕	⊖	Kühlschmierstoff
	⊕	⊖	Spänerecycling
Qualität	?	⊕	Werkstückqualität
	?	⊕	Prozesssicherheit
	?	⊕	Randzoneneigenschaften

* je nach Anwendungsfall ist ein Verhältnis von 1:10 bis 10:1 möglich

** beim Schleifen sind häufiger Sondermaschinen bzw. Schleifzentren erforderlich

Abb. 11.1 Vergleich der Hartzerspanung mit geometrisch bestimmter und unbestimmter Schneide am Beispiel des Hartdrehens und des Schleifens [Koch96]

Die genannten Vorteile sind insbesondere bei der Fertigung komplexer Bauteilgeometrien in kleinen Losgrößen von Vorteil. Solche lassen sich im Allgemeinen durch Hartdrehen wirtschaftlicher herstellen als durch Schleifen. Bei der Bearbeitung von einfachen Bauteilgeometrien in Großserie ist jedoch das Schleifen, insbesondere das Spitzenlosschleifen, deutlich wirtschaftlicher. Dennoch wird das Hartdrehen aufgrund der Zunahme der Variantenvielfalt über die letzten Jahre auch vermehrt in Großserie und Massenfertigung eingesetzt.

11.2 Werkzeuge und Werkzeugmaschinen

11.2.1 Werkzeuge

Für die Hartzerspanung werden nahezu ausschließlich hochharte Schneidstoffe wie polykristalliner Diamant (PKD), kubisch kristallines Bornitrid (CBN), Mischkeramiken sowie Feinstkorn- und Ultrafeinstkornhartmetalle verwendet. Grund hierfür sind die extremen Anforderungen an die Warmhärte und Diffusionsbeständigkeit des Schneidstoffes, die sich aufgrund der hohen Temperaturen und Schnittdrücke in der Zerspanzone ergeben.

Für die Hartdrehbearbeitung werden in den meisten Fällen CBN Werkzeuge verwendet. Diese weisen eine gute Kombination aus den geforderten Werkstoffeigenschaften auf und sind für die Zerspanung der gängigen Werkstoffe geeignet. PKD und Mischkeramiken können zwar ebenfalls als Schneidstoffe eingesetzt werden, sind jedoch für viele Bearbeitungsfälle ungeeignet. Aufgrund der Kohlenstoffaffinität von Eisen ist es beispielsweise nicht möglich Stahlwerkstoffe mittels PKD zu zerspanen. PKD wird deshalb vornehmlich bei der Zerspanung von NE-Werkstoffen, wie beispielsweise Hartmetall angewandt. Mischkeramiken werden ebenfalls nur begrenzt verwendet, da diese sehr spröde sind und bei unterbrochenen Schnitten schnell versagen. Hartmetalle finden in der Hartdrehbearbeitung nahezu keine Verwendung, da diese eine geringe Warmhärte aufweisen und daher aufgrund der hohen thermischen Belastung schnell versagen.

Bei der Hartfräsbearbeitung werden vornehmlich Feinstkorn- und Ultrafeinstkornhartmetalle sowie CBN-Schneidstoffe verwendet. Während erstgenannte beim Hartdrehen keine Verwendung finden, können hartmetallische Schneidstoffe beim Hartfräsen aufgrund der verringerten Schnittzeitanteile eingesetzt werden. Hierdurch ist die thermische Belastung der Schneide geringer, was zu einer höheren Standzeit bei Hartmetallwerkzeugen beim Fräsen führt. CBN Werkzeuge finden beim Hartfräsen ebenfalls Verwendung, sind jedoch aufgrund der Sprödigkeit des Schneidstoffs weniger weit verbreitet.

11.2.2 Werkzeugmaschinen

Prinzipiell ist eine Hartbearbeitung auf fast allen modernen CNC-gesteuerten Dreh- und Fräsmaschinen realisierbar. Jedoch ergeben sich durch die Bearbeitungsaufgabe häufig besondere Anforderungen an die Werkzeugmaschine, sodass eine Anpassung dieser nötig ist.

Durch die Hartbearbeitung werden in der Regel Funktionsflächen erzeugt, welche geometrisch eng toleriert sind. Konventionelle Maschinen können diese Toleranzen häufig nicht einhalten. Zudem entstehen hohe Kräfte, die zu einer Abdrängung des Werkzeuges führen können. Ein weiteres Problem ist das Auftreten von Schwingungen, die bei den hochharten und spröden Schneidstoffen zu einem vorzeitigen Versagen führen können.

Aus diesen Gründen müssen Werkzeugmaschinen für die Hartbearbeitung besonders genau, steif und schwingungsdämpfend ausgelegt sein. Dies wird in der Regel durch die Verwendung von hydrostatischen Lagern erreicht, welche besonders steif und schwingungsdämpfend sind. Solche Werkzeugmaschinenkonzepte werden in der Regel als Hartdrehmaschinen und Hartfräsmaschinen bezeichnet [Joch01].

11.3 Technologische Verfahrensgrundlagen

11.3.1 Spanbildung

Bei der Hartzerspanung werden Zustellungen und Vorschübe von nur wenigen Zehntelmillimetern verwendet. Der Zerspanprozess findet daher ausschließlich im Bereich des Werkzeugeckenradius und der eventuell vorhandenen Schneidkantenfase bzw. -verrundung statt. Die Annäherung des Spanungsquerschnitts als Parallelogramm, vergleichbar der konventionellen Weichzerspanung, ist daher unzulässig. Der resultierende Spanungsquerschnitt, welcher auch als „Kommaspan" bezeichnet wird, ist in Abb. 11.2 dargestellt und wird in seiner Form durch die Stellgrößen Vorschub f, Zustellung a_p sowie dem Eckenradius des Werkzeugs r_ε bestimmt. Im unteren Teil der Abb. 11.2 ist die Auswirkung der Variation der genannten Parameter auf die Kenngröße der theoretischen Rautiefe $R_{t.th}$, der Spanungsdicke $h_{cu.n}$ und $h_{cu.max}$, des Spanungsquerschnitts A_{sp} und der mit dem letzten Schlichtschnitt verbundenen Hauptzeit t_h dargestellt.

Durch eine geeignete Wahl der Prozessparameter kann das Bearbeitungsergebnis an den jeweiligen Anforderungsfall angepasst werden. In der Regel steht hierbei die erreichbare Oberflächengüte bzw. theoretische Rautiefe im Vordergrund. Diese kann beispielsweise durch einen reduzierten Vorschub oder einen vergrößerten Eckenradius verbessert werden.

Die Spanbildung bei der Hartzerspanung mit geometrisch bestimmter Schneide kann in Abhängigkeit von der Spanungdsdicke h_{cu} zwischen einer sägezahnförmigen Spanbildung und Fließspanbildung unterschieden werden, wie es in Abb. 11.3 für das Hartdrehen dargestellt ist. Sägezahnspäne bilden sich ab einer Werkstoffhärte von etwa 50 HRC und sind auf die geringe Verformungsfähigkeit gehärteter Werkstoffe zurückzuführen. Unterhalb dieses Härteniveaus findet in der Regel eine Fließspanbildung statt. Der Beginn der Werkstofftrennung erfolgt durch einen Riss an der Oberfläche, der sich unter dem Winkel der größten Schubspannung in das Werkstück fortpflanzt (siehe Abb. 11.4). Der Risseinleitungswinkel Φ_R ist dabei werkstoffspezifisch und unabhängig von der Schneidengeometrie sowie den Schnittparametern und steigt aufgrund des geringen Verformungsvermögens mit wachsender Werkstoffhärte an. Die Rissbildung wird aufgrund des Druckspannungszustandes und der hohen Temperaturen vor der Schneide gestoppt und geht in die plastische Verformung über, sodass als Span unverformte Segmente durch dazwischenliegendes plastifiziertes Material ausgeschoben werden [Joch01].

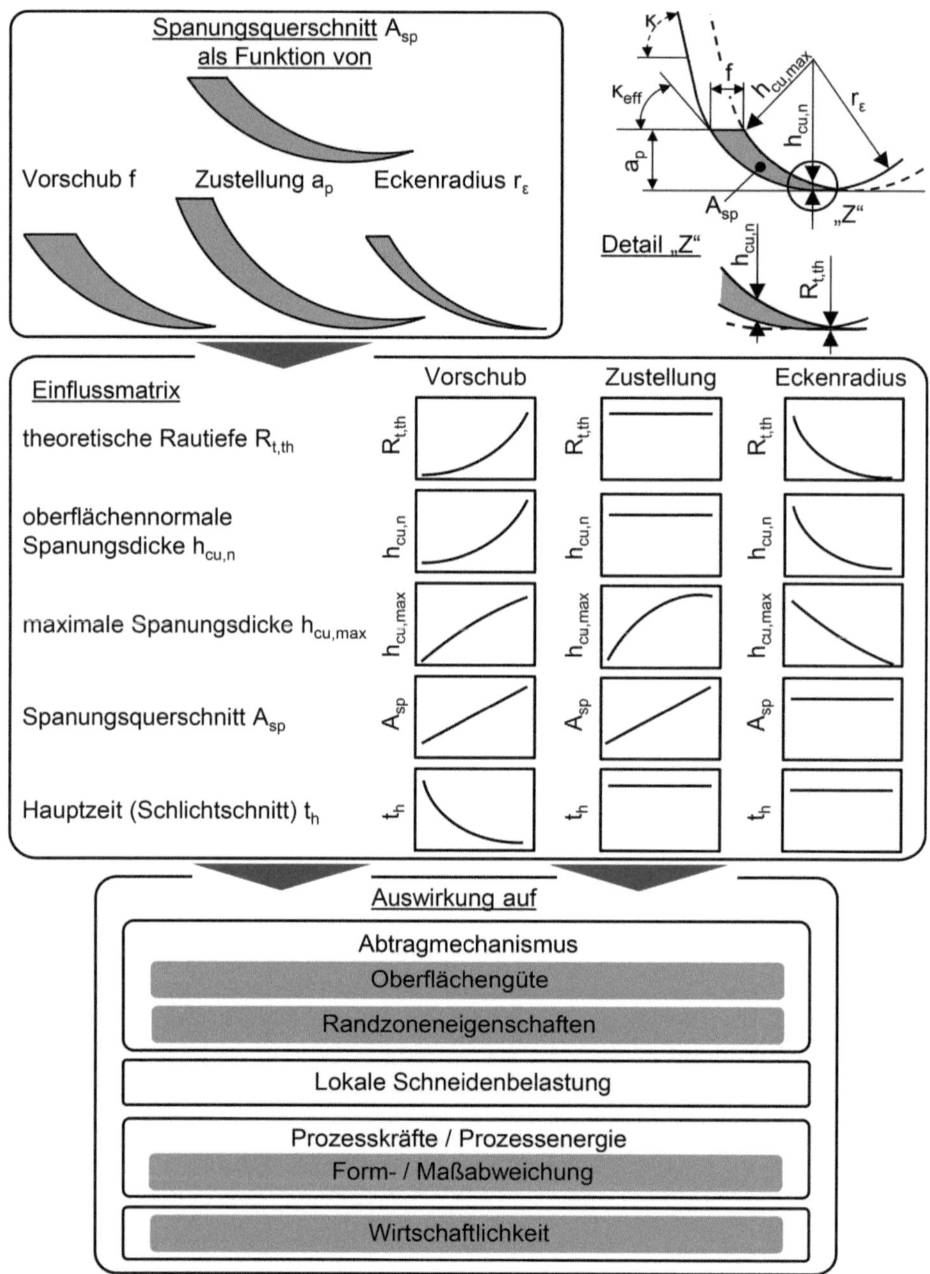

Abb. 11.2 Theorie zum Einfluss der Spanungsquerschnitt-Geometrie auf das Bearbeitungsergebnis [Koch96]

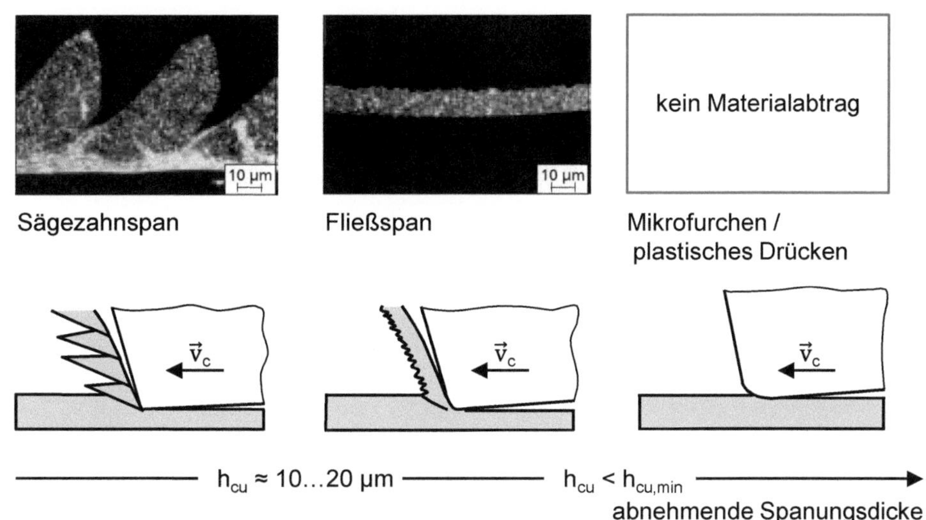

Abb. 11.3 Abtragsmechanismen beim Hartdrehen [Joch01, Koch96]

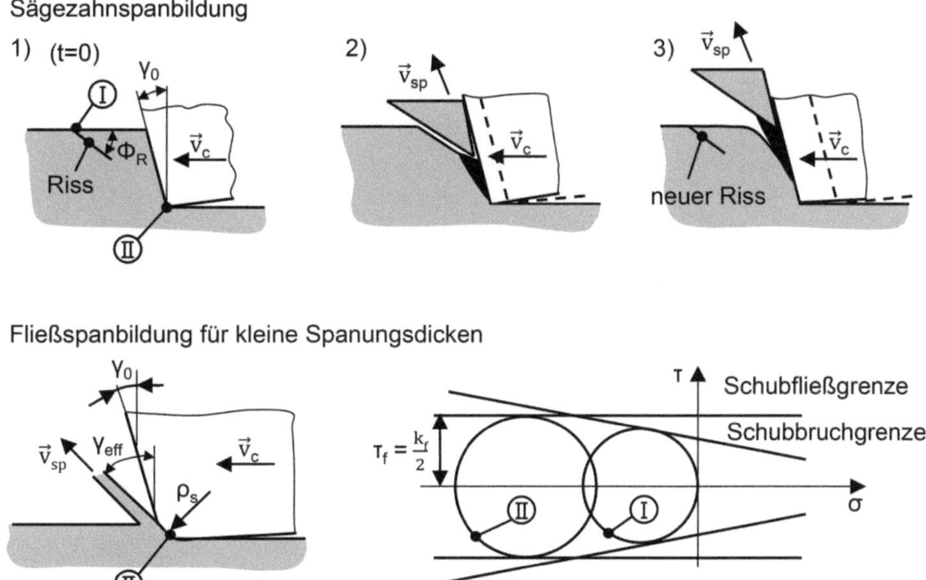

Abb. 11.4 Spanbildungsvorgang bei großen und kleinen Spanungsdicken [Joch01]

11.3.2 Oberflächenausbildung

Bei Prozessen mit geometrisch bestimmter Schneide kann die erzeugte Oberflächenrauheit in der Regel der kinematischen Rautiefe $R_{t,th}$ angenähert werden. Beim Drehen kann diese beispielsweise berechnet werden durch:

$$R_{t,th} = r_\varepsilon \cdot \left(1 - \sqrt{1 - \left(\frac{f}{2 \cdot r_\varepsilon}\right)^2}\right) \approx \frac{f^2}{8 \cdot r_\varepsilon} \qquad \text{Gl. 11.1}$$

Bei der Hartzerspanung, wo im Bereich sehr kleiner Vorschübe gearbeitet wird, treten jedoch signifikante Abweichungen zwischen errechneter kinematischer und erzeugter Rautiefe auf (siehe Abb. 6.8). Hauptursachen hierfür sind:

- Die Bildung von „Spanzipfeln" bei der Spanbildung
- Ein Seitwärtsfließen des Werkstoffs bei der Spanbildung
- Die Überlagerung der kinematischen Oberflächenrauheit durch die Rauheit der Werkzeugschneidkante
- Die Abbildung des Verschleißbildes des Werkzeugs, insbesondere bei signifikantem Kerbenverschleiß

Die Hauptursache für Abweichungen von berechneter und gemessener Rautiefe bei der Hartzerspanung ist die Bildung von Spanzipfeln. Dies sind Rückfederungen des Werkstoffs in Folge des Unterschreitens der Mindestspanungsdicke (siehe Abb. 11.5). Der Werkstoff wird beim Schneideneingriff zunächst elastisch verformt und danach plastisch zerspant. Verlässt die Schneide den Werkstoff federt das elastisch verformte Material zurück und es kommt zu der Ausbildung der sogenannten Spanzipfel [Bram61].

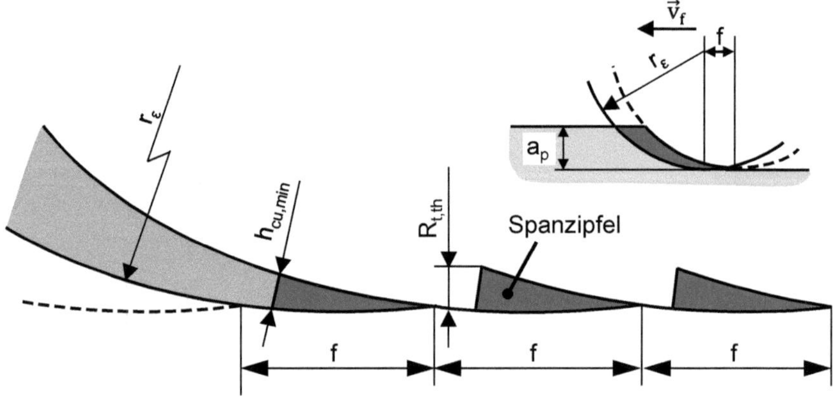

Abb. 11.5 Entstehung von „Spanzipfeln" [Joch01, Bram61]

Eine weitere Ursache für die Abweichung der tatsächlichen von der theoretischen Oberflächenrauheit ist das Seitwärtsfließen von plastifiziertem Werkstoff. Beim Unterschreiten einer gewissen Spanungsdicke, die ebenfalls als Mindestspanungsdicke bezeichnet wird, fließt Werkstückmaterial an der Nebenschneide in Richtung der gerade erzeugten Werkzeugoberfläche, wodurch es zur Bildung von „ausgefransten" Vorschubkämmen kommen kann. Dieser Effekt wird vornehmlich bei großen Werkzeugeckenradien, großen Schneidkantenverrundungen und bei kleinen Vorschüben in Kombination mit Werkzeugverschleiß beobachtet [Joch01].

Neben Spanbildungsfehlern wird vielfach die Schartigkeit der Schneidkante als limitierender Faktor für die erreichbare Oberflächengüte angeführt. Hierbei bildet sich die Mikrowelligkeit der Schneide auf der Werkstückoberfläche ab und überlagert die kinematische Oberflächenrauheit. Dies lässt sich in der Regel nicht vermeiden, da an den bei der Hartzerspanung verwendeten polykristallinen Schneidstoffen keine ideal glatte Schneidkante erzeugt werden kann [Joch01].

Ein weiterer Einflussfaktor auf die Ausbildung der Oberflächengüte, insbesondere bei zunehmender Schnittzeit, ist die Abbildung des Werkzeugverschleißes auf der Werkstückoberfläche. Hierbei ist insbesondere der Kerbverschleiß an der Nebenschneide zu nennen. Dieser wird hervorgerufen durch die am Ende des Kontaktbereichs herrschenden Temperaturgradienten, Quetsch- und Reibvorgänge beim Spanen im Bereich der minimalen Spanungsdicke sowie den direkten Kontakt mit der Atmosphäre [Fran11].

11.3.3 Randzonenbeeinflussung

Die Randzone wird bei der Hartzerspanung in der Regel durch eine Überlagerung von mechanischen und thermischen Effekten beeinflusst. Die mechanische Belastung wird durch die entstehenden Prozesskräfte sowie die Größe der Kontaktzone bestimmt. Die thermische Beanspruchung ergibt sich durch die Wärmeverteilung und die Höhe der auftretenden Temperaturen. Durch das zeitliche und räumliche Zusammenwirken beider Einflüsse ergeben sich bei der Hartzerspanung charakteristische Randzoneneigenschaften hinsichtlich der Härte, der Eigenspannungen sowie der Gefügestruktur. Diese unterscheiden sich zum Teil wesentlich von anderen Hartbearbeitungsverfahren wie beispielsweise dem Schleifen oder dem Erodieren.

11.3.3.1 Anlasszonen und weiße Schichten

Bei der Hartzerspanung mit geometrisch bestimmter Schneide können in der Bauteilrandzone Gefügeveränderungen auftreten, die im geätzten Gefügeschliff unter dem Lichtmikroskop weiß erscheinen und deshalb im Allgemeinen als „weiße" Schichten bezeichnet werden. Häufig finden sich unterhalb von weißen Schichten Bereiche, die dunkler als das Grundgefüge wirken und demensprechend als „dark etching area" oder „Anlasszonen" bezeichnet werden. Bei diesen Bereichen, die auch unabhängig von weißen Schichten auftreten können, handelt es sich um angelassenes Gefüge, das gegenüber dem Grundgefüge eine geringere Härte aufweist (siehe Abb. 11.6) [Joch01, Koch96, Bran95].

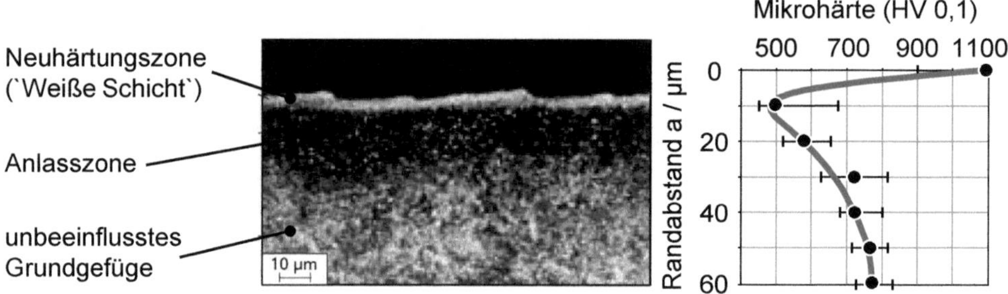

Abb. 11.6 Weiße Schicht und Anlasszone beim Hartdrehen [Koch96]

Weiße Schichten, welche häufig auch als Neuhärtungszonen bezeichnet werden, sowie Anlasszonen resultieren aus den hohen Temperatureinträgen bei der Hartzerspanung in Kombination mit hohen Abkühlgeschwindigkeiten des Werkstoffs. Bei der Zerpanung wird aufgrund des hohen Wärmeeintrags die Randzonentemperatur zunächst über die α-γ-Umwandlungstemperaturgrenze gehoben. Nachdem die Schneide die Zerspanstelle verlassen hat, führen Selbstabschreckungseffekte zu einer rapiden Abkühlung der Randzone, wodurch sich das Gefüge umwandelt und neu härtet. Dies führt in der äußeren Randzone zu der Entstehung eines sehr feinkörnigen Gefüges (Korngröße kleiner als 0,1 µm) mit hohem Martensitanteil. Daraus resultiert eine hohe Härte der Randzone gegenüber dem Grundgefüge. Die darunterliegende Anlasszone wird dagegen weichgeglüht, sodass die Härte hier deutlich geringer ist als im Grundgefüge. Die Kombination aus beidem ist in der Regel unerwünscht, da hierdurch die Lebensdauer der Bauteiloberfläche signifikant reduziert wird. So kann es beispielsweise bei Wälzbelastung der Randzone zu einem Abplatzen der weißen Schichten kommen, wodurch die darunterliegenden, deutlich weicheren und weniger verschleißfesten Schichten freigelegt werden. Dies führt wiederum zu einem schnellen Bauteilversagen. Neuhärtungszonen und Anlasszonen sind daher bei belasteten Funktionsflächen zu vermeiden.

Der Einfluss der Prozessparameter auf die Entstehung von Neuhärtungszonen und Anlasszonen wurde in der Vergangenheit vielfach untersucht, ist jedoch teilweise umstritten. So ist beispielsweise der Einfluss der Schnittgeschwindigkeit, der Zustellung sowie des Vorschubs auf die Bildung von Neuhärtungszonen und Anlasszonen nicht eindeutig geklärt.

Allgemein akzeptiert und belegt ist jedoch der Einfluss des Werkzeugverscheißes auf die Bildung von Neuhärtungs- und Anlasszonen: mit zunehmendem Werkzeugverschleiß nimmt die Dicke der weißen Schichten zu. Ursächlich hierfür ist, dass mit steigendem Werkzeugverschleiß die Zerspankräfte, insbesondere die Passivkräfte zunehmen. In Kombination mit der Reibung in der Zerspanzone führt dies zu einer Zunahme der Wärmeentwicklung und somit auch zu einer Zunahme des Wärmeeintrags in das Bauteil. Selbstabschreckungseffekte werden hierdurch begünstigt, welche ursächlich für die Bildung weißer Schichten sind. Um die Bildung dieser zu verhindern wird daher in der Praxis das Werkzeug regelmäßig ausgetauscht bevor ein kritischer Schneidenverschleiß erreicht ist. Die Definition einer Verschleißobergrenze erfolgt dabei in der Regel iterativ aufgrund von Erfahrungswerten. In der Literatur wird häufig eine Verschleißmarkenbreite von VB = 0,1 mm angegeben, ab der sich weiße Schichten bilden können [Bran95, Lier98, Joch01].

11.3.3.2 Eigenspannungen

Die Zunahme des Werkzeugverschleißes führt nicht nur zu der Bildung von Neuhärtungs- und Anlasszonen, sondern ebenso zu einer Veränderung des Eigenspannungszustandes in der Randzone, wie in Abb. 11.7 gezeigt wird. Bei einem unverschlissenen Werkzeug mit einem Freiflächenverschleiß von VB = 0 mm weist die Randzone in Oberflächennähe ein Druckeigenspannungsmaximum auf, welches sich in tieferen Bauteilbereichen dem Eigenspannungsniveau des Grundwerkstoffs angleicht. In Folge von Werkzeugverschleiß entstehen im Bereich der Neuhärtungszone Zugeigenspannungen anstelle von Druckeigenspannungen. Diese nehmen mit zunehmendem Werkzeugverschleiß zu, ebenso wie die Druckeigenspannungen im Bereich der Anlasszone. Je größer hierbei der Werkzeugverschleiß, umso größer ist auch die Differenz zwischen Druck- und Zugeigenspannungen sowie deren Abweichung vom Grundwerkstoffniveau.

Ursächlich hierfür sind die mit zunehmendem Werkzeugverschleiß ebenfalls zunehmenden mechanischen und thermischen Lasten bzw. Energieeinträge. Bei einem neuen, unverschlissenen Werkzeug überwiegt der Anteil der mechanischen Last der der thermischen Last, was zu der Ausbildung von Druckeigenspannungen führt. Mit zunehmendem Werkzeugverschleiß nimmt jedoch der Anteil der thermischen Last in der Zerspanstelle zu, was zu einer Verschiebung des Eigenspannungsniveaus in Richtung von Zugeigenspannungen führt. Gleichzeitig führt die Zunahme des Werkzeugverschleißes zu einer größeren Kontaktzone und zu höheren Zerspankräften sowie zu einer Zunahme des negativen effektiven Spanwinkels, vornehmlich als Folge von Werkzeugausbrüchen und Kolkverschleiß. Dies führt zu einer Erhöhung des Druckspannungsniveaus sowie zu einer Verschiebung dieser in größere Tiefen [Joch01].

Die Ausbildung von mechanisch bedingten Eigenspannungen bei der Hartzerspanung ist in Abb. 11.8 am Beispiel des Hartdrehens detailliert dargestellt. Die Zerspanung findet einerseits ausschließlich im Bereich der Kantenverrundung (1), andererseits im Bereich der Kantenverrundung und –fase (2) statt. Die Kantenfase wirkt wie ein stark negativer Spanwinkel (γ), was zu einer höheren mechanischen Belastung und somit zu größeren Druckeigenspannungen führt. Hierdurch ergeben sich im Bereich großer Spandicken (1) stärker ausgeprägte Druckeigenspannungen als im Bereich kleiner Spandicken (2), bei der die Spanbildung nur im Bereich der Schneidkantenverrundung, nicht aber der Fase stattfindet. Die Eigenspannungszustände aufsummiert über die Schneideckenverrundung bilden den resultierenden Gesamtspannungszustand.

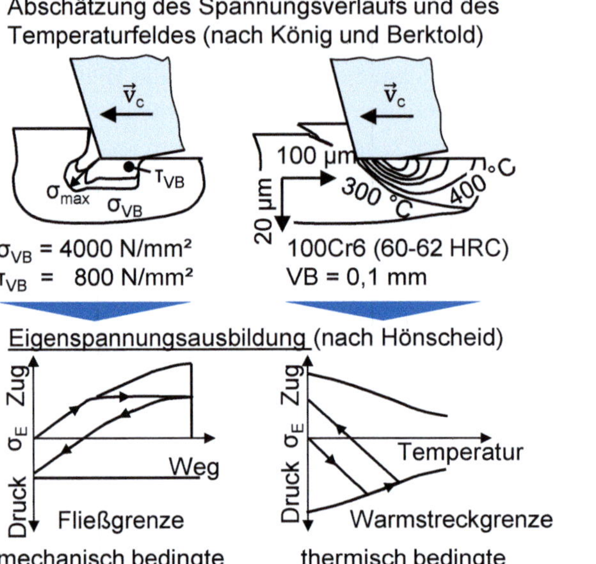

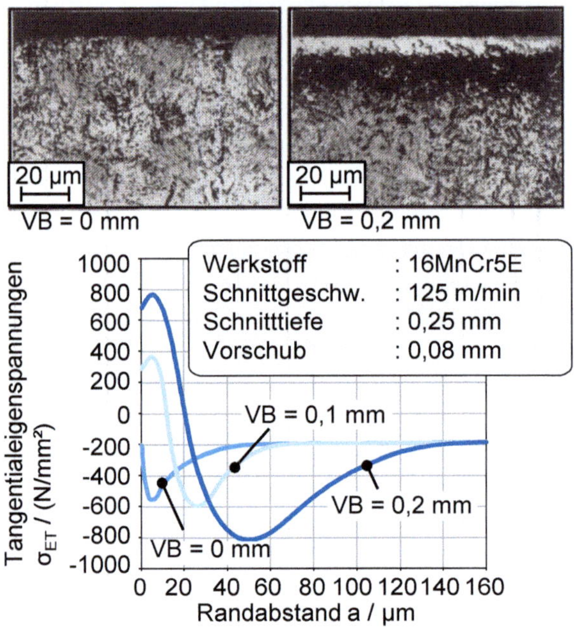

Abb. 11.7 Analyse der Randzonenausbildung bei der Hartdrehbearbeitung [Koch96], nach: [Köni94, Höns75, Gold91]

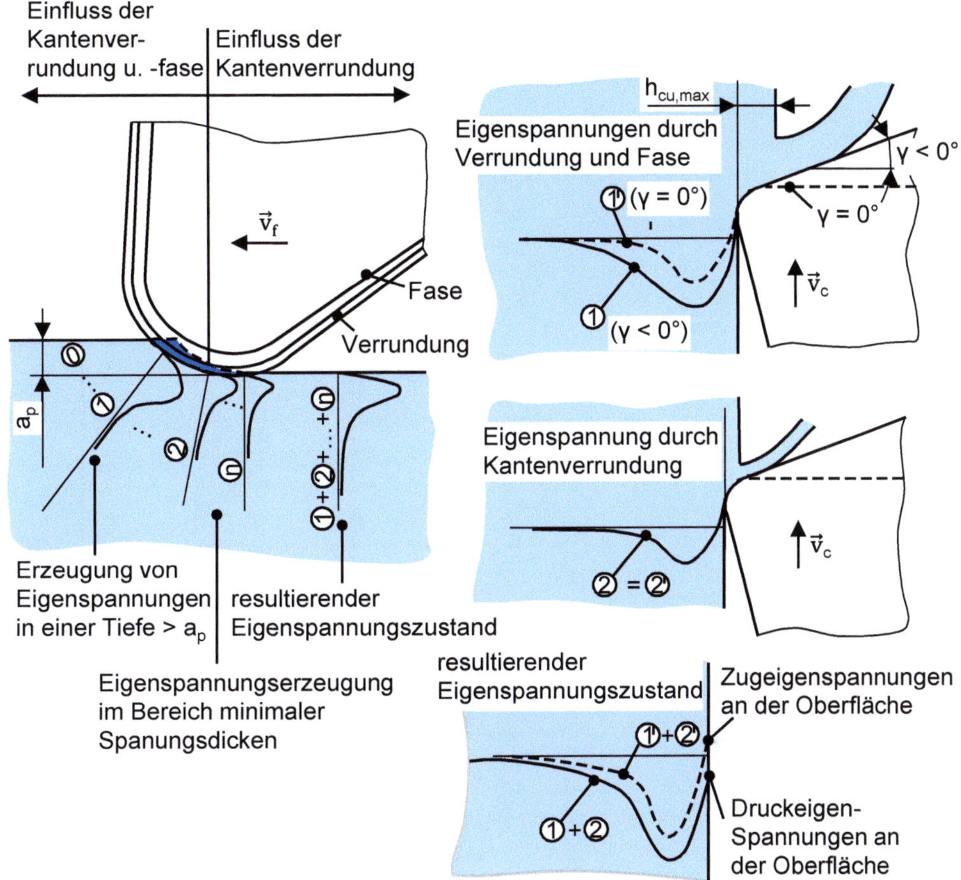

Abb. 11.8 Modellvorstellung zur Überlagerung mechanisch bedingter Eigenspannungen beim Hartdrehen [Joch01]

Verschleißt das Werkzeug nun, z. B. durch Kolkverschleiß, so nimmt die Größe des negativen Spanwinkels zu. Hieraus folgt eine höhere mechanische Belastung, die zu größeren Druckeigenspannungen in der Randzone führt. Durch die auftretende thermische Belastung, insbesondere an der Randzonenoberfläche, werden diese jedoch teilweise in Zugeigenspannungen umgewandelt, wodurch sich das in Abb. 11.7 gezeigte Eigenspannungsprofil ergibt.

Zugeigenspannungen sind für mechanisch belastete Randzonen unerwünscht, da diese die Rissentstehung und -ausbreitung begünstigen. Bei der Hartzerspanung treten Zugeigenspannungen in der Regel zusammen mit weißen Schichten auf, welche ebenfalls einen negativen Einfluss auf die Bauteillebensdauer haben. Da beides in Folge von zunehmendem Werkzeugverschleiß auftritt, ist daher bei der Hartzerspanung stets darauf zu achten, dass ein kritisches Werkzeugverschleißniveau nicht überschritten wird.

12 Verfahren mit rotatorischer Hauptbewegung

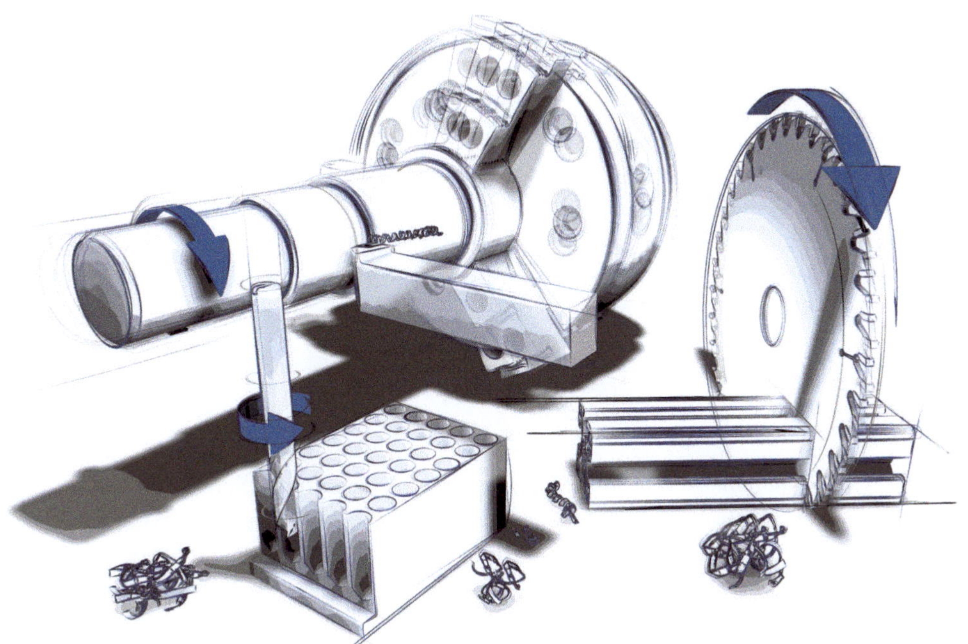

F. Klocke, *Fertigungsverfahren 1*, VDI-Buch,
https://doi.org/10.1007/978-3-662-54207-1_12

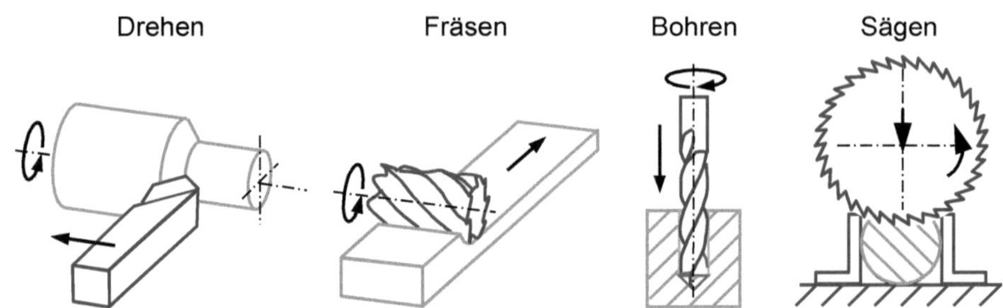

Abb. 12.1 Gliederung der Verfahren mit rotatorischer Hauptbewegung

Die spanabhebenden Verfahren mit geometrisch bestimmter Schneide, bei denen die Hauptbewegung rotatorisch erfolgt, unterteilen sich gemäß Abb. 12.1 in die Bearbeitungsverfahren:

- Drehen,
- Fräsen,
- Bohren und
- Sägen.

Zum Sägen ist anzumerken, dass eine rein rotatorische Hauptbewegung nur beim Kreissägen ausgeführt wird. Bei den Verfahren Bügel- und Bandsägen hat der Werkzeugdurchmesser theoretisch den Wert „unendlich" angenommen (translatorische Schnittbewegung).

12.1 Drehen

Drehen ist ein spanendes Verfahren mit geometrisch bestimmter Schneide, rotatorischer Schnittbewegung und einer beliebig dazu quer liegenden translatorischen Vorschubbewegung [DIN8589a]. Zur kinematischen Einordnung wird immer die Relativbewegung zwischen Werkstück und Werkzeug betrachtet.

Eine Einteilung der Drehverfahren kann nach verschiedenen Gesichtspunkten erfolgen. So führen z. B. verschiedene Zielsetzungen der Bearbeitungsaufgabe zur Unterscheidung zwischen Schlicht- und Schruppdrehen. Beim Schruppdrehen wird ein hohes Zeitspanungsvolumen erreicht. Eine hohe Maß- und Formgenauigkeit sowie Oberflächengüte wird beim Schlichten durch kleine Spanungsquerschnitte erzielt. Durch die hohe Flexibilität des Fertigungsverfahrens kann es von der Prototypen- bis zur Großserienfertigung wirtschaftlich eingesetzt werden. Bei der Automaten- und NC-Bearbeitung können während des Bearbeitungsvorgangs mehrere Werkzeuge gleichzeitig im Eingriff sein, um so die Fertigungszeiten zu reduzieren bzw. das Zeitspanungsvolumen zu steigern.

Die Einteilung der Verfahrensvarianten des Drehens nach DIN 8589-1 wird im Folgenden dargestellt. Da ein Teil der in der Norm aufgeführten Verfahrensvarianten nur von

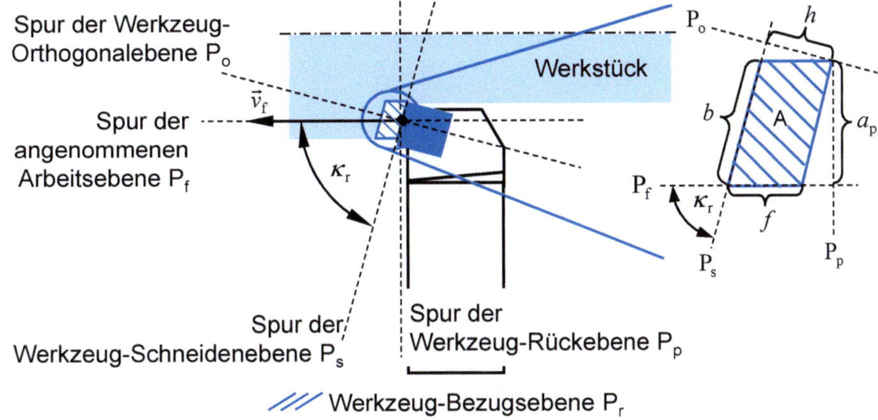

Abb. 12.2 Werkzeug-Bezugssystem und nomineller Spanungsquerschnitt

untergeordneter Bedeutung ist, werden nur die wichtigsten Verfahrensvarianten näher erläutert.

In Abb. 12.2 ist rechts der Spanungsquerschnitt A gezeigt. Hierin bedeuten:

- b Spanungsbreite,
- h Spanungsdicke,
- a_p Schnitttiefe,
- f Vorschub und
- κ_r Einstellwinkel.

Unter Vernachlässigung des Neigungswinkels können die Größen durch folgende Gleichungen angenähert werden:

$$b \approx \frac{a_p}{\sin \kappa_r} \qquad \text{Gl. 12.1}$$

$$h \approx f \cdot \sin \kappa_r \qquad \text{Gl. 12.2}$$

In der Abb. 12.2 und in der Gl. 12.3 werden die unterschiedlichen Berechnungsmöglichkeiten des nominellen Spanungsquerschnitts aufgezeigt.

$$A = b \cdot h = a_p \cdot f \qquad \text{Gl. 12.3}$$

Die Drehwerkzeuge der verschiedenen Verfahrensvarianten werden analog zur Abb. 12.3 nach der Ausführung ihrer Werkzeughalter eingeteilt.

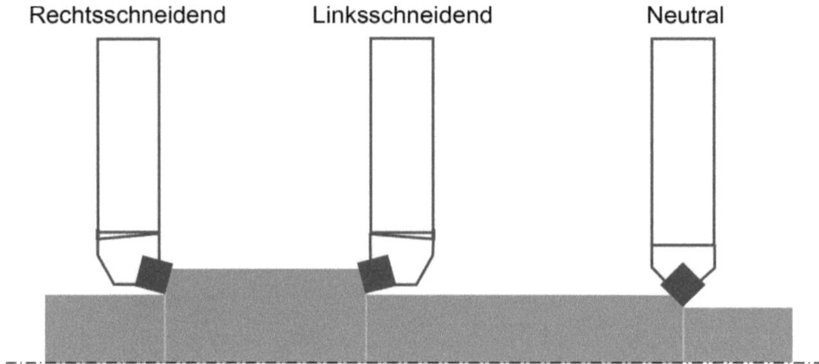

Abb. 12.3 Ausführungsformen von Werkzeughaltern

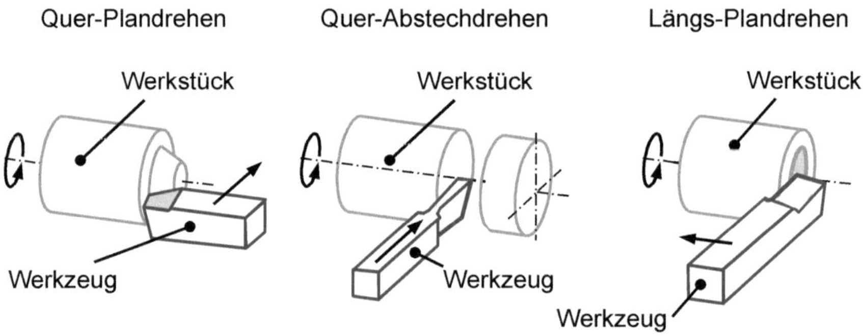

Abb. 12.4 Verfahrensvarianten des Plandrehens, nach DIN 8589-1

12.1.1 Plandrehen

Das Plandrehen ist ein Drehverfahren zum Erzeugen einer zur Drehachse des Werkstücks orthogonalen, ebenen Fläche. Varianten sind u.a. das in Abb. 12.4 dargestellte Quer-Plandrehen und das Quer-Abstechdrehen zum Abtrennen von Werkstückteilen oder des gesamten Werkstücks [DIN8589a].

Der Schnittweg aller Quer-Plandrehvarianten liegt auf einer archimedischen Spirale. Bei den Längs-Plandrehvarianten ist der Schnittweg hingegen wendelförmig (Schraubenlinie). Plandrehaufgaben werden vorwiegend auf Drehautomaten durchgeführt, insbesondere bei Kleinteilen, die von der Stange gefertigt werden. Die Werkzeuge beim Quer-Abstechdrehen sind schmal ausgeführt, um den Materialverlust gering zu halten. Die beiden Nebenschneiden verjüngen sich zum Werkzeugschaft hin, um ein Verklemmen zu vermeiden. Die Werkzeuge neigen bei hoher Belastung aufgrund der geometrischen Ausführung zum Schwingen (Rattern). Bei Plandrehvorgängen ist zu beachten, dass sich bei der Bearbeitung mit konstanter Drehzahl die Schnittgeschwindigkeit mit dem Werkzeugdurchmesser ändert. Auf konventionellen Drehmaschinen wird z. B. durch mehrfache, stufenweise Anpassung der Drehzahl an den Bearbeitungsdurchmesser ein gewisser

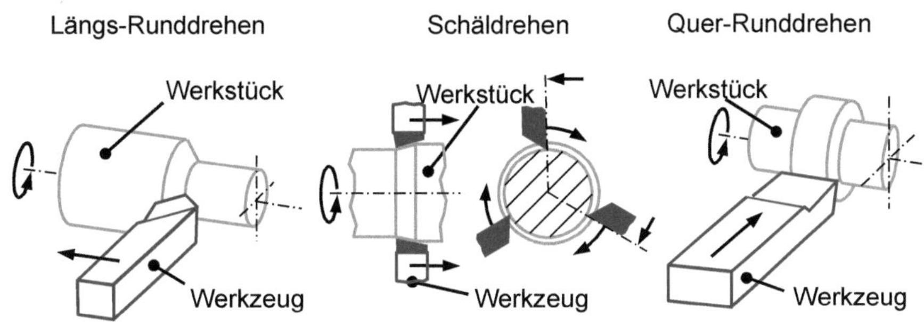

Abb. 12.5 Verfahrensvarianten des Runddrehens, nach DIN 8589-1

Schnittgeschwindigkeitsbereich eingehalten [Degn00]. Bei Drehmaschinen mit einer stufenlosen Drehzahlregelung wird die Schnittgeschwindigkeit konstant gehalten.

12.1.2 Runddrehen

Runddrehen ist Drehen zum Erzeugen einer zur Drehachse des Werkstückes koaxial liegenden zylindrischen Fläche. Die Anwendung dieses Verfahrens reicht von der Feinbearbeitung von Kleinstteilen z. B. in der Uhrenindustrie bis hin zur Schwerzerspanung von geschmiedeten Turbinenläufern oder Antriebswellen für den Anlagenbau wie z. B. Zementmühlen mit Längen von bis zu 20 m.

Die wichtigsten Runddrehvarianten sind das Längs-Runddrehen und das Schäldrehen, vgl. Abb. 12.5. Das Längs-Runddrehen ist die am weitesten verbreitete Verfahrensvariante, an der wie auch im Kap. 3, beispielhaft viele zerpanungstechnische Phänomene erläutert werden.

Schäldrehen ist Längs-Runddrehen mit mehreren auf einem umlaufenden Werkzeug angeordneten Hauptschneiden. Die Vorschubbewegung wird dabei vom Werkstück ausgeführt und die Rotationsbewegung vom Werkzeug. Auf diese Weise wird ein sehr hohes Zeitspanungsvolumen erreicht. Diese Verfahrensvariante wird überwiegend angewendet, um Oxid- und Walzschichten sowie Oberflächenrisse von Walz und Schmiederohlingen zu entfernen, wie dies z. B. die Herstellung von Blankstahl verlangt. Die Oberflächengüte von Zwischenprodukten kann somit verbessert und unzulässige Formabweichungen können vermieden werden. Dazu wird ein Einstellwinkel der Nebenschneide κ_r' im Bereich von $0 < \kappa_r' < 2°$ gewählt. Die Schnitttiefe wird i. Allg. gering gehalten ($a_p < 1$ mm). Der Schneidenvorschub ist durch die Länge der Nebenschneide begrenzt und von der geforderten Oberflächenqualität abhängig. Es werden bei der Stahlzerspanung Vorschübe bis zu $f = 15$ mm verwendet. Oberflächengüten im Bereich von $R_{kin} = 2 - 10$ µm können erreicht werden. Das Schäldrehen ist gegenüber dem Längs-Runddrehen sehr viel produktiver und reduziert aufgrund der hohen Oberflächengüte und Maßgenauigkeit die anschließenden Bearbeitungsvorgänge. Ein weiterer Vorteil ist, dass das lange Stangenmaterial nicht wie

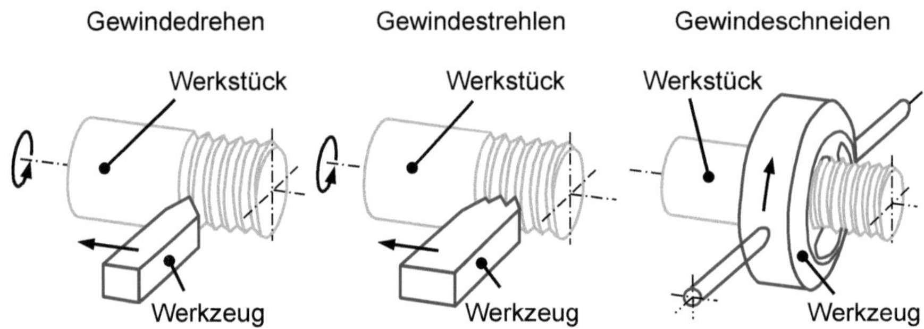

Abb. 12.6 Verfahrensvarianten Schraubdrehen, nach DIN 8589-1

beim Runddrehen durch Lünetten geführt werden muss, da das umlaufende Werkzeug die Position des Werkstücks stabilisiert und die Auskraglängen des Werkstücks sehr kurz sind.

12.1.3 Schraubdrehen

Das Schraubdrehen dient zum Erzeugen von Schraubenflächen mit Profilwerkzeugen. Der Vorschub entspricht hierbei der Steigung des Schraubengewindes. Unter diesen Oberbegriff fallen u.a. die in Abb. 12.6 dargestellten Verfahrensvarianten Gewindedrehen, Gewindestrehlen und Gewindeschneiden [DIN8589a].

Beim Gewindedrehen wird das Gewinde von nur einer profilierten Schneide in mehreren Überläufen gefertigt, bis die geforderte Gewindetiefe erreicht ist. Kennzeichnend für diese Verfahrensvariante ist, dass die Gewindesteigung durch den Vorschub erzeugt wird. An konventionellen Drehmaschinen wird die translatorische Bewegung mechanisch an die rotatorische Bewegung gekoppelt. Bei numerisch gesteuerten Drehmaschinen erfolgt diese Kopplung elektronisch.

Gewindedrehwerkzeuge werden, wie in Abb. 12.7 dargestellt, mit Teil- und Vollprofil angeboten. Teilprofilwerkzeuge können nur eingesetzt werden, wenn das Werkstück vor dem Gewindedrehen auf den geforderten Außendurchmesser gebracht wird, da nur noch

Abb. 12.7 Schraubdrehen: Teilprofil- und Vollprofilwerkzeuge, Strehler

der Gewindegang geschnitten wird und die äußere Oberfläche nicht mehr bearbeitet wird. Nach dem Gewindedrehen muss die Gewindetiefe überprüft werden. Vollprofilwerkzeuge hingegen sind so gestaltet, dass die entsprechende Gewindetiefe direkt aus dem Werkstoff geschnitten wird, sodass das Ausgangswerkstück nicht vorbereitet werden muss.

Das Gewindestrehlen ist dem Gewindedrehen ähnlich, mit dem in Abb. 12.6 gezeigten Unterschied, dass gleichzeitig mehrere Schneiden eines Werkzeuges um die Steigung versetzt im Eingriff sind. Durch die Anordnung mehrerer Profilschneiden nebeneinander an einem Werkzeug, von denen jede nachfolgende um die Zustellung zurückgesetzt angeordnet ist, kann das Gewinde in einem einzigen Überlauf fertig geschnitten werden.

Die Strehler können als Flach- oder Rundgewindestrehler ausgeführt sein. Der Rundstrehler muss, damit er nicht den gefertigten Gewindegang wieder zerstört, selbst als Gewinde ausgebildet sein. Zum Strehlen von Rechtsgewinden muss ein Werkzeug mit Linksgewinde und für Linksgewinde ein Werkzeug mit Rechtsgewinde verwendet werden. Zum Innengewindestrehlen werden bevorzugt Rundstrehler eingesetzt, da die Raumausnutzung bei gleichzeitiger massiver Gestaltung des Werkzeuges günstiger ist. Strehler werden auch in Schneidköpfen eingesetzt, die ein radiales Zurückziehen der Strehler nach dem Gewindeschneiden erlauben. Hierdurch ist ein Zurückziehen des Schneidkopfes ohne Drehrichtungswechsel möglich. Bei den Gewindeschneidköpfen wird nach Art und Anordnung der Schneiden zwischen drei Typen unterschieden:

- Radialstrehler,
- Tangentialstrehler und
- Rundstrehler.

Strehler werden ebenfalls mit Teilprofil oder mit Vollprofil angeboten. Durch den Einsatz eines Vollprofilwerkzeugs ist ein höheres Zeitspanungsvolumen erreichbar. Von den Werkzeugherstellern werden die Strehler z. T. auch als Gewindedrehwerkzeuge in Mehrzahnausführung bezeichnet (in der Regel 2 – 3 Zähne).

Als Weiterentwicklung des Gewindestrehlens ist das Gewindeschneiden anzusehen, das ein Gewindestrehlen mit tangential verteilten Schneiden darstellt. Durch die Modifikationen verändert sich die Verfahrenskinematik dahingehend, dass diese Variante des Schraubdrehens eigentlich dem Schraubräumen zuzurechnen ist, vgl. Kap. 11.

12.1.4 Profildrehen

Profildrehen ist Drehen zum Erzeugen rotationssymmetrischer Werkstückformen durch Abbildung des Werkzeugprofils. Das Profildrehen wird nach der Kinematik unterschieden. Die üblichsten Verfahren Längs-Profileinstechdrehen, Quer-Profileinstechdrehen und Quer-Profildrehen sind in Abb. 12.8 zu sehen [DIN8589a].

Beim Profildrehen werden sowohl Werkzeuge aus Schnellarbeitsstahl als auch aus Hartmetall eingesetzt. Profilwerkzeuge aus Schnellarbeitsstahl sind weit verbreitet, da sie

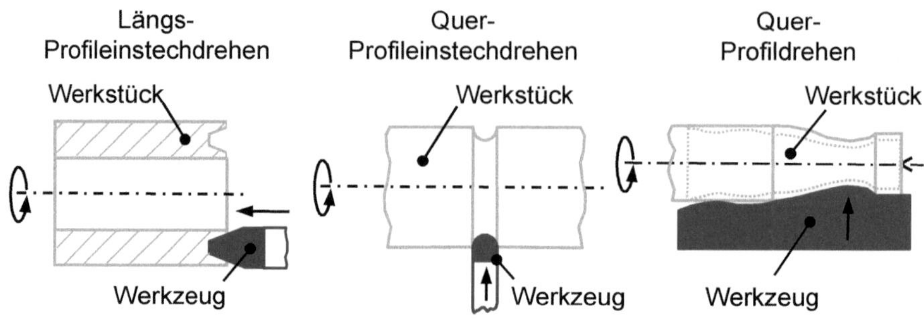

Abb. 12.8 Verfahrensvarianten Profildrehen, nach DIN 8589-1

eine hohe Zähigkeit aufweisen und problemlos hergestellt und nachgeschliffen werden können.

Bei großen Spanungsquerschnitten und tiefen Profilen werden die Einstechwerkzeuge mit Spanbrechern versehen, um ein Klemmen des ablaufenden Spans im Profil zu vermeiden. Ein „Über-Kopf-Einspannen" des Werkzeugs kann ebenfalls den Spanablauf begünstigen. Um bei Einstechvorgängen mögliches Rattern aufgrund von Instabilitäten der Werkzeugeinspannung zu vermeiden, sind Einstiche nur mit eingeschränkter Spanungsbreite, $b = 15$ mm (in Sonderfällen bis zu 30 mm) und bis zu einer Tiefe der doppelten Spanungsbreite (in Sonderfällen auch die dreifache Spanungsbreite) sinnvoll.

12.1.5 Formdrehen

Formdrehen ist Drehen zum Erzeugen von Werkstückformen durch Steuerung der Vorschubbewegungen. Das Formdrehen wird, wie in Abb. 12.9 dargestellt, in NC-Formdrehen Nachformdrehen und Kinematisches-Fordrehen unterschieden [DIN8589a].

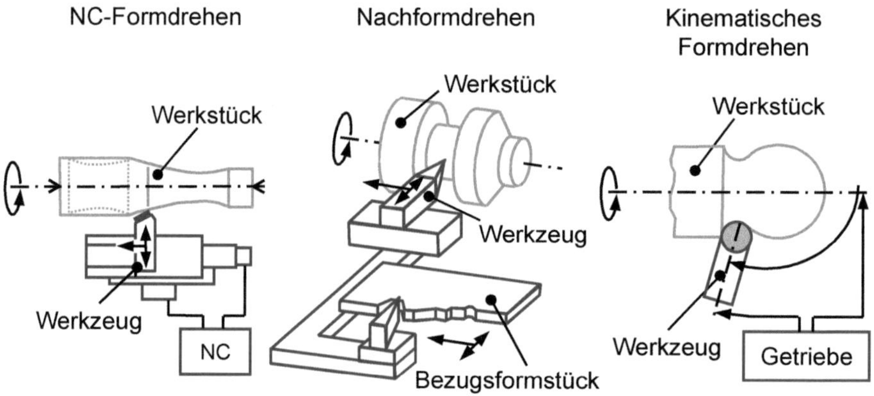

Abb. 12.9 Verfahrensvarianten Formdrehen, nach DIN 8589-1

Beim NC-Formdrehen wird die Vorschubbewegung von elektronisch miteinander gekoppelten Vorschubantrieben realisiert. Das NC-Formdrehen ist heute Stand der Technik.

Beim Nachformdrehen wird die Vorschubbewegung von einem Bezugsformstück, einer Schablone oder einem Meisterstück abgeleitet. Früher wurde diese Verfahrensvariante auch als Kopierdrehen bezeichnet. Eine Weiterentwicklung des reinen Nachformdrehens entstand, als Werkzeugmaschinensteuerungen zur Verfügung standen, bei denen eine einmal abgefahrene Kontur gespeichert werden konnte. Solche Verfahren werden als Teach-In-Verfahren bezeichnet.

Das kinematische Formdrehen wurde in der Vergangenheit häufig zur Herstellung von Kugelköpfen angewendet. Hierbei wurden die Vorschubachsen über ein Getriebe miteinander kinematisch gekoppelt. Auch diese Verfahrensvariante ist durch das NC-Formdrehen ersetzt worden.

Ein Sonderverfahren zur Erzeugung unrunder Werkstückoberflächen ist das Unrunddrehen. Das Unrunddrehen ist Formdrehen zur Erzeugung unrunder Werkstückoberflächen durch die periodische Steuerung der Schnittrichtung [DIN8589a].

Es wird, wie in Abb. 12.10 gezeigt, zwischen Längs- und Quer-Unrunddrehen unterschieden.

Durch eine Steuerung wird das Drehwerkzeug mit fortschreitender Drehbewegung des Werkstückes zugestellt. Das kann jedoch auch bedeuten, dass sich das Werkzeug teilweise nicht mehr im Eingriff befindet (z. B. Vierkantdrehen). Die Drehbewegung des Werkstückes und die Vorschubbewegung des Werkzeuges stehen in einem festen Übersetzungsverhältnis zueinander.

12.1.6 Weitere Verfahrensvarianten

Bislang wurden ausgewählte Verfahrensvarianten prinzipiell am Beispiel der Außenbearbeitung erläutert. Grundsätzlich können diese Verfahrensvarianten auch, wie in Abb. 12.11 dargestellt, bei der Innenbearbeitung eingesetzt werden.

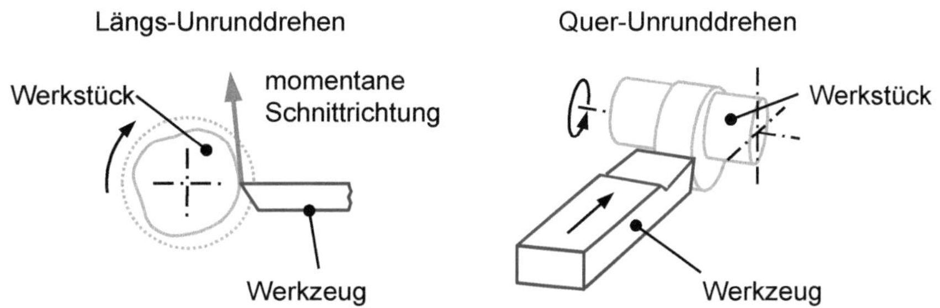

Abb. 12.10 Verfahrensvarianten des Unrunddrehen, nach DIN 8589-1

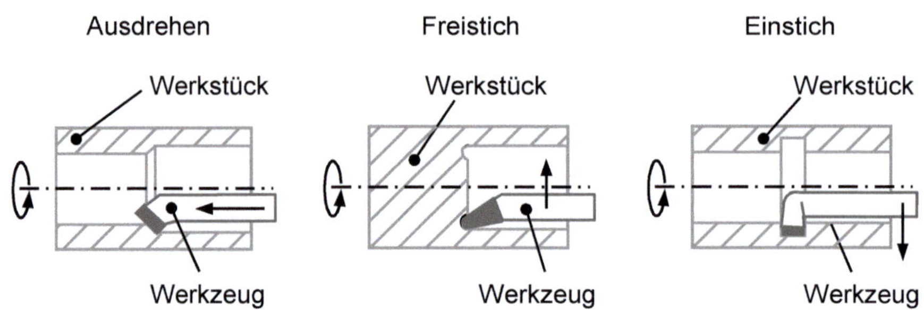

Abb. 12.11 Innendrehen, nach DIN 8589-1

Abb. 12.12 Innendrehen: Werkzeugausführung (Quelle: Sandvik Coromant)

Beim Innendrehen tiefer Konturen können jedoch aufgrund der langen Auskraglänge der Innendrehwerkzeuge Stabilitätsprobleme auftreten. Deshalb sind bei der Wahl der Schnittwerte die Auskraglänge und der Schaftdurchmesser, der abhängig von der Größe der zu bearbeitenden Kontur ist, zu berücksichtigen.

Die Abb. 12.12 zeigt einige typische Werkzeuge für die Innenbearbeitung.

12.1.7 Rotationsdrehen

Das Rotationsdrehen ist ein vergleichsweise junges Drehverfahren zur Erzeugung von rotationssymmetrischen Bauteilen mit hohen Vorschüben. Das Rotationsdrehen entspricht keiner ISO-Norm, kann jedoch definitionsgemäß den Drehverfahren zugerechnet werden [DIN8589a]. Beim Rotationsdrehen wird eine Schneide, welche entlang einer Schraubenkontur verläuft, an einem sich drehenden Werkstück abgerollt (siehe Abb. 12.13). Hierdurch wird der Kontaktpunkt zwischen Schneide und Werkstück axial entlang der Werkstückachse bewegt, ohne dass eine Schnittunterbrechung stattfindet. Durch die kinematischen Eingriffsverhältnisse beim Rotationsdrehen wirken sehr hohe Kontaktbogenlängen bzw.

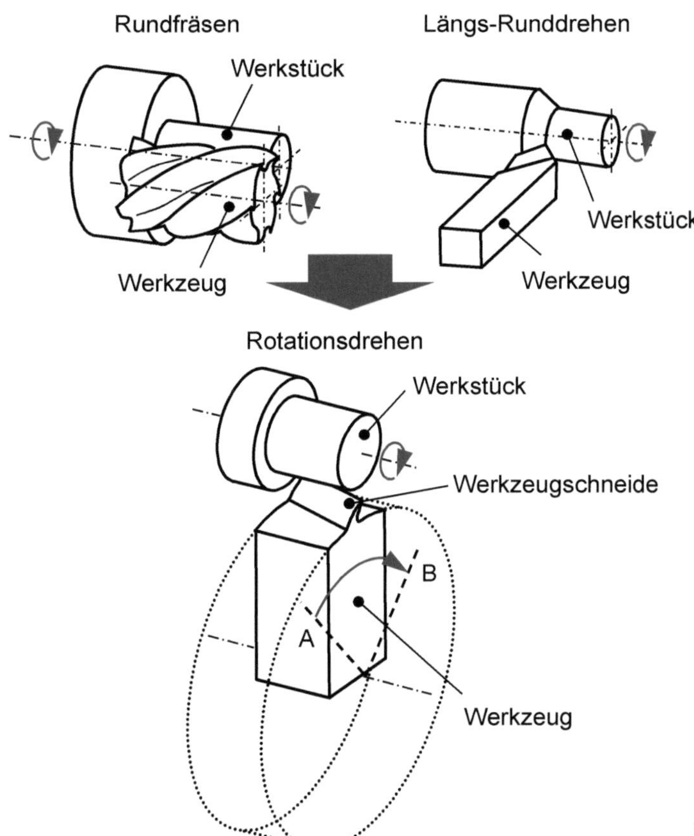

Abb. 12.13 Kinematik des Rotationsdrehens im Vergleich zum Rundfräsen und zum Längs-Runddrehen, nach: DIN8589-1, DIN8589-3

effektive Werkzeugeckenradien in der Zerspanstelle. Diese können mehr als das 100-fache der beim konventionellen Drehen üblichen Werkzeugeckenradien betragen. Aus diesem Grund können beim Rotationsdrehen sehr hohe Vorschübe realisiert werden, ohne dass dabei die Oberflächenrauheit nennenswert verschlechtert wird. Anders als beim konventionellen Drehen ist die Qualität der erreichbaren Oberflächenqualität beim Rotationsdrehen abhängig von Effekten wie elastischen Materialrückfederungen, Seitwärtsfließen von Material bei der Zerspanung und der Abbildung der Schneidenschartigkeit auf der Werkstückoberfläche [Kloc12]. Neben den hohen möglichen Vorschüben ist die hohe Werkzeugstandzeit als weiterer Vorteil des Rotationsdrehens zu nennen. Durch den sich verändernden Kontaktpunkt zwischen Werkzeug und Werkstück wird der Werkzeugverschleiß gleichmäßig über die gesamte Schneidenlänge verteilt und ist somit nicht wie beim konventionellen Drehen auf nur einen einzigen Punkt beschränkt. Somit können Werkzeugstandzeiten erreicht werden, welche ein Vielfaches über den von konventionellen Drehverfahren liegen.

Nachteilig am Rotationsdrehen ist die hohe Kraftentwicklung, welche sich aus dem hohen Überdeckungsgrad bei der Zerspanung ergibt. Aus diesem Grund müssen die Werkzeugmaschinen für das Rotationsdrehen besonders steif ausgelegt sein. Zudem sind nur geringe Zustellungen möglich, was das Rotationsdrehen auf die Schlichtbearbeitung beschränkt. Ein weiterer Nachteil des Rotationsdrehens ist die eingeschränkte Geometriefreiheit. Die Bauteilkontur wird durch die Form der Schneide vorgegeben. Wechselt die Geometrie des Bauteils, so muss auch die Form der Schneide angepasst werden. Diese lässt sich jedoch nur begrenzt verändern, sodass nur einfache Bauteilgeometrien, wie Zylinder, Kegel oder leicht gewölbte Flächen erzeugt werden können. Die eingeschränkte Geometriefreiheit, in Kombination mit den hohen möglichen Vorschüben, machen das Rotationsdrehen für geometrische einfache Bearbeitungsaufgaben in hoher Stückzahl wirtschaftlich interessant. Typischerweise wird das Rotationsdrehen bei der Massen- und Großserienfertigung von Wellen, Lagersitzen oder Wälzlagerringen angewandt.

12.2 Fräsen

Fräsen ist ein spanabhebendes Fertigungsverfahren mit kreisförmiger Schnittbewegung eines meist mehrzahnigen Werkzeugs zur Erzeugung beliebiger Werkstückoberflächen. Die Schnittbewegung verläuft senkrecht oder auch schräg zur Drehachse des Werkzeugs.

Die Fräsverfahren werden in der Norm DIN 8589-3 nach erzeugter Oberfläche, Werkzeugform (Profil) und Kinematik u.a. in:

- Planfräsen,
- Rundfräsen,
- Wälzfräsen,
- Formfräsen und
- Profilfräsen

unterteilt [DIN8589c]. Wird die Werkstückoberfläche von der Stirnseite des Werkzeugs mit der Nebenschneide erzeugt, spricht man vom Stirnfräsen, Abb. 12.14. Entsprechend wird ein Fräsverfahren, bei dem die Oberfläche durch die Schneiden am Fräserumfang erzeugt wird, als Umfangsfräsen bezeichnet, vgl. Abb. 12.15.

Je nach Werkzeugdreh- und Vorschubrichtung unterscheidet man weiter zwischen Gleichlauf- und Gegenlauffräsen. Um das Gleichlauf- und Gegenlauffräsen voneinander zu unterscheiden, sind in Abb. 12.16 die ablaufenden Bewegungen bezogen auf das Werkzeug dargestellt. In praktischen Anwendungen wird häufig die Schnittbewegung vom Werkzeug und die Vorschubbewegung über das Werkstück ausgeführt. Beim Gegenlauffräsen weisen der Vektor der Schnittgeschwindigkeit v_c und der Vorschubgeschwindigkeitsvektor v_f am Schneideneintrittspunkt in die entgegengesetzte Richtung, Abb. 12.16. Der Winkel zwischen Vorschubrichtung und Schnittrichtung wird als Vorschubrichtungswinkel bezeichnet und beträgt beim Gegenlauffräsen am Schneideneintritt $\varphi = 180°$.

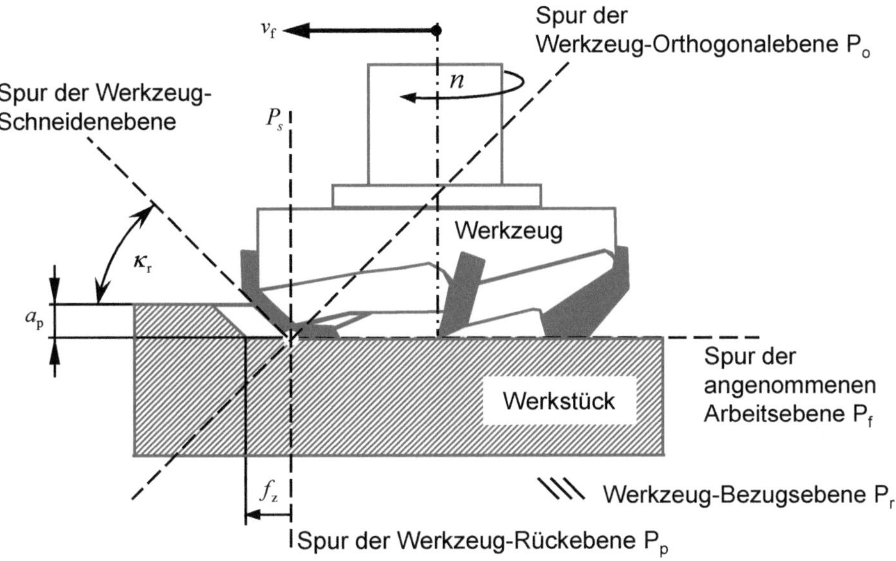

Abb. 12.14 Kinematik beim Stirnfräsen

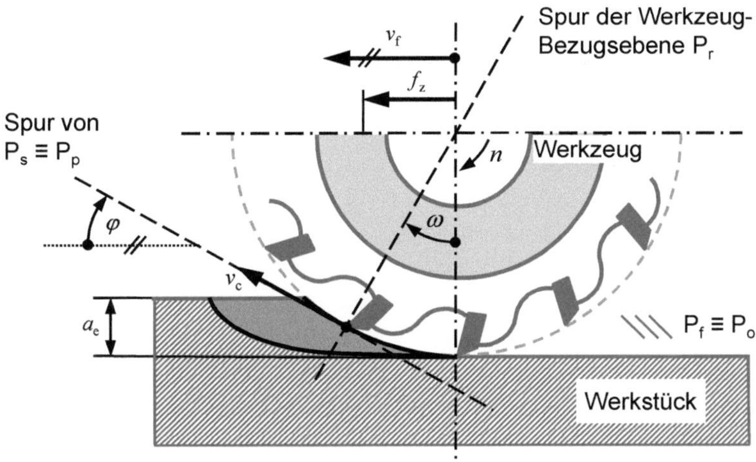

Abb. 12.15 Kinematik beim Umfangsfräsen

Beim Gleichlauffräsen weisen der Vorschubgeschwindigkeitsvektor v_f und der Schnittgeschwindigkeitsvektor v_c am Schneidenaustrittspunkt in die gleiche Richtung. Der Vorschubrichtungswinkel beträgt $\varphi = 0°$. Je nach Lage des Fräswerkzeugs zum Werkstück kann ein Fräsprozess Anteile von Gleichlauf- und Gegenlauffräsen enthalten, sodass eine eindeutige Zuordnung nicht immer möglich ist. Beim reinen Gleichlauffräsen tritt die Schneide mit der Spanungsdicke h = 0 mm aus, d. h. die Mindestspanungsdicke wird von einem bestimmten Eingriffswinkel an unterschritten. Es erfolgt dann keine eindeutige

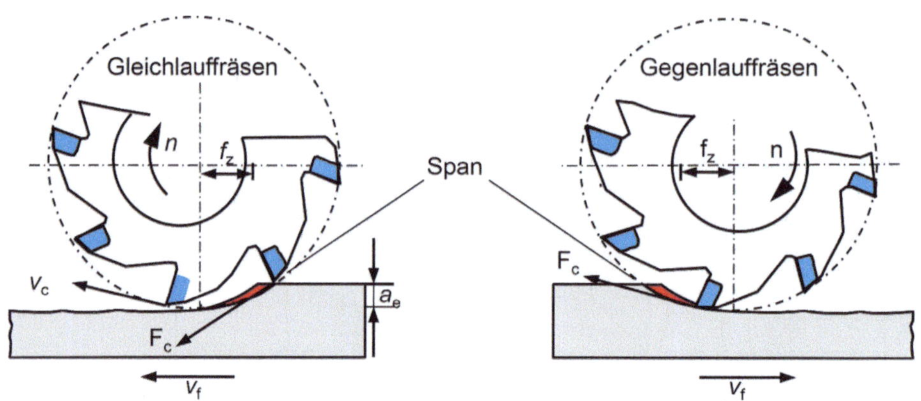

Abb. 12.16 Gleich- und Gegenlauffräsen

Spanabnahme mehr, und es kommt nur noch zu Quetsch- und Reibvorgängen. Entsprechend tritt die Schneide bei reinem Gegenlauffräsen mit der Spanungsdicke h = 0 mm ins Werkstück ein.

Bei allen Fräsverfahren befinden sich die Schneiden, im Gegensatz zu anderen Verfahren, wie z. B. Drehen, Bohren usw., nicht ständig im Eingriff, sondern es tritt bei jeder Umdrehung des Werkzeugs mindestens eine Schnittunterbrechung je Schneide auf. Durch die ständigen Schnittunterbrechungen haben neben den Schnittbedingungen die Kontaktbedingungen zwischen Werkzeug und Werkstück besondere Bedeutung für das Verschleißverhalten der Schneidstoffe. In Abhängigkeit von den durch Fräserdurchmesser, Eingriffsgrößen und Schneidteilgeometrie bestimmten geometrischen Verhältnissen können sich unterschiedliche Kontakte ergeben.

Als besonders ungünstig gilt es, wenn der stoßempfindlichste Schneideneckpunkt als erster Punkt der Schneide auf das Werkstück trifft. Dieser sog. S-Kontakt kann durch eine entsprechende Variation der Schneidengeometrie und der Zustellgrößen vermieden werden. Die günstigste Kontaktart ist dagegen der U-Kontakt, bei dem der von Neben- und Hauptschneide am weitesten entfernte Schneidenpunkt als erster mit dem Werkstück in Kontakt kommt. Alle anderen Punkt- sowie Linienkontaktarten werden hinsichtlich der Stoßempfindlichkeit als Zwischenstufe zwischen dem S-Kontakt und dem U-Kontakt angesehen [Kron54, Beck69, Damm82].

Bedingt durch die Überlagerung von Schnitt- und Vorschubbewegung beschreiben die Werkzeugschneiden eine trochoide Bahn. Hieraus ergibt sich eine Veränderung des Spanungsquerschnitts und der Schneidenbelastung in Abhängigkeit vom Vorschubrichtungswinkel. Ursachen für eine ungleichmäßige Belastung einzelner Schneiden sind auf geometrische Fehlstellungen, dynamische Effekte oder ungleichmäßigen Werkzeugverschleiß zurückzuführen, Abb. 12.17.

Der Spanwinkel γ setzt sich aus einem radialen Anteil γ_f und einem axialen Anteil γ_p zusammen. Man unterscheidet wie bei anderen Verfahren zwischen einer positiven (γ_f und $\gamma_p > 0°$) und einer negativen (γ_f und $\gamma_p < 0°$) Schneidteilgeometrie.

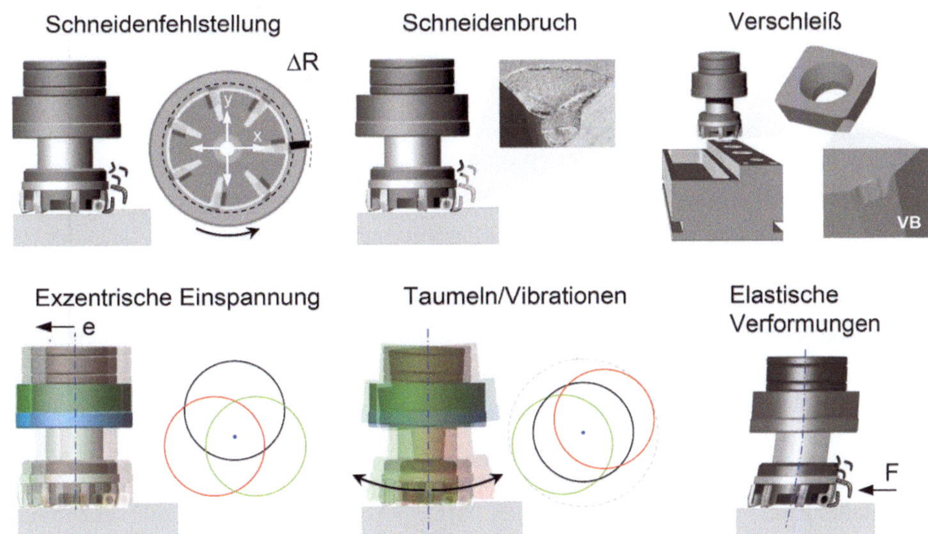

Abb. 12.17 Ursachen für eine ungleichmäßige Schneidenbelastung

Abb. 12.18 Wendelspanfräser im Einsatz (Quelle: Walter)

Zur Verbesserung der bei rotierenden Werkzeugen oft problematischen Spanabfuhr hat sich die „Wendelspangeometrie" ($\gamma_f < 0$, $\gamma_p > 0$) bewährt, Abb. 12.18.

Im Vergleich zu den Eintrittsbedingungen kommt den Austrittsbedingungen hinsichtlich des Verschleißes durch Ausbrüche größere Bedeutung zu [Kron54, Okus63, Hosh65, Beck69, Lola75, Peke78, Peke79, Köll86]. Bei einem Werkzeugaustritt mit endlicher Spanungsdicke, z. B. beim Gegenlauffräsen, können im lastfreien Zustand durch Zurückfedern Zugspannungen im Schneidkeil auftreten, die zu Schneidenausbrüchen führen.

Diesen Phänomenen muss bei der Festlegung von Frässtrategien Rechnung getragen werden, da die Verwendung zäherer Hartmetallsorten zwar höhere Standzeiten bis zum Erliegen ermöglicht, ein vorzeitiges Versagen im Bereich ungünstiger Austrittsbedingungen kann hiermit allein jedoch nicht vermieden werden. Zur Verbesserung der

Schneidenstabilität werden im Bereich der Schneidenecke und an der Schneidkante zusätzlich stabilisierende Schutzfasen angebracht.

Die Schnittunterbrechungen bedeuten für den Schneidstoff thermische und dynamische Wechselbeanspruchungen, die ggf. Kamm- und Querrisse verursachen und damit zum Bruch der Schneide führen können. Die eingesetzten Schneidstoffe müssen daher hohe Zähigkeit, hohe Temperaturbeständigkeit und hohe Kantenfestigkeit aufweisen [Vier70].

Für die Stahlbearbeitung werden Schnellarbeitsstahl und zähe Hartmetalle der Zerspanungsanwendungsgruppen P15 bis P40, für die Bearbeitung von Guss, NE-Metallen, Kunststoffen und gehärteten Stählen die Sorten K10 bis K30 eingesetzt. Die für das Fräsen eingesetzten Schneidstoffe wurden im Hinblick auf erhöhte thermische und mechanische Wechselbeanspruchung entwickelt und sind daher meist nicht direkt vergleichbar mit den beim Drehen verwendeten Schneidstoffsorten.

Weiterentwicklungen der Hartmetalle und Beschichtungstechnologien ermöglichen heute sowohl beim Fräsen von Gusseisen als auch von Stählen den Einsatz beschichteter Hartmetalle. Zum Feinstfräsen von Stählen (HB < 300) werden auch Cermets zunehmend eingesetzt. Für das Schruppfräsen von Grauguss kann Si_3N_4-Keramik mit hohen Zeitspanungsvolumina erfolgreich eingesetzt werden. Für das Schlichtfräsen von Grauguss, Hartguss, Einsatz- und Vergütungsstählen sowie gehärtetem Stahl sind Oxid- und Mischkeramiken, bei gehärteten oder hochfesten Vergütungsstählen (> 45 HRC) auch PCBN geeignete Schneidstoffe. Übereutektische Al-Legierungen, faserverstärkte Kunststoffe sowie das Fräsen von Graphitelektroden für die Funkenerosion sind typische Anwendungen von PKD-bestückten Werkzeugen beim Fräsen.

12.2.1 Verfahrensvarianten, spezifische Merkmale und Werkzeuge

Am häufigsten werden die Fräsverfahren zur Erzeugung ebener Flächen (bei geradliniger Vorschubbewegung: Planfräsen) angewendet. Abb. 12.19 zeigt die wichtigsten, nach Kinematik und Eingriffsverhältnissen unterschiedlichen Planfräsverfahren und bezeichnet die zugehörigen Fräswerkzeuge. In der Praxis benennt man die Fräsverfahren meist nach Art und Form der eingesetzten Fräswerkzeuge, wie z. B. Walzenfräsen, Schaftfräsen, Scheibenfräsen, Stirnfräsen, Profilfräsen usw.

12.2.1.1 Stirnfräsen

Beim Stirnfräsen ist die Eingriffsgröße a_e wesentlich größer als die Schnitttiefe a_p, und die Werkstückoberfläche wird durch die Nebenschneide erzeugt. Beträgt der Einstellwinkel $\kappa_r = 90°$, so bezeichnet man diesen Fräsprozess auch als Eckfräsen. In diesem Fall wird die Werkstückoberfläche sowohl mit der Nebenschneide als auch mit der Hauptschneide erzeugt.

Die beim Fräsen auftretende Zerspankraft F kann nach DIN 6584 in eine Aktivkraft F_a, die in der Arbeitsebene liegt, und in eine Passivkraft F_p, die senkrecht zur Arbeitsebene

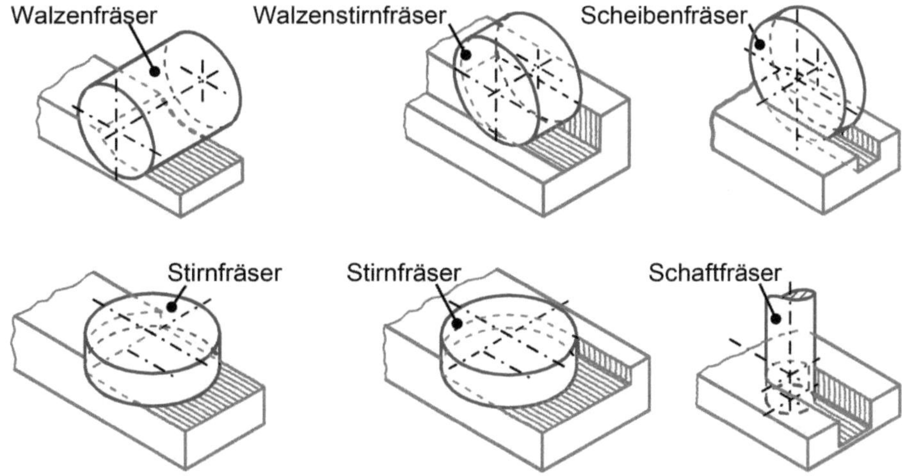

Abb. 12.19 Planfräsverfahren

steht, zerlegt werden (vgl. auch Abschn. 3.8.1). Die Richtung der Aktivkraft F_a ist vom Vorschubrichtungswinkel φ abhängig. Die Komponenten der Aktivkraft können auf die Richtung der Schnittgeschwindigkeit v_c (Schnittkraft F_c und Schnittnormalkraft F_{cN}) oder auf die Richtung der Vorschubgeschwindigkeit v_f (Vorschubkraft F_{fN} und Vorschubnormalkraft F_{fN}) bezogen werden, Abb. 12.20.

Die Zerspankraftgleichung nach Kienzle [Kien52] ist auch für das Fräsen anwendbar. Für die Komponenten der Zerspankraft F, Schnittkraft F_c, Schnittnormalkraft F_{cN} und Passivkraft F_p gilt:

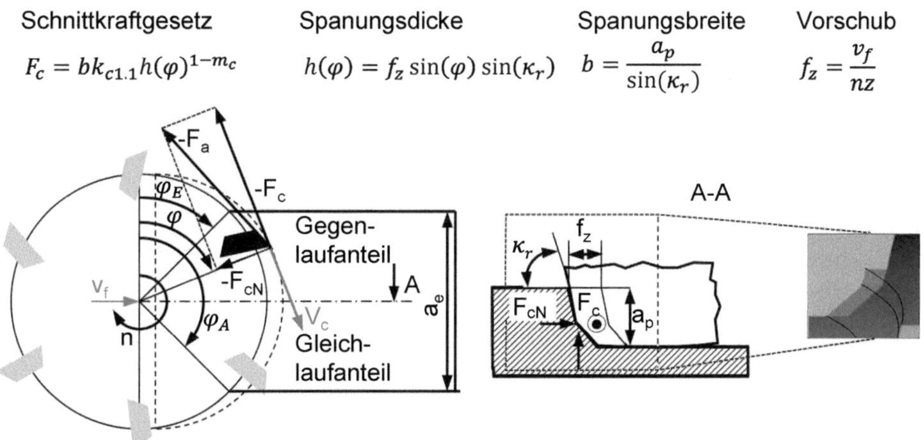

Abb. 12.20 Zerspankraftkomponenten beim Messerkopfstirnfräsen

$$|\vec{F}_i| = k_i \cdot b \cdot |\vec{h}|^{1-m_i} \qquad \text{Gl. 12.4}$$

mit: $i = c,\ cN\ und\ p$

Wegen des weiten Bereichs der Spanungsdicken, der beim Fräsen überdeckt wird, gilt die KIENZLE-Beziehung nur bereichsweise. Der Spanungsdickenbereich von $0{,}001 < h < 1{,}0$ mm wird in drei Abschnitte eingeteilt, Abb. 12.21. Für jeden Bereich kann eine Gerade ermittelt werden, die durch die spezifische Zerspankraft k_i und den Exponenten m_i festgelegt wird:

$$|k_i| = k_{i1.0,01} \cdot |\vec{h}|^{-m_{i0,01}} \quad \text{für}$$

$0{,}001 < h < 0{,}01$ mm

$$|k_i| = k_{i1.0,1} \cdot |\vec{h}|^{-m_{i0,1}} \quad \text{für} \qquad \text{Gl. 12.5}$$

$0{,}01 < h < 0{,}1$ mm

$$|k_i| = k_{i1.1} \cdot |\vec{h}|^{-m_i} \quad \text{für}$$

$0{,}1 < h < 1{,}0$ mm mit:

$$i = c,\ cN\ und\ p$$

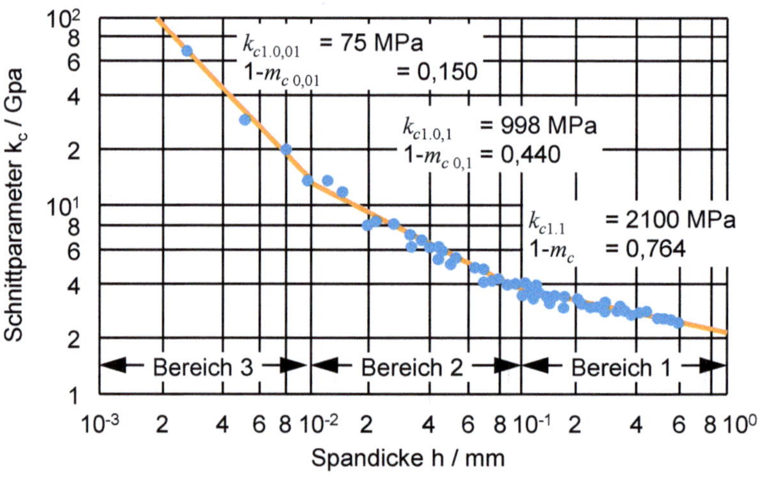

Werkstoff: Ck45N
Schneidstoff: HW – P25
v_c = 190 m/min

γ_f	γ_p	α_f	α_p	λ_s	κ_r	ε_r
-4°	-7°	6°	23°	-6°	75°	90°

Abb. 12.21 Spezifische Schnittkraft beim Stirnplanfräsen, nach KAMM [Kamm77]

Sofern die Kennwerte bei den vorliegenden Randbedingungen (Werkstoff, Schneidstoff und Schnittbedingungen) bekannt sind, kann die jeweilige Zerspankraftkomponente F_i für das Fräsen berechnet werden. Für eine Abschätzung der Zerspankraft wird jedoch häufig auf Kennwerte, die beim Drehen ermittelt wurden, zurückgegriffen.

Zum Fräsen von sehr kleinen, ebenen und rechtwinklig abgesetzten Flächen, Nuten mit Rechteckquerschnitt und Langlöchern werden Massivstirnfräser aus HSS oder HM eingesetzt, ab einem Werkzeugdurchmesser $D = 10 - 16$ mm Werkzeuge mit geklemmten Hartmetall-Wendeschneidplatten und bei erhöhten Anforderungen an die Oberflächengüte und Formgenauigkeit sowie Leistung Fräser mit eingelöteten Hartmetall-Schneiden [Sack76].

Je nach Abmessung der zu bearbeitenden Werkstückfläche und der Antriebsleistung der Maschine wird die Größe und Zähnezahl des Fräswerkzeugs ausgewählt. Die Zahnteilung der Werkzeuge ist abhängig von der Form und Größe des Werkzeugs, der verfügbaren Maschinenleistung und von der Spanbildung des Werkstoffs. Kurzbrechende Späne benötigen einen geringen Spanraum und damit eine geringe Teilung. Große Messerköpfe für die Gussbearbeitung können daher mit bis zu 200 Schneidplatten bestückt sein. Um Schwingungen des Systems Werkzeug-Werkstück-Maschine mit der Schneideneingriffsfrequenz zu vermeiden, werden die Messerkopfstirnfräser teilweise mit einer ungleichmäßigen Teilung am Umfang gefertigt.

Messerkopfstirnfräser bis Durchmesser $D = 250$ mm werden nach der üblichen Befestigungsart auf der Werkzeugspindel montiert. Größere Stirnfräser sind wegen ihres hohen Gewichts zur besseren Handhabung beim Werkzeugwechsel zweiteilig ausgeführt. Der Grundkörper bleibt beim Werkzeugwechsel auf der Spindel, und es wird nur der Ring mit den geklemmten Schneiden gewechselt.

Eine weitere Möglichkeit zur Erhöhung der Wirtschaftlichkeit und der Universalität ist die Verwendung von Messerkopfstirnfräsern mit Werkzeugkassetten, Abb. 12.22. In einem Grundkörper lassen sich je nach Anforderung Werkzeugkassetten zur Aufnahme

Abb. 12.22 Messerkopfstirnfräser mit Werkzeugkassetten (Quelle: Kennametal Hertel)

unterschiedlicher Wendeschneidplatten (Dreikant, Vierkant, rund), Größen und Geometrien (z. B. positiv, negativ, $\kappa_r = 90°$, $\kappa_r = 75°$, mit eingeformter Spanleitstufe usw.) einsetzen.

Im Allgemeinen wird bei der Stahlbearbeitung mit positiver Schneidteilgeometrie bzw. zur Verbesserung der Späneabfuhr mit der Wendelspangeometrie gearbeitet. Bei Schweißkonstruktionen oder größeren Werkstoffinhomogenitäten wird zur Vermeidung von Schneidenausbrüchen vorteilhaft eine negative Schneidteilgeometrie eingesetzt. Das gleiche gilt für die Bearbeitung von Werkstoffen mit großer Zähigkeit und Festigkeit. Das Fräsen mit Schneidkeramik erfolgt grundsätzlich mit negativer Schneidteilgeometrie.

Um ein Nachschneiden des Stirnfräsers aufgrund der elastischen Formänderungen im Gesamtsystem zu vermeiden, kann die Fräserachse um 0,5°–1° gestürzt werden. Damit ist jedoch die Vorschubrichtung festgelegt.

Der Einstellwinkel beträgt beim Stirnfräsen $\kappa_r = 45 - 75°$ (Sonderfall: Eckfräsen $\kappa_r = 90°$). Er beeinflusst in starkem Maße die Größe der Aktiv- und Passivkräfte und damit die Stabilität des Fräsprozesses, insbesondere bei der Bearbeitung dünnwandiger Teile, wie z. B. geschweißte Getriebekästen oder bei Fräsoperationen auf Fräs- und Bohrwerken mit weit auskragender Spindel.

Die Schnittbedingungen beim Stirnfräsen werden i. Allg. niedriger gewählt als beim Drehprozess. Insbesondere wählt man kleinere Spanungsquerschnitte, um die dynamische Belastung der Schneidstoffe gering zu halten und einen Werkzeugbruch zu vermeiden.

Das Stirnfräsen wird sowohl zur Vorbearbeitung als auch zunehmend zur Endbearbeitung eingesetzt. Die Endbearbeitung mit geometrisch bestimmten Schneiden gewinnt durch die Möglichkeit einer Einmaschinenbearbeitung zunehmend an Bedeutung. Das Schlichtstirnfräsen wird insbesondere als Endbearbeitungsverfahren für große ebene Flächen mit besonderen Anforderungen an die Oberflächengüte und Ebenheit eingesetzt, wenn andere Endbearbeitungsverfahren (z. B. Schleifen oder Schaben) unwirtschaftlich oder nicht möglich sind. Derartige Bearbeitungsprobleme treten vorwiegend im Großmaschinenbau auf, z. B. bei der Erzeugung von Verbindungsflächen, Maschinentischen und Führungsbahnen an Werkzeugmaschinen und beim Fräsen von Dichtflächen im Motoren- und Turbinenbau.

Wendeschneidplatten für die Schlichtbearbeitung haben eine aktive Nebenschneide, d. h. bei diesen Werkzeugen ist der Einstellwinkel $\kappa_r' = 0°$, sodass die Nebenschneidenfase parallel zur Werkstückoberfläche liegt. Die Länge der Nebenschneidenfase beträgt i. Allg. $L_{Sa}' = 2 - 3$ mm, bei speziellen Breitschlichtfräswerkzeugen $L_{Sa}' = 10$ bis 15 mm. Der Vorschub je Zahn sollte 2/3 der Länge der aktiven Nebenschneidenfase nicht überschreiten. Zu unterscheiden sind drei Arten von Schlichtwerkzeugen, vgl. Abb. 12.23:

- Konventionelle Schlichtstirnfräser, die mit geringen Schnitttiefen und Vorschüben je Zahn arbeiten und mit einer hohen Anzahl an Zähnen bestückt sind.
- Breitschlichtstirnfräser, die mit einer geringen Anzahl an Zähnen (1 – 5) bestückt sind, vgl. Abb. 12.24, und mit sehr niedrigen Schnitttiefen und hohen Vorschüben arbeiten. Bei diesen Werkzeugen sind die Nebenschneidfasen zur Vereinfachung der Werkzeugvoreinstellung mit großen Radien versehen. Dadurch wird im Schnitt, ähnlich wie beim

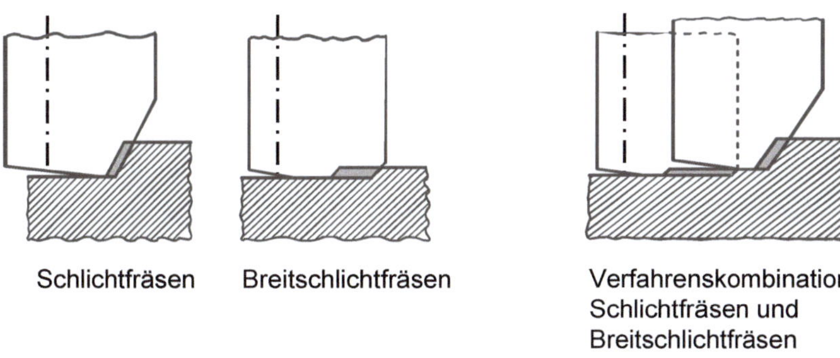

Abb. 12.23 Verfahren zum Feinstfräsen (Quelle: Siemens)

Schäldrehen, eine sehr gute Werkstückoberflächengüte erreicht. Hierbei sind jedoch die Rückkräfte größer als beim konventionellen Schlichtstirnfräsen, sodass es zu einer axialen Verschiebung des Werkzeugs kommen kann. Als Schneidstoff wird vorwiegend Schneidkeramik eingesetzt.

- Stirnfräsen mit Schlichtmessern und Breitschlichtschneiden, die die Vorteile beider Verfahren kombinieren. Das Werkzeug ist in diesem Fall nur mit ein bis zwei Breitschlichtschneiden besetzt, die radial zurückgesetzt sind und die axial, zur Erzeugung hoher Oberflächengüte, um 0,03 – 0,05 mm vorstehen. Die Breite der Schlichtschneiden sollte etwa dem eineinhalbfachen Vorschub je Umdrehung entsprechen.

Für die Schlichtbearbeitung ist der Schneidenvoreinstellung eine erhöhte Bedeutung beizumessen. Werden keine speziellen, feineinstellbaren Werkzeugaufnahmekörper verwendet, sollten alle Schlichtstirnfräswerkzeuge vor dem Einsatz auf der Werkzeugmaschine und nach der Bestückung mit den Schneiden geschliffen bzw. geläppt werden, um die notwendige Plan- und Rundlaufgenauigkeit (< 5 µm) entsprechend der geforderten Werkstückoberflächenqualität zu erreichen. Eine fehlerhafte Schneidplattenvoreinstellung erhöht die kinematische Rauheit und verkürzt die Werkzeugstandzeit zum Teil erheblich.

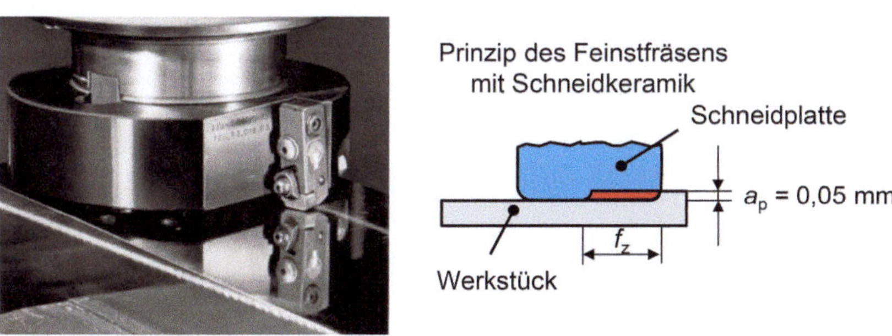

Abb. 12.24 Breitschlichtfräsen (Feinstfräsen) mit Schneidkeramik (Quelle: Feldmühle)

Die Schnittgeschwindigkeit wird bei der Schlichtbearbeitung hoch gewählt (z. B. bei der Stahlzerspanung mit Hartmetall bis v_c = 300 m/min), um eine hohe Oberflächengüte zu erzielen. Erreicht werden bei Stahl Rautiefenwerte R_t = 5 – 10 µm, bei Grauguss R_t = 1 – 5 µm.

12.2.1.2 Umfangsfräsen

Beim Umfangsfräsen wird die Werkstückoberfläche von der Hauptschneide erzeugt. Zu unterscheiden ist das Gegen- und das Gleichlauf-Umfangsfräsen. Beim Gleichlauf-Umfangsfräsen wirkt die Schnittkraft auf das Werkstück, vgl. Abb. 12.25, während sie beim Gegenlauf-Umfangsfräsen vom Werkstück fort gerichtet ist, sodass hierbei ein labiles Werkstück (z. B. dünne Blechplatte) von der Aufspannfläche abgehoben oder zum Rattern angeregt werden kann.

Beim Gleichlauf-Umfangsfräsen ist ein spielfreier Tischvorschubantrieb notwendig, um Schwingungen und Stöße zu vermeiden. Während beim Gleichlauf-Umfangsfräsen der Anschnitt mit annähernd vollem Spanungsquerschnitt erfolgt, baut sich der Spanungsquerschnitt beim Gegenlauf-Umfangsfräsen langsam auf. Hierbei kann es zum Quetschen des Werkstoffs kommen und damit zur Ausbildung einer schlechten Oberfläche.

Neben den üblichen HSS-Werkzeugen werden zunehmend Hartmetall-bestückte Umfangsfräser bzw. Walzenfräser eingesetzt. Bei koaxialer Ausrichtung der Schneiden treten hohe dynamische Belastungen auf, da jeweils eine ganze Schneide in den oder aus dem Werkstoff tritt. Bei schrägverzahnten Werkzeugen kann eine dynamische Belastung reduziert werden, jedoch tritt dabei eine axiale Kraft auf, die zur Verlagerung des Werkzeugs oder Werkstücks führen kann. Durch gegenseitiges Verspannen eines rechts- und eines linkssteigenden Walzenfräsers gleicher Ausführung werden die steigungsbedingten Axialkräfte kompensiert (Abb. 12.26).

Durch eine Pfeilverzahnung mit gegenläufiger Steigung kann dieser Nachteil behoben werden. Ein solches Werkzeug ist jedoch sehr teuer in seiner Anschaffung und Aufbereitung, s. Abb. 12.26.

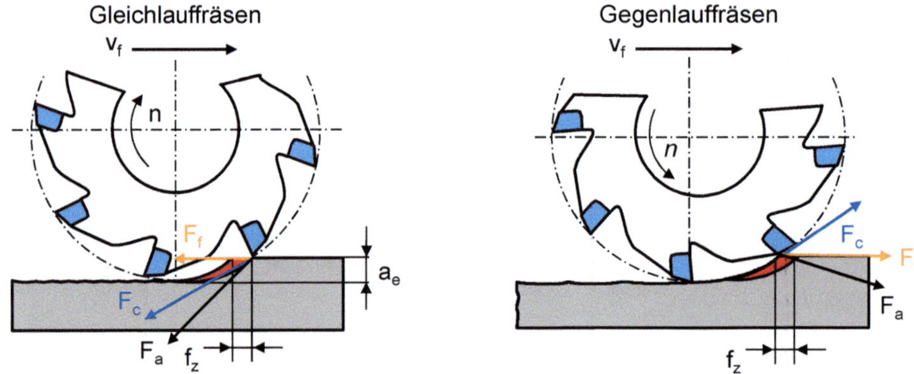

Abb. 12.25 Umfangsfräsen im Gleich- und Gegenlauf

Abb. 12.26 Gekuppelter Walzenfräser mit gegenläufiger Spirale

Abb. 12.27 Walzenstirnfräser mit Modularstirnteil (Quelle: Sandvik Coromant)

Sollen scharfkantige Profile mit guter Maß- und Formgenauigkeit ausgearbeitet werden, so kommen kombinierte Umfangs-Stirnfräser oder Walzenstirnfräser zum Einsatz, vgl. Abb. 12.27, die auf der Stirnseite an allen Schneiden hinterschliffen sind (Ausbildung eines Freiwinkels).

12.2.1.3 Schaftfräsen

Schaftfräsen ist ein kontinuierliches Umfangs-Stirnfräsen unter Verwendung eines Schaft- bzw. Fingerfräsers. Dieses Verfahren wird vorteilhaft zur Erzeugung von Formflächen, wie z. B. im Gesenkbau, sowie zur Ausbildung von Nuten, Taschen, Schlitzen und Aussparungen aller Art und Größe eingesetzt.

Schaftfräser müssen bedingt durch ihren Anwendungsbereich, bspw. Fräsen von tiefen Gravuren in Gesenken und Formen, vielfach mit großem Schlankheitsgrad ($l/D > 5 - 10$) ausgelegt werden. Hierdurch treten zum einen abhängig von den Kontakt- und Eingriffsbedingungen bei der Bearbeitung Ratterschwingungen auf, die besonders bei harten, spröden Schneidstoffen zu erhöhtem Verschleiß durch Ausbrüche führen. Zusätzlich führen sowohl Rattervorgänge als auch eine Verbiegung der schlanken Werkzeuge zu Maß- und Formfehlern an den Bauteilen. Maßnahmen zur Vermeidung dieser Phänomene sind in einer Optimierung der Werkzeug- und Schneidteilgeometrie, der Eingriffsverhältnisse und Frässtrategie sowie der Schnittbedingungen zu suchen [Schr74, Köni80, Hann83, Köll86].

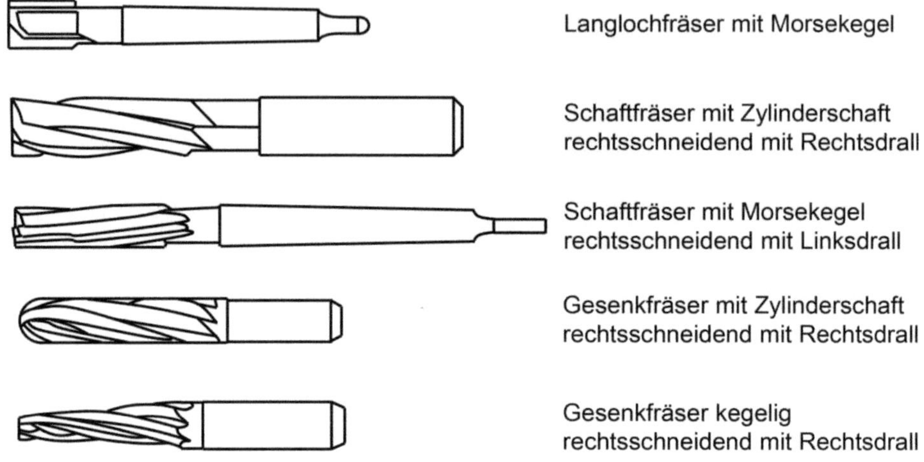

Abb. 12.28 Schaftfräser

Schaftfräser entsprechen in ihrem Aufbau Walzenstirnfräsern, zum Spannen sind sie mit Zylinderschaft (mit Seitenspannung und/oder Anzugsgewinde) oder mit einem Kegelschaft (Morsekegel oder Steilkegel; ggf. mit Anzugsgewinde) versehen.

Man unterscheidet rechtsschneidende und linksschneidende sowie rechtsgedrallte, linksgedrallte und geradverzahnte Werkzeuge, s. Abb. 12.28. Die Ausbildung der Fräserform kann dabei je nach Bearbeitungsaufgabe zylindrisch, kegelig oder als Sonderanfertigung beliebig geformt sein. Die Stirnseite des Werkzeugs ist i. Allg. plan- oder halbrund ausgebildet, bei bohrfähigen Werkzeugen müssen die Stirnschneiden bis zur Werkzeugmitte reichen.

HSS-Schaftfräser werden entsprechend DIN 1836 in Abhängigkeit vom zu bearbeitenden Werkstoff in Werkzeuganwendungsgruppen eingeordnet, s. Abb. 12.29.

Anwendungs-gruppe	Anwendungsbereich	Werkzeug
N	Zerspanen von Werkstoffen mit normaler Festigkeit und Härte	
H	Zerspanen von harten, zähharten und/oder kurzspanenden Werkstoffen	
W	Zerspanen von weichen zähen und/oder langspanenden Werkstoffen	

Abb. 12.29 Werkzeuganwendungsgruppen

Schruppfräser mit Spanteilerprofilen		
Spanteiler	Gruppe N	Gruppe H
flaches Profil (F)	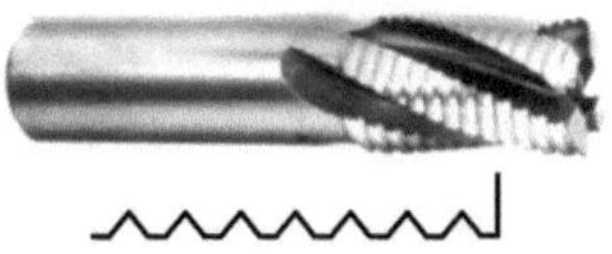	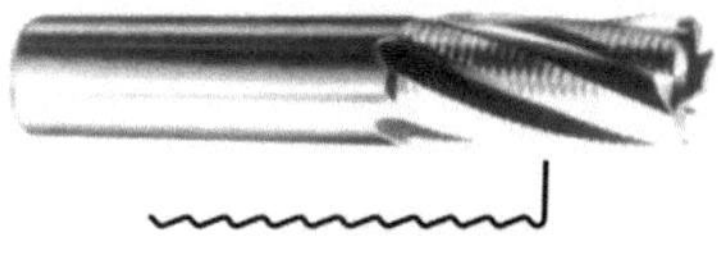
rundes Profil (R)	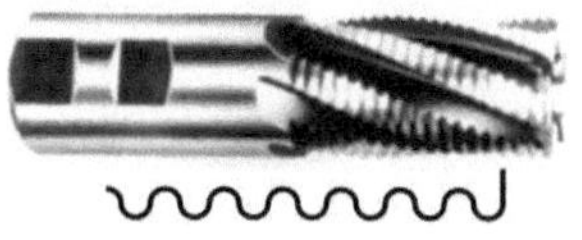	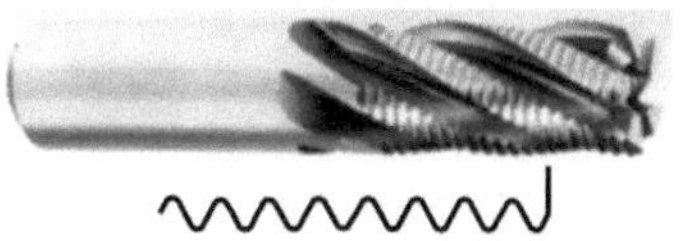

Abb. 12.30 Schneidprofile an Schrupp-Schaftfräsern (Quelle: Fette)

Eine Profilierung der Schneiden bei Schruppwerkzeugen (z. B. Kordelverzahnung), s. Abb. 12.30, führt zu einer Teilung der Späne in kleine Einzelspäne. Die Vorteile dieser Spanteiler liegen in einer besseren Spanabfuhr und Zugänglichkeit des Kühlschmierstoffs sowie in einer geringeren Belastung der Einzelschneiden.

Die Ausführung der einzelnen Fräsergeometrien und Spanteilerformen unterliegt herstellerspezifischen Unterschieden.

Beim Schaftfräsen kommen unter Berücksichtigung von werkstoff- und stabilitätsbedingten Auswahlkriterien prinzipiell alle Schneidstoffe in Frage. In erster Linie werden auch heute noch Schnellarbeitsstahl – vielfach beschichtet – oder Hartmetall eingesetzt. Neben Vollstahl-Werkzeugen werden Werkzeuge mit eingelöteten Schneiden, geklemmten bzw. geschraubten Wendeschneidplatten verwendet, vgl. Abb. 12.31.

Durch die Verwendung von Werkzeugen mit Wendeschneidplatten ist eine flexiblere Anpassung des Schneidstoffs an die Bearbeitungsaufgabe möglich. Insbesondere ist hier auch die Nutzung verschiedener Schneidstoffe in einem Werkzeug zu nennen, die beispielsweise bei den entlang der Schneide stark unterschiedlich beanspruchten Kugelbahnfräsern vorteilhaft sein kann.

12.2.1.4 Profilfräsen

Profilfräsen ist Fräsen mit Formwerkzeugen zur Erzeugung von profilierten Flächen, z. B. beim Fräsen von Nuten, Radien, Zahnrädern und -stangen sowie Führungsbahnen.

Die Profilfräswerkzeuge sind der Form des zu erzeugenden Profils angepasst. Daraus ergibt sich in den meisten Fällen ein Stirn-Umfangsfräsen. Die Werkzeuge sind einteilig (Formfräser) oder mehrteilig (Satzfräser) ausgeführt, s. Abb. 12.32.

Profilfräser werden als Vollwerkzeuge aufgrund der guten Bearbeitbarkeit und des günstigen Preises vielfach aus HSS gefertigt. Zunehmend werden aber auch hier Hartmetall-Wendeschneidplatten oder gelötete Hartmetall-Schneiden eingesetzt, vgl. Abb. 12.33 und 12.34.

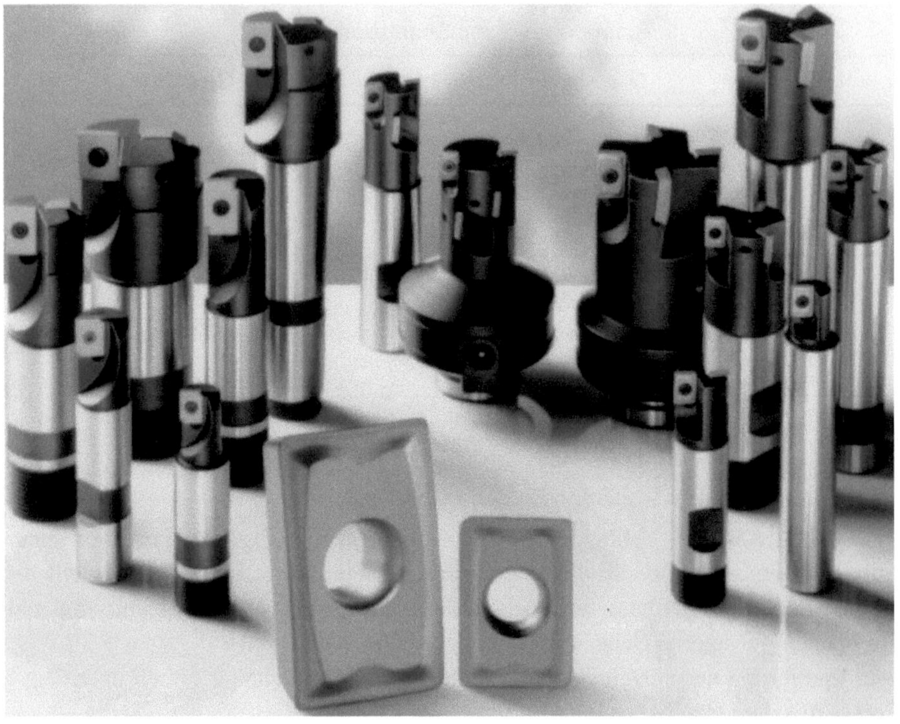

Abb. 12.31 Schaftfräser mit Wendeschneidplatten (Quelle: Sandvik Coromant)

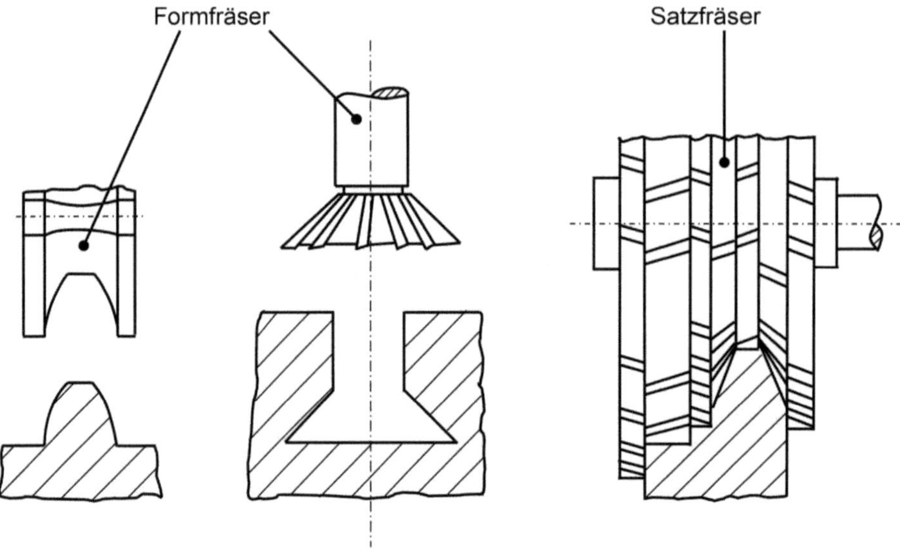

Abb. 12.32 Profilfräser

Abb. 12.33 Fräsersatz zur Bearbeitung von Grauguss-Profilen (Quelle: Walter)

Abb. 12.34 Fräsersatz zur Bearbeitung von Maschinenbetten (Quelle: Walter)

12.2.1.5 Wälzfräsen

In fast allen Bereichen der Technik werden Zahnräder als Elemente einer exakten und leistungsfähigen Bewegungsübertragung eingesetzt. Für hochgenaue Laufverzahnungen erfolgt die Herstellung der Zahnräder zum überwiegenden Teil durch spanende Bearbeitung. Das dominierende spanende Verfahren zur Herstellung außenverzahnter, zylindrischer Zahnräder ist wegen seiner hohen Wirtschaftlichkeit das Wälzfräsen.

Beim Wälzfräsen wird die Paarung einer Schnecke mit einem Schneckenrad simuliert, wobei eine durch Spannuten unterbrochene Schnecke das Werkzeug und das Schneckenrad das zu fertigende Werkstück darstellt.

Anhand von Abb. 12.35 soll die Kinematik des Verfahrens kurz erläutert werden. Zur Spanabnahme dienen die rotatorischen Bewegungen des Wälzfräsers und des Werkrads. Je nach Wälzfräsverfahren überlagern sich dazu translatorische Bewegungen des Werkzeugs in axialer und tangentialer Richtung sowie in Radialrichtung zum Erreichen der Tauchtiefe. Dadurch ergeben sich die Wälzfräsverfahren Axial-, Radial-Axial-, Tangential- und Diagonal-Wälzfräsen. In der industriellen Fertigung wird zurzeit überwiegend das Axialwälzfräsen eingesetzt.

Abb. 12.35 Kinematik beim Wälzfräsen

Als Vorschub in einer Richtung ist der zurückgelegte Weg pro Werkstückumdrehung definiert. Anhand von der Richtung des Axialvorschubs f_a kann zwischen Gleichlauf- und Gegenlauf-Wälzfräsen unterschieden werden. Bezogen auf das Werkstück sind im Gleichlauf die Schnittgeschwindigkeit und die axiale Vorschubbewegung entgegengerichtet. Aus verschleißtechnischen Gründen erfolgt die Bearbeitung, insbesondere beim Trockenwälzfräsen, in der Regel im Gleichlauf. Der Verfahrweg des Wälzfräsers kann dabei in die Phase des Werkzeugein- und -auslaufes sowie den Bereich des Vollschnitts unterteilt werden, wobei nur im Vollschnitt die theoretisch maximalen Schnittbogenlängen und Spanungsvolumina erreicht werden, Abb. 12.36.

Bei der Bearbeitung von Schrägverzahnungen ergeben sich zwei weitere Verfahrensvarianten, das gleich- und das gegensinnige Wälzfräsen, wobei die Steigungen von Werkzeug und Werkrad gleich- oder entgegengerichtet sind.

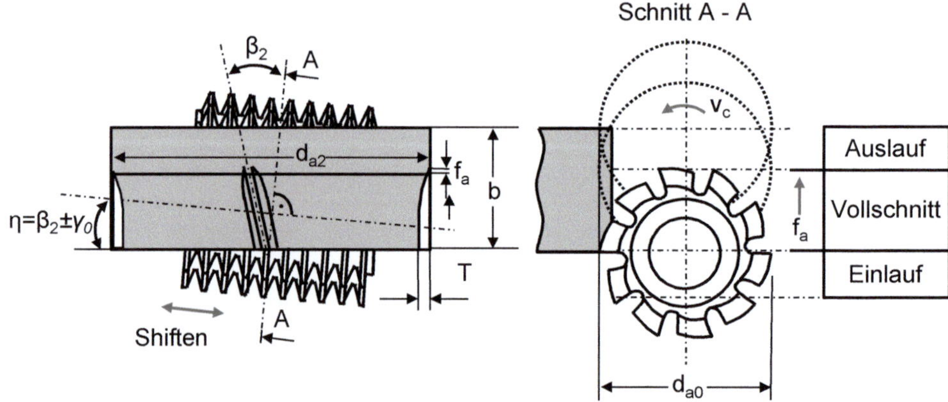

Abb. 12.36 Bezeichnungen an der Paarung Wälzfräser-Werkstück

Um den während des Zerspanvorgangs auftretenden Werkzeugverschleiß gleichmäßig über die Länge des Wälzfräsers zu verteilen und somit das Werkzeug wirtschaftlicher zu nutzen, kann dieser entlang seiner Achse in diskreten Schritten verschoben werden. Dieser Versatz erfolgt in der Regel nach jedem bearbeiteten Werkstück und wird auch als „Shiften“ bezeichnet.

Die Bestimmungsgrößen eines Wälzfräsers sind aus Abb. 12.36 ersichtlich, in der das Werkzeug im Bearbeitungsablauf dargestellt ist. Der Wälzfräser ist eine zylindrische Schnecke, die durch Spannuten unterbrochen ist, wodurch die Fräserstollen entstehen. Die Anzahl der auf dem Zylinder liegenden Schneckengänge bestimmt die Fräsergangzahl. Die Fräserzähne sind so hinterarbeitet, dass Freiwinkel erzeugt werden und die Möglichkeit des Nachschliffs an der Spanfläche ohne Veränderung des Zahnprofils gegeben ist. Der Schwenkwinkel oder Einstellwinkel des Fräsers ergibt sich aus Richtung und Betrag des Schrägungswinkels und des Steigungswinkels der Fräserschnecke.

Man unterteilt die Wälzfräser hinsichtlich ihrer Bauart in drei verschiedene Gruppen, vgl. Abb. 12.37.

Blockwälzfräser werden aus dem vollen Material gefertigt, wobei der gesamte Körper aus hochwertigem HSS oder HM hergestellt werden muss. Kippstollenfräser und Wendeplattenfräser dagegen bestehen im Grundkörper aus preiswerterem Werkstoff. Diese Fräser sind besonders zum Herstellen von Zahnrädern mit großem Durchmesser und großem Modul geeignet. Der Kippstollenfräser besitzt neben der Möglichkeit größere konstruktive Freiwinkel zu realisieren auch eine relativ große nutzbare Zahnlänge (große Anzahl von Nachschliffen). Die Befestigung erfolgt durch seitliche Klemmringe. Beim Wendeplattenfräser wird die Werkzeugschneide, die aus Hartmetall besteht, viermal verwendet und dabei nicht nachgeschliffen. Aufgrund der daraus resultierenden schlechteren Fräserqualität ist der Fräsertyp lediglich für Werkstücke ab Modul 5 mm geeignet.

Hinsichtlich der Wahl des Substrat/Schicht-Systems ist beim Wälzfräsen aufgrund des unterbrochenen Schnitts vor allem eine ausreichende Substratzähigkeit sicherzustellen. Gleichzeitig muss das Werkzeug in Verbindung mit einer geeigneten Hartstoffbeschichtung

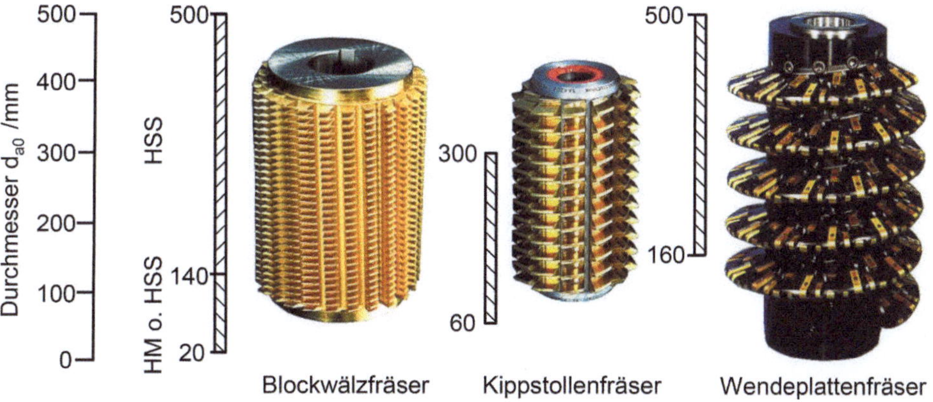

Abb. 12.37 Wälzfräser-Bauarten (Quelle: Fette, Saacke, Saazor)

einen möglichst hohen Verschleißwiderstand gegenüber den abrasiven und thermischen Verschleißmechanismen aufweisen. Die Etablierung der (Ti,Al)N-Beschichtungen ermöglicht auch mit Werkzeugsystemen auf HSS-Basis eine Trockenbearbeitung bei Schnittgeschwindigkeiten bis zu $v_c = 200$ m/min [Wink05].

Zunehmend werden die beschichteten Verzahnwerkzeuge nach dem Erreichen der Standmenge spanflächenseitig nachgeschliffen, entschichtet und anschließend wiederbeschichtet [Klei03]. Somit kann in allen Werkzeugumläufen mit gleichbleibend hohen Schnittgeschwindigkeiten gearbeitet und es können konstante Standmengen erzielt werden. Das Überbeschichten der nachgeschliffenen Fräser ist wegen des Schichtauftrages auf der bereits beschichteten Freifläche aus Genauigkeitsgründen nicht häufiger als etwa 5 bis 10-mal durchführbar.

Den Zerspanungsprozess beim Wälzfräsen verdeutlicht Abb. 12.38 durch die Entstehung einer Zahnlücke. Aufgrund der Prozesskinematik und des daraus resultierenden Abwälzens zwischen Werkzeug und Werkstück wird das Material einer Zahnlücke in den aufeinander folgenden Eingriffen (Wälzstellungen) der einzelnen Zähne eines Fräsergangs

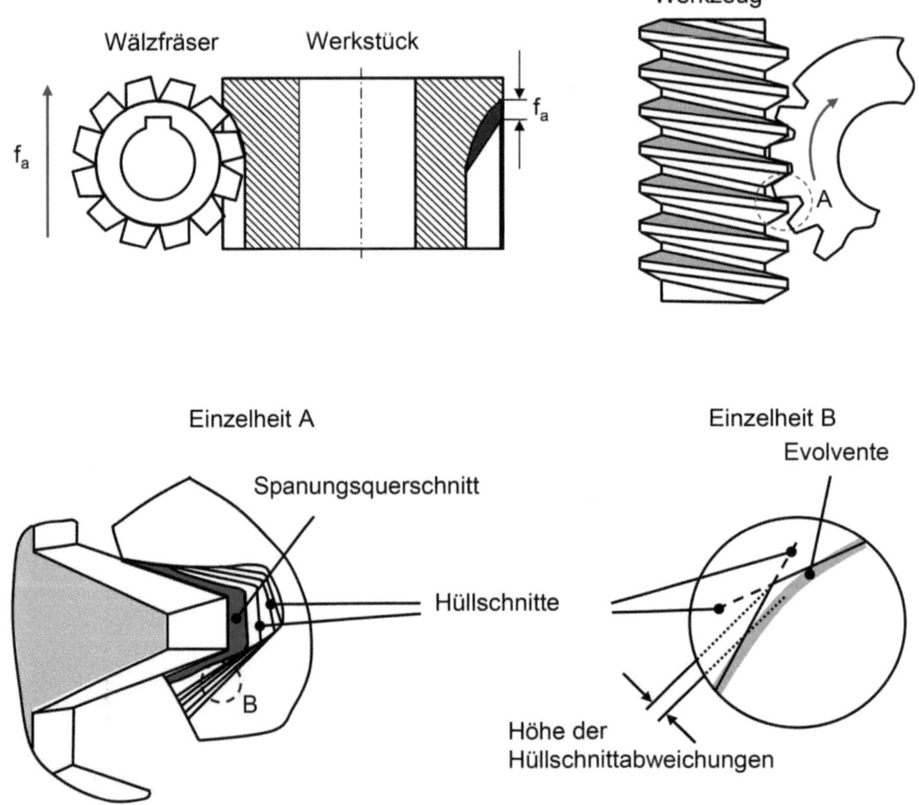

Abb. 12.38 Eingriffsverhältnisse des Wälzfräsers mit dem Werkstück

zerspant, wie es in der Skizze im unteren linken Teil der Abbildung zu erkennen ist. Die Evolvente am Zahn des Werkstücks wird durch Hüllschnitte angenähert. Jeder Schneidzahn zerspant nach einer Werkzeugumdrehung in einer weiteren, durch die Fräsergangzahl vorgegebenen Zahnlücke, jedoch in der gleichen Wälzstellung, d. h. er nimmt immer einen Span mit gleichem Querschnitt ab.

Wegen der unterschiedlichen Durchdringungen zwischen Wälzfräser und Werkstück in den einzelnen Wälzstellungen ergeben sich unterschiedlich dicke und geformte Späne, Abb. 12.39. Während der ersten Zahneingriffe wird ein Großteil des Lückenvolumens zerspant, sodass hier, insbesondere kurz vor der Mittenstellung, die größten Spanungsquerschnitte vorliegen. In den folgenden Wälzstellungen wird die Zahnlücke vorwiegend profiliert und die Spanungsquerschnitte nehmen ab. Die Durchdringungsbereiche sind im Bild hell dargestellt.

Beim Wälzfräsen ergeben sich, wie bei anderen Zahnradfertigungsverfahren, während des Schnittprozesses Veränderungen der konstruktiv vorliegenden Frei- und Spanwinkel [Sand72, Sulz73, Sulz74, Köni79]. Die Ursache hierfür soll Abb. 12.40 verdeutlichen.

Im betrachteten Schneidenpunkt und in einer bestimmten Wälzstellung entsteht durch die Schnittgeschwindigkeit des Wälzfräsers v_c und durch die Abwälzgeschwindigkeit v_a die Wirkgeschwindigkeit v_r. Damit ergibt sich an der einlaufenden Werkzeugschneide – vgl. Abb. 12.40 – eine Reduzierung des konstruktiv vorgegebenen Freiwinkels, jedoch gleichzeitig eine Vergrößerung des Spanwinkels. Das bedeutet, dass der effektive Freiwinkel während des Schnittprozesses an der einlaufenden Flanke kleiner ist als der konstruktive. Der effektive Spanwinkel ist dagegen größer. Andere Verhältnisse liegen an der

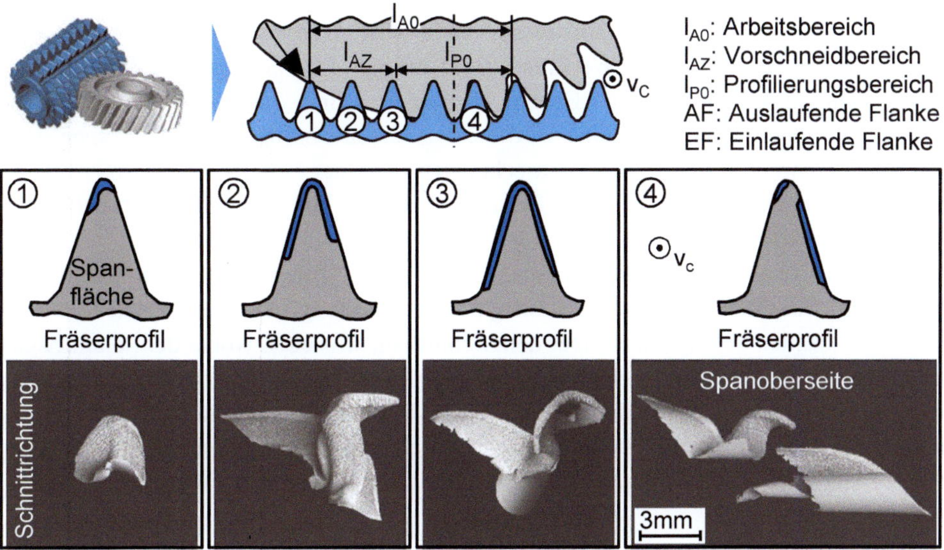

Abb. 12.39 Spanbildung beim Wälzfräsen [Wink05]

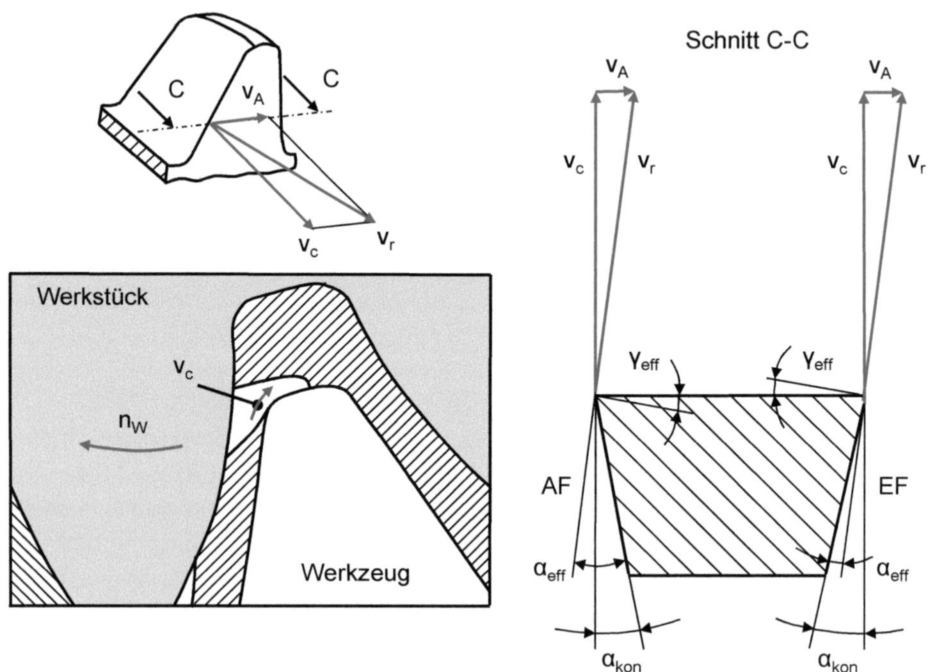

Abb. 12.40 Relativgeschwindigkeit und effektive Schneidgeometrie

auslaufenden Flanke vor, an der der effektive Freiwinkel größer und der effektive Spanwinkel kleiner als der entsprechende konstruktive ist.

Zur Simulation des Zerspanprozesses kann eine Durchdringungsrechnung angewandt werden [Brec15]. Das Werkstück wird bei der Durchdringungsrechnung durch eine bestimmte Anzahl paralleler Ebenen abstrahiert. Durch die Nachbildung der Achsbewegungen der Wälzfräsmaschine wird die Schneidenbahn der Wälzfräserzähne generiert, sodass sie die Werkstückebenen schneiden. Aus der Schnittmenge errechnet sich ein Durchdringungsbereich, der der Spanungsgeometrie der jeweiligen Wälzstellung im Prozess entspricht [Weck02, Weck03].

In Abb. 12.41 ist eine simulierte Spanungsgeometrie in einer bestimmten Wälzstellung dargestellt. Das 3D-Spanungsdiagramm gibt die Verteilung der Spanungsdicke entlang der abgewickelten Schneidkante über dem Schnittbogen wieder, wobei der Schnittbeginn im Vordergrund liegt. Die errechneten Spanungsgeometrien stellen die Basisdaten einer simulationsgestützten Beurteilung der auf den Wälzfräser einwirkenden Belastungen während des Zerspanprozesses dar. Es wird deutlich, dass im Kopfbereich des Wälzfräsers die Spanungsdicken (Kopfspanungsdicken) ein Vielfaches gegenüber dem Flankenbereich erreichen können.

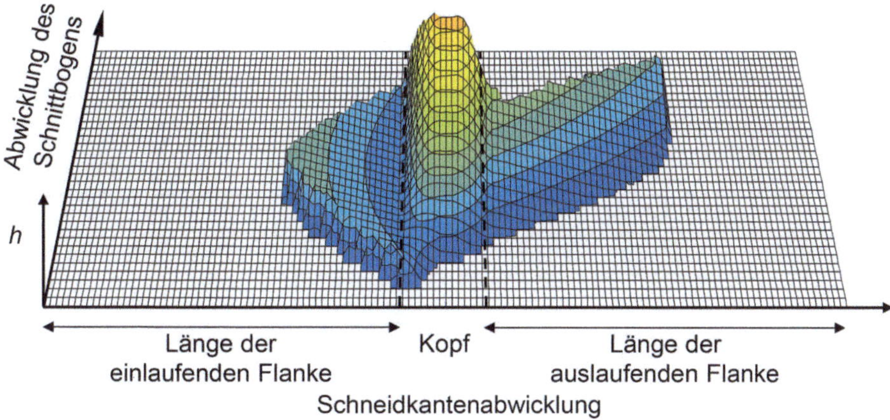

Abb. 12.41 Spanungsgeometrie beim Wälzfräsen

Neben den Hartmetallen haben sich auch PM-HSS-Schneidstoffe als Substratwerkstoff für Wälzfräser beim Trockenwälzfräsen etabliert. Da beide Schneidstoffe im Wettbewerb zueinander stehen, zeigt Abb. 12.42 die Vor- und Nachteile beider Werkzeugsysteme. Vorteile sind dabei durch grüne Punkte, Nachteile durch rote Punkte gekennzeichnet.

Einer der Hauptnachteile der Hartmetallwälzfräser gegenüber der HSS-Variante ist der höhere Anschaffungswert der Werkzeuge. Diese sind in der Regel um mindestens Faktor drei teurer. Die höheren Werkzeugkosten machen somit einen wirtschaftlichen Einsatz von Hartmetallwälzfräsern nur möglich, wenn dadurch eine deutlich höhere Produktivität oder eine größere Standlänge erreicht werden kann.

Durch die wesentlich höhere Verschleißfestigkeit des Hartmetalls können mit Hartmetallwerkzeugen deutlich höhere Schnittgeschwindigkeiten realisiert werden. Im Gegenzug sind jedoch die mit den PM-HSS-Wälzfräsern realisierbaren maximalen Kopfspanungsdicken größer. Vor dem Hintergrund der hohen Werkzeugkosten ist in diesem Fall der Einsatz von Hartmetallwälzfräsern unwirtschaftlich, sofern nicht deutlich höhere Standlängen erzielt werden.

In der Großserienfertigung kommt der Prozesssicherheit eine entscheidende Bedeutung zu. Während HSS-Wälzfräser, nicht zuletzt aufgrund ihrer hohen Zähigkeit, eine vergleichsweise hohe Prozesssicherheit durch ein kontrolliertes Verschleißverhalten ermöglichen [Coop99, Kölk99], kommt es bei den Hartmetallwälzfräsern teilweise zu Schneidkantenausbrüchen [Kloc99, Sulz00]. Treten diese nur vereinzelt auf, können sie selbst mit den heutigen Prozessüberwachungssystemen nicht sicher erkannt werden und führen zu einem erhöhten Werkzeugverschleiß. Vor dem Hintergrund der notwendigen mehrfachen Wiederaufbereitung der Werkzeuge stellt dies in der Regel den wirtschaftlichen Einsatz in Frage. Obwohl das Trockenwälzfräsen zunächst stets mit Hartmetallwerkzeugen durchgeführt wurde, nimmt der Anteil der PM-HSS-Werkzeuge aufgrund

Bild: Samputensili	HSS	Hartmetall (30 µm)
Werkzeugneupreis	↓ (grün)	↑ (rot)
Aufbereitungskosten	→ (grün)	↑ (rot)
Verschleißfestigkeit	→ (rot)	↑ (grün)
Schnittgeschwindigkeit	↓ (rot)	↑ (grün)
Spanungsdicke	↑ (grün)	→ (rot)
Zähigkeit	↑ (grün)	→ (rot)
Prozesssicherheit	↑ (grün)	↓ (rot)

Abb. 12.42 Schneidstoffe für das Trockenwälzfräsen

der besseren Zähigkeitseigenschaften und der geringeren Werkzeugkosten in den letzten Jahren kontinuierlich zu [Coop99].

12.2.1.6 Schälwälzfräsen

Das Schälwälzfräsen ist ein kontinuierliches, mit geometrisch bestimmten Schneiden arbeitendes Verfahren zur Bearbeitung von vorgefrästen Verzahnungen im gehärteten Zustand. In erster Linie wird der durch die Wärmebehandlung entstandene Härteverzug beseitigt und die Oberflächenqualität verbessert. Die Prozesskinematik ist mit der des Wälzfräsens identisch.

Der Begriff Schälwälzfräsen leitet sich aus dem „schälenden Schnitt" ab. Die Hartfeinbearbeitung mit geometrisch bestimmten Schneiden erfordert, dass kleine Spanungsquerschnitte eingestellt werden. Die Schälwälzfräser werden mit einem negativen Kopfspanwinkel ausgelegt, der an den Zahnflanken als negativer Neigungswinkel wirksam wird. Damit wird sichergestellt, dass der erste Kontakt zwischen Schneidzahn und Werkstückoberfläche nicht direkt an der Schneidkante, sondern im weiter hinten liegenden, stabilen Schneidteilbereich erzeugt wird.

Um das Schälwälzfräsen durchführen zu können, muss die Zahnlücke der Vorverzahnung so weit ausgearbeitet werden, dass der Kopf des Schälwälzfräsers nicht in Eingriff kommt und nur mit den Flankenschneiden zerspant. Andernfalls besteht eine erhöhte Gefahr von Ausbrüchen [Faul86]. Das Freifräsen des Zahnfußes kann auf zwei verschiedene Arten erreicht werden: durch Vorfräsen mit Werkzeugen, die dem Bezugsprofil III nach DIN 3972 entsprechen oder durch Vorfräsen mit Protuberanz.

Falls die Vorbearbeitung der Lücken mit Wälzfräsern des Bezugsprofils III erfolgt, entsteht nach dem Schälwälzfräsen eine scharfe Kante im Zahnfuß, die die Zahnfußfestigkeit beeinträchtigen kann. Dagegen weisen die mit Protuberanz vorbearbeiteten Zahnlücken nach der Schälwälzfräsbearbeitung einen gerundeten Übergang im Zahnfuß auf, Abb. 12.43.

Beim Schälwälzfräsen ist das genaue Positionieren des Fräserzahns in der Zahnlücke, das sog. „Einmitten", von großer Bedeutung für das Arbeitsergebnis und einen gleichmäßigen Fräserverschleiß. Nach erfolgtem Einmitten wird bei der Bearbeitung im Idealfall an beiden Werkstückflanken (Rechts- bzw. Linksflanke) jeweils gleichviel Werkstoff zerspant. Das Einmitten wird dadurch erschwert, dass das Flankenaufmass über dem

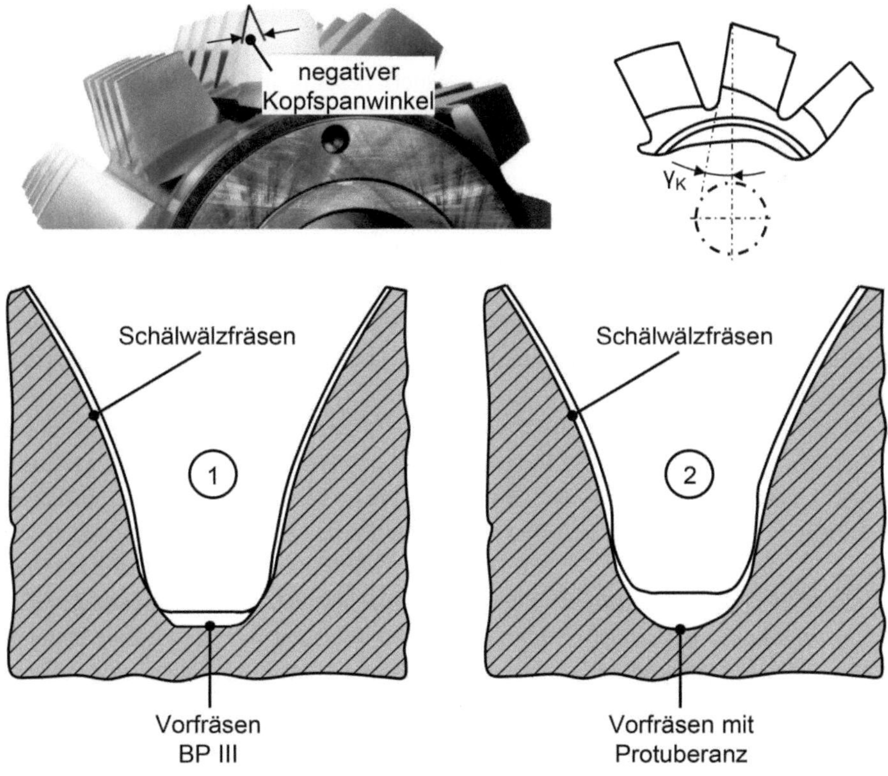

Abb. 12.43 Lückenprofile unterschiedlicher Vorfräser

Werkstückumfang und über der Zahnbreite aufgrund von Unzulänglichkeiten beim Vorverzahnen, beim Ausrichten zum Schälwälzfräsen oder infolge von Härteverzug schwankt.

Obwohl während der Bearbeitung nur sehr dünne Späne zerspant werden, treten dennoch sehr hohe Zerspankräfte auf, die besonders im Ein- und Auslaufbereich nicht konstant sind und auch ihr Vorzeichen ändern. Aus diesem Grund muss für die Wälzfräsmaschine eine hohe statische und dynamische Steifigkeit neben der geometrischen und kinematischen Genauigkeit gefordert werden [Faul86].

Die erreichbare Werkzeugstandlänge ist beim Schälwälzfräsen stark abhängig vom Schneidstoff, der Werkstückgeometrie, den Schnittparametern und der Härte des zu bearbeitenden Werkstückes. Ein günstiges Verschleißverhalten zeigen Feinstkorn-Hartmetalle des ISO-Anwendungsbereichs K10 bis K20, in Verbindung mit einer Hartstoffschicht [Kais92, Köni95].

Das Schälwälzfräsen wird als Endbearbeitungsverfahren eingesetzt oder kann als Vorbearbeitung für eine anschließende Schleifbearbeitung dienen. Dabei gilt es, die Schleifkosten durch eine Verringerung der Härteverzüge vor dem nachfolgenden Wälzschleifen zu egalisieren. Diese Fertigungsfolge ist besonders für großmodulige Werkstücke (größer Modul 10 mm) interessant.

Die Qualitätsgrenzen bei der Fertigbearbeitung werden wesentlich durch die für das Wälzfräsen charakteristischen Vorschubmarkierungen und Hüllschnittabweichungen (Abb. 12.38) bestimmt. Mit Hilfe einer dem Schälwälzfräsen nachfolgenden Honoperation lassen sich diese zumindest bei kleinen Rädern beseitigen. Ferner werden Verzahnungen, die aufgrund ihrer Geometrie nicht geschliffen werden können (großer Schleifscheibendurchmesser) schälwälzgefräst [Koep94].

12.2.1.7 Drehfräsen

Das Drehfräsen ist ein spanendes Fertigungsverfahren, bei dem die Prinzipien des Drehens und Fräsens in der Form kombiniert sind, dass mit einem Messerkopfstirnfräser an einem rotierenden Werkstück i. Allg. rotationssymmetrische Werkstücke bearbeitet werden. Der selbstangetriebene Fräser arbeitet dabei wie ein Drehmeißel mit einem Längsvorschub parallel zum Werkstück.

Prinzipiell können zwei Verfahrensvarianten des Drehfräsens unterschieden werden. Sind die Werkzeugachse und die Rotationsachse des Werkstücks senkrecht angeordnet, so spricht man vom orthogonalen Drehfräsen, Abb. 12.44, links. Im Gegensatz dazu stehen beim achsparallelen Drehfräsen beide Rotationsachsen parallel zueinander, wie in Abb. 12.44, rechts dargestellt ist. Aufgrund der Anordnung des Fräswerkzeuges ermöglicht das achsparallele Drehfräsen sowohl die Innen- als auch die Außenbearbeitung.

Beim orthogonalen Drehfräsen führt der Fräser aufgrund der axialen Vorschubbewegung und der Rotation der Welle eine schraubenförmige Bewegung relativ zum Werkstück aus. Diesem Charakteristikum zufolge ist das Drehfräsen eine Variante des Schraubfräsens nach [DIN8589c].

Im Weiteren ist zwischen zentrischem und exzentrischem Drehfräsen zu unterscheiden, Abb. 12.45. Beim zentrischen Drehfräsen schneiden sich Werkzeug- und Werkstückachse

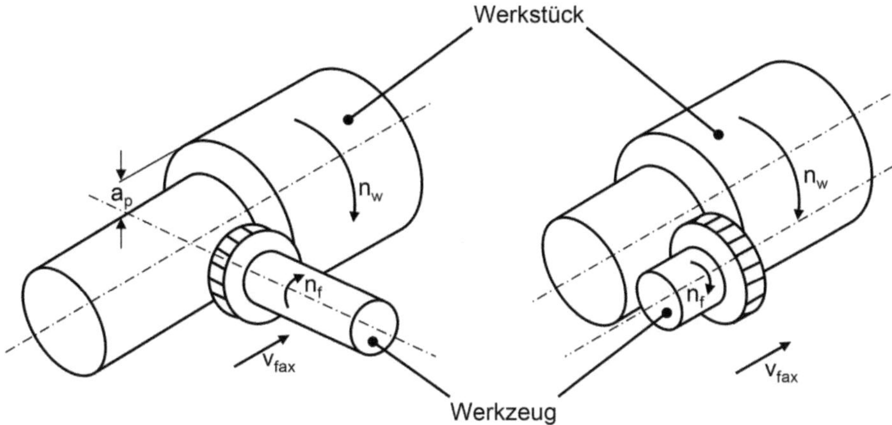

Abb. 12.44 Achsanordnung beim Drehfräsen

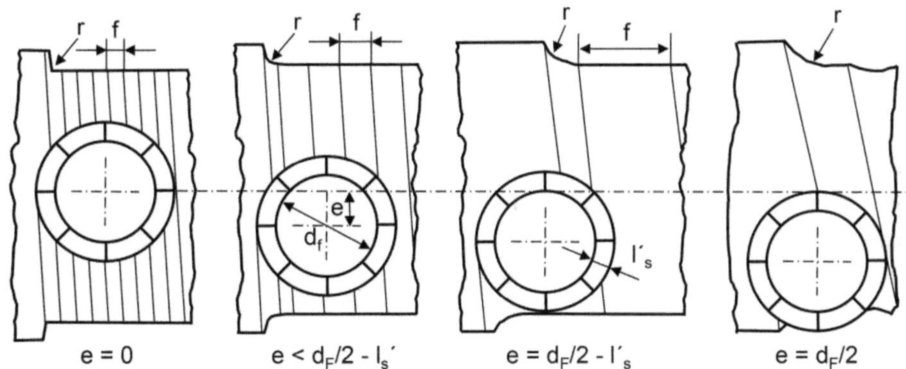

Abb. 12.45 Zentrisches und exzentrisches Drehfräsen

in einem Punkt, beim exzentrischen Drehfräsen sind sie dagegen um einen bestimmten Betrag, die Exzentrizität e, zueinander versetzt.

Hohe Oberflächenqualitäten (geringe Facettenbildung) ergeben sich beim Drehfräsen nur durch extreme Einstellungen der Fräser- und Wellendrehzahl.

Bei mittiger Stellung ($e = 0$) des Fräsers vgl. Abb. 12.45 ist dies erreichbar:

- durch eine Verringerung des Vorschubs je Werkstückumdrehung – und damit des Fräsereingriffs – auf wenige 1/100 mm. Gleichzeitig wird mit sehr schneller Werkstückdrehung und langsamer Fräserdrehung gearbeitet. Dadurch entsteht ein dem Drehen sehr ähnlicher Prozess.
- durch eine sehr langsame Drehung des Werkstücks bei schneller Drehung des Fräsers [Köni84, Köni84a, Köni85, Köni86]. Die Werkstückdrehzahl kann dabei soweit

abgesenkt werden, dass die schnellumlaufenden Fräserschneiden nacheinander nahezu kontinuierlich auf dem Sollradius spanen. Im Hinblick auf eine hohe Zerspanleistung ist der Vorschub je Werkstückumdrehung – und damit die Eingriffsbreite des Fräsers – zu maximieren. Um zylindrische Flächen zu erzeugen, wird eine Breitschlichtgeometrie des Werkzeugs mit einem Einstellwinkel der Stirnschneide von $\kappa_r' = 0°$ unumgänglich, da nunmehr die Stirnschneiden mit ihrer vollen Länge den Werkstücksollradius erzeugen. Der Vorschub je Werkstückumdrehung f_{ax} ist dabei auf die Länge der Stirnschneide L'_s begrenzt [Köni84a]. Unter diesen Bedingungen entsteht ein dem konventionellen Stirnfräsen vergleichbarer Prozess.

Durch Versatz des Fräsers um die Exzentrizität e kann im zweiten Fall der axiale Vorschub über das durch die Länge der Stirnschneide vorgegebene Maß gesteigert werden, ohne Zylindrizitätsfehler in Kauf nehmen zu müssen. Bei einer Exzentrizität von näherungsweise

$$e = \frac{d_F}{2} - L'_s \qquad \text{Gl. 12.6}$$

wird das Maximum des Vorschubs von

$$f_{ax} = 2\sqrt{\left(\frac{D}{2}\right)^2 - e^2} \qquad \text{Gl. 12.7}$$

erreicht. Bei weiterer Vergrößerung der Exzentrizität wird der einstellbare axiale Vorschub wieder kleiner, bis schließlich keine zylindrischen Flächen mehr erzeugt werden können [Köni84, Köni84a]. Ein großer Vorteil des zentrischen Drehfräsens ist, dass auch scharfkantige Werkstückabsätze erzeugt werden können, vgl. Abb. 12.44. Beim exzentrischen Drehfräsen ist dies kinematisch bedingt nicht möglich. Absätze werden hier grundsätzlich verrundet. Zusätzlich ergeben sich schlechtere Oberflächenqualitäten als beim zentrischen Drehfräsen. Damit ist das zentrische Drehfräsen trotz geringerer Leistungswerte für die praktische Prozessauslegung von großem Interesse. Es empfiehlt sich also, eine Schruppbearbeitung mit einem außermittig und eine Schlichtbearbeitung mit einem mittig stehenden Fräser durchzuführen [Köni86].

Durch die Überlagerung der Drehbewegungen von Werkstück und Werkzeug sowie der Vorschubbewegung ergibt sich eine sehr komplexe Zerspanungskinematik [Köni84, Köni84a, Köni85]. Der Zerspanprozess ist beispielhaft in Abb. 12.46 dargestellt.

Im Gegensatz zum konventionellen Stirnfräsen nehmen die Stirnschneiden aktiv an der Zerspanung teil und erzeugen jeweils ein Element der Werkstückoberfläche, da sich der Werkstoff durch die Werkstückdrehung in die Stirnfläche des Fräsers hineinbewegt. Deutlich zu erkennen ist die für das Drehfräsen typische facettenartige Oberfläche, Abb. 12.46. Um den Vorschub zu maximieren, werden bei dem eingesetzten Sonderwerkzeug die Stirnschneiden durch zusätzliche Schneidplatten verlängert. Zur Vermeidung von Zylindrizitätsfehlern weisen diese ebenfalls einen Einstellwinkel $\kappa_r' = 0°$ auf. Auch durch den Einsatz konventioneller Messerköpfe ist eine leistungsfähige und wirtschaftliche

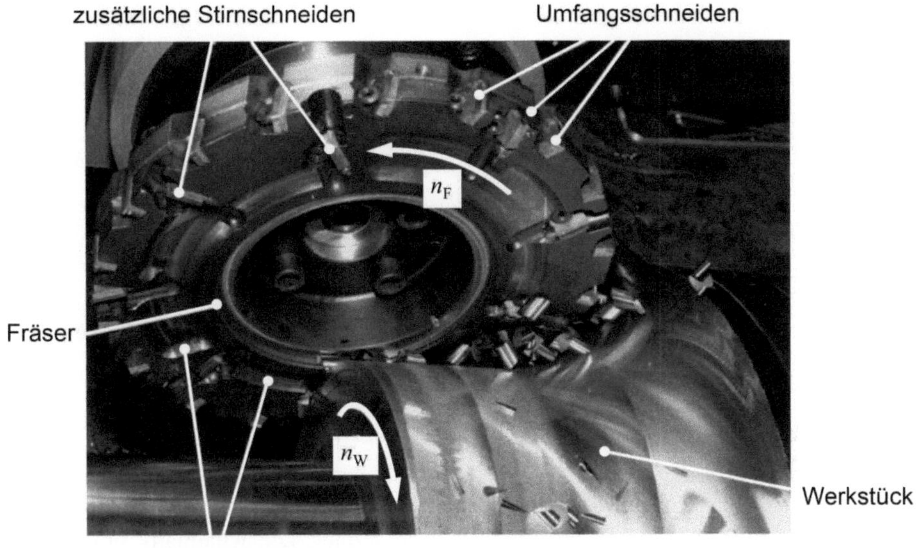

Abb. 12.46 Drehfräsprozess (Quelle: Wohlenberg, Seco)

Zerspanung möglich. Bei der Stahlbearbeitung im glatten Längsschnitt haben sich vor allem TiN-beschichtete Hartmetalle bewährt. Die Schnittbedingungen liegen dabei i. Allg. etwas höher als beim konventionellen Stirnfräsen mit TiN-beschichteten Hartmetallen [Wand92]. Schwer zerspanbare Stahlwerkstoffe sind dagegen mit TiCN-beschichteten Hartmetallen sehr leistungsfähig durch Drehfräsen zu bearbeiten [Stal94].

Besondere Vorteile des Drehfräsens sind der sichere Spanbruch bei der Bearbeitung langspanender Werkstoffe sowie die hohe Zerspanleistung im glatten Längsschnitt bei niedrigen Werkstückdrehzahlen, was insbesondere bei großen oder unwuchtigen Teilen von Bedeutung ist. Durch Drehfräsen lassen sich umlaufende Profilkurven, z. B. an Nockenwellen, sowie Zylinderformen, die exzentrisch zur Bauteildrehachse laufen, z. B. die Hubzapfen an Kurbelwellen, herstellen. Die Bearbeitung der Hubzapfen und der Wangen an Kurbelwellen kann mit außen- oder innenverzahnten Werkzeugen erfolgen, Abb. 12.47. Eine flexible Komplettbearbeitung solcher Bauteile in einer Aufspannung ist durch Ausnutzung der zusätzlichen Rotationsachse zum Bohren, Planfräsen oder Gewindeschneiden möglich [Köni84a, Kauf92].

Darüber hinaus lassen sich unterschiedliche Formelemente erzeugen, wie z. B. Längsnuten durch Abstimmung der Wellendrehbewegung mit den drei möglichen, voneinander unabhängigen Vorschubbewegungen (axial: f_{ax}, radial: a_p, tangential: e) [Köni84].

Extruderschnecken werden fast ausschließlich drehgefräst oder gewirbelt [Sten64]. Weiterhin sind kugelförmige Stellglieder für Pipelineventile sowie Ellipsen- und Exzenterformen durch Drehfräsen herstellbar.

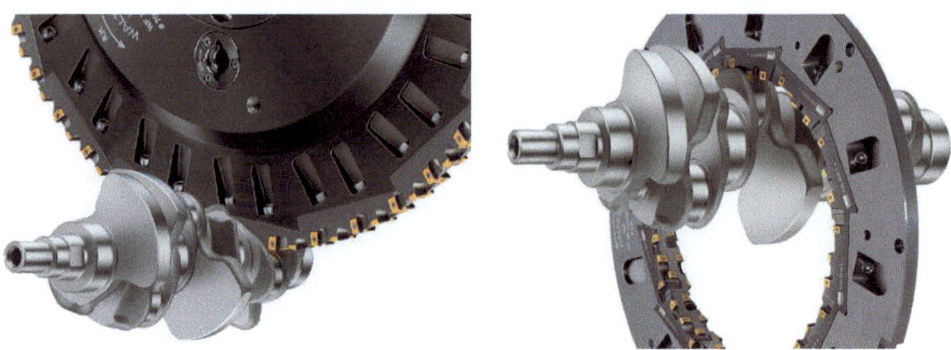

Abb. 12.47 Kurbelwellenbearbeitung durch Drehfräsen (Quelle: Walter)

12.2.1.8 Wirbeln

Das Wirbeln ist ein Fertigungsverfahren zur Erzeugung von Gewinden und ist in der DIN8589 als Spezialfall des Schraubfräsens eingeordnet. Die Kinematik des Wirbelns wird durch eine rotatorische Haupt- sowie eine translatorische Nebenbewegung des Werkzeuges, sowie durch eine rotatorische und translatorische Nebenbewegung des Werkstücks beschrieben, vgl. Abb. 12.48. Man unterscheidet allgemein zwischen dem Außen- und dem Innenwirbeln.

Beim Außenwirbeln wird die Werkstückprofilform durch zumeist mehrere nach innen gerichtete Schneidmeißel erzeugt, welche an einem ringförmigen Werkzeug (Wirbelkopf) umlaufend fixiert sind. Das Werkzeug ist exzentrisch zur Werkstückmitte positioniert und entsprechend des Steigungswinkels des zu erzeugenden Gewindes gegenüber

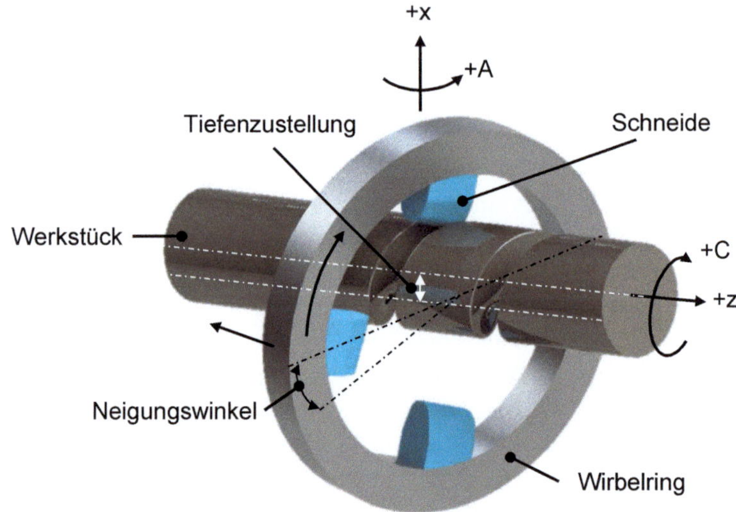

Abb. 12.48 Kinematische Prinzipskizze des Außenwirbelns (Quelle: Leistritz Produktionstechnik)

der Rotationsachse des Werkstücks geneigt. Die zu fertigende Gewindetiefe wird über die radiale Zustellung eingestellt.

Das Innenwirbeln dient dem Herstellen von Innengewinden und wird in Innenwirbeln mit und ohne axialen Hub unterteilt. Beim Innenwirbeln ohne axialen Hub wird die Hauptbewegung durch ein ein- oder mehrschneidiges rotierendes Werkzeug durchgeführt, welches exzentrisch zur Werkstückachse dreht. Das Werkstück rotiert mit geringer Geschwindigkeit im Gleich- oder Gegenlauf. Um die Gewindesteigung zu realisieren, wird das Werkzeug geneigt, sodass die Gewindelänge bei diesem Verfahren eingeschränkt ist.

Beim Innenwirbeln mit axialem Hub wird die Rotationsbewegung des Wirbelwerkzeuges mit einer oszillierenden translatorischen Nebenbewegung in Achsrichtung des Werkstückes überlagert. Durch diese zusätzliche oszillierende Bewegung des Wirbeldorns ist eine Neigung nicht erforderlich, sodass auch größere Gewindelängen gefertigt werden können. Dieses Verfahren eignet sich ab einem Bohrungsdurchmesser von 25 mm.

Vorteile des Wirbelns im Vergleich zu alternativen Verfahren der Gewindeherstellung liegen in einer hohen Produktivität, hohen Oberflächengüten und gratfreien Gewinden.

Anwendungsbeispiele für das Außenwirbeln (Abb. 12.49a–c) und das Innenwirbeln (Abb. 12.49d) gibt es in den Bereichen des Automobilbaus, der Medizintechnik und des

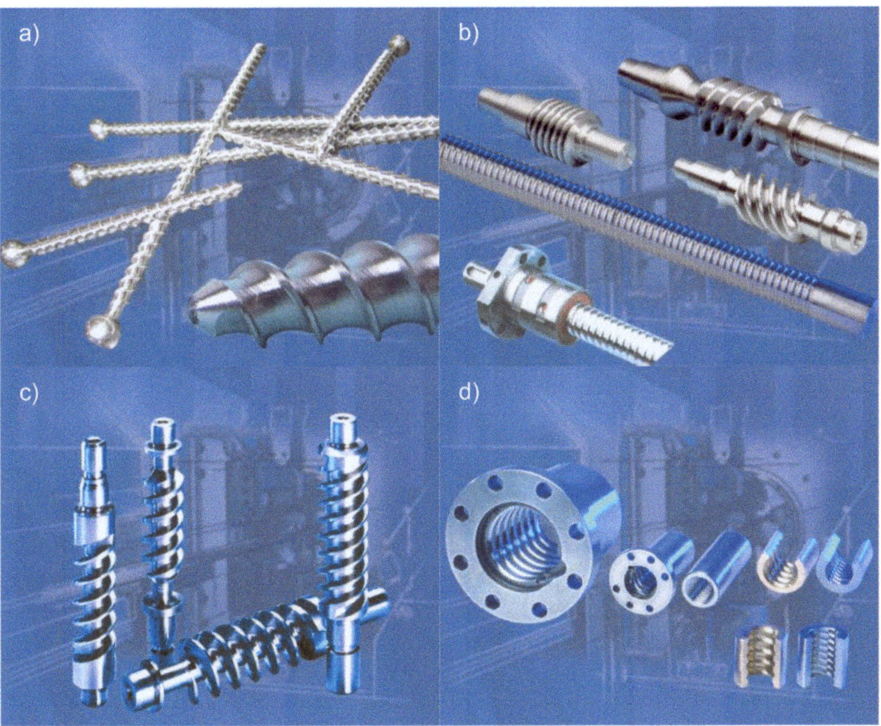

Abb. 12.49 Typische Anwendungen für das Verfahren Wirbeln (Quelle: Leistritz Produktionstechnik)

allgemeinen Maschinenbaus. Speziell in der Medizintechnik ist das Wirbeln von Gewinden (z. B. Knochenschrauben) stark verbreitet, da die hohen Anforderungen an Oberflächengüte sowie Gratfreiheit erreicht werden. Alternative Verfahren wie das Gewindefräsen (Grat) und das Gewindeformen (nicht steril aufgrund der Schließfalte) kommen nicht zur Anwendung.

12.3 Bohren

Mit Bohren wird das spanende Verfahren mit rotatorischer Hauptbewegung bezeichnet, bei dem das Werkzeug nur eine Vorschubbewegung in Richtung der Werkzeugdrehachse erlaubt. Die wesentlichen Verfahrensvarianten zeigt Abb. 12.50 zusammen mit den jeweils üblichen Bewegungsrichtungen [DIN8589b]. Besonderheiten bei der Bohrbearbeitung sind:

- die bis auf Null abfallende Schnittgeschwindigkeit zur Bohrermitte,
- der schwierige Abtransport der Späne,
- die ungünstige Wärmeverteilung an der Wirkstelle,
- der erhöhte Verschleiß an den scharfkantigen Schneidenecken und
- das Reiben der Führungsfasen an der Bohrungswand.

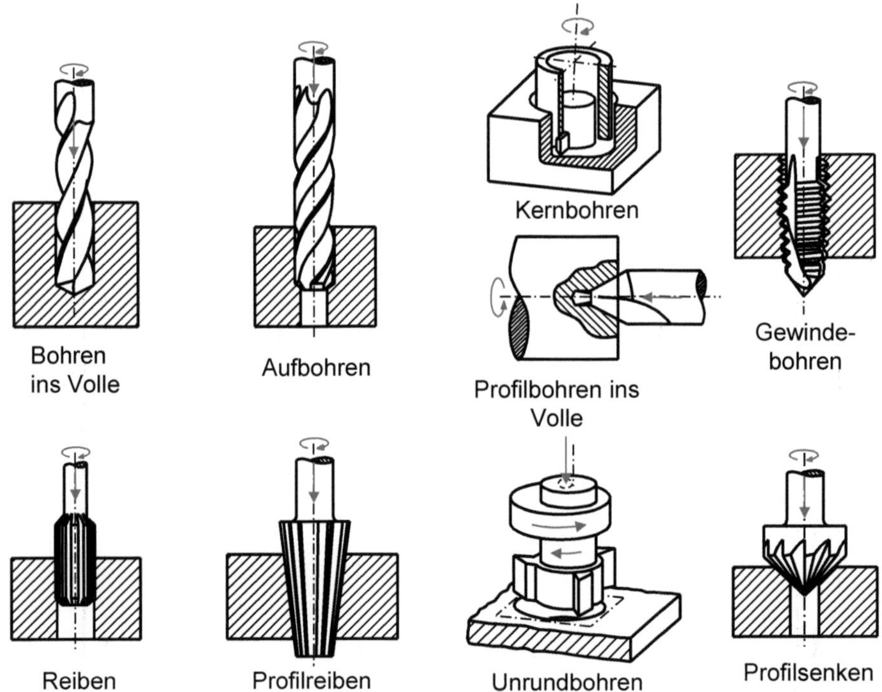

Abb. 12.50 Verfahrensvarianten beim Bohren, nach DIN 8589-2

Verschiedene Zielsetzungen hinsichtlich der Zeitspanungsvolumina, der Bohrungstiefe, der Maßgenauigkeit und der Oberflächengüte führten zur Entwicklung einer Reihe von verschiedenen Bohrverfahren, auf die im Folgenden näher eingegangen wird.

12.3.1 Profilsenken

Das Bearbeitungsverfahren Senken unterscheidet sich vom Bohren im Wesentlichen dadurch, dass nicht ins volle Material gebohrt wird, sondern vielmehr ein vorbereitetes Loch, das z. B. gebohrt oder gestanzt wurde, auf Unter- oder Fertigmaß gesenkt wird.

Es werden zwei Verfahrensvarianten nach DIN 8589-2 unterschieden:

- Planansenken
- Planeinsenken

Beim Planansenken wird eine am Werkstück hervorstehende, senkrecht zur Drehachse der Schnittbewegung liegende ebene Fläche erzeugt. Das Planeinsenken dient hingegen zur Erzeugung einer am Werkstück vertieften, senkrecht zur Drehachse der Schnittbewegung liegenden ebenen Fläche. Hierbei entsteht gleichzeitig eine kreiszylindrische Innenfläche. Zum Planeinsenken vorgegossener oder vorgebohrter Bohrungen dienen überwiegend Wendelsenker (Dreischneider). Im Vergleich zum Wendelbohrer gibt die dreischneidige, schraubengewundene Ausführung dem Wendelsenker eine wesentlich höhere Steifigkeit und führt damit zu einer weit höheren Arbeitsgenauigkeit.

Zum Entgraten, Anfasen und zum Einsenken der Sitze kegeliger Schraubenköpfe werden HSS-Spitzensenker verwendet, die normgemäß mit Kegelwinkeln σ von 60°, 90° und 120° hergestellt werden, vgl. Abb. 12.51.

Für die Fertigung der Bohrungen von Befestigungsschrauben dienen Schraubenkopfsenker in HSS- oder Hartmetall-Ausführung, deren Form und Größe jeweils den genormten Schraubenarten angepasst sind.

Zapfensenker eignen sich sowohl zum Planeinsenken als auch zum Planansenken der Stirnflächen von Augen und Naben.

Die Automatisierung in der Fertigung setzt oft den Einsatz von Werkzeugen voraus, die einer speziellen Bearbeitungsaufgabe angepasst sind. Diese sogenannten Sonderwerkzeuge, zu denen der Formsenker in Abb. 12.51 gehört, verkürzen die Fertigungszeiten z. T. ganz erheblich, da mehrere Arbeitsgänge in einem Spindelhub zusammengefasst werden können. So ist es in der Großserienfertigung für eine Schraubverbindung üblich, mit einem Formwerkzeug eine Durchgangsbohrung zu bohren, danach den Zylinder für den Kopf einer Innensechskantschraube zu senken und anschließend den Bohrungsrand anzufasen.

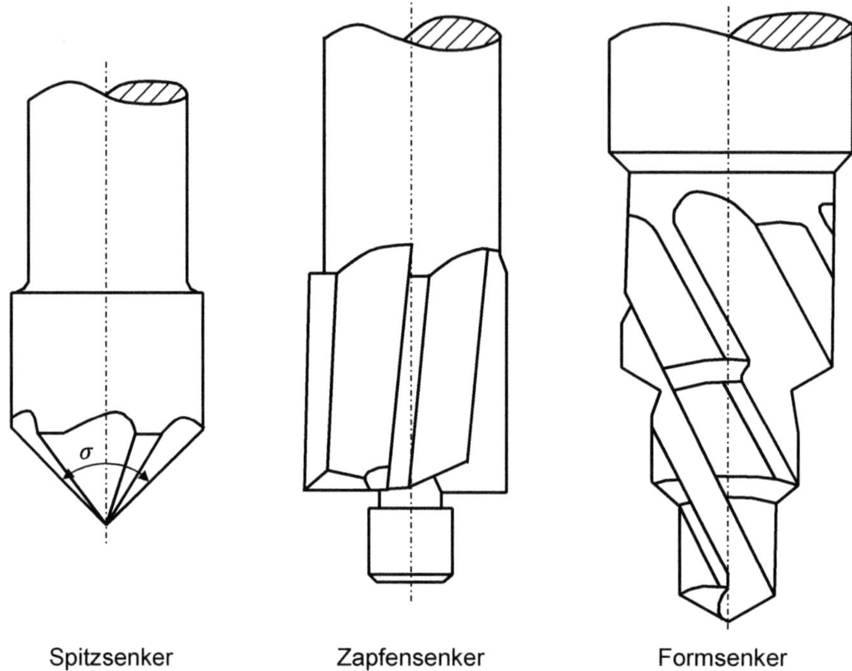

Abb. 12.51 Senkwerkzeuge

12.3.2 Rundbohren

12.3.2.1 Bohren ins Volle

Dem Wendelbohrer kommt unter den Bohrwerkzeugen die größte Bedeutung zu, denn er gilt als wichtigstes Werkzeug zum Herstellen zylindrischer Bohrungen aus dem Vollen oder zum Vergrößern eines vorgegebenen Bohrungsdurchmessers beim Aufbohren. Sein Anteil an der spanenden Fertigung wird auf 20 – 25 % geschätzt, und er ist heute das in den größten Stückzahlen erzeugte und am weitesten verbreitete spanende Werkzeug [Häus79, Tika93].

Vereinfacht setzt sich der Wendelbohrer aus Schaft und Schneidteil zusammen, vgl. Abb. 12.52. Erst eine genauere Betrachtung zeigt die komplexe geometrische Gestaltung, insbesondere der Bohrerspitze. Mit etwa 150 Anschliffarten [Tika93] und mit zahlreichen werkstoffspezifischen Bohrerprofilen wird versucht, den vielfältigen Bearbeitungsaufgaben hinsichtlich Qualität und Leistung gerecht zu werden. Seit einiger Zeit wird versucht, mit analytischen Methoden die Werkzeugbeanspruchungen zu berechnen. Voraussetzung dafür ist die Kenntnis der Schneidteilgeometrie, der Kinematik des Bohrvorganges sowie die beim Bohren auftretenden Belastungen.

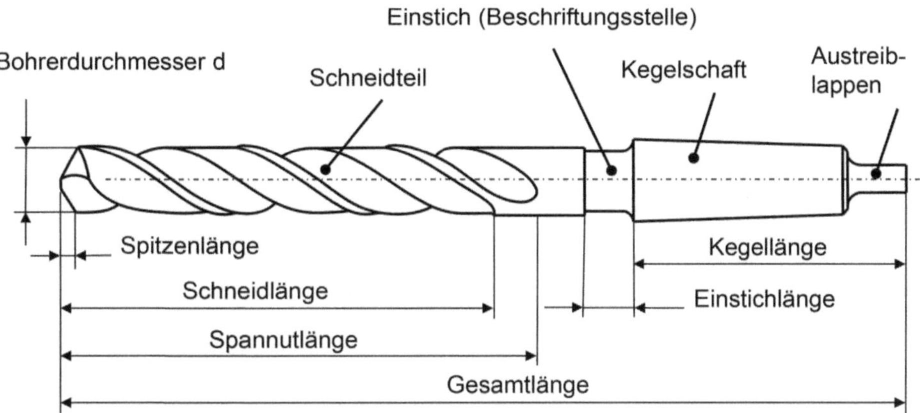

Abb. 12.52 Wendelbohrer mit Kegelschaft, nach DIN 1412

Abb. 12.53 zeigt die Schneidteilgeometrie eines Wendelbohrers. Da laut Definition die Hauptschneiden in Vorschubrichtung weisen, ist auch die Querschneide Bestandteil der Hauptschneide, obwohl sie aufgrund ihres stark negativen Spanwinkels kaum schneidet, sondern vielmehr den Werkstoff plastisch verformt und zu den Hauptschneiden drängt.

Form und Steigung der Spannuten bestimmen die Größe des Spanwinkels γ_o, der entlang der Hauptschneide nicht konstant ist, sondern von seinem größten Wert an der Schneidenecke (γ_f) zur Bohrermitte hin abnimmt und beim Übergang zur Querschneide negativ wird, vgl. Abb. 12.54. Als Unterscheidungsmerkmal wird jedoch ausschließlich der Seitenspanwinkel γ_f herangezogen, der mit hinreichender Genauigkeit mit dem Drallwinkel δ identisch ist. Dieser wird aufgrund des unterschiedlichen Spanbruches verschiedener Werkstoffe variiert und den Bohrerhauptgruppen N für Normalwerkstoffe, H für harte und W für weiche Werkstoffe zugeordnet, vgl. Abb. 12.55 [DIN 1414a].

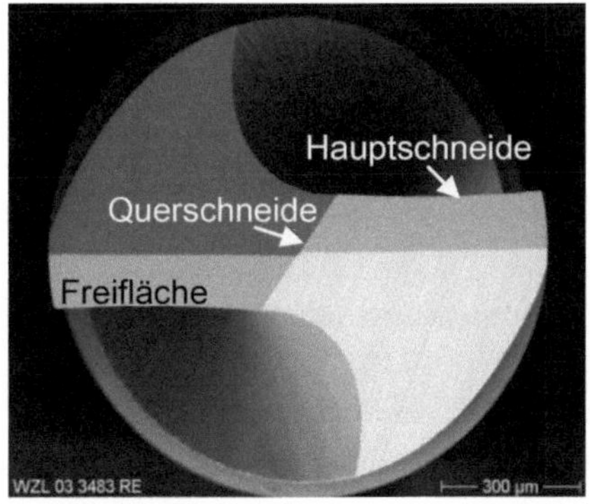

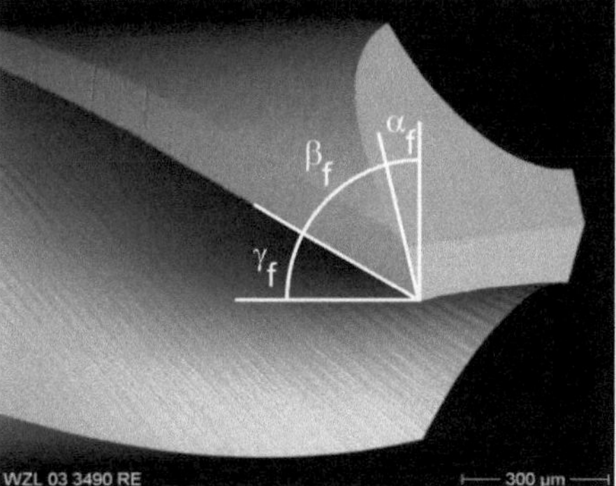

Abb. 12.53 Geometrie am Schneidteil eines Wendelbohrers

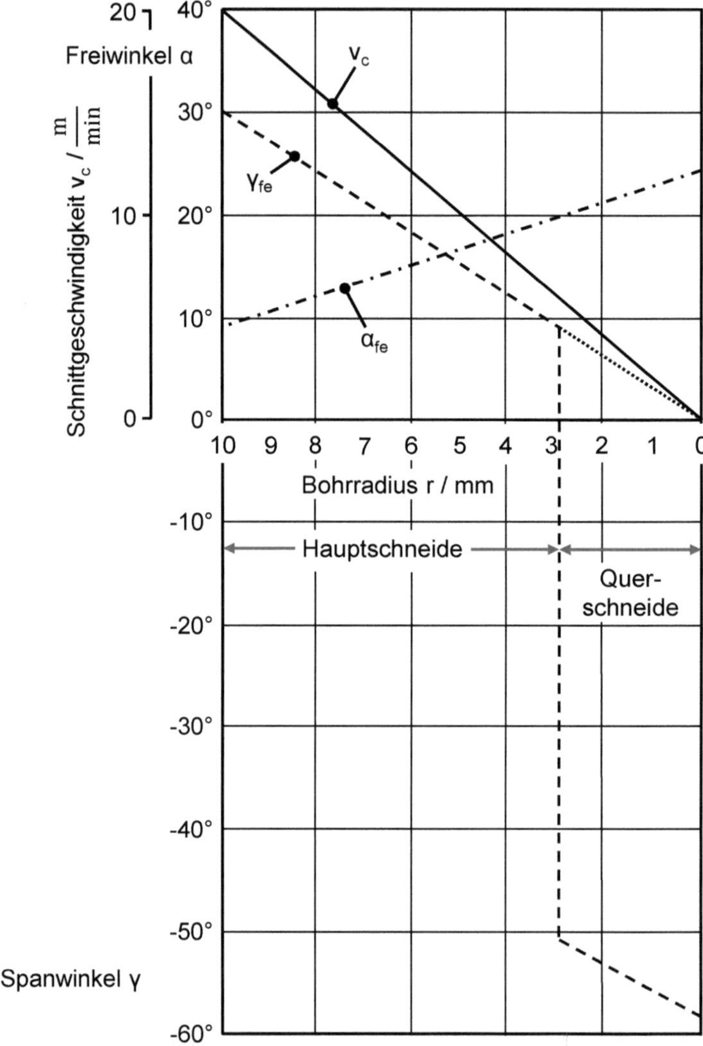

Abb. 12.54 Spanwinkel, Freiwinkel und Schnittgeschwindigkeit in Abhängigkeit vom Bohrradius

Durch das Zusammenwirken von Schnittbewegung (Rotation), und Vorschubbewegung bewegt sich die Werkzeugschneide entlang einer Schraubenlinie, vgl. Abb. 12.56. Unter Berücksichtigung der Schnittbedingungen (Wirkgeschwindigkeit) ist der Freiwinkel so auszulegen, dass der effektive Freiwinkel positiv ist. Damit wird ein „Drücken" oder „Aufsitzen" des Bohrwerkzeuges vermieden. Eine obere Grenze des Freiwinkels ist jedoch durch die Schwächung des Schneidteils und die Neigung zum Rattern gegeben.

Zur Zerspanung von Stahlwerkstoffen wird üblicherweise ein Spitzenwinkel von 118° gewählt. Spitzenwinkel von 90° werden für das Bohren harter, meist stark verschleißend

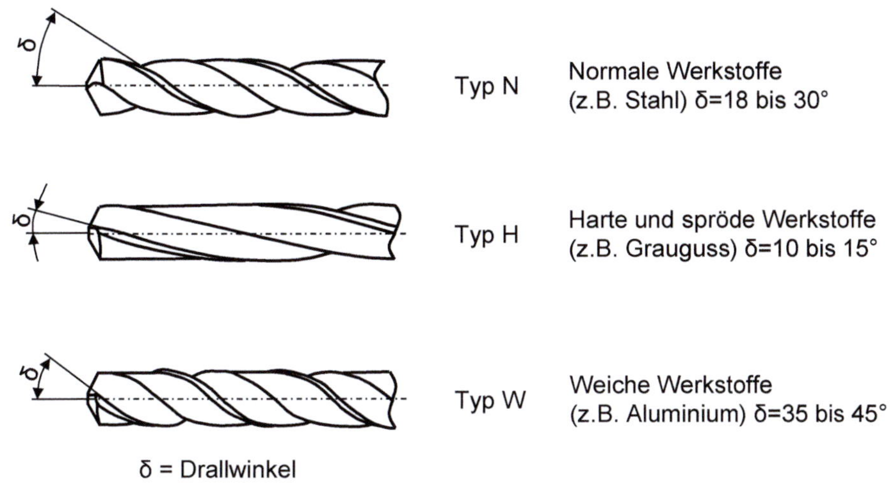

Abb. 12.55 Wendelbohrer für verschiedene Werkstoffe nach DIN1414-1

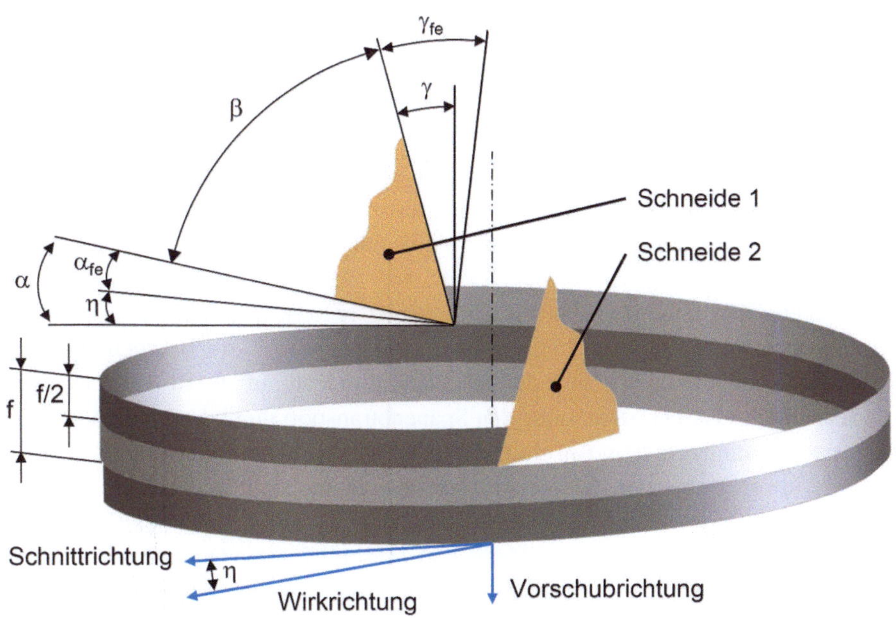

Abb. 12.56 Bewegungsablauf der Hauptschneiden eines zweischneidigen Bohrwerkzeuges

wirkender Kunststoffe verwendet, um den Übergang von Hauptschneiden zu Führungsfasen weniger scharfkantig als bei sehr großen Spitzenwinkeln zu gestalten und somit die Eckenabstumpfung entsprechend zu reduzieren. Spitzenwinkel von 130° ergeben bei rückfedernden („einklemmenden") Werkstoffen ein besseres Freibohren; darüber hinaus kann dem Spänestauproblem bei langspanenden Leichtmetallen durch eine weitere Vergrößerung auf einen Spitzenwinkel von 140° begegnet werden.

Zusammenfassend lässt sich feststellen, dass nur ein sorgfältiger, maschinell durchgeführter und auf das spezifische Problem abgestimmter Bohrerspitzenanschliff zu einer wirtschaftlichen Zerspanung führt. Für den Großteil aller Bearbeitungsfälle hat sich der Kegelmantelanschliff als beständigste und geeignetste Form behauptet. Die Freiflächen sind Teile eines Kegelmantels, vgl. Abb. 12.57. Die Vorteile dieser Bohrer liegen in der einfachen Herstellung und Aufbereitung sowie in der geringen Empfindlichkeit gegen hohe mechanische Beanspruchungen.

Nachteilig sind die geringe Selbstzentrierung und die damit verbundenen Form- und Lagefehler. Zusätzlich nimmt die Querschneidenlänge mit wachsenden Bohrer- und somit Kerndurchmessern zu, sodass sich die hieraus resultierenden hohen Vorschubkräfte ungünstig auf die Arbeitsgenauigkeit auswirken.

In diesem Fall und allgemein immer dann, wenn besondere Anforderungen an ein Bohrwerkzeug gestellt werden, wird die Bohrerspitze mit einem Sonderanschliff versehen, der entweder den Kegelmantelanschliff ergänzt (z. B. Kernausspitzung) oder die Bohrerspitze völlig neu gestaltet (Zentrumsspitze), vgl. Abb. 12.57.

Im Folgenden sind die wichtigsten Bohreranschliffe gemäß Abb. 12.57 beschrieben:

- Form A: Der Kegelmantelanschliff mit ausgespitzter Querschneide verbessert wesentlich die Zentrierfähigkeit des Bohrers und verringert die Axialkraft entsprechend der auf rd. 0,1.D verkürzten Querschneide (Anwendung generell bei Typ N ab 14 mm Durchmesser).
- Form B: Der Kegelmantelanschliff mit ausgespitzter Kern Querschneide und korrigiertem Spanwinkel eröffnet die Möglichkeit, den Spanwinkel der Bearbeitungsaufgabe anzupassen. Üblicherweise wird der Spanwinkel jedoch auf rd. 10° reduziert, sodass ein sehr stabiler Keil entsteht, ohne den Späneabtransport durch Verkleinern des Drallwinkels zu beeinträchtigen. Anschliff B wird für hohe Bohrerbeanspruchung verwendet, wie sie z. B. bei der Zerspanung von Manganhartstahl auftritt, oder aber beim Bohren dünnwandiger Bleche, um Verformung zu reduzieren.
- Form C: Beim Kegelmantelanschliff mit Kreuzanschliff ist die Querschneide völlig eliminiert. Er eignet sich besonders für tiefe Bohrungen. Die quetschende Querschneide wird in zwei kleine Hauptschneiden mit wesentlich verbesserten Schnitteigenschaften umgewandelt. Auch hier wird eine gute Zentrierfähigkeit gewährleistet und die Vorschubkraft herabgesetzt.
- Form D: Der Kegelmantelanschliff mit ausgespitzter Querschneide und facettierten Schneidenecken wurde speziell für die Bearbeitung von Grauguss-Werkstücken

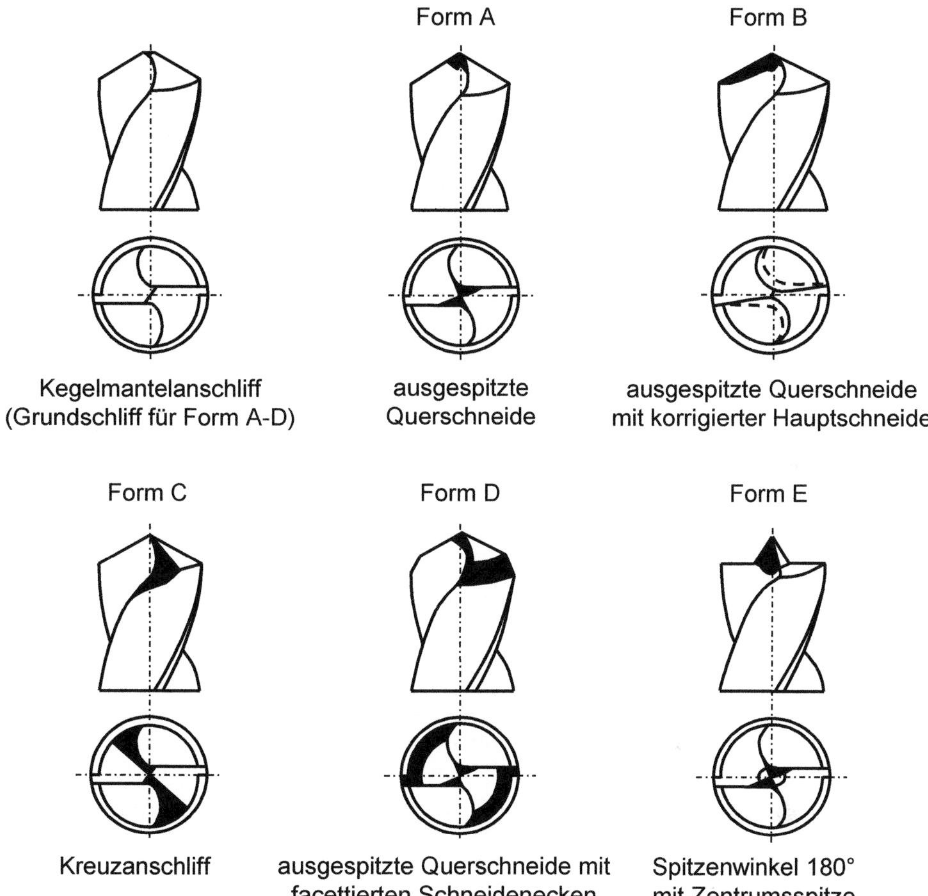

Abb. 12.57 Zusammenstellung der Wendelbohrersonderanschliffe A bis E im Vergleich zum Kegelmantelanschliff, nach DIN 1412

entwickelt, deren harte, abrasiv wirkende Gusshaut besonders die empfindliche Schneidenecke beansprucht. Hier schafft ein zweiter Kegelmantelanschliff mit kleinerem Spitzenwinkel Abhilfe, da er eine verbesserte Wärmeleitung zur Folge hat und dem erhöhten Verschleiß durch Vergrößerung der belasteten Fläche begegnet.

- Form E: Ein Spitzenwinkel 180° mit Zentrumsspitze wird eingesetzt, um ein zentrisches Anbohren sicherzustellen, oder wenn runde und gratfreie Bohrungen in Blechen herzustellen sind. Nach vollständigem Eindringen des Zentrierkegels schneiden beide Hauptschneiden gleichzeitig auf ihrer ganzen Länge an, und die Schneidenecken können sich sofort mit den Führungsfasen an der Bohrungswand abstützen. Der Austritt des Bohrers erfolgt wieder mit der ganzen Hauptschneide, wobei ein ringförmiges Plättchen unter nur geringer Gratbildung herausgeschnitten wird.

Der Vierflächenanschliff, ein Kegelmantelanschliff mit Sekundärfläche, obwohl nicht genormt, ist noch insofern erwähnenswert, als dass dieser bei Bohrern unter 1,5 mm Durchmesser oder bei Hartmetall-Bohrern verwendet wird, da hier der Kegelmantelanschliff Schwierigkeiten bereitet.

Die besonderen Arbeitsbedingungen eines Bohrwerkzeuges stellen hohe Ansprüche an den Schneidstoff hinsichtlich Härte, Zähigkeit, Verschleißfestigkeit und Unempfindlichkeit gegen thermische Wechselbeanspruchungen. Häufig wird HSS als Schneidstoff verwendet. Nach DIN 1414-1 enthalten Schnellarbeitsstähle für Bohrwerkzeuge 6 % Wolfram, 5 % Molybdän, 2 % Vanadium (HS6-5-2) und für erhöhte Belastungen 5 % Kobalt (HS6-5-2-5). Die Werkzeuge werden gehärtet, oberflächenbehandelt (nitriert) und häufig mit verschleißhemmenden Beschichtungen versehen.

Es kommen aber auch Vollhartmetall-Bohrer zum Einsatz. Die Vorteile der Hartmetalle sind hohe Härte, Druckfestigkeit und Warmverschleißfestigkeit. Hartmetall besitzt bei 1000 °C die gleiche Härte wie Schnellarbeitsstahl bei Raumtemperatur. Als Faustregel ist eine Erhöhung der Schnittgeschwindigkeit v_c um den Faktor drei möglich. Darüber hinaus kann mit einem um mindestens 30 % höheren Vorschub f zerspant werden. Neben dieser Steigerung der Schnittbedingungen kann der Standweg L_f bis um den Faktor drei verlängert werden. Aufgrund des hohen E-Moduls sind Hartmetall-Bohrer wesentlich torsionssteifer als HSS-Werkzeuge.

Wegen der hohen Härte und der gegenüber HSS-Werkzeugen geringeren Zähigkeit der Hartmetall-Bohrer ist ihr Einsatz nur auf solchen Werkzeugmaschinen technologisch sinnvoll und wirtschaftlich, bei denen Mindestanforderungen hinsichtlich Genauigkeit, Antriebsleistung, Kühlung und Steifigkeit erfüllt sind. Ein Beispiel für die Genauigkeitsanforderungen ist die Rundlaufgenauigkeit des Bohrprozesses. Der an den Schneiden des Bohrers messbare Gesamt-Rundlauffehler ergibt sich aus der Summe der einzelnen Rundlauffehler von Maschinenspindel, Schnittstelle, Werkzeugaufnahme und Werkzeug. Den größten Anteil hat in der heutigen Praxis die Werkzeugaufnahme. Können die Mindestanforderungen nicht eingehalten werden, sind nicht zuletzt auch wegen ihres geringeren Preises weiterhin HSS-Bohrer einzusetzen.

Der Zerspanungsprozess Bohren weist einige Besonderheiten auf, auf die im Folgenden eingegangen wird. Im Vergleich zum Innendrehen ist beim Bohren mit Wendelbohrern mit einer größeren Rautiefe an der Bohrungswand zu rechnen, die sich als Folge der vergleichsweise geringen Schnittgeschwindigkeit, der geringen Torsions- und Biegesteifigkeit des Werkzeugs und durch den Spanabtransport ergibt [Spur60].

Der Gesamtwerkzeugverschleiß setzt sich beim Wendelbohrer im Wesentlichen aus:

- Freiflächenverschleiß,
- Kolkverschleiß,
- Führungsfasenverschleiß,
- Querschneidenverschleiß und
- Eckenverschleiß

zusammen und führt in seinen Auswirkungen zu relativem oder absolutem Erliegen des Werkzeuges.

Das relative Erliegen ist dadurch gekennzeichnet, dass ab einer bestimmten Bohrlänge das Bearbeitungsergebnis den Anforderungen nicht mehr entspricht. Beim absoluten Erliegen tritt die völlige Unbrauchbarkeit des HSS-Werkzeuges durch Blankbremsung der Werkzeugschneide oder durch Werkzeugbruch auf. Der Übergang vom relativen zum absoluten Erliegen wird häufig durch ein erhöhtes „Kreischen" des Bohrwerkzeuges angekündigt.

Ein wesentliches Standkriterium beim Bohren ist das Erreichen vorgegebener Grenzen bei Maß- und Formfehlern (relatives Liegen). Ursächlich ist hierfür häufig Verschleiß an der Schneidenecke und an den Führungsfasen. Aufgrund der maximalen Schnittgeschwindigkeit am Außendurchmesser ist die Schneidenecke besonders stark belastet. Hier versagen insbesondere HSS-Werkzeuge häufig. Dagegen verursacht die niedrige Schnittgeschwindigkeit im Querschneidenbereich häufig Aufbauschneidenbildung, was sich jedoch nicht dominant negativ auf den Prozessablauf auswirkt oder im Arbeitsergebnis bemerkbar macht. Der Vorschub beeinflusst den Werkzeugverschleiß weitaus geringer als die Schnittgeschwindigkeit, sodass dieser hier nicht weiter betrachtet wird.

Die Kräfte am Wendelbohrer sind in Abb. 12.58 dargestellt. Beim Bohren mit HSS-Werkzeugen liegt die Schnittgeschwindigkeit für Stähle im Bereich von 10 – 40 m/min. Eine Reihe von Untersuchungen hat gezeigt, dass hier der Einfluss auf die Zerspankraft, insbesondere bei großen Bohrerdurchmessern gering ist. Bei extrem niedrigen oder extrem hohen Schnittgeschwindigkeiten wird dagegen ein erhebliches Ansteigen von Vorschubkraft und Schnittmoment angegeben, was sich besonders bei kleineren Bohrerdurchmessern auswirkt.

Wie bei allen spanenden Verfahren mit geometrisch bestimmter Schneide steigen die Zerspankraftkomponenten degressiv mit dem Vorschub an.

Eingehende Untersuchungen haben gezeigt, dass die Oberflächengüte der Bohrungswand nur unwesentlich durch den Bohrerspitzenanschliff beeinflusst werden kann. Dagegen hängt die Maßgenauigkeit der Bohrung von der Symmetrie des Anschliffs ab, da nur bei weitgehendem Ausgleich der radial wirkenden Passivkraft ein Verlaufen des Werkzeuges verhindert werden kann [Spur60].

Unterschiedliche Passivkräfte F_{p1} und F_{p2} beanspruchen den Bohrer auf Biegung und führen im Arbeitsergebnis zu vergrößerten Bohrungsdurchmessern. Unterschiedliche Passivkräfte treten vorwiegend durch werkzeugseitig bedingte Ursachen auf, wie

- ungleiche Hauptschneidenlängen,
- ungleiche Spitzenwinkel,
- ungleiche Freiwinkel,
- unsymmetrische Ausspitzung,
- unsymmetrische Drallnuten,
- ungleiche Schneidenschärfe sowie
- Rundlauffehler [Spur60].

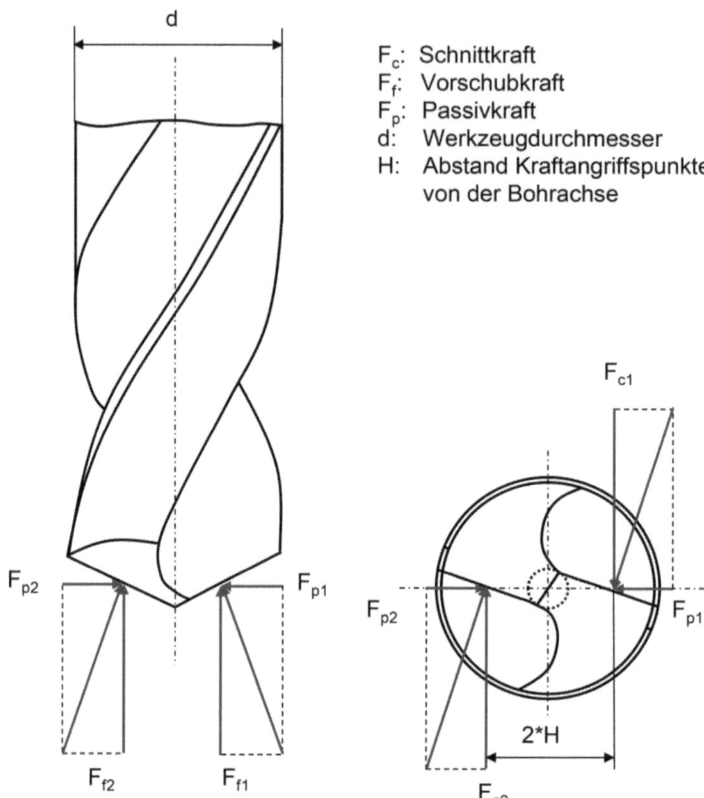

Abb. 12.58 Kräfte am Wendelbohrer, nach Spur [Spur60]

Die beim Bohren gegenüber dem Drehen (bei sonst gleichen Randbedingungen) erhöhte Schnitt- und Vorschubkraft liegt zum einen in der Reibung der Späne im Nutengrund und an der Bohrungswand begründet sowie zum anderen in der Länge der Querschneide, die im Verhältnis zum Bohrdurchmesser wesentlich für die Höhe der Zerspankraft heranzuziehen ist. Je enger der Spanraum für ein durch die Schnittbedingungen vorgegebenes Spanvolumen ist, desto größer werden das aufzubringende Schnittmoment und die notwendige Vorschubkraft. Zu den Vorschubkräften, die beim Drehen auftreten, kommen erhebliche Anteile für die Reibung an der Führungsfase und die Quetschvorgänge im Bereich der Querschneide hinzu.

Für die Betrachtung der prozentuellen Kraftanteile der Hauptschneide, der Querschneide und der Führungsfasen eines Wendelbohrers bezüglich des Drehmoments und der Vorschubkraft sind der Tab. 12.1 folgende Richtwerte zu entnehmen. Diese Anteile wurden anhand von Stufenbohrversuchen ermittelt. Dabei können Drehmomente und

Tab. 12.1 Kraftanteile der Hauptschneide, der Querschneide und der Führungsfase eines Wendelbohrers

	Drehmoment (%)	Vorschubkraft (%)
Hauptschneide	65 – 75	17 – 25
Querschneide	10 – 14	65 – 75
Führungsfasen	15 – 20	7 – 8

Vorschubkräfte nacheinander nur für die Hauptschneiden, für Haupt- und Querschneiden sowie für Haupt-, Querschneiden und Führungsfasen ermittelt werden.

12.3.2.2 Spanungsgrößen beim Bohren

Der Spanungsquerschnitt A bestimmt wesentlich die Zerspankraft beim Bohren. Tabelle 12.2 zeigt die geltenden Zusammenhänge der Spanungsgrößen beim Bohren und die mögliche Berechnung des Spanungsquerschnitts aus dem Vorschubanteil pro Schneide f_z und der Schnitttiefe a_p bzw. aus der Spanungsdicke h und Spanungsbreite b.

12.3.2.3 Berechnung von Kräften, Drehmoment und Leistung beim Bohren mit Wendelbohrer

Entsprechend den Verhältnissen beim Drehen können für das Bohren ins Volle und das Aufbohren mit Wendelbohrer die Schnittkraft, Vorschubkraft und das Drehmoment mit Hilfe der Kienzle-Gleichung überschlägig berechnet werden (vgl. Tab. 12.3). Für das Bohren ist die Einführung eines Verfahrensfaktors f_B für die Berücksichtigung der beim Bohren gegenüber dem Drehen veränderten Einflüsse auf die Kräfte (z. B. Schneidenform, Schnittgeschwindigkeit u.a.) notwendig.

12.3.2.4 Tiefbohren

Tiefbohren ist ein spanabhebendes Verfahren zur Herstellung bzw. Bearbeitung von Bohrungen. Tiefbohrungen sind Bohrungen mit einem Durchmesser zwischen ca. 1 – 1500 mm und einer Bohrtiefe ab ca. dreifachem Durchmessermaß. Eine generelle Abgrenzung des Tiefbohrens gegenüber anderen „konventionellen“ Bohrtechnologien durch z. B. eine allgemein gültige Definition ist nicht möglich. Mit allen Tiefbohrverfahren kann ein sehr großes Verhältnis von Bohrtiefe zu Durchmesser realisiert werden. Die weiteren Vorteile des Tieflochbohrens gegenüber herkömmlichem Bohren mit Wendelbohren liegen vor allem in der höheren Qualität der Bohrungen und der ausgezeichneten Wirtschaftlichkeit.

Vom herkömmlichen Bohren unterscheidet sich das Tiefbohren außer durch eine unsymmetrische Schneidenanordnung am Werkzeug dadurch, dass das Kühlschmiermittel unter Druck direkt zu den Schneiden geführt wird, und dass seine Spülwirkung den alleinigen Transportmechanismus für die anfallenden Späne darstellt. Der Schneidteil besteht aus Hartmetall, sodass hohe Schnittgeschwindigkeiten erreicht werden können, die wiederum

Tab. 12.2 Berechnung des Spanungsquerschnitts beim Bohren

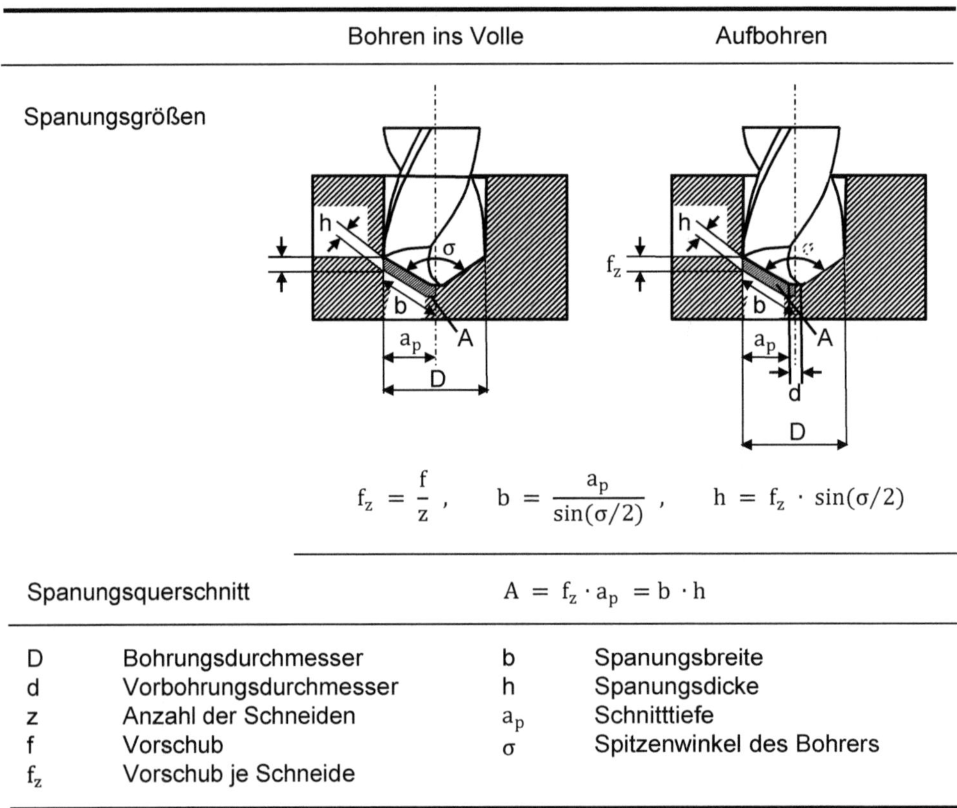

	Bohren ins Volle	Aufbohren
Spanungsgrößen	$f_z = \frac{f}{z}$, $b = \frac{a_p}{\sin(\sigma/2)}$, $h = f_z \cdot \sin(\sigma/2)$	
Spanungsquerschnitt	$A = f_z \cdot a_p = b \cdot h$	

D	Bohrungsdurchmesser	b	Spanungsbreite
d	Vorbohrungsdurchmesser	h	Spanungsdicke
z	Anzahl der Schneiden	a_p	Schnitttiefe
f	Vorschub	σ	Spitzenwinkel des Bohrers
f_z	Vorschub je Schneide		

eine Erhöhung des Zeitspanungsvolumens ermöglichen. Zur industriellen Fertigung tiefer Bohrungen werden die folgenden drei Verfahrensarten verwendet:

- Einlippenbohrverfahren (ELB-Verfahren),
- BTA-Bohrverfahren und
- Ejektor-Bohrverfahren.

Das Einlippenbohrverfahren wird im Durchmesserbereich von ca. 0,8 – 40 mm eingesetzt. Abb. 12.59 zeigt die wesentlichen Merkmale dieses Verfahrens.

Beim Einlippenbohrverfahren ist als charakteristisches Merkmal und Hauptvorteil zu nennen, dass bei den Tiefbohrwerkzeugen die Kühlmittelzufuhr durch eine oder mehrere Bohrungen innerhalb des Werkzeugs und die sichere Abführung des KSS-Spänegemischs durch eine Längsnut (Sicke) am äußeren Werkzeugschaft erfolgt.

Aufgrund der Form des Anschnittes und des großen Bohrtiefe/Durchmesser-Verhältnisses, wird das Bohrwerkzeug an der Oberseite des Werkstücks über eine Bohrbuchse

Tab. 12.3 Kräfte, Drehmoment, Leistungsbedarf beim Bohren

	Bohren ins Volle	Aufbohren
Kraftangriff	$H = D/4$	$H = (D + d)/2$
Verfahrensfaktor	$f_B = 1$	$f_B = 0{,}95$
Schnittkraft pro Schneide $F_{cz} = k_{c1.1} \cdot b \cdot h^{1-m_c} \cdot f_B$	$F_{cz} = k_{c1.1} \cdot \frac{\frac{D}{2}}{\sin\left(\frac{\sigma}{2}\right)} \cdot h^{1-m_c} \cdot f_B$	$F_{cz} = k_{c1.1} \cdot \frac{\frac{(D-d)}{2}}{\sin\left(\frac{\sigma}{2}\right)} \cdot h^{1-m_c} \cdot f_B$
Vorschubkraft pro Schneide $F_{fz} = k_{f1.1} \cdot b \cdot h^{1-m_f} \cdot f_B$	$F_{fz} = k_{f1.1} \cdot \frac{\frac{D}{2}}{\sin(\sigma/2)} \cdot h^{1-m_f} \cdot f_B$	$F_{fz} = k_{f1.1} \cdot \frac{\frac{(D-d)}{2}}{\sin(\sigma/2)} \cdot h^{1-m_f} \cdot f_B$
Drehmoment $M = F_{cz} \cdot z \cdot H$	$M = F_{cz} \cdot z \cdot \frac{D}{4}$	$M = F_{cz} \cdot z \cdot \frac{(D+d)}{2}$
	$M = \frac{P_c}{\omega} = \frac{P_c}{2 \cdot \pi \cdot n}$	
Leistung	$P_a = \frac{P_c}{\eta}$	
	$P_c = M \cdot \omega = M \cdot 2 \cdot \pi \cdot n = F_{cz} \cdot z \cdot v_H$	
	$P_c = F_{cz} \cdot z \cdot \pi \cdot \frac{D}{2}$	$P_c = F_{cz} \cdot z \cdot \pi \cdot \frac{(D+d)}{2}$

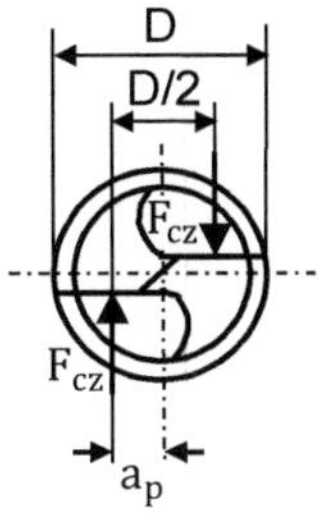

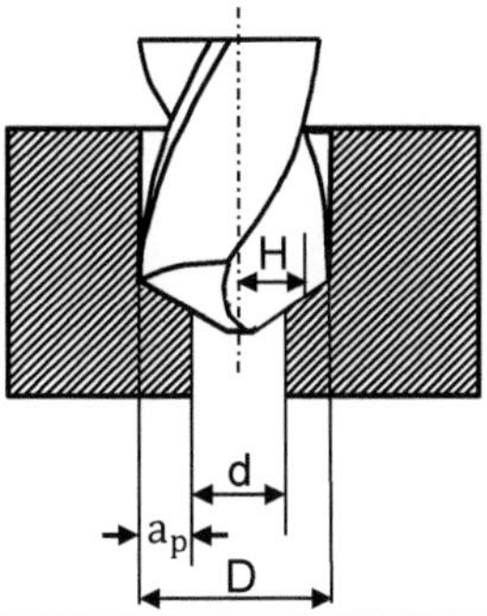

D	Bohrungsdurchmesser	H	Hebelarm
d	Vorbohrungsdurchmesser	M	Drehmoment
z	Anzahl der Schneiden	P_a	Antriebsleistung
f_z	Vorschub je Schneide	P_c	Schnittleistung
F_{cz}	Schnittkraft pro Schneide	n	Drehzahl
F_{fz}	Vorschubkraft pro Schneide	v_H	Geschw. am Kraftangriffspunkt
$k_{c1.1}$	Spez. Schnittkraftkoeffizient	v_c	Schnittgeschwindigkeit
$k_{f1.1}$	Spez. Vorschubkraftkoeffizient	η	Wirkungsgrad
f_B	Verfahrensfaktor Bohren		

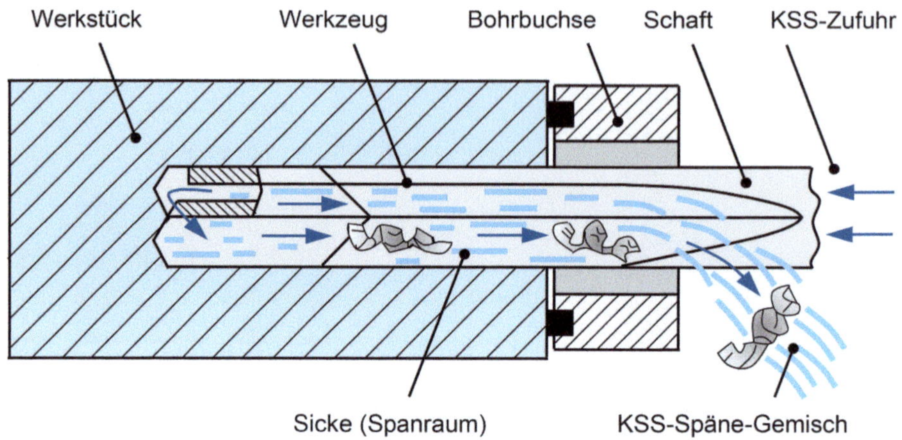

Abb. 12.59 ELB-Verfahren für Durchmesser von 0,8 – 40 mm (Quelle: Sandvik)

geführt (vgl. Abb. 12.59). Damit wird der Anbohrvorgang stabilisiert. Einlippen-Tiefbohrwerkzeuge werden als Vollbohrer, Kernbohrer, Aufbohrer und Stufenbohrer in der Fertigung eingesetzt, wobei das Vollbohren der in der Praxis am häufigsten anzutreffende Einsatzfall ist. Grundsätzlich bestehen Einlippenbohrer aus drei Einzelteilen: dem Bohrkopf, dem Schaft und der Einspannhülse. Als Schneidstoff wird heute in den meisten Fällen Hartmetall verwendet, wobei sowohl Vollhartmetall-Bohrköpfe als auch hartmetallbestückte Bohrköpfe zum Einsatz kommen.

Das BTA-Verfahren (Boring and Trepanning Association – BTA) wurde Ende der 1930er Jahre erfunden, um das Kratzen der Späne beim Transport an der Bohrlochwand und die daraus resultierende Beeinträchtigung der Oberflächengüte zu vermeiden. Der Versuch, die Spannut des Einlippenbohrers nach außen hin abzudecken, hatte jedoch eine starke Verminderung des zur Verfügung stehenden Spanraums zur Folge, was wiederum die Zeitspanungsvolumina begrenzte. Die Lösung wurde schließlich von der „Boring and Trepanning Association" gefunden, die die Verfahrenscharakteristik des Einlippenbohrens umkehrte und das Kühlschmiermittel von außen durch den ringförmigen Spalt zwischen Bohrrohr und Wandung zuführte (vgl. Abb. 12.60). Der Rückfluss erfolgt zusammen mit den Spänen durch das Spanmaul und das Bohrrohr, dessen Durchmesser nicht unter 6 mm betragen sollte. Der obere Durchmesser liegt für Vollbohrwerkzeuge bei ca. 300 mm und für Aufbohrwerkzeuge bei ca. 1000 mm, wobei diese Grenzen maßgeblich von der verfügbaren Maschinenleistung abhängen.

Das BTA-Verfahren hat gegenüber dem Tiefbohren mit Einlippenbohrern den Nachteil, dass ein komplizierter Bohrölzuführungsapparat benötigt wird, der die Abdichtung des Bohrrohrs übernimmt. Das Verfahren erfordert Maschinen, die sich wesentlich von Standard-Bohrmaschinen unterscheiden.

Das Ejektor-Tiefbohrverfahren wird im Durchmesserbereich von ca. 18 – 250 mm eingesetzt. Gemäß VDI Richtlinie 3209 ist es eine Variante des BTA-Verfahrens, vgl. Abb. 12.61. Die Zufuhr des Kühlschmiermittels erfolgt durch einen Ringraum zwischen

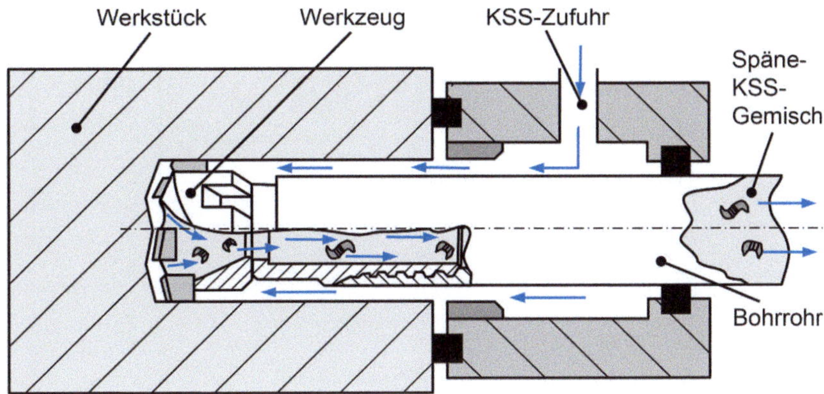

Abb. 12.60 BTA-Verfahren für Durchmesser von 6 – 300 mm (Quelle: Sandvik)

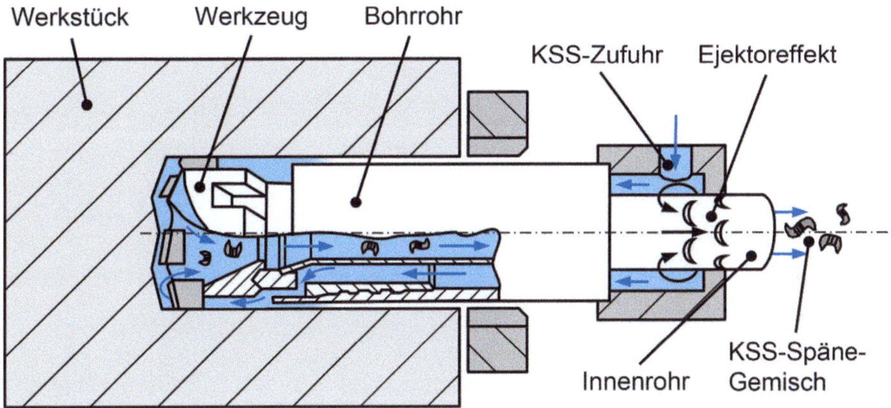

Abb. 12.61 Ejektor-Verfahren für Durchmesser von 18 – 250 mm (Quelle: Sandvik)

dem Bohrrohr und einem Innenrohr (Zweirohrverfahren). Der Kühlschmierstoff tritt am Bohrkopf seitlich ein, umspült diesen und fließt mit den Spänen im Innenrohr zurück. Ein Teil des Kühlschmierstoffs wird über eine Ringdüse in das Innenrohr eingeleitet. Durch den entstehenden Unterdruck am Spanmaul wird der Rückfluss ermöglicht (Ejektor-Effekt). Im Gegensatz zum BTA-Verfahren entfällt die Abdichtung gegen Austreten von KSS. Eine weitere Besonderheit ist die Schneidenaufteilung zur Verminderung der auf die Führungsleisten wirkenden Kräfte sowie das somit erforderliche doppelte Spanmaul. Die sonst von der Peripherie bis zum Zentrum durchgehende Schneide wird so unterteilt, dass abwechselnd rechts und links von der Mitte jeweils zwei Schneidenteile angeordnet sind. Dies hat zur Folge, dass die Belastung der Führungsleisten auf etwa 10 bis max. 50 % der sonst zu erwartenden Kräfte abfallen und entsprechend Reibung, Wärmeentwicklung und Verschleiß gemindert werden.

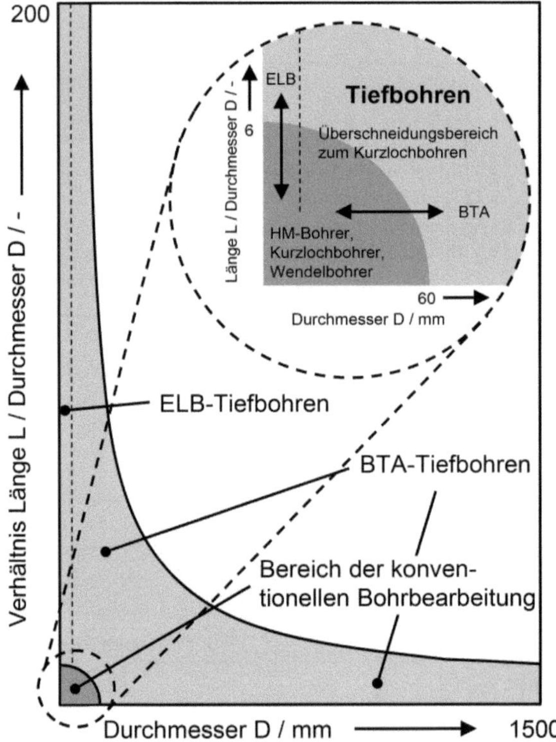

Abb. 12.62 Einsatzfeld der Tiefbohrwerkzeuge im Vergleich zu „konventionellen" Werkzeugen, nach VDI-Richtlinie 3210

Tiefbohrwerkzeuge beherrschen das gesamte Feld der durch Bohren herstellbaren Innenkonturen, Abb. 12.62. Lediglich im Bereich kleinerer Bohrtiefen (bis Länge/Durchmesser ca. 6 und Durchmesser bis ca. 60 mm) werden auch andere Bohrverfahren und Bohrwerkzeuge eingesetzt. Da diese Abmessungen im allgemeinen Maschinenbau vorherrschen, wird die Dominanz und Vielseitigkeit der Tiefbohrverfahren oft nicht wahrgenommen. Zunehmend werden, insbesondere im Überschneidungsbereich zwischen Kurzlochbohren (konventioneller Bohrtechnologie) und Tiefbohrtechnologie, Bohrwerkzeuge eingesetzt, die Merkmale von Tiefbohrwerkzeugen besitzen oder aber unter tiefbohrähnlichen Bedingungen betrieben werden.

Insbesondere im Bereich der tiefen Bohrungen und der Bohrungen mit großen Durchmessern werden fast ausschließlich Tiefbohrtechnologie eingesetzt. Wegen seiner hohen Produktivität und erreichbaren Bohrungsgüte wird das Tiefbohren heute zunehmend für Fertigungsaufgaben eingesetzt, bei denen das Verhältnis zwischen Bohrungstiefe und Bohrungsdurchmesser größer als 6 ist. Auch im Bereich geringerer Werkzeugdurchmesser, in dem naturgemäß die meisten Einsatzfälle für das Bohren liegen, zeigen zahlreiche

Bearbeitungsbeispiele die Präsenz der Tiefbohrtechnologie. Schwerzerspanbare Materialien lassen sich mit Tiefbohrverfahren im Regelfall gut bearbeiten.

Die Tiefbohrverfahren haben folgende typische Merkmale:

- Anwendung spezieller Hartmetallwerkzeuge mit unsymmetrisch zur Werkzeugachse liegender Schneide (ggf. Schneiden),
- Selbstführung des Werkzeugs mittels Dreipunktanlage in der Bohrung durch Führungsleisten und Nebenschneide (Rundschlifffase),
- Anbohrführung des Werkzeugs in einer Bohrbuchse oder einer Führungsbohrung sowie
- kontinuierliche Kühlschmierstoffzufuhr größerer Menge unter Druck, um eine stetige Spanabfuhr ohne Ausspanhübe zu erreichen.

Einige Vorteile beim Einsatz der Tiefbohrverfahren sind:

- sehr hohe Zerspanleistung,
- ideale Bedingungen bezüglich Kühlung und Schmierung,
- kurze Hauptzeiten,
- hohe Bohrungsqualität hinsichtlich Durchmessertoleranz, Oberflächengüte und geometrischer Formgenauigkeit,
- hohe Fluchtgenauigkeit, geringer Bohrungsverlauf,
- Ersatz mehrerer Arbeitsvorgänge – z. B. Vorbohren, Aufsenken und Reiben durch einen Arbeitsvorgang,
- Bearbeitung schwer zerspanbarer Werkstoffe möglich,
- große Bohrtiefe im Verhältnis zum Durchmesser (bis max. 250fach),
- Wirtschaftlichkeit auch bei kurzen Bohrtiefen sowie
- geringe Gratbildung beim Ausbohren und beim Überbohren von Querbohrungen.

Durch Tiefbohren können Metalle jeder Art sowie andere Werkstoffe wie z. B. Kunststoffe sowohl in der Massenfertigung von Kleinteilen als auch in der Einzelfertigung von Großmaschinenteilen bearbeitet werden.

Die Verfahrensvarianten (auch Bearbeitungsmethoden) des Tiefbohrens sind geprägt durch die Bohraufgabe und den entsprechend angepassten Bohrwerkzeugen (vgl. Abb. 12.63, VDI-Richtlinie 3210). Die am häufigsten eingesetzte Variante der Bohrbearbeitung ist das Vollbohren. Darüber hinaus können alle Tiefbohrverfahren auch für das Aufbohren und das Kernbohren eingesetzt werden. Formbohrwerkzeuge dienen dazu, einen bestimmten, durch die Werkzeugschneidengeometrie festgelegten Bohrungsgrund oder Konturübergänge bei Stufenbohrungen zu erzeugen.

Tiefbohrmaschinen können so aufgebaut sein, dass die Hauptbewegung sowohl vom Werkzeug als auch vom Werkstück oder auch von beiden Teilen ausgeführt werden kann. Bei drehendem Werkzeug und stehendem Werkstück sind die Maschinen für eine breite

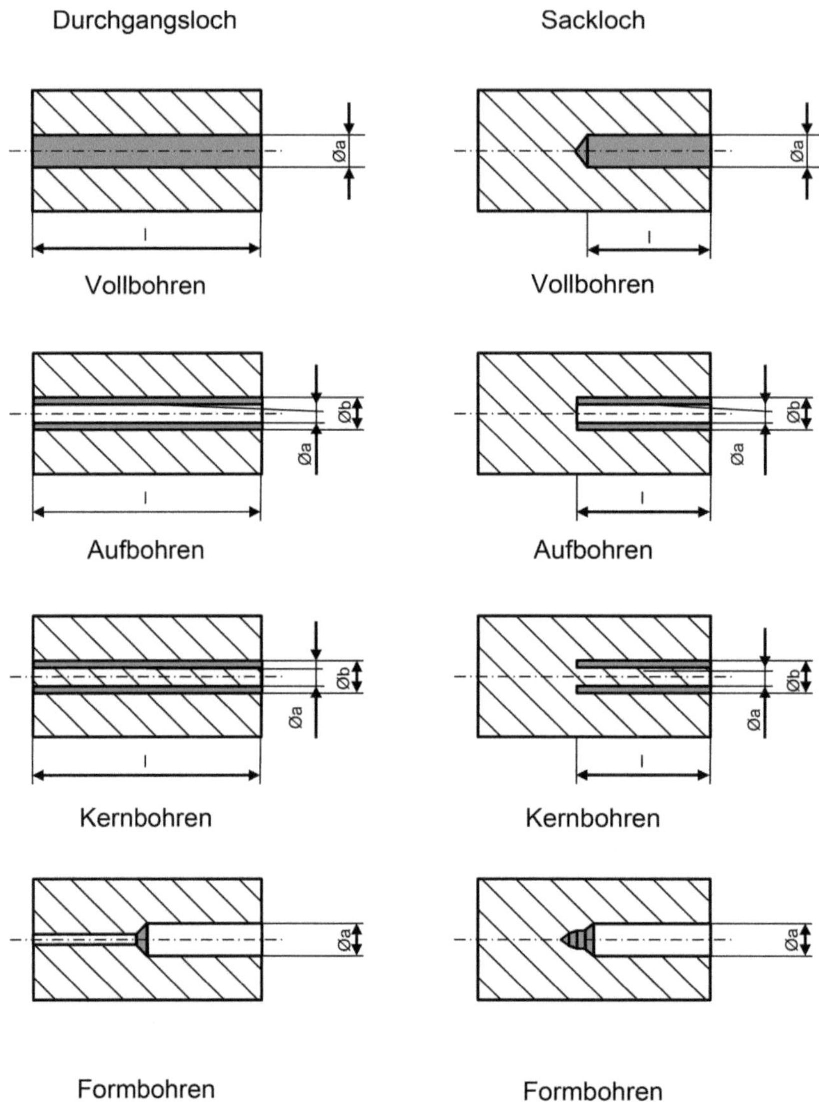

Abb. 12.63 Verfahrensvarianten für das Tiefbohren

Palette beliebig geformter Teile verwendbar. Sie sind mit einer automatischen Ladevorrichtung und evtl. als Mehrspindelmaschinen am besten für eine wirtschaftliche Großserienfertigung geeignet. Bei drehendem Werkstück und stehendem Werkzeug können nur rotationssymmetrische Teile mit geringen Massen bearbeitet werden, da die Gefahr besteht, dass schon eine geringe Unwucht der rotierenden Werkstücke zu ungünstigen

Abb. 12.64 Tiefbohrmaschine (Quelle: TBT Tiefbohrtechnik)

Bohrergebnissen führt. Abb. 12.64 zeigt eine Tiefbohrmaschine der Firma TBT Tiefbohrtechnik. Einige technische Daten dieser Tiefbohrmaschine sind:

- Vollbohrbereich (min.-max.) : 0,9 – 15 mm,
- Maximale Bohrtiefe mit 1 Lünette : 700 mm,
- Maximale Spindeldrehzahl : 24.000 1/min,
- Antriebsleistung : 2,4 kW.

Die Einsatzgrenzen der Tiefbohrverfahren werden im Wesentlichen von folgenden Faktoren bestimmt:

- Zerspanbarkeit des Werkstoffes,
- Stabilität des Werkzeuges und der Maschine,
- Genauigkeit der Maschine,
- Zusammensetzung des Kühlschmiermittels und
- Schneidstoff.

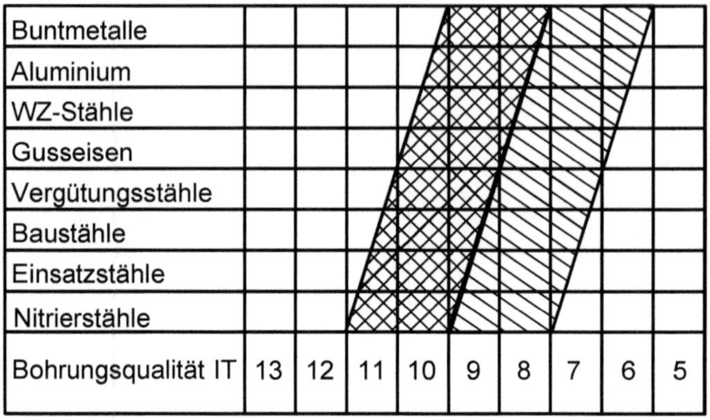

Buntmetalle									
Aluminium									
WZ-Stähle									
Gusseisen									
Vergütungsstähle									
Baustähle									
Einsatzstähle									
Nitrierstähle									
Bohrungsqualität IT	13	12	11	10	9	8	7	6	5

Abb. 12.65 Beim Tiefbohren erreichbare Bohrungstoleranzen (Quelle: TBT Tiefbohrtechnik)

Die VDI-Richtlinie 3210 fasst diese Grenzen in Form von Richtwerten für Voll-, Kern- und Aufbohrer zusammen und unterscheidet je nach Verfahren und Werkzeug, ob ISO-Toleranzgrade unter oder über IT9 zu erreichen sind. Diese grobe Angabe liegt darin begründet, dass in die erreichbare Toleranz noch deutlich die Zerspanbarkeit des Werkstoffes eingeht, vgl. Abb. 12.65.

So lassen Buntmetalle unter optimalen Bedingungen die ISO-Toleranz IT6 zu, was im Durchmesserbereich von 50 – 80 mm einer maximalen Maßabweichung von 9 μm entspricht. Dagegen wird bei der spanenden Bearbeitung von Nitrierstählen nur bestenfalls die Toleranz IT8 erreicht.

Da mit dem Tiefbohren die Verfahrenskombination Wendelbohren-Reiben substituiert werden kann, liegen die unter normalen Bedingungen erreichbaren Oberflächengüten in der gleichen Größenordnung (Feinschlichten). Abb. 12.66 zeigt weiterhin, dass unter besonders günstigen Bedingungen sogar R_a-Werte von 0,1 μm erzielt werden, die sonst einer Feinstbearbeitung – z. B. Honen – bedürfen.

Aus diesen Betrachtungen ist ersichtlich, dass das Tiefbohren überwiegend dann wirtschaftlich eingesetzt werden kann, wenn Folgebearbeitungen eingespart werden können und/oder hochlegierte Werkstoffe zu bearbeiten sind.

Im folgenden Überblick sind die Anwendungsgebiete zusammengefasst, bei denen mit Tiefbohrverfahren vorteilhaft gearbeitet werden kann [Grüb74]:

- Forderungen nach hohem Zeitspanungsvolumen,
- Bearbeitung von Werkstoffen mit hohen Legierungsbestandteilen, die schwer zerspanbar sind,
- Werkstoffe, deren Zugfestigkeit über 1200 N/mm^2 liegt,
- Hohe Anforderung an Toleranz und Oberflächengüte,
- Große Bohrtiefe im Verhältnis zum Durchmesser sowie
- Ersatz mehrerer Einzelarbeitsgänge (Vorbohren, Aufbohren, Reiben) durch einen Arbeitsgang.

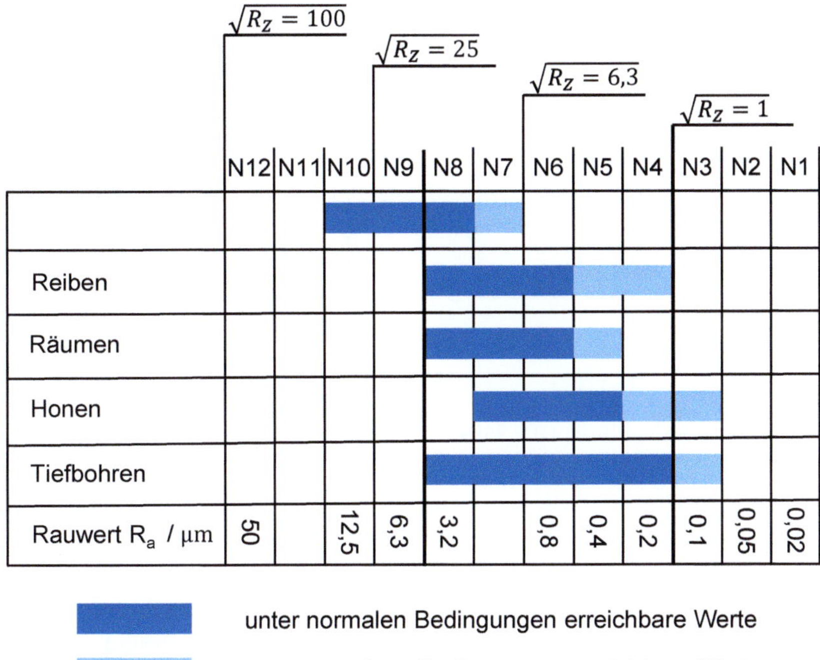

Abb. 12.66 Erreichbare Oberflächengüte im Vergleich mit anderen Bearbeitungsverfahren (Quelle: TBT Tiefbohrtechnik)

12.3.2.5 Reiben

Reiben und Feinbohren zielen auf höchste Maß-, Form- und Oberflächengüten ab und werden überwiegend zur Präzisionsbearbeitung von Bohrungen eingesetzt. Beide Verfahren stellen jeweils den letzten Schritt einer mehrstufigen Bearbeitungsfolge dar.

Zur Herstellung einer Präzisionsbohrung wird zunächst eine Vorbohrung erzeugt. Bei der Herstellung kleinerer Bohrungen geschieht dies meist durch Bohren ins Volle. Sind die Rohteile gegossen, so können auch kleinere Bohrungen vorgegossen sein. Es wird dann zuerst ein Aufbohren durchgeführt. Große Bohrungen sind im Regelfall vorgegossen und werden vor der Präzisionsbearbeitung in einem oder in zwei Arbeitsgängen aufgebohrt.

Bei der Feinbearbeitung der Bohrungen durch Reiben wird der Bohrungsdurchmesser um einige Zehntel Millimeter vergrößert. Dies erfolgt mit dem Ziel, die Bohrung hinsichtlich ihrer Toleranzen und ihrer Oberflächengüte im Vergleich zum Zustand nach dem Vorbohren wesentlich zu verbessern. Bezüglich der Kinematik entspricht das Reiben dem Aufbohren mit geringer Spanungsdicke, vgl. Abb. 12.67.

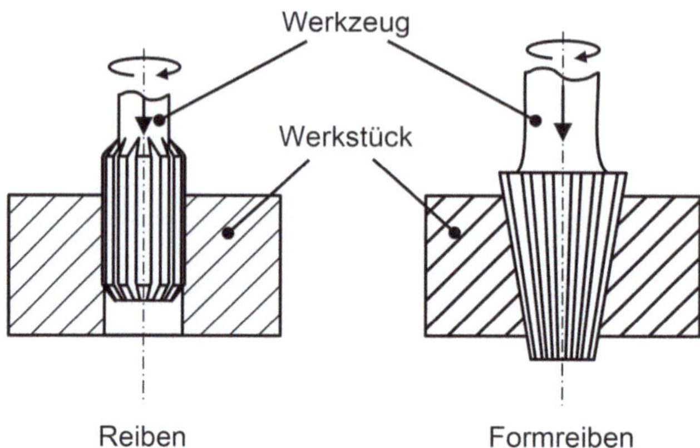

Abb. 12.67 Reibwerkzeuge, nach DIN 8589-2

Nach DIN 8589-2 wird zwischen Reiben mit einschneidigen und mehrschneidigen Werkzeugen unterschieden. Die Einschneiden-Reibahle erhält ihre Führung durch am Umfang angeordnete Führungsleisten, wobei die Funktionen Zerspanung und Führung auf unabhängigen Wirkelementen aufgeteilt sind, Abb. 12.68. Zweischneidige Werkzeuge verfügen in der Regel ebenfalls über Führungsleisten. Die Schneiden sind dabei axial und radial versetzt. Auf diese Weise kann mit der nachlaufenden Schneide eine sehr geringe

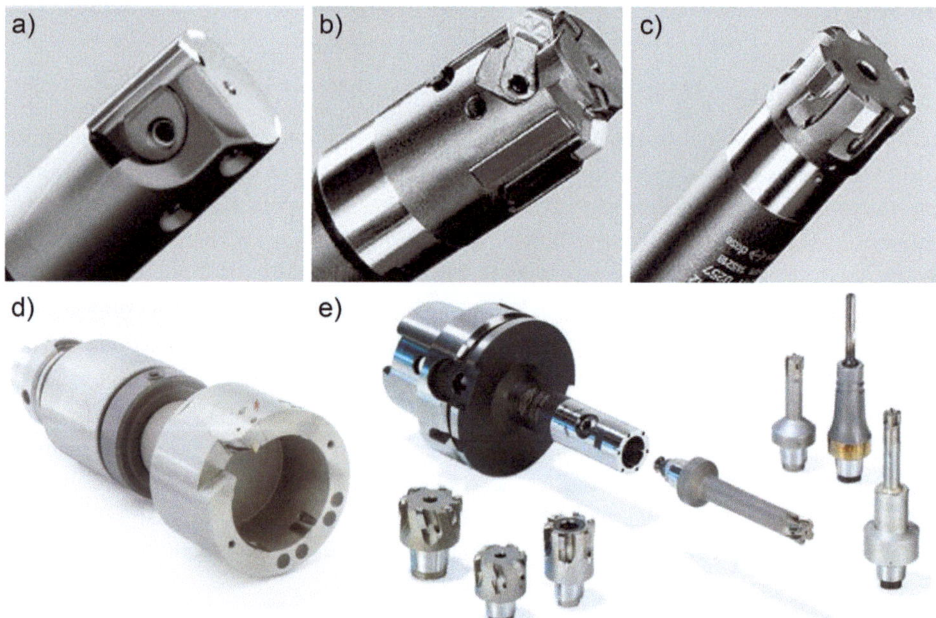

Abb. 12.68 (**a**) Einschneiden-, (**b**) Zweischneiden- und (**c**) Mehrschneiden-Reibahlen mit PKD- oder PCBN-Bestückung, (**d**) Außenreibahle, (**e**) Reibahlen mit Wechselkopf (Quelle: Mapal)

Spanungsdicke realisiert werden, sodass die Qualität gegenüber einschneidigen Werkzeugen oftmals weiter gesteigert werden kann. Neben Werkzeugen für die Innenbearbeitung von Bohrungen sind zudem Außenreibahlen mit Führungsleisten erhältlich, die auf diese Weise die Zerspankraft abstützen und so die Fertigung präziser Außendurchmesser auf Bearbeitungszentren und Drehmaschinen ermöglichen, Abb. 12.68. Mehrschneidige Reibwerkzeuge werden hingegen durch die am Umfang angeordneten Nebenschneiden geführt. Alle Schneiden stützen sich an der Bohrungswand ab und führen so die Reibahle. Dies ist der Grund dafür, dass sich mit mehrschneidigen, fasengeführten Reibahlen die Lagetoleranz von Bohrungen nicht verbessern lässt. Vorteilhaft bei der Verwendung mehrschneidiger Reibahlen ist die erhöhte Produktivität durch höhere realisierbare Vorschubgeschwindigkeiten.

Der Aufbau mehrschneidiger Reibahlen ist vielfältig. Bestehen die Schneiden aus dem Grundkörperwerkstoff, so erhalten sie ihre Geometrie durch Schleifen ins Volle. Als Schneidstoffe für einteilige Reibahlen eignen sich je nach Anwendungsfall Schnellarbeitsstahl, Hartmetall oder Cermet. In den Fällen, in denen die Schneiden aus anderem Material als der Grundkörper bestehen, erfolgt die Befestigung meist durch Einlöten in vorgefertigte Grundkörper. Danach wird die Reibahle fertig geschliffen. Beispiele für diese Bauweise sind Reibahlen mit Hartmetallgrundkörpern, in die Schneiden aus cBN oder PKD eingelötet werden. Der Weg, Leistungssteigerungen beim Reiben mit Hilfe von mehrschneidigen Werkzeugen zu erzielen, ist auch in Form von modular aufgebauten Mehrschneidenreibahlen mit Wechselkopf realisiert, Abb. 12.68. Ihr Aufbau ist dadurch gekennzeichnet, dass ein mehrschneidiger Schneidkopf lösbar an einem Schaft befestigt ist. Die Schnittstelle zwischen Wechselkopf und Schaft ist je nach Herstellung unterschiedlich gestaltet. Dabei ist jedoch immer Funktionalität in Form ausreichenden Rundlaufes und sicherer Drehmomentübertragung zwischen Kopf und Schaft vorhanden.

Die Schneiden der mehrschneidigen Reibahlen können achsparallel oder auf einer Schraubenlinie angeordnet sein. Bohrungen mit Nut werden mit gedrallten Werkzeugen gerieben, um einen Eingriffsstoß der Schneide zu vermeiden.

Üblicherweise werden Reibahlen mit gerader Zähnezahl hergestellt, wobei sich jeweils zwei Schneiden gegenüberliegen, was eine Durchmesserbestimmung wesentlich erleichtert. Um das Auftreten von Ratterschwingungen zu verhindern, wird eine ungleiche Teilung der Schneidenabstände gewählt, die sich nach dem halben Umfang wiederholt. Erreichbare Bohrungsqualitäten sind IT7 und besser.

Es wird ferner zwischen Handreiben und Maschinenreiben unterschieden. Bei Handreibahlen wird als Schneidstoff vorwiegend Werkzeugstahl oder HSS verwendet. Für Maschinenreibahlen kommen Schnellarbeitsstähle oder Hartmetalle als Schneidstoff zum Einsatz. Leistungssteigerungen sind auch beim Reiben durch den Einsatz beschichteter Werkzeuge möglich. Die Auswechselbarkeit der Schneidplatte ermöglicht durch geeignete Wahl von Substrat, Beschichtung und Geometrie eine Anpassung des Werkzeuges an die unterschiedlichen Werkstoffe und Bearbeitungsaufgaben.

Feinbohrwerkzeuge grenzen sich gegen Reibwerkzeuge dadurch ab, dass sie keine Führungsfasen beziehungsweise Führungsleisten besitzen. Sie können einschneidig oder mehrschneidig ausgeführt sein. Bei einschneidigen Werkzeugen treten im Prozess Radialkräfte auf, die zur Abdrängung des Werkzeugs führen können. Bei mehrschneidigen sind die Schneiden so angeordnet, dass ein radiales Abdrängen der Werkzeuge unterbleibt. Mit solchen Werkzeugen können höhere Vorschubgeschwindigkeiten erreicht werden als mit einschneidigen. Die Schneiden von Feinbohrwerkzeugen sind axial und radial freigestellt. Das bedeutet, dass ein Glätten der Bohrungsoberflächen durch Führungsfasen beziehungsweise Führungsleisten wie beim Reiben nicht stattfindet.

Als Schneidstoffe für Feinbohrwerkzeuge kommen unbeschichtete und beschichtete Hartmetalle, Cermet, cBN und PKD zum Einsatz. Abhängig vom Durchmesser und von der Bauweise kann die Verbindung zwischen Schneidkörpern und Grundkörper durch Schrauben, Klemmen, Hilfe von Kassetten oder von Wechselköpfen erfolgen. Ein Beispiel zur Gestaltung eines Kassettenwerkzeuges mit Wendeschneidplatten ist stellvertretend für die Vielzahl konstruktiver Varianten in Abb. 12.69 dargestellt.

Diese Werkzeuge sind modular aufgebaut. Der Grundkörper kann unterschiedliche Längen haben. Bei Gestaltung und Materialauswahl werden Steifigkeit und dynamisches Verhalten im Schnitt berücksichtigt. Die Werkzeuge sind gewuchtet. Der Kassettenträger ist für die Aufnahme von Kassetten ausgelegt, die für unterschiedliche Formen und Einbaulagen von Schneidplatten geeignet sind. Darüber hinaus ist eine Feinverstellung

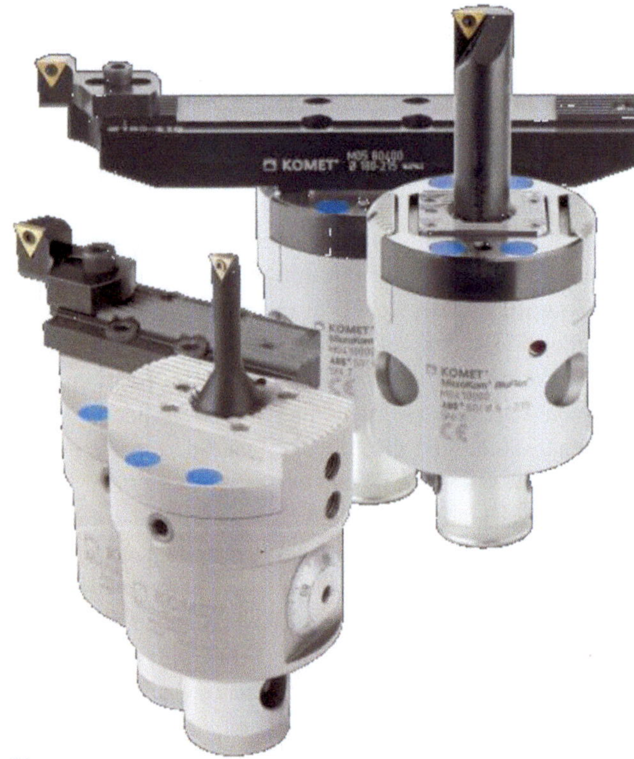

Abb. 12.69 Modulare Feinbohrwerkzeuge (Quelle: Komet Group)

zum präzisen manuellen oder automatischen Justieren der Schneiden vorhanden. Diesbezüglich sind mechatronische Lösungen erhältlich, die den Werkzeugdurchmesser auf werkzeuginternen Displays darstellen oder auf externe Anzeigegeräte übertragen. Feinbohrwerkzeuge sind heute überwiegend mit inneren Kühlkanälen zur Zufuhr von Kühlschmierstoffen für die Nassbearbeitung und zur Zufuhr von Aerosolen für das Arbeiten mit Minimalmengenschmierung versehen.

12.3.2.6 Innengewindeherstellung

Die Herstellung von Innengewinden kann durch Urformen, Umformen oder Spanen erfolgen. Wesentliche Gesichtspunkte bei der Auswahl des Fertigungsverfahrens sind neben der verfügbaren Technologie der zu bearbeitende Werkstoff, die Gewindeart und die benötigte Stückzahl, aber auch die erforderlichen Toleranzen, Festigkeiten und Oberflächengüten.

Unter den angewendeten Verfahrensvarianten hat die spanabhebende Herstellung durch Gewindebohren aufgrund weitester Verbreitung eine Vorrangstellung.

12.3.2.7 Gewindebohren

Gewindebohren ist Aufbohren zur Erzeugung eines Innengewindes, das koaxial zur Drehachse der Schnittbewegung liegt, vgl. Abb. 12.70.

Gewindebohrer bestehen aus einem Schaft und einem Gewindeteil. Beim Gewindeteil ist zwischen dem Schneidteil, an dem die Zerspanung stattfindet und dem Führungsteil, der für eine stabile Lage des Werkzeuges sorgt, zu unterscheiden [Zura90]. Gewindebohrer für Durchgangsbohrungen haben einen Anschnitt, der eine gute Führung des Werkzeuges gewährleistet. Der Gewindeteil ist durch Nuten in Schneidstollen unterteilt. Die Nuten dienen dazu, die Späne aufzunehmen und nach außen zu befördern. Darüber hinaus gewährleisten sie die Zufuhr des Kühlschmierstoffs zur Zerspanstelle. Große Nutenquerschnitte erleichtern diese Aufgabe und sind insbesondere bei der Bearbeitung langspanender Werkstoffe von Bedeutung, führen jedoch zur Schwächung des tragenden Werkzeugquerschnitts.

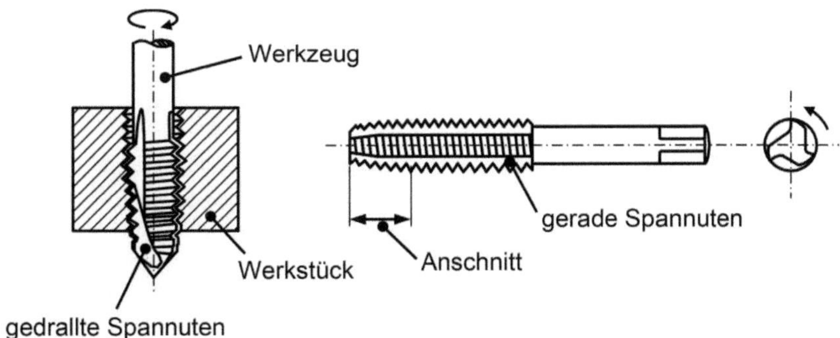

Abb. 12.70 Gewindebohrer

Für die Bearbeitung kurzspanender Werkstoffe sind Gewindewerkzeuge mit den fertigungstechnisch leichter herzustellenden geraden Nuten ausreichend. Bei langspanenden Werkstoffen sind zur Erleichterung der Spanabfuhr und zur Minderung der Gefahr von Spanklemmern gedrallte Spankammern notwendig. Für eine gute Werkzeugzentrierung sind mindestens drei Schneidstollen und somit drei Spannuten erforderlich.

Bei Handgewindewerkzeugen wird zur Herstellung des Gewindes ein Satz von zwei bzw. drei Werkzeugen (Vor- und Fertigschneider bzw. Vor-, Mittel-, Fertigschneider) eingesetzt, um die Werkzeugbelastung und damit die Bruchgefahr zu vermindern.

Als Schneidstoffe kommen beim Gewindebohren Schnellarbeitsstähle und Hartmetalle zum Einsatz. Die Oberflächen von Gewindewerkzeugen können zur Steigerung der Verschleißbeständigkeit veredelt werden. Als wichtigste Verfahren kommen Nitrieren, Hartverchromen sowie Beschichten mit Hartstoffen zum Einsatz. Die anwendbaren Schnittgeschwindigkeiten sind relativ niedrig und hängen stark von der Kombination von Schneidstoff, Werkstoff und Kühlschmierung ab.

12.3.2.8 Gewindefräsen

Unter bestimmten Voraussetzungen stellt das Gewindefräsen eine günstige Alternative zu anderen Gewindeherstellverfahren dar. Das Gewindefräsen ist ein spezielles Schraubfräsverfahren. Mit diesem Verfahren werden z. B. sehr gute Oberflächen an den Gewindeflanken erreicht und es können große Stückzahlen wirtschaftlich gefertigt werden. Gewinde mit großen Durchmessern sind oft nur durch Fräsen herstellbar (Stückzahl, Werkzeugkosten, Leistungsaufnahme) [Fosh94].

Der Aufbau eines Gewindefräsers ist prinzipiell dem eines Gewindebohrers sehr ähnlich. Anders als der Gewindebohrer, der quasi aus einem einzigen spiralförmig verlaufenden Zahn besteht, bilden die aufeinander folgenden Werkzeugzähne eines Gewindefräsers keine Spirale, sondern sie sind ohne Achsversatz angeordnet, vgl. Abb. 12.71.

Die Zahnform entspricht in der Regel der Form des auszubildenden Gewindegangs. In manchen Fällen besteht die Notwendigkeit das Zahnprofil zu korrigieren. Das ist der Fall, wenn das zu fräsende Gewinde nicht mindestens um ein Drittel größer ist als der Fräserdurchmesser. Ohne eine Profilkorrektur würde sich das Werkzeug frei schneiden und damit das gefertigte Gewindeprofil verzerren. Ein Gewindefräser kann Gewinde verschiedener Durchmesser fräsen. Eine Variation der Gewindesteigung ist jedoch nicht möglich.

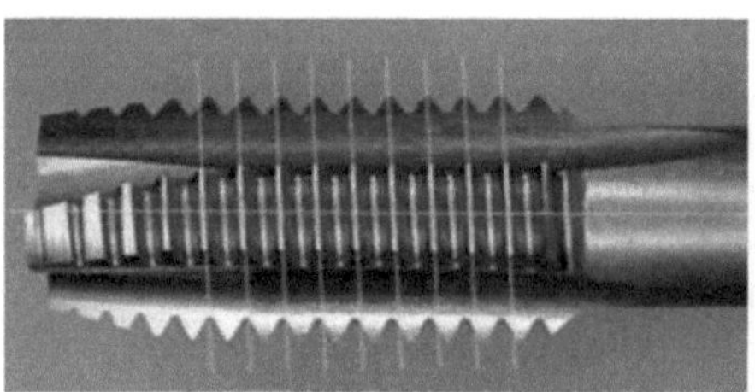 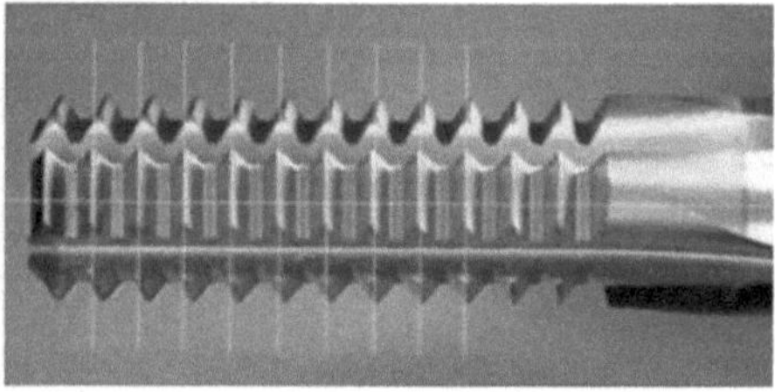

Abb. 12.71 Gewindebohrer mit Wendel (links) und Gewindefräser ohne Wendel (rechts) (Quelle: Fraisa)

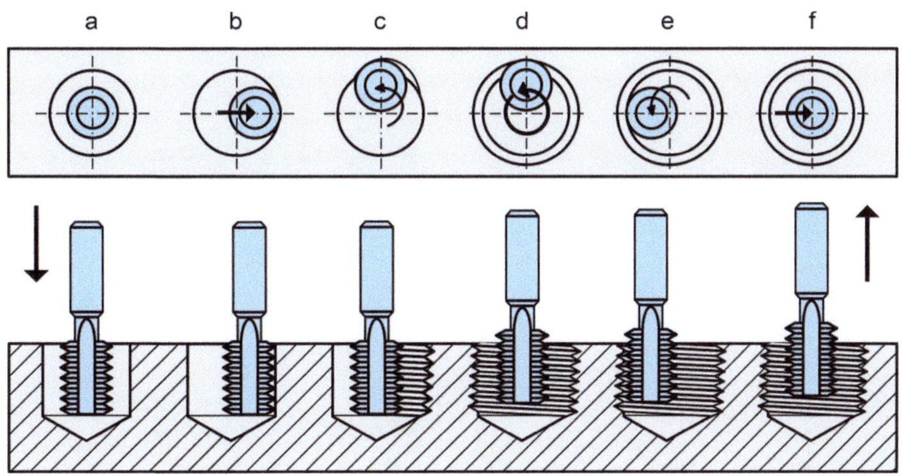

Abb. 12.72 Bohrgewindefräszyklus

Bezeichnet wird ein Gewindefräser daher mit dem Normgewindedurchmesser, der dieser Gewindesteigung entspricht.

Ein Fräszyklus ist in Abb. 12.72 grafisch dargestellt. Der in der Bohrungsmitte positionierte, rotierende Gewindefräser wird axial auf die gewünschte Gewindetiefe in die Kernbohrung abgesenkt (vgl. Abb. 12.72a).

Dann wird das Werkzeug auf den Bohrungsdurchmesser angestellt (vgl. Abb. 12.72b). Über eine Einfahrschleife wird der Gewindefräser anschließend radial auf den erforderlichen Nenndurchmesser des Gewindes zugestellt (vgl. Abb. 12.72c), sodass ein definierter Achsabstand zwischen Werkzeug und Bohrungsachse vorliegt. Zur Ausbildung des Gewindes erfolgt ein Bewegungsumlauf um etwas mehr als 360° auf einer Wendel (vgl. Abb. 12.72d), wobei das Werkstück oder das Werkzeug um eine Gewindesteigung axial verschoben wird. Anschließend wird der Gewindefräser über einen Kreisbogen radial aus dem Gewinde herausgefahren (vgl. Abb. 12.72e), auf die Bohrungsachse zurückgefahren und axial aus dem Gewinde herausgehoben (vgl. Abb. 12.72f).

12.3.2.9 Gewindewalzen

Gewindewalzen ist ein Kaltmassivumformverfahren, mit dem verschiedene Gewindearten erzeugt werden können, vgl. Abb. 12.73. Dieses Verfahren ist in DIN 8583-2 definiert [DIN 8583b].

Gewindewalzwerkzeuge haben das Profil des herzustellenden Gewindes und können angetrieben (Walzbacke, Walzrolle) oder nicht angetrieben (Gewinderollköpfe, Gewinderolleisen) sein. Angetriebene Werkzeuge werden auf Einzweckwalzmaschinen verwendet, nicht angetriebene können auf Drehautomaten, Revolverdrehmaschinen oder Bearbeitungszentren eingesetzt werden.

Beim Flachbackenverfahren wird das Gewinde durch zwei Flachbacken erzeugt, die sich gegeneinander verschieben. Die Neigung und das Profil der Rillen der Flachbacken

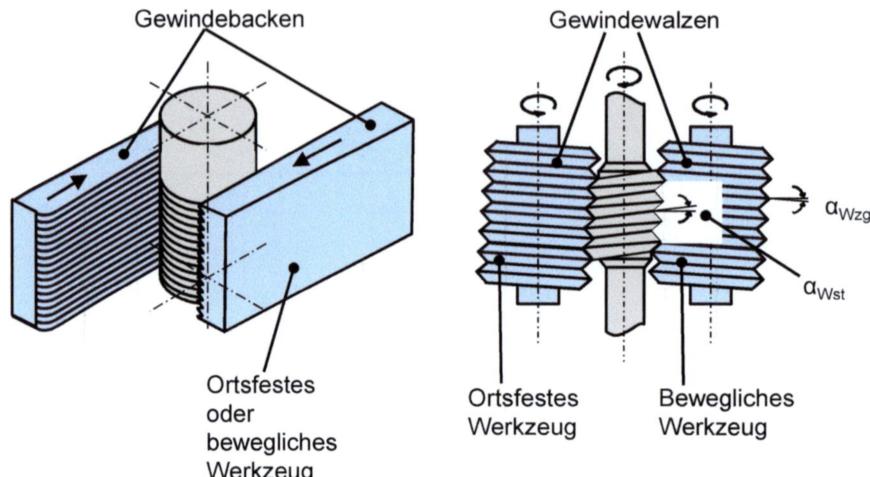

Abb. 12.73 Gewindewerkzeuge

entsprechen dem zu erzeugenden Gewinde. Dieses Verfahren wird für die Massenfertigung von Gewinden mit niedrigen Genauigkeitsanforderungen verwendet [Tsch77].

Die mit runden Werkzeugen arbeitenden Verfahren lassen sich in Einstech- und Durchlaufverfahren untergliedern. Gemeinsam ist den unterschiedlichen Verfahren die Verwendung von zwei profilierten Werkzeugen, von denen das eine ortsfest ist und das andere auf das Werkstück zubewegt wird. Das angetriebene Werkzeug versetzt beim Auftreffen das Werkstück und das ortsfeste Werkzeug durch Reibschluss in Rotation, wobei sich das Werkzeugprofil im Werkstück abbildet. Prozessvarianten unterscheiden sich durch die Steigung der Werkzeugrillen und eine Neigung der Werkzeugachsen. Die Verfahren mit runden Werkzeugen ermöglichen, im Vergleich zu den Verfahren mit flachen Werkzeugen, eine höhere Genauigkeit der gefertigten Gewinde.

Beim Gewindewalzen steigt der Werkstoff während des Eindrückvorgangs des Werkzeuges in das Werkstück an den Flanken des Walzwerkzeuges mehr auf als zwischen den Flanken. Dies kann zur Bildung einer Schließfalte führen (vgl. Abb. 12.74 links). Vorteilhaft wirkt sich dagegen aus, dass die einzelnen Werkstofffasern der gewalzten Gewinde nicht zerschnitten, sondern lediglich verlagert werden (vgl. Abb. 12.74 Mitte). Zusätzlich bewirkt die Umformung des Werkstoffes eine hohe, lokal eng begrenzte Kaltverfestigung des Gewindeprofils mit daraus resultierender Härtesteigerung (vgl. Abb. 12.74 rechts). Aufgrund dieser Effekte werden, trotz der möglichen Schließfalte, die Tragfähigkeit der Gewinde insgesamt nicht verringert und besonders die Dauerfestigkeit gesteigert [Tsch77].

Darüber hinaus zeichnet sich das Gewindewalzen gegenüber dem Gewindeschneiden unter anderem durch hohe Genauigkeit und Produktivität, Verminderung der Kerbempfindlichkeit und Erhöhung der Wechselfestigkeit aus. Des Weiteren ist die Werkstoffersparnis zu erwähnen, da das Vorbearbeitungsmaß kleiner als der Gewindedurchmesser ist.

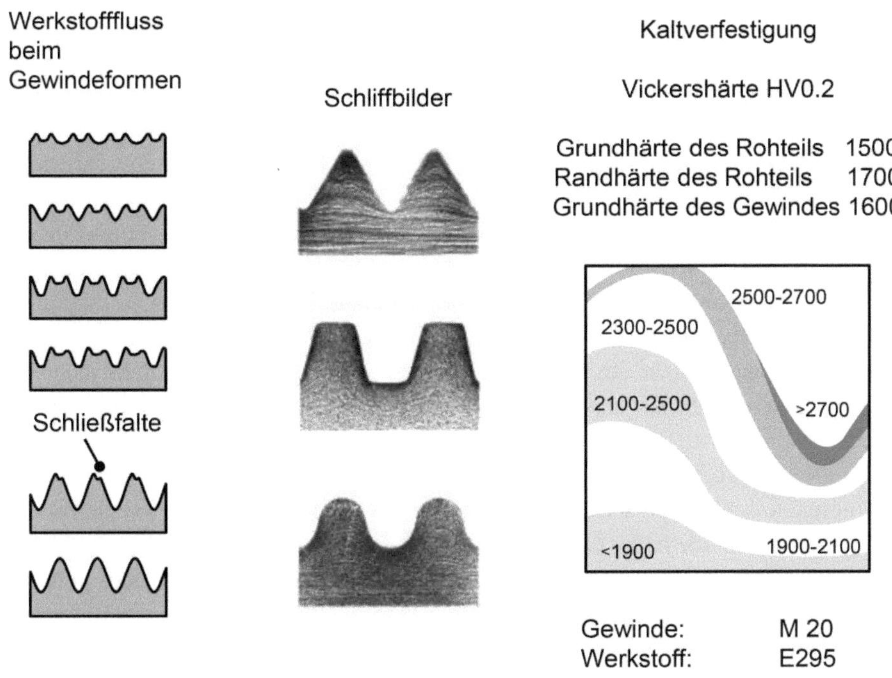

Abb. 12.74 Flankenausbildung

12.3.2.10 Gewindeformen

Gewindeformen ist nach DIN 8583-5 ein spanloses (umformendes) Verfahren, bei welchem das Innengewinde durch Eindrücken eines Werkzeugs, dem Gewindeformer bzw. -furcher, in das Werkstück erzeugt wird [Fieb95]. Der Gewindeformer ist axial in drei Bereiche aufgeteilt. An der Spitze weist er einen konischen Anschnittteil auf, der sich über mehrere Gewindegänge erstreckt. Auf dieser Länge wird der größte Anteil der Umformarbeit verrichtet. Der sich daran anschließende Bereich des größten Außendurchmessers hat die Funktion, die Gewindeflanken auszuformen. Zur Glättung der erzeugten Gewindeflanken und zur Führung des Werkzeuges dient der nachfolgende, leicht verjüngte Kalibrierteil. Der Querschnitt eines Gewindeformers ist im Gegensatz zum runden Querschnitt eines Gewindebohrers ein Polygon mit drei oder mehr abgeflachten Eckenbereichen. An diesen Formgebungskanten erfolgt die Verdrängung des Werkstoffes. Durch die Abweichung von der Kreisform entstehen radiale Freiräume zwischen den einzelnen Formgebungskanten, die zur Aufnahme des Schmiermittels dienen. Verfahrensbedingt kann beim Gewindeformen auf Spannuten verzichtet werden. Eine erhöhte Biegefestigkeit aufgrund größerer Querschnittsfläche ist die Folge.

Ausgangssituation beim Gewindeformen ist ebenfalls eine Vorbohrung mit einem Durchmesser, der in etwa dem Flankendurchmesser des Gewindes entspricht. Während die

Formgebungskanten des Werkzeuges in das Werkstückmaterial eindringen und die Gewindeflanken auf Nennmaß ausformen, fließt der verdrängte Werkstoff in die Zahnlücken des Gewindeformers. Dabei entstehen die für geformte Gewinde typischen Zipfel im Bereich der Gewindespitzen, vgl. Abb. 12.74 links. Im Vergleich zum Gewindebohren entsteht beim Gewindeformen ein Gewinde höherer Festigkeit. Ursache ist die Kaltverfestigung beim Umformen.

Neben dem konventionellen Gewindeformen existieren patentierte Sondervarianten dieses Prozesses. Beim Helikal-Gewindeformen (engl. Helical-Punch Tapping) werden ein spezielles Werkzeug sowie eine besondere Kinematik verwendet. Das Werkzeug weist hierbei kein durchgehendes Gewindeprofil am Umfang auf, sondern besitzt zwei gedrallt verlaufende Zahnreihen, die um 180° versetzt angeordnet sind. Der erste Zahn jeder Zahnreihe steht im Vergleich zur nachfolgenden Reihe hervor, die später das Gewinde formt. In einem ersten Schritt fährt das Werkzeug auf einer helikalen Bahn in die Vorbohrung und erzeugt dort aufgrund der vorstehenden Zähne zwei gedrallte Nuten durch plastische Umformung. Anschließend wird die Spindel um 180° gedreht und die axiale Vorschubachse synchron um eine halbe Gewindesteigung verfahren. Abschließend wird das Werkzeug in den gedrallten Nuten wiederum mit einer helikalen Bahn aus dem gefertigten Gewinde entfernt. Aufgrund des dabei deutlich kürzeren Werkzeugweges wird eine Zeiteinsparung im Vergleich zum konventionellen Gewindeformen erreicht. [Bier12a; Punc15]

12.4 Sägen

Sägen ist Spanen mit rotatorischer oder translatorischer Hauptbewegung mit einem mehrschneidigen Werkzeug von geringer Schnittbreite zum Trennen oder Schlitzen von Werkstücken. Das Sägen wird unter den Verfahren mit rotatorischer Hauptbewegung eingeordnet, da auch bei den Verfahrensvarianten Bügelsägen und Bandsägen, bei denen eine geradlinige Schnittbewegung vorliegt, die Sägeblätter als Werkzeug mit unendlich großem Durchmesser angesehen werden können, Abb. 12.75.

Die folgenden Ausführungen sind nach Art des verwendeten Werkzeuges in Band-, Bügel- und Kreissägen gegliedert. Dies sind die in der Praxis am häufigsten eingesetzten Verfahrensvarianten.

12.4.1 Bandsägen

Bandsägen ist ein Spanen mit kontinuierlicher, meist geradliniger Schnittbewegung eines umlaufenden, endlosen Sägebandes [DIN8589g].

Das Sägeband wird auf größeren Rollen geliefert und nach dem Ablängen auf das gewünschte Maß werden die Enden durch ein Stumpfschweißverfahren miteinander verbunden.

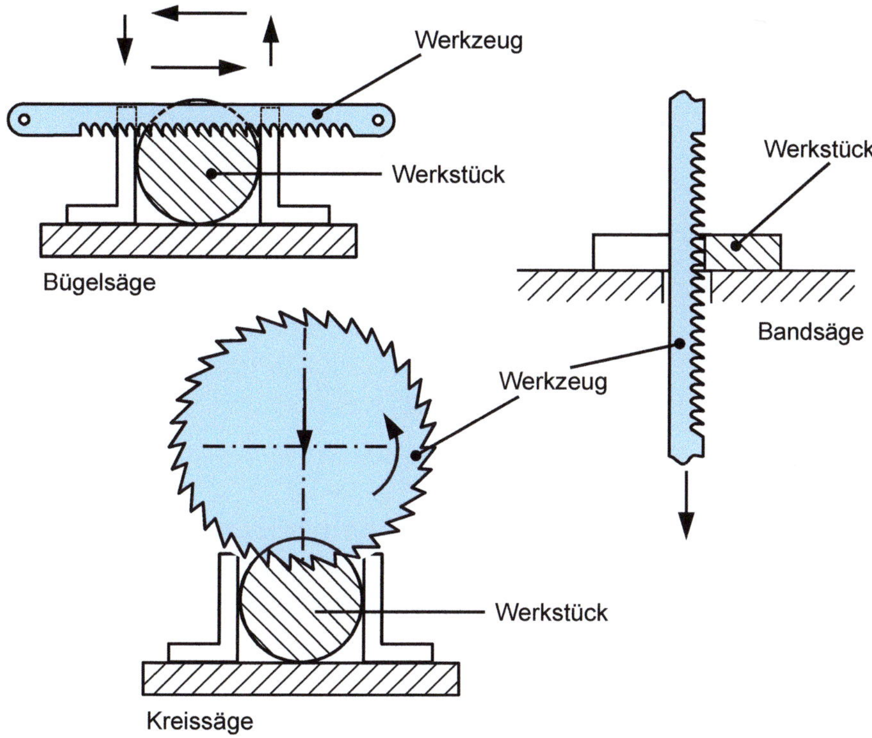

Abb. 12.75 Verschiedene Sägeverfahren

Das Verfahren zeichnet sich durch einen geringen Schnittverlust aufgrund der geringen Breite der Bänder aus. Daraus folgt allerdings auch eine geringe Stabilität des Werkzeuges gegen ein Verlaufen des Schnitts.

Abb. 12.76 zeigt die Schneidteilgeometrie und die Bezeichnungen eines Sägezahns. Die Anzahl der Zähne wird üblicherweise auf 1 Zoll Bandlänge bezogen angegeben (ZpZ). Die Größe des Spanraums hängt von der Dimensionierung des Zahnfußradius r sowie von der Zähnezahl ab. Infolgedessen muss beim Sägen von größeren Materialquerschnitten die Zähnezahl reduziert werden, um einen ausreichenden Spanraum für die anfallenden Späne zu erhalten.

Um ein Verklemmen des Sägebandes im Schnittkanal zu verhindern, werden die einzelnen Zähne abwechselnd nach rechts und links aus der Schnittebene (s. Kap. 3) heraus gebogen, d. h. geschränkt. Die Standardschränkungsfolge für das Trennen von Metallen lautet rechts-links-gerade. Bei größeren Zähnezahlen findet auch die Wellenschränkung Verwendung, Abb. 12.77.

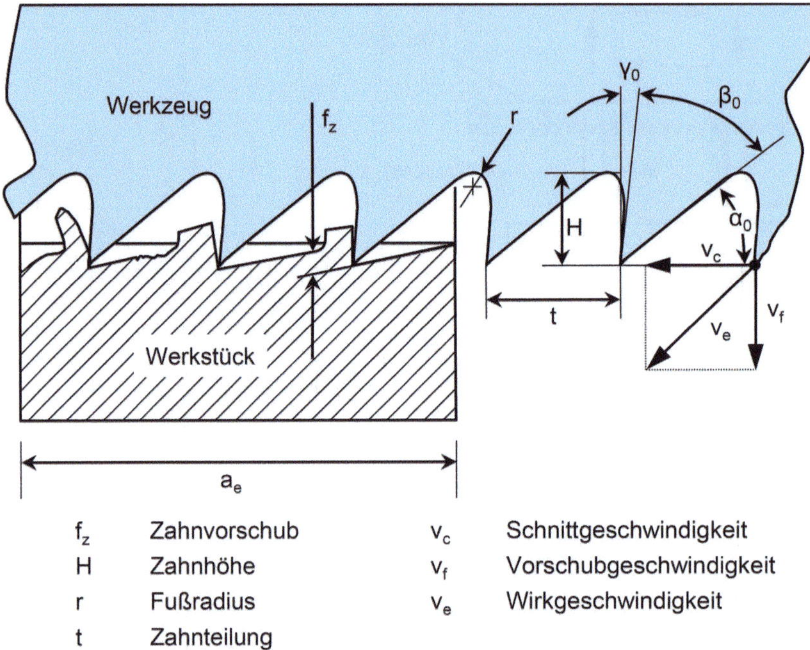

f_z	Zahnvorschub	v_c	Schnittgeschwindigkeit
H	Zahnhöhe	v_f	Vorschubgeschwindigkeit
r	Fußradius	v_e	Wirkgeschwindigkeit
t	Zahnteilung		

Abb. 12.76 Bezeichnung und Schneidteilgeometrie am Sägeband, nach Reng [Reng76]

Die Schnittbewegung liegt parallel, die Vorschubbewegung senkrecht zur Längsachse des Bandes. Die Schnitttiefe a_p entspricht beim ungeschränkten Zahn der Spanungsbreite b und somit in diesem Falle der Breite des Sägeblattes. Der Arbeitseingriff a_e, gemessen als Größe des Eingriffs einer Schneide in der Arbeitsebene senkrecht zur Vorschubrichtung, entspricht der Werkstückbreite.

Die Sägebänder bestehen entweder aus Werkzeugstahl oder Bimetall. Bei den Bimetallbändern wird der Bandrücken aus nachgiebigem Werkzeugstahl durch Elektronenstrahlschweißen mit einem gehärteten Band aus HSS verbunden, in das schließlich die Sägezähne eingebracht werden. Als HSS-Schneidstoff kommen z. B. die Varianten HS6-5-2, HS2-10-1-8 oder HS10-4-3-10 in Frage. In der Praxis haben sich ebenso Bänder mit eingelöteten Hartmetall-Platten bewährt.

Standkriterien, die das Einsatzende eines Sägebands definieren, sind ein bestimmter Verschleißzustand, Zahnbruch oder ein maximal zulässiges Verlaufen des Schnittes aufgrund einer zu großen Passivkraft. Im Gegensatz zu anderen spanabhebenden Bearbeitungsverfahren wird als Maß für die Standgröße einer Säge nicht die Standzeit, sondern die Standfläche (entspricht der bis zum Erreichen des Standzeitendes getrennten Werkstückfläche) angegeben [Reng76].

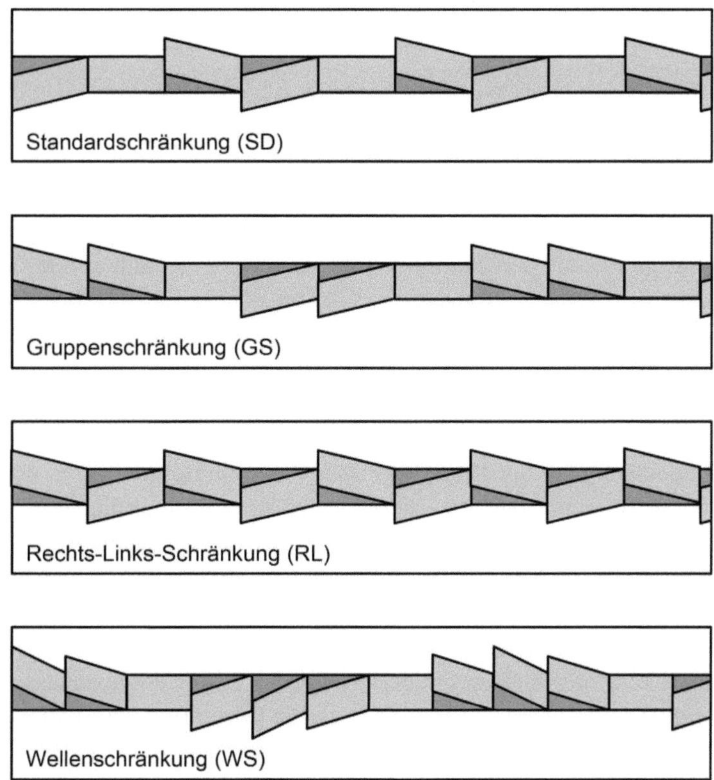

Abb. 12.77 Schränkungsarten bei Sägebändern (Quelle: Wikus)

12.4.2 Hubsägen (Bügelsägen)

Hubsägen ist eine Verfahrensvariante mit wiederholter, meist geradliniger Schnittbewegung (vgl. Abb. 12.75). Nach DIN 8589-6 zählen zum Hubsägen die Verfahren Bügel-, Gatter- und Stichsägen [DIN8589f]. Aus der Definition ist schon erkennbar, dass es sich beim Bügelsägen um ein Verfahren mit diskontinuierlicher Schnittbewegung handelt, d. h. es wird bei Maschinenbügelsägen nur beim Vorwärtshub zerspant. Beim Rückhub wird das Sägeblatt mechanisch oder hydraulisch angehoben. Daraus folgt, dass die Zeitspanungsvolumina gegenüber den anderen hier beschriebenen Verfahrensvarianten Band- und Kreissägen geringer sind. Dem gegenüber steht ein relativ geringer Schnittverlust.

Die Sägeblätter bestehen entweder aus Voll-HSS oder aus HSS-Segmenten, die auf ein Stammblatt aufgenietet werden. Blätter aus Werkzeugstahl werden i. Allg. nur für Handbügelsägen benutzt.

12.4.3 Kreissägen

Kreissägen ist Sägen mit kontinuierlicher Schnittbewegung unter Verwendung eines rotierenden, kreisförmigen Sägeblattes (vgl. Abb. 12.78). Zur Anwendung kommt dieses leistungsstarke Verfahren für geradlinige Schnitte an preiswerten Werkstoffen, da aufgrund der relativ breiten Schnittfuge viel Werkstoff verloren geht.

Als Schneidstoffe kommen sowohl Werkzeugstahl und HSS als auch Hartmetall zum Einsatz. Ebenso gibt es bei den Bauformen der Sägeblätter grundlegende Unterschiede. Sägeblätter aus einem Material bestehen aus Werkzeugstahl oder HSS. Bei größeren Sägeblättern wird aus Kostengründen der Grundkörper aus Baustahl hergestellt, auf den einzelne Segmente aus HSS aufgenietet werden, Abb. 12.78. Eine weitere Steigerung der Zeitspanungsvolumina der Verfahrensvariante wird durch eingelötete Hartmetallschneiden erreicht.

Um die Schneidfähigkeit der Kreissägeblätter zu gewährleisten, ist es unbedingt notwendig, die Späne so zu brechen, dass sie schmaler als die Schnittfuge sind. Werden derartige Maßnahmen unterlassen, verklemmen die Späne im Spanraum und können das Werkzeug beschädigen. In Abb. 12.79 sind die beiden gängigen Möglichkeiten aufgezeigt [Schm80].

Bei der Einteilung der Zähne in Vor- und Nachschneider wird der Spanbruch dadurch erreicht, dass die Vorschneidezähne mindestens um den Betrag der Spanungsdicke herausragen und deren Hauptschneidenlänge kleiner als die Gesamtspanungsbreite ist.

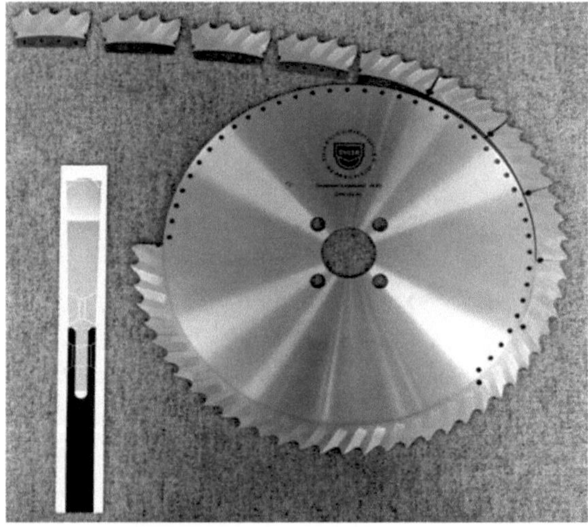

Abb. 12.78 Zahnsegmente eines Sägeblattes (Quelle: Ohler)

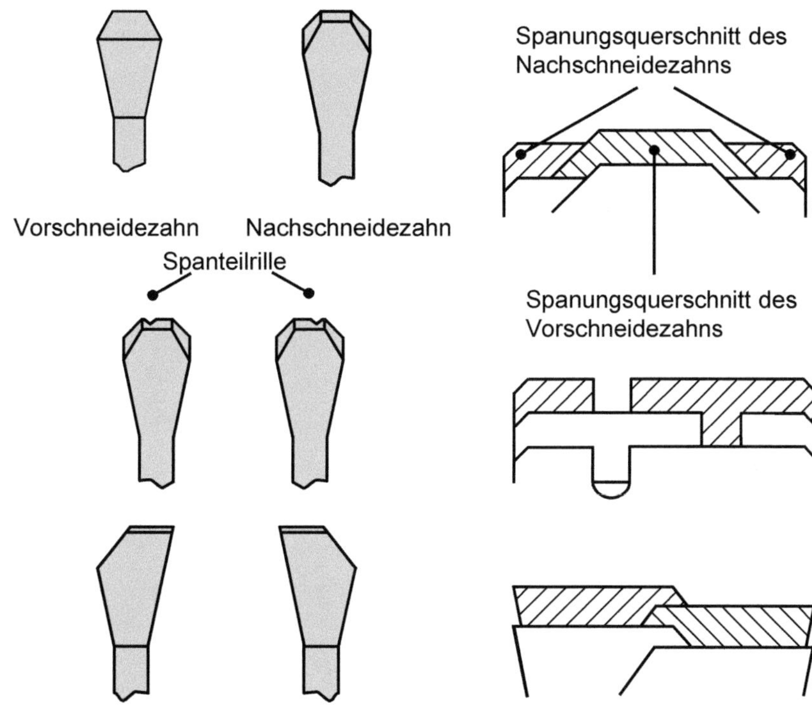

Abb. 12.79 Schneidengeometrie bei Kreissägeblättern

Eine Alternative ist das Einschleifen von versetzten Spanteilerrillen in die ansonsten formgleichen Zähne. Dadurch werden pro Zahn jeweils ein schmaler und ein breiter Span erzeugt, der zur Mitte in den Bereich der Spanteilerrille ausweichen kann und so nicht in der Schnittfuge verklemmt. Die Tatsache, dass ein Zahn im Abschnitt der Spanteilerrille des vorhergehenden Zahnes einen vergrößerten Spanungsquerschnitt abzunehmen hat, wirkt sich auf den Verschleißfortschritt nur unbedeutend aus. Der Vorteil besteht darin, dass ein Zahn mit Spanteilerrille den gleichen Spanungsquerschnitt bewältigen kann wie Vor- und Nachschneider der anderen Anschliffversion zusammen.

Zur Erhöhung der Stabilität und Laufruhe der Kreissägeblätter ist es erforderlich, gezielt Eigenspannungen in das Blatt einzubringen. Dies geschieht entweder durch Hämmern oder durch Einwalzen einer konzentrischen Druckzone in die Seitenflächen. Ebenso ist eine Bearbeitung durch Laserstrahlung möglich.

Als Schnittdaten zum Trennen von allgemeinem Baustahl sind bei HSS-Sägeblättern Werte von $v_c = 18 - 30$ m/min und $f_z = 0{,}22 - 0{,}28$ mm sowie bei Hartmetall-Sägeblättern Werte von $v_c = 90 - 150$ m/min und $f_z = 0{,}12 - 0{,}18$ mm üblich.

13 Verfahren mit translatorischer Hauptbewegung

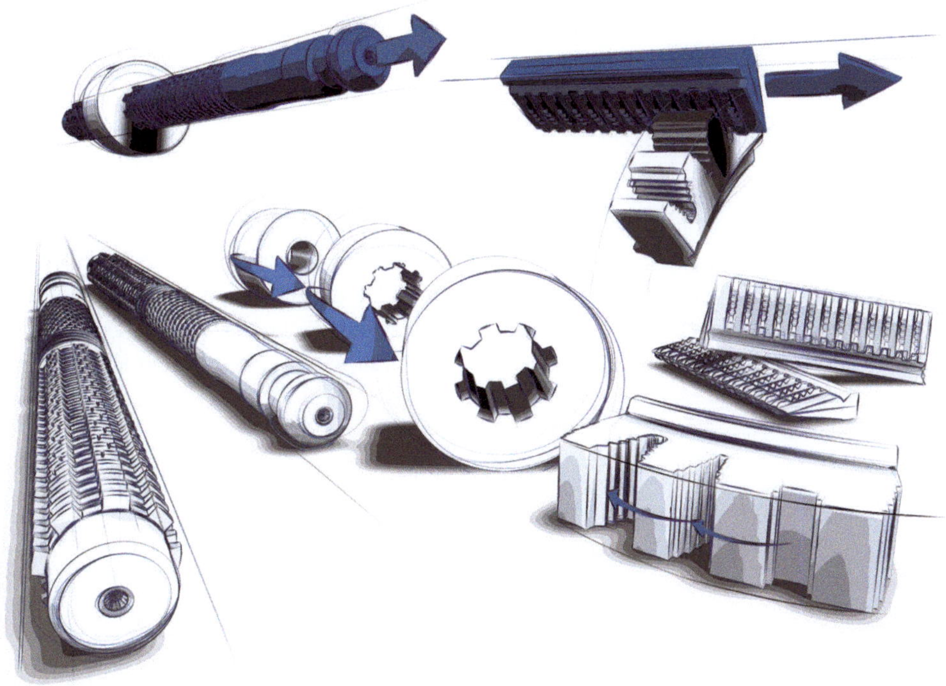

F. Klocke, *Fertigungsverfahren 1*, VDI-Buch,
https://doi.org/10.1007/978-3-662-54207-1_13

13.1 Räumen

Das Räumen ist ein spanendes Fertigungsverfahren mit einem mehrzahnigen Werkzeug, dessen Schneidzähne hintereinander liegen und jeweils um eine Spanungsdicke gestaffelt sind. Die Zahnstaffelung senkrecht zur Schnittgeschwindigkeitsrichtung ersetzt die Vorschubbewegung. Die Schnittbewegung ist translatorisch, in besonderen Fällen auch schrauben- oder kreisförmig [DIN8589e].

Mit dem Räumen kann während eines Arbeitshubs ein hohes Zeitspanungsvolumen realisiert werden, da meistens mehrere Zähne gleichzeitig im Eingriff sind. Darüber hinaus können hohe Oberflächengüten und Genauigkeiten erreicht und Toleranzen von bis zu IT 7 eingehalten werden. Wirtschaftlich kann dieses Verfahren aufgrund der hohen Kosten für Werkzeugherstellung und –aufbereitung nur in der Serienfertigung eingesetzt werden, da die Werkzeuge immer nur für eine spezielle Geomet verwendet werden können [Kraz77].

In der DIN 8589-5 wird unterschieden zwischen dem:

- Planräumen,
- Rundräumen,
- Schraubräumen,
- Profilräumen und
- Formräumen.

Es wird zusätzlich zwischen Innen- und Außenräumen unterschieden. Für das Innen- und Außenräumen werden unterschiedlich gestaltete Werkzeugmaschinen und Werkzeuge benötigt. Das Räumwerkzeug wird, wie in Abb. 13.1 dargestellt, durch eine Bohrung gezogen bzw. gestoßen (Innenräumen) oder an der Außenfläche des Werkstücks entlanggezogen oder -gestoßen (Außenräumen). Die Endkontur wird meist in einem Hub erzeugt.

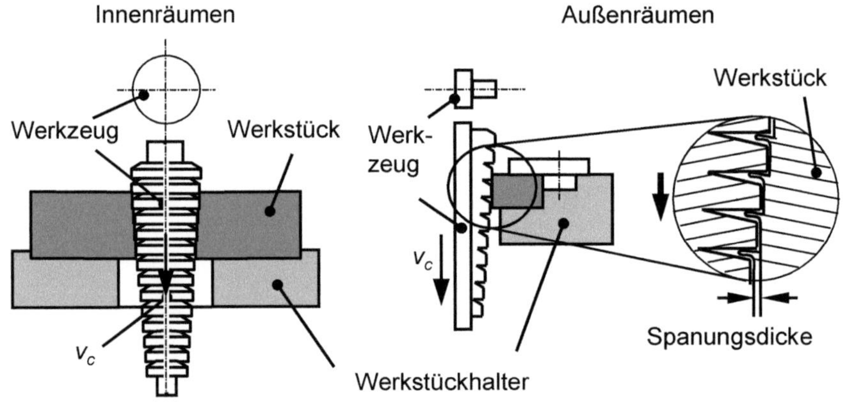

Abb. 13.1 Eingriffsverhältnisse und Verfahrensvarianten beim Räumen

Zur Bearbeitung ungehärteter Stahlwerkstoffe werden in den meisten Fällen Werkzeuge aus Schnellarbeitsstahl eingesetzt. In bestimmten Anwendungsfällen, wie der Großserienbearbeitung von Grauguss oder dem Räumen von gehärteten Stählen, wird auch Hartmetall oder PCBN als Schneidstoff verwendet. Zur Leistungssteigerung und zur Erhöhung des Verschleißwiderstandes können die Werkzeuge je nach Zerspanaufgabe mit einer Hartstoffbeschichtung (z. B. TiN, TiAlN, AlCrN) versehen werden. Die Werkzeuge werden entweder massiv ausgeführt oder mit Wendeschneidplatten bestückt [Wege85, Merk80].

Die Schnittgeschwindigkeiten bei der Stahlbearbeitung liegen im Normalfall zwischen v_c = 10 – 60 m/min. Leistungsfähige Räummaschinen ermöglichen Schnittgeschwindigkeiten bis zu v_c = 150 m/min, sodass die Oberflächengüte durch die Vermeidung von Aufbauschneidenbildung verbessert wird [Schü65, Opfe81]. Weitere Steigerungen der Schnittgeschwindigkeit sind aufgrund der Verfahrenskinematik nur eingeschränkt möglich, da in einem Hub die Beschleunigung und das Abbremsen erfolgen müssen. Zudem wird bei der Verwendung von HSS-Räumwerkzeugen die mögliche Schnittgeschwindigkeit v_c durch die im Vergleich zu alternativen Schneidstoffen geringe Warmhärte von t = 600 °C begrenzt.

Kühlschmiermittel werden beim Räumen fast immer eingesetzt, um neben dem Schmiereffekt einen Späneabtransport aus der Spankammer zu gewährleisten [Falk70]. Hierzu werden aufgrund der niedrigen Schnittgeschwindigkeiten meistens Öle verwendet.

Bei der Bearbeitung gehärteter Stähle wird zur Reduzierung der hohen Schnittkräfte und zur Erhöhung der Werkzeugstandzeit mit hohen Schnittgeschwindigkeiten von v_c = 60 – 70 m/min mit Hartmetall-Werkzeugen geräumt. Auf die Verwendung von Kühlschmierstoffen wird in diesem Fall verzichtet [Klin93].

In der folgenden Beschreibung der Verfahrensvarianten soll nur auf die wichtigsten Verfahren eingegangen werden. Technologisch vergleichbare Verfahren werden im Folgenden gemeinsam behandelt.

13.1.1 Plan- und Rundräumen

In Abb. 13.2 ist der typische Aufbau eines Räumwerkzeugs dargestellt. Räumwerkzeuge besitzen einen Schrupp-, einen Schlicht- und einen Kalibrierteil. Die Teilbereiche unterscheiden sich in dem Betrag des Vorschubs pro Zahn f_z.

Im Schruppteil liegt der Vorschub pro Zahn f_z je nach zu bearbeitendem Werkstück im Bereich f_z = 0,065 – 0,25 mm, für den Schlichtteil bei f_z = 0,0015 – 0,04 mm und im Kalibrierteil ist er gleich Null. Die Zähne im Kalibrierteil besitzen die für das Werkstück geforderte Geometrie.

Der Kalibrierteil ermöglicht, dass die teuren Räumwerkzeuge nachgeschliffen und somit wirtschaftlich eingesetzt werden können. Durch ein Nachschleifen des Werkzeugs verschiebt sich das gesamte Werkzeugprofil mindestens um einen Zahn zum Kalibrierteil. Damit wird der vorherige erste Kalibrierzahn zum letzten Schlichtzahn.

Werkzeugspanwinkel γ und Werkzeugfreiwinkel der zweiten Freifläche α werden auf den zu bearbeitenden Werkstoff sowie den verwendeten Schneidstoff abgestimmt. Die

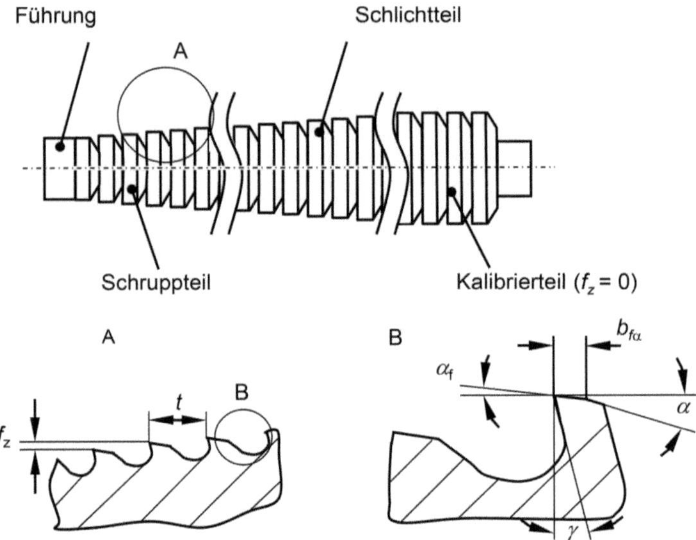

Abb. 13.2 Innenräumwerkzeug (schematisch)

Fasenbreite $b_{f\alpha}$ ist im Kalibrierteil achsparallel und im Schrupp- und Schlichtteil um den Werkzeugfreiwinkel der ersten Freifläche α_f geneigt.

Das durch die Anordnung der Schneiden entlang der Werkzeugachse vorgegebene Zerspanschema wird Staffelung genannt. Erfolgt die Zerspanung senkrecht zur Räumfläche, wird von Tiefenstaffelung gesprochen, wird dagegen die Räumfläche von der Seite her zerspant, liegt eine Seitenstaffelung vor. Beide Arten der Staffelung können je nach Werkstückgeometrie gleichzeitig an einem Werkzeug vorgesehen werden [DIN1415].

Die Teilung t des Räumwerkzeugs und damit auch die Größe der Spankammer ist abhängig von der Werkstückhöhe, der Spanbildung des Werkstoffs und der maximal möglichen Werkzeuglänge. Eine große Werkstückhöhe und ungebrochene Spanformen erfordern große Spankammern. Bei kleinen Maschinen und kurzen Werkzeugen ist nur eine kleine Teilung notwendig, da nur Werkstücke mit geringer Höhe bearbeitet werden können. Die Abb. 13.3 gibt einen Überblick über verschiedene Räumwerkzeuge für die Innen- und Außenbearbeitung. Die möglichen Werkzeuglängen liegen im Bereich von L = 100 – 10.000 mm. Innenräumwerkzeuge werden bis zu einem Durchmesser von D = 500 mm (z. B. für Innenverzahnung von Hohlrädern) gefertigt. Um eine Spanbrechung zu erreichen, werden die einzelnen Zähne mit Spanbrechern in Form von Zahnnuten versehen [Weul85, Hoff76].

Die Gesamtschnittkraft, die sich aus den Einzelkomponenten aller im Eingriff befindlichen Schneidzähne zusammensetzt, ist ausschlaggebend für den Mindestquerschnitt des Räumwerkzeugschafts, der wiederum die maximale Größe der Spankammer begrenzt. Höhe und Schwankung der Gesamtschnittkraft sind im hohen Maße von der Teilung t sowie dem Neigungswinkel λ_s abhängig und sind exemplarisch in Abb. 13.4 dargestellt.

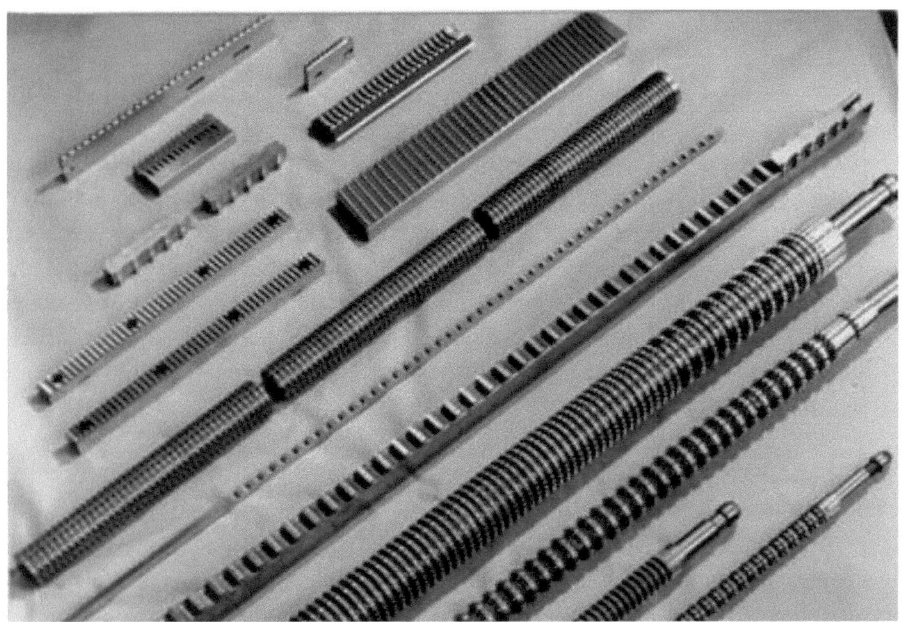

Abb. 13.3 Innen- und Außenräumwerkzeuge (Quelle: Forst)

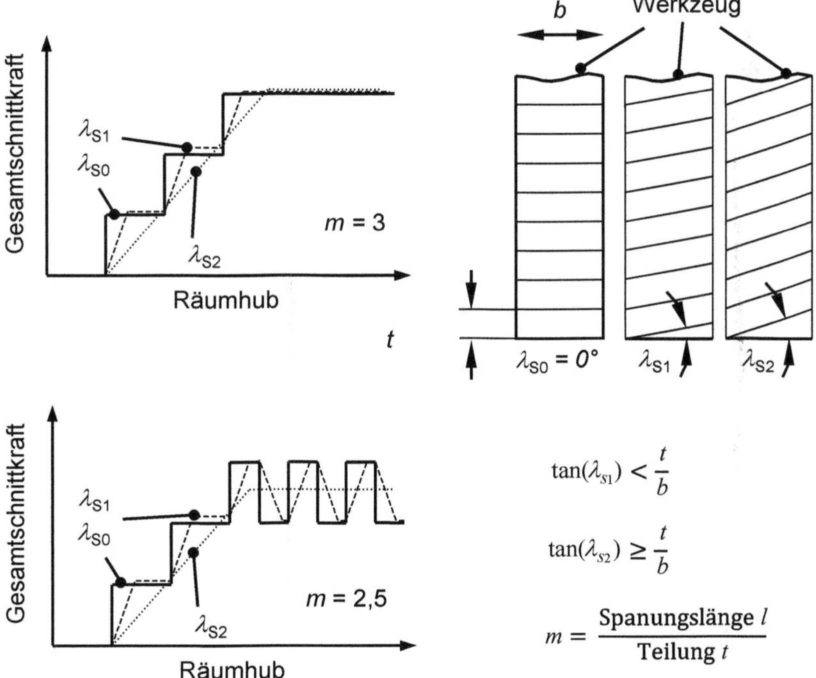

Abb. 13.4 Gesamtschnittkraft beim gerad- und schrägverzahnten Außenräumen

Ist das Verhältnis m aus der Spanungslänge, d. h. der zu räumenden Werkstückhöhe, und der Teilung *t* ganzzahlig, liegt eine konstante Gesamtzugkraft vor. Bei nicht ganzzahligem Verhältnis werden die Werkzeuge durch periodische Schwankungen stark dynamisch belastet [Vict76].

Werkzeuge mit einem Neigungswinkel λ_s ungleich null zeigen dabei einen langsam ansteigenden Schnittkraftverlauf und bei günstiger Auslegung nur geringe Schnittkraftschwankungen. Beim Außenräumen können dabei Seitenkräfte auftreten, die gegebenenfalls eine Werkzeugverlagerung verursachen. Eine Pfeilverzahnung zeichnet sich dadurch aus, dass die Zähne einer Stufe entgegengesetzte Neigungswinkel haben und somit die Seitenkräfte kompensiert werden. An Innenräumwerkzeugen kann ein Neigungswinkel λ_s ungleich null durch eine wendelförmige Schneide realisiert werden. In der Praxis werden Neigungswinkel bis $\lambda_s = 10°$ eingesetzt.

13.1.2 Profilräumen

Eine wichtige Variante des Innenprofilräumens ist das Zahnradräumen von evolventenverzahnten Hohlrädern, das aufgrund seiner hohen Zerspanleistung und erreichbaren Oberflächengüte an Bedeutung gewonnen hat. In Abb. 13.5 sind einige Anwendungsbeispiele dargestellt. Es handelt sich dabei u.a. um Hohlräder für automatische Getriebe, Schiebemuffen sowie um Bauteile mit Innen-Keilnabenprofilen.

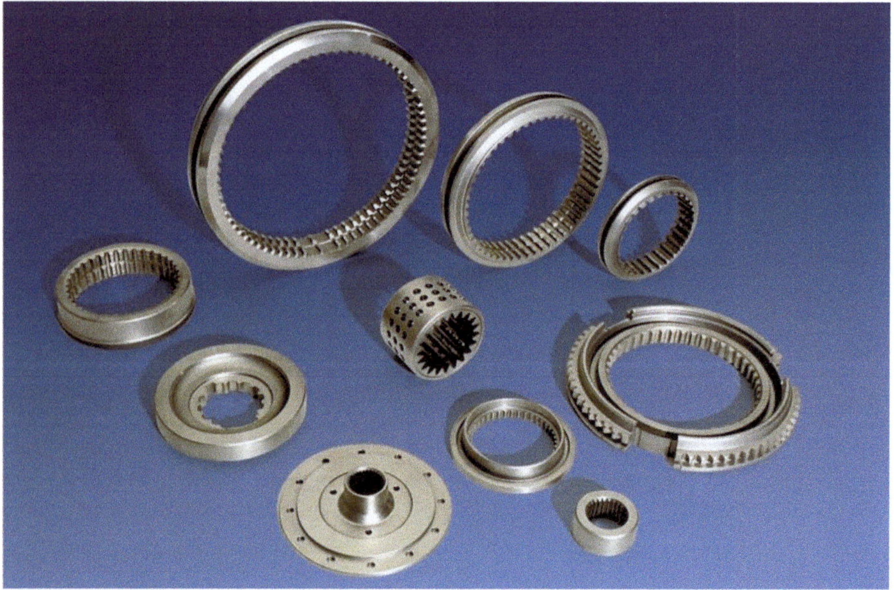

Abb. 13.5 Arbeitsbeispiele für das Innenräumen (Quelle: Forst)

Bei den heute eingesetzten Zahnrad-Räumverfahren werden alle Zahnlücken gleichzeitig bearbeitet, sodass eine Teilvorrichtung entfällt und die Qualität des geräumten Zahnrads vor allem von der Genauigkeit des Werkzeugs abhängt.

Für Durchmesser bis 150 mm werden massiv ausgeführte Werkzeuge, im Durchmesserbereich von 150 – 300 mm überwiegend Buchsen eingesetzt, die auf einem Dorn verspannt sind. Dies hat den Vorteil, dass das Werkzeug zum Vermeiden einer zu großen Durchbiegung beim Härten in mehrere Buchsen unterteilt werden kann, sodass das Schleifaufmaß klein gehalten wird.

Die Wirtschaftlichkeit des Räumens kann voll ausgenutzt werden, indem Räumwerkzeuge eingesetzt werden, die es ermöglichen, die Evolventenprofile in einem Zug fertig zu räumen. Da die Profilformgenauigkeit bei einer reinen Tiefenstaffelung, bei der das Profil der Zahnflanke von den Nebenschneiden gebildet wird, nicht ausreicht, wird im hinteren Teil des Werkzeugs eine Seitenstaffelung vorgesehen, sodass mit Zustellbewegung in Richtung Zahnflanke (flankenschneidend) auf Fertigmaß kalibriert werden kann.

Komplexe Räumwerkzeuge können aus Schneidscheiben zusammengesetzt sein, die als Block auf einem Halter verschraubt sind. Die Zahndicken der Schneidscheiben sind gestaffelt, sodass die letzte auf Fertigmaß schneidet. Es ist möglich, die durch Nachschliff kleiner werdenden Scheiben immer um eine Position nach vorne zu versetzen und nur jeweils am Ende des Räumwerkzeugs eine Scheibe mit Vollmaß anzufügen. Um die Scheiben genau fluchtend zu fixieren, besitzen sie jeweils zwei Gussstopfen. Diese werden bei genauem Sitz der Scheiben durchbohrt, sodass sich immer zwei Scheiben miteinander verstiften lassen.

Vor- und Fertigräumen kann entweder auf einer Maschine in einer Aufspannung (Fertigräumwerkzeug als Aufsatz auf dem Vorräumwerkzeug) oder in zwei Aufspannungen mit zwei getrennten Werkzeugen durchgeführt werden (Vor- und Fertigräumen in zwei Aufspannungen). Zur Erhöhung der Ausbringung kann bei ausreichender Maschinenleistung ebenfalls in mehreren Aufspannungen parallel gearbeitet werden. Das Vor- und Fertigräumen kann auch auf zwei getrennte Maschinen verteilt werden, um eine gegenseitige Beeinflussung der Bearbeitungsprozesse auszuschließen und eine bessere Qualität zu gewährleisten [Schw71].

Ein anderes Werkzeugkonzept ist die einteilige, vollformschneidende Räumbuchse, wie sie in Abb. 13.6 dargestellt ist. Sie hat ebenfalls parallel zur Evolventenform verlaufende Hauptschneiden und wird einzeln oder als Aufsatz auf einem Vorräumwerkzeug verwendet, sodass einzügig gearbeitet werden kann. Der große Vorteil der Kalibrierbuchsen besteht darin, dass mit ihnen unter anderem auch Schrägverzahnungen herstellbar sind (Drallräumen) [Bung74].

Die vollformschneidende Räumbuchse ist schwimmend montiert, um sich im vorgeräumten Profil selbst zentrieren zu können. Bei schrägverzahnten Räumwerkzeugen können die Spankammern sowohl ringförmig als auch schraubenförmig angeordnet sein. Bei schraubenförmigen Spankammern sind die Schwankungen der Schnittkraft wesentlich geringer, jedoch verursachen sie erheblich höhere Werkzeugherstell- und Schärfkosten.

Abb. 13.6 Räumbuchsen zum Fertigräumen innenverzahnter Hohlräder (Quelle: Forst)

Zum Außenprofilräumen geschlossener Flächen wird das sogenannte Topf-, Tuben- oder Tubusräumen verwendet. Das Werkzeug besteht aus einem hohlen Grundkörper, in den leistenförmige Räumwerkzeug-Teilstücke eingelegt sind. Bei dieser Räumtechnik bewegt sich, wie beim konventionellen Räumen, das Werkzeug. Bei einer anderen Verfahrensvariante führt das Werkstück die Schnittbewegung aus. Das Werkstück wird durch das Räumwerkzeug gedrückt, sodass alle am Umfang des Werkstücks zu erzeugenden Konturen in einem Arbeitshub gefertigt werden [Schw75, Spiz71]. In der Verzahnungstechnik beschränkt sich die Anwendung dieses Verfahrens bislang allein auf die Herstellung von Kupplungsverzahnungen.

Der Forderung nach einer Hartfeinbearbeitung von Innenverzahnungen im Anschluss an die Einsatzhärtung konnte bislang nur in wenigen Bearbeitungsfällen entsprochen werden, da Innenverzahnungen durch Räumen nur in der Großserienfertigung wirtschaftlich feinbearbeitet werden können. Innenverzahnungen mit angrenzenden Funktionsflächen sind aufgrund eines ungenügend großen Werkzeugüberlaufs durch Profilschleifen, Räumen oder auch Honen nicht zur Feinbearbeitung geeignet. Eine Individualfertigung oder Hartfeinbearbeitung von Losgrößen mit bis zu 100 Teilen ist mit den zur Verfügung stehenden Verzahnverfahren wirtschaftlich nicht möglich [Peif91].

Ein weiteres wichtiges Anwendungsgebiet des Außenprofilräumens ist die Fertigung von Tannenbaum-und Schwalbenschwanzprofilnuten in Turbinenscheiben. Durch die stark angestiegenen Produktionszahlen im Flugtriebwerksbau in den letzten zehn Jahren haben sich die Prozesse von der Kleinserien- zur Serienfertigung gewandelt. Turbinenscheiben zählen zu den kritischsten Komponenten einer Flugturbine: Im Gegensatz zu vielen anderen Bauteilen verursacht ein Defekt nicht nur das Versagen des Triebwerks, sondern stellt auch noch eine direkte Gefährdung für die Sicherheit der Passagiere dar. Weiterhin ist das Räumen eines der letzten Fertigungsverfahren in der Prozesskette zur Herstellung einer Turbinenscheibe, sodass Fertigungsfehler, die zum Ausschuss des Produkts führen, mit einem hohen wirtschaftlichen Schaden verbunden sind. In den letzten Jahren gab es viele Bestrebungen Profilnuten in Turbinenscheiben mittels anderer, flexiblerer Fertigungsverfahren herzustellen. Nach dem heutigen Stand der Technik ist jedoch das Räumen aufgrund des hohen Zeitspanungsvolumens der effizienteste Prozess.

Aktuell werden im Flugtriebwerksbau nahezu ausschließlich Schnellarbeitsstahlwerkzeuge eingesetzt. Als Werkstoffe kommen Titan- und Nickelbasislegierungen zum Einsatz. Übliche Schnittgeschwindigkeiten unter Einsatz von Räumöl liegen im Bereich von $v_c = 1 - 6$ m/min; bei etwa $v_c = 10$ m/min wird die thermische Stabilitätsgrenze des Schneidstoffs bei der Beaseitung von überschritten. Wegen ihrer Robustheit gegen Schwankungen der voreingestellten Schnittgeschwindigkeit trotz hoher auftretender Schnittkräfte sowie ihrer hohen Maschinensteifigkeit werden fast ausschließlich elektromechanisch angetriebene Räummaschinen in horizontaler Bauweise verwendet.

Vor Fertigungsbeginn wird das Werkzeug bestehend aus mehreren Einzelsegmenten im Werkzeugschlitten montiert und zur Überprüfung der Ausrichtung ein Räumzug in einem Probewerkstück durchgeführt. Die Tannenbaumprofile werden einzeln geräumt und danach die Turbinenscheibe jeweils um eine Teilung gedreht. Eine übliche Scheibe kann je nach Größe zwischen 50 und 120 Nuten aufweisen. Wegen der einachsigen Hauptbewegung und der steifen Maschinenkonstruktion ist die kritische Prozessgröße bei der Herstellung von Turbinenscheiben der Werkzeugverschleiß. Ein Werkzeugwechsel während der Fertigung einer Turbinenscheibe ist nicht oder nicht wirtschaftlich durchführbar, da zur Überprüfung der Segmentausrichtung erneut ein Probewerkstück bearbeitet und dazu die ausgerichtete Turbinenscheibe von ihrer Aufspannung entnommen werden muss.

Auf eine sehr ähnliche Weise werden Turbinenscheiben für stationäre Triebwerke in Kraftwerken gefertigt. Ein wesentlicher Unterschied besteht jedoch in den Bauteildimensionen, welche im Vergleich zum Flugtriebwerken deutlich größer sind. Dies bedeutet neben einem höheren Gesamtzerspanvolumen eine größere Scheibendicke, was sich wegen größerer Spankammern direkt auf die benötigte Werkzeuglänge auswirkt. Aus diesem Grund wird der Schruppteil häufig mehrfach zwischen den Räumhüben radial zugestellt. Die großen Bauteilmassen von bis zu 10 t sowie die großen Werkzeuglängen haben zur Folge, dass vor allem Maschinen in Vertikalbauweise zum Einsatz kommen, auf welchen die Werkstücke liegend bearbeitet werden. Die Werkzeugschlitten besitzen mehrere nebeneinander angeordnete Werkzeugbahnen. In diesem Bereich der Turbinenscheibenfertigung kommen bereits mit Wendeschneidplatten bestückte Schruppsegmente zum Einsatz, welche Schnittgeschwindigkeiten von bis zu $v_c = 60$ m/min ermöglichen.

13.1.3 Formräumen

Aufgrund der Formgebung durch ein entsprechend aufgebautes Werkzeug und aufgrund seiner Kinematik müssen das Drehräumen, vgl. Abb. 13.7, und das Rotationsdrehräumen, vgl. Abb. 13.8, für die Einteilung der Fertigungsverfahren in der Untergruppe Räumen dem Formräumen zugeordnet werden [DIN8589e].

Das Drehräumen ist eine Kombination der Fertigungsverfahren Außenrunddrehen und Räumen. Durch die Substitution des Drehmeißels durch ein vielschneidiges Räumwerkzeug wurden die Vorteile des Drehens (kontinuierlicher Prozess) mit denen des Räumens

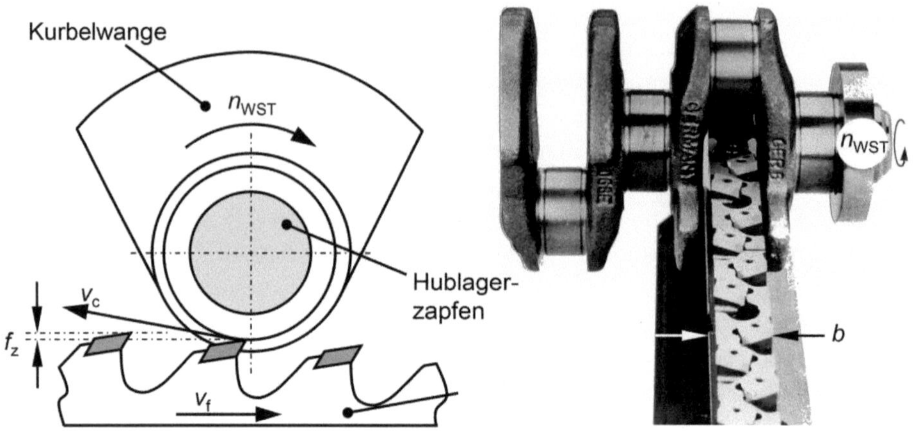

Abb. 13.7 Drehräumen mit linearer Werkzeugbewegung

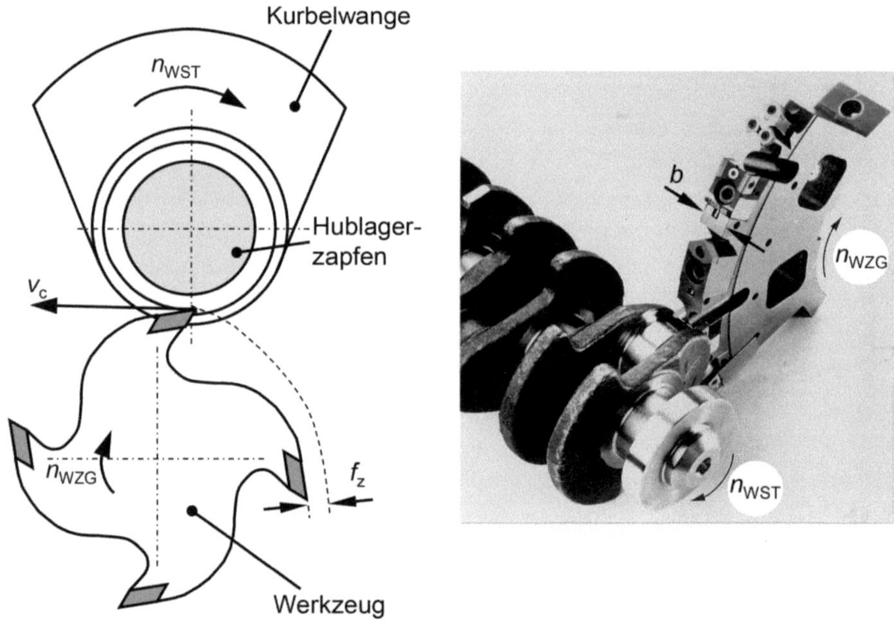

Abb. 13.8 Drehräumen mit rotatorischer Werkzeugbewegung

(vielschneidiges Werkzeug) vereint [Berk92]. Es handelt sich beim Drehräumen um ein schon seit längerem bekanntes Verfahren, das aber erst 1982 bei einem amerikanischen Automobilhersteller zur Vorbearbeitung von Kurbelwellenhauptlagern erstmalig industriell genutzt wurde [Whit84].

Durch die aufwendigen Werkzeuge und die sehr kurzen Fertigungszeiten eignet sich die Verfahrensvariante vor allem für die Großserien- und Massenfertigung. Die Maß- und

Formgenauigkeit der Werkstücke ist hoch. Geringe Abweichungen von der Zylinderform lassen sich aufgrund der Kinematik prinzipiell nicht vermeiden [Müll86, Ansc86]. Sie liegen bei für Kurbelwellen üblichen Durchmessern im Bereich von 5 – 10 μm. Messungen an Kurbelwellenhubzapfen ergaben Oberflächenkennwerte von Rt = 6 – 8 μm bzw. Ra = 0,5 – 0,7 μm [Müll86, Müll87].

Die verwendeten Räumwerkzeuge sind modular aufgebaut und bestehen, wie die konventionellen Räumwerkzeuge, aus einem Schrupp-, Schlicht- und Kalibrierteil. Die einzelnen Module werden auf einen Grundkörper aufgeschraubt. Das Werkzeug ist mit Wendeschneidplatten bestückt, die entsprechend der zu erzeugenden Außenkontur angeordnet und platzsparend durch Schraubenklemmungen befestigt sind, vgl. Abb. 13.7 und 13.8. Es werden quadratische, rhombische, dreieckige sowie runde ISO-Wendeschneidplatten mit modifizierter Schneidteilgeometrie eingesetzt. Es können sowohl unbeschichtete und beschichtete Hartmetalle als auch Schneidkeramiken oder PCBN-Schneidstoffe zum Einsatz kommen [Ansc86, Tika86].

Durch den diskontinuierlichen Werkzeugeingriff entstehen Späne endlicher Länge. Probleme mit dem Spanbruch können durch den Einsatz von Wendeschneidplatten mit Spanleitstufen vermieden werden. Die Wendeschneidplatten in den Vorbearbeitungsmodulen sind nicht einstellbar. Da der Kalibrierteil für die einzuhaltenden Fertigungstoleranzen verantwortlich ist, sind in diesem die Schneidplatten justierbar in Kassetten befestigt. Insgesamt erlaubt dieser Werkzeugaufbau eine einfache Werkzeugaufbereitung sowie eine schnelle und kostengünstige Anpassung für die unterschiedlichsten Profile und Bearbeitungsaufgaben. Durch den Einsatz hochharter Schneidstoffe sind sowohl Drehräumen als auch Rotationsdrehräumen sogar bei gehärteten Stahlwerkstoffen anwendbar. Mit Mischkeramik, aber vor allem mit PCBN als Schneidstoff können hohe Werkzeugstandzeiten erzielt werden.

Die Wirkbewegung wird beim Drehräumen mit linearer Werkzeugbewegung durch ein rotierendes Werkstück und eine translatorische Vorschubbewegung v_f eines mehrschneidigen Werkzeugs erzeugt. Die Wirkrichtung des Vorschubs verläuft dabei senkrecht zur Drehachse des Werkstücks sowie tangential zum Werkstück. Die Werkzeugschneide greift außermittig in das Werkstück ein und bewegt sich während des Schnittvorgangs mit der Vorschubgeschwindigkeit v_f auf der Eingriffslinie durch das Werkstück hindurch, vgl. Abb. 13.9. Die Schnittgeschwindigkeit v_c wird durch die Umdrehung des Werkstücks erzeugt. Aus der Kinematik des Drehräumprozesses resultieren zwei Effekte. Zum einen ändert sich der Eingriffswinkel φ und somit der Wirkwinkel während eines Schnitts. Deshalb sind der Spanwinkel γ_0 und der Freiwinkel α_f des Werkzeugs nicht identisch mit dem effektiven Spanwinkel γ_{0e} und dem effektiven Freiwinkel α_{fe}. Zum anderen ändert sich der Spanungsquerschnitt während eines Zahneingriffs, da die Spanungsdicke vom Eingriffswinkel φ abhängig ist [Berk92].

Das Drehräumen mit linearer Werkzeugbewegung eignet sich prinzipiell zur Außenbearbeitung wellen- und ringförmiger Werkstücke sowie zur Herstellung profilierter und abgesetzter rotationssymmetrischer Außenkanten, z. B. bei Getriebewellen oder Schiebemuffen. Bevorzugtes Anwendungsgebiet ist derzeit noch die Bearbeitung der Haupt- und Hublager von Kurbelwellen, vgl. Abb. 13.7. Ähnlich wie beim konventionellen Räumen

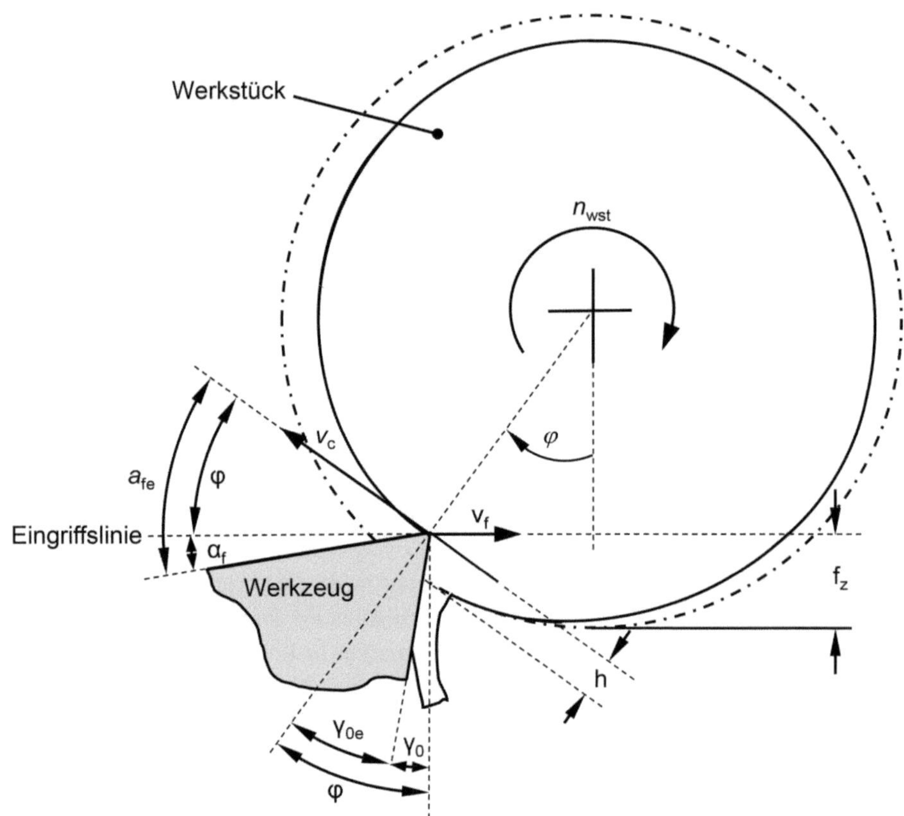

Abb. 13.9 Kinematik des Drehräumens mit linearer Werkzeugbewegung nach Berktold [Berk92]

wird der Betrag der Schnitttiefe a_p durch die Anzahl der Schneiden und die Steigung des Werkzeugs bzw. den Vorschub pro Schneide f_z bestimmt.

Es kommen Werkzeuge mit Schrupp-, Schlicht- und Profilierungselementen zum Einsatz, sodass eine Komplettbearbeitung einzelner Lagerstellen einschließlich Planflächen und Einstiche, bis auf das Schleifen, in einem Arbeitsgang möglich ist. Gegenüber der bisherigen Bearbeitungsfolge Wirbeln des Lagerzapfens, Drehen der Einstiche und Planflächen, Härten, Richten und Schleifen, lassen sich Fertigungsschritte zusammenfassen bzw. einsparen. Mehrere Hauptlagerstellen können durch gleichzeitigen Eingriff mehrerer, nebeneinander geordneter Werkzeuge auf einmal bearbeitet werden. Mit Hilfe einer entsprechend konzipierten Maschine lassen sich durch Höhenversatz des Werkstücks auch mehrere in einer Drehachse liegende Hublager auf einmal drehräumen.

Das Drehräumen mit linearer Werkzeugbewegung, vgl. Abb. 13.7, benötigt besonders bei der Bearbeitung von Kurbelwangen mit hohem radialen Aufmaß sehr lange Werkzeuge, die die Abmaße der Drehräummaschinen und deren Stellfläche in einem unangemessenen Maße steigern. Die zweite Verfahrensvariante, das Drehräumen mit rotatorischer Werkzeugbewegung, vgl. Abb. 13.8, erfüllt hingegen die Forderung nach einer kompakten Bauweise.

Der Tangentialschnitt wird beim Drehräumen mit rotatorischer Werkzeugbewegung durch die kreisförmige Vorschubbewegung eines runden Werkzeugs erreicht. Die einzelnen Schneiden sind jeweils über dem Umfang des Werkzeuges um den Vorschub pro Zahn f_z gestaffelt.

Die Drehräumwerkzeuge bestehen aus einer Vielzahl von Schneiden, die während des Arbeitshubs jeweils nur kurz im Einsatz sind. Die Standzeit des Gesamtwerkzeugs ist dementsprechend hoch. Das aufwendige Werkzeug und die sehr kurzen Fertigungszeiten lassen einen wirtschaftlichen Einsatz des Drehräumens hauptsächlich in der Großserien- und Massenfertigung zu.

13.2 Wälzschaben

Das Wälzschaben ist ein Fertigungsverfahren zur Nachbearbeitung, bei dem die sich kreuzenden Achsen von Werkzeug (Schabrad) und Werkstück eine relative Schnittbewegung verursachen. Ein Beispiel hierfür ist das in der Praxis weit verbreitete Zahnradschaben (auch Weichschaben genannt) [DIN8589i].

Das Schaben von Verzahnungen ist ein Verfahren mit geometrisch bestimmten Schneiden, das zur Feinbearbeitung von vorverzahnten Zahnrädern eingesetzt wird. Es dient zur Verbesserung der Verzahnungsqualität und der Oberflächengüte [Lich64]. Üblicherweise sind die Verzahnungen, die durch Schaben bearbeitet werden, nicht gehärtet. Dies führt dazu, dass eine Bearbeitung der Zahnflanken im Gegensatz zur Hartfeinbearbeitung relativ gut und bei vergleichsweise geringen Kräften durchgeführt werden kann.

Abb. 13.10 zeigt das Prinzip des Zahnradschabens. Die Abwälzkinematik gleicht beim Schaben der eines Schraub-Wälz-Getriebes. Das Werkzeug ist ein Zahnrad, dessen

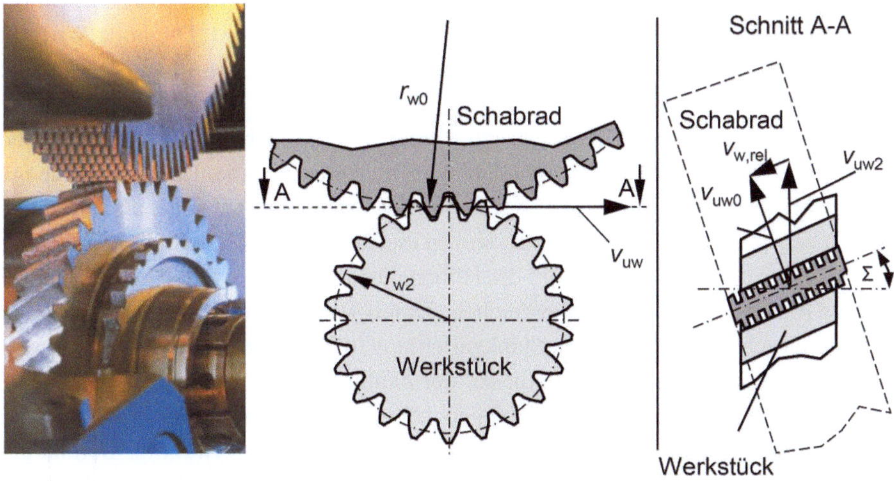

Abb. 13.10 Prinzip des Zahnradschabens (Quelle: Gleason Hurth)

Zahnflanken durch Spannuten unterbrochen sind und einen anderen Schrägungswinkel aufweist als das Werkstück. Die Werkzeug- und die Werkstückachsen sind somit nicht parallel und bilden den sogenannten Achskreuzwinkel Σ. Dieser weist in der Regel Werte zwischen $\Sigma = 10°$ und $15°$ auf, in Ausnahmefällen sind aber auch Achskreuzwinkel von $\Sigma = 3 - 20°$ möglich [Beck00]. Durch den Achskreuzwinkel ergibt sich eine Relativgeschwindigkeit der Schabstege $v_{w,rel}$ in Richtung der Werkstückflanke und aufgrund der Durchdringung von Schneidkante und Werkstückflanke bilden sich Späne.

Die Relativgeschwindigkeit in Richtung Werkstückflanke entspricht beim Schaben der Schnittgeschwindigkeit v_c. Sie errechnet sich aus den Umfangsgeschwindigkeiten an den bei den Wälzkreisen v_{uw0} und v_{uw2} und dem Achskreuzwinkel sowie den Schrägungswinkeln β_0 und β_2:

$$v_{w,rel} = v_c = v_{uw0} \frac{\sin \Sigma}{\cos \beta_2} = v_{uw2} \frac{\sin \Sigma}{\cos \beta_0} \qquad \text{Gl. 13.1}$$

Die Spanabnahme erfolgt dadurch, dass Werkzeug und Werkstück mit hoher Kraft radial miteinander verspannt werden und gleichzeitig aufeinander abwälzen. Dabei wird das Werkzeug angetrieben, während das Werkstück in der Regel frei nachläuft.

Dadurch, dass die Schabradflanken zur Bildung der Schneidkanten nur radial genutet sind, die verbleibende Zahnflanke jedoch nicht hinterschliffen wird, ergibt sich ein konstruktiver Freiwinkel von $\alpha_{kon} = 0°$. Beim Eintritt der Schneidkante in die Werkstückflanke entstehen somit negative resultierende Freiwinkel, die zu einer plastischen Verformung des darunter liegenden Werkstoffs führen. Diese ist beim Schaben erwünscht, da sie zu einer Einebnung von Rauheitsspitzen auf der Zahnflanke führt und daher die Oberflächenqualität der Zahnflanke verbessert [Busc75].

Gegenüber anderen Bearbeitungsverfahren mit geometrisch definierter Schneide weist das Schaben einige weitere technologische Besonderheiten auf. Hier sind vor allem die geringen Spanungsdicken ($h_{cu,max} = 5 - 10$ µm), Spanungslängen ($l_{max} = 0{,}1 - 0{,}5$ mm) und Schnittgeschwindigkeit ($v_c = 30 - 80$ m/min) zu nennen [Kloc03]. Die hohe Wirtschaftlichkeit des Schabprozesses wird durch eine entsprechend hohe Anzahl an Schneiden erzielt.

Abb. 13.11 zeigt die Oberflächenstruktur einer durch Schaben bearbeiteten Zahnradflanke. Beim Abwälzen der Werkstückflanke auf der Werkzeugflanke treten Höhengleitgeschwindigkeiten auf, die sich über der Zahnhöhe verändern. Am sogenannten Schraubwälzkreis liegt reines Abrollen vor und somit ist die Höhengleitgeschwindigkeit hier gleich Null. Am Zahnkopf bzw. -fuß weisen die Höhengleitgeschwindigkeiten ihre Maxima auf, allerdings mit unterschiedlichen Vorzeichen. Durch Überlagerung mit der nahezu konstanten Gleitgeschwindigkeit in Zahnflankenrichtung, die sich durch den Achskreuzwinkel ergibt, entsteht die dargestellte Struktur auf der Zahnflanke.

Da beim Schaben, wie bereits beschrieben, sehr geringe Spanungsdicken vorliegen, ist für eine saubere Spanbildung eine sehr scharfe Schneidkante notwendig. Bereits geringer Verschleiß führt zu einer Beeinträchtigung der Spanbildung und somit der Qualität

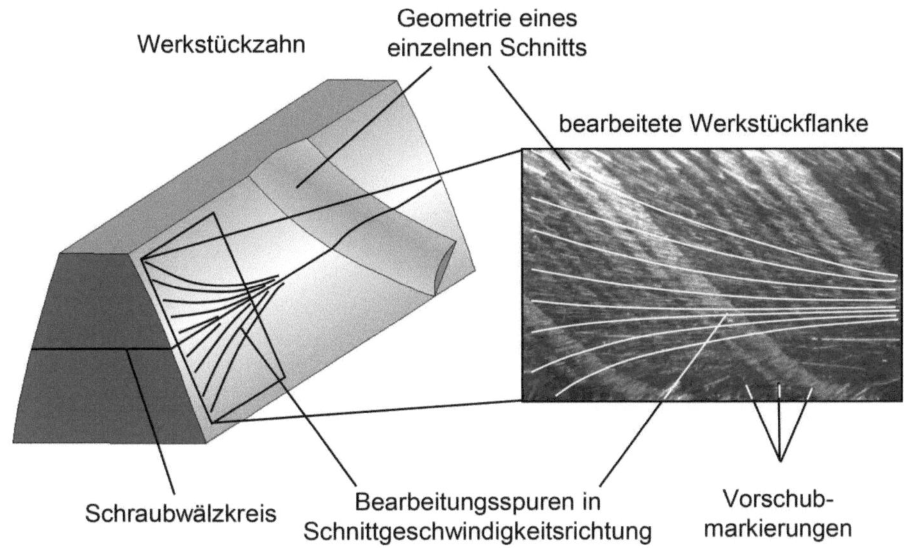

Abb. 13.11 Schnittgeometrie und Oberflächenstruktur beim Schaben [Schr07]

des bearbeiteten Werkstücks. Dennoch sind aufgrund der großen Anzahl zur Verfügung stehender Schneiden sehr hohe Standmengen erreichbar (1000 – 10.000 Werkstücke pro Nachschärfzyklus) [Busc75].

Aufgrund des Achskreuzwinkels herrscht bei Schraubwälzgetrieben mit unkorrigierten Verzahnungen zwischen zwei Flanken Punktkontakt. Beim Abwälzen bewegt sich der Punkt entlang einer gekrümmten Bahn auf der Werkstückflanke. Die in Abb. 13.11 dargestellte Schnittgeometrie ergibt sich durch die Durchdringung zwischen Werkzeugschneide und Werkstückflanke. Um die gesamte Werkstückflanke bearbeiten zu können, ist es somit notwendig, den Berührpunkt zwischen Werkzeug- und Werkstückflanke (den sog. Achskreuzpunkt C) während der Bearbeitung zu verlagern. Hierfür existieren unterschiedliche Möglichkeiten, die in Abb. 13.12 dargestellt sind.

Beim Parallelschaben wird das Schabrad relativ zum Werkstück parallel zu dessen Achse verschoben. Dabei muss das Werkzeug mindestens entlang der gesamten Werkstückbreite verfahren werden. Um diesen Weg und somit die Bearbeitungszeit zu reduzieren, wird beim sogenannten Diagonalschaben das Schabrad nicht parallel zur Werkstückachse sondern unter einem Diagonalwinkel ε verfahren. Im Extremfall, dem Underpassschaben beträgt der Diagonalwinkel $\varepsilon = 90°$. Bei diesem Verfahren wird zwar der Achskreuzpunkt beim Verfahren des Werkzeugs entlang der Werkstückachse verschoben, allerdings findet keine gleichzeitige Verlagerung der Stege in Werkstückflankenrichtung statt. Somit würde das Werkstück bei jeder Umdrehung an den gleichen Stellen bearbeitet und zwischen diesen Stellen würden unbearbeitete Stellen zurückbleiben. Um dennoch die gesamte

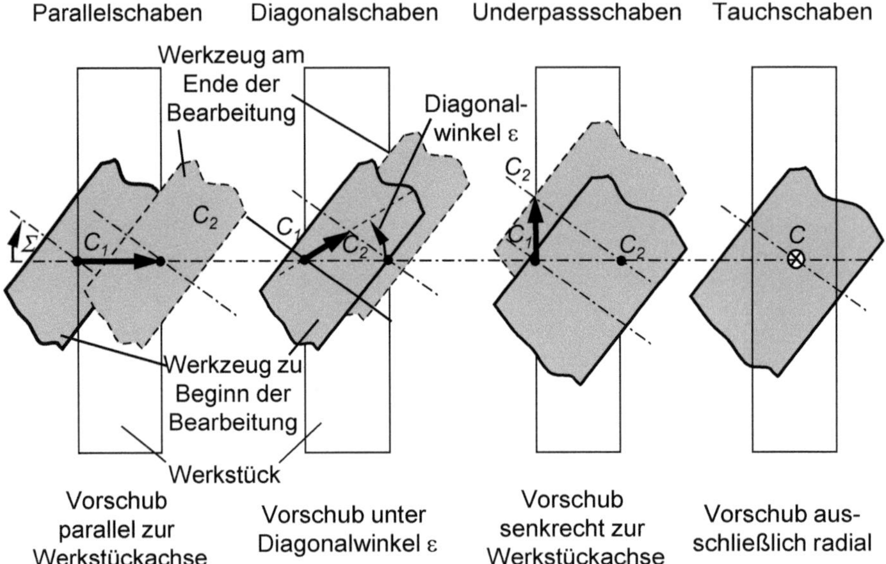

Abb. 13.12 Vergleich unterschiedlicher Schabverfahren

Werkstückflanke gleichmäßig zu bearbeiten, werden die Stege auf den Schabradflanken zueinander versetzt angeordnet. Dieser Versatz beträgt in der Praxis üblicherweise ca. 0,2 mm pro Werkstückumdrehung. Dass bedeutet, dass die Stege auf den Schabradflanken so angeordnet sein müssen, dass nach der Zähnezahl des Werkstücks der gewünschte Versatz vorliegt. Abhängig vom Zähnezahlverhältnis zwischen Werkzeug und Werkstück ergibt sich somit die Anordnung der Stege auf den Schabradflanken. Ein Schabrad ist dementsprechend immer nur für genau eine Werkstückgeometrie geeignet.

Das mit Abstand wirtschaftlichste Schabverfahren ist das Tauchschaben. Bei diesem Verfahren ist die einzige translatorische Bewegung, die das Schabrad relativ zum Werkstück ausführt, eine radiale Zustellung. Da bei diesem Verfahren der Achskreuzpunkt nicht verlagert wird, muss durch einen sogenannten Hohlschliff der Schabradflanke Linienkontakt zwischen den Flanken hergestellt werden. Somit wird das Werkstück im Prinzip auf der ganzen Breite gleichzeitig bearbeitet und die Produktivität dieses Verfahrens ist deutlich höher als bei den anderen Schabverfahren.

Dadurch, dass beim Tauchschaben deutlich mehr Schneiden an der Zerspanung beteiligt sind, wirken auf die Maschine deutlich höhere Kräfte als bei den anderen Schabverfahren. Vor allem bei älteren Schabmaschinen stößt dieses Verfahren daher bei der Bearbeitung größerer Zahnräder (ab $m_n = 3$ mm) an seine Grenzen. Sowohl das Tauch- als auch das Underpassschaben sind überwiegend für die Bearbeitung größerer Serien geeignet, da eine werkstückspezifische Schabradauslegung erforderlich ist. Bei kleineren Serien kommt in der Regel das Diagonalschaben zum Einsatz [Beck00].

13.3 Hobeln und Stoßen

Hobeln und Stoßen sind spanende Fertigungsverfahren mit wiederholter, meist geradliniger Schnittbewegung und schrittweiser, zur Schnittrichtung senkrechter Vorschubbewegung. In der Regel werden durch diese Verfahren größere, ebene Flächen auf Maß bearbeitet [DIN8589e].

Die Verfahren unterscheiden sich wie in Abb. 13.13 dargestellt in der Erzeugung der Relativbewegung zwischen Werkzeug und Werkstück. Beim Stoßen bewegt sich das Werkzeug mit der Schnittgeschwindigkeit v_c über das Werkstück. Beim Hobeln wird im Gegensatz hierzu das Werkstück an dem stehenden Werkzeug vorbeigeführt. In der Praxis werden die Begriffe Stoßen und Hobeln nicht immer exakt getrennt.

Analog zu den anderen spanenden Fertigungsverfahren mit geometrisch bestimmten Schneiden wird zwischen Plan-, Rund-, Schraub-, Wälz-, Profil- und Formstoßen bzw. -hobeln unterschieden. Auf eine getrennte Behandlung der einzelnen Verfahren wird in diesem Rahmen verzichtet. Anhand des Planstoßens werden die Zusammenhänge erläutert, die sich auf die Varianten Rund-, Schraub-, Profil- und Formstoßen übertragen lassen [DIN8589d]. Das Wälzstoßen und Wälzhobeln, werden darüber hinaus aufgrund ihrer Bedeutung in der Zahnradfertigung ausführlicher behandelt.

13.3.1 Planstoßen und Planhobeln

In Abb. 13.13 sind die Bewegungsabläufe beim Planstoßen und -hobeln dargestellt. Das Werkzeug führt beim Stoßen die Schnittbewegung, den Arbeitshub, mit der Geschwindigkeit v_c sowie die Rückbewegung, den Leer- oder Rückhub, mit v_R aus. Die Zustellbewegung kann sowohl durch das Werkstück (durch Heben oder seitliches Verschieben des Tisches) wie auch durch den Meißel (durch Heben und Senken des Stößelkopfs) erfolgen. Der Vorschub f wird durch den Werkstücktisch realisiert. Um beim Rückhub v_R

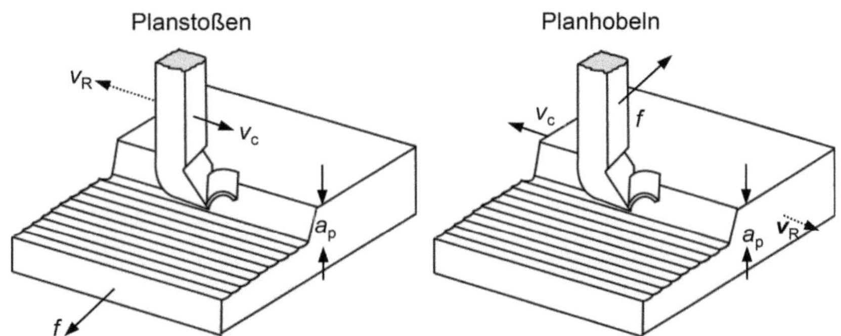

Abb. 13.13 Bewegungsabläufe beim Stoßen und Hobeln

eine Kollision zwischen Werkstück und Werkzeug zu vermeiden, führt das Werkzeug eine Abhebebewegung aus. Aufgrund der technologischen Ähnlichkeit der Verfahren wird im Folgenden auf das Stoßen weiter eingegangen.

Die Werkzeuge beim Stoßen bestehen aufgrund der verfahrensbedingten, schlagartigen Beanspruchungen sowie der geringen realisierbaren Schnittgeschwindigkeiten aus Werkzeugstahl, Schnellarbeitsstahl oder zähem Hartmetall (z. B. der Anwendungsgruppe K40). Da bei diesen Verfahren aus wirtschaftlichen Gründen große Spanungsquerschnitte gefordert sind, wird insbesondere mit Hartmetall-Schneiden mit großem negativem Neigungswinkel gearbeitet. Durch diese Neigungswinkel wird neben einem ziehenden Schnitt auch bewirkt, dass der Stoß beim Anschnitt nicht die Meißelspitze belastet, sondern sich auf die stabilere Schneidkante verteilt.

Es existieren unterschiedlichste Werkzeugformen, von denen einige in Abb. 13.14 dargestellt sind. Für die Schruppbearbeitung werden in der Regel gerade und gebogene Meißel eingesetzt, während zum Schlichten spitze bzw. breite Meißel, die Breitschlichtmeißel, Verwendung finden. Werkstückbedingt müssen Meißel häufig weit auskragen. Um bei solchen Bedingungen Rattern und ein evtl. Einhaken des Meißels zu vermeiden, wird der Meißel oft so gekröpft, dass seine Schneide hinter der Meißelauflage liegt.

Die beim Stoßen realisierbaren Schnittgeschwindigkeiten sind gering, da bei jedem Hub Massen beschleunigt und abgebremst werden müssen. Die Schruppbearbeitung erfolgt bei Schnittgeschwindigkeiten zwischen $v_c = 10 - 30$ m/min und mit großen Vorschüben und Spanungsdicken, um die Leistung der Maschine auszunutzen. Bei der Schlichtbearbeitung werden Schnittgeschwindigkeiten bis zu $v_c = 60$ m/min bei geringen Vorschüben verwendet.

Aufgrund des Rückhubs, der zwar schneller erfolgt als der Arbeitshub, und der erforderlichen Ein- und Überlaufwege, bei denen kein Span abgetragen wird, ist die Differenz zwischen Maschinenlaufzeit und Schnittzeit erheblich. Aus wirtschaftlichen Gründen wird das Verfahren deswegen nur begrenzt eingesetzt.

Stoßmaschinen, bei denen die Hublänge normalerweise bis zu etwa 1000 mm beträgt, eignen sich vor allem zur Bearbeitung von kleinen Werkstücken. Zur Bearbeitung von

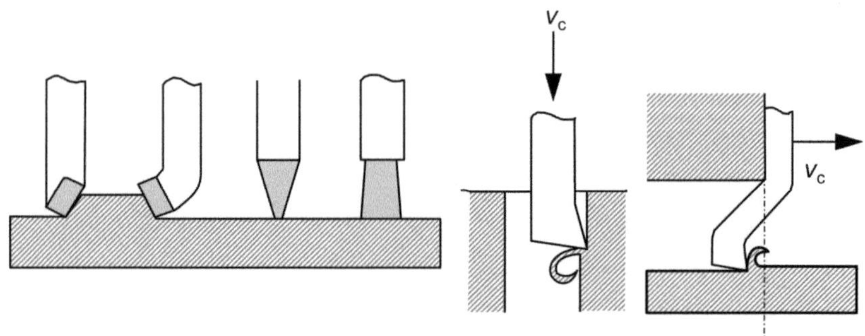

Abb. 13.14 Ausführungen von Stoßmeißel

Werkstücken mit schwer zugänglichen, senkrechten oder schrägen Außen- und Innenformen werden Senkrecht-Stoßmaschinen eingesetzt. Sie sind vor allem zur Bearbeitung unregelmäßiger Formen mit kurzem Schnittweg und kleinem Auslauf unentbehrlich. Das Spanvolumen je Zeiteinheit ist im Vergleich zu anderen spanenden Verfahren gering. Hobelmaschinen mit großer Durchzugskraft erlauben den Einsatz von Mehrfach-Meißelhalterungen, sodass sich Haupt- und Nebenzeiten verringern lassen.

Vorteile dieses Verfahrens im Vergleich zum Fräsen sind außer den einfachen und damit billigen Werkzeugen die geringe Aufheizung des Werkstücks. Außer den schon oben genannten Nachteilen des Stoßens sind noch der häufig erforderliche Werkzeugwechsel (einschneidiges Werkzeug) sowie die große Maschinenaufstellfläche (Hobeln) zu beachten.

13.3.2 Wälzstoßen

Das Wälzstoßen ist ein Verfahren der spanenden Zahnradfertigung und dient in erster Linie zur Herstellung von Innenverzahnungen, Abb. 13.15. Daher kommt dem Wälzstoßen in Zusammenhang mit dem zunehmenden Einsatz von Planetengetrieben eine besondere Bedeutung zu. Zudem werden durch dieses Verfahren neben großen Leistungsanforderungen auch hohe Ansprüche hinsichtlich der Fertigungsgenauigkeit erfüllt, sodass bei Innenverzahnungen häufig auf eine nachträgliche Feinbearbeitung verzichtet werden kann.

Ebenso wie beim Wälzfräsen können durch Wälzstoßen Gerad- und Schrägstirnräder verzahnt werden. Das Wälzstoßen eignet sich außer zur Herstellung von Innenverzahnungen auch für Pfeil- oder Doppelschrägverzahnungen. Der besondere Vorteil des Verfahrens gegenüber dem Wälzfräsen ist der geringe Auslauf des Werkzeugs, sodass auch Verzahnungen an Stufenwellen oder mit großen Kupplungskränzen bearbeitet werden können.

Bei dem zu den kontinuierlichen Wälzverfahren zählenden Wälzstoßen wird das Werkrad (Werkstück) von einem zahnradförmigen Schneidrad (Werkzeug) im Hüllschnittverfahren erzeugt. Abb. 13.16 zeigt die Kinematik des Verfahrens.

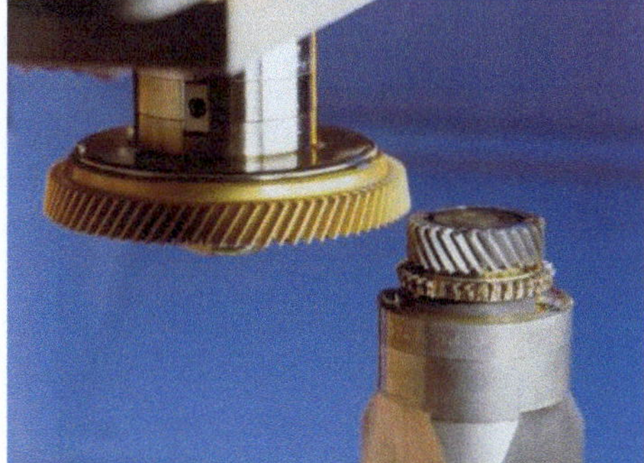

Abb. 13.15 Arbeitsbeispiele für das Wälzstoßen (Quelle: Gleason-Pfauter)

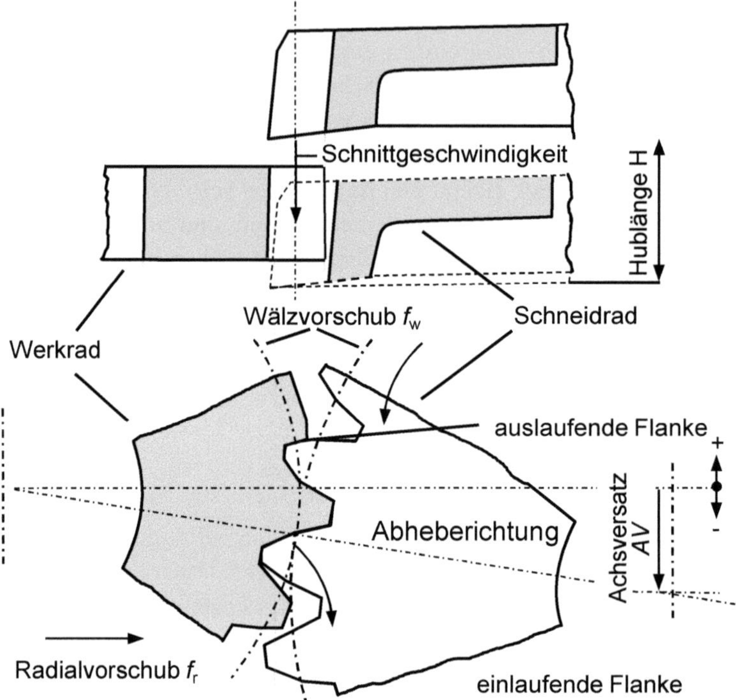

Abb. 13.16 Bezeichnungen an der Paarung Werkrad – Schneidrad

Zur Erzeugung der Wälzbewegung werden Rad und Werkzeug gemeinsam angetrieben. Als Wälzvorschub ist der am Teilkreis zurückgelegte Weg pro Doppelhub DH als Summe aus Arbeitshub und Rückhub definiert. Bei Schrägverzahnungen wird der Wälzbewegung eine periodische Zusatzdrehung entsprechend dem Schrägungswinkel überlagert. Diese Zusatzdrehung des Werkzeugs wird von einer Schrägführung realisiert, die mechanisch starr oder elektronisch regelbar sein kann. Außerdem weisen die Schneidradzähne den entsprechenden Schrägungswinkel auf. Der Achsversatz AV entspricht einer seitlichen Versetzung der Schneidradachse senkrecht zur Symmetrieachse der Wälzstoßmaschine und wird vor Beginn der Bearbeitung fest eingestellt. Dieser Versatz dient zur Vermeidung von Kollisionen zwischen Schneidrad und Werkrad während der Rückhubbewegung.

Zu Beginn des Bearbeitungsprozesses und zwischen mehreren Schnittzyklen führt das Werkrad eine radiale Zustellbewegung aus, um die erforderliche Tauchtiefe zu erreichen. Bei einer Verfahrensvariante des Wälzstoßens wird der Radial- und Wälzvorschub überlagert, sodass spiralförmig zugestellt wird. Die Spiralzustellung kann sowohl mit konstantem als auch mit degressiv sinkendem Radialvorschub (CCP-Verfahren) erfolgen.

Als Werkzeuge werden zurzeit mehrere Schneidradbauformen angeboten [DIN4000, Vuce06], die in Abb. 13.17 dargestellt sind. Scheiben- sowie Glockenschneidräder werden bei der Herstellung von großen Außen- und Innenverzahnungen eingesetzt. Die Glockenbauweise gewährleistet, dass die Befestigungsmutter nicht mit der Werkradaufspannung

Abb. 13.17 Schneidradbauformen

oder dem Werkrad kollidiert. Für Innenverzahnungen mit kleinen Teilkreisdurchmessern werden Schaftschneidräder verwendet. Außerdem können solche Werkzeuge zur Herstellung von Werkstückkonturen eingebetteter innenliegender Außenverzahnungen eingesetzt werden. Alternativ dazu werden oft innenverzahnte Schneidräder verwendet (Hohlschneidräder) [Baus06].

Für das Wälzstoßen werden vornehmlich hartstoffbeschichtete HSS-Werkzeuge mit einem Kopfspanwinkel zwischen $\gamma_K = 10°$ und $\gamma_K = 0°$ eingesetzt.

Die Schneidteilgeometrie an einem Schneidradzahn zeigt Abb. 13.18. Wie die Einzelheit C erkennen lässt, entstehen die Freiwinkel durch den Hinterschliff der Flanken und des Zahnkopfes. Der Freiwinkel α_F am Teilkreis (Schnitt A-A) ist klein zu wählen, um eine möglichst große Werkzeugnutzungshöhe zu erreichen. Der Freiwinkel am Kopf α_K (Schnitt B-B) kann dagegen nicht frei gewählt werden, sondern wird mit Hilfe des Freiwinkels am Teilkreis und des Werkzeugeingriffswinkels berechnet [Bouz76]. Dadurch werden beim Nachschärfen des Schneidrades Profilabweichungen vermieden.

Die Spanwinkel am Zahnkopf γ_K und an den Flanken γ_F haben keinen wesentlichen Einfluss auf die Werkzeugnutzungshöhe und sind daher mit Rücksicht auf das Verschleißverhalten frei wählbar.

Der Zerspanungsprozess beim Wälzstoßen weist einige Besonderheiten auf. Im Gegensatz zum Wälzfräsen, bei dem ein Fräserzahn jeweils den gleichen Span abnimmt, werden beim Stoßen alle Späne von einem Zahn geschnitten, sodass ein Schneidradzahn eine Werkradlücke fertigt. Die Flanken eines Stoßradzahns sind evolventenförmig. Die Abb. 13.19 zeigt die Spanungsquerschnitte bei der Herstellung einer Zahnlücke einer üblichen Verzahnung. Die mit Hilfe eines Digitalrechnerprogramms berechneten Querschnitte sind

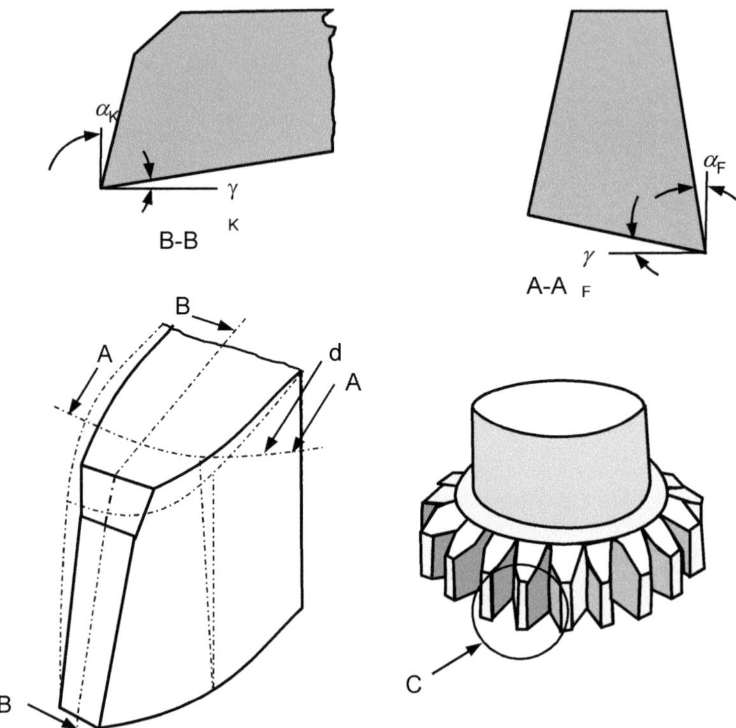

Abb. 13.18 Schneidengeometrie am Schneidradzahn

über der abgewickelten Schneidkante bei den einzelnen Hüben aufgetragen [Sulz73]. Die Spanungsquerschnitte bleiben bei Geradverzahnungen über der Werkradbreite praktisch konstant. Abb. 13.19 zeigt, dass bei der Zerspanung sowohl Ein-, Zwei- als auch Dreiflankenspäne entstehen. Die Dreiflankenspäne bestimmen hauptsächlich das Verschleißverhalten. An der verschleißgefährdeten Stelle treten die kleinsten Spanungsquerschnitte auf.

Charakteristisch für wälzende Prozesse ist die Bildung von Mehrflankenspänen. Durch die erhöhte mechanische Beanspruchung im Bereich der Eckenradien resultiert eine Verringerung der Werkzeugstandmenge [Herz13]. Die Spanformen der standzeitbestimmenden u-förmigen Spanungsquerschnitte, verursacht durch unterschiedliche Verzahnungsgeometrien, sind in Abb. 13.20 aufgezeigt. Im oberen Bildteil sind die Spanungsquerschnitte schematisch dargestellt und die Ablaufrichtungen der Teilspäne am Kopf und an den Flanken durch die eingezeichneten Pfeile angedeutet. Die Fotografien im unteren Bildteil zeigen die zugehörigen Späne. Der zweite Spanungsquerschnitt in Abb. 13.20 tritt in der Praxis am häufigsten auf. Der Span an der auslaufenden Flanke ist sehr dünn im Vergleich zum Span der Kopf- und Einlaufschneide. Infolgedessen wird dieser Span vom Kopfspan auf die Spanfläche gedrückt und beim Ablauf stark behindert.

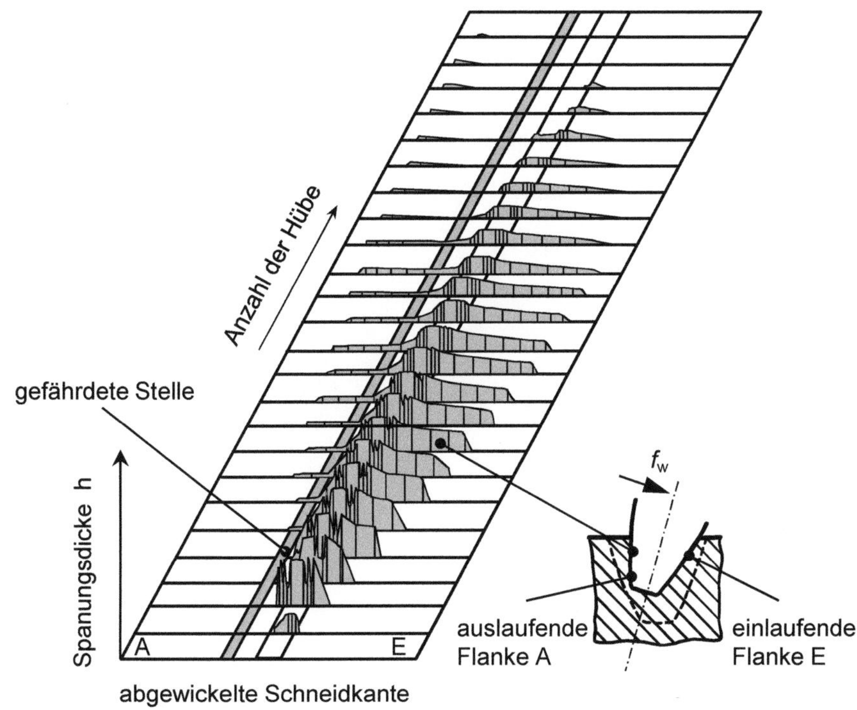

Abb. 13.19 Spanungsquerschnitte beim Wälzstoßen einer Zahnflanke

Die typische Verschleißentwicklung an einem Schneidradzahn eines unbeschichteten Stoßrades zeigt Abb. 13.21. Im oberen Bildteil ist die Verschleißmarkenbreite entlang der abgewickelten Schneidkante für drei verschiedene Standmengen dargestellt. Das Verschleißmaximum ist deutlich am Übergang vom Kopf zur auslaufenden Flanke zu erkennen. Demgegenüber ist der Verschleiß an der einlaufenden Flanke erheblich geringer und gleichmäßig verteilt. Im unteren Teil des Bildes sind Kolkmessschriebe und Fotografien des Schneidradzahns am Ende der Standzeit dargestellt. Die Kolktiefe ist an den drei gekennzeichneten Stellen der Schneidkante im Wesentlichen gleich. Dagegen weist die verschleißgefährdete Stelle am Übergang vom Kopf zur auslaufenden Flanke den kleinsten Kolkmittenabstand auf, weiterhin einen Kolklippenschwund, der den weiteren Einsatz des Schneidrads wegen der nachfolgenden rapiden Zunahme der Verschleißmarkenbreite verhindert.

Mit Hilfe eines Vorhersagemodells zur mehrflankigen Spanbildung beim Kegelradfräsen kann die Werkzeugstandmenge in Abhängigkeit von der Profilform abgeschätzt werden. Ausgehend hieraus lassen sich ebenfalls Standzeiten bei weiteren Prozessen mit mehrflankiger Spanbildung, beispielsweise dem Wälzstoßen, vorhersagen. Dabei werden die thermischen und mechanischen Lasten bei der Spanbildung berücksichtigt. Das

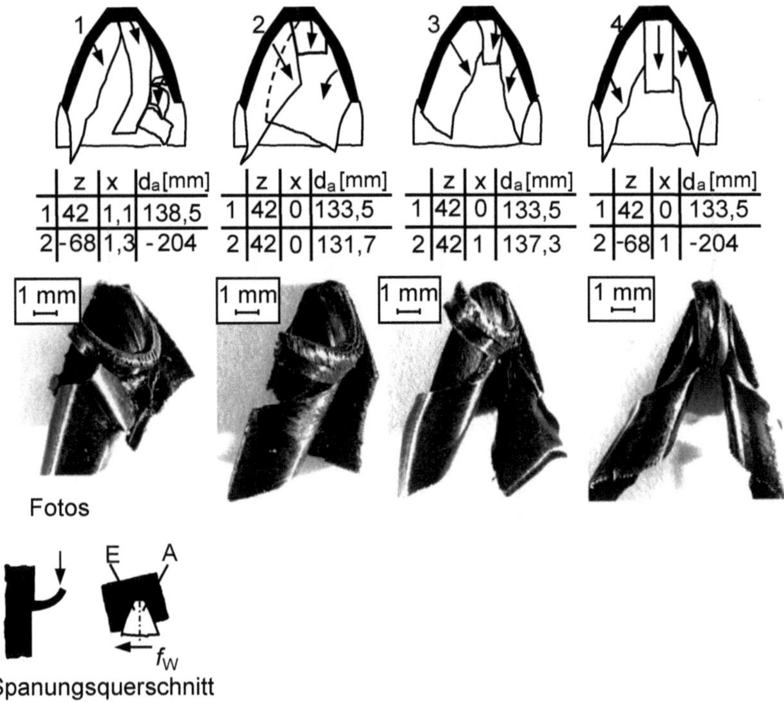

Abb. 13.20 Einfluss des Spanungsquerschnittes auf den Spanablauf beim Wälzstoßen

Gesamtmodell über dem gesamten betrachteten Parameterraum ist in Abb. 13.22 dargestellt. Das Modell Berücksichtigt die Einflüsse von vier geometrischen Größen bei der Spanbildung im Bereich des Eckenradiuses. Diese Größen sind der Werkzeugeingriffswinkel α, der Eckenradius r_ε, Spanungsdicke an der Flanke h_s und der Kopfspanungsbreite b_0. Aufgrundlage dieses Modells ergibt sich beispielsweise ein linearer Einfluss der Spanungsdicke an der Flanke h_s und ein degressiver Einfluss des Eingriffswinkels α auf den Standweg.

Mit Hilfe dieses Vorhersagemodells lassen sich die vorangehend gezeigten Verschleißergebnisse interpretieren. Die Aussagen des Modells lassen sich nicht nur auf die translatorischen Prozesse, Wälzstoßen oder -hobel, sondern auch auf die rotatorischen Prozesse mit mehrflankiger Spanbildung, beispielsweise Wälzfräsen, übertragen [Herz13].

Der Verschleißschutz mittels einer Hartstoffschicht reduziert die Belastung am Schneidteil deutlich, sodass eine Leistungssteigerung gegenüber unbeschichteten Werkzeugen auf zwei Arten möglich wird: Zum einen kann unter Beibehaltung der Schnittparameter eine Erhöhung der Standmenge auf das 1,5 – 4-fache erzielt werden. Zum anderen können aber auch bei gleichen erzielbaren Standmengen produktivere Schnittparameter gewählt werden. Eine Steigerung des Wälzvorschubs reduziert die Standmenge weniger als eine Steigerung der Schnittgeschwindigkeit.

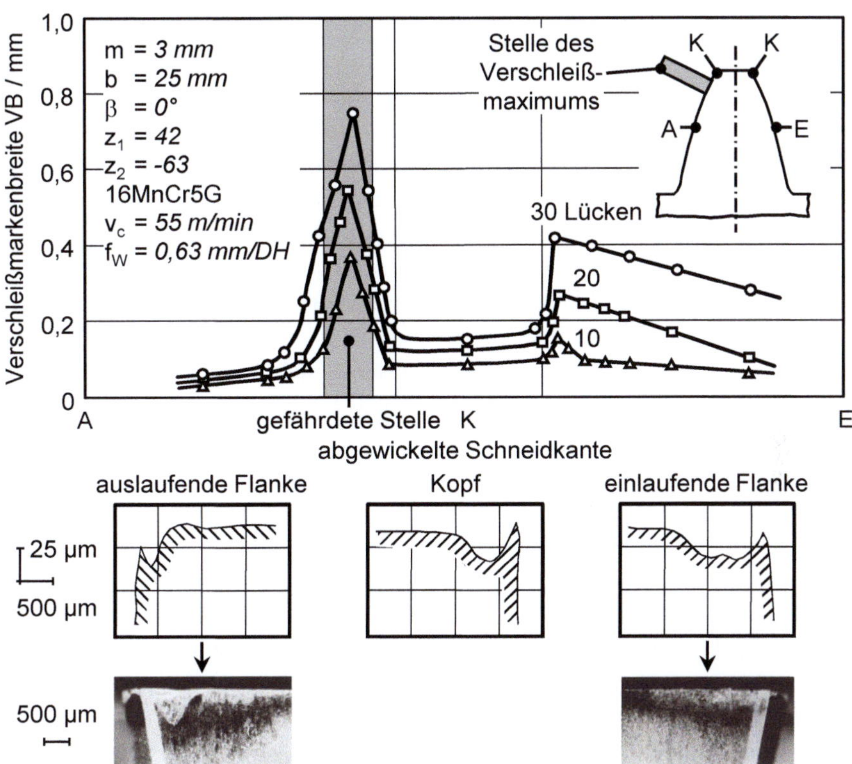

Abb. 13.21 Frei- und Spanflächenverschleiß am Schneidzahn

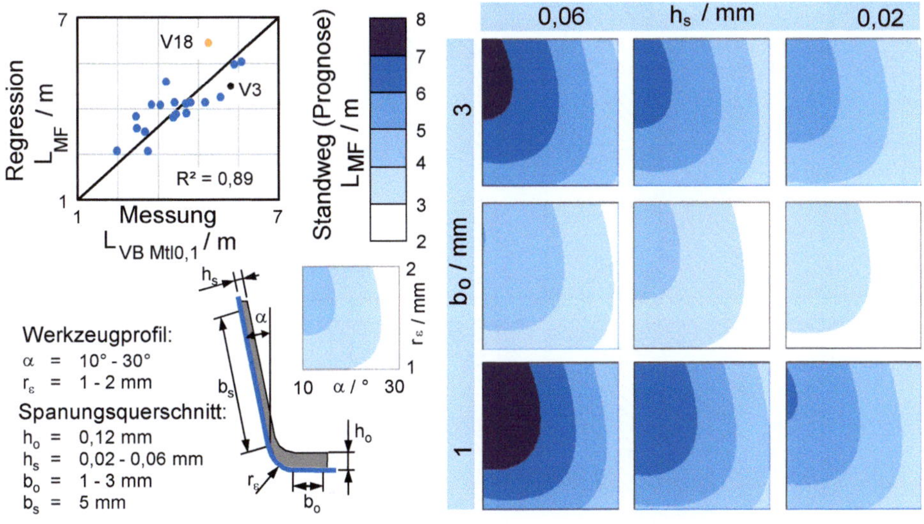

Abb. 13.22 Standwegmodell bei mehrflankiger Spanbildung [Herz13]

Die Werkstoffe für Getriebezahnräder sind zu 80 % Einsatzstähle. Ansonsten werden Vergütungsstähle (insbesondere bei Hohlrädern) und seltener Gusswerkstoffe verwendet. In besonderen Fällen werden auch Baustähle als Zahnradwerkstoffe (z. B. im Kranbau) eingesetzt. Einsatzstähle werden technologisch sinnvoll mit einer Schnittgeschwindigkeit von v_c = 40 – 60 m/min im Schruppschnitt wälzgestoßen. Für den Schlichtschnitt kann die Schnittgeschwindigkeit bei reduzierten Wälzvorschüben auf bis zu v_c = 140 m/min angehoben werden. Vergütungsstähle mit einer Zugfestigkeit von R_m = 900 – 1100 N/mm^2 werden technologisch sinnvoll mit einer Schnittgeschwindigkeit von v_c = 30 – 40 m/min im Schruppschnitt bearbeitet [Able04]. Die Auswahl der Schnittgeschwindigkeit ist außerdem von der jeweiligen Werkradbreite abhängig.

Die für die industrielle Anwendung sinnvollsten Schnittparameter ergeben sich nicht durch jeweils größte Standmengen oder maximale Einstelldaten, sondern vielmehr aus einer optimalen Kombination von Standmengen und Bearbeitungszeit. Als Maß für die Bearbeitungszeit kann für den Wälzstoßprozess die Wälzgeschwindigkeit W herangezogen werden, die in Relation zur Bearbeitungsgeschwindigkeit steht und sich aus Doppelhubzahl n_{DH} und Wälzvorschub f_W wie folgt ergibt [Kauv87]:

$$W = n_{DH} \cdot f_W \, [\text{m/min}] \qquad \text{Gl. 13.2}$$

Die Bearbeitungskosten ergeben sich aus dem jeweiligen Werkzeugpreis, der Standmenge bei einer Schnittgeschwindigkeits-Vorschub-Kombination sowie sämtlichen maschinen- und personalbezogenen Nebenkosten [VDI3333].

Beim Wälzstoßen ist die Gefahr der Kollision von Schneidrad und Werkrad besonders bei hohen Wälzvorschüben gegeben. Es besteht das Risiko, dass das Schneidrad beim

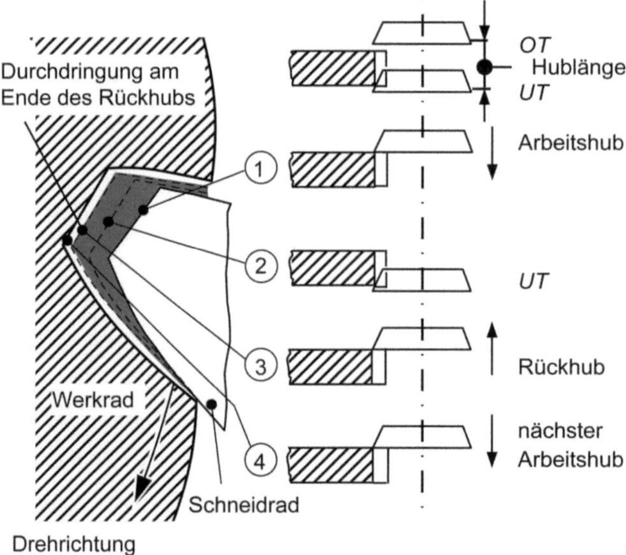

Abb. 13.23 Ursache der Kollisionsgefahr beim Wälzstoßen

Rückhub mit ungeschnittenem Werkstückmaterial kollidiert. Aufgrund des kontinuierlichen Wälzvorschubs käme es, wie Abb. 13.23 zeigt, beim Rückhub zu einer Durchdringung zwischen Schneidradzahn und Werkrad, wenn nicht Maßnahmen zur Kollisionsvermeidung ergriffen würden. Die größte Durchdringung ergibt sich in der oberen Stirnschnittebene des Werkrads. Besonders problematisch ist dies bei der Fertigung von Innenverzahnungen.

Die Kollision bewirkt einen „Schnitt", bei dem die Freifläche des Schneidzahns die Rolle der Spanfläche übernimmt. Aus diesen Schnittbedingungen resultieren eine schwere Schädigung der Schneidkante, eine starke Verschlechterung der Verzahnungsqualität sowie eine erhebliche Maschinenbelastung.

Die Haupteinflussgrößen, die die Kollision beim Rückhub bestimmen, sind neben dem Wälzvorschub die Tauchtiefe, die Geometrie des Werk- und des Schneidrades, der Abhebebetrag beim Rückhub des Schneidrades und der Achsversatz. Die eigentlichen Stellgrößen zur Vermeidung der Kollision sind der Abhebebetrag und der Achsversatz. Da die Abhebebewegung der Stoßspindel besonders bei Innenverzahnungen nicht immer ausreicht, wird der Ständer der Wälzstoßmaschine um einen bestimmten Betrag *AV* seitlich verschoben, sodass sich eine schräge Abhebebewegung ergibt.

13.3.3 Wälzhobeln

Der Bewegungsablauf beim Wälzhobeln entspricht grundsätzlich der Kinematik des Stoßvorgangs. Trotzdem hat sich für diesen Prozess in der industriellen Praxis der Begriff des Wälzhobelns etabliert, der auch im Folgenden verwendet wird. In Abb. 13.24 ist das Wälzhobeln schematisch dargestellt.

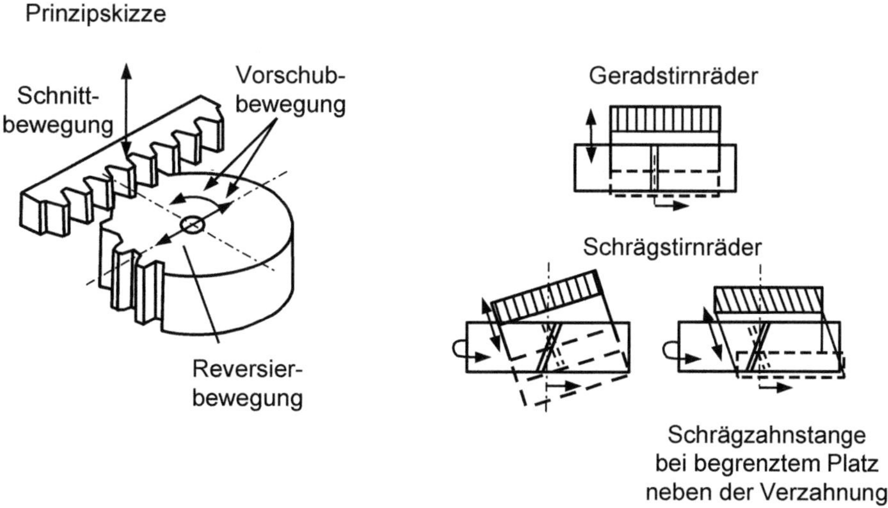

Abb. 13.24 Prinzip des Wälzhobelns

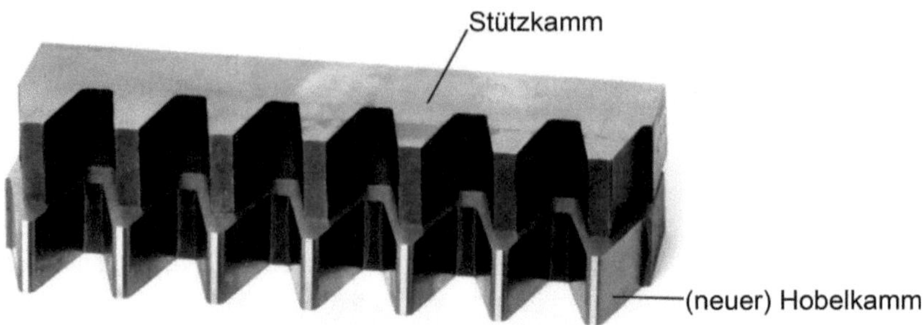

Abb. 13.25 Hobelkamm (Quelle: Maag)

Das Werkzeug beim Wälzhobeln, der sogenannte Hobelkamm, besteht, wie in Abb. 13.25 dargestellt, aus einem Zahnstangensegment mit hinterschnittenen Flanken. Die Schnittkraft wird von einem Stützkamm aufgenommen, sodass das Werkzeug optimal ausgenutzt, d. h. bis auf eine geringe Restdicke nachgeschärft werden kann. Da der Hobelkamm von einer Zahnstange abgeleitet ist, muss bei der Herstellung einer evolventenförmigen Verzahnung der Wälzbewegung des Werkrades eine translatorische Bewegung in Zahnstangenlängsrichtung überlagert werden. Aufgrund der endlichen Länge des Hobelkamms ist es erforderlich, dass das Werkrad nach der Fertigung mehrerer Lücken bei entkoppelter Vorschubbewegung in die Ausgangsstellung zurückgefahren wird. Man spricht in diesem Fall vom Teilwälzen, im Gegensatz zu den kontinuierlichen Wälzverfahren wie Wälzfräsen, Wälzstoßen und Wälzschälen.

Da das Wälzhobeln aus diesem Grunde wesentlich unwirtschaftlicher ist als die anderen Wälzverfahren, wird es nur in Sonderfällen eingesetzt, wie z. B. zur Herstellung von außenverzahnten Zylinderrädern mit großen Abmessungen und hoher Festigkeit. Der Vorteil hierbei ist, dass ein Werkzeugwechsel einfach und ohne Qualitätseinbuße während der Fertigung eines Rads möglich ist.

Literatur

[Abel93] Abel, R.: Hartbearbeitung mit Schneidkeramik und Bornitrid. VDI-Z Spezial Werkzeuge, S. 20–26, 1993

[Able04] Abler, J. et al.: Verzahntechnik: Informationen für die Praxis. Kempten: Liebherr Verzahntechnik, 2004

[Abou76] Abou-Aly, M.: Ein systematischer Überblick über die Oberflächenprüf- und Messverfahren. Metalloberfläche, Jg. 30 H. 12, S. 569–572, 1976

[Abou05] Abouridouane, M.: Bruchverhalten von Leichtmetallen unter Impact-Beanspruchung. Dissertation, RWTH Aachen, 2005

[Abou12] Abouridouane, M.; Klocke, F.; Lung, D.; Adams, O.: A new 3D multiphase FE model for micro cutting ferritic-pearlitic carbon steels, CIRP Annals - Manufacturing Technology 61, pp. 71–74, 2012

[Abra97] Abrão, A.M.; Aspinwall, D.K.: Temperature Evaluation of Cutting Tools During Machining of Hardened Bearing Steel using Polycrystalline Cubic Boron Nitride and Ceramic Cutting Tools. Materials Science and Technology, Vol. 13, pp. 445–450, 1997

[Abus12] Abushawashi, Y.; Xiao, X.; Astakhov, V. P. (2012): Modeling of serrated chip formation with a fracture locus approach. In: Proceedings of the ASME International Mechanical Engineering Congress and Exposition. Denver (Colorado), November 11th-17th 2011. New York: ASME, pp. 373–384

[Acke89] Ackerschott, G.: Grundlagen der Zerspanung einsatzgehärteter Stähle mit geometrisch bestimmter Schneide. Dissertation, RWTH Aachen, 1989

[Adam98] Adam, P.: Fertigungsverfahren von Turboflugtriebwerken. Basel: Birkenhäuser Verlag, 1998

[Adam02] Adams, C.: Trockenbearbeitung in der industriellen Anwendung. In: WZL der RWTH Aachen (Hrsg.) Perspektiven der Zerspantechnik – Entwicklung und Integration der Fertigungsprozesse von morgen. 2002

[Albr60] Albrecht, P.: New Developments in the Theory of the Metal-Cutting Process. Part I, The Ploughing-Process in Metal Cutting, Trans. ASME 82, 1960, pp. 348–358

[Alta02] Altan, T. et al.: Estimation of Tool Wear in Metal Cutting with the Finite Element Method. CIRP Int. Workshop on Modelling of Machining, Purdue University, Lafayette, Indiana, 2002

[Alti00] Altintas, Y.: Manufacturing Automation – Metal Cutting Mechanics, Machine Tool Vibrations and CNC Design. Cambridge: Cambridge University Press, 2000

[Altm01] Altmüller, S.: Simultanes fünfachsfräsiges Fräsen von Freiformflächen aus Titan, Fraunhofer-Institut für Produktionstechnologie, IPT Aachen, Prof. F. Klocke, Aachen: Shaker Verlag, 2001

F. Klocke, *Fertigungsverfahren 1*, VDI-Buch,
https://doi.org/10.1007/978-3-662-54207-1

[Andr59] ANDREATCH, P.; ANDERSON, O.L.: New Device for Measuring the Adhesion between Metallic Rods. In: KUPER, J.B.H. (Ed.): The Review of Scientific Instruments, Vol. 30, American Institute of Physics, New Series, 1959

[Ansc86] ANSCHÜTZ, E.; TIKAL, F.: Drehräumen - ein fortschrittliches Fertigungsverfahren. Werkstatt und Betrieb, Jg. 119 H. 7, 1986

[Arft12] ARFT, M.; KLOCKE, F.: Herausforderungen und Lösungsansätze zur spanenden Bearbeitung von Austempered Ductile Iron. Vortrag, Seminar „Vorverzahnen", Aachen, 28./29.11.2012.

[Asta05] ASTAKHOV, V. P.: On the Inadequacy of the single-shear plane model of chip formation, International Journal of Mechanical Sciences 47, pp. 1649–1672, 2005.

[Atki81] ATKINS, A.G.: Possible Explanation for Unexpected Departures in Hydrostatic Tension-Fracture Strain Relations, Metal Science, Vol. 15, pp. 81–83, 1981

[Auer15] AUERBACH, T.; GIERLINGS, S.; VESELOVAC, D.; SEIDNER, R.; KAMPS, S.; KLOCKE, F.: Concept for a Technology Assistance System to Analyze and Evaluate Materials and Tools for Milling. In: ASME Turbo Expo 2015: Turbine Technical Conference and Exposition, Vol. 6: Ceramics; Controls, Diagnostics and Instrumentation; Education; Manufacturing Materials and Metallurgy; Honors and Awards, Montreal, Quebec, Canada, June 15–19, 2015

[Auri11] AURICH, J.C.; ZIMMERMANN, M.; LEITZ, L.: The preparation of cutting edges using a marking laser. In: Production Engineering: Research and Development, Vol. 5, 2011, pp. 17–24

[Auri15] AURICH, J.C.; EFFGEN, C.: Influence of the machining conditions when preparing cutting edges with elastic bonded grinding wheels. In: Production Engineering: Research and Development, Vol. 9, 2015, pp. 329–336

[Aust99] AUST, E.; NIEMANN, H.-R.: Fertigungspotenziale für die spanende Bearbeitung von γ-TiAl. Mat.-wiss. U. Werkstofftech. H. 30, S. 43–50, 1999

[Axer55] AXER, H.: Beitrag zur Erforschung der Verschleißursachen an spanenden Werkzeugen. Industrie-Anzeiger Jg. 77 H. 45, S. 610–614, 1955

[Ayad84] AYADA, T.; HIGASHINO, K.; MORI, K.: Central Bursting in Extrusion of Inhomgenious Material, Proceedings of the 1st International Conference of Technology of Plasticity (ICTP), Bd. 1, pp. 553–558, 1984

[Bai08] BAI, Y.; WIERZBICKI, T.: A new model of metal plasticity and fracture with pressure and Lode dependence. In: International Journal of Plasticity, Vol. 24, No. 6, pp.1071–1096, 2008

[Bail01] BAILY, M. ET AL: Hochharte Schneid- und Schleifstoffe in der Automobilindustrie. Industrie Diamanten Rundschau IDR Jg. 35 H. 4, S. 334–345, 2001

[Barr00] BARRY, J.: Machining Hardened Steels Cutting Tool Wear Acoustic Emission, Chip Formation and Surface Integrity, PhD Thesis, University College Dublin, 2000

[Barr06] BARRY, J. ET AL.: Application Areas of PCBN Materials, Industrial Diamond Review, Vol. 66 Iss. 3, pp. 46–53, 2006

[Bass14] BASSETT, E.: Belastungsspezifische Auslegung und Herstellung von Schneidkanten für Drehwerkzeuge. Dissertation Universität Hannover, 2014

[Basu06] BASU, B. ET AL.: Processing and properties of monolithic TiB2 based materials. International Materials Reviews Jg. 51, Nr. 6, pp. 352–374, 2006

[Bath96] BATHE, K.J.: Finite Element Producers. Englewood Cliffs, New Jersey: Prentice Hall, 1996

[Baus06] BAUSCH, T. ET AL.: Innovative Zahnradfertigung: Verfahren, Maschinen und Werzeuge zur kostengünstigsten Herstellung von Stirnrädern mit hoher Qualität. Renningen: Expert Verlag, 2006

[Bech62] BECH, H.G.: Richtwerte für die spanende Bearbeitung einiger Leichtmetall-Gusslegierungen. Metall Jg. 16 H. 5, S. 385–393, 1962

[Bech63] Bech, H.G.: Untersuchung der Zerspanbarkeit von Leichtmetall-Gusslegierungen. Dissertation, RWTH Aachen, 1963

[Beck69] Beckhaus, H.: Einfluss der Kontaktbedingungen auf das Standverhalten von Fräswerkzeugen beim Stirnfräsen. Dissertation, RWTH Aachen, 1969

[Beck95] Beck, H.W.: Formgenauere Zylinderbohrungen in Aluminium-Motorblöcken. Werkstatt und Betrieb Jg. 128 H. 3, S. 137–138, 1995

[Beck00] Becker, J.: Weichschaben, die wirtschaftliche Zahnflankenbearbeitung – Heutiger Stand und Entwicklungstendenzen. In: TAE-Seminar „Praxis der Zahnradfertigung". Esslingen, 28.-30. Juni 2000

[Beis82] Beiss, P.: Pulvermetallurgisch hergestellter Schnellarbeitsstahl. Vortrag DGM Symposium Schneidstoffe, Bad Nauheim, 1982

[Bere77] Berenkamp, E.: Hinweise zur Bearbeitung schwer zerspanbarer Werkstoffe. Thyssen Edelstahl, Techn. Ber. 3, 1977, S. 151–156

[Berg90] Bergmann, E. et al.: Ion-plated titanium carbonitride films. Surface and Coatings Technology, Vol. 42, Iss. 3, pp. 237–251, 1990

[Berg97] Berg van Den, H. et al.: Die Bedeutung von modifizierten Randzonen für die Hartmetallbeschichtung. In: Ruthardt, R. (Hrsg.) Pulvermetallurgie in Wissenschaft und Praxis. Bd. 13: „Hartstoffe, Hartstoffschichten, Werkzeuge, Verschleißschutz", Hamburg: Werkstoff-Informationsges., S. 77–87, 1997

[Berg03] Berg van Den, H. et al: Moderne Fertigungstechnologien in der Hartmetallindustrie. In: Kolaska, H. (Hrsg.) Pulvermetallurgie in Wissenschaft und Praxis. Bd. 19: „Material – Prozeß – Anwendung", Hagen: ISL-Verlag, S. 27–48, 2003

[Berg05] Berg van Den, H. et al: Eigenschaften und Anwendung von modernen Hartstoffbeschichtungen. In: Kolaska, H. (Hrsg.) Pulvermetallurgie in Wissenschaft und Praxis. Bd. 21: „Hochleistungsprodukte der Pulvermetallurgie", Witten: Heimdall-Verlag, S. 245–254, 2005

[Berk92] Berktold, A.: Drehräumen gehärterter Stahlworkstoffe. Dissertation, RWTH Aachen, 1992

[Berk01] Berky, E.: Aerostructures made in Augsburg. International ARO Seminar Aluminium - HSC Machining, Reutte (A), 2001

[Bers71] Bersch, B.: Wirkung von Blei auf die Zerspanbarkeit von Automatenstahl, Dissertation, RWTH Aachen, 1971

[Bett03] Betten, J.: Finite Elemente für Ingenieure. Bd. 1 Grundlagen, Matrixmethoden, elastisches Kontinuum Berlin: Springer-Verlag, 2003

[Beye72] Beyer, H.: Fernseh-Thermographie. Ein Beitrag zur Erfassung der Temperaturverteilung am Drehmeißel. Dissertation, Technische Universität Berlin, 1972

[Bier08] Biermann, D.; Terwey, I.: Cutting Edge Preparation to Improve Drilling Tools for HPC Processes. In: CIRP Journal of Manufacturing Science and Technology, Vol. 1, 2008, pp. 76–80

[Bier09] Biermann, D.; Baschin, A.: Influence of Cutting Edge Geometry and Cutting Edge Radius on the Stability of Micro Milling Processes. In: Production Engineering: Research and Development, Vol. 3, Nr. 4-5, 2009, pp. 375–380

[Bier12] Biermann, D.; Wolf, M.; Assmuth, R.: Cutting Edge Preparation to Enhance the Performance of Single Lip Deep Hole Drills. In: Procedia of the 5th CIRP Conference On High Performance Cutting, Vol.1, 2012, pp. 172–177

[Bier12a] Biermann, D. (Hrsg.): Spanende Fertigung - prozesse, Innovationen, Werkstoffe, 6 Ausgabe, Vulkan Verlag, Essen 2012, S. 321–329

[Bobz00] Bobzin, K.: Benetzungs- und Korrosionsverhalten von PVD-beschichteten Werkstoffen für den Einsatz in umweltverträglichen Tribosystemen. Dissertation, RWTH Aachen, 2000

[Bobz05] Bobzin, K.: Scriptum zur Vorlesung Oberflächentechnik SS 2005. Institut für Oberflächentechnik (Hrsg.), 2005

[Bobz10] Bobzin, K. et al.: Thermal stability of γ–Al_2O_3 coatings for challenging cutting operations. Surface & Coatings Technology Jg. 205, Nr. 5, pp. 1444–1448, 2010

[Böke14] Böker, R.: Die Mechanik der bleibenden Formänderung in kristallinisch aufgebauten Körpern. Dissertation, TH Aachen, 1914

[Bolt89] Bolt, P.: Prediction of ductile fracture, Dissertation, TU Eindhoven, Niederlande, 1989

[Bömc85] Bömcke, A.; Erinski D.: Bohren von Kupfergußlegierungen. Industrie-Anzeiger Jg. 107 H. 12, 1985

[Bömc87] Bömcke, A.: Kernlochherstellung für Innengewinde in Al-Druckguß: Bohren ins Volle oder Aufbohren. HGF Bericht 87 Ind.-Anz. Jg. 109 H. 13, S. 38–39,1987

[Bömc89] Bömcke, A.: Ein Beitrag zur Ermittlung der Verschleißmechanismen beim Zerspanen mit hochharten polykristallinen Schneidstoffen. Dissertation, RWTH Aachen, 1989

[Bong91] Bong, A.: Ein Beitrag zur beanspruchungsgerechten Optimierung der Primärkarbidgröße in Schnellarbeitsstählen. Dissertation, RWTH Aachen, 1991

[Bouz76] Bouzakis K.: Erhöhung der Wirtschaftlichkeit beim Wälzstoßen durch Optimierung des Zerspanprozesses und der Werkzeugauslegung. Dissertation, RWTH Aachen, 1976

[Brah09] Braham-Bouchnak, T.; Germain, G.; Robert. P.; Lebrun, J.L.; Auger, S.: High Pressure Water Jet Assisted Machining of Duplex Steel: Machinability and Tool Life, 12th CIRP Conference on Modelling of Machining Operations. Donostia-San Sebastián, Spain, May 7–8, 2009

[Bram60] Brammertz, P.-H.: Ursachen für Form- und Maßfehler an feinbearbeiteten Werkstücken. Dissertation, RWTH Aachen, 1960

[Bram61] Brammertz, P.-H.: Die Entstehung der Oberflächenrauheit beim Feindrehen. Industrieanzeiger Jg. 83 H. 2, S. 25–31, 1961

[Bran95] Brandt, D.: Randzonenbeeinflussung beim Hartdrehen. Dissertation, Universität Hannover, 1995

[Bran05] Brand, J.: Die Schicht entscheidet – Magnetron-Sputtern contra Arc-Verdampfung bei der Werkzeugbeschichtung im PVD-Verfahren. Maschinenmarkt, H. 35, S. 30–32, 2005

[Brec10] Brecher, C., Manoharan, D.: Chatter suppression with an active workpiece holder. Production Engineering Research Development (WGP) 4: pp. 239–245, 2010

[Brec15] Brecher, C.; Brumm, M.; Krömer, M.: Design of Gear Hobbing Processes Using Simulations and Empirical Data in: Procedice CiRP (2015), 33 , ISSN 2212-8271, pp. 484–489

[Breu07] Breuer, D.: Bestimmung des Formänderungsvermögens bei der Kaltmassivumformung. Dissertation, RWTH Aachen, 2007

[Brin96] Brinksmeier, E. et al: Mikrozerspanung duktiler und spröder Werkstoffe in optischer Qualität. In: Bearbeitung neuer Werkstoffe. VDI-Bericht 1276, S. 229–243, 1996

[Brod14] Brodbeck, J.; Rothenaicher, S.; Biermann, D.; Heymann, T.; Wolf, M.: Mit elastisch gebundenen Scheiben die Kanten verrunden. In: Werkstatt und Betrieb, Vol. 1-2, 2014, S. 84–87

[Broz72] Brozzo, P. et al.: A new method for the prediction of formability limits in metal sheets. Proc. of the Seventh Biennial Conference of the Int. Deep Drawing Research Group, 1972

[Brun99] Brunner, U.: PKD-Reibwerkzeuge für die Aluminiumbearbeitung, Industrie Diamanten Rundschau Jg. 33 H. 3, S. 256, 1999

[Buch14] Buchkremer, S.; Wu, B.; Lung, D.; Münstermann, S.; Klocke, F.; Bleck, W.: FE-simulation of machining processes with a new material model. In: Journal of Materials Processing Technology, Vol. 214, No. 3, pp. 599–611, 2014

[Buch16] Buchkremer, S.: Predictive Tool and Process Design for Efficient Chip Control in Metal Cutting. Dissertation, RWTH Aachen, 2016

[Buda68] Buda, J. et al.: Neue Methode der Spanwurzelgewinnung zur Untersuchung des Schneidvorganges. Industrie-Anzeiger Jg. 90 H. 5, S. 78–81, 1968

[Bull13] Bulla, B.: Ultrapräzisionszerspanung von Nanokorn-Hartmetall mit monokristallinen Diamantwerkzeugen. Dissertation RWTH Aachen, 2013

[Bung74] Bungartz, L.: Schraubräumen von schrägen Innenverzahnungen in Ringrädern (Hohlrädern) für automatische Pkw-Getriebe. Industrie-anzeiger Jg. 96 H. 55, S. 1237–1240, 1974

[Bürg06] Bürgel, R.: Handbuch Hochtemperatur-Werkstofftechnik. Wiesbaden: Vieweg Verlag, 2006

[Busc75] Buschhoff, K.: Verbesserung der Verzahnqualität beim Zahnradschaben durch eine genauere Anpassung des Werkzeuges an das Werkrad. Dissertation, RWTH Aachen, 1975

[Busc14] Busch, M.: Methodische Fräsprozessauslegung für die Bearbeitung hochwarmfester Werkstoffe. Dissertation, RWTH Aachen, 2014

[Buzd87] Buzdon, P.; Sauer, H.: Drehen statt Schleifen. Industrie Diamanten Rundschau IDR Jg. 21 H. 2, pp. 100–101, 1987

[Cass94] Cassel, C.: Einsatzverhalten von Cermet-Schneidstoffen bei der Drehbearbeitung. Dissertation, Universität Hannover, 1994

[Capr12] Caprino, G.: Analysing cutting forces in machining processes for polymer-based composites, Beitrag in Machining technology for composite materials – principles and practice, pp. 75–115

[Cayl14] Cayli, T.; Klocke, F.; Lung, D.: Entwicklungen im Bereich der Hochdruck-Kühlschmierstoffzufuhr, 5. Aachener High-Performance-Cutting (HPC) Konferenz, 30.09.2014-1.10.2014 Aachen, Apprimus Verlag Aachen 2015, ISBN 978-3-86359-250-9, S. 251–269

[Ceme13] CemeCon AG: Facts. Kunden-Magazin für Beschichtungstechnologie, Jg. XX, Nr. 39, 2013

[Chat86] Chatterjee-Fischer, R.; Mayr, P.: Erzeugung und Untersuchung von Mitteltemperatur CVD-Schichten. HTM Jg. 41 H. 3, S. 113–126, 1986

[Cher11] Cherif, C.: Textile Werkstoffe für den Leichtbau. Springer-Verlag Berlin Heidelberg 2011

[Chil71] Childs, T.H.C.: A new visio-plasticity technique and a study of curly chip formation. Int. J. mech. SCi., Vol. 13, Iss. 4, pp. 373–387 Oxford (UK): Pergamon Press, 1971

[Chry79] Chryssolouris, G.: Einsatz hochharter polykristalliner Schneidstoffe zum Drehen und Fräsen. Dissertation, TU Hannover, 1979

[Chun98] Chung, W.J. et al.: On the Dynamic Effects of Explicit FEM in Sheet Metal Forming Analysis. Engineering Computations: International Journal for Computer-aided Engineering and Software, Vol. 15, Iss. 6, pp. 750–776, 1998

[Clau77] Claussen, N.: Erhöhung des Rißwiderstandes von Keramiken durch gezielt eingebrachte Mikrorisse. Berichte der deutschen Keramischen Gesellschaft, Jg. 54 H. 12, S. 420, 1977

[Clau84] $_2$Claussen, N.: Strengthening strategies for ZrO_2-toughened ceramics at high temperatures. Materials Science and Engineering, Vol. 71 pp. 23–38, 1984

[Clau85] Clausen, R.: Polykristalline Schneidstoffe spanen harte Eisenwerkstoffe mit langer Standzeit. Maschinenmarkt, Jg. 91 H. 33, S. 628–631, 1985

[Cock68] Cockcroft, M.G.; Latham, D.J.: Ductility and Workability of Metals. Journal of the Institute of Metals, Vol. 96, pp. 33–39, 1968

[Coop99] Cooper, C. M.: Cutting Tools Roundup. Gear Technology, Vol. 16, Iss. 3, pp. 17–23, 1999

[Corn74] CORNELY, H.; MINK, G.: Erfahrungen mit Wendeschneidplatten beim Drehen und Fräsen. Zeitschrift für industrielle Fertigung Jg. 64 H. 5, S. 294–297, 1974

[Cour09] COURBON, C.; KRAMAR, D.; KRAJNIK, P.; PUSAVEC, F.; RECH, J.; KOPAC, J.: Investigation of machining performance in high-pressure jet assisted turning of Inconel 718: An experimental study. International Journal of Machine Tools & Manufacture, Vol. 49, Iss. 14, 2009, pp. 1114–1125

[Craf99] CRAFOORD, R.; KAMINSKI, J.; LAGERBERG, S.; LJUNGKRONA, O.; WRETLAND, A.: Chip control in tube turning using a high-pressure water jet. Proceedings of the Institution of Mechanical Engineers, Part B: Journal of Engineering Manufacture, Vol. 213, No. 8, 1999, pp. 761–767

[Crem98] R. CREMER, M. ET AL.: In: CHO, W.; SOHN, H. (Eds.) Value-Addition Metallurgy, Proc. of the International Symposium on Value-Addition Metallurgy, San Antonio (USA), The Minerals, Metals & Materials Society, p. 249, 1998

[Csel03] CSELLE, T. ET AL: LARC: Neue, industrielle Beschichtungstechnologie. Werkstatt und Betrieb, Jg. 136 H. 3, S. 12–17, 2003

[Csel03a] CSELLE, T. ET AL.: Nanoschichten für Hochleistungswerkzeuge. Werkzeug Technik, H. 77, S. 32–36, 2003

[Csel04] CSELLE, T.: Coating for Tooling – Quo Vadis 2005? Proceedings of the 3rd international Conference "Coatings and Layers". Rosnow (CZ), 7.–8. Oktober 2004,

[Czic03] CZICHOS H.; HABIG, K.-H.: Tribologie-Handbuch. 2. Aufl. Wiesbaden: Friedr. Vieweg & Sohn Verlag, 2003

[Czic06] CZICHOS, H.; SAITO, T.; SMITH, L. (Eds.): Springer Handbook of Materials Measurement Methods. Berlin: Springer Verlag, 2006

[Dahl02] DAHLMANN, P.: A comparison of temperature reduction in high-pressure jet-assisted turning using high pressure versus high flowrate. Proceedings of the Institution of Mechanical Engineers, Part B: Journal of Engineering Manufacture, Vol. 216, No. 4, 2002, pp. 467–473

[Dahl04] DAHLMANN, P.; ESCURSELL, M.: High-pressure jet-assisted cooling: a new possibility for near net shape tuning of decarburized steel. International Journal of Machining Tools & Manufacture, Vol. 44, 2004, pp. 109–115

[Dama90] DAMARITÜRK, H.S.: Temperaturen und Wirkmechanismen beim Hochgeschwindigkeitsfräsen von Stahl. Dissertation, Technische Hochschule Darmstadt, 1990

[Damm82] DAMMLER, L.: Ein Beitrag zur Prozeßanalyse und Schnittwertvorgabe beim Messerkopfstirnfräsen. Dissertation, RWTH Aachen, 1982

[Damm04] DAMM, H.: Werkzeug-Doping. Werkstatt und Betrieb. Jg. 137 H. 3, S. 10–19, 2004

[Daub93] DAUBECHIES, I.: Orthonormal bases of compactly supported wavelets II: Variations on a theme. SIAM J. Math. Anal, Vol. 24, pp. 499–519, 1993

[Daub95] DAUB, K. ET AL: Leistungspotentiale von Feinst- und Ultrafeinstkorn-Hartmetallen und ihre Herstellung. In: KOLASKA, H. (Hrsg.) Pulvermetallurgie in Wissenschaft und Praxis. Bd. 11: „Pulvertechnologische Wege in die Zukunft", Oberursel: DGM Informationsges., S. 285–307, 1995

[Davi07] DAVIES, M.A.; UEDA, T.; M'SAOUBI, R.; MULLANY, B.; COOKE, A.L.: On the measurement of temperature in material removal processes. In: Annals of the CIRP, pp. 581–604, Vol. 65/2, 2007

[Davi10] DAVIM, J.P.: Machining Composite Materials, ISTE Ltd, 2010

[Daws02] DAWSON, T.: Machining Hardened Steel with PCBN Cutting Tools, Ph.D. thesis, Georgia Institute of Technology, 2002

[Degn00] DEGNER, W. ET AL.: Spanende Formung. München: Carl Hanser Verlag, 2000

[Denk90] DENKENA, B.: Verschleißverhalten von Schneidkeramik. PMI Jg. 22 H. 4, S. 43–48, 1990

[Denk03] DENKENA, B.; WEINERT, K.; FRIEMUTH, T.; SPENGLER, C.; SCHULTE, M.; KÖTTER D.: Kantenpräparation an Hartmetall Werkzeugen. Einfluss der Prozessparameter beim Strahlen und Bürsten. In: VDI-Z, Special Werkzeuge, Vol. 145, 2003, S. 51–54

[Denk04] DENKENA, B. ET AL.: Properties and Performance of Coated Cutting Tools in Machining Aluminium. In: 4th International Conference „The Coatings" in Manufacturing Engineering, Erlangen, pp. 267–276, 2004

[Denk04a] DENKENA, B.; TÖNSHOFF, H.K.: Spanen – Grundlagen. Berlin: Springer-Verlag, 2. Aufl., 2004

[Denk05] DENKENA, B., FRIEMUTH, TH. ET AL.: Kantenpräparation an Hartmetallwerzeugen. VDI-Z Spezial Werkzeuge, S. 51–54, 2005

[Denk07] DENKENA, B.; KRAMER, N.; SIEGEL, F.; KÄSTNER, J.: Methoden zur Präparation von Zerspanwerkzeugen - Leistungsoptimierung an der Schneidkante. In: VDI-Z Special Werkzeuge, Vol. 8, 2007, S. 24–26

[Denk09] DENKENA, B.; LEON, L.; KÖHLER, J.: Cutting Edge Preparation for Cemented Carbide Milling Tools. In: Advanced Materials Research, Vol. 76-78, 2009, pp. 597–602

[Denk10] DENKENA, B.; DEGE, J. H.; GROPPE, M.; GROVE T.: Zerspanbarkeit von ß-Titanlegierungen. VDI-Z Special Werkzeuge, Mai 2010, S. 24–27

[Denk13] DENKENA B.; KÖHLER J.; VENTURA C.E.H.: Customized Cutting Edge Preparation by Means of Grinding. In: Precision Engineering, Vol. 37, 2013, pp. 590–598

[Denk14] DENKENA, B.; BIERMANN, D.: Cutting edge geometries. In: CIRP Annals - Manufacturing Technology, Vol. 63, 2014, pp. 631–653

[Deut82] DEUTSCHES KUPFERINSTITUT: Kupfer. 2. Auflage, Düsseldorf, 1982

[Deut03] DEUTSCHES KUPFERINSTITUT: Bronze – Unverzichtbarer Werkstoff der Moderne. Düsseldorf, 2003

[Deut10] DEUTSCHES KUPFERINSTITUT: Richtwerte für die spanende Bearbeitung von Kupfer und Kupferlegierungen. Düsseldorf, 2010

[Diei87] DIEI, E.N.: DORNFELD, D.A.: Accoustic-Emission from the Face Milling Process – the Effect of Process Variables. Journal of Engineering for Industry-Transactions of the ASME, 1987

[Djat52] DJATSCHENKO, P.; JAKOBSON, M. O.: Die Beschaffenheit der Oberfläche bei der Zerspanung von Metallen. Berlin: VEB Technik, 1952

[Doeg86] DOEGE, E. ET AL.: Fließkurvenatlas metallischer Werkstoffe. München: Hanser-Verlag, 1986

[Domk74] DOMKE, W.: Werkstoffkunde und Werkstoffprüfung. Essen: Girardet- Verlag, 1974

[Dörn04] DÖRNENBURG, F.; JAGODZINSKI, S.: Korrosionsschutz am innovativem BMW Magnesium-Aluminium Verbundkurbelgehäuse. Tagungsband 12. Magnesium Abnehmerseminar, Europäische Forschungsgemeinschaft Magnesiumguss e.V., Aalen, 13./14. Sept. 2004

[Dorn89] DORNFFELD, D. A.: Monitoring for Untended Manufacturing Using Acoustic Emission. Journal of Engineering for Industry, Vol. 111/229, pp. 117–126, 1989

[Dreß64] DRESSLER, H.W.: Einflussgrößen auf die Zerspanbarkeit von Automatenstahl, Dissertation, RWTH Aachen, 1964

[Drey97] DREYER, K. ET AL: Trends in der Hartmetallfertigung: Legierungen, Verfahren, Produkte. In: RUTHARDT, R. (Hrsg.) Pulvermetallurgie in Wissenschaft und Praxis. Bd. 13: „Hartstoffe, Hartstoffschichten, Werkzeuge, Verschleißschutz", Hamburg: Werkstoff-Informationsges., S. 3–27, 1997

[Drey01] DREYER, K. ET AL.: Feinst- und Ultrafeinkornhartmetalle: Tendenzen und Anwendungen. Materialwissenschaft und Werkstofftechnik Jg. 32 H. 3, S. 238–248, 2001

[Duda86] DUDA, D.: Werkzeuge aus gesintertem Schnellarbeitsstahl. Werkstatt und Betrieb, Jg. 119 H. 6, S. 495–498, 1986

[Ecks96] ECKSTEIN, M.; SMARSLY, W.: TiAl als Konstruktionswerkstoff und dessen spanende Bearbeitung am Beispiel hochbelasteter Komponenten in Fluggasturbinen. VDI-Berichte 1276, S. 641–653, Düsseldorf

[Ehme70] EHMER, H.-J.: Beitrag zur Ermittlung der Gesetzmäßigkeiten und Ursachen des Freiflächenverschleißes an Hartmetalldrehwerkzeugen. Dissertation, RWTH Aachen, 1970

[Ehme70a] EHMER, H.-J.: Gesetzmäßigkeiten des Freiflächenverschleiß an Hartmetallwerkzeugen. Industrie-Anzeiger, Jg. 92 H. 79, S. 1861–1862, 1970

[Ehme70b] EHMER, H.-J.: Ursachen des Freiflächenverschleißes an HM-Drehwerkzeugen. Industrie-Anzeiger, Jg. 92 H. 88, S. 2081–2084, 1970

[Eise88] EISENBLÄTTER, J. ET AL: Schallemissionen – Grundlagen und Anwendung einer neuen Prüfmethode, Battelle-Institut e.V., Frankfurt am Main, 1988

[Eise00] EISENBLÄTTER, G.: Trockenbohren mit Vollhartmetallwerkzeugen. Dissertation, RWTH Aachen, 2000

[Elma00] EL-MAGD, E.; ABOURIDOUANE, M.; BRODMANN, M.: Konstitutive Beschreibung des Fließverhaltens und der Schädigung bei Hochgeschwindigkeitsbeanspruchung Werkstoffprüfung, DVM, Bad Nauheim, (2000), S. 315–321

[Elma05] EL-MAGD, E., TREPPMANN, C., KOTHÄUER, M.: Experimentelle und Numerische Untersuchung zum Thermomechanischen Stoffverhalten, Hochgeschwindigkeitsspanen. In: Hochgeschwindigkeitsspanen metallischer Werkstoffe, Wiley-VCH Verlag, Weinheim, S. 183–206, 2005

[Elma06] EL-MAGD, E. ET AL.: Experimentelle und numerische Untersuchung zum thermomechanischen Stoffverhalten. In: DENKENA, B. (Hrsg.) Begleitband Abschlusskolloquium HSC, Garbsen, Bd. 2, S. 93–105, 2006

[Erin90] ERINSKI, D.: Untersuchungen über den Einfluß des Werkstoffgefüges auf das Zerspanverhalten von Al-Si-Gußlegierungen. Dissertation, RWTH Aachen, 1990

[Erke05] ERKENS, G.: A survey of advanced coatings as key element of modern cutting tools and functional components. In: Proceedings of the 5th International Conference THE Coatings, Kallithea of Chalkidiki (GR), pp. 53–65, 2005

[Erns38] ERNST, H.: Physics of Metal Cutting. Machining of Metals. American Society for Metals, Cleveland, Ohio, pp. 1–34, 1938

[Erns41] ERNST, H.; MERCHANT, M. E.: Chip Formation, Friction, and High Quality Machined Surfaces. In: "Surface Treatment of Metals". ASM, Cleveland, Ohio (USA), 29, 299, 1941

[Endl08] ENDLER, I. ET AL.: Novel aluminum-rich Ti1−xAlxN coatings by LPCVD. Surface & Coatings Technology Jg. 203, Nr. 5-7, pp. 530–533, 2008

[Endl10] ENDLER, I. ET AL.: Aluminum-rich TiAlCN coatings by Low Pressure CVD. Surface & Coatings Technology Jg. 205, Nr. 5, pp. 1307–1312, 2010

[Esse72] ESSEL, K.: Entwicklung einer Optimierregelung für das Drehen. Dissertation, RWTH Aachen, 1972

[Esse06] ESSEL, I.: Machinability Enhancement of Non-Leaded Free Cutting Steels. Dissertation, RWTH Aachen, 2006

[Essi10] ESSIG, C.: Vorhersage von Spanbruch bei der Zerspanung mit geometrisch bestimmter Schneide mit Hilfe schädigungsmechanischer Ansätze. Dissertation, RWTH Aachen, 2010

[Essl91] ESSLINGER, P.; SMARSLY, W. Intermetallische Phasen; Neue Werkstoffe für fortschrittliche Flugtriebwerke. MTU Focus 1, S. 36–42, 1991

[Ever71] EVERHART, J.L.: Engineering properties of nickel and nickel alloys. New York/London: Plenum Press, 1971

[Ever94] EVERSBERG, K.-R.: Funktionssicherheit bei Hartstoffdünnschichten unter besonderer Berücksichtigung von CVD-Viellagensystemen. Galvanotechnik. Jg. 85 H. 1, S. 76–81, 1994

[Ezug04] EZUGWU, E.O.; BONNEY, J.: Effect of high-pressure coolant supply when machining nickel-base, Inconel 718, alloy with coated carbide tools. Journal of Materials Processing Technology, Vols. 153-154, 2004, pp. 1045–1050

[Ezug06] EZUGWU, E.O.; BONNEY, J.; ROSEMAR, B.; CAKIR, O.: Surface integrity of finished turned Ti-6Al-4 V alloy with PCD tools using conventional and high pressure coolant supplies. International Journal of Machine Tools & Manufacture, Vol. 47, 2007, pp. 884–891

[Falk70] FALKENBERG, G.: Kühlschmierung beim Räumen. Industrieanzeiger Jg. 92 H. 6, 1970

[Fall05] FALLBÖHMER, M. ET AL: Das Fräsen von Achsträgern mittels Stabkinematik-Robotern bei BMW erfolgt mit PKD-Werkzeugen. Industrie Diamanten Rundschau IDR Jg. 39 H. 1, S. 15–17, 2005

[Fasc80] FASCHER, P. ET AL.: Vereinfachte Wärmebehandlung. VDI-Z 21, S. 939–948, 1980

[Faul86] FAULSTICH, J.: Schälwälzfräsen gehärteter Zylinderräder. In: BAUSCH, T. (Hrsg.) Zahnradfertigung Teil B. Sindelfingen: Expert Verlag, S. 365–382, 1986

[Fell09] FELLOWS, P.J.: Food processing technology; Principles and practice, r. edition, Vol. Woodhead Publishing, Cambridge, UK, 2009

[Feuc05] FEUCHTER, P.: Massiver CVD- Diamant für High-End Werkzeuganwendungen. Industrie Diamanten Rundschau Jg. 39 H. 4, S. 343–347, 2005

[Fieb95] FIEBER, M.: Die Kontaktbedingungen in der Wirkfläche beim Einsatz beschicheter Werkzeuge als Grundlage zur Prozessoptimierung am Beispiel der Innengewindefertigung. Dissertation, RWTH Aachen, 1995

[Fili02] FILI, W.: Bis zu 1000 bar pressen die Oberfläche glatt. Industrie Anzeiger Jg. 36, S. 66, 2002

[Fosh94] FOSHAG, S.: Kinematik und Technologie des Gewindefräsbohrens. Dissertation, TU Darmstadt, 1994

[Fran11] FRANK, P.: Modellierung des Werkzeugverschleißes beim Hartdrehen mit Polykristallinem cBN (cubic Boron Nitride). Dissertation, RWTH Aachen. 2011

[Frei00] FREILER, C.: Ökologische und ökonomische Aspekte beim Einsatz von Esterölen. In: BARTZ, W. (Hrsg.) Kühlschmierstoffe und Zerspanung. Renningen-Malmsheim: Expert Verlag, 2000

[Freu50] FREUDENTHAL, A.: The Inelastic Behavior of Engineering Metals and Structures. John Wiley and Sons, New York, 1950

[Frie02] FRIEMUTH, T.: Herstellung spanender Werkzeuge. Habilitation Treatise, Fortschritt-Berichte/VDI Reihe 2, Fertigungstechnik 615, VDI-Verlag, Düsseldorf, 2002

[Gath77] GATHER, M.: Adaptive Grenzregelung für das Stirnfräsen. Dissertation, RWTH Aachen, 1977

[Geba80] GEBAUER, D.: Systeme zur rechnerunterstützten Schnittwertoptimierung, Zeit-, Kosten- und Methodenplanung für die spanende Fertigung. Dissertation, RWTH Aachen, 1980

[Geli83] GÉLIN, J.; RAVALARD, Y.: A New Testing Method for the Determination of Ductile Fracture in Cold Forging Processes, Annals of the CIRP, Vol. 32/1, pp. 191–194, 1983

[Gent02] GENTE, A.: Spanbildung von TiAl6V4 und Ck45N bei sehr hohen Schnittgeschwindigkeiten. Dissertation, TU Braunschweig, 2002

[Gerd04] GERDES, I.; KLAWONN, F.; KRUSE, R.: Evolutionäre Algorithmen: Genetische Algorithmen, Strategien und Optimierungsverfahren, Beispielanwendungen. 1.Aufl., Wiesbaden: Friedr. Vieweg & Sohn Verlag, 2004, ISBN: 3-528-05570-7

[Gers98] GERSCHWILER, K.: Untersuchungen zum Verschleißverhalten von Cermets beim Drehen und Fräsen. Dissertation, RWTH Aachen, 1998

[Gers02] GERSCHWILER, K.: Drehen und Fräsen von Nickelbasislegierungen. In: Tagungsband „Perspektiven der Zerspantechnik. Entwicklung und Integration der Fertigungsprozesse von morgen“. KLOCKE, F. (Hrsg.), WZL der RWTH Aachen, S. 183–197, 2002

[Gers04] GERSCHWILER, K.: Untersuchung der Verschleißphänomene und Verschleißursachen in Zerspan- und Analogieversuchen. Schlussbericht zum BMBF-Verbundprojekt 03N5031B, Technische Informationsbibliothek, Hannover, 2004

[Gey03] GEY, C.; PAUSCH, H.: Für harte Fälle. Maßgeschneiderte Schichten erhöhen die Standzeit beim individuellen Werkzeugeinsatz. MM - Maschinenmarkt, H. 21, S. 28–31, 2003

[Gey04] GEY, C. ET AL.: Neue Schichtsysteme für das High-Performance Cutting. In: Berichte aus dem IWU, Bd. 25: 4. Chemnitzer Produktions-technisches Kolloquium „Technologische Innovationen für die Antriebs- und Bewegungstechnik". Zwickau: Verlag Wissenschaftliche Scripten, S. 649–660, 2004

[Gey05] GEY, C.: Verschleißverhalten und Einsatzgebiete von AlCrN-basierten Schichtsystemen. In: WEINERT. K. (Hrsg.) Spanende Fertigung. Essen: Vulkan-Verlag, S. 201–213, 2005

[Gier13] GIERLNGS, S.; BROCKMANN, M.: Analytical Modelling of Temperature Distribution using Potential Theory by Reference to Broaching of Nickel-Based Alloys. In: Advanced Material Research, Vol. 769, pp. 139–146, 2013

[Gier14] GIERLINGS, S.; BROCKMANN, M.: Analytical Model Approach for Tool Temperature Prediction in Broaching Nickel-Based Alloys. In: Advanced Materials Research, Vol. 1018, 2014, pp. 99-106, ISSN: 1662–8985

[Gier15] GIERLINGS, S.: Model-Based Temperature Monitoring for Broaching Safety-Critical Aero Engine Components. Dissertation, RWTH Aachen, 2015

[Gies73] GIESEKE, E.: Adaptive Grenzregelung mit selbsttätiger Schnittaufteilung für die Drehbearbeitung. Dissertation, RWTH Aachen, 1973

[Gill95] GILLE, G.: Neue Vorstoffe für Zerspanwerkzeuge. VDI-Z Special In-genieur-Werkstoffe, H. 3, S. 56–60, 1995

[Gill01] GILLE, G. ET AL: Submicron and ultrafine grained hardmetals for microdrills and metal cutting inserts. 15th International Plansee Seminar, HM97, Reutte, 2001

[Gold07] GOLDBERG, M.; REISS, M. ET AL.: Eine neue Dimension der Hochdruckkühlung. Werkstatt und Betrieb WB, H. 7–8, S. 58–59, 2007

[Gold91] GOLDSTEIN, M.: Optimierung der Fertigungsfolge „Kaltfließpressen – Spanen" durch Hartdrehen als Feinbearbeitungsverfahren für einsatzgehärtete Preßbauteile. Dissertation, RWTH Aachen, 1991

[Gosh76] GOSH, A.K.: A Criterion for Ductile Fracture in Sheets under Biaxial Loading. Metallurgical Transactions A 7, pp. 523–533, 1976

[Gott25] GOTTWEIN, K.: Die Messung der Schneidtemperatur beim Abdrehen von Flusseisen. Maschinenbau Gestaltung/Betrieb, Jg. 4 H. 23, S. 1129–1135, 1925

[Gram04] GRAMS, J.: Untersuchungen zum Fräsen mit CVD-diamantbeschichteten Werkzeugen. Dissertation, RWTH Aachen, 2004

[Graß03] GRASS, P.: Hochdruckkühlung erschließt Produktivitätsreserven. VDI-Z 145, Nr. 5, Mai 2003, S. 76–79

[Grei90] GREIF, M.: Hochgeschwindigkeitsfräsen von Kupferlegierungen: Technologische Einflussgrößen und Randzoneneigenschaften. München, Wien: Carl Hanser Verlag, 1990 (Darmstädter Forschungsberichte für Konstruktion und Fertigung)

[Grew85] GREWE, H.: Keramische Werkstoffe zur Zerspanung. Keramische Zeitschrift Jg. 37 H. 2, S. 80–82, 1985 und Jg. 37 H. 3, S. 136–139, 1985

[Grot05] GROTE, K.-H.; FELDHUSEN, J.: Dubbel Taschenbuch für den Maschinenbau, 21. Aufl., Berlin: Springer-Verlag, 2005

[Grüb74] GRÜBE M. ET AL: Wirtschaftlichkeit und Praxis des Tiefbohrens. Vortragstexte der VDI-Tagung „Tiefbohren in der spanenden Fertigung", Heidelberg, 1974

[Gühr89] GÜHRING, J.; EBBERINK, J.: Werkzeuge aus Hartmetall beschichten. Werkstatt und Betrieb Jg. 122 H. 7, S. 533–535, 1989

[Gurs77] GURSON, A.: Continuum theory of ductile rupture by void nucleation and growth, Part 1 yield criteria and flow rules for porous ductile media, Journal of Engineering Materials and Technology - Transactions of the ASME, Vol. 99, pp. 2-15, 1977

[Gutt94] GUTTMANN, G. (Hrsg.): Allgemeine Psychologie: Experimentalpsychologische Grundlagen. 2. Aufl., Wien: WUV-Universitätsverlag, 1994

[Haba06] HABAK, M.; LEBRUN, J.-L.; WALDMANN, S.; ROBERT, P.; FISCHER, C.: Residual stress in high pressure water jet assisted turning of austenitic stainless steel. Materials Science Forum, Vols. 524–525, 2006, pp. 581–586

[Habe88] HABERLING, E.: Schmelzmetallurgisch hergestellte Schnellarbeitsstähle. In: KOLASKA, K. (Hrsg.) Pulvermetallurgie in Wissenschaft und Praxis. Bd. 4.: „Innovative Produkte durch neue Pulver", Freiburg: Schmid-Verlag, S. 47–73, 1988

[Habi80] HABIG, K.-H.: Verschleiß und Härte von Werkstoffen. München: Carl Hanser Verlag, 1980

[Habr90] HABRAKEN, A.M., CESCOTTO, S.: An automatic remeshing technique for finite element simulation of forming processes. Int. J. Num. Meth. Engrg., Vol. 30, Iss. 8, pp. 1503–1525, 1990

[Haef87] HAEFER, R.: Werkstoff-Forschung und Technik. Bd. 5 Oberflächen und Dünnschichttechnologie, Teil I: Beschichtungen von Oberflächen. Berlin: Springer-Verlag, 1987

[Hage04] HAGEDORN, G.: Härtester Schichtwerkstoff jetzt auch für die Feinstzerspanung. VDI-Z Integrierte Produktion Special Werkzeuge, H. II, S. 40–41, 2004

[Haid05] HAIDER, W.: Gefüllte Keramikröhrchen eröffnen neue Potenziale. Industrie Anzeiger Jg. 127 H. 42, S. 43, 2005

[Halp05] HALPIN, T. ET AL: The performance of PCBN in hard turning. Industrial Diamond Review, Vol. 64, Iss. 4, pp. 52–60, 2005

[Halw04] HALWAX, J.; PFAFFENBERGER, R.: CVD diamond tools machining aluminium in the new 5-series BMWs. Industrial Diamond Review, Vol. 64, Iss. 3, pp. 21–22, 2004

[Hann83] HANN, V.: Kinetik des Schaftfräsens. Fortschr.-Ber. Reihe 2 Nr. 66, Düsseldorf: VDI-Verlag, 1983

[Häns74] HÄNSEL, W.: Beitrag zur Technologie des Drehprozesses im Hinblick auf Adaptive Control. Dissertation, RWTH Aachen, 1974

[Hart82] HARTUNG, P.D.; KRAMER, B.M.: Tool Wear in Titanium Machining. Annals of the CIRP, Vol. 31, Iss. 1, pp. 75–80, 1982

[Hast67] HASTINGS, W.F.: A new quick-stop device and grid technique for metal cutting research. Annals of the CIRP, Vol. XV, pp. 109–116, 1967

[Hauk87] HAUK, V.; KRUG, W.K.: Tiefenabhängige Eigenspannungszustände. AWT Ausschußtagung „Spannungsmeßtechnik" Esslingen, 1987

[Haun14] HAUN, M.: Cognitive Computing: Steigerung des systemischen Intelligenzprofils. Berlin: Springer-Verlag, 2014

[Häus79] HÄUSER, K.: Bohreranschliffe. Technische Rundschau Jg. 41 S. 15–19, 1979

[Häus90] HÄUSER, K.: Hartmetalle und spanende Hartmetallwerkzeuge zwischen 1950 und 1975. Werkstatt und Betrieb Jg. 123 H. 3, S. 248–252, 1990

[Hauz05] Break Trough in PVD Coated Aluminium Oxide. In: Hauzer for You. Firmenschrift der Hauzer Techno Coating, 2005

[Hedr05] HEDRICH, P.: PKD-Kombiwerkzeuge gestalten den gesamten Prozess wirtschaftlicher. Industrie Diamanten Rundschau IDR Jg. 39 H. 2, S. 154–156, 2005

[Hedr05a] HEDRICH, P.: Auf einen Streich. PKD-Kombinationswerkzeuge ersetzen mehrere Einzelwerkzeuge und verkürzen die Bearbeitungszeiten. Maschinenmarkt H. 47, S. 56–57, 2005

[Heim16] HEIMANN, B.; ALBERT, A.; ORTMAIER, T.; RISSING, L.: Mechatronik: Komponenten - Methoden - Beispiele. München: Carl Hanser Verlag, 2016

[Heis11] HEISEL, U.: Eröffnung und Begrüßung, Vortrag auf der ersten IfW-Tagung "Bearbeitung von Verbundwerkstoffen – Spanende Bearbeitung von CFK", 27.10.2011

[Helm00] HELM, D.; RODER, O.: Influence of long term exposure in air on microstructure, surface stability and mechanical properties of Udimet 720 LI. Proc. of the 9th International Symposium on superalloys. 17.–21. September, Seven Springs, USA. Warrendale: TMS (Veranst.), 2000

[Henz68] HENZOLD, G.: Rauheitsmessung mit elektrischen Tastschnittgeräten. DIN-Mitteilungen, Jg. 47 H.11, S. 729–740, 1968

[Herb26] HERBERT, E. G.: The Measurement of Cutting Temperatures. Proceedings of the Institution of Mechanical Engineers, Vol. 1, pp. 289–329, 1926

[Herf07] HERFURTH, K.: Gusseisen mit Kugelgraphit – Einfluss der metallischen Grundmasse. konstruieren + giessen, Ausgabe 2, 2007

[Herf07a] HERFURTH, K.: Gusseisen – kleine Werkstoffkunde eines viel genutzten Eisenwerkstoffs. konstruieren + giessen, Ausgabe 1, 2007

[Herf07b] HERFURTH, K.: Gusseisen mit Kugelgraphit, konstruieren + giessen Jg. 32 H. 2, S. 4–5, 2007

[Herz13] HERZHOFF, S.: Werkzeugverschleiß bei mehrflankiger Spanbildung. Dissertation, RWTH Aachen, 2013

[Hese09] HESELHAUS, M.: Unidirektionale schwingungsunterstützte Ultrapräzisionszerspanung eisenhaltiger Werkstoffe mit definierter Schneidteilgeometrie. Dissertation RWTH Aachen, 2009

[Hess10] HESSELBACH, J.: Development of an active clamping system for noise and vibration reduction, Annals of the CIRP, Vol. 59, pp. 395–398, 2010

[Heus96] HEUS, DE P. R.: Anwendung und Eigenschaften von Monocrystal. Industrie Diamanten Rundschau IDR Jg. 30 H. 4, S. 208–211, 1996

[Hira94] HIRAMATSU, A.; YAMADA, T.: Prediction and Control of Deformation Property, ed. by Yoshinaga and Yada, ISIJ Tokyo (1994)

[Hoch12] HOCHENG, H.: Machining technology for composite materials – principles and practice, Woodhead Publishing Limited, 2012

[Hoff76] HOFFMANN, K.: Räumpraxis. Pforzheim, Fa. Kurt Hoffmann, 1976

[Hoff88] HOFFMANN, J.: Polykristalline Diamantwerkzeuge in der Aluminiumbearbeitung. Industrie Anzeiger Jg. 110 H. 51, S. 29, 1988

[Hoff04] HOFFMANN, J.: Taschenbuch der Messtechnik. 4. Aufl. München: Carl Hanser Verlag, 2004

[Hofm05] HOFMANN, U.; ABABNEH, M.; SCHARF, M.; VOGT, H.M.: Messing und Stahl auf dem Prüfstand - Ein Vergleich der Zerspanbarkeit. In: Werkstatt und Betrieb, Vol. 7-8, S. 93–97, 2005

[Hong01] HONG, S.Y.; MARKUS, I.; JEONG, W.: New cooling approach and tool life improvement in cryogenic machining of titanium alloy Ti-6Al-4 V. In: International Journal of Machine Tools & Manufature. 41. Jg., 2001, pp. 2245–2260

[Höns75] HÖNSCHEID, W.: Abgrenzung werkstoffgerechter Schleifbedingungen für die Titanlegierung TiAl6V4. Dissertation, RWTH Aachen, 1975

[Hopp03] HOPPE, S.: Experimental and numerical analysis of chip formation in metal cutting. Dissertation, RWTH Aachen, 2003

[Horn67] HORNBOGEN, E.; WARLIMONT, H.: Metallkunde – Eine kurze Einführung in den Aufbau und die Eigenschaften von Metallen und Legierungen. Berlin: Springer-Verlag, 1967

[Horn06] HORNBOGEN, E.: Werkstoffe: Aufbau und Eigenschaften von Keramik-, Metall-, Polymer- und Verbundwerkstoffen. Berlin: Springer-Verlag, 2006

[Hors85] HORSTMANN, D.: Das Zustandsschaubild Eisen-Kohlenstoff und die Grundlagen der Wärmebehandlung der Eisen-Kohlenstoff-Legierungen. Düsseldorf: Verlag Stahleisen GmbH, 1985

[Hosh65] HOSHI T.; OKUSHIMA, K.: Optimum diameter and position of fly cutter for milling 0.45 C steel, 195 BhN and 0.4 C steel, 167 BhN at light cuts. Trans of ASME, Vol. 87, Iss. 4, pp. 442–446, 1965

[Huck51] HUCKS, H.: Plastizitätsmechanische Grundlagen und Kenngrößen der Zerspanung. Dissertation, RWTH Aachen, 1951

[Hueb82] HUEBNER, K.H.; THORNTON, E.A.: The Finite Element Method for Engineers. New York: John Wiley & Sons, 2. edn., 1982

[Igna97] IGNATOWITZ, E.: Werkstofftechnik für Metallbauberufe. Haan-Gruiten: Verlag Europa Lehrmittel, 3. Auflage, 1997

[Ikaw91] IKAWA, M. ET AL: Ultraprecision Metal Cutting - The Past, the Present and the Future, Annals of the CIRP, Vol. 40, Iss. 2, pp. 587–593, 1991

[Ishi00] ISHIKAWA, N.; PARKS, D. M.; SOCRATE, S.; KURIHARA, M.: Micromechanical Modeling of Ferrite-Pearlite Steels Using Finite Element Unit Cell Models, ISIJ International, Vol. 40 (2000), pp. 1170–1179

[Jäge89] JÄGER, K; SCHÖPF, D.: Im Takt - Rationalisierung auf Transferstraßen durch PKD-Hochgeschwindigkeitswerkzeuge. Industrie Anzeiger Jg. 111 H. 30, S. 50, 1989

[Jasp99] JASPERS, S.P.F.C.: Metal Cutting Mechanics and Material Behaviour, PhD Thesis, TU Eindhoven, 1999

[Joch01] JOCHMANN, S.: Untersuchungen zu Prozess- und Werkzeugauslegung beim Hochpräzisionshartdrehen. Dissertation, RWTH Aachen, 2001

[John83] JOHNSON, G.R.; COOK, W.H.: A constitutive model and data for metals subjected to large strains, high strain rates, and high temperatures, Proc. of the 7th Int. Symp. Ballistics, Netherlands, 1983

[John84] JOHNE, P.: Handbuch der Aluminiumzerspanung. Düsseldorf: Aluminium-Verlag, 1984

[Jonk87] JONK, R.: Einfluß von Fertigungsverfahren auf das Bauteil-Randschichtgefüge. Härtetechnische Mitteilungen HTM Jg. 42 H. 1 pp. 5–16, 1987

[Kahn08] KHAN, A. A.; AHMED, M. I.: Improving tool life using cryogenic cooling. In: Journal of Materials Processing Technology. 2008, Nr. 196, pp. 149–154

[Kais92] KAISER, K.M.: Grundlagenuntersuchungen zur Technologie der Feinbearbeitung einsatzgehärteter Verzahnungen mit definierter Schneide. Dissertation, RWTH Aachen, 1992

[Kami00] KAMINSKI, J.; ALVELID, B.: Temperature reduction in the cutting zone in water-jet assisted turning. Journal of Materials Processing Technology, Vol. 106, 2000, pp. 68–73

[Kamm77] KAMM, H.: Beitrag zur Optimierung des Messerkopffräsen. Dissertation, TH Karlsruhe, 1977

[Kamm00] KAMMER, C.: Aufbau von Magnesiumlegierungen, Eigenschaften von Magnesiumlegierungen und deren Beeinflussung. In: MAGNESIUM TASCHENBUCH. ALUMINIUM-ZENTRALE (Hrsg.), Düsseldorf: Aluminium-Verlag, 2000

[Karm11] KARMAN, TH.: Festigkeitsversuche unter allseitigem Druck. Z. VDI Jg. 55 H. 42, S. 1749–1757, 1911

[Karp09] KARPUSCHEWSKI, B.; BYELYAYEV, O.; MAIBORODO, V.S.: Magneto-abrasive machining for the mechanical preparation of high-speed steel twist drills. In: CIRP Annals - Manufacturing Technology, Vol. 58, No. 1, 2009, pp. 295–298

[Kasp05] KASPER, A.: Mehr Wettbewerbsfähigkeit durch neue PKD-Werkzeuge. Industrie Diamanten Rundschau IDR Jg. 39 H. 3, S. 272–276, 2005

[Kass04] Kassack, J.: Finish machining Audi GJV cylinder bores with PCD tools. Industrial Diamond Review IDR, Vol. 38, Iss. 2, pp. 24–26, 2004

[Kath03] Kathrein, M. et al.: Doped CVD Al_2O_3 coatings for high performance cutting tools. Surface and coatings Technology, Vol. 163–164, pp. 181–188, 2003

[Kauf92] Kaufeld, M.: Rotationssymetrische Werkzeuge im Flugzeugbau komplett bearbeiten. Werkstatt und Betrieb Jg. 125 H. 5, S. 341–346, 1992

[Kauv87] Kauven, R.: Wälzfräsen mit Titannitrid-beschichteten HSS-Werkzeugen. Dissertation, RWTH Aachen, 1987

[Kenn05] Kennedy, R.L.: ALLVAC 718PLUS; SUPERALLOY FOR THE NEXT FORTY YEARS, Superalloys 718, 625 and Derivatives 2005. E.A. Loria TMS (The Minerals, Metals & Materials Society) (Ed.), 2005

[Kern72] Kernd'l, A.: Werkzeuge und Waffen der Altsteinzeit. Blätter des Museums für Frühgeschichte der Staatlichen Museen Preußischer Kulturbesitz. Berlin, 1972

[Kett96] Ketteler, G.: Prozessüberwachung mit Acoustic-Emission beim Messerkopfstirnfräsen. Dissertation, RWTH Aachen, 1996

[Kief65] Kiefer, R.; Bensovsky, F.: Hartmetalle. Berlin: Springer-Verlag, 1965

[Kief71] Kieffer, R. et al.: Über neuartige Nitrid- und Karbonitrid-Hartmetalle. Metall Jg. 25 H. 12, S. 1335–1342, 1971

[Kien52] Kienzle, O.: Die Bestimmung von Kräften und Leistungen an spanenden Werkzeugen und Werkzeugmaschinen. VDI-Z Jg. 94 H. 11/12, S. 299–305, 1952

[Kita97] Kitagawa, T.; Kubo A. et al.: Temperature and wear of cutting tools in high-speed machining of Inconel 718 and Ti-6Al-6 V-2Sn, Wear - An International Journal on the Science and Technology of Friction, Lubrication and Wear, Vol. 202, pp. 142–148, 1997

[Klau65] Klaus, F.; König, W. et al.: Stand der Erkenntnisse über die Zerspanbarkeit der Stähle. Stahl und Eisen Jg. 85 H. 25, S. 1669–1686, 1965

[Klei03] Kleinjans, M.: Einfluss der Randzoneneigenschaften auf den Verschleiß von beschichteten Hartmetallwälzfräsern. Dissertation, RWTH Aachen, 2003

[Klei10] Kleinholz, R.: Handbuch Faserverbundkunststoffe. Vieweg + Teubner GWV Fachverlage GmbH, Wiesbaden 2010, 3. Auflage

[Klim00] Klimanek, P. et al.: Geschwindigkeitsabhängigkeit der plastischen Deformation und der Mikrostrukturentwicklung der Titanbasislegierung TiAl6V4. In: Tönshoff, H.-K.; Hollmann, F. (Hrsg.) Spanen metallischer Werkstoffe bei hohen Geschwindigkeiten. Weinheim: Wiley-VCH, S. 16–22, 2000

[Klin93] Klinger, M.: Räumen einsatzgehärteter Werkstücke. Dissertation, RWTH Aachen, 1993

[Kloc96] Klocke, F. et al: Ultrapräzisionsbearbeitung und Fertigung von Mikrokomponenten, Industrie Diamanten Rundschau IDR Jg. 30 H. 3, S. 172–177, 1996

[Kloc96a] Klocke, F. et al.: Saubere Fertigungstechnologien – Ein Wettbewerbsvorteil von morgen? In: AWK Aachener Werkzeugmaschinen-kolloquium (Hrsg.) Aachener Perspektiven, Düsseldorf: VDI-Verlag, 1996

[Kloc97] Klocke, F.; Rehse, M.: Intelligent Tools through Integrated Micro Systems. Annals of the German Academic Society for Production Engineering, Production Engineering, Vol. IV, Iss. 2, Berlin: Verlag Gruner, 1997

[Kloc98] Klocke, F.; Gerschwiler, K.: Trockenbearbeitung – Grundlagen, Grenzen, Perspektiven. In: Trockenbearbeitung prismatischer Teile. VDI-Berichte Nr. 1375, S. 13–51 Düsseldorf: VDI-Verlag, 1998

[Kloc98a] Klocke, F.; Fritsch, R.: Fortschrittliche Magnesiumbearbeitung am Beispiel des Fräsens und der Gewindefertigung. Tagungsband 6. Magnesiumguss Abnehmerseminar & Automotive Seminar, Europäische Forschungsgemeinschaft Magnesiumguss e.V., Aalen, 30. Sept./1. Okt. 1998

[Kloc99] KLOCKE, F.; KOBIALKA, C.: Trockene Zahnradfertigung. Eine Abschätzung von Potential und Risiko. VDI-Z. Jg. 141 H. 6, S. 44–47, 1999

[Kloc00] KLOCKE, F.; FRITSCH, R.: Milling and Thread Forming of Magnesium Die Castings. In: AGHION, E.; ELIEZER, D. (Eds.) Magnesium 2000, Proc. of the 2nd Israeli Conf. of Magnesium Science & Technology. Beer-Sheva: Magnesium Research Institute(MRI) Ltd.

[Kloc01] KLOCKE, F. ET AL.: Konzepte für die Bearbeitung schwer-zerspanbarer Werkstoffe. In: KOLASKA, H. (Hrsg.) Pulvermetallurgie in Wissenschaft und Praxis. Bd. 17: „Pulvermetallurgie – Schlüssel zur Effizienzsteigerung“, Hagen: FPM, S. 149–171, 2001

[Kloc02] KLOCKE, F.; FRITSCH, R.: Dry Machining of Magnesium Die Castings. Tagungsband 10. Magnesium Abnehmerseminar, Europäische Forschungsgemeinschaft Magnesiumguss e.V., Aalen, 26./27. Sept. 2002

[Kloc03] KLOCKE, F.: Bearbeiten von ADI-Gusseisen. Gießerei Jg. 90 H. 12, S. 24–30, 2003

[Kloc04] KLOCKE, F.; ESSEL, I.: Basics of HPC and Mechanical and Thermal Characteristics. In: Proceedings of the International CIRP-Conference of High Performance Cutting (HPC). LEHRSTUHL FÜR TECHNOLOGIE DER FERTIGUNGSVERFAHREN WZL DER RWTH AACHEN (Hrsg.) Aachen, pp. 29–44, 2004

[Kloc05] KLOCKE, F. ET AL.: Coated Tools and Environmentally Friendly Lubricants for Machining Inconel 718. In: Proc. of the 5th International Conference "The Coatings", 5. – 7. Oktober, Kallithea of Chalkidiki (GR), pp. 85–93, 2005

[Kloc05a] KLOCKE, F. KÖNIG W.: Fertigungsverfahren 2. Schleifen, Honen, Läppen. Berlin: Springer Verlag, 2005

[Kloc05b] KLOCKE, F.: Capapility Profile of Hard Cutting and Grinding Processes. Annals of the CIRP, 2005

[Kloc05c] KLOCKE, F.: Advanced Tool Edge Geometry for High Precision Hard Turning. Annals of the CIRP, 2005

[Kloc06] KLOCKE, F. ET AL.: 3D modelling and scaling effects in drilling. Proc. of the 9th CIRP International Workshop on Modeling of Machining Operations, 2006

[Kloc06a] KLOCKE, F.; ET AL.: Environmentally friendly metal forming and cutting of austenitic steels with innovative coating systems and lubricants. 15th Int. Coll. Tribology „Automotive and Industrial Lubrication “, Stuttgart: 17. – 19. Januar

[Kloc06b] KLOCKE, F. ET AL.: PVD-Coated Tools and Native Ester – an Advanced System for Environmentally Friendly Machining. Surface and Coatings Technology, Vol. 201, Iss. 7, pp. 4389–4394, 2006

[Kloc07] KLOCKE, F.; LUNG, D.; GERSCHWILER, K.; ABOURIDOUANE, M.: Scaling Effects of the Cutting Edge Rounding on the Minimum Uncut Chip Thickness and 3D FE Modeling in Drilling. In: Proceedings of the 10th CIRP International Workshop on Modeling of Machining Operations, Calabria, Italy, August 27–28 2007

[Kloc08] KLOCKE, F.; DAMBON, O.; BULLA, B.: Ultraschallunterstützte Zerspanung gehärteter Stähle mit monokristallinen Diamantwerkzeugen. wt Werkstatttechnik online 98, Nr.6, S. 510–514, 2008

[Kloc10] KLOCKE, F.; LUNG, D.; ESSIG, C.; SANGERMANN, H.: Automatisierte Produktion-ohne Spanbruch undenkbar. ZWF Zeitschrift für wirtschaftlichen Fabrikbetrieb, 105. Jahrgang, 1-2/2010, S. 21–25

[Kloc11] KLOCKE, F.; KRÄMER, A.; LUNG, D.: Kühlung mit flüssigem Stickstoff erhöht Werkzeugstandzeit. Erscheint am 11.4.2011 in Maschinen-Markt

[Kloc12] KLOCKE, F. ET AL.: Presentation of a novel cutting technology for precision machining of hardened, rotationally symmetric parts. Prod. Eng. Res. Devel., Berlin: Springer Verlag, 2012

[Kloc12a] Klocke, F.; Lung, D.; Nobel C.: Angepasste Zerspanprozesse für bleifreie Kupferwerkstoffe. In: MM Maschinenmarkt, Vol. 36, S. 74–77, 2012

[Kloc12b] Klocke, F.; Lung, D.; Nobel C.: Ansätze zur Hochleistungszerspanung bleifreier Kupferwerkstoffe. In: Metall, Vol. 66, S. 496–499, 2012

[Kloc13] Klocke, F.; Lung, D.; Sangermann, H.; Cayli, T.: Abschlussbericht: Steigerung der Produktivität und Prozesssicherheit bei der Drehbearbeitung von Stählen durch den energieeffizienten Einsatz der Hoch-druck-Kühlschmierstoff-Zufuhr (ProHoKühl), 2013

[Kloc13a] Klocke, F.; Lung, D.; Sangermann, H.; Krämer, A.: Potential of Modern Lubricoolant Strategies on Cutting Performance, Key Engineering Materials, 2013

[Kloc14] Klocke, F.; Lung, D.; Cayli, T.: The influence of high pressure lubricoolant supply variant on cutting performance in turning of 42CRMO4+QT. In: 11th International Conference on High Speed Machining, (HSM 2014), Prague, Czech Republic, September, 2014

[Kloc15] Klocke, F.; Abel, D.; Hopmann, C.; Auerbach, T.; Keitzel, G.; Reiter, M.; Ressmann, A.; Stemmler, S.; Veselovac, D.: Approaches of Self-optimising Systems in Manufacturing. In: Brecher, C. (Ed.): Advances in Production Technology. Lecture Notes in Production Engineering, Springer, 2015, pp. 161–173

[Kloe07] Klöpper, C.: Untersuchungen zur Zerspanbarkeit von austentisch-ferritischem Gusseisen mit Kugelgrephit (ADI), Lehrstuhl für Technologie der Fertigungsverfahren am WZL, RWTH Aachen, Prof. F. Klocke Lehrstuhl für Produktionsmanagement, Technologie und Werkzeugmaschinen der TU Darmstadt, Prof. E. Abele, Aachen: Eigendruck Autor, 2007

[Klop26] Klopstock, H.: Die Untersuchung der Dreharbeit. Berichte des Versuchsfeldes für Werkzeugmaschinen an der technischen Hochschule Berlin, Prof. Schlesinger (Hrsg.) Berlin: Verlag von Julius Springer, 1926

[Klöp07] Klöpper, C.: Untersuchungen zur Zerspanbarkeit von austenitisch-ferritischem Gusseisen mit Kugelgraphit (ADI). Dissertation, RWTH Aachen, 2007

[Kluf83] Kluft, W.: Werkzeugüberwachungssysteme für die Drehbearbeitung. Dissertation, RWTH Aachen, 1983

[Knot80] Knott, J.F.: Micromechanisms of fibrous crack extension in engineering alloys, Met. Sci. 14, pp. 327–336, 1980

[Knot87] Knotek, O. et al.: Industrial deposition of binary, ternary and quaternary nitrides of titanium, zirconium and aluminium. J. Vac. Sci. Techn. A., Vol. 5, Iss. 4, pp. 2173–2179, 1987

[Knot89] Knotek, O. et al.: Über Verschleißeigenschaften reaktiv ARC-verdampfter und gesputterter (Ti,Al)N- sowie (Ti,Al,V) N-Schichten auf Sinterhartmetall. In: Proceedings of the 12th International Plan-see Seminar, Vol. 3, pp. 49–62, 1989

[Koba89] Kobayashi, S. et al.: Metal Forming and the Finite Element Method. New York: Oxford University Press, 1989

[Koch96] Koch, K.-F.: Technologie des Hochpräzisions-Hartdrehens. Dissertation, RWTH Aachen, 1996

[Koep94] Koepfer, Th.; Pörschmann, H.: Zahnräder hart schälwälzfräsen. Werkstatt und Betrieb Jg. 127 H. 5, S. 374–377, 1994

[Koet06] Kötter, D.: Herstellung von Schneidkantenverrundungen und deren Einfluss auf das Einsatzverhalten von Zerspanwerkzeugen. Dissertation TU Dortmund, 2006

[Kola86] Kolaska, H.; Dreyer, K.: Keramik als Spanungswerkstoff. Vortrag anläßlich der 1. Duisburger Sonderkeramik-Tagung, 1986

[Kola87] KOLASKA, H., K. DREYER U. N. REITER: Property Improvements in Various Ceramics through Whisker Reinforcement. Sonderdruck in „The Technical Program of PM ‚86", Düsseldorf, 1987

[Kola89] KOLASKA, H.; ETTMAYER, P.: Moderne Cermets. IV. Internationale Pulvermetallurgische Tagung in der DDR, Bd. 3, Dresden

[Kola89a] KOLASKA, H.; DREYER, K.: Hartmetalle, Cermets und Keramiken als verschleißbeständige Schneid- und Werkstoffe. Teil I: dima H. 10, S. 26–30, 1989 Teil II: dima H. 11, S. 51–57, 1989 Teil III: dima H. 11, S. 52–55, 1989

[Kola92] KOLASKA, H.: Pulvermetallurgie der Hartmetalle. Bd. 8: „Beschichten und Verbinden in Pulvermetallurgie und Keramik", FACHVERBAND PULVERMETALLURGIE (Hrsg.) Hagen, 1992

[Kola93] KOLAKSA, H.; ETTMAYER, P.: Hartmetalle der neuen Generation. Metall Jg. 47 H. 10, S. 908–914, 1993

[Kola93a] KOLASKA, H.; ETTMAYER, P.: Moderne Hartmetalle. Bedeutung, Verfahren und Anwendung. Materials by Powder Technology PTM 93. DGM Informationsgesellschaft, 1993

[Kölk99] KÖLKER, W.; KNOCHE H.-J.: Schneidstofftendenzen zum trockenen Wälzfräsen. Werkstatt und Betrieb Jg. 132 H. 4, S. 76–79, 1999

[Köll86] KÖLLING, H.-D.: Prozessoptimierung und Leistungssteigerung beim Schaftfräsen. Dissertation, RWTH Aachen 1986

[Köni65] KÖNIG, W.: Der Einfluß nichtmetallischer Einschlüsse auf die Zerspanbarkeit von unlegierten Baustählen. Industrieanzeiger Teil 1: Jg. 87 H. 26, S. 463–470, 1965; Teil 2: Jg. 87 H. 43, S. 845–850, 1965; Teil 3: Jg. 87 H. 51, S. 1033–1038, 1965

[Köni66] KÖNIG, W.: Der Werkzeugverschleiß bei der spanenden Bearbeitung von Stahlwerkstoffen. Werkstatt-Technik Jg. 56 H. 5, S. 229–234 1966

[Köni67] KÖNIG, W.: Der Verschleiß an spanenden Werkzeugen und Möglichkeiten zu seiner Minderung. Materialprüfung Jg. 9 H. 5, S. 170–174, 1967

[Köni71] KÖNIG, W.: Leistungssteigerung bei spanenden und abtragenden Bearbeitungsverfahren. Girardet-Taschenbuch Technik Nr. 6. Essen: Verlag W. Girardet, 1971

[Köni72] KÖNIG, W.: Technologische Grundlagen zur Frage der Kühlschmierung bei der spanenden Bearbeitung metallischer Werkstoffe. Schmiertechnik S. 7–12, 1972

[Köni75] KÖNIG, W.; SCHEMMEL, U.: Untersuchung moderner Schneidstoffe – Beanspruchungsgerechte Anwendung sowie Verschleißursachen. Forschungsbericht des Landes Nordrhein-Westfalen Nr. 2472. Berlin: Westdeutscher Verlag, 1975

[Köni79] KÖNIG W.; BOUZAKIS, K.: Fortschritte in der Technologie bei der Zahnradfertigung. Industrie-Anzeiger Jg. 101 H. 64 S. 14–19, 1979

[Köni80] KÖNIG, W. ET AL: Technologie der Fertigungsverfahren. Stand und beachtenswerte Neuentwicklungen. wt-Zeitschrift für industrielle Fertigung Jg. 70 H. 2, S. 89–101, 1980

[Köni82] KÖNIG, W. ET AL.: Spezifische Schnittkraftwerte für die Zerspanung metallischer Werkstoffe. VEREIN DEUTSCHER EISENHÜTTENLEUTE (Hrsg.). Düsseldorf: Verlag Stahleisen mbH, 1982

[Köni84] KÖNIG, W.; WAND, TH.: Zur Technologie des exzentrischen Drehfräsens. VDI-Z Jg. 106 H. 15/16, S. 557, 1984

[Köni84a] KÖNIG, W. ET AL: Machining of Hard Materials. Annals of the CIRP, Vol. 33, Iss. II, pp. 417–427, 1984

[Köni85] KÖNIG, W.; WAND, TH.: Simulation des exzentrischen Drehfräsens. Industrieanzeiger Jg. 107 H. 6, S. 28, 1985

[Köni86] KÖNIG, W.; WAND, TH.: Fräsen statt Drehen: Drehfräsen. Industrieanzeiger Jg. 108 H. 12, S. 25, 1986

[Köni87] König, W.; Lauscher, J.: Kurze Hauptzeiten bei hoher Fertigungssicherheit. Anwendungsbereiche der Siliziumnitrid-Schneidkeramik. Industrieanzeiger Jg. 109 H. 13, S. 30–32, 1987

[Köni89] König, U. et al.: Niedrigtemperaturbeschichtungen für Hartmetalle. Proc. of the 12th International Plansee Seminar, Vol. 3, pp. 13–25, 1989

[Köni89a] König, W. et al.: Angepasste Schneidstoffe für die Hartbearbeitung. In: Schneidstoffe und Werkzeuge. VDI-Bericht Nr. 762 S. 305–320, Düsseldorf: VDI-Verlag, 1989

[Köni89b] König, W. et al: Automatisierung von Fertigungsprozessen. Körperschall als Basis der Prozessüberwachung. Industrie-Anzeiger, Jg. 111 H. 11, S. 18–21, 1989

[Köni90] König, U.: Fortschritte bei der Beschichtung von Werkzeugen. In: Kolaska, H. (Hrsg.) Pulvermetallurgie in Wissenschaft und Praxis. Bd. 6: „Konsolidierung und Wärmebehandlung von Sinterwerkstoffen", Freiburg: Schmid Verlag, 1990

[Köni90a] König, W. et al.: Leistungssteigerung von Werkzeugen. Wettbewerbsfaktor Produktionstechnik – Aachener Perspektiven. Aachener Werkzeugmaschinen-Kolloquium (Hrsg.), Düsseldorf: VDI-Verlag, 1990

[Köni92] König, W. et al.: New Approaches to Characterising the Performance of Coated Cutting Tools. Annals of the CIRP, Vol. 41, pp. 49–54, 1992

[Köni92a] König, W.; Klinger, M.: Räumen mit Hartmetall – Leistungssteigerung durch angepaßte Prozeßauslegung. 4. Karlsruher Kolloquium Räumen, 1992

[Köni92b] König, W. et al: Tool Monitoring of Small Drills with Acoustic Emission. Int. J. Mach. Tools Manufact., Vol. 32, Iss. 4, pp. 487–493, 1992

[Köni93] König, W. et al.: Technologie Verständnis - Der Schlüssel zu optimierten Prozessen und Fertigungsfolgen. Wettbewerbsfaktor Produktionstechnik - Aachener Perspektiven. AWK Aachener Werkzeugmaschinen-Kolloquium (Hrsg.), Düsseldorf: VDI-Verlag, 1993

[Köni93a] König, W. et al.: Kühlschmierstoff – Eine ökologische Herausforderung an die Fertigungstechnik. In: Aachener Werkzeugmaschinen-Kolloquium (Hrsg.) Aachener Perspektiven. Düsseldorf: VDI-Verlag, 1993

[Köni93b] König, W. et al.: Turning versus Grinding – A comparison on sur-face integrity aspects and attainable accuracies. Annals of the CIRP, Vol. 42, Iss. 1, pp. 39–43, 1993

[Köni93c] König, W.; Neises, A.: Turning TiAL64 with PCD. IDR, Vol. 42, Iss. 1, pp. 85–88, 1993

[Köni94] König, W. et al.: Hartfeinbearbeitung mit definierter Schneide – Höchste Bauteilqualität nicht nur durch Schleifen. IDR, S. 18–24, 1994

[Köni95] König, W.; Vüllers, M.: Hartfeinbearbeitung mit beschichteten Hartmetallen. Leistungssteigerung bei der Zerspanung von einsatzgehärteten Verzahnungen. VDI-Z Jg. 137 H. 3/4, S. 50–57, 1995

[Köni96] König, W.; Rehse, M.: Entwicklung eines Systems zum Erkennen langer Spannformen beim Drehen. DFG-Abschlußbericht, Aachen, 1996

[Kopp99] Kopp, R.; Wiegels, H.: Einführung in die Umformtechnik. Aachen: Verlag Mainz, 2. Aufl., 1999

[Kopp04] Koppka, F.: Bearbeitbarkeit von Gusseisen mit Vermikulargraphit. Giesserei Jg. 91 H. 3, 2004

[Kova95] Kovacevic, R.; Cherukuthota, C.; Mohan, R.: Improving Milling Performance with High Pressure Waterjet Assisted Cooling / Lubrication. Journal of Engineering for Industry, Vol. 177, August 1995, pp. 331–339

[Kova96] Kovacs, B. V.: Gefüge und Bezeichnungen von bainitischem Gußeisen mit Kugelgraphit (ADI). Konstruieren + Gießen, 21/3, S. 4–9, 1996.

[Krag71] Kragelski, J.W.: Reibung und Verschleiß. München: Carl Hanser Verlag, 1971

[Krat06] KRATZ, H.: Belastungsoptimierte Werkzeuge in wichtigen Anwendungsgebieten der CBN Schneidstoffe. Industrie Diamanten Rundschau Jg. 40 H. 3, S. 62–67, 2006

[Krat11] KRATZ, S.: Position-oriented Vibration Monitoring of Finish Milling Thin-walled Components. Dissertation, RWTH Aachen University, 2011

[Kraz77] KRAZER, M.: Räumen - ein wirtschaftliches Verfahren. TZ f. prakt. Metallbearb. Jg. 71 H. 2, S. 43–47, 1977

[Krei73] KREIS, W.: Verschleißursachen beim Drehen von Titanwerkstoffen. Dissertation, RWTH Aachen, 1973

[Krel97] KRELL, A.: Fortschritte in der spanenden Metallbearbeitung durch Keramiken mit Submikrometer-Gefüge. In: R. RUTHARDT (Hrsg.) Pulvermetallurgie in Wissenschaft und Praxis, Bd. 13: „Hartstoffe, Hartstoffschichten, Werkzeuge, Verschleißschutz", Frankfurt: Werkstoff-Informationsges., S. 57–77, 1997

[Krie01] KRIEG, T.: Eigenschaftsprofile von PVD-Werkzeugbeschichtungen für den Einsatz von umweltverträglichen Kühlschmierstoffen beim Drehen und Bohren von Stahlwerkstoffen. Dissertation, RWTH Aachen, 2001

[Krie02] KRIEG, T.: Entwicklungstendenzen bei Zerspanwerkzeugen. In: Tagungsband „Perspektiven der Zerspantechnik. Entwicklung und Integration der Fertigungsprozesse von morgen"; KLOCKE, F. (Hrsg.): WZL RWTH Aachen, I, S. 21–35, 2002

[Kron27] KRONENBERG, M.: Grundzüge der Zerspanung. 1. Aufl. Berlin: Verlag von Julius Springer, 1927

[Kron49] KRONENBERG, M.: Math. cuts cost of machining studies. American Machinist Sept., 1949

[Kron54] KRONENBERG M.: Grundzüge der Zerspanungslehre. Bd. 1: Einschneidige Zerspanung, 2. Aufl. Berlin: Springer-Verlag, 1954

[Krys39] KRYSTOF, J.; SCHALLBROCH, H.: Berichte über betriebswissenschaftliche Arbeiten Bd. 12 Grundlagen der Zerspanung. Berlin: VDI-Verlag, 1939

[Kurr05] KURREIN, M.: Aufbau der Schnelldrehspäne. Öst. Wschr. öffentl. Baudienst, Wien, 16. Sept. 1905

[Küst54] KÜSTERS, K.J.: Das Temperaturfeld am Drehmeißel. Fortschrittliche Fertigung und moderne Werkzeugmaschinen. 7. Aachener Werkzeugmaschinen-Kolloquium, S. 67. Essen: Verlag W. Girardet, 1954

[Küst56] KÜSTERS, K.J.: Temperaturen im Schneidkeil spanender Werkzeuge. Dissertation, RWTH Aachen, 1956

[Kutz91] KUTZNER, K.: Spanformerkennung beim Drehen. Dissertation, RWTH Aachen, 1991

[Lane13] LANE, B.; WHITENTON, E.; MADHAVAN, V.; DONMEZ, A.: Uncertainty of temperature measurements by infrared thermography for metal cutting applications. In: Metrologia, 50, pp. 637–653, 2013

[Lang49] LANG, M.: Prüfen der Zerspanbarkeit durch Messung der Schnitttemperatur. München: Carl Hanser Verlag, 1949

[Lang72] LANGHAMMER, K.: Die Zerspankraftkomponenten als Kenngrößen zur Verschleißbestimmung an Hartmetall-Drehwerkzeugen. Dissertation, RWTH Aachen, 1972

[Laus88] LAUSCHER, J.: Drehen mit Siliciumnitrid-Schneidkeramik-Verschleißvorgänge und -mechanismen. Dissertation, RWTH Aachen, 1988

[Lema96] LEMAITRE, J.: A course on damage mechanics. Springer-Verlag Berlin Heidelberg, 1996

[Lemm03] LEMMER, O. ET AL.: Entwicklung neuartiger Schichten mittels plasmagestützter Verfahren: Von der Idee zur Anwendung. In: KOLASKA, H. (Hrsg.) Pulvermetallurgie in Wissenschaft und Praxis. Bd. 19: „Pulvermetallurgie: Material – Prozeß – Anwendung", Hagen: ISL-Verlag, S. 49–69, 2003

[Lemm04] LEMMER, O. ET AL.: CVD-Diamant-Dünnschichten nach dem Hot-Filament-Verfahren. In: BACH, F.-W. ET AL (Hrsg.): Moderne Beschichtungsverfahren. Weinheim: Wiley-VCH-Verlag, 2004

[Leng04] LENGAUER, W. ET AL.: Optimierung von Randzonengefügen in Funktionsgradienten-Hartmetallen. In: KOLASKA, H. (Hrsg.) Pulvermetallurgie in Wissenschaft und Praxis, Bd. 20: „Pulvermetallurgie: Simulation – Gefüge – Bauteileigenschaften", Fachverband Pulvermetallurgie, Hagen: ISL-Verlag, S. 141–158, 2004

[Leng06] LENGAUER, W.; HOCHENAUER, R.: Hartmetalle: Stand heute und morgen. In: KOLASKA, H. (Hrsg.) Pulvermetallurgie in Wissenschaft und Praxis, Bd. 22: „Pulvermetallurgie – Kompetenz und Perspektive", Fachverband Pulvermetallurgie, Witten: Heimdall Verlag, S. 297–333, 2006

[Lenk79] LENK, E.: Erfahrungen mit neuen Schneidstoffen bei der Bearbeitung von hochwarmfesten Legierungen. Vortrag zum Symposium „Schneidstoffe", Pulvermetallurgie in Wissenschaft und Praxis, Band 4. Freiburg: Verlag Schmid GmbH, 1979

[Lenz66] LENZ, E.: Die Temperaturverteilung in der Kontaktzone Span-Werkzeug beim Drehen von Stahl mit Hartmetall-Werkzeugen. Annals of the CIRP, Jg. XIV S. 137–144, 1966

[Leop80] LEOPOLD, J.: Modellierung der Spanbildung – Experiment. Wissenschaftliche Schriftenreihe der TH Karl-Marx-Stadt, 1980

[Leop87] LEOPOLD, J. ET AL.: Spanen mit wolframfreiem Hartmetall. Wissenschaftliche Schriftenreihe der Technischen Universität Chemnitz. TECHNISCHE UNIVERSITÄT CHEMNITZ (Hrsg.), 1987

[Leop00] LEOPOLD, J.: The Application of Visioplasticity in Predictive Model-ling the Chip Flow, Tool Loading and Surface Integrity in Turning Operations. 3rd CIRP-International Workshop on "Modelling of Machining Operations" University of New South Wales, Australia, 2000

[Leop01] LEOPOLD, J.; HOYER, K.: Numerische Modellierung des Trennvorganges beim Hochgeschwindigkeitsfräsen und -bohren. MM-Maschinenmarkt, Jg. 46 H. 107, S. 32–36, 2001

[Leye95] LEYENDECKER, T. ET AL.: Wear mechanism of diamond coated cutting tools. In: Applications of Diamond Films and Related materials: Third International Conference, 1995

[Leye04] LEYENDECKER, T. ET AL.: Hart, härter – weicher? Innovative, zukunftsweisende Lösungen für den Verschleißschutz von Werkzeugen und Bauteilen. In: KOLASKA, H. (Hrsg.) Pulvermetallurgie in Wissenschaft und Praxis, Bd. 20: „Pulvermetallurgie: Simulation – Gefüge – Bauteileigenschaften" Hagen: ISL-Verlag, S. 229–241, 2004

[Lich64] LICHTENAUER, G. ET AL.: Hurth Zahnradschaben. In: Carl Hurth – Maschinen- und Zahnradfabrik, München 1964

[Lier98] LIERMANN, J.: Hartdrehen wälzbelasteter Bauteile. Dissertation, RWTH Aachen, 1998

[LoCa94] LO CASTO, S.; LO VALVO, E. ET AL.: Cutting Temperatures Evaluation in Ceramic Tools: Experimental Tests, Numerical Analysis and SEM Observations. Annals of the CIRP, Vol. 43, Iss. 1, pp. 73–76, 1994

[Lola49] LOLADSE, T. N.: Über einige Erscheinungen bei der Spanbildung. Arbeiten des Grusinischen Polytechnischen S. M. Kirow-Instituts, Nr. 20, 1949

[Lola75] LOLADZE, T.N.: Nature of Brittle Failure of Cutting Tools. CIRP Annals, Vol. 24, Iss. 1, pp. 13–16, 1975

[Lowa67] LOWACK, H.: Temperaturen an Hartmetalldrehwerkzeugen bei der Stahlzerspanung. Dissertation, RWTH Aachen, 1967

[Löwe13] LÖWENSTEIN, A.: Steigerung der Wirtschaftlichkeit beim Mikrofräsen durch Schneidkantenpräparation mittels Tauchgleitläppen, Fraunhofer-Institut für Produktionsanlagen und Konstruktionstechnik (IPK), Berlin, Prof. E. Uhlmann, Stuttgart: Fraunhofer IRB Verlag, 2013

[Lugs03] LUGSCHEIDER, E. ET AL.: SFB 442 – Umweltverträgliche Tribosysteme durch geeignete Werkstoffverbunde und Zwischenstoffe am Beispiel der Werkzeugmaschine. Arbeits- und Ergebnisbericht 2000–2003, RWTH Aachen, 2003

[Lut98] LUTZ, B.: Zukunftsperspektiven industrieller Produktion: Ergebnisse des Expertenkreises „Zukunftsstrategien" Band IV, Institut für Sozialwissenschaftliche Forschung e. V., ISF München, Prof. B. Lutz, Frankfurt u.a.: Campus, 1998

[Lutz68] LUTZE, H.G.: Ein Beitrag zur Ermittlung der an der Freifläche spanender Werkzeugmaschinen - insbesondere am Drehmeißel im freien Schnitt - auftretende Kräfte und Spannungen. Dissertation, Technische Universität Karl-Marx-Stadt, 1968

[Lümk12] LÜMKEMANN, A.; BÜCHEL, C.; CSELLE, T.; MORSTEIN, M.: Schneidkantenpräparation und Beschichtung: Schlüsselrollen beim Optimieren von Hochleistungswerkzeugen. In: Tagungsband zum 13. Internationalen Oberflächenkolloquium, Chemnitz, 2012

[Mach94] MACHADO, A.R.; WALLBANK, J.: The effects of a high-pressure coolant jet on machining. Proceedings of the Institution of Mechanical Engineers, Part B: Journal of Engineering Manufacture, Vol. 208, 1994, pp. 29–38

[Mang01] MANG, T.; DRESEL, W.: Lubricants and Lubrication. Weinheim: Wiley-VCH, 2001

[Mark05] MARKWORTH, L.: Fünfachsige Schlichtfräsbearbeitung von Strömungsflächen aus Nickelbasislegierungen. Dissertation, RWTH Aachen, 2005

[Mazu89] MAZURKIEWICZ, M.; KUBALA, Z.; CHOW, J.: Metal Machining With High-Pressure Water-Jet Cooling Assistance - A New Possibility. Journal of Engineering for Industry, Vol. 111/7, Februar 1989, pp. 7–12

[Mccl68] MCCLINTOCK, F.A.: A criterion for ductile fracture by the growth of holes, Journal of Applied Mechanics, pp. 363–371, 1968

[MDH80] Machining Data Handbook. Machinability Data Centre, Cincinnati, Ohio 1980, Vol. 1 and 2

[Merc45] MERCHANT, M.E.: Mechanics of the Metal Cutting Process. Orthogonal Cutting and a Type 2 Chip. Journal of Applied Physics, Vol. 16, Iss. 5, pp. 267–275, 1945

[Merc45a] MERCHANT, M.E.: Mechanics of the Metall Cutting Process. II. Plasticity Conditions in Orthogonal Cutting. Journal of Applied Physics, Vol. 16, Iss. 6, pp. 318–324, 1945

[Merk80] MERKLER, O.: Kostenminderung durch Räumen mit runden Wendeschneidplatten. Werkstatt und Betrieb Jg. 113 H. 8, S. 533 ff, 1980

[Mess07] MESSNER, G.: Modeling Metal Cutting Processes Under Consideration of Elastic Material Properties. Dissertation, RWTH Aachen, 2007

[Mohr06] MOHR, O.: Abhandlungen aus dem Gebiete der technischen Mechanik. Berlin: Verlag von Wilhelm Ernst & Sohn, 1906

[Möhw96] MÖHWALD, K.; BUSSMANN, M.: Beschichtungen aus der Dampfphase. In: STEFFENS, H.; WILDEN, J. (Hrsg.) Moderne Beschichtungsverfahren. Oberursel: DGM Verlag, 1996

[Moli83] MOLINARI, A.; CLIFTON, R.: Comptes Rendus de l'Académie des Sciences, Bd. 296, 1983

[Moll39] MOLL, H.: Die Herstellung hochwertiger Drehflächen. – Einfluß der Schnittbedingungen auf die Oberflächengüte beim Drehen, Schlichten und Feinschlichten. Dissertation, TH Aachen, 1939

[Momp87] MOMPER, F.J.; FRIEDRICH, K.M.: Drehen von Hartwerkstoffen mit Mischkeramik und Bornitrid-Werkzeugen. Werkstattstechnik Jg. 77 H. 9 S. 471–474, 1987

[Momp93] MOMPER, F.: Verbesserung der Leistungseigenschaften von keramischen Schneidstoffen. In: Neuentwicklungen in der Zerspantechnik. VDI-Berichte Nr. 988, Düsseldorf: VDI-Verlag, S. 151–174, 1993

[Mori80] MORIWAKI, T.: Detection for Cutting Tool Fracture by Acoustic Emission Measurement, Annals of the CIRP, Vol. 29, Iss. 1, 1980

[Mosk66] Moskowitz, D.; Humenik, M.: In: Hausner, H. (Hrsg.): Modern Developments in Powder Metallurgy. New York: Plenum Press, p. 83, 1966

[MPIE61] Atlas zur Wärmebehandlung der Stähle. Bd. 1 Teil 1 und 2, Max-Planck-Institut für Eisenforschung, TU Berlin, Werkstoffausschuss des Stahlinstituts VDEh (Hrsg.), Düsseldorf: Verlag Stahleisen GmbH, 1961

[MPIE72] Atlas zur Wärmebehandlung der Stähöe, Bd. 2, Max-Planck-Institut für Eisenforschung, TU Berlin, Werkstoffausschuss des Stahlinstituts VDEh (Hrsg.), Düsseldorf: Verlag Stahleisen GmbH, 1972

[MPIE73] Atlas zur Wärmebehandlung der Stähle. Bd. 3: Zeit - Temperatur - Austenitisierung - Schaubilder Teil 1, Max-Planck-Institut für Eisenforschung, TU Berlin, Werkstoffausschuss des Stahlinstituts VDEh (Hrsg.), Düsseldorf: Verlag Stahleisen GmbH, 1973

[Müll76] Müller, W.: Ein Beitrag zur Entwicklung von Sensoren für adaptive Regelungssysteme bei spanenden Werkzeugmaschinen. Dissertation, RWTH Aachen, 1976

[Müll85] Müller, K.; Beger, A. et al.: Hartmetalle auf der Basis von Titankarbonitrid. Neue Hütte, Jg. 30 H. 11, S. 409–412, 1985

[Müll86] Müller, M.; Stallwitz, E.: Zerspankraft kompensieren – Anordnen der Wendeschneidplatten auf drei Segmente verbessert Form beim Drehräumen. Maschinenmarkt Jg. 92 H. 34, Würzburg, 1986

[Müll87] Müller, M.; Stallwitz, E.: Drehräumen – eine neue Technologie zur Bearbeitung rotationssymmetrischer Werkstücke. Technische Mitteilungen Krupp H. 1, 1987

[Müll93] Müller, M.; Hintze, W.: Werkzeugentwicklung zur Spanbeherrschung beim Drehen und Bohren. In: Neuentwicklungen in der Zerspantechnik. VDI-Berichte Nr. 988, Düsseldorf: VDI-Verlag, S. 331–344, 1993

[Müll96] Müller-hummer, P.; Lahres, M.: Temperaturmessung an diamantbeschichteten Werkzeugen während der Zerspanung. IDR Jg. 30 H. 1, S. 8–12, 1996

[Müll04] Müller, B.: Thermische Analyse des Zerspanens metallischer Werkstoffe bei hohen Schnittgeschwindigkeiten. Dissertation, RWTH Aachen, 2004

[Murr07] Murrenhoff, H.: SFB 442: Umweltverträgliche Tribosysteme durch geeignete Werkstoffverbunde und Zwischenstoffe am Beispiel der Werkzeugmaschine. Deutsche Forschungsgemeinschaft, Bonn, 2007 http://sfb442.rwth-aachen.de

[Mütz67] Mütze, H.: Beitrag zur Zerspanbarkeit hochwarmfester Werkstoffe. Dissertation, RWTH Aachen, 1967

[Naka88] Nakano, et al.: Development of „ACE COAT AC 105 "Multi-Alumina Coated Inserts for High-Speed Cutting. Sumitomo Electric Technical Review, Vol. 27, pp. 189–196, 1988

[Naru79] Narutaki, N.; Yamane, Y.: Tool wear and temperature of cBN tools in machining of hardened steels. Annals of the CIRP, Vol. 28, Iss. I pp. 23–28, 1979

[Neis94] Neises, A.: Einfluß von Aufbau und Eigenschaften hochharter nicht-metallischer Schneidstoffe auf Leistung und Verschleiß im Zerspanprozeß mit geometrisch definierter Schneide. Dissertation, RWTH Aachen, 1994

[Neis95] Neises, A.: Einfluss von Aufbau und Eigenschaften hochharter nichtmetallischer Schneidstoffe auf Leistung und Verschleiß im Zerspanprozeß mit geometrisch definierter Schneide. Dissertation, RWTH Aachen, 1994

[Nied12] Niederstadt, T.: An automotive perspective on the use of carbon fibres, Vortrag auf der 6th-CFK-Convention-2012, Stade

[NN02] N.N.: PKD-Schneiden für die Gussbearbeitung. Industrie Diamanten Rundschau Jg. 36 H. 4, S. 306–308, 2002

[Nott82] Notter, T. et al: Polykristalline CBN-Wendeschneidplatten für die Bearbeitung harter Eisenwerkstoffe, Trenn-Kompendium, Bd. 2. Bergisch-Gladbach: ETF-Verlag, 1982

[Nyga03] Nygards, M.: Microstructural Finite Element Modeling of Metals, Disseration, Royal Institute of Technology, Sweden, 2003

[Obel84] OBELOER, M.: Neuentwicklungen und Anwendungsgebiete polykristalliner Diamant- und Bornitridwerkzeuge. Werkstattstechnik Jg. 74, H. 4 S. 219–221, 1984

[Ohsi79] OH, S.I.; KOBAYASHI, S.; CHEN, C.C.: Ductile fracture in axisymmetric extrusion and drawing. Trans. ASME J. Eng. Industry, Vol. 101, pp. 36–44, 1979

[Ohas04] OHASHI, T.: Hard machining with CBN cutting tools. In: Tagungsband zur CIRP International Conference of High Performance Cutting (HPC), WZL RWTH AACHEN (Hrsg.), Aachen 2004

[Okam05] OKAMURA, K.; KUKINO, S.; FUKAYA, T.: Development of SUMIBORON BN350 and BNC300, SEI Technical Review, Vol. 59, pp. 66–70, 2005

[Okus63] OKUSHIMA, K.; HOSHI, T.: The Effect of the Diameter of Carbide Face-Milling Cutters on Their Failures. Bulletin of JSME, Vol. 6, Iss. 22, pp. 308–316, 1963

[Opfe81] OPFERKUCH, R.: Die Werkzeugbeanspruchung beim Räumen. wbk-Forschungsbericht 5, Berlin: Springer-Verlag, 1981

[Opit53] OPITZ, H. ET AL.: Notwendige Schritte deutscher Technik. Industrielle Fertigung H. 4, S. 39–93, 1953

[Opit62] OPITZ, H.; GRAPPISCH, W. ET AL.: Einfluß oxidischer Einflüsse auf die Bearbeitbarkeit von CK45 mit Hartmetall-Drehwerkzeugen. Archiv für Eisenhüttenwesen, Jg. 33 H. 12, S. 841–851, 1962

[Opit64] OPITZ, H.; GAPPISCH, M.: Die Aufbauschneidenbildung bei der spanenden Bearbeitung. Forschungsbericht Nr. 1405 des Landes Nordrhein-Westfalen, Köln: Westdeutscher Verlag, 1964

[Opit64a] OPITZ, H.; KÖNIG, W. ET AL.: Einfluß verschiedener Schmelzen auf die Zerspanbarkeit von Gesenkschmiedestücken. Forschungsbericht des Lds. Nordrh.-Westf. Nr. 1349. Köln: Westdeutscher Verlag, 1964

[Opit64b] OPITZ, H.; BECH, H.G.: Bearbeitung von Leichtmetallen. Forschungsber. des Landes NRW Nr. 1416. Köln: Westdeutscher Verlag, 1964

[Opit66] OPITZ, H.; KÖNIG, W. ET AL.: Streuwertuntersuchungen der Zerspanbarkeit von Werkstücken aus verschiedenen Schmelzen des Stahles C45. Forschungsbericht des Lds. Nordrh.-Westf. Nr. 1601. Köln: Westdeutscher Verlag, 1966

[Opit67] OPITZ, H. ET AL.: Verbesserung der Zerspanbarkeit von unlegierten Baustählen durch nichtmetallische Einschlüsse bei Verwendung bestimmter Desoxidationslegierungen. Forschungsbericht des Landes NRW 1416, Köln: Westdeutscher Verlag, 1967

[Opit69] OPITZ, H.; DIEDERICH, N.: Untersuchungen der Ursachen für Abweichungen des Verschleißverhaltens spanabhebender Werkzeuge. Forschungsbericht del Lds. Nordrh.-Westf. Nr. 2043. Köln: Westdeutscher Verlag, 1969

[Opit70] OPITZ, H.: Moderne Produktionstechnik - Stand und Tendenzen. Essen: Verlag W. Girardet, 1970

[Opit70a] OPITZ, H.; KÖNIG, W.: Basic Research on the Wear of Carbide Cut-ting Tools, Machinability. Special Report Nr. 94, London: The Iron and Steel Institut, 1970

[Opit70b] OPITZ, H.: Basic Research on the Wear of High Speed Steel Cutting Tools. Conference on Materials for Metal Cutting. London, Scar-borough: Iron Steel Inst., 1970

[Osak78] OSAKADA, K.; MORI, K.: Prediction of ductile fracture in cold forging, Annals of the CIRP 27, pp. 135–139, 1978

[Osul02] O'SULLIVAN, D.; COTTERELL, M.: Workpiece Temperature Measurement in Machining. Proc. of the Institution of Mechanical Engineers, 216-B, pp. 135–139, 2002

[Otto76] OTTO, F.: Entwicklung eines gekoppelten AC-Systems für die Grenzregelung. Dissertation, RWTH Aachen, 1976

[Oute06] OUTEIRO, J.C. ET AL.: Some Observations on Comparing the Modeled and Measured Residual Stresses on the Machines Surface Induced by Orthogonal Cutting of AISI 316L Steel. Proc. of the 9th CIRP International Workshop on Modelling of Machining Operations, Bled, Slovenia, 2006

[Over03] Overholser, R.W.; Stango, R.J.; Fournelle, R.A.: Morphology of metal surface generated by nylon/abrasive filament brush. In: International Journal of Machine Tools & Manufacture. 2003, Bd. 2, 43

[Oxle89] Oxley, P.L.B.: The Mechanics of Machining: An Analytical Approach to Assessing Machinability, Ellis Horwood Limited, Chichester, 1989

[Oyan80] Oyane, M.; Sato, T.; Okimoto, K.; Shima, S.: Criteria for ductile fracture and their applications, Journal of Mechanical Working Technology, Vol. 4, pp. 65–81, 1980

[Peif91] Peiffer, K.: Wälzstoßen einsatzgehärteter Zylinderräder. Dissertation, RWTH Aachen, 1991

[Peit92] Peiter, A.: Handbuch Spannungsmesspraxis. Braunschweig: Vieweg, 1992

[Peke74] Pekelharing, A.I.: Built-Up Edge (BUE). Is the mechanism understood? Annals of the CIRP, Vol. 23, Iss. 2, pp. 206–211, 1974

[Peke78] Pekelharing, A.J.: The Exit Failure in Interrupted Cutting. CIRP Annals, Vol. 27, Iss. 1, pp. 5–10, 1978

[Peke79] Pekelharing, A.J.: Unterbrochener Schnitt mit spröden Werkzeugen. Techn. Rundschau Jg. 71 H. 36, S. 25–26, 1979

[Pete02] Peters, M.; Hemptenmacher, J. et al.: Titan und Titanlegierungen: Struktur, Gefüge, Eigenschaften. In: Peters, M.; Leyens, C. (Hrsg.): Titan und Titanlegierungen, S. 1–37. Weinheim: Wiley VCH, 2002

[Pfei01] Pfeifer, T.: Fertigungsmeßtechnik. 2. überarb. Aufl., Oldenbourg Verlag, 2001

[Pick92] Pickering: Constitution and Properties of Steels, Vol. 7. Edited by R. W. Cahn, P. Haasen, and E.J. Kramer, 1992

[Pigo52] Pigott, R.J.S.; Colwell A.T.: Hi-Jet Systems for Increasing tool life. SAE Q. Trans., Vol. 6, No. 3, 1952, pp. 547–566

[Pitt04] Pittrich, W.: Einsparung leichtgemacht. Fertigung – Das Fachmagazin für die Metallbarbeitung, S. 58–60, März/April 2004

[Plap04] Plapper, V.: Steuerungsintegrierte Überwachung von Vorschubantrieben an Werkzeugmaschinen. Dissertation, RWTH Aachen, 2004

[Pras07] Prasad, B.N.; Kumar, S.; Das, S.: Preliminary Applications of Voroni Cell Technique to the Microstructural Modelling of single and Two Phase Steels, IE(I) Journal-MM, Vol. 88, pp. 8–13, 2007

[Pret06] Pretorius, N.: Bewertung verschiedener Schneidstoffe für die Bearbeitung von hochfesten Gusseisen. Industrie Diamanten Rundschau Jg. 40 H. 3, S. 68–74, 2006

[Prim69] Primus, I.F.: Beitrag zur Kenntnis der Spannungsverteilungen in den Kontaktzonen von Drehwerkzeugen. Dissertation, RWTH Aachen, 1969

[Puls14] Puls, H.; Klocke, F.; Lung, D. (2014): Experimental investigation on friction under metal cutting conditions. In: Wear, Vol. 310, No. 1-2, pp. 63–71

[Quin87] Quinto, D. et al.: High Temperature microhardness of hard coatings produced by physical and chemical vapor deposition. Thin Solid Films, Vol. 153, Iss. 1, pp. 19–36, 1987

[Qure66] Qureshi, A.H.; Koenigsberger, F.: An Investigation into the Problem of Measuring the Temperature Distribution on the Rake Face of a Cutting Tool. Annals of the CIRP, Vol. XIV, pp. 189–199, 1966

[Rabi65] Rabinowicz, E.: Friction and Wear of Materials. New York, London, Sydney: John Wiley and Sons Inc., 1965

[Rasc81] Rasch, F.O.; Vigeland, T.; Bjørke Ø.: Hydraulic Chipbreaking. CIRP Annals – Manufacturing Technology, Vol. 30, Iss. 1, 1981, pp. 333–335

[Rass96] Rass, I. et al: Industrielle Anwendung der PVD-Technik. In: Steffens, H.; Brandl, W. (Hrsg.) Moderne Beschichtungsverfahren. Frankfurt: DGM-Verlag, S. 307–320, 1996

[Redd93] Reddy, J.N.: An Introduction to the Finite Element Method. New York: McGraw-Hill, 2. edn., 1993

[Rehe15] Rehe M.: Herleitung prozessbezogener Kenngrößen der Schneidkantenverrundung im Fräsprozess, Institut für Fertigungstechnik und Spanende Werkzeugmaschinen (IFW) der Universität Hannover, Prof. B. Denkena, Hannover: PZH Verlag, 2015

[Rein69] Reinartz, A.: Herstellen und Instandsetzen von hartmetallbestückten Dreh- und Hobelmeißeln. wt-Zeitschrift für industrielle Fertigung Jg. 59 H. 5, S. 209–215, 1969

[Reng76] Reng, D.: Das Trennen von Metallen durch Bandsägen unter besonderer Berücksichtigung des Verlaufens des Schnittes. Dissertation, TU München, 1976

[Reub00] Reuber, M.: Prozessüberwachung beim Schlichtfräsen von Freiformflächen. Dissertation, RWTH Aachen, 2000

[Reul00] Reuleaux, F.: Über den Taylor Whiteschen Werkzeugstahl. Abhandlungen zur Förderung des Gewerbefleißes in Preußen, Sitzungsberichte, Jg. 79 H. 1, S. 179–220, 1900

[Reut02] Reuter, U.: Verschleißmechanismen bei der Bearbeitung von Gusseisen mit PCBN-Schneidstoffen. Dissertation, TH Darmstadt, 2002

[Rice69] Rice, J.R.; Tracey, D.M.: On the ductile enlargement of voids in triaxial stress fields, Journal of Mechanics and Physics of Solids, Vol. 17, pp. 201–217, 1969

[Rimm08] Rimmer, A.; Schiweck, A.: ADI 101 – What do the ADI Treatments do?, Seminar-Paper "Ausferritisches Gusseisen mit Kugelgraphit ADI", München, S. III/13–III/31, 2008.

[Riss06] Risse, K.: Einflüsse von Werkzeugdurchmesser und Schneidkantenverrundung beim Bohren mit Wendelbohrern in Stahl, Lehrstuhl für Technologie der Fertigungsverfahren am WZL, RWTH Aachen, Prof. F. Klocke, Aachen: Shaker Verlag, 2006

[Ritc79] Ritchie, R.O.; Server, W.L.; Wullaert, R.A.: Critical fracture stress and fracture strain models for the predication of lower and upper shelf toughness in nuclear pressure vessel steels, Metal. Trans. 10A, pp. 1557–1570, 1979

[Rödh87] Rödhammer, P. et al.: PVD-Hartstoffschichten auf zerspanenden Hartmetallwerkzeugen. Surtec, Berlin, 1987

[Röhr06] Röhrig, K.: Gußeisen mit Vermiculargraphit – Herstellung, Eigenschaften, Anwendung. Zentrale für Gußverwendung ZGV, 2006

[Roll93] Roll, K.; Tekkaya, A.E.: Numerische Verfahren der Prozesssimulation in der Umformtechnik. In: Lange, K. (Hrsg.) Umformtechnik, Handbuch für Industrie und Wissenschaft, Bd. 4 Sonderverfahren, Prozesssimulation, Werkzeugtechnik, Produktion. Berlin: Springer Verlag, 1993

[Rudy73] Rudy, E.: Boundary phase stability and critical phenomena in higherorder solidsolution systems. J. Less-Common Metals, Vol. 33, Iss. 1, pp. 43–70, 1973

[Rueb01] Rübenach, O.: Schwingungsunterstützte Ultrapräzisionszerspanung optischer Gläser mit monokristallinen Diamantwerkzeugen. Shaker Verlag, Aachen, 2001

[Sack76] Sack, W.; Bellmann, B.: Fräswerkzeuge mit Wendeschneidplatten. Werkstatt und Betrieb Jg. 109 H. 5, S. 249–259, 1976

[Salm83] Salmang, H.; Scholze, H.: Keramik, Teil 1: Allgemeine Grundlagen und wichtige Eigenschaften. Berlin: Springer-Verlag, 1983

[Salm83a] Salmang, H., Scholze, H.: Keramik, Teil 2: Keramische Werkstoffe. Berlin: Springer-Verlag, 1983

[Salo24] Salomon, C.: Über den Einfluss der Veränderlichkeit des spezifischen Schnittwiderstandes beim Fräsvorgang und besonderer Berücksichtigung der Wirkung der Spirale. Dissertation, TU München, 1924

[Salo26] Salomon, C.: Die Fräsarbeit. Werkstattstechnik Jg. 20 H. 15, S. 469–474, 1926

[Salo28] Salomon, C.: Zur Theorie des Fräsvorganges Z.VDI, Jg. 72 H. 45, S. 1619–1624, 1928

[Sand72] Sandu, J.Gh.; Sulzer, G.: Wirksame Flankenfreiwinkel an Wälzfräsern. Industrie-Anzeiger Jg. 94 H. 14, S. 279–283, 1972

[Sang13] Sangermann, H.: Hochdruck-Kühlschmierstoffzufuhr in der Zerspanung, Lehrstuhl für Technologie der Fertigungsverfahren am WZL, RWTH Aachen, Prof. F. Klocke, Aachen, Apprimus- Verlag, 2013

[Sato78] Sato, T. et al.: Physical vapor deposition of chromium and titanium nitrides by the hollow cathode discharge process, Thin Solid Films, Vol. 54, Iss. 1, pp. 61–65, 1978

[Satt11] Sattel, S.: Hochleistungswerkzeuge für die CNC-gesteuerte und die manuelle Zerspanung von CFK, Vortrag auf der ersten IfW-Tagung "Bearbeitung von Verbundwerkstoffen – Spanende Bearbeitung von CFK", 27.10.2011

[Scha64] Schaller, E.: Beitrag zur Untersuchung von Spannungen und dynamischen Vorgängen in der Grenzschicht zwischen Werkzeug und Span bei der Stahlzerspanung mit Hartmetallwerkzeugen, Dissertation, RWTH Aachen, 1964

[Scha14] Schalk, N.; Keckes, J.; Czettl, C.; Burghammer, M.; Penoy, M.; Michotte, C.; Mitterer, C. (2014): Investigation of the origin of compressive residual stress in CVD TiB2 hard coatings using synchrotron X-ray nanodiffraction. Surface and Coatings Technology Jg. 258, pp. 121–126

[Saxl97] Saxler, W.: Erkennung von Schleifbrand durch Schallemissionsanalyse. Dissertation, RWTH Aachen, 1997

[Scha98] Schauerte, O, Gysler, A., Lütjering, G., Mailly S., Chabanne Y, Sarrazin-Baudoux C., Mendez, J., Petit, J.: Effect of Environment on High-Temperature Fatigue of IMI 834, in „Fatigue Behavior of Titanium Alloys“, TMS, Warrendale (1998)

[Sche78] Schedler, W.; Herzinger, E.: Mittelochplatten mit Kombinationsklemmung und positiver Geometrie. MM - Maschinenmarkt Jg. 84 H. 58, S. 1149–1152, 1978

[Sche88] Schedler, W.: Hartmetall für den Praktiker. Aufbau, Herstellung, Eigenschaften und industrielle Anwendung einer modernen Werkstoffgruppe. Plansee Tizit GmbH (Hrsg.) Düsseldorf: VDI-Verlag, 1988

[Sche06] Schermann, T. et al.: Aspects of the Simulation of a Cutting Process with Abaqus/Explicit Including the Interaction between the Cutting Process and the Dynamic Behaviour of the Machine Tool: Proc. of the 9th CIRP International Workshop on Modelling of Machining Operations, Bled, Slovenia, 2006

[Schi74] Schintlmeister, W.; Pacher, O.: Titancarbid und Nitrid für hochverschleißfeste und dekorative Schichten. Metall Jg. 28 H. 7, S. 690–695, 1974

[Schi89] Schintlmeister, W. et al.: Hartmetalle und deren Beschichtungen für die spanende Formgebung. 9. Internationale Pulvermetallurgische Tagung Dresden, 1989

[Schl11] Schlesinger, G.: Die Stellung der deutschen Werkzeugmaschine auf dem Weltmarkte. Z. VDI Jg. 55 H. 49 S. 2038–2045, 1911

[Schl29] Schlesinger, G.: Kräfte in der Werkzeugmaschine. Z.VDI, S. 1569 ff., 1929

[Schl51] Schlesinger, G.: Messung der Oberflächengüte. Berlin: Springer-Verlag, 1951

[Schl02] Schliephake, U.; Huppertz, A.; Bartels, C.: Kosten und lastfall-optimiert konstruieren. VDI-Z Integrierte Produktion, Band 144, Heft 11/12, S. 65–69, 2002

[Schl08] Schlittgen, R.: Einführung in die Statistik: Analyse und Modellierung von Daten. 11., vollständig überarbeitete und neu gestaltete Auflage, München: Oldenbourg Verlag, 2008

[Schm36] Schmaltz, G.: Technische Oberflächenkunde. Berlin: Springer-Verlag, 1936

[Schm53] Schmidt, A.O.: Temperaturmessung am Werkstück, Werkzeug und Span. Werkstatttechnik und Maschinenbau, Jg. 43 H. 8, S. 227–230, 1953

[Schm80] Schmitz, F.: Hartmetallbestückte Kreissägeblätter mit Spanteilerrillengeometrie zum Trennen von Stahl. Maschine + Werkzeug Jg. 81 H. 3, S. 44–46, 1980

[Schm07] Schmidt, T.: Gusseisen mit Kugelgraphit, konstruieren + giessen Jg. 32 H. 2 S. 86–91, 2007

[Schn99] Schneider, J.; Richter, G.: Neue Entwicklungen und Anwendungen bei Schneidkeramik. Werkstatt und Betrieb Jg. 132 H. 4, S. 71–75, 1999

[Schr23] Schröter, K.: DRP Nr. 420689: Gesinterte harte Metalllegierungen und Verfahren zu ihrer Herstellung. 1923

[Schr74] Schröder, K-H.: Ursachen der Fertigungsungenauigkeiten und deren Auswirkungen beim Schaftfräsen.

[Schr07] Schröder T.: Analyse der Werkzeugbelastungen beim Zahnradschaben. Dissertation, RWTH Aachen, 2007 Dissertation, RWTH Aachen, 1974

[Schü65] Schütte, M.: Räumen mit erhöhter Schnittgeschwindigkeit. Dissertation, RWTH Aachen, 1965

[Schü01] Schüller, J.; Zeitler, CH.: High Performance Cutting (HPC) mit PKD bei Ford. Industrie Diamanten Rundschau IDR Jg. 35 H. 3, S. 209–213, 2001

[Schu04] Schumann, H.; Oettel, H.: Metallografie. 14. Aufl., Weinheim: Wiley-VCH, 2004

[Schü06] Schütt, K.: Konstruktionshinweise. Weißer Temperguss. Werkstoff-spezifische Eigenschaften konstruieren + giessen, Jg. 31 H. 4, S. 33–41, 2006

[Schu96] Schulz, H.: Hochgeschwindigkeitsbearbeitung. München: Carl Hanser Verlag, 1996

[Schw36] Schwerd, F.: Filmaufnahmen des ablaufenden Spanes. Z.VDI Jg. 80 H. 9, S. 233, 1936

[Schw71] Schweitzer, K.: Dynamische Untersuchungen beim Innenräumen Maschinen- und Werkzeugschwingungen und deren Einfluß auf Oberflächengüte und Standweg bei hohen Schnittgeschwindigkeiten. Dissertation, Universität Karlsruhe, 1971

[Schw75] Schweitzer, K.: Räumen der Außenverzahnung von Synchron-Kupplungsnaben. Werkstatt und Betrieb Jg. 108 H.3, 1975

[Schw89] Schwarzkopf, et al.: Stickstoffhaltige Hartmetalle zur Herstellung zähigkeitssteigernder Randzonen. Proc. of the 12th International Plansee Seminar. Vol. 2, pp. 803–833, 1989

[Schw09] Schwartz, A.; Kumar, M.; Field, D.; Adams, B.: Electron Backscatter Diffraction in Materials Science. Springer-Verlag, Berlin Heidelberg New York, 2nd Edition, 2009

[Shar71] Sharma, C.S.; Rice, W.B.; Salmon, R.: Some Effects of Injecting Cutting Fluids Directly into the Chip-Tool Interface. Journal of Engineering for Industry, May 1971, pp. 441–444

[Shar08] Sharmann, A.R.C.; Hughes J.I.; Ridgway K.: Surface integrity and tool life when turning Inconel 718 using ultra-high pressure and flood coolant systems. Proceedings of the Institution of Mechanical Engineers, Part B: Journal of Engineering Manufacture, Vol. 222, 2008, pp. 653–664

[Shei09] Sheikh-Ahmad, J.Y.: Machining of Polymer Composites, Springer Science + Business Media, 2009

[Shir70] Shirakashi, T.; Usui, E.: Effect of temperature and strain rate upon flow stress of metal in compression, Bul. Jap. Soc. Preci. Eng. 1-4, Vol. 1, pp. 91, 1970

[Shim93] Shimada, S.; Ikawa, N.; Tanaka, H.; Ohmori, G.; Uchikoshi, J.; Yoshinaga, H.: Feasibility Study on Ultimate Accuracy in Microcutting Using Molecular Dynamics Simulation. In: Annals of the CIRP, Vol. 42, Nr. 1, pp. 91–94, 1993

[Sieb10] Siebertz, K; Van Bebber, D.; Hochkirchen, T.: Statistische Versuchsplanung: Design of Experiments (DoE). Berlin: Springer-Verlag, 2010

[Siko63] Sikorski, M.E.: Correlation of the coefficient of adhesion with various Physical and Mechanical Properties of Metals. Journal of Basic Engineering; Transactions of the ASME Series D, pp. 279–285, 1963

[Soko55] SOKOLOWSKI A.P.: Präzision in der Metallbearbeitung – Mittel u. Wege zur Steigerung d. Bearbeitungsgenauigkeit in d. spanenden Formung. Berlin: Verl. Technik, 1955

[Sorb06] SØRBY, K.; TØNNESSEN, K.: High-pressure cooling of face-grooving operations in Ti6Al4V. Proceedings of the Institution of Mechanical Engineers, Part B: Journal of Engineering Manufacture, Vol. 220, 2006, pp. 1621–1627

[Spaa67] SPAANS, C.: An Exact Method to Determine the Forces on the Clearance Plane. Annals of the CIRP, Vol. XV, pp. 463–469, 1967

[Spaa71] SPAANS, C.: The fundamentals of three-dimensional chip curl, chip breaking and chip control. PhD Thesis, Delft University of Technology, 1971

[Spen91] SPENRATH, N.: Technologische Aspekte zum Feinstdrehen von Kupferspiegeln. Dissertation, RWTH Aachen, 1991

[Spiz71] SPIZIG, S.: Außen-Formräumen geschlossener Umrisse. Werkstatt und Betrieb Jg. 104 H. 6, 1971

[Spro95] SPROCK, A.: Numerische Untersuchungen lokaler und globaler Kriterien fü die Inifiierung von duktilen Bruchvorgängen. Dissertation, RWTH-Aachen, 1995

[Spri95] SPRIGGS, G.E.: A History of Fine Grained Hardmetal. Int. Journal of Refractory Metals & Hard Metals, Vol. 13, Iss. 5, pp. 241–255, 1995

[Spur60] SPUR, G.: Beitrag zur Schnittkraftmessung beim Bohren mit Spiralbohrern unter Berücksichtigung der Radialkräfte. Dissertation, TH Braunschweig, 1960

[Spur84] SPUR, G.; WUNSCH, U.: Drehen von glasfaserverstärkten Kunststoffen und Schichtpreßwerkstoff mit PKD-Werkstoffen. Industrie Diamanten Rundschau IDR Jg. 18 H. 4, S. 221–227, 1984

[Spur13] SPUR, G.; ESSER, G.: Innovationssystem Produktionstechnik. München: Carl Hanser Verlag, 2013

[Stac73] STACHOWIAK, H.: Allgemeine Modelltheorie. Wien: Springer-Verlag, 1973

[Stah01] STAHLSCHLÜSSEL, VERLAG STAHLSCHLÜSSEL, WEGST GMBH (Hrsg.), Marbach, 2001

[Stäh65] STÄHLI, G.: Beitrag zum Verschleißverhalten von Gusseisen im Härtebereich seiner wirtschaftlichen Zerspanung. Gießerei 13, S. 406–410, 1965

[Stal94] STALLWITZ, E.; DORSCH, W.: Werkzeuge zum Drehfräsen. Werkstatt und Betrieb Jg. 127 H. 5, S. 350–352, 1994

[Star96] STARKE, E.A.; STALEY, J.T.: Application of modern aluminium alloys to aircraft. Aerospace, Vol. 32, Amsterdam: Elsevier Science, 1996

[Stau84] STAUDINGER, H.P.: Spanende Bearbeitung von Gußeisen mit Kugelgraphit durch Drehen. VDI-Z Jg. 126 H. 4 S. 45–50, 1984

[Stei98] STEINBUCH, R.: Finite Elemente – ein Einstieg. Berlin: Springer-Verlag, 1998

[Sten64] STENDER, W.; HOFMANN, H.: Wirtschaftliches Fräsen von Extruderschnecken für die Kunststoffverarbeitung. Werkstatttechnik, Jg. 54 H. 9, 1964

[Stie99] STIEF, W.: Neue PKD-Werkzeuge für die Metallbearbeitung. Industrie Diamanten Rundschau IDR Jg. 33 H. 2, S. 188–190, 1999

[Sulz73] SULZER, G.: Leistungssteigerung bei der Zylinderherstellung durch genaue Erfassung der Zerspankinematik. Dissertation, RWTH Aachen, 1973

[Sulz74] SULZER, G.: Bestimmung der Spanungsquerschnitte beim Wälzfräsen. Industrie-Anzeiger Jg. 96 H. 12, S. 246–247, 1974

[Sulz00] SULZER, G.: Verschleiß-Überwachung beim Trockenfräsen von Verzahnungen. VDI-Bericht 1532, S. 65–77, 2000

[Supe12] SUPEKAR. S.D.; CLARENS, A.F.; STEPHENSON, D.A.; SKERLOS, S.J.: Performance of supercritical carbon dioxide sprays as coolants and lubricants in representative metalworking operations. Journal of Materials Processing Technology 212:2652-2658, 2012

[Suss01] SUSSMANN, R.S. ET AL: Übersicht der industriellen Anwendungen von CVD-Diamant. Industrie Diamanten Rundschau IDR Jg. 35 H. 3, S. 248–262, 2001

[Tabe89] TABERSKY, R.; VAN DEN BERG, H.; KÖNIG, U.: Plasma-CVD of cemented carbides. In: Plasma Surface Engineering. Proc. of the1th International Conference of Plasma Surface Engineering, DGM-Verlag, Vol. 1, pp. 133–138, 1989

[Take00] TAKEUCHY, Y.: Development of Ultraprecision Milling Machine and its Application to Micromachining, In: Proceedings of the International Seminar on Precision Engineering and Micro Technology, pp. 3–12 Aachen, July 19–20, 2000

[Tayl34] TAYLOR, G.I.; QUINNEY, H.: The latent energy remaining in a metal after cold working, Proc. R. Soc. A413, pp. 307–326, 1934

[Tayl07] TAYLOR, W.F.; WALLICHS, A.: Dreharbeit und Werkzeugstähle, Berlin: Verlag von Julius Springer, 1907

[Tell93] TELLE, R.: Werkstoffentwicklung und Materialverhalten moderner Schneidkeramiken. In: BARTZ, W. (Hrsg.) Werkzeuge für die moderne Fertigung. Technische Akademie Esslingen, Kontakt & Studium, Bd. 370, S. 3769–3799. Expert Verlag, 1993

[Tham98] THAMKE, D. ET AL.: Wirtschaftlichkeit der Trockenbearbeitung. In: Trockenbearbeitung prismatischer Teile. VDI Berichte Nr. 1375, S. 371–397 Düsseldorf: VDI-Verlag, 1998

[Thie90] THIELE, E.W.; KUNDIG, K.; MURPHY, D.W.; SOLOWAY, G.; DUFFIN, B.: Comparative Machinability of Brasses, Steels and Aluminium Alloys: CDA's Universal Machinability Index. SAE International, Document Number 900365, 1990

[Thom11] THOMBANSEN, U.; AUERBACH, T.; SCHÜTTLER, J.; BECKERS, M.; BUCHHOLZ, G.; EPPELT, U.; GLOY, Y.-S.; FRITZ, P.; KRATZ, S.; LOSE, J.; MOLITOR, T.; RESSMANN, A.; SCHENUIT, H.; WILLMS, K.; GRIES, T.; MICHAELI, W.; PETRING, D.; POPRAWE, R.; REISGEN, U.; SCHMITT, R.; SCHULZ, W.; VESELOVAC, D.; KLOCKE, F.: Der Weg zu Selbstoptimierenden Fertigungstechnologien. In: BRECHER, C. (Hrsg.): Integrative Produktionstechnik für Hochlohnländer. Berlin: Springer-Verlag, 2011

[Tika86] TIKAL, F.: Drehräumen: Die Revolution bei der Kurbelwellen-Bearbeitung. Flexible Automation V, 1986

[Tika93] TIKAL, F.: Vollhartmetallbohrer und -fräser: Qualität und Leistungsfähigkeit moderner Schneidstoffe. Landsberg: Verlag Moderne Industrie, 1993

[Tika09] SCHNEIDKANTENPRÄPARATION: Ziele, Verfahren und Messmethoden. Kassel: kassel university press GmbH, 2009

[Töll81] TÖLLNER, K.: Fräsen mit kubisch kristallinem Bornitrid. tz für Metallbearbeitung Jg. 75 H. 8, S. 124–126, 1981

[Töll82] TÖLLNER, K.: Fräsen von harten Eisenwerkstoffen. wt-Z. ind. Fertig. Jg. 72 S. 493–496, 1982

[Töns81] TÖNSHOFF, H.K.; CHRYSSOLOURIS, G.: Einsatz kubischen Bornitrids (CBN) beim Drehen gehärteter Stähle. Werkstatt und Betrieb Jg. 114 H. 1, S. 45–49, 1981

[Töns89] TÖNSHOFF, H.K. ET AL.: Metallurgische Auswirkungen der Calciumbehandlung von Stahlschmelzen auf die Bearbeitbarkeit. Stahl und Eisen, Jg. 109 H. 13, S. 651–660, 1989

[Töns91] TÖNSHOFF, H.K. ET AL.: Einfluß des Kühlschmierstoffes bei der Hartbearbeitung. VDI-Z Jg. 133 H. 3 S. 74–84, 1991

[Töns93] TÖNSHOFF, H.K. ET AL: Hartbearbeitung aus Sicht der Forschung. In: Neuentwicklungen in der Zerspanungstechnik, VDI Bericht Nr. 988, S. 189–209, Düsseldorf: VDI-Verlag, 1993

[Töns95] TÖNSHOFF, H.K.: Spanen. Berlin: Springer-Verlag, 1995

[Töns01] Tönshoff, H.K.: Neue Fertigungstechnologien und ihre Bedeutung für den Wirtschaftsstandort. In: Neue Fertigungstechnologien in der Luft- und Raumfahrt, Seminarunterlagen, Hannover, 2001

[Tors97] Torster, F. et al.: Influence of grain size and heat treatment on the microstructure and mechanical properties of the nickel-base superalloy U 720 LI. Materials Science Engineering A, Vol. 234–236, pp. 189–192, 1997

[Tsch77] Tschätsch, H.: Taschenbuch Umformtechnik: Verfahren, Maschinen, Werkzeuge. Hanser Verlag, München Wien, 1977, 1. Auflage

[Uhlm00] Uhlmann, E. et al: Bearbeitung einer übereutektischen Aluminium-Silizium-Legierung. Industrie Diamanten Rundschau IDR Jg. 34 H. 4, S. 296–302, 2000

[Uhlm04] Uhlmann, E.; Wiemann, E.: Widerstand ist zwecklos - Keramische Schneidstoffe ermöglichen prozesssicheres Hochleistungsfräsen hochwarmfester Werkstoffe. MM Das IndustrieMagazin, Jg. 35 S. 22/23, 2004

[Uhlm05] Uhlmann, E. et al.: Performance of Multilayer CVD Diamond Films. In: Proc. of the 5th International Conference "The Coatings", 5. – 7. Oktober, Kallithea of Chalkidiki (GR), pp. 95–100, 2005

[Uhlm11] Brecher, C.; Krüger, J.; Ver, A.; Uhlmann, E. (Hrsg.): Sichere Mensch-Maschine-Interaktion, Lehrstuhl für Werkzeugmaschinen am WZL, RWTH Aachen, Prof. Ch. Brecher Institut für Werkzeugmaschinen und Fertigungstechnik (IWF) der Technischen Universität Berlin, Prof. E. Uhlmann Institut für Steuerungstechnik der Werkzeugmaschinen und Fertigungseinrichtungen (ISW) der Universität Stuttgart, Prof. Dr.-Ing. Alexander Verl, Düsseldorf: VDI Verlag, 2011

[Usui78] Usui, E. et al.: Analytical Prediction of Three Dimensional Cutting Process Part 3: Cutting Temperature and Crater Wear of Carbide Tool. Trans. ASME J. Eng. for Ind., Vol. 100, pp. 236–243, 1978

[Vaz00] JR.Vaz JR., M.: On the Numerical Simulation of Machining Processes. Journal of Brazilian Soc. Mechanical Sciences, Vol. 22, Iss. 2, pp. 179–188, 2000

[Vent14] Ventura C.E.H.: Herstellung von Schneidkantengeometrien an PKB-Wendeschneidplatten durch Querseiten-Planschleifen. Dissertation Universität Hannover, 2014

[Vict76] Victor, H.R.: Schnittkraftberechnungen für das Räumen. Annals of the CIRP, Vol. XXV/1, S. 7–11, 1976

[Vier53] Vieregge, G.: Die Energieverteilung und die Temperatur bei der Zerspanung. Werkstatt und Betrieb, Jg. 86 H. 11, S. 691–703, 1953

[Vier55] Vieregge, G.: Temperaturfeld und Wärmebilanz des Schervorganges bei der Zerspanung. Werkstatt und Betrieb, Jg. 88 H. 5, S. 227–230, 1955

[Vier59] Vieregge, G.: Zerspanung der Eisenwerkstoffe. Stahleisen-Bücher, Bd. 16. Düsseldorf: Verlag Stahleisen GmbH, 1959

[Vier70] Vieregge, G.: Zerspanung der Eisenwerkstoffe. Düsseldorf: Verlag Stahleisen GmbH, 1970

[Vila05] Vilarinho, C.; Davim, J.P.; Scares, D.; Castro, F.; Barbosa, J.: Influence of the chemical composition on the machinability of brasses. Journal of Materials Processing Technology), pp. 441–447, 170, 2005

[Vogl04] Vogler, M.; Devor, R.; Kapoor, S.: On the Modeling and Analysis of Machining Performance in Micro-Endmilling, Part I: Surface Generation. In: Journal of Manufacturing Science and Engineering, Vol. 126, No. 4, pp. 695–705, 2004

[Vogt04] Vogt, B.: High-performance MMC brace disks for rail-mounted vehicles. Industrial Diamond Review IDR, Vol. 38, Iss. 4, pp. 51–55, 2004

[Vogt14] Vogtel, P.; Klocke, F.; Lung, D.: High Performance Machining of Profiled Slots in Nickel-Based-Superalloys. In: Procedia CIRP. Vol. 14, 2014, pp. 54–59

[Wähl86] Wähling, R. et al.: Sintering Behaviour and Performance Data of High Speed Steel Components, Powder Metallurgy, Vol. 29, Iss. 1, p. 53, 1986

[Wald92] WALDHAUER, R.; SCHADE, R.: Neue Methoden bei der Fertigung von VR6-Zylindermotoren im Volkswagenwerk Salzgitter. Industrie Diamanten Rundschau IDR Jg. 18 H. 1, S. 200, 1992

[Wall08] WALLICHS, A.: Über Dreharbeit und Werkzeugstähle. Berlin: Springer-Verlag, 1908

[Wand92] WAND, P.: Messerkopfstirnfräsen zylindrischer Flächen. Dissertation, RWTH Aachen, 1992

[Wang99] WANG, Z.Y.; RAJURKA, K.P.: Cryogenic machining of hard-to-cut materials. In: Wear. 2000, No. 239, pp. 168–175

[Warn74] WARNECKE, G.: Spanbildung bei metallischen Werkstoffen. München: Technischer Verlag Resch, 1974

[Weck77] WECK, M.; TEIPEL, K.: Dynamisches Verhalten spanender Werkzeugmaschinen – Einflussgrössen, Beurteilungsverfahren, Messtechnik. Berlin: Springer, 1977

[Weck95] WECK, M.; VOS, M.: Gedrehte und gefräste Mikrostrukturen, VDI-Z Jg. 137 H. 7/8, S. 33–35, 1995

[Weck02] WECK, M. ET AL: Manufacturing Simulation for the Analysis of the Gear Hobbing Process. VDI-Bericht 1665, pp. 145–158, 2002

[Weck03] WECK, M. ET AL.: Analysis of Gear Hobbing Processes by Manufacturing Simulation. Production Engineering, Vol. 10, Iss. 1, pp. 55–58, 2003

[Wege85] WEGERHOFF, H.; MÜNZ, U.: Beschichtete Räumwerkzeuge zum Bearbeiten von Werkstücken höherer Festigkeit. VDI-Z Jg. 127 H. 21, S. 857–863, 1985

[Wegs95] WEGST, C.: Stahlschlüssel. Maarbach: Stahlschlüssel Wegst Verlag, 1995

[Wein69] WEINZ E.A.: Einkristall- Diamantwerkzeuge. Industrie Diamant Rundschau IDR Jg. 3 H. 3, S. 56–62, 1969

[Wein87] WEINDORF, T.: DBC 50 zum Schlichtdrehen von gehärtetem Schnellarbeitsstahl. Industrie Diamanten Rundschau IDR Jg. 21 H. 2, S. 82–86, 1987

[Wein00] WEINERT, K. ET AL.: Spanende Bearbeitung von Magnesium und Magnesiumverbundwerkstoffen. In: Magnesium Taschenbuch. Aluminium Zentrale (Hrsg.), Düsseldorf: Aluminium-Verlag, 2000

[Wein02] WEINERT, K. ET AL.: Ohne Diamant kein Auto – CVD-Diamant-Dickschichten als Schneidstoff für die Automobilindustrie. Diamond business H. 1, S. 55–59, 2002

[Wein04] WEINERT, K.; INASAKI, I.; SUTHERLAND, J.W.; WAKANAYASHI, T.: Dry Machining and Minimum Quantity Lubrication. CIRP Annals – Manufacturing Technology, Vol. 53, Iss. 2, 2004, pp. 1-27, pp. 511–537

[Wein07] WEINERT, K.; PETERS, C.: Hochleistungzerspanung mit modernen Werkzeuge. In: Approaches to High-Speed Cutting of Titanium-Based Materials. Proc. of the Sixth International Conference on High Speed Machining, San Sebastian, 2007

[Weir64] WEIRICH, G.: Das Löten von Hartmetall-Werkzeugen. Fachbuchreihe Schweißtechnik Bd. 41 S. 18–24, 1964

[Well72] WELLINGER, K. ET AL.: Werkstofftabellen der Metalle. Stuttgart: Alfred Kröner Verlag, 1972

[Went57] WENTORF, R.H.: Cubic Form of Boron Nitride. J. Chem. Phys. Vol. 26, pp. 956, 1957

[Wern00] WERNING, H.: Schwarzer Temperguss. Sonderdruck aus konstruieren + giessen, 2000

[Wern81] WERNER, G.: Steigerung der Produktivität und Werkstückqualität durch verbesserte Verfahren und Einrichtungen im Bereich der Feinbearbeitung. VDI-Z Jg. 123 H. 21, S. 865–873, 1981

[Wern83] WERNING, H.; ENGELS, A. ET. AL.: Duktiles Gusseisen - Temperguß für alle Industriezweige. konstruieren + giessen, H. 1 + 2, 1983

[Wern84] WERNER, G.; KNAPPERT, W.: Untersuchungen zur spanenden Bearbeitung von gehärteten Großkugellagerringen mit kompakten CBN-Schneidstoffen. Industrie Diamanten Rundschau IDR Jg. 18 H. 2, pp. 83–90, 1984

[Wert92] Wertheim, R.; Rotberg, A.; Ber, A.: Influence of High-Pressure Flushing through the Rake Face of the Cutting Tool. CIRP Annals – Manufacturing Technology, Vol. 41, Iss. 1, 1992, pp. 101–106

[West00] Westphal, H. et al.: Neuere CVD-beschichtete Hartmetalle für die Metallbearbeitung. In: Weinert, K. (Hrsg.) Spanende Fertigung. Essen: Vulkan-Verlag, 2000

[West01] Westhoff, B.: Modellierungsgrundlagen zur FE-Analyse von HSC-Prozessen. Dissertation, Universität der Bundeswehr Hamburg, 2001

[Weul85] Weule, H.; Lauffer, H.-J.: Stand und Entwicklungstendenzen beim Räumen. Werkstattstechnik - Zeitschrift für Industrielle Fertigung. Jg. 75 H.4, S. 229-–234, 1985

[Whit84] Whiteside, D.: Pontiac turns to turn broaching. American Machinist. H. 12, 1984

[Wick04] Wick, V.; Knechtle, M.: Eight million sensor housings finish machined per year with PCD. Industrial Diamond Review IDR, Vol. 38, Iss. 3, pp. 38–40, 2004

[Wiel99] N. N.: Wieland-Kupferwerkstoffe (Hrsg.): Wieland-Werke, 6. Auflage, Ulm, 1999

[Wiel06] N. N.: Ecobrass Stangen – Drähte – Profile – Rohre. Firmenschrift der Wieland-Werke AG, Ulm, 2006

[Wina96] Winands, N.: Hartdrehen aus der Umformwärme gehärteter Lageringe. Dissertation, RWTH Aachen, 1996

[Wink05] Winkel, O.: Steigerung der Leistungsfähigkeit von Hartmetallwälzfräsern durch optimierte Werkzeuggestaltung. Dissertation, RWTH Aachen, 2005

[Wink83] Winkler, H.: Zerspanbarkeit von niedriglegierten Kohlenstoffstählen nach gesteuerter Abkühlung. Düsseldorf: VDI-Verlag, 1983

[Witt12] Witty, M.; Bergs, T.; Schäfer, A.; Cabral, G.: Cutting Tool Geometry for Plunge Milling-Process Optimization for a Stainless Steel. 5th CIRP Conference on High Performance Cutting, Vol. 1, pp. 506–511, 2012

[Wobk93] Wobker, H.G.; Brandt, D.: Perspektiven beim Hartdrehen: Stand der Entwicklung - künftige Aufgaben. Werkstattstechnik Jg. 83 H. 9 S. 65–67, 1993

[Wolf03] Wolf, G.; Wenk, L.: Zukunft der Produktion von Magnesiumteilen aus der Sicht der Gießereiindustrie. Tagungsband 11. Magnesium Abnehmerseminar, Europäische Forschungsgemeinschaft Magnesiumguss e.V., Aalen, 25./26. Sept. 2003

[Wu03] Wu, W.T. et al.: Modeling Techniques in Forming Processes. In: Semiatin, S.L. et al (Eds.): Handbook of Workability and Process Design. Materials Park (OH): ASM International, 2003

[Xiao13] Xiaoliang, J.; Altintas, Y.: Chatter Stability Model of Micro-Milling with Process Damping. In: Transactions of the ASME: Journal of Manufacturing Science and Engineering, Vol. 135, No. 3, 2013, p. 31011

[Yang99] Yang, X.; Liu, C.R.: Machining Titanium and its Alloys. Machining Science and Technology, Vol. 3, Iss. 1, pp. 107–139, 1999

[Yohe93] Yohe, W.C.: Proc. of the 13th Int. Plansee-Seminar, Vol. 2. pp. 151–168, 1993

[Zeri87] Zerilli, F.J.; Armstrong, R.W.: Dislocation-mechanics-based constitutive relations for material dynamics calculations. J. Appl. Phys., Vol. 61, Iss. 5, pp. 1816–1825, 1987

[Zeri95] Zerilli, F.J.; Armstrong, R.W.: Constitutive equation for HCP metals and high strength alloy steels. In: Rajapakse, Y.D.S.; Vinson, J.R. (Eds.) High Strain Rate Effects on Polymer, Metal and Ceramic Matrix Composites and other Advanced Materials. New York: ASME; Vol. 48, pp. 121–126, 1995

[Zieb95] Ziebeil, F.: Mechanische und Thermische Belastung von Zerspanwerkzeugen. Dissertation, Universität Hannover, 1995

[Zieg87] Ziegler, G.: Keramik - eine Werkstoffgruppe mit Zukunft. Zeitschrift Metall, 1987

[Zien00] Zienkiewicz, O.; Taylor, R.: The Finite Element Method: Vol. 1 – The Basis. Oxford: Butterworth-Heinemann, 5. edn., 2000

[Zink99] ZINKANN, V.: Der Spanbildungsvorgang als Acoustic Emission-Quelle. Dissertation, RWTH Aachen, 1999

[Zoll69] ZOLLER, H.G. ET AL.: Über die Zerspanbarkeit von Aluminiumlegierungen. Aluminium. Jg. 45 H. 1, S. 49–54, 1969

[ZumG87] ZUM GAHR, K.-H.: Grundlagen des Verschleißes. In: Metallische und Nichtmetallische Werkstoffe und ihre Verarbeitungsverfahren im Vergleich. VDI Bericht Nr. 600.3, S. 29–55. Düsseldorf: VDI-Verlag, 1987

[ZumG92] ZUM GAHR, K.-H.: Reibung und Verschleiß; Ursachen - Arten - Mechanismen. In: GREWE, H. (Hrsg.) Reibung und Verschleiß. Oberursel: DGM Informationsgesellschaft, 1992

[Zura90] ZURAWSKI, W.: Leistungssteigerung bei der Innengewindefertigung. Dissertation, TU Berlin, 1990

[Zwah00] ZWAHLEN, S.: PKD-Fräswerkzeuge für die Aluminiumzerspanung. Industrie Diamanten Rundschau Jg. 34 H. 2, S. 147–150, 2000

[Özel08] ÖZEL, T.; KARPAT, Y.; SRIVASTAVA, A.: Hard Turning with Variable Micro-geometry PcBNTools. In: CIRP Annals - Manufacturing Technology, Vol. 57, 2008, pp. 73–76

Patente

[DRP23] DEUTSCHES REICH REICHSPATENTAMT: Patentschrift: Nr. 420 689 Klasse 40b Gruppe 1 Gesinterte harte Metallegierung und Verfahren zu ihrer Herstellung, Erfinder: KARL SCHRÖTER, 1923

[DRP25] DEUTSCHES REICH REICHSPATENTAMT: Patentschrift: Nr. 434 527 Klasse 40b Gruppe 17 Gesinterte harte Metallegierung für Arbeitsgeräte und Werkzeuge, Erfinder: KARL SCHRÖTER, 1925

[ÖP31] ÖSTERREICHISCHES PATENT: Patentschrift: Nr. 160 172 Gesintertes Hartmetall, Erfinder: SCHWARZKOPF, P; HIRSCHL, I., 1931

F. Klocke, *Fertigungsverfahren 1*, VDI-Buch,
https://doi.org/10.1007/978-3-662-54207-1

Normen

Normen

[ASTM81] E 618 – 81: Standard Test Method for Evaluating Machining Performance of Ferrous Metal Using an Automatic Screw/Bar Machine. American Society for Testing and Materials (ASTM), Pennsylvania, 1981. Originally published as E618-77T: Tentative Method for Evaluating, Machining Performance Using and Automatic Screw/Bar Machine, Reapproved 2001

[DIN1319a] DIN 1319-1: Grundlagen der Messtechnik – Teil1: Grundbegriffe. Deutsches Institut für Normung (Hrsg.), Berlin: Beuth Verlag, 1995

[DIN1412] DIN 1412: Spiralbohrer aus Schnellarbeitsstahl - Anschliffformen. Deutsches Institut für Normung (Hrsg.), Berlin: Beuth Verlag, 2001

[DIN1414a] DIN 1414-1: Technische Lieferbedingungen für Spiralbohrer aus Schnellarbeitsstahl - Teil 1: Anforderungen. Deutsches Institut für Normung (Hrsg.), Berlin: Beuth Verlag, 2006

[DIN1415] DIN 1415 Räumwerkzeuge. Deutsches Institut für Normung (Hrsg.), Berlin: Beuth Verlag, 1973

[DIN1564] DIN 1564: Gießereiwesen – Ausferritisches Gusseisen mit Kugelgraphit. Beuth-Verlag, Berlin, 2009.

[DIN1836] DIN 1836: Werkzeug-Anwendungsgruppen zum Zerspanen. Deutsches Institut für Normung (Hrsg.), Berlin: Beuth Verlag, 1984

[DIN2257] DIN 2257: Begriffe der Längenprüftechnik; Einheiten, Tätigkeiten, Prüfmittel; Meßtechnische. Deutsches Institut für Normung (Hrsg.), Berlin: Beuth Verlag, 1982

[DIN2271a] DIN 2271-1: Pneumatische Längenmessung; Grundlagen, Verfahren. Deutsches Institut für Normung (Hrsg.), Berlin: Beuth Verlag, 1976

[DIN3972] DIN 3972: Bezugsprofile von Verzahnwerkzeugen für Evolventen-Verzahnungen nach DIN 867. Deutsches Institut für Normung (Hrsg.), Berlin: Beuth Verlag, 1952

[DIN4760] DIN 4760: Gestaltabweichungen; Begriffe, Ordnungssystem. Deutsches Institut für Normung (Hrsg.), Berlin: Beuth Verlag, 1982

[DIN6580] DIN 6580: Begriffe der Zerspantechnik: Bewegungen und Geometrie des Zerspanvorganges. Deutsches Institut für Normung (Hrsg.), Berlin: Beuth Verlag, 1985

[DIN6581] DIN 6581: Begriffe der Zerspantechnik: Bezugssysteme und Winkel am Schneidteil des Werkzeugs. Berlin: Beuth Verlag, 1985

F. Klocke, *Fertigungsverfahren 1*, VDI-Buch,
https://doi.org/10.1007/978-3-662-54207-1

[DIN6582] DIN 6582: Begriffe der Zerspantechnik: Ergänzende Begriffe am Werkzeug, am Schneidkeil und an der Schneide. DEUTSCHES INSTITUT FÜR NORMUNG (Hrsg.), Berlin: Beuth Verlag, 1988

[DIN6583] DIN 6583: Begriffe der Zerspantechnik: Standbegriffe. DEUTSCHES INSTITUT FÜR NORMUNG (Hrsg.), Berlin: Beuth Verlag, 1981

[DIN6584] DIN 6584: Begriffe der Zerspantechnik. Kräfte, Energie-Arbeit, Leistungen. DEUTSCHES INSTITUT FÜR NORMUNG (Hrsg.), Berlin: Beuth Verlag, 1982

[DIN8580] DIN 8580: Fertigungsverfahren - Begriffe, Einteilung. DEUTSCHES INSTITUT FÜR NORMUNG (Hrsg.), Berlin: Beuth Verlag, 2003

[DIN8583b] DIN 8583-2: Fertigungsverfahren Druckumformen. Walzen; Einordnung, Unterteilung, Begriffe. DEUTSCHES INSTITUT FÜR NORMUNG (Hrsg.), Berlin: Beuth Verlag, 2003

[DIN8589] DIN 8589: Fertigungsverfahren Spanen. DEUTSCHES INSTITUT FÜR NORMUNG (Hrsg.), Berlin: Beuth Verlag, 2003

[DIN8589a] DIN 8589-1: Fertigungsverfahren Spanen. - Teil 1: Drehen Einordnung, Unterteilung, Begriffe. DEUTSCHES INSTITUT FÜR NORMUNG (Hrsg.), Berlin: Beuth Verlag, 2003

[DIN8589b] DIN 8589-2: Fertigungsverfahren Spanen - Teil 2: Bohren, Senken, Reiben. DEUTSCHES INSTITUT FÜR NORMUNG (Hrsg.), Berlin: Beuth Verlag, 2003

[DIN8589c] DIN 8589-3: Fertigungsverfahren Spanen - Teil 3: Fräsen Einordnung, Unterteilung, Begriffe. DEUTSCHES INSTITUT FÜR NORMUNG (Hrsg.), Berlin: Beuth Verlag, 2003

[DIN8589e] DIN 8589-5: Fertigungsverfahren Spanen - Teil 5: Räumen. DEUTSCHES INSTITUT FÜR NORMUNG (Hrsg.), Berlin: Beuth Verlag, 2003

[DIN8589f] DIN 8589-6: Fertigungsverfahren Spanen - Teil 6: Sägen Einordnung, Unterteilung, Begriffe. INSTITUT FÜR NORMUNG (Hrsg.), Berlin: Beuth Verlag, 2003

[DIN8589g] DIN8589-7: Fertigungsverfahren Spanen - Teil 7: Feilen, Raspeln; Einordnung, Unterteilung, Begriffe. INSTITUT FÜR NORMUNG (Hrsg.), Berlin: Beuth Verlag, 2003

[DIN8589i] DIN 8589-9: Fertigungsverfahren Spanen - Teil 9: Schaben, Meißeln Einordnung, Unterteilung, Begriffe. INSTITUT FÜR NORMUNG (Hrsg.), Berlin: Beuth Verlag, 2003

[DIN13388] DIN CEN/TS 13388. Kupfer und Kupferlegierungen – Übersicht über Zusammensetzung und Produkte. Vornorm. Berlin: Beuth Verlag, 2008

[DIN17742] DIN 17742: Nickel-Knetlegierungen mit Chrom: Zusammensetzung. DEUTSCHES INSTITUT FÜR NORMUNG (Hrsg.), Berlin: Beuth Verlag, 2002

[DIN17743] DIN 17743: Nickel-Knetlegierungen mit Kupfer: Zusammensetzung. DEUTSCHES INSTITUT FÜR NORMUNG (Hrsg.), Berlin: Beuth Verlag, 2002

[DIN17744] DIN 17744: Nickellegierungen mit Molybdän und Chrom: Zusammensetzung. DEUTSCHES INSTITUT FÜR NORMUNG (Hrsg.), Berlin: Beuth Verlag, 2002

[DIN17745] DIN 17745: Nickel-Knetlegierungen aus Nickel und Eisen: Zusammensetzung. DEUTSCHES INSTITUT FÜR NORMUNG (Hrsg.), Berlin: Beuth Verlag, 2002

[DIN 51369] Prüfung von Metallbearbeitungsflüssigkeiten – Bestimmung des pH-Wertes von wassergemischten Metallbearbeitungsflüssigkeiten; DEUTSCHES INSTITUT FÜR NORMUNG (Hrsg.), Berlin: Beuth Verlag, 2013

[DIN51385] DIN 51385: Schmierstoffe; Kühlschmierstoffe; Begriffe. DEUTSCHES INSTITUT FÜR NORMUNG (Hrsg.), Deutsches Institut für Normung (Hrsg.), Berlin: Beuth Verlag, 1991

[DINEN1562] DIN EN 1562: Gießereiwesen - Temperguss., DEUTSCHES INSTITUT FÜR NORMUNG (Hrsg.), Berlin: Beuth Verlag, 2006

[DINEN1753] DIN EN 1753: Magnesium und Magnesiumlegierungen; Block-metalle und Gußstücke aus Magnesiumlegierungen. DEUTSCHES INSTITUT FÜR NORMUNG (Hrsg.), Berlin: Beuth Verlag, 1997

[DINEN10027a] DIN EN 10027: Bezeichnungssysteme für Stähle - Teil 1: Kurznamen. DEUTSCHES INSTITUT FÜR NORMUNG (Hrsg.), Berlin: Beuth Verlag, 2005

[DINEN10088a] DIN EN 10088-1: Nichtrostende Stähle - Teil 1: Verzeichnis der nichtrostenden Stähle. DEUTSCHES INSTITUT FÜR NORMUNG (Hrsg.), Berlin: Beuth Verlag, 2005

[DINENISO1101] DIN EN ISO 1101: Geometrische Produktspezifikation (GPS) - Geometrische Tolerierung - Tolerierung von Form, Richtung, Ort und Lauf. DEUTSCHES INSTITUT FÜR NORMUNG (Hrsg.), Berlin: Beuth Verlag, 2006

[DINENISO4287] DIN EN ISO 4287: Geometrische Produktspezifikationen (GPS) - Oberflächenbeschaffenheit: Tastschnittverfahren - Benennungen, Definitionen und Kenngrößen der Oberflächenbeschaffenheit. DEUTSCHES INSTITUT FÜR NORMUNG (Hrsg.), Berlin: Beuth Verlag, 1998

[DINENISO4957] DIN EN ISO 4957: Werkzeugstähle. DEUTSCHES INSTITUT FÜR NORMUNG (Hrsg.), Berlin: Beuth Verlag, 2001

[DINISO513] DIN ISO 513: Klassifizierung und Anwendung von harten Schneidstoffen für die Metallzerspanung mit geometrisch bestimmten Schneiden. Bezeichnung der Hauptgruppen und Anwendungsgruppen. DEUTSCHES INSTITUT FÜR NORMUNG (Hrsg.), Berlin: Beuth Verlag, 2005

[DINISO1832] DIN ISO 1832: Wendeschneidplatten für Zerspanwerkzeuge, Bezeichnung. DEUTSCHES INSTITUT FÜR NORMUNG (Hrsg.), Berlin: Beuth Verlag, 2005

[DINISO3685] ISO 3685: Tool-life testing with single-point turning tools. Second edition, 1993

[EStG02] §7 Abs. 1 EStG Absetzung für Abnutzung oder Substanzverringerung

Richtlinien

[BGR 143] BGR 143: Tätigkeiten mit Kühlschmierstoffen. Berufsgenossenschaftliche Regeln für Sicherheit und Gesundheit bei der Arbeit. HVBG (Hrsg.), Köln: Carl Heymanns Verlag, 2006

[DGUV14] DUUV Fachbereich Holz und Metall, Borsäure- / Borhaltige KSS, Chemikalienrecht, Gefährdungsbeurteilung, Schutzmaßnahmen, DGUV-Information, 02/2014

[EURO00] Europäisches Parlament und Rat: Richtlinie 2000/53/EG über Altfahrzeuge (in Kraft getr. am 18. 9. 2000). In: Amtsblatt der Europäischen Gemeinschaft, S. 34–42, Nr. 269, 2000

[GFT02] Gesellschaft für Tribologie, Arbeitsblatt7, 2002

[VDI2601] VDI 2601: Anforderungen an die Oberflächengestalt zur Sicherung der Funktionstauglichkeit spanend hergestellter Flächen; Zusammenstellung der Kenngrößen. VDI/VDE-Gesellschaft Mess- und Automatisierungstechnik (Hrsg.), Berlin: Beuth Verlag, 1991

[VDI2602] VDI 2602: Rauheitsmessung mit elektrischen Tastschnittgeräten. VDI Gesellschaft Produktionstechnik (Hrsg.), Berlin Beuth Verlag, 1983

[VDI2840] VDI 2840: Kohlenstoffschichten – Grundlagen, Schichttypen und Eigenschaften. VDI Gesellschaft Produktionstechnik (ADB), Berlin: Beuth Verlag, 2005

[VDI3198] VDI 3198: Beschichten von Werkzeugen der Kaltmassivumformung CVD- und PVD-Verfahren. VDI-Gesellschaft Produktionstechnik (Hrsg.), Berlin: Beuth Verlag, 2003

[VDI3206] VDI 3206: Auslegung von Drehprozessen. VDI-Gesellschaft Produktionstechnik (Hrsg.), Berlin: Beuth Verlag, 1994

[VDI3208] VDI 3208: Richtwerte für das Tiefbohren mit Einlippenbohrern. VDI-Gesellschaft Produktionstechnik (Hrsg.), Berlin: Beuth Verlag, 1996

[VDI3209] VDI 3209: Blatt 1: Tiefbohren mit äußerer Zuführung des Kühlschmierstoffes (BTA- und ähnliche Verfahren). Blatt 2: Tiefbohren; Richtwerte für das Schälen und Glattwalzen von Bohrungen. VDI-Gesellschaft Produktionstechnik (Hrsg.), Berlin: Beuth Verlag, 1999

[VDI3210] VDI 3210 Blatt 1: Tiefbohrverfahren. VDI-Gesellschaft Produktionstechnik (Hrsg.), Berlin: Beuth Verlag, 2006

[VDI3321] VDI 3321: Schnittwertoptimierung: Grundlagen und Anwendungen. VDI-Gesellschaft Produktionstechnik (Hrsg.), Berlin: Beuth Verlag, 1994

[VDI3324] VDI 3324: Leistendrehtest - Prüfverfahren zur Beurteilung des Bruchverhaltens und der Einsatzsicherheit von Schneiden aus Hartmetall beim Drehen. VDI-Gesellschaft Produktionstechnik (Hrsg.), Berlin: Beuth Verlag, 1999

F. Klocke, *Fertigungsverfahren 1*, VDI-Buch,
https://doi.org/10.1007/978-3-662-54207-1

[VDI3333] VDI 3333: Wälzfräsen von Stirnrädern mit Evolventenprofil. VDI (Hrsg.) Berlin: Beuth Verlag, 1977

[VDI3397] VDI 3397 Blatt 2: Pflege von Kühlschmierstoffen für spanende und umformende Fertigungsverfahren. VDI-Gesellschaft Produktion und Logistik (GPL), 2014

[VDI3633] VDI 3633 Blatt 1: Simulation von Logistik-, Materialfluss- und Produktionssystemen: Grundlagen. VDI-Gesellschaft Produktion und Logistik (GPL), Berlin: Beuth Verlag, 2014

[VDI3824] VDI 3824: Blatt 1–4. Qualitätssicherung bei der PVD- und CVD-Hartstoffbeschichtungen. VDI-Gesellschaft Werkstofftechnik (Hrsg.), Berlin: Beuth Verlag, 2002

[VDMA2002] Kühlschmierstoffe – Frische Luft am Arbeitsplatz. Ein Leitfaden für die Praxis. VDMA, Fachverband Allgemeine Lufttechnik, Arbeitsgruppe Aerosole (Hrsg.), Frankfurt am Main: VDMA, 2002

Internet

[Cryo05] http://www.cryobrain.com/nitrocarbon: Nitrogen vs. Carbon Dioxide, Cryogenic-Systems-Equipment, 2005

[Meta06] www.metallograf.de: Wärmebehandlungsarten bei Stahl, 2006

[Meta07] www.metallograf.de: Kaltverfestigung im Gefüge, 2007

[Punc15] http://www.punchtap.com: Emuge Punch Tap, 2015

[Zeli11] Zelinski, P.: The 400° Difference. In: Modern Machine Shop, 2011 http://www.mmsonline.com/articles/the-400-difference Stand: 16.05.2011

F. Klocke, *Fertigungsverfahren 1*, VDI-Buch,
https://doi.org/10.1007/978-3-662-54207-1

Stichwortverzeichnis

A
Abrasion, 84
Abrasionsverschleiß, 88
Abschreibung, kalkulatorische, 453
Abwälzen, 554
Adhäsion, 85
Adhäsionsverschleiß, 89
ADI (Austempered Ductile Iron), 339
adiabatisches Scherband, 432
Al-Cr-N-Schicht, 181
Aluminiumlegierung, 342
  aushärtbare, 345
  intermetallische Phasen, 343
  nichtaushärtbare, 345
Aluminiumoxid-Schicht (Al_2O_3), 181
amorphe Kohlenstoffschicht, 181
Anschnittstrategie, 360
Anwendungsgruppen, 116
Arbeitsebene, 540
Aufbauschneiden, 89
Ausbrüche, 91
Außenräumen, 604
Austenit, 297
Automatenstahl, 310

B
Bainit, 297
Bandsägen, 596
Bandspan, 321
Barkhausenrauschen, 45
Baustahl, 295
Belastung, mechanische, mittlere, 289
Berechnung des Scherwinkels, 107
Beschichtung, 96, 147
  Substratvorbehandlung, 188
Beschichtungsverfahren, 149
  Beschleunigungssensor, 466
  CVD-Verfahren, 149
  HT-CVD-Verfahren, 151
  Ionenplattieren, 171
  Lichtbogenverdampfung, 166
  Magnetronsputtern, 169
  MT-CVD-Verfahren, 154
  PA-CVD, 158
  PVD, 165
  Sputtern, 168
  Vakuumverdampfen, 166
Beschleunigungssensor, 466–467
Bezugssysteme, 50
  Wirk-Bezugssystem, 50
Bezugsysteme
  Werkzeug-Bezugssystem, 50
Blei, 302
Blisk, 357
Blockwälzfräser, 553
Bohren, 566, 568
  Profilsenken, 567
Bohrlochmethode, 43
Bornitrid, 210
Bragg-Bedingung, 43
Breitschlichtstirnfräser, 544
Bruchhypothese, 433
Brückenschaltung, 459

C
Cermets, 141
Chrom, 300
CVD-Beschichtungsverfahren, 149
  plasmaunterstütztes, 158

F. Klocke, *Fertigungsverfahren 1*, VDI-Buch,
https://doi.org/10.1007/978-3-662-54207-1

D
Dehnungsmessstreifen, 415
Diagonalschaben, 617
Diamant, 201–202
  Anwendungsgebiete, 205
  Einteilung, 201
  monokristalliner, 203
  polykristalliner, 204
  synthetischer, 203
Diamantbeschichtung, 391
Diamantschicht, 185
Diffusion, 87, 94
Diffusionsglühen, 304
Diffusionsverschleiß, 94
Drehen, 526
  Einstellwinkel, 527
  Gewindeschneiden, 530
  Gewindestrehlen, 530
  nomineller Spanungsquerschnitt, 527
  Profilwerkzeug, 531
  Schlichten, 526
  Schnitttiefe, 527
  Spanungsbreite, 527
  Spanungsdicke, 527
  Spanungsquerschnitt, 527
  Strehler, 531
  Vorschub, 527
  Werkzeuge, 527
Drehfräsen, 560
  achsparalleles, 560
  Facettenbildung, 561
  orthogonales, 560
Drehling, 216
Drehräumen, 611
  lineare Werkzeugbewegung, 613
  rotatorische Werkzeugbewegung, 614
Drehwerkzeug, 527
Duplex-Stähle, 325
Duroplast, 396
Dynamometer, 289

E
Eckenradius, 50, 83
Eckenwinkel, 83
Eckfräsen, 540
Eigenspannung, 42, 320
Einmeißelverfahren, 76
Einsatzstahl, 313
Einschlüsse
  nichtmetallische, 302
  sulfidische, 312
Einstellwinkel, 83
Entgraten, 188, 328, 388, 567
Eulerscher Ansatz, 410

F
Faserverbundkunststoff, 389, 396
Feinstkornhartmetall, 138, 315, 358
Ferrit, 296
Fertigräumen, 609
Fertigungsablauf, störungsfreier, 443
Fertigungskosten, 447
Fertigungskostengleichung, 446
Fertigungsstörung, 6
  systematisch auftretende, 6
  zufällig auftretende, 6
Finite Elemente Methode (FEM), 407
  Diskretisierung, 428
  Eulerscher Ansatz, 410
  explizites Verfahren, 410
  implizites Verfahren, 411
  Lagrangescher Ansatz, 410
  Neuvernetzungsroutine, 430
  Trennkriterium, 430
Fließspan, 429
Fliesspanbildung, 60
Formabweichung, 15
Formdrehen, 532
Formfräsen, 536
Formfräser, 549
Formlehre, 18
Formräumen, 611
Fourier-Transformation, 481–482
Fräsen, 536
  Kontaktbedingungen, 538
  Nebenschneide, 536
  trochoides, 358, 384
  Zerspankraft, 540
Fräsergangzahl, 553
Fräserstollen, 553
freier, orthogonaler Schnitt, 55
freier, schräger Schnitt, 55
Freiwinkel, 82
Funktionsgradienten-Hartmetall, 143

G
gebundener, schräger Schnitt, 56
Gefügeausbildung, 295
Gefügeveränderung, 42
Gegenlauffräse, 360, 393, 536, 538
gehärteter Stahl, 319
Gesamthöhe des Profils, 29
Gesamtzerspanarbeit, 73
geschränkte Sägezähne, 597
Gestaltabweichung, 14
Gewindedrehen, 530
Gewindeformen, 595
Gewindefräsen, 592
Gewindeschneiden, 530
Gewindestrehlen, 530
Gewindewalzen, 593
Gleichlauffräsen, 358, 362, 537
Gleittheorie nach Mohr, 109
Glühen auf bestimmte Eigenschaften, 306
Grenzlehre, 18
Grenzregelung, 480
Grobkornglühen, 304
größte Höhe des Profils, 29
Gusseisen, 328
  ausferritisiertes, 339
  graues, 332
  Hartguss, 332
  mit Kugelgraphit, 338
  mit Lamellengraphit, 334
  mit Vermikulargraphit, 336
  Temperguss, 330
  weißes, 329

H
Hartbearbeitung, 319
Hartdrehen, 319, 321–322
Härten, 307
Hartguss, 332
Hartmetall, 129, 315
  beschichtetes, 147
  Co-Bindephase, 141
  Einteilung, 137
  Gefügeausbildung, 136
  geschichtliche Entwicklung, 130
  Herstellung, 132
  Komponenten, 134
  konventionelles, 138
  Ni-Bindephase, 141
  TiC/TiN-Co,Ni, 141
  unbeschichtetes, 142
  WC-(Ti,Ta,Nb)C-Co, 139
Hartstoffschicht, 174
  scherweiche, 184
Hartzerspanung, 319
Hauptschneide, 50
Hauptzeit, 446
Hobelkamm, 630
Hobeln, 619
Hochdruck, 361
Hochdruckkühlung, 361
Hochpräzisionshartdrehen, 322
Hochtemperatur-CVD-Verfahren, 151
Höhe der größten Profilspitze, 29
HSS-Werkzeug, 383
HT-CVD-Verfahren, 151
Hubsägen, 599

I
Inconel 718, 375
Innendrehen, 534
Innenräumen, 604
Ionenplattieren, 171

K
kalkulatorische Abschreibungen, 453
kalkulatorische Zinsen, 454
Kaltarbeitsstahl, 119, 317
Kaltverfestigung, 320
Kammriss, 362
Kammrisse, 93
Kantenverrundung, 387
Kathodenzerstäubung, 168
Keilwinkel, 82
Kerbverschleiß, 99, 379
Kienzle-Gleichung, 71
Kinematisch-Formdrehen, 532
Kippstollenfräser, 553
Klemmhalter, 221
Kohlenstoffschicht, amorphe, 181
Kolkmittenabstand, 285, 625
Kolktiefe, 285, 625
Kolkverschleiß, 96
Körperschallsensoren, 469
korrosionsbeständiger Stahl, 323

kostenoptimale Schnittgeschwindigkeit, 451
kostenoptimale Standzeit, 451
Kreis des Thales, 105
Kreisbogenanschnitt, 360
Kreissägen, 600
Kugelgraphit, 338
Kühlschmierstoff
  nichtwassermischbarer, 252
  wassergemischter, 252
  wassermischbarer, 252

L
Lageabweichung, 16
Lagrangescher Ansatz, 410
Lamellengraphit, 334
Lamellenspanbildung, 60
Längenprüfmittel, 16
Längs-Plandrehen, 528
Längs-Profileinstechdrehen, 531
Längs-Runddrehen, 529
Laserinterferometer, 21
Legierungselemente, 300
Lehre, 12, 17–18
Lichtbogenverdampfung, 166

M
Magnesiumknetlegierung, 345
Magnesiumlegierung, 345
Magnesiumzerspanung, 347
Magnetronsputtern, 169
Makrogeometrie, 14
  Formabweichung, 15
  Gestaltabweichung, 14
  Lageabweichung, 16
Mangan, 300
Martensit, 298
Maschinenstundensatz, 453
Maßlehre, 18
Massiv-Werkzeug, 216
Maßverkörperung, 16
Materialanteil, 30
Messen, 12
Messfehler, 12
Messgerät, 19
  anzeigendes, 19
  elektronisches, 26
  Feinzeiger, 21
  optischer Wandler, 21
  pneumatischer Wandler, 24
Messmikroskop, 21
Messschieber, 19
Messschraube, 19
Messuhr, 20
Mikrogeometrie, 14
  Formabweichung, 15
  Gestaltabweichung, 14
  Lageabweichung, 16
Mindestspanungsdicke, 292
Mischkeramik, 192, 320
Mitteltemperatur-CVD-Verfahren, 154
Mittenrauwert, 29
mittlere mechanische Belastung, 289
Modellvorstellung der Scherebene, 100
Molybdän, 300
MT-CVD-Verfahren, 154

N
Nachformdrehen, 532
Nassbearbeitung, 362
Naturdiamant, 202
NC-Formdrehen, 532
Nebenschneide, 50
Nebenzeit, 446
Neigungswinkel, 83
Neutronenstrahlen, Beugung, 43
Neuvernetzungsroutine, 430
Ni-Hartmetall, 141
Nichteisenmetall, 342
Nichtmetalle
  Aramidfaser, 396
  Graphit, 389
  Kohlenstofffasern, 396
Nickel, 301
Nickellegierung, 373
Nitrierstahl, 316
Normalglühen, 305

O
Oberfläche, technische, 27
Oberflächengüte, 290
Oberflächenkenngrößen, 27
Oberflächenmessung, 33
  mechanische, 33
  optische, 35
oberflächennaher Bereich, 41
Oberflächenprüfung, 27
  subjektive, 31
Oberflächenrautiefe, 65
Oberflächenschicht, 37
Oberflächenzerrüttung, 87

Optimalwertfunktion, 445
optoelektronisches Wegmesssystem, 26
Oxidation, 99
Oxidationsvorgang, 98
Oxidkeramik, 191

P
PA-CVD-Verfahren, 158
Parallelschaben, 617
Passivkraft, 65
PCBN-Schneidstoff, 315, 379
Perlit, 296
Perlit-Ferrit-Gefüge, 315
Phosphor, 301
Piezoelektrizität, 461
PKD-Werkzeug, 356
Plandrehen, 528
Planfräsen, 536
Planhobeln, 619
Planräumen, 605
Planstoßen, 619
Plastische Verformung, 94
plastomechanische Vorgänge, 57
Platzkosten, 448
pneumatische Messung, 26
polykristalliner Diamant, 391
Polymerwerkstoff, 397
Polytrope, 289
Präzisionshartdrehen, 322
Profil
  Gesamthöhe, 29
  größte Höhe, 29
Profildrehen, 531
Profilfräsen, 536, 540, 549
Profilräumen, 608
Profilspitze, größte, 29
Profiltal, größtes, 29
Profilwerkzeug, 531
Prüfen, 12
  objektives, 12
  subjektives, 12
PVD-Beschichtung, 165
Pyrometer, 473
Pyrometrie, 78

Q
Quer-Abstechdrehen, 528
Quer-Plandrehen, 528
Quer-Profildrehen, 531
Quer-Profileinstechdrehen, 531
Querrisse, 92
Quotientenpyrometer, 473

R
Ramping, 382
Rauheitskennwerte, 29
Räumbuchse, 609
Räumen, 604
  Schneidscheibe, 609
  Spanungslänge, 608
  Teilung, 608
  Zahnstaffelung, 604
Räumwerkzeug, 605
Rautiefe, 206, 291
  gemittelte, 30
Rekristallisationsglühen, 306
Restaustenitumwandlung, 320
Ringkernverfahren, 43
Röntgenstrahlen, Beugung, 43
Rotationsdrehräumen, 613
Ruckgleiten, 60
Rundbohren, 568
Runddrehen, 529
Rundfräsen, 536
Rundräumen, 605

S
Sägeband, 598
Sägen, 596
Sägezähne, geschränkte, 597
Sägezahnspan, 321–322
Satzfräser, 549
säurebeständiger Stahl, 310
Schaftfräsen, 540, 547
Schäldrehen, 529
Schälwälzfräsen, 558
  Bezugsprofil III, 559
  Einmitten, 559
  Härteverzug, 558
  Protuberanz, 559
Scheibenfräsen, 540
Scherband
  adiabatisches, 432
Scherbänder, 60
Scherspan, 432
Scherspanbildung, 60
Scherwinkel, 101
Schleppschleifen, 387
Schlichten, 526
Schlichtstirnfräser, 544

Schneidenmikrogeometrie, 386
Schneidenversatz, 436
Schneidkantenausbildung, 358
Schneidkantenverrundung, 49
Schneidkeil, 48
Schneidkeramik, 189, 388
  nichtoxidische, 199
  Whiskerverstärkung, 192
Schneidteil, 48
Schnellarbeitsstahl, 120, 317
  Anwendungsgebiete, 123
  Einteilung, 121
  Herstellung, 124
Schnittarbeit, 72
Schnittgeschwindigkeit
  kostenoptimale, 451
  zeitoptimale, 452
Schnittkraft, 65
Schnittleistung, 72
Schnitttiefe, 527
Schnittwertermittlung, 442
Schraubdrehen, 530
Schraubwälzkreis, 616
Schruppdrehen, 526
Schwefel, 301
Sensoren
  piezoelektrische, 461
Sichtprüfung, 31
Silizium, 301
Spanarte
  Lamellenspan, 59
Spanarten
  Fließspan, 59
  Reißspan, 59
  Scherspan, 59
Spanfläche, 48
Spanform, 293
Spanfußbildung, 359
Spannungsarmglühen, 307
Spannungsquerschnitt, 601
Spanraum, 600
Spanungsbreite, 527
Spanungsdicke, 527
Spanungsquerschnitt, 527
  nomineller, 527
Spanwinkel, 82
Spanwurzeln, 64
spezifische Schnittkraft, 71
Sphäroguss, 338
Sputtern, 168
Stahl
  gehärteter, 319
  hochlegierter, 295
  korrosionsbeständiger, 323
  nichtrostender, 323
  niedriglegierter, 295
  säurebeständiger, 310
  unlegierter, 295
Standbedingungen, 283
Standkriterium, 283
Standvermögen, 282
Standzeit, kostenoptimale, 451
Standzeitfunktion, 287, 450
Standzeitgerade, 449
Stickstoff, 364
Stirnfräsen, 536, 540, 544
störungsfreier Fertigungsablauf, 443
Stoßen, 619, 621
  Abhebebewegung, 620
  Arbeitshub, 619
  Innenverzahnung, 621
  Kollision, 620
  Kollisionsgefahr, 628
  Leerhub, 619
  Rückhub, 619
  Schneidrad, 621
  Spanablauf, 626
  Spanungsquerschnitt, 625
  Verschleißentwicklung, 625
  Wälzvorschub, 622
  Werkzeuge, 622
Stoßmeißel, 620
Strahlverschleiß, 390
Strehler, 531
Streifenprojektion, 36
Stützkamm, 630
subjektive Oberflächenprüfung, 31
sulfidische Einschlüsse, 312

T

Tastschnittgerät, 33
Tauchfräsen, 384
Tauchschaben, 618
technische Oberfläche, 27
Temperaturfelder, 73
Temperaturmessung, 76
Temperaturstandzeit-Drehversuch, 285
Temperaturwechselrisse, 93

Temperguss, 330
Thermoelement, 77
Thermografie, 78–79
TIC-Hartmetall, 141
Tiefe des größten Profiltals, 29
TIN-Hartmetall, 141
Titan, 301, 350
Titanaluminide, 353, 365
Titanaluminiumnitrid-Schicht, 180
Titankarbid, 141
Titankarbid-Schicht, 178
Titankarbonitrid-Schicht, 179
Titanlegierung, 349
Titannitrid, 141
Titannitrid-Schicht, 179
Topfräumen, 610
Tribooxidation, 86
trochoides Fräsen, 358, 384
Trockenbearbeitung, 362
Trockeneis, 364
Trockenfräsen, 362
Trockenwälzfräsen, 552
Tubusräumen, 610

U
Überflutungskühlung, 363
Ultrafeinkornhartmetall, 138
Ultrafeinstkorn-Hartmetall, 383
Umfangsfräsen, 536, 546
Underpassschaben, 617
Unrunddrehen, 533

V
Vakuumverdampfen, 166
Vanadium, 301
Verformungslokalisierung, 432
Vergüten, 308
Vergütungsstahl, 315
Vermikulargraphit, 336
Verschleiß, 84
  Abrasion, 84
  Adhäsion, 85
  Aufbauschneiden, 89
  Ausbrüche, 91
  Diffusion, 87, 94
  Oberflächenzerrüttung, 87
  Plastische Verformung, 94
  Temperaturwechselrisse, 93
  Thermoschockrisse, 93
  Tribooxidation, 86
  Verschleißmechanismen, 84
  Verschleißursachen, 87
Verschleißformen, 99
Verschleißkerbe, 379
Verschleißmarkenbreite, 285, 442, 453, 625
  maximale, 247
Verschleißmeßgrößen, 100
  Kolkmittenabstand, 100
  Kolktiefe, 100
  Kolkverhältnis, 100
  Schneidenversatz, 100
  Verschleißmarkenbreite, 100
Verschleißmessung, 279
Verschleißstandzeit-Drehversuch, 285
Verzunderung, 98
Vorräumen, 609
Vorschubarbeit, 72
Vorschubkraft, 65
Vorschubleistung, 72
Vorschubrichtungswinkel, 49

W
Walzenfräsen, 540
Wälzfräsen, 536, 551–553
  Abwälzen, 554
  Fräsergangzahl, 553
  Fräserstollen, 553
  gegensinniges, 552
  gleichsinniges, 552
  Laufverzahnung, 551
  Shiften, 553
Wälzhobeln, 629
Wälzschaben, 615, 618
  Achskreuzpunkt, 617
  Achskreuzwinkel, 616
  Diagonalwinkel, 617
  Schabrad, 615
  Schraubwälzkreis, 616
Wälzstoßen, 621
Wälzvorschub, 622
Warmarbeitsstahl, 317
Wärmebehandlung, 303
Wärmebilanz, 73
Wärmeenergie, 73
Wärmemengen, 73
Wärmequellen, 73
Wavelet-Transformation, 483, 485
WC-Co-Hartmetall, 137

Wegmesssystem, optoelektronisches, 26
Weichglühen, 305
Weichschaben, 615
Weißlichtinterferometer, 35
Wendelbohrer, 569
Wendeplattenfräser, 553
Wendeschneidplatte, 219
  negative, 223
  positive, 223
Werkstückrandzone, 36
Werkzeug
  Aufbereitung, 226
Werkzeug-Bezugssystem, 50
Werkzeug-Einstellwinkel, 52
Werkzeug-Neigungswinkel, 53
Werkzeug-Normalspanwinkel, 53
Werkzeug-Orthogonalfreiwinkel, 54
Werkzeug-Orthogonalspanwinkel, 54
Werkzeugausführung, 215–216
Werkzeugstahl, 119, 317
Wirk-Bezugssystem, 50
Wirkarbeit, 72
Wirkleistung, 72
Wirkleistungsmessung, 472
Wirkrichtungswinkel, 49
Wolfram, 300

Z

Zahnradräumen, 608
Zahnradschaben, 615
zeitoptimale Schnittgeschwindigkeitsbestimmung, 452
Zementit, 296
Zerspanbarkeit, 295
Zerspankraft, 65
Zerspankraftkomponenten, 66
Zerspansimulation, 426
Zerspantemperaturen, 75
Zerspanungsrichtwerte, 442
Zinsen, kalkulatorische, 454
Zweifarbenpyrometer, 79
Zweimeißelverfahren, 76

MIX
Papier aus verantwortungsvollen Quellen
Paper from responsible sources
FSC® C105338

If you have any concerns about our products,
you can contact us on
ProductSafety@springernature.com

In case Publisher is established outside the EU,
the EU authorized representative is:
Springer Nature Customer Service Center GmbH
Europaplatz 3, 69115 Heidelberg, Germany

Printed by Libri Plureos GmbH
in Hamburg, Germany